# 中国矿产地质志

## 中国古生代成矿体系


学术指导：汤中立

主　　编：李文渊　高永宝

研编人员：李文渊　高永宝　高晓峰　谭文娟　王　硕　赵国斌
李玉宏　彭素霞　姜寒冰　黄　凡　王　岩　王亚磊
郭周平　白建科　查显锋　荆德龙　隋清霖　张辉善
唐小平　任广利　韩海辉　赵辛敏　张　晶　郭伟立
姚志亮　朱明玉　李永胜　焦　森　陈军元　张之武
尹成明　李志丹　赵院冬　祝向平　邓小林　王　凡
郑厚义　屈云燕　陆渝霞　詹建华　颜玲亚　虞宏智
薛友智　周尚国　李腊梅　张学义　郭天旭　杜治利
李俊建　冉书明　许逢明　李腾达　刘　鹏　夏　清
刘凯维　马建锋　席春艳　白世恒　冯延清　刘小会



地质出版社

·北　京·

## 内容提要

古生代是中国大陆重要的成矿期之一，《中国矿产地质志·中国古生代成矿体系》是在中国古生代矿床资料综合分析基础上，针对古生代矿床成矿的重要类型和形成的主要构造背景区，重点研究了中国古生代成矿地质环境、主要矿床的时空分布特点、重要成矿作用和区域成矿规律，特别讨论了古亚洲洋与古特提斯洋关系及关键成矿环境问题，分别探讨了早、晚古生代重要构造单元的成矿作用和成矿区带划分，总结了古生代成矿体系。

本志书内容丰富，资料翔实，首次系统总结了包括金属、非金属、油气、非常规能源矿产的中国古生代区域成矿规律，丰富并完善了中国古生代板块构造成矿体系，整体提升了中国古生代区域成矿规律研究水平。本书可供矿产勘查、资源预测、科研教学等从事矿产地质工作的人士使用。

**图书在版编目（CIP）数据**

中国矿产地质志·中国古生代成矿体系 / 李文渊等主编. —北京：地质出版社，2023.10

ISBN 978-7-116-13817-9

Ⅰ.①中… Ⅱ.①李… Ⅲ.①矿产地质-概况-中国②古生代-成矿-研究-中国 Ⅳ.①P62

中国国家版本馆 CIP 数据核字（2023）第 182807 号

ZHONGGUO KUANGCHAN DIZHIZHI · ZHONGGUO GUSHENGDAI CHENGKUANG TIXI

**责任编辑：**白　铁　贺　文
**责任校对：**陈　曦
**出版发行：**地质出版社
**社址邮编：**北京市海淀区学院路 31 号，100083
**电　　话：**（010）66554528（邮购部）；（010）66554472（编辑室）
**网　　址：**https://www.gph.clmpg.com
**传　　真：**（010）66554686
**印　　刷：**北京地大彩印有限公司
**开　　本：**889 mm×1194 mm　1/16
**印　　张：**28.5
**字　　数：**900 千字
**版　　次：**2023 年 10 月北京第 1 版
**印　　次：**2023 年 10 月北京第 1 次印刷
**审 图 号：**GS 京（2023）2533 号
**定　　价：**380.00 元
**书　　号：**ISBN 978-7-116-13817-9

# 《中国矿产地质志》编委会

# （第一届）

## 一、领导小组

彭齐鸣　国土资源部地质勘查司司长

李金发　中国地质调查局副局长

王瑞江　中国地质科学院副院长

邢树文　中国地质科学院矿产资源研究所副所长

李　剑　国土资源部地质勘查司地质勘查处处长

薛迎喜　中国地质调查局原资源评价部主任

## 二、专家委员会

**主　任：** 陈毓川

**副主任：** 常印佛　翟裕生　叶天竺　王登红（常务）

**成　员：**（按姓氏笔画排序）

| | | | | | |
|---|---|---|---|---|---|
| 丁　俊 | 王世称 | 王安建 | 王京彬 | 王砚耕 | 王保良 |
| 王炳铨 | 王增护 | 毛景文 | 邓　军 | 艾宪森 | 石礼炎 |
| 卢欣祥 | 付德明 | 白　鸽 | 白万成 | 朱明玉 | 朱裕生 |
| 伍广宇 | 任丰寿 | 任家琪 | 多　吉 | 刘秉光 | 刘德权 |
| 汤中立 | 李文渊 | 李均权 | 李宏骥 | 杨明桂 | 肖克炎 |
| 余中平 | 邹天人 | 沈保丰 | 宋小文 | 张永山 | 张华明 |
| 张忠伟 | 张金带 | 张翼飞 | 陆瑞宝 | 陈　平 | 陈一笠 |
| 陈尔臻 | 陈华山 | 陈建平 | 邵和明 | 周　详 | 周特先 |
| 於崇文 | 郑大瑜 | 郑绵平 | 赵一鸣 | 赵文津 | 赵鹏大 |

胡瑞忠　侯增谦　施中爽　姜树叶　袁忠信　莫宣学
钱大都　倪　斌　徐水师　徐志刚　陶维屏　黄香定
黄崇轲　黄懋鸿　梅友松　盛继福　章少华　阎凤增
琚宜太　韩振新　裴荣富　潘行适

## 三、《中国矿产地质志》

**总主编：**陈毓川　王登红

## 四、承担单位

中国地质科学院矿产资源研究所

## 五、项目办公室

**主　任：**邢树文
**副主任：**李　剑　龙宝林　傅旭杰
**成　员：**朱明玉　黄　凡


**《中国矿产地质志》**

**总责任编辑：**白　铁
**副总责任编辑：**韩　博　吕　静
**责任编辑组：**刘云龙　肖竣文　孙彦琪　刘秉翔　贺　文　闻　竹　谢玉淳
李　佳　吴宁魁　袁亚琴　宋永存　张琦玲　潘　懋　代世锋
邢瑞玲　郝梓国　章雨旭　沈　镭　佘宏全　于春林　李进文
戚学祥　李　华

# 《中国矿产地质志》编委会

## （第二届）

黄香定　卢欣祥　艾宪森　李宏骥　周特先　杨明桂
陆　彦　任丰寿　张永山　石礼炎　陆瑞宝　韩振新
施中爽　王增护　陈一笠

## 三、《中国矿产地质志》

**总主编：** 陈毓川　王登红

## 四、承担单位

中国地质科学院矿产资源研究所

## 五、项目办公室

**主　任：** 邢树文　中国地质调查局资源评价部副主任
**副主任：** 黄　凡　中国地质科学院矿产资源研究所
　　　　王　岩　中国地质科学院矿产资源研究所
**成　员：** 蔺志永　中国地质调查局资源评价部矿产地质处处长
　　　　朱明玉　中国地质科学院
　　　　王成辉　中国地质科学院矿产资源研究所
　　　　孙　艳　中国地质科学院矿产资源研究所稀有稀土贵金属研究室副主任
　　　　曹瑞欣　中国地质科学院矿产资源研究所办公室副主任


**《中国矿产地质志》**

**总责任编辑：** 白　铁
**副总责任编辑：** 韩　博　吕　静
**责任编辑组：** 刘云龙　肖竣文　孙彦琪　刘秉翔　贺　文　闻　竹　谢玉淳
李　佳　吴宁魁　袁亚琴　宋永存　张琦玲　潘　懋　代世锋
邢瑞玲　郝梓国　章雨旭　沈　镭　佘宏全　于春林　李进文
戚学祥　李　华

# 《中国矿产地质志》编委会

## （第三届）

唐菊兴　董连慧　严铁雄　邵厥年　郭坤一　潘仲芳
王永基　连　卫　田升平　杨　刚　刘增铁　陈华山
陈　平　邵和明　陈尔臻　刘德权　任家琪　宋小文
张翼飞　王砚耕　付德明　李均权　黄懋鸿　伍广宇
张忠伟　黄香定　卢欣祥　艾宪森　李宏骥　周特先
杨明桂　陆　彦　任丰寿　张永山　石礼炎　陆瑞宝
徐衍强　胡世华　施中爽　王增护　陈一笠

## 三、《中国矿产地质志》

**总　主　编：**陈毓川　王登红

## 四、承担单位

中国地质科学院矿产资源研究所

## 五、项目办公室

**主　　　任：**王登红　中国地质科学院矿产资源研究所副所长
**常务副主任：**黄　凡　中国地质科学院矿产资源研究所
**副　主　任：**王　岩　中国地质科学院矿产资源研究所
耿　林　中国地质调查局资源评价部矿产地质处处长
**成　　　员：**朱明玉　中国地质科学院
王成辉　中国地质科学院矿产资源研究所三稀室副主任
孙　艳　中国地质科学院矿产资源研究所三稀室副主任
张　震　中国地质科学院矿产资源研究所办公室副主任
杨雨涵　中国地质科学院矿产资源研究所
杨　萌　中国地质科学院矿产资源研究所

**《中国矿产地质志》**

**总责任编辑：**白　铁
**副总责任编辑：**韩　博　吕　静
**责任编辑组：**刘云龙　肖竣文　孙彦琪　刘秉翔　贺　文　闻　竹　谢玉淳
李　佳　吴宁魁　袁亚琴　宋永存　孙　琳　张琦玲　潘　懋
代世锋　邢瑞玲　魏秀菊　沈　镭　佘宏全　于春林　李进文
戚学祥　李　华

# 《中国矿产地质志》编委会

## （第四届）

### 一、领导小组

组　　长：李金发　自然资源部党组成员，中国地质调查局党组书记、局长，中国地质科学院院长

常务副组长：徐学义　自然资源部中国地质调查局党组成员、副局长

副 组 长：熊自力　自然资源部地质勘查管理司司长

王登红　中国地质科学院矿产资源研究所所长

成　　员：牛　力　自然资源部地质勘查管理司副司长

任收麦　中国地质调查局总工程师室主任

邱海俊　中国地质调查局资源评价部主任

施俊法　中国地质调查局发展研究中心（全国地质资料馆、自然资源部矿产勘查技术指导中心）主任（馆长）

顾晓华　中国大地出版传媒集团董事长，党委书记

### 二、办公室

主　　任：王登红　中国地质科学院矿产资源研究所

常务副主任：黄　凡　中国地质科学院矿产资源研究所

副 主 任：王　岩　中国地质科学院矿产资源研究所

张　伟　中国地质调查局资源评价部

成　　员：朱明玉　中国地质科学院

张　震　中国地质科学院矿产资源研究所

马玉波　中国地质科学院矿产资源研究所

王成辉　中国地质科学院矿产资源研究所

江　彪　中国地质科学院矿产资源研究所

秦锦华　中国地质科学院矿产资源研究所

杨　萌　中国地质科学院矿产资源研究所

高　佳　中国地质科学院矿产资源研究所

### 三、专家委员会

主　　任：陈毓川

副 主 任：常印佛　翟裕生　叶天竺　毛景文　唐菊兴　王瑞江

王登红（常务）

成　　员：（排名不分先后）

李廷栋　裴荣富　汤中立　赵文津　郑绵平　多　吉
康玉柱　莫宣学　翟明国　王成善　赵文智　王双明
侯增谦　邓　军　胡瑞忠　黄崇轲　王保良　王小烈
朱立新　李裕伟　邵厥年　庄育勋　熊盛青　卢民杰
马振东　盛继福　朱裕生　徐志刚　朱明玉　宋学信
杨岳清　张德全　邹天人　李纯杰　陈仁义　张作衡
邢树文　谢国刚　陈建平　邓颂平　肖克炎　陈郑辉
蔡克勤　王安建　陈从喜　郑大瑜　张金带　李子颖
蔡煜琦　乔德武　陶士振　刘玉强　琚宜太　程爱国
严铁雄　余中平　薛春纪　阎凤增　王永基　周尚国
梅友松　王京彬　徐水师　倪　斌　龙宝林　薛迎喜
丰成友　白万成　钱大都　李文渊　李文昌　郭坤一
潘仲芳　董连慧　潘　彤　周　琦　战明国　陆　彦
施玉北　王润福　姜树叶　姚超美　陈正国　杨　刚
李继江　文冬光　李文鹏　刘增铁　刘家军　郑有业
王时麒　屈文俊　闫升好　丁　俊　华仁民　连　卫
田升平　许建祥　李厚民　梁　婷　杨自安　焦　森
陈军元　陈华山　邵和明　陈尔臻　刘德权　任家琪
宋小文　张翼飞　李均权　黄懋鸿　伍广宇　张忠伟
黄香定　卢欣祥　艾宪森　李宏骥　周特先　杨明桂
张永山　石礼炎　陆瑞宝　胡世华　施中爽　王增护
陈一笠

## 四、《中国矿产地质志》

总　主　编：陈毓川　王登红

## 五、承担单位

中国地质科学院矿产资源研究所

### 《中国矿产地质志》

总责任编辑：白　铁
副总责任编辑：韩　博　吕　静
责任编辑组：刘云龙　肖竣文　孙彦琪　刘秉翔　贺　文　闻　竹　谢玉淳
李　佳　吴宁魁　袁亚琴　宋永存　孙　琳　张琦玲　潘　懋
代世锋　邢瑞玲　魏秀菊　沈　镭　佘宏全　于春林　李进文
戚学祥　李　华

# 总　　序

矿产资源是国家经济社会发展的物质基础，我国处于工业化中后期发展阶段，矿产资源需求量处于增长时期，需求量大、矿种多。掌握全国的所有矿产的家底，是国家与人民十分需要的大事。新中国成立以来的60多年的历程中，地质工作者已为国家发现了172种矿产，其中159种矿产已获得资源储量，矿床、矿点等各类矿产地已达20多万处，积累了丰富的矿产地质资料，广大的矿产地质工作者为国家所需，迫切真诚地期望早日进行覆盖全国全部矿产信息的汇总，研编《中国矿产地质志》，今日终于得到国家的支持，得以实施，并且经过江西省的试点，在该省以杨明桂先生为首的研编组的共同努力下，《中国矿产地质志》省级第一卷《中国矿产地质志·江西卷》率先正式出版，供全国使用，这是《中国矿产地质志》研编工作史上的新起点。

新中国第一部《中国矿产地质志》，将汇总广大地质矿产工作者为国为民找矿的成果，汇集全国查获的全部矿产资源及其开采利用的状况，分析资源前景，并对找矿过程中获得的丰富的找矿经验和成矿规律认识进行阶段性的总结。这将是我国迄今为止矿产资源文集大全，将为全国及各省、自治区、直辖市政府矿产资源规划、部署、决策提供重要依据，为全国人民提供祖国矿产资源的现有家底及开发前景，为矿产资源勘查、开发、科学研究及地矿教育提供丰富的资料。

一百多年前，光绪年间，顾琅、周树人（鲁迅）先生合著《中国矿产志》于1906年出版，附《中国矿产一览表》《地质时代一览表》和《中国矿产全图》。清政府甚为重视，列为国民必读。这是我国第一本《中国矿产志》，由于历史条件所限，该书共列出10个金属矿产（金、银、铜、铁、锡、铅、水银、辰砂、锑、锰矿）和20个非金属矿产，全国共列出1203个矿产地。当时著名的地理学家马良先生为之作序，序言中说："顾、周两君学矿多年，颇有心得。慨祖国地大物博之无稽，爰著《中国矿产志》一册，罗列全国之所在，注之以图，陈之以说，使我国民深悉国产之所自有，以为后日开采之计，致富之源，强国之本，不致家藏货宝为他人所攘夺。"当时编写该志书是为国民知道国家的矿产，去开采致富，达到强国的目的。弹指一挥间，一百多年过去，天翻地覆，时代变了，祖国的盛世来临，现代化、和平民主的强大祖国就在面前。新中国第一部《中国矿产地质志》亦将面目一新，它与顾琅、周树人研编的目标是一致的，都是为民、为国，为民所知，为民致富，为国所知，为国强大。我们将继承前人事业，继续往前走！

本次研编处于天时、地利、人和的大好时机，国家经济社会发展与日俱增，欣欣向荣，需要矿产资源，需要摸清全国矿产资源家底。新中国成立60多年来矿产勘查与开发得到大发展，取得了丰硕的找矿成果和海量的矿产地质勘查、开发和科研资料。国土资源部近8年来组织完成了三大全国性矿情调查工作：矿业权核实、28个矿种资源现状利用调查和25个矿种资源潜力评价。开展中国矿产地质与区域成矿规律综合研究、研编《中国矿产地质志》得到了国土资源部、财政部、中国地质调查局等领导部门、各省（自治区、直辖市）政府部门及矿产地质领域专家、学者们的大力支持。社会需要，政府重视，研编条件具备，是本项工作得以进行的必要前提与重要保证。

研编工作的策划，充分吸取历来志书编纂的精髓，广泛听取并吸纳矿产资源领域各部门专家、领导的意见，并进行重要研编内容的工作试点，确定本矿产地质专业性志书采用“以述为主，述论结合”的原则，实现叙实性与学术性结合，矿产叙述必实，规律论述有据，做到资料真实、全面、最新、可查，文字论述简练易懂、图文并茂，研编技术统一要求，研编工作统一部署，研编组织有编纂专家队伍，亦广邀各方专家共同参与、集思广益。论述部分广纳有据论点，广迎百花，力争创新亮点，并为后人创新搭建平台。通过共同努力，使研编工作有序进行。

本次研编内容由3部分组成：各省（自治区、直辖市）矿产地质志、全国矿产总志、全国区域成矿规律研究。每一部分都有书、图、数据库及普及本。各省（自治区、直辖市）矿产地质志包含本地区所有矿产资源。全国矿产总志包含各主要矿产的矿产志及全国矿产汇总。全国区域成矿规律研究包含各主要成矿区带成矿规律研究及全国区域成矿规律研究汇总。整个研编工作自2014年开始至2020年完成。研编期间，研编成果实施边完成、边出版、边使用，使研编成果及时向社会提供，逐步积累，最终完成。

本项研编工作意义重大，任务繁重，涉及矿产资源勘查、开发、科研、教育领域各个部门各方专家。我们认为，只有共同参与、同心合作、政府支持才能胜利完成此项工作。我们衷心希望并坚信，参与工作的全体同仁为实现此国家重大目标，在政府与矿产资源工作有关部门与广大同仁专家的支持下，一定会坚定信心，同舟共济，共同奋斗，在2020年提交一份世纪性的矿产志书大成果。

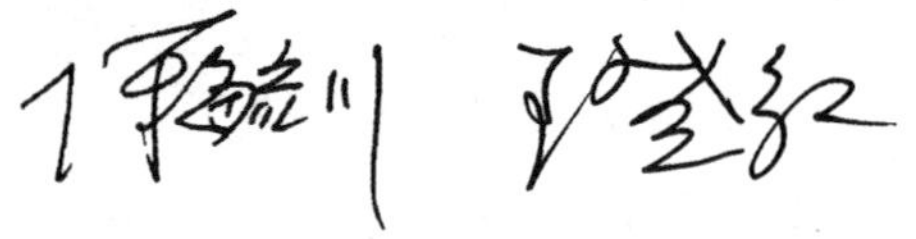

2014年11月5日

# 前　言

对中国大陆古生代区域成矿研究，以往已有较多工作涵盖。“八五”和“九五”期间，国家有关部门组织地质学家先后开展了十余项跨地区、跨部门的矿产地质科技攻关。就已有的全国性综合研究而言，1979~1985年，地质矿产部在全国开展了成矿远景区划工作，首次在全国范围内统一规划，并以统一的标准开展跨省区成矿带的成矿远景预测工作。在1992年，又开始进行二轮区划，并于1999年出版的《中国主要成矿区带矿产资源远景评价》（陈毓川等，1999）专著中将该轮区划成果公开发表。2000年，在全国范围内开展了“中国成矿体系与区域成矿评价”综合研究，下设的“古生代成矿作用”专题研究（2000~2003年）中，汤中立院士对我国古生代成矿作用、成矿规律与成矿系列进行了较为完善的总结。在以上工作进行之后，根据全国整体矿产资源形势与区域成矿研究现状，为进一步开展中国大陆成矿理论与应用研究，在陈毓川院士等专家倡导下，开展了“中国成矿体系综合研究”。长安大学汤中立院士联合西安地质矿产研究所的专家完成了“古生代成矿体系”专题（2006~2008年）的研究工作，划分了古生代板块构造单元，较为系统地总结了中国古生代矿产时空分布、大规模成矿作用及矿床类型、古生代成矿作用发生的区域大地构造背景，以成矿系列为核心内容，结合板块构造成矿动力学背景研究，初步构建了中国大陆古生代板块构造成矿体系。这是区域成矿研究的又一项重要成果，也是开展本次研究的基础所在。另外，全国性成矿系列编图成果（陈毓川等，1999）则全面展示了古生代矿床及成矿系列全貌。进入21世纪后，又有新的标志性区域成矿研究成果相继出版，包括《中国成矿体系与区域成矿评价》（陈毓川等，2007）、《中国成矿区带划分方案》（徐志刚等，2008）等。

为了全面总结中国古生代区域成矿规律，《中国矿产地质志·中国古生代成矿体系》在全面搜集、综合研究以往资料的基础上，以板块构造与地幔柱理论为指导，以活动论的观点，分别对中国早古生代、晚古生代成矿地质构造环境、成矿特征和成矿系列进行了系统总结研究。全书分4章编写，从中国古生代成矿地质构造环境入手，对中国早古生代、晚古生代重要构造单元成矿作用进行了全面总结，最后充分讨论了中国古生代区域成矿规律。

全书由李文渊、高永宝、谭文娟统稿。第一章中国古生代成矿地质构造环境，主要由李文渊、高晓峰、查显锋编写，其中第三节遥感及地球物理和地球化学异常特征，遥感影像异常特征由韩海辉编写，地球物理异常特征由唐小平和郭伟立编写，地球化学异常特征由任广利和张晶编写；第二章中国早古生代重要成矿作用和第三章中国晚古生代重要成矿作用，由高永宝、谭文娟、王硕、赵国斌、李玉宏、彭素霞、姜寒冰、王亚磊、郭周平、白建科、隋清霖、荆德龙、张辉善、赵辛敏、李永胜、陈军元、詹建华、颜玲亚、虞宏智、赵院冬、许逢明、祝向平、李俊建、冉书明、李志丹、周尚国、张学义、李腊梅、张之武、薛友智、郭天旭、杜治利、尹成明、焦森、邓小林、王凡、郑厚义、屈云燕、陆渝霞、刘鹏、夏清、刘凯维、李腾达等共同完成；第四章中国古生代区域成矿规律，由谭文娟、高永宝、李文渊编写。附图由高永宝、谭文娟、高晓峰、刘小会完成，古生代矿床数据库由长安大学王硕、马建锋、席春艳、白世恒、冯延清完成。

在研究工作中得到了汤中立院士、陈毓川院士、李廷栋院士、裴荣富院士、翟明国院士、毛景文院士、侯增谦院士、邓军院士、唐菊兴院士多方面的关心和指导，中国地质调查局资源评价部张生辉副主任、陈丛林副主任、张伟处长，二级项目组王登红研究员、徐志刚研究员、李厚民研究员等，项目办公室杨雨涵、刘佳，自然资源部咨询研究中心叶天竺教授级高工、黄崇轲研究员，中化地质矿山总局王炳铨、姜树叶研究员，中国地质科学院矿产资源研究所赵一鸣、邹天人、李纯杰、朱裕生、盛继福、王安建、杨岳清、宋学信、王宗起、陈郑辉研究员，中国地质科学院王瑞江、朱明玉研究员，中国石油勘探开发研究院陶士振教授，广州海洋地质调查局龚跃华研究员，中海油研究总院刘丽芳高级工程师，青岛海洋地质研究所王建强高级工程师，中国建筑材料工业地质勘查中心陶维屏教授级高工，中国核工业地质总局郑大瑜研究员，中国冶金地质总局余中平教授级高工，有色金属地质矿产调查中心梅友松研究员，中国地质调查局沈阳地质调查中心蔺志永教授级高工，中国地质调查局天津地质调查中心沈保丰研究员，新疆维吾尔自治区地质矿产勘查开发局董连慧教授级高工，西藏自治区地质矿产勘查开发局陆彦教授级高工，江西省地质矿产局杨明桂教授级高工，安徽省国土资源厅常印佛院士，中国地质大学（北京）翟裕生院士、薛春纪教授、罗照华教授，中国地质科学院地球物理地球化学勘查研究所任天祥研究员，长安大学钱壮志教授，中国自然资源航空物探遥感中心熊盛青教授级高工，中国地质调查局发展研究中心张明华教授，中国地质调查局西安地质调查中心董福辰教授级高工、滕家欣教授级高工、王永和教授级高工、杨合群研究员，甘肃省地质矿产勘查开发局张新虎教授级高工，在项目实施过程中给予了中肯的意见和建议。

中国地质调查局各大区地质调查中心、自然资源部矿产勘查技术指导中心、中国地质调查局油气资源调查中心、中国建筑材料工业地质勘查中心、中国冶金地质总局、中化地质矿山总局的同仁给予了热心帮助，长安大学有关领导和同仁给予了积极协作，在此一并表示诚挚的感谢。

# 目　录

# 第一章 中国古生代成矿地质构造环境

古生代是中国大陆重要的成矿期之一，大规模的成矿作用与中国大陆古生代洋-陆共生的多陆块洋（多岛洋）构造环境（殷鸿福等，1995，1998；任纪舜等，1999；张国伟等，2001，冯益民等，2002）及其地球动力学体制密切相关。古生代中国大陆的构造格局及其成矿地质环境是在前寒武纪不同地质发展阶段形成的不同性质基底之上发展起来的。

## 第一节 成矿地质构造单元

中国大陆在前寒武纪主要有3个重要发展阶段：结晶基底形成、变质基底形成和统一盖层形成。中国大陆前寒武纪结晶基底以华北板块之基底岩系最为典型。基底岩系在板块北缘的狼山、大青山及冀东、辽东地区，以及东部的鲁东、鲁中和板块中部的五台山、吕梁山、太行山、中条山等地都有大面积出露，其中辽东鞍山地区始太古代白家坟花岗质糜棱岩、古太古代陈台沟沉积表壳岩、中太古代早期铁架山花岗岩及冀东黄柏峪-水厂地区古太古代曹庄岩组和中太古代早期迁西岩群沉积表壳岩残余显示，约在3000 Ma时已有一些小型的原始陆核或微陆块存在，当时华北地区已有胶辽、迁西-怀安、晋冀、豫皖和蒙陕5个微陆块。在中-新太古代（3000~2600/2500 Ma）时，这些微陆块之间以洋盆消减、弧陆拼合，直至陆陆碰撞而聚合，最终经阜平运动形成中朝原始大陆或中朝萌芽大陆，各微陆块之间发育岛弧火山岩或杂岩带，或以大规模的韧性剪切带分割。在中朝原始大陆形成之后，新太古代晚期裂陷作用在晋冀地区、阴山地区及冀东地区形成一系列的海盆，发育了五台岩群等火山-沉积岩系。五台运动使这些岩系发生强烈的褶皱和变质，华北地区发生了显著的克拉通化，形成新太古代大陆。在古元古代时，新太古代晚期的海盆地区又再次裂陷，发育滹沱岩群、岚河岩群、中条岩群、二道凹岩群和青龙河岩群巨厚的沉积-变质岩群。与此同时，在新太古代大陆南部嵩山地区和东部的胶东地区发育半稳定的海相盆地碎屑岩和碳酸盐岩，新太古代大陆北缘也发生裂陷，发育较厚的火山-沉积岩系（以红旗营子群为代表）。扬子板块结晶基底包括鱼洞子岩群和华夏地块基底岩系，而塔里木板块结晶基底为新太古界和古元古界，太古宇出露于库鲁克塔格（达格拉格布拉克岩群）为一套中深变质岩系，其褶皱变形和混合岩化强烈，古元古界主要出露在库鲁克塔格（兴地塔格岩群）和铁克里克（埃连卡特岩群），为一套绿片岩相-低角闪岩相变质碎屑岩-碳酸盐岩组合。扬子板块三峡地区2800 Ma的崆岭岩群TTG（奥长花岗岩Trondhjemite-英云闪长岩Tonalite-花岗闪长岩Granodiorite）片麻岩和塔里木准地台上库鲁克塔格地区>2800 Ma的太古宙岩石表明，川中和塔里木中央在此时段内也形成了微陆块，成为以后形成扬子板块和塔里木板块的陆核。依据基底性质、变质岩系及古地磁特征，“扬子地块”和“华夏地块”在古元古代末可能是连为一体的，称其为扬子-华夏联合古陆，并在古陆东北部有一伸入古陆内部的赣皖浙海湾（徐志刚等，1995，1998，2004；张惠民，1995）。扬子-华夏联合古陆西部后来演化为扬子准板块，而东部演变为华南加里东裂谷-洋盆。在同一时期，塔里木北部古元古界兴地塔格岩群以及阿尔金和西昆仑地区同时代强烈的褶皱和变质岩石表明塔里木地台已形成。塔里木北部、阿拉善、柴达木及华北地区中-新元古界的层序和岩石特征的相似性显示塔里木和中朝两准地台在此时可能已相连或靠近。通过对中国大陆重要组成部分的天山-兴蒙造山系和秦祁昆造山系前寒武纪研究（任纪舜等，1980，1999；姜春发等，2000；张国伟等，1995，2001；王鸿祯等，1987），两大造山系存在前寒武纪的结晶基底。其中天山-兴蒙造山系结晶基底包括赛里木温泉岩群和佳木斯微陆块基底岩系，秦-祁-昆造山系包括秦岭岩群、北大河岩群、湟源岩群、托赖岩群、金水口岩群、库朗那古岩群等。总之，在古元古代末，中朝、塔里木、扬子和华夏诸陆块的结晶基底已经形成，具有原地台的性质，且有可能相互联结，成为古元古代大陆（董申保等，1986；任纪舜等，1999）。

中国大陆在中元古代—青白口纪期间完成了原地台裂解-拼合超大陆形成过程，即中国大陆变质基底形成。华北陆块的中、新元古界在其西北缘主要分布在阿拉善（墩子沟群、韩母山群）、阴山（白云鄂博群、渣尔泰群—什那干群）、贺兰山-桌子山（西勒图组—王全口组—正目观组）一带，总体为一套滨浅海相碎屑岩-碳酸盐岩组合；在华北南缘中元古代裂谷带下部发育一套中基性-酸性-中基性火山岩系（熊耳群），中上部（高山河群、官道口群、栾川群、三岔口组、陶湾组、石板河组、垢神庙组、罗圈组、东坡组）也为一套滨浅海相碎屑岩-碳酸盐岩组合；陆块上部（震旦系）普遍可见一套冰碛层（正目观组、烧火筒组、罗圈组）。在华南地区，于古元古代末形成的扬子-华夏联合古陆，在中-新元古代时发生“夹子式”（简称“剪刀式”）开合运动（徐志刚，1995，1998，2004），构造运动形成的一系列海盆，以板溪群、昆阳群、会理群等为代表，均为一套浅变质岩系。扬子原地台北部在中-新元古代时形成一些裂陷海盆（西乡群、碧口群、武当群等），如神农架海盆和武当海盆（武当群等），接受巨厚的碎屑岩和碳酸盐岩沉积。武当海盆的裂谷作用还使古元古界陡岭地块从扬子原地台北缘裂离，而新太古界—古元古界的佛坪地块也可能是在中元古代时从汉南杂岩裂离形成的。塔里木陆块变质过渡基底为中-新元古界浅变质岩系，柯坪地区仅见长城系阿克苏群绿片岩、蓝闪片岩；铁克里克下部（塞拉加兹塔格群）为裂谷环境细碧角斑岩系，中上部（博查特塔格群、苏库罗克群）浅变质碎屑岩-碳酸盐岩建造；库鲁克塔格下部（杨吉布拉克群）为滨海-浅海过渡相浅变质的碎屑岩建造，中上部（爱尔基干群、帕尔岗塔格群）以硅质碳酸盐岩为主，夹少量细碎屑岩。秦祁昆造山带变质基底岩系主要包括宽坪岩群、兴隆山岩群、托赖南山群、湟中群、朱龙关群等。

中国大陆统一盖层形成阶段：从南华纪开始，中国大陆演化进入崭新时期。扬子、塔里木板块发育盖层，并发生两期冰川沉积（南华纪下部古城冰期和上部南沱冰期），华南地区在扬子（晋宁）期裂解后，又大致以南宁-萍乡一线为中心裂解，形成以陆壳为基底的华南海盆。中朝准板块在南华纪时大部分隆升、剥蚀，仅东部沉降、接受沉积；震旦纪冰川沉积沿准板块西界和南界分布，而柴达木和塔里木北部也有冰川沉积，显示这些地块彼此相距不远。塔里木板块北侧的南天山元古洋闭合后发育南华纪—震旦纪盖层沉积。中朝准板块北向增生，形成温都尔庙兴凯造山带。西伯利亚板块南向增生，形成（萨彦-）额尔古纳兴凯造山带。

中国大陆古生代地质及成矿作用是在前寒武纪三种不同的基底之上发生、发展、演化的。经过加里东和华力西两个巨型构造旋回运动，于晚古生代末至早中生代初形成了块带相间的大地构造格局。一级构造单元由北向南，依次为西伯利亚板块、斋桑-额尔齐斯对接带、天山-兴蒙增生带、南天山-红柳河-洗肠井-西拉木伦对接带、塔里木板块、华北板块、昆南-商丹（勉略-大别-苏鲁）对接带、秦祁昆增生带、西藏-三江增生带、扬子板块、武夷-云开-台湾增生带。由于早-晚古生代构造演化过程的差异，主要以露头相的情况划分具体的构造单元。

## 一、早古生代地质构造单元

中国大陆早古生代构造单元是以主要构造期划分的构造单元基础上（潘桂棠等，2009），根据早古生代不同构造单元的基底性质、地层出露、岩浆活动及构造体制演化重新划分了Ⅰ-Ⅲ级构造单元，详细的构造单元划分见表1-1和图1-1。

以长期复杂的前寒武纪地质演化为基础，华北、扬子、塔里木等中国大陆开启了早古生代地质演化历程。通过对早古生代各个断代沉积建造特征及构造古地理研究、火山岩和侵入岩构造岩石组合及大地构造环境分析、变质岩石构造组合及变质区带划分，及其与前寒武纪各大地构造单元的关系等方面的研究，将中国早古生代构造单元划分为4个板块（西伯利亚板块、华北板块、塔里木-敦煌联合板块、扬子板块）及其间的4个对接带（斋桑-额尔齐斯（查尔斯布尔根）对接带、南天山-那拉提-

**表 1-1 中国早古生代构造单元划分表**

| Ⅰ级构造单元 | Ⅱ级构造单元（大相） | Ⅲ级构造单元（相） |
| --- | --- | --- |
| Ⅰ西伯利亚板块 | Ⅰ-1 阿尔泰弧盆系（O—$D_2$） | Ⅰ-1-1 阿尔泰被动陆缘（Nh—Є） |
| | | Ⅰ-1-2 阿尔泰岛弧（O—S） |
| Ⅱ斋桑-额尔齐斯（查尔斯布尔根）对接带（$Pz_1$—$C_1$） | Ⅱ-1 乔夏喀拉-布尔根蛇绿岩（$Pz_1$—$C_1$） | |
| | Ⅱ-2 北准噶尔洋内弧或岛弧（$D_{1-2}$） | |
| | Ⅱ-3 塔尔哈巴台-洪古勒楞-谢米斯台-阿尔曼泰蛇绿混杂带（$Pz_1$） | Ⅱ-3-1 塔尔哈巴台-洪古勒楞-谢米斯台蛇绿混杂带（$Pz_1$） |
| | | Ⅱ-3-2 阿尔曼泰蛇绿混杂带（$Pz_1$） |
| Ⅲ天山-兴蒙增生带 | Ⅲ-1 大兴安岭弧盆系（$Pt_3$—$Pz_1$） | Ⅲ-1-1 额尔古纳岛弧（$Pz_1$） |
| | | Ⅲ-1-2 海拉尔-呼玛弧后盆地（Pz） |
| | | Ⅲ-1-3 环宇-新林蛇绿杂岩带（$Pt_3$） |
| | | Ⅲ-1-4 扎兰屯-多宝山岛弧（$Pt_3$） |
| | | Ⅲ-1-5 锡林浩特隆起带（$Pz_1$） |
| | Ⅲ-2 小兴安岭-张广才岭岩浆弧（$Pt_3$—$O_3$） | Ⅲ-2-1 塔溪岩浆弧（$Pt_3$—$Є_1$） |
| | | Ⅲ-2-2 伊春-延寿岩浆弧（$O_3$） |
| | | Ⅲ-2-3 张广才岭陆缘弧（$Pt_3$—$Є_1$） |
| | Ⅲ-3 太平沟-依兰-穆棱俯冲增生杂岩带（Pz） | |
| | Ⅲ-4 佳木斯地块（$Є_1$—$O_2$） | |
| | Ⅲ-5 兴凯地块（$Pz_1$） | |
| | Ⅲ-6 包尔汉图-温都尔庙弧盆系（Pz） | Ⅲ-6-1 通辽岩浆弧（O—$S_1$） |
| | | Ⅲ-6-2 包尔汉图岛弧（$Pz_1$） |
| | | Ⅲ-6-3 白乃庙岛弧（$Pz_1$） |
| | | Ⅲ-6-4 盘石-百里坪岩浆弧（Pz） |
| | | Ⅲ-6-5 下二台-呼兰岩浆弧（Pz） |
| | Ⅲ-7 额济纳-北山弧盆系 | Ⅲ-7-1 圆包山岛弧（Pz） |
| | | Ⅲ-7-2 明水岩浆弧（O—D） |
| | | Ⅲ-7-3 公婆泉岛弧（O—S） |
| | | Ⅲ-7-4 辉深乌拉-都热岛弧（O—S） |
| | Ⅲ-8 东准噶尔-吐哈弧盆系（O—$D_2$） | Ⅲ-8-1 三塘湖复合岛弧带（O—D） |
| | | Ⅲ-8-2 卡拉麦里蛇绿构造混杂岩带（S—D） |
| | | Ⅲ-8-3 哈尔力克-大南湖岛弧（O—$D_2$） |
| | Ⅲ-9 西准噶尔弧盆系（O—$D_2$） | Ⅲ-9-1 唐巴勒-玛依拉蛇绿构造混杂岩带（$Pz_1$） |
| | | Ⅲ-9-2 巴雷克岛弧-弧后盆地（S—$D_2$） |
| | Ⅲ-10 冰达坂-米什沟-康古尔结合带（O—S） | Ⅲ-10-1 冰达坂-米什沟蛇绿构造混杂岩带 |
| | | Ⅲ-10-2 康古尔断裂带 |
| | Ⅲ-11 伊宁-博洛科努-巴伦台弧盆系（O—S—$D_2$） | Ⅲ-11-1 博洛科努陆缘弧（$O_2$—D） |
| | | Ⅲ-11-2 巴伦台-阿拉塔格岩浆弧（Pz） |
| Ⅳ南天山-那拉提-红柳河-西拉木伦对接带 | Ⅳ-1 索伦山-西拉木伦结合带 | Ⅳ-1-1 白音宝力道俯冲增生杂岩 |
| | | Ⅳ-1-2 温都尔庙俯冲增生杂岩 |
| | Ⅳ-2 那拉提-红柳河结合带 | Ⅳ-2-1 哈尔克山北坡高压超高压变质带（S—$D_1$） |
| | | Ⅳ-2-2 乌瓦门-拱拜子蛇绿混杂岩带（S—D） |
| | | Ⅳ-2-3 红柳河-洗肠井蛇绿混杂岩带（S—D） |
| | | Ⅳ-2-4 恩格尔乌苏蛇绿混杂岩带（C） |
| | Ⅳ-3 南天山-罗雅楚山陆缘盆地 | Ⅳ-3-1 东阿莱-哈尔克山弧前增生带（$Pz_1$—D） |
| | | Ⅳ-3-2 额尔宾山-库米什残余盆地（S—D） |
| | | Ⅳ-3-3 碱泉蛇绿混杂岩带（D） |

| Ⅰ级构造单元 | Ⅱ级构造单元（大相） | Ⅲ级构造单元（相） |
| --- | --- | --- |
| Ⅴ华北板块 | Ⅴ-1 冀北-阴山地块 | |
| | Ⅴ-2 鄂尔多斯陆表海-被动陆缘 | Ⅴ-2-1 鄂尔多斯陆表海碳酸盐台地（$Pz_1$）<br>Ⅴ-2-2 贺兰山陆表海-被动陆缘盆地（Z—Є—O） |
| | Ⅴ-3 五台-太行地块（$Pz_1$） | Ⅴ-3-1 山西碳酸盐台地（$Pt_2$—O） |
| | Ⅴ-4 冀辽地块 | |
| | Ⅴ-5 渤海东地块 | |
| | Ⅴ-6 鲁西地块 | Ⅴ-6-1 鲁西-淮北碳酸盐台地（Є—O） |
| | Ⅴ-7 豫皖地块 | Ⅴ-7-1 晋豫陆表海（$Pz_1$）<br>Ⅴ-7-2 华北南缘陆缘盆地（Z—O） |
| | Ⅴ-8 阿拉善地块 | Ⅴ-8-1 金昌北-阿拉善右旗板内碱性花岗岩带（S）<br>Ⅴ-8-2 龙首山陆缘盆地（Nh—Z） |
| Ⅵ塔里木-敦煌联合板块 | Ⅵ-1 塔里木板块 | Ⅵ-1-1 塔里木北缘裂谷-被动陆缘<br>Ⅵ-1-2 柯坪陆缘盆地（Pz）<br>Ⅵ-1-3 铁克里克裂谷（Pz） |
| | Ⅵ-2 敦煌地块 | Ⅵ-2-1 敦煌北缘被动-活动陆缘<br>Ⅵ-2-2 敦煌地块中南部活动陆缘 |
| Ⅶ秦祁昆增生带 | Ⅶ-1 西昆仑弧盆系 | Ⅶ-1-1 奥依且克-塔木其岛弧（O—P）<br>Ⅶ-1-2 库地-祁曼于特蛇绿混杂岩带（$Pz_1$）<br>Ⅶ-1-3 柳什塔格-上其汗岛弧（O—P） |
| | Ⅶ-2 阿尔金弧盆系 | Ⅶ-2-1 红柳沟-拉配泉蛇绿混杂岩带（Є—S）<br>Ⅶ-2-2 阿中岩浆弧（$Pz_1$） |
| | Ⅶ-3 北祁连弧盆系 | Ⅶ-3-1 走廊弧后盆地（O—S）<br>Ⅶ-3-2 走廊南山岛弧（Є—O）<br>Ⅶ-3-3 北祁连蛇绿混杂岩带（O—S） |
| | Ⅶ-4 中-南祁连弧盆系 | Ⅶ-4-1 中祁连岩浆弧（O—$D_1$）<br>Ⅶ-4-2 党河南山-拉脊山蛇绿混杂岩带（O—S）<br>Ⅶ-4-3 南祁连岩浆弧（O—$D_1$）<br>Ⅶ-4-4 全吉被动陆缘（Nh—O） |
| | Ⅶ-5 柴达木地块 | Ⅶ-5-1 柴达木北缘岩浆弧（Є—O）<br>Ⅶ-5-2 祁漫塔格北坡-夏日哈岩浆弧（O—S） |
| | Ⅶ-6 东昆仑弧盆系 | Ⅶ-6-1 祁漫塔格蛇绿混杂岩带（Pz）<br>Ⅶ-6-2 北昆仑岩浆弧（$Pt_3$—$Pz_1$）<br>Ⅶ-6-3 赛什塘-兴海蛇绿混杂岩带（P—T） |
| | Ⅶ-7 秦岭弧盆系 | Ⅶ-7-1 早古生代宽坪-淮阳-佛子岭增生杂岩（Є—O）<br>Ⅶ-7-2 北秦岭岩浆弧（$Pz_1$）<br>Ⅶ-7-3 南秦岭被动陆缘（$Pz_1$）<br>Ⅶ-7-4 南秦岭-西倾山陆缘裂谷（$Pz_1$）<br>Ⅶ-7-5 武当-随州陆内裂谷（$Pz_1$） |
| Ⅷ茫崖-柴北缘-东昆南-商丹对接带 | Ⅷ-1 阿南结合带 | Ⅷ-1-1 江嘎萨依-巴什瓦克高压变质增生杂岩带（Nh—Є）<br>Ⅷ-1-2 阿帕-茫崖蛇绿混杂岩带（Є—S） |
| | Ⅷ-2 柴北缘结合带 | Ⅷ-2-1 柴北缘蛇绿混杂岩带（Z—O） |
| | Ⅷ-3 商丹结合带 | Ⅷ-3-1 鸳鸯镇-鹦鹉嘴蛇绿混杂岩带（$Pz_1$）<br>Ⅷ-3-2 商丹蛇绿混杂岩带（$Pz_1$） |
| | Ⅷ-4 南昆仑结合带 | Ⅷ-4-1 东昆仑南坡俯冲增生杂岩带（$Pz_1$—$D_2$） |
| | Ⅷ-5 大别-苏鲁结合带 | Ⅷ-5-1 大别-苏鲁高压-超高压变质杂岩带 |

续表

| Ⅰ级构造单元 | Ⅱ级构造单元（大相） | Ⅲ级构造单元（相） |
|---|---|---|
| Ⅸ武夷-云开-台湾增生带 | Ⅸ-1 武夷-云开弧盆系 | Ⅸ-1-1 罗霄岩浆弧（Nh—$Pz_1$） |
| | | Ⅸ-1-2 新干-永丰弧间盆地（Nh—Є） |
| | | Ⅸ-1-3 十万大山-大容山碳酸盐台地（$Pz_1$） |
| | | Ⅸ-1-4 武夷岩浆弧（$Pz_1$） |
| | | Ⅸ-1-5 信宜-贵子坑蛇绿混杂岩（Nh—Є） |
| | | Ⅸ-1-6 云开岛弧（$Pz_1$） |
| | Ⅸ-2 丽水-政和-大浦结合带 | |
| | Ⅸ-3 东南沿海岩浆弧 | |
| | Ⅸ-4 海南被动陆缘盆地 | Ⅸ-4-1 南海地块被动陆缘 |
| Ⅹ江绍-郴州-钦防对接带 | Ⅹ-1 江绍-郴州-钦防结合带 | Ⅹ-1-1 绍兴-金华古岩浆弧（$Pt_3$） |
| | | Ⅹ-1-2 陈蔡古增生杂岩（$Pt_3$—O） |
| | | Ⅹ-1-3 新余-东乡增生杂岩带（$Pt_3$—O） |
| | | Ⅹ-1-4 钦防残余盆地（S—$P_2$） |
| Ⅺ扬子板块 | Ⅺ-1 下扬子板块 | Ⅺ-1-1 下扬子（苏皖）前陆盆地（$S_1$—$Pz_2$） |
| | | Ⅺ-1-2 下扬子被动陆缘（Z—$Pz_1$） |
| | | Ⅺ-1-3 南华陆缘裂谷（Z—$Pz_1$） |
| | | Ⅺ-1-4 怀玉山-天目山被动陆缘盆地（$Pz_1$） |
| | Ⅺ-2 上扬子板块 | Ⅺ-2-1 汉南陆缘裂谷（Nh） |
| | | Ⅺ-2-2 米仓山-大巴山被动陆缘盆地（Z—$T_2$） |
| | | Ⅺ-2-3 扬子地块南部陆表海（Pz） |
| | | Ⅺ-2-4 上扬子东南缘被动边缘盆地（$Pz_1$） |
| | | Ⅺ-2-5 雪峰山陆缘裂谷盆地（Nh） |
| | | Ⅺ-2-6 湘桂裂谷盆地（Nh—S） |
| | | Ⅺ-2-7 金平被动陆缘（S—P） |
| | | Ⅺ-2-8 富宁-那坡被动边缘盆地（Pz） |
| Ⅻ西藏-三江增生带 | Ⅻ-1 巴颜喀拉地块 | Ⅻ-1-1 摩天岭陆缘裂谷带（Nh）（黄龙碳酸盐台地 Pz） |
| | Ⅻ-2 三江弧盆系 | Ⅻ-2-1 中咱-中甸碳酸盐台地（Є—$T_2$） |
| | Ⅻ-3 羌塘地块 | Ⅻ-3-1 龙木错-双湖蛇绿构造混杂岩带 |
| | | Ⅻ-3-2 多玛地块（Pz） |
| | | Ⅻ-3-3 南羌塘增生盆地（Pz） |
| | | Ⅻ-3-4 嘉玉桥增生地体（Pz—J） |
| | Ⅻ-4 冈底斯地块 | |
| | Ⅻ-5 喜马拉雅地块 | Ⅻ-5-1 拉岗轨日被动陆缘盆地（O—$T_2$） |
| | | Ⅻ-5-2 北喜马拉雅碳酸盐台地（O—$T_2$） |
| | | Ⅻ-5-3 高喜马拉雅基底杂岩带 |
| | | Ⅻ-5-4 低喜马拉雅被动陆缘盆地（Pz） |
| | | Ⅻ-5-5 仲巴地块（Pz—J） |
| | Ⅻ-6 保山地块 | Ⅻ-6-1 耿马被动陆缘（Є—$T_2$） |
| | | Ⅻ-6-2 保山碳酸盐台地（Є—$T_2$） |
| | | Ⅻ-6-3 潞西被动陆缘（Z—$T_2$） |
| | Ⅻ-7 甜水海被动陆缘 | |

（据潘桂棠等，2009，有修改）

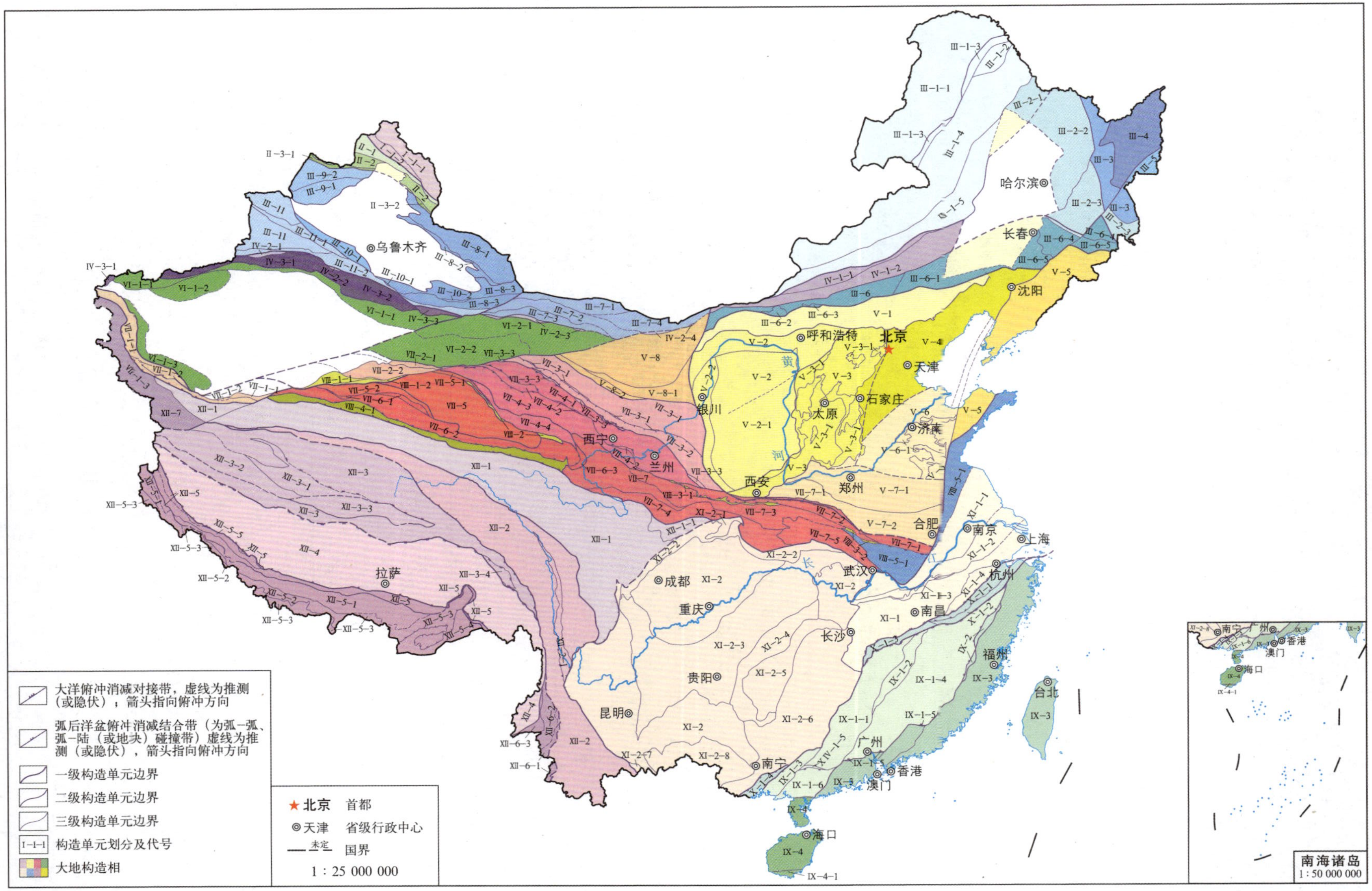


图1-1 中国早古生代构造单元划分图
（据潘桂棠等，2009，有修改）
构造单元名称见表1-1

红柳河-西拉木伦对接带、茫崖-柴北缘-东昆南-商丹对接带和江绍-郴州-钦防对接带），以及4个早古生代增生带（天山-兴蒙、秦祁昆、武夷-云开-台湾、西藏-三江）（表1-1）。

## （一）西伯利亚板块

作为西伯利亚板块的南缘，阿尔泰弧盆系是奥陶纪—中泥盆世的1个二级构造单元，其自北向南可进一步划分为阿尔泰被动陆缘和阿尔泰岛弧2个三级构造单元。

阿尔泰被动陆缘主要分布于阿尔泰-富蕴一线以北，以南华纪富蕴群斜长角闪片岩、斜长角闪片麻岩所夹的绢云母片岩为基底，主要由震旦纪—早奥陶世喀纳斯群低绿片岩的巨厚类复理石陆缘碎屑岩组成。喀纳斯群砂板岩中夹少量安山岩，可与俄罗斯“阿尔泰系”、“蒙古阿尔泰系”对比，根据微古植物化石及其上覆中-晚奥陶世火山磨拉石建造判断，其地质时代震旦纪—寒武纪。通过LA-ICPMS锆石U-Pb法对哈巴河群（喀纳斯群）碎屑锆石的测定（龙晓平等，2006），限定了喀纳斯群时代为中-晚寒武世（468~504 Ma）的火山弧或岩浆弧（可能为弧前或弧后盆地）沉积。

阿尔泰岛弧分布在富蕴-阿尔泰一线及其以北，主体由奥陶纪—志留纪弧侵入岩构成。弧侵入岩，东部主要有奥陶纪—志留纪英云闪长岩-闪长岩-石英闪长岩（$\gamma\delta o+\delta+\delta o$）组合，反映了TTG组合性质，属于岛弧岩浆岩外带岩石构造组合，获得英云闪长岩458.6±5.1 Ma的锆石U-Pb年龄（新疆维吾尔自治区地质调查院，2012）。花岗闪长岩中获得锆石U-Pb年龄为454±8 Ma，二长花岗岩中获得锆石U-Pb年龄为420±5 Ma（新疆维吾尔自治区地质调查院，2012）。在冲乎尔的片麻状斜长花岗岩中获SHRIMP锆石年龄为413±4 Ma，为晚志留世同碰撞的S型花岗岩（曾乔松等，2007），可能为奥陶纪—志留纪造山事件末期构造-岩浆活动的产物。大卡拉苏一带辉长岩类侵入克姆齐群，全岩及矿物Sm-Nd等时线年龄397 Ma；诺尔特地区的塔斯比克都尔根黑云母二长花岗岩、塔斯比克白云母二长花岗岩等锆石U-Pb年龄为396~440 Ma（袁峰等，2001），这些岩体多属（$O_3$—$D_1$）同碰撞-后碰撞侵入岩，反映了早古生代碰撞造山事件。

阿尔泰弧间-弧后盆地沿着富蕴-阿尔泰-阿舍勒一线，分布有晚奥陶世的东锡勒克组和白哈巴组、中-晚志留世库鲁木提群、早泥盆世康布铁堡组、中泥盆世阿勒泰组。它们构成了奥陶纪—中泥盆世与岩浆弧有关的弧间-弧后盆地岩石构造组合，总体反映了与岛弧相关的弧间-弧后盆地沉积-火山岩层序及岩石组合特点；近年来地质调查发现有SSZ型（Supra-Subduction Zone）蛇绿岩产出，反映弧后扩张洋壳残留。

阿尔泰南缘增生弧呈北西向分布于阿尔泰南缘，北西与哈萨克斯坦-俄罗斯境内的“东北挤压带”阿尔泰南缘火山-深成岩带对比，在新疆位于冲乎尔-康布铁堡断裂以南，带内主要由泥盆系、石炭系构成。构造极其复杂、片理化及糜棱岩化发育，变质程度各异、由北而南的逆冲断裂常见。为南侧（现在方位）斋桑-额尔齐斯洋盆向北俯冲消减所形成的增生弧。与之相关的弧侵入岩，主要以闪长岩-角闪闪长岩-英云闪长岩为代表，近年来获得的高精度锆石U-Pb测年资料（英云闪长岩378±6 Ma、399±4 Ma、400±7 Ma，角闪闪长岩408±6 Ma；新疆维吾尔自治区地质调查院，2012），反映了岩浆弧构造岩浆事件。

## （二）斋桑-额尔齐斯（查尔斯布尔根）对接带

斋桑-额尔齐斯对接带是早古生代—晚古生代初期阶段天山-兴蒙增生带北部重要的缝合带之一。主要包括南部的塔尔哈巴台-洪古勒楞-谢米斯台-阿尔曼泰早古生代蛇绿混杂带（$Pz_1$）、北部的乔夏喀拉-布尔根早古生代—早石炭世蛇绿混杂岩带（$Pz_1$—$C_1$）和它们之间夹持的泥盆纪北准噶尔洋内弧或岛弧（$D_{1-2}$）3个二级构造单元。

塔尔哈巴台-洪古勒楞-谢米斯台蛇绿混杂带（$Pz_1$）自塔城新生代盆地以北的塔尔巴哈台向东，经谢米斯台-和布克赛尔至洪古勒楞一线，构造线近东西向，与其南的西准噶尔弧盆系以韧性剪切带接触，沿该带断续分布着早古生代的蛇绿岩残块及其相关的构造混杂岩。塔城北部塔尔巴哈台山克恩萨依一带、额敏铁厂沟-白杨河北的谢米斯台山南坡厘定出早古生代蛇岩残块，其中塔城北辉长岩SHRIMP年龄为478.3±3.3 Ma（朱永峰等，2006），上覆早泥盆世火山角砾岩；洪古勒楞蛇绿混杂岩之上为中-晚志留世弧后前陆盆地火山复理石不整合覆盖，反映早古生代洋盆的闭合。

阿尔曼泰蛇绿混杂带（$Pz_1$）位于东准噶尔扎河坝-阿尔曼泰一带，呈北西向断续延伸，由早古生代蛇绿混杂岩相的蛇绿岩亚相及洋岛海山亚相组成。阿尔曼泰蛇绿岩兔子泉斜长花岗岩锆石SHRIMP U-Pb年龄为503±7 Ma（肖文交等，2006），扎河坝地区堆晶橄榄岩Sm-Nd等时线年龄为479±27 Ma（刘伟等，1993），硅质岩中放射虫化石时代为奥陶纪；在扎河坝蛇绿岩辉长岩中获SHRIMP年龄为489±4 Ma（简平等，2003）。在扎河坝蛇绿岩中获得锆石U-Pb年龄分别为518±4 Ma、499±3 Ma（新疆维吾尔自治区地质调查院，2012）；在阿尔曼泰山西段结勒德喀拉的辉长岩中获锆石U-Pb年龄508±4 Ma（陕西省地质调查院，2012），这些资料说明阿尔曼泰蛇绿岩的形成时代介于晚寒武世末—早奥陶世之间。

乔夏喀拉-布尔根早古生代—早泥盆世蛇绿混杂岩带（$Pz_1$—$C_1$）向东与南蒙古蛇绿岩带相连，向西与查尔斯克蛇绿岩相连，构成一条巨大的跨国蛇绿岩带。科克森它乌一带有少量规模很小的超基性岩——蛇绿岩，由二辉橄榄岩、奥长花岗岩、基性火山熔岩及放射虫硅质岩等组成。综合额尔齐斯构造带物质组成、构造关系等，结合西段查尔斯克及东段蒙古境内特征，认为洋盆闭合于早石炭世的维宪期—谢尔普霍夫期，其上为晚石炭世—二叠纪的陆相磨拉石建造所覆盖。

北准噶尔洋内弧或岛弧（$D_{1-3}$—$C_1$）即晚古生代哈巴河县岩浆弧（D—$C_1$），位于萨吾尔山-乔夏喀拉-老山口一带，夹于乔夏喀拉-布尔根早古生代—早泥盆世蛇绿混杂岩带与洪古勒楞-谢米斯台-阿尔曼泰早古生代蛇绿混杂带之间，东、西延伸出境。以泥盆纪—早石炭世岛弧型钙碱性玄武岩-安山岩-流纹岩建造及火山沉积建造为主，西部中泥盆统萨吾尔山组为安山质晶屑凝灰岩、安山质角砾熔岩、安山玢岩等不均匀互层夹硅质岩及凝灰砾岩透镜体，该地层中所含的火山岩均属钙碱系列，反映了岛弧火山-沉积特点。

综上所述，根据整个对接带早古生代—早石炭世的岩石构造组合特征及其所反映的构造环境变迁，将对接带的闭合过程总体分为两个阶段：一是早古生代，从其南、北岛弧建造的时限看，主要为奥陶纪（如果喀纳斯群寒武纪—奥陶纪岛弧确切的话，应该早于奥陶纪）开始向南、北双向俯冲；志留纪前陆盆地的发育说明碰撞可能开始于早-中志留世。第二阶段是泥盆纪—早石炭世，对接带北部的额尔齐斯-乔夏喀拉-布尔根构造带主体是晚古生代，其南、北均发育了早-中泥盆世岩浆弧（洋内弧、岛弧和大陆边缘弧都有），南部覆盖了早古生代塔尔巴哈台-阿尔曼泰蛇绿混杂岩及其两侧早古生代弧-前陆盆地；最晚的布尔根蛇绿岩年龄为352 Ma（何国琦等，2001），为早石炭世早期，其南部萨乌尔-老山口一带还有局限的早石炭世弧，并在额尔齐斯带局限发育石炭纪不含蛇绿岩的构造混杂岩。

### （三）天山-兴蒙增生带

天山-兴蒙增生带是我国北方囊括天山以北、内蒙古高原到大兴安岭及东北辽阔地域，属于中亚—蒙古构造带的一部分。构造单元上夹持于塔里木-华北陆块群以北，是由古生代多岛弧盆系、一系列结合带和前南华纪残留地块镶嵌组成的复杂构造域。主要包括大兴安岭弧盆系、小兴安岭-张广才岭岩浆弧、佳木斯碳酸盐岩台地、兴凯陆表海、包尔汉图-温都尔庙弧盆系、额济纳-北山弧盆系、东准噶尔-吐哈弧盆系、西准噶尔弧盆系、伊宁-博洛科努-巴伦台弧盆系等。

大兴安岭弧盆系（$Pt_3$—$Pz_1$）北起得尔布干断裂带、南至沙胡同-布敦花俯冲带，宽400～500 km，北东向展布，为古北亚洲洋在古生代演化形成的弧盆体系，从北到南有额尔古纳岛弧、海拉尔-呼玛弧后盆地、环宇-新林蛇绿混杂岩带相、扎兰屯-多宝山岛弧等。额尔古纳岛弧（$Pz_1$）新元古代（$Pt_3$）辉长岩+TTG侵入岩组合（$Pt_3$），显示岛弧-同碰撞-后造山侵入岩特征；下中奥陶统乌宾敖包组（$O_{1-2}w$）有大洋俯冲环境陆表海砾岩、砂岩夹灰岩建造；上志留统卧都河组（$S_3w$）为陆内裂谷环境滨浅海相碎屑岩建造。海拉尔-呼玛弧后盆地位于海拉尔-呼玛一带，北东向展布，寒武纪时期处于大陆裂谷环境，沉积有下寒武统浅海相碳酸盐岩夹细碎屑岩；寒武纪末期大洋俯冲后致使其后奥陶纪转化为弧后盆地，沉积有弧后盆地环境基性-中酸性火山岩、细碧角斑岩夹砂岩、板岩、灰岩组合，滨浅海粉砂质、泥质板岩与黄褐色长石石英砂岩互层、微晶灰岩夹板岩、石英砂岩组合。

小兴安岭-张广才岭弧盆系发育新元古代—早寒武世火山弧，出露在库伊河一带，呈南北向的带状延伸，由正沟流纹岩-英安岩-千枚岩-板岩组合、红光变质中基性凝灰岩-板岩-流纹岩组合、新兴变质石英砂岩-二云片岩-变粒岩组合构成。晚寒武世—早奥陶世侵入岩主要出露在麦海附近，由后碰撞高钾花岗岩组合构成。

佳木斯地块（$€_1$—$O_2$）早寒武世陆表海型碳酸盐陆棚沉积见于石灰窑一带，出露面积不大。晚寒武世侵入岩主要在碾盘山、鹤岗、林口、牛心山一带出露，分布范围较广，由花岗闪长岩-二长花岗岩-正长花岗岩组合构成。晚寒武世发育混合花岗岩及花岗闪长岩、二长花岗岩、正长花岗岩，混合花岗岩的锆石 U-Pb 年龄为 530 Ma、515 Ma、550 Ma、599 Ma，大地构造环境为同碰撞。中奥陶世碳酸盐岩台地沉积分别见于马家街与砍椽沟一带，主要为陆缘碎屑滨浅海沉积岩类，遭受了较强的糜棱岩化动力变质作用。

兴凯地块（$Pz_1$）早寒武世变质单元则由金银库组组成。杨木一带下寒武统为陆表海沉积，由强糜棱岩化的岩片构成，呈孤岛状出露于寒武纪花岗岩岩基中，属早期盖层。岩石经历了低级区域变质作用，由金银库大理岩-变质细砂粉砂岩-板岩组合构成。早寒武世混合花岗岩、花岗岩及晚寒武世辉长岩、花岗闪长岩、二长花岗岩、正长花岗岩分布于蜂蜜山-虎头一带，呈北东向条带状展布，早寒武世花岗岩的锆石 U-Pb 年龄为 522 Ma、515 Ma，大地构造环境为同碰撞。晚寒武世花岗岩的锆石 U-Pb 年龄为 490 Ma，构造环境为造山晚期-板块碰撞前-碰撞后伸展。

包尔汉图-温都尔庙弧盆系（Pz）位于华北陆块区与西拉木伦俯冲带之间，近东西向展布，该弧盆系由内蒙古向东延伸自辽宁北部、吉林东部，中间被松辽裂谷盆地覆盖。划分为通辽岩浆弧（O—$S_1$）、包尔汉图岛弧（$Pz_1$）、白乃庙岛弧（$Pz_1$）。通辽岩浆弧发育奥陶纪碳酸盐岩浊积岩内夹角闪片岩，可能是陆缘弧环境下的中基性火山岩变质的产物。在志留纪—泥盆纪表现为后造山（板内裂谷）性质。上志留统—下泥盆统为陆表海相陆源碎屑岩-碳酸盐岩组合；中志留世八当山火山岩形成于后造山环境。

额济纳-北山弧盆系即明水-公婆泉岛弧（O—S—D—C），位于前南华纪马鬃山地块之上。岩浆弧基底为早古生代局部出露的以寒武纪双鹰山组灰岩-西双鹰山组硅质岩夹灰岩为代表的被动陆缘沉积建造组合，它与敦煌地块北部完全可以对比，说明了早古生代早期与敦煌地块被动陆缘是连为一体的。奥陶纪—志留纪以公婆泉群安山玢岩等中酸性火山岩、碎石山组弧后-前陆盆地碎屑岩组合为代表，其侵入岩组合为奥陶纪花岗岩、志留纪奥长花岗岩-花岗闪长岩、闪长岩-石英闪长岩-石英二长岩-花岗闪长岩-英云闪长岩-二长花岗岩等侵入岩组合，总体反映了岛弧环境的产物，公婆泉安山岩中产斑岩型铜矿。泥盆纪侵入岩显示闪长岩、石英闪长岩-英云闪长岩、闪长岩-花岗闪长岩、闪长岩-石英闪长岩、闪长岩-花岗闪长岩-二长花岗岩-正长花岗岩和闪长岩-石英二长岩-二长闪长岩-二长花岗岩几种组合，显示其岩浆弧 TTG-GG 组合，但空间分带性不明显。

东准噶尔-吐哈弧盆系（O—$D_2$）由东北部的三塘湖复合岛弧带（O—D）、西南部的哈尔力克-大南湖岛弧（O—$D_2$）及其间的卡拉麦里蛇绿构造混杂岩带（S—D）3 个三级构造单元组成。三塘湖-园包山复合岛弧带根据其早古生代—泥盆纪岩石构造组合特征，可以划分为奥陶纪（局部可能起止寒武纪）岩浆弧、晚志留世前陆盆地、早-中泥盆纪岛弧-弧间（或弧后）盆地。反映了早古生代俯冲-碰撞至晚古生代早期残余洋盆俯冲-碰撞两个阶段构造过程。卡拉麦里蛇绿构造混杂岩带构成了三塘湖-园包山复合岛弧带与西哈尔力克-大南湖岛弧之间的拼接带。蛇绿岩组成较为齐全，有方辉橄榄岩、堆晶的超镁铁质岩和镁铁质岩、均质辉长辉绿岩、枕状熔岩、块状熔岩及放射虫硅质岩，在均质辉长辉绿岩及熔岩中穿插有辉绿岩墙；此外还有少量二辉橄榄岩。除蛇绿岩外，中泥盆世北塔山组和蕴都喀拉组中-基性熔岩、火山凝灰岩、硅质岩等构造卷入其中；在红柳沟地区，巨大的蛇绿岩块由北向南推覆于下石炭统南明水组碎屑沉积之上。根据岩石组合和产出的区域背景，卡拉麦里蛇绿岩属于SSZ型蛇绿岩。卡拉麦里蛇绿岩下部洋壳中所含的放射虫可能为早-中泥盆世，蛇绿岩中辉长岩K-Ar年龄为388~392 Ma、卡拉麦里蛇绿岩年龄416~390 Ma，蛇绿岩应该形成于志留纪—泥盆纪早中期，洋盆在晚泥盆世之前已经结束（肖序常等，1992；李锦轶，1995；徐学义等，2008；汪帮耀等，2009）。哈尔里克-大南湖岛弧早古生代大南湖岛弧发育在前南华纪吐-哈地块的南侧，以出露早古生代岩浆弧残块为主。哈尔里克古生代岛弧与上述三塘湖复合岛弧类似，为早古生代岛弧的基底上又叠加了晚古生代岛弧。后者岛弧基底可见南华系青石峡组碱性火山岩及碎屑岩，双峰式火山岩（玄武岩、流纹岩）同位素Sm-Nd全岩等时线年龄707~757 Ma（曹福根等，2009）。

西准噶尔弧盆系（O—$D_2$）包括唐巴勒-玛依拉构造蛇绿混杂岩带（$Pz_1$）及巴雷克岛弧-弧后盆地（S—$D_2$）两个三级构造单元。唐巴勒-玛依拉构造蛇绿混杂岩主体出露于唐巴勒、玛依拉和达拉布特的构造蛇绿混杂岩构成俯冲增生杂岩带。奥陶纪唐巴勒蛇绿混杂岩由早奥陶世具有深水盆地、沉积特征的粉砂岩、千枚岩、硅质岩夹浊积岩、中酸性凝灰岩等（拉巴组和图龙果依组）和中奥陶世中基性火山岩、放射虫硅质岩及蛇绿岩（科克萨依组）、高压麻粒岩组成。唐巴勒出露的奥陶纪蛇绿混杂岩带中，其伴生的斜长花岗岩年龄值508~525 Ma（肖序常等，1992），蛇绿岩全岩Sm-Nd等时线年龄为477±56 Ma（黄萱等，1997）、489±53 Ma（张弛等，1992）；与蛇绿岩相伴的蓝闪石$^{39}Ar/^{40}Ar$年龄为458~470 Ma（张立飞，1997）。整体反映了寒武纪晚期—奥陶纪早期时限。巴雷克岛弧-弧后盆地（S—$D_2$）位于谢米斯台以南，新生代巴尔雷克断裂东、西两侧。中-上志留统玛依拉山组火山细碎屑岩、玄武岩、细碧岩、紫红色碧玉岩及青灰色放射虫硅质岩（南部），属于靠近岛弧部分的弧后盆地火山-沉积岩岩石构造组合。

冰达坂-米什沟-康古尔结合带（O—S）是早古生代准噶尔-吐哈地块（东、西准噶尔弧盆系）与中天山地块（中天山弧盆系）之间的结合带，由冰达坂-米什沟蛇绿构造混杂岩带和康古尔断裂带两个三级单元构成。在米什沟等一带断续出露早-中奥陶世细碧角斑岩建造及蛇绿混杂岩及含牙形石（$O_{1-2}$）的远洋沉积，在后峡-红五月桥南至冰达坂以北的蛇绿混杂岩变形基质以绿片岩为主，构造岩块由中基性岩岩块、辉长-辉绿岩块、辉长岩岩块等组成。干沟蛇绿混杂岩和高压变质带的混杂基质为奈楞格勒达坂群（可可乃克群）属变质的弧前火山-沉积盆地（高俊等，1997）。下-中奥陶统细碧-角斑岩建造类似于钾质安山岩（车自成等，1994）；下志留统砂板岩笔石页岩相不整合于奥陶系细碧-角斑岩之上，具弧后前陆盆地相的前缘盆地亚相特征，说明该洋盆已发展结束。

伊宁-博洛科努-巴伦台弧盆系（O—S—$D_2$）自西向东可划分为博洛科努陆缘弧（$O_2$—D）、巴伦台-阿拉塔格岩浆弧（Pz）。博洛科努陆缘弧是发育在南华纪—早奥陶世被动陆缘基础上的晚奥陶世—泥盆纪陆缘岩浆弧。整体坐落在前南华纪伊犁地块上。根据岩浆弧发育的部位，可以再分为博罗科努和特克斯两个地段。巴伦台-阿拉塔格岩浆弧（Pz）与特克斯岩浆弧、博罗科努岩浆弧，均坐落于前南华纪中天山陆块上的早古生代中晚期岩浆弧，基底可见以南华纪贝义西组砂砾岩-双峰式火山岩-凝灰岩组合为代表的裂谷建造（卡拉塔格）。

### （四）南天山-那拉提-红柳河-西拉木伦对接带

西段南天山-那拉提-红柳河对接带是南华纪—早古生代哈萨克斯坦-准噶尔联合板块与塔里木板块之间的结合带。从对接带自身和两侧板块边缘的地质情况看，在南华纪—奥陶纪，其南的塔里木陆块和其北的中天山地块都参与了晋宁运动，并具有新元古代构造热事件地质记录，都发育了南华纪—早古生代初期以冰碛岩和含磷沉积及基本相似的古生物组合，反映了南华纪—奥陶纪南天山构造带可能仅是一个次级小洋盆，不具有重要分割意义（而北天山的冰达坂-米什沟-康古尔构造带却具有重要的分割意义）。然而，南天山-那拉提-红柳河构造带在志留纪—石炭纪，却成为分割塔里木板块与哈萨克-准噶尔-吐哈联合板块的最重要边界，其主要特征表现为多条延伸规模巨大的志留纪—泥盆纪蛇绿混杂岩、与之伴随的深俯冲相关的高压-超高压变质带。该带南、北两侧志留纪—早石炭世的构造环境具明显区别（南部塔里木板块被动陆缘-裂谷；北部哈萨克斯坦-准噶尔联合板块活动陆缘弧盆系）。

东段索伦山-西拉木伦结合带原狭义地指西拉木伦俯冲碰撞带，本次研究指位于包括向北俯冲的沙胡同-布敦花俯冲带与向南俯冲的西拉木伦俯冲带之间的区域，早古生代期间主要包括温都尔庙俯冲增生杂岩带和白音宝力道（查干乌拉）俯冲增生杂岩，代表本阶段洋盆闭合在南北两侧增生杂岩的产物，温都尔庙俯冲-增生杂岩带以温都尔庙群和晚寒武世超基性岩片为主的俯冲增生杂岩，该杂岩带内还发育有少量德言其庙斜长角闪岩和晚奥陶世奥长花岗岩。温都尔庙群和超基性岩片为SSZ型蛇绿岩，是大洋板块俯冲消减的残留物；德言其庙斜长角闪岩（原岩为辉长岩）为岛弧岩浆岩，在中奥陶世期间发生高温角闪岩相变质作用，形成了一套斜长角闪岩组合。奥长花岗岩为低钾拉斑系列，形成于岛弧构造环境，是大洋斜长花岗岩和埃达克质岩石之间的过渡类型。因此温都尔庙混杂岩中不仅包括残留洋壳蛇绿岩组合，还包含有岛弧系统岩浆岩。该套增生杂岩遭受了强烈的变质变形改造，高压变质带内发现的蓝闪石片岩，形成于洋壳俯冲碰撞的构造环境。索伦山-西拉木伦结合带晚古生代蛇绿岩组合最为典型，具体包括布敦花蛇绿混杂岩带、林西残余盆地、柯单山-小苇塘俯冲增生杂岩。该结合带代表着古亚洲洋最终闭合的位置，并延伸到东部长春一带。在林西残余盆地北侧沙胡同-布敦花，发育有呈多段相连的向南东突出的弧形带状俯冲带，宽一般小于20 km。其西部巴彦查干苏木一带出露中二叠世同碰撞强过铝花岗岩组合；中东部零星断续出露布敦花蛇绿混杂岩建造，在阿他山一带出露蛇纹石化橄榄岩、二辉岩；牤牛海超基性岩有3个岩体，岩石类型主要为蛇纹岩、蛇纹石化辉石岩、蛇纹石化橄榄岩、蚀变辉绿岩，含铬铁矿；乌兰吐超基性岩其核心部位为蛇纹石化纯橄榄岩，向外依次为辉石橄榄岩（多变为透闪石岩）、辉长岩和斜长角闪岩，在纯橄榄岩内有致密块状、浸染状铬铁矿。

### （五）华北板块

华北板块是古元古代最终焊接形成的早前寒武纪克拉通，在早前寒武纪时期至少在新太古代晚期和古元古代晚期经历了拼贴和焊接过程。早古生代，华北克拉通进入了陆表海碳酸盐岩台地演化阶段，早期（$\epsilon_1$）为陆缘碎屑岩-碳酸盐岩组合，中期（$\epsilon_1$—$O_1$）为缓坡-斜坡碳酸盐岩组合；晚期（$O_2$）为潮坪-局限台地碳酸盐岩组合。根据前寒武纪基底性质不同，将华北板块划分为8个不同的地块，分别为冀北-阴山地块、鄂尔多斯陆表海-被动陆缘、五台-太行地块（$Pz_1$）、冀辽地块、渤海东地块、鲁西地块、豫皖地块和阿拉善地块，早古生代期间，这些块体主要以碳酸盐岩台地和陆表海沉积为主。华北板块成矿作用甚为广泛，主要为沉积型石膏矿、铝土矿、硫铁矿和铁矿等。

### （六）塔里木-敦煌联合板块

南华纪—早古生代塔里木板块包括了塔里木地块和敦煌地块两个二级构造单元，它们的共同特点是均在其北部发育早古生代早期的裂谷-被动陆缘，敦煌地块南部发育活动陆缘，由此，可以区分出塔里木北缘裂谷-被动陆缘和敦煌北缘被动-活动陆缘、敦煌地块中南部活动陆缘3个三级构造单元。需要说明的是，在塔里木北缘库鲁克塔格地区和敦煌地块的北部在早古生代的中晚期均叠加有岛弧或陆缘弧性质的中酸性侵入岩带，叠加在早古生代被动陆缘之上，反映出其北部碱泉-红柳河-洗肠井以蛇绿岩为代表的洋壳在主体向北俯冲（与南天山-红柳河-洗肠井对接带整体特征一致）的同时，兼有向南的“双向”俯冲的可能。

### （七）秦祁昆增生带

南华纪至早古生代华北-塔里木陆块区（链）的南侧，昆南（康西瓦）-南阿尔金-柴北缘-商丹具有早古生代高压-超高压特征变质的蛇绿混杂岩带为代表的板块结合带（对接带）的北侧，由西昆仑、阿尔金（阿中-阿北）、北祁连、中-南祁连、东昆仑、北秦岭等弧盆系，形成早古生代华北陆块-塔里木陆块南侧的巨型增生造山系。

西昆仑弧盆系由北部奥依且克-塔木其（塔南）岛弧（O—S）、南部柳什塔格-上其汗岛弧

（O—S）及其间的库地-祁曼于特蛇绿混杂岩叠接带（$Pz_1$）三部分构成。其中前二者在地层沉积建造、侵入岩岩石构造组合及其构造环境具可对比性，并难以区分。

库地-祁曼于特蛇绿混杂岩带（$Pz_1$）叠接带呈北西西向展布于上述岩浆弧之间的塔什库尔干库浪那古河上游，向东经库地、库尔浪、祁曼于特。库地蛇绿岩限制于库地镁铁-超镁铁岩体本身，岩石类型包括纯橄岩、辉橄岩、方辉橄榄岩、单辉橄榄岩、斜方辉石岩、单斜辉石岩、含长辉石岩、辉长岩、辉绿岩。柳什塔格洋岛玄武岩 Rb-Sr 年龄 563±48 Ma，说明洋盆在震旦纪时已存在（李博秦等，2007），库地方辉橄榄岩获锆石 U-Pb 年龄 502~512 Ma，祁曼于特辉长岩 U-Pb 表面加权年龄和谐和年龄为 526±1 Ma（韩芳林等，2002）。

早古生代阿尔金弧盆系位于阿北-敦煌地块以南、阿南增生杂岩带之北，由阿北红柳沟-拉配泉蛇绿混杂岩带（∈—S）和阿中岩浆弧（$Pz_1$）两个三级构造单元组成。

北祁连弧盆系是叠加在前南华纪祁连陆块北部和阿拉善地块之南的早古生代中-晚期发育的沟-弧-盆体系。它是在震旦纪—寒武纪—早奥陶世板内裂谷-多岛小洋盆的基础上，于奥陶纪中晚期至志留纪—早中泥盆世，洋盆收缩、陆块汇聚，洋壳向北、向南双向俯冲-弧陆碰撞造山形成的北祁连造山带。自南向北可划分为北祁连蛇绿混杂岩带（O—S）、走廊南山岛弧（∈—O）和走廊弧后盆地（O—S）3 个三级构造单元。

中-南祁连弧盆系指北祁连（南缘）蛇绿混杂岩带以南，柴北缘蛇绿混杂岩带以北，主体由中祁连岩浆弧（O—S）、党河南山-拉脊山蛇绿混杂岩带（O—S）、南祁连岩浆弧（O—$D_1$）、全吉被动陆缘（Nh—O）3 个三级构造单元构成的早古生代中-晚期复杂弧盆系。

早古生代北秦岭弧盆系是位于商丹蛇绿混杂岩带之北，华北陆块南缘的活动大陆边缘，是华北-塔里木板块（陆链）南侧早古生代巨型增生造山带东部的组成部分。由北部的早古生代宽坪蛇绿混杂岩带和其南的北秦岭岩浆弧（$Pz_1$）2 个三级构造单元构成。

早古生代东昆仑弧盆系是发育在前南华纪布尔汗布达地块和东昆仑地块之上的活动陆缘，应该是昆南结合带向北俯冲形成的早古生代至中泥盆世岩浆弧和弧后扩张有关的弧后-前陆盆地系统，由祁漫塔格（南坡）蛇绿混杂岩带（$Pz_1$）和北昆仑岩浆弧（$Pt_3$—$D_2$）构成。

早古生代柴达木地块与前南华纪柴达木陆块的性质和范围发生了较大的变化，主体表现为以前南华纪地块为基底的弧盆系。主要发育于地块的南、北边缘。柴达木地块北部边缘岩浆弧（∈—O），保留在新生代柴达木盆地的西部的牛鼻子梁-俄博梁和东部的鄂拉山一带。西部主要由∈（$\gamma\delta o+\delta o$）、O（$\gamma\delta o+\delta+\gamma\delta$）、O—S（$\sigma+\gamma\delta+\eta\gamma$）、S（$\delta+\delta o$）组合，和原划为“滩间山群”的钙碱性玄武岩-安山岩-英安岩-变砂岩夹灰岩岛弧火山-沉积岩构成。英安岩锆石 U-Pb 年龄为 546 Ma（中国地质调查局西安地质调查中心，2015）。柴达木东缘岩浆弧主要位于沙流河之南的鄂拉山南部，主要由都兰地区滩间山群深灰色二云石英片岩、绢云石英片岩、绢云片岩，含石榴黑云变粒岩、浅粒岩夹含锰硅质岩，局部见斜长角闪岩组成。其中混有较多蛇绿岩碎块，有深灰色玄武岩、细碧岩、灰黑色辉长石、辉绿玢岩、斜长花岗岩、辉石闪长岩、橄榄岩、辉石角闪石岩、蛇纹石化单辉橄榄岩、蛇纹石化纯橄岩等。碎屑岩中含牙形石 *Ambalodus* cf. *triangularis*；Pb-Sr 同位素年龄值：450±4 Ma，445±2 Ma、453 Ma。总体发育绿片岩相变质，局部达低角闪岩相，侵入岩组合为 O（$\delta+\delta o$）、O—D（$\gamma\delta$），分带性不明显。

### （八）茫崖-柴北缘-东昆南-商丹对接带

西起阿尔金构造带西缘阿帕，经南阿尔金（江尕萨依-巴什瓦克）-茫崖、东昆南（木孜塔格-清水泉-塔绥）、柴达木北缘至天水鸳鸯镇-商丹，断续分布着早古生代蛇绿混杂岩，其中蛇绿岩多为与洋中脊有关的 MORB 型，其中在东昆仑清水泉、商丹松树沟蛇绿岩为中-新元古代蛇绿岩，说明洋盆持续发展的时限较长；并伴随后期板块的汇聚发育着与深俯冲相关的高压-超高压变质岩（崔军文等，1994；许志琴等，2010）。这一系列的特征较其南、北两侧弧盆系中的蛇绿混杂岩具有洋中脊 MORB 型蛇绿岩集中、洋盆发育持续时间长，具有明显深俯冲的特点。同时所阻隔的南、北两个板块南华纪—早古生代建造明显不同（南侧华南板块伸展环境被动陆缘-裂谷建造、北侧华北板块汇聚活动陆缘弧盆系火山沉积建造），反映了该构造带应该是南华纪—早古生代时期具有重大分隔意义的早期宽阔洋盆和晚期重要构造聚合带，反映了对接带的构造特征。

对接带由南阿尔金结合带（Nh—O）、柴北缘结合带（Є—O）、商丹结合带（$Pt_3$—O）、南昆仑结合带（$Pt_3$—$D_2$）和大别-苏鲁结合带5个二级构造单元构成，并进一步划分为若干个俯冲增生杂岩带或蛇绿混杂岩等三级构造单元。

阿南结合带（Nh—O）由早期北部早古生代早期弧前增生杂岩带和南部（茫崖-阿帕）早古生代晚期蛇绿混杂岩带两部分构成。阿帕-茫崖蛇绿混杂岩带（Z—O），混杂岩块由蛇纹石化橄榄岩、辉长岩、玄武岩、硅质岩、片麻岩、片岩、大理岩等组成，其中的镁铁-超镁铁岩构成了蛇绿混杂岩相的蛇绿岩亚相，变形基质为构造片岩、强劈理化糜棱岩化砂岩、凝灰岩，这些深水细碎屑变质复理石建造构成了蛇绿混杂岩相的远洋沉积亚相。镁铁-超镁铁岩主要由纯橄岩、辉橄岩、方辉橄榄岩、二辉橄榄岩，少量辉石岩、堆晶辉长岩、辉绿岩、玄武质熔岩及凝灰岩组成。蛇绿岩地球化学特征与洋脊拉斑玄武岩相似，稀土元素呈弱右倾或近于平坦、类似E-MORB的特征，其Sm-Nd等时线年龄为481±53 Ma（刘良，1998）。江尕萨依-巴什瓦克（弧前）增生杂岩带（$Pt_3$—Є），位于早古生代阿尔金弧盆系阿中岩浆弧之南，茫崖-阿帕蛇绿混杂岩带之北，由前南华纪变质杂岩（阿尔金杂岩）和早古生代早期高压-超高压变质岩（榴辉岩、石榴二辉橄榄岩、蓝闪石片岩）和一系列韧性剪切带组成（王永和等，2014；刘良等，2003，2015）。榴辉岩全岩Sm-Nd等时线年龄和锆石U-Pb年龄分别为500±10 Ma和503±4 Ma（张建新等，1999），为寒武纪。

柴北缘结合带（Є—O）主体以发育洋壳残片、俯冲增生楔、火山岛弧、高压-超高压变质带和巨型韧性剪切带为其主要特征。蛇绿岩被巨大的韧性剪切带肢解呈多个断块、岩片出露，混杂岩中卷入了大量中高级变质杂岩（可能相当于达肯达坂岩群）、早古生代滩间山火山弧安山岩-英安岩-流纹岩等构造块体。并被具有弧岩浆岩性质的中-晚奥陶世中酸性岩侵入。柴北缘蛇绿岩可能为与消减作用有关的SSZ型蛇绿岩。详细的构造变形测量和变形与变质的关系研究及变质矿物年龄测定，区分出了早期$Є_3$—O伴有榴辉岩相和角闪岩相变质的俯冲阶段蛇绿混杂岩带定型期构造变形，及晚期S—$D_1$伴有高绿片岩相变质碰撞构造期或同造山作用期韧性剪切变形（糜棱岩的黑云母$^{40}Ar/^{39}Ar$的同位素年龄400 Ma，陈文，1994）。

商丹结合带（$Pt_3$—O）是在前南华纪松树沟洋持续发展至早古生代奥陶纪之后，经俯冲-碰撞而形成的扬子板块与华北板块之间的早古生代缝合带。断续分布于武山-关子镇-鹦鹉嘴-岩湾-商丹-松树沟一线，由武山蛇绿岩、关子镇蛇绿岩、鹦鸽嘴-岩湾蛇绿岩、商丹蛇绿混杂岩带、松树沟蛇绿岩及构造卷入的下古生界罗汉寺组、新元古界—奥陶系丹凤岩群、志留系王家河组，构成断续延伸的早古生代蛇绿混杂岩带。武山蛇绿岩出露于该单元最西端，其形成于初始大洋盆地环境或E-MORB环境（杨军录等，2001）。关子镇蛇绿岩的岩石地球化学特征表明其形成于N-MORB环境（裴先治等，2004）；锆石U-Pb测年获得457±3 Ma（董云鹏等，2007）；其中的基性火山岩SHRIMP测年获得471±1 Ma（杨钊，2006）。鹦鸽嘴-岩湾蛇绿岩的岩石地球化学特征显示出介于E-MORB和N-MORB之间，显然不同于岛弧火山岩，形成于大洋中脊环境或弧后拉张环境（陈隽璐等，2008）。

南昆仑结合带分布于康西瓦-木孜塔格-西大滩-布青山一带，是由中-新元古代、早古生代汇聚事件形成的。早古生代蛇绿混杂岩主要分布于没草沟、乌妥，另外还在万保沟及小南川等地发育产光面球藻、增厚似导管及小壳化石，属早寒武世陆缘裂谷近岸浅海沉积（沙松乌拉组）。乌妥蛇绿岩（Є—O）呈十多个被肢解的由蛇纹石化超镁铁-镁铁质岩和蚀变玄武岩组成的蛇绿岩碎片，据玄武岩同位素年龄518 Ma（杨杰等，2016）及该带俯冲型花岗闪长岩同位素年龄472 Ma，将蛇绿岩形成时代定为寒武纪—奥陶纪。

## （九）武夷-云开-台湾增生带

武夷-云开-台湾增生带是指江山-绍兴-萍乡-衡阳-梧州-防城港等深断裂带南东直到东南沿海

的地区，还包括部分沉入东海和南海的陆块。早古生代构造单元可划分成武夷-云开弧盆系、华夏地块和海南被动陆缘盆地3个二级构造单元。

武夷-云开-台湾增生带南段粤东地区为早加里东造山带，发育巨厚的青白口系—震旦系（云开群）浅海相类复理石建造夹火山岩、碳酸盐岩和变质铁、磷矿（岩石已深变质为变粒岩、石英片岩、石英云母片岩和云片岩，厚度6000 m）和上震旦统—寒武系（八村群）浅变质的类复理石建造（厚度3930 m）。八村群下部含碳质页岩，富含黄铁矿、磷结核，并有钒、铀矿化和石煤层。寒武纪末的早加里东运动（郁南运动）使这些地层形成紧密线性褶皱、强烈区域变质和混合岩化。在早加里东造山带形成后，其西、北侧又发生沉降，发育裂谷型沉积。

武夷-云开-台湾增生带中北段发育巨厚的南华系—奥陶系浅变质泥砂质复理石建造。桂粤交界处南华系鹰阳关群的中-下部夹厚度366 m变质细碧角斑岩、凝灰岩，中-上部夹两层BIF铁矿。赣中南南华系—震旦系有拉斑玄武岩、细碧角斑岩，定南有橄榄岩、角闪岩，与围岩同受混合岩化，可能是洋壳残片。寒武系为次深海浊积砂泥质复理石，富含火山碎屑，厚度6687 m，下部夹硅质岩和石煤层，含钒、铀等成矿元素。江西省中-晚寒武世古地理图显示物源部分来自东侧华夏古陆，部分来自西侧九岭隆起（江南岛群）。奥陶系零星产于赣湘、赣粤交界处的向斜核部，下-中奥陶统为笔石页岩相复理石，厚度500 m；上奥陶统为浅水介壳相变质砂岩夹碳酸盐岩，显示地壳已渐趋隆升，致使志留纪沉积时限短、厚度薄或缺失。伸入华夏古陆内部的邵武-龙岩海盆内发育奥陶系复理石，厚度300 m，碎屑往上变粗，反映一次较大海退。志留纪末的晚加里东运动（广西运动）使上述诸地层褶皱，并伴有广泛的花岗岩类侵位。

### （十）江绍-郴州-钦防对接带

江绍-郴州-钦防对接带在早古生代期间主要由陈蔡古增生杂岩和绍兴-金华古岩浆弧组成。陈蔡古增生杂岩主要分布在江绍拼合带东南侧的义乌尚阳、诸暨陈蔡、上虞三界和江山一带，为一套角闪岩相中深变质岩系，主要由黑云斜长片麻岩、斜长角闪岩、片岩、变粒岩、大理岩等组成，其原岩形成于中-新元古代。绍兴-金华古岩浆弧即过去所称的江绍断裂带，呈北东走向，向东延伸至杭州湾外大陆架，向西沿浙赣线至江西武夷山北坡，全长280 km。该岩浆弧形成始于晋宁碰撞造山期，经历了洋壳俯冲、扬子陆块东南缘江南古岛弧的形成、江南古岛弧与华夏古岛弧的碰撞对接、断裂带岩石的韧性剪切变形等发展阶段。

### （十一）扬子板块

扬子板块经中-新元古代之扬子（晋宁）旋回的武陵运动和雪峰运动后成为稳定的陆壳区。鉴于构成准板块基底之板溪群及其相当地层与其上覆南华系—震旦系盖层之间多为假整合或微角度不整合，推测雪峰运动的褶皱作用并不十分强烈。扬子板块范围自滇东至江苏的几乎整个长江流域和南黄海，西南以金沙江-红河深断裂与三江造山带为界，西北以龙门山深断裂与松潘-甘孜造山带为邻，北以北大巴山-大别山前缘断裂带、郯庐断裂带和嘉山-响水断裂与秦岭-大别造山带为界。扬子板块之南华纪—早古生代之沉积盖层可分为3套沉积。下部以南华系之澄江砂岩和南沱冰碛层为代表的磨拉石和冰碛层，在一些地区伴有较强烈火山活动。中部震旦系至中奥陶统主要发育浅海碳酸盐岩建造，在局部，尤其是下寒武统下部为含磷泥质粉砂岩、泥质白云质粉砂岩、黑色粉砂质泥岩（筇竹寺组）或灰色砂页岩、黑色硅质岩（牛蹄塘组、荷塘组）。上部上奥陶统—志留系为笔石页岩和泥质页岩建造，在地台东南缘武陵地区和皖南-浙西地区厚度巨大，特别是皖南-浙西地区上奥陶统具浊流沉积特征，实际上已是加里东海盆的一部分了。

### （十二）西藏-三江增生带

西藏-三江增生带在古生代期间主要发育了碳酸盐台地和大陆被动陆缘盆地，西藏-三江造山带包括巴颜喀拉地块、三江弧盆系、羌塘弧盆系、喜马拉雅地块和保山地块等构造单元。这些碳酸盐台地和大陆被动陆缘盆地主要形成于奥陶纪至晚古生代，在古生代期间形成了一些沉积型矿产。

## 二、晚古生代地质构造单元

中国大陆晚古生代构造单元是全国矿产资源潜力评价项目组在以主要构造期划分的构造单元基础上（潘桂棠等，2009），根据晚古生代不同构造单元的基底性质、地层出露、岩浆活动及构造体制演化重新划分的Ⅰ-Ⅲ级构造单元。划分了11个一级构造单元，主要包括西伯利亚板块、天山-兴蒙增生带、塔里木-柴达木板块、华北板块和扬子板块，3条主要对接带和秦祁昆、武夷-云开-台湾和西藏-三江等3个增生带。并在此基础上划分了Ⅰ至Ⅲ级构造单元，详细的构造单元划分见表1-2和图1-2。

**表1-2　中国晚古生代构造单元划分表**

| Ⅰ级构造单元 | Ⅱ级构造单元（大相） | Ⅲ级构造单元（相） |
|---|---|---|
| Ⅰ西伯利亚板块 | Ⅰ-1阿尔泰弧盆系 | Ⅰ-1-1诺尔特弧后盆地（$C_1$）<br>Ⅰ-1-2阿尔泰晚古生代陆缘弧（$Pz_2$） |
| Ⅱ斋桑-额尔齐斯（查尔斯克-乔夏喀拉-布尔根）对接带（$Pz_2$） | Ⅱ-1额尔齐斯复合增生楔（$Pz_2$） | Ⅱ-1-1额尔齐斯蛇绿混杂岩带（$D_3$—$C_1$） |
| Ⅲ天山-兴蒙增生带 | Ⅲ-1大兴安岭弧盆系 | Ⅲ-1-1莫尔道嘎岩浆弧（P）<br>Ⅲ-1-2海拉尔-呼马后碰撞裂谷（Pz）<br>Ⅲ-1-3扎兰屯-多宝山岛弧（$Pz_2$）<br>Ⅲ-1-4二连-贺根山蛇绿混杂岩带（$Pz_2$）<br>Ⅲ-1-5锡林浩特岩浆弧（$Pz_2$） |
| | Ⅲ-2小兴安岭-张广才岭后造山裂谷盆地（Pz） | Ⅲ-2-1塔溪弧后盆地<br>Ⅲ-2-2伊春-延寿弧后盆地<br>Ⅲ-2-3张广才岭岩浆弧 |
| | Ⅲ-3佳木斯-兴凯地块（$P_{1-2}$） | Ⅲ-3-1佳木斯陆缘裂谷裂陷盆地<br>Ⅲ-3-2兴凯前陆盆地（$P_{1-2}$） |
| | Ⅲ-4宝音图-温都尔庙弧盆系（$Pz_2$） | Ⅲ-4-1宝音图岩浆弧（$Pz_2$）<br>Ⅲ-4-2苏右旗-多伦陆缘岩浆弧（$Pz_2$）<br>Ⅲ-4-3通辽后碰撞裂谷<br>Ⅲ-4-4磐石-百里坪陆表海 |
| | Ⅲ-5额济纳-北山弧盆系 | Ⅲ-5-1园包山（中蒙边境）岩浆弧（O—D）<br>Ⅲ-5-2红石山裂谷（C）<br>Ⅲ-5-3明水岩浆弧（O—D）<br>Ⅲ-5-4炭炭台子-小黄山蛇绿构造混杂岩（C）<br>Ⅲ-5-5公婆泉岛弧（C—P）<br>Ⅲ-5-6狼娃山-雅布拉岩浆弧（C—P） |
| | Ⅲ-6准噶尔周缘后碰撞伸展裂谷系（$D_3$—$P_2$） | Ⅲ-6-1北准噶尔后碰撞裂谷（$D_3$—$P_2$）（包括哈巴河县岩浆弧）<br>Ⅲ-6-2西准噶尔后碰撞裂谷（$D_3$—$P_2$）<br>Ⅲ-6-3东准噶尔后碰撞裂谷（$D_3$—$P_2$） |
| | Ⅲ-7伊什基里克-阿吾拉勒-巴音沟-博格达-红石山后碰撞伸展裂谷系（弧后盆地）（$D_3$—P） | Ⅲ-7-1伊什基里克-阿吾拉勒后碰撞裂谷（弧后盆地）（$D_3$—$C_1$）<br>Ⅲ-7-2依连哈比尔-巴音沟增生杂岩带（$D_3$—$C_2$）<br>Ⅲ-7-3博格达裂谷（C—P） |
| | Ⅲ-8中天山-东天山-北山-三危山-阿拉善弧盆系（$D_3$—P） | Ⅲ-8-1那拉提-巴伦台-额尔宾山东-卡拉塔格岩浆弧（$D_3$—$C_1$）<br>Ⅲ-8-2小热泉子-雅满苏-黄山后碰撞裂谷带（$C_1$—P）<br>Ⅲ-8-3笔架山-柳园后碰撞裂谷（C—P）<br>Ⅲ-8-4三危山-瓜州岩浆弧（C—P）<br>Ⅲ-8-5龙首山断陷盆地（C—P）Ⅲ-8-6龙首山岩浆弧（C—P） |

| Ⅰ级构造单元 | Ⅱ级构造单元（大相） | Ⅲ级构造单元（相） |
| --- | --- | --- |
| Ⅳ西南天山-索伦-西拉木伦对接带 | Ⅳ-1 哈尔克山高压-超高压变质带（$C_1$） | |
| | Ⅳ-2 南天山残留海盆地（$D_3$—C） | Ⅳ-2-1 西南天山残留海盆地（$D_3$—C）<br>Ⅳ-2-2 额尔宾山-帕尔岗塔格残留海盆地（$D_3$—C） |
| | Ⅳ-3 乌瓦门-拱拜子-碱泉-恩格尔乌苏蛇绿混杂岩带（D） | Ⅳ-3-1 乌瓦门-拱拜子蛇绿混杂岩带（D）<br>Ⅳ-3-2 碱泉蛇绿混杂岩带（D）<br>Ⅳ-3-3 恩格尔乌苏蛇绿混杂岩带（D） |
| | Ⅳ-4 索伦山-西拉木伦结合带 | Ⅳ-4-1 索伦山蛇绿混杂岩（D—$P_1$）<br>Ⅳ-4-2 林西残余盆地（$P_2$—$T_1$）<br>Ⅳ-4-3 查干淖尔增生杂岩（C）<br>Ⅳ-4-4 柯单山-小苇塘蛇绿混杂岩带（C—P）<br>Ⅳ-4-5 头道沟-采秀洞蛇绿构造混杂岩带（$Pz_2$） |
| Ⅴ华北板块 | Ⅴ-1 祁连准克拉通化-被动陆缘盆地（$Pz_2$） | Ⅴ-1-1 祁连北部海陆交互陆表海（C）-陆相盆地（P—$T_2$）<br>Ⅴ-1-2 祁连中南部被动陆缘（C—P） |
| | Ⅴ-2 华北陆块北缘叠加岩浆弧 | Ⅴ-2-1 阴山-冀北陆缘岩浆弧（$Pz_2$）<br>Ⅴ-2-2 狼山陆缘岩浆弧（$Pz_2$） |
| | Ⅴ-3 华北东部被动陆缘 | Ⅴ-3-1 晋中陆表海盆地（P—T）<br>Ⅴ-3-2 河南-皖北陆表海盆地（C—P）<br>Ⅴ-3-3 冀辽陆表海盆地（C—P）<br>Ⅴ-3-4 渤海东陆表海盆地（C—P）<br>Ⅴ-3-5 鲁西陆表海盆地（C—P） |
| | Ⅴ-4 鄂尔多斯地块 | Ⅴ-4-1 贺兰山海陆交互相陆表海（C—$P_1$）-陆相凹陷盆地（$P_2$—$T_2$）<br>Ⅴ-4-2 鄂尔多斯西缘海陆交互相陆表海（C—$P_1$）-陆相凹陷盆地（$P_2$—$T_3$）<br>Ⅴ-4-3 鄂尔多斯东部海陆交互相陆表海（C—$P_1$）-陆相凹陷盆地（$P_2$—$T_3$） |
| | Ⅴ-5 阿拉善地块 | Ⅴ-5-1 包尔乌拉岩浆弧（C—P）<br>Ⅴ-5-2 迭布斯格-阿拉善右旗陆缘岩浆弧（$Pz_2$） |
| Ⅵ塔里木-柴达木板块 | Ⅵ-1 塔里木板块 | Ⅵ-1-1 西南天山裂谷-前陆盆地（P）<br>Ⅵ-1-2 柯坪陆缘盆地（Pz）<br>Ⅵ-1-3 和田碳酸盐台地（C—P） |
| | Ⅵ-2 柴达木板块 | Ⅵ-2-1 柴达木陆表海（C—P） |
| Ⅶ秦祁昆增生带 | Ⅶ-1 西昆仑弧盆系 | Ⅶ-1-1 昆盖山-阿羌裂谷（弧后盆地）（$C_2$—$P_2$）<br>Ⅶ-1-2 西昆中岩浆弧（$C_2$） |
| | Ⅶ-2 东昆仑弧盆系 | Ⅶ-2-1 东昆北岩浆弧（$C_2$—T）<br>Ⅶ-2-2 东昆南被动陆缘（C—P）-上叠周缘前陆盆地（$T_{1-2}$） |
| | Ⅶ-3 祁连-宗务隆山弧盆系 | Ⅶ-3-1 宗务隆-甘加裂谷（D—P）<br>Ⅶ-3-2 柴达木北缘-青海湖南山岩浆弧（P—T）<br>Ⅶ-3-3 鄂拉山岩浆弧（T）<br>Ⅶ-3-4 兴海蛇绿混杂岩（D—P）<br>Ⅶ-3-5 隆务河-留凤关弧后盆地-弧后前陆盆地（T） |
| | Ⅶ-4 陇山-北中秦岭弧盆系（$Pz_2$—T） | Ⅶ-4-1 陇山岩浆弧（$Pz_2$—T）<br>Ⅶ-4-2 北秦岭南部岩浆弧（$Pz_2$—$T_3$）<br>Ⅶ-4-3 刘岭-大草滩前陆盆地（D） |
| | Ⅶ-5 南秦岭陆块 | Ⅶ-5-1 南秦岭被动陆缘盆地（$Pz_2$—T）<br>Ⅶ-5-2 西倾山被动陆缘（D—$T_1$）<br>Ⅶ-5-3 武当-随州陆内裂谷（Nh—Pz） |

续表

| Ⅰ级构造单元 | Ⅱ级构造单元（大相） | Ⅲ级构造单元（相） |
| --- | --- | --- |
| Ⅷ康西瓦-苏巴什-阿尼玛卿-勉略-大别-苏鲁对接带 | Ⅷ-1 南昆仑结合带 | Ⅷ-1-1 苏巴什-木孜塔格-西大滩-布青山蛇绿混杂岩带（$P_{1-2}$）<br>Ⅷ-1-2 玛多-玛沁增生楔（$P_2$—$T_2$） |
| | Ⅷ-2 勉略结合带（$Pz_2$—T） | Ⅷ-2-1 文县-勉略构造混杂岩带（T）<br>Ⅷ-2-2 高川地块（D—P） |
| | Ⅷ-3 大别-苏鲁结合带 | Ⅷ-3-1 大别高压-超高压变质杂岩带<br>Ⅷ-3-2 苏鲁高压-超高压变质杂岩带 |
| Ⅸ武夷-云开-台湾增生带 | Ⅸ-1 郴州-萍乡-江绍结合带 | |
| | Ⅸ-2 武夷-云开弧盆系 | Ⅸ-2-1 六万大山-大容山岩浆弧（$P_2$—J）<br>Ⅸ-2-2 钦防残余盆地（$P_2$—T） |
| | Ⅸ-3 东南-海南沿海岩浆弧 | |
| Ⅹ扬子板块 | Ⅹ-1 下扬子板块 | Ⅹ-1-1 下扬子（苏皖）前陆盆地（$S_1$—$Pz_2$）<br>Ⅹ-1-2 怀玉山-天目山被动陆缘盆地（$Pz_2$） |
| | Ⅹ-2 上扬子板块 | Ⅹ-2-1 米仓山-大巴山被动陆缘盆地（Pz）<br>Ⅹ-2-2 扬子陆块南部碳酸盐岩台地（Pz）<br>Ⅹ-2-3 上扬子东南缘被动边缘盆地（Pz）<br>Ⅹ-2-4 湘桂断陷盆地（$Pz_2$）<br>Ⅹ-2-5 攀西上叠裂谷（P）<br>Ⅹ-2-6 盐源-丽江陆缘裂谷盆地（$Pz_2$）<br>Ⅹ-2-7 金平被动陆缘（S—P）<br>Ⅹ-2-8 富宁-那坡被动边缘盆地（Pz） |
| Ⅺ西藏-三江增生带 | Ⅺ-1 巴颜喀拉地块 | Ⅺ-1-1 黄龙碳酸盐台地（Pz）<br>Ⅺ-1-2 可可西里-松潘被动陆缘（D—$T_2$）<br>Ⅺ-1-3 炉霍-道孚蛇绿构造混杂岩带（P—$T_1$）<br>Ⅺ-1-4 康西瓦-泉水沟被动大陆边缘盆地（$Pz_2$） |
| | Ⅺ-2 三江弧盆系 | Ⅺ-2-1 甘孜-理塘蛇绿混杂岩带（$P_2$—$T_2$）<br>Ⅺ-2-2 义敦-沙鲁里被动边缘（$P_2$—$T_{1-2}$）<br>Ⅺ-2-3 中咱-中甸碳酸盐台地（Є—$T_2$）<br>Ⅺ-2-4 西金乌兰湖-金沙江-哀牢山蛇绿混杂岩带（C—$T_2$）<br>Ⅺ-2-5 治多-江达-维西-绿春陆缘弧带（$P_2$—$T_{1-2}$）<br>Ⅺ-2-6 昌都-兰坪复合弧后盆地（$P_2$—$T_{1-2}$）<br>Ⅺ-2-7 开心岭-杂多-景洪岩浆弧带（$P_2$—$T_2$）<br>Ⅺ-2-8 乌兰乌拉湖-澜沧江蛇绿混杂岩带（$P_2$—$T_2$）<br>Ⅺ-2-9 碧罗雪山-崇山岩浆弧（P—T）<br>Ⅺ-2-10 临沧岩浆弧（P—T） |
| | Ⅺ-3 羌塘弧盆系 | Ⅺ-3-1 羌北碳酸盐台地（C—P）<br>Ⅺ-3-2 塔什库尔干-甜水海被动陆缘（Pz）<br>Ⅺ-3-3 托和平错-查多岗日洋岛海山增生带（C—P）<br>Ⅺ-3-4 龙木错-双湖俯冲增生杂岩带（$P_3$—$T_1$）<br>Ⅺ-3-5 南羌塘陆缘斜坡盆地（增生带）（C—P）<br>Ⅺ-3-6 唐古拉-左贡地块 |
| | Ⅺ-4 班公湖-怒江-昌宁-孟连结合带 | Ⅺ-4-1 班公湖-怒江俯冲增生杂岩带（$Pz_2$—$T_2$）<br>Ⅺ-4-2 昌宁-孟连蛇绿混杂岩带（$Pz_2$） |

续表

| Ⅰ级构造单元 | Ⅱ级构造单元（大相） | Ⅲ级构造单元（相） |
| --- | --- | --- |
| Ⅺ西藏-三江增生带 | Ⅺ-5 拉达克-冈底斯弧盆系 | Ⅺ-5-1 伯舒拉岭陆缘弧（C—P）<br>Ⅺ-5-2 班戈-腾冲岩浆弧（C—K）<br>Ⅺ-5-3 申扎碳酸盐台地（Pz）<br>Ⅺ-5-4 隆格尔-工布江达弧后盆地（C—P） |
| | Ⅺ-6 喜马拉雅地块 | Ⅺ-6-1 雅鲁藏布陆缘裂谷（P—$T_2$）<br>Ⅺ-6-2 拉岗轨日被动陆缘盆地（O—$T_2$）<br>Ⅺ-6-3 北喜马拉雅碳酸盐台地（O—$T_2$）<br>Ⅺ-6-4 低喜马拉雅被动陆缘盆地（Pz） |
| | Ⅺ-7 保山地块 | Ⅺ-7-1 潞西被动陆缘（Z—$T_2$）<br>Ⅺ-7-2 保山碳酸盐台地（Є—$T_2$）<br>Ⅺ-7-3 耿马被动陆缘（Є—$T_2$） |

（据潘桂棠等，2009，有修改）

经过加里东构造旋回运动后，中国大陆古生代的板块构造格局基本没有改变，但晚古生代总体上已由早古生代的洋-陆演化为主转变为洋-陆转换与板内演化共同发展的构造阶段，而且板内的演化在很多地域占据主导地位，形成了大量与板缘挤压和板内稳定、板内拉张相关的区域含矿建造及矿产。

## （一）阿尔泰弧盆系（西伯利亚板块）

西伯利亚板块南缘阿尔泰地块，晚古生代早期（$D_{1-2}$）在其南缘发育增生岩浆弧，是早古生代阿尔泰弧盆系持续发展的产物。

晚泥盆世—早石炭世在阿尔泰地区较其前发生较大转变，主要在南部（弧前）发育了以长石石英砂岩-粉砂岩-泥岩夹酸性火山岩（$C_1$ 红山嘴组）的前陆盆地碎屑岩-灰岩组合；同时在阿尔泰北部（诺尔特地区）发育了以石英质砾岩-砂岩-粉砂岩-泥岩（库马苏组—红山嘴组）为特征的晚泥盆世—早石炭世准克拉通化盆地（弧背盆地）碎屑岩-灰岩组合。可能反映了该时期阿尔泰南部俯冲-同碰撞构造活动的大陆边缘弧构造环境和北部远离俯冲带趋于稳定的（弧背）构造环境。

## （二）斋桑-额尔齐斯（查尔斯克-乔夏喀拉-布尔根）对接带

该构造带的蛇绿岩最新年龄 352 Ma（何国琦等，2001），为早石炭世。根据沉积地层接触关系和花岗岩岩石构造组合及年代学资料，综合判断洋盆的关闭发生在早石炭世维宪期。

洋盆关闭后的石炭纪—二叠纪至三叠纪早期，为同碰撞-后碰撞的构造-热事件和伴随的强烈的区域韧性剪切构造变形、变质事件。额尔齐斯构造带石英闪长质片麻岩中获 SHRIMP U-Pb 年龄 326±6 Ma（刘国仁等，2008），属后碰撞阶段岩浆活动的产物。

根据该结合带的玛因鄂博断裂带中的花岗质糜棱岩的锆石及黑云母测年研究，获得花岗质糜棱岩的 SHRIMP 锆石 U-Pb 年龄为 281 Ma，为后碰撞伸展期产物，属高钾钙碱性花岗岩，该糜棱岩具有同构造侵入特征，其形成与玛因鄂博断裂构造密切相关（周刚等，2007）。

二台断裂西的额尔齐斯断裂带中片麻状黑云母花岗岩年龄 281±5 Ma，属后碰撞剪切活动中产物，而未发生明显变形的黑云母花岗岩锆石 U-Pb 年龄 275±2 Ma（童英等，2006），说明额尔齐斯-玛因鄂博构造带内存在一期形成于 280 Ma 左右的与区域性剪切-走滑活动有关的岩浆活动。

构造年代学方面，片麻状花岗岩中斜长石 K-Ar 年龄 308 Ma（杨新岳等，1994），混合岩中变质角闪石 K-Ar 年龄 281 Ma；斜长片麻岩的 Ar-Ar 等时线年龄 273±1 Ma、坪年龄 271±2 Ma 和全岩年龄 266±22 Ma（胡霭琴等，1995）；片麻岩、糜棱质斜长角闪岩、混合片麻岩中黑云母、角闪石的 Ar-Ar

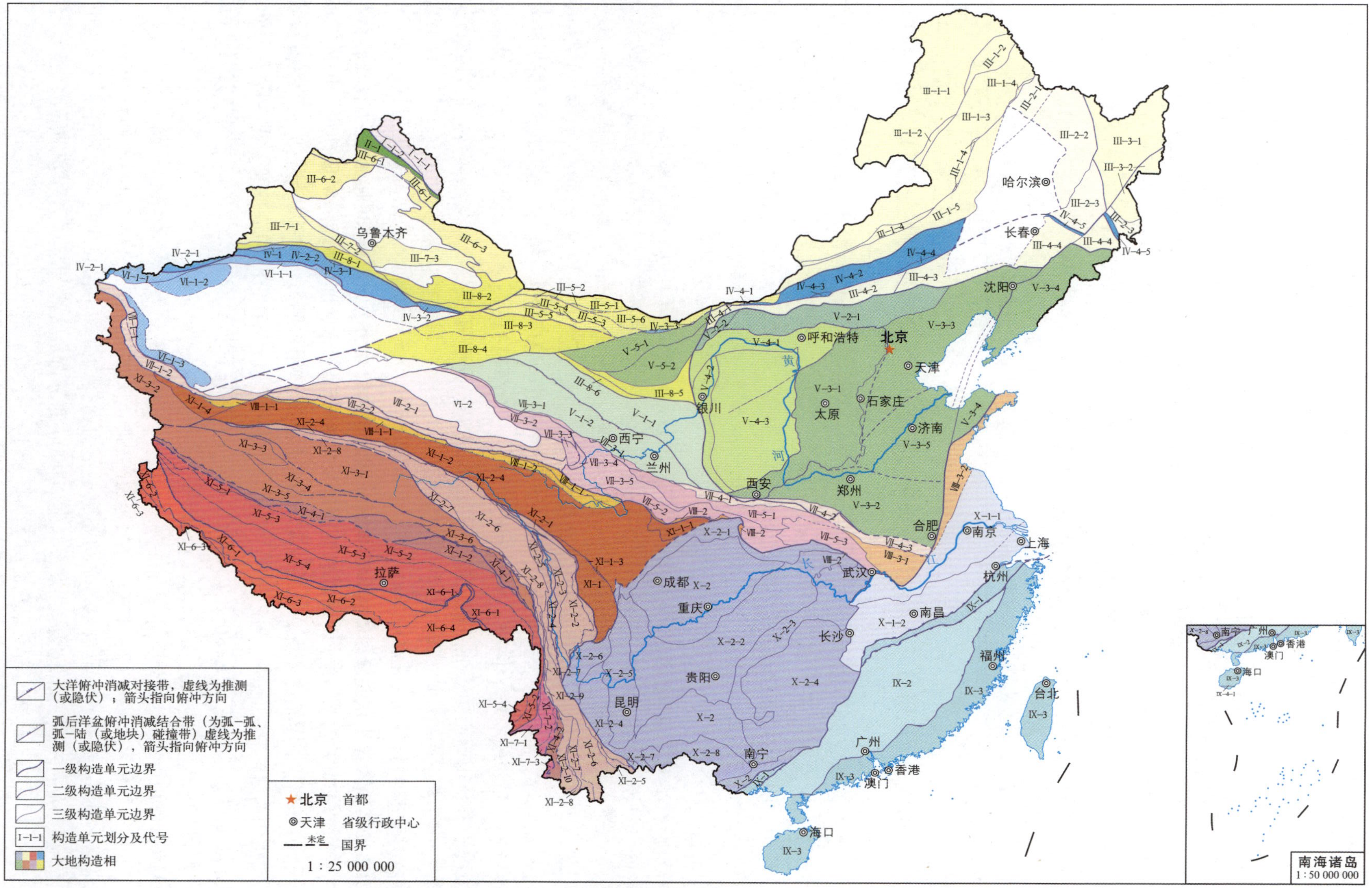


图1-2 中国晚古生代构造单元划分图
（据潘桂棠等，2009，有修改）
构造单元名称见表1-2

年龄为244~265 Ma，青河县城西北的云母片岩中获得黑云母Ar-Ar等时线年龄261±3 Ma和Ar-Ar坪年龄250±2 Ma，结合额尔齐斯构造带在哈萨克斯坦境内获得的相对应的构造年龄，即280~245 Ma，认为阿尔泰南缘的韧性剪切变形时代为290~245 Ma，为二叠纪—早三叠世产物（Laurent-Charvet et al.，2003）。额尔齐斯构造带西段多拉纳萨依和赛都两个剪切带型金矿含金蚀变岩中云母类矿物测年，获Ar-Ar坪年龄分别为293 Ma、289 Ma，等时线年龄293~292 Ma（闫升好等，2004）。而出露于富蕴县城西南的未变形黑云母花岗岩形成于275±2 Ma，阿尔泰市东南的喇嘛昭岩体，形成于276±6 Ma（王涛等，2005），亦未发生明显变形的近圆形岩体。说明275 Ma后，区域性的剪切活动已减弱，额尔齐斯构造带的区域性的大型剪切活动的高峰期应为290~270 Ma，为区域性拉伸活动的晚期或之后，而245~265 Ma的Ar-Ar年龄可能为大规模剪切活动之后的构造-热事件或岩石经历剪切变形后抬升至近地表冷却的年龄。玛因鄂博断裂具有漫长而复杂的演化历史，在区域性大规模的剪切-走滑（左行）活动后仍存在局部的剪切活动直到中三叠世。

### （三）天山-兴蒙联合板块

#### 1. 天山地区

古生代期间，天山地区经历了从板块构造格局下的洋-陆体制到具有统一大陆格局的陆内体制的特殊过程，而晚古生代则是天山造山带形成演化历史中一个非常重要的关键时期。这一时期，天山地区完成了从大洋向大陆的转化，经历了晚古生代初期古生代洋盆（古南天山洋）的消减、闭合以及洋盆关闭之后的大规模石炭纪（—早二叠世）碰撞后裂谷拉伸事件，并在二叠纪晚期进入陆内演化阶段（夏林圻等，2002；Xia et al.，2003，2004）。在洋-陆转化过程中，由于强烈的壳幔相互作用、明显的地幔物质注入和地壳垂向增生作用，导致了天山及其邻区十分醒目的高峰期岩浆活动和大规模的成矿事件。一些大型金属矿床的形成与洋-陆转化过程密切相关。晚古生代翻天覆地的洋-陆转化过程，为该时期的大规模成矿活动提供了极为优越的背景条件，使得天山及其邻区成为中国乃至中亚地区一个极为重要的晚古生代成矿域。西天山赛里木地块、博罗科努山吐拉苏地区以及冰达坂地区产出了与晚古生代早期二长花岗岩侵入有关的规模不大的斑岩-矽卡岩型铜（铅、锌）、钨钼矿床（喇嘛苏和肯登高尔）；西南天山地区产出了与泥盆纪会聚盆地碎屑岩-碳酸盐岩建造有关的铅锌矿床（霍什布拉克）、与泥盆纪会聚花岗岩有关的金属矿床以及石炭纪和华力西晚期与裂谷构造-岩浆活动相伴的矿产。东天山地处塔里木古陆块边缘隆起带与哈萨克斯坦板块活动大陆边缘交接的地带。晚古生代期间，由于洋壳俯冲、沟弧盆体系扩大，以及碰撞造山后板内裂谷作用等产生了强烈的岩浆活动及火山喷发，为成矿提供了良好的条件，使得晚古生代成为东天山地区最主要的成矿期。

#### 2. 北山地区

北山地处塔里木板块东北缘。晚古生代期间，北山地区也经历了强烈的裂谷拉伸作用，发育有含丰富成矿元素的火山-沉积建造，中深成岩浆活动及构造变动频繁，变质-变形明显，为北山成矿提供了一个极为有利的地质构造环境。北山地区晚古生代成矿作用主要为：与石炭纪—二叠纪裂谷阶段的火山-次火山岩建造有关的铁、铜矿，以及与石炭纪韧性剪切带有关的构造蚀变岩型金矿，另外，与裂谷镁铁-超镁铁质岩建造有关的铜、镍矿化以及与中酸性岩浆侵入岩内外接触带有关的钨、铅、锌及金矿化也具有找矿前景。

#### 3. 大兴安岭地区

晚古生代，西伯利亚板块和华北板块继续分别向南和向北增生，并于晚泥盆世—早石炭世沿二连浩特-贺根山-黑河一线对接，形成东乌珠穆沁旗早华力西造山带和阿巴嘎旗早华力西造山带，全区大部隆起，但苏尼特左旗一带为残海，发育厚度2000 m的下石炭统海相碎屑岩和安山质火山岩。在中-晚泥盆世时，中蒙古-额尔古纳兴凯造山带和红格尔-伊尔施-多宝山加里东造山带之间的地区又开裂成洋，洋盆又于晚古生代中期向北西和南东两侧俯冲、闭合（两侧皆有早-中华力西期花岗岩，特别是南东缘头道桥附近发育混杂堆积和蓝片岩），形成赛音山达（蒙古）-鄂伦春早-中华力西造山带。内蒙古东南部地区又于中-晚石炭世—早二叠世发生裂陷、沉降，发育浅海相细碎屑岩、安山质火山岩夹碳酸盐岩，并于早二叠世末形成内蒙古东南部中-晚华力西造山带；继之发育晚二叠世（—早三叠世）潟湖相-湖相碎屑岩、泥质岩沉积。

**4. 吉黑地区**

松嫩盆地虽具新元古代基底（一面坡群），且在早古生代隆升、剥蚀，但晚石炭世—晚二叠世发育陆相-海陆交互相碎屑岩，安达附近钻孔见二叠纪海相砂板岩和印支期花岗岩。这表明内蒙古东南部中-晚华力西海盆已波及松嫩地区，且还可能波及张广才岭-吉中地区，如该区石炭纪地层可西延至赤峰地区。本区在晚古生代初期主要发育盖层性质沉积，下-中泥盆统为碳酸盐岩和碎屑岩，厚603（吉中）~267 m（张广才岭）。随后，地壳隆升，缺失上泥盆统。吉中地区在石炭纪—早二叠世强烈沉降，发育巨厚碎屑岩和碳酸盐岩，夹中性、中酸性火山岩（石炭系厚度6687 m，下二叠统厚度4913 m）。张广才岭地区自中泥盆世后一直处于隆升阶段，直至晚石炭世才发育陆相碎屑岩夹中酸性火山岩（厚度1100 m，含安哥拉植物群化石）；早二叠世时，地壳又强烈沉降，发育海相中基性-中酸性火山岩、碎屑岩和碳酸盐岩（厚度2461 m）。早二叠世末的晚华力西运动使海盆闭合，上二叠统为湖相砂板岩夹煤层和火山碎屑岩，厚度1184 m。佳木斯微陆块东缘在晚古生代时，地壳时而沉降、时而隆升，因而交替发育海相（$D_{1-2}$、$C_1$、P）和陆相（$D_3$、$C_2$、$P_2$）碎屑岩、火山岩。延吉地区晚古生代构造与吉中地区相似，发育上石炭统—下二叠统浅海相陆源碎屑岩、火山岩，特别是下二叠统厚达5690 m，其上部有中基性火山岩和基性-超基性岩。上二叠统为陆相磨拉石建造。

## （四）西南天山-红柳河-洗肠井-西拉木伦对接带

晚古生代—中三叠世西南天山对接带包括西南天山残留海盆地（$D_3$—C）、额尔宾山-帕尔岗塔格残留海盆地（$D_3$—C）和哈尔克山高压-超高压变质带（$C_1$）3个二级构造单元，包括乌瓦门-拱拜子蛇绿混杂岩带和索伦山-西拉木伦结合带2个二级构造单元，其中索伦山-西拉木伦结合带包括林西残余盆地、柯单山-小苇塘蛇绿混杂岩带、头道沟-采秀洞蛇绿构造混杂岩带、查干淖尔增生杂岩和索伦山蛇绿混杂岩等三级构造单元，是早古生代—中泥盆世南天山-那拉提-红柳河对接带持续发展的结果。其特征已在早古生代部分阐述。

## （五）塔里木-柴达木板块

晚古生代，塔里木-阿尔金-柴达木地区整体表现出基本可以对比的稳定陆表海-伸展背景沉积建造组合，构成了统一的沉积盖层，形成塔里木-柴达木板块，与同期周边弧盆系或残留海相邻。包括塔里木-敦煌陆块和柴达木陆块2个二级构造单元，并进一步划分为西南天山-库鲁克塔格裂谷-前陆盆地（D—P）、柯坪陆缘盆地（D—P）、和田碳酸盐台地（C—P）、柴达木-阿尔金陆表海（C—P）4个三级构造单元。除此之外，在塔里木北部的库鲁克塔格-柯坪地区和柴达木东部地区，还发育泥盆纪裂谷建造，前者是早古生代塔里木北缘被动边缘基础上发育起来的陆缘裂谷；后者是早古生代柴达木弧盆系后碰撞裂谷。

塔里木北部库鲁克塔格陆缘裂谷（$D_{1-2}$）是塔里木古陆边缘再次拉张裂解的结果，包括了库鲁克塔格地区（$D_1$）阿尔皮什麦布拉克组的碎屑岩夹灰岩、中酸性、基性火山岩，中泥盆统阿拉塔格组为碎屑岩、灰岩，夹基、酸性火山岩组合，属陆缘裂谷相的裂谷中心亚相；上泥盆统下部津丹美组灰岩夹石英砂屑灰岩性，上部哈孜尔布拉克组灰岩、白云岩、砂岩、砾岩偶尔见中基性熔岩、硅质岩，为裂谷边缘亚相。其上被石炭纪残留海盆地沉积岩不整合覆盖（$C_1$甘草湖组—野云沟组，$C_2$阿依里河组）。

柯坪陆表海（D—P）多以稳定的陆棚相碎屑岩、碳酸盐岩为主，具古老基底上的盖层性质，属陆表海盆地相。泥盆纪有阿帕达尔康组砂岩-酸性凝灰岩-灰岩-白云质灰岩组合（$D_1$）-托格买提组板岩-千枚岩夹灰岩组合（$D_2$）、坦盖塔尔组中厚层灰岩建造（$D_3$）；石炭纪—二叠纪陆表海不整合在泥盆纪陆表海之上，反映了泥盆纪晚期有一起构造抬升事件。主要由巴什索贡组砾岩-砂岩灰岩夹白云质灰岩组合（$C_1$）-别根他乌组砾岩-砂岩为主夹灰岩组合（$C_2$）-康克林组大套灰岩夹少量砂岩组合（$C_2$—$P_1$）-巴里克里克组砂泥质板岩夹薄层灰岩组合（$P_{1-2}$）-卡合达尔组砂泥质板岩组合（$P_2$）。总体反映为上石炭统—下二叠统为碳酸盐岩陆表海亚相，其余为碎屑岩陆表海亚相。

西南天山裂谷-前陆盆地（P）位于塔里木西缘，是早二叠世地壳再次拉伸的结果，形成小提坎立克组的中酸性火山岩及碎屑岩沉积组合（$P_1$）-库普库拉组-开雷兹雷克组陆相砂岩-玄武岩夹灰岩组合（$P_2$），属陆内裂谷相的裂谷中心亚相；裂谷边缘相由（$P_1$ 上部层位）库尔干组泥岩、砂砾岩、砾岩构成。比尤勒包谷孜组杂色砂泥岩-砾岩（$P_{1-2}$）和沙井子组泥岩-细砂岩-粗砂岩-砾岩（$P_3$）向上变粗的进积沉积序列反映了裂谷关闭的进积沉积序列和前陆盆地磨拉石建造特点。

塔里木二叠纪岩浆活动强烈，有大火成岩省之称。其形成顺序为：早二叠世玄武岩（普库兹满 293 Ma）→早-中二叠世玄武岩（开派兹雷克 280 Ma）→辉绿岩脉（272 Ma）、超基性岩脉→正长岩（含石英正长斑岩）（277 Ma），岩浆形成时间为 293～277 Ma，岩石地球化学特征及微量元素的特征比值，初步认为它们来源于亏损的软流圈地幔，岩浆上升过程中均受地壳的一定混染。不同的是，辉绿玢岩和辉绿岩相对橄榄二辉岩形成时间晚，分异程度较高。

另外，还有零星分布有碱长花岗岩-碱性岩，具后碰撞岩浆岩特征，霍什布拉克一带碱长花岗岩的形成年龄为 261 Ma（杨富全等，2001a）；位于阿合奇县城西、托什罕河上游北岸的巴雷公花岗岩体，其 $^{206}Pb/^{238}U$ 年龄值加权平均年值为 273±2 Ma，代表该花岗岩体的形成年龄，多属后碰撞期产物。可能与后造山阶段的二叠纪裂谷作用相关。

和田碳酸盐台地（C—P）发育于塔里木南缘铁克里克地区，不整合于早古生代地层之上，主体由石炭纪—二叠纪灰岩-泥质灰岩夹砂泥岩组成（$C_1$ 克里塔克组灰岩—$C_1$ 和什拉普组砂岩-泥岩-灰岩组合—$C_2$ 乌拉乌依组砂泥岩-灰岩—$C_2$ 阿孜干组灰岩—$C_2P_1$ 塔古斯组—$P_2$ 棋盘组砂岩-灰岩-泥岩组合），其下为晚泥盆世奇自拉夫组海陆交互相砂岩基底，与其为整合接触。其上为二叠纪陆相砂岩-泥岩组合（$P_2$ 普司格组砂岩-粉砂岩-泥岩组合—$P_3$ 杜瓦组含砾砂岩-泥岩组合—$P_3$ 达理考尔组砂岩-泥岩组合）。

阿尔金陆表海（C—P）不整合于早古生代阿尔金弧盆系之上，为恰什坎萨依组滨-浅海碳质粉砂岩-粉砂岩组合（$D_{2-3}$）—因格布拉克组长石石英砂岩-钙质粉砂岩-生物屑灰岩组合（$C_2$），构成了陆表海盆地。

柴达木陆表海（C—P）不整合于晚泥盆世牦牛山组断陷盆地之上，根据构造古地理位置和沉积建造组合可区分为柴北缘和柴南缘两个次级单元。

牦牛山断陷盆地（$D_3$）发育于柴北缘牦牛山-阿木尼克山一带和柴南缘黑山沟-哈尔扎一带，由不整合与下伏地质体之上的牦牛山组和同期南部的黑山沟组—哈尔扎组构成。其中碎屑岩为河流相砂砾岩-粉砂岩-泥岩建造组合，具正粒序沉积韵律；火山岩后造山高钾钙碱性系列，壳源型玄武岩-安山岩-英安岩组合，为一受边界断裂控制的拉张型山间火山-沉积断陷盆地。

柴北缘陆表海（C—P）为分布于牦牛山南坡一带的阿木尼克山组海陆交互砂泥岩夹砾岩组合（$D_3$—$C_1$）—城墙沟组开阔台地碳酸盐岩组合（$C_1$）—怀头他拉组砂岩-灰岩组合（$C_1$）—克鲁克组局限台地相砂岩-泥岩夹灰岩组合（$C_2$）。该总体为一套稳定分布的滨浅海沉积建造系列，沉积厚度变化小，浅水标志的层理和层面沉积构造发育，产各类陆相和滨浅海相生物化石，高能演化为主，海进和海退频繁发生。因此，正粒序沉积韵律和逆粒序沉积韵律交替出现。

柴南缘陆表海（C—P）断续分布于鄂拉山-格尔木南山-祁漫塔格北坡一带，由石拐子组石英砂岩-灰岩组合（$C_1$）—大干沟组海陆交互相砂岩-灰岩组合（$C_1$）—缔敖苏组至打柴沟组石英砂岩-长石石英砂岩-灰岩-白云岩组合（$C_2$）等稳定沉积构成。总体为一套稳定的滨浅海相沉积建造系列，厚度岩相（性）变化小，产滨浅海相生物化石，高能氧化环境为主，发育正粒序沉积韵律，变形变质轻微。

## （六）秦祁昆增生带

**1. 秦岭弧盆系**

在经历了加里东末期碰撞造山作用之后，秦岭造山带及其邻区原先被秦祁昆大洋所割裂的各大、小陆块被拼合在一起。中晚泥盆世—二叠纪，秦岭造山带的大部分地区处在板内伸展的构造体制下（冯益民等，2002），形成一系列板内裂陷盆地、板内裂谷盆地，并发育同生断层；此外，由于受南邻的古特提斯洋打开及扩张过程影响，勉略带经历了 D—$C_1$ 的初始拉张裂陷-初始洋盆打开转化、$C_1$—$P_1$ 小洋盆和有限洋盆扩张（勉略洋）、$P_2$—$T_2$ 的洋盆消减俯冲与弧后扩张及弧内裂陷、$T_{2-3}$ 碰撞造山等演化阶段（张国伟等，2003）。与上述地质构造演化相对应的秦岭造山带晚古生代金属成矿作用主要发生于南秦岭地区。南秦岭北部带主要为泥盆纪热水沉积（叠生）型铅锌多金属成矿带，受泥盆纪沉积地层控制，以热水沉积为主，矿床主要集中在西成-凤太、柞水-山阳和镇安-旬阳 3 个泥盆纪裂陷-沉积盆地中。南秦岭南部带主要有与华力西早期南秦岭地区地壳拉张幔源超基性岩、碱性岩浆侵入及海底火山活动有关的矿床。北秦岭晚古生代金属成矿作用不显著，仅在商丹断裂邻近发现有与华力西早期造山过程中的区域变质及混合岩化有成矿作用。

**2. 祁连地区**

由于祁连古生代沟-弧-盆体系已于早古生代末期闭合并造山，晚古生代祁连造山带已进入陆内演化阶段。这一时期成矿作用相对于早古生代明显减弱，除石炭纪煤矿外，目前仅发现内生矿产有少量构造-蚀变岩型、石英脉型金矿床（青海滩间山金矿）以及南祁连与华力西早期的花岗岩质岩浆侵入活动相伴的热液型金矿化等。此外，在这些岩浆活动地区，浅变质岩中的韧-脆性断裂系统内是寻找金矿的最有利地区。

**3. 昆仑弧盆系**

在早古生代古昆仑洋闭合、造山而形成的古昆仑碰撞造山带的基础上，晚古生代早期（晚泥盆世—早石炭世），新一轮大陆裂解作用在塔里木陆块南缘形成一个晚古生代大洋，由奥依塔格裂陷槽（或陆间洋）和乌鲁克库勒湖-鲸鱼湖大洋组成，它们是同一期大陆裂解作用形成同一大洋系统，只是由于大陆裂解作用的不规则性，在大洋中发育着许多小型陆片（中昆仑陆片和阿其克陆片）构成“昆仑多陆洋”（肖序常等，2001）。由上述可知，古昆仑造山带在晚古生代期间经历了大陆裂解、洋盆形成-扩张、俯冲-消减-闭合、碰撞-造山等全过程，其间伴随有大规模的火山-岩浆作用，火山-沉积岩系也极为发育，并有多条蛇绿岩带存在，为昆仑造山带晚古生代成矿作用提供了丰富的矿质来源和贮矿、容矿构造，形成了多条金属成矿带。

## （七）康西瓦-苏巴什-阿尼玛卿-勉略-大别-苏鲁对接带

南昆仑康西瓦-苏巴什-阿尼玛卿-勉略拼接带，晚古生代—中三叠世时期是北部昆仑-秦岭弧盆系（活动大陆边缘）与南部华南-羌塘板块之间的缝合带。其中西段（康西瓦-苏巴什-阿尼玛卿）已在早古生代构造分区中介绍，下面就勉略带和大别-苏鲁带的情况进行阐述。

勉略构造带西起甘肃文县，经三河口-康县-陕西略阳-勉县-洋县饶丰-高川-麻柳坝，在镇坪县南向东进入湖北，是一个发育于摩天岭地块-上扬子陆块汉南地块与南秦岭地块之间的晚古生代—三叠纪形成的构造混杂岩带。

根据构造混杂岩带中残留的高川残留地体（$D_3$ 铁矿梁组—$D_3$ 蟠龙山组—C 茶叶坡组—C 展坡组—$C_2$ 大铺组—$C_2$ 马平组—P 郭家垭组—T 大冶—雷口坡组），及构造带南侧摩天岭地块北缘（即勉略构造带南侧）残留的陆缘沉积（$D_{1-2}$ 踏破组—$D_2C_1$ 略阳组）地层时代、沉积序列，以及作为混杂岩变形基质的原划 $D_{1-2}$ 三河口群（$D_1$ 桥头组中酸性火山熔岩-火山碎屑岩浊积岩-陆源碎屑浊积岩组合—$D_1$ 屯寨组灰岩-千枚岩-板岩等碳酸盐岩-细碎屑浊积岩组合—$D_1$ 羊汤寨组灰岩夹千枚岩、板岩等碳酸盐岩浊积岩组合）含火山岩的碳酸盐岩-碎屑岩浊积岩组合和 C 状元碑灰岩等的生物组合等进行综合分析，该构造带在泥盆纪—石炭纪—二叠纪为发育在上述陆块或地块之间的裂谷带，形成了既不同于其南扬子板块，又与南秦岭陆块有所区别的构造带内独立的泥盆纪—石炭纪—二叠纪裂谷边缘相粗碎屑岩-碳酸盐岩建造组合（$D_{1-2}$ 踏破组—$D_2C_1$ 略阳组；高川残留地体 $D_3$—P），在裂谷发育阶段形成了同期分布于裂谷带边缘-中心的夹基性-酸性火山岩及火山碎屑岩建造。

至于是否出现了洋壳组合存在着不同认识：三岔子-桥子沟蛇绿岩残块为勉略洋壳的残存，其最新时代为中三叠世早期（214 Ma；张国伟等，1996，2001）。近年来采用 SHRIMP 测年获得的数据在 850~1000 Ma。而与其相关的基性岩、斜长花岗岩（实际上是奥长花岗岩）精确测年的数据也落在这一时间范畴内（闫全人等，2007）。研究认为该时期蛇绿岩是卷入到勉略构造混杂岩带中的前南华纪与黑木林-峡口驿蛇绿混杂岩相关的构造块体。

20 世纪 90 年代勉略地区 1∶5 万区域地质调查和近年来的 1∶25 万区域地质调查修测资料为中三叠世末形成的构造混杂岩带提供了依据：①填图提供了大量不同时代的构造岩片、岩块，其中包含 850~1000 Ma 蛇绿岩块体和断续分布的超基性-基性岩块体（安子山等），它们与多期强变形弱变质的以三河口群为主体的复理石建造、浅水碎屑岩等基质构成典型的构造混杂岩带；②西秦岭、中南秦岭都存在早中三叠世海相沉积，而晚三叠世则为陆相沉积，不整合于下中三叠统之上；③早中侏罗世勉县群（$J_{1-2}M$）不整合在构造混杂岩带之上。上述资料充分说明混杂岩带形成于中三叠世之后，早侏罗世之前。

除上述混杂岩建造外，在勉略带还发育呈岩墙状、岩脉状、透镜状构造岩块，夹持于勉略构造带中的晚古生代双峰式侵入岩组合，主要岩石类型有二辉橄榄岩、斜辉橄榄岩、辉石岩、角闪石岩、辉长-辉绿岩、辉绿玢岩，及钙碱性钠质系列闪长岩、二长花岗岩等。基性-超基性岩叶理化，并伴随发育蛇纹石化、透闪石化、透辉石化、绿帘石化、角闪石化等。

大别高压-超高压变质折返带由中-高温变质岩+高压-超高压变质岩等组成，其中有北大别变质杂岩、阚集岩群、晋宁期深熔花岗片麻岩、中生代岩浆岩及一些构造就位的变质超镁铁质岩块等，构成造山带剥露最深的古老陆核基底，划归为中-高温变质亚相；南大别高压-超高压变质杂岩、宿松岩群、张八岭岩群为折返的高压-超高压变质亚相；大量晋宁期变形变质侵入岩为深成同碰撞岩浆岩亚相。各构造单元或构造亚相与相邻单元（亚相）间被韧性剪切带分隔，由变质火山-沉积杂岩建造、变质海相火山-细碧岩建造等组成，共同构成造山带基底堆叠体。该单元是印支期南、北两大陆块及其间微陆块（岛弧）聚合碰撞长期发展演化形成的巨型构造混杂岩带。燕山期大量花岗岩就位并产生一系列浅层推覆、滑覆构造，最终完成大别造山带抬升再造过程。

大别高压-超高压变质折返带主要由榴辉岩、硬玉石英岩、大理岩、片岩、花岗质片麻岩、超镁铁质岩等组成，其内含有柯石英和金刚石包体，表明这些超高压变质岩石曾被俯冲到大于 100 km 深处（Xu，1987；Wang，1989；Okay et al.，1989；Xu et al.，1992）；Sm-Nd 矿物等时线法、单颗锆石 U-Pb 法、SHRIMP 分析技术等多种同位素定年研究表明，大别高压和超高压变质作用年代主要为 230~210 Ma（王清晨，2001），是在印支期扬子板块俯冲到中朝板块之下时发生的。

张八岭中、高压变质带变质作用为绿帘蓝片岩相+低绿片岩相，显示继绿帘蓝片岩相变质之后又有低绿片岩相叠加，二者呈相转变关系。众多 $^{40}Ar$-$^{39}Ar$ 年龄为 200~230 Ma 左右的多硅白云母，亦为印支期变质作用的产物。

大别造山带内相应的火山岩主体为张八岭岩群西冷岩组和岳西县桃园寨火山岩。晋宁期西冷旋回火山岩岩石组合为细碧岩-石英角斑岩组合，岩石成分富钠、贫钙，具双峰式特点，形成于陆缘裂陷（谷）带海相环境。

第一套为变质超镁铁-镁铁质岩，区域上总体呈北西向成群成带分布，规模大小不等，单个岩块呈透镜状、串珠状、星点状出露。主要岩石组合为纯橄岩、辉橄岩、蛇纹岩、辉石岩、角闪石岩、辉长岩组合，为幔源岩浆分异产物。

第二套变质侵入岩组合为造山带主要组分，包括燕子河二长花岗质-斜长（奥长）花岗岩-花岗闪长质-英云闪长质-闪长-辉长质片麻岩组合、汤池石英二长闪长质-石英二长质片麻岩组合、王铁二长花岗质-花岗闪长质-石英闪长质-闪长质片麻岩组合和西山驿正长花岗岩-二长花岗岩组合，燕子河、王铁片麻岩组合具 TTG 岩系特征。各类片麻岩体均经受了深层剪切流变和角闪岩相变质，含大量变质表壳岩包体，总体平行造山带呈北西向展布。

第三类燕山期侵入岩组合总体呈北西—南东向展布，岩浆侵位受北东—北北东向构造控制，构造环境处于造山带抬升拉张环境，花岗岩大规模侵位，为造山晚期火山弧产物。燕山中期侵入岩岩石组合主要为花岗闪长岩-二长花岗岩组合，呈岩株、岩瘤、岩墙状产出，岩体同位素年龄多集中在 140~150 Ma，时代为晚侏罗世。燕山晚期侵入岩岩石组合为石英二长岩-花岗闪长岩-二长花岗岩-正长花岗岩组合。岩体同位素年龄多集中在 130~120 Ma 之间，时代为早白垩世。岩石里特曼组合指数为 2. 29~4. 94，属钙碱性-碱钙性岩系，岩浆来源属于壳幔混合岩浆。

另外，在大别岩浆岩带北部沙村、小河口、轿子岩、舞旗河、任家湾、高坝岩、祝家铺等地，超镁铁-镁铁质岩体同位素年龄在 140~126 Ma 之间，为燕山期产物。岩石组合为辉闪岩、角闪辉石岩、角闪石岩、辉长岩、闪长岩组合，层状堆晶结构明显，有向钙碱性系列方向演化及向贫 Ti 富 K 方向演化的趋势，为玄武岩浆结晶分异的产物，属幔源型拉斑玄武岩系列。

苏鲁高压-超高压变质带为秦祁昆造山系的东延部分，结晶基底主要为新太古代—古元古代东海岩群、中元古代海州群、中元古代张八岭群，形成于五台-吕梁旋回及晋宁旋回；东海岩群是原岩系海相细碧角斑岩建造，经历了超高压高角闪岩相-榴辉岩相变质变形改造，吕梁旋回末伴随着汇聚造山作用，区内发生了大规模的混合岩化和中酸性岩浆岩的侵入作用，其后于晋宁旋回该区经历了一个伸展扩张至汇聚收敛的过程。锦屏岩群原岩为中基性火山岩、含磷碎屑岩及碳酸盐岩建造，属伸展性裂谷边缘海沉积；张八岭群原岩为细碧-石英角斑岩系，属海底火山喷发-沉积岩系；云台岩群原岩为一套中酸性-酸性火山-碎屑沉积变质产物，属会聚性大洋边缘海相沉积。晋宁旋回末随着苏胶古洋的闭合与俯冲造山作用拼贴形成苏鲁造山带，共同经历了超高压-高压变质作用，期后苏鲁造山带整体抬升，经历了一个长期的抬升与剥蚀过程。

苏北芝麻坊的 $P-T$ 计算指示其最大变质压力可达 6 GPa（相当于俯冲到 200~300 km 深度）（杨经绥等，2006）；青岛仰口榴辉岩中石榴子石中的单斜辉石+金红石+磷灰石出溶体的发现，进一步表明低密度的陆壳岩石曾被俯冲到至少 200 多千米处（李洪奎等，2016）。

区内早期构造运动以韧性剪切变形构造发育为特征，以北东向、北北东向为主，晚期构造活动则脆性断裂构造为主，在前期剪切构造的基础上发展而成，断裂方向主要为北东向、北北东向，晚期北西向断裂发育。

### （八）武夷-云开-台湾增生带

在晚古生代期间，武夷-云开-台湾造山带最具代表性的就是钦州华力西—印支造山带，钦州地区原是大瑶山-西大明山（西部）与云开（东部）早加里东隆起之间的海盆，但因未受使华南加里东洋盆闭合的晚加里东运动的影响而成为“残海”被保存下来。钦州海盆中发育厚度达 14 km 的中奥陶统—下二叠统泥砂质复理石建造和含锰硅质岩建造。早二叠世末的东吴运动使海盆闭合、地壳隆升、岩浆侵入，形成六万大山-大容山华力西期花岗岩带，但经短暂剥蚀后复又快速沉降，相继发育上二叠统陆相磨拉石建造和海陆交互相砂泥质岩（局部夹酸性火山岩）及下-中三叠统浅海陆屑建造（夹硅质岩和酸性火山岩）。印支运动使这些地层褶皱，并伴有花岗岩产出，如旧州岩体和台马岩体（任纪舜等，1990）。六万大山-大容山华力西期花岗岩以堇青石黑云母花岗岩为主，$I_{Sr}$ 为 0. 7223~0. 7289（张德全等，1988）。

### （九）华北和扬子板块

**1. 华北板块**

华北板块在晚古生代初仍继续隆升，直至晚石炭世，中-东部又才发生陆缘海的海侵，发育稳定的海相沉积，直至中二叠世才以近海和陆相沉积为主。北向增生与西伯利亚板块南向增生，于晚泥盆世—早石炭世时沿贺根山一带碰撞，形成东乌珠穆沁旗早华力西造山带，其南是阿巴嘎残余海盆。继之，于中泥盆世时，牙克石-鄂伦春地区裂陷成为鄂伦春中华力西洋盆，而早二叠世时内蒙古东南部地区裂陷成海盆，并促使鄂伦春洋盆闭合，索伦山-林西一带海盆见二叠纪浊积岩，且是早二叠世冷-暖水生物群与特提斯生物群及华夏植物群与安哥拉植物群的界线，并主要在早二叠世末晚华力西运动中发生褶皱、隆升，但海盆局部地段还可能延续到早三叠世。

**2. 扬子板块**

晚加里东运动使华南洋盆大部闭合、隆升，扬子和华夏西陆块联合而成的华南古大陆经短期剥蚀后，于早泥盆世晚期复又缓慢沉降，发育华力西—早印支期沉积。早泥盆世沉积主要发育于西南地区。中-晚泥盆世时，海域向东扩展，总体发育陆表海浅海碳酸盐岩建造，但某些基底断裂复活产生一些小型裂陷，形成浅海台地上的台沟或箕状盆地。下扬子地区在泥盆纪由低地变为浅海，发育浅海相碳酸盐岩和滨海相碎屑岩，并以受控于萍乡-江山-绍兴断裂带之浙西-赣东北断陷海盆与发育浅海碳酸盐岩的湘桂海域沟通。江南古陆周缘发育海陆交互相含煤碎屑岩建造。晚石炭世时，海侵几乎扩展至整个华南和下扬子地区，广泛发育浅海相碳酸盐岩，仅闽中和浙南之晚石炭世早期发育海陆交互相含煤碎屑岩夹碳酸盐岩。早二叠世时，海侵范围更趋扩大，在上扬子海域发育浅海相碳酸盐岩，在广阔的东南浅海发育碳酸盐岩、硅质岩和碎屑岩。晚二叠世时，上扬子和广西仍保持浅海环境，东南地区地壳上升，发育海陆交互相含煤硅质岩建造和含煤泥砂质建造。这里应提及的是，上扬子地区于中二叠世末（相当于阳新统上部茅口组之后）-晚二叠世初（相当于乐平统下部宣威组之前）曾发生了面积达 500000 $km^2$ 的大陆溢流玄武岩型的峨眉山玄武岩浆喷发。许多地层证据显示峨眉地幔柱存在（卢纪仁，1996）。

### （十）西藏-三江增生带

主要以与中-新生代特提斯洋演化相关的构造建造以及青藏高原隆升过程为主。主要包括羌塘-三江造山系、班公湖-双湖-怒江-昌宁-孟连对接带和冈底斯-喜马拉雅造山系等三个次级造山系。

羌塘-三江造山系位于康西瓦-南昆仑-玛多-玛沁-勉县-略阳对接带与班公湖-双湖-怒江-昌宁-孟连对接带之间，北以康西瓦-木孜塔格-玛沁-勉县-略阳结合带为界，南抵锡伐利克后碰撞压陷盆地带，是受控于古特提斯洋向东俯冲的晚古生代多岛弧盆系转化形成的造山系，类似于太平洋向西俯冲形成的东南亚多岛弧盆系。

从昆仑前锋弧和康滇陆缘弧以日本群岛裂离型式裂离出的唐古拉-他念他翁残余弧，是构成泛华夏大陆西南缘的晚古生代前锋弧。夹持于该前锋弧与早古生代昆仑前锋弧之间的有玉龙塔格-巴颜喀拉前陆盆地、甘孜-理塘弧盆系、中咱-中甸地块、西金乌兰湖-金沙江-哀牢山结合带、昌都-兰坪地块、乌兰乌拉湖-澜沧江结合带、崇山-临沧地块、北羌塘-甜水海地块等，这些区域记录了晚古生代—中生代多岛弧盆系发育、弧后扩张、弧-弧碰撞、弧-陆碰撞的地质演化历史。三叠纪的印支岛弧造山作用，最终完成主体泛华夏大陆群的定型，并成为欧亚大陆的组成部分。中三叠世末，除甘孜-理塘带和西金乌兰湖-金沙江带西段尚有残留海-残余海盆地，以及局部地区于晚三叠世形成碰撞后裂陷或裂谷盆地外，大部分地区均以前陆盆地中的浅海-海陆交互相（$T_3$—$J_1$）沉积和内陆河流盆地（$J_3$ 及以后）紫红色碎屑岩沉积为特征。

班公湖-双湖-怒江-昌宁-孟连对接带，西起乌孜别里山口，主体向东经班公湖、双湖、安多至索县，后转向沿怒江南下，经丁青、八宿至碧土，继续向南受碧罗雪山-崇山变质地块的阻隔及南北向强烈逆冲带的叠覆而不明，再次显露即与昌宁-孟连结合带联为一体，呈一反“S”形带状展布，成为泛华夏大陆南缘晚古生代羌塘-三江造山系与冈瓦纳大陆北缘中生代冈底斯-喜马拉雅造山系的重要分界（潘桂棠等，2002，2008）。

对接带内广泛出露古生代—中生代蛇绿岩、蛇绿混杂岩、增生杂岩，以及元古宇基底残块和大量古生代—中生代“岩块”，记录了青藏高原古特提斯大洋形成演化的地质信息。班公湖-双湖-怒江-昌宁-孟连对接带是青藏高原中部一条重要的古特提斯大洋最终消亡的巨型结合带，构筑了冈瓦纳大陆与劳亚-泛华夏大陆分界线（潘桂棠等，1997，2004，2008；李才等，2006，2008；王立全等，

2008)，包括龙木错-双湖-类乌齐结合带、羌塘-左贡增生弧盆系、班公湖-怒江-孟连结合带等次级构造单元。

冈底斯-喜马拉雅造山系位于班公湖-双湖-怒江-昌宁-孟连对接带以南的广大区域，主体是受控于古特提斯大洋向南俯冲制约的中生代多岛弧盆系转化形成的造山系。班公湖-双湖-怒江-昌宁对接带是冈瓦纳大陆的北界，伯舒拉岭-高黎贡山属于冈瓦纳中生代前锋弧。在前锋弧后面（南侧）的拉达克-冈底斯-察隅弧盆系（C—E）、保山地块（$Pt_{2-3}$/Pz—T）、印度河-雅鲁藏布江结合带（T—K）、喜马拉雅地块（$Pt_{2-3}$/Pz—E）、缅甸弧盆系（K—E）等记录了晚古生代—中生代的地质历史，它包含了晚古生代—中生代冈底斯-喜马拉雅多岛弧盆系发育、弧后扩张、弧-弧碰撞、弧-陆碰撞的地质演化历史。该区出露分布的狮泉河-纳木错-嘉黎和雅鲁藏布江蛇绿混杂岩，是目前青藏高原乃至中国大陆内保存最好、最完整的蛇绿岩“三位一体”组合，代表了特提斯洋向南俯冲诱导出的一系列藕断丝连的中生代弧间及弧后扩张盆地。

## 第二节　古生代大地构造及其成矿环境演化

### 一、早古生代超大陆裂解-拼合的板块构造阶段

中国大陆在古生代主要表现为板块裂解、漂移，新生洋盆形成，洋壳俯冲、消减，陆壳增生及陆-陆碰撞等洋、陆之间各种板块运动。于晚古生代末或早中生代初形成一个潘基亚超大陆。根据中国大陆在古生代的构造旋回、构造演化格局及其地球动力学体制，大致可分为两个构造演化阶段：早古生代和晚古生代。

中国大陆早古生代（个别延续到早中泥盆世）出现的以多岛洋盆为代表的构造格局，形成一系列缝合带和广泛的大陆边缘沉积。表现为在震旦纪—奥陶纪形成一系列裂谷、被动陆缘和洋盆（图1-3），奥陶纪至志留纪发育沟弧盆系及残留海盆（图1-4），志留纪末—中泥盆世碰撞造山完成中华陆块群汇合（图1-5），形成超大陆裂解-汇聚-碰撞造山完整的构造旋回。

早古生代（加里东旋回）构造演化阶段主要表现为南华纪打开的祁连洋、秦岭洋继续发展，天山洋打开。柴达木-中祁连等微陆块从华北地台裂离出来，形成北祁连洋盆，继而在奥陶纪又发生裂离，形成南祁连洋盆。洋盆在晚奥陶世开始收缩，并在晚志留世闭合形成加里东造山带。北祁连洋盆往南东延伸至北秦岭，那里的洋盆在奥陶纪后俯冲于华北地台之下（张国伟等，1996）。塔里木准地台北侧的南天山-罗雅楚山地区发育寒武纪—奥陶纪裂谷和被动大陆边缘沉积。南天山向东至红柳河一带，出现寒武纪—奥陶的蛇绿岩（洋盆）早古生代末—早古生代初期（S—D）形成造山带。塔里木准地台南侧形成阿拉善造山带。

西伯利亚地台南向增生至卡拉麦里及伊尔施一线（含西伯利亚生物区特有的志留纪图瓦贝化石）。东准噶尔-黑鹰山造山带应属西伯利亚域，而准噶尔地块、西准噶尔造山带、伊犁地块和中天山地块应属哈萨克斯坦构造域。华北地台北向增生，形成狭长的加里东造山带，其南向俯冲造成中朝准地台于寒武纪—中奥陶世沉积后的隆升。佳木斯地块西侧形成伊春-延寿造山带，但其与西伯利亚南缘、华北地台北缘同时代造山带以及松辽地块的关系尚不清楚。扬子准地台继续发育地台型沉积，其北侧的南秦岭具被动陆缘特征。华南加里东造山带形成。

### 二、晚古生代板内伸展与板缘拼合共同发展阶段

中国大陆在晚古生代构造格局自北向南分别为：西伯利亚大陆及其结构复杂的南部边缘、古亚洲洋、冈瓦纳大陆及其结构复杂的北部边缘（包括经加里东造山作用形成古中华陆块群）。进入到板内伸展与板缘拼合共同发展阶段，表现为稳定克拉通盆地（图1-6）-伸展裂解（图1-7、图1-8）-汇聚碰撞（图1-9、图1-10、图1-11）构造演化体制。虽然中国大陆在早古生代和晚古生代期间表现出不同的构造演化体制，但在天山地区早古生代发育的洋盆（古南天山洋），直至晚古生代初期古

图1−3 中国早古生代裂谷−被动陆缘盆地

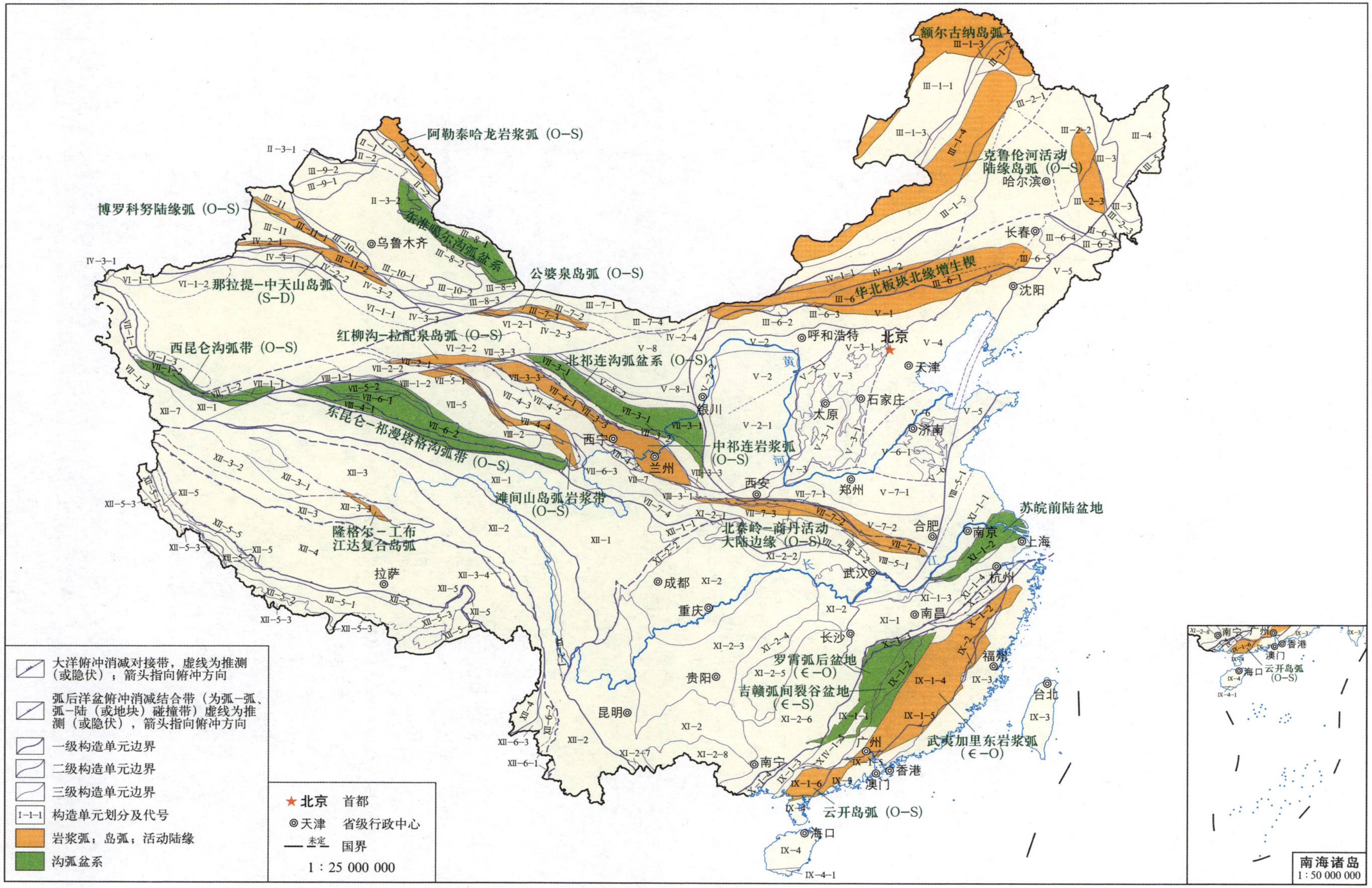


图1-4 中国早古生代活动陆缘

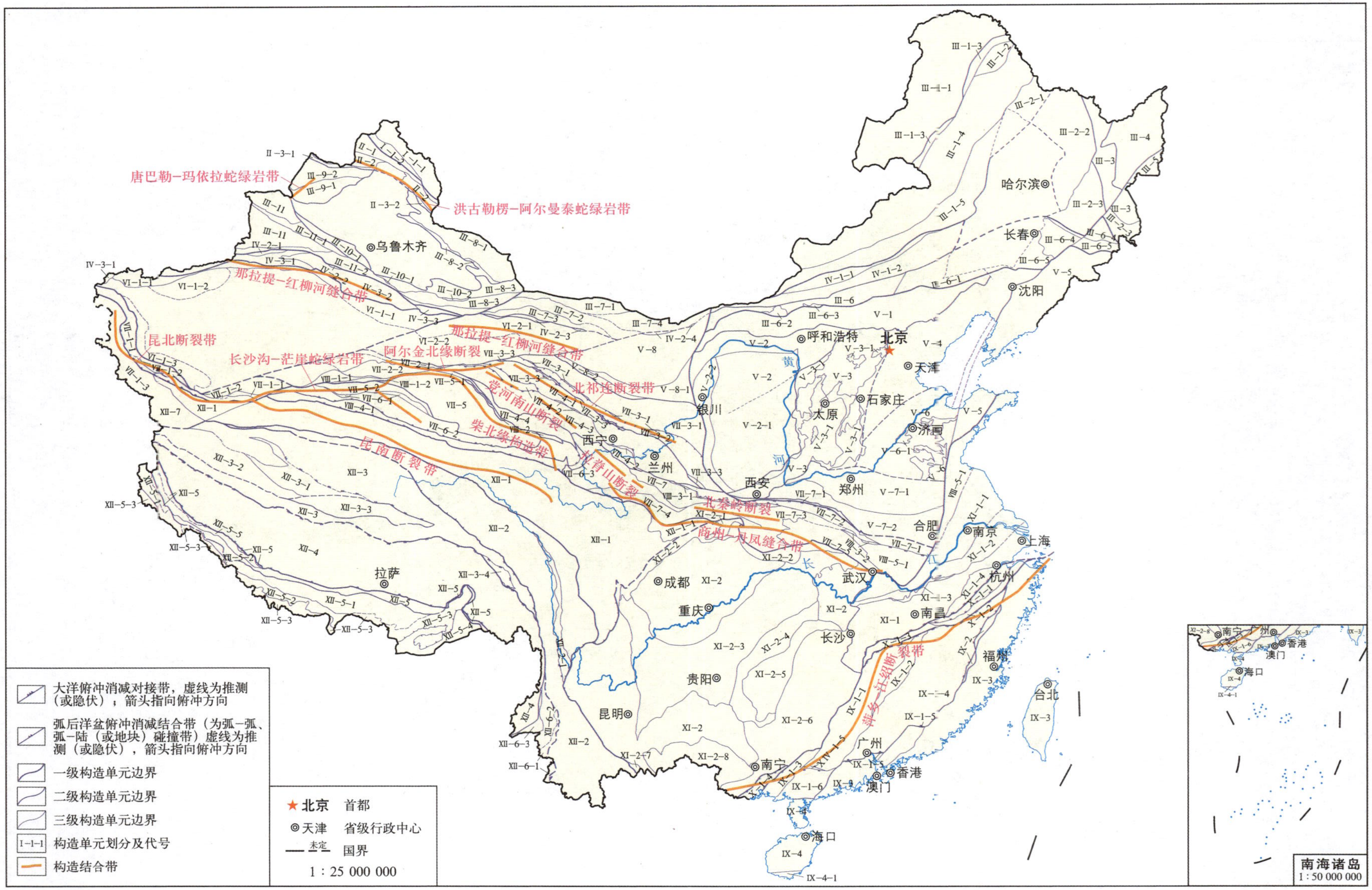


图1-5 中国早古生代构造结合带

图1-6 中国晚古生代克拉通海盆

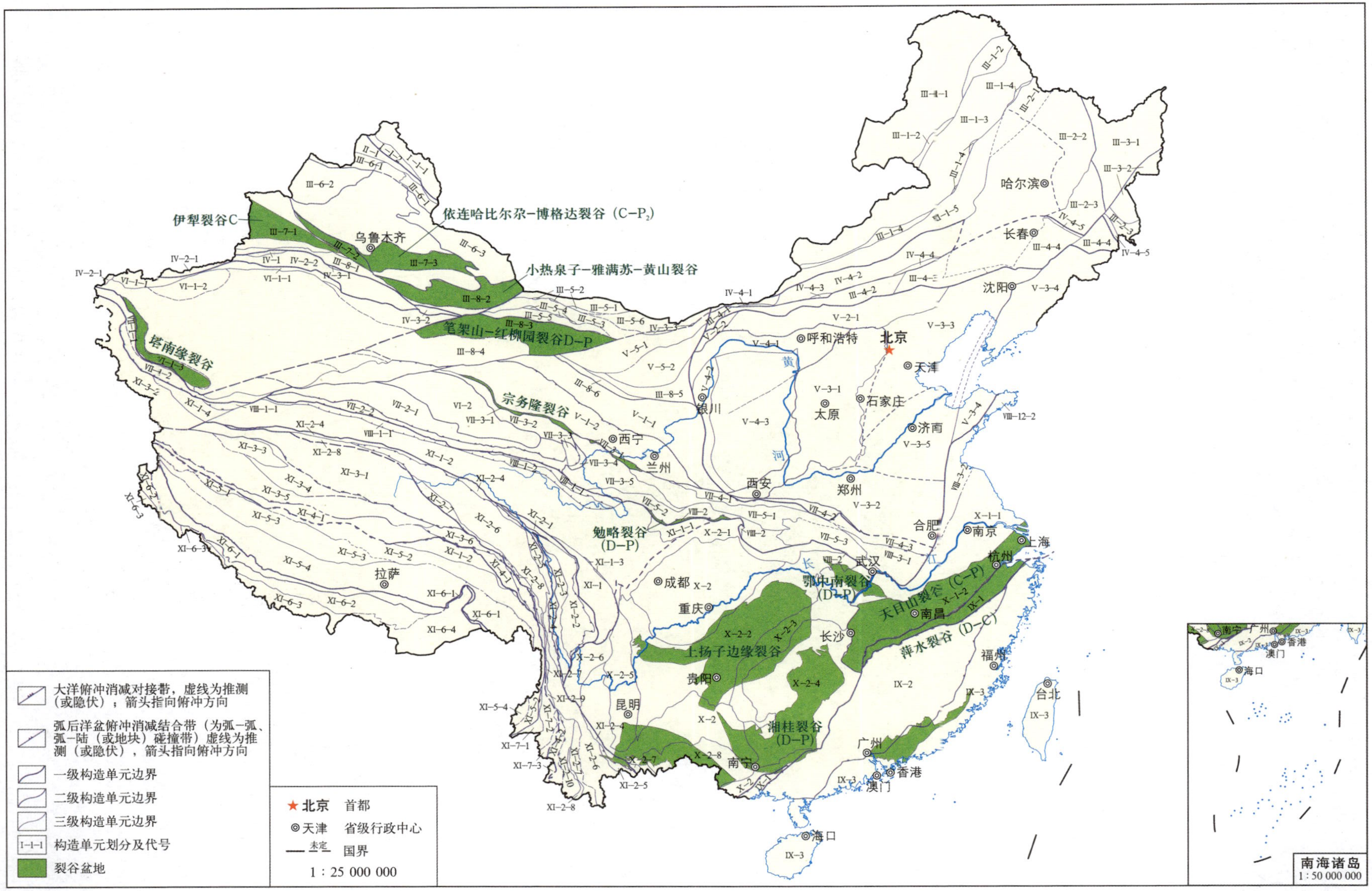


图1-7 中国晚古生代裂谷盆地

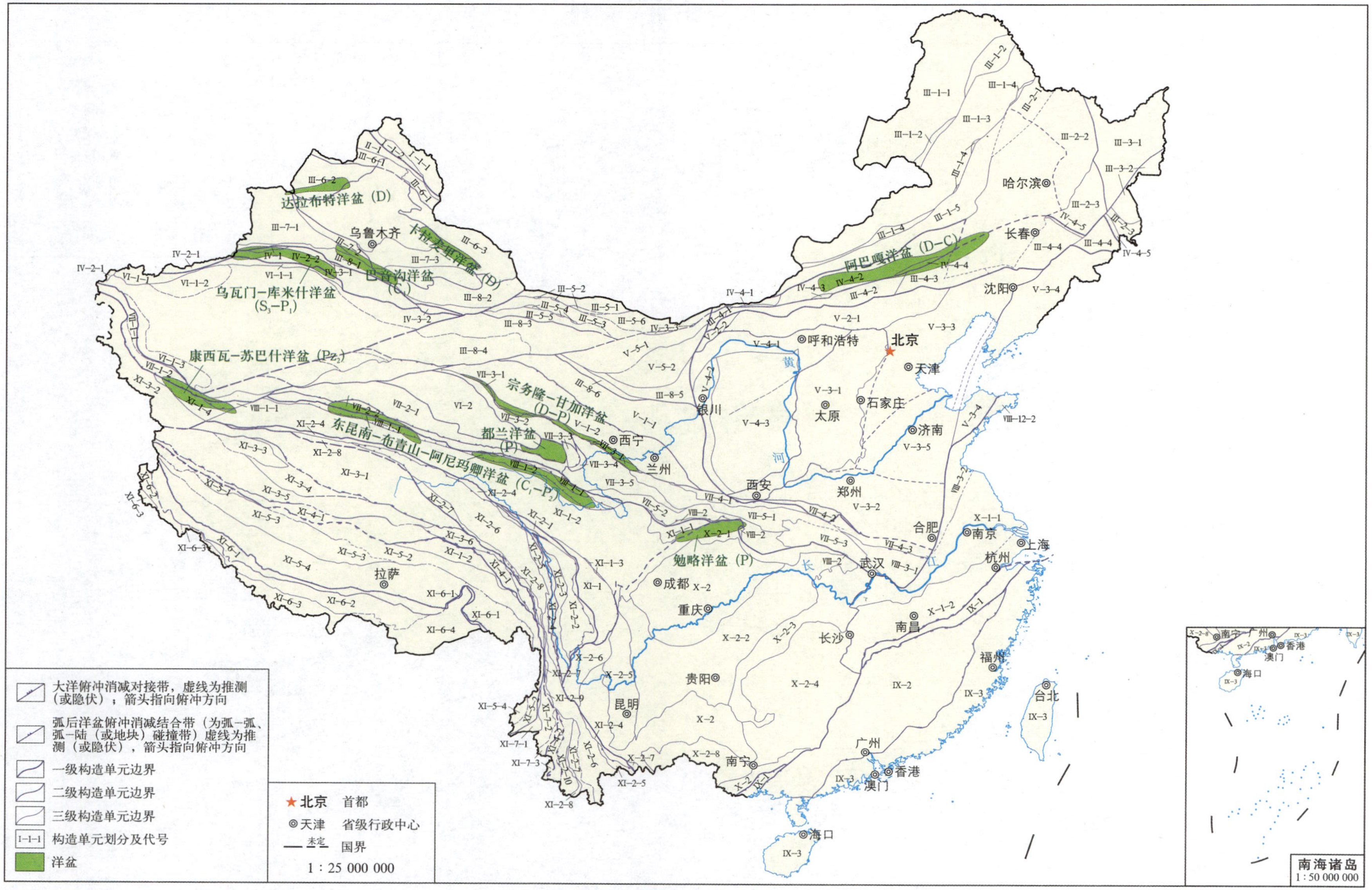


图1–8 中国晚古生代洋盆

图1-9　中国晚古生代沟弧盆系

图1-10 中国晚古生代残余海盆和前陆盆地

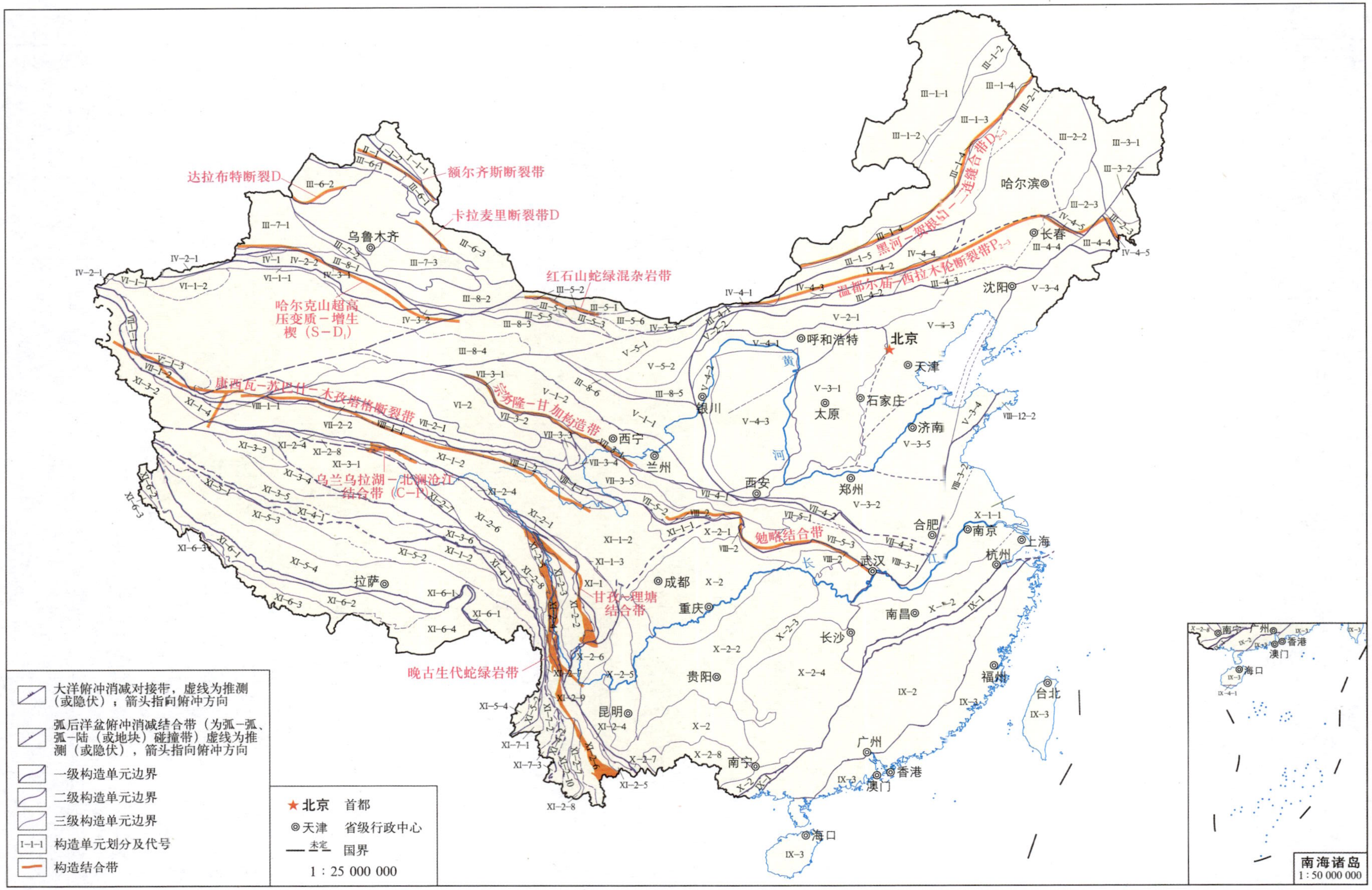


图1-11 中国晚古生代构造结合带

生代洋盆的消减、闭合。标志着天山地区从板块构造格局下的洋-陆体制向具有统一大陆格局的陆内体制转化。天山地区随后经历了大规模石炭纪（早二叠世）碰撞后裂谷拉伸事件，并在二叠纪晚期真正进入陆内演化阶段（夏林圻等，2002；Xia et al.，2003，2004）。因此在研究中国大陆古生代的构造格局、成矿地质背景及其形成的地球动力学体制时，并不能简单划分为早、晚古生代，而要作为一个整体加以考虑。

中国晚古生代（华力西旋回）主要表现为古亚洲洋的闭合，但经历了复杂的、多次开合过程。在塔里木-天山-阿尔泰地区，南天山晚志留世—早泥盆世的挤压造山引起塔里木地台隆升，广泛发育泥盆纪陆相沉积，但石炭纪又开始发生沉降，特别是在地台西南缘。早-中泥盆世天山北缘的扩张（晚古亚洲洋）引起南天山海盆的闭合。晚泥盆世—早中石炭世北天山中华力西期海盆的扩张引起北天山弧后扩张和巩乃斯弧后盆地。阿尔泰地区因南部阿尔曼泰洋盆的扩张而形成克兰裂陷带和诺尔特上叠盆地。在晚二叠世，阿尔泰带、哈萨克斯坦构造域和塔里木构造域之间洋盆消失。在早古生代时原属于西伯利亚域之东准噶尔-黑鹰山造山带和属于塔里木亚域的伊犁地块和中天山地块，在晚古生代时已转换为哈萨克斯坦亚域了。塔里木准地台南东缘与华北地台西部边缘的碰撞（包括柴达木与阿拉善之间碰撞）可能是沿阿尔金转换断层和恩格尔断层发生的。在东北部华北地台-内蒙古-兴安地区，华北地台在晚古生代初仍继续隆升，直至中石炭世，地台中东部又才发生陆缘海的海侵，发育稳定的海相沉积，直至中二叠世才以近海和陆相沉积为主。华北地台北向增生与西伯利亚地台南向增生，于晚泥盆世—早石炭世时沿贺根山一带碰撞，形成东乌珠穆沁旗早华力西期造山带，其南是阿巴嘎残余海盆。

继之，于中泥盆世时，牙克石-鄂伦春地区裂陷成为鄂伦春中华力西裂谷，而早二叠世时内蒙古东南部地区裂陷成海盆，并促使鄂伦春海盆闭合。南秦岭地区的北部大陆边缘在泥盆纪时可能邻近中朝准板块，南秦岭海盆部分接受来自北侧的沉积。南秦岭晚古生代狭窄海域在西秦岭扩张为宽阔的多岛洋，自北而南：青海湖南-同仁蛇绿岩（张克信等，2007）；康西瓦-木孜塔格-阿尼玛卿-勉略蛇绿混杂岩带；歇武-理塘-甘孜蛇绿混杂岩带；西金乌兰-玉树-金沙江蛇绿混杂岩带。并在中二叠世末沿金沙江和木孜塔格-玛沁一线闭合（任纪舜等，2004）。扬子准板块和华南加里东造山带在志留纪末已成为统一的华南大陆，发育泥盆纪至中三叠世盖层沉积，仅钦防地区为一残余海盆。泥盆纪时扬子准板块受到较广泛拉张，昌都等地块从扬子准板块裂离出去，在桂黔湘地区出现一些“台沟”，二叠纪时拉张作用尤强。

导致峨眉山玄武岩浆大面积喷发（峨眉地幔柱）及松潘-甘孜地区一些有限的洋盆中裂谷型和岛弧型火山作用。

## 第三节　遥感及地球物理和地球化学异常特征

### 一、遥感影像特征

地质构造的演变，在地表塑造了宏伟的千姿百态的自然景观，并保留着清晰可见的自然演变形迹。古生代是中国大陆演化历史上，最为波澜壮阔的一幕，早古生代大陆裂解-拼贴的板块演化历史，造就了裂谷-被动陆缘盆地、活动陆缘和构造结合带等地质遗迹。晚古生代的板内伸展与板缘拼合共同发展阶段，形成了克拉通海盆、裂谷、洋盆、沟弧盆系、残余海盆和前陆盆地建造及构造结合带。这些早、晚古生代的地质建造，展示了独特的遥感影像特征，为认识古生代的地质背景及其成矿作用提供了重要的信息。

#### （一）早古生代地质建造遥感影像及异常特征

中国大陆早古生代地质建造及其中的各类同时代成矿作用，主要形成于天山-兴蒙、秦岭-祁连-昆仑和华南造山带中。已识别出南华纪—奥陶纪阿勒泰被动陆缘盆地、奥陶纪—志留纪阿勒泰哈龙岩浆弧、东准噶尔沟弧盆系和洪古勒楞-阿尔曼泰构造结合带，寒武纪北天山被动陆缘盆地、南天山裂陷盆地，奥陶纪—志留纪辉铜山被动陆缘盆地、博罗科努陆缘弧，志留纪—泥盆纪那拉提-中天山岛弧，奥陶纪—志留纪公婆泉岛弧和唐巴勒-玛依拉、那拉提-红柳河构造结合带，震旦纪—寒武纪昆北裂陷，奥陶纪—志留纪塔什库尔干-甜水海被动陆缘盆地、西昆仑沟弧带、红柳沟-拉配泉岛弧、东昆仑-祁漫塔格沟弧带和昆北、昆南、阿北、长沙沟-茫崖构造结合带，元古宙—寒武纪北祁连裂谷，寒武纪—奥陶纪党和南山-拉脊山被动陆缘盆地，奥陶纪—志留纪北祁连沟弧盆系、中祁连岩浆弧、滩间山岛弧岩浆带和北祁连、党河南山、拉脊山、柴北缘构造结合带，寒武纪—志留纪低喜马拉雅和隆格尔-工布江达复合岛弧，寒武纪—志留纪南秦岭、郯庐断裂西缘被动陆缘盆地，奥陶纪—志留纪北秦岭-商丹活动大陆边缘和北秦岭、商丹构造结合带，早古生代额尔古纳岛弧，奥陶纪—志留纪克鲁伦河活动陆缘岛弧和华北板块北缘增生楔，寒武纪—奥陶纪中咱-中甸地块和新元古代—中奥陶世康滇裂谷，寒武纪—奥陶纪罗霄弧后盆地，寒武纪—志留纪吉赣弧间裂谷盆地、苏皖前陆盆地、寒武纪—奥陶纪武夷加里东岩浆弧，奥陶纪—志留纪云开岛弧和萍乡-江绍构造结合带。这些地质建造所表现出的遥感影像和异常信息，代表了中国古生代地质建造的特征。

从中国陆地卫星影像图（Landsat ETM 影像，742 波段彩色合成）所呈现的影像条带、影像区块的展布方向可以看出（图 1-12），中国西部地区的影像条带主要呈北西西向展布，其中，中国西北部大部分地区影像显示植被稀少，山脉或盆地边缘地层岩石出露较好，总体呈红棕色，岩石地层及地质构造特征在遥感影像上的可解译程度较高；东部地区，影像条带主要呈北北东向展布，主要是太平洋板块沿日本-琉球海沟一线向亚洲板块之下消减形成的西太平洋活动大陆边缘的影像显示；中部地区，影像区块、条带主要呈东西向展布，构造相对平静，基本上保留了其东西向展布的构造面貌（王永等，1998）。

中国早古生代地质建造影像，构造结合带呈现出的影像特征较为明显，主要以控制岩性、岩相、地形地貌、水系发育特点等方式显示出来，总体表现为清晰的直线状、弧线状线型影像特征。其中，那拉提-红柳河、昆北-长沙沟-茫崖、昆南、北祁连、商丹、萍乡-江绍等大型构造结合带，呈现特征明显的直线带状影像单元，延伸较远；从影像上能观察到断层地貌，由北向南地形的突然陡升，并连续近东西向延伸切割不同影像地质单元，具明显的负地貌特征，构成地貌变异线；两侧地质体、岩层、线型构造往往交切于线状构造线上，出现断层陡崖和三角面，局部可见河流直角拐弯、对口河等现象。阿尔曼泰构造结合带、拉脊山、北秦岭等中小型构造结合带，显示为直线状、短径线状构造影纹，切错两侧地质体及早期线型构造，具有成群近平行发育特征，两侧地貌差异明显。裂谷-被动陆缘盆地影像特征差异较大，西北地区总体为山间盆地，影像上主要表现为负地形，条带状分层影纹明显，植被覆盖程度高，发育辫状或线状的水系；中南区域影像上主要表现为平原地形，植被、河流、湖泊发育多，斑块状或团块状影纹较明显；西南区域影像主要特征为条带状分层影纹，局部岩石出露较好；其余主要为植被覆盖，树枝状水系发育，平行纹理的清晰程度不是很高。岩浆弧、岛弧、沟弧等活动陆缘在西北地区影像上主要表现为裸露的岩石或地层，中酸性侵入体多呈红棕色或红褐色，正地形，植被覆盖少，其上特有的树枝状、网格状影纹很容易区分，因此通过影像易于判读解译；在东北地区及东南地区则主要被植被覆盖，显示斑块状或团块状影纹，清晰程度不高，可解译程度相对较低。

### （二）晚古生代地质建造遥感影像及异常特征

晚古生代的板内伸展与板缘拼合作用，在中国大陆的西部、中部和东南部的部分地区保存了晚二叠世西准噶尔陆相火山岩-含煤碎屑岩盆地，晚古生代塔什库尔干-甜水海被动陆缘盆地，晚石炭世—晚三叠世华北-祁连海盆，泥盆纪—二叠纪南通-苏州盆地、九江坳陷带，石炭纪—二叠纪钦防残留海等克拉通海盆建造，石炭纪世—晚二叠世依连哈比尔尕-博格达，石炭纪伊犁、小热泉子-雅满苏-黄山，泥盆纪—二叠纪笔架山-红柳园、塔南缘、宗务隆，泥盆纪—二叠纪勉略、上扬子边缘，泥盆纪—二叠纪鄂中南，石炭纪—二叠纪天目山，泥盆纪—石炭纪萍水，泥盆纪—二叠纪湘桂裂谷建

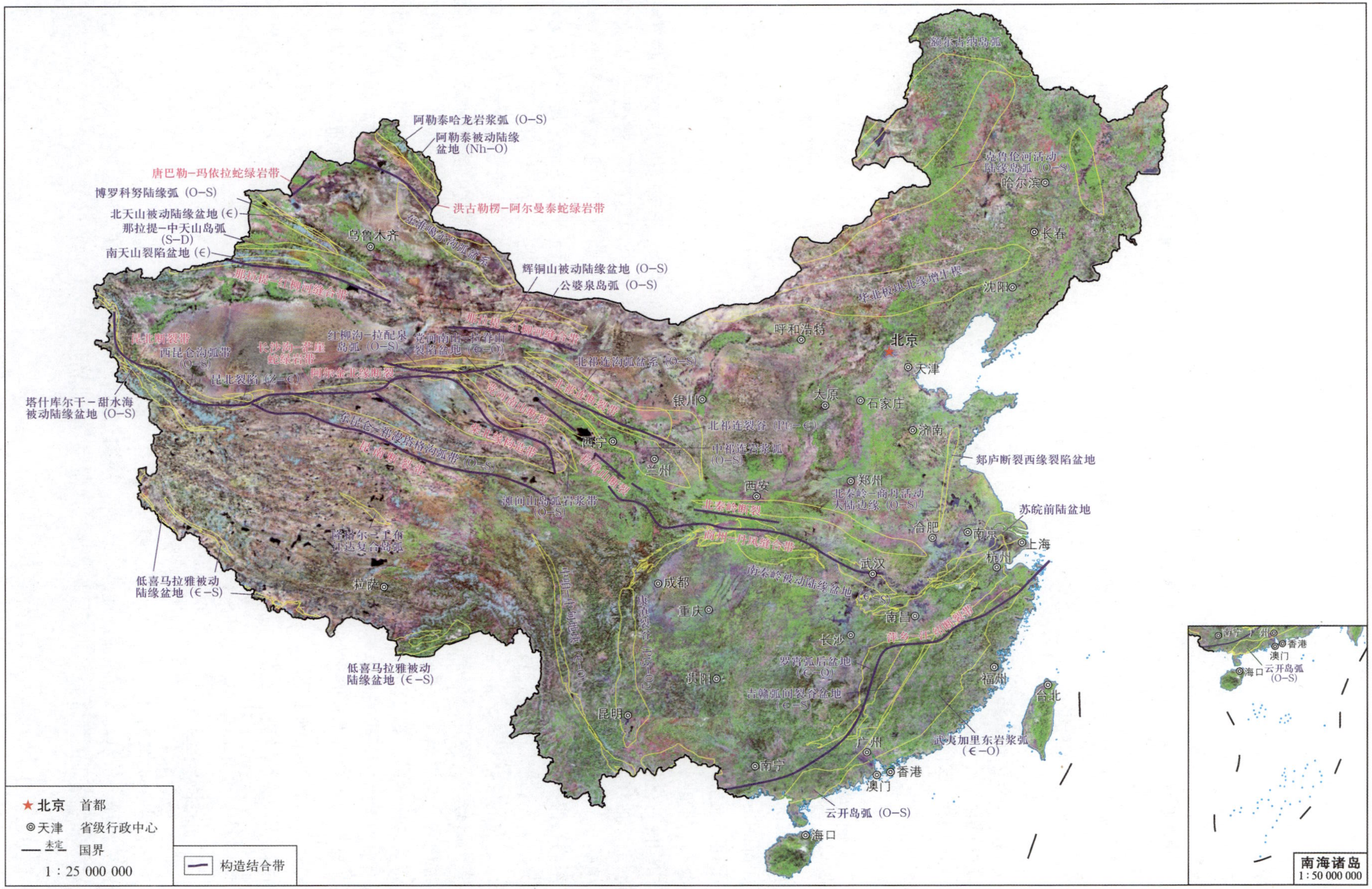

图1–12 中国遥感影像及早古生代构造单元划分图

造，泥盆纪达拉布特、卡拉麦里，石炭纪巴音沟，早志留世—早二叠世乌瓦门-库米什，泥盆纪—二叠纪宗务隆-甘加，二叠纪都兰，晚古生代康西瓦-苏巴什，早石炭世—晚二叠世东昆南-布青山-阿尼玛卿，二叠纪勉略，泥盆纪—石炭纪阿巴嘎洋盆建造，石炭纪—早二叠世阿尔泰岛弧、那拉提岛弧，志留纪—二叠纪南天山弧前增生楔-残留海盆，泥盆纪大南湖岛弧、北昆仑岛弧及弧间裂谷、南秦岭被动陆缘盆地，泥盆纪—二叠纪隆格尔-工布江达复合岛弧，石炭纪—二叠纪罗霄弧后盆地、六方大山-大容山岩浆弧，泥盆纪—二叠纪吉赣弧间裂谷，泥盆纪—石炭纪云开岛弧，泥盆纪—二叠纪粤东岩浆弧，石炭纪—二叠纪琼中岛弧等沟弧盆系建造，晚泥盆世克孜勒塔格，石炭纪—二叠纪巴颜喀拉、南羌塘，泥盆纪中秦岭，石炭纪—二叠纪右江-南盘、苏皖等残余海盆和前陆盆地建造，以及额尔齐斯、泥盆纪达拉布特、卡拉麦里，志留纪—早泥盆世哈尔克山超高压变质-增生楔、红石山、宗务隆-甘加、康西瓦-苏巴什-木孜塔格、勉略结合带，石炭纪—二叠纪乌兰乌拉湖-北澜沧江、甘孜-理塘结合带，泥盆纪黑河-贺根山-二连等构造结合带。整体上出露的面积，较早古生代更为发育和复杂。

遥感信息对快速优选找矿有利地段具有独特的优势，尤其在工作程度较低、植被覆盖稀少的西北边远地区进行矿产勘查时更加突出。遥感影像目前多用于提取线形和环形构造信息。在造山带（活动区）内的环形构造成因主要与岩浆侵入、火山作用、热液蚀变以及混合岩化作用等有关。其规模与形态一般变化较大，受造山带断裂构造控制明显，在大断裂的交叉部位往往形成大环套小环的群体环形构造，呈母子式或宝塔式出现。环形构造的复杂程度反映了岩浆侵入活动的复杂状态。在大的剪切带上受横向断裂切割，环形构造呈串珠状分布。在造山带（活动区）的环形构造上内生金属矿床成矿关系非常密切。如西昆仑构造带与西南天山构造的交切部位，天山、阿尔泰、阿尔金、祁连几大构造带汇聚的北山地区（构造带），东昆仑、祁连山、秦岭结合部位，小兴安岭与张广才岭的接合部位，北部阴山以及上扬子的川滇黔地区都是矿产地较密集分布区。在构造稳定区的环形构造大多与煤、石油、天然气等能源矿产和非金属矿产的富集有关（鲍文龙，2012）。如石炭纪—二叠纪含煤区主要分布于华北、扬子影像区（图1-13）。

中国晚古生代地质建造影像，构造结合带呈现出的影像特征依然明显，控制了我国主要的岩性、岩相、地形地貌和水系发育，总体具清晰的直线状或弧线状影像特征，其中康西瓦-苏巴什-木孜塔格、勉略、黑河-贺根山-二连等构造结合带切割不同影像地质单元，具明显的负地貌特征，构造结合带两侧影像纹理和色彩差异都较大。克拉通海盆在影像上主要表现为负地形或平地，其中西准噶尔陆相火山岩-含煤碎屑岩盆地岩石出露良好，颜色呈棕红色或紫红色，其影纹特征较为一致，基本上是平行走向的层状影纹，影纹细密且色调差异大。塔什库尔干-甜水海陆缘盆地西段被冰雪覆盖，东部地表出露较好，发育着多个面积不等的高原湖泊。面积最大的华北-祁连海盆中黄河蜿蜒，东部区域植被茂盛，基岩地层出露少，西北部主要出露第四纪的戈壁沙地。东南部的南通-苏州、钦防残留海等海盆影像特征不明显。裂谷盆地来说，西北地区的几个裂谷盆地在影像上的形状特征相对明显，可根据地貌走向、岩性地层较为准确的划分其边界，而分布在东南区域的上扬子边缘等不易通过影像色彩或纹理识别其边界，但影像上表现出的地势地貌特征和植被分布特征，还是可以辅助解译其宏观轮廓与走向。分布在西北地区的晚古生代洋盆和沟弧盆系，在遥感影像上具有较为明显的层状纹理和红紫色特征，易于解译其边界，但分布于东南部的粤东岩浆弧等因受植被高覆盖等的影响，其边界不易识别（图1-13）。

## 二、地球物理异常特征

地质历史复杂的构造运动不仅造就了现今中国丰富多彩的自然景观，往往也折射出一定的地球物理场变化特征，虽然现今观测到的地球物理异常为不同时代构造运动的反映，但宏观上依然可以通过航空磁测和航空重力异常探寻到早、晚古生代地质构造的残留痕迹。

### （一）早古生代地质建造重磁异常特征

由于磁性体一般反映现今岩石（体）的磁性特征，在自然界中与浅层岩石建造的磁性有较大关

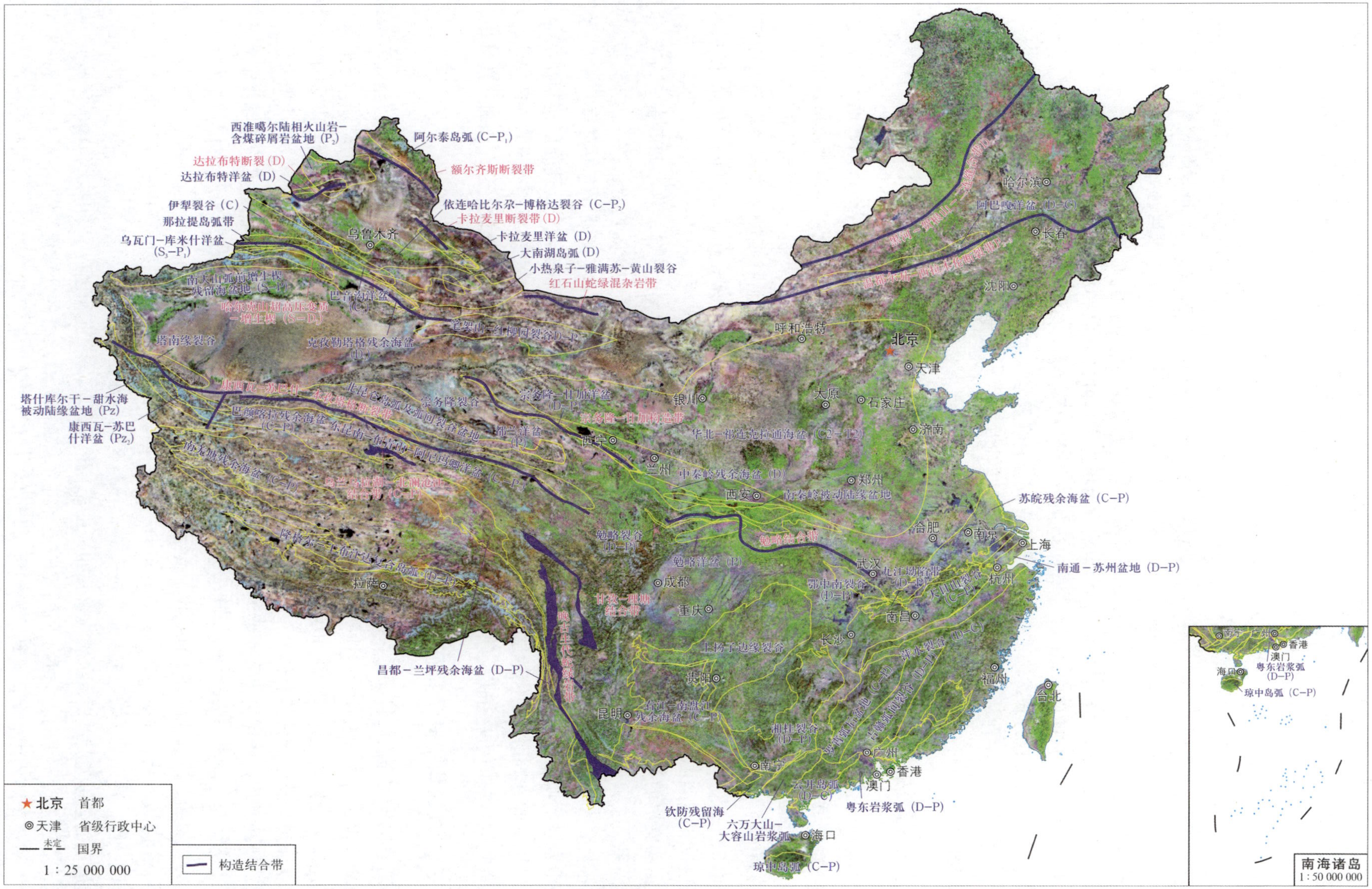


图1－13 中国遥感影像及晚古生代构造单元划分图

系。通常条件下，基性-超基性火山岩、老地层、磁铁矿、黄土等建造磁性较强，常表现为强磁异常特征；沉积地层、盆地、酸性岩、碱性岩等均表现为无磁或弱磁性异常特征。早古生代建造大致可分为裂谷-裂陷盆地、岩浆弧-岛弧-活动陆缘、被动陆缘盆地、沟弧盆体系及构造结合带五种类型。总体来看，航磁异常图较好地反映了早古生代时期基性-超基性火山岩分布范围与分布规模，表现为中-高磁异常分布范围，如：华北北缘增生楔、克鲁伦河活动陆缘岛弧带、额尔古那岛弧、西昆仑岛弧、昆北裂陷、北祁连沟弧盆体系中段、秦岭-商丹活动陆缘东段、郯庐裂陷西延、中甸地块、康滇裂谷南-北段、武夷加里东岩浆弧等。同时通过对早古生代建造区域的弱磁异常分布特征的研究，大致可确定各种盆地的分布区域，如东昆仑-祁漫塔格沟弧盆带、北祁连东段地区、中祁连岩浆岛弧带的弧后盆地、那拉提-中天山岛弧带、公婆泉岛弧带等（图 1-14）。

从区域布格重力异常特征分析，全国重力布格异常可分为三个带，东部大兴安岭-燕山-太行山-秦岭余脉-雪峰山-广西南宁以平原、丘陵为主、地势较低，重力布格异常较大，属于高重力异常区；青藏高原地区为低重力异常区；一高一低夹杂中间中等重力异常的过渡带。大致反映了中国现今三大盆地、盆山过渡带、青藏高原构造特征，与早古生代与晚古生代地层及其所在区域的重力异常一致，并无单独特征。

### （二）晚古生代地质建造重磁异常特征

到晚古生代，中国区内发育克拉通海盆、断陷凹陷盆地、洋盆、残留海盆、前陆盆地、裂谷、沟弧盆系、构造结合带等构造类型，其中的中-高磁异常大多较好地反映了裂谷、沟弧盆系、构造结合带及其构造类型中火山岩浆活动与火山岩分布范围，如：宗务隆-干架带、大南湖岛弧带、小热泉子-雅满苏-黄山、甘孜-理塘结合带、勉略缝合带等；中-低磁异常特征反映了克拉通海盆、断陷凹陷盆地、洋盆、残留海盆、前陆盆地等盆地现今的剥蚀残余现状，如：东昆仑-布青山-阿尼玛卿、巴颜喀拉、笔架山-红柳园、天目山等（图 1-15）。

需要指出的是，磁异常特征无论与早古生代地层区还是晚古生代地层区，在空间展布上均无一一对应关系，主要原因在于：一是早古生代、晚古生代地层内部本身结构较为复杂，各种地质建造配套并非都有磁性物质析出；二是磁异常反映地质体埋深较浅，对深部隐伏磁性体的反映较弱；三是受当时火山岩浆物质组成与后期岩浆热液改造及挤压变形、剥蚀搬运等影响较大。上述原因共同作用造成了很难用磁异常判别古生代地层的分布范围。总体来讲，磁异常特征更多表现构造异常特征现状，对早晚古生代地层的残余有所反映，同时受后期地质改造叠加效应干扰，难以较好还原当时构造环境。

## 三、地球化学异常特征

随着地质构造的演化变迁，各类型构造单元不断地形成、发展、消亡，映射出洋陆转换、大陆增生等全过程，铸就了现存各类地质体的演变轨迹，并保留着其演化痕迹信息。这些信息蕴藏在特殊的沉积建造、岩浆岩组合、变质作用、构造形迹、成矿作用和地球物理场、地球化学场等丰富的地质数据中。而地球化学异常信息作为一种定量化，客观反映地质体元素组成的存在，为我们认识古生代的地质背景及其成矿作用提供了重要的信息和依据。但同时作为按照现存地质体测定的地球化学异常信息，也无疑是一种叠加的地球化学场信息，不但承载着地质体同生的地球化学场，也记录了后期构造演化的叠加场，既表现出继承性，也反映了叠加性特点。

中国陆域的众多地质构造单元是许多微小陆块在长期构造运动中拼接的产物。由于地幔物质组成的不均一性，特别是区域地幔亏损程度差异，导致区域地球化学块体物质组成的不同；区域性岩浆-构造运动的强度及持续时间，又为物质组成的重新组合、运移、淀积创造了条件，并构成区域成矿的特色，形成强度不等的、类型不同的成矿元素组合。不同元素组合的地球化学指标在三度空间和时间的分布与演化即构成地球化学场，表现为连续的、不可逆动态演化的非稳定场。地球化学场作为成矿作用的物质基础，通过这些元素组合，也反映了不同的岩石建造组成及其构造背景。

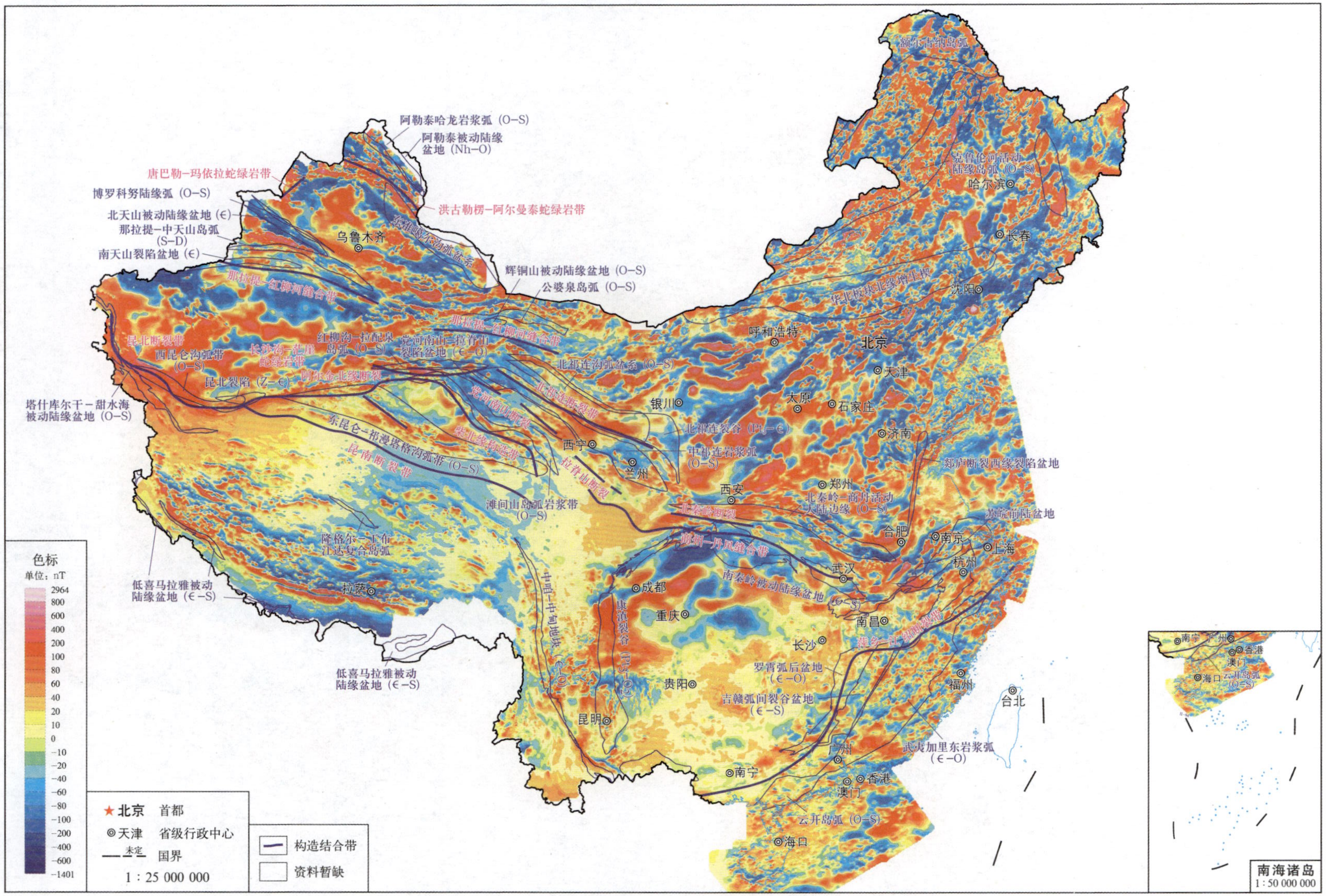


图1–14 中国航磁异常特征及早古生代构造单元划分图
（据熊盛青等，2018，有修改）

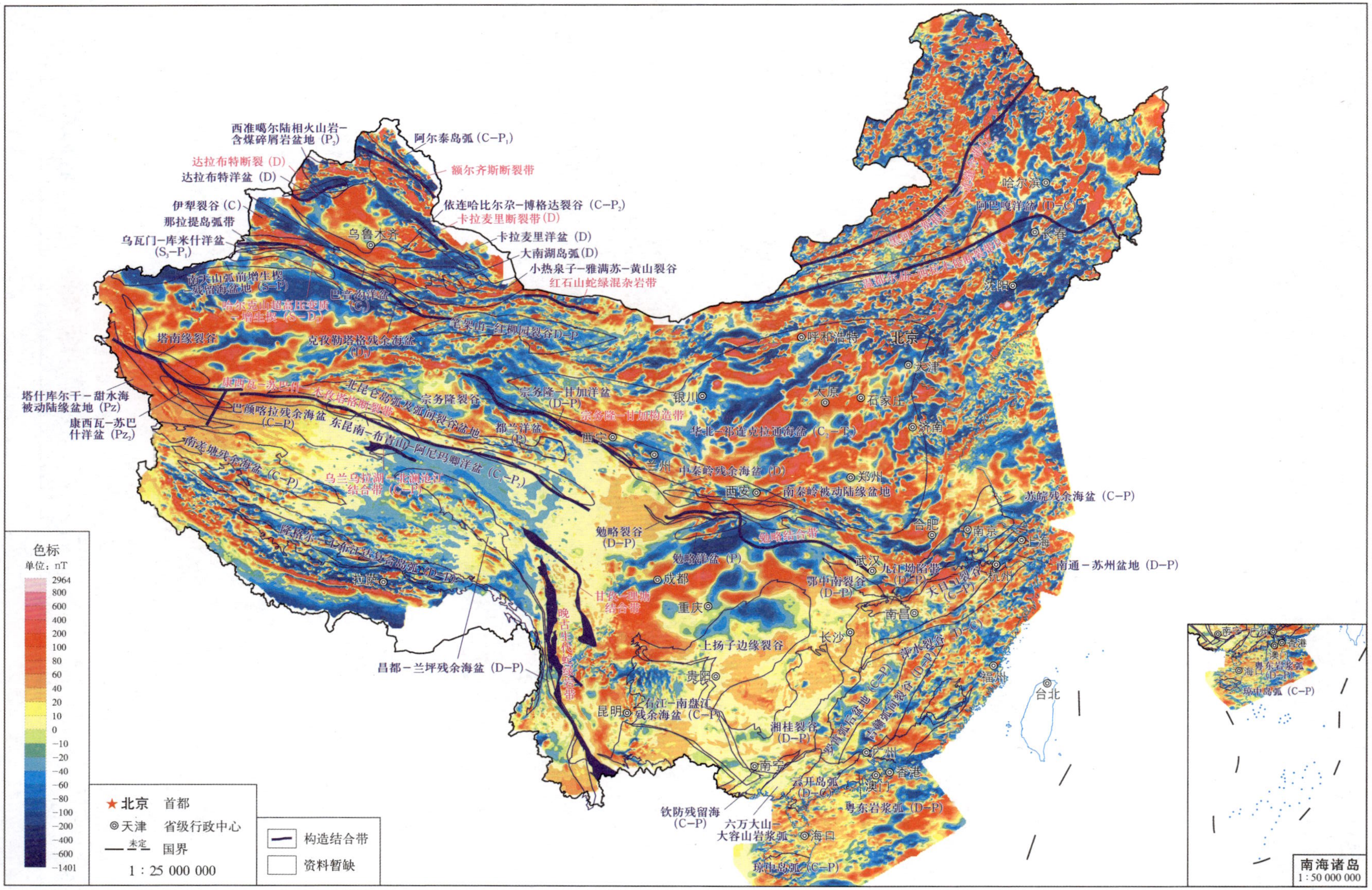


图1–15 中国航磁异常特征及晚古生代构造单元划分图
（据熊盛青等，2018，有修改）

## （一）早古生代地质建造地球化学特征

中国早古生代地质建造中以Cu-Ni-Co等地球化学异常表现较为明显，稀有元素Li以及Mn元素主要表现为相对低的地球化学背景，Au元素则显示出地区差异特征（图1-16~图1-21）。整体来看Cu-Ni元素异常二者相对关系密切，Cu、Ni元素高值区和异常主要分布在构造单元的边部或边缘，多连片或呈带状分布。主要分布在新疆北部天山-兴蒙、祁连等沟弧盆体系，北秦岭、南秦岭大陆边缘系统等，以及华南康滇裂谷区等区域（图1-16、图1-17）。Cu、Ni元素异常或高值区多呈弧岛状或串珠状分布，在同一构造带中也显示其不均一性。川西南-滇东-黔西北是最引人注目，是Cu、Ni元素含量最高的地球化学域，大地构造位置为扬子陆块的西南端，深大断裂交汇部位。该区形成了与峨眉山玄武岩及其相应镁铁-超镁铁侵入体具有时空联系的一系列铜镍铂族元素矿床，表现为后期叠加性的Cu、Ni异常。

祁连山铜镍异常带从敦煌-白银-海原呈北西向分布，该异常带上分布了早古生代海相火山岩型铜多金属矿床，如甘肃白银厂铜矿田。

Ni元素地球化学异常另在低喜马拉雅见局部高背景区。

Co元素具有强烈的亲硫性和亲铁性，与硫或砷结合形成独立矿物。但由于钴的独立矿物非常稀少，在岩石中主要赋存于硅酸盐矿物中。因此，Co元素异常多与富镁铁硅酸盐矿物的基性、超基性岩关系密切（刘东盛等，2020）。Co元素地球化学异常显示其高背景主要分布在华南康滇裂谷区，该处钴元素异常与铜镍异常形成原因一致，但其位置主要位于钴异常的边部，另在北秦岭大陆边缘、武夷山加里东期岩浆弧、华北板块北缘增生楔见局部Co元素异常（图1-18）。

Au元素异常往往与多期次的热液事件活动相关，其异常显示主要分布在新疆北部北天山博罗科努陆缘弧、那拉提中天山岛弧、阿勒泰哈龙岩浆弧等，以及祁连沟弧盆体系等，表现为串珠状分布（图1-19）。其次围绕扬子板块周缘在华南地区形成环状Au元素异常分布区，这与华南地区多期次的构造-岩浆事件关系密切。

Li元素异常主要在中国早古生代扬子板块东部罗霄弧后盆地、吉赣弧间裂谷盆地、武夷山加里东期岩浆弧南部，康滇裂谷北部以及云开岛弧等构造单元范围有分布（图1-20），其次在低喜马拉雅、南秦岭局部地区有产出。新疆北部阿尔泰哈龙岩浆弧也有Li元素异常产出，其中阿尔泰成锂带是重要的花岗伟晶岩型稀有金属成矿带之一，构造位置处于西伯利亚板块阿尔泰陆缘活动带内，受阿尔泰早古生代深成岩浆弧和卡尔巴-锡伯渡深成岩浆弧及震旦纪—早古生代变质岩控制，产出柯鲁木特、库卡拉盖等稀有金属矿床。

Mn元素异常仅在新疆北部北天山博罗科努陆缘弧、华南康滇裂谷区，以及克鲁伦河活动陆缘局部地区有显示（图1-21）。

## （二）晚古生代地质建造地球化学特征

晚古生代华北克拉通海盆、华南扬子沟弧盆、海盆等雏形已经形成，在晚古生代地质建造分布区中Cu-Ni-Co，Li、Mn、Au等元素地球化学异常均有分布。其中Cu-Ni-Co元素异常发育最为集中，明显集中在右江-南盘江构造单元、上扬子边缘裂谷盆地西南部、湘-桂晚古生代裂谷，其次在新疆北部西准噶尔陆相盆地、博格达晚古生代裂谷带等。上述地区中Cu-Ni-Co元素异常强调高，面积大，与新疆北部基性-超基性杂岩，峨眉山玄武岩关系密切。在华北克拉通海盆周缘、南秦岭被动陆缘、天目山和鄂中南裂谷盆地表现有Cu-Co局部异常。另在昌都-兰坪、甘孜-理塘晚古生代蛇绿岩结合带局部发育Cu-Ni-Co元素异常。整体表现规律性不强，更多可能为叠加性地球化学元素异常（图1-22、图1-23、图1-24）。

Au元素异常在中国晚古生代地质体中分布范围较广，与金矿成矿带或大型矿集区有关，其地球化学异常具有多层套合结构特征（王学求等，2013）。其中新疆北部准噶尔克拉通海盆、西天山-东

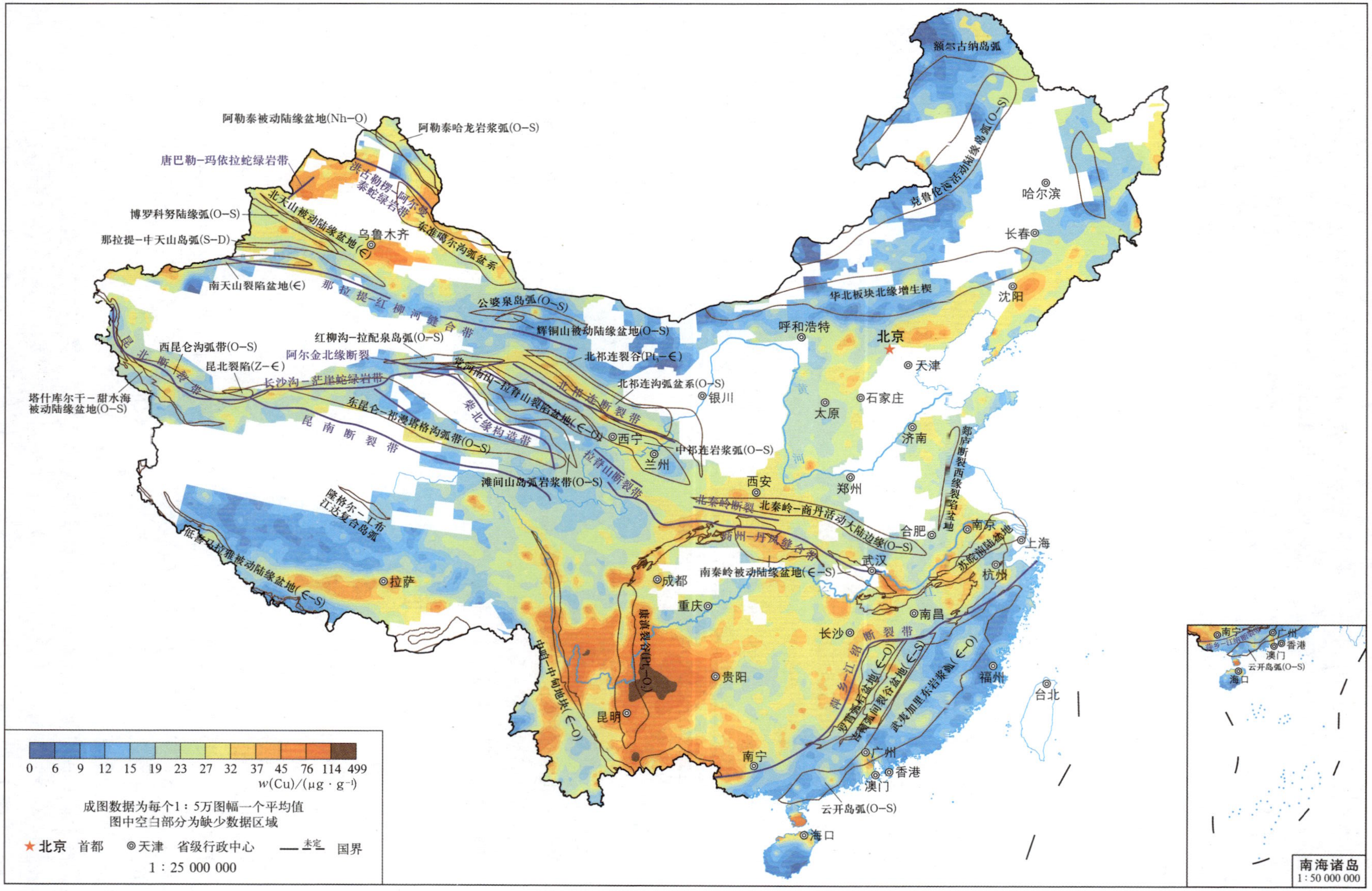


图1–16　中国铜地球化学及早古生代构造单元划分图

（据中国地质科学院地球物理地球化学勘查研究所，2021，有修改）

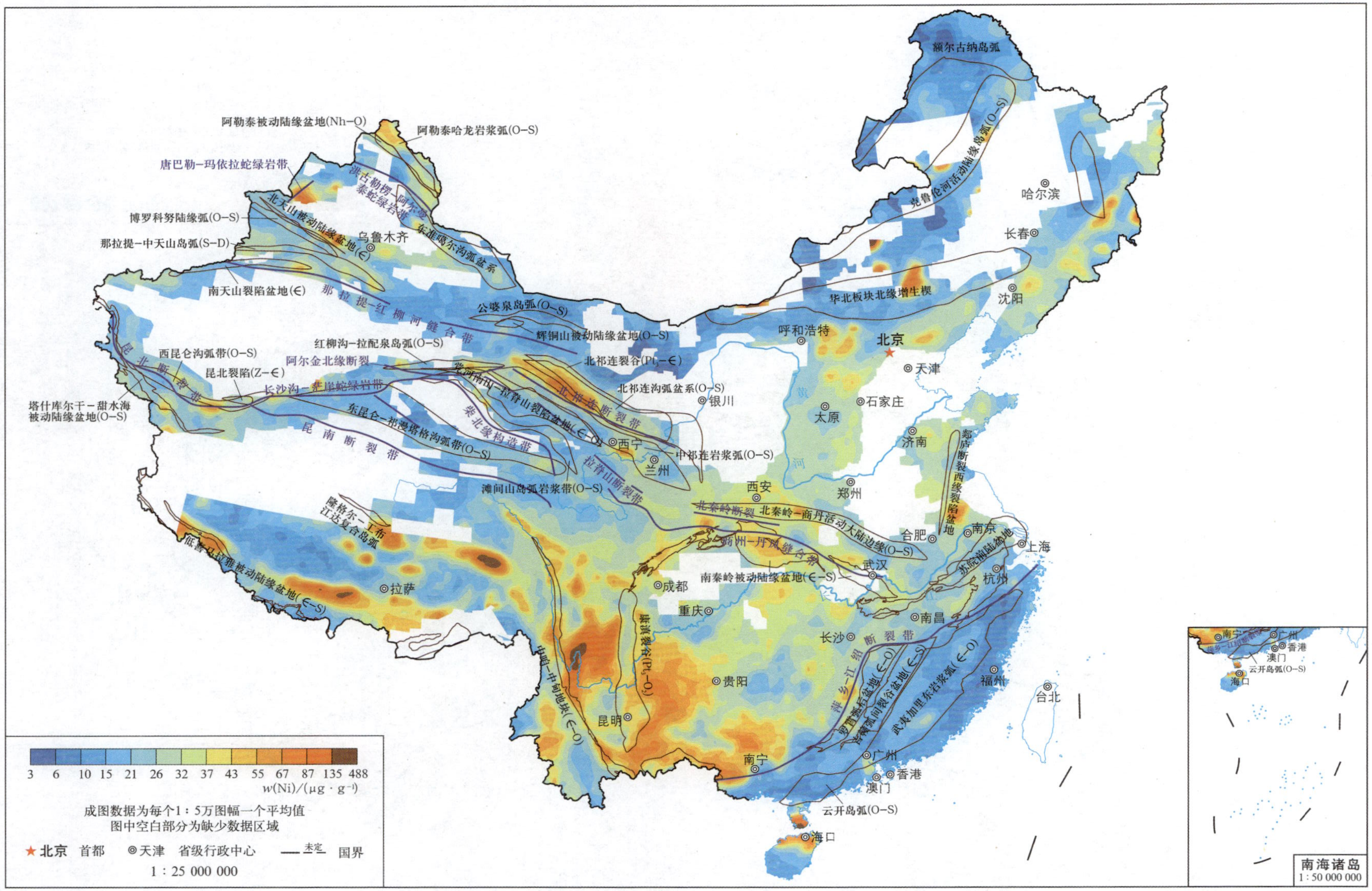


图1-17 中国镍地球化学及早古生代构造单元划分图

(据中国地质科学院地球物理地球化学勘查研究所，2021，有修改)

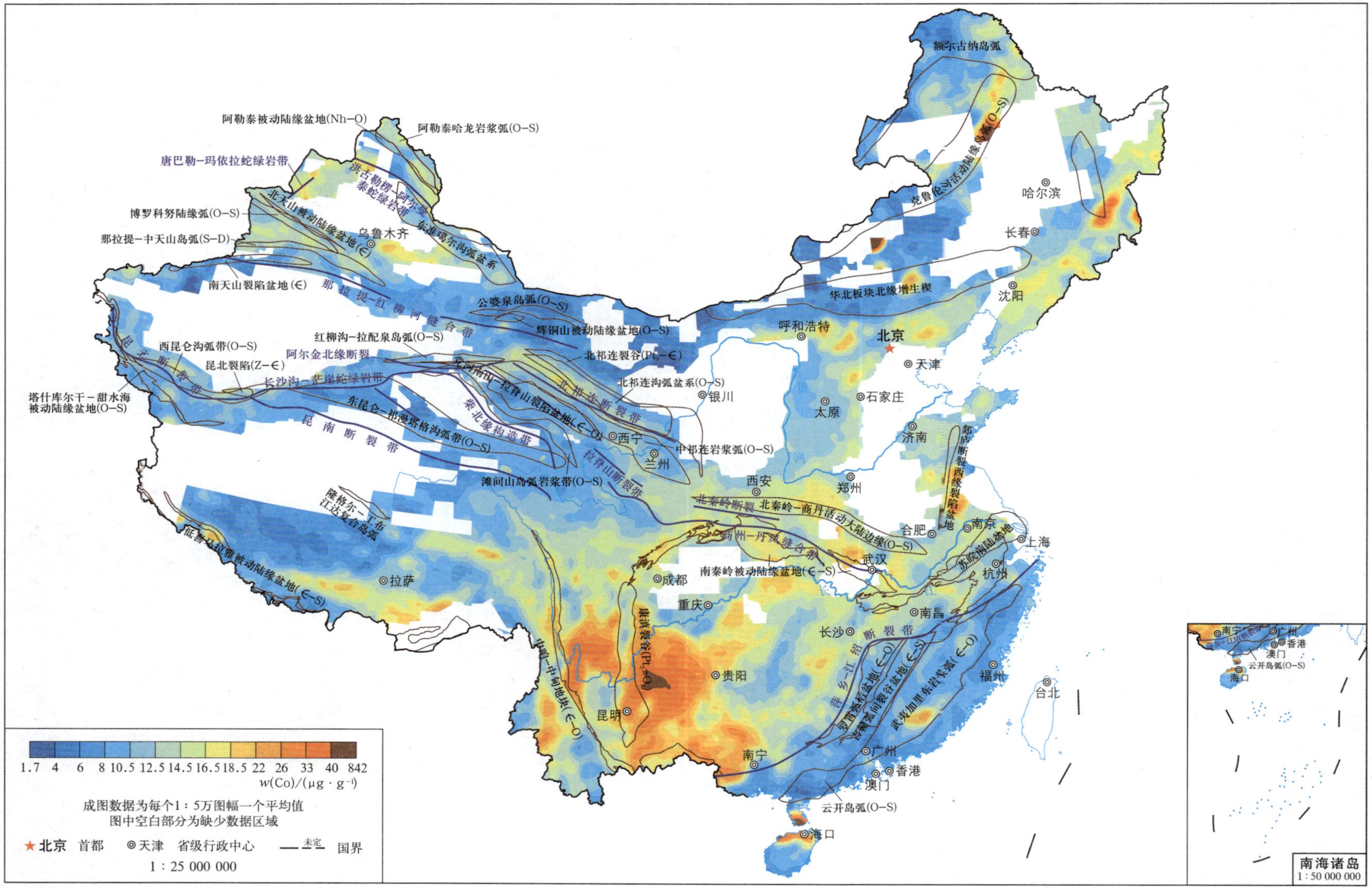


图1-18 中国钴地球化学及早古生代构造单元划分图
(据中国地质科学院地球物理地球化学勘查研究所，2021，有修改)

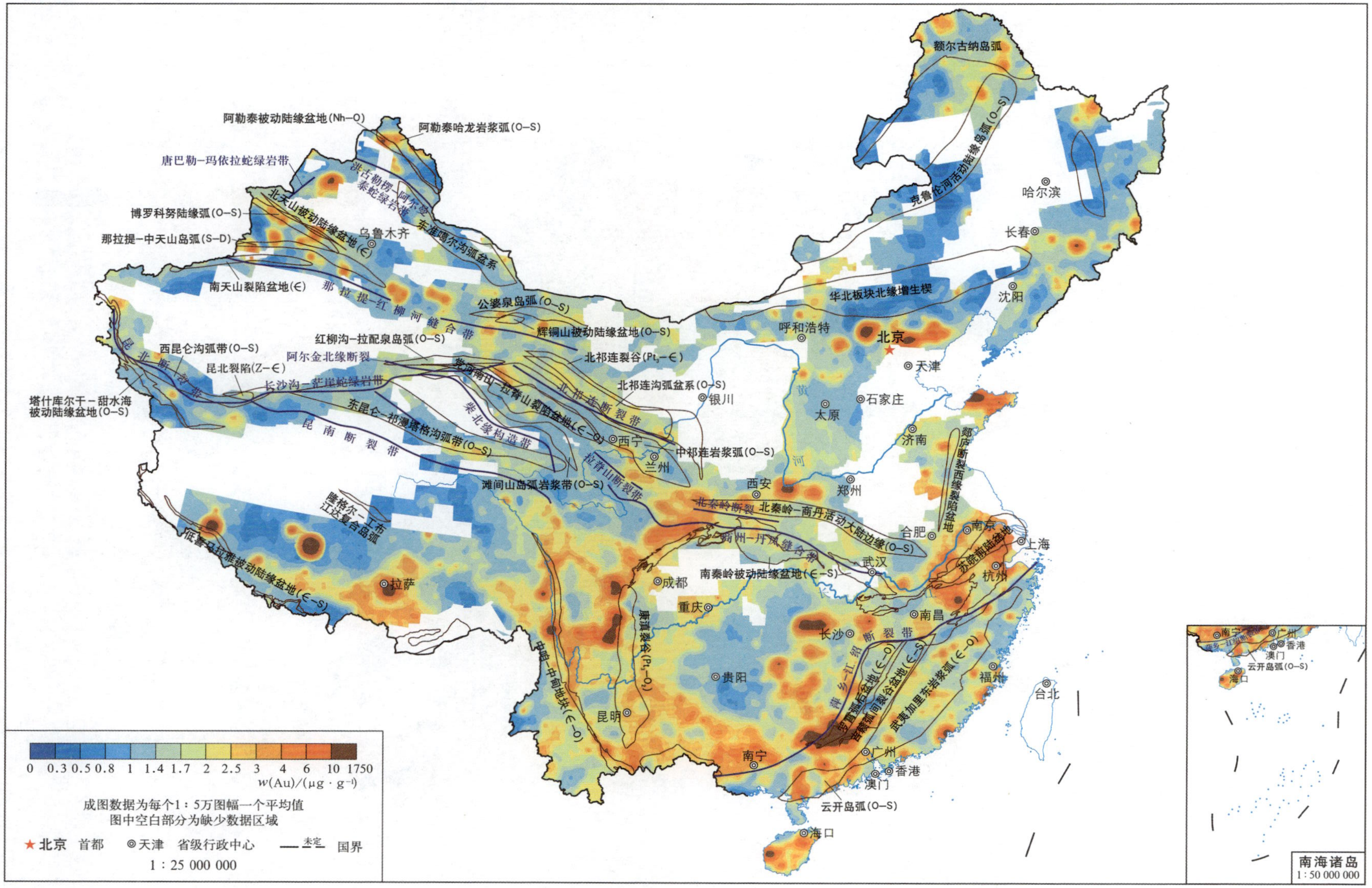


图1-19　中国金地球化学及早古生代构造单元划分图
(据中国地质科学院地球物理地球化学勘查研究所，2021，有修改)

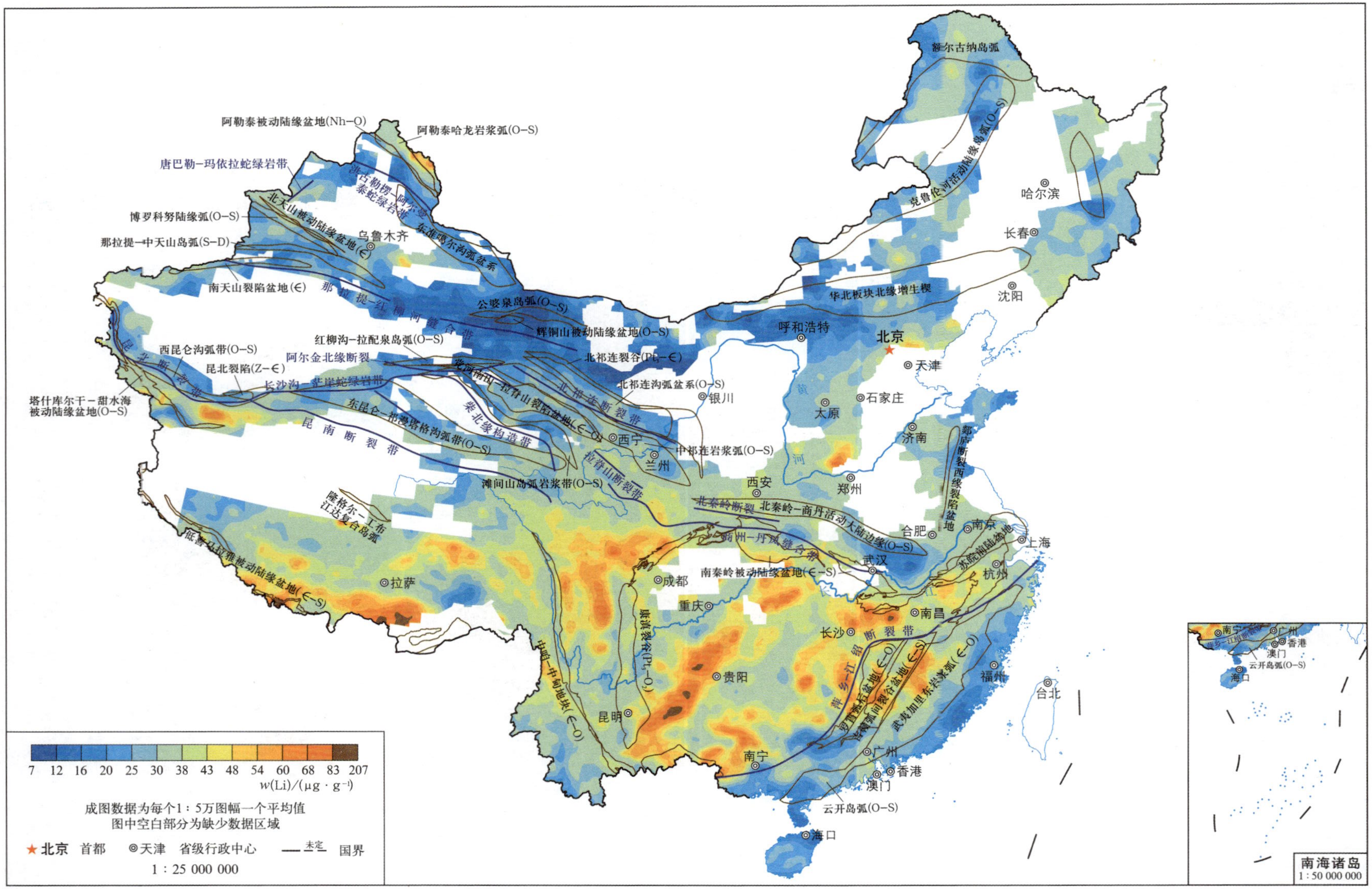


图1-20 中国锂地球化学及早古生代构造单元划分图
(据中国地质科学院地球物理地球化学勘查研究所，2021，有修改)

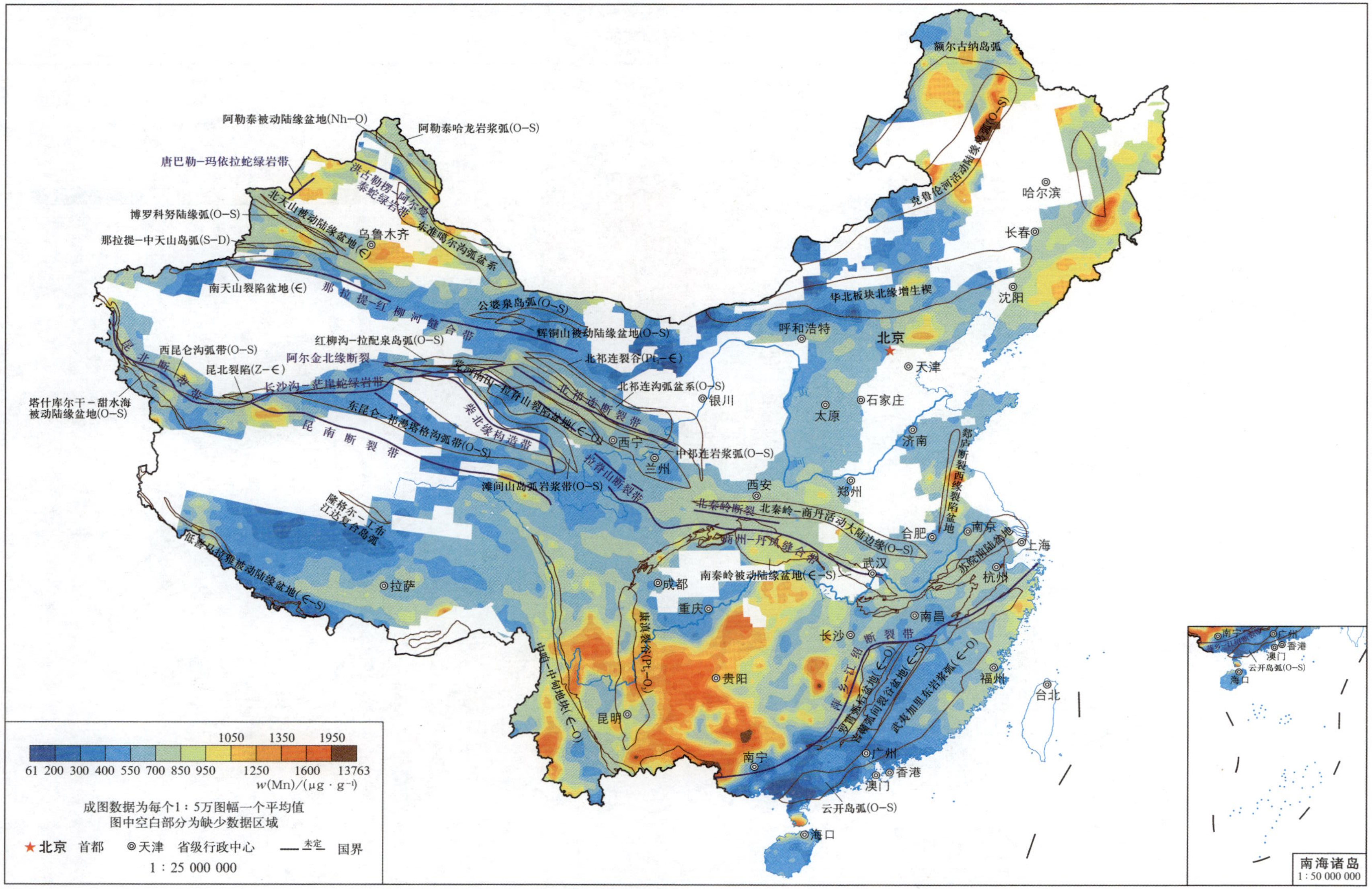


图1–21 中国锰地球化学及早古生代构造单元划分图

(据中国地质科学院地球物理地球化学勘查研究所，2021，有修改)

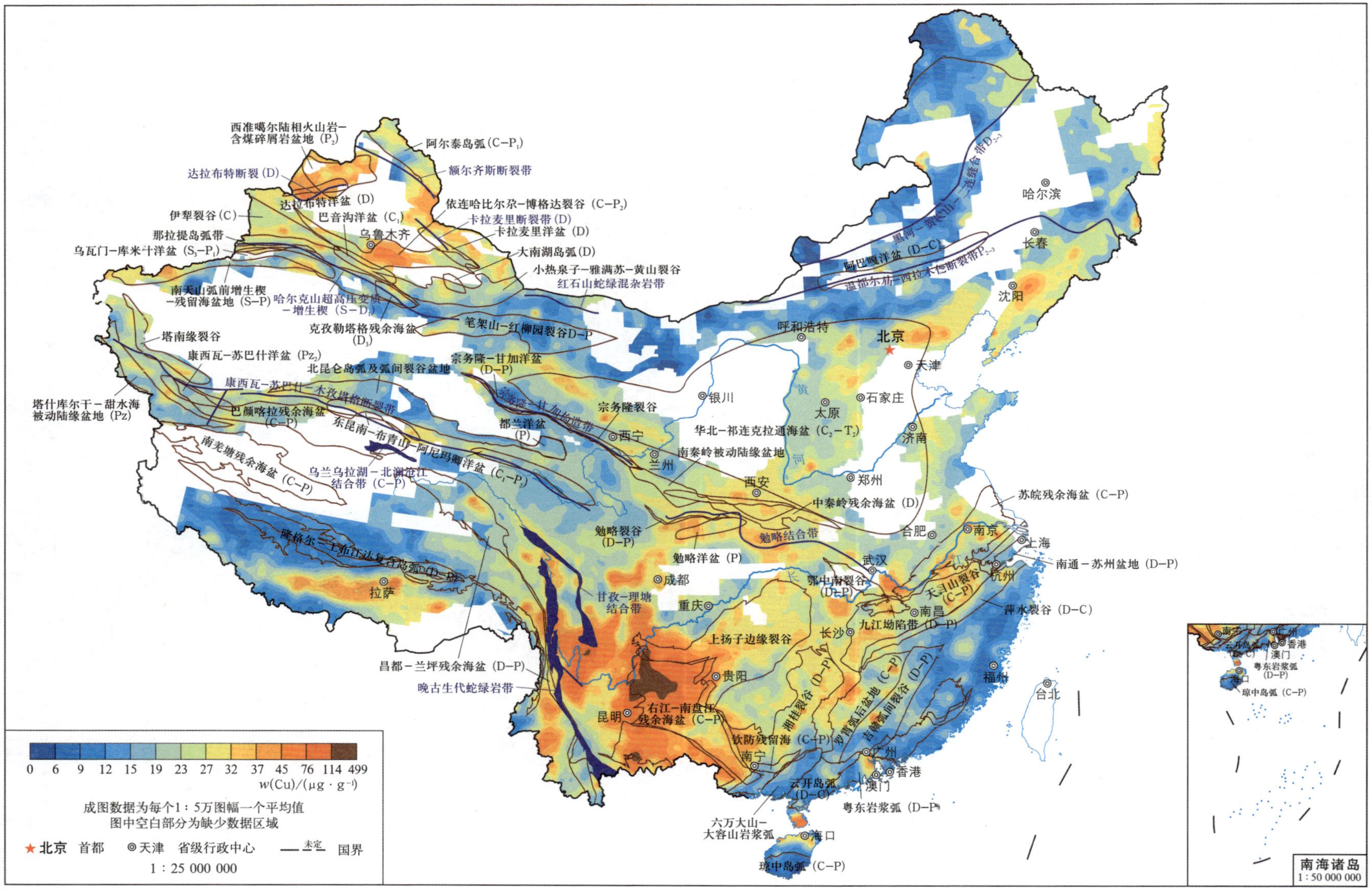

图1-22 中国铜地球化学及晚古生代构造单元划分图
（据中国地质科学院地球物理地球化学勘查研究所，2021，有修改）

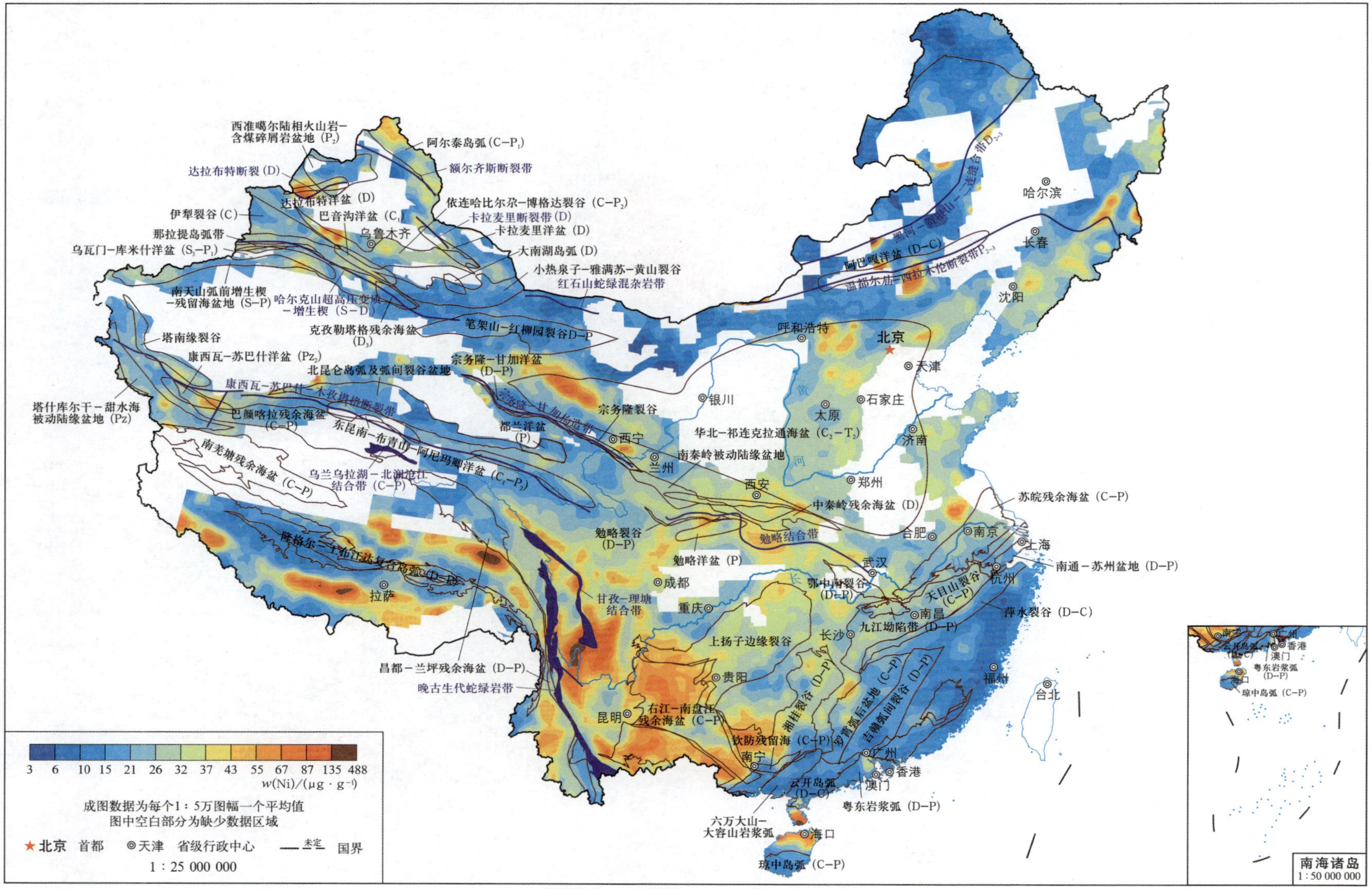


图1－23 中国镍地球化学及晚古生代构造单元划分图

（据中国地质科学院地球物理地球化学勘查研究所，2021，有修改）

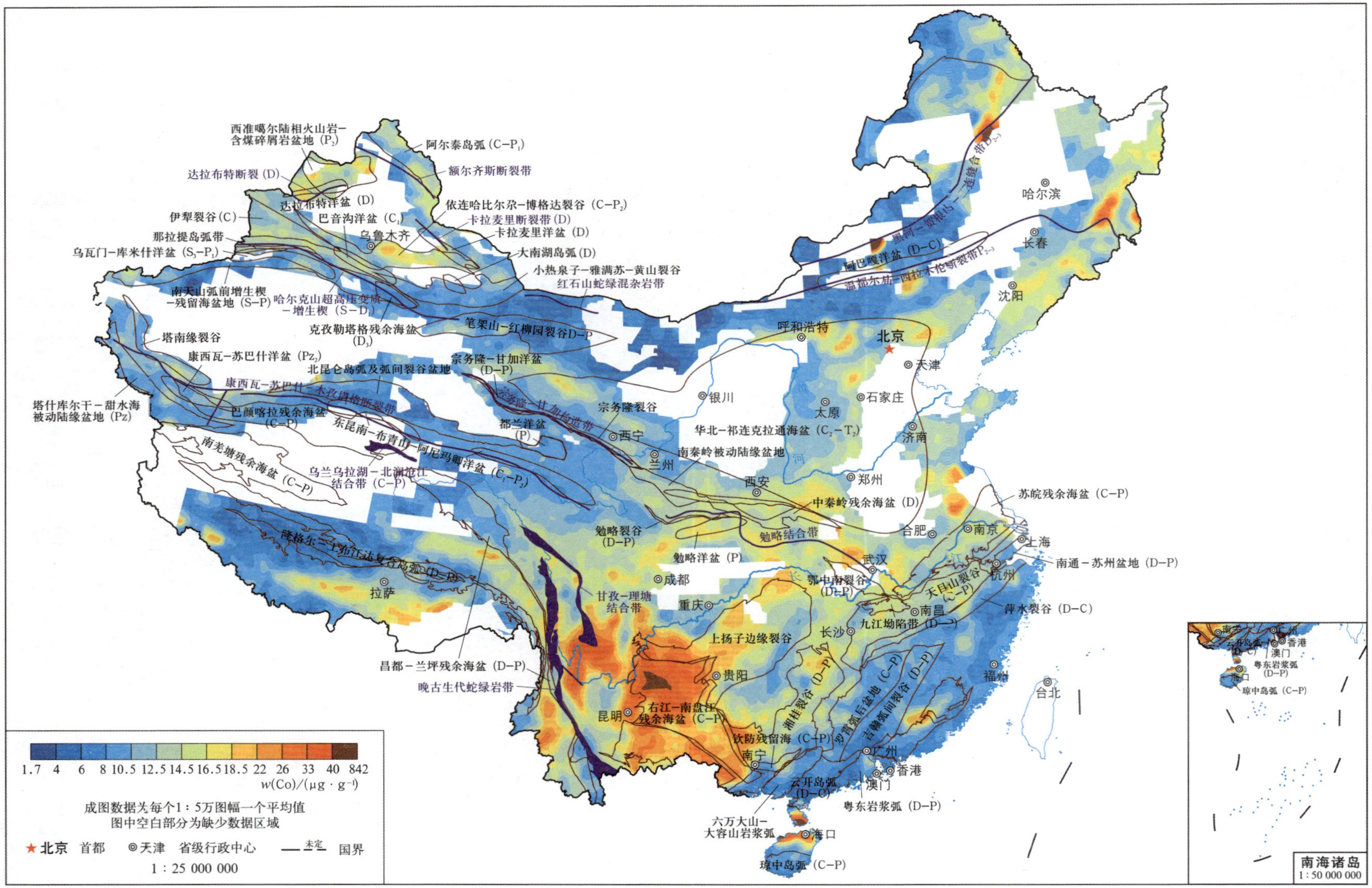


图1-24 中国钴地球化学及晚古生代构造单元划分图

（据中国地质科学院地球物理地球化学勘查研究所，2021，有修改）

天山裂谷盆地以及西南天山岛弧带、增生楔发育地区，在甘新交界笔架山-红柳园裂谷盆地等区域产出有串珠状 Au 元素异常，这些区域往往也是多期次岩浆-构造活动发育的地段（图 1-25）。在华北克拉通东部端，南缘南秦岭-中秦岭及其南部勉略带也见有串珠状金元素异常。另在右江-南盘江构造单元、湘-桂晚古生代裂谷，天目山裂谷盆地、苏皖前陆盆地，罗霄弧后盆地-云开岛弧-粤东南形成多处集中连片 Au 元素异常区。在隆格尔-工布江达复合岛弧，三江地区晚古生代结合带、塔里木南缘的局部地区见有串珠状金异常区。结合金成矿带来看，与古生代金异常有关的是分布于扬子地台周边的“川-陕-甘”和“滇-黔-桂”接壤区，产于古生代碳酸盐岩建造中的微细浸染型金矿；新疆北部浅成低温热液型金矿床主要分布在东天山古生代的岛弧带，如秋明塔什-黄山韧性剪切带南侧的阿齐山-雅满苏岛弧带（石英滩金矿）、布克-三塘湖岛弧带（双峰山金矿），西准噶尔萨吾尔-阿尔曼泰岛弧带（阔尔真阔腊、布尔克斯岱金矿），西天山陆内裂谷（阿希金矿）和上叠式火山盆地中（杨富全等，2005b）。

Li 元素异常主要在中国晚古生代右江-南盘江构造单元、上扬子边缘裂谷盆地最为集中。在湘-桂晚古生代裂谷-罗霄弧后盆地-吉赣弧间裂谷呈串珠状发育。其次在新疆阿尔泰岛弧，康西瓦-苏巴什前陆盆地和巴颜喀拉洋盆等两处有明显的异常（图 1-26）。

Mn 元素异常主要分布在新疆北部和华南地区。其中在新疆北部西准噶尔盆地，博格达裂谷盆地集中分布，在新疆南部塔里木南缘、塔什库尔干被动陆缘盆地等局部区域有分布。其异常强度最高的区域集中在右江-南盘江构造单元、上扬子边缘裂谷盆地等区域（图 1-27）。

## 第四节　古亚洲洋与特提斯洋关系及关键成矿环境问题讨论

### 一、古亚洲洋形成演化的认识及其争议

李春昱等（1982）在编制亚洲古板块构造地质图时，从欧亚大陆或更多从亚洲出发，将全球划分古亚洲构造域、特提斯构造域和环太平洋构造域，相应地从成矿角度也划分为古亚洲、特提斯和环太平洋成矿域。近年有人从现今全球大陆构造演化背景与成矿特征出发，将全球划分为劳亚成矿域、特提斯成矿域、冈瓦纳成矿域和环太平洋成矿域（梅燕雄等，2009），其实也可以认为相应的构造域。古亚洲构造域其实就是劳亚构造域在亚洲的一部分。但这个古亚洲构造域对东亚，特别是中国北方的地质状貌影响甚大。古亚洲洋的形成演化史就是中国北方构造地质史的框架。古亚洲洋的研究在中国新疆北部研究最为深入，其次是东北，近年来在其交接处的甘肃北部和内蒙古西部的银根-额济纳旗盆地，为勘查石炭系—二叠系的油气而开展了较多调查研究工作。新疆北部古亚洲洋的研究，主要来自对天山-北山和东、西准噶尔的研究，重点是古亚洲洋（天山洋）的闭合问题。

#### （一）古亚洲洋封闭时限的争论

古亚洲洋的闭合至少有以下 3 种主要观点。①中生代早期早三叠世闭合（Xiao et al.，2010）。也就是说古亚洲洋贯穿于整个古生代 3 亿多年，从全球超大陆旋回史判断，劳伦超大陆中裂解出的大洋，似乎不会不受中间大陆聚散的影响，特别是晚古生代潘基亚超大陆汇聚对其有影响，更重要的是天山、阿尔泰 280 Ma 左右的幔源含铜镍硫化物矿体的镁铁-超镁铁质侵入体，不可能是岛弧岩浆作用的产物。此认识主要证据是发现有早三叠世的蛇绿岩（Xiao et al.，2004），但越来越多的研究似乎不支持这一观点。②中石炭世或晚石炭世闭合（李锦轶等，2006）。这一观点一直占据主流，主要是石炭纪发育大量岛弧火山岩和相应金属矿床，该观点被天山及邻区地质填图人员广泛接受。不过最近几年 Xia et al.（2014）对岛弧玄武岩与大陆溢流玄武岩地球化学鉴别的研究，深刻地影响了该区研究者的认识。③泥盆纪末闭合（Xia et al.，2004）。以夏林圻等为代表，这些新研究的主要证据是泥盆系与石炭系之间的角度不整合、蛇绿岩主要形成于石炭纪之前和石炭纪岛弧玄武岩被重新鉴别为大陆溢流玄武岩等。关于石炭纪火山岩构造属性即石炭纪大量安山岩的形成环境归属，学术界还存在不同

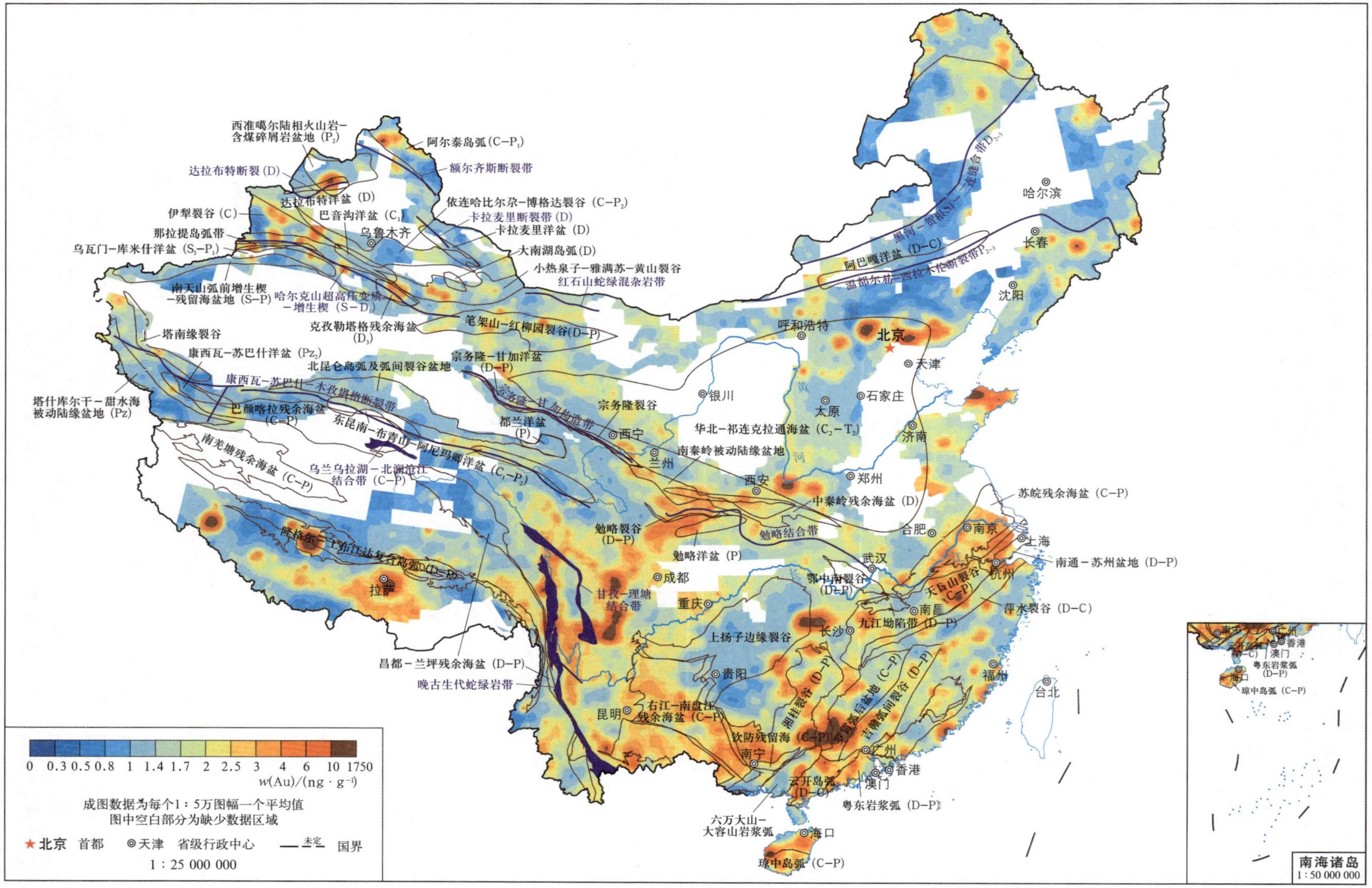


图1−25 中国金地球化学及晚古生代构造单元划分图

（据中国地质科学院地球物理地球化学勘查研究所，2021，有修改）

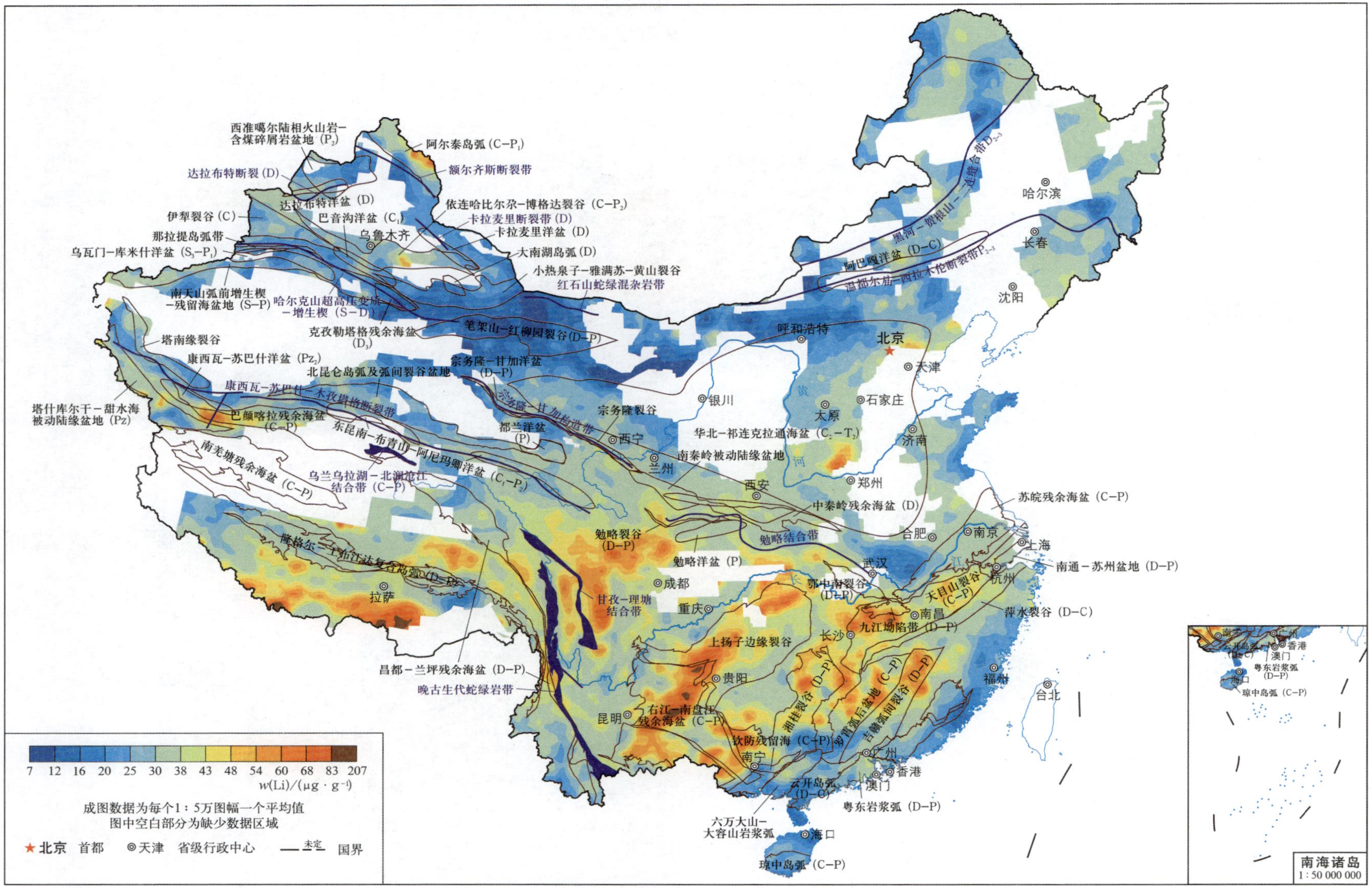


图1-26 中国锂地球化学及晚古生代构造单元划分图

（据中国地质科学院地球物理地球化学勘查研究所，2021，有修改）

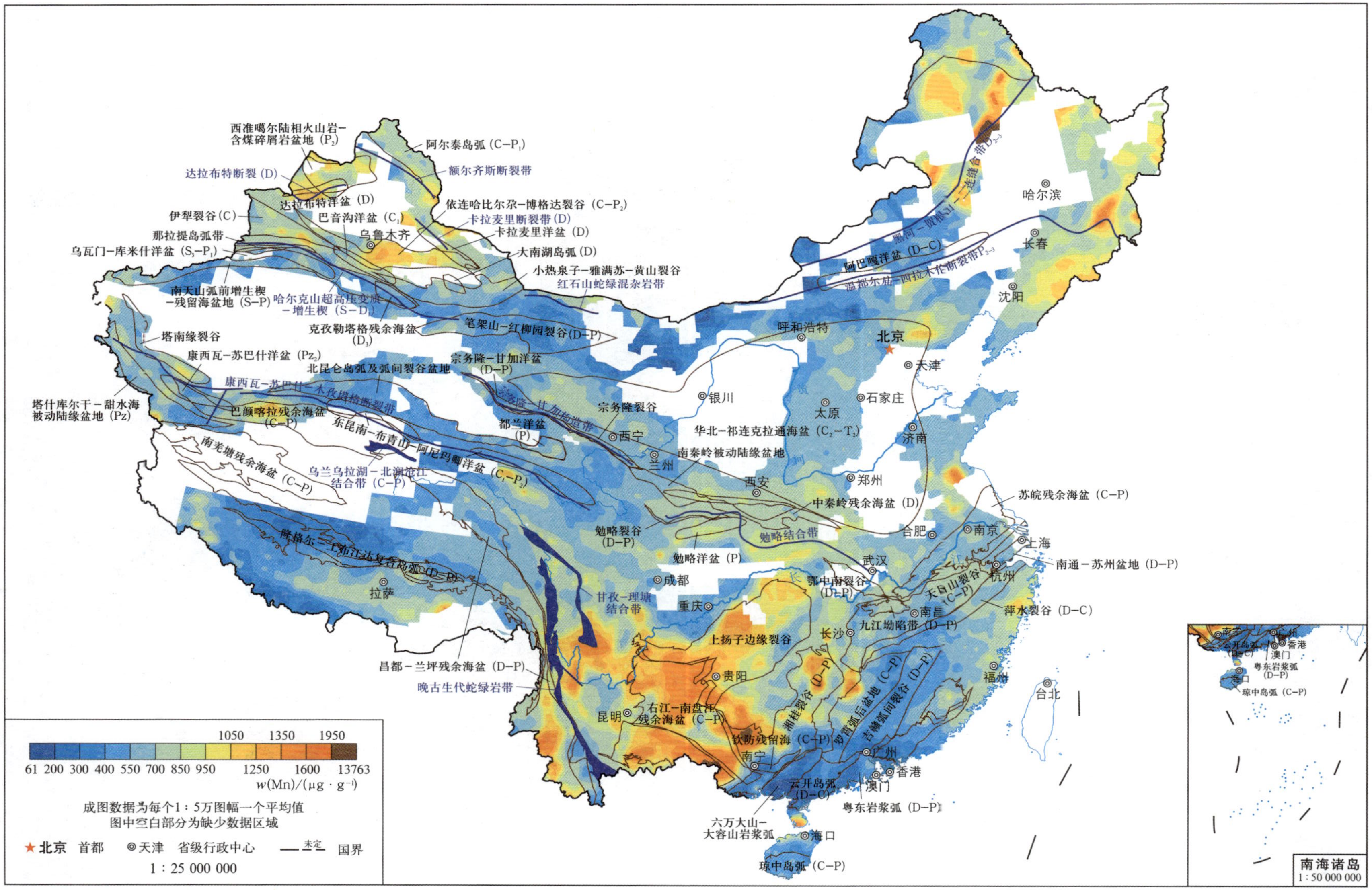


图1-27 中国锰地球化学及晚古生代构造单元划分图

（据中国地质科学院地球物理地球化学勘查研究所，2021，有修改）

认识。主张岛弧火山岩的认识仍占据着主要位置，但地幔柱动力作用导致消减物质在软流圈重熔的认识也愈来愈受到重视。

就目前研究来者，天山及邻区（古亚洲洋中南部）在晚古生代晚期早二叠世已是板内环境似乎已存在较小争议，而塔里木在早二叠世为大火成岩省已为国际学术界认同。争议较大的是石炭纪构造环境，为此我们提出了一种新的主张：石炭纪该地区可能是板块俯冲消减与地幔柱共同作用，两种地球动力学机制并存的环境（李文渊等，2012）。展开来阐释就是一种构造体制的结束在时空上存在差异性，志留纪古亚洲洋就开始闭合，泥盆纪已经基本完成了闭合。石炭纪古亚洲洋的主闭合作用虽已完成，但古亚洲洋板块构造体制缝合作用尚未完成，俯冲消减物质的重熔作用不仅没有减弱，反而在来自深部地幔的地幔柱热能的作用下，含水的消减物质和软流圈地幔物质大规模重熔，故而导致大量中性安山质岩浆的喷发和A型花岗岩类的产出，但较少见到含铜镍镁铁-超镁铁岩形成，这与早二叠世存在显著差异。早二叠世古亚洲洋的板块构造体制已经结束，代之以地幔柱作用的动力学背景为主（秦克章等，2017）。但为什么早二叠世岩浆作用的产物还多有地壳消减物质的地球化学特点呢？主要是地幔柱作用导致软流圈地幔重熔混入消减的地壳物质所致，后期地壳物质强大的地球化学屏蔽效应，使上侵岩浆岩在微量元素地球化学上形成了消减洋壳的特点，但成矿物质和岩浆主体物质则来源于地幔重熔或地幔柱。不过现在还缺乏有效的地球化学方法予以论证。这也是目前天山-北山早二叠世含岩浆铜镍硫化物镁铁-超镁铁岩地质地球化学研究中困惑，即地质与地球化学的不匹配。目前还没有足够充足的证据证明岛弧岩浆作用能够形成有工业价值的铜镍硫化物矿床。因此，仅依靠地球化学投图，而得出岛弧环境的观点是不慎重的。就如同即使在海底有海水的同位素屏蔽，最终还是证实岩浆流体提供了块状硫化物矿床近99%的成矿物质（Yang and Scott，1996）。

### （二）古亚洲洋与祁连、秦岭和昆仑洋的关系

古亚洲洋一般认为是新元古代就打开成洋的，是罗迪尼亚超大陆裂解的产物。早古生代扩张成为北方劳亚大陆与南方冈瓦纳大陆之间的大洋，如同现今大西洋进一步扩张成为太平洋的过程。从地理几何空间思考，在早古生代古亚洲洋存在的情况下，以往关于秦祁昆中央造山带为早古生代独立洋的判断是存在问题的（李文渊等，2011）。而且北秦岭洋、北祁连洋、东昆仑洋、阿尔金洋和西昆仑洋自成体系，互不关联，残留的蛇绿岩和蛇绿混杂岩主要为早古生代的产物，而古亚洲洋也在早古生代扩张为大洋。由此可见，古亚洲洋与祁连、秦岭和昆仑洋的空间关系如何理解，是梳理好早古生代这些造山带之间关系的关键。同时代、大致同处于一个大的空间位置的一系列大洋或洋盆，只能有一个大洋，其他只能从属于这个大洋。这个大洋肯定是古亚洲洋，祁连、秦岭和昆仑洋应是古亚洲洋的次生洋，或是沿岸的边缘海或多岛洋。如同现今的太平洋西岸的菲律宾、日本岛、台湾岛与中国大陆之间的边缘海或者说为多岛洋一样。以往我们对早古生代北秦岭、北祁连和东、西昆仑造山带的研究，由于对研究空间的局限性，往往将其判定为独立的大洋，进行自成体系的研究，难免与整个洋陆环境不关联或者不协调。以古亚洲洋形成演化为主线，将早古生代祁连、秦岭和昆仑洋纳入其中开展研究，必将产生更符合欧亚大陆地质历史聚散实际的新认识，进而揭示符合客观实际的区域成矿作用，指导找矿实践。

### （三）塔里木陆块是早古生代古亚洲洋的南岸

目前缺乏古亚洲洋两岸陆块和微地块随大洋演化的详细定位与变化研究，因此仅对塔里木陆块的位置和变化进行初步探讨。早古生代塔里木陆块应是古亚洲洋的南岸，因为以往南天山洋的研究也均将其作为南侧的大陆，但习惯于将新疆南北分别纳入两个不同的构造动力学体系，在研究天山构造演化时，就很少考虑塔里木陆块南缘的喀喇昆仑。如果早古生代古亚洲洋大洋存在，不可能再并列分布一个原特提斯洋，有的只能是古亚洲洋与原特提斯洋相通，只是不同位置的不同称谓而已。从塔里木陆块被放置在劳亚大陆和冈瓦纳大陆之间大的视野看待，就只是一个从冈瓦纳大陆裂离出来的相对较

大的小陆块或岛块而已。如果古亚洲洋是罗迪尼亚超大陆裂解而成，亲南岸冈瓦纳大陆的塔里木陆块与北岸劳亚大陆的组成分子也应是相似的。这里存在一个古亚洲洋主洋位置判断的问题，南天山洋如果是主洋，中天山就是亲劳亚大陆的组成分子，也是从大陆裂离而成。

再将视野扩大一些，关于古亚洲洋的产生也存在某些地质线索。关于金川超大型岩浆铜镍硫化物矿床的形成时代，通过锆石 U-Pb 法定年，确认含矿二辉橄榄岩的锆石年龄为 827 Ma（李献华等，2004），是南华纪的产物，被认为是罗迪尼亚超大陆裂解的产物，进而将其判断是塔里木、阿拉善和西澳大利亚陆块裂解三叉裂点的位置（Zhang et al.，2010）。并进一步推测是劳亚大陆和冈瓦纳大陆最初分离的位置和时间节点。金川超大型铜镍矿可视作古亚洲洋开始裂解的产物。裂解后，如果塔里木与西澳大利亚之间的裂谷夭折，那么塔里木与阿拉善之间、西澳大利亚与阿拉善之间的裂谷将发育成古亚洲洋，因此阿拉善应是亲劳亚大陆的，古亚洲洋主洋位置就落在了北祁连洋。然而，这显然与目前的研究是不一致的，古亚洲洋主洋的位置至少应在阿拉善北边的南天山-北山洋中。阿拉善、西澳大利亚和塔里木都是亲冈瓦纳的，只有中天山是亲劳亚的。阿拉善与塔里木古元古代基底是一致的，难道三叉裂谷的裂点与最终形成大洋主洋的位置并不一定重叠（王超等，2011）？金川铜镍矿的空间位置与古亚洲洋主洋位置的不一致，其地质意义还需要深入研究，仅靠大胆的推测已经远远不能解决问题。

### （四）天山-北山及邻区石炭纪的两种构造动力学机制与成矿

石炭纪对新疆北部成矿占有重要的地位，除铜镍矿外，斑岩型铜钼矿床、岩浆型铁矿床等大部分金属矿床主要形成于这一时代，即石炭纪是新疆北部的成矿爆发期。为什么会形成成矿的爆发期？这必然与其特殊的构造环境和地球动力学背景有关。单纯的板块构造俯冲、消减不足以提供成矿爆发的物质基础和动力学能量，板块构造机制与地幔柱作用机制的双重叠加，才可能提供独特而强有力的物源和能量。

两种构造体制并存指的是：板块构造体制处于结束期，而地幔柱动力学体系则处于开始期或孕育期。板块构造的贡献更多表现为中性或中酸性的喷出岩和侵入岩，构造体制上被划为浅部后碰撞的动力学机制阶段，但实质上深部地幔柱热动力的贡献更为关键，这是大规模熔融作用产生的主要因素。整体上具有地壳物质的重熔物源和地幔深部热源两种构造体系叠加的特点。例如东天山土屋-延东-东戈壁一线的斑岩铜钼矿床，有研究认为是中亚型斑岩铜矿，区别于太平洋东岸安第斯活动大陆边缘洋-陆碰撞的成矿构造背景，而类似于大陆裂谷或裂陷槽的背景。而这种构造背景，只能是新旧两种构造体制交织的结果。再如西天山阿吾拉勒火山岩型铁矿田，表现为大规模岩浆喷发作用不混溶凝结铁矿石堆积的特点，而如此熔融作用的发生，没有深部高温异常是难以形成的。Xia et al.（2004）将天山及邻区石炭纪玄武岩分为高 Ti 系列和低 Ti 系列两种，认为前者是未受地壳物质混染的幔源熔融作用直接分异的产物，后者是强烈遭受地壳物质混染后的结果，因为未对安山岩和安山质流纹岩进行地球化学和成因进行深究，也导致了较大的争议，至今仍是岛弧和地幔柱裂谷两种不相容观点同时存在，且各有重要证据支持。因此，两种深、浅地球动力学机制并存是可能的，也可以较好解释相互矛盾的地质事实。我们假设太平洋闭合，板块体制即将结束，沿板块缝合带浅部的岛弧的动力热能不足，岩浆作用消减，但以夏威夷洋岛为代表的地幔柱动力学机制并未结束，而是进一步加强，因此缩减的太平洋缝合带的初始岩浆作用显然是两种地球动力学共同贡献的结果，只是一个时代正在结束，而另一个时代正在开始罢了。

## 二、古特提斯洋的认识及关键成矿环境

特提斯构造带的阿尔卑斯山脉和喜马拉雅山脉在欧亚大陆南缘是遗世独立存在，任何构造划分都不可能忽视对该带的重视。很多学者对阿尔卑斯和喜马拉雅形成的新特提斯进行了研究。已达成共识的是新特提斯洋于中生代裂开，伴随着中生代的结束，于 65 Ma 进入新生代，新特提斯洋闭合，陆-陆碰撞，继而印度陆块俯冲于亚洲陆块之下，形成双陆壳岩石圈叠置模式，导致全球最高峰珠穆朗玛

峰的崛起，对亚洲大陆的地貌、构造形迹、成矿作用产生了深刻影响（侯增谦等，2006b）。在新特提斯形成之前，欧亚大陆南缘在漫长的古生代是否还存在已经消减闭合并被新特提斯改造或屏蔽的古老特提斯洋？答题肯定的，其构造位置不是我们现在所说的欧亚大陆南缘，而是地质历史上冈瓦纳大陆的北缘，现今东、西昆仑造山带及其西延。已有的研究认为原/古特提斯洋演化历史为：在新元古代开裂，在早古生代早中期演化成熟，在早古生代末闭合。前已经述及原特提斯洋与古亚洲洋是同时期存在连通的大洋，只是不同位置不同的称谓而已。而古特提斯洋是独立存在的，但开启的时间还需进一步研究。

## （一）原特提斯洋与古亚洲洋为一体

Frish et al.（2011）认为原特提斯洋在晚前寒武纪伴随元古宙罗迪尼亚超大陆的裂解形成于西伯利亚陆块与哈萨克斯坦陆块之间，该大洋一直延续到泥盆纪，但没有标出古亚洲洋的位置。而西伯利亚与华北陆块之间的空白位置，其实就是古亚洲洋。从古板块重建图来看，在早古生代奥陶纪（470 Ma）劳伦（北美洲）、波罗的（欧洲）和西伯利亚陆块尚未连接成为劳亚大陆，塔里木、华北和华南也相互分离，在低纬度处与冈瓦纳大陆之间构成有限洋盆（图1-28），相当于古亚洲洋的分支或边缘海，如同现今太平洋的东海和南海。古亚洲洋则介于哈萨克斯坦陆块、西伯利亚陆块与塔里木、华北和华南陆块之间，向南西与位于波罗的和西伯利亚陆块之间的原特提斯洋或瑞克洋（Rheic Ocean）相连。可见，早古生代古亚洲洋与原特提斯洋就是连为一体的，可称之为古亚洲-原特提斯

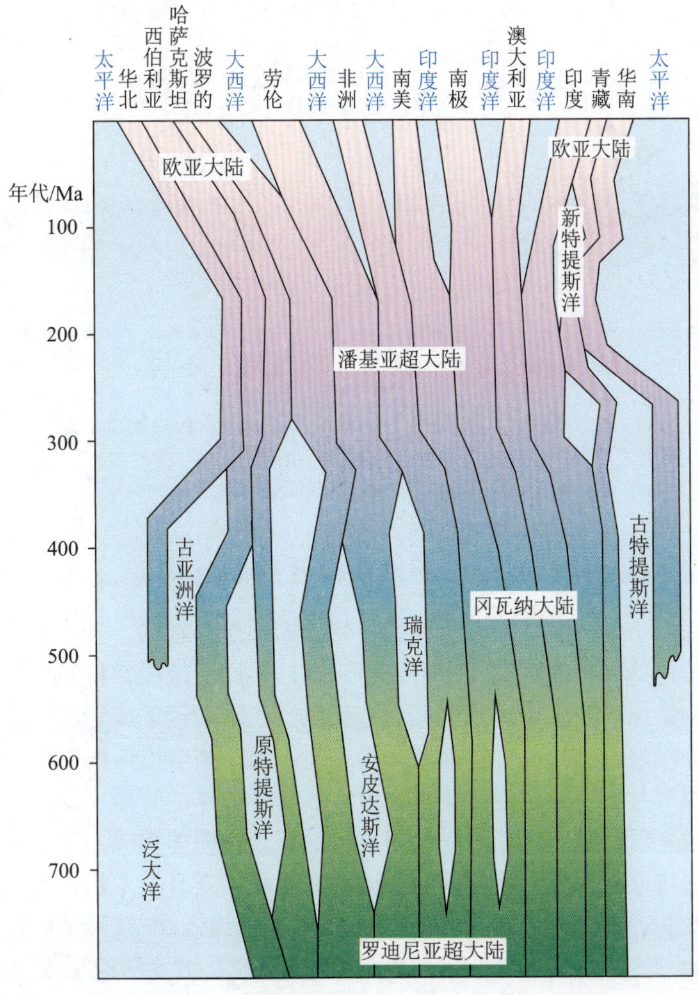


图1-28　罗迪尼亚和潘基亚超大陆形成前后主要陆块的示意图

（据李文渊，2018）

洋。由于古亚洲洋在中国北部古生代构造演化历史的重要性，我们简称古亚洲洋，即代表古亚洲-原特提斯洋。

从奥陶纪重建板块的分布图来看，古亚洲洋与原特提斯洋呈近南北向（图1-29），到志留纪逐渐向东西向偏移，古亚洲洋在东，原特提斯洋在西。劳伦、波罗的和西伯利亚陆块逐渐汇聚形成新的劳亚大陆，并与冈瓦纳大陆逐步靠近。于志留纪末，塔里木、华北和华南陆块与冈瓦纳大陆之间的大洋分支或有限洋盆，即昆仑洋、祁连洋和秦岭洋相继闭合造山，有多处志留纪末的高压-超高压变质带榴闪岩、榴辉岩作为主要证据。另外，在青藏高原发现有相应的缝合带（潘裕生，1994）。最终在泥盆纪末古亚洲洋主洋和原特提斯洋闭合。由于古生代古板块构造的重建是一项需要多学科合作的综合性工作，即使大陆或重要陆块的相对位置正确了，就现有的研究程度，也难以清楚确定较小陆块的正确位置。这也是中国目前在加强华北、华南陆块研究的同时，亟待加强塔里木及其周边陆块的研究。因此，古生代塔里木及其周边陆块与南、北大陆（冈瓦纳、劳亚）的时空关系研究，是特提斯重大地质问题研究的关键。

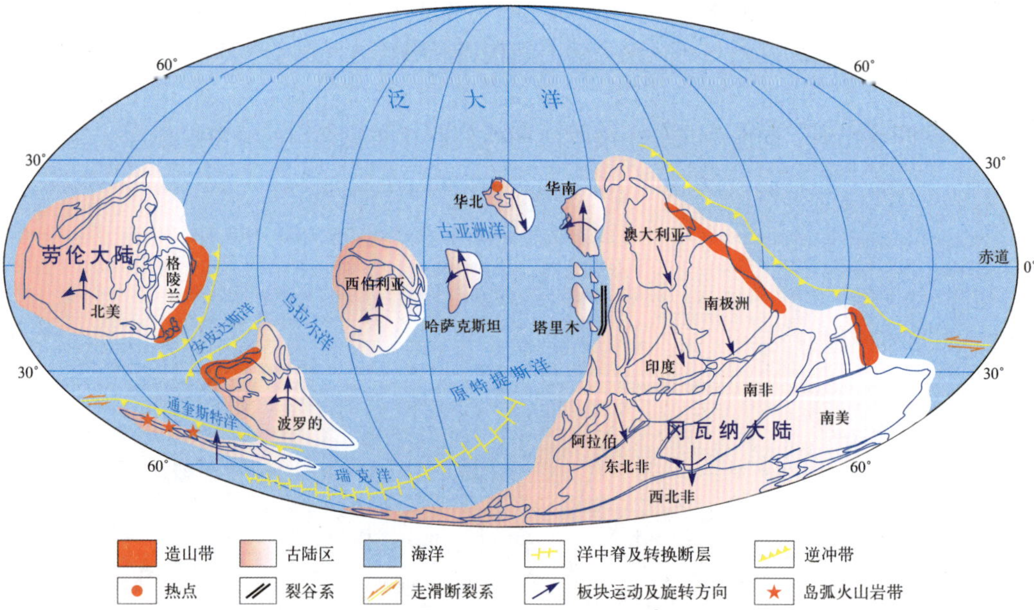


图1-29 早古生代奥陶纪（470 Ma）古亚洲洋板块构造示意图

（据李文渊等，2018）

### （二）夏日哈木含镍超镁铁岩是古特提斯洋开启的产物

根据东、西昆仑造山带的研究，晚古生代的古特提斯洋是存在的，其形成演化和闭合造山过程中留下了大量的地质构造建造和矿产资源。古特提斯研究已被广泛接受，特别是近年来东昆仑夏日哈木超大型岩浆铜镍硫化物矿床、西昆仑玛尔坎苏大型优质沉积碳酸锰矿床等的发现，极大地丰富了古特提斯地质的研究。尽管已经普遍接受古特提斯洋的存在，由于新特提斯构造的叠加，古特提斯洋的形成演化和闭合造山的细节并不十分清楚，特别是古特提斯洋成洋的时限还缺乏研究，有待于进一步求证。从全球超大陆聚散来看，随着古亚洲洋的闭合，地球表面积的缩减，为达到空间上的平衡，另一个新的陆块开裂、伸展将必然发生。我们认为东昆仑志留纪末夏日哈木超大型岩浆铜镍硫化物矿床是这一重要裂解事件的产物，即形成于411 Ma的夏日哈木含铜镍镁铁-超镁铁质侵入岩是古特提斯洋初期大陆裂谷环境的产物（李文渊，2015），代表了地球表面冈瓦纳大陆的裂解。是什么原因导致冈瓦纳大陆裂解呢？除前述为维持地球表面积伸缩平衡的动力学原因外，夏日哈木含铜镍镁铁-超镁铁质岩体的成因也有为古特提斯洋开裂提供关键的地球动力学证据。

除柴达木地块南缘东昆仑造山带元古宙金水口群基底中发现志留纪末的夏日哈木含铜镍岩体外，在东昆仑东段南部的南祁连化隆微地块中也发现有以拉水峡、裕龙沟等多个中小型岩浆铜镍硫化物矿床，含矿岩体年龄为晚志留世（裕龙沟辉长岩锆石 U-Pb 年龄 422 Ma；Zhang et al.，2014）；阿尔金构造带上也发现有志留纪的含铜镍镁铁-超镁铁质岩体（马中平等，2009）。迄今为止，并没有充足证据证明，岩浆铜镍硫化物矿床除了可以在大陆板内拉张环境下形成外，还可以在板块边缘的聚敛环境中形成（李文渊等，2007）。所谓造山带型铜镍矿床，不过是当前分布于地史上的造山带中而已，其并非岛弧环境的产物，而是形成于新生的陆壳环境下，这是因为造山带的缝合线更容易成为部分熔融幔源岩浆上侵的通道。这就是造山带型铜镍矿床的镁铁-超镁铁岩带，往往与先前的蛇绿（混杂）岩带相伴产出的原因。夏日哈木最典型，矿区大比例尺地质填图发现，不仅有更早形成的 441 Ma 的蛇绿混杂岩残块，还发现有 408 Ma 折返的榴闪岩等（钱兵等，2018）。

当然，闭合后先前俯冲消减的洋壳可能拆离，甚至抵达核幔边界深处，诱发地幔柱产生。地幔柱热能促使软流圈地幔物质部分熔融，因为有大量洋壳的加入，所以形成的幔源岩浆在地球化学特点上更趋向岛弧岩浆罢了。因此，岩浆铜镍硫化物矿床仍旧具有构造环境判别的专属性功能，是大陆裂谷的典型产物。目前，我们还没有充足证据说明夏日哈木是地幔柱作用三叉裂谷裂点的结果。但夏日哈木作为中国仅次于金川镍金属储量第二的超大型岩浆铜镍硫化物矿床，有可能如同金川超大型矿床一样，是罗迪尼亚超大陆三叉裂点，也是冈瓦纳大陆裂解的三叉裂点，只是能量和规模较小而已。本书据此猜测阿尔金带是夭折的那条裂谷带，而东昆仑（实则穿越现今的东昆仑和南祁连）和西昆仑裂谷则继续发育，直至裂解成古特提斯洋。

### （三）塔里木陆块是晚古生代古特提斯洋的北岸

随着古特提斯洋新生洋壳的不断产生，形成了新的洋陆空间关系。古亚洲洋在泥盆纪末闭合后，原来作为古亚洲洋南岸的塔里木陆块，发生空间位置上的转化，拼贴于哈萨克斯坦-西伯利亚大陆（新劳亚大陆）上，成为了古特提斯洋的北岸（图 1-30）。与此同时，柴达木地块连同新生的祁连造山带、北秦岭造山带新陆块都纳入古亚洲洋北岸的范畴。石炭纪古特提斯洋逐渐发育成熟，由于先前大陆裂谷或新生洋壳岩浆火山作用提供物质基础，塔里木南缘作为被动大陆边缘，甚至可能海侵整个塔里木作为陆表海，为玛尔坎苏大型碳酸锰矿层的形成提供良好的成矿环境。塔里木陆块在晚古生代作为古亚洲洋和古特提斯洋的见证，担当了两个大洋的大陆边缘角色，只是时代和位置发生了变化。

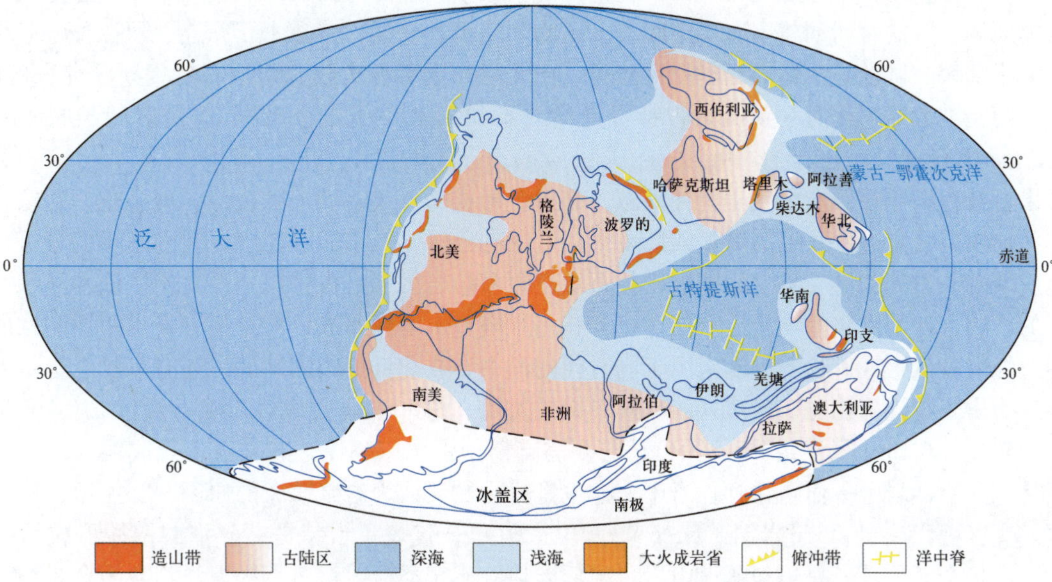


图 1-30 晚古生代石炭纪（320 Ma）古特提斯洋板块构造示意图

（据李文渊，2018）

因此，从塔里木陆块演化出发，新疆南北是一个整体，不存在归属于两种构造体系的说法，只是在不同时代归属于不同的构造演化体系而已，不能完全割裂开来看。早古生代，包括塔里木南北均属于古亚洲洋的构造演化体系；晚古生代，由于地幔柱作用的结果，石炭纪地幔柱热动力和板块闭合后碰撞动力并存的构造动力作用导致天山-北山及邻区大规模岩浆作用和成矿爆发，构成了新疆北部独特的以石炭纪为突出代表的构造-岩浆-成矿事件，但不能将新疆北部晚古生代的成矿特色归功于古亚洲洋地质作用的产物，与祁连、北秦岭和昆仑的早古生代成矿作用表现一样，早古生代的成矿作用才是古亚洲洋构造体系的结果。但为什么晚古生代成矿事件反而强劲呢？一是石炭纪—二叠纪地幔柱的作用。可能大家质疑如此漫长的地幔柱作用，其实地幔柱作用与板块构造作用一样，是地球两大动力学基本机制，在板块构造没有出现以前，地幔柱作用是地球深部与浅部和地表之间能量及物质交换的主要机制，并贯穿于地球演化史始终，但也有孕育期、作用期和衰亡期，即使作用期也有间歇期，大火成岩省是强度作用的结果；二是晚古生代古特提斯洋构造演化成矿作用的叠加。以前对这方面的研究只集中于塔里木南缘的昆仑造山带，对塔里木北缘以及天山西延及其境外的天山成矿作用研究几乎不被提及或重视。

如果地史上的古特提斯洋存在，它就必然对北面陆缘产生影响，并对天山成矿带早期的成矿作用有叠加作用。境内和境外天山在成矿上的最大区别在于境内有早二叠世的铜镍矿，但境外有石炭纪产出的世界级斑岩铜矿。例如乌兹别克斯坦天山中的阿尔马雷克（Almalyk）超大型斑岩铜矿，铜金属储量高达 2400 万吨，位居欧亚大陆第一，形成时代也为石炭纪（薛春纪等，2013）。这个石炭纪的铜矿我们无法用地幔柱与板块构造并存的观点解释，它又确实存在，并认为是岛弧环境的产物，它是不是古特提斯洋的岩浆火山岛弧的产物还有待研究。

### （四）古特提斯洋的俯冲消减、闭合和造山与成矿

由于中生代以来印度次大陆与亚洲大陆之间强烈的新特提斯地质作用的叠加，我们很难对古特提斯洋的形成演化做出细节性的判断。比较形成共识的是中三叠统与上三叠统之间的不整合，可能代表了古特提斯洋的结束。从空间上来说，古特提斯洋在青藏高原北带，新特提斯洋在南带。时间上是先后关系，古特提斯洋先闭合，之后新特提斯洋才开裂。正如特提斯概念的变化一样，从西面的地中海依据希腊神话建立了“特提斯”术语起，就赋予了它无限的想象，直到板块构造认识提出才有了古特提斯洋的概念。我们继续顺着前面的叙述逻辑，古特提斯洋从志留纪末打开，泥盆纪开始扩张，石炭纪形成大洋，早二叠世发展到极限，然后开始衰落，直至中三叠世末闭合。这是古特提斯洋大致的时间演化序次。空间上，认为与塔里木一样，柴达木、祁连、阿拉善、华北、北秦岭等大小陆块、微地陆块构成泛华夏古陆群，向北拼贴于劳亚大陆，形成古特提斯洋北面的陆缘，南面则是冈瓦纳大陆。而且还认为，古特提斯洋并不像太平洋那样“干净”，是多岛洋的洋陆景观（潘桂棠等，2009）。

如果古特提斯洋在石炭纪发生俯冲消减，必然会形成岛弧或活动大陆边缘。现今东、西昆仑造山带中哪些地质单元是这些曾经的岛弧或活动大陆边缘的分子，似乎需要梳理，它们是我们分析判断成矿的地质基础。首先西昆仑玛尔坎苏锰矿的石炭纪碳酸盐岩沉积是古特提斯洋北岸塔里木陆缘浅海或陆表海的产物，还是南岸的物质还需探讨。若在北岸塔里木南缘而成，应是还未发生俯冲消减前的被动大陆边缘的背景，成矿物质可能来源于同时代的洋中脊或前世火山岩基底。还有东昆仑德尔尼铜矿曾被误认为岩浆铜镍硫化物矿床系列的缺镍单铜钴类型，进一步研究确认为晚石炭世 310 Ma 洋中脊铜钴块状硫化物矿床（杨经绥等，2004），与塞浦路斯型铜矿床相比，差异在不仅成铜，钴还高，且矿体不是产在玄武岩中，而是在辉长岩中，这也是过去被误认为岩浆矿床的原因。鄂拉山铜峪沟、赛什塘铜矿为三叠纪矽卡岩-斑岩铜矿床（曾小华，2014），代表了古特提斯洋消减俯冲形成的火山岛弧环境。大场金矿应是三叠纪岛弧火山岩浅成低温热液矿床类型，是古特提斯洋消减闭合产物。目前新疆西昆仑、祁漫塔格和青海东昆仑镍、铜、锰、铅锌、金银等金属矿床已有重大发现，已形成若干重要矿产资源基地，需要以古特提斯洋的形成演化为研究主线，进行构造演化-岩浆作用-成矿响应

研究，丰富古特提斯洋在中国的地质研究。消减压缩后的造山带中，各种地质体在空间位置上紧密镶嵌，并不能代表其形成时的实际空间关系，何况又有新特提斯的叠加改造，多岛洋模式是否代表了古特提斯洋的特点，需要更全面深入的研究。因为，压缩后的造山带中，微陆块被保留了下来，大洋多被消减而消失了，多岛的特点就往往突出显现了出来。

欧亚大陆南缘中西段地中海、黑海、咸海、里海从最初被认为是特提斯海的残留，到板块构造研究后对其是古特提斯洋还是新特提斯洋的残留，反而并无深究。青海湖作为青藏高原北部最大的咸水湖，是古特提斯洋的残留，还是中生代后更南部新生新特提斯洋的残留，似乎也没有定论。古特提斯洋消减闭合后中国大陆华北、华南和塔里木几个大的陆块及众多微陆块最后，连接为一体，对中国大陆研究意义重大。古特提斯洋中三叠世末的最终闭合，使华南与华北陆块拼接在了一起，从此中国大陆构架基本形成。

### （五）昆仑古特提斯构造转换与镍钴锰锂等关键矿产成矿作用

昆仑特提斯是全球古特提斯构造演化的典型缩影，完整地记录了原特提斯-古特提斯构造转换过程（Li et al.，2017；Zhang et al.，2018），洋陆转换与增生-碰撞造山作用突出，促使深部物质的迁移与富集，形成了矿种繁多、大矿密集、多幕成矿的巨型成矿系统，是全球罕见和中国最重要的镍钴、锰、锂等关键矿产富集区（图1-31），且成矿类型与中亚增生-碰撞成矿作用（Seltmann et al.，2014；朱永峰，2014）、西南三江复合造山成矿作用（邓军等，2014，2016）、青藏高原陆-陆碰撞成矿作用（侯增谦等，2003，2006，2010）均存在差异。

晚古生代早期，古特提斯洋于泥盆纪初开裂（李文渊，2015），在东昆仑沿着柴达木及周围陆块边缘，软流圈地幔上涌，从而产生镁铁质岩浆，上侵过程中大量地壳S加入导致岩浆中S过饱和，形成了夏日哈木、石头坑德、浪木日等镍钴矿床，同时形成~390 Ma的基性岩墙群。

古特提斯洋在石炭纪逐渐发育成熟，由于先前大陆裂谷或新生洋壳岩浆火山作用提供的物质基础，塔里木南缘作为被动大陆边缘，甚至可能海侵整个塔里木作为陆表海，为西昆仑玛尔坎苏大型碳酸锰矿层的形成提供良好的成矿环境。前人研究表明，西昆仑造山带康西瓦-苏巴什洋可能于晚古生代打开，而后持续向北俯冲；泥盆纪开始，康西瓦-苏巴什洋壳开始向南北两个方向的双向俯冲（崔建堂等，2006）；石炭纪，由于古特提斯洋在西昆仑地区再一次的强烈扩张（姜春发等，2000），在塔里木南缘昆北地区形成了石炭纪裂谷，形成巨厚基性火山岩。随后在晚石炭世，在弧后裂谷盆地浅海相陆棚环境，形成氧化还原分层的海洋系统，深部缺氧带有机质含量较高；海底锰氧化物在成岩过程中和有机物质相互作用形成菱锰矿并被保存下来，形成了玛尔坎苏沉积型富锰矿（高永宝等，2018）。

关于古特提斯洋的闭合时限，多数研究认为在晚三叠世。在东昆仑地区发育有大量中-晚三叠世中酸性侵入岩，具有典型的壳幔岩浆混合作用，形成大量斑岩型铜钼矿、矽卡岩型铁多金属矿体、层控矽卡岩型铅锌矿、造山型金矿等（高永宝等，2014a，2014b，2017），在210 Ma发育碱性A型花岗岩，代表碰撞的结束，伴生铌钽矿化（钱兵等，2015）。在晚二叠世—晚三叠世，西昆仑地区康西瓦-苏巴什洋收缩成残余盆地，同时冈瓦纳大陆发生向北的裂离，对其施加巨大的挤压动力，使其发生被动俯冲的同时，残留盆地被大量陆源碎屑充填并发生褶冲变形，最终实现了洋-陆转化。西昆仑北段布伦口村片麻状花岗岩锆石U-Pb年龄为245±1.8 Ma（张传林等，2005），此时的区域构造环境为挤压环境；Jiang et al.（2013）认为在338~251 Ma，古特提斯洋向北发生消减俯冲，南昆仑地体与甜水海地体在243 Ma左右发生碰撞；而含角闪石花岗岩结晶年龄为228.2±1.5 Ma，形成于造山后的伸展环境。杨文强（2013）对胜利桥-麻扎-三十里营房-康西瓦一线出露的花岗岩体研究时，将其分为四期：第一期可能对应于洋壳俯冲阶段，时代约为251 Ma；第二期可能对应于陆-陆碰撞造山引起的陆壳加厚阶段，时代约为242 Ma；第三期可能对应于俯冲板片断离后的陆壳折返阶段，时代可能为231~223 Ma；第四期可能形成于造山后期的伸展背景，形成时代为215~185 Ma。古特提斯闭合阶段在甜水海地体和松潘-甘孜地体中形成了超大型锂矿带（许志琴等，2018），在巴颜喀拉大红柳

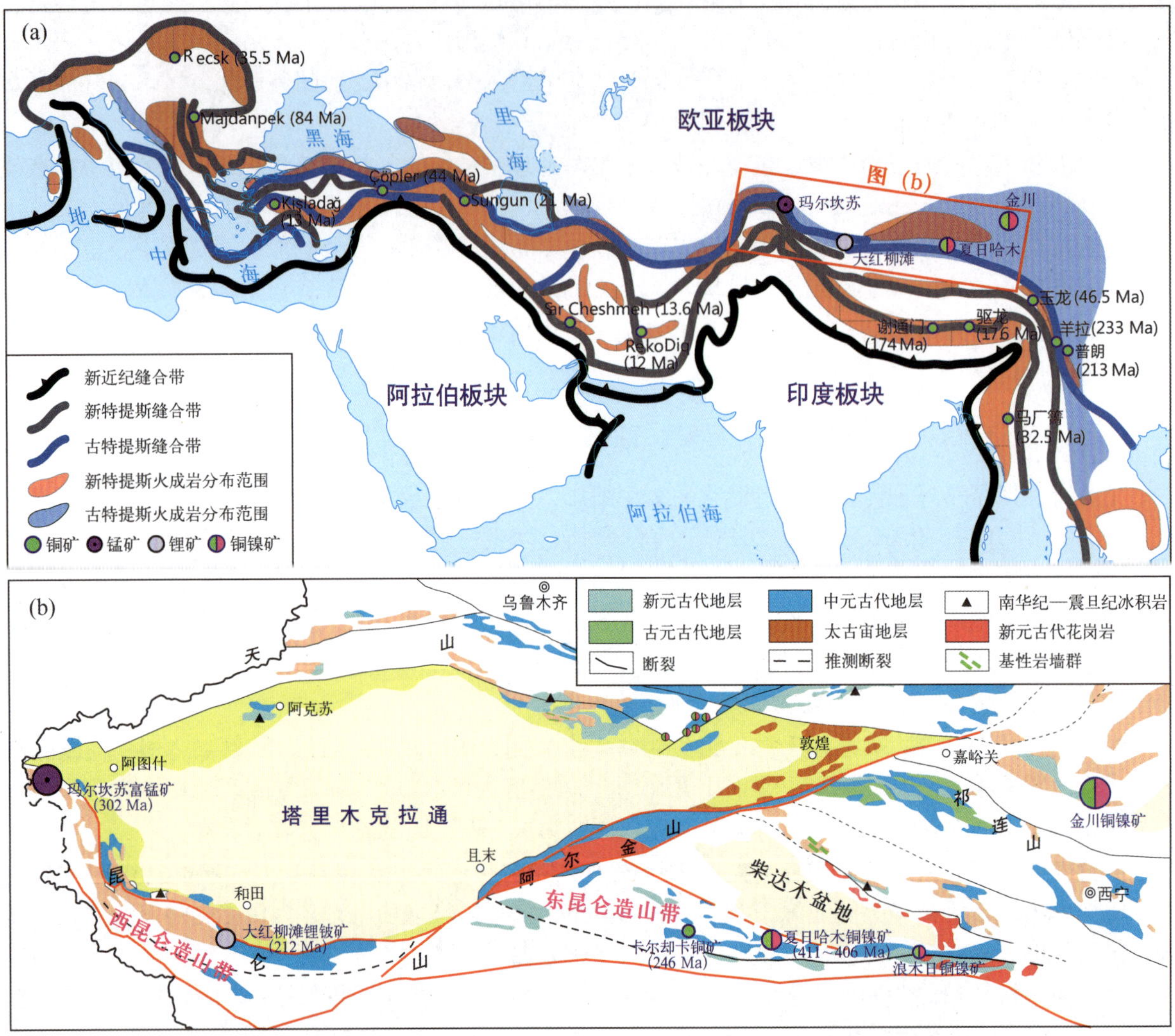

图 1-31 特提斯构造带大地构造图（a）及昆仑古特提斯主要矿床分布图（b）

（据李文渊等，2020，有修改）

滩地区已发现阿克塔斯、505、507、俘虏沟南 1 号和 2 号等锂铍矿，资源量已达 200 万吨以上（李侃，2019）。

## 三、古亚洲洋与古特提斯洋先后关系

古亚洲洋和古特提斯洋作为欧亚大陆地质历史上古生代最重要两个大洋的演化，实际上反映了欧亚大陆古生代重要陆块之间的聚散演化关系。由于特提斯洋本身复杂的划分方案，故而有古亚洲洋是古特提斯洋组成的认识（Yakubchuk，2002），也有古特提斯洋与古亚洲洋并存的观点（李荣社等，2011）。通过上述论述，已经比较清楚阐明：早古生代的古亚洲洋与早古生代的原特提斯洋是一个相通的大洋，古亚洲洋在东，原特提斯洋在西，一些著作中不认同早古生代的原特提斯洋，名为瑞克洋（Rheic Ocean；Robb，2008），其实指的是一个洋；早古生代的昆仑洋、祁连洋和秦岭洋是早古生代古亚洲洋的分支、次生洋盆或边缘海，于早古生代末闭合，古亚洲洋主洋则延续到泥盆纪末闭合；早古生代古亚洲洋与晚古生代古特提斯洋是前后关系，志留纪末冈瓦纳大陆北部裂解，晚古生代形成古特提斯洋，于中生代中三叠世末闭合；相应地三叠纪冈瓦纳大陆南部再次裂解，于中生代形成新特提斯洋，并与古太平洋相连，于新生代开始 65 Ma 闭合而陆陆碰撞并发生陆壳俯冲，青藏高原大规模隆升。现今的欧亚大陆，自北而南，从大陆腹地向南依次是早古生代的亚洲洋（原特提斯洋）、晚古代的古特提斯洋和中新生代的新特提斯洋的时空演化展布，并决定了区域构造-岩浆活动的演化和响应的区域成矿作用。

### （一）早古生代是古亚洲洋-原特提斯洋主要发育期

中亚造山带（CAOB）是晚古生代造山带的认识由来已久，也深入人心，主要原因是天山及邻区石炭纪大规模的岩浆作用和成矿大爆发，吸引了大家的注意力，而忽略了早古生代大洋作用的地质事实。塔里木早二叠世大火成岩省的确认（Yang et al.，2006），唤起了人们对天山及邻区晚古生代，特别是石炭纪—二叠纪构造环境的探索。Xia et al.（2014）近十年对天山及邻区石炭纪火山岩的研究，尤其是石炭纪玄武岩的深入研究，提出了天山及邻区石炭纪—早二叠世大陆裂谷背景大火成岩省的认识（Xia et al.，2004），激起了学术界对中亚造山带的重新思考。随着中亚哈萨克斯坦石炭纪—二叠纪油气资源的利用，中国境内新疆准噶尔和银根-额尔齐斯盆地二叠纪油气的发现，对石炭纪—二叠纪岛弧火山岩的认识受到了更多质疑。从更大视野考察，在劳亚大陆与冈瓦纳大陆之间整个古生代同时存在两个大洋不太可能，应是两个大洋的接替比较符合地球表部洋陆之间的几何学展布。早古生代是古亚洲洋的主要发育期，早古生代的祁连洋、秦岭洋和昆仑洋都是其分支或次生有限洋盆，在早古生代就先于古亚洲洋主洋而闭合，最终古亚洲洋于泥盆纪末闭合。

### （二）晚志留世古特提斯洋开启与石炭纪古亚洲洋闭合转换的意义

古亚洲洋闭合之前，志留纪末古特提斯洋就已经打开。地质历史上的地球动力学体系之间的转换，不是一夜之间完成的，需要一个衰亡期和孕育期的转换，有时这个转换过程甚至很漫长。同时，一个老的构造体系的结束和新的构造体系的开始，在空间上和时间上是存在差异的，并非同时完成。古特提斯洋在经历泥盆纪大陆裂谷的同时，古亚洲洋则正经历着消减闭合过程，到石炭纪时古特提斯洋拉开，而古亚洲洋闭合进入了后碰撞阶段，这时中国天山及邻区又同时开始了新的地幔柱地球动力学机制的孕育和发育，两种地球动力学的并存造就了中国天山及邻区石炭纪大规模岩浆作用和成矿大爆发的特点。

### （三）晚古生代是古特提斯洋的主要发育期

随着古亚洲洋闭合进入板内作用阶段，古特提斯洋扩张至二叠纪大洋已经成熟，随即开始消减，于中三叠世末闭合，因此晚古生代是古特提斯洋的主要发育期。古特提斯洋其实也是中国北方古陆（华北、塔里木）与南方古陆（扬子）之间最后的分离，古特提斯洋的闭合使它们最终走到了一起。中国古陆块群在早、晚古生代经历了不同的空间大陆归属，早古生代属于古亚洲洋南岸冈瓦纳大陆裂离的陆块，晚古生代除华南（扬子）和羌塘陆块外，所谓泛华夏陆块群成为了古特提斯洋的北岸组成。

对古亚洲洋和古特斯洋关系的梳理，古亚洲洋开裂是由于以827 Ma金川超大型铜镍矿床形成为代表的地幔柱作用，罗迪尼亚超大陆三叉裂谷的开裂而开始的，即金川的形成可视作古亚洲洋的开启；古特提斯洋开裂则是由于以411 Ma夏日哈木超大型铜镍矿床形成为代表的地幔柱作用，在冈瓦纳大陆北部三叉裂谷的裂解而开始的，夏日哈木矿床的形成也可被看作为古特提斯洋的开启。这两个地幔柱作用，除幔源的镁铁-超镁铁岩侵入体外，没有找着大火成岩省的地质遗迹。在290～251 Ma的二叠纪欧亚大陆趋向聚合统一的潘基亚超大陆过程中，欧亚大陆则有3处重要的大火成岩省展布，最早的是290～288 Ma（早二叠世）塔里木大火成岩省，其次是259 Ma（晚二叠世）峨眉大火成岩省，再次是252 Ma（二叠纪—三叠纪交接）的西伯利亚大火成岩省。3个大火成岩省在全球视野和地史尺度上看非常接近，难免被放在一起思考。塔里木大火成岩省是古老陆块边部发生的重大且快速的岩浆事件，而此时陆块的南侧正经历着古特提斯洋大洋化过程，这犹如太平洋东岸的美国黄石公园大火成岩省事件一样。不过由于塔里木大火成岩省被覆盖隐伏，其实际规模可能要更大，同时，它能够刺破陆壳上升喷发，相邻的新生天山造山带陆壳中更可能产出，而且在石炭纪就已有活动，从动力学机制可看作是一个地幔柱作用的阶段性过程；而峨眉大火成岩省实际发生在古特提斯洋南侧扬子陆块西缘及松潘-甘孜和三江造山带的结合部位，也在古老陆块的边缘与新生造山带陆壳中，与塔里木颇为相似，只是时间范围更为有限，从 251～253 Ma 或最老到 263 Ma（尤敏鑫等，2014）；西伯利亚大火成岩省则完全发生在劳亚大陆的西伯利亚大陆块中，正好处于二叠纪与三叠纪的交接的时间，由于其巨大的岩浆喷出、侵入规模和铜镍成矿作用被广泛关注，同时被认为是古生代进入中生代许多生物灭绝的原因（Sobolev et al.，2009）。从当时地域空间关系上看，3 个大火成岩省可能并无直接关系，但集中发生于二叠纪—三叠纪时期，则可能反映了潘基亚超大陆的裂解。深部地幔柱与浅部板块构造大洋的形成演化之间的关系，除地幔柱作用使陆壳破裂产生大陆裂谷而发生联系外，两者之间关系的研究还有待深入。

# 第二章　中国早古生代重要成矿作用

## 第一节　矿产资源概述

全国早古生代矿床总计986处，包括超大型45处、大型134处、中型246处、小型561处。早古生代的大型、超大型矿床以非金属矿居多，如磷、石灰石、白云岩及大理岩、重晶石、萤石和石膏等（表2-1）。早古生代矿床主要分布在甘肃省、贵州省、云南省和山东省等省（区、市）（表2-2），按照一级构造单元范围，主要分布在华北板块、秦祁昆增生带和扬子板块（表2-3）。成矿作用类型主要为化学沉积型、浅成低温热液型、海相火山岩型和受变质型（图2-1）。早古生代以板块构造体制下的大陆裂谷、洋陆转换与增生造山作用为主，以沉积作用和岩浆作用成矿为主，含矿流体成矿作用也较为强烈，成矿时代以寒武纪为主要成矿期。

**表2-1　早古生代矿种及矿床规模统计表**

| 矿种 | 超大型/处 | 大型/处 | 中型/处 | 小型/处 |
|---|---|---|---|---|
| 石油、天然气 | 4 | 1 | | |
| 页岩气 | | 4 | | |
| 铁、铁锰、铁钛、铁钒钛 | | 4 | 13 | 54 |
| 锰 | | | 6 | 15 |
| 金、金锑、金锑钨、金铜、金银、金银铅锌 | 1 | 2 | 9 | 54 |
| 铜、铜锌、铜金、铜镍、镍<br>铜铅、铜铅锌、铜银铅锌、铜锡、铜钴、铜钨、铜钼 | 1 | 3 | 12 | 54 |
| 铅锌、锌、锌钨铅铁、锌铜金银、铅、铅锌银 | | 4 | 10 | 45 |
| 钨、钨锡、钨钼铜、钨钼 | 1 | 2 | 2 | 7 |
| 钼 | | 1 | 13 | 14 |
| 钒、钒钼 | | | 6 | 12 |
| 铬 | | | 1 | 6 |
| 银、银钒、银锑、锑 | | 2 | 3 | 10 |
| 石膏、大理岩、白云岩、石英砂岩、钾长石、脉石英、滑石 | 3 | 8 | 10 | 3 |
| 硫铁矿 | | | 7 | 13 |
| 石棉、菱镁矿 | 1 | 1 | 2 | 1 |
| 云母、红柱石、蓝晶石、水晶、石墨 | 3 | 5 | 3 | 1 |
| 金刚石 | | 4 | | 4 |
| 磷、磷钒、磷钼、磷钼镍 | 28 | 56 | 88 | 209 |
| 石灰岩、页岩、红土、黄土 | | 31 | 43 | 14 |
| 萤石、萤石重晶石、重晶石、重晶石磷、毒重石 | 3 | 5 | 12 | 41 |
| 金红石 | | | 1 | |
| 锂、铌钽、稀土 | | 1 | 4 | 4 |
| 玉 | | | 1 | |

**表 2-2 全国各省级范围早古生代矿床分布统计表**

| 省/直辖市/自治区 | 超大型/处 | 大型/处 | 中型/处 | 小型/处 | 合计/处 |
|---|---|---|---|---|---|
| 安徽 | | | 1 | 14 | 15 |
| 福建 | | 1 | | 3 | 4 |
| 新疆 | 6 | 6 | 19 | 30 | 61 |
| 甘肃 | 1 | 6 | 22 | 75 | 104 |
| 广东 | | | | 1 | 1 |
| 广西 | | 2 | 6 | 35 | 43 |
| 贵州 | 2 | 2 | 25 | 84 | 113 |
| 河北 | | 4 | | 1 | 5 |
| 海南 | | | 1 | 2 | 3 |
| 河南 | | 3 | 9 | 40 | 52 |
| 黑龙江 | 2 | 4 | | 5 | 11 |
| 湖北 | 1 | 2 | 8 | 53 | 64 |
| 湖南 | 1 | 2 | 6 | 19 | 28 |
| 吉林 | | | 1 | 1 | 2 |
| 江西 | 1 | 2 | 3 | 4 | 10 |
| 辽宁 | | 4 | | | 4 |
| 内蒙古 | 1 | | 12 | 11 | 24 |
| 宁夏 | | 4 | 5 | 2 | 11 |
| 青海 | 2 | 3 | 19 | 40 | 64 |
| 山东 | | 29 | 45 | 19 | 93 |
| 山西 | | 1 | 2 | | 3 |
| 陕西 | 1 | 3 | 13 | 31 | 48 |
| 四川 | 5 | 10 | 15 | 28 | 58 |
| 云南 | 22 | 45 | 33 | 22 | 122 |
| 浙江 | | | 1 | 29 | 30 |
| 重庆 | | 1 | 1 | 11 | 13 |

**表 2-3 各一级构造单元范围早古生代矿床分布统计表**

| Ⅰ级构造单元 | 超大型/处 | 大型/处 | 中型/处 | 小型/处 | 合计/处 |
|---|---|---|---|---|---|
| Ⅰ西伯利亚板块 | 3 | 1 | | | 4 |
| Ⅲ天山-兴蒙增生带 | 3 | 4 | 6 | 19 | 32 |
| Ⅳ南天山-那拉提-红柳河-西拉木伦对接带 | | | 3 | 5 | 8 |
| Ⅴ华北板块 | 1 | 41 | 63 | 52 | 157 |
| Ⅵ塔里木-敦煌联合板块 | 2 | 2 | 14 | 25 | 43 |
| Ⅶ秦祁昆增生带 | 3 | 17 | 63 | 156 | 239 |
| Ⅷ茫崖-柴北缘-东昆南-商丹对接带 | 1 | 1 | 1 | 5 | 8 |
| Ⅸ武夷-云开-台湾增生带 | | 2 | 2 | 13 | 17 |
| Ⅹ江绍-郴州-钦防对接带 | | 1 | 2 | 20 | 23 |
| Ⅺ扬子板块 | 32 | 63 | 89 | 259 | 443 |
| Ⅻ西藏-三江增生带 | | 2 | 3 | 7 | 12 |

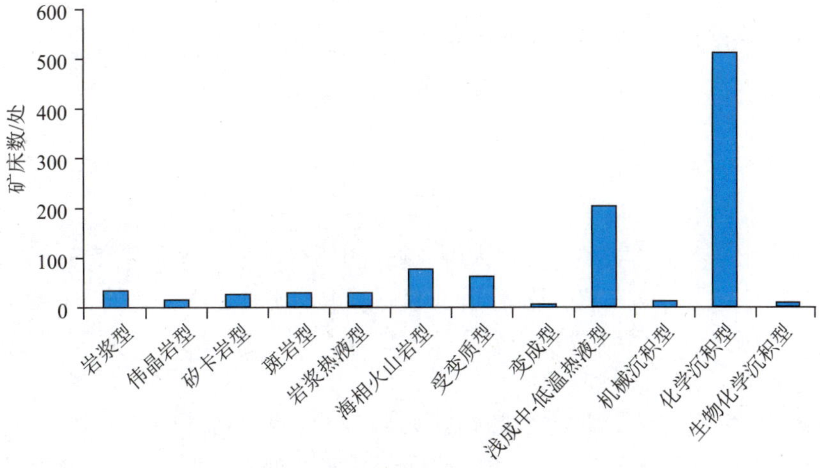


图 2-1　早古生代按成因类型统计矿床数分布图

## 第二节　分布特征

### 一、岩浆作用矿床

岩浆作用矿床包括岩浆型、伟晶岩型、云英岩型、接触交代型、斑岩型、岩浆热液型、陆相火山岩型和海相火山岩型矿床。早古生代与岩浆作用有关的主要矿种是铁、铜、钼、铅锌、金、钨锡和硫铁矿，次要矿种是铬、金刚石、镍、云母。

按照矿床规模统计如下。超大型 7 处，大型 19 处，中型 60 处，小型 129 处。合计 215 处。

按照成矿时代统计如下。寒武纪矿床 99 处，包括大型 7 处、中型 28 处、小型 64 处；奥陶纪矿床 70 处，包括超大型 4 处、大型 11 处、中型 19 处、小型 36 处；志留纪矿床 46 处，包括超大型 3 处、大型 1 处、中型 13 处、小型 29 处（图 2-2）。

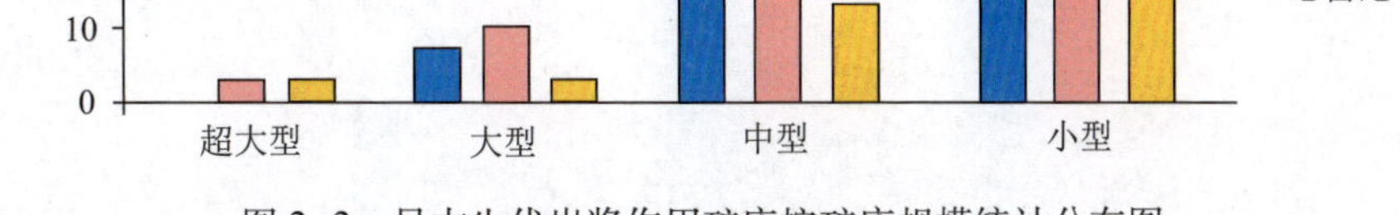


图 2-2　早古生代岩浆作用矿床按矿床规模统计分布图

按照矿床类型三级分类统计如下。岩浆型矿床：大型 8 处（辽宁大连瓦房店金刚石矿，山东蒙阴县王村金刚石矿），中型 4 处，小型 17 处。伟晶岩型矿床：超大型 4 处（新疆福海县莫合奈云母矿、那森恰云母矿，青海大通县大三岔长石、石英、白云母矿），大型 2 处，中型 5 处，小型 3 处。矽卡岩型矿床：大型 2 处（黑龙江逊克县翠宏山铁多金属矿、伊春市小西林铅锌银矿），中型 6 处，小型 20 处。斑岩型矿床：超大型 1 处（黑龙江嫩江县多宝山铜钼矿），大型 3 处，中型 14 处，小型 15 处。岩浆热液型矿床：超大型 2 处（甘肃肃北县塔尔沟钨矿、新疆若羌县卡尔恰尔萤石矿），大型

1处，中型10处，小型20处。海相火山岩型矿床：大型3处（甘肃白银市折腰山铜锌矿，新疆且末县迪木那里克铁矿，青海大柴旦镇锡铁山铅锌矿），中型21处，小型54处。

## 二、变质作用矿床

变质作用矿床包括受变质型矿床和变成型矿床。早古生代与变质作用有关的主要矿种是铁、磷，次要矿种有硫铁矿、大理岩、石墨等。

按照矿床规模统计如下。超大型2处，大型7处，中型10处，小型37处。合计56处。

按照成矿时代统计如下。寒武纪矿床32处，包括超大型1处、中型4处、小型27处；奥陶纪矿床13处，包括超大型1处、大型2处、中型3处、小型7处；志留纪矿床11处，包括大型5处、中型3处、小型3处。

按照矿床类型三级分类统计如下。受变质型矿床：超大型2处（内蒙古阿荣旗富贵屯大白山大理岩矿，黑龙江密山市金银库大理岩矿），大型3处，中型8处，小型36处。变成型矿床：大型4处（河南南阳市西峡桑坪红柱石矿、隐山蓝晶石矿，陕西镇坪县小岔沟石墨矿，江西金溪县峡山石墨矿），中型2处，小型1处。

## 三、含矿流体作用矿床

含矿流体作用矿床是指浅成中-低温热液型矿床，即非岩浆-非变质作用矿床。主要矿种有铅锌、金、重晶石、萤石、铜等。

按照矿床规模统计如下。超大型4处，大型6处，中型20处，小型147处。合计177处。

按照成矿时代统计如下。寒武纪矿床93处，包括超大型2处，大型4处，中型9处，小型78处；奥陶纪矿床46处，包括中型2处，小型44处；志留纪矿床38处，包括超大型2处，大型2处，中型9处，小型25处。

按照矿床类型三级分类统计如下。浅成中-低温热液型矿床：超大型4处（青海茫崖石棉矿，江西德兴市金山金矿，湖南新晃县贡溪重晶石矿，贵州天柱县大河边重晶石矿）。

## 四、沉积作用矿床

沉积作用矿床包括机械沉积型、化学沉积型、蒸发沉积型和生物化学沉积型矿床。早古生代与沉积作用有关的主要矿种是磷、重晶石、石灰岩，次要矿种是锰、钒、石英砂岩、石油、天然气、页岩气，少量出现的矿种有白云岩、石膏、水泥配料红土、黄土、页岩等。

按照矿床规模统计如下。超大型32处，大型102处，中型156处，小型248处。合计538处。

按照成矿时代统计如下。寒武纪矿床422处，包括超大型30处、大型84处、中型126处、小型182处；奥陶纪矿床71处，包括超大型2处、大型18处、中型28处、小型23处；志留纪矿床45处，包括中型2处、小型43处（图2-3）。

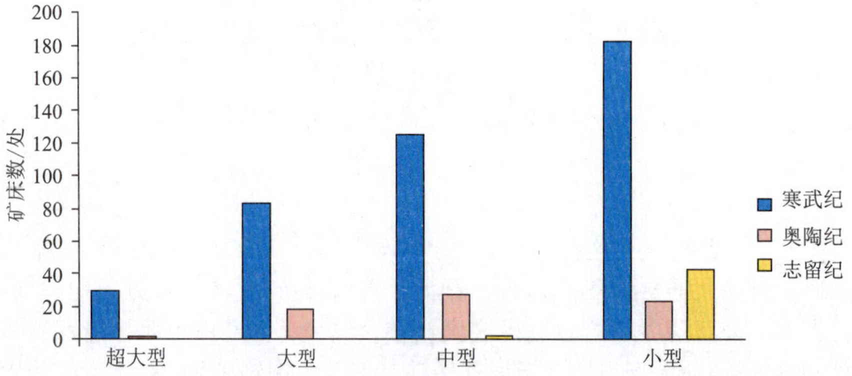


图2-3　早古生代沉积作用矿床按规模统计分布图

按照矿床类型三级分类统计如下。机械沉积型矿床：大型3处（山东临沂市沂南蛮山、孙祖、鼻子山石英砂岩矿），中型6处，小型4处。化学沉积型矿床：超大型28处（如四川会东县塘坊磷矿，贵州织金县新华磷矿，云南会泽县五星磷矿），大型92处，中型150处，小型243处。蒸发沉积型矿床：大型2处（山西西山圪潦沟石膏矿，辽宁东京陵石膏矿）。生物化学沉积型矿床：超大型4处（陕西靖边气田，新疆塔北油田、塔中油田，四川资阳安岳气田），大型5处，小型1处。

## 第三节 重要构造单元成矿作用

天山-兴蒙造山系西段主要与古亚洲洋南部多岛海的俯冲汇聚作用密切相关，早古生代主要发育增生造山阶段与弧环境相关的矿床（蛇绿岩型铬铁矿、斑岩型铜矿和VMS型铜矿），以及沉积作用的磷矿（新疆乌什-柯坪聚磷区、新疆甘肃交界的平台山-方山口聚磷区）。东段以早古生代岩浆成矿作用为主，为与中酸性岩浆活动有关的铜钼矿床（多宝山等）。

秦祁昆造山系早古生代受大陆裂谷和洋-陆板块构造两种体制的双重控制，形成沉积变质+改造型富铁矿（塔什库尔干）、火山沉积改造型铁、铅锌矿（阿尔金喀腊大湾，喀腊达坂）、火山沉积变质型铁矿（东昆仑迪木那里克）、块状硫化物（VMS）型矿床（北祁连白银厂、石居里）、热水沉积型（Sedex）铅锌矿（柴北缘锡铁山）、伟晶岩型锂铍矿（阿尔金吐格曼），以及与加里东期中酸性岩浆热液作用有关W-Sn矿床（北祁连小柳沟、东昆仑白干湖、拉郎麦）、岩浆热液充填型萤石矿床（阿尔金卡尔恰尔）。

扬子陆块周缘以沉积磷块岩矿床最为发育，沉积型磷块岩矿床形成于稳定克拉通的边缘地带，磷块岩矿床均产于扬子、中朝、塔里木等地块的被动大陆边缘海相盆地之内。古元古代滹沱纪锦屏期、新元古代震旦纪陡山沱期、早古生代寒武纪梅树村期是我国形成工业磷矿床的3个主要成磷期。四川盆地内部早古生代页岩气主要赋存于寒武系牛蹄塘组和志留系龙马溪组，目前中国南方共有4个页岩气田，分别为涪陵页岩气田、威远页岩气田、长宁页岩气田和昭通页岩气田。盆地外围也有个别地区有所发现（表2-4、图2-4、图2-5）。

### 一、西伯利亚板块之阿尔泰弧盆系

#### 1. 阿尔泰加里东晚期岩浆成矿作用

#### 1.1 成矿时空分布

阿尔泰稀有金属共有3次成矿期：志留纪（385~452 Ma）、石炭纪（300~310 Ma）、二叠纪（280 Ma±），其中志留纪主要是与区域热变质深熔作用有关的花岗伟晶岩白云母（铍、宝石）矿床，如也拉曼、那森恰、切别林、阿尤拉克、森严、巴利尔斯等，集中在富蕴县西北部的阿尤布拉克-那森恰-库威中下游一带，规模之大，为世界上少有。白云母成矿时代主要为志留纪。

#### 1.2 典型矿床

#### 1.2.1 新疆也拉曼稀有金属-白云母矿

也拉曼矿区位于布尔津县城的正北方向、哈巴河县城的东北方向，直线距离布尔津县城约60 km。其中，白云母矿床位于东经86°51′40″，北纬48°11′50″，矿床规模达到大型，属于伟晶岩型矿床，其北西向不规则分支脉长达200 m以上，宽0.5~4 m；绿柱石矿床位于东经86°51′20″，北纬48°11′20″（齐里木他勒山西坡），规模也达到大型；另外，在齐里木他勒山西南坡也拉曼河左岸（东经86°50′20″，北纬48°12′55″）还有一个含少量铌铁矿的绿柱石矿点。矿区容矿围岩属于元古宇克木齐群片麻岩和片岩组合，局部变质程度较高，外貌似片麻状花岗岩。对早期伟晶岩脉（主要由长石、石英和白云母组成）进行全岩Rb-Sr等时线法同位素年代研究，得到Rb-Sr等时线年龄为426±13 Ma（王登红等，2001）。

#### 1.2.2 新疆那森恰白云母矿

那森恰矿区是指位于大桥幅西南部阿尤布拉克、曲格河等地一系列伟晶岩矿床的统称。其伟晶岩

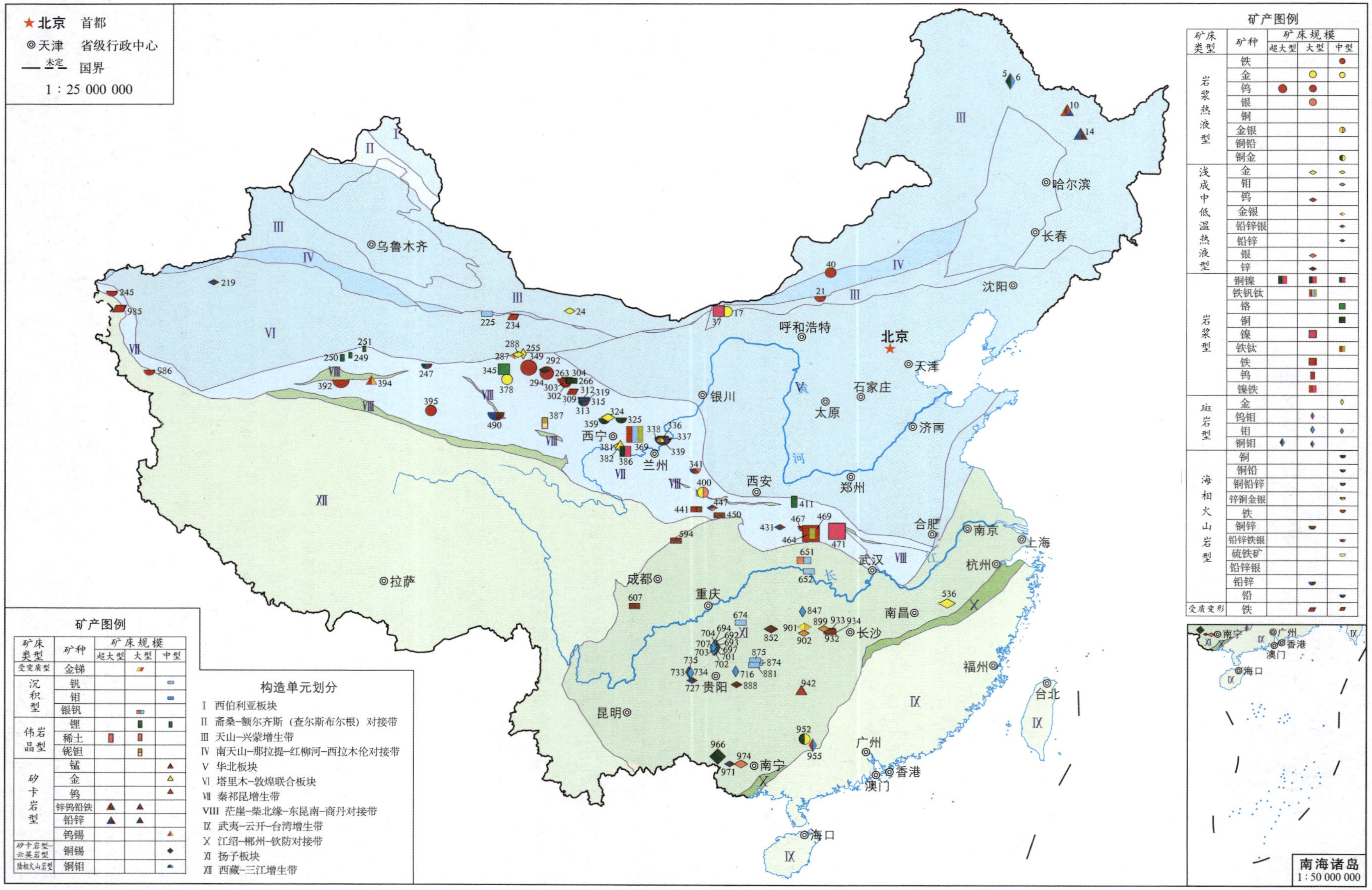


图2-4 早古生代金属矿床分布示意图

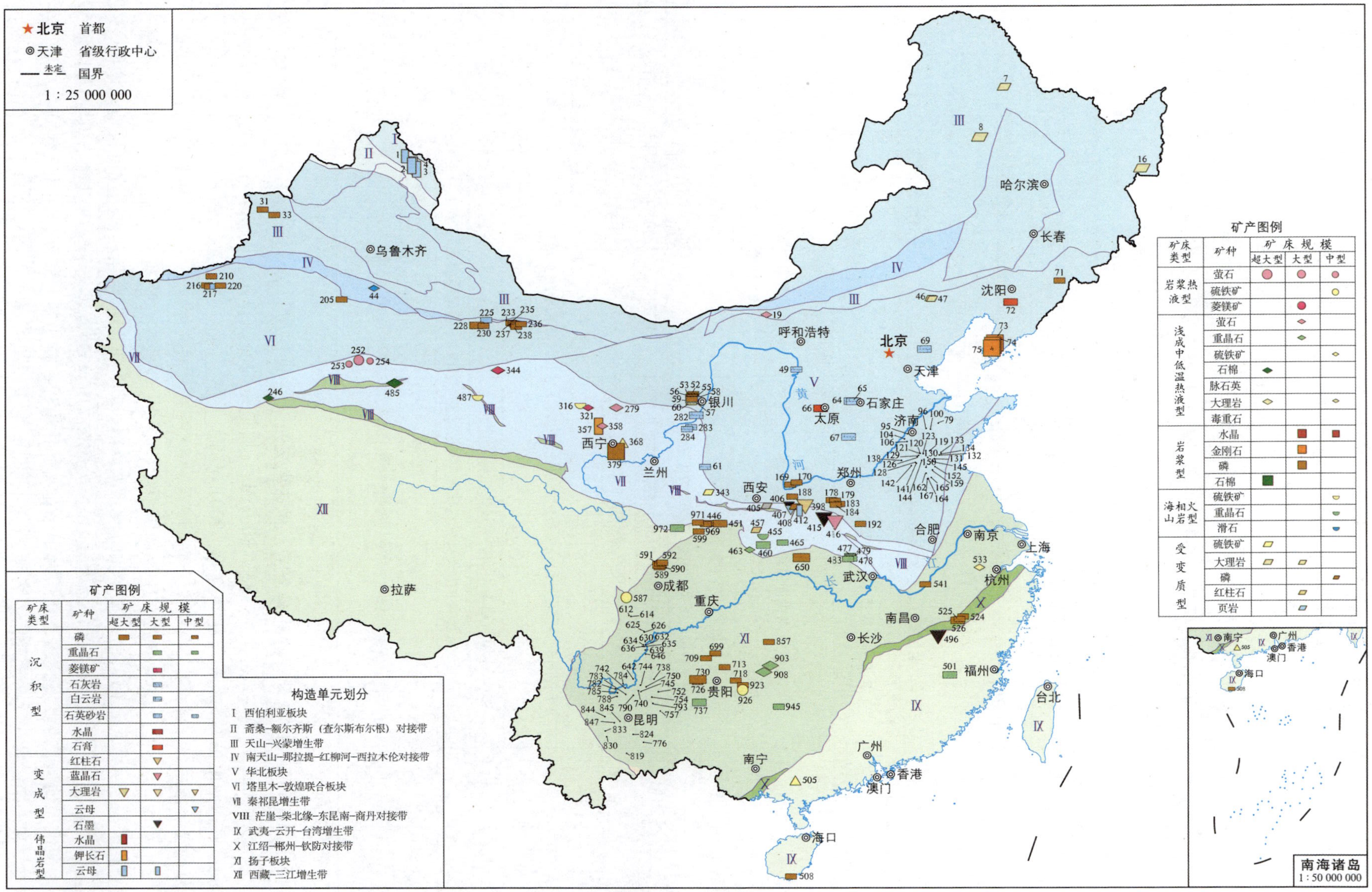


图2–5 早古生代非金属矿床分布示意图

产状与变质岩地层一致，稳定延伸。矿物组合比较简单，主要是石英、长石和云母，但有一定的分带性。在核心部位出现绿柱石，数量少，但个体大，所见最长在 2 cm 左右，直径约 1 cm，透明度较差，但个体较完整。外带与地层过渡处黑云母和黑色电气石明显增多，并出现大量的蓝晶石。蓝晶石呈板条状，长 2~5 cm。围岩为黑云母片岩，也含少量的电气石和蓝晶石，蓝晶石的出现表明该伟晶岩属于变质成因。伟晶岩脉中的白云母 Ar-Ar 法坪年龄 447.7±0.4 Ma，表明该伟晶岩是在加里东期由变质作用形成。利用等时线和反等时线得到的年龄分别为 447.6±3.2 Ma 和 446.9±0.7 Ma，与坪年龄几乎相等，表明 447 Ma 就是伟晶岩及其矿床的形成时期，可能也是加里东造山运动的一个高峰期（王登红等，2001）。

**表 2-4　早古生代重要成矿作用一览表**

| Ⅰ级构造单元 | 重要成矿作用 | 典型矿床 |
|---|---|---|
| Ⅰ西伯利亚板块 | 阿尔泰加里东晚期岩浆成矿作用 | 新疆那森恰白云母矿、拜兴锂铍矿 |
| Ⅲ天山-兴蒙增生带 | 天山-北山寒武纪沉积成矿作用 | 甘肃方山口磷矿 |
| | 兴安岭-张广才岭-太平岭加里东中期岩浆成矿作用 | 黑龙江多宝山铜钼（银）矿、<br>小西林铅锌（银）矿、翠宏山铁矿 |
| Ⅴ华北板块 | 华北地台寒武纪—奥陶纪沉积成矿作用 | 河南辛集磷矿 |
| | 华北地台加里东中晚期岩浆成矿作用 | 内蒙古白乃庙铜矿，辽宁瓦房店金刚石矿，<br>山东蒙阴金刚石矿 |
| Ⅶ秦祁昆增生带 | 祁连-柴周缘加里东期岩浆成矿作用 | 甘肃大道尔吉铬矿、白银铜铅锌矿田、<br>石居里铜锌矿、小柳沟钨钼多金属矿田、<br>塔尔沟钨矿，新疆白干湖钨锡矿田 |
| | 秦岭加里东早中期岩浆成矿作用 | 河南刘山岩铜锌矿 |
| | 西昆仑早寒武世—志留纪沉积改造成矿作用 | 新疆契列克其铁矿 |
| | 阿尔金加里东早期与火山沉积改造成矿作用 | 新疆喀腊达坂铅锌矿、新疆喀腊大湾铁矿 |
| | 阿尔金加里东中期岩浆热液成矿作用 | 新疆吐格曼锂铍矿、卡尔恰尔萤石矿 |
| Ⅺ扬子板块 | 扬子古陆块边缘震旦纪—志留纪沉积成矿作用 | 陕西天台山锰矿、石梯重晶石矿四川马家山锰矿，<br>湖南响涛源锰矿，贵州新华磷（稀土）矿、<br>大河边重晶石矿 |
| | 右江加里东中期岩浆成矿作用 | 广西钦甲锡铜矿 |
| | 南方早古生代页岩气成藏 | 重庆涪陵页岩气田、四川长宁页岩气田 |
| Ⅴ华北板块<br>Ⅺ扬子板块<br>Ⅵ塔里木-敦煌联合板块 | 早古生代海相碳酸盐岩油气成藏 | 四川盆地碳酸盐岩油气藏，<br>塔里木盆地碳酸盐岩油气藏 |

另外，青河拜兴白云母（含稀有金属）矿床白云母 Ar-Ar 法坪年龄 436.0±0.5 Ma，等时线年龄为 436.0±3.9 Ma，反等时线年龄为 433.5±0.7 Ma。加里东期变质作用有阿尔泰中部地区开始较早，尔后向东、西两侧扩展的趋势（王登红等，2001）。

### 1.3 成矿作用

阿尔泰伟晶岩型白云母矿床成矿主要经历了 3 个阶段：①成矿母岩阶段，早古生代时期，沉积巨厚的海相碎屑岩，岩石低碱富铝；②变质阶段，志留纪时期，北阿尔泰强烈挤压会聚，地壳增厚，在构造-热穹窿中心，角闪岩相内部，温度达到长英质矿物最低熔点，岩石发生重熔，生成花岗质熔体，形成准原地型片麻状花岗岩，在熔融中心花岗岩化过程中排出残余气液，在残余热液参与下，在岩体边部和外接触带变质岩形成伟晶岩脉；③白云母矿形成阶段，高热变质流体和花岗岩化过程中排出的残余热液对刚生成的伟晶岩脉交代和充填，生成工业白云母。

北阿尔泰区域地壳的局部增厚和志留纪推覆挤压的强烈造山活动，是地壳重熔、地层变质和成矿的大陆动力学基础，主要成矿过程与地壳的增厚和志留纪的大陆动力学背景有着密切关系（图2-6）。

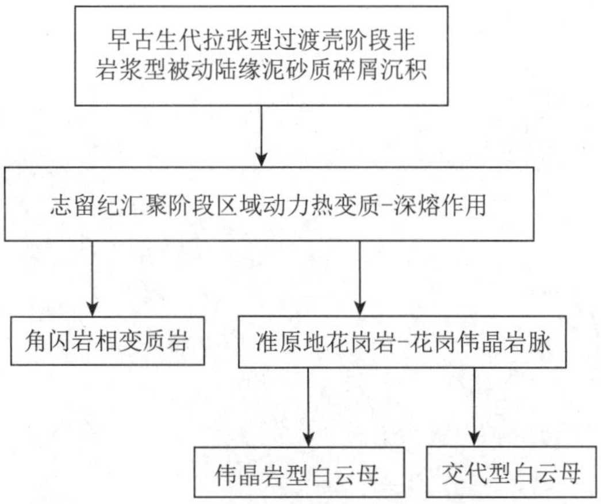


图2-6　阿尔泰志留纪白云母矿床成矿模式

（据汤中立等，2008）

## 二、天山-兴蒙增生带

### 2. 天山-北山寒武纪沉积成矿作用

#### 2.1 成矿时空分布

中国北方早寒武世海域范围不太辽阔，属陆表海，陆地分布比较广泛（图2-7），海水由东北、西北和南部三个方向侵入，东北方向海水自西太平洋到达中国兴安地区，继而侵入俄罗斯和蒙古，最后可能抵达中国阿尔泰地区。其间，在俄罗斯哈巴罗夫斯克（伯力）地区沉积有扎格得磷矿，在蒙古沉积有库苏泊磷矿，中国额尔古纳地区和大、小兴安岭地区有早寒武世沉积。西北方向海水自哈萨克斯坦进入天山及塔里木地区，经祁连山海槽到达华北地台南缘。哈萨克斯坦卡拉套地区三叶虫与中国新疆天山、甘肃北山地区三叶虫非常相似，前者沉积形成卡拉套特大型磷块岩矿床，后者已发现有苏盖特布拉克、西山布拉克、科古尔琴、果子沟、方山口等一批中、小型磷块岩矿床。南面为印度洋-太平洋海水，是从澳大利亚、越南、老挝等地由南往北侵进，经扬子地台进入华北地台区，这时期在中国北方形成的磷矿有宁夏苏峪口、山西水峪、河南辛集、安徽凤台等磷块岩矿床（田升平，2000；夏学惠等，2012）。

中国北方海相沉积型磷块岩矿床主要形成于早寒武世，分布在华北地台、塔里木地台及天山褶皱系之中，按照含磷岩系及磷块岩矿床所处的大地构造位置，可划分为天山褶皱系成磷区、塔里木地台成磷区、华北地台成磷区和祁连山褶皱系成磷区（图2-8）。

天山沉积型磷矿成矿带西起新疆柯坪及精河一带，经尉犁、哈密到甘肃的敦煌。天山地区磷矿主要产于稳定地台区，为古陆壳结晶基底上的陆表海盖层沉积，属浅海或滨海相。磷块岩形成于早寒武世，含磷岩系为下寒武统，平行不整合于震旦系冰碛岩或碳酸盐岩上。乌什-柯坪聚磷区位于塔里木板块西北缘柯坪断隆，含矿地层为下寒武统，为早寒武世海侵初期形成，古地理条件为浅海陆棚边缘盆地，含磷岩系沉积建造由硅质岩-磷块岩-碳酸盐岩构成。苏盖特布拉克地区含磷地层为肖尔布拉克组，与磷伴生的有钒和铀。库鲁克塔格聚磷区含磷层位为下寒武统西山布拉克组，含磷岩系沉积建造由火山岩-硅质岩-磷块岩构成，成矿条件与柯坪地区相似。科古尔琴聚磷区含磷岩系地层主要是下寒武统磷矿沟组和中寒武统肯萨依组，分布于科古尔琴山分水岭两侧。平台山-方山口聚磷区位于新疆与甘肃两省（区）交界处。所在地质构造均为褶皱系的隆起带，即马鬃山-方山口隆起带。西段

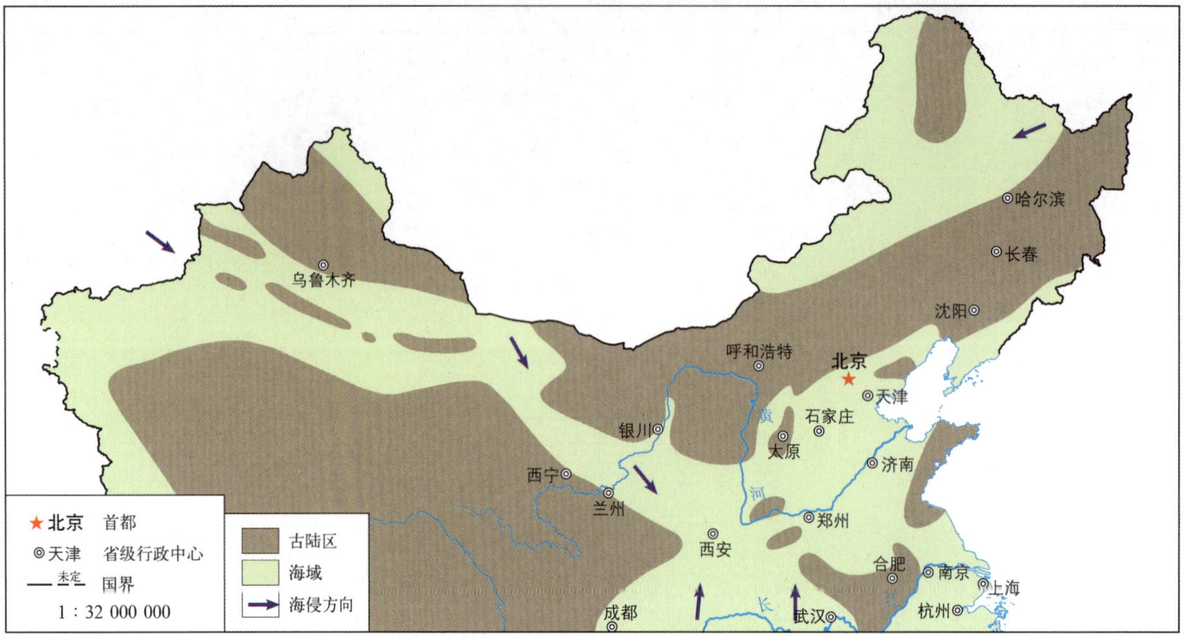

图 2-7　中国北方早寒武世古地理轮廓

（据田升平，2000）

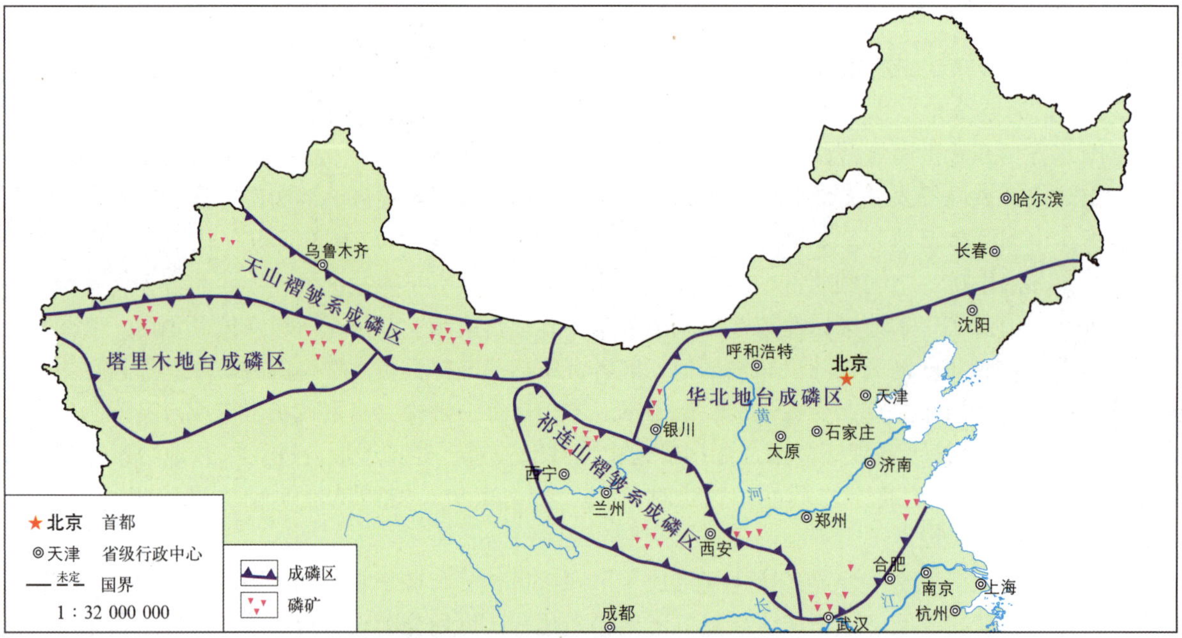

图 2-8　中国北方早寒武世磷块岩矿床成矿分区示意图

（据田升平，2000）

有平台山、大水、尖山磷矿，东段有方山口、七角井子、西双鹰山等磷矿，含磷岩系均为下寒武统双鹰山组。

### 2.2 典型矿床

#### 甘肃方山口磷矿

（1）区域地质特征

方山口磷矿位于塔里陆块区-敦煌地块-柳园裂谷。区内出露地层有青白口系帕尔岗塔格群，上部见有白云质大理岩、千枚岩、石英岩、钙质砾岩、白云岩、透镜体碳酸质磷灰岩；下部为浅粒岩及含云母石英岩。往往构成背斜或向斜的核部。下寒武统双鹰山组下部为磷钒矿层位，上部为含碳石英岩、变粉砂岩；中上寒武统西双鹰山组以硅质板岩、石英岩、含磷粉砂质板岩为主，底部有透镜体磷矿和含碳硅质板岩。出露在帕尔岗塔格群两侧，构成背斜或向斜两翼，在方山口附近发育最好。

褶皱构造主要为方山口背斜，横跨方山口磷钒矿区，西延入新疆达 30 km，东至新泉一带被第四系覆盖，由北向南为方山口大背斜，头吊泉北复向斜，头吊泉大背斜。总体走向近东西向，两翼不对称，向斜部位被新近系和第四系覆盖。断裂构造以逆断层和平推断层为主，头吊泉背斜逆断层规模最大，长逾 30 km，其余长几千米至十几千米，分布在褶皱轴部及其两侧，与轴线大致平行，倾角北倾。平推断层有北东、北西向两组，但以北东向最为发育，长度一般为 2 km，以西盘南移为主。

（2）矿床地质特征

磷矿体主要赋存于寒武系，由碳酸盐岩和一套变质碎屑沉积岩组成。其中以下寒武统古侵蚀面上的矿体分布最为广泛，是最具工业价值的磷钒层位。矿区内矿体一般长 100~300 m，最长 4946 m，一般厚度 1.0~2.5 m，最厚 11.59 m，一般延深 50~163 m，最深 578 m。矿体形态以透镜状为主，次为似层状和层状。矿体产状与地层完全一致，背斜北翼的矿体北倾，南翼的矿体南倾，地表倾角多在 20°~40°之间，深部有变陡的趋势。按含磷岩石的种类和产出形态不同，可分 5 种自然类型，以前 4 种为主。硅质磷灰岩、粉砂质磷灰岩、粘土质磷灰岩、碳酸质磷灰岩和结核状磷灰岩。

（3）成矿机制和成矿模式

方山口沉积变质型磷矿成矿模式见图 2-9。沉积成矿阶段：晚青白口世时，区内是一浅海水域，碳酸盐岩沉积的同时，有两层磷灰岩矿的形成，之后，区内地壳上升，长期剥蚀。寒武纪早期，加里东运动开始，在造山带与陆块之间形成浅海盆地，海水入侵，陆壳风化的含磷物质经海解作用，提供了一部分磷矿成矿物质，沉积了含磷砂岩和含钒泥岩。区域变质阶段：受区域变质作用的影响，早期形成的沉积岩和含磷、含钒层，经变质形成了青白口系白云质大理岩和下寒武统双鹰山组磷矿层（由硅质、粉砂质、粘土质磷灰岩组成）及钒矿层（由含钒粘板岩、含钒千枚岩组成）。

寒武纪早期，该区南为敦煌古陆，北为黑鹰山古陆带，夹于二者之间的北山沉积盆地是磷钒矿成

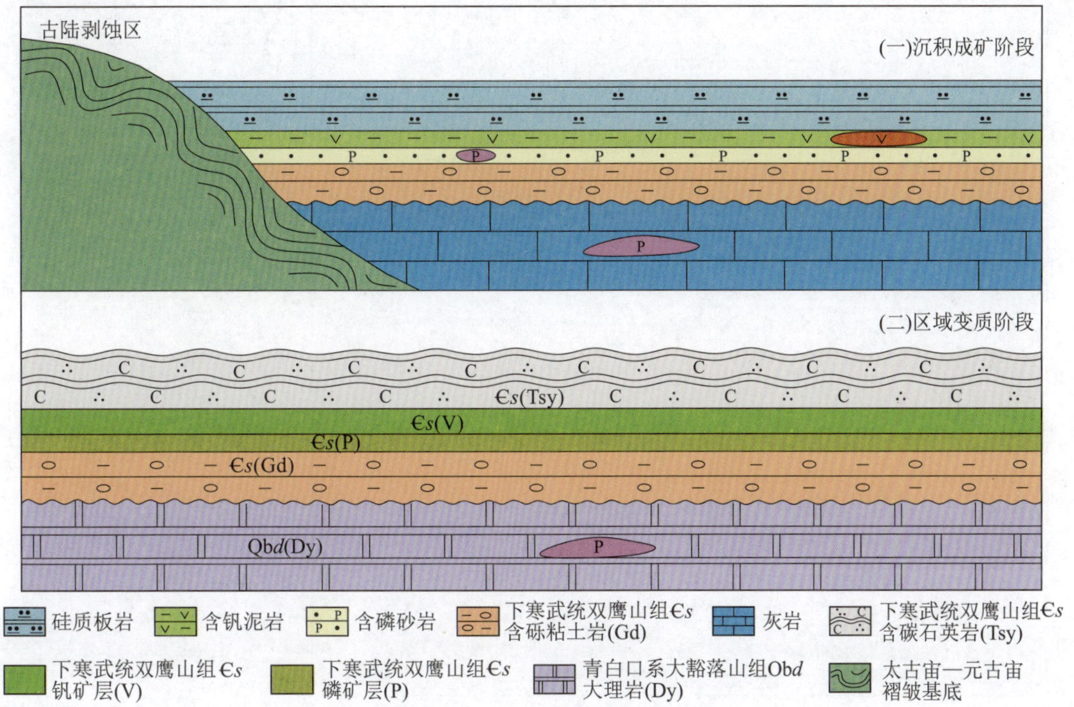


图 2-9　甘肃敦煌方山口沉积变质型磷矿成矿模式图

（据甘肃省地质调查院，2013）

矿有利部位，它完全控制了磷钒矿产的沉积分布。当成矿物质沉淀在海底后，海水中碳酸盐溶液与磷酸盐溶液比值应在 1∶1~1∶5，pH=7.5 时，海水中又有大量氟离子参加的同时，便形成磷矿物氟磷灰石，随碎屑沉积同时沉积，最终形成不同自然类型的磷灰石。钒矿的特定成矿环境，除成矿物质不同外，矿石中含有大量的碳质，说明当时沉淀环境在半封闭、封闭环境下成矿。

### 2.3 成矿作用

天山地区含磷岩系与中国其他地区下寒武统含磷岩系基本属同一时代沉积的产物，含矿建造沉积构成分为三大类，一是碎屑岩系，二是黑色岩系，三是火山-硅质岩系。天山地区磷块岩的形成，主要是上升洋流将深部磷质带到海水比较浅的环境下，在遇到水下具有古隆起的区域时，富磷溶液在水流扰动下磷酸盐达到过饱和，围绕磷质或其他质点形成团粒、鲕粒或结核沉淀，形成了早寒武世早期的含磷岩系，在不同的古地理微环境内形成不同类型磷矿床。

## 3. 兴安岭-张广才岭-太平岭加里东中期岩浆成矿作用

### 3.1 成矿时空分布

大地构造位置属兴安岭-蒙古造山带，大兴安岭造山带罕达气岛弧带与塔溪裂谷带复合部位。区域成矿上位于黑龙江省北东向大兴安岭 Fe-W-Ag-Au-Cu-Al-Pb-Zn-Sn-Cr 成矿带东段的多宝山（岛弧）Cu-Au-Mo-W-Fe 成矿亚带，区内经历了多期次构造运动，强烈的构造运动使区内构造复杂，岩浆活动频繁，多期次的岩浆活动，带来了丰富的成矿物质，形成了十分有利的成矿条件。近年来在多宝山-大新屯成矿区，除多宝山、铜山 2 处大型斑岩铜矿床及多处小型有色贵金属矿床发现之外，又于 20 世纪 90 年代以后先后发现了小泥鳅河金矿、三道湾子金碲矿、争光金矿、上马厂金矿、永新金矿、孟德河金矿、马鞍山金银矿点、大新屯金锑矿床等一大批贵金属矿床及矿点。其成因类型主要有斑岩型、矽卡岩型、浅成低温热液型、韧性剪切带型。

根据本区不同成矿地质阶段、不同地质构造单元中的各种矿产时空分布及物质成分的变化规律成矿特征，早古生代铜金多金属成矿期（480±10 Ma）以多宝山、铜山两大斑岩型铜矿为代表（图 2-10）。

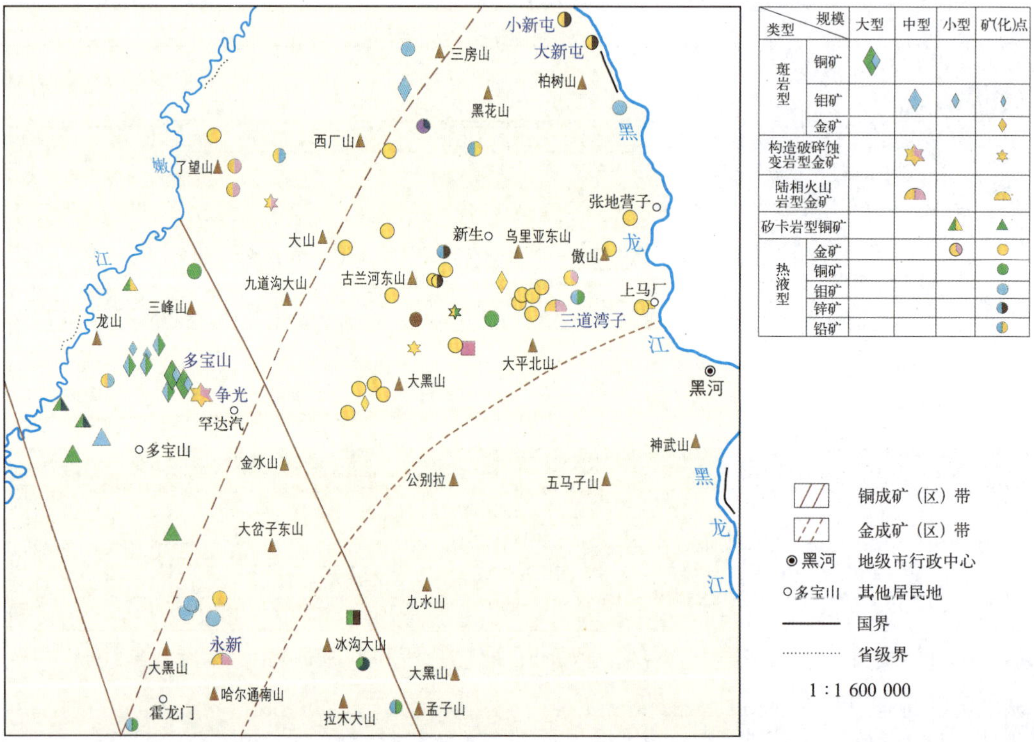


图 2-10　大兴安岭多宝山一带矿产地分布图

（据吕军等，2017）

### 3.2 典型矿床

#### 3.2.1 黑龙江多宝山铜钼（银）矿

（1）区域地质特征

多宝山铜矿床及铜山铜矿床位于大兴安岭弧盆系的扎兰屯-多宝山岛弧区内。该区北西侧为呼玛弧后盆地，东南侧为黑河蛇绿混杂岩带。早古生代多宝山岛弧的弧基底为兴华渡口群（$Pt_{2-3}Xh$）（一套高绿片岩相-低角闪岩相的火山-沉积岩系）和铜山组（$O_{1-2}t$）（属绿片岩相海相碎屑岩-火山岩建造）。之后，本区北西向弧型构造体系发育，伴随中加里东期（华力西期）花岗闪长岩浆的被动侵位而多期活动，形成了复式岩体及大面积的蚀变。晚古生代在岛弧之上叠加了罕达气弧间裂谷，中生代盆岭构造岩浆活动强烈。

（2）矿床地质特征

多宝山和铜山矿床赋存在北西向多宝山弧形构造带的转折处、多宝山倒转背斜的中部。北西向弧形构造由压扭性断裂、片理化带和褶皱组成，长 15～20 km，宽 4～7 km。多宝山背斜轴面向南西陡倾，并向矿床北西倾没收敛，向南东背斜撒开，多宝山六条片理化带也同样向北西收敛，向南东撒开。在多宝山矿床中，背斜核部出露多宝山组一段，其南西翼为多宝山组二段、三段，北东翼（倒转翼）由多宝山组二段及瑷珲组构成。多宝山花岗闪长斑岩、568.3 高地更长花岗岩（晚华力西期英云闪长岩）沿背斜核部被动侵位于上述地层及加里东期花岗闪长岩之中（图 2-11）。

多宝山矿床由 4 个北西向矿带组成（已圈出 215 个铜（钼）矿体），它们全部分布于花岗闪长斑

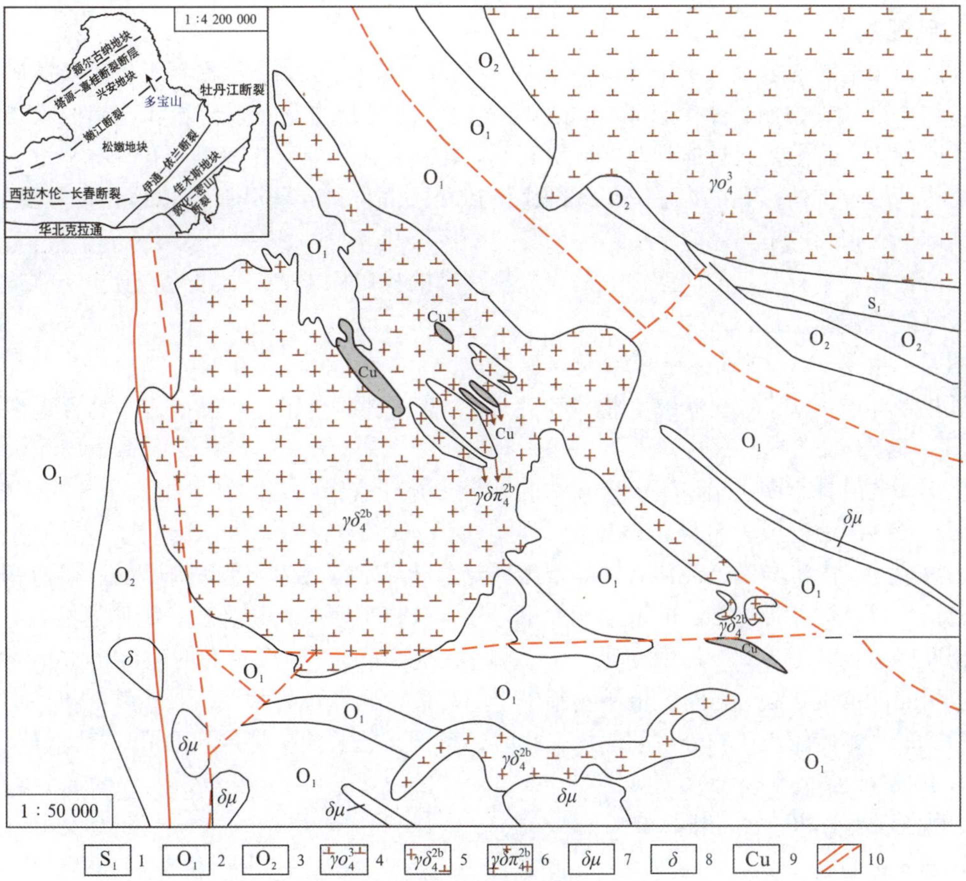


图 2-11　黑龙江嫩江县多宝山矿区地质略图

（据向安平等，2012）

1—下志留统粉砂质板岩及变质粉砂岩；2—中奥陶统中性火山岩及火山碎屑岩；3—上奥陶统砂岩、页岩、板岩；4—斜长花岗岩；5—花岗闪长岩为主，少许石英闪长岩；6—花岗闪长斑岩；7—闪长斑岩脉；8—闪长岩脉；9—矿体；10—断层

岩两侧及弧形片理化带中，并大多数赋存于绿泥石绢英岩化和绢英岩化蚀变围岩（花岗闪长岩和安山质火山岩）内。矿体呈带状或透镜状，走向310°~330°，倾角70°~80°，多数矿体空间上雁行侧列，往往构成沿北西向弧形构造分布的矿带。斑岩下盘的矿体构成1号矿带，上盘矿体由西北向南东依次构成3、2、4号矿带，其中3号带X号矿体规模最大，长1400 m、宽23~340 m，延深300~1000 m，占全矿床储量一半以上。矿床内大多数矿体都围绕斑岩体分布，且矿体一般距斑岩0~500 m，而在50~150 m范围内矿化最强。斑岩岩墙剥蚀深度与矿化强度关系密切，岩墙上盘矿化优于下盘矿化。矿体以铜矿体为主，少量钼矿体，其中铜矿体多分布于距斑岩较远的绿泥石绢英岩化和绢英岩化蚀变带，而钼矿体则见于距斑岩较近的绢英岩化和钾长石黑云母化蚀变带中。另外，厚大的矿体往往伴生有水热角砾岩等。

（3）成矿机制和成矿模式

多宝山矿田的花岗质岩石具有典型的岛弧与同碰撞花岗岩的性质，其成岩成矿年龄为485 Ma左右，同期在漠河、塔河等地发现了大量的碰撞型花岗岩，说明在额尔古纳地块与兴安地块碰撞拼合的过程中，或在额尔古纳地块的推动下，兴安地块南东侧逐步遭受洋壳的俯冲消减，开始产生一系列携有大量金属元素的岛弧火山岩，此后随着俯冲的加剧，兴安地块与松嫩地块的某些凸出部位逐渐碰撞，地壳继续挤压变形，导致局部地段温压急剧增加，大量的花岗质岩石经过同熔和重熔作用，并沿若干伸展部位上升侵位，同时在近地表附近形成与斑岩有关的热液成矿系统，伴随着温压的下降，岩浆流体汲取自岛弧火山岩及其自身的金属元素缓慢卸载下来，最终形成以多宝山、铜山为代表的铜钼矿床（白令安等，2012）。

（4）找矿模型

地层标志：中奥陶统多宝山组下部（含铜山组上部）安山质火山岩及紫灰色凝灰质碎屑岩。侵入岩标志：加里东（华力西）中期被动侵位的与火山活动同源的花岗闪长岩和花岗闪长斑岩，是本区重要的找矿标志。若呈复式岩体则对找矿更有利。构造标志：具火山岛弧区位标志；北西向背斜和断裂组成的构造带转折处；几组构造交汇或两组构造交叉部位；先压后张的片理化带及压碎构造带；侵入岩的顶部接触带及各类角砾岩带。

围岩蚀变标志：具有分带的面型蚀变是斑岩型铜矿的找矿标志之一，蚀变规模大、强度大、分带明显，是最好的找矿标志。

矿化标志：主要是黄铁矿化和铅锌矿化及碳酸盐脉、石英脉等。

次生氧化带标志：铁染或土状物（褐铁矿化带）、蓝铜矿、孔雀石、黑铜矿、沥青铜矿等铜的次生氧化带。

地球化学标志：具有铜、钼、银组合异常的外带，并伴有铅、锌、锰异常，是寻找矿带的标志；在出现铜、钼、银的中带成外带异常基础上，再出现$K_2O>3\%$、$K_2O/Na_2O>1$时，则是找矿有利地段；铜、钼出现中、内带异常，并伴有银异常出现时，其异常部位为矿体贮存部位；具有铜、钼、银外带异常和铅、锌、钴外带异常，但上述元素组合异常分带不明显，是寻找盲矿体的标志。

地球物理标志：形态规则，梯度变化不大，峰值一般为6%~10%左右的激电异常；当厚大矿体中矿物分带间隔能被激电法分辨时，铜矿物集中于的矿体中间部位异常低缓，黄铁矿集中的矿体边部异常峰值明显；当矿体较小矿物分带间隔比较小时，黄铜矿、黄铁矿将一起形成较高的异常，激电异常峰值可达10%~12%。

**3.2.2 黑龙江小西林铅锌（银）矿**

（1）区域地质特征

所处大地构造位置为小兴安岭-张广才岭弧盆系，伊春-延寿岩浆弧中的伊春陆表海盆的中部。早寒武世该区为陆表海环境，形成了包含铅山组（$\epsilon_1 q$）镁质碳酸盐在内的西林群碳酸盐岩-碎屑岩建造。中-晚寒武世该区隆升未接受沉积。早-中奥陶世该区拉张开裂形成伊春-延寿海盆（翠峦火山弧、小金沟火山弧）。中奥陶世晚期—晚奥陶世早期，伊春-延寿海盆闭合，同构造期花岗岩侵位，岩浆弧形成，晚奥陶世二长花岗岩与铅山组镁质碳酸盐岩接触形成小西林式接触交代型银矿床。

（2）矿床地质特征

小西林矿床位于西林群构成的铅山背斜的轴部。铅山组中发育与褶皱平行的断裂及轴向劈理。沿背斜轴部侵入的加里东中期铅山岩体、小西林岩体等花岗岩类，使铅山组发生区域热变质。褶皱轴附近出现一系列纵向、横向、斜向断裂和层间断裂。在沿侵入接触带发育的一系列北北西向和南北向断裂带中蚀变矿化强烈，含矿热液在其中充填交代形成铅锌矿床。

矿体呈脉状和透镜状沿侵入接触带和北北西向、南北向断裂破碎带分布。矿床由Ⅰ号矿体和若干小矿体组成。Ⅰ号矿体集中了矿床90%的矿石储量。矿体呈不规则的似层状，总体走向南北，倾向东，倾角70°~80°（图2-12）。矿体上盘为白云质大理岩和透闪石大理岩，下盘为辉绿纷岩及白云质大理岩。矿体北端形成膨大部分，矿体南端呈分支尖灭。在倾向上，矿体沿白云岩条带方向迅速或逐渐尖灭。有时呈枝状切过白云岩条带在Ⅰ号矿体上盘围岩中有与似层状矿体相连的胶结白云质大理岩角砾构成的囊状矿体。在矿体上盘和囊状矿体边部，存在受控于大理岩层间裂隙及其他构造裂隙的浸染状贫矿体。矿体下盘围岩中则有受控于变质碎屑岩片理及其他构造裂隙的细脉浸染状、团块状或脉状矿化，其分布范围较宽，但矿化不集中，仅在个别地段圈出贫矿体。

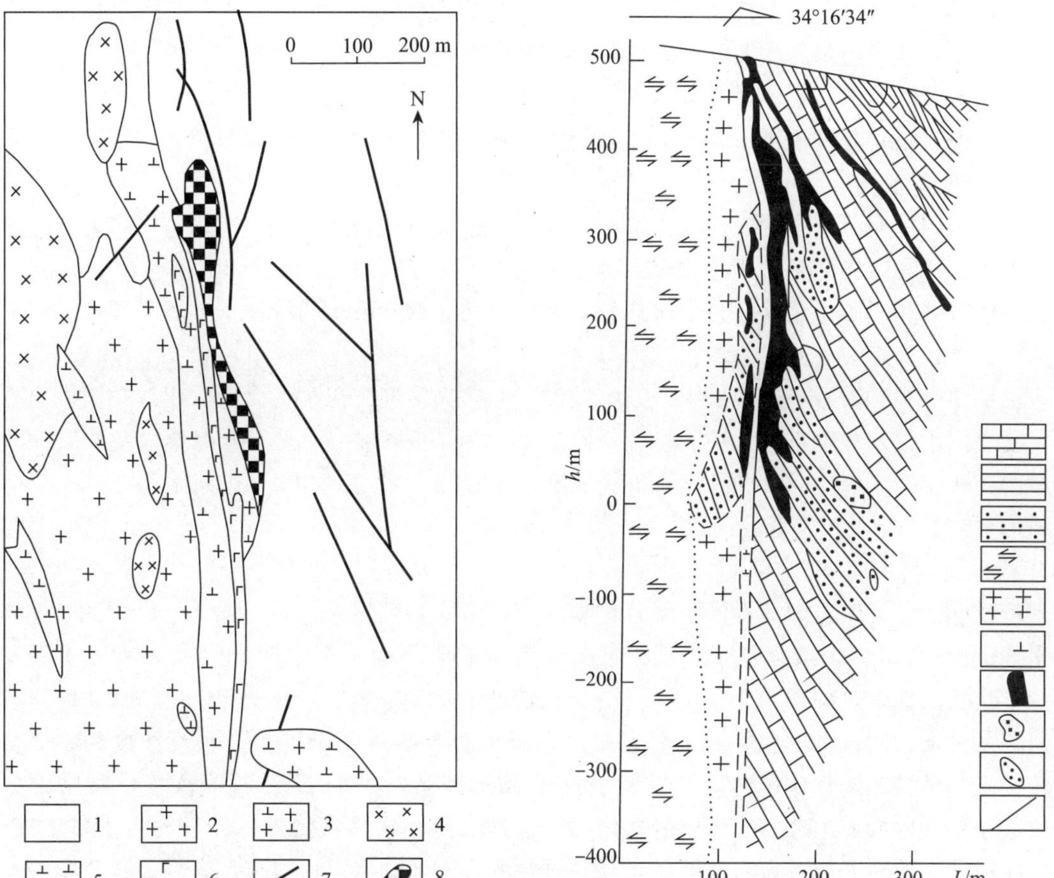


图2-12 黑龙江伊春市小西林矿床地质略图及剖面图

（据韩振新等，2004）

左图：1—铅山组碳酸盐岩；2—加里东中期第一次混染花岗岩；3—加里东中期第二次花岗斑岩；4—花岗细晶岩；5—闪长玢岩；6—辉绿玢岩；7—断裂；8—铅锌矿体。右图：1—碳酸盐岩；2—粉砂质页岩；3—粉砂岩；4—混染花岗岩；5—花岗斑岩；6—闪长玢岩；7—似层状、条带状及块状铅锌矿体；8—囊状、角砾状铅锌矿体；9—细脉浸染状铅锌矿化；10—断裂

（3）成矿机制和成矿模式

小西林铅锌银矿床的成因机制为中-晚奥陶世伊春-延寿海盆闭合，伴随强烈褶皱造山运动，有同构造期花岗岩侵位，形成伊春-延寿岩浆弧。晚奥陶世二长花岗岩（陆壳重熔型）与下寒武统铅山

组镁质碳酸盐岩接触，在侵入接触带先形成了包含石榴子石、透辉石、透闪石等组成的矽卡岩化，随后在连通接触带断裂与深部断裂的构造系统中有来自下部地壳乃至上地幔并携带富硫的含矿热液，可沿途萃取岩石中的成矿物质，热液至已矽卡岩化地段及周围的岩石中的断裂（包括层间断裂）裂隙系统的同时，又有沿上部裂隙系统下降的大气降水混入，混合热液有多期次的活动，经中高温、中低温阶段成矿形成了小西林式的银矿床。

（4）找矿模型

晚奥陶世二长花岗岩（有时边缘受围岩的混染而成混染花岗岩）与铅山组富镁碳酸盐岩侵入接触带；沿侵入接触带断裂构造；沿接触带有矽卡岩化（内外接触带均有）硅化，绢英岩化等热液蚀变；铅、锌、银化探异常。

### 3.2.3 黑龙江翠宏山铁矿

（1）区域地质特征

翠宏山铁矿床位于伊春-延寿地槽褶皱系的次级构造单元，即乌敏河中断陷的北端。区域内出露下寒武统西林群铅山组镁质碳酸盐岩和碎屑岩，以及二叠系五道岭组中酸性火山岩。区内岩浆活动强烈，侵入活动具有多期、多阶段特点，可从加里东中期延续至燕山早期，其中加里东中期侵入岩和印支期侵入岩多呈岩基状产出，少部分呈岩株状；燕山中期侵入岩规模小，多呈岩株或岩枝产出。侵入岩分布面积占全区的50%以上，其中加里东中期岩浆活动与铁多金属矿的形成有成因联系。区域构造主要为一系列北东向复式褶皱，大致平行等间距展布，并被区域性北西向断裂所交切。

（2）矿床地质特征

翠宏山矿区内见加里东中期二长花岗岩小岩株侵入铅山组，岩体为细晶二长花岗岩的边缘相。成矿活动发生在二长花岗岩与铅山组岩层的接触带附近，受接触带的形态、产状及断裂、裂隙构造控制。控制岩体侵入和成矿作用的北北东向断裂具多期次和继承性活动的特征，此类断裂在矽卡岩化之后继续活动，并成为矿液上升的通道（图 2-13）。

翠宏山铁多金属矿为矽卡岩型矿床，其中铁矿、钼矿为中型，钨矿为大型、铅锌矿属中型，铜矿属小型。在空间上侵入接触带呈“U”形。分为 3 个矿段，即翠宏山地段，翠南地段及翠岗地段，翠宏山地段为主矿带，北起 76 线，向南至 11 线，延伸 2200 m，北宽达 400 m，南窄至 50 m。3 个地段相连接，形成“U”形蚀变矿化带。

（3）成矿机制和成矿模式

翠宏山矿床的各类矿石中，不同金属硫化物同位素组成差别不大，$\delta^{34}S$ 值变化于+2.0‰~+4.5‰之间，平均值为+3.61‰。结合矿床地质特征，认为该矿床与加里东中期岩浆及热液活动有成因联系。与成矿有关的加里东中期的二长花岗岩类具有较低的锶初始比值（0.7056），表明其仍具有深源和同熔岩浆的性质，而较高的铝指数（1.05）和较低的钙指数（0.25）以及很高酸度和碱度，显示在经过较完全的分异和同化作用之后，岩浆中的硅铝质成分显著增加，形成高酸度富碱质的分异岩浆，并富集了相关的成矿组分。所形成的岩体，特别是一些小岩株状侵入体，富含白钨矿、辉钼矿、锡石、方铅矿、萤石等矿物，表明这种岩浆具有较好的含矿性。当上述岩浆侵入到以镁质碳酸盐岩为主铅山组地层中时，在接触带发生强烈的双交代或渗滤交代作用。伴随各类矽卡岩的形成，发生钨、钼、铁等成矿作用。沿接触带构造发生的后期热液成矿作用，导致铅、锌、铜等热液成矿作用发生。该矿床的成矿模式概略见图 2-14。

（4）找矿模型

翠宏山铁多金属矿床翠南地段及翠南与翠岗地段之间由于矿体埋藏深，以往工作程度较低，少数钻孔集中于东西矿带，东西矿带之间钻孔控制少且深度不够，矿体分布范围明显没有控制住。该地段 11 线西段已施工的 3 个钻孔控制的矿体深度为 700~950 m，铁多金属矿体断续总厚度约 120 m。上部以钼钨矿体和钼矿体为主，中部为铁矿体、铁锌矿体及铁钼矿体，深部以钼矿体为主。其中以中部铁、铁锌及铁钼矿体群为主矿体。该段下寒武统铅山组结晶灰岩中矽卡岩化发育，向南在深部形成向

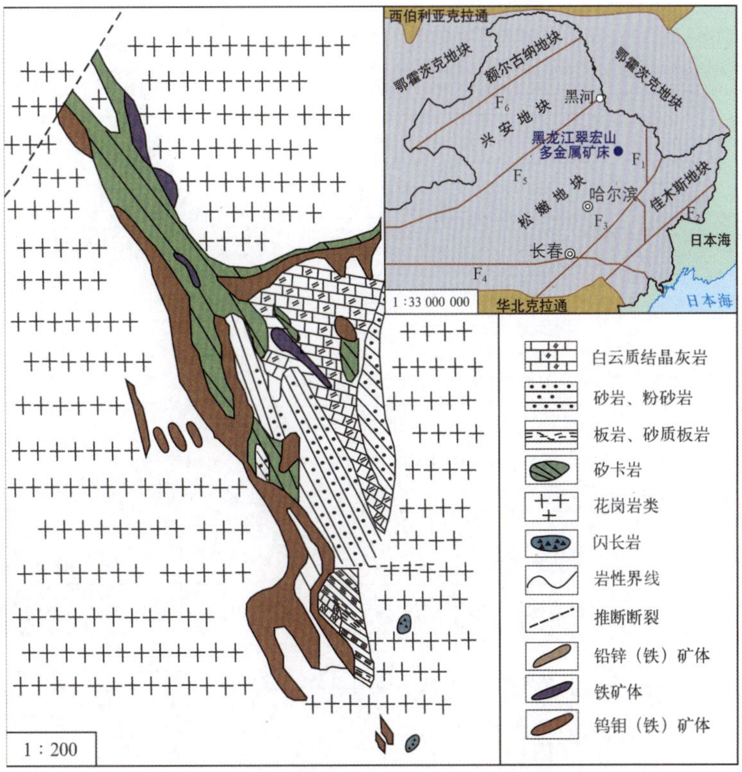


图 2-13　黑龙江逊克县翠宏山铁多金属矿床地质简图

（据陈贤等，2014）

$F_1$—牡丹江断裂；$F_2$—敦化-密山断裂；$F_3$—依兰断裂；$F_4$—西拉木伦-长春断裂；

$F_5$—贺根山-嫩江断裂；$F_6$—塔源-喜桂图断裂

斜，在向斜核部铁多金属矿体有增厚的趋势。尤其是侵入接触带“U”形蚀变矿化带南部向斜核部倾伏的部位，矿体厚度有增大的趋势。在翠南与翠岗地段南部，均见到铁多金属矿体。

### 3.3 成矿作用

震旦末期—志留纪兴安岭-张广才岭-太平岭与中酸性侵入岩浆活动有关的铜、钼、铁、铅锌成矿作用跨越的区域范围较大，跨越大兴安岭成矿省和吉黑成矿省，经历的地质过程也有明显区别，因此分别论述成矿作用。

#### 3.3.1 多宝山（岛弧）与加里东中期中酸性侵入岩有关的 Cu-Mo-Au 矿床成矿作用

该成矿作用集中分布于多宝山古生代岛弧内。多宝山岛弧位于黑龙江省小兴安岭的北段，是扎兰屯-多宝山岛弧（$Pz_1$）的重要组成部分。它包括弧基底落马湖微地块（$Pt_1$—$Pt_3$）、十二站火山弧（O）、多宝山火山弧（O）、依克特火山弧（O）、罕达气弧裂谷（D）5 个 IV 级构造单元，叠加小兴安岭 $T_3$—$J_1$ 花岗岩带和 $J_3$—$K_1$ 火山喷发带。北西与呼玛弧后盆地（$Pz_1$）相邻、南东与黑河蛇绿混杂岩带（$D_3$—$C_1$）衔接。多宝山岛弧历经元古宙弧基底形成，奥陶纪火山弧与志留纪弧盖层、泥盆纪罕达气弧裂谷、晚泥盆世至石炭纪嫩江—黑河碰撞岩浆弧、二叠纪龙江—塔溪裂谷、$T_3$—$J_2$ 北西向小兴安岭花岗质岩浆侵入活动、$J_3$—$K_1$ 北西向小兴安岭火山活动等 8 个构造发展演化阶段。在多宝山北西向火山弧长约 80 km、宽约 40 km 的范围内，形成了厚度约 3500 m 的铜山组（$O_{1-2}t$）火山复理石建造、5500 m 的多宝山组（$O_2d$）的双峰系列火山岩建造，为多宝山、铜山、争光等大-超大型铜矿、金矿的形成准备了丰富的成矿物质。含矿建造中多期活动的北西向弧形复式背斜轴部的片理化构造带，是一切割深度达岩石圈的断裂带，具有控岩、控矿、导矿、容矿的多项成矿功能。来自多宝山铜矿蚀变花岗闪长岩、花岗闪长斑岩锆石 U-Pb 年龄和铜矿辉钼矿 Re-Os 模式年龄证据确定了多宝山-铜山斑岩型铜钼矿成矿时间为奥陶纪，成矿时间持续约 30 Ma。流体包裹体成分和温压条件研究表明

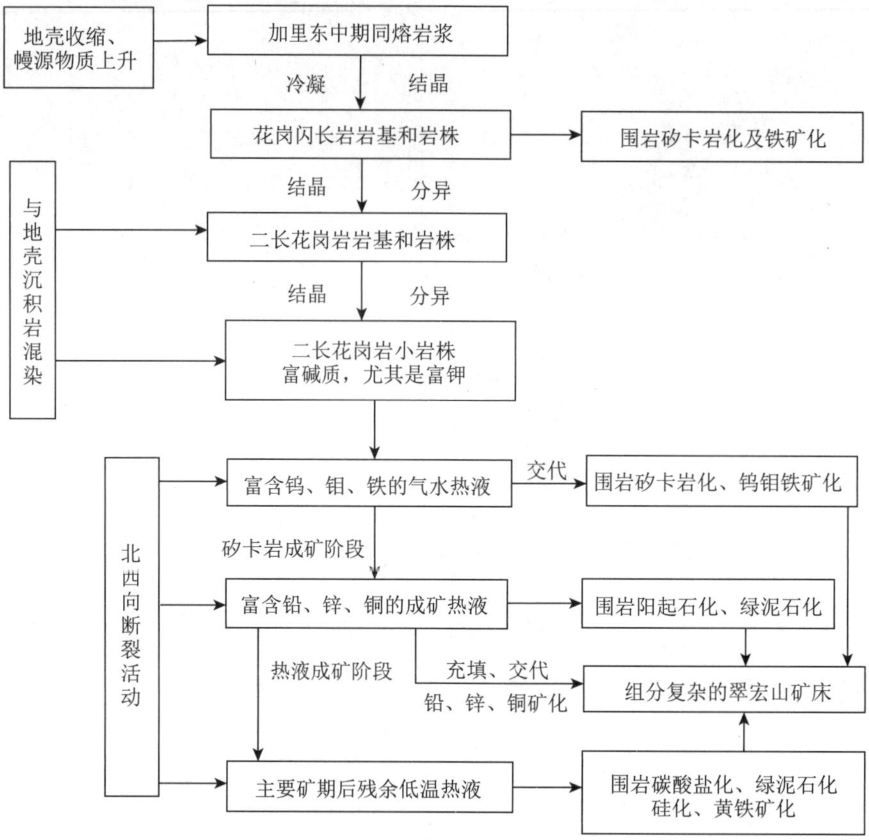


图 2-14　黑龙江翠宏山多金属矿床成矿模式图

（据韩振新等，2004）

成矿流体具有低盐度、中温特点，铅同位素组成反映成矿物质来源于上地幔岩浆，氢氧硫同位素成分表明成矿流体主要来自大气降水，通过岩浆脉动泵吸对流循环形成成矿流体。

**3.3.2 小兴安岭-张广才岭地区与中酸性岩浆活动有关的 Cu-Pb-Zn-Ag 矿床成矿作用**

小兴安岭-张广才岭岩浆弧是东北地区重要的铁、钼、钨、铅锌多金属矿分布区，其内的次级构造单元控制了不同类型成矿作用的发生和发展。近南北向展布的牡丹江岩石圈断裂控制了小兴安岭-张广才岭岩浆弧的展布方向，该断裂系统对于构造单元的发生和发展、岩浆活动、沉积建造的形成和矿质迁移均具有控制作用。

小兴安岭-张广才岭铜铁铁铅锌银成矿带的基底古元古界落马湖群、东风山岩群含铁岩系铁金（铅锌钨）矿源层，为区域铅锌多金属成矿奠定了成矿物质继承演化基础。早寒武世伊春浅海盆地，形成了铅锌矿源层。早-中奥陶世，伊春-延寿裂解形成火山弧，形成了宝泉组滨-浅-半深海相具底砾岩的陆源细碎屑岩-中性-酸性火山岩建造、小金沟组浅海相陆源碎屑岩-碳酸盐岩沉积建造、大青组海相中性-中酸性火山岩建造，晚奥陶世强烈挤压作用使伊春-延寿火山弧区闭合，并与佳木斯-兴凯地块发生陆陆碰撞，同构造期花岗岩侵位，伊春-延寿岩浆弧形成，混染花岗岩和二长花岗岩侵入西林群和小金沟组形成矽卡岩-热液型铁铅锌铜铅钨锡成矿系统。志留纪以隆升为主，构造活动较弱。

与加里东中期酸性岩浆活动有关的 Pb-Zn-Ag 矿床成矿系列，主要分布在小西林地区，成矿作用发生在晚奥陶世二长花岗岩与下寒武统铅山组接触带附近，代表性矿床为小西林铅锌矿床。小西林式矽卡岩型铅锌矿床矿体呈脉状和透镜状沿侵入接触带和南北向断裂破碎带分布。内接触带发育绢云母化，此外有绿泥石化及硅化，外带主要蚀变为硅化和碳酸盐化。矿体主要产于外接触带的弱硅化和铁锰碳酸盐化带中。该矿床式的一个突出特征是成矿元素简单，主要为铅、锌，伴生镉、银等。

### 3.3.3 吉中-延边（活动陆缘）Mo-Au-As-Cu-Zn-Fe-Ni 成矿作用

在中条运动初期，随着裂陷槽的褶皱隆起，强烈的火山爆发和变质作用，大量的 U、Th、Pb、Au、Bi、Ag、As、Sb、C 进入了色洛河群地层中，在区域变质作用下，发生绿片岩相-角闪岩相的变质作用，成矿物质在变质热液的参与下活化迁移并重新分配富集，其间 Pb、Au、Ag、S 等成矿元素形成了本区的一次大规模的矿化，构成了松江河金矿、海沟金矿的矿源层。新元古代海底火山喷发-沉积作用，形成中基性熔岩透镜体和次火山岩，形成含铁岩系，因海水中溶解有较多的 S、P，形成大量的细粒黄铁矿，后期由于区域变质作用，局部磁铁矿、黄铁矿发生重结晶颗粒变大，形成局部磁铁矿富矿段/矿体和黄铁矿局部富集现象，后期花岗质岩浆侵入作用使含矿岩系遭受改造，由于气液改造，使原来磁铁矿、黄铁矿发生改造形成细脉状黄铁矿和磁铁矿，形成塔东式沉积变质型铁矿。早古生界沉积的海相中酸性火山岩-碳酸盐岩-碎屑岩建造，富含大量的 Au、Ag、Cu、Pb、Zn 等成矿物质，为初始矿源层。加里东晚期褶皱区回返隆起，古断裂及次级断裂构造活动加剧，超镁质岩浆沿古洞河深大断裂上侵，形成了基性-超基性岩浆熔离贯入式铜镍矿床（图 2-15）。

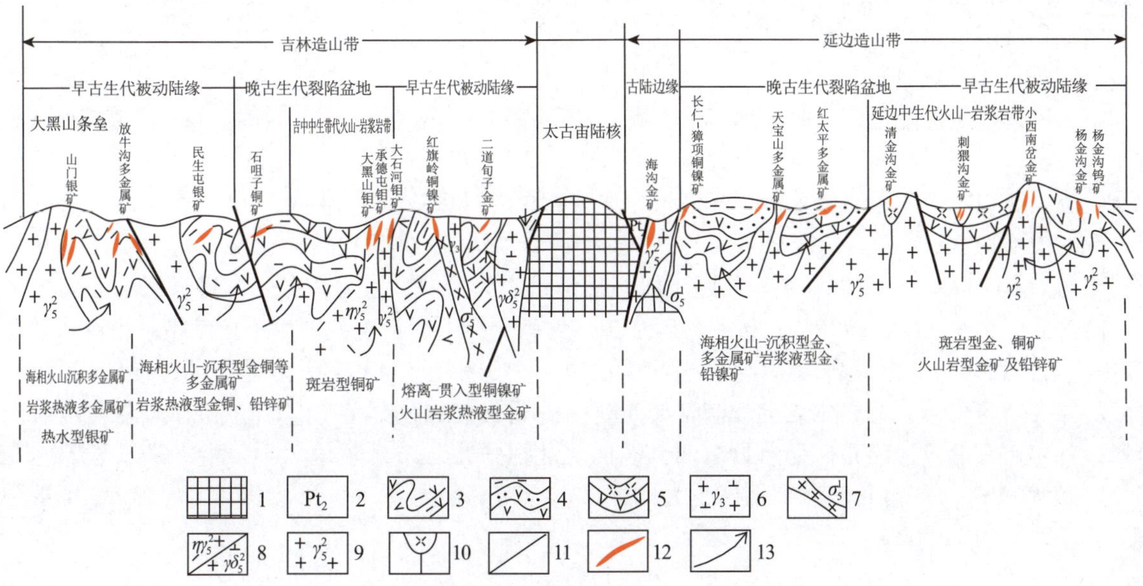


图 2-15　吉中-延边（活动陆缘）成矿带区域成矿模式图

（据中国地质调查局沈阳地质调查中心，2013）

1—太古宙古陆核；2—中元古界色洛河（岩）群；3—早古生代海相-火山-碎屑-碳酸盐岩沉积建造；4—晚古生代海相-火山-碎屑-碳酸盐岩沉积建造；5—中生代陆相中酸性火山-沉积建造；6—加里东期二长花岗岩、花岗闪长岩；7—印支期辉长岩、辉石岩、辉石橄榄岩；8—燕山期二长花岗岩-花岗闪长岩；9—燕山期花岗岩类；10—次火山岩体；11—深大断裂；12—矿体；13—成矿物质、热液运移方向

## 三、华北板块

### 4. 华北地台寒武纪—奥陶纪沉积成矿作用

### 4.1 成矿时空分布

华北地区寒武系主要分布在辽东太子河、鲁西、冀东、京西、太行、吕梁、中条、王屋山、洛南地区。各地区发育不均，下寒武统在辽东太子河地区发育较好，中寒武统在鲁西发育较全，上寒武统在冀东发育较全。地层主要由碳酸盐岩和碎屑岩组成，是陆表海稳定环境下的盖层性沉积。奥陶系分布范围与寒武系基本相同，为稳定的陆表海碳酸盐岩沉积。除鄂尔多斯外，普遍缺失上奥陶统或中上奥陶统。在寒武纪—奥陶纪期间，华北地台广泛沉积了与盖层沉积作用相关的磷、碳酸盐岩、粘土、石膏等矿产。

中国北方大地构造控制石灰岩沉积是很明显的。以华北地块为例，华北地区在青白口群沉积后，经历了长期剥蚀，形成平坦的准平原。早寒武世中期，海水漫过秦岭，向西、北海侵。这时已很少有碎物质冲刷到海域，因此，直接沉积了碳酸盐岩。中寒武世开始的大海侵，海水从太行山向西侵漫，形成华北地区标准的超覆关系。中奥陶世后，华北板块整体抬升，海水退出华北地区，华北地区再无石灰岩沉积（章少华等，2018）。

### 4.2 典型矿床

#### 4.2.1 河南辛集磷矿

（1）区域地质特征

辛集磷矿地处河南省鲁山县，位于华北陆块（Ⅰ）豫皖古陆块（Ⅰ-3）太华-登封岩浆弧（Ⅰ-3-1）太华岩浆弧（Ⅰ-3-1-2）早古生代碳酸盐岩-碎屑岩建造组合（台地）（Ⅰ-3-1-2-3）辛集背斜西北端。地层区划属于华北地层区豫西分区渑池-确山小区，其中下寒武统辛集组是豫西地区重要的含磷层位。区域构造线呈北西—南东向，褶皱和断裂均较发育，含磷地层多卷入褶皱中。区域断裂主要有两组，北西向断裂和北东向断裂，北西向断裂为区域主要断裂，与地层走向基本一致，断裂性质以压扭性为主，在梁洼、辛集一带北西向断裂形成向北西收敛、向南东发散的帚状扭动构造。该矿床属沉积型磷矿床。

（2）矿床地质特征

矿区出露地层由南至北、由老到新依次有：新太古界太华群、中元古界蓟县系汝阳群云梦山组、新元古界震旦系罗圈组和下古生界寒武系，但区内主要地层为下寒武统辛集组、朱砂洞组、馒头组和中寒武统毛庄组、徐庄组、张夏组。辛集组为本区的含磷岩系，厚度14~68 m，一般20~40 m，为一套含磷的中-细粒石英砂岩，岩石主要为砂粒状结构，底部见饼砾状结构，块状、条纹条带状构造（图2-16）；矿体赋存于下寒武统辛集组下段。矿体形态为层状，多为单层。含磷岩系可分为上下两段，由下至上含磷性呈递减趋势。按照含磷多少，含磷层自下而上可分为5个自然层：饼砾状砂质磷块岩（或含磷砾岩）、海绿石含磷砂岩、砂质磷块岩、含磷砂岩、含磷铁钙质砂岩（红砂岩）。矿体地表延伸大于3000 m，深部沿走向控制延伸4400 m，沿倾向控制延伸1400 m。矿体产状与地层产状一致，总体构造形态为单斜，走向近东西，倾向北北西—北北东，倾角25°~30°，深部稍缓，10°~20°，在单斜构造的基础上发育有规模不大的褶曲，厚度一般1~2 m，平均1.47 m；$P_2O_5$ 含量一般8%~13%，平均11.48%。

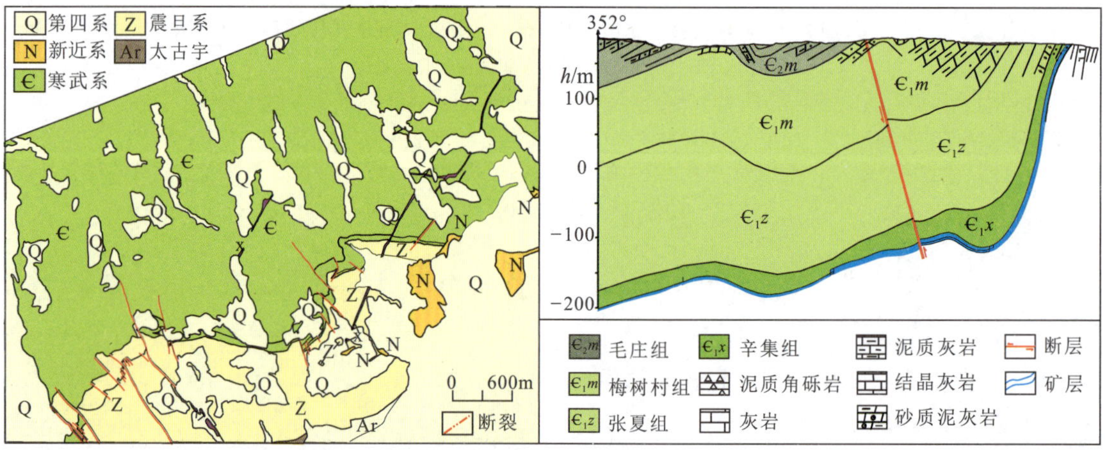


图2-16 河南鲁山辛集磷矿地质及Ⅰ勘探线剖面图

（据王登红等，2017）

矿石呈黑灰色，由砂质磷块岩组成。矿石矿物为磷酸盐（胶磷矿）；脉石矿物主要为石英，次有少量的长石、海绿石、黄铁矿；微量矿物有绢云母、白云母、锆石、电气石、菱铁矿、燧石等。磷酸盐矿物呈黄褐及黄棕色，总含量占20%~35%，其中皮壳状微晶磷酸盐占磷酸盐成分的90%，粒状胶磷矿和胶结物状胶磷矿约占 9%，细小结晶状磷酸盐仅占 1%。矿石结构为结核状结构和细粒砂状结构，矿石构造为致密块状构造和条纹（带）状构造。根据矿石结构构造，矿石类型划分为 3 种，即结核状砂质磷块岩、致密块状磷块岩和条纹（带）状磷块岩（图 2-16）。

（3）成矿机制和成矿模式

辛集磷矿床含磷地层为下寒武统辛集组，成矿时代为早寒武世沧浪铺期，是在特定的条件下沉积分异形成的，严格受时间、古地理、古气候和地球化学的控制，形成于滨海浅滩古地理环境中。

震旦纪晚期的华北霍丘运动，使地壳隆起海水退出，并在嵩山以南，秦岭淮阳古陆以北地区产生了冰川活动，形成了罗圈组冰啧层的沉积，其下部为厚度悬殊、成分复杂的砾岩层。早寒武世早期海水由东南向北西侵入，在华北陆块南缘，沿秦岭-大别古陆，形成陆棚滨海浅滩。华北地台南缘浅海向西、北方向变浅，由于沉积环境稳定、水体浅、海流作用强，以氧化环境为主，沉积物经过了较充分地分选磨蚀，形成分选度好、成熟度高的砂岩-粉砂岩-砂质板岩-砂质灰岩的建造序列。这种具有稳定构造基底的太华古陆边缘浅海区以及较强的水动力条件，有利于聚磷化学沉积及多次海流筛选再沉积作用的长期进行。辛集组中磷矿化层位的富集就是这种作用的结果。首先，该海区温暖的气候有利于生物的大量繁殖，它们大量吸收磷酸盐，形成软泥水中磷质的初步富集。其后，在海流的作用下，含磷质点从软泥中冲刷出来在隆起与凹陷的过渡区（一般为滨-浅海带）沉积下来，形成砾状磷块岩夹层。磷的化学沉积作用一方面受“$Ca-P_2O_5-H_2O$”相平衡的支配，pH 值升高时磷酸盐发生沉淀；另一方面，蒸发作用加速了磷酸钙的过饱和，以及上升海流含磷酸盐溶液的不断补充，共同促进了磷酸钙沉淀物的产生，并形成以磷质点为核心的凝聚，最终可能在某些藻类的参与作用下形成以胶磷矿为主的磷块岩，并沉积富集成层（或透镜层）。

含磷岩系岩层具有板状斜层理、槽状交错层理、层面有不协调的波痕、泥裂，生物碎屑较多等，说明磷矿是在滨海陆棚至浅海环境下形成的，沉积相应属滨海潮间带亚相。矿床成岩成矿之后的区域变质对矿床的改造不明显。

### 4.2.2 山东明祖山石灰岩矿

山东明祖山石灰岩矿位于青州市普通镇，东南距青州市 68 km，西距辛店 13 km，矿区地处华北成矿省鲁西（断隆）成矿区，为浅海沉积层状矿床。矿区出露地层为上寒武统凤山组及下奥陶统治里组和亮甲山组石灰岩，矿体即赋存于凤山组及亮甲山组中，已控制的石灰岩矿床长 2000 m，宽 250 m，矿层总厚度为 170 m（图 2-17）。主要矿石类型是细晶灰岩和条带状灰岩。

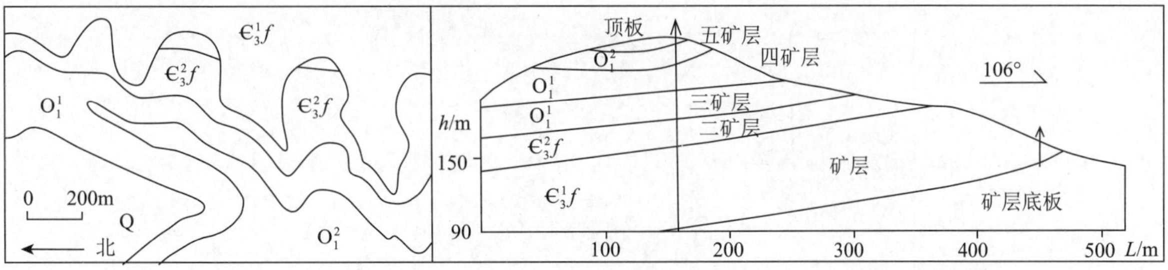


图 2-17　山东青州明祖山石灰岩矿床地质及剖面图

（据王登红等，2017）

Q—黄土；$O_1^2$—燧石结核石灰岩和白云岩；$O_1^1$—竹叶状石灰岩、豹皮石灰岩、条带石灰岩；

$\epsilon_3^2 f$—细晶条带石灰岩；$\epsilon_3^1 f$—竹叶状石灰岩、泥质条带石灰岩

## 4.3 成矿作用

华北陆块在蓟县运动时一度上升，早寒武世时期又沉没在浅海中，一直到中奥陶世才结束，在此期间沉积了一套全区分布，可对比追踪的加里东期海相碎屑岩和碳酸盐岩建造，是陆表海稳定环境下的盖层性沉积。其构造特征具有“四坳三隆”的特点，即北部为辽沈坳陷，依次为山海关低隆起、

天津坳陷、沧州低隆起，沁水-济南坳陷、洛新低隆起、商丘坳陷。早古生代期间仅发育寒武系和中、下奥陶统，其厚度一般为1000~1600 m，构成3个海侵旋回。府君山期，发生早古生代初期海侵旋回。兴凯运动，盆地上升，经受短期的剥蚀，到馒头期、毛庄期、徐庄期发生海侵，漫及全区，在张夏期达到了最大的海侵范围。晚寒武世，在华北地块的中部和北部，长山组的厚度变化较大，竹叶状灰岩表面氧化圈发育，常缺失某些化石带，反映地壳升降差异较大。早奥陶世，海盆从南向北萎缩。至中奥陶世，又形成一个以广海为主的沉积环境。峰峰期，海盆南北翼上升为陆，向盆地中部收缩。伴随整个下古生界的盆地演化，形成了大量的磷、碳酸盐岩、粘土、石膏等沉积矿产。

**5. 华北地台加里东中晚期岩浆成矿作用**

**5.1 成矿时空分布**

早古生代时期华北陆块岩浆作用相对较弱，在白乃庙一带发育岛弧岩浆活动，沿岛弧带均伴随岩浆喷发和侵入活动，形成白乃庙铜（金）矿（赵云等，2013），在华北陆块西北缘阿拉善右旗-贺兰山一带早古生代岩浆岩侵入，形成卡休他他矽卡岩型铁钴矿、小松山铬矿等，在陆块东北缘伴随岩浆活动形成放牛沟铅锌矿等。

华北克拉通上产出有多个金伯利岩岩区，其中含金刚石金伯利岩带南起山东蒙阴北至辽宁瓦房店，全长约400 km。4个含金刚石金伯利岩岩区：山东蒙阴、辽宁瓦房店、辽宁铁岭以及辽宁桓仁岩区分布在冀鲁辽陆核东部。近年来发现的第5个金伯利岩岩区，即辽宁锦西与瓦房店金伯利岩岩区隔渤海相望（图2-18）。这个金伯利岩岩区由岩脉或岩管组成，主要侵位于寒武系—中奥陶统石灰岩中。该岩区的金伯利岩皆遭受了强烈的碳酸盐化，含大量的金云母，但不含金刚石。此外，金伯利岩也分布于冀鲁辽陆核的西侧，靠近元古宙造山带，例如山西应县金伯利岩、河北涉县金伯利岩和河南鹤壁金伯利岩。这些金伯利岩都不含矿，且皆遭受强烈的碳酸盐化。柳林金伯利岩是唯一一个出现在华北太古宙鄂尔多斯陆核上的金伯利岩岩区，分布在其东缘，皆是强碳酸盐化的金云母金伯利岩（黄蕴慧，1992；王仲会，1998）。

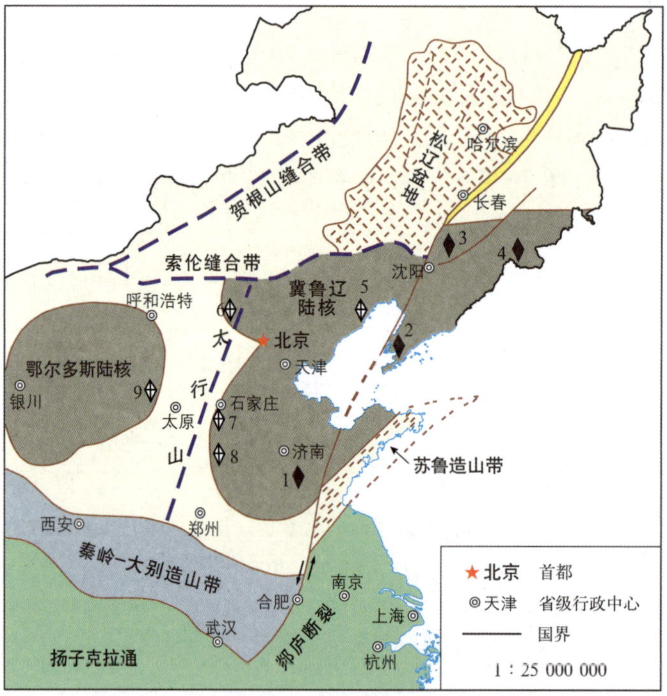


图2-18　华北克拉通及其周边主要构造地质简图

（据张宏福等，2007）

“实心菱形”表示含金刚石金伯利岩区，“空心菱形”表示不含金刚石金伯利岩岩区，金伯利岩岩区如下：1—山东蒙阴；2—辽宁瓦房店；3—辽宁铁岭；4—辽宁桓仁；5—辽宁锦西；6—山西应县；7—河北涉县；8—河南鹤壁；9—山西柳林

### 5.2 典型矿床

#### 5.2.1 内蒙古白乃庙铜矿

白乃庙铜矿床隶属内蒙古自治区乌兰察布市四子王旗白音朝克图镇管辖，矿区北东距集（宁）-二（连）铁路线朱日和车站 45 km，有简易公路相通，交通十分方便。

（1）区域地质特征

矿区主要出露的地层主要有奥陶系白乃庙组、上志留统西别河组、下二叠统三面井组、上侏罗统大青山组和第四系。在矿区东北部零星出露一些变质较深的地层，岩性主要为长英变粒岩、黑云斜长片麻岩、条带状混合岩等。白乃庙组底部绿片岩段主要分布于矿区中部，呈东西展布，为一套中浅变质的绿片岩、长英片岩，其原岩为海底喷发的基性-中酸性火山熔岩、凝灰岩夹正常沉积的碎屑岩和碳酸盐岩，为浅海相（图2-19）。其中第五岩段大面积出露在矿区南部，岩性为绿泥斜长片岩、阳起绿泥斜长片岩夹残玢变岩及大理岩透镜体，是白乃庙铜矿的主要赋矿层位。其中第三岩段分布在矿区中部和西部，岩性主要为斜长角闪岩、绿泥斜长片岩夹角闪残玢变岩，是北矿带的主要赋矿层位。

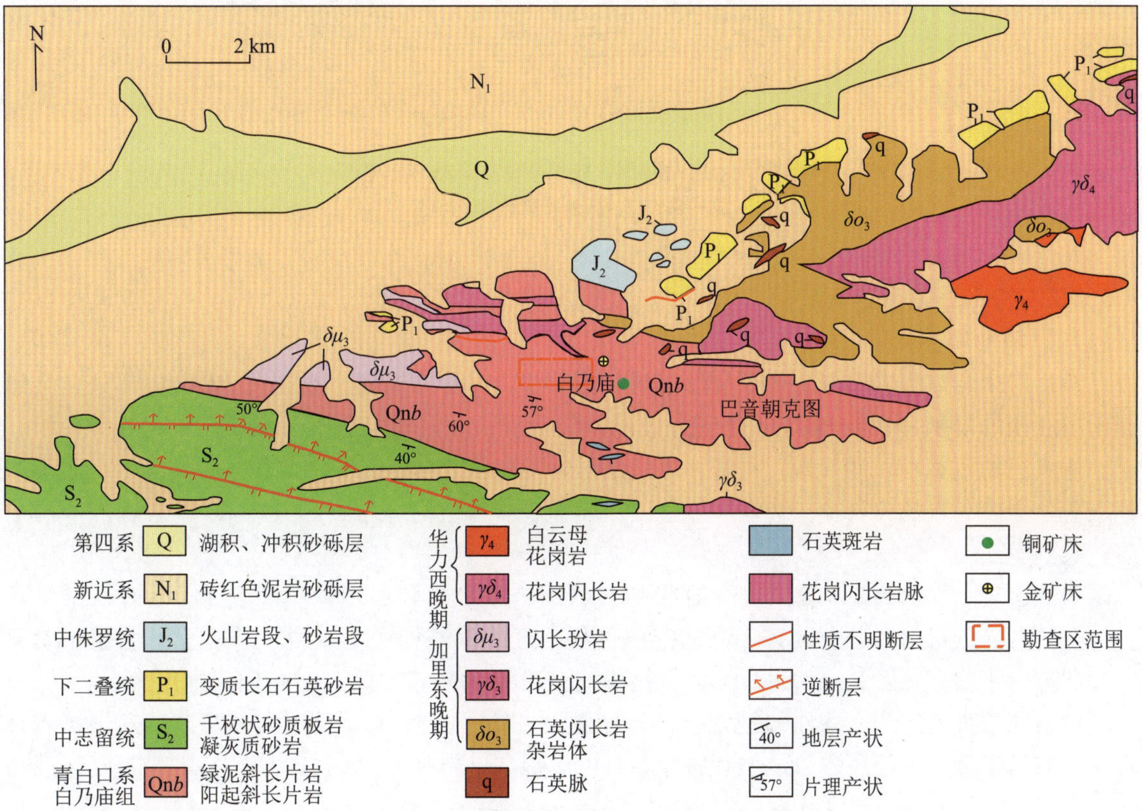


图 2-19　内蒙古四子王旗白乃庙铜矿区地质图

（据内蒙古自治区地质调查院，2013）

区内岩浆活动频繁，侵入岩主要有加里东晚期石英闪长岩、花岗闪长斑岩，华力西晚期的白云母花岗岩等。中酸性脉动岩十分发育，主要有花岗斑岩、闪长玢岩、正长斑岩、花岗细晶岩、霏细岩、石英脉，多为华力西期侵入岩的派生产物。

白乃庙矿区形成了大致东西走向的单斜构造，区内以断裂为主，褶皱不发育。东西向断裂为主要的构造，不易受其他构造的影响，具有长期性、阶段性、继承性，在加里东和华力西这两个时期，它控制加里东早期的海底基性-中酸性火山喷发，是主要的控矿构造。

（2）矿床地质特征

白乃庙铜矿断续分布在东西长 10 km，南北宽 1.5 km 的狭长地带内，按矿床的产出部位与地层特征的不同，分南北两个矿带共12个矿段。南矿带包括Ⅱ、Ⅲ、Ⅳ、Ⅴ、Ⅵ、Ⅶ、Ⅹ、Ⅺ共8个矿段。北矿带包括Ⅷ、Ⅸ、Ⅻ、XⅢ共4个矿段。根据脉石矿物成分不同分为花岗闪长斑岩型铜矿石（钼矿石）、绿片岩型铜矿石（钼矿石）。绿片岩型以条带状为主，而花岗闪长斑岩以浸染状及细脉浸染状为主，二者普遍有交代结构及压碎结构。

（3）成矿机制和成矿模式

矿床北矿带属于斑岩型铜钼矿床、南矿带属火山岩型铜矿床。成矿物质为多来源，多与斑岩有关，先有构造斑岩控矿了斑岩型铜钼矿体的形成，随后海相火山沉积（变质）热液又对其进行了叠加（富集），最后形成了该复成因矿床，成矿时代是晚奥陶世—早志留世，成矿模式见图2-20。

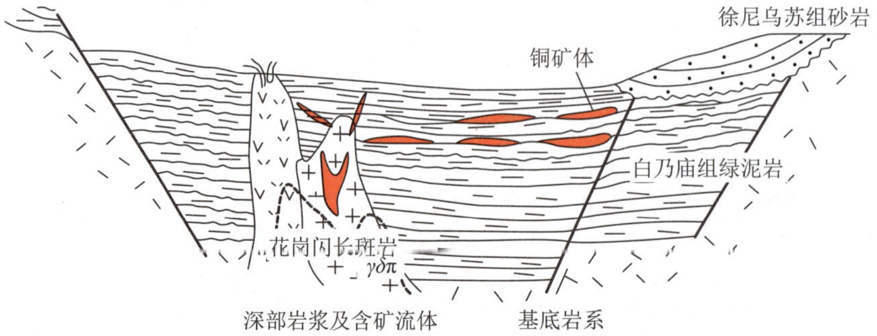


图2-20　白乃庙铜矿典型矿床成矿模式示意图

（据内蒙古自治区地质调查院，2013）

**5.2.2 辽宁瓦房店金刚石矿**

（1）区域地质特征

辽南瓦房店金伯利岩田位于辽东台隆南端（图2-21），分布于郯庐断裂东30~40 km处，金州岩石圈断裂西侧的复州-大连凹陷内。基底为太古宙鞍山群，金伯利岩主要产于新元古代钓鱼台组、南芬组、桥头组的石英岩、泥灰岩、页岩和寒武纪灰岩中。从北向南有3个北东东走向的平行岩带，共发现112个金伯利岩脉和岩管，绝大部分金伯利岩脉、岩管含有金刚石，其中50号岩管所产的金刚石质量最好。

区内构造复杂，以断裂构造为主，在形成时代、分布形式和表现特点等方面，既有联系又有差异，对金伯利岩的产出和分布具有不同的控制作用。区内褶皱构造不发育，总体上呈北东向单斜构造，地层产状平缓，一般5°~10°。在深大断裂附近，以近东西向小背斜、小向斜构造为主。

区内岩浆岩发育齐全，酸性-超基性岩均有出露。岩性主要为辉绿岩、流纹斑岩、花岗斑岩、闪长玢岩、橄榄玄武岩、煌斑岩、金伯利岩等，其中辉绿岩、橄榄玄武岩、煌斑岩、金伯利岩呈脉状、岩床状产出，规模不大，沿北东向、北东东向展布。基性-超基性岩体与金伯利岩在形成空间、时间上都有十分密切关系。

（2）矿床地质特征

区内金伯利岩分布在瓦房店石灰窑、头道沟、涝田沟、二道沟、庙下等地，南北长32 km，东西宽约30 km的近千平方千米的范围内，由24个金伯利岩管和88条金伯利岩脉共计112个岩体组成。空间上成群、成带分布，走向北东65°~75°，矿田由北向南可划为间距约8 km的3个岩（矿）带（图2-22、图2-23、图2-24、图2-25）。3条金伯利岩（矿）带总体显示了自北而南，岩体群数量由多到少，岩体规模由大到小，成矿作用由强到弱的规律性变化的特点。金伯利岩形态分为管状与脉状。岩管形态比较复杂，有椭圆状、不规则状、舌状等。在地貌上岩管多呈负地形，其规模大小不等，相差悬殊。最大的42号岩管面积41200 m$^2$，最小的101号岩管100 m$^2$，岩管的长轴方向可分为一个长轴的单向管和两个以上长轴的多向管。遥感影像显示区内金伯利岩群通常具有环形影像，金伯利岩体在黑白航片上呈暗灰色-深灰色色调，岩管呈斑块状或斑状影纹，岩脉呈条带状影纹（潘玉玲

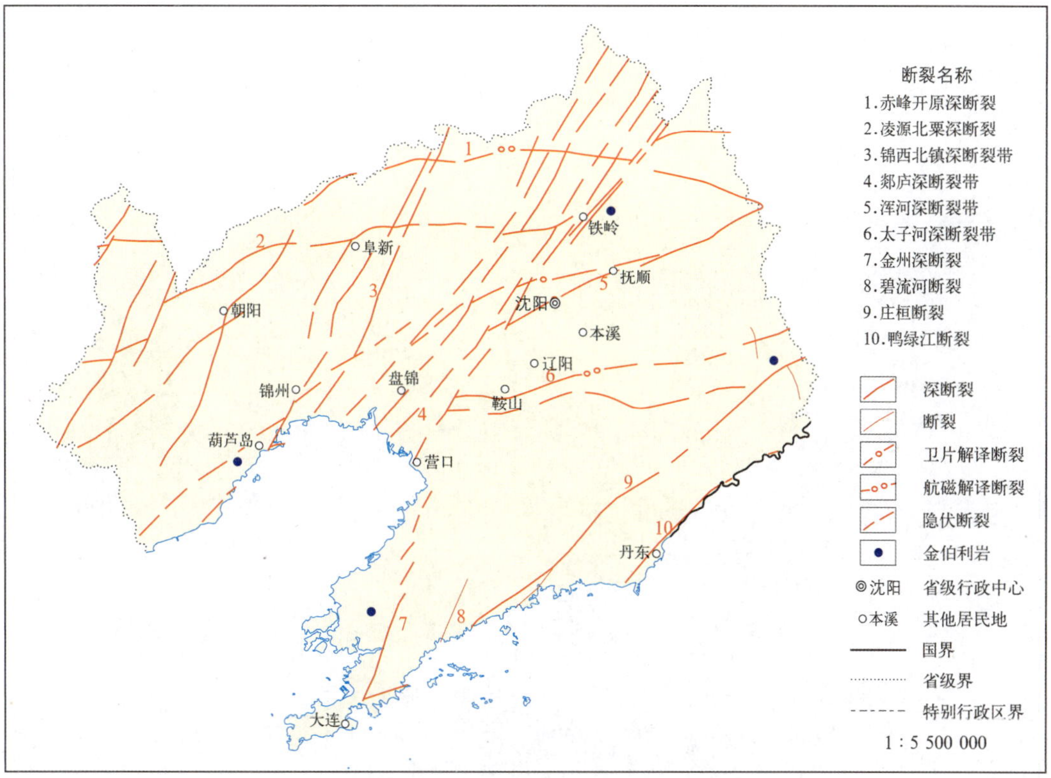


图 2-21　辽宁省大地构造分区及金伯利岩分布图

（据中国地质调查局天津地质调查中心，2016）

等，1993；杨占兴等，2016）。

根据同位素年龄测定（表 2-5）可发现金伯利岩大多为 400 Ma 左右，其中最新的年龄为 366 Ma（韩柱国，1982），最早的为 1109 Ma（路凤香等，1995），反映了本区金伯利岩浆活动是多期的。中国金伯利岩形成时代为前扬子期（同位素年龄大于 700 Ma）、加里东期（同位素年龄为 360～530 Ma）、华力西期（同位素年龄为 230～360 Ma）和燕山期（同位素年龄为 67～137 Ma）（庄德厚，1979）。现在学者普遍认为辽宁瓦房店金伯利岩侵位于古生代（郑建平等，2006；张宏福等，2007），王照波等（2014）认为中朝准地台与扬子地台的右行切碰形成了辽宁瓦房店金伯利岩岩区，金伯利岩侵位年龄约在 380 Ma，本区在晚加里东期—早华力西期造陆运动中遭受了普遍抬升隆起，诱导金伯利岩浆上升侵位。区内金伯利岩侵入最新地层层位为寒武系，同时区内金刚石砂矿仅在侏罗系底部砾岩中出现，岩管中金伯利岩被晚侏罗世流纹岩与闪长玢岩所切穿。

**表 2-5　辽宁大连瓦房店金刚石矿集区金伯利岩同位素年龄测定结果表**

| 采样地点 | 岩性 | 测试方法 | 年龄/Ma |
|---|---|---|---|
| 复县 42 号岩管 | 金伯利岩斑晶金云母 | K-Ar | 366 |
| 复县 42 号岩管 | 金伯利岩斑晶金云母 | K-Ar | 390 |
| 复县 50 号岩管 | 金伯利岩斑晶金云母 | K-Ar | 398 |
| 复县 50 号岩管 | 斑状金伯利岩 | Rb-Sr | 1109.3 |
| 复县 51 号岩管 | 斑晶金云母 | Rb-Sr | 463 |
| 复县 50 号岩管 | 斑晶金云母 | Rb-Sr | 462±5 |
| 复县 1、42、50 号岩管 | 金伯利岩 | Rb-Sr | 742～703 |
| 复县 50 号岩管 | 金云母 | Ar-Ar | 464±6 |

（据路凤香等，1995）

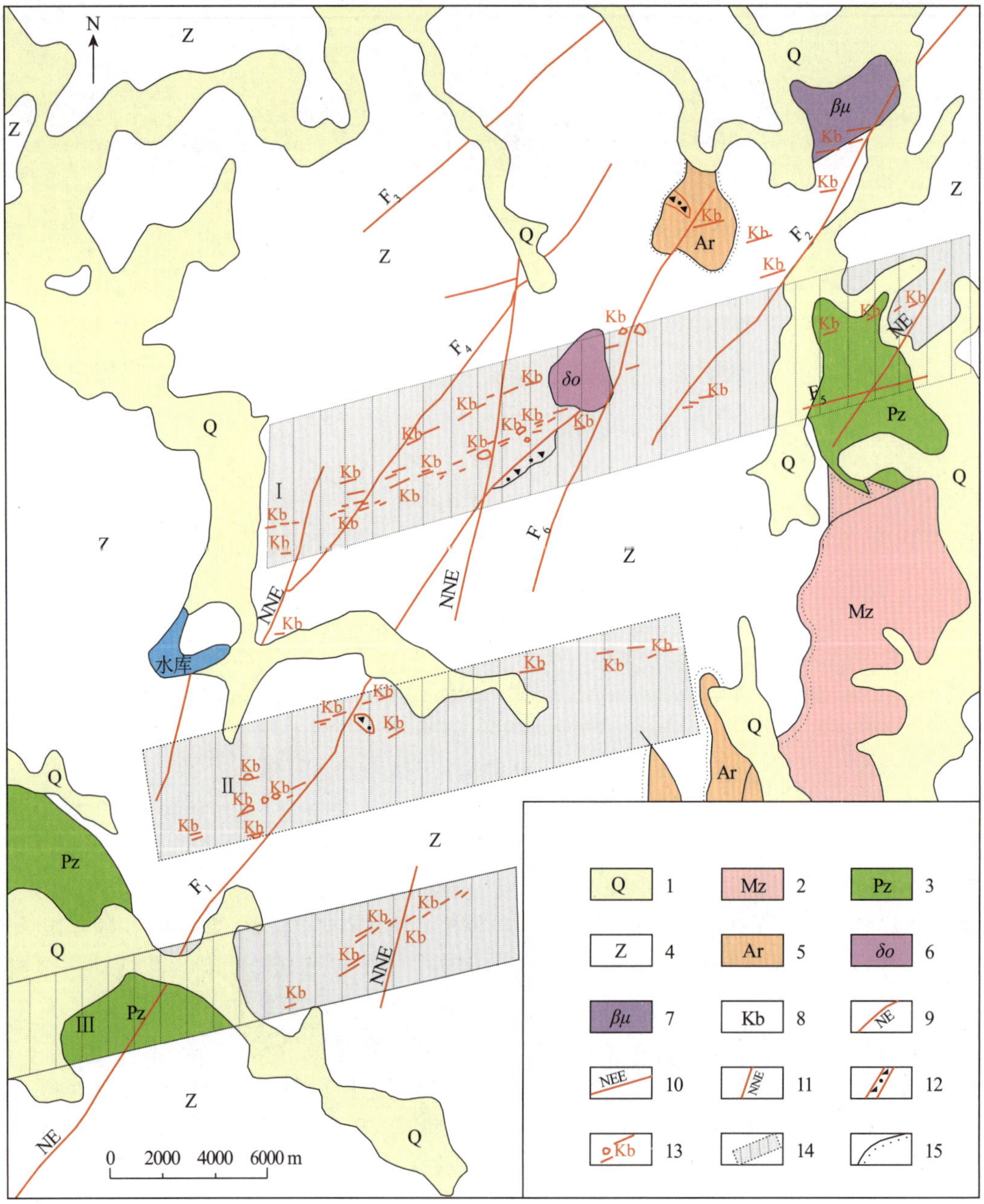


图 2-22 辽宁大连瓦房店金伯利岩体及矿带分布图

（据中国地质调查局天津地质调查中心，2016）

1—第四系；2—中生界；3—古生界；4—震旦系；5—太古宇；6—闪长岩体；7—辉绿岩体；8—金伯利岩体；9—北东向断裂；10—北东东向断裂；11—北北东向断裂；12—角砾岩带；13—金伯利岩管及岩脉；14—金伯利岩成矿带及编号；15—不整合界线

（3）成矿机制和成矿模式

航空磁测反映矿集区基底有近东西向的隐伏深断裂的存在，这种断裂在地表常造成不太明显的密集节理、平缓褶曲及张性角砾岩带等薄弱带。因此推断，金伯利岩浆沿基底隐伏断裂高速上侵至近地表。区内构造不发育，岩管及岩脉产状与区内近东西向断裂构造方向基本一致，这说明岩管及岩脉是受断裂构造控制的。同时岩管和岩脉一般产出位于断裂交汇部位。综上，认为矿床成因为：来源于深部地幔的金伯利岩浆沿郯庐断裂到达近地表，在金伯利岩浆通过金刚石稳定区时捕获了金刚石。部分金伯利岩浆在北东东和东西向断裂交汇部位侵入喷发成矿，部分未喷发出来的金伯利岩浆侵入围岩形

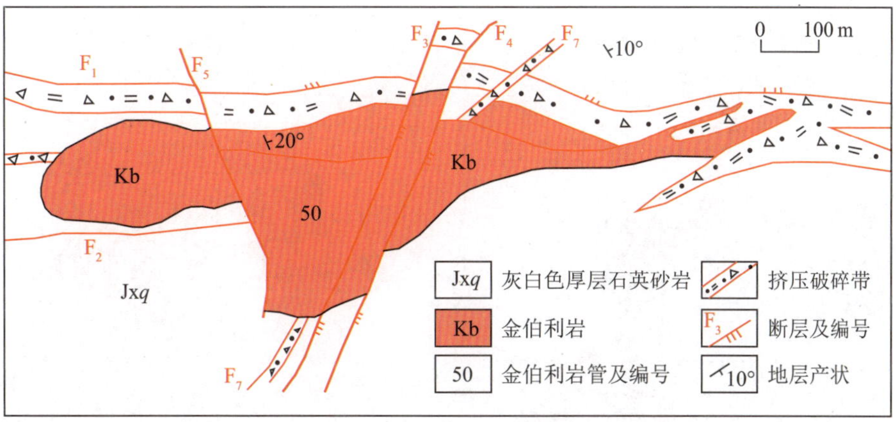


图 2-23 瓦房店 50 号金伯利岩管地质平面图

（据万方来等，2019）

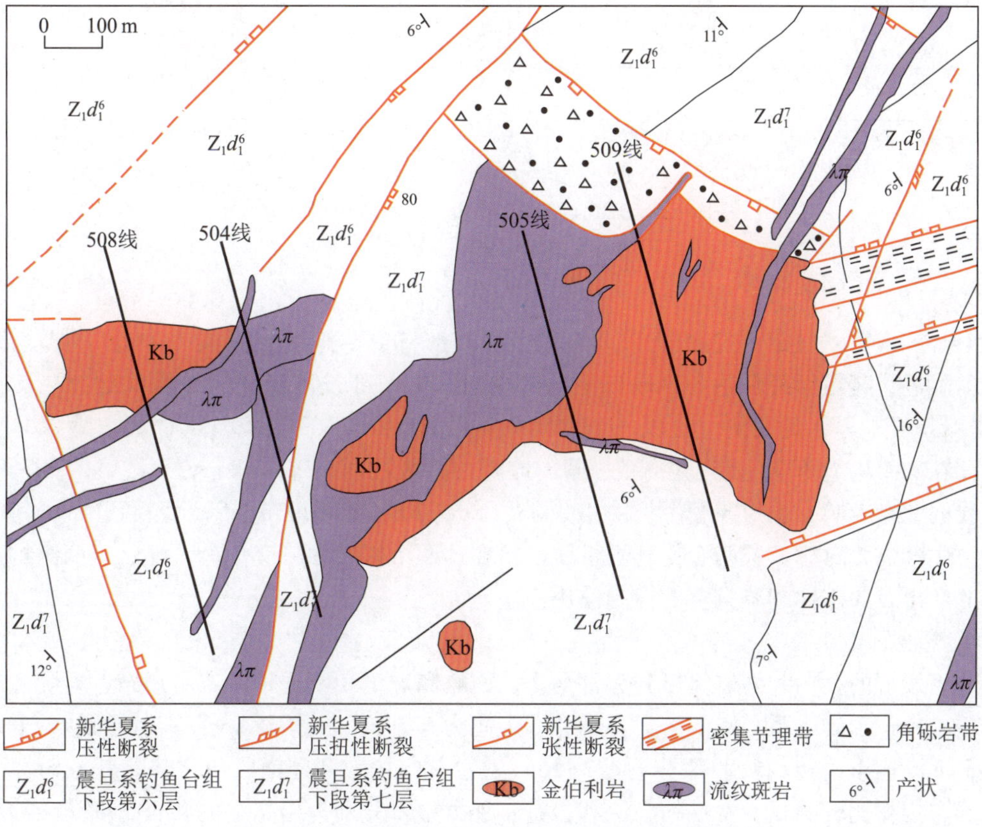


图 2-24 瓦房店 42 号金伯利岩管地质平面图

（据辽宁省第六地质大队，2016）

成隐伏矿体。

### 5.2.3 山东蒙阴金刚石矿

（1）区域地质特征

蒙阴金伯利岩带产出于鲁西断块隆起区中部地区，由北而南呈北东向横跨在蒙山凸起、蒙阴凹陷、新浦山凸起、马牧池凸起之上，受蒙山、新泰-垛庄、铜冶店-蔡庄等北西向断裂的控制，呈左列式展布。蒙阴金伯利岩带发育太古宙至元古宙变质基底和平缓其较薄的古生代沉积盖层。

蒙阴金伯利岩区东西两侧分别为北北东向沂沭断裂带和聊城-兰考断裂带，其南北分别为近东西

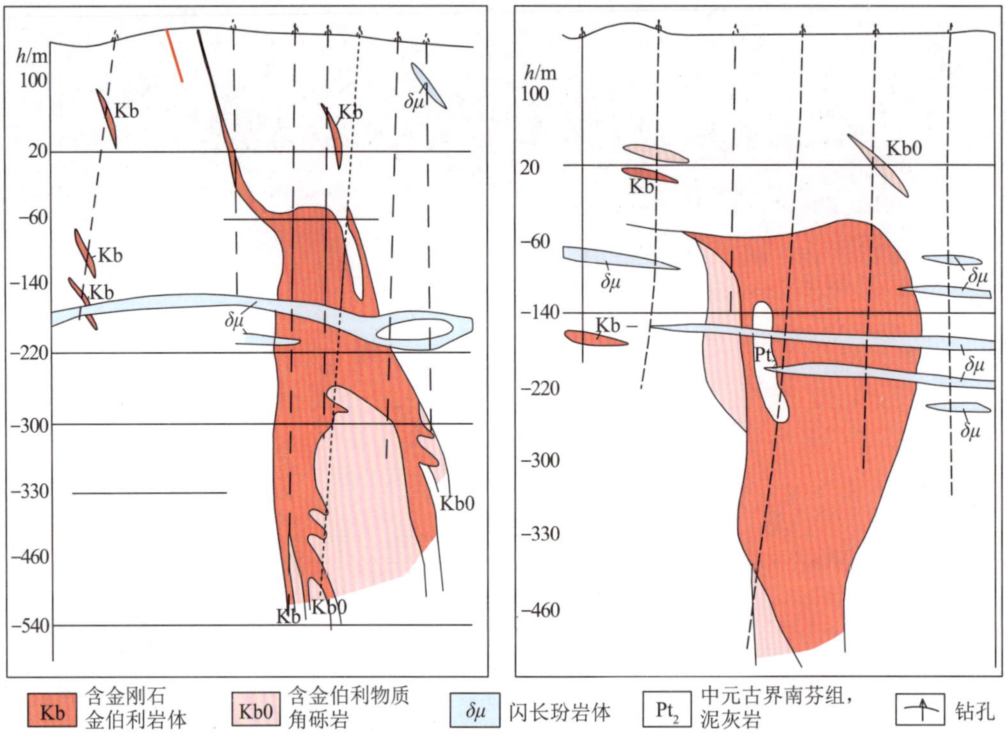


图 2-25　瓦房店 30-2 隐伏金伯利岩体剖面图

（据辽宁省第六地质大队，2016）

向商丘-连云港和德州-垦利构造断陷带。这四个构造带将鲁西地区包围成一个近等轴形稳定古陆。泰山、沂山附近，莫霍面最深达 36 km 以上，构成山东中南部长期稳定的地质基础；在其东南部鲁山-蒙山一带地壳加厚区的西侧，形成一个北北东向长 200 km、高差约 2 km 的幔坡地带，显示这里深部可能存在一个构造薄弱地带。在泰山-蒙山地壳加厚区的西南部 34 km 等深线，明显区别于周围地区等深线的北东走向，也形成一个长约 400 km、高差 2 km 的幔坡带，呈北西向分布，其位置大致与地表的蒙山断裂相对应。蒙阴金伯利岩带就产出在这两个幔坡地带交汇处，显示这两组构造对蒙阴金伯利岩的产出及含矿性起着重要的控制作用。

（2）矿床地质特征

蒙阴地区发现的金伯利岩岩体可分为常马庄、西峪和坡里 3 个岩带，产出形态有岩脉、岩管，其中岩脉居多，侵位于奥陶系马家沟组。岩带总体走向为 55°，全长约 55 km，宽 15 km。3 个岩带在南向北走向上逐渐向东偏转，从平面图（图 2-26）上看有向北散开向南收敛之势。其方向性、等距性及左列式展布规律比较明显。常见的金伯利岩有 4 种类型，分别为粗晶金伯利岩、细晶金伯利岩、粗晶金伯利角砾岩、凝灰质金伯利岩，其中以粗晶金伯利岩为主。

蒙阴金伯利岩大部侵入新太古代或古元古代变质变形侵入岩，部分侵入早古生代沉积盖层内，在Ⅱ岩带南端的北西向岩带内，金伯利岩侵位最高层位为奥陶系马家沟组五阳山段。在胜利Ⅰ号和红旗 6 号、22 号等岩管中，常见寒武系、奥陶系泥质条带灰岩、鲕粒灰岩、泥晶灰岩或钙质页岩、红色泥质岩等角砾，表明其时代应晚于早奥陶世。在山东省地矿局八〇九队完成的山东金伯利岩同位素地质学研究报告中（1987~1988 年），对胜利Ⅰ号、红旗 1 号及蒙阴其他岩体做过多次 Sm-Nd 模式年龄测定，其数值为 486±49 Ma、521±7 Ma、492±25 Ma、479±14 Ma、501±11 Ma、495±9 Ma、455±46 Ma 等。Bristow（1988）对蒙阴胜利 1 号岩管中的钙钛矿开展 U-Pb 测年获得 457±7 Ma 的形成年龄。结合山东地质历史，晚奥陶世华北陆块开始经受中加里东期运动，形成大规模隆起，此时发生了金伯利岩侵位。因此山东金刚石原生矿形成时期定为晚奥陶世，即距今约 470 Ma。

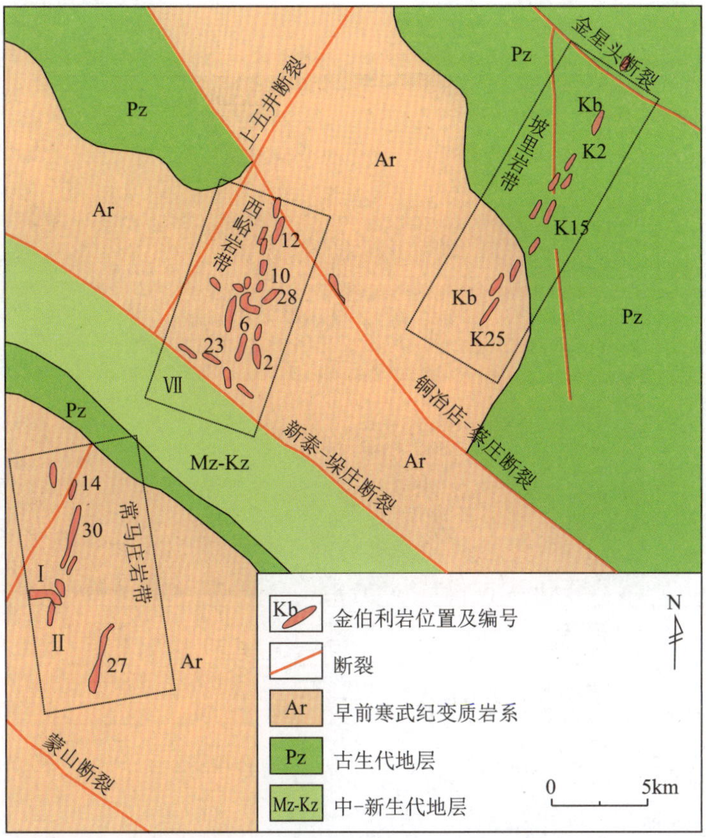


图 2-26　山东蒙阴金伯利岩带分布略图

（据中国地质调查局天津地质调查中心，2016）

（3）成矿机制和成矿模式

人造金刚石资料证明，生成金刚石需要 1250~1500℃的高温和 40~50 kPa 的高压环境，这一环境只能发生在地下 150~250 km 的上地幔下部的软流圈附近。

金伯利岩的基本矿物镁质橄榄石和镁铝榴石、富镁铬尖晶石等，以及含有石榴子石纯橄岩、榴辉岩等深源岩石包体都证明它的深幔源特征。在这一环境下，存在一部分气液组分长时间停留在软流圈附近的固液混融体的间隙中，若压力不均，高分异度的偏碱性超基性——金伯利岩岩浆将沿突发性的断裂侵位，岩浆将裹携一些早已结晶的岩石矿物，如金刚石、镁铝榴石和榴辉岩等，在高压的驱动下，迅速到达地壳浅部 5 km 左右，并冲破上部围岩、爆发而出，形成岩管。首先形成含有上部寒武奥陶系岩石、部分深源包体的火山口相的金伯利角砾集块岩和一部分火山道相的金伯利角砾岩。随后继岩浆继续上涌，进一步扩充岩管空间，充填并捕虏因爆发而松动的围岩，形成以花岗岩质金伯利角砾岩为主的火山通道相。此后岩浆间歇性的溢流上涌，沿管壁或管内裂隙，形成斑状金伯利岩并不规则的充填侵位，在岩浆期后的水热溶液的作用下，先期形成各种金伯利岩发生蛇纹石化、碳酸盐化，而后趋于停息。早期金伯利岩具有中心式火山喷发的特点，因高压快侵，携带金刚石颗粒大、数量多，向晚期逐步由中心向外侧扩展，转变成以裂隙喷发和溢流侵入作用为主，温压条件逐渐降低，使金刚石逐渐减少变小（图 2-27）。

（4）找矿标志

岩石标志：金伯利岩是寻找金刚石原生矿床的主要岩石标志。爆发的金伯利岩砾岩，岩石具有典型的角砾状构造，胶结物为金伯利物质。金伯利岩长时期暴露地表，其碎石可分散在岩体周围山坡和沟谷中，可利用这些岩石碎屑追索原生矿。另外，与金伯利岩密切伴生的岩石主要有碳酸岩、碱性岩、煌斑岩、基性-超基性岩等，这些岩石在生成时间上常与金伯利岩同时，在空间上常与金伯利岩

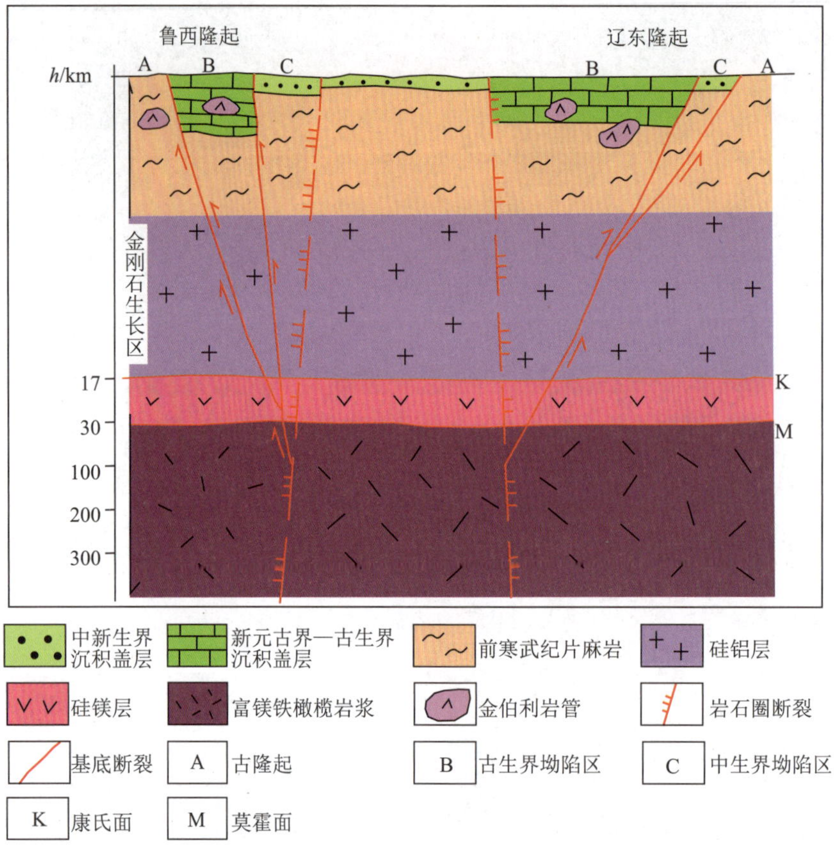


图 2-27　胶辽台隆金伯利岩岩浆活动模式图

（据辽宁省第六地质大队，2016）

伴生。

矿物标志：含镁铝榴石、铬铁矿、铬透辉石、镁钛铁矿等是金伯利岩重要的指示矿物。尤其以前两种矿物为主，后两种含量极少。

蚀变标志：金伯利岩浆在成岩后期会含大量的水和二氧化碳，使原岩发生蚀变形成蛇纹石化和碳酸盐化，所以在地表很难看到新鲜的未蚀变的橄榄石。

物化探异常标志：物化探异常是覆盖区找矿的重要标志，其中磁法测量对金刚石原生矿找矿意义最大。金伯利岩管具有孤立的近等轴磁异常，一般为圆形、椭圆形、不规则形。金伯利岩是偏碱性的超基性岩，含有碱性元素、超基性元素、稀土元素、挥发分元素等都有含量高的特征。可以通过岩石化学、土壤、水化学的测量方法来圈定异常，寻找金伯利岩体。

地貌景观标志：金伯利岩是由蛇纹石化和碳酸盐化组成的软岩石，易风化剥蚀，所以一般形成负地形。除了个别岩脉因硅化或是灰岩质金伯利角砾岩形成局部的凸起地貌点外，金伯利岩这种低洼的地貌特点，亦可作为找矿标志。

构造标志：金伯利岩（脉）往往受某一组构造断裂控制，在普查找矿初期应及时总结金伯利岩的构造标志，对普查找矿有重要意义。

**5.3 成矿作用**

早古生代中晚期，由于古亚洲洋板块向华北陆块的俯冲，形成内蒙古中部包尔汉图-白乃庙一线岛弧带和吉林南部山弧带（唐克东等，1989）。沿岛弧带和山弧带均有强烈的岩浆喷发和侵入活动。如内蒙古白乃庙地区处于岛弧带的东段，在白乃庙斑岩铜矿区见有石英闪长岩侵入到白乃庙群中，白乃庙含矿花岗闪长斑岩角闪石的 K-Ar 年龄为 450 Ma，而侵入其中的白云母花岗岩白云母的 K-Ar 年龄为 429.8 Ma，表明含矿花岗闪长斑岩、石英闪长岩以及白乃庙火山岩系同属早古生代火山-深成岩系，是岛弧带的产物，在此期间形成了白乃庙铜金矿等。

受俯冲作用的影响，在华北陆块北缘也发育有加里东期的岩浆侵入活动，形成古生代花岗岩类。北缘中段主要分布在固阳-乌拉特中后旗的六顶帐房、合教、花文洞一带，呈东西向带状分布。构造位置上，主要产在狼山-白云鄂博陆缘裂谷带内，受石崩-合教大断裂控制。花文洞岩体的 K-Ar 年龄 455.5 Ma、U-Pb 年龄 460.4 Ma（内蒙古自治区地质矿产局，1991），也表明其形成于早古生代，期间侵入了火成碳酸岩。西段阿拉善地块的北缘也发现有加里东期花岗岩、闪长岩、辉长岩、超基性岩等，伴随有卡休他他铁矿、小松山铬矿等。

北缘东段台槽交界处也划分有一些加里东期花岗岩，如夹皮沟的黄泥河、大蒲柴河花岗岩基，延边地区百里坪、高岭岩花岗岩基，形成了放牛沟铅锌矿等。此外在地台南缘小秦岭金矿床分布区内产有大量的辉绿岩和辉长岩脉，切割了元古宙伟晶岩，被含金石英脉穿切，辉石 K-Ar 年龄为 418 Ma（黎世美等，1996）。

目前对金刚石矿床成因的认识可概括为：①不同来源的碳在地幔环境下结晶形成金刚石，并以金刚石源岩体形式保存在地幔；②深部热扰动导致地幔部分熔融形成金刚石母岩岩浆；③金刚石母岩岩浆捕获金刚石形成含金刚石岩浆；④受区域构造控制，含金刚石岩浆快速上升，在地表以爆发岩管为主的形式形成金刚石矿。在岩浆上升侵位及爆发成矿过程中可结晶出细粒自形金刚石（图 2-28）。

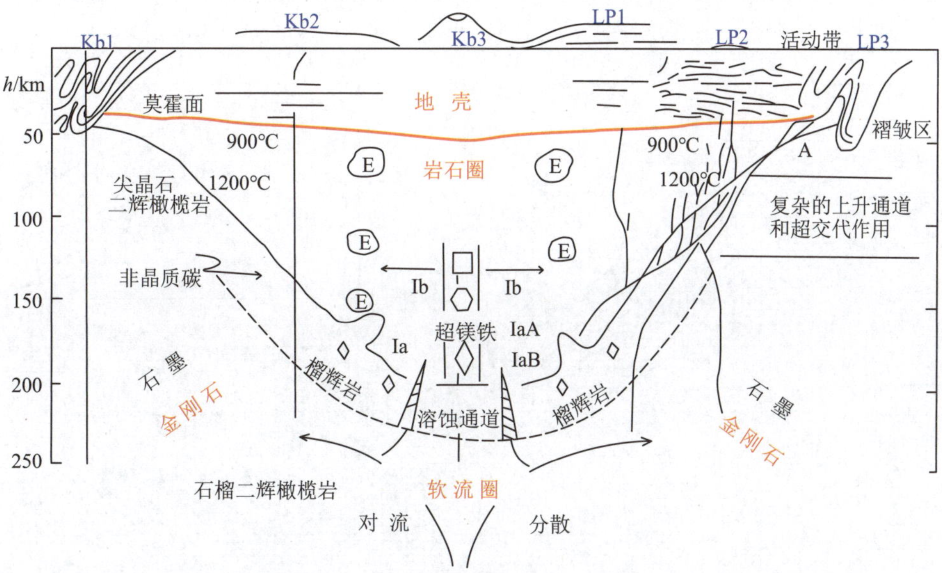


图 2-28　金刚石成矿模式图

（据中国地质调查局天津地质调查中心，2016）

关于金刚石的研究表明，大多数粗晶金刚石已在地球早期结晶形成，并长期保存在地幔源岩体中。金刚石组成成分、碳同位素、金刚石内矿物包体特征都证明金刚石的形成物质以幔源为主，也有壳源成分参与，具有多源特征。金刚石结晶生长条件及其机制的研究表明它是在还原条件下，由气液固三相碳在高温高压下结晶形成的，其形成过程经历了几个阶段的演化，不同的金刚石形态反映了其生长过程的特征。地幔结晶形成的金刚石和其共生的榴辉岩和橄榄超基性岩组成矿源体，并在古克拉通根部形成深部金刚石矿源层。

金刚石母岩金伯利岩和钾镁煌斑岩等成因研究证明：金伯利岩和钾镁煌斑岩岩浆是软流圈地幔受热扰动影响在部分熔融作用下的产物。不同的金刚石母岩岩浆源岩不同，形成条件不同。金刚石母岩岩浆从软流圈上升到古克拉通根部带和金刚石深部矿源层相互作用，从中捕获了金刚石、各种幔源捕虏体和捕虏晶。这种晶粥状混合体在岩石圈薄弱带内上升就位；在古克拉通内部常形成金伯利岩型金刚石原生矿；在古克拉通边缘内外带形成钾镁煌斑岩型金刚石原生矿。

从深部上升的含金刚石金伯利岩岩浆和钾镁煌斑岩岩浆在近地表外压力剧减，原生岩浆挥发分快速出溶可引起强烈火山爆发并形成含金刚石金伯利岩岩管。上升的岩浆和地下水相遇时将产生岩浆蒸气爆发，形成钾镁煌斑岩金刚石原生矿。无论是含金刚石金伯利岩岩管还是钾镁煌斑岩岩管，都由从上到下的火山口带、火山通道带及根部带 3 部分组成。对于金伯利岩岩管来说，金刚石主要富集于火山通道火山碎屑岩中，某些岩管火山口碎屑岩中也含工业开采的金刚石。钾镁煌斑岩岩管中金刚石主要赋存于火山口带，少量分布于火山通道碎屑岩中，而金刚石在火山口带的各种碎屑岩中富集。

## 四、秦祁昆增生带

### 6. 祁连–柴周缘加里东期岩浆成矿作用

#### 6.1 成矿时空分布

祁连地区岩浆作用矿床（点）成矿时代以早古生代为主，形成了铬、铁、磷、稀土、铜、镍、钴、钒、钛、硫铁矿、辉绿岩、花岗岩、玄武岩、闪长岩、透辉石、麦饭石、长石等矿产。根据含矿岩体属性，祁连–柴周缘地区岩浆作用矿床可进一步划分为以下类型（图 2–29）：①与镁质超基性岩有关的铬矿床（甘肃大道尔吉铬矿）；②海相火山岩型矿床（甘肃白银厂、石居里铜锌）；③岩浆热液型钨锡矿（甘肃小柳沟钨、塔尔沟钨，新疆白干湖钨锡矿）；④浅成低温热液金矿床。

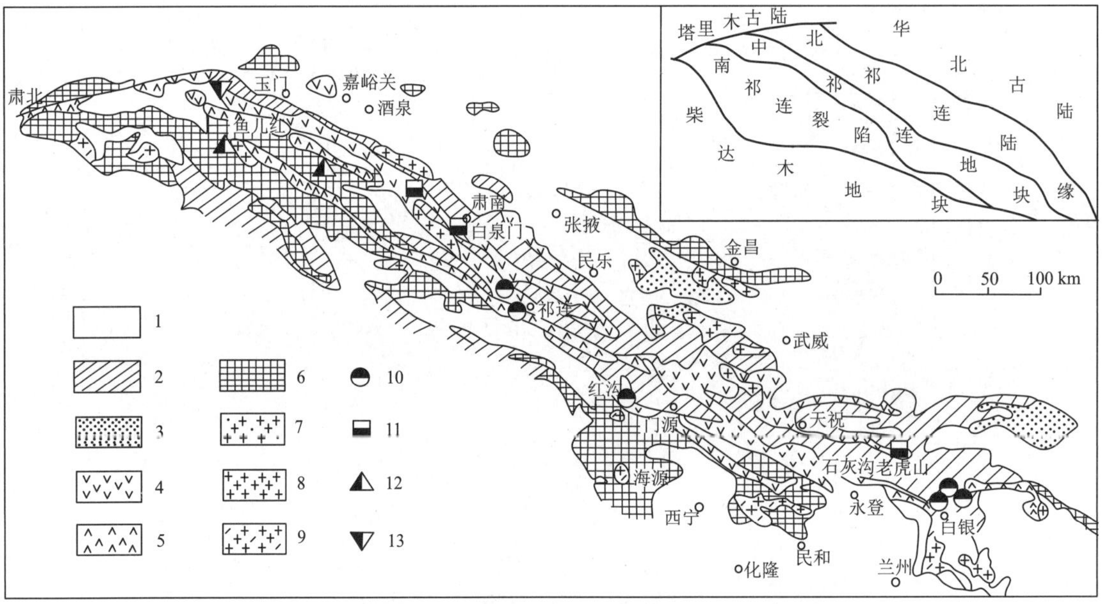


图 2–29　北祁连山地质简图

（据李文渊等，2005）

1—中–新生界；2—晚古生代沉积岩系；3—寒武纪复理石建造；4—奥陶纪火山岩系；5—中寒武世—早奥陶世火山岩系；6—前寒武系；7—前加里东期花岗岩类；8—加里东期花岗岩类；9—加里东期后花岗岩类；10—奥陶纪岛弧裂谷黑矿型块状硫化物矿床；11—中晚奥陶世弧后盆地塞浦路斯型块状硫化物矿床；12—奥陶纪大陆岩浆弧矽卡岩型钨（铜、钼）矿床；13—奥陶纪大陆弧浅成低温热液金矿床

#### 6.2 典型矿床

##### 6.2.1 甘肃大道尔吉铬矿

（1）区域地质特征

大道尔吉基性–超基性岩体位于中祁连隆起带西段南缘，位于沙拉果河断裂北侧。该岩体为一肢解的蛇绿岩残片，呈长透镜状（图 2–30）。岩体长 8.36 km（包括覆盖区），宽 0.6~0.9 km，最宽处

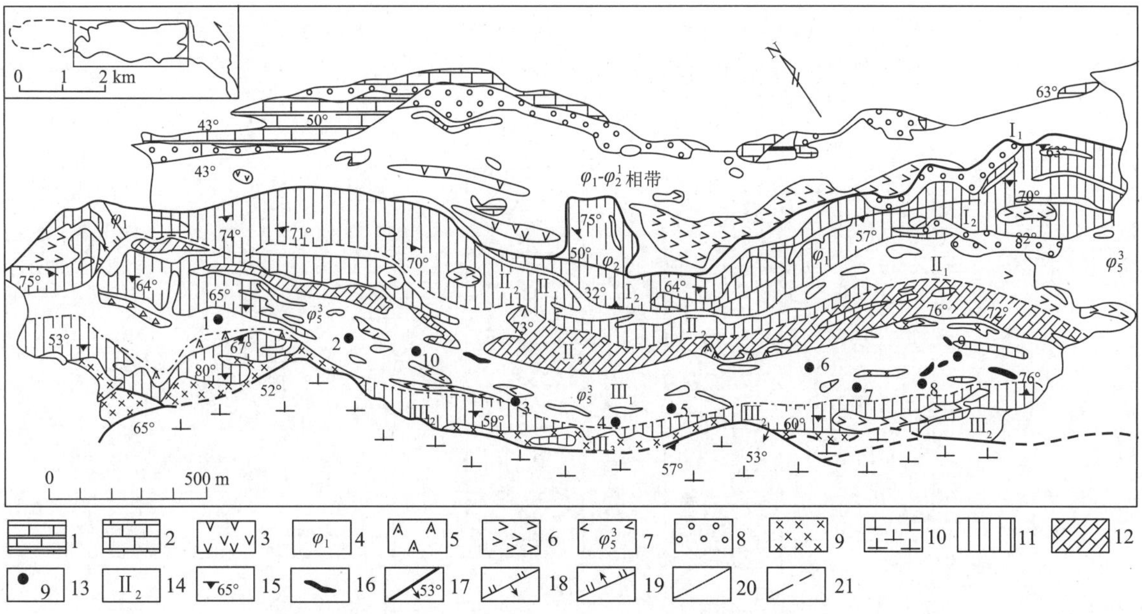

图 2-30 甘肃肃北县大道尔吉岩体地质图

（据甘肃地质局第二地质队 1：1 万地质图，1977；转引自鲍佩声等，1999；朱明玉等，2014）

1—古元古界北大河群大理岩；2—下石炭统灰岩、砂砾岩；3—方辉橄榄岩；4—纯橄岩；5—单辉橄榄岩；6—斜方辉石岩；7—单辉辉石岩；8—硅化碳酸盐化超镁铁岩；9—辉长岩；10—石英闪长岩；11—单辉橄榄岩-单辉辉石岩；12—透辉石岩-单辉橄榄岩-纯橄榄岩；13—矿群编号；14—岩带编号；15—流面产状；16—铬矿体；17—地层产状；18—逆断层；19—正断层；20—岩相界线；21—实测及推测地质界线

1.1 km，面积 6.5 $km^2$，呈透镜状岩墙，岩体走向 310°，倾向南西，倾角 50°~80°，为北缓南陡的呈单斜岩体，向深部有变窄趋势。超基性杂岩主要岩性为纯橄岩和单辉辉石岩，次有辉橄岩、斜辉辉石岩、辉长岩极少量橄榄岩、橄榄辉石岩等。

各岩带在横剖面上均呈陡倾斜产出，并有膨、缩的特点，系原始水平层序的堆晶杂岩在构造侵位时变形所致。除基性超基性岩之外，矿区中酸性花岗岩较发育，主要为石英闪长岩，分布于基性超基性杂岩体南西侧，二者多呈断层接触，但杂岩体中可见石英闪长岩小岩枝，表明二者的侵入关系。另外，钻探资料显示矿区浅部有二长花岗岩存在。

（2）矿床地质特征

大道尔吉岩体分为变质地幔橄榄岩带和堆晶杂岩带。变质地幔橄榄岩带由纯橄岩和少量方辉橄榄岩组成。堆晶杂岩带由纯橄岩（多含少量单斜辉石）、单辉橄榄岩类、单辉辉石岩和辉长岩组成，自北向南划分为 3 个旋回（苟国朝等，1994）。每一旋回均由 2~3 个岩带组成，各带岩石组合不同。每一旋回底部均为纯橄岩，以含少量单斜辉石及透辉石岩分凝体为特征；中部为单辉橄榄岩类；上部为辉长岩。每一旋回表现出由超镁铁岩向镁铁岩演化的过渡（图 2-31），代表了玄武质熔浆在开放系统中周期性堆积的产物（鲍佩声等，1989）。

大道尔吉铬铁矿体主要存于堆晶杂岩带第三旋回底部（Ⅲ1）纯橄岩中，第二旋回底部（Ⅱ1）纯橄岩仅局部矿化，第一旋回底部（Ⅰ1）纯橄岩矿化较差。矿体呈长条状、透镜状、扁豆状。含矿岩性主要为纯橄岩，其次是含辉纯橄岩。全矿区共圈定矿体 371 个，铬铁矿体全部赋存于岩体纯橄岩相带内，辉石岩相带内未发现铬铁矿体或矿化。矿体具有集中成群分布特征，在空间上可分南、北 2 个矿带。就矿体规模而言，地下矿体比地表矿体稍大，浅部矿体比深部矿体稍大，贫矿体比富矿体稍大（甘肃省地质局第二地质队，1978）。矿体的形态复杂，贫矿体以透镜状、扁豆状为主，中富矿体以不规则的脉状为主，囊团状、毛条状次之。绝大多数矿体延长大于延深，其延长与延深之比约为 3：1。

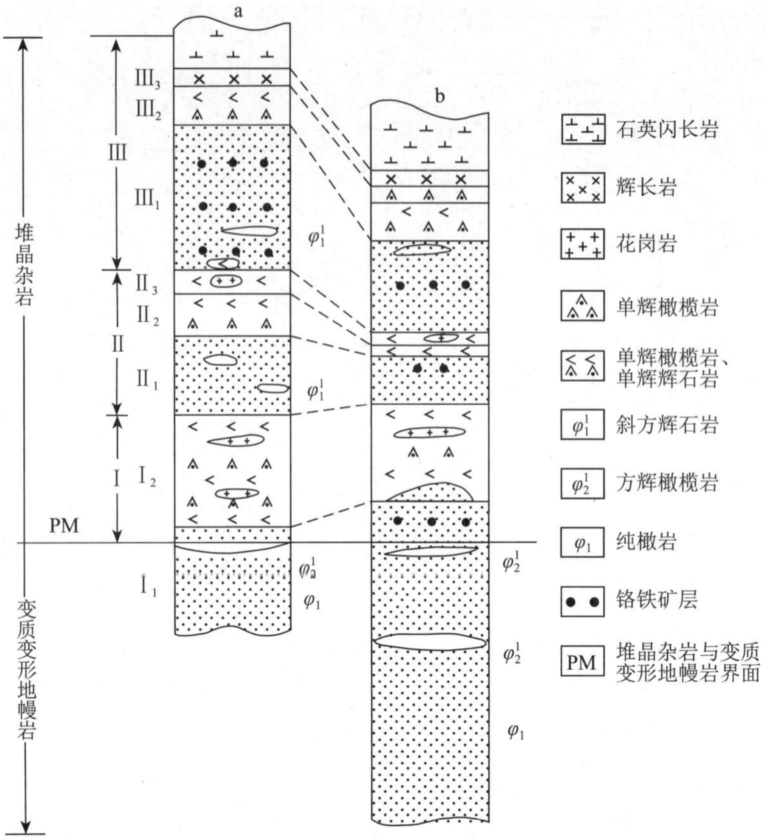


图 2-31　甘肃肃北县大道尔吉岩体堆晶杂岩层序柱状图及含矿部位

（据甘肃地质局第二地质队，1977，勘探报告中 B 和 C 剖面编绘；转引自鲍佩声等，1999；朱明玉等，2014）

a—8 矿群东侧（原 C 剖面）；b—5 矿群东侧（原 B 剖面）

（3）成矿机制和成矿模式

大道尔吉铬铁矿石具有浸染状构造，半自形-他形粒状结构、固溶体分解结构、交代结构、熔蚀结构等特征。矿体与纯橄岩一般为清楚或不清楚的过渡关系，边界呈港湾状、树杈状、不规则状等。以上特征表明，大道尔吉铬矿床属于超基性岩浆晚期岩浆熔离型铬矿床，结晶分异和流动分异是其主要成矿作用。

黄增保等（2016）测得大道尔吉堆晶杂岩中辉石橄榄岩 Sm-Nd 同位素等时线年龄为 441±58 Ma，表明大道尔吉铬铁矿床成矿时代为奥陶纪。

大道尔吉铬铁矿床有岩浆晚期同生和岩浆晚期后生两种成因，前者以稀疏浸染状矿石为主，后者以稠密浸染状矿石为主（甘肃省地质局第二地质队，1978）。大道尔吉岩体为一肢解的蛇绿岩残片，由堆晶杂岩和地幔橄榄岩两个单元组成（鲍佩声等，1989）。堆晶杂岩包括 3 个岩浆旋回，每一旋回均表现出由超镁铁质向镁铁质演化的特点。工业铬铁矿产于堆晶杂岩第三旋回底部的纯橄岩-含辉纯橄岩中，而产于地幔橄榄岩中的铬铁矿为数甚微。矿体主要由各种浸染状的铬铁矿石组成，矿体与围岩之间逐渐过渡。副矿物铬尖晶石与造矿铬尖晶石的成分相似。因此认为大道尔吉铬铁矿床系堆积成因，矿床的成因机制是超镁铁质岩浆的分离结晶作用，明显地区别于地幔橄榄岩中的豆荚状铬铁矿。

鲍佩声等（1989）将橄榄石晶出的过程划分为早期、正岩浆期和晚期 3 个阶段。认为在橄榄石堆积的早期，仅有极少量铬尖晶石结晶，它们以副矿物铬尖晶石的形式分散于堆晶橄榄石的间隙。随着橄榄石的不断晶出，熔浆中铬组分相对富集，此时铬尖晶石与橄榄石共结，形成了以半自形中细粒结构为特征的稀疏-中等浸染铬铁矿石，这些铬铁矿属正岩浆早期阶段的产物，矿体与围岩呈过渡关系。脉石矿物成分较简单。随着岩浆不断的分离结晶，残余熔浆中的挥发分使造矿组分更加富集，此时以铬尖晶石的晶出为主，形成的稠密浸染-块状铬铁矿石，属正岩浆晚期阶段的产物，矿石以半自形-他形中粗粒结构为特征，反映了铬尖晶石是就地结晶的。挥发分的出现延长了熔体的结晶时间，使一小部分造矿组分以“矿浆”的形式在橄榄石全部堆积后方才结晶。这些铬铁矿呈细脉状，常贯入到正岩浆期各种构造类型的矿体中，应属岩浆晚期矿床，但在矿区占次要。

奥陶纪，大道尔吉铬铁矿床形成之后，之后祁连地区经历了俯冲、碰撞造山运动，蛇绿岩被肢解，包括大道尔吉蛇绿岩在内的蛇绿混杂岩沿党河（沙拉果河）断裂带断续零星分布，之后再历经多次构造运动和岩浆活动的破坏，直至风化剥蚀裸露出地表，形成如今大道尔吉铬铁矿床的面貌（图 2-32）。

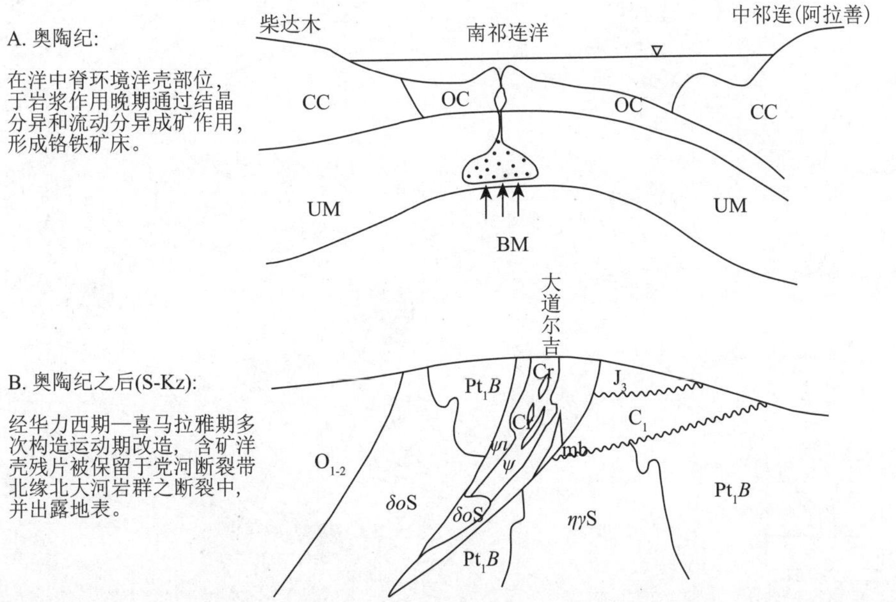


CC—陆壳；OC—洋壳；UM—上地幔；BM—软流圈地幔

$J_3$—上侏罗统碎屑岩建造；$C_1$—下石炭统碎屑岩-碳酸盐岩建造；$O_{1-2}$—中-下奥陶统海相碳酸盐岩-火山岩-碎屑岩建造；$Pt_1B$—古元古界北大河岩群变质碳酸盐岩-碎屑岩建造；mb—大理岩；$\eta\gamma S$—志留纪二长花岗岩；$\delta o S$—志留纪石英闪长岩；$\psi\iota$—辉石岩（奥陶纪）；$\psi$—纯橄榄岩（奥陶纪）；Cr—铬铁矿体。

富铬地幔熔浆（岩浆房）

下地幔异常（地幔柱？）物质（包括矿质）及热能运动方向（导致上地幔部分熔融）

图 2-32　甘肃肃北县大道尔吉蛇绿岩型铬铁矿床成矿模式图

（据甘肃省地质调查院，2013）

（4）找矿模型

岩带标志：在超基性岩体内有纯橄岩带分布的地段，纯橄岩蚀变强烈，基性度较高，纯橄岩分布最宽，岩带延深最大地段，为成矿有利地段。岩性标志：深绿色中细粒结构、块状构造的纯橄岩，其 $SiO_2<35\%$，镁铁比值为 7~8 的富镁-超镁质的纯橄岩分布地段。在碳酸盐-菱镁矿脉发育地段，褪色带附近、石榴子石-符山石脉分布附近。矿化标志：地表（或地下）弱矿化出露地段以及“成群出现”、“分段集中”的矿体的走向线或一系列矿体斜列的延长方向上和一系列叠瓦状矿体组成的倾斜方向上。构造标志：纯橄岩带近临界面附近和捕虏体的两侧、纯橄岩带“中轴”部位附近、纯橄岩的转折部位。

### 6.2.2 甘肃白银铜铅锌矿田

（1）区域地质特征

区域大地构造位置处于北祁连加里东褶皱带东段，区内出露地层主要为震旦系、中寒武统、奥陶系、志留系，次为三叠系、侏罗系、白垩系、古近系—新近系及第四系。区内构造发育，线性构造较为清晰，断裂构造为先导，岩浆活动源自断裂，形成火山构造、褶皱构造。矿床（点）分布广泛，为我国著名的祁连山多金属成矿带的重要组成部分。白银矿田主要分 2 个矿区，即西部的白银厂（折腰山-火焰山）矿区和东部的小铁山-铜厂沟矿区（图 2-33）。成矿元素组合以 Cu-Zn 型、Cu-Pb-Zn 型和 Pb-Zn 为主，矿床规模较大，有的可达大型。

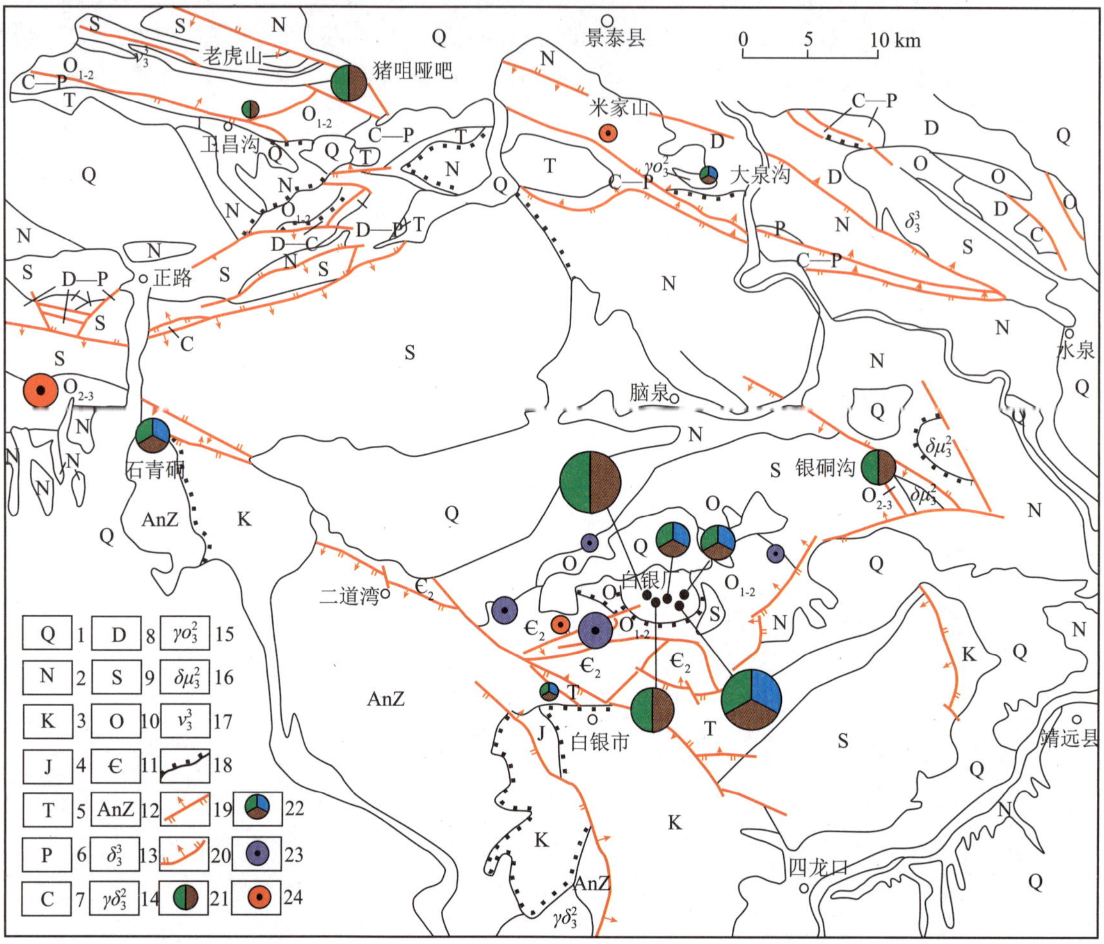


图 2-33 甘肃白银地区火山岩带地质矿产略图

（据邬介人等，1994）

1—第四系；2—古近系；3—白垩系；4—侏罗系；5—三叠系；6—二叠系；7—石炭系；8—泥盆系；9—志留系；10—奥陶系；11—寒武系；12—前震旦系；13—闪长岩；14—花岗闪长岩；15—花岗岩；16—辉石闪长岩；17—辉长岩；18—不整合线；19—逆断层；20—正断层；21—铜锌型矿床（点）；22—多金属矿床（点）；23—锰矿床（点）；24—铁矿床（点）

（2）矿床地质特征

区内矿床产于中寒武世双峰式细碧角斑岩系建造中，下部为细碧岩，中部为石英角斑岩及其同质凝灰岩，上部为细碧岩。区内发育较多的石英钠长斑岩体，与火山凝灰岩、角砾岩、集块岩共同组成古火山机构。在含矿岩系偏上部位，细碧岩与石英角斑岩或石英角斑质凝灰岩层间，常见一种致密的含铁硅质岩扁豆体，可作为块状硫化物矿床火山喷气形成的标志。矿体呈透镜状、扁豆状产于中部石英角斑质凝灰岩层内，这种凝灰岩由于受后期构造变动和矿化蚀变作用，成为主要由石英与绢云母组成的片理化石英绢云母片岩。

中小型矿体多围绕大矿体呈平行的雁行排列或构成矿体群（图 2-34）。不规则状矿体也较常见，但规模不大。脉状矿体一般受构造断裂系统控制，具有裂隙充填性质及规模小、形成晚的特点。主要金属矿物为黄铁矿、黄铜矿，次要矿物为闪锌矿、方铅矿、磁黄铁矿，脉石矿物为石英、绢云母、绿泥石、方解石，以及钠长石、白云母、重晶石等。矿石构造主要有致密块状、浸染状两种类型，可划分为块状黄铁矿矿石、块状含铜黄铁矿矿石、块状铜铅锌矿石、块状铅锌矿石、浸染状铜矿石、浸染状铅锌矿石等矿石类型。矿体群上部为块状矿体，下部为浸染状矿体。

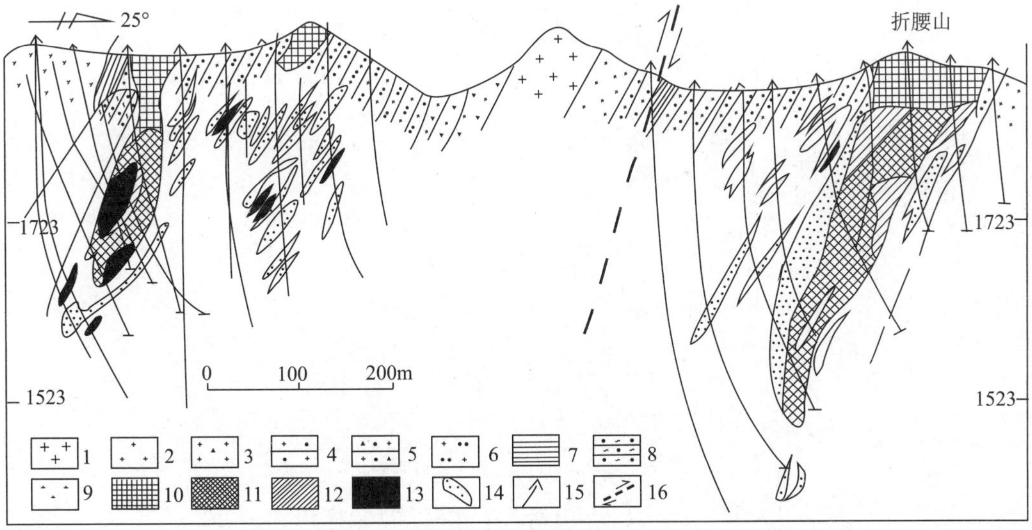


图 2-34　甘肃白银厂折腰山、火焰山铜锌矿床Ⅴ线剖面示意图

（据邬介人等，1994）

1—石英钠长斑岩；2—石英角斑岩；3—含角砾石英角斑岩；4—石英角斑凝灰熔岩；5—含角砾石英角斑凝灰熔岩；6—石英角斑凝灰岩；7—千枚岩；8—钙质绢云绿泥石英片岩；9—细碧玢岩；10—铁帽；11—块状含铜黄铁矿矿石；12—块状铜、铅、锌矿石；13—块状黄铁矿矿石；14—浸染状铜矿石；15—钻孔；16—推测断层

（3）成矿机制和成矿模式

成矿环境为地壳拉张背景，矿床产于寒武纪有强烈火山活动的裂谷环境中；成矿时代以中寒武世为主；火山岩相复杂，有熔岩、集块岩、角砾岩、凝灰岩、沉凝灰岩及次火山岩等，表明附近有火山口存在。遥感影像反映有环形构造（群）存在，矿床基本位于环形影像边部及附近。而古火山机构则受区域北西西向构造和北东向、南北向等构造的复合控制。矿床产出主要受具中心式火山喷发特征的海底古火山穹窿构造控制，产于火山穹窿构造中和边缘。

火山岩系组成具有双峰式特征，矿床产于石英角斑质凝灰岩、沉凝灰岩中，具明显的层控特点；矿体具明显的双层结构。下部为浸染状硫化物矿体，上部为块状硫化物矿体。在矿体的顶部和外围出现铁锰矿体或喷气岩（含铁硅质岩、重晶石岩）等；成矿元素以 Cu、Zn、Pb 为主，伴生 Au、Ag 等，从金属组成看，应为 Cu-Zn 型、Cu-Zn-Pb 型和 Zn-Pb 型；成矿元素自下而上出现 Cu、Cu-Zn、Zn-Pb 的分带；围岩蚀变主要为绢云母化、硅化、黄铁矿化、绿泥石化、碳酸盐化、重晶石化等，其中前三者与成矿关系密切。依据成矿特征，综合前人研究成果，可将与中酸性海相火山岩有关硫化物矿床的综合成矿模式概括如下（图 2-35）。

在酸性火山作用的晚期，随着超浅成次火山岩相石英钠长斑岩的侵位和管道相石英角斑碎斑熔岩沿火山喷发通道喷出之后，下渗海水被火山喷发后的浅部岩浆房（1700～1900 m 深处）的减压作用吸进岩浆房，经加热并与晚期富含成矿物质的岩浆热液流体混合，在高温高压下，与岩浆房中之岩浆岩反应，萃取成矿物质形成成矿热液流体，液流被泵送同时沿着控制火山喷口的继承性成岩断裂系统向上喷流，再继续萃取喷流系统周围火山岩中的成矿物质，当流体至喷流口时，随着热流体的降温减压作用，在低氧逸度的碱性或弱碱性还原环境中，如在水岩界面下，沉淀出大量成矿元素并形成矿体，同时对周围火山岩的热蚀变作用形成蚀变岩筒。

（4）找矿模型

白银矿田的主要控矿因素：①构造体系中的位置及成矿的火山岩浆活动；②矿床形成的时控性质；③矿床的岩性与成层控制性质；④矿床形成区的火山机构控制。该矿床的找矿主要标志：①地表

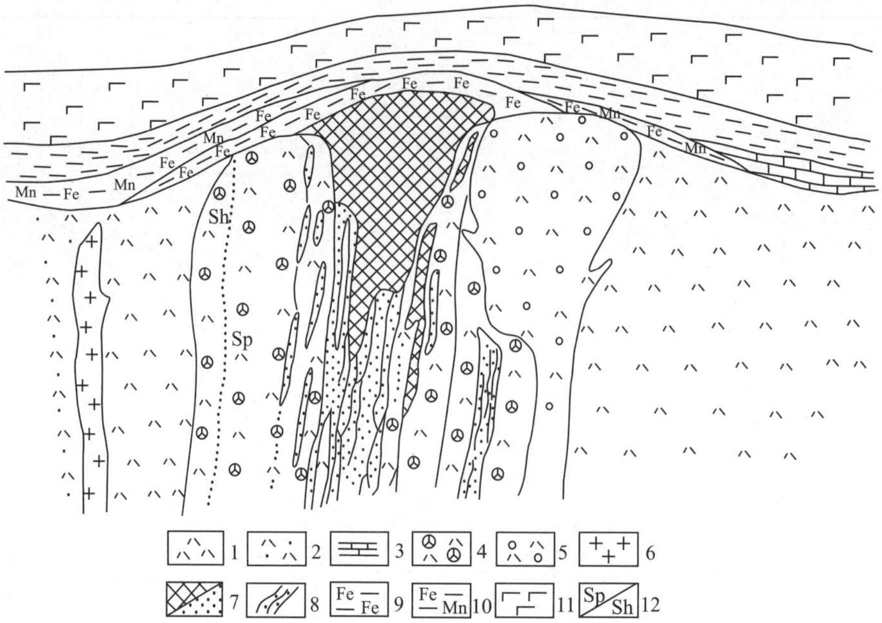


图 2-35 甘肃白银厂矿田折腰山铜锌矿床成矿模式图

（据贾群子等，2007）

1—酸性粗火山碎屑岩；2—酸性细火山碎屑岩；3—凝灰质千枚岩、千枚岩夹灰岩；4—石英角斑碎斑熔岩；5—石英角斑熔岩质角砾集块岩；6—石英钠长斑岩；7—块状和浸染状矿石；8—网脉状矿石；9—含铁硅质岩；10—铁锰硅质岩；11—基性火山岩；12—绢云母硅化带/绿泥石化带

矿化、氧化带和蚀变带标志；②产于石英角斑岩-角斑岩组合中石英角斑岩类的岩性标志；③古火山穹窿喷发中心火山喷口斜坡的构造标志；④地球化学标志；⑤地球物理标志。

### 6.2.3 甘肃石居里铜锌矿

（1）区域地质特征

石居里铜锌矿床主要分布于北祁连造山带海相基性火山岩系中，构造属于北祁连山早古生代岛弧火山岩带北东侧的中-晚奥陶世弧后盆地。北祁连造山带或称北祁连加里东褶皱带，北邻华北地台，南接中祁连地块，东连于北秦岭加里东褶皱带，西为阿尔金走滑断裂所截。

（2）矿床地质特征

石居里沟矿区中心式火山机构，受后期造山碰撞作用强烈改造古火山穹窿构造被压扁拉长（图2-36）。北部中心式喷发穹状火山岩西北翼和北翼的原生裂隙系统中产出Ⅵ号沟和Ⅴ号沟富铜主矿体，南部裂隙式喷溢的基性熔岩（玄武岩）中发现有Ⅷ号沟富铜矿体。

石居里沟矿区主要由中-晚奥陶世的基性火山熔岩和火山碎屑岩组成，有变质橄榄岩、辉长岩分布。矿区地貌上由九个放射状支沟组成，以Ⅶ号沟、Ⅷ号沟韧性剪切带为界，南部分布有裂隙式喷溢的基性熔岩流，北部有以Ⅰ、Ⅱ、Ⅲ号沟交汇处为喷发中心的中心式喷发的火山碎屑岩和基性熔岩。与Ⅵ号沟铜矿矿体直接接触的顶/底板围岩为碧玉岩和/或次生石英岩，与矿体多呈整合接触；与Ⅴ号沟矿体直接接触的顶、底板围岩主要为次生石英岩，其次为碧玉岩和细碧岩，与矿体也呈整合接触；与Ⅷ号沟铜矿矿体直接接触的顶、底板围岩为基性火山熔岩。矿体直接接触的围岩为碧玉岩，属于含有赤铁矿微粒的硅质岩，是典型的含铁硅质岩，也是最常见的喷流岩之一。

石居里沟矿区南部辉长岩和北部辉石细碧玢岩的锆石 U-Pb 年龄为 458±1 Ma 和 454±15 Ma（李文渊等，2006），代表了其弧后盆地新生洋壳的形成时代，属中-晚奥陶世。根据块状硫化物矿体产于辉长岩和辉石细碧玢岩之上的火山熔岩和火山碎屑岩裂隙中的特点，推测其成矿时代为稍晚于火山作用剧烈活动期的间歇期，也为中-晚奥陶世的产物。

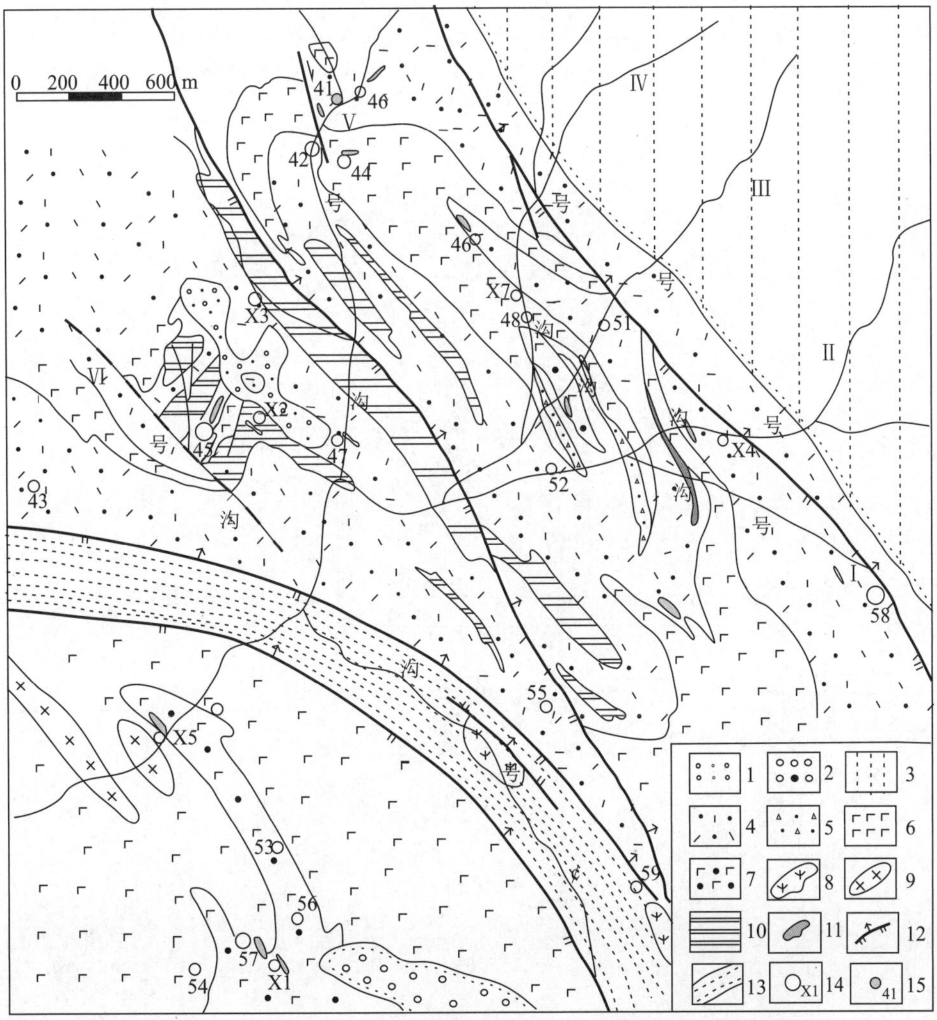


图 2-36 甘肃肃南县石居里沟铜锌矿区构造-岩相-矿化示意图

（据李文渊等，1999）

1—第四纪残坡积物；2—泥盆纪砾岩；3—志留纪砂砾岩；中-晚奥陶世：4—凝灰质砂岩；5—火山集块、角砾岩；6—基性熔岩；7—凝灰熔岩；8—蛇纹岩；9—辉长岩；10—硅质岩；11—碧玉岩及原生裂隙；12—逆冲断层；13—韧性剪切带；14—铜矿点及编号；15—铜矿化点及编号

（3）成矿机制和成矿模式

石居里式铜矿床形成于具有强烈火山作用的背景下，源区为成矿提供了较多成矿物质，其成矿的位置受火山机构制约的原生裂隙系统控制，成矿作用发生于火山作用间歇期或火山喷发结束初期（李文渊等，1999；夏林圻等，2001）。先形成火山机构的原生裂隙有利于火山成矿热液循环，若这些原生裂隙穿透整个火山岩层达海底，将导致携带大量成矿元素的火山岩浆流体与海水、地表水相互作用并形成成矿热液系统，在岩浆热动力作用下形成的海底热液喷流系统，是典型聚敛型板块边界岩浆作用于流体的产物（夏林圻等，2001；李文渊等，2006）。平行扩张脊或火山穹窿指向喷发中心的放射状裂隙、环绕喷发中心的裂隙，当然还包括喷发中心在内，是海底“黑烟囱”发育的部位，岩浆流体为火山喷口的热液体系提供了大量的挥发分和成矿金属。放射状裂隙、环绕喷发中心的裂隙的交织部位，其成矿与平行扩张脊的线状裂隙成矿特征是不一样的，前者主要表现为延深大于延长的柱状或板柱状矿体，反映了垂直火山锥体较大延深的筒状裂隙系统，如Ⅵ号沟矿体，Cu>Zn，当喷口条件适宜时也可在喷口周围形成层纹状的块状矿体，特征是黄铁矿含量高，Cu>Zn，远离喷口 Cu<Zn。如Ⅴ号沟矿体，综合整体成矿特征应是一种伞状的“蘑菇状”外形（图 2-37），由于后期构造的改

造多已肢解或叠置；而平行扩张脊的线状裂隙的成矿特征则与典型塞浦路斯成矿特征类似，Ⅷ号沟矿体属此种特征。并伴随海底热液喷流系统的结束，形成了现在呈碧玉岩的氧化物质。

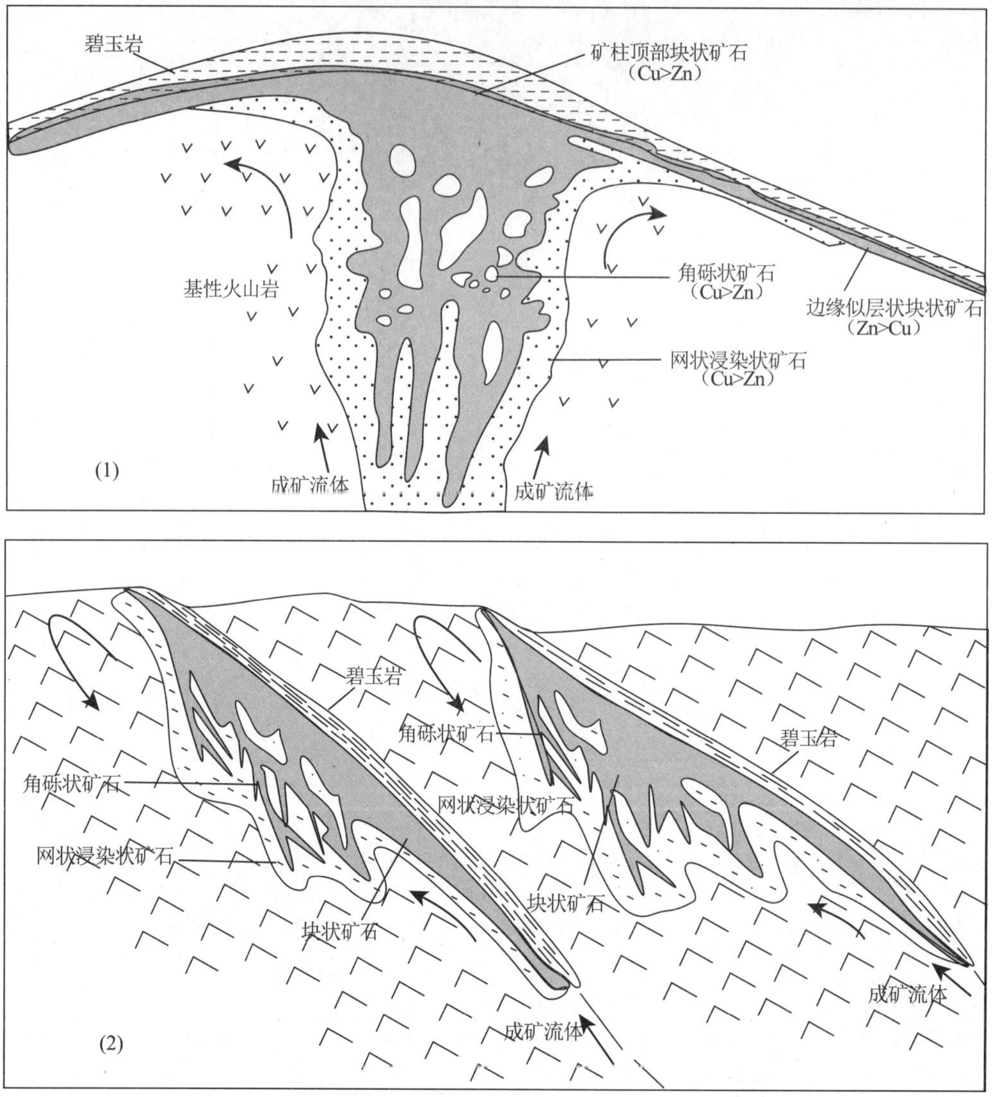


图 2-37　北祁连山西段塞浦路斯型块状硫化物矿床成矿模型示意图

（据李文渊等，2006）

1—以Ⅵ、Ⅴ号沟矿化特征为典型总结；2—以Ⅷ号沟矿化特征为典型总结

石居里沟弧后扩张脊型块状硫化物型铜矿床，形成于中-晚奥陶世北祁连山造山带造山前洋盆汇聚的环境下，矿床形成后由于板块碰撞造山作用和陆内逆冲推覆等多期构造作用改造，原生构造与变形构造并存，现存的矿体形态并不套合原生的产状形态。而且构造热事件有关的热液活动，可使岩石中分散的硫化物活化迁移，沿一些构造裂隙充填形成再次富集，导致矿石品位异常提高。

（4）找矿模型

海底各类扩张脊是形成塞浦路斯型块状硫化物矿床的有利构造环境，其标志是矿带范围断续出露有蛇绿岩。但由于地质历史上，特别是前中生代的古大洋壳物质多已消减殆尽，很少保存下来，保存下来的主要是地质历史上弧后盆地扩张形成的残存洋壳物质。因此，弧后扩张脊型蛇绿岩是重要找矿地质条件。

洋壳型块状硫化物矿床是海底热液喷流成因，喷流岩中的含微细粒赤铁矿硅质岩-碧玉岩是最显著的找矿标志。而当矿体剥蚀出露时，地表存在硫化物氧化带。氧化带的主要矿物为褐铁矿、黄钾铁矾、孔雀石、铜蓝、蓝铜矿、胆矾、石膏等，由硫化矿石氧化淋滤而成，是最直接的找矿标志。

区域化探存在以铜为主的铜锌套合异常、铜异常；重砂测量存在铜矿物异常。硫化物矿体赋存地段，存在低电阻、高激化率异常。在有碳质岩石分布的矿区，须注意结合地质情况、基岩原生晕异常或者其他类型（例如重、磁等）异常排除多解性。值得一提的是有碧玉岩分布的地段，一般显示有磁异常。原因是本区碧玉岩中除含赤铁矿外，还常常含有很少的磁铁矿。此外，高精度磁测在物探勘查中可起到一定的辅助作用。例如在雪泉矿区 VI 号沟，隐伏矿体分布区存在电、磁组合异常；碳质板岩分布区只有激电异常，没有磁异常。

**6.2.4 甘肃小柳沟钨钼多金属矿田**

（1）区域地质特征

小柳沟钨钼多金属矿田在区域上位于北祁连构造带西段加里东造山带南缘，元古宙朱龙关裂谷带，走廊南山弧形褶皱带，班赛尔复向斜的南翼，小柳沟背斜的北翼。以小柳沟-世纪穹窿为中心分布有祁青钼矿、小柳沟钨矿、世纪钨矿、贵山钨矿、祁宝钨矿。其中祁青钼矿位于穹窿构造核部位置，小柳沟钨矿、世纪钨矿、贵山钨矿位于穹窿构造东西两侧，祁宝钨矿位于矿区西北部（图 2-38）。

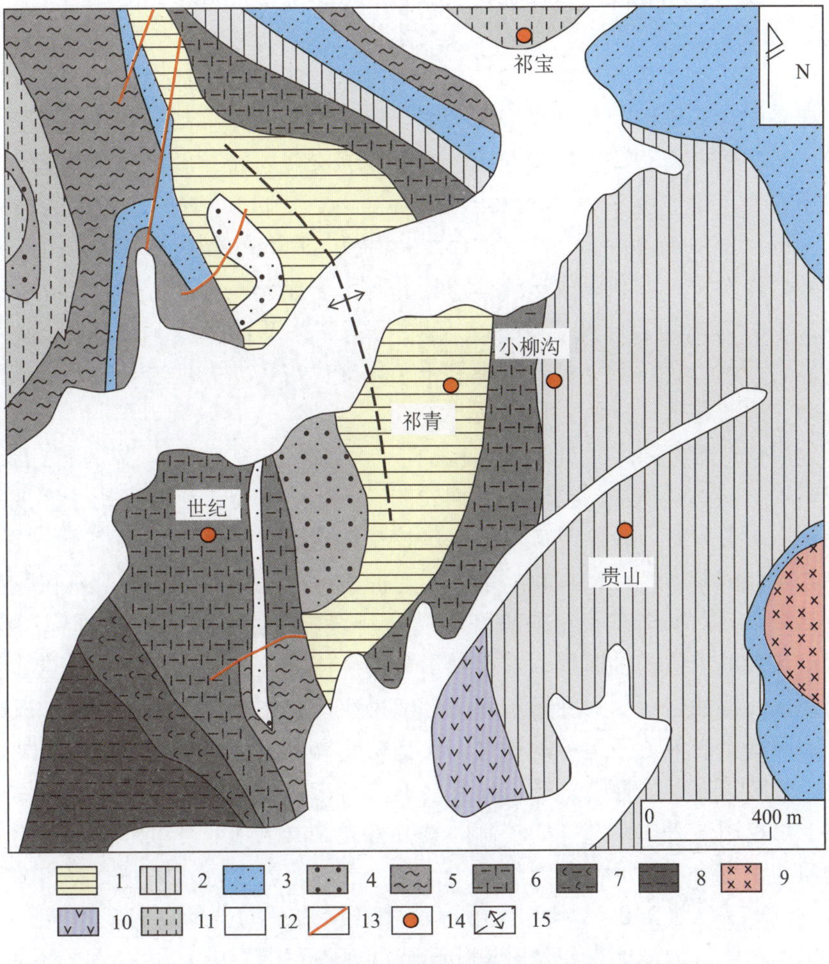


图 2-38　甘肃肃南县小柳沟钨钼多金属矿田地质简图

（据汤静如等修改，2006）

1—千枚状细砂岩；2—角闪云母片岩；3—灰岩；4—石英岩；5—绿泥绢云千枚岩；6—含碳绢云千枚岩；7—碳质千枚岩；8—绢云绿泥千枚岩；9—玄武岩；10—玄武质凝灰岩；11—钙质千枚岩；12—第四系；13—断层；14—矿床点；15—背斜

区域出露地层有第四系、青白口系大柳沟群、蓟县系镜铁山群、长城系朱龙关群。长城系朱龙关群可分为上、下 2 个岩组，7 个岩性段，出露面积占整个矿区面积的 75%。上岩组分布在矿区中东部，可分为5个岩性段，矿区仅见其第一、二、三岩性段出露，与上覆蓟县系镜铁山群、青白口系大柳沟群呈断层接触，为矿区主要含矿层位，矿区90%以上的矿体赋存于该层位中。

（2）矿床地质特征

小柳沟为钨、钼、铜等伴生的多金属矿床，多呈似层状和透镜状以及岩冠状产于角闪片岩中，部分矿体以脉状产于不同岩性中。在矽卡岩化灰岩中为钨铜铋矿体，云母角闪片岩中为钨（铜）铋矿体，千枚岩中为单独钨矿体或钼矿体。花岗岩接触带上的矿体产状与接触带的形态一致，外接触带为钨铋钼矿体，内接触带为铜铋钼矿体，与矿化类型在空间上有比较清楚的分带现象对应，即从下而上有斑岩型矿化（Mo、W、Cu、Bi）、矽卡岩型（W、Cu、Bi）和石英脉型（W、Mo、Bi）矿。

矿体多呈似层状或透镜状产于云母角闪片岩中，与岩层产状一致，少数脉状矿体受断裂控制，产于不同岩性中。矿床发育三种矿化类型：斑岩型矿化、矽卡岩型矿化、石英脉型矿化。矿石中金属矿物主要有白钨矿、辉钼矿、黄铁矿、磁黄铁矿、黄铜矿、辉铋矿等，非金属矿物主要有石英、白云母、绢云母、石榴子石、透辉石、透闪石、长石、萤石、方解石等。矿石结构主要有自形-他形粒状结构、自形-半自形粒状结构、交代溶蚀结构、交代残余结构、包含结构、固溶体分离结构等。矿石构造主要有浸染状、细脉状、条带状、块状、斑杂状、放射状等构造，其中浸染状构造是最重要的矿石构造，包括星散浸染状、稀疏浸染状及稠密浸染状。

（3）成矿机制和成矿模式

小柳沟钨钼矿床属于岩浆热液型矿床。钨矿化对围岩有明显的选择性，而钼矿化则没有明显的选择性。小柳沟矿床主要含矿地层为长城系朱龙关群，钨矿主矿体几乎都赋存在角闪云母片岩层，当该层内夹有灰岩薄层时矿体变富，该层沿走向或倾向相变为玄武岩时，矿化变弱甚至消失。钨矿化与角闪云母片岩类关系密切，可能由3个因素决定（高兆奎等，2011）：其一，角闪云母片岩中钨含量较高，小柳沟角闪云母片岩中钨含量高达$193\times10^{-6}$，可提供部分成矿物质；其二，该类岩石的原岩为凝灰岩，孔隙度较熔岩发育，有利于成矿流体渗透并与围岩成分充分进行反应和交换；其三，该类岩石中钙含量较高，小柳沟角闪云母片岩中钙含量为6.27%（邹治平等，1988），有利于白钨矿的形成。而千枚岩、砂岩等因为含钙少、粒度细不利于矿化交代富集，大理岩虽有利于成矿，但其在矿区厚度小、连续性差，因此在成矿中所占比例较小。

小柳沟矿区地质构造较复杂，地处北西向构造带与北东—北东东向构造带的复合部位，两组断裂构造相复合形成菱形格状构造格局，控制着后期岩体和矿床的定位。矿区经历了多期次构造运动，褶皱、断裂和节理构造十分发育。背斜是矿区的基本控矿构造，矿体形态受背斜褶皱岩层的形态控制，矿体有顺层产出并延伸的基本特征，在转折端发生弯曲、厚度增大。走向断裂不仅承担了导矿和容矿的作用，在后期活动中又对矿体有一定的破坏。横向断裂构造及其派生的节理构造在破坏矿体的同时，又为后期含矿热液的上侵提供通道，对前期形成的矿体的叠加改造又有积极意义。岩体侵位导致矿区穹窿构造的形成，促使岩层受力变形和碎裂，使得成矿作用更加彻底，同时形成的层间裂隙和各种环状、放射状裂隙既是矿液流通运移的通道，又是矿化富集沉淀的良好场所。另外，因为钨矿对围岩的明显选择性，裂隙与有利岩性叠加部位通常会形成富矿体。

矿区隐伏的二长花岗岩是成矿重要的控制因素，首先是其岩石化学特征对成矿十分有利。其次，它是矿床成矿物质的重要来源，二长花岗岩的W、Mo、Cu元素含量（W平均为$10.18\times10^{-6}$；Mo平均为$213.77\times10^{-6}$；Cu平均为$110.69\times10^{-6}$）比地壳中花岗岩平均含量高出几倍至上百倍，可为成矿提供丰富的物质来源。第三，岩体在侵位过程中形成的热液对围岩中有用元素的萃取、活化和迁移起到了积极作用（赵辛敏，2014）。

小柳沟与成矿关系密切的二长花岗岩形成于晚奥陶世（454±2 Ma）。北祁连早古生代洋盆于晚寒武世形成后开始了俯冲造山，俯冲消减作用开始于460 Ma或更早，可以追溯到495 Ma（Feng et al.，1996），长期持续的俯冲挤压作用有利于幔源基性岩浆在壳幔边界聚集并发生充分的壳幔相互作用（Richards，2003），使古元古代—中元古代古老地壳岩石（北大河岩群与朱龙关群）重熔，部分熔融产生的花岗质岩浆沿区域性深大断裂上升侵位至浅部地壳，在上侵定位过程中又经历了高度分异演化，成矿元素 W、Mo 等在残余熔体中高度富集并聚集到岩体隆起部位。小柳沟钨矿床的成矿围岩为中元古界朱龙关群杂色千枚岩、碳酸盐岩，角闪云母片岩等。其中千枚岩塑性大，是矿化良好的隔挡层。通过接触交代作用，首先形成矽卡岩，之后由于更多流体的加入而出现退化变质作用且部分矿化元素卸载并成矿。块状钙质矽卡岩一旦形成，又成为了隔挡岩浆房内成矿流体向外排泄的屏蔽层。由于围岩的阻挡作用，当内压小于静岩压力时，含矿流体首先交代花岗质岩体本身，形成钾化和钠化，同时以 Mo 为主，W 为辅的矿化作用发生，形成细脉浸染状钼（钨）矿体。在矽卡岩型和斑岩型矿化之后，岩体进一步冷凝，在隆起部位出现了一系列的断裂系统，含矿石英脉沿裂隙充填、交代。另一方面，岩体在侵位和冷凝过程中，提供巨大热源，导致热水溶液对流循环，从围岩中萃取矿质，并与岩浆分异出的流体混合，最终形成矿床（图 2-39）。

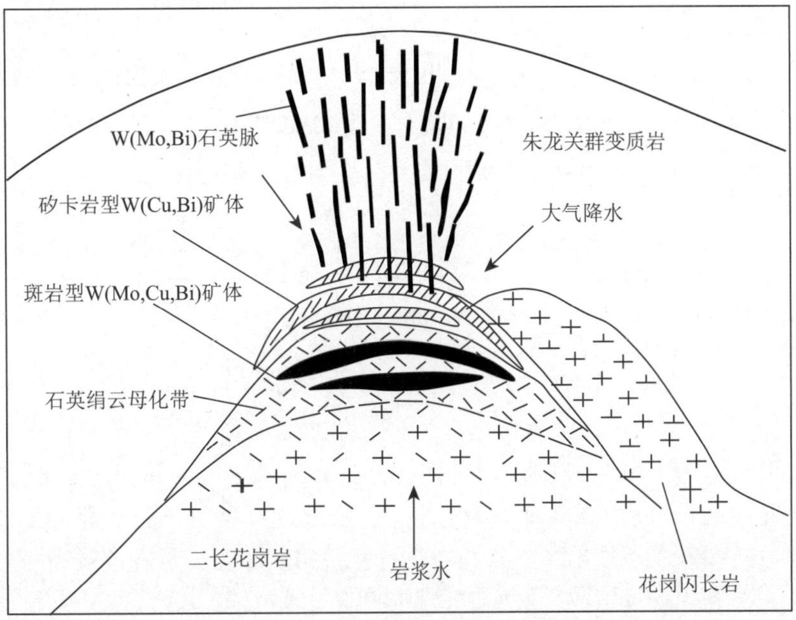


图 2-39　甘肃小柳沟矿床成矿模式示意图
（据张作衡等，2008a）

（4）找矿模型

朱龙关群中的矽卡岩、角闪云母片岩、碳酸盐岩等高钙质层是最直接的富矿层位标志；赋矿层位中的断裂交汇部位是寻找富大钨矿体的有利部位；与矿化关系密切的围岩蚀变主要有矽卡岩化、硅化、绢英岩化、黄铁矿化、青磐岩化、碳酸盐化；存在钨钼铜等化探异常和地球化学找矿标志，含矿岩系具有 Cu、As、Sb、Pb、Zn、Ag 等元素的高背景值；原生晕异常发育，能形成清晰的 Cu、W、Mo、Zn、As、Sb 组合（党宽太，2004）；有白钨矿、黑钨矿和锡石等重砂异常存在（杨钟堂等，2004）。

### 6.2.5 甘肃塔尔沟钨矿

（1）区域地质特征

塔尔沟钨多金属矿处于北祁连加里东褶皱带和中祁连隆起两个区域构造单元交接部位，既是北西向构造转为东西向构造的枢纽地段，又是大雪山坳陷与塔儿沟隆起交替地带，属构造强烈变动区。深层构造特别是一系列北西向断裂带，为岩浆侵入和成岩提供了空间，区内的褶皱、断裂及其组合与岩体的定位、矿层展布及矿脉的产状密切相关（图 2-40）。

与成矿作用密切相关的主要为分布在矿区东北侧的野牛滩岩体，由花岗闪长岩-黑云母花岗岩岩基和矿区及其以西的岩枝和岩浆演化产物，即花岗岩、正长闪长岩等组成，是一复式岩体。侵入于奥陶系阴沟群，被下石炭统砂砾岩不整合所覆盖。该岩体延入矿区北侧呈岩墙状产出，长 1000 m，宽

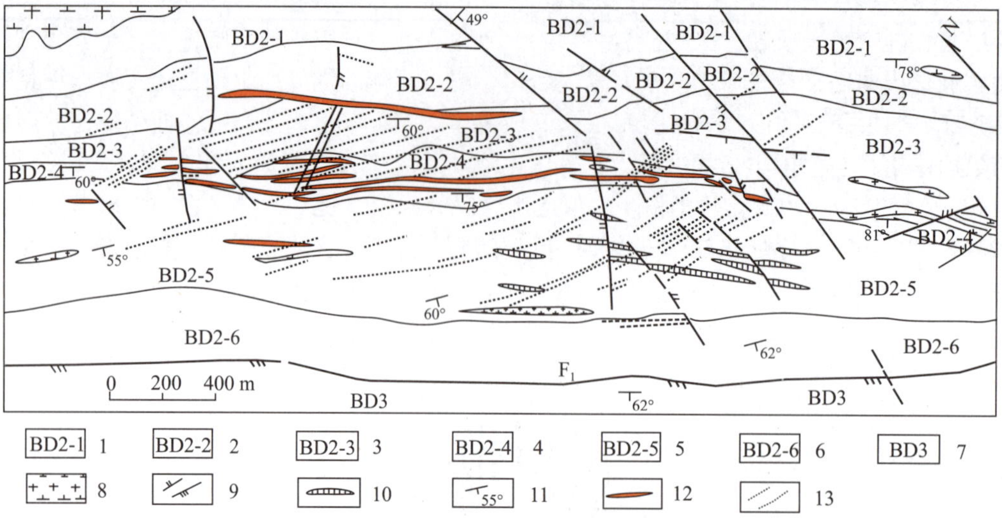


图 2-40 甘肃肃北县塔尔沟钨矿区地质简图

（据张作衡等，2002）

1—古元古界北大河群第二岩组第一岩性段斜长二云片岩夹二云石英片岩；2—北大河群第二岩组第二岩性段斜长白云母片岩夹斜长石英片岩；3—北大河群第二岩组第三岩性段白云母石英片岩和二云石英片岩；4—北大河群第二岩组第四岩性段斜长岩夹大理岩和少量石英岩；5—北大河群第二岩组第五岩性段二云母片岩、白云母片岩；6—北大河群第二岩组第六岩性段板岩、千枚岩、白云母片岩；7—北大河群第三岩组结晶灰岩、白云母石英片岩；8—加里东期花岗闪长岩；9—断层；10—花岗伟晶岩；11—地层及矿体产状；12—矽卡岩型矿体；13—黑钨矿石英脉型矿体

20 m 左右；在矿区中部，呈指状岩枝隐伏于矿体下方。野牛滩主体为花岗闪长岩，被稍晚的黑云母花岗岩岩墙切穿。花岗闪长岩呈粗粒和似斑状结构，主要造岩矿物有长石、钾长石、石英、黑云母及角闪石等，次要矿物有榍石、磁铁矿、锆石、磷灰石和褐帘石。黑云母花岗岩呈细粒-中粒结构，由斜长石、钾长石、石英和黑云母组成，次要矿物有磷灰石和锆石等。

（2）矿床地质特征

塔尔沟钨矿床位于野牛滩岩体西部的外接触带中，钨矿化主要集中于三个区域，即西北部的干沟、石硐沟和东南部的上窑洞沟这一长约 12 km、宽 2 km 的范围里。最具工业价值的矿体仅分布于石硐沟附近长约 4 km、宽约 1.5 km 的范围内。钨矿化的主要特征是矽卡岩型和黑钨矿石英脉型矿体沿北东向地层及裂隙系统发育。矿区还发育有云英岩型矿化，但是比较弱，云英岩以细脉形式产出，主要发育于矿带的花岗伟晶岩和片岩等围岩中，以及岩体的隆起部位。云英岩型矿化形成了石英、白云母、白钨矿、黑钨矿、萤石和一些硫化物，但由于规模小、分布局限而不具备工业价值。

黑钨矿脉两侧围岩蚀变强烈，发育白云母化电气石化、矽卡岩化、黑云母化和硅化。矽卡岩型矿体的顶底板岩石普遍具有强烈的矽卡岩化、萤石化和碳酸盐化。与云英岩型矿化有关的蚀变比较强烈，以脉体周围的白色蚀变晕为特征，从脉体向外具有分带性，即从石英带-石英黑云母带-含黑云母斜长角闪岩带-云母片岩带。根据野外观察，黑钨矿石英脉型矿体在空间上叠加于矽卡岩型矿体之上，这表明矽卡岩化及其相应的矿化系统早于黑钨矿石英脉型矿化系统。

（3）成矿机制和成矿模式

塔尔沟钨矿床属于岩浆热液型矿床。塔尔沟钨矿与野牛滩花岗闪长岩体具有密切的时空和成因关系。矿床产出于野牛滩岩体的外接触带中。钨矿床黑钨矿-石英脉型矿体中白云母的 Rb-Sr 法测年结果为 441±17 Ma（邹治平等，1988）；Mao et al（2000）获得野牛滩花岗闪长岩体中锆石 U-Pb 定年结果为 460±3 Ma。这些年龄数据表明，塔尔沟矿床形成于中晚奥陶世，结合区域构造演化和岩石地球化学研究，岩体应形成于板块碰撞前的俯冲环境，在成岩过程中混染了大量的上地壳物质。野牛滩花岗质岩体两件样品的（$^{87}Sr/^{86}Sr$）$_i$ 值变化于 0.7112～0.7125，明显大于 0.708，$\varepsilon_{Nd}$（$t$）值变化于

-5.03~-5.85，远小于0，表明塔尔沟钨矿有关花岗岩源区为古老地壳物质，两个样品模式年龄分别为1850±13 Ma和1456±1 Ma，时代为古元古代和中元古代，与北大河群时代接近，进一步说明塔尔沟钨矿有关花岗岩的物源可能来自北大河群（赵国斌等，2012）。

矿床产出的地质背景和地球化学特征表明（邹治平等，1988；Mao et al.，2000；张作衡等，2002），该矿床与野牛滩岩体的关系密切，为岩浆热液成因。野牛滩花岗岩的源岩来自晚奥陶世古海洋闭合过程。在俯冲板块之上，由于大洋板块的撕裂和软流圈上涌，俯冲板块岩石圈发生重熔作用，形成岩浆。以野牛滩为代表的岩浆可能由北大河群等古老地层重熔而成，在岩体上侵定位过程中，成矿元素聚集到岩体隆起部位，通过与含钨岩石发生交代作用，首先形成矽卡岩，之后由于更多流体的加入而出现退化变质作用，同进部分矿化元素卸载成矿。与此同时，由于岩体偏基性和富铁，在交代过程中形成了清河等矽卡岩型铁矿床。在矽卡岩型矿化之后，岩体进一步冷凝，在隆起部位出现了一系列的断裂系统，含钨石英脉沿裂隙交代沉淀而成。另一方面，岩体在侵位和冷凝过程中，犹如一台“巨大的热能机”，导致热水溶液对流循环，从围岩中萃取矿质组分，与岩浆分异的流体混合，最终形成矿床（图2-41）。

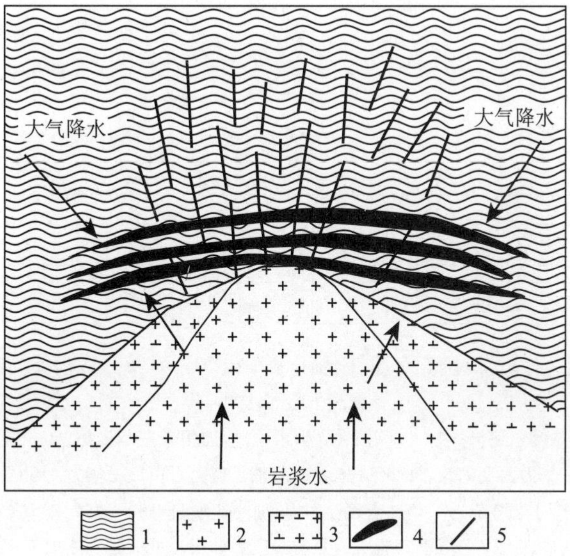


图2-41　甘肃肃北县塔尔沟钨矿床成矿模式简图

（据甘肃省地质调查院，2013）

1—北大河群变质岩；2—黑云母花岗岩；3—花岗闪长岩；4—矽卡岩型白钨矿；5—黑钨矿-石英脉

（4）找矿模型

塔尔沟钨矿找矿标志：岩体隆起部位的内外接触带是矿化发育的主要部位；古元古代变质围岩，特别是钨丰度值较高的火山-陆缘沉积浅变质岩是有利于成矿的层位标志；北西西向断裂和岩体冷凝收缩引起的破裂网络的双重控制部位是寻找矿体的有利部位；与矿化关系密切的围岩蚀变主要有矽卡岩化、云英岩化、硅化、绢云母化、电气石化等，其中矽卡岩化、云英岩化是直接的找矿标志；黑钨矿和白钨矿重砂异常。

**6.2.6 新疆白干湖钨锡矿田**

（1）区域地质特征

白干湖-戛勒赛钨锡矿带位于白干湖断裂以西地区（图2-42），大地构造位置处于北祁漫塔格早古生代岩浆弧的北西段，属于黑山-祁漫塔格钨锡成矿带；其北以阿尔金断裂带为界与阿尔金陆缘地块相邻，其南以昆中断裂带为界与东昆仑-南秦岭褶皱系相接。区内主要地层为长城系小庙岩组、志留系白干湖组，其中赋矿围岩为北东向条带状分布的长城系小庙岩组中浅变质岩系，为一套陆源碎屑岩-碳酸盐岩沉积建造，局部伴有火山活动。本区岩浆活动强烈，加里东期、华力西期花岗岩分布较广。

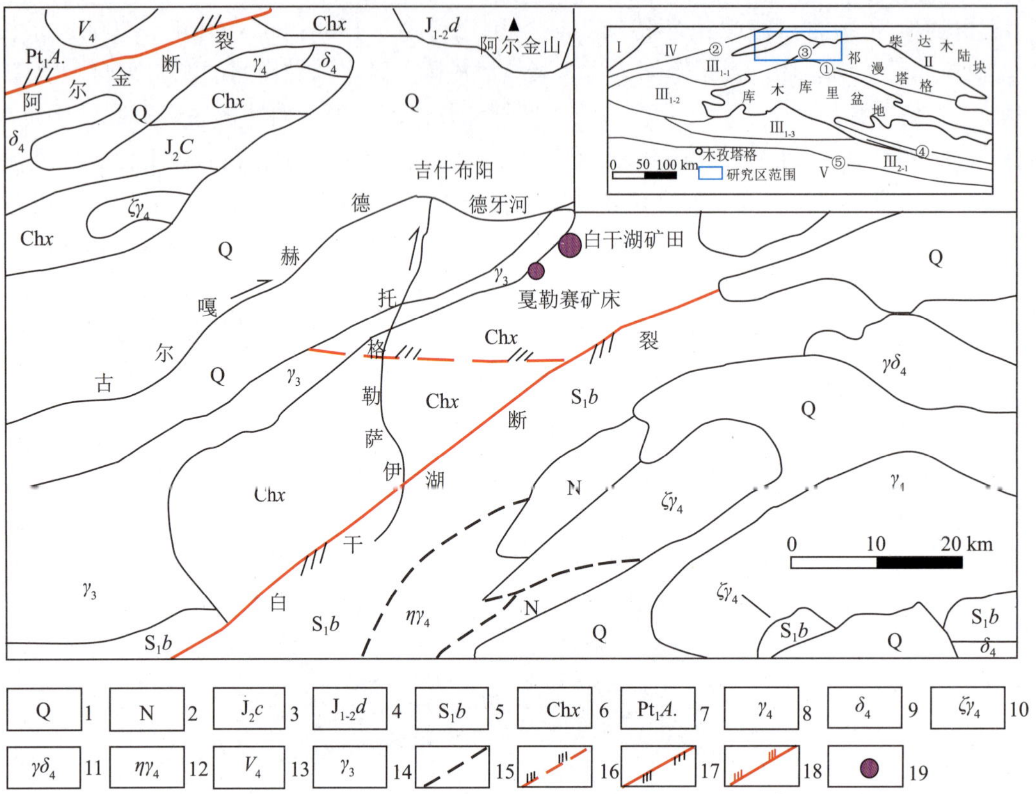


图 2-42 新疆若羌县白干湖-戛勒赛钨锡矿带区域地质简图

（据高永宝等，2011）

1—第四系；2—新近系；3—侏罗系叶尔羌群；4—侏罗系大煤沟组；5—志留系白干湖组；6—长城系小庙岩组；7—古元古代阿尔金岩群；8—华力西期花岗岩；9—华力西期闪长岩；10—华力西期碱长花岗岩；11—华力西期闪长岩；12—华力西期二长花岗岩；13—华力西期辉长岩；14—加里东期花岗杂岩；15—未确定性质的构造形迹；16—左行扭动构造形迹；17—左行岩石圈断裂；18—左行超岩石圈断裂；19—钨锡矿床。Ⅰ—塔里木陆块；Ⅱ—柴达木陆块；Ⅲ—昆仑造山带；Ⅲ$_{1-1}$—北祁漫塔格早古生代岩浆弧；Ⅲ$_{1-2}$—中昆仑微陆块（早古生代、晚古生代复合岩浆弧）；Ⅲ$_{1-3}$—昆南早古生代增生楔；Ⅲ$_{2-1}$—南昆仑晚古生代残留弧；Ⅳ—阿尔金早古生代造山带；Ⅴ—巴颜喀拉晚古生代—中生代浊积盆地褶断带。①祁漫塔格南缘早古生代构造混杂岩带；②阿尔金南缘断裂；③白干湖断裂；④昆中蛇绿构造混杂岩带；⑤康西瓦-木孜塔格-阿尼玛卿断裂带

（2）矿床地质特征

白干湖-戛勒赛钨锡矿带由白干湖矿田和戛勒赛钨锡矿床组成，戛勒赛钨锡矿床位于白干湖钨锡矿田西南 20 km 处。根据矿体所处的空间位置、赋存层位及矿石类型，将白干湖钨锡矿田由西南到北东划分为巴什·尔希、白干湖、柯可·卡尔德 3 个矿区（图 2-43）。

矿区赋矿地层为古元古界金水口群，分布于白干湖断裂的西北侧，沿白干湖断裂呈带状展布，主要岩性为一套陆源碎屑岩-碳酸盐岩沉积建造的中浅变质岩系，片理走向北东 70°左右，受褶皱影响，地层产状变化大。靠近白干湖断裂带，岩石具糜棱岩化。钨锡矿体主要赋存于金水口群中部岩性段中。矿田内断裂构造以近东西向断裂形成时间最早（其构造形迹由于后期改造已不明显），近南北向次之，最晚形成北东向及北西向断裂。其中，北东向断裂最为发育，以白干湖断裂规模较大，构成了区内主构造格架，为重要的控矿构造，具多期活动性，其派生的北东向节理群多为含矿石英脉所充填。区内出露岩浆岩主要为加里东期似斑状二长花岗岩，其产出形态为岩基形式出露。该期岩浆活动具多期次侵入、同源演化之特点，其岩石系列为石英闪长岩-英云闪长岩-中粗粒、中细粒二长花岗

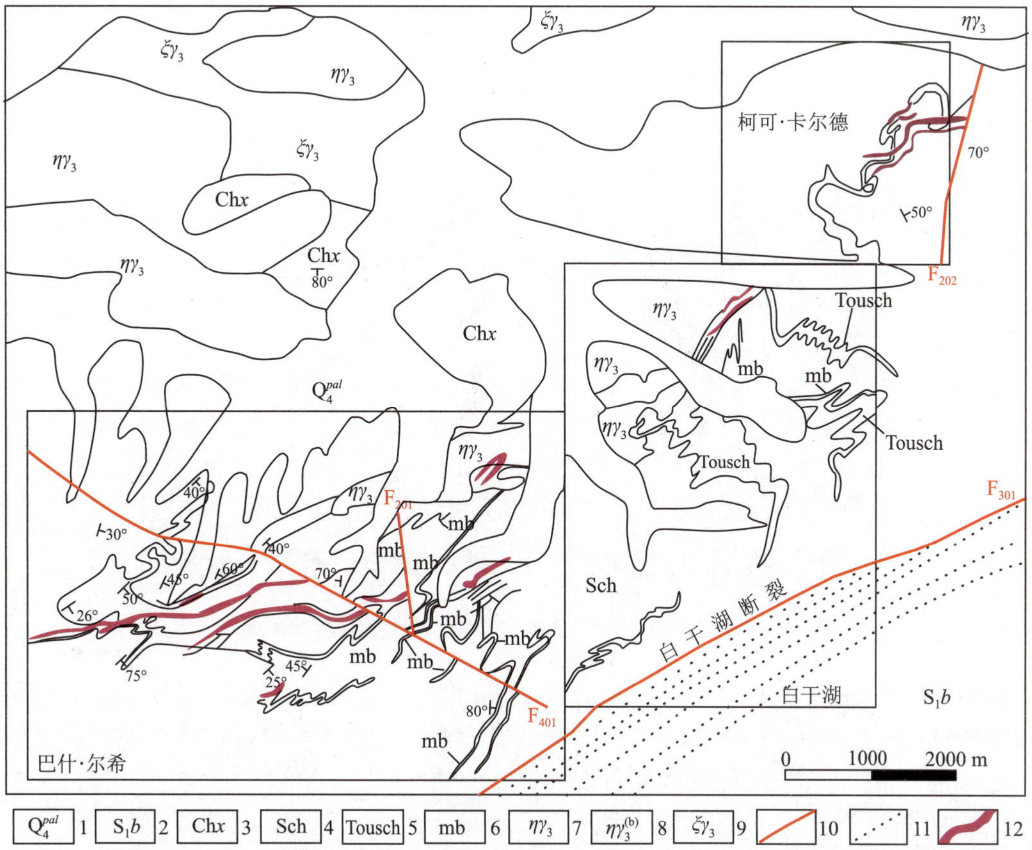


图 2-43　新疆若羌县白干湖钨锡矿田地质图

（据高永宝等，2011）

1—第四系；2—白干湖组；3—小庙岩组；4—绢云石英片岩；5—电气石石英片岩；6—透闪石大理岩、石英透闪石岩；7—二长花岗岩；8—似斑状二长花岗岩；9—钾长花岗岩；10—断层；11—白干湖韧性剪切带；12—钨锡矿体

岩-似斑状二长花岗岩-中粗粒钾长花岗岩。经对区内粗粒钾长花岗岩进行全岩 Rb-Sr 等时线法测年，获得年龄为 432.3±0.8 Ma，表明成岩成矿作用发生于志留纪早期；其矿床成矿时代应属早古生代早志留世。

（3）成矿机制和成矿模式

从矿区地质特征与国内其他同类矿床进行对比初步分析认为，其形成与加里东花岗岩关系密切，同时金水口群具有较高的 W、Sn 背景值，反映出该矿床为具有层控特点的岩浆热液叠加的多元矿床，成矿类型总体应属矽卡岩型钨锡矿床。其形成大致经历三个演化阶段。

第一阶段：古元古代沉积时期，伴随陆源沉积及火山喷发作用的同时，大量的 W、Sn 元素在 Be、B 等矿化剂作用下，相对集中沉积于特定的层位，形成具有高含量钨、锡的沉积建造，为进一步成矿奠定了有利的物质基础。

第二阶段：由于阿尔金断裂的多期活动，白干湖断裂的产生，提供了容矿空间，加里东期壳幔源同熔岩浆经历不断的分异演化并间歇性上侵，在其迁移过程中不断萃取围岩中的有用物质，在特定空间就位形成复式花岗岩株，同时，成岩过程中的热力扩散以及渗滤交代作用，使成矿物质再次富集，在岩体接触带形成似矽卡岩钨锡矿型矿体。这在白干湖钨锡矿床表现尤为显著，矿体直接赋存在加里东期花岗岩和大理岩的接触带上。

第三阶段：随着岩浆分异作用的进一步演化，岩浆期后热液的扩散作用使围岩中的钨、锡再度活化、浸出，并与岩浆衍生的含矿热流体汇合，沿裂隙充填而形成石英脉型钨锡矿体。该区常见似矽卡岩钨锡矿型矿体明显被石英脉型矿脉充填改造，说明两者为不同矿化阶段的产物。造成矿田北东部脉体粗大，南西部脉体细而分散的原因可能与控矿构造类型及矿体的形成深度有关。矿床的成矿模式如图 2-44。

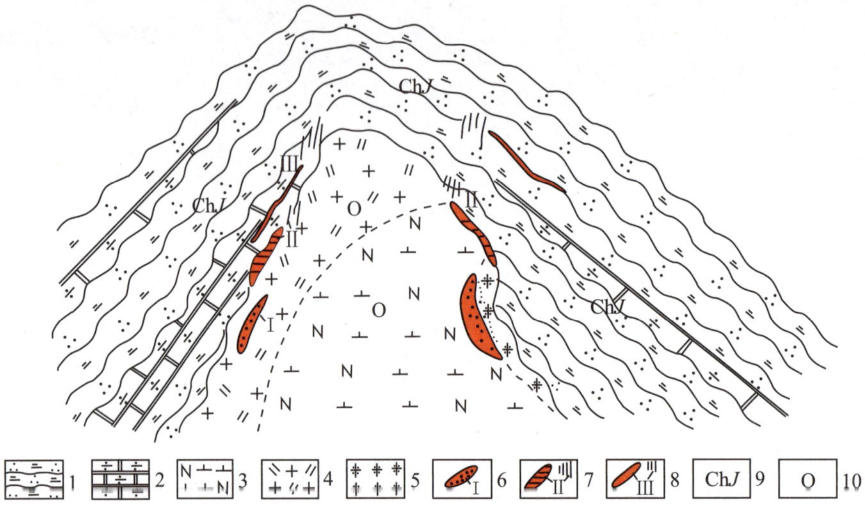


图 2-44　新疆若羌县柯可·卡尔德矽卡岩型钨锡矿成矿模式图

（据新疆地质矿产勘查开发局，2013）

1—绢云石英片岩；2—透闪石大理岩；3—英云闪长岩；4—二长花岗岩；5—云英岩；6—英云闪长岩、二长花岗岩中细脉浸染型钨锡矿体；7—英云闪长岩、二长花岗岩内外接触带似矽卡岩型、石英脉型钨锡矿体；8—花岗岩接触带外似层状细脉浸染型、石英脉型钨锡矿体；9—古元古界金口水群；10—奥陶纪侵入体

（4）找矿模型

古元古界金水口群中 W、Sn 元素浓集克拉克值分别高达 $15.8\times10^{-6}$、$1.3\times10^{-6}$，背景平均值分别为 $20.5\times10^{-6}$、$3.3\times10^{-6}$，为成矿提供了主要物质来源，是找矿的地层岩石标志。古元古界金水口群中浅变质岩与加里东期花岗岩接触带内、外，是钨锡矿产出的有利部位。以 W、Sn 元素异常为主的 Sn、Au、W、Ag、Bi、Mo、Nb、Be 元素组合异常，是找矿的地球化学异常标志。电气石化、黑钨矿、锡石矿化石英脉为直接找矿标志；矽卡岩和强硅化、孔雀石化的各类岩石及云母线，是找矿的重要间接标志。

**6.3 成矿作用**

新元古代晚期（820 Ma），随着 Rodinia 超大陆的裂解，祁连地区进入洋陆演化阶段。这一阶段一直持续到秦祁昆大洋体系闭合形成早古生代秦祁昆大型碰撞造山带，如果考虑到后碰撞岩浆活动，这一阶段的上限应延续到早泥盆世末（397 Ma）。

早古生代裂谷时期，祁连地区铁质基性-超基性、偏碱性基性超基性岩浆侵入活动强烈，形成了中祁连加里东期铁质基性岩侵入有关钛、铁成矿系列，如甘肃天祝县大滩钛铁矿床；南祁连偏碱性基性超基性岩有关铁、稀土、磷、透辉石成矿亚系列，如青海平安区上庄铁磷透辉石矿床；南祁连加里东中期铁质基性-超基性岩侵入有关铜、镍、钴、铂、钯成矿系列，如青海共和县裕龙沟、化隆县拉水峡铜镍矿床。早古生代（小）洋盆时期，祁连地区大道尔吉和玉石沟等地区镁质超基性岩浆侵入活动强烈，形成了加里东期镁质超基性岩侵入有关铬、锇、铱、钌成矿系列，如甘肃肃北县大道尔吉铬铁矿床，青海祁连县玉石沟、百经寺铬铁矿床。

祁连与火山作用有关的铜铅锌矿床的典型代表为白银矿田和石居里矿床，白银矿田由折腰山（Cu-Zn 型）、小铁山（Pb-Zn-Cu 型）、火焰山（Cu-Zn 型）和四个圈（Pb-Zn-Cu）、铜厂沟（Cu-Zn 型）等块状硫化物矿床组成，成矿与酸性火山碎屑岩岩相密切相关。含矿火山岩组合为细碧岩-角斑岩-石英角斑岩组合，相当于日本的岛弧安山岩岩石组合，表明该类矿床通常产在岛弧板块构造位置的特点。岛弧型或火山弧火山岩大多数位于活动性大陆边缘的拉张环境下，裂谷作用导致深源岩浆喷发，早期火山喷发具有酸性和基性交替喷发沉积的特点，以火山碎屑岩喷发为主，熔岩流居次要地位，通过对白银厂细碧角斑岩系的研究，表明白银厂矿床形成于岛弧环境，属于与双峰式火山岩有关的铜多金属硫化物矿床。石居里矿床铜矿与基性火山岩密切相关。含矿火山岩主要为基性火山熔岩和火山碎屑岩，石居里沟地区火山岩系同于区域上的蛇绿岩层序：底部变质橄榄岩，向上均质辉长岩、席状岩墙杂岩、枕状、块状基性熔岩（裂隙式喷溢），再向上火山碎屑岩与基性熔岩互层（中心式喷发）及硅质岩，类似于塞浦路斯的蛇绿岩序列，显示该类矿床产在弧后盆地位置的特点。石居里式铜矿床成矿作用发生的位置与弧后盆地火山作用的强烈发育的背景一致，成矿作用发生于火山作用间歇期或火山喷发结束初期，先形成的火山机构的原生裂隙构造是火山成矿热液循环体系最适宜发育的部位，若这些原生裂隙构造穿透整个火山岩层达海底，携带大量成矿金属元素的火山岩浆流体与海水、地表水作用将形成成矿热液系统，在岩浆热动力作用下形成海底热液喷流系统。

加里东中期以来，祁连地区先后经历了俯冲造山和碰撞造山作用，生成了野牛滩、小柳沟等一系列中酸性侵入岩体。与之有关的岩浆热液活动，形成了萤石、钨、钼、银、铅、锌、铜、金、铌、钽、硫铁矿等矿产。

在北祁连加里东期与中酸性岩侵入有关 W-Mo-Cu 成矿作用下，形成了甘肃南县小柳沟钨钼矿田（小柳沟、世纪、祁宝、贵山钨矿床和祁青钼矿床）、天祝县毛藏寺铜钼矿床、玉门市车路沟金矿床、青海门源县浪力克铜矿床；在与加里东期热液改造中元古界有关的 Cu-Au-Ag-硫成矿作用下，形成了甘肃肃南县桦树沟铜矿床；在与加里东晚期热液改造早期蛇绿岩有关的 Au-蛇纹岩-石棉-滑石-菱镁矿成矿作用下，形成了青海祁连县玉石沟蛇纹岩矿床、黑刺沟石棉矿床、草大坂蛇纹岩矿床、双岔沟石棉矿床、小八宝石棉矿床、草大坂滑石菱镁矿床、甘肃肃北县鹰嘴山金矿床。

在与中祁连加里东期中酸性岩浆侵入有关的 W-Mo-Pb-Zn-Ag-萤石成矿作用下，形成了甘肃肃北县塔儿沟钨矿床、石硐沟铅锌银矿床、野马滩钨钼矿床，青海大通县大黑山钨矿床，大通县花石掌、热水掌、其美萤石矿床，海晏县三联萤石矿床；在与加里东期热液改造古元古界有关的菱镁矿成矿作用下，形成了肃北县别盖菱镁矿床。

河西走廊加里东晚期热液的 Au 成矿作用，形成了嘉峪关市阴洼沟金矿床（阴洼沟矿段、红柳沟矿段），榆树沟山、十八里沟、羊肠子沟、大磨子沟、营房后金矿点；在与加里东晚期中酸性岩侵入有关的 Au-Ag-Cu-Pb-W-萤石-花岗岩成矿作用下，形成了甘肃山丹县鸡冠山、樵蒿沟、明居吕山饰面花岗岩矿床，永昌县头沟-照路沟、西石门萤石矿床，武威县大沙沟萤石矿床，山丹县曹家口金矿床，永昌县白露山钨矿床、馒头山钨矿床。

在与南祁连加里东中期热液作用有关的 Au-Cu-Ag 成矿作用下，形成了青海化隆县泥旦沟金矿床，海东市乐都区大麦沟脑金矿床、四台金铜银矿点，湟中县大马鸡沟金铜矿点、小马鸡沟铜金矿点；青海乐都区玉石台饰面蛇纹岩矿床；在与加里东晚期中酸性岩侵入有关的 W-Au-Sb-Pb-Zn-Ag 成矿作用下，形成了甘肃肃北县贾公台、黑刺沟、乌力沟、东洞沟-狼查沟金矿床，青海刚察县采特金矿床、天峻县哲合隆铅矿床、德令哈市莫和贝雷台铅锌矿床。

### 7. 秦岭加里东早中期岩浆成矿作用

#### 7.1 成矿时空分布

早古生代火山沉积岩系分布区属北秦岭加里东褶皱束（图 2-45）。其北侧受宝鸡-铁炉子-三要断裂、瓦穴子-乔端断裂，南侧受唐藏-商南断裂、朱阳关-夏馆断裂控制；其间有东西向油房沟-柳叶河-商县断裂，岩性组间被断裂分隔，并与一系列北东、北西向剪切断裂一起，构成强应变带与弱应变域交织的网格状形式和紧密拼接的各类岩块。各岩块经历了多期、多层次、多样性的韧性-脆性构造变形与变质作用，且明显地控制着多期次的岩浆活动与成矿作用。岩浆侵入活动主要受近东西向的褶皱、断裂构造控制，并明显有北西、北东或近南北向的构造与之联合作用。侵入岩广泛发育，并影响着火山沉积岩系的连续性及原生特征。各期岩浆侵入活动因构造的控制，形成不同的岩浆侵入岩带（群），尤以加里东期—华力西期、印支期—燕山期表现最清楚（李志德，1995）。

北秦岭早古生代海相火山岩的贵金属、多金属成矿具有矿质多来源、成因多机制、多期次（阶段）叠加（再造）、成因多类型的特点。据其主要控制因素及成矿机制可划分为以下 4 种主要矿化类型。①主要与古火山机构有关的 VHMS 型，产于古火山环境-火山中心地带的矿床，以 Cu-Zn 矿化为主，伴生 Au、Ag 等，以块状、脉状为主，浸染状次之。②火山沉积变质改造型，赋矿部位多是变基性火山岩（斜长角闪岩类）层内，或其与中酸性喷发岩接触带内及硅（铁、碳）质建造的火山碎屑岩系中。受后期区域变质改造及构造、岩浆作用的影响。这两种类型矿化构成产于古火山机构环境及其附近的贵金属、多金属矿化系列，分布于陕西眉-户地区及豫西的西峡-东秦岭地区。③与韧-脆性剪切带有关的动力变质热液型，较为典型的该类型矿化如西安市鄠邑区金洞沟金矿床（涝峪地区金矿）、西峡高庄金矿、内乡许窑沟金矿、磨石沟多金属矿等。④与中酸性侵入岩有关的热液型。

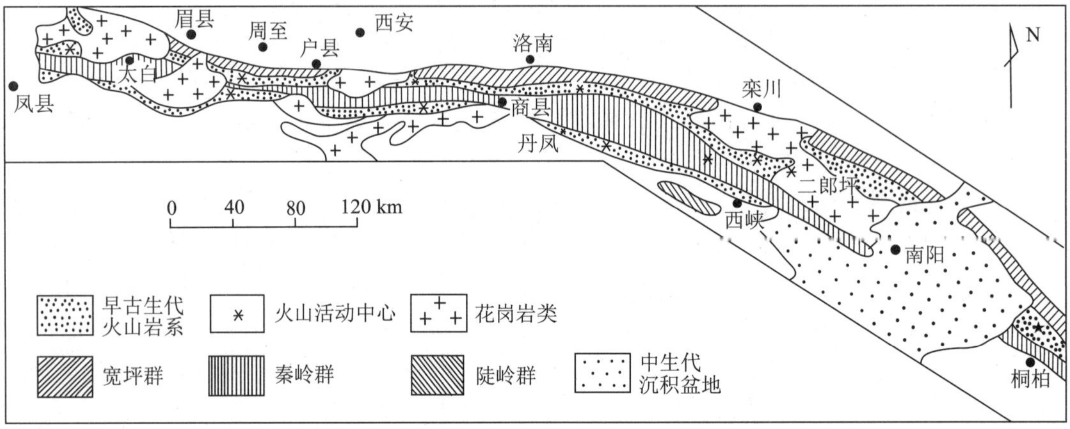


图 2-45　北秦岭早古生代火山岩系地质略图

（据邱家骧等，1997）

### 7.2 典型矿床

#### 7.2.1 河南刘山岩铜锌矿

（1）区域地质特征

刘山岩铜锌矿区位于秦岭造山带东段核部，区域出露地层主要有秦岭岩群、歪头山组、二郎坪群、蔡家凹组。二郎坪群为板内增生弧后盆地海底火山沉积的变质细碧角斑岩，是本区铜锌多金属矿带的赋矿层位。区内褶皱构造、断裂构造均比较发育，是一个极其复杂的构造地区。河前庄背斜、鳌子岭倒转向斜、彭家寨倒转背斜均分布于该区，且控制了主要控矿地层的分布。区内岩浆岩较为发育，从超基性的辉石岩到酸性的花岗岩，从侵入岩到喷发岩均发育。岩浆活动为区内矿产的形成提供了丰富的物质基础。喷发岩为大面积分布的二郎坪群火山岩系。二郎坪群细碧角斑岩为铜、锌矿的围岩。

（2）矿床地质特征

刘山岩铜锌矿区内自南向北分布有孤山头-大河、刘山岩-磨尔山、方老庄-大栗树、潘庄共 4 个铜锌矿带。出露地层有古元古界秦岭岩群和下古生界二郎坪群。其中秦岭岩群分布在孤山头-大白田铜锌矿带；二郎坪群分布在刘山岩-磨尔山、方老庄-大栗树、潘庄铜锌矿带，包含有刘山岩、张家大庄及大栗树 3 个岩组。

区内褶皱构造形态简单、为一单斜层，南部为鳌子岭倒转向斜北翼部分，北部为朱庄背斜的南翼，次级褶皱不发育，仅在局部地段见有一些小的褶皱。区内断裂构造以北西—南东向为主，规模较大，表现为蚀变挤压片理带。矿区中侵入岩较为发育。主要为一系列脉岩：变辉绿岩、辉绿玢岩、石英钠长斑岩、煌斑岩、花岗岩等。

刘山岩铜锌矿床主要由 4 个工业矿体组成，由南向北依次为 L9、L10、L8、L12（其中 L8、L12 为隐伏矿体），呈雁行排列（图 2-46）。矿体呈层状，似层状产于刘山岩组变火山岩内，酸性与基性火山岩岩性界面处并且靠近酸性岩一侧，即硅质岩与石英角斑岩发育层位，该层位稳定，与围岩产状一致。在长 2000 m，宽 90～150 m 范围内，矿体在平面、剖面上呈左行斜列，矿带总体南倾，单个矿体北倾。矿体沿走向长数百米，最长千余米，倾向延伸几十至数百米，连续性较好。矿体厚度 0.5～20.10 m，平均 1.53～2.53 m，平均品位 Cu 0.21%～1.95%，Zn 2.62%～11.94%。矿体形态变化：上部 L9、L10 沿走向、倾向延伸比较稳定；下部 L8 由东向西，自上而下，由单层矿变为复层矿；再向下到 L12 深部（0 m 中段）出现细脉或网脉状矿石。矿体上部为层状、似层状，下部为细脉状、网脉状；矿体赋存于富钠质细碧角斑岩系中，两种岩性界面处或偏底板酸性岩一侧；含矿岩系上部夹有厚 0.5 m 红色条带状含铁硅质层，与以火山岩为容矿围岩的块状硫化物矿床非常相似。

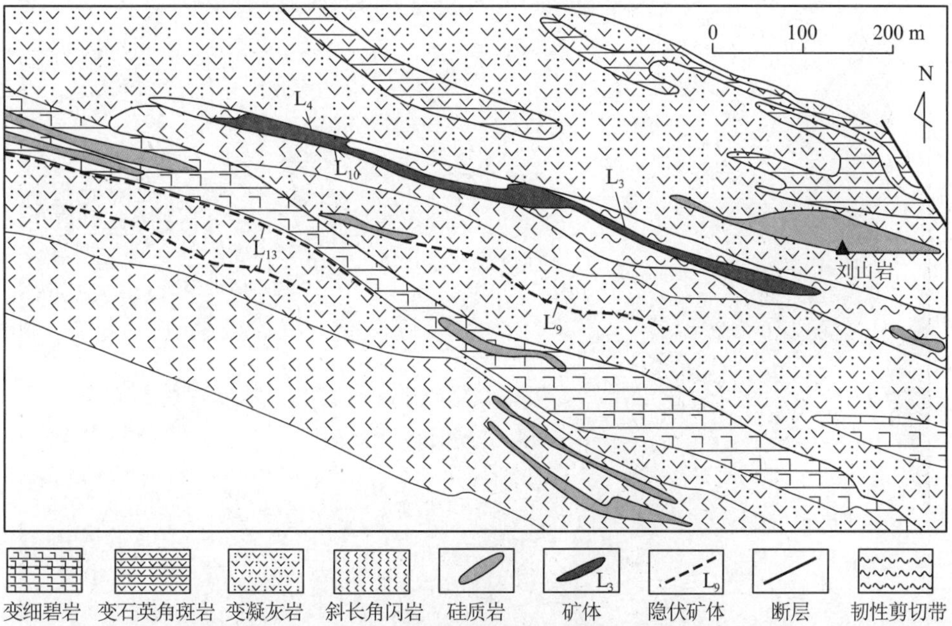


图 2-46　河南刘山岩铜锌矿区地质图

（据李立兴等，2009）

（3）成矿机制和成矿模式

矿床分带特征明显，并具有一定层位分布的特点，且在距离火山喷发中心不同远近的部位形成不同的分带。平面上自南向北为铜（铅锌）硫化带（刘山岩铜锌矿带，中心相），铅锌硫化带（孤山头-大白田铜锌矿带、大栗树-潘庄铜锌矿带），铁锰氧化带（条山-四银沟矿带，边缘相）。矿体的空间分布形态与区域性构造地质背景具有明显的一致性，北西—南东向的韧脆性断裂不仅控制着区内岩层的展布，同时控制着矿化体的空间分布形态，反映了矿体形成后构造对其改造和控制作用十分明显。矿床成因类型为海相火山-喷流型块状硫化物矿床。

**7.3 成矿作用**

区内铜锌矿是受到后期构造强烈改造并受大洋环境制约的海底火山-喷流型块状硫化物矿床。其形成应是在高地热环境中，循环海水（也许还有少量岩浆流体），萃取下部基性火山岩中的铜、锌等成矿元素，沿喷流通道上升、喷出，与冷的海水混合、沉淀而成矿，属火山喷流-沉积变质黄铁矿型铜锌矿床。其形成机制是：加里东期海底火山喷流沉积，产生的火山射气和热卤水，在半封闭环境中形成了铜锌含矿层，后经加里东期—华力西期强大的韧性剪切及燕山期动力变质，使原含矿层在高温塑性流变中，矿质重新活化、迁移，并在构造有利部位沉淀聚积形成工业矿体（曾庆海，2012）。

**8. 西昆仑早寒武世—志留纪沉积改造成矿作用**

**8.1 成矿时空分布**

西昆仑地区火山-变质型铁矿主要分布在塔什库尔干铁矿整装勘查区及其南北延伸带和布穹-洛浦一带（图 2-47），其中塔什库尔干地区沉积变质型铁矿主要产于古元古界布伦阔勒岩群，以及从其中分解出来的早寒武世地层之中，矿体呈带状分布，自布伦口以南经过塔什库尔干县县城北部到达布达尔乡转向马尔洋乡后继续向南延伸至塔吐鲁沟，矿带延伸长度近 200 km，具有较大的找矿潜力，特别是近期岔路口富铁矿的发现，指示区内存在富铁矿成矿的条件。布穹-洛浦一带沉积变质型铁矿主要产出于铁克里克地层分区内的太古宇—古元古界之中。

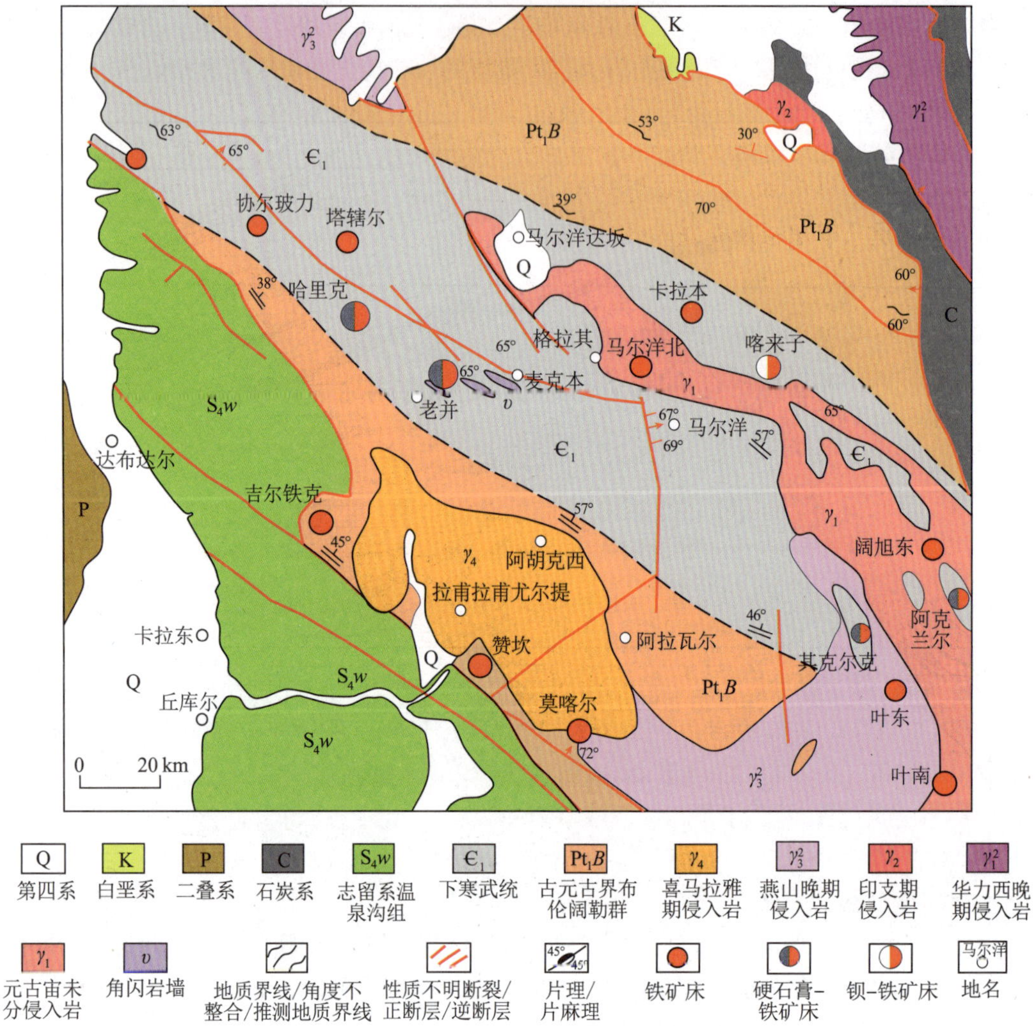


图 2-47　西昆仑地区海相沉积改造型铁矿分布图

（据张连昌等，2016）

西昆仑地区海相沉积改造型菱铁-赤铁矿主要分布在阿克陶县布伦口乡-黑恰-三十里营房一带，典型矿床为阿克陶县契列克其菱铁矿和黑恰达坂西侧的黑黑孜站干铁矿。契列克其铁矿位于新疆阿克陶县城 230°方向，直线距离约 110 km，行政区划分隶属阿克陶县布伦口乡管辖。契列克其铁矿矿区海拔较高，目前开采的作业面基本上都在 4500 m 以上。黑黑孜站干铁矿位于新藏公路黑恰达坂西侧，海拔 4200 m 以上，山高路险，分为东西两个矿区。铁矿主要产出于志留系地层之中，矿体呈带状、透镜状产于一套片岩、大理岩之中。

## 8.2 典型矿床

### 8.2.1 新疆契列克其铁矿

（1）区域地质特征

海相沉积型菱铁矿是西昆仑地区非常重要的铁矿类型，分布于木吉-布伦口-塔什库尔干-黑黑孜站干一线，长 1000 km。契列克其菱铁矿床处于华南板块（Ⅱ级）羌塘微板块（Ⅲ级）中阿克赛钦古生代陆缘盆地（Ⅲ级）。含矿地质体为志留系地层，控制了该区海相沉积（改造）型菱铁矿床，以西部契列克其铁矿和东部黑黑孜站干铁矿为代表，处于慕士塔格-阿克赛钦（陆缘盆地）Fe-Cu-Au-Pb-RM-白云母-宝玉石矿带内。

（2）矿床地质特征

矿区赋矿地质体主要为下志留统温泉沟群，该组在本矿区共分6个层位，所有矿层均赋存于下志留统温泉沟群地层的浅海相碳酸盐岩和细粒碎屑岩建造中，处于细粒碎屑岩（石英云母片岩）和碳酸盐岩（大理岩）的过渡带内（图2-48）。区域变质作用是矿区内主要的变质作用，其变质相为绿片岩相，属石英-钠长-绿帘-片岩相，石英-钠长-绿帘-黑云母亚相。矿体主要产于浅海相进沉积序列底部，碎屑岩与碳酸盐岩过渡带和侵入岩与地层外接触带附近。矿区出露岩体主要是求库台岩体，为黑云母英云闪长岩，呈顺层、局部穿层侵入，见菱铁矿捕虏体。后期发育中酸性岩脉，规模不大，多顺层或局部穿层贯入于地层及菱铁矿层中。

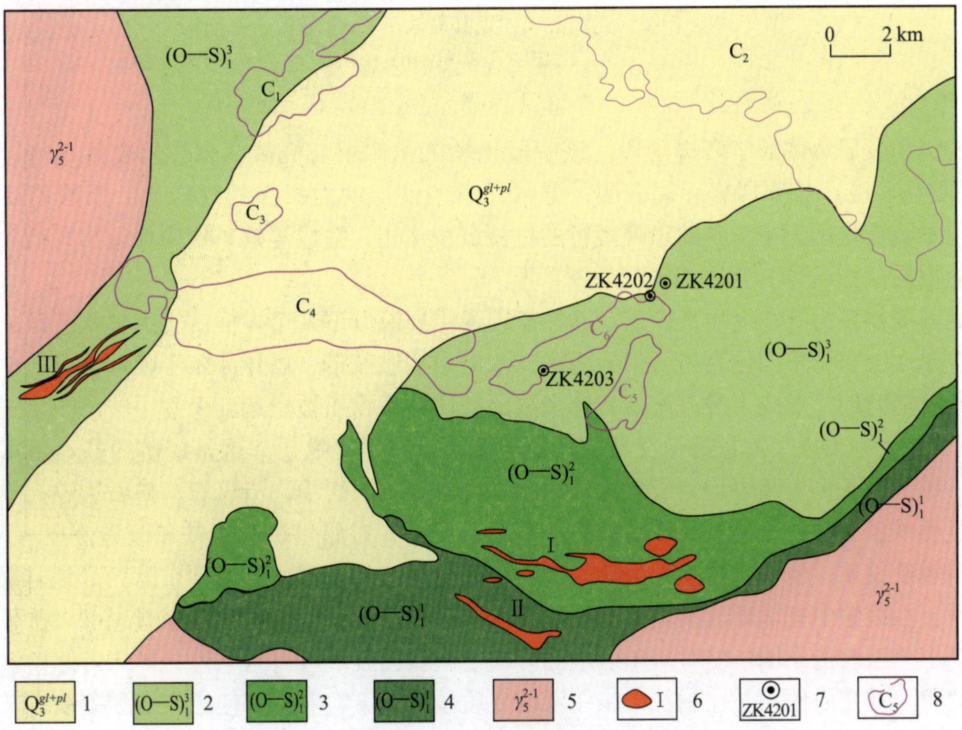


图2-48 新疆阿克陶县契列克其菱铁矿矿区地质略图

（据吴海才等，2010）

1—冰碛、洪积物；2—绿泥石二云母石英片岩；3—灰白色含白云母含石英大理岩；4—灰-深灰色黑云母石英片岩；5—灰白色黑云母斜长花岗岩；6—矿体及编号；7—完工钻孔及编号；8—磁异常及编号

矿区含矿带总体上呈东西向展布于求库台岩体外接触，带长4 km，共产出13个矿体，其中Ⅲ3、Ⅰ3和Ⅱ号矿体为主要矿体，矿体呈似层状、透镜状，长度140~605 m，平均厚度1.80~39.92 m，全铁品位38.00%~47.52%。Ⅲ3号矿体赋存于上段的云母石英片岩中，Ⅱ号矿体产于下段的黑云石英片岩夹白云母片岩中（图2-49）。

（3）成矿机制和成矿模式

契列克其菱铁矿岩石组合为细碎屑岩夹碳酸盐岩建造，主要岩性为钙质粉砂岩、石英砂岩、千枚岩夹大理岩，表现为陆棚浅海相沉积环境。总体表现为相对平静的沉积环境，表明矿区大理岩含少量石英颗粒和由长英质、泥质成分变质形成的白云母。矿区地层对比表明，温泉沟群由下向上黑云母减少，白云母逐渐增多。岩矿石化学成分中CaO、MgO、MnO、$K_2O$、$TiO_2$等含量有减少趋势，地层中偏酸性长英质（石英及泥质）相对增加，反映出沉积时的水动力条件减弱，物质来源剥蚀深度增大，

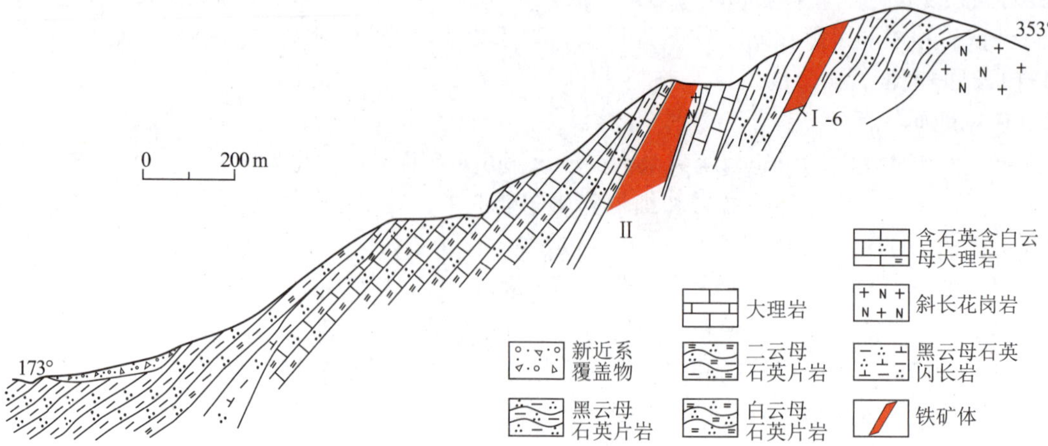


图 2-49 新疆阿克陶县契列克其菱铁矿Ⅰ-Ⅱ号矿带剖面图

（据伍跃中等，2016）

陆缘海盆的沉积发展总体处于海进阶段。该阶段化学沉积作用与机械沉积作用交替进行，碳酸盐岩（包括原始菱铁矿层）与碎屑岩互层表明，海水化学条件与动力条件相互转化。原始菱铁矿层沉淀时，多以化学沉淀作用为主，其间出现短暂的机械沉积作用，造成菱铁矿层中普遍出现微条带状、纹层状分布的泥质（白云母）层和石英层。

契列克其菱铁矿为沉积变质型铁矿。其控矿因素主要有以下几个方面。①大地构造与成矿：本区在大地构造单元上，属于西昆仑褶皱带的西段，木斯山褶皱亚带，塔什库尔干隆起部分。矿区在古生代处在缓慢沉降时期，形成了浅海海盆，含大量的铁质陆源物质被搬运到海盆中，沉积了浅海相碎屑岩-碳酸盐岩系，并出现了海进海退交替的还原环境，沉积了菱铁矿，这是成矿的基本因素。②岩浆岩与控制：矿区内所见岩浆岩均为成矿后形成的。在矿层及围岩中，沿岩石、矿石裂隙充填有菱铁矿矿脉和石英菱铁矿矿脉，这是由岩浆后期热液活动造成的，对原生沉积菱铁矿改造主要有两个方面：一是热液溶解菱铁矿，使铁质发生再活动，并在有利的裂隙部位形成充填型矿脉；二是岩浆热液本身带有的铁质，在裂隙中充填形成次生矿脉，从区域上存在热液型菱铁矿矿点来看也可以进行佐证，矿床虽然受到了热液改造作用，但对矿床质量的影响是微弱的且不具有普遍性，矿床的原始沉积特征还清楚地保留着。③变质作用与控制：矿床在区域变质作影响下，一方面使原生沉积菱铁矿及石英发生重结晶，另一方面与菱铁矿同时沉积的泥质、碳质形成白云母、石墨。矿石中见磁铁矿、镜铁矿。说明矿床只经受了低温低压变质作用。在区域变质作用中，局部地段的矿层与围岩发生同步褶皱，矿层发生层间滑动。矿床所受到的区域变质作用，对矿床特征和质量影响不大。

矿床产于华南板块、羌塘微板块、阿克赛钦古生代的陆缘盆地，为志留系碎屑岩-碳酸盐岩建造（低绿片岩相变质）中层状-似层状菱铁矿-赤铁矿（下志留统温泉沟群），是阿克赛钦带前震旦纪基底陆壳隆起带长期剥蚀的风化产物迁移至早古生代沉积盆地中形成的产物。该矿床成矿经历了两个主要矿化阶段，即早期沉积成矿阶段（图 2-50A、B）和后期变质改造阶段（图 2-50C）。早期在浅海、总体弱还原环境下，在碳酸盐岩向碎屑岩的成岩过渡条件下（局部海进）形成了大部分的原始菱铁矿层，成矿物质多来源于陆缘。后期区域变质作用及接触交代作用对原始菱铁矿进行了改造。

（4）找矿模型

契列克其菱铁矿找矿标志主要有以下 3 个方面：①褐铁矿铁帽是原生菱铁矿在表生作用下的产物，可以指导寻找原生菱铁矿；②从含矿层位来讲，岩相变化大、碳酸盐岩与碎屑岩过渡部位，且产在碳酸盐岩中，碳酸盐岩不是纯的，而是以沉积碳酸盐岩为主，混杂有泥、砂和碳质的堆积，上述特征是寻找同类矿床的重要部位；③矿体与大理岩之间往往存在有铁白云岩，因此铁白云岩也可以作为找矿标志，当发现有铁白云岩时，沿倾向、走向可能有菱铁矿存在。铁白云岩在地表氧化后变为深黄褐色。契列克其菱铁矿地表多被覆盖，菱铁矿矿体产出部位常呈现出低磁、高极化、低电阻的异常特征。

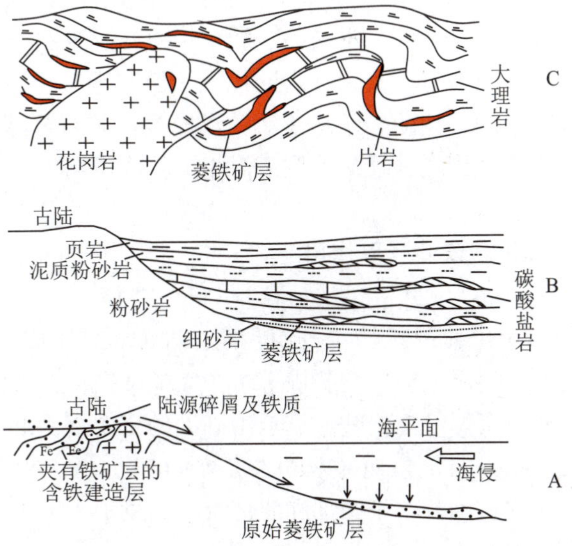


图 2-50　新疆塔什库尔干县契列克其菱铁矿成矿模式图

（据李凤鸣等，2010）

### 8.3 成矿作用

对火山-沉积型铁矿的地质构造背景、成矿环境、矿床地质特征、矿床成因及成矿过程等方面的综合研究，并结合国内外火山-变质型矿床的成矿作用的研究成果，总结出塔什库尔干地区铁矿均明显受地层、构造和岩浆岩控制。整体上体现出地层含矿、构造控矿、高盐度卤水参与及晚期成矿的特点。①地层含矿：由于塔什库尔干地区构造变形强烈，关于该地区布伦阔勒岩群的形成时代还存在较大争议，但是在赞坎矿区内发现的含磁铁矿的片理化石英角斑岩为海相中酸性火山岩，其锆石年龄测试结果为 2.42±0.63 Ga。这说明在塔什库尔干地区原始含铁层位为古元古代一套海相中酸性火山岩，该套海相火山岩为塔什库尔干地区铁矿原始矿源层。②构造控矿：塔什库尔干地区铁矿床赋存层位时间跨度较大，从古元古代到早古生代地层均有产出。但是在区域上通过高精度遥感解译对含矿地层的识别发现，塔什库尔干地区大型铁矿床均分布在含铁地层发生转折的部位，在矿区范围内发现规模较大且品位较高的矿体均出现在矿区褶皱核部，因此判断塔什库尔干地区铁矿成矿还是受构造控制。③高盐度卤水参与：塔什库尔干地区铁矿床中产出大量的膏盐层，或在磁铁矿矿石中含有较高的膏盐成分。通过对硬石膏、黄铁矿的硫同位素分析表明，区内膏盐为早古生代海相沉积成因（蔡元吉，1984；王曰伦，1988）；通过对膏盐与磁铁矿、黄铁矿的产出关系分析，发现早古生代高盐度海水（卤水）对区内磁铁矿的成矿有较大贡献，并且含磁铁矿的膏盐层遇到晚期岩浆热液后，形成了大量的黄铁矿，而且硬石膏为黄铁矿的形成提供了充足的硫源（蔡元吉，1984）。④晚期成矿：塔什库尔干地区铁矿的矿石类型复杂，发育块状磁铁矿、条带状磁铁矿、含石膏磁铁矿、含黄铁矿磁铁矿、含重晶石磁铁矿等多种矿石类型，初步分析发现该地区铁矿成矿期主要在古元古代和早寒武世，但是矿石特征反映出其经历了多期后期的热液改造，总体反映出多期成矿的特点。部分矿区块状磁铁矿穿切早古生代海相沉积成因的膏盐层，说明该地区铁矿相对于矿源层形成时代，成矿相对较晚，并存在多期成矿。

根据成矿地质条件分析，海相沉积（改造）型菱铁矿床成矿模式如下：①早期沉积成岩成矿期，发生于早志留世海进条件下，来源于古陆的成矿物质呈铁胶体溶液或微小的铁质悬浮物，在总体弱还原环境下，低价铁与有机质分解产生大量的 $CO_3^{2-}$ 结合，形成菱铁矿并聚积沉淀。菱铁矿沉积多发生在碳酸盐岩层向碎屑岩层过渡条件下，形成原始菱铁矿层。早志留世晚期至二叠纪初期，下志留统及原始菱铁矿层处于压实成岩及后期埋藏变质的状态，原始菱铁矿层固结成岩，在低压低温环境下，微小的菱铁矿颗粒初步结晶成第一世代细粒菱铁矿。②区域变质改造及岩浆热液叠加改造期，二叠纪末—中三叠世，含矿地层经历了绿片岩相变质作用，泥岩变质成片岩、碳酸盐岩变质成大理岩。同时，原始菱铁矿层经历了叠加改造，菱铁矿重结晶、颗粒加粗，或溶蚀迁移呈贯入充填的菱铁矿脉和石英菱铁矿脉分布于铁矿层中。黑云母英云闪长岩的侵入，使矿床又经历了岩浆热液叠加改造作用。花岗岩细脉贯入菱铁矿体及围岩中，伴随岩浆热液活动形成黄铜矿石英脉、石英脉和石英菱铁矿脉，使菱铁矿晶形继续加大。总之，契列克其铁矿形成于海相沉积成岩期，其后的区域变质改造及岩浆热液叠加改造仅在局部变富。

**9. 阿尔金加里东早期火山沉积改造成矿作用**

**9.1 成矿时空分布**

喀腊大湾矿集区位于阿尔金山北部红柳沟-拉配泉金铜铁多金属成矿带中东段，由达坂、达坂西、大湾西、穷塔格、大湾北、喀腊大湾、白尖山等多个大中型多金属矿床组成（图 2-51），累计探获铅锌资源量 300 万吨，铁矿石资源量 1 亿吨，显示出巨大的资源潜力和潜在经济价值（伍跃中等，2016）。总体都集中分布于红柳沟-拉配泉地区东段的喀腊大湾至拉配泉一带，矿床（点）成带分布，铅锌矿主要分布于南部带上，铁矿则分布于中部和北部带上。成矿作用时代属于寒武纪—奥陶纪。

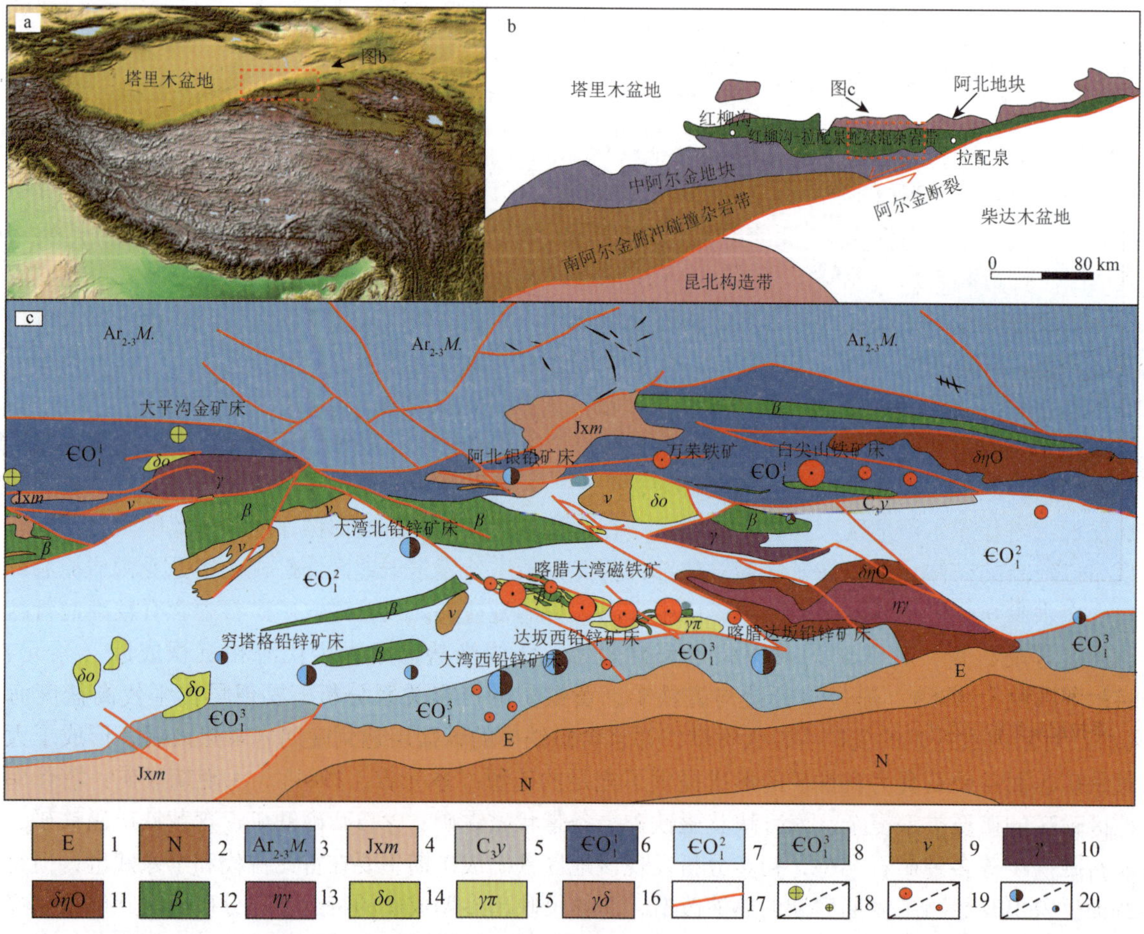


图 2-51　阿尔金北部地质略图（a）、构造位置图（b）和喀腊大湾矿集区地质矿产略图（c）

（据张辉善等，2018）

1—古近系；2—新近系；3—太古宇米兰岩群；4—蓟县系塔什达坂群木孜萨依组；5—上石炭统因格布拉克组；6—寒武系—奥陶系拉配泉组一段；7—寒武系—奥陶系拉配泉组二段；8—寒武系—奥陶系拉配泉组三段；9—早古生代辉长岩；10—早古生代花岗岩；11—早古生代石英二长闪长岩；12—早古生代玄武岩；13—早古生代二长闪长岩；14—早古生代石英闪长岩；15—早古生代花岗斑岩；16—早古生代花岗闪长岩；17—断层；18—金矿床（点）；19—铁矿床（点）；20—铅锌矿床（点）

### 9.2 典型矿床

#### 9.2.1 新疆喀腊达坂铅锌矿

（1）区域地质特征

喀腊达坂铅锌矿床处于阿尔金山脉的东段，北临塔里木盆地，南依东昆仑。区内侵入岩发育，从中元古代至三叠纪均有分布，受阿尔金山北缘断裂、红柳沟-拉配泉断裂、阿尔金山南缘断裂控制，呈近东西向带状展布。矿区位于塔里木板块塔里木古陆缘地块的红柳沟-拉配泉新元古代—早古生代上叠火山盆地，红柳沟-拉配泉断裂带附近，划属于阿尔金金、铜镍及多金属、铁、稀有、稀土成矿带，红柳沟-拉配泉铜多金属、铁成矿亚带。

（2）矿床地质特征

喀腊达坂铅锌矿床位于喀腊大湾矿集区东南部，出露地层主要为寒武系—奥陶系拉配泉群（图2-52），铅锌矿体主要赋存在凝灰岩以及碎屑岩内。矿区断裂构造较为发育，构造线方向以NW-NNW向为主，整体与区域上构造线方向基本一致，同时矿区显示出明显的单斜构造特征，据岩性层的上下关系，结合矿区在喀腊大湾复向斜南翼的位置，喀腊达坂铅锌矿区可能是在一个规模较大的向斜构造的南翼（陈柏林等，2017）。矿区地表出露少量石英钠长斑岩和辉绿岩脉，钻孔中见有花岗斑岩，但未发生蚀变。矿体呈似层状、透镜状或脉状产出，走向近东西向或北西西向，与地层走向基本一致，矿体长65~840 m，视厚度为1.6~13.9 m，其中部分矿体具有沿走向尖灭、再现的特征。

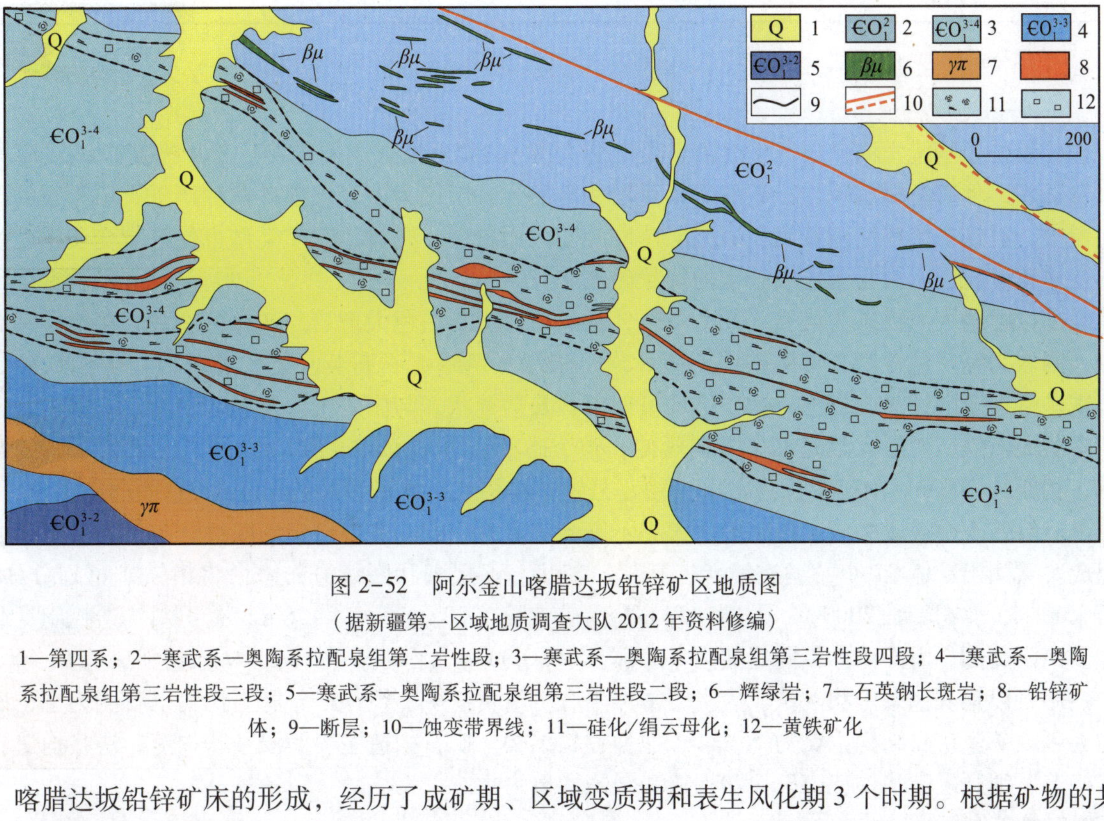


图2-52 阿尔金山喀腊达坂铅锌矿区地质图

（据新疆第一区域地质调查大队2012年资料修编）

1—第四系；2—寒武系—奥陶系拉配泉组第二岩性段；3—寒武系—奥陶系拉配泉组第三岩性段四段；4—寒武系—奥陶系拉配泉组第三岩性段三段；5—寒武系—奥陶系拉配泉组第三岩性段二段；6—辉绿岩；7—石英钠长斑岩；8—铅锌矿体；9—断层；10—蚀变带界线；11—硅化/绢云母化；12—黄铁矿化

喀腊达坂铅锌矿床的形成，经历了成矿期、区域变质期和表生风化期3个时期。根据矿物的共生组合和矿物之间的穿插关系，成矿期主要包括3个阶段（表2-6）。早阶段矿物组合为黄铁矿-黄铜矿-石英，以黄铁矿和黄铜矿大量出现为标志。主阶段矿物组合为闪锌矿-方铅矿-黄铜矿-黄铁矿-绿泥石-绢云母-重晶石-石英，该阶段是最重要的成矿阶段，大量发育闪锌矿及少量的黄铜矿、方铅矿和黄铁矿等矿物。晚阶段矿物组合为黄铁矿-方铅矿-闪锌矿-石英-重晶石-绢云母-绿泥石-方解石，该阶段大量发育方铅矿及少量闪锌矿和黄铁矿。

#### 9.2.2 新疆喀腊大湾铁矿

（1）区域地质特征

阿尔金北缘地区发现的铁矿主要有白尖山、喀腊大湾、八八、彩石沟、索尔库里南、巴什考供北东、贝壳滩、长草沟等矿床（点），都为中小型矿。其中，白尖山、喀腊大湾、八八铁矿规模较大，均分布在喀腊大湾地区。根据矿床（点）的分布情况，可划分为“八八铁矿 4337 高地”和“3121 高地白尖山 3081 高地”两条铁矿带（陈柏林等，2009）。

**表 2-6　新疆若羌县喀腊达坂铅锌矿床主要矿物生成顺序**

| 成矿时期 | 成矿期 | | | 变质改造期 | 表生期 |
|---|---|---|---|---|---|
| 成矿阶段 | 早阶段 | 主阶段 | 晚阶段 | 区域变质改造 | 表生氧化 |
| 闪锌矿 | | ━━━━ | ━━━ | ──── | |
| 方铅矿 | | ──── | ━━━━ | ──── | |
| 黄铁矿 | ━━━━ | ──── | ──── | ──── | |
| 黄铜矿 | ━━ | ──── | | | |
| 石英 | ━━━━ | ━━━━ | ━━━━ | ──── | |
| 重晶石 | | ━━━━ | ━━━━ | ──── | |
| 绿泥石 | | ━━━━ | ━━━━ | ──── | |
| 绢云母 | | ━━━━ | ━━━━ | ──── | |
| 方解石 | | ━ | ━━━━ | ──── | |
| 白铅矿 | | | | | ──── |
| 铜蓝 | | | | | ──── |
| 孔雀石 | | | | | ──── |
| 褐铁矿 | | | | | ━━━━ |

（据张辉善等，2018）

（2）矿床地质特征

铁矿带位于喀腊大湾矿集区中北部，受喀腊大湾-白尖山复式向斜控制。早中寒武世该区海相火山喷发强烈，伴有海相沉积岩，碳酸盐岩互层和硅质岩夹层最为发育。铁矿往往产于火山岩系的沉积岩夹层中，且铁矿层厚度随着沉积岩夹层厚度的变大而增大。同时，铁矿类型也受区域变质程度的控制，变质程度较深，常易于形成较富的块状磁铁矿。

南部以喀腊大湾铁矿为代表（图 2-53），铁矿赋存于灰白色大理岩与灰绿色玄武岩接触面玄武岩一侧，围岩为绿灰色含黑云母磁铁绿泥石片岩、暗绿灰色绿泥石石英片岩；北部以白尖山铁矿为代表，铁矿赋存于酸性火山岩中。铁矿体均呈似层状及透镜状，与围岩整合接触。

喀腊大湾铁矿矿层大致呈 120°方向延伸，整个矿带长约 12 km。可划分为南、北大致平行的两个矿带，相距约 300 m。南矿带长约 1 km，由Ⅰ号铁矿段构成；北矿带长约 12 km，自西向东由Ⅱ、Ⅲ、Ⅳ、Ⅴ、Ⅵ共 5 个矿段构成。各矿段由大小不等、贫富不一的一系列沿走向断续分布、尖灭再现的矿段组成。共圈出矿体 97 个，呈透镜状、脉状、带状、不规则状断续分布。白尖山铁矿可划分为南、北两个矿带，北矿带长 2000 m，厚 10~22 m；南矿带长 2500 m，厚 24~28 m。受向斜构造控制，北部矿体多向南陡倾，南部矿体多向北陡倾。矿体长 50~800 m，平均厚 4. 2~16. 46 m，延深 125~400 m。

铁矿石以钢灰色条带状磁铁矿为主，常伴生有少量黄铁矿、镜铁矿，脉石矿物以石英为主，矿石矿物为磁铁矿。矿石结构主要为半自形、他型粒状结构。矿石构造主要为浸染状构造、块状构造、条带状构造、细脉浸染状构造，以块状构造和浸染构造为主。

**9. 3 成矿作用**

喀腊达坂铅锌矿床赋存在凝灰岩以及碎屑岩内，矿体呈似层状、条带状与地层整合产出，具有明显的喷流沉积成矿特征。矿石矿物成分组合及矿石组构在垂向上由下向上具有一定的分带性，即下部为脉状、网脉浸染状黄铜矿、黄铁矿石组合；上部为纹层状、块状铅锌矿石；顶部和外围发育层状重晶石。此外，围岩蚀变也具有一定的分带性。这些特征与典型 VMS 型矿床颇为相似。然而，矿石与围岩发生了明显的变质变形，显示成矿期后发生的区域变质和动力变质作用对矿床形成具有一定的改造作用。另外，黝铜矿和闪锌矿中的黄铜矿“病毒”结构发育，暗示矿床可能受后期含铜热液的改造，这与 VMS 型矿床受到后期改造呈现的矿物组构特征相一致。喀腊达坂闪锌矿的 Fe、Mn 和 Cd 含

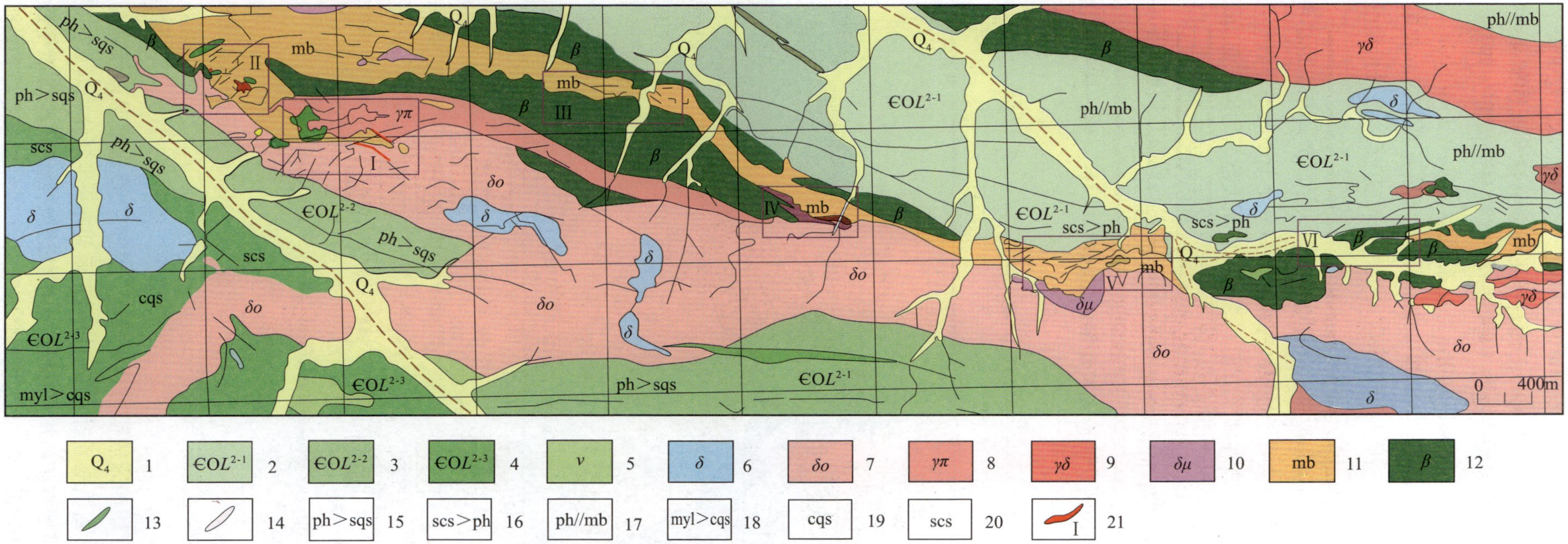


图2-53 新疆若羌县喀腊大湾铁矿床矿体分布图

（据新疆第一区域地质调查大队，2012，资料修编）

1—第四系；2—寒武系—奥陶系拉配泉群二段一亚段；3—寒武系—奥陶系拉配泉群二段二亚段；4—寒武系—奥陶系拉配泉群二段三亚段；5—辉长岩；6—闪长岩；7—石英闪长岩；8—花岗斑岩；9—花岗闪长岩；10—闪长玢岩；11—大理岩；12—玄武岩；13—辉绿岩脉；14—酸性岩脉；15—千枚岩夹绢云石英片岩；16—绢云绿泥片岩夹千枚岩；17—千枚岩与大理岩互层；18—糜棱岩夹绿泥石英片岩；19—绿泥石英片岩；20—绢云绿泥片岩；21—磁铁矿体及矿区编号

量相对较高，In、Sn、Ga和Cr含量相对较低，Ge和Co的含量相对最低。与VMS型矿床的闪锌矿特征颇为类似（其相对富Fe和Mn，贫Ga和Ge）。闪锌矿的微量元素分配图解显示达坂闪锌矿具Cd正异常，Cu、In或Sb具（微弱）负异常，这与VMS型闪锌矿微量元素配分特征也类似。此外，在Fe/Mn-Cd/Fe和Fe/Mn-（Fe+Mn）/（Cd+100Ga）关系图解和Fe/Cd-Mn/Ga、Fe/Cd-Cd/（100 Ga）关系图解中，喀腊达坂闪锌矿样品同样落在VMS型矿床区域及其附近，都表明达坂矿床具有VMS型矿床的成因特征。综上所述，喀腊达坂矿床应属于VMS型矿床，并且可能受到后期热液的影响（图2-54）。

喀腊大湾地区铁矿成因属于火山沉积改造型（图2-55）。火山喷发作用是成矿的基础，是主要成矿作用，也是铁矿矿质的主要来源，铁质经过搬运在距火山口一定范围的地方沉积而成矿，形成了海相火山沉积型铁矿。后期改造作用表现在两个方面：一是在后期大范围的区域变质作用过程中，变形变质使岩石再次增温增压发生塑性变形，同时又使原已形成的贫铁矿进一步富集；二是早奥陶世的矽卡岩化叠加改造成矿作用使铁矿局部富集并发生变质结晶作用，形成易选的磁铁矿，大大提高了其工业利用价值。

综上所述，阿尔金喀腊大湾地区铁铅锌成矿作用相似，成矿时代一致，属于火山喷流沉积改造有关铁、铜、铅、锌矿床成矿系列。

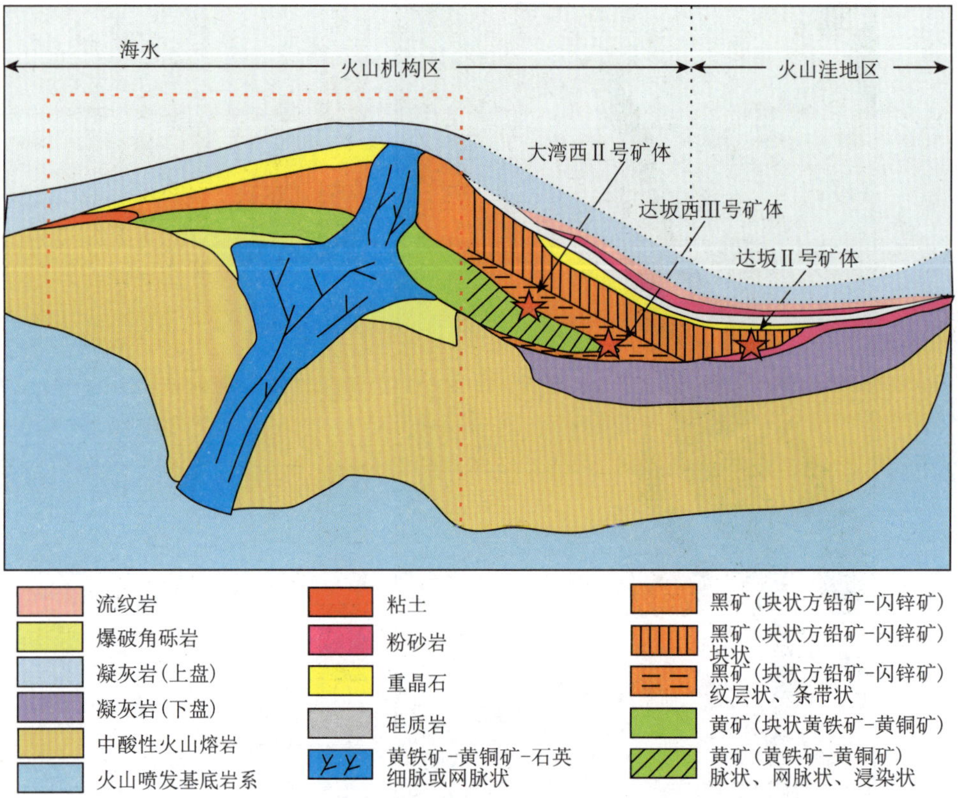


图2-54　新疆若羌县喀腊达坂铅锌矿成矿模型图

（转引自张辉善，2018）

**10. 阿尔金加里东中期岩浆热液成矿作用**

**10.1 成矿时空分布**

阿尔金西段地区岩浆热液作用矿床成矿时代以奥陶纪为主，形成了锂铍等稀有金属、萤石等矿产。根据矿床成因类型，阿尔金西段地区岩浆热液作用矿床可进一步划分为以下类型（图2-56）：①伟晶岩型稀有金属矿床（吐格曼锂铍矿、瓦石峡锂矿、塔什达坂锂铍矿）；②岩浆热液充填型萤石矿床（卡尔恰尔、小白河、皮亚孜达坂、库木塔什矿床等）。伟晶岩型锂铍等稀有金属矿主要分布于卡

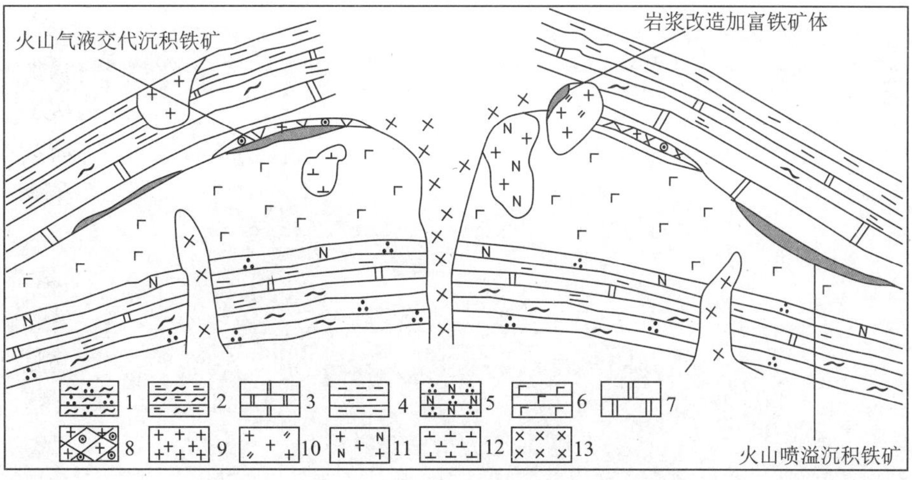


图 2-55　新疆若羌县喀腊大湾铁矿床成因模式图

（据祁万修等，2013）

1—绿泥石英片岩；2—绢云绿泥石片岩；3—薄层状大理岩；4—千枚岩；5—长英质片岩；6—玄武岩；7—中厚层状大理岩；8—石榴透闪石矽卡岩；9—花岗岩；10—二长花岗岩；11—斜长花岗岩；12—闪长岩；13—辉长岩

尔恰尔-阔什区域性大断裂（阿中断裂）以北的早-中奥陶世黑云母花岗岩侵入体外接触带 0.1~4 km 附近脆-韧性断裂带中。岩浆热液充填型萤石矿主要分布于卡尔恰尔-阔什区域性大断裂（阿中断裂）以南的晚奥陶世碱长花岗岩侵入体内及其外接触带附近的富钙岩系中。区域锂铍、萤石矿区的成岩成矿年代学研究表明，伟晶岩型锂铍稀有金属形成于中奥陶世，岩浆热液充填型萤石矿形成于晚奥陶世（徐兴旺等，2019；李杭等，2020；高永宝等，2021；Gao et al.，2021），阿尔金西段锂铍、萤石矿带是一个早古生代的锂铍、萤石矿带。

## 10.2 典型矿床

### 10.2.1 吐格曼锂铍等稀有金属矿

（1）区域地质特征

区内出露的地层主要有新太古界—古元古界阿尔金岩群、中元古界复理石建造、长城系巴什库尔干群、蓟县系塔昔达坂群、新元古界索尔库里群和第四系。区内构造主要为断裂，褶皱因受到岩浆侵位及断裂构造的破坏，形态不完整。区域性大断裂在区内主要有两条，中部北东向展布的卡尔恰尔-阔什区域性大断裂和南部东西向展布的约马克其-库兰勒格断裂，另外还有围绕两条大断裂分布的众多次级断裂，主要以北东—近东西向为主，少量为南东向。区域以中酸性侵入岩为主体，分布广泛，新元古代、早古生代、中生代等均有规模不等中酸性侵入岩，多沿阿尔金山呈北东向带状展布。

（2）矿床地质特征

吐格曼锂铍稀有金属矿位于若羌县城西南方向约 85 km 处，区内出露主要为古元古界阿尔金岩群、中元古界长城系巴什库尔干岩群、英格里克构造蛇绿混杂岩复理石岩片及第四系。阿尔金岩群出露十分广泛，岩性主要为灰黑色弱片麻状云母石英片岩、二云斜长片岩、黑云斜长片麻岩等。巴什库尔干岩群主要为一套碎屑岩-碳酸岩建造。英格里克构造蛇绿混杂岩复理石岩片在矿区仅零星出露，主要岩性为大理岩。矿区内断裂活动以北东向断裂为主，构造规模一般，断裂构造经过部位岩石局部破碎、节理裂隙极为发育，断裂构造两侧岩石多呈强片理化并随构造运动发生片褶。区内侵入岩极其发育，主要为新元古代硝鲁克布拉克片麻状花岗杂岩体、奥陶纪花岗岩体，其次为脉岩。含锂铍伟晶岩多赋存于新元古代片麻状花岗杂岩体及阿尔金岩群片岩、片麻岩中。奥陶纪花岗岩主要为黑云母二长花岗岩，含锂铍伟晶岩型矿化在空间上与其关系十分密切，野外可见岩体周边发育有含锂铍伟晶岩脉（图 2-57）。

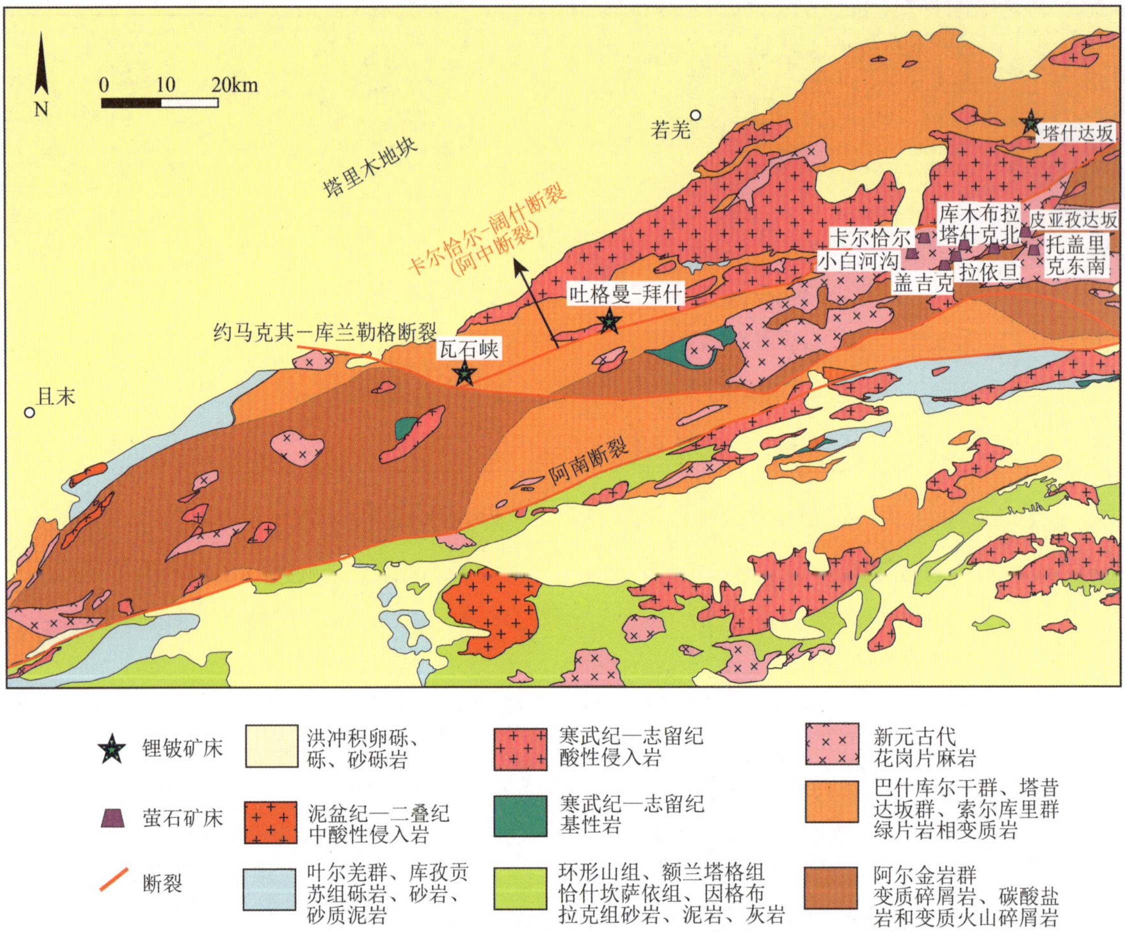


图 2-56 阿尔金西段锂铍、萤石矿产分布图

（据高永宝等，2021）

矿区目前共圈定了稀有金属矿体 65 条，其中锂铍矿体 48 条、铍（锂）矿体 17 条。矿石中稀有金属以 Li、Be 为主，共生 Nb、Ta、Rb、Cs，矿体多呈北东—南西向延伸，呈细脉、透镜状产出，局部具膨胀收缩、分枝复合现象，主要赋存于阿尔金岩群片岩、片麻岩及新元古代片麻状花岗岩等围岩中。锂（铍）矿体主要分布在矿区中东部拜什一带，矿体多呈北东—南西向延伸，主要产出于花岗片麻岩、阿尔金岩群片岩中，矿体长 50~700 m，宽 0.5~24 m，$Li_2O$ 品位 0.5%~6.5%、BeO 品位 0.04%~0.15%。铍（锂）矿体主要分布在矿区西南部吐格曼一带，矿体多呈北东—南西向延伸，主要产出于片麻状花岗岩中，铍矿体长 55~630 m，宽 0.5~6 m，BeO 品位 0.04%~1.78%、伴生 Li、Nb、Ta、Rb、Cs，极个别脉体锂较富集可成铍锂矿体，$Li_2O$ 品位 1.88%~6.51%。

矿石与矿物组合特征：锂（铍）矿石类型主要为含锂辉石钠长石伟晶岩，特征矿物组合为：钠长石+锂辉石，矿石矿物主要为锂辉石、磷锂铝石、铌钽铁矿，脉石矿物主要为石英、钠长石、白云母、石英等，偶见绿色电气石。锂辉石含量达 10%~60%，最大者直径达 50 cm 以上，肉眼未见绿柱石，但部分样品中 BeO 品位大于 0.04%，镜下可观察到微米级绿柱石与锂辉石伴生。矿石结构有花岗结构、伟晶结构及交代残余结构等，矿石构造有块状构造、脉状构造、条带状构造、斑杂状构造等。

铍（锂）矿体矿石类型主要为含电气石-绿柱石-钾长伟晶岩。特征矿物组合为：黑色电气石+钾长石+绿柱石，矿石矿物主要为绿柱石，基本不含锂辉石，脉石矿物主要为钾长石、石英、白云母、黑色电气石等。矿石结构有花岗结构、伟晶结构及交代残余结构等，矿石构造有块状构造、脉状构造、条带状构造、斑杂状构造等。

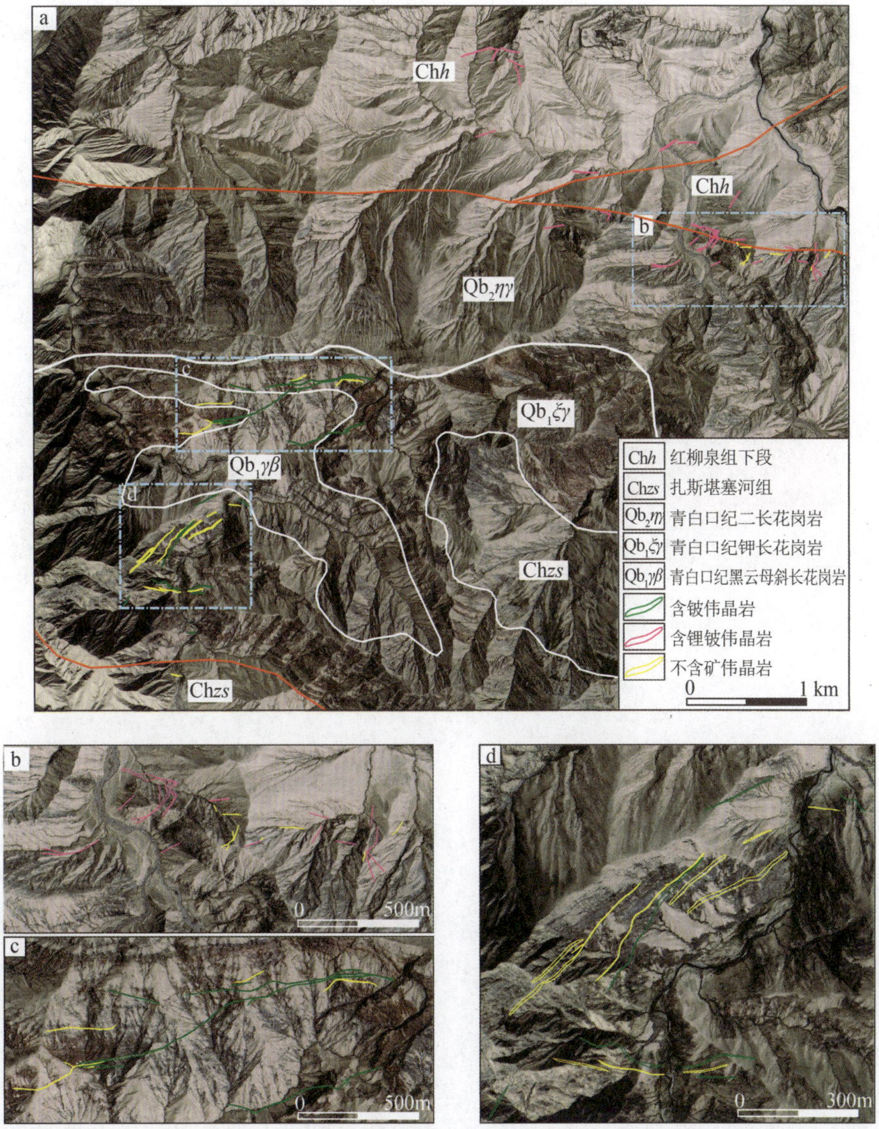


图 2-57 吐格曼锂铍稀有金属矿床遥感解译伟晶岩脉分布图

（据 Gao et al.，2021）

（3）成矿机制和成矿模式

阿尔金西段伟晶岩型锂铍稀有金属矿床，是在早古生代碰撞背景晚古生代—中元古代古老地壳物质发生重熔，古老基底阿尔金岩群中锂铍平均含量分别为 28.38×$10^{-6}$、2.96×$10^{-6}$，形成富含锂、铍的酸性花岗质高温岩浆，区域锂铍成矿岩体黑云母花岗岩 Li 含量普遍大于 50×$10^{-6}$，Be 含量普遍大于 5×$10^{-6}$，均明显高于地壳克拉克值，岩浆经过高度分异演化，依次形成了黑云母花岗岩→二云母花岗岩→白云母花岗岩→花岗伟晶岩，形成典型的“花岗岩树”，成矿元素进一步富集。且区域稀有金属矿化种类具有分带特征，从吐格曼→拜什→瓦石峡南的矿化类型演化：Be（Li）→Li（Be）→Li。吐格曼矿区发育丰富的绿柱石，特征矿物组合为：黑色电气石+钾长石+绿柱石；拜什矿区发育丰富的锂辉石，特征矿物组合为：钠长石+锂辉石；瓦石峡南矿区发育丰富的锂云母。结合区域稀有金属成矿特征及各矿区的主要矿化类型，建立区域花岗岩-伟晶岩锂铍系统成矿模型（图 2-58）。

（4）找矿标志

赋矿地质体标志：花岗伟晶岩脉是赋存锂铍等稀有金属矿的最重要载体，尤其是花岗岩体周边的伟晶岩脉，若在锂铍化探异常高值内，成矿可能性很大。

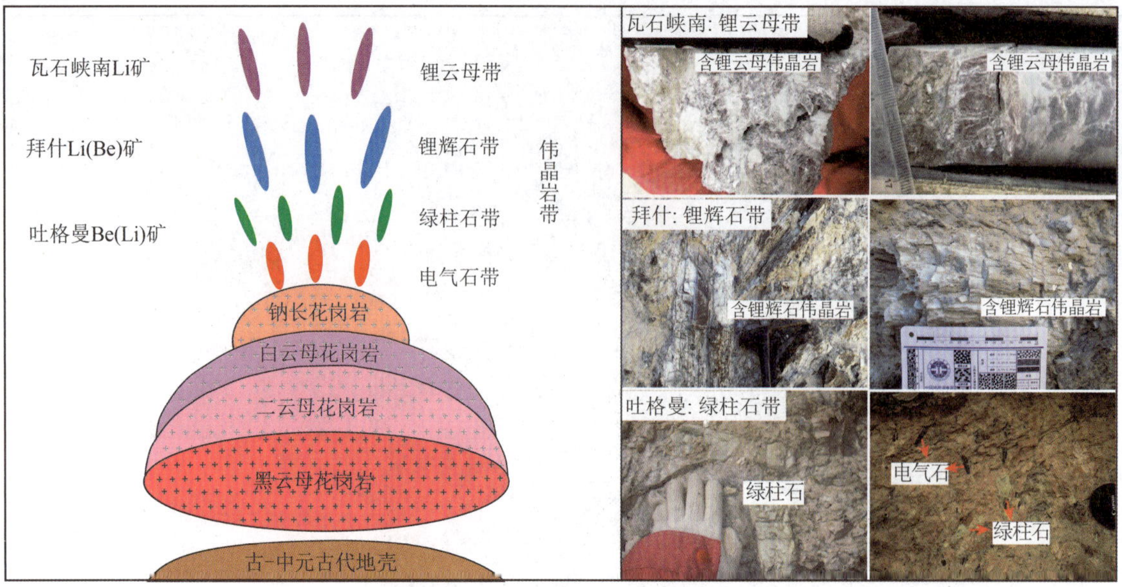


图 2-58　阿尔金西段伟晶岩型锂铍稀有金属矿床成矿模式图

地层标志：区内伟晶岩矿床主要产于元古宙云母石英片岩、片麻岩中，尤其赋存于北东向断裂带两侧韧脆性变形的云母石英片岩段，对区内含矿花岗伟晶岩脉的形态、规模及其展布具一定的控制作用。

构造标志：锂铍矿主要呈北东向带状分布于区域性大断裂两侧片岩、片麻岩段。北东向区域性断裂及其派生的北东、近东西向等次级断层，对区域含锂铍等稀有金属的伟晶岩脉形成具有重要的控制作用，提供了含矿热液运移通道和赋存空间，是区内含矿伟晶岩脉的重要控矿和容矿构造。

岩浆岩标志：早-中奥陶世黑云母（二长）花岗岩及其高度分异演化形成的二云母花岗岩、白云母花岗岩等与区域伟晶岩型锂铍成矿关系密切，锂铍矿主要分布于岩体外接触带附近断裂构造活动较发育的地段，成矿岩体属于碰撞环境古老地壳重熔形成的 S 型花岗岩。

矿化蚀变标志：锂、铍的主要赋存矿物分别为锂辉石、绿柱石，伟晶岩脉内肉眼可见的锂辉石、绿柱石是寻找锂、铍等稀有金属矿的直接标志。钠长石化、钾长石化、硅化、云英岩化等发育地带是寻找含矿伟晶岩脉的好场所，其中 Li 矿化与钠长石化关系十分密切，Be 矿化与钾长石化关系十分密切。

地球化学标志：Li、Be 化探异常是寻找锂铍稀有金属矿的重要条件，尤其是分布在 Li、Be 异常内的伟晶岩脉，具有很大的成矿可能性。

遥感影像标志：花岗伟晶岩脉在遥感影像上呈白色色调，呈现不规则的线段、带状影纹特征，有少量铁染、羟基异常。母岩黑云母二长花岗岩在遥感影像上呈灰白色色调，块状影纹特征。断层在影像上呈线性分布，地貌一般为负地形，断层两侧影像上的色调一般差异明显。

#### 10.2.2 卡尔恰尔萤石矿

（1）区域地质特征

区内出露地层主要为古元古界阿尔金岩群、中元古界长城系巴什库尔干岩群、蓟县系塔昔达坂岩群、新元古界索尔库里群。赋矿围岩主要为黑云斜长片麻岩、大理岩等富钙岩系，成矿与肉红色碱长花岗岩具有密切关系。区内断裂由北至南有卡尔恰尔-阔什断裂、盖吉勒断裂、约马克其-库兰勒格断裂、阿其克断裂（图 2-59）。围绕区域深大断裂广泛分布次级断裂，主要以北东—近东西向为主。卡尔恰尔-阔什断裂呈北东东向，东西向延伸大于 70 km，呈明显带状，卡尔恰尔超大型萤石矿、小白河沟萤石矿即与该断裂及其派生的众多次级断裂关系密切。盖吉勒断裂呈北东向，为一南倾的逆断层，与库木塔什、拉依旦北、盖吉克等萤石矿床的形成密切相关。约马克其-库兰勒格断裂总体为北东东向，出露长约 10 km，布拉克北、皮亚孜达坂等萤石矿床的形成与其关系密切。阿其克断裂与托盖里克东南、阿其克南萤石矿床关系密切。目前整个萤石矿带 $CaF_2$ 推断资源量已达 2700 万吨以上、潜在资源 1000 万吨以上，形成我国西部最重要的萤石资源基地。

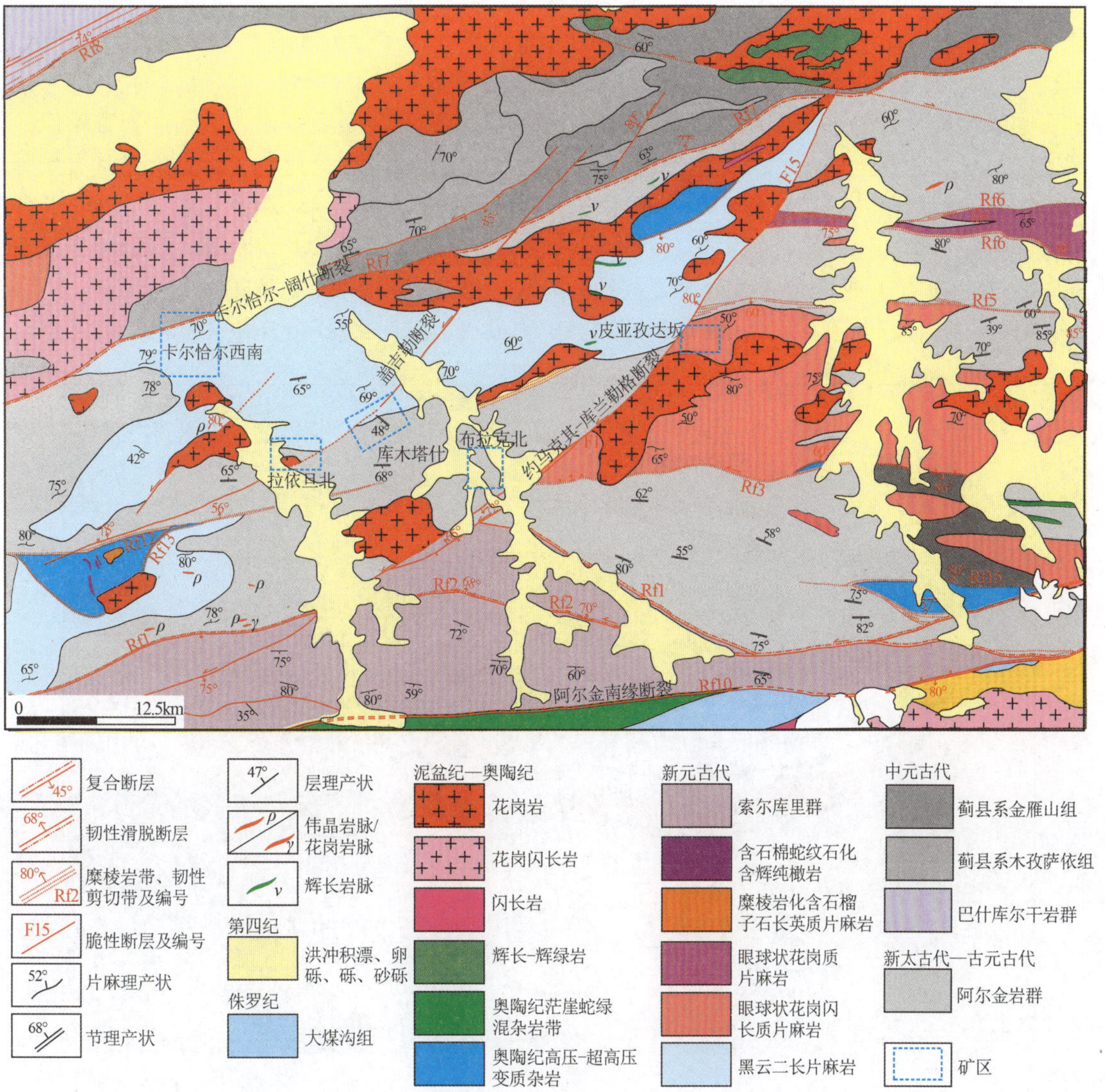


图 2-59　阿尔金西段热液充填型萤石矿分布图

（据高永宝等，2021）

（2）矿床地质特征

卡尔恰尔萤石矿床于 2015 年发现，位于若羌县东南部卡尔恰尔西南约 25 km 处。矿区出露地层主要为古元古界阿尔金岩群（图 2-60），主要岩性为黑云斜长片麻岩，岩层片麻理产状呈南倾，倾角多在 60°~70°之间。矿床位于卡尔恰尔-阔什断裂南侧，其派生的次一级断裂系统对岩浆活动、变质作用及相关矿体分布有明显的控制作用。成矿前以北东向断裂构造为主，其次为北东东向断裂；成矿期断层分布在矿区中部，是重要的控矿构造，总体呈近东西向展布，不规则带状分布，西部发散，往东裂隙系统逐渐收敛，沿构造裂隙充填大量萤石-方解石脉。矿区岩浆岩主要为碱长花岗岩脉和长英质伟晶岩脉。萤石矿化在空间上与碱长花岗岩关系十分密切，与围岩地层接触关系较截然。

矿带长度目前控制近 6000 m，沿走向出露较为稳定，圈定具工业价值的地表矿脉 13 条，多为复脉型矿脉，具有分支复合膨胀收缩特点，控制矿体最大厚度 14 m、最深约 600 m，厚度和品位基本稳定。矿脉地表延伸稳定，倾向北东—北—北西，以缓倾斜矿脉为主，可划分 4 组矿带。Ⅰ矿带为一复合矿脉，以北部断层为界，脉带长 2000 m，西段为缓倾矿脉，东段矿脉变陡，矿脉地表延伸稳定，膨胀收缩变化明显，并在主矿脉南侧大量出现分支矿脉，具有往西发散向东收敛分布特点。Ⅱ矿带分布在矿区中北部，属单脉-复合矿脉，脉带长 2500 m，局部矿脉上部矿段呈孤立的剥蚀“残留体”，受地形影响矿脉东部往南延伸厚度变薄，并逐渐尖灭。Ⅲ矿带分布在矿区中南部，属单脉-复合矿脉，脉带长度 2500 m，具有往西发散向东收敛的分布特点。Ⅳ矿带分布在矿区南部断层北侧，脉带长度 1300 m，地表延续性较好，由众多萤石-方解石细脉构成。

矿石中矿物成分简单，主要是方解石、萤石，少量石英，极少量黄铁矿、黄铜矿和方铅矿；萤石呈两期成矿，早期萤石呈白色、淡绿色，晚期萤石呈淡紫色、紫色、紫黑色，可见紫色萤石矿脉穿插白色萤石矿脉，或紫色萤石矿脉发育于白色萤石矿脉边部；矿石具巨晶-粗晶结构、自形-半自形粒状结构、他形粒状结构、碎裂结构，矿石构造有脉状、条带状、角砾状及块状等。围岩蚀变较弱，主要为碳酸盐化。矿石工业类型主要是 $CaF_2$-$CaCO_3$ 型，少量 $SiO_2$-$CaF_2$-$CaCO_3$ 型，$CaF_2$ 平均品位 33%，探明+控制+推断萤石矿石量 6000 余万吨，矿物量（$CaF_2$）2200 余万吨，达超大型规模。

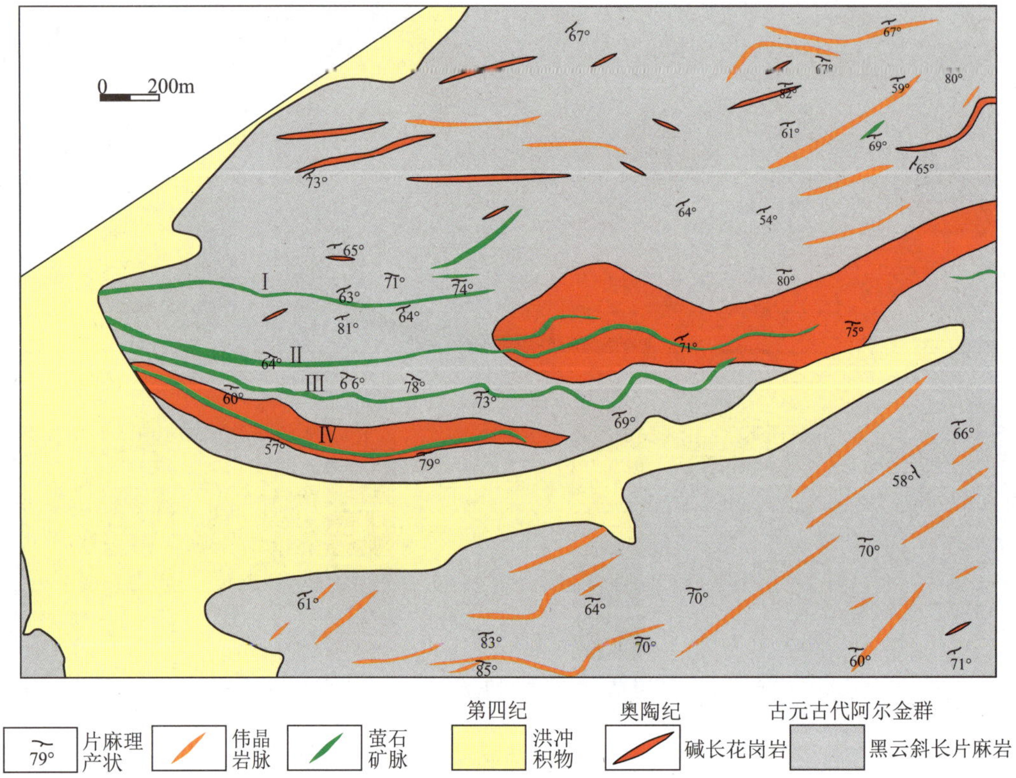


图 2-60 卡尔恰尔超大型萤石矿地质矿产图

（据高永宝等，2021）

（3）成矿机制和成矿模式

萤石成矿过程代表了复杂的地球化学演化过程，根据阿尔金萤石矿带成矿背景、成矿特征等具体情况，建立成矿模式如图 2-61，并将成矿过程概述如下：卡尔恰尔地区晚奥陶世因强烈的拉张作用使幔源岩浆底侵上涌并与地壳发生混合，形成 A 型花岗质岩浆并沿区域性深大断裂上升侵位至浅部地壳，在上侵定位过程中又经历了高度分异演化，成矿元素和挥发分等在岩浆热液中高度富集。富含 F 的岩浆热液沿构造裂隙运移过程中，持续作用于阿尔金岩群黑云斜长片麻岩、大理岩等富 Ca 地层，并将其中 Ca、Mg、Na 等元素不断活化、萃取出来，形成含 F 成矿热液。随后成矿流体可能经历了液态不混溶分异，F 元素发挥重要作用，一方面可作为液态不混溶作用的催化剂，另一方面与成矿元素结合形成配合物，促进成矿元素的迁移。随着热液体系物理化学条件（酸碱性、氧化还原、pH 值等）发生改变，含矿流体运移到适合的容矿环境时，便与围岩作用而发生碳酸盐化，致使含 F 配合物的分解和 $F^-$、$Ca^{2+}$ 等离子的产生，继而 $F^-$、$Ca^{2+}$ 离子结合形成 $CaF_2$（早期白色、淡绿色萤石矿）而沉淀充填于有利的构造裂隙中。之后岩浆期后含矿热液继续沿构造裂隙上升并与断裂和裂隙下渗的大气降水混合，引起流体体系物理化学场的改变，又使大量 F 配合物的分解和 $F^-$、$Ca^{2+}$ 等离子的产生，形成穿插于早期白色萤石矿脉中或边部的晚期紫色等萤石矿脉。

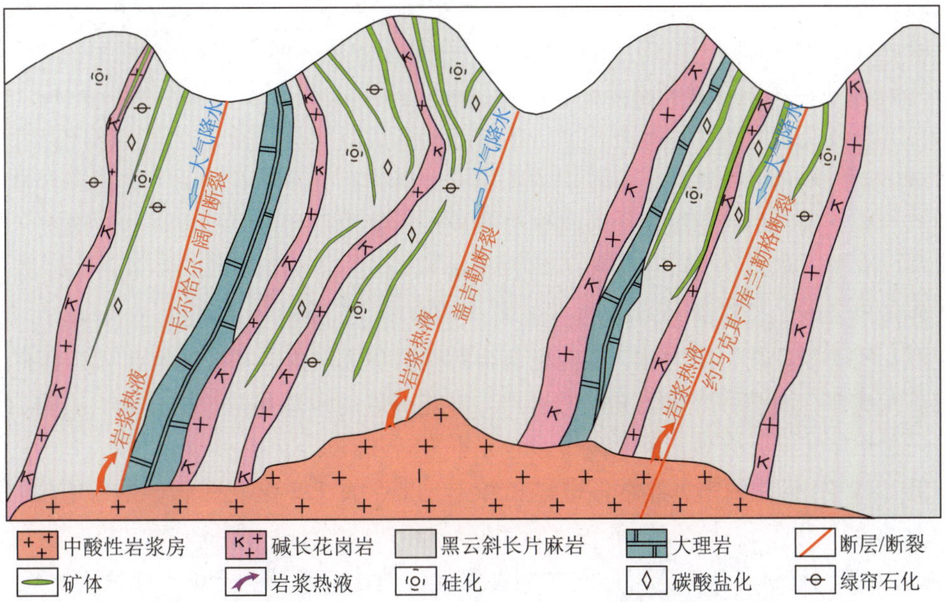


图 2-61　阿尔金卡尔恰尔一带岩浆热液充填型萤石矿床成矿模式图

（4）找矿标志

地层标志：萤石矿对围岩岩性的依赖关系非常明显，矿区内要么发育碳酸盐岩地层，要么岩石富钙质。卡尔恰尔-库木塔什萤石矿带中萤石-方解石脉、萤石构造角砾岩等矿体主要分布在阿尔金岩群 a 岩组变质岩中，该变质原岩为一套火山碎屑-正常沉积碎屑岩、碳酸盐岩建造，赋矿地层分布的变质碳酸盐岩（白云橄榄大理岩）、原变质岩（黑云斜长片麻岩）其钙质丰富，为萤石矿化提供了极其重要的物源基础与成矿前提，间接的指示了找矿的范围，是找矿的重要地层标志。

构造标志：萤石矿明显地受断裂构造控制，断裂提供了热液运移的通道和储集场所。卡尔恰尔一带的萤石矿床在空间上也紧依卡尔恰尔-阔实等区域性深大断裂分布，区域性断裂及其派生的次级断层对区域萤石矿产的形成发挥了重要作用，为萤石创造了有利的构造成矿环境。断裂控制着区内岩浆岩分布、矿化带展布和矿体规模，提供了含矿气水热液运移通道和赋存空间，是区内萤石的重要控矿和容矿构造，是寻找萤石矿的重要部位。

岩浆岩标志：一般与萤石矿化有关的岩浆岩以酸性花岗岩、某些中酸性岩等富硅或钙碱性岩石对成矿有利。卡尔恰尔一带萤石矿体与晚奥陶世肉红色碱长花岗岩具有密切的时空关系，成矿岩体富含 F、Li、Nb、REE 等挥发组分和成矿元素，F 含量达 0.24%～0.28%，为岩浆期后热液型萤石矿床的形成提供了热源和 F 的物质来源。该类高氟岩体是寻找萤石矿的重要岩浆岩标志。

矿化蚀变标志：萤石矿主要产在碱长花岗岩体的外接触带，萤石矿脉两侧发育以低温热液蚀变为主的矿化蚀变，如碳酸盐化、硅化、绢云母化、高岭土化、绿帘石化等，特别是方解石与萤石矿大量共生，碳酸根离子异常等是寻找萤石矿的重要矿化蚀变标志。

化探标志：区内萤石矿与 F 单元素异常套合较好，库木塔什、托盖里克东南、阿其克南、布拉克北、皮亚孜达坂等萤石矿均位于 F 单元素异常内，卡尔恰尔、小白河沟萤石矿位于 F 单元素异常周边，F 单元素异常是寻找萤石矿的化探标志。

遥感标志：遥感可如实显示构造-建造地貌格局，利用遥感高精度图像识别萤石主要控矿因素“碱长花岗岩脉+北东向断裂+碳酸根离子异常”，叠加套合 F 化探异常情况可迅速圈定重点工作区。在处理后的高分遥感影像中碱长花岗岩脉色调为肉红色，北东向条带状展布，周边围岩为黄色、蓝褐色色调，两者差异明显。对 Landsat8 提取碳酸根离子异常，能够宏观地圈定遥感找矿靶区。

**10.3 成矿作用**

吐格曼锂铍稀有金属矿区与成矿有关的黑云母花岗岩的成岩年龄为 490~475 Ma，成矿年龄为 472±6 Ma（Gao et al.，2021），徐兴旺等（2019）获得吐格曼矿区含矿花岗伟晶岩锆石 U-Pb 年龄 460±4 Ma；李杭等（2020）获得吐格曼矿区含矿伟晶岩脉中锡石 U-Pb 年龄 468±9 Ma，表明阿尔金西段锂铍等稀有金属成矿时代为中奥陶世。含矿伟晶岩形成时代与黑云母花岗岩体成岩时代相近，且含矿伟晶岩脉体周边均见发育有黑云母花岗岩，稀有金属矿体分布于花岗岩外接触带约 0.1~4 km 范围内，表明二者具有紧密的时空联系。区域锂铍等成矿元素的初始来源，也许与该区古元古代—中元古代的古老基底有关，阿尔金岩群中锂铍平均含量分别为 $28.38\times10^{-6}$、$2.96\times10^{-6}$，较高于地壳克拉克值，成矿岩体黑云母二长花岗岩 Li 含量普遍大于 $50\times10^{-6}$，Be 含量普遍大于 $5\times10^{-6}$，均明显高于地壳克拉克值。奥陶纪花岗岩体为锂、铍等稀有金属矿富集成矿提供了矿源和矿质，具有区内伟晶岩型锂铍矿成矿专属性。锂铍稀有金属成矿母岩黑云母花岗岩的地球化学数据显示，其具有钙碱性-高钾钙碱性、弱过铝质特点，强烈富集大离子亲石元素 Rb、Ba、Th、U、K，而 Nb、Ta、P、Ti 明显亏损，具有较低 ΣREE、轻微的铕负异常，富集轻稀土元素，属于 S 型花岗岩。锆石 Hf 同位素分析结果显示，$\varepsilon_{Hf}(t)$ 为-38.02~-13.5，$t_{DM2}$ 为 2.41~3.82 Ga，为元古宙陆壳重熔的产物（Gao et al.，2021）。区域已发现的锂铍矿均产于奥陶纪中酸性侵入体外接触带及构造活动较发育地段。吐格曼一带区域岩体出露情况良好，可见黑云母花岗岩体边部出露二云母花岗岩，二云母花岗岩与白云母（钠长）花岗岩密切接触，并发育有花岗伟晶岩脉，具有黑云母花岗岩→二云母花岗岩→白云母花岗岩→花岗伟晶岩的序列特征，表明其可能形成于连续的结晶分异作用。岩石元素地球化学数据显示，岩浆演化过程中黑云母花岗岩→二云母花岗岩→白云母花岗岩→花岗伟晶岩，$FeO_T$、$Al_2O_3$ 的含量随着 $SiO_2$ 含量升高出现明显下降，呈显著的负相关关系，而 $K_2O$ 含量随着 $SiO_2$ 含量升高出现明显升高，微量元素 Rb、Li、Be 均随着 $SiO_2$ 含量升高出现明显升高，呈显著正相关关系，说明岩浆演化程度逐步增高，显示了从黑云母花岗岩→二云母花岗岩→白云母花岗岩→花岗伟晶岩有连续分异演化、逐渐过渡的特征，说明岩浆体系经历了较为完全的分离结晶作用，而锂铍等稀有金属是在高度分异演化的晚期成矿。

阿尔金西段岩浆热液充填型萤石矿区与成矿相关的碱长花岗岩锆石 U-Pb 测年获得年龄 450~456 Ma，与萤石矿物紧密共生的磷灰石 U-Pb 年龄为 448±27 Ma，表明萤石矿形成时代为晚奥陶世。萤石、方解石单矿物的稀土元素配分曲线特征与碱长花岗岩、地层变质杂岩（黑云斜长片麻岩）较相似，均表现为右倾型的 LREE 富集型，表明萤石、方解石的稀土可能继成了岩体、地层的稀土配分模式。在 Tb/Ca-Tb/La 双变量关系图上，样品点均落在热液成因区域，表明阿尔金萤石矿是岩浆热液作用的产物。在 La/Ho-Y/Ho 双变量关系图上，可看出各萤石矿区的萤石、方解石呈水平展布，表明该区萤石矿的成矿流体来自同一成矿流体，且几乎是同期成矿。对萤石矿床流体包裹体研究，在测温过程中可观察到代表沸腾现象的共存富气相和含子晶多相包裹体组合，说明成矿过程中存在沸腾或流体不混溶作用，可能是矿石沉淀的一个重要机制。同时，卡尔恰尔萤石、方解石矿物包裹体 H-O 同位素测试，显示样品均落入岩浆水与大气降水线之间，表明成矿流体可能来源于岩浆水与大气降水的混合热液（吴益平等，2021）。区域成矿碱长花岗岩体属高氟岩体，即其 $w(F)>0.1\%$，可为萤石成矿提供氟物质，萤石赋矿地层具有一定选择性，主要为阿尔金岩群中的黑云斜长片麻岩、碳酸盐岩等富钙质岩系。因此，认为成矿主要物质 Ca 元素可能主要是由岩浆热液对地层的淋滤萃取而来，而 F 元素则可能主要来源于岩浆热液。

## 五、扬子板块

### 11. 扬子古陆块边缘震旦纪—志留纪沉积成矿作用

#### 11.1 成矿时空分布

早古生代中国南方锰矿床，主要形成于被动大陆边缘裂陷拉张盆地的滨浅海海域半局限及滞流环境次稳定建造中，在大陆架区的台沟、凹槽中成矿，在深浅海、半深海海域或海槽地区一般多为矿化，也有形成矿床的，其形成与海底火山活动有关，成为海相内源外生沉积矿床。下寒武统邱家河组，分布于陕西汉中-四川平武一带，典型矿床如汉中天台山、四川马家山；中奥陶统磨刀溪组，分布于湘中一带，典型矿床如桃江响涛源；上奥陶统五峰组，分布于川西一带，典型矿床如汉源轿顶山（图 2-62）。南秦岭成矿带锰矿赋存于下寒武统，其中中型矿床 1 处（天台山），小型矿床 4 处（胡家湾、哑姑山、三岔子、横现河），已探明储量近 1000 万吨。天台山、胡家湾至三岔子一带含锰地层为下寒武统塔南坡组，不整合覆盖于前寒武系的绿泥石云母石英片岩之上，由碳质泥灰岩、碳质页岩、磷块岩、磷锰矿、含锰灰岩及碳酸盐岩组成。从剖面层序上看，锰矿与磷矿之间由于沉积时间及环境不同，常形成独立矿层。

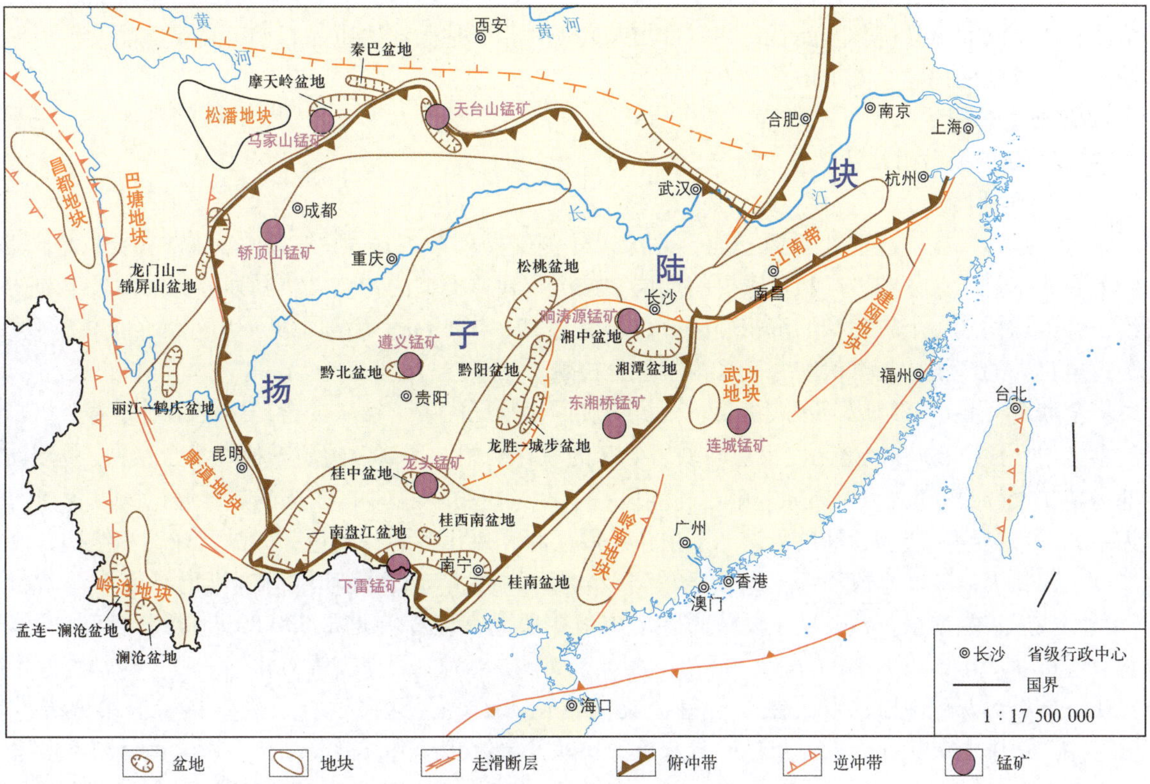


图 2-62 古生代扬子陆块周缘典型海相沉积锰矿床分布图

（据中国冶金地质总局，2019）

南秦岭成矿带，北起陕西西乡富水河，向南东经陕西紫阳、四川万源、重庆城口、陕西镇坪，进入湖北省竹山、竹溪一带，延伸长度达到 300 余千米，矿带规模大。目前，在该成矿带中发现不同规模的毒重石、重晶石矿床/点 70 余个；锰矿产地 16 余处。根据矿床中重晶石、毒重石含量高低，可将该成矿带分为两个亚带：毒重石成矿亚带主要分布于红椿坝-曾家坝深大断裂以北寒武系洞河群下部鲁家坪组含碳硅岩建造中。矿床以毒重石矿石为主，重晶石矿石所占比例较少（大都低于 10%）。典型实例有黄柏树湾、瓦庙、庙子、巴山等毒重石矿床。重晶石成矿带主要分布于红椿坝-曾家坝深大断裂以南，沿平利、武当与牛山古陆边缘广为分布的寒武系洞河群、志留系含碳硅岩建造中。矿床中重晶石矿石占绝对比例，仅少数矿床中含少量（所占比例低于5%）毒重石矿石、钡解石矿石。典型实例有石梯、神河、水坪、良田垭、弯沟、茨沟、羊尾等重晶石矿床。这些毒重石、重晶石矿床，在空间表现出既共生又分离的分布规律，但二者均与一套含碳的硅岩建造密切相关。

扬子地台寒武纪海相沉积矿床分布广，矿种多，主要有磷、锰、重晶石、钒和铝土矿，铁、多金属、煤、粘土类和盐类矿床也分布较广。

扬子地台寒武纪磷矿床主要有两个含磷层位：下寒武统梅树村阶下部中谊村段、下寒武统梅树村阶上部筇竹寺组八道湾段。下寒武统梅树村阶下部中谊村段层位磷矿广泛分布于上扬子准地台，已发现磷矿产地200余处，矿床集中分布在云南东部，四川的峨眉、马边、雷波地区以及贵州西部，称为川滇黔聚磷区。著名的矿床有云南安宁磷矿、五星磷矿、晋宁磷矿、贵州织金新华磷矿，其规模均达超大型。下寒武统梅树村阶上部筇竹寺组八道湾段（牛蹄塘组下段或荷塘组下段），该层位磷矿主要分布于下扬子准地台，主要在湖南、湖北等省，磷矿产地星罗棋布，均为小型矿床或矿点。磷矿层顶板黑色页岩中普遍伴生有Mo、Ni、V、U等金属含矿层（商朋强，2018）。

加里东旋回的早期寒武纪是中国沉积型重晶石矿床的一个重要的成矿时代。已知产于下寒武统底部的沉积重晶石矿床的探明储量，占中国重晶石总探明储量的60%左右。扬子地台重晶石矿床成矿时代为晚震旦世—早寒武世，常形成大型、特大型单一重晶石矿床。典型矿床有扬子板块北缘陕西石梯重晶石矿、湖北随县柳林重晶石矿，雪峰山基底逆冲带天柱大河边重晶石矿、贡溪重晶石矿，华夏地块闽西南坳陷的福建永安李坊重晶石矿等。

## 11.2 典型矿床

### 11.2.1 陕西天台山磷锰矿

（1）矿区地质特征

天台山磷锰矿在构造上处于扬子地台北缘，外侧秦岭褶皱系康县-略阳华力西期褶皱带中段南缘。下寒武统是矿区分布最广和最重要的地层。按沉积建造类型的特点，将其划分为塔南坡组和药王殿组，各组均构成一个较完整的沉积旋回。总厚度为221~1059 m。底部常见一层红褐色的铁锰物质，似为古风化壳的产物。与下伏前寒武系为不整合接触。

塔南坡组（$\epsilon_1 t$）：组成下寒武统第一个沉积旋回，是区内磷、锰矿的含矿层位，划分为3个岩性段。第一岩性段（$\epsilon_1 t^1$），是区内工业磷块岩矿床的赋存层位。下部由碳质千枚岩及含锰白云岩组成，上部为磷矿层，总厚度为0~65 m。第二岩性段（$\epsilon_1 t^2$），是矿区工业锰矿床的赋存层位，以含锰白云岩为主，下部夹锰矿层。含锰白云岩，灰白色中厚层状，风化后为棕褐色，微晶及球粒状结构，块状构造，表面具刀砍纹。本段局部夹绢云千枚岩及含锰千枚岩，向西泥质成分逐渐增高变为泥质白云岩，且千枚岩夹层增多。锰矿层主要分布在塔南坡矿段灵官垭背斜北翼50~80勘探线之间。矿体呈层状及透镜状产于本段下部，分上、下两个矿层，以下矿层为主。地表为氧化锰矿石。深部为原生碳酸锰矿，矿石为灰色中厚层状，主要含锰矿物为锰白云石、含锰白云石及硫锰矿等。第三岩性段（$\epsilon_1 t^3$）为薄-中厚层状白云岩。灰色、青灰色，块状及层纹状构造，微晶结构，以含锰低或不含锰和夹灰白色钙质石英岩条带为特征，可与第二岩性段（$\epsilon_1 t^2$）相区别。主要矿物成分为微晶白云石（80%~96%，个别可达99%），石英（1%~10%），其次为绢云母、黄铁矿、碳质、方解石等。该岩性段顶部，在猫儿寺沟及个别钻孔中见有结晶灰岩，为灰-深灰色，薄-中厚层状，细-中晶结构，击之具臭味。该岩性段底部与第二岩性段之间普遍夹1层含碳绢云千枚岩，厚度最大约20 m，且其间夹有较多的黑色硅质岩条带或薄层。

药王殿组（$\epsilon_1 y$），由碎屑岩和碳酸盐岩组成下寒武统第二个沉积旋回，据岩性特征划分为4个岩性段，各段之间均为整合接触。主要为层状石英岩夹绢英片岩、含石榴子石片岩、白云岩条带或透镜体。第三岩性段（$\epsilon_1 y^3$）是区内石英岩矿的含矿层位，石英含量达98%~100%，$SiO_2$含量一般在96%~98%之间，局部含黄铁矿和绢云母，厚度为40~350 m。该组岩层总厚度为885 m。

（2）矿床地质特征

天台山锰矿为一磷锰共生矿床。锰矿体赋存于下寒武统塔南坡组第二岩性段（$\epsilon_1 t^2$）含锰白云岩的底部，是磷矿层的顶板，其分布范围大体与磷矿体相一致。矿石类型以沉积碳酸锰矿为主，矿体呈层状或透镜状产出，层位较稳定。具有工业意义的锰矿体地表出露于塔南坡矿段灵官垭背斜北翼 66~80 勘探线之间，依据矿体在剖面中赋存的位置，可分上、下 2 个矿层，分别编号为 MnⅡ-1、MnⅠ-1 矿体。其中 MnⅡ-1 矿体为低磷锰矿，位于 MnⅠ-1 矿体之上的含锰白云岩中，两矿体相距 0.37~7.22 m，在 73 勘探线以东矿体较完整，延续性较好，呈层状产出，以西变化较大，呈透镜状产出。MnⅠ-1 矿体为高磷锰矿，直接位于磷矿体之上，或被 0.17~10.48 m 的含锰白云岩及夹磷条带的碳质千枚岩隔开，在 73 勘探线以东矿体较完整，延续性较好，呈层状产出，以西变化较大，呈透镜状产出。

碳酸锰矿石的主要矿石矿物为锰白云石，含锰白云石、硫锰矿。矿石结构主要有晶粒状结构、球粒状结构、交代结构、固溶体分解结构。矿石构造主要有块状构造、层状（条带状）构造、浸染状构造、叠层状构造、胶状构造。从构造类型看，碳酸锰矿石以沉积作用形成的构造为主，热液作用的构造次之。区内锰矿按矿石组成矿物的含量和组构特征的不同，可分为原生碳酸锰矿和次生氧化锰矿两类，后者是由前者经地表氧化而成的。

（3）成因机制

天台山锰矿的成因类型属于浅海相受变质沉积型碳酸锰矿床。是产于白云岩、白云质灰岩中的碳酸锰矿床。

### 11.2.2 四川马家山锰矿

马家山锰矿床位于四川省平武县县城 115°方位平距约 38 km，行政区划属平武县南坝镇管辖。

（1）矿区地质特征

主要出露有前震旦系（中元古界蓟县系、新元古界青白口系）、南华系、震旦系、寒武系、奥陶系、志留系、泥盆系等地层（图 2-63）。区内寒武系只有下寒武统，划分为邱家河组和油房组，其中邱家河组为重要的含锰地层。

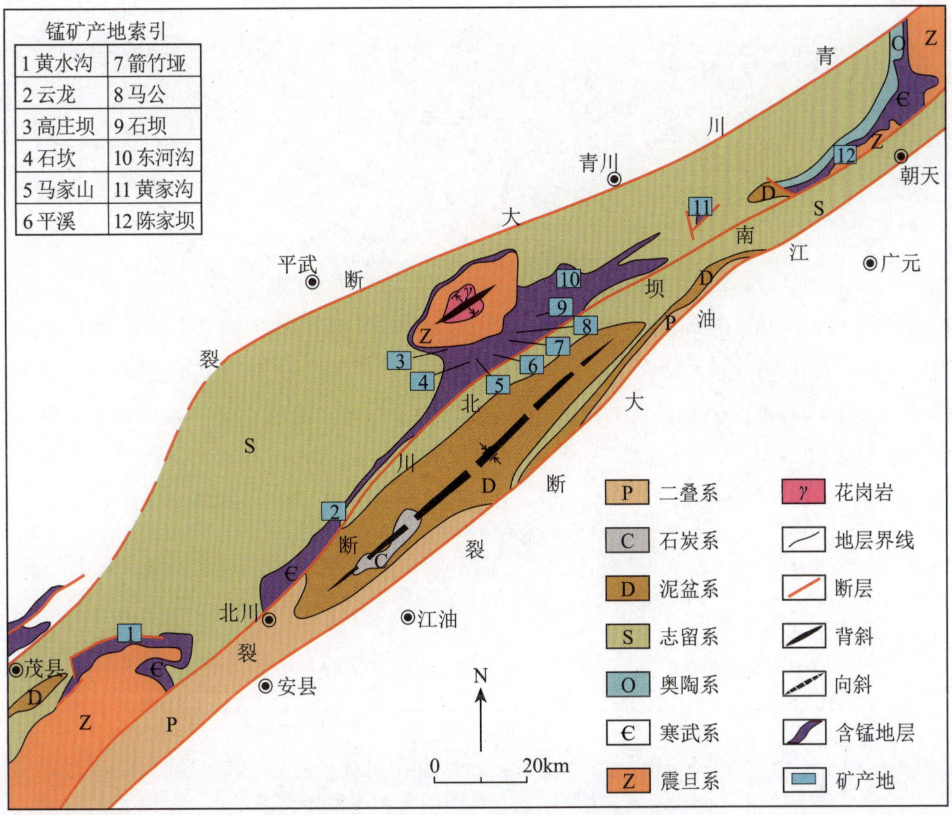


图 2-63 四川茂县-朝天区域地质略图

（据四川省冶金地质勘查局，2012）

邱家河组（$\epsilon_1 q$）为区内锰矿、磷矿赋存层位，因断裂破坏多出露不全。总体呈北东—南西向狭长带状展布，分布在四川、陕西、甘肃三省交界的后龙门山一带，包括四川省茂县、北川、平武、青川、广元、朝天等，陕西省的宁强、汉中等也有分布（宽川铺组或塔南坡组）。为一套黑色含锰硅质岩系，薄层至中厚层状，因遭受后期区域构造的作用，岩石多已浅变质。岩性主要由褐灰色千枚岩、绢云千枚岩→棕黑色、深灰色硅质板岩夹泥质灰岩（或硅化灰岩）→棕黑色、黑色含在碳质板岩→黑色含锰炭硅质板岩夹锰矿层（矿层顶部为黑色含铁锰薄层硅质岩）组成，出现3或4个韵律式互层，同时有3~4个锰矿层分布。

轿子顶背斜南翼地段出露厚度大（青川、平武两县之交界地段），为154.23~508.82 m，与上覆、下伏地层呈整合接触关系。为碎屑岩-硅质岩建造，浅海-半深海相沉积（缺氧环境）。该组在碳板岩、含锰碳硅质板岩中含有锰矿层，且尚伴生有钴、铀、镍、钒、铜、锌等多金属，并在局部地段硅质岩中含磷较高或富集成磷块岩结核。组内未采获化石，根据岩性特征和层位推测或可与筇竹寺组及麦地坪段大致对比，其时代属早寒武世早期。

（2）矿床地质特征

马家山锰矿床产于下寒武统邱家河组黑色含锰碳硅质板岩内。Ⅰ号矿体大致沿陶坪山至龙王包山脊两侧的包包上、岭后头、陶坪山、杨柳垭一线分布，受褶皱龙王包-陶坪山向斜控制、呈近似圈闭状，北西被走向北东的$F_{12}$断层向南西错断出区外，总体呈层状、似层状产出。出露标高1260~1595 m，呈南东—北西向层状展布，南西翼倾向北东、北西翼倾向北西，倾角4°~21°。矿体长度约3500 m，宽约200~1000 m，厚度为0.84~2.60 m，平均厚度为1.63 m；Mn含量12.81%~31.84%，平均值为21.56%，为普通锰矿（图2-64）。

图2-64　四川平武县马家山锰矿床地质略图

（据四川省冶金地质勘查局，2012）

1—下寒武统油房组；2—下寒武统邱家河组；3—上震旦统水晶组；4—下震旦统蜈蚣口组；5—地质界线；6—实测、推测断层及编号；7—产状；8—锰矿体及编号

Ⅱ号矿体与Ⅰ号矿体大致平行、空间上位于其之下，分布于仓子山、吴家山、张家山、石板坡一带，受龙王包-陶坪山向斜控制，呈半圈闭状出露，西端南翼被$F_{11}$错失、北翼被$F_{13}$错动，北西角被$F_{12}$错失。出露标高1200~1565 m，呈南东—北西向分布，南西翼倾向北东、北西翼倾向北西，倾角10°~28°，矿体长约4800 m，厚度为1.30~2.54 m，平均厚度为1.90 m；Mn含量12.62%~34.49%，平均值为20.78%，为普通锰矿。

Ⅲ号矿体沿山脊的两侧分布于马家山东侧、长河里、杨家山一带，呈层状、似层状产出，北东被$F_4$错失；出露标高1190~1330 m，走向北东，倾向北西或南东，倾角14°~32°。矿体长约900 m，厚度为1.40~2.91 m，平均厚度为2.35 m；钻孔控制最大斜深约350 m；Mn含量16.26%~33.26%，平均值为22.26%，为普通锰矿。

Ⅳ号矿体与Ⅲ号矿体大致平行分布，并位于其之下，分布于马家山、高家磨、猫儿洞一带，呈半圈闭状出露，层状、似层状产出，北东被$F_4$错失。矿体出露标高1145~1280 m，呈南东—北西向似层状产出，走向北东，倾向北西或南东，倾角6°~35°。矿体长约950 m，厚度为1.86~2.70 m，平均厚度为2.33 m；Mn含量16.54%~33.08%，平均值为22.66%，为普通锰矿。

矿石矿物原生矿为钙菱锰矿（约60%）、菱锰矿、锰白云石及少量锰方解石，氧化矿主要为软锰矿、硬锰矿（大于50%），尚见水锰矿、褐锰矿等。脉石矿物方解石、白云石、石英，少量碳质、磷质物、黄铁矿（褐铁矿）等。

（3）成矿机制与成矿模式

经晋宁、澄江构造运动之后，上扬子陆块处于相对稳定的时期，震旦世开始接受海相沉积，在川、滇、黔、陕、鄂、湘广大区域形成了一个浅水碳酸盐台地。四川省在麦地坪组沉积时期、筇竹寺组沉积时期，明显地继承着灯影晚期沉积特点，随着大规模海进，台地范围逐步缩小。龙门山北段在邱家河组沉积时期，处于上扬子板块北部边缘与北侧摩天岭古陆结合部位的坳陷带，沉积环境受到此环境的控制，在晚震旦世碳酸盐岩沉积基础上，沉积了一套以碎屑岩为主夹碳酸盐岩，因沉积海域此时锰质含量高，在有限的区域内形成了锰矿。该区以及相邻的地区是我国此时期成锰的主要区域。

根据天台山锰矿、马家山锰矿含矿层的岩石、矿石特征看，扬子地台北缘寒武系邱家河组锰矿属胶体化学沉积、生物-胶体化学沉积作用形成的矿床。成矿过程同样经历了沉积成矿、成岩成矿阶段。成矿作用分为：①陆源区含锰高的岩石或矿床的风化、剥蚀，即形成含锰风化带（壳）阶段；②含锰物质的搬运、沉积，包括陆源锰质、海源锰质（可能来自地壳深部的火山活动）的运移，即矿源层的形成阶段；③成岩过程中铁锰质的迁移、富集，即矿体的形成阶段，从矿床的特征分析主要是成岩成矿作用；④成矿后地表次生富集阶段。矿床锰矿石既有原生锰矿石，也有氧化锰矿石，氧化锰矿分布于各个矿体的地表，原生锰矿石则分布于深部。天台山锰矿的锰、磷矿层互生，矿石高磷，后期受变质特征鲜明。

### 11.2.3 湖南响涛源锰矿

湖南响涛源锰矿区位于桃江县城，是湖南省优质锰矿石的重要生产基地，包括木鱼山、南石冲、斗笠山和黑油洞等4个矿段。

（1）矿区地质特征

区内出露地层由老至新依次出露有奥陶系、志留系及泥盆系。其中奥陶统磨刀溪组为该区的含锰地层，呈弧形分布，总体方向为南北向。

下奥陶统白水溪组（$O_1b$）主要由深灰色及灰绿色页岩和条带状页岩组成。泥质结构，薄层状构造，主要成分为泥质。桥亭子组（$O_1q$）为粉砂质板岩，纹层清晰，浅灰、灰色，变余泥质结构，板状构造，具密集弯曲状细条带，主要成分为泥质、粉砂质，含少量星点状黄铁矿，局部富集呈团块状。中奥陶统磨刀溪组（$O_2m$）为含矿岩系，层位稳定。在以往的地质工作中，将中奥陶统划分为磨刀溪组（$O_2m$）和胡乐组（$O_2h$），在实际工作中，由于胡乐组厚度只有0至数米，不稳定，同时两组界线并不明显，因此合并统一为磨刀溪组（$O_2m$）。上段岩性为粘土岩、下段为黑色页岩，碳酸锰矿及含锰灰岩赋存于黑色页岩中。磨刀溪组上段（$O_2m^2$）：岩性为一套灰绿色粘土岩，贝壳状断口，具球状风化特征，厚层状，泥质结构，块状构造，主要矿物：粘土矿物，岩石致密坚硬，硅化强烈，主要为弥漫型硅化作用。磨刀溪组下段（$O_2m^1$）：是勘查工作的重点对象，岩性为含碳质页岩夹碳酸锰矿层或锰灰岩，底部为条带状黑色页岩。岩石以层内发育水平层理为特征。上奥陶统五峰组（$O_3w$）：含碳质页岩、硅质页岩，灰黑色、泥质结构，板状构造，主要成分为泥质、碳质、硅质等，岩石较为坚硬，小刀刻不动，含少量黄铁矿，多以星点状赋存于板理之间，夹浅灰色泥质条带，条带宽 5~30 mm 之间，多见于中下部。底部有一层同生砾岩，砾石为粘土岩、灰岩、硅质页岩等。

矿区构造比较复杂，褶皱、断裂均较发育，褶皱构造占主导地位。区内构造以褶皱为主，区内褶皱构造主要为六通公向斜、梅岭仑向斜、斗笠山向斜、黑油洞背斜和下岩洞背斜（图 2-65）。

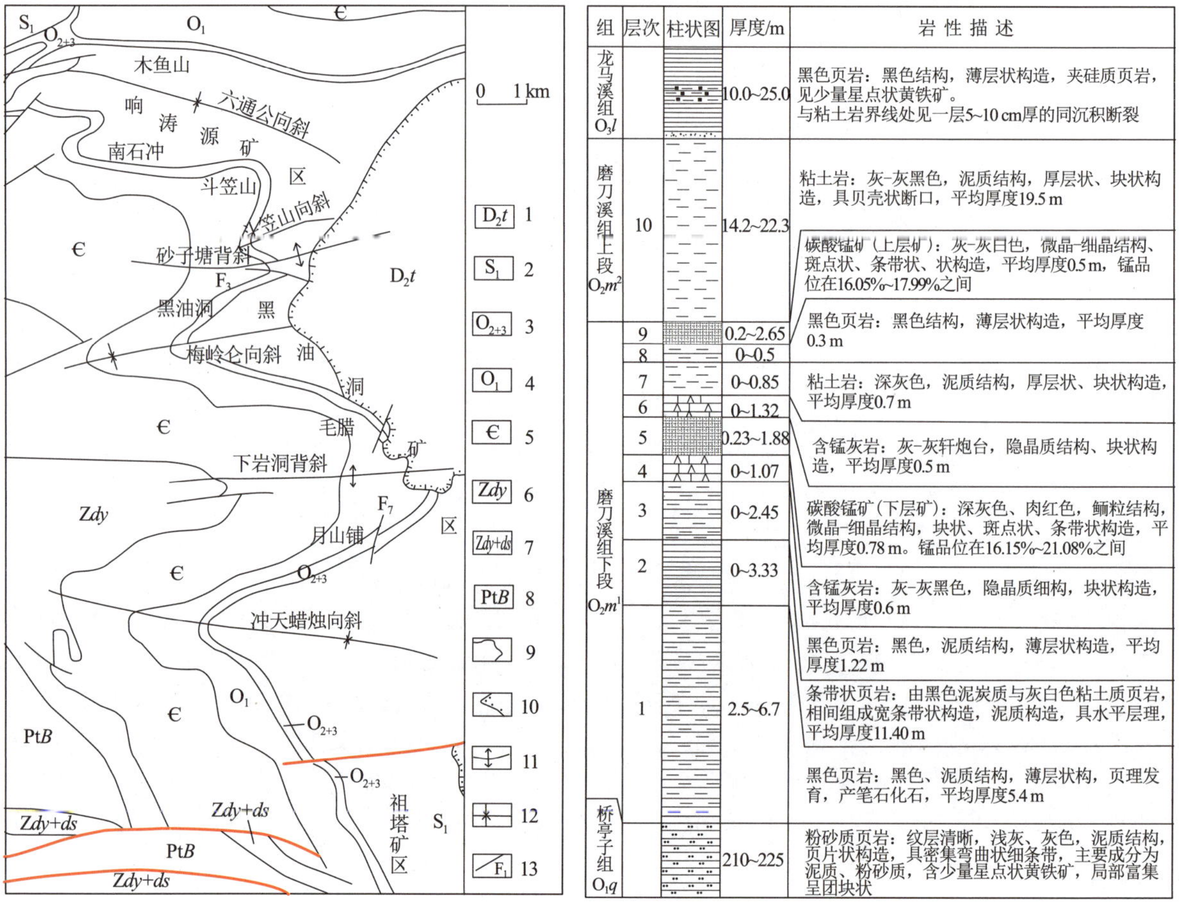


图 2-65　湖南桃江县响涛源锰矿地质及综合柱状图

（据中国冶金地质总局湖南地质勘查院，2008）

1—中泥盆统跳马涧组；2—下志留统；3—中、上奥陶统；4—下奥陶统；5—寒武系；6—震旦系灯影组；7—震旦系灯影组+陡山沱组；8—元古宇板溪群；9—地层界线；10—不整合接触面；11—背斜构造；12—向斜构造；13—断层构造

（2）矿床地质特征

响涛源锰矿区共分为 4 个矿段，木鱼山矿段位于六通公向斜北翼，南石冲段位于南石冲向斜以南，斗笠山段位于斗笠山向斜之内，黑油洞矿段位于黑油洞向斜部位，响涛源矿区矿体总体受北北西向同生断陷槽控制，成矿后受褶皱构造影响，矿体总体呈北北西向展布。

矿体呈层状、似层状，在空间上有较好的连续性，有稳定的下矿层（主矿层）和上层矿。矿层产状与地层产状一致，受褶皱控制，随褶皱形态变化而变化。矿层大都发育有正粒序层理，偶见逆粒序层理，水平层理及斜层理。

下层矿是主矿体，在全区均有分布，露头总长达 11000 m，分布于响涛源矿区内 4 个矿段，矿层层位稳定，厚度一般为 0.23~2.44 m，平均为 0.82 m，厚度变化系数为 58.21%，品位变化系数为

35.28%，矿体在垂直方向上赋存部位一致，其上下均为含锰灰岩，矿层赋存于含锰灰岩之间。矿区北部，即木鱼山段和南石冲段，矿体走向近东西向。木鱼山段倾向南，倾角由浅至深，由陡变缓，地表倾角为32°~65°，深部为1°~56°，南石冲段总体倾向北，倾角为15°~38°，局部存在小的背、向斜褶皱。走向延长1650 m，倾向延伸最大2700 m，贯穿整个六通公向斜；矿区东部，即斗笠山段，矿体走向近南北向，倾向东，走向延长1950 m，倾向延伸最大390 m。

上层矿仅在南石冲、木鱼山及斗笠山段均可见，木鱼山段、南石冲段主要分布在10线~16线间，走向延长680 m，倾向延长1700 m，木鱼山段和南石冲段相连；斗笠山段主要分布33线~19线间，走向延长560 m。矿层厚度0.45~0.81 m，平均0.63 m，厚度变化系数为53.5%，品位变化系数为38.58%，含锰评价品位18.94%。矿层产状与下层矿一致。矿体形态呈似层状，由灰色条带状碳酸锰矿和由红色碳酸锰矿相间互层构成，上层矿不稳定，向东、西相变为粘土岩。

（3）成矿机制

早奥陶世，在扬子陆块东南缘向海一侧的斜坡上，由于同生断裂的拉张，形成相对沉陷较深的长条状地堑凹地。至中奥陶世，区域拉张逐渐转化为挤压，但在过渡阶段仍有间歇和局部的引张环境存在。因此，湘中地区原生的地堑式凹地得以继承发展成浅海陆棚边缘海盆内的拉张裂谷盆地。锰的成矿作用与湘中欠补偿边缘海拉张裂谷盆地的缺氧环境和藻类生物参与成矿作用有关。而锰矿石中的$\delta^{13}C$值（-14.5‰和-24.6‰）以及偏低的有机碳含量（0.3%），可能反映矿区的碳酸锰经历了沉积-早期成岩（硫酸盐还原作用）阶段。

### 11.2.4 陕西石梯重晶石矿

（1）矿区地质特征

陕西石梯重晶石矿床大地构造位于南秦岭裂谷带，属海相沉积矿床，含矿岩系为海相碳硅质岩-碳酸盐岩建造，成矿时代为晚震旦世—早寒武世，含矿地层为上震旦统—寒武系鲁家坪组中段（$Z_2$—$\epsilon l_1^2$），地层产状倾向30°~50°，倾角45°~65°。

重晶石含矿层为二个岩性层。$Z_2$—$\epsilon l_1^{2-1}$ 薄层碳硅质岩夹绢云石英片岩、石英绢云母片岩透镜体，XⅢ号重晶石矿体，偶夹结晶灰岩、变质石英砂岩透镜体。地层厚度沿走向变化明显：陈家沟以西厚度大，162.8 m，陈家沟-魏家山较稳定，厚度37.2~57.4 m，魏家山以东厚度大（124.3 m）。在王河沟水库排洪渠边，本层与下覆相变过渡接触，是矿区含矿层之一。

$Z_2$—$\epsilon l_1^{2-3}$ 由薄层碳硅质岩组成，但在丁家沟以西厚度较大，含矿性较好，且夹两层较稳定的含碳绢云母石英片岩，故细分为三层。

第一层薄层碳硅质岩和板状含碳板岩互层，夹绢云母石英片岩透镜体、Ⅳ号重晶石矿体。顶部有一层含碳绢云母石英片岩，底部偶夹条纹状薄层胶磷矿。厚度在上湾（Ⅳ号矿体出露部位）最大117.2 m，向西减小到34.3 m，向东减小到46.6 m，是矿区主要含矿层。第二层薄层碳硅质岩夹Ⅱ、Ⅴ、Ⅵ、Ⅺ等十二个重晶石矿体及变质石英砂岩、斜钡钙石岩透镜体。顶部有一层含碳绢云母石英片岩，西部夹砂质白云岩、砂质灰岩透镜体。厚度45.9~73.7 m。是矿区最主要的含矿层。第三层薄层碳硅质岩和碳板岩互层，顶部夹XⅫ号重晶石矿体，砂质白云岩和斜钡钙石岩透镜体。厚度49.3~11.61 m。是矿区含矿层之一。

丁家沟以东含碳绢云母石英片岩在走向上和含碳石英岩呈相变过渡，三层则合为一层。丁家沟以东地层厚度96.5~124.4 m，岩性较单一，以薄层碳硅质岩为主，夹砂质白云岩透镜体和厚度一般小于1 m的Ⅹ、Ⅶ号等八个重晶石矿体。

区内断裂构造发育，共有7条断裂，分为两组，一组为早期顺层逆断层，另一组为后期平移正断层。$F_1$~$F_5$为顺层逆断层，倾向向北，倾角为45°~80°，破碎带宽几米到十余米，对矿体破坏作用不大。$F_6$、$F_7$为平移正断层，倾向北西，倾角为57°~87°，破碎带宽1~2.5 m，对矿体破坏作用大，可见明显的矿体断开现象。

重晶石矿体呈层状，局部分岔，层位稳定，与围岩呈整合过渡关系，产状一致，倾向为30°~50°，倾角为45°~60°，共有22个矿体，工业主矿体9个：工业主矿体长115~1370 m，已控制最大延深 50～500 m，厚度 1.00～5.22 m。矿石平均品位：$BaSO_4$ 为 56.44%～87.56%、$BaCO_3$ 为 0.33%～12.36%。在工业矿体中，Ⅱ号主矿体规模最大，Ⅲ、Ⅳ、Ⅴ、Ⅵ、Ⅺ号矿体规模次之。矿石结构以细-粗晶结构为主，次为颗粒支架结构、充填胶结结构，可见少许不等粒结构；矿石构造以块状构造为主、条带状、纹层状、层状、平行状次之，其他少量。

（2）成矿机制和成矿模式

晚震旦世以来全球海平面上升，在扬子陆块及邻区白水江-神河陆缘裂陷带，晚震旦世—早寒武世沉积了一套富含有机碳、黄铁矿并有黑色页岩、硅质岩和碳酸岩组成的黑色岩系，特别是早寒武世黑色岩系不但空间分布广，而且富含磷、钒、钡、铁、铀、镍、钼等元素，已知一些大、中型的层状重晶石矿床分布在扬子地台北缘南秦岭地区，毒重石矿床仅限于北大巴山一带。矿层主要赋存在下寒武地层黑色硅质岩和黑色页岩中。研究表明，重晶石中的硫（$\delta^{34}S$）高于一般 30‰，在矿床中有的达到 65‰，说明硫经过硫酸盐还原细菌的作用，属于海水中残留下来的硫酸根，所以比同期海水中更富集硫。形成毒重石和钡解石的碳为有机成因。重晶石和毒重石的含矿岩系特征反映了早寒武世该区普遍为缺氧环境。

与海底火山活动关系密切，火山岩中钡元素含量较高。区内 4 个含矿层，在矿体沉积前夕均有火山活动，为成矿提供钡质来源。主要含矿层 $Z_2—\epsilon l_1^{2-1}$、$Z_2—\epsilon l_1^{2-3}$ 火山活动较强烈；主含矿层 $Z_2—\epsilon l_1^{2-3}$，在矿体沉积前火山活动也较强烈，使含矿层钡元素富集成矿。受浅海过渡相控制。此相由火山岩、含碳硅质岩组成，重晶石矿体夹在含碳硅质体中，呈层状、透镜状产出。当沟槽相向沙坝相过渡，出现泥质砂岩、粉砂泥岩时，矿体即尖灭。如石梯矿区西，汉江出现沙坝相，无重晶石矿沉积；青山沟矿点东，石三寨出现沙坝相，也无重晶石矿沉积。

重晶石矿体沉积在北西西相沟槽中，但在矿体最富集的部位同时叠加了北北东相小盆。如石梯矿区 $Z_2—\epsilon l_1^{2-3}$ 含矿层等厚线长轴呈北西西向延展，但 0～Ⅶ号勘探线间的最佳地段，同时叠加了北东 42°方向的小盆。

含矿层物质沉积时，沟槽发生下陷。沟槽的不同部位下陷幅度不同，形成了一系列小型下陷盆地，盆地中心是成矿最佳部位。在主含矿层 $Z_2—\epsilon l_1^{2-3}$ 中有店子沟-刘家梁、神河街-阳坡盆地，在主含矿层 $Z_2—\epsilon l_1^{2-3}$ 中有火石垭-北垭沟、北垭沟-张太沟、张太沟-李家沟盆地。这些盆地中心部位沉积了九里岗、金河口、杨家寨、石梯、青山沟等重晶石矿。其成矿模式（图 2-66）。

### 11.2.5 贵州新华磷（稀土）矿

新华磷矿地处贵州省织金县。位于扬子陆块南部被动边缘褶冲带（三级构造单元）的织金宽缓褶皱区的中部，北北东向的清镇-纳雍磷（稀土）磷块岩 Pb、Zn 成矿区内。属沉积型磷（稀土）矿床。

（1）矿区地质特征

矿区出露地层主要有震旦系、寒武系、石炭系等。上震旦统灯影组（$Z_2dy$）灰-灰白色中厚层至块状微至细粒硅质白云岩，产大量藻类化石。厚度大于 100 m。下寒武统牛蹄塘组（$\epsilon_1n$）上部为深灰色中厚泥质灰岩夹薄层钙质页岩，下部为黑色碳质页岩，底部为磷矿层。厚度 15～83 m。明心寺组（$\epsilon_1m$）灰绿色薄层含云母砂质页岩，上部砂质较重，下部化石较多。厚度 0～262 m。石炭系大塘组（C$d$）上段为灰、灰白色块状不等粒灰岩及白云质灰岩夹硅化灰岩，下段为黑色碳质泥岩、泥灰岩夹铝土页岩和灰岩透镜体，厚度为 473 m 左右。石炭系摆佐组（C$b$）深灰色中至厚层燧石灰岩夹硅质、砾状和生物灰岩，顶为白云岩，厚度为 77～264 m。

矿区含磷岩系由上、下两段构成，下段以薄至中厚层状白云质生物屑砂砾屑磷块岩与含磷白云岩的交替沉积为主，含丰富的微生物及带壳小动物化石，为淹没台地生物碎屑滩沉积类型。其底部以砾屑白云岩与下伏灯影组冒龙井段分界，顶部以白云质碳硅质粉屑磷块岩与上覆牛蹄塘组下段分界，厚度 1.47～2.50 m，局部有尖灭现象。上段为含磷黑色粘土岩和粉砂岩，厚度 7.8 m，底部 0.5 m 内含硅质磷块岩结核及似层状透镜体，属开阔海潮下悬浮沉积和滞积类型。

矿区内磷（稀土）矿呈层状、似层状产出。含磷岩系中赋存上、中、下 3 个磷矿层，由南西向

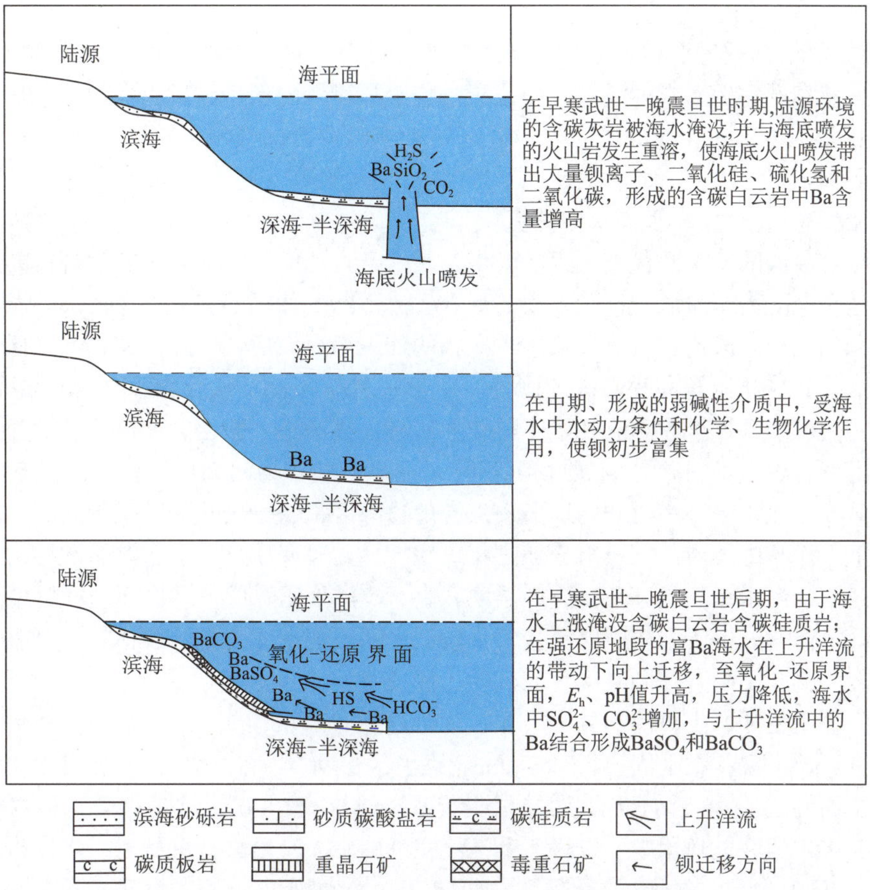


图 2-66　陕西安康石梯重晶石矿床成矿模式图

（据陕西省地质矿产局第七地质队，1984，有修改）

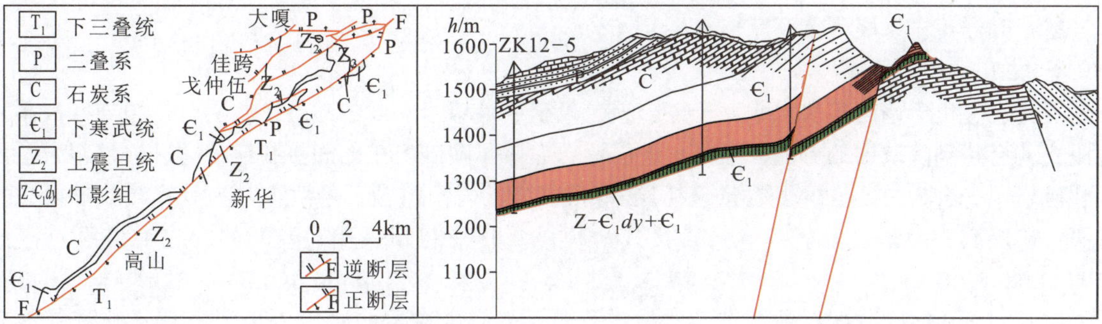


图 2-67　贵州织金县新华磷矿区地质简图及Ⅰ-Ⅰ′地质剖面图

（据王登红等，2017，有修改）

北东共划分为高山、戈仲伍、果化、佳垮-大嘎等 4 个矿段（图 2-67）。上部磷矿层位于含磷岩系上段的底部，为结核状、透镜状硅质磷块岩层，含矿系数为 0.03~0.8，一般为 0.05~0.2。中部为白云质碳硅质粉屑磷块岩层，其厚度变化与上部的结核状、透镜状矿层一样都是由南西向北东变薄，乃至尖灭。下部为白云质生物屑砂砾屑磷块岩与含磷白云岩的薄至中厚层交替沉积，由北东向南西变薄，局部也有尖灭现象。

矿石类型主要有生物屑内碎屑磷块岩、凝胶磷块岩、结核状硅质磷块岩 3 类，以生物屑内碎屑磷块岩质量好，分布于含磷岩系下段。凝胶磷块岩与结核状硅质磷块岩都属泥晶结构的磷块岩，前者呈薄层状、透镜状零星分布于含磷岩系下段，后者分布于含磷岩系上段底部。

（2）成矿机制和成矿模式

织金新华磷（稀土）矿成矿时期为早寒武系梅树村期，贵州梅树早期由于先期环境的继承性，原碳酸盐台地虽被淹没，但多数为浅水，而位于生物碎屑滩区的新华磷矿以潮汐沉积作用为主，新华磷（稀土）矿的形成，除有相应的磷质来源外，还有当时适合的气候、水介质条件等因素的综合作用，经凝结作用-粒化作用-敷淀作用，形成该区厚度巨大的磷（稀土）矿层。因此，该区磷矿矿床成因机制为海相生物-化学沉积型磷块岩矿床。

大洋深处温度甚低的富磷及稀土元素的海水，受上升洋流的影响，伴随着大规模的海侵，由大洋深处逐渐流向地台上陆表海海域，这股强大的上升洋流不断的冲刷陆表海边缘的滨外滩，致使其上没有或很少有沉积物沉积。洋流越过滨外滩进入宽阔的陆表海海域后，由于流速迅速降低导致了在滨外滩的近陆表海域一侧将洋流携带及洋流冲刷外滩所形成的碎屑物质大量沉积下来，是聚磷盆地中粉砂、泥质物的主要沉积区，至此洋流开始变得较为清澈，逐渐进入酸性、还原环境的深水盆地中。在这个盆地中除继续有少量细粉砂屑-泥质物沉积外，主要是硅质物的大量沉积，形成聚磷盆地中主要的硅质岩沉积区。至此，上升洋流开始逐渐进入台地边缘区，由于前几个阶段中碎屑、泥质及硅质物的大量沉积，上升洋流中的磷、钙质组分随之相对增加，此时介质环境也逐渐由酸性向碱性、由强还原向氧化环境过渡，海水深度也逐渐变浅，温度升高，$CO_2$ 分压降低，生物活动开始增加，从而开始逐渐沉积磷酸盐。但这时由于介质中磷酸盐含量较低，还不能形成大量的胶体化学聚沉，而只能以细小的团粒或球粒状凝胶团附着在同时沉积的硅质、泥质物质点上和硅、泥质物同时沉积，海水更浅，温度更高，蒸发作用更强，生物活动急剧增加，这时过饱和磷质的海水，在因蒸发浓缩而盐度增高，介质中卤族元素开始出现，在平潮期相对宁静的环境中，磷元素通过化学性质相对活泼的氟的作用开始与沉积介质中的钙质及 $CO_2$ 结合而大量形成凝胶状磷酸盐-胶磷矿，这是聚磷盆地内磷酸盐的凝聚中心，大量的胶磷矿即在此环境中生成。上升洋流在潮间带大量磷酸盐沉积后，水介质中的物理化学性质迅速改变，pH 值升高，氧化环境增强，盐度更高，碳酸盐含量相对富集。这些高 pH 值，富碳酸盐的海水通过大潮、风暴或毛细作用到达潮上带，经强烈的蒸发而形成以白云岩为主的大量碳酸盐岩，以及其中或可见到重晶石、石膏、石盐假晶等盐类矿物，这是聚磷盆地中最主要的碳酸盐沉积区。至此，上升洋流已到达了海岸边缘，它所携带的沉积物依照粉砂岩、泥岩、硅质岩、磷块岩、碳酸盐岩的上升洋流岩系序列沉积完毕（图 2-68）。

（3）找矿标志

地层标志：由于该区磷块岩赋存于灯影组二段至牛蹄塘组一段的地层中，有灯影组或寒武系出露的地段，就有找到磷矿层的可能，因此，地层标志为该区磷矿找矿的间接找矿标志。岩性组合：由于该区磷矿岩性组合为白云岩-硅质岩-磷矿层-碳质泥岩的岩性组合，岩性组合为其直接找矿标志。矿层露头：矿层露头为该区磷矿找寻的直接找矿标志。开采老硐：开采老硐的存在为该区直接找矿标志。

物探：由于该区磷矿层含铀较高，具一定放射性，有磷矿层露头出露地段，其 $\gamma$ 能谱表现异常带。物探为其间接找矿标志。

化探：在磷矿层露头出露地段，$P_2O_5$ 异常值高。

植被：由于该区磷矿层出露于碳酸盐岩与碎屑岩的接触带附近，在矿层露头附近地段往往生长较高的针叶植被，植被为间接找矿标志。

**11.2.6 贵州大河边重晶石矿**

（1）区域地质特征

大河边重晶石矿位于贵州省东部天柱县与湖南省西部新晃侗族自治县的交界地带。矿区位于上扬子古陆块雪峰山基底逆推带，扬子陆块南部被动边缘褶冲带三级构造单元之万山-蓝田和锦屏-雷山长条状褶皱区。属江南隆起西段 Sn-W-Au-Sb-Fe-Mn-Cu-重晶石-滑石成矿带。区内出露地层主要有上元古界下江群，以及震旦系、寒武系、奥陶系及志留系，累计地层出露厚度逾 7000 m。寒武系约占 30%的出露面积，震旦系、奥陶系及志留系分布较为局限。区内褶曲主要有龙塘背斜、大塘背

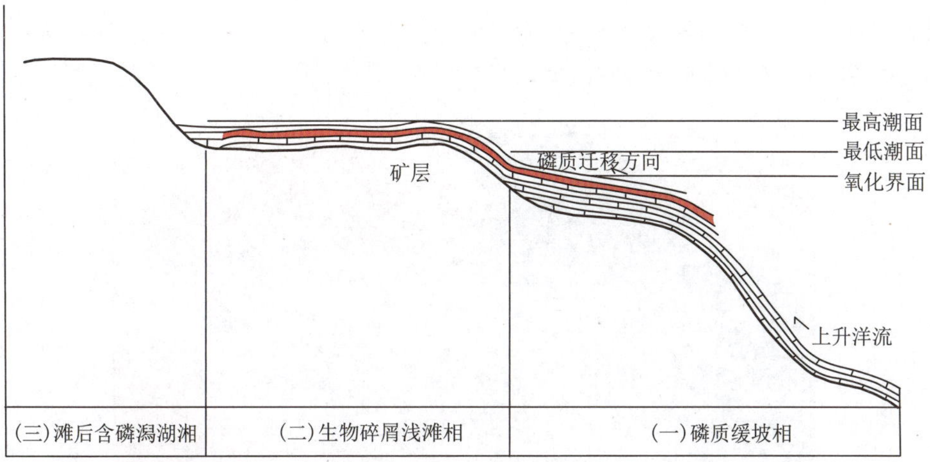


水平分带:

(一)台棚边缘缓坡:

滑塌作用造成沉积物的偏集,能形成一定规模的磷矿床。

(二)生物碎屑浅滩相:

处于较封闭的还原环境内,生物化学作用强烈,为磷矿成矿富集区带。

(三)滩后含磷潟湖湘:

环境初始水体环境,成磷作用较弱。

图 2-68　贵州织金县新华磷矿床成矿模式图

(据冯学仕等,2004)

斜、阳寨-半坡向斜、新场背斜、坪地复式向斜等。区内断裂十分发育。矿区位于坪地复式向斜南东翼中段,总的为一单斜构造,局部发育一系列北东向次级褶曲及压扭性断层,与矿区西部压扭性区域断层 $F_1$ 成锐角相交,构成一个"入"字形构造。矿区出露地层有青白口系、南华系、震旦系、寒武系和第四系。重晶石矿产于上震旦统—下寒武统老堡组含重晶石、硅质岩建造中(图 2-69)。

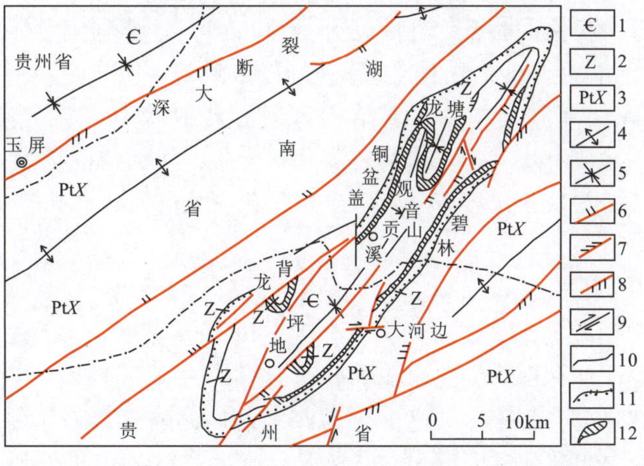


图 2-69　贵州天柱县大河边重晶石矿区域地质略图

(据李文炎等,1991)

1—寒武系;2—震旦系;3—下江群;4—背斜;5—向斜;6—压性断层;7—冲断层;8—压扭性断层;9—平推断层;10—地质界线;11—不整合地质界线;12—重晶石矿层

(2)矿床地质特征

重晶石矿主要赋存于下寒武统牛蹄塘组第一段中,属海相沉积矿床(图 2-70)。主矿层出露于坪地(贡溪)向斜两翼,形态简单,呈层状,产状与围岩一致,同步褶皱,总体走向北东 45°,其倾向在向斜北西翼为南东向，南东翼为北西向；倾角16°~84°，一般为20°~40°；浅部陡，向深部则渐趋变缓。北西翼长12 km，南东翼长4 km，矿层厚度较稳定，主矿层厚一般3~5 mm，平均厚度3.49 mm，在倾斜方向，矿层厚度也略有增厚的趋势。

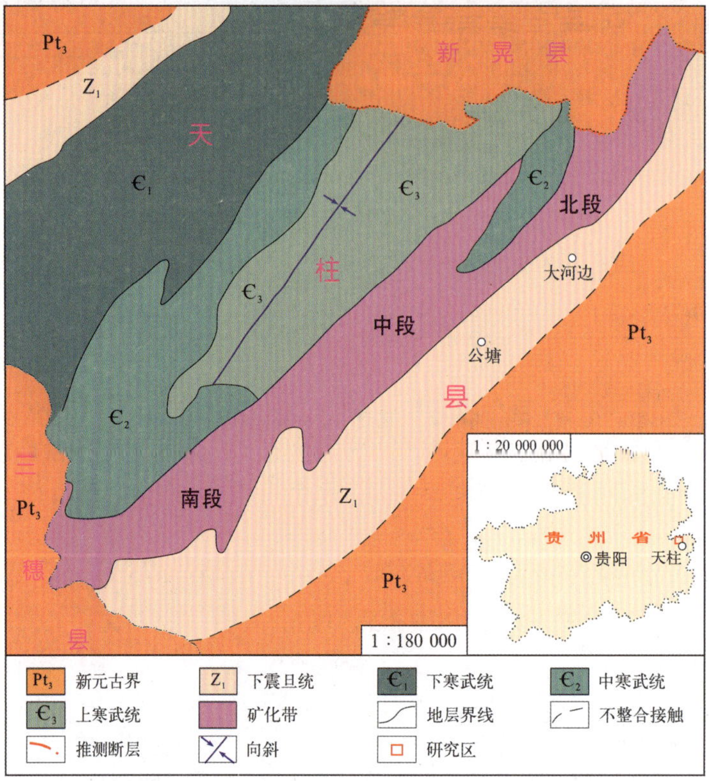


图2-70 贵州天柱县大河边重晶石矿区地质图

（据贵州省地质调查院，2012）

矿石矿物主要为浅灰-灰色重晶石，伴有白云石、方解石、碳质有机质，少量自生斜长石、粘土矿物、黄铁矿等，其含量随矿石类型而异。矿石多为他形-半自形晶，主要结构有粉晶-细晶结构、不等粒变晶结构、花岗变晶结构，次要结构有向心放射状不等粒变晶结构、交代溶蚀结构、条柱状结构等。矿石构造主要有块状、花斑状、溶孔状、条纹状和结核状等，多见块状、花斑状、条纹状三种构造。可将矿石分为块状矿石、条带状矿石、花斑状矿石、溶孔状矿石、结核状矿石等矿石类型。

（3）成矿机制和成矿模式

大河边重晶石矿属沉积型矿床。在新元古代早期，Rodinia超大陆发生裂解，地壳和岩石圈在引张力作用下发生裂陷作用，使深部含钡热水流体被动上涌。

在晚震旦世—早寒武世时，裂陷盆地已演化为深水盆地，随着裂陷作用的继续进行，深部含P、Ba、$H_2S$等组分的硅酸盐热水流体沿同沉积深断裂运移喷溢于深水裂陷盆地中（图2-71）。

当硅酸盐气液热流体与海水相遇时，随物质浓度变化，最先在酸性环境中沉积了硅质岩，依次含磷硅质岩或夹磷结核层、磷块岩等相继沉积。在硅胶凝聚成硅质岩之际释放$Ba^{2+}$于海水中。当溶液由酸性演化至弱碱性的氧化环境时，硅质岩不再沉积，此时$Ba^{2+}$与海水中的$SO_4^{2-}$相遇结合沉淀为重晶石矿层。由于裂陷作用的强烈程度、多期性、间歇性，含矿气液流体的喷溢也呈现出时间长短不一、多期性和间歇性。

**11.3 成矿作用**

由于中国南方特殊的地质发展历史，晋宁运动强烈，褶皱基底之上沉积的是南华系至志留系盖

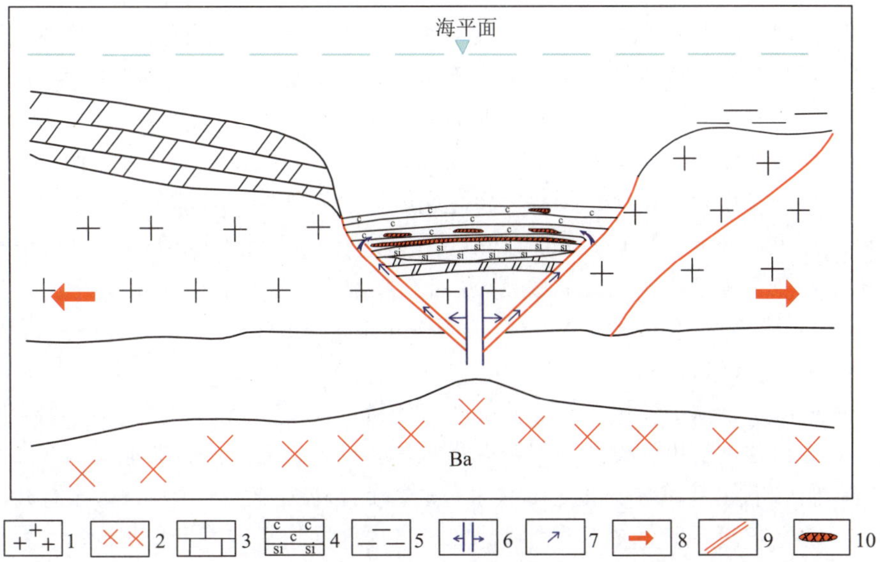


图 2-71　贵州天柱县大河边重晶石矿成矿模式图

（据冯学仕等，2004）

1—大陆地壳；2—地幔；3—陆缘斜坡相碳酸盐沉积；4—裂陷盆地相碳、硅质沉积；5—远岸泥质沉积；6—裂陷盆地核部；7—含钡热水流体；8—拉伸方向；9—同沉积断层；10—重晶石矿体

层，所以习惯把南华系至志留系划作加里东构造层。这个时期的锰矿围绕扬子地块的被动大陆边缘分布。成矿作用则分为 4 个阶段，不同阶段锰的沉积中心和成矿作用强度明显不同。

南华纪，锰的沉积中心位于扬子地块东南缘的湘渝黔交界附近，以及湘中地区，成矿范围较宽，呈面型分布，成矿作用较强，但是有的地段锰磷分异较差。

震旦纪锰的沉积作用中心迁移到扬子地块北缘的川、渝之北至山西南部一带，成矿范围变窄，且呈带状分布成矿作用仍然较强锰磷分离情况欠佳。

扬子地台北缘构造发展控制了陕南-川北锰矿成矿带的整体格局。寒武纪早期平武至城固一带处于南秦岭褶皱带南缘，发育了泥炭质、碳酸盐含矿岩，并相对富磷为特征。上述含锰磷质岩系的发育与中国南方当时整体处于高磷的地史阶段有关。在板块的东南缘，奥陶纪中期在湘中安化-桃江-益阳-宁乡一带的形成的以响涛源矿区为中心的低磷锰矿带为代表，锰矿主要赋存于中奥陶世的磨刀溪组。扬子地台西缘是以川西南汉源轿顶山为中心的中小型优质富锰矿带，锰矿主要赋存于晚奥陶世五峰组。

从广义“震旦”的大塘坡组、湘锰组，到中奥陶统磨刀溪组、上奥陶统五峰组，都属于“含锰黑色岩系”。黑色岩系可以确定与大洋缺氧事件有关，引起大洋缺氧事件的原因，是泛大陆解体和海平面上升。这时的微生物、粘土等低速沉积物可能成为某些金属元素的捕虏体，可以形成金属矿源层。同时，大区域的还原条件，为后期改造矿床提供大范围的地球化学障壁空间。

**12. 右江加里东中期岩浆成矿作用**

**12. 1 成矿时空分布**

早古生代右江褶皱带发育一系列与岩浆作用有关的锡、铜、金矿床，其中典型代表为广西德保县钦甲锡铜矿。

**12. 2 典型矿床**

**广西钦甲锡铜矿**

（1）区域地质特征

德保钦甲铜锡矿床位于华南板块西南缘，在传统大地构造学中属于右江褶皱带南缘。区域内地层从寒武系、泥盆系至二叠系及下-中三叠统均有分布，其中又以中-上寒武统和下泥盆统为主。中-上寒武统的岩性主要为泥岩、砂质泥岩、砂岩及灰岩。区域构造表现为断裂发育，褶皱简单。区内的褶皱构造主要为龙光背斜，轴向NNE—SSW，在其南西端与北西西向大断裂的复合地段，褶皱核部出露较宽，而向北东则逐渐变窄并倾没。规模较大的断裂构造主要为北西西向的压扭性断裂，成组出现，切穿泥盆系以下地层；其次为北北东向和北北西向的压扭性断裂，常被北西西向断裂所错断。区内岩浆活动不强烈，加里东期花岗岩侵入于德保县红泥坡和钦甲背斜轴部；在那坡县西部及靖西市西南部有华力西期—印支期的基性岩。迄今，围绕钦甲花岗岩体已发现中型铜锡矿床一处（德保矿床），小型铜锡矿床一处（建屯矿床）；在外接触带的寒武系内还发现了同德铜锡矿点、百合辉铜矿点、华盖毒砂矿点、那史铅矿点、多隆矽卡岩型磁铁矿点、同德上峒砂金矿点。徐志刚等（2008）认为，德保铜锡矿床属于桂西-黔西南-滇东南北部（右江海槽）Au-Sb-Hg-Ag-Mn-水晶-石膏成矿区。

（2）矿床地质特征

德保钦甲铜锡矿床产于钦甲花岗岩体北侧的外接触带（图2-72）。矿区内出露的岩浆岩为钦甲花岗岩体，岩性主要为粗粒钾长黑云母花岗岩及中粗粒黑云母花岗岩。出露的地层为寒武系及下泥盆统莲花山组、那高岭组、郁江组和塘丁组，其中，下泥盆统莲花山-郁江组为一套碎屑岩，底部为砾岩或含砾砂岩，与下伏之寒武系呈角度不整合接触。矿区内地层较平缓，但断裂构造发育，主要为北西向及北东向。这些断裂可能多为成矿后断裂，对矿体的破坏作用比较明显，多数矿体被断裂切割成菱形块状，在剖面中则呈阶梯状排列。

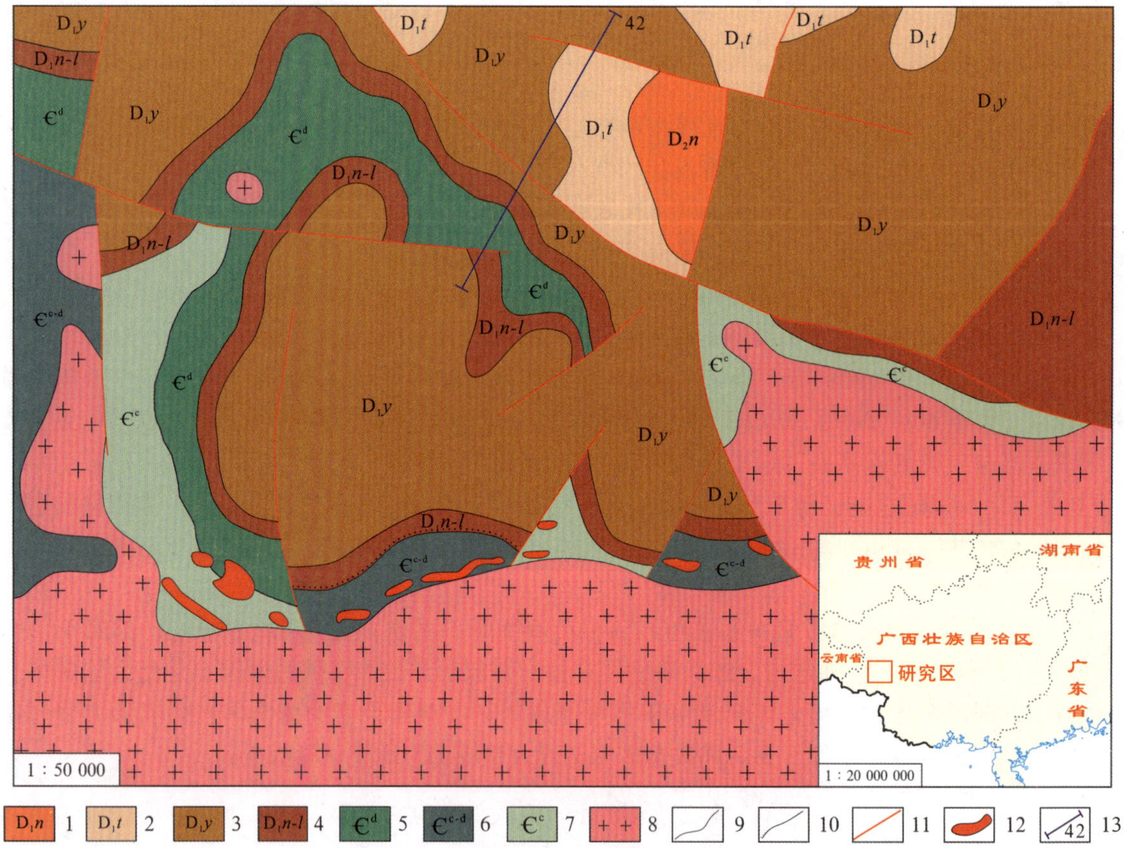


图2-72 广西德保县钦甲铜锡矿床地质略图

（据广西第二地质队，1984）

1—下泥盆统纳标组；2—下泥盆统塘丁组；3—下泥盆统郁江组；4—下泥盆统那高岭组至莲花山组；5—寒武系第四组第一段；6—寒武系第三组至第四组第一段；7—寒武系第三组；8—花岗岩；9—地质界线；10—角度不整合界线；11—断层；12—矿体；13—42号勘探线

矿体主要产于钦甲花岗岩体外接触带寒武系内的矽卡岩中，多呈似层状或透镜状，为主要产出形式，规模大且稳定，少数矿体呈脉状产于断裂带中，规模小且变化大（图 2-73）。

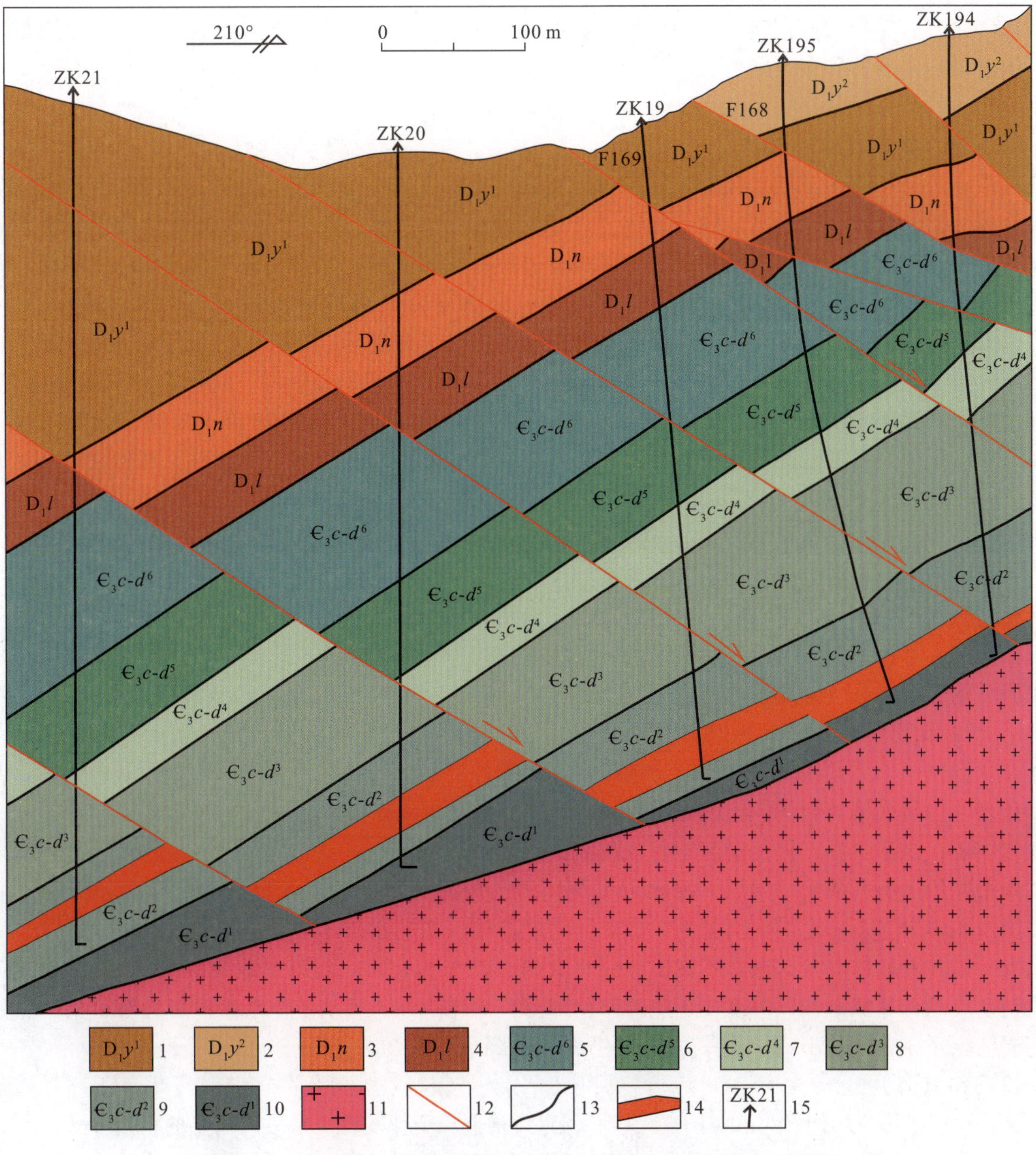


图 2-73　广西德保县钦甲铜锡矿区Ⅷ号矿段 42 号勘探线剖面简图

（据广西地质勘查总院，2008）

1—下泥盆统郁江组第一段灰岩；2—下泥盆统郁江组第二段灰岩；3—下泥盆统那高岭组泥岩；4—下泥盆统莲花山组泥岩；5—上寒武统第三组至第四组第六段；6—上寒武统第三组至第四组第五段；7—上寒武统第三组至第四组第四段；8—上寒武统第三组至第四组第三段；9—上寒武统第三组至第四组第二段；10—上寒武统第三组至第四组第一段；11—花岗岩；12—断层；13—地质界线；14—矿体；15—钻孔

矿石主要呈浸染状、团块状、条带状及角砾状。金属矿物主要为黄铜矿、黄铁矿、磁铁矿、锡石、毒砂、磁黄铁矿，其次为铁闪锌矿、自然金、辉铋矿、辉锑矿、辉钼矿等；脉石矿物主要为阳起石、钙铁榴石、绿帘石、透辉石、绿泥石、石英、方解石、符山石等。黄铜矿呈他形粒状集合体产出，早期与磁黄铁矿共生，晚期与黄铁矿、铁闪锌矿共生，或与辉铋矿共同浸染于脉石中。锡石呈长柱状或针状的自形-半自形及他形晶集合体，多数分布于脉石之间的空隙内，或与其他矿物共生，呈细小的晶体包裹于钙铁榴石、透辉石、阳起石中，有时散布于黄铁矿、磁铁矿、黄铜矿、铁闪锌矿中。辉钼矿主要呈浸染状分布于粗粒钾长黑云母花岗岩中，部分辉钼矿则产在花岗岩中的含铜石英脉内。根据矿物共生组合，其原生矿石主要可划分为4种类型，即，阳起石矽卡岩铜锡矿石、石榴子石矽卡岩铜锡矿石、磁铁矿铜锡矿石和方解石石英铜锡矿石，其中的阳起石矽卡岩铜锡矿石分布最广。

围岩蚀变主要有矽卡岩化、大理岩化、碳酸盐化、硅化和钾（钠）长石化等。其中，矽卡岩化与铜锡矿化的关系最为密切，也是一个重要的找矿标志。

（3）成矿机制和成矿模式

区内岩浆岩种类多，期次频繁，岩体附近围岩遭受程度不同的蚀变，尤以寒武系岩石蚀变更甚，各种金属元素的含量普遍较高。矽卡岩化岩（矿）石中Au、Ag、As、Bi、Sb等微量元素含量明显高于其他岩石，显示矽卡岩化作用是导致该区微量富集的原因。稀土元素的总体特征显示铜矿化与花岗岩的侵入造成的矽卡岩化关系密切。通过流体包裹体研究认为成矿温度介于200℃至300℃。岩（矿）石中$\delta^{34}S$值的大小与离钦甲花岗岩体的远近成正比（张德全，1993）。综上所述，推测该矿床的成矿热液源于钦甲花岗岩浆，在岩浆期后析出，流体并沿断裂上升迁移，选择有利岩层进行交代，属加里东期的岩浆热液交代成因的矽卡岩型铜锡硫化物矿床。矿床辉钼矿Re-Os同位素等时线年龄为445±11 Ma，认为在晚奥陶世—早志留世曾发生过成矿作用（王永磊，2010），辉钼矿中$w$（Re）为$6.064\times10^{-6}\sim42.57\times10^{-6}$，揭示成矿物质可能以壳源为主。

矿区主体构造为以花岗岩为核心的穹窿构造，断裂发育，尤其是北西西向及北北西向和北东东向，多呈大致平行成组出现，而且表现为多期性，间歇性活动。据矿山采场断裂带内矿化显示，在上述几组断裂密布的地段，矿石品位明显增加，尤其赋存有一些高品位致密块状硫化物矿石。上述现象或规律说明，本区断裂虽然不是容矿场所，但成矿过程中可能起到导矿作用，岩体中大量成矿物质和成矿所需的大量热能，均是由断裂输送给成矿岩层的。钦甲黑云母花岗岩呈岩株状产出（面积约45 $km^2$），属加里东期“S”型（壳熔）成因系列花岗岩，侵位于寒武系，泥盆系沉积覆盖其上，接触面波状起伏向四周倾斜。矿体均产于钦甲花岗岩体外接触带寒武系特定层位，有矽卡岩化、大理岩化和角岩化。从矿体与岩体的空间关系来看，钦甲岩体对铜锡矿体起着一定的控制作用。

岩体不仅供给热源，促使围岩中与成矿有关的元素活化，更重要的是它把自身的和沿途攫取来的成矿元素供给了有利成矿的岩层，由此可见花岗岩与成矿关系密切。大量的普查勘探和开拓资料表明，区内矿体分布于一定的标高范围，成矿受深度控制。如铜锡矿体主要分布于200 m标高以上；此标高以下即使有岩体和控矿层也不成矿，仅具微弱的矿化显示（广西第二地质队，1972）。铜锡矿化程度与矿层顶部寒武系残留厚度成正比，厚度越薄，矿化越强。另从矿体水平投影分布可见矿体紧紧围绕岩体附近，也反映出成矿受深度控制的规律（张钊，2017）。

### 12.3 成矿作用

德保钦甲矿田主体构造为以花岗岩为核心的穹窿构造，断裂发育，是成矿的主要构造样式。尤其是北西西向及北北西向和北东东向，多呈大致平行成组出现，而且表现为多期性，间歇性活动。钦甲黑云母花岗岩属数加里东期产物，侵位于寒武系、泥盆系，接触面波状起伏向四周倾斜。矿体有矽卡岩化、大理岩化和角岩化。从矿体与岩体的空间关系来看，钦甲岩体对铜锡矿体起着一定的控制作用。

## 13. 南方早古生代页岩气藏

### 13.1 油气藏时空分布

中国南方早古生代页岩气主要赋存于寒武系牛蹄塘组和志留系龙马溪组，目前中国南方共有4个页岩气田，分别为涪陵页岩气田、威远页岩气田、长宁页岩气田和昭通页岩气田。均位于四川盆地内部，盆地外围也有个别地区有所发现。中石化继焦页1HF井，实现$20.3\times10^4$ $m^3$的突破以来，截至2015年底，累计产气超过$25.00\times10^8$ $m^3$，平均单井日产$30.72\times10^4$ $m^3$，累计提交探明储量$3805.98\times10^8$ $m^3$，成为全球除北美之外最大的页岩气田；中石油在四川盆地长宁-威远共完成钻井92口，单井日平均测试产量超过$14.30\times10^4$ $m^3$，提交探明地质储量$1635.30\times10^8$ $m^3$。除此之外，四川盆地外围也取得了重要发现，中石化在贵州习水的丁页2HF井压裂测试获日产$10.52\times10^4$ $m^3$的工业气流，有望成为继涪陵页岩气田之后的第二个页岩气商业开发基地（翟刚毅等，2017）。

## 13.2 典型页岩气田

### 13.2.1 重庆涪陵页岩气田

（1）气田地质特征

涪陵页岩气田位于四川盆地东部川东隔挡式褶皱带、盆地边界断裂齐岳山断裂以西，行政区划隶属于重庆市涪陵区，气田目前主产气区位于焦石坝构造，地表主要出露三叠系嘉陵江组（图2-74）。焦石坝构造为一个受北东向和近南北向两组断裂控制的轴向北东的菱形断背斜，以断隆、断凹与齐岳山断裂相隔。构造北部为整体隆起的箱状背斜，南部呈两隆两凹格局。主体变形较弱，上、下构造层形态基本一致，即顶部宽缓、地层倾角小、断层不发育，两翼陡倾、断层发育（图2-75）。

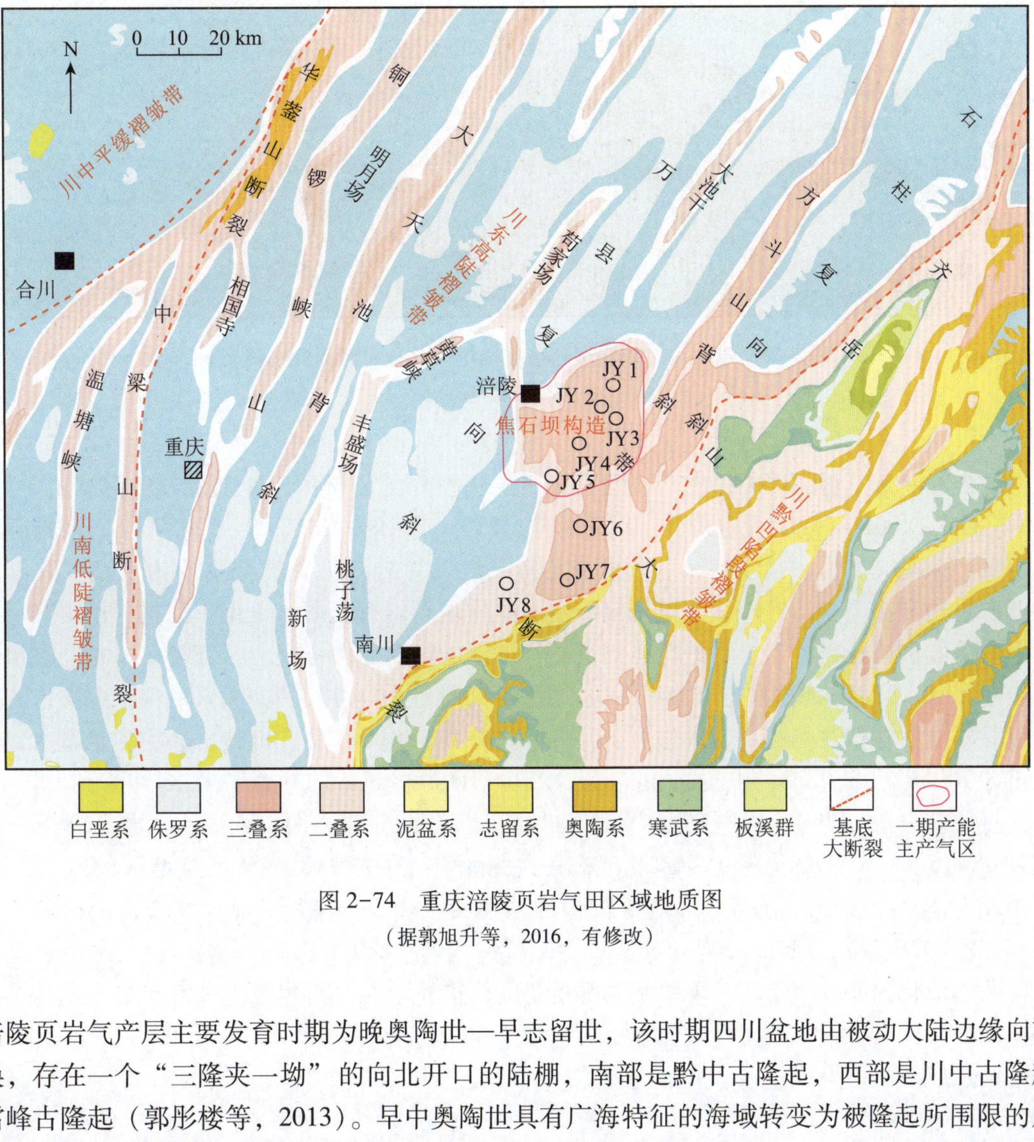


图2-74 重庆涪陵页岩气田区域地质图

（据郭旭升等，2016，有修改）

涪陵页岩气产层主要发育时期为晚奥陶世—早志留世，该时期四川盆地由被动大陆边缘向前陆盆地转换，存在一个“三隆夹一坳”的向北开口的陆棚，南部是黔中古隆起，西部是川中古隆起，东部是雪峰古隆起（郭彤楼等，2013）。早中奥陶世具有广海特征的海域转变为被隆起所围限的局限海域，形成了大面积低能、欠补偿、缺氧的沉积环境。奥陶纪末和志留纪初，发生了2次全球性海侵，形成了四川盆地，其周缘广泛发育的五峰组—龙马溪组页岩。

（2）烃源岩

涪陵气田主要产层为上奥陶统五峰组—下志留统龙马溪组海相页岩，按沉积特征又可分为深水陆棚亚相和浅水陆棚亚相，暗色泥岩厚度大，分布稳定，中间无夹层。气田主力目的层系为五峰组—龙马溪组一段一亚段，岩性主要为灰黑色含放射虫碳质笔石页岩、含碳含粉砂泥岩，泥地比接近100%；富有机质页岩（$TOC \geqslant 1.0\%$）占95%以上。在优质页岩层段大量富集黄铁矿以及硅质放射虫、骨针等化石，说明其是在深水陆棚还原环境下形成的产物（刘若冰，2015）。

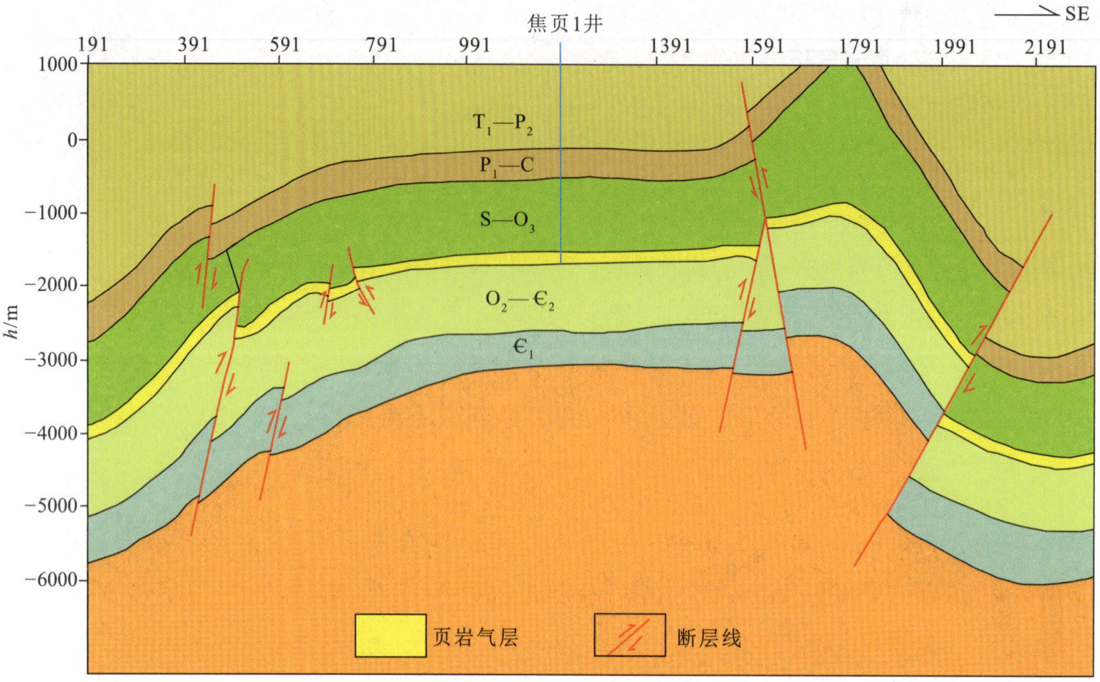


图 2-75　重庆涪陵焦石坝地区五峰组—龙马溪组页岩气藏剖面
（据何治亮等，2017）

有机质类型：焦石坝五峰组—龙马溪组有机质显微组分测定显示，显微组分中腐泥组含量最高，含量在 92.84%~100%（腐泥无定形体 40.27%~71.21%，藻类体 28.79%~52.57%），动物碎屑含量 0%~7.16%，未见壳质组、镜质组和惰质组，龙马溪组烃源岩有机质类型主要为Ⅰ型。其母质来源主要为浮游生物和菌藻类。五峰组—龙马溪组富有机质泥页岩有机质以Ⅰ型干酪根为主。其母质来源主要为浮游生物和菌藻类，这主要是晚奥陶世—早志留世时期，焦石坝地区五峰组—龙马溪组的沉积环境为陆棚环境，那时陆源植物还未大量出现，生物以水生生物为主，具有大量的浮游生物和菌藻类。

有机质丰度：根据对焦石坝地区焦页 1 井等四口井共 345 个样品有机碳含量的测定表明，*TOC* 值主要分布在 0.46%~7.13%，平均为 2.66%。其中 *TOC*≥1.0% 的样品频率高，达到总样品数的 95.1%。五峰组—龙马溪组一段一亚段 *TOC* 值最高，以焦页 1 井为例，五峰组—龙马溪组一段一亚段（2378~2415.5 m）*TOC* 普遍≥2.0%，最高可达 5.89%，平均为 3.56%，而龙马溪组一段二亚段、三亚段 *TOC* 明显变小；龙马溪组一段二亚段 *TOC* 含量介于 0.91%~2.17%，平均为 1.65%；龙马溪组一段三亚段 *TOC* 含量介于 0.55%~3.26%，平均为 1.69%（图 2-76）。

有机质热演化程度：由于缺乏来源于高等植物的标准镜质组，对焦页 1 井五峰组—龙马溪组测定的 9 块样品沥青质反射率，经换算镜质体反射率为 2.42%~3.13%，平均为 2.65%，表明五峰组—龙马溪组进入过成熟演化阶段，以生成干气为主。

（3）储集特征

焦石坝气层主体为硅质页岩和粘土质硅质页岩组合，硅质含量为 31%~72%（平均为 44%），钙质含量为 3%~16%（平均为 8%），总脆性矿物含量为 51%~83%（平均为 66%），总粘土矿物含量为 17%~49%（平均为 30%），具有富硅质、低钙质的基本特征（王玉满等，2016）。

五峰组—龙马溪组优质页岩发育大量呈蜂窝状分布的有机质孔隙，有机质孔对总孔隙度贡献大，占总孔隙的 30%~60%（郭旭升等，2014）；其次，发育少量粘土矿物孔和脆性矿物孔。孔隙度与 *TOC* 呈良好的耦合关系，*TOC* 值越大，有机孔隙越发育，孔隙度也越大，加之其具有明显的亲烃性，因此，这些有机孔隙为页岩气提供了良好的赋存、聚集场所。氮气吸附实验结果表明，涪陵页岩气田五峰组—龙马溪组一段页岩的孔体积为 0.008~0.024 $cm^3/g$，平均为 0.013 $cm^3/g$；平均孔径主要介于

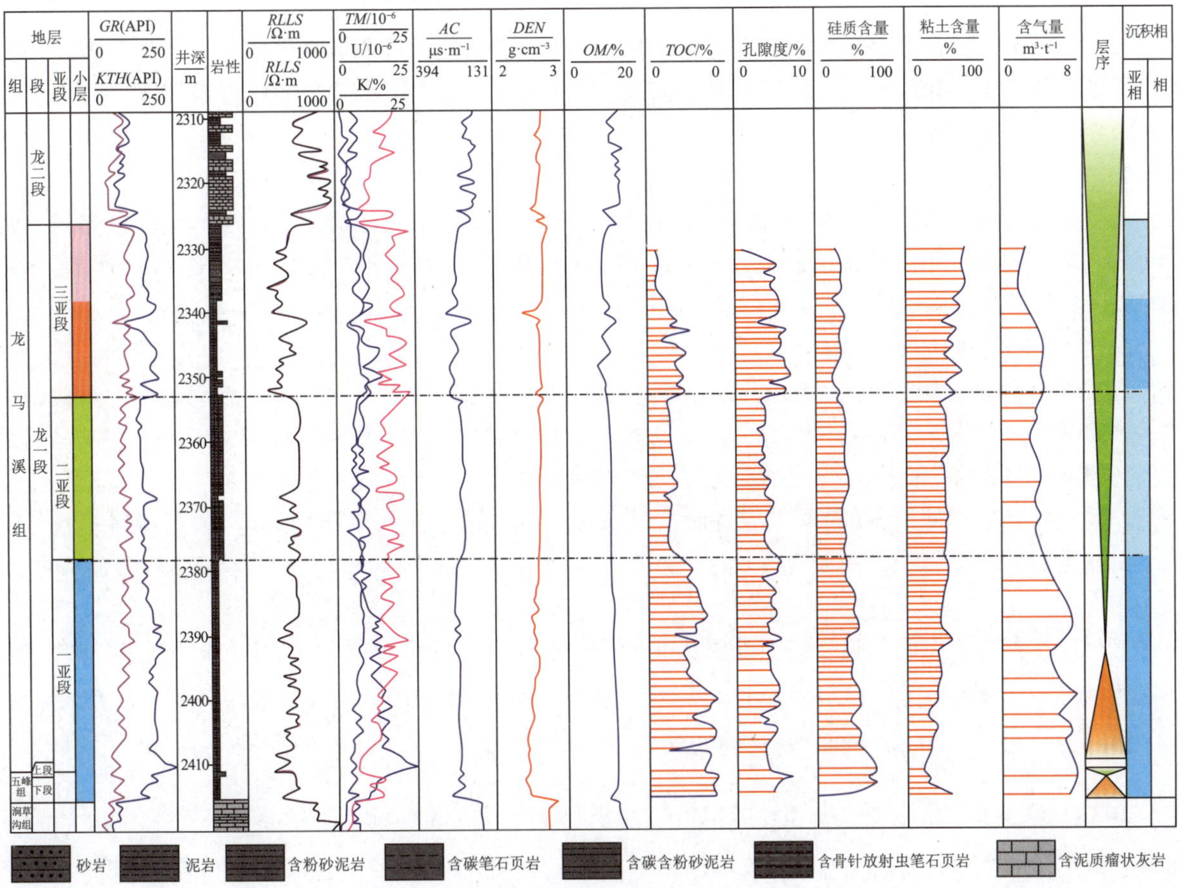


图 2-76 重庆涪陵焦页 1 井五峰-龙马溪组综合评价图

（据翟刚毅等，2017）

2.9~3.8 nm 之间。涪陵页岩气田优质页岩气层段孔隙度高、物性好，JY1 井岩芯分析孔隙度介于 2.78%~7.08% 之间，平均为 4.80%，渗透率介于（0.0016~216.601）$\times10^{-3}$ $\mu m^2$ 之间，平均为 0.16$\times10^{-3}$ $\mu m^2$（刘若冰，2015；何治亮等，2017）。

（4）含气性

页岩气主要以吸附态和游离态赋存于低孔、低渗的页岩中，其中吸附气主要吸附于有机质和粘土矿物表面，游离气主要充填于孔隙与微裂缝中。现场岩芯解析气量测试表明，30℃条件下，JY1 井下部富有机质页岩层段含气量为 1.3~6.2 $m^3/t$，平均为 3.0 $m^3/t$，含气丰度高。含气量与残余有机碳含量、脆性矿物含量呈明显的正相关关系。同时，岩芯等温吸附实验表明，在 30℃条件下，页岩饱和吸附气量为 2.2~4.7 $m^3/t$；在 80℃条件下，JY1 井下部富有机质页岩层段饱和吸附气量为 1.7~2.8 $m^3/t$，说明页岩具有良好的吸附性。

（5）保存条件

地层压力系数是页岩气保存条件评价的重要指标，页岩储层超压说明页岩气藏的保存条件较好，低的压力系数则代表储层保存条件差。JY1 井最高井口压力为 33.1 MPa，利用产能测试和变流量试井理论，计算地层压力为 37.7 MPa，地层压力系数为 1.55，随钻录井压力检测 JY1 井、JY2 井、JY3 井、JY4 井页岩压力系数为 1.35~1.50，平均为 1.45，属于超压气藏，也证明其保存条件好。

除了具备良好的基本地质条件外，要形成超压、富气高产的页岩气藏，必须具备良好的顶板、底板封隔条件。龙马溪组下部—五峰组页岩气层的顶板为龙马溪组中部及以上发育的大套灰色、深灰色厚层泥岩夹薄层粉砂质泥岩、粉砂岩，厚度在 170 m 左右；底板为上奥陶统涧草沟组和中奥陶统宝塔组连续沉积的灰色瘤状石灰岩、泥灰岩、石灰岩，总厚度为 30~40 m。JY1 井、JY2 井、JY3 井、JY4

井作为顶板的龙马溪组二段粉砂岩孔隙度平均为 2.4%，渗透率平均小于 0.01 mD，在 80℃条件下，地层突破压力约为 71.2 MPa；作为底板的涧草沟组和宝塔组连续沉积的灰色瘤状石灰岩等岩性的孔隙度平均为 1.2%，渗透率平均小于 0.01 mD，在 80℃条件下，地层突破压力约为 70.4 MPa。反映了龙马溪组下部—五峰组页岩气层顶底板对页岩气层具有较好的封隔效果，有利于页岩气的富集。

### 13.2.2 四川长宁页岩气田

长宁构造带地处川东南拗褶带与滇北坳陷之间，截至 2016 年底，长宁—威远国家级页岩气示范区页岩气累计投产井 100 口，示范区日产量达 $724.00\times10^4$ m$^3$，年产页岩气 $23.04\times10^8$ m$^3$（岳鹏升等，2017），成为下古生界海相页岩气又一重要勘探成果。

（1）气田地质特征

长宁气田主体位于四川盆地南缘长宁背斜南斜坡-向斜区，总体为一个大型宽缓向斜内的马鞍型构造，轴向为北偏东（方位 100°~115°），构造完整，上覆地层为下三叠统和二叠系，五峰组—龙马溪组地层平缓，埋深 2300~3200 m，见北东向张性断裂但通天断层不发育，保存条件优越。目前，长宁气田的开发井组均部署在构造鞍部-飘水岩背斜区。在长宁背斜核心区（狮子山背斜），五峰组—龙马溪组已出露地表并遭受剥蚀，通天断层发育，保存条件存在较大风险（图 2-77）（王玉满等，2016）。

（2）烃源岩

有机质干酪根中以海相镜质组与沥青为主，占 56%以上，壳质组和腐泥组含量大约为 38%，惰

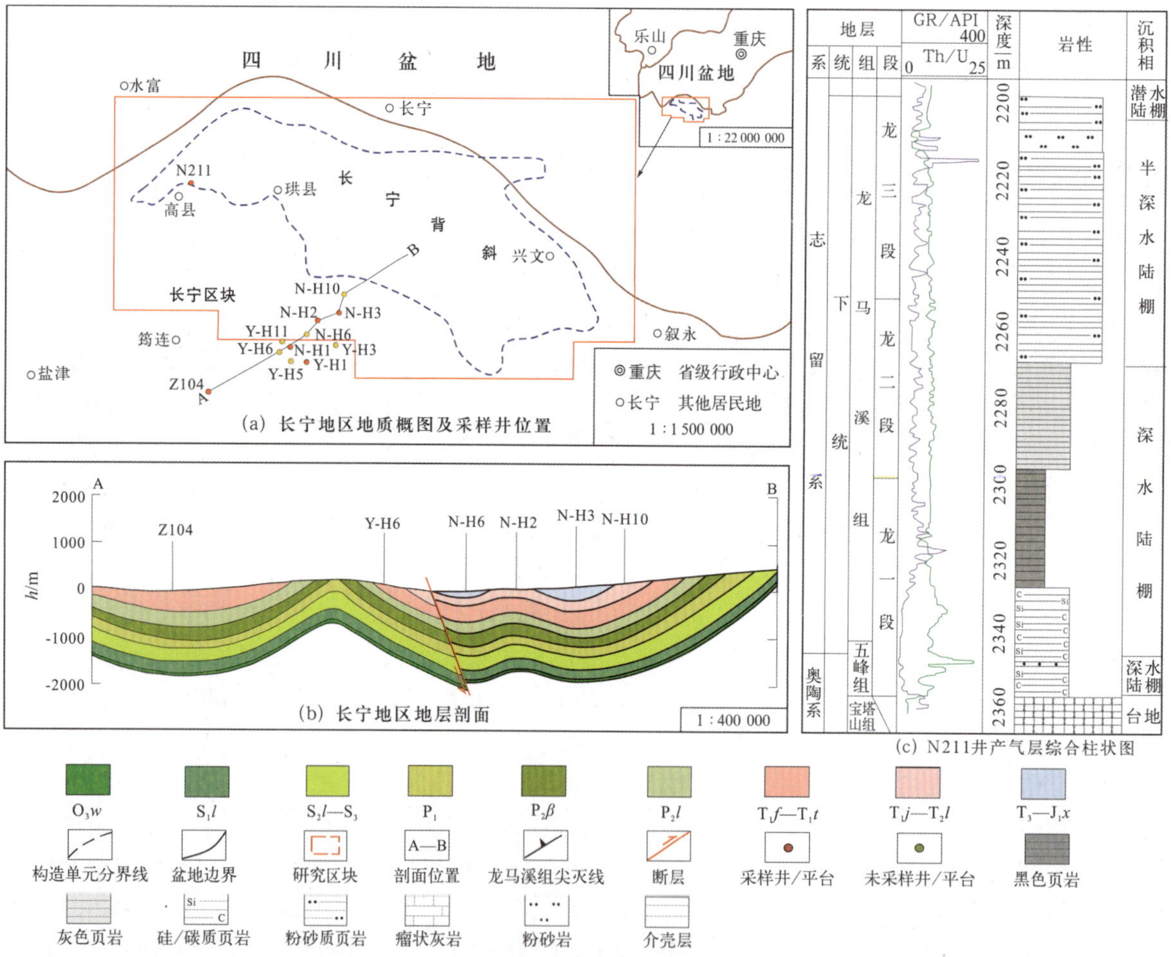


图 2-77 四川盆地长宁地区地质概图及地层剖面

（据冯子齐等，2016）

$O_3w$—上奥陶统五峰组；$S_1l$—下志留统龙马溪组；$S_2l$—中志留统罗惹坪组；$P_2\beta$—上二叠统峨眉山玄武岩；$P_2l$—上二叠统乐平组；$T_1f$—下三叠统飞仙关组；$T_1t$—下三叠统铜街子组；$T_1j$—下三叠统嘉陵江组；$T_2l$—中三叠统雷口坡组；$J_1x$—下侏罗统香溪群

质组在12%以内，说明母质类型较好，主要来源低等浮游生物或者藻类堆积物，生烃能力强，有典型Ⅰ型～Ⅱ1型干酪根的特点。龙马溪组有机碳含量较高，有机质含量总体比较稳定。虽然四川盆地南部具有典型叠合盆地特征，构造历史比较复杂，龙马溪组页岩的热演化程度有较大的差异，长宁地区有机质热成熟度相对较低，$R_o$=1.9%～2.5%。川南龙马溪组页岩基本成熟，总体达到了高度至过成熟阶段，处于大量生干气阶段（潘涛等，2016）。

（3）储集特征

长宁地区龙马溪组气层为钙质硅质页岩、硅质页岩和粘土质硅质页岩组合，硅质含量为25.8%～67.6%，平均为41.1%；长石含量为0.4%～14.1%，平均为4.6%；方解石+白云石含量为0～43.2%，平均为20.5%；粘土含量为10.3%～52.8%，平均为30.55；具有富硅质、高钙质岩矿特征（王玉满等，2016）。长宁产层孔隙类型主体为基质孔隙，局部存在裂缝孔隙，总孔体积（总孔容）在0.01076～0.02504 $cm^3/g$之间，平均为0.01456 $cm^3/g$；孔径在1.807～4.343 nm之间，平均为2.952 nm；总孔隙度一般为3.4%～8.2%，平均为5.4%；裂缝孔隙度一般为0～1.16%，平均为0.12%；渗透率为（0.00022～0.0019）$\times10^{-3}$ $\mu m^2$，平均为0.00029$\times10^{-3}$ $\mu m^2$（王玉满等，2016）。

（4）含气性

根据N201井和N203井测试资料，长宁气田龙马溪组地层压力系数为1.4（N203井）至2.03（N201井），含气饱和度一般为55.84%～85.44%（平均为77.44%），*TOC*>2%页岩段含气量为3.92～6.47 $m^3/t$，平均为4.91 $m^3/t$。且向底部增大，即与残余有机碳含量呈明显的正相关关系，游离气含量为60%左右。区内首口页岩气高产井N201井于2012年4月中旬实施水平段分段压裂，共压裂10段，初试产量为$15\times10^4$ $m^3/d$，在2个月的燃烧试气阶段则始终保持在$13\times10^4$ $m^3/d$，地层压力未见明显变化（王玉满等，2016）。

（5）保存条件

龙马溪地层下部龙一段下亚段地层压力系数明显高于其他地层，超压异常明显，地层压力系数大于1.5，最高可达2.5，龙马溪组下部—五峰组页岩气层的顶板为龙马溪组中部，发育的大套灰色、深灰色厚层泥岩夹薄层粉砂质泥岩、粉砂岩；底板为上奥陶统涧草沟组和中奥陶统宝塔组连续沉积的灰色瘤状石灰岩、泥灰岩、石灰岩。顶底板厚度大，突破压力高，封盖条件优越。

## 13.3 成藏模式

根据渝东南地区五峰组—龙马溪组页岩气成藏影响因素的研究成果，总结得出五峰组—龙马溪组存在3种页岩气成藏模式（谭淋耘等，2015），即：原地型成藏模式、裂缝型成藏模式及原地-裂缝型成藏模式（图2-78）。

### 13.3.1 原地型成藏模式

原地型成藏模式主要分布在五峰组和龙马溪组中下部，其分布范围主要受地层总有机碳含量的控制，地层含气量与有机质含量程正比。在横向上由于地层总有机碳质量的变化，原地型页岩气藏的展布范围也发生相应的变化，一般认为总有机碳含量2%，厚度15 m以上为页岩气藏的工业边界（张金川等，2008）。故原地型页岩气藏最大的特点是：页岩气藏的展布范围受地层总有机碳含量（页岩生气能力）控制，页岩气生成之后未发生明显的运移，主要储集在原地地层孔隙之中。

原地型页岩气藏又分为2种类型：A型原地页岩气藏（图2-78中a气藏）和B型原地页岩气藏（图2-78中b气藏）。A型原地页岩气藏在四川盆地长宁地区、威远地区较为发育，该类气藏储集层内没有明显的微裂缝发育，孔隙构成游离气最主要的储集空间，该类气藏有效孔隙度变化较大，渗透率较小，故这类页岩气藏的游离气含量一般较小，以吸附气为主。B型原地页岩气藏在涪陵地区较为发育，其特点是在总有机碳含量较高的层段局部发育大量的微裂缝，但这些微裂缝的延伸范围有限，主要局限在总有机碳含量较高的层段内部；此时页岩气生成之后仍未发生较远距离的运移，页岩气藏展布仍局限在高有机质丰度的层段内，但微裂缝此时可以构成页岩气的重要储集空间；对于这类页岩气藏，微裂缝并不会改变页岩气藏的分布范围，仅对页岩气藏的储层物性和储集空间进行了改造；由于微裂缝的发育，大大提高了页岩气的储集空间，故对这类页岩气藏，游离气的含量可以占到重要比

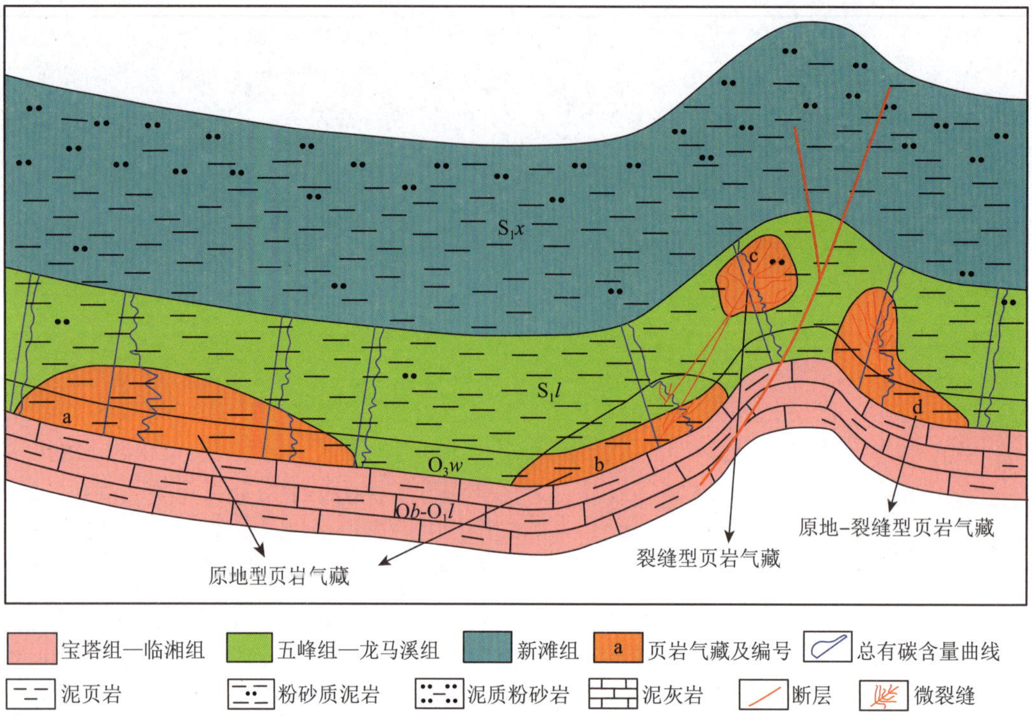


图 2-78　渝东南地区五峰组—龙马溪组页岩气成藏模式

（据谭淋耘等，2015）

例，甚至超过吸附气的含量（图 2-78 中 b 气藏）。

### 13.3.2 裂缝型成藏模式

裂缝型成藏模式是指断层和裂缝在页岩气藏的形成过程中起决定性作用的气藏，没有断层和裂缝这类页岩气藏就不会形成；这类页岩气藏的形成过程中天然气经历了较远距离的运移，但仍然储集于页岩储层内部，微裂缝构成页岩气的主要储集空间（图 2-78 中 c 气藏）。裂缝型页岩气藏一般分布在构造应力较为集中的背斜轴部区域，在这些区域易产生较大的开启性断层和较多的微裂缝体系，从而为裂缝型页岩气藏的形成提供了条件。渝东南地区这类气藏主要富集在总有机碳含量较低的龙马溪组中上部，*TOC* 一般小于 1.5%，其原地页岩生气能力有限，页岩气并非主要来源于原地地层生成的天然气，大多是经过开启性断层的沟通，从邻近的有机质含量较高的五峰组和龙马溪组下部运移而来。裂缝型页岩气藏中断层和微裂缝将对页岩气的富集成藏起着重要和决定性的作用，开启性断层将为裂缝型页岩气藏的形成提供天然气来源的通道，微裂缝体系将有效改变页岩的储层物性，大大提高页岩的储集空间，从而为形成较大规模和较高丰度的页岩气藏提供条件。由于微裂缝构成裂缝型页岩气藏最重要的储集空间，其储层孔隙度将大大提高，另一方面微裂缝储层的总有机碳含量较低，页岩吸附能力较差，故游离气在裂缝型页岩气藏中将成为重要部分，一般超过吸附气的含量。

### 13.3.3 原地-裂缝型成藏模式

原地-裂缝型页岩气藏，是一种既有原地型页岩气藏成藏要素，又具有裂缝型页岩气藏成藏要素的混合成因气藏（图 2-78 中 d 气藏）。这类气藏一般发育在靠近背斜轴部、应力相对集中、易产生大量微裂缝的区域，其垂向展布范围最大，可以分布在五峰组、龙马溪组下部直至龙马溪组中上部，横向展布范围主要受有机质丰度横向变化的控制。原地-裂缝型页岩气藏中的天然气一部分是天然气运移到微裂缝储集体中形成的，有裂缝型页岩气藏的特征，但其天然气运移的距离一般较裂缝型页岩气藏短；另一部分天然气又有原地型页岩气藏的特征，天然气生成之后无明显的运移，储集在原地地层之中。这类页岩气藏的形成主要是在高有机质含量的层段（五峰组和龙马溪组下部）形成了原地型页岩气藏，同时又有微裂缝发育在与之相邻的、有机质含量较低的龙马溪组中上部地层中，且微裂缝直接沟通了原地型页岩气藏，从而形成裂缝型页岩气藏和原地型页岩气藏连为一体的情况。因其在成藏要素上与原地型页岩气藏和裂缝型页岩气藏均有差别，故单独命名为原地-裂缝型页岩气藏。

**14. 早古生代海相碳酸盐岩油气藏**

**14.1 油气藏时空分布**

以古生界为主的海相碳酸盐岩是我国陆上油气勘探的重要领域。国家新一轮油气资源评价表明，中国陆上海相碳酸盐岩油气资源丰富，预测石油地质资源量为 $340\times10^8$ t，天然气地质资源量为 $24.3\times10^{12}$ $m^3$。截至2017年底，在塔里木、四川、鄂尔多斯和渤海湾等陆上海相盆地已累计探明石油地质储量 $29.34\times10^8$ t，天然气地质储量 $3.37\times10^{12}$ $m^3$，石油资源探明率8.6%，天然气探明率13.87%，勘探发现潜力较大。近20年来，中石油和中石化在塔里木盆地塔北和塔中地区的奥陶系岩溶型储集层、裂缝性储集体，四川盆地环开江-梁平“陆棚”区的上二叠统—下三叠统礁/滩型、高石梯-磨溪古隆起的震旦系—下寒武统礁/滩储集层，鄂尔多斯盆地下奥陶统风化壳及盐下白云岩储集体中获得了重大勘探突破，相继发现靖边、塔河、普光、元坝、龙岗、安岳、顺北等系列大中型油气田，揭示中国海相碳酸盐岩层系具有良好的油气发现前景，是未来油气储量增长的重要领域之一（孙龙德等，2013）。

我国海相碳酸盐岩分布范围较广（图2-79），总面积超过 $450\times10^4$ $km^2$，其中，陆上海相盆地28个，面积约 $330\times10^4$ $km^2$，海域海相盆地22个，面积约 $125\times10^4$ $km^2$。其中陆上的塔里木盆地、四川盆地、鄂尔多斯盆地和南方地区广泛发育碳酸盐岩沉积（王鸿祯，1985；冯增昭等，1991；马永生等，2009）。

我国海相地层在地史多个时期均有分布，早古生代约80%为海相沉积环境，晚古生代是海域向陆相沉积的剧烈转化时期，华力西与印支运动后海水大面积退出，各盆地逐渐转化为陆相沉积。中国早古生代经历了一个与全球基本一致的巨型海平面升降旋回。在四川盆地经历了 $\epsilon_1$—$\epsilon_2$、$\epsilon_2$—$O_1$、$O_2$—$O_4$、$S_1$—$S_3$ 等四次海平面升降旋回，在塔里木盆地经历了震旦纪至中奥陶世的连续海侵和晚奥陶世至志留纪—泥盆纪的连续海退，中奥陶世海侵范围最大；在鄂尔多斯盆地经历了两次大的海平面升降旋回。据此将早古生代沉积划分为中-下寒武统、上寒武统—下奥陶统、中-上奥陶统和志留系等构造-地层层序（杨华等，2011，2014）。

**14.2 典型油气藏**

由于油气源岩与储层时代的差异及成藏的多期次等油气系统的复杂性，以下论述中不仅限于早古生代储层油气藏，还对同一地区的其他层位油气资源进行一并介绍。

**14.2.1 四川盆地碳酸盐岩油气藏**

（1）区域地质特征

四川盆地位于扬子地台西北侧，是一个典型的多期构造叠合盆地，具有如下特点：①海相沉积为主，沉积了巨厚的震旦系—中三叠统海相地层，厚度达4000~7000 m；②层系控制为主，油气纵向分布受主要烃源层系控制，目前已发现21套含油气层系，基本围绕上震旦统、下寒武统、下志留统、二叠系、上三叠统、下侏罗统等烃源层系规律分布；③大隆大坡为主，盆地以大隆起、大斜坡构造为主，盆内构造变形弱，地史时期聚集的油气和形成的盖层未被大规模破坏，易形成大规模岩性油气藏、非常规油气聚集区；④盆地整体“赋油更富气”，以天然气为主，深埋高温作用使得盆地内海相地层充分生成天然气，海相碳酸盐岩气和页岩气均大规模发育，上三叠统须家河组致密砂岩气也呈大面积连片分布；⑤常规-非常规油气并重，盆地主要发育3类常规与3类非常规油气。3类常规气藏为震旦系灯影组碳酸盐岩缝洞型气藏、寒武系龙王庙组和石炭系裂缝-孔隙型白云岩气藏、二叠系—三叠系碳酸盐岩礁滩型气藏，3类非常规油气为志留系龙马溪组与寒武系筇竹寺组页岩气、上三叠统须家河组致密气、侏罗系致密油。四川盆地内形成震旦系-志留系含气组合，常规碳酸盐岩气-非常规页岩气空间“有序聚集、共生分布”。四川盆地具有14.6万亿立方米级天然气资源量，其中安岳气田天然气探明储量达到6575亿立方米。

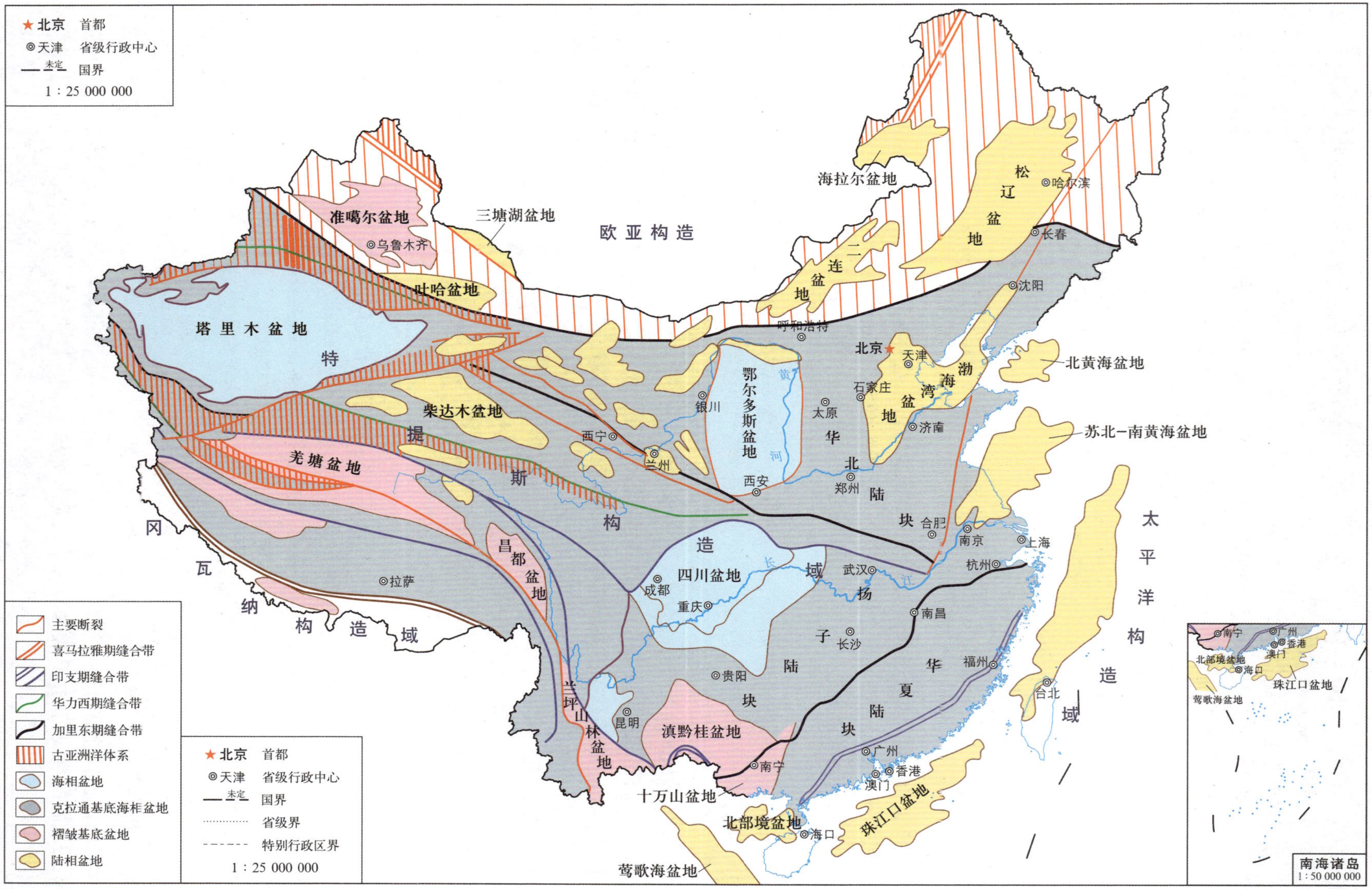


图2-79 中国海相碳酸盐岩分布图

（据陈焕疆，1990；丁道桂等，1996；许效松等，1997；任纪舜，1999；中国石化新星公司勘探研究院，2000）

（2）烃源岩条件

四川盆地烃源层系多，迄今已发现下寒武统筇竹寺组页岩、下志留统龙马溪组页岩、上二叠统煤系泥岩及碳酸盐岩等。筇竹寺组泥质烃源岩厚度一般为40～350 m，最厚处在盆地西南部，有机质类型以腐泥型为主，*TOC* 值为0.5%～7.56%，平均1.88%，$R_o$ 值为2.0%～5.0%，生气强度一般为（20～120）$\times10^8\ m^3/km^2$，是威远震旦系气藏的主力烃源层。龙马溪组黑色页岩厚度一般在100～600 m，有机质类型以腐泥型为主，*TOC* 值为0.4%～1.6%，$R_o$ 值为2.0%～4.5%，生气强度一般为（20～80）$\times10^8\ m^3/km^2$，是大天池、卧龙河等川东石炭系气藏的主力烃源岩。上二叠统烃源岩包括泥质岩、碳酸盐岩和煤，泥质岩厚度一般为10～150 m，在川东北的普光5井钻揭黑色泥质岩厚度为200 m，有机质类型以腐殖型或腐泥腐殖型为主，*TOC* 值为0.5%～12.55%，平均2.91%；碳酸盐岩烃源岩厚度一般为10～284 m，有机质类型以腐泥型为主，*TOC* 值为0.2%～1.5%；煤层厚度一般为2～10 m，在川中、川南地区厚度较大，女基井厚达17.5 m，开江-梁平海槽西侧龙岗地区长兴组—飞仙关组礁滩气藏天然气呈现出煤成气特征，这与该区域发育较厚的煤层有一定关系；上二叠统烃源岩 $R_o$ 值一般为1.6%～2.8%，生气强度一般为（10～60）$\times10^8\ m^3/km^2$，是普光、罗家寨、渡口河、铁山坡等长兴组—飞仙关组大气田，以及磨溪嘉陵江组、雷口坡组大气田的主力烃源层（包强，2000；李伟，2014）。

（3）储层条件

四川盆地海相碳酸盐岩储层主要发育在寒武系、志留系、石炭系、上二叠统长兴组等。储层类型包括岩溶风化壳储层（震旦系及石炭系）、台缘礁滩储层（长兴组—飞仙关组）以及台地、粒屑滩相的白云岩储层（嘉陵江组、雷口坡组）等。储层岩性主要为细-粉晶白云岩、角砾溶孔白云岩、鲕粒溶孔白云岩、砂屑白云岩、亮晶生屑灰岩等。储层总体上以低孔为主，并有随储层时代变新其孔隙度增大的趋势，如：石炭系储层孔隙度为5.2%～6.5%，平均5.67%；长兴组储层孔隙度为4.9%～7.4%，平均6.2%；飞仙关组储层孔隙度为4.3%～10.3%，平均6.9%。单个气藏储量大于 $10\times10^8\ m^3$ 的储层渗透率以大于1 mD为主，尤其是普光、罗家寨、渡口河等飞仙关组气藏的储层平均渗透率均大于10 mD。储层孔隙度和渗透率虽影响气藏的规模，但这不是主要的因素，储层有效厚度与含气面积才是决定气藏规模的关键要素。这些碳酸盐岩大气田单个气藏的厚度主要为15～75 m、含气面积主要为10～100 $km^2$，有效厚度与含气面积均与气藏储量具有较好的正相关关系（图2-80）。

（4）输导体系

四川盆地碳酸盐岩发育两类输导体系，一类是以断裂作为输导通道，如普光、罗家寨、渡口河、铁山坡等气田的长兴组—飞仙关组气藏天然气主要来源于下伏的二叠系煤系及碳酸盐岩烃源岩；川东高陡构造带大天池气田石炭系气藏天然气主要来源于下伏的下志留统龙马溪组页岩；川中平缓构造背景下的磨溪大气田嘉陵江组、雷口坡组气藏天然气主要来源于下伏的龙潭组（大隆组）烃源岩。这些大气田的形成均与大型断裂的沟通密切相关，断裂的发育程度影响气藏的充满度及规模。大断裂发育，输导条件好的区域，天然气藏的充满度一般较高，如川东北地区气藏充满度为86.5%～100%，平均90%，而龙岗地区平缓构造带，断裂欠发育，且断层规模小，天然气充注成藏主要靠裂缝，因此天然气藏的充满度相对较低，飞仙关组鲕滩气藏充满度为48%～73%，平均58%，长兴组生物礁气藏充满度为41%～100%，平均72%。

另一类是以不整合面或侵蚀沟槽作为输导通道，如威远震旦系大气田天然气主要来源于上覆下寒武统筇竹寺组页岩，油气主要沿不整合面侧向进入震旦系灯影组风化壳岩溶储层聚集成藏；高石梯-磨溪地区震旦系天然气有震旦系和寒武系烃源岩的贡献，其中寒武系烃源岩生成的天然气也主要通过侵蚀面侧向进入震旦系储层中。

（5）盖层条件

中国海相碳酸盐岩大气田盖层的岩石类型包括膏盐岩、泥质岩和碳酸盐岩等。四川盆地普光、罗家寨、渡口河、铁山坡等大气田长兴组—飞仙关组气藏的直接盖层是长兴组之上的致密碳酸盐岩、飞仙关组之上的致密碳酸盐岩、飞仙关组四段的膏质白云岩、泥岩及泥质白云岩，飞仙关组四段膏岩及

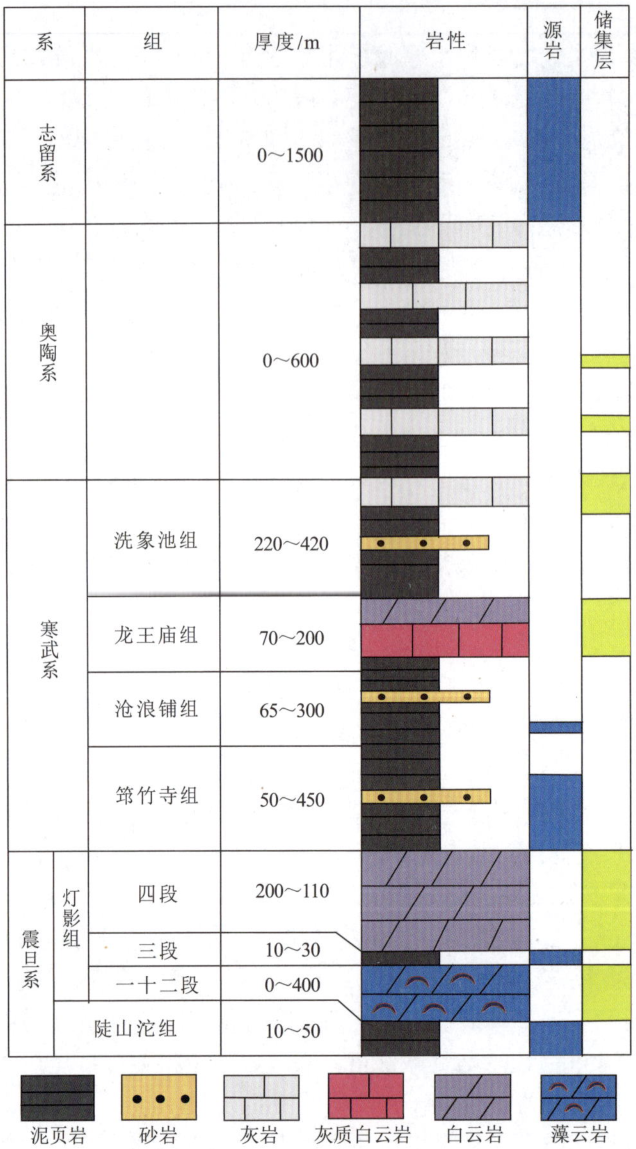


图 2-80　四川盆地古生代烃源岩和储层
（据邹才能等，2014）

泥岩厚度一般为 7~30 m；区域盖层为中-下三叠统的膏盐岩系，膏盐岩厚度一般为 100~300 m。大天池、卧龙河等石炭系大气田的直接盖层是上覆下二叠统梁山组泥质岩，厚度一般为 10~15 m，分布稳定，与石炭系储层间有明显的压力差，排驱压力相差大，盖层条件好；区域盖层位于直接盖层之上，包括中-下三叠统膏盐岩及下二叠统茅口组的高压层，茅口组地层压力系数达 1.65，佐证了间接盖层保存完好。威远震旦系大气田的直接盖层为下寒武统筇竹寺组页岩，威远-资阳一带可厚达 300~350 m，平均排替压力 36.85 MPa，均值喉道半径 0.0065 μm，封盖能力强；中-下三叠统由致密的泥粉晶灰岩、泥岩及较厚的硬石膏层组成，可作为封隔能力较强的区域盖层。磨溪大气田雷口坡组一段一亚段气藏上覆的雷口坡组一段二亚段—雷口坡组四段厚度约 400 m 的泥质白云岩、膏质白云岩、石膏及灰岩等是其直接盖层，嘉陵江组二段气藏的直接盖层为嘉陵江组三段—五段厚度约 400 m 的石膏、盐岩、灰岩与白云岩等。

### 14.2.2 塔里木盆地碳酸盐岩油气藏

（1）区域地质特征

塔里木盆地是一个典型的多期改造叠合盆地（汤良杰，1994），大型断裂系统的多期次活动、叠加改造和转化，控制了盆地隆坳格局和盆地结构。盆地发育历史长，蕴藏着丰富的能源矿产资源，与我国东部主要含油气盆地相比，勘探程度很低，资源潜力大，显示出巨大的勘探远景和发展潜力。多期的构造运动造成盆地发生多次的二次运移，生排烃时期加长，其形成的油气藏具有油气多源多种类型的特征。贾承造等（1999）研究认为，盆地具有寒武系—下奥陶统烃源岩、中-上奥陶统烃源岩、石炭系—二叠系烃源岩、三叠系—侏罗系烃源岩四套烃源岩。纵向上具有多套含油气系统，平面上具有多类型含油气领域，其中，克拉通的古隆起及其斜坡部位的中-古生界含油气系统、前陆盆地的中-新生界含油气系统是重要的油气勘探领域。塔北、塔中、巴楚、塔东与哈德逊等古隆起及其斜坡和库车、塔西南前陆盆均已发现规模较大的油气田。缝洞型碳酸盐岩领域、礁滩相碳酸盐岩领域、深层白云岩领域、碎屑岩领域是近期油气勘探开发的主要领域。塔里木盆地塔中油田探明储量为3.07亿吨油气当量，塔北为6.59亿吨油气当量。

（2）烃源岩条件

塔里木盆地塔中地区烃源岩主要有两套，一套是分布于塔中低凸起北侧、满加尔凹陷西部地区的过成熟、高有机质丰度的中-下寒武统泥质岩，烃源岩厚度30~200 m，*TOC* 最高可达2.43%，$R_o$ 为1.5%~2.3%，最高大于3%，处于高-过成熟阶段；另一套是中-上奥陶统烃源岩，其中的上奥陶统烃源岩厚约80 m，主要为碳酸盐岩陆棚内的洼地沉积，在塔中低凸起上普遍分布，有机质丰度较低，*TOC* 一般为0.5%~5.54%，$R_o$ 一般为0.81%~1.30%，处于成熟阶段；满西地区中奥陶统烃源岩厚20~60 m，*TOC* 为0.5%~1.3%，$R_o$ 为1.5%~2.0%，处于高-过成熟阶段；中奥陶统黑土凹组烃源岩，分布于满加尔凹陷西部地区。对和田河气田提供油气的烃源岩主要为分布在阿瓦提凹陷的中-下寒武统泥质岩，烃源岩厚度一般为100~200 m。总之，这些烃源岩厚度大、分布广，其生成的油气资源丰富，为塔中、和田河等奥陶系碳酸盐岩大型油气藏的形成奠定了物质基础（图2-81）。

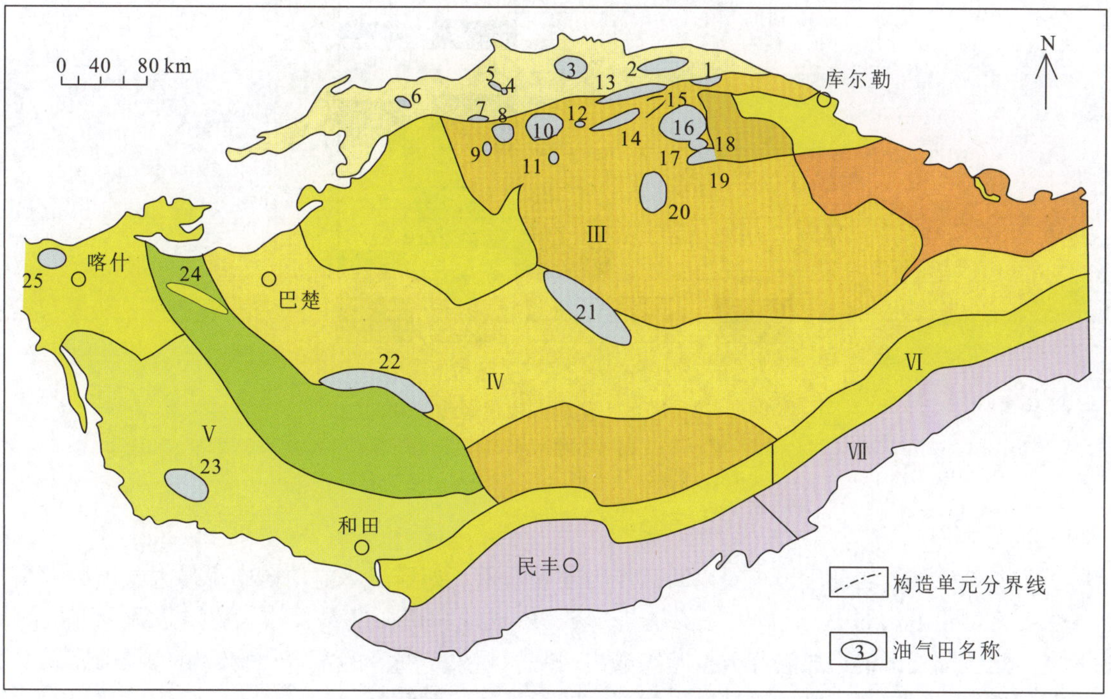


图2-81 塔里木盆地构造单元划分及油气田分布图

（据刘全有等，2009）

Ⅰ—库车坳陷；Ⅱ—塔北隆起；Ⅲ—北部坳陷；Ⅳ—塔中隆起；Ⅴ—塔西南坳陷；Ⅵ—塔南隆起；Ⅶ—塔东南坳陷；1—提尔根；2—迪那；3—克拉2；4—大宛齐；5—大北；6—乌参1；7—却勒；8—羊塔克；9—玉东；10—英买7；11—英买2；12—红旗区；13—牙哈；14—东河塘；15—雅克拉；16—轮南；17—桑塔木；18—解放渠；19—吉拉克；20—哈得；21—塔中；22—和田河；23—柯克亚；24—曲3；25—阿克1

(3) 储层条件

塔里木盆地海相碳酸盐岩储层主要发育在寒武系、奥陶系（图2-82）。储层类型包括岩溶风化壳储层（塔里木盆地下奥陶统）、台缘礁滩储层（塔里木盆地上奥陶统）等。储层岩性主要为细-粉晶白云岩、角砾溶孔白云岩、鲕粒溶孔白云岩、砂屑白云岩、亮晶生屑灰岩等。储层总体上以低孔为主，并有随储层时代变新其孔隙度增大的趋势。塔里木盆地奥陶系储层孔隙度为2.1%~5.0%，平均3.72%。储层有效厚度与含气面积是决定气藏规模的关键要素，大气田单个气藏的厚度主要为15~75 m、含气面积主要为10~100 $km^2$，有效厚度与含气面积均与气藏储量具有较好的正相关关系。

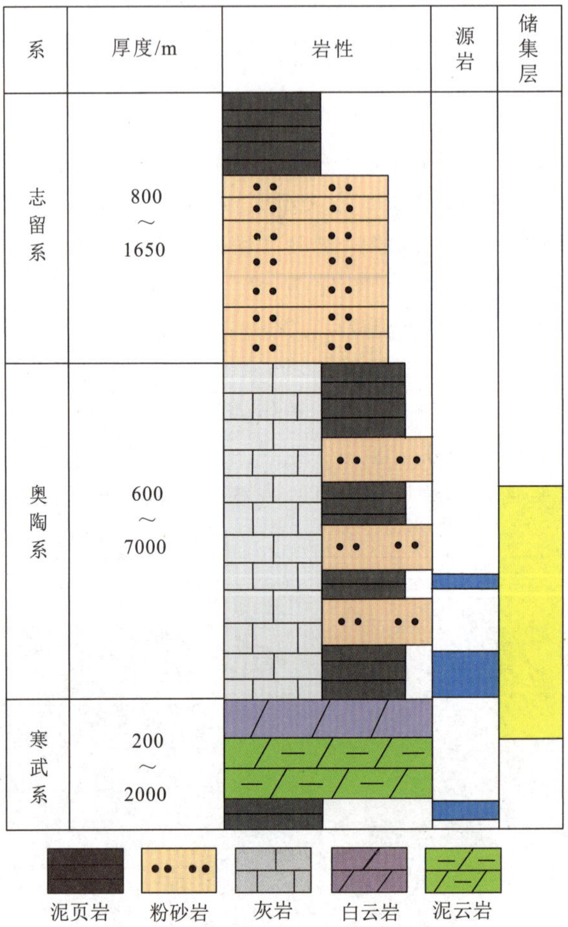


图2-82 塔里木盆地古生代烃源岩和储层

（据邹才能等，2014）

(4) 输导体系

塔里木盆地碳酸盐岩油气田主要以断裂作为输导通道。如塔里木盆地塔中Ⅰ号大气田奥陶系气藏天然气主要来源于下伏的中-下寒武统烃源岩；塔里木盆地和田河气田天然气主要来源于下伏的寒武系烃源岩。这些大气田的形成均与大型断裂的沟通密切相关，断裂的发育程度影响气藏的充满度及规模。大断裂发育，输导条件好的区域，天然气藏的充满度一般较高。

(5) 盖层条件

塔里木盆地海相碳酸盐岩油气田盖层的岩石类型主要为泥岩和含泥灰岩。塔中Ⅰ号大气田下奥陶统鹰山组气藏的直接盖层为上奥陶统良里塔格组良三段—良五段含泥灰岩，厚度一般超过100 m；上奥陶统良里塔格组气藏的直接盖层则为上奥陶统桑塔木组厚层泥层，厚度为388~1093 m，它同时也是鹰山组气藏的区域盖层。和田河大气田上奥陶统良里塔格组碳酸盐岩气藏的直接盖层为下石炭统巴楚组下泥岩段泥岩；巴楚组生屑灰岩段气藏的直接盖层为下石炭统卡拉沙依组中泥岩段泥岩；卡拉沙依组砂泥岩气藏的直接盖层为砂岩-泥岩互层中的泥岩。石炭系泥岩盖层厚度在和田河大气田区域达到450~500 m，在塔中地区为100~250 m；排替压力值介于5~20 MPa，封闭能力强，是一套优质的区域性盖层，对塔中Ⅰ号及和田河大气田的保存均发挥了重要作用。

## 14.3 成藏模式

### 14.3.1 原油裂解型气藏成藏模式

以四川盆地长兴组—飞仙关组礁滩气藏为代表的原油裂解型气藏是由古油藏或分散液态烃裂解成气的古气藏，经后期调整改造形成的现今气藏（图2-83）。对于川东北罗家寨气田和其他大多数鲕滩气田来说，有如下成藏特征：其成藏要素在空间上属于“下生上储顶盖式”的正常组合；成藏作用在时间上属于“早生晚聚”的晚期成藏型；在聚烃相态类型上，都有早期为油藏，晚期为裂解气藏的成藏转变；在油气圈闭类型上，都具有早期岩性圈闭，晚期构造圈闭的复合圈闭特征。

长兴组—飞仙关组礁滩天然气主要来源于上二叠统烃源岩，包括暗色泥岩、煤系及碳酸盐岩，累计厚度达120~440 m。目前该套烃源岩镜质组反射率普遍达到2.2%~3.2%，已进入高-过成熟阶段。有机质演化模拟结果表明，上二叠统烃源岩在晚三叠世前处于未熟期（$R_o$<0.6%）；晚三叠世晚期—

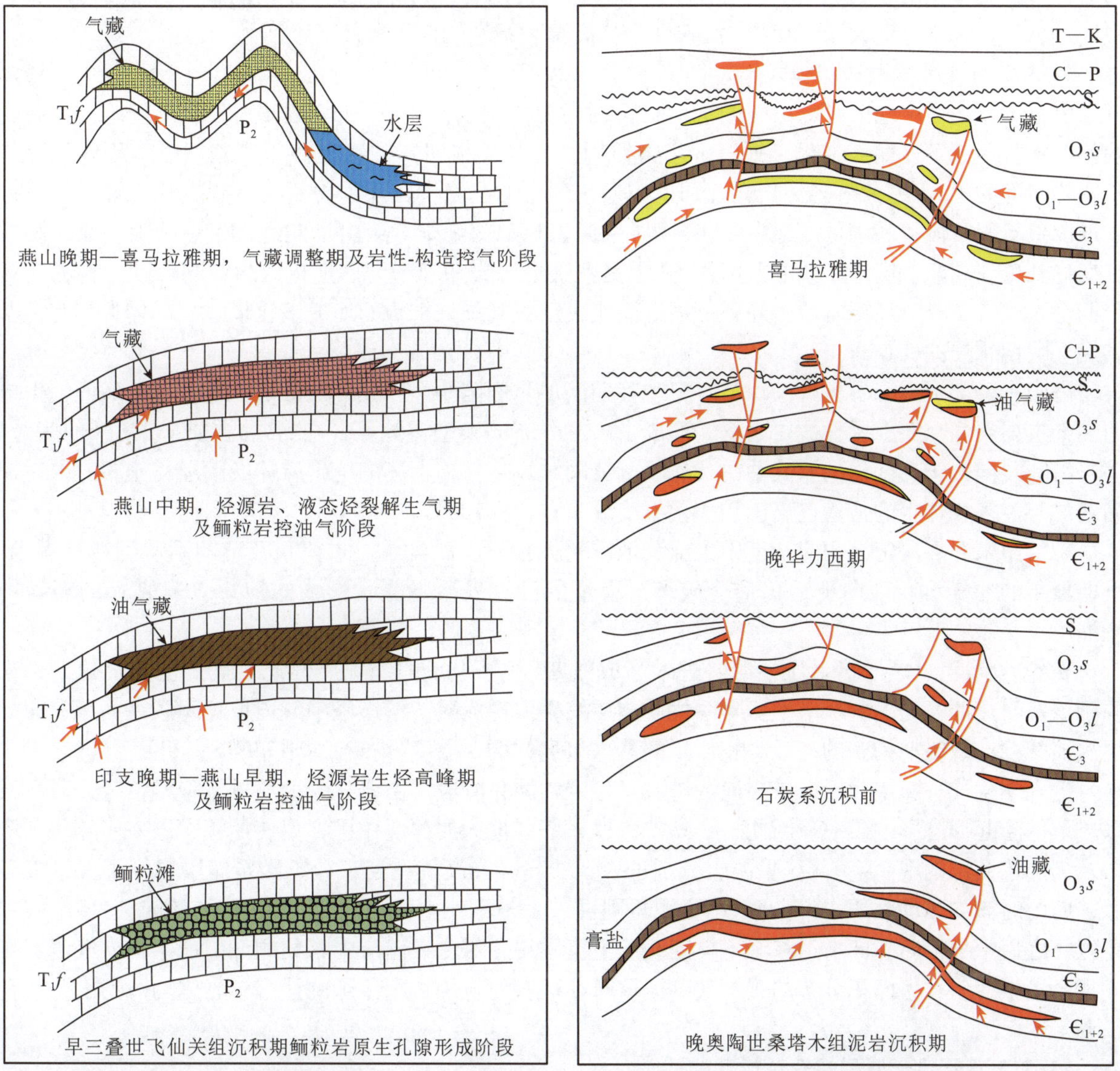


（a）古油藏裂解型气藏　　（b）气侵型气藏

图2-83　中国大型海相碳酸盐岩气藏成藏模式

（据谢增业等，2013）

早侏罗世早期，有机质开始生油，并在中侏罗世进入生烃高峰，大量液态烃生成；晚侏罗世—白垩纪，进入湿气-干气阶段（$R_o$为1.35%~2.3%）。因此，礁滩气藏的形成在时间演化上大致可划分为3个阶段，即古油藏阶段、古气藏阶段、古气藏调整最终定型阶段。

印支晚期—燕山早期，烃源岩处于成油高峰阶段，烃源岩中生成的烃类沿早期的边界断裂及其相邻裂缝系统，向上运移至飞仙关组台地边缘的鲕滩储层后，在台缘储层发育区内孔隙性好的鲕粒岩中富集，并与周围的致密岩层形成一种很好的岩性圈闭油气藏，即形成了古油藏。这一阶段充填在白云岩重结晶后的晶间溶洞亮晶方解石中的流体包裹体的均一温度一般小于120℃，为液相烃类包裹体，标志着有早期液态烃充注。

燕山中期，随着油气藏埋深的增大和地层温度的升高，液态烃类逐渐发生裂解，形成小分子烃类，直至生成以甲烷为主的干气。这一时期的包裹体主要产于方解石脉及溶蚀充填方解石中的包裹体，包裹体均一温度主要分布于120~180℃，为气-液两相烃类包裹体，反映液态烃及其伴生气混合充注。

燕山晚期—喜马拉雅期，构造圈闭最终形成，原来形成的气藏进行内部调整，在流体重力分异作用下，形成现今圈闭中的上气下水的分布格局。这一时期的包裹体主要产于溶洞石英晶体及方解石脉中，包裹体均一化温度大于180℃，反映液态烃高温裂解生气成藏事件。

**14.3.2 气侵型气藏成藏模式**

塔里木盆地塔中地区奥陶系气藏密切相关的烃源岩主要是中-下寒武统和中-上奥陶统。烃源岩的差异熟化形成了多期（加里东期、晚华力西期、喜马拉雅期）油气充注与成藏。塔中地区和满加尔凹陷西部的中-下寒武统烃源岩在晚加里东期达到生油高峰，在晚华力西期达到生气高峰，目前处于过成熟干气阶段；塔中低凸起中-上奥陶统烃源岩在二叠纪末—燕山早期进入生油门限，在喜马拉雅期达到生油高峰；满加尔凹陷西部的中-上奥陶统烃源岩在晚华力西期进入生油高峰期，在喜马拉雅期进入生气高峰。烃源岩的生烃史及构造演化决定了气侵型气藏的形成演化模式，总体上具有多源供烃、晚期气侵的特点。

塔中古隆起形成于早奥陶世，奥陶纪中晚期满加尔凹陷中-下寒武统烃源岩进入生油高峰，生成的油气主要聚集在寒武系膏盐层之下，形成了广泛分布的大型古油藏；在膏盐层被断裂断开的区域，油气沿断裂向位于高部位的寒武系白云岩、下奥陶统风化壳、上奥陶统礁滩体圈闭运移聚集。该时期捕获的与烃类相伴生的盐水包裹体均一化温度分布在70~100℃。

志留纪末至石炭纪沉积前，塔中大部分地区整体抬升，泥盆系、志留系及奥陶系遭到严重剥蚀。早期聚集的油气沿断裂向上运移遭受破坏，大量的油气发生散失，形成志留系普遍赋存的沥青与稠油。

晚华力西期，中-下寒武统烃源岩进入高成熟期，中-上奥陶统优质烃源岩进入生烃高峰期，来源于该两套烃源岩的油气在塔中奥陶系优质储层发生混源成藏，形成塔中北斜坡奥陶系大面积分布的混源油气藏。该时期捕获的与烃类相伴生的盐水包裹体均一温度分布在90~125℃。

进入中生代—新生代后，塔中地区进入了稳定的演化阶段，主要表现为整体沉降或抬升，对石炭系之下的隆起形态影响不大。因此，喜马拉雅期，塔中地区的深埋作用，促使烃源岩进一步熟化，塔中及满加尔西部的中-上奥陶统烃源岩分别进入生油高峰和高成熟期，为奥陶系储层提供了大量液态烃，而此时满加尔坳陷的中-下寒武统烃源岩则进入大量干气生成阶段，生成的干气侧向运移至塔中地区，之后干气沿断裂向上运移至下奥陶统及上奥陶统，对已在储层中聚集的油藏产生强烈气侵，形成现今塔中北斜坡大面积分布的凝析气藏。该时期捕获的与烃类相伴生的盐水包裹体均一温度分布在120~155℃。

**14.3.3 两源混合型裂解气藏成藏模式**

鄂尔多斯盆地靖边奥陶系气藏具有两源混合成藏的特征。靖边奥陶系天然气既表现出煤成气特征，以石炭系—二叠系煤系烃源岩的贡献为主，也表现出天然气乙烷碳同位素轻，属于典型腐泥型气的特征，奥陶系气藏中储层沥青的存在，进一步说明奥陶系腐泥型烃源岩有贡献。两类不同烃源岩生成天然气混合成藏形成两种结果：①在靖边气田的北部、西部和南部区域，以下古生界烃源岩来源气为主（占60%~70%），上古生界烃源岩来源气为辅（占30%~40%）；②靖边气田东部，以上古生界烃源岩来源气为主（约占70%），以下古生界烃源岩来源气为辅（约占30%）。

奥陶系烃源岩一般在中-晚三叠世达到生油高峰，中侏罗世达到高成熟湿气生成阶段。侏罗纪末期至早白垩世一次岩浆侵入活动造成的地温急剧升高热事件（古地温梯度可达3.3~4.5℃/hm），加快了烃源岩的熟化以及已生成液态烃类裂解的速率，此时期奥陶系和石炭系—二叠系煤系两套烃源岩有机质热演化均已进入高成熟-过成熟大量生气阶段，早期生成的液态烃已裂解成干气，同时，石炭系—二叠系大量高-过成熟煤成气也沿侵蚀沟槽及不整合面侧向运移并不断充注到奥陶系储层中。因此，高地温场背景下，石炭系—二叠系过成熟煤成气和奥陶系腐泥型烃源岩生成的液态烃裂解气混合形成了靖边奥陶系干气藏。

# 第三章 中国晚古生代重要成矿作用

## 第一节 矿产资源概述

晚古生代矿床总计2206处，包括超大型65处、大型344处、中型615处、小型1182处。晚古生代的大型、超大型矿床以能源、金属矿产居多，如煤、铁、铜多金属、金、铝土矿等（表3-1）。晚古生代矿床主要分布在新疆、贵州、山西、甘肃、广西、内蒙古、云南和四川（表3-2），按照一级构造单元范围，主要分布在天山-兴蒙增生带、华北板块、秦祁昆增生带、武夷-云开-台湾增生带和扬子板块（表3-3）。晚古生代岩浆成矿作用明显增强，沉积作用成矿仍然较强（图3-1）。成矿时代以石炭纪、二叠纪为主。

**表3-1 晚古生代矿种及矿床规模统计表**

| 矿种 | 超大型/处 | 大型/处 | 中型/处 | 小型/处 |
|---|---|---|---|---|
| 石油、天然气 | 4 | 8 | 8 | |
| 煤 | 38 | 93 | 28 | 77 |
| 铁 | | 28 | 99 | 285 |
| 锰 | | 4 | 33 | 44 |
| 铬、钒钼、钴金 | | | 2 | 10 |
| 钛铁、钛磷 | | | 2 | 3 |
| 铅、锌 | 2 | 10 | 37 | 62 |
| 铜、铜镍、铜铅锌、铜金、铂钯、镍 | 1 | 15 | 32 | 101 |
| 汞、锑 | | 2 | 4 | 11 |
| 钨、锡、钼 | 1 | 7 | 10 | 21 |
| 金、金铜、金银、银 | | 17 | 44 | 104 |
| 铝土矿 | 2 | 63 | 127 | 165 |
| 锂、铌钽、稀土 | | 5 | 2 | 7 |
| 石英砂岩、大理岩、硅灰石、石灰岩 | 7 | 12 | 5 | 1 |
| 高岭土、耐火粘土、膨润土、其他粘土、沸石、陶瓷粘土 | 4 | 18 | 14 | 15 |
| 海泡石 | | | 4 | |
| 红柱石、金红石、石墨 | | 5 | 3 | |
| 滑石、石棉、菱镁矿、蛇纹岩 | | 3 | 4 | 2 |
| 磷 | | 3 | 16 | 92 |
| 硫铁矿 | 2 | 40 | 134 | 127 |
| 硼 | | | | 8 |
| 石膏 | 2 | 4 | | |
| 水晶、脉石英 | | | 3 | 9 |
| 萤石 | 2 | 5 | 1 | 29 |
| 玉 | | 2 | 2 | 1 |
| 重晶石 | | | 1 | 8 |

**表 3-2　全国各省级范围晚古生代矿床分布统计表**

| 省/直辖市/自治区 | 超大型/处 | 大型/处 | 中型/处 | 小型/处 | 合计/处 |
|---|---|---|---|---|---|
| 安徽 | | 15 | 5 | 10 | 30 |
| 北京 | | 3 | | | 3 |
| 重庆 | | 10 | 44 | 38 | 92 |
| 福建 | | 1 | 9 | 26 | 36 |
| 甘肃 | 3 | 13 | 33 | 97 | 146 |
| 广东 | | 5 | 9 | 59 | 73 |
| 广西 | | 9 | 24 | 100 | 133 |
| 贵州 | 1 | 25 | 100 | 129 | 255 |
| 海南 | | | | | 0 |
| 河北 | 2 | 9 | | 11 | 22 |
| 河南 | 4 | 19 | 9 | 26 | 58 |
| 黑龙江 | 5 | 4 | 5 | 17 | 31 |
| 湖北 | | 8 | 38 | 43 | 89 |
| 湖南 | 1 | 7 | 37 | 53 | 98 |
| 吉林 | 2 | 5 | 5 | 22 | 34 |
| 江苏 | | 3 | | 1 | 4 |
| 江西 | | | 7 | 3 | 10 |
| 辽宁 | | 3 | 4 | 39 | 46 |
| 内蒙古 | 7 | 10 | 25 | 79 | 121 |
| 宁夏 | | 4 | 2 | 4 | 10 |
| 青海 | 1 | 5 | 4 | 21 | 31 |
| 山东 | 2 | 19 | 17 | 34 | 72 |
| 山西 | 30 | 54 | 67 | 62 | 213 |
| 陕西 | 1 | 10 | 11 | 16 | 38 |
| 四川 | 3 | 35 | 36 | 35 | 109 |
| 天津 | | | 2 | | 2 |
| 新疆 | 2 | 52 | 89 | 183 | 326 |
| 云南 | 1 | 16 | 33 | 70 | 120 |
| 浙江 | | | | 4 | 4 |

**表 3-3　各一级构造单元范围晚古生代矿床分布统计表**

| Ⅰ级构造单元 | 超大型/处 | 大型/处 | 中型/处 | 小型/处 | 合计/处 |
|---|---|---|---|---|---|
| Ⅰ西伯利亚板块 | | 2 | 11 | 14 | 27 |
| Ⅱ斋桑-额尔齐斯（查尔斯克-乔夏喀拉-布尔根）对接带 | | 4 | 4 | 7 | 15 |
| Ⅲ天山-兴蒙增生带 | 10 | 44 | 94 | 224 | 372 |
| Ⅳ西南天山-索伦-西拉木伦对接带 | 1 | 9 | 8 | 37 | 55 |
| Ⅴ华北板块 | 44 | 144 | 111 | 231 | 530 |
| Ⅵ塔里木-柴达木板块 | | 7 | 8 | 13 | 28 |
| Ⅶ秦祁昆增生带 | 4 | 17 | 35 | 73 | 129 |
| Ⅷ康西瓦-苏巴什-阿尼玛卿-勉略-大别-苏鲁对接带 | | 1 | 1 | 6 | 8 |

续表

| Ⅰ级构造单元 | 超大型/处 | 大型/处 | 中型/处 | 小型/处 | 合计/处 |
|---|---|---|---|---|---|
| Ⅸ武夷–云开–台湾增生带 | | 8 | 28 | 127 | 163 |
| Ⅹ扬子板块 | 6 | 102 | 309 | 430 | 847 |
| Ⅺ西藏–三江增生带 | | 6 | 6 | 20 | 32 |

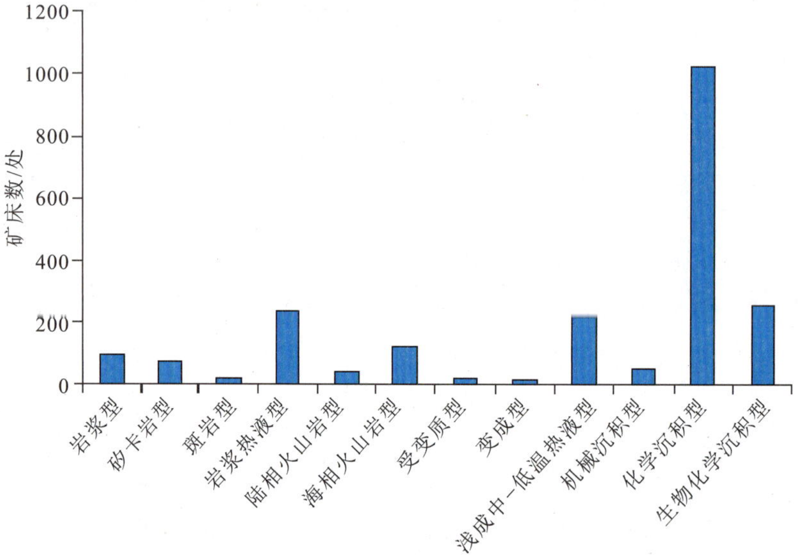


图 3–1　晚古生代按成因类型统计矿床数分布图

## 第二节　分布特征

### 一、岩浆作用矿床

岩浆作用矿床包括岩浆型、伟晶岩型、云英岩型、接触交代型、斑岩型、岩浆热液型、陆相火山岩型和海相火山岩型矿床。晚古生代与岩浆作用有关的主要矿种是铁、铜镍、金银、硫铁矿，次要矿种是铅锌、钨锡、锑、萤石、铬。

按照矿床规模统计如下。超大型 4 处，大型 63 处，中型 138 处，小型 401 处。合计 606 处。

按照成矿时代统计如下。泥盆纪矿床 162 处，包括超大型 2 处、大型 18 处、中型 37 处、小型 105 处；石炭纪矿床 253 处，包括超大型 1 处、大型 16 处、中型 55 处、小型 181 处；二叠纪矿床 191 处，包括超大型 1 处、大型 29 处、中型 46 处、小型 115 处（图 3–2）。

按照矿床类型三级分类统计如下。岩浆型矿床：超大型 1 处（青海格尔木市夏日哈木铜镍矿），大型 23 处，中型 36 处，小型 38 处。伟晶岩型矿床：大型 1 处（福建南平市西坑铌钽矿），中型 2 处，小型 4 处。云英岩型矿床：中型 1 处，小型 4 处。矽卡岩型矿床：大型 5 处（湖南湘中曹家坝钨矿、临武县香花岭锡矿，云南禄劝县新村硫铁矿、德钦县羊拉铜矿），中型 14 处，小型 53 处。斑岩型矿床：大型 6 处（新疆托里县包古图铜矿、特克斯县库勒萨依钼矿、哈密市延东铜钼矿、哈密市土屋铜金矿、哈密市东戈壁钼矿，广东曲江大宝山铜铅硫矿），中型 10 处，小型 7 处。岩浆热液型床：超大型 3 处（内蒙古四子王旗苏莫查干敖包萤石矿、达茂旗查干德勒萤石矿，甘肃武山县温泉钼矿），大型 18 处，中型 41 处，小型 172 处。陆相火山岩型矿床：大型 1 处（新疆哈密市磁海铁矿），中型 7 处，小型 35 处。海相火山岩型矿床：大型 9 处（新疆富蕴县可可塔勒铅锌矿、哈巴河县

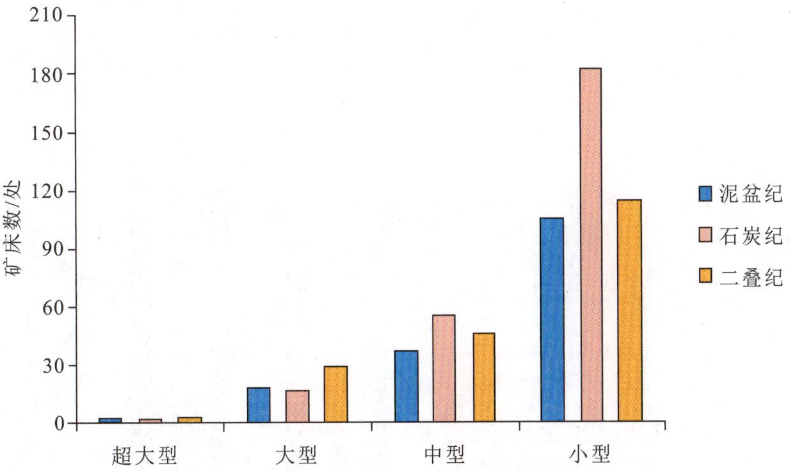

图 3-2　晚古生代岩浆作用矿床按矿床规模统计分布图

阿舍勒铜矿、托里县齐依求金矿、和静县查岗诺尔铁矿、智博铁矿、敦德铁矿、鄯善县梧桐沟铁矿，青海玛沁县德尔尼铜矿，湖南新邵县禾青铅锌矿），中型 27 处，小型 88 处。

## 二、变质作用矿床

变质作用矿床包括受变质型矿床和变成型矿床。晚古生代与变质作用有关的主要矿种是铁、大理岩，次要矿种有硅灰石、石墨、红柱石。

按照矿床规模统计如下。超大型 7 处，大型 16 处，中型 6 处，小型 4 处。合计 33 处。

按照成矿时代统计如下。泥盆纪矿床 7 处，包括超大型 3 处、大型 3 处、中型 1 处；石炭纪矿床 10 处，包括超大型 2 处、大型 6 处、中型 1 处、小型 1 处；二叠纪矿床 16 处，包括超大型 2 处、大型 7 处、中型 4 处、小型 3 处。

按照矿床类型三级分类统计如下。受变质型矿床：超大型 5 处（黑龙江伊春市参园沟大理岩、伊春浩良河大理岩、牡丹江拉古大理岩、桦南老秃顶子大理岩、林口县大盘道大理岩），大型 6 处，中型 3 处，小型 4 处。变成型矿床：超大型 2 处（吉林磐石市长威子硅灰石、龙井市细鳞河硅灰石），大型 10 处，中型 3 处。

## 三、含矿流体作用矿床

含矿流体作用矿床是指浅成中–低温热液型矿床，即非岩浆–非变质作用矿床。主要矿种有铅锌、金、萤石等。

按照矿床规模统计如下。超大型 2 处，大型 24 处，中型 62 处，小型 132 处。合计 220 处。

按照成矿时代统计如下。泥盆纪矿床 83 处，包括超大型 2 处，大型 12 处，中型 24 处，小型 45 处；石炭纪矿床 92 处，包括大型 9 处，中型 27 处，小型 56 处；二叠纪矿床 45 处，包括大型 3 处，中型 11 处，小型 31 处。

按照矿床类型三级分类统计如下。浅成中–低温热液型矿床：超大型 2 处（甘肃成县厂坝铅锌矿、李家沟铅锌矿）。

## 四、沉积作用矿床

沉积作用矿床包括机械沉积型、化学沉积型、蒸发沉积型和生物化学沉积型矿床。晚古生代与沉积作用有关的主要矿种是铝土矿、煤、铁，次要矿种是锰、磷、耐火粘土、石油、天然气。

按照矿床规模统计如下。超大型 52 处，大型 241 处，中型 409 处，小型 645 处。合计 1347 处。

按照成矿时代统计如下。泥盆纪矿床 302 处，包括大型 13 处、中型 87 处、小型 202 处；石炭纪矿床616处，包括超大型49处、大型173处、中型166处、小型228处；二叠纪矿床429处，包括超大型3处、大型55处、中型156处、小型215处（图3-3）。

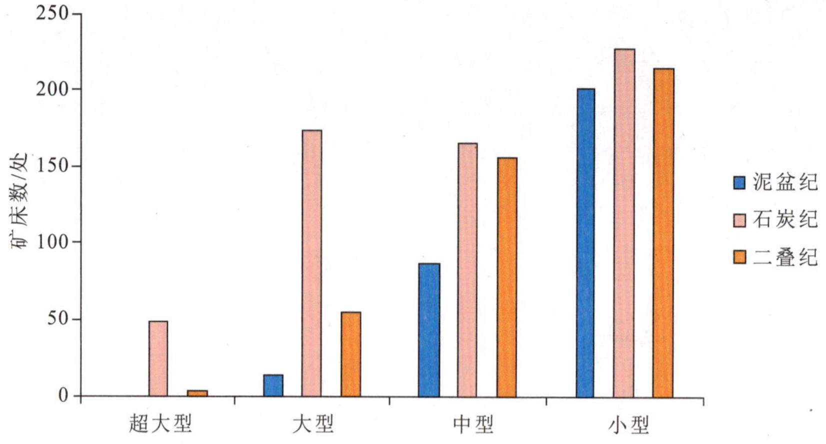


图3-3　晚古生代沉积作用矿床按规模统计分布图

按照矿床类型三级分类统计如下。机械沉积型矿床：超大型4处（山西阳泉盂州市郭村耐火粘土矿、和顺县其林台耐火粘土矿，河南新安县竹园-狂口耐火粘土矿，内蒙古准格尔旗窑沟煤粘土矿），大型17处，中型13处，小型17处。化学沉积型矿床：超大型4处（河南登封大冶铝土矿、贵州清镇市猫场铝土矿、四川宜宾市江安县富安硫铁矿、叙永县大树西矿段硫铁矿），大型119处，中型360处，小型551处。蒸发沉积型矿床：超大型2处（云南巧家县鲁纳田石膏矿、湖南邵阳县常乐石膏矿），大型4处。生物化学沉积型矿床：超大型42处（新疆红车拐油田、山西煤矿、四川省普光气田等），大型101处，中型36处，小型77处。

## 第三节　重要构造单元成矿作用

西伯利亚板块-阿尔泰弧盆系发育泥盆纪与海相火山-喷流成矿作用（阿舍勒铜锌矿、可可塔勒铅锌矿）。

天山-兴蒙增生带晚古生代成矿作用明显增强，该时期板块构造与地幔柱并存叠加，壳幔相互作用显著，导致了晚古生代成矿作用集中爆发，以造山型金矿、斑岩型铜矿、火山喷溢型铁矿、岩浆型铜镍矿为主。造山型金矿主要形成于晚泥盆世，与岩浆作用密切相关（卡特巴阿苏金矿、阿希金矿）。斑岩型铜矿主要集中于中泥盆世和石炭纪，与俯冲作用密切相关（土屋-延东铜矿）。火山喷溢型铁矿形成于石炭纪，与大陆边缘裂谷环境密切相关（阿吾拉勒铁矿区）。铜镍矿主要形成于早二叠世，是伸展环境下地幔岩浆作用的产物（黄山铜镍矿）。与塔里木二叠纪大火成岩省相关的有钒钛磁铁矿、火成碳酸岩稀土成矿。

秦祁昆增生带晚古生代—早中生代碰撞造山和陆内伸展的陆壳生长方式，形成与裂解有关的岩浆融离型铜镍成矿作用（夏日哈木），晚古生代沉积型锰矿床（西昆仑玛尔坎苏），晚古生代Sedex型铅锌矿床（秦岭厂坝、代家庄、下拉地、西昆仑卡兰古），晚古生代块状硫化物型铜钴矿（东昆仑德尔尼、西昆仑萨洛伊）。

塔里木-柴达木板块、华北板块石炭纪—二叠纪油气成藏作用。华北、塔里木、柴达木等为稳定背景，石炭系—二叠系以浅海-海陆交互相为主，气为主。天山-兴蒙构造带为活动背景，石炭系—二叠系是重要烃源岩层系，以浅海相碎屑岩夹火山岩为主，既富油又富气。

华北地区晚石炭世海侵，逐渐形成滨浅海或滨海沼泽沉积，至早二叠世则逐渐转化为内陆河湖环境，北部以河流三角洲沉积为主，向南过渡为潟湖-潮坪沉积，发育若干障壁岛，发育较强的聚煤作用。晚二叠世，我国古地理发生了巨大变化。华北盆地中部发育大规模湖泊沉积，氧化环境逐渐占为绝对优势，不利于成煤植物死亡后的保存，沉积物以红色为主，聚煤作用逐渐减弱。华南地区，由于海退关系，康滇古陆、华夏古陆有所扩大，形成了华南晚二叠世聚煤富煤带，同时也构成了我国华南煤层气聚气区。

扬子板块西南缘晚二叠世峨眉大火成岩省及其成矿作用，形成钒钛磁铁矿和少量 Ni-Cu 矿（四川攀枝花钒钛磁铁矿，云南金宝山铂钯矿、云南白马寨铜镍矿）（表 3-4、图 3-4、图 3-5、图 3-6）。

**表 3-4 晚古生代重要成矿作用一览表**

| Ⅰ级构造单元 | 重要成矿作用 | 典型矿床 |
| --- | --- | --- |
| Ⅰ西伯利亚板块 | 阿尔泰华力西早期岩浆成矿作用 | 新疆阿舍勒铜锌矿、可可塔勒铅锌矿 |
| Ⅲ天山-兴蒙联合板块 | 准噶尔东部泥盆纪—石炭纪变质成矿作用 | 新疆孔克热石墨矿、黄羊山石墨矿 |
| | 准噶尔北部华力西早期岩浆成矿作用 | 新疆萨尔托海铬矿 |
| | 新疆北部华力西期岩浆成矿作用 | 新疆喀拉通克铜镍矿、黄山东铜镍矿、香山铜镍-钛铁矿、瓦吉里塔格钒钛磁铁矿，甘肃黑山铜镍矿 |
| | 西天山华力西中期岩浆成矿作用 | 新疆智博铁矿、敦德铁矿、备战铁矿 |
| | 东天山-北山地区华力西中晚期岩浆热液成矿作用 | 新疆土屋铜矿 |
| Ⅴ华北板块 | 华北陆块区石炭纪—二叠纪沉积成矿作用 | 河南郁山铝土矿，山西宁武煤田 |
| Ⅲ天山-兴蒙联合板块<br>Ⅴ华北板块 | 中国北方石炭纪—二叠纪油气资源 | 鄂尔多斯盆地苏里格气田，准噶尔盆地玛湖油田 |
| Ⅶ秦祁昆增生带 | 西昆仑石炭纪沉积成矿作用 | 新疆奥尔托喀纳什锰矿、穆呼锰矿 |
| | 东昆仑华力西早期岩浆成矿作用 | 青海夏日哈木镍矿 |
| | 秦岭边缘盆地志留纪—泥盆纪热水沉积（层控）成矿作用 | 甘肃厂坝铅锌矿 |
| Ⅸ武夷-云开-台湾增生带 | 武夷-云开及周边地区华力西中晚期岩浆成矿作用 | 福建南坪西坑铌钽矿 |
| Ⅹ扬子板块 | 扬子陆块周缘晚古生代海相沉积成矿作用 | 广西下雷锰矿、福建连城锰矿、贵州遵义锰矿、贵州务正道地区铝土矿 |
| | 扬子陆块区西缘华力西晚期岩浆成矿作用 | 云南金宝山铂钯矿、云南白马寨铜镍矿、四川攀枝花钒钛磁铁矿 |

## 一、西伯利亚板块-阿尔泰弧盆系

### 1. 阿尔泰华力西早期岩浆成矿作用

#### 1.1 成矿时空分布

阿尔泰南缘早-中泥盆世火山岩主要分布于阿舍勒、冲乎尔、克兰、麦兹 4 个斜列产出的火山-沉积盆地中。麦兹盆地主要发育早泥盆世康布铁堡组上段流纹质熔岩和凝灰岩。在克兰、冲乎尔盆地中，康布铁堡组中下段主要由海底喷发形成的角斑岩、石英角斑质熔岩及其碎屑岩组成，上段为流纹岩。西部的阿舍勒盆地中主要发育中泥盆世火山岩，如阿舍勒富镁火山岩。阿舍勒 Cu-Zn 矿床赋存于中泥盆统阿舍勒组，容矿岩石为安山岩、英安质火山碎屑岩；中西部的克因布拉克 Cu-Zn 矿，中部克兰盆地的铁木尔特 Fe、Pb-Zn 矿，以及东部麦兹盆地的蒙库 Fe 矿、可可塔勒 Pb-Zn 矿、萨吾斯 Pb-Zn 矿均赋存于早泥盆世康布铁堡组火山岩和火山沉积岩（图 3-7）。

晚古生代中国大陆与海相火山-喷流有关主要矿床还有：南昆仑木孜塔格-西大滩-布青山蛇绿混杂岩带中与蛇绿岩有关的 Cu、Zn、Co 矿床（青海德尔尼铜钴）；准噶尔弧盆系觉罗塔格裂谷带中与火山沉积岩有关的 Cu、Zn 矿床（新疆小热泉子铜锌；王宗社等，2006）。

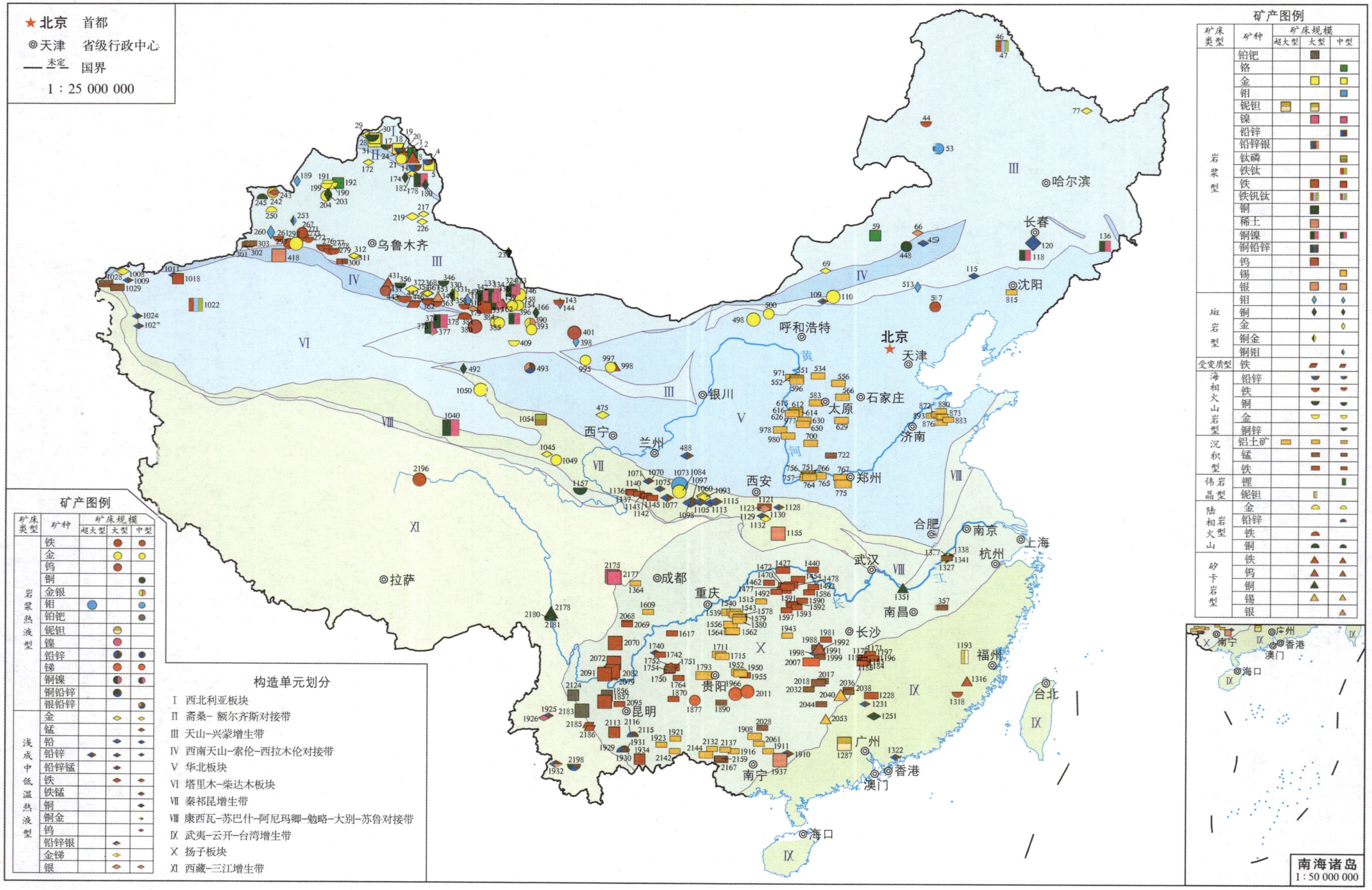


图3-4 中国晚古生代金属矿床分布示意图

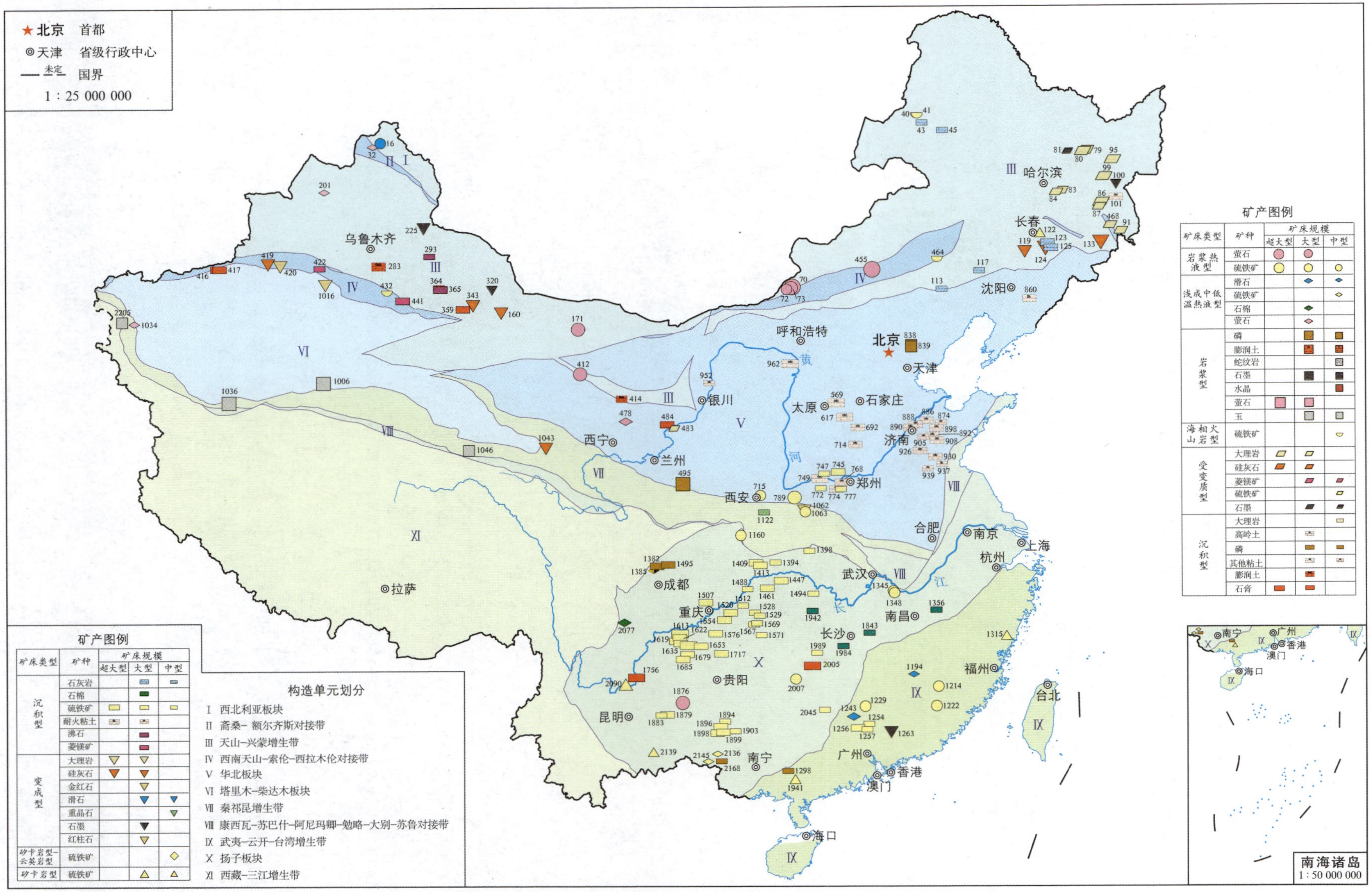

图 3-5 中国晚古生代非金属矿床分布示意图

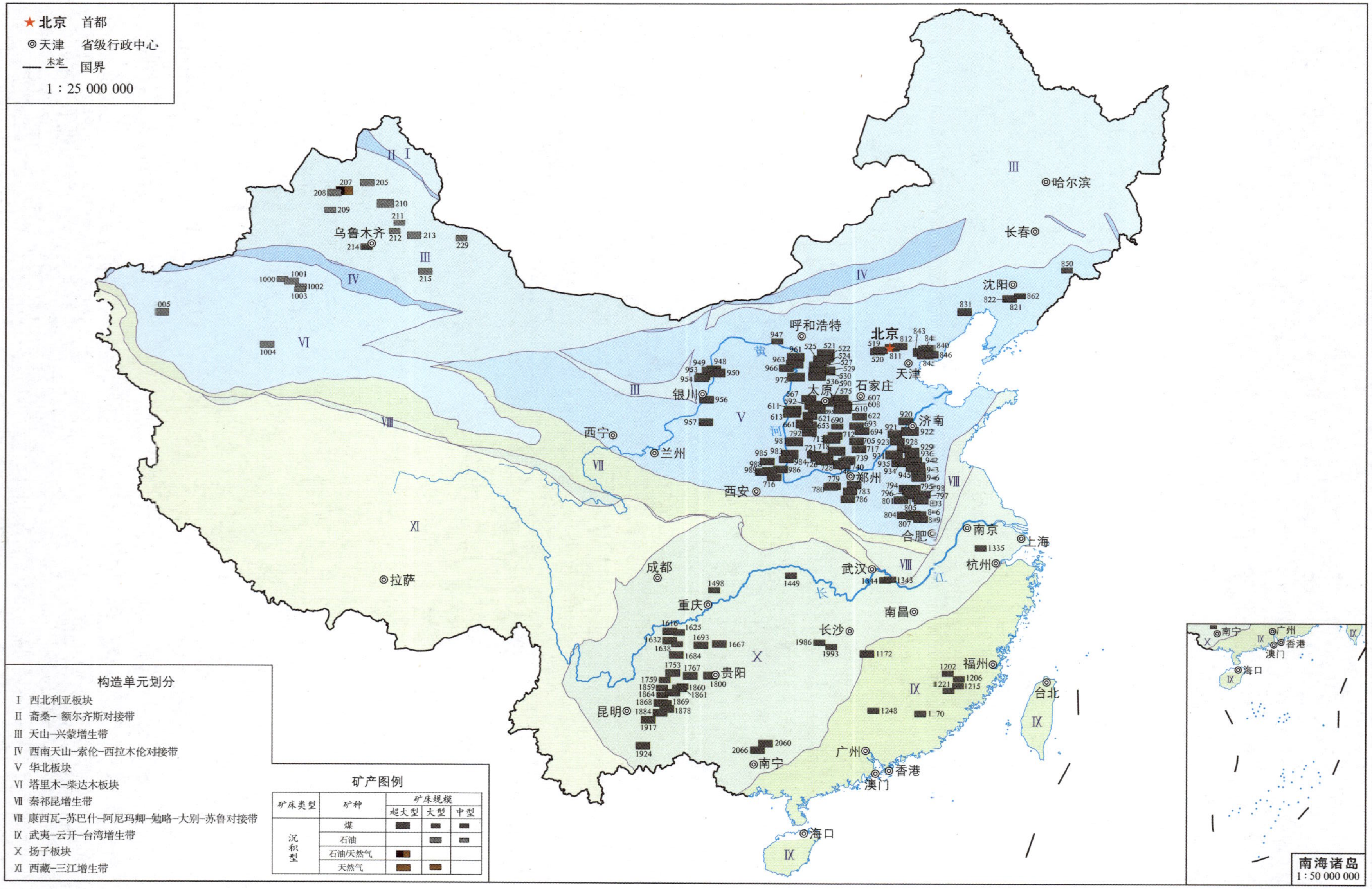


图 3-6 中国晚古生代能源矿床分布示意图

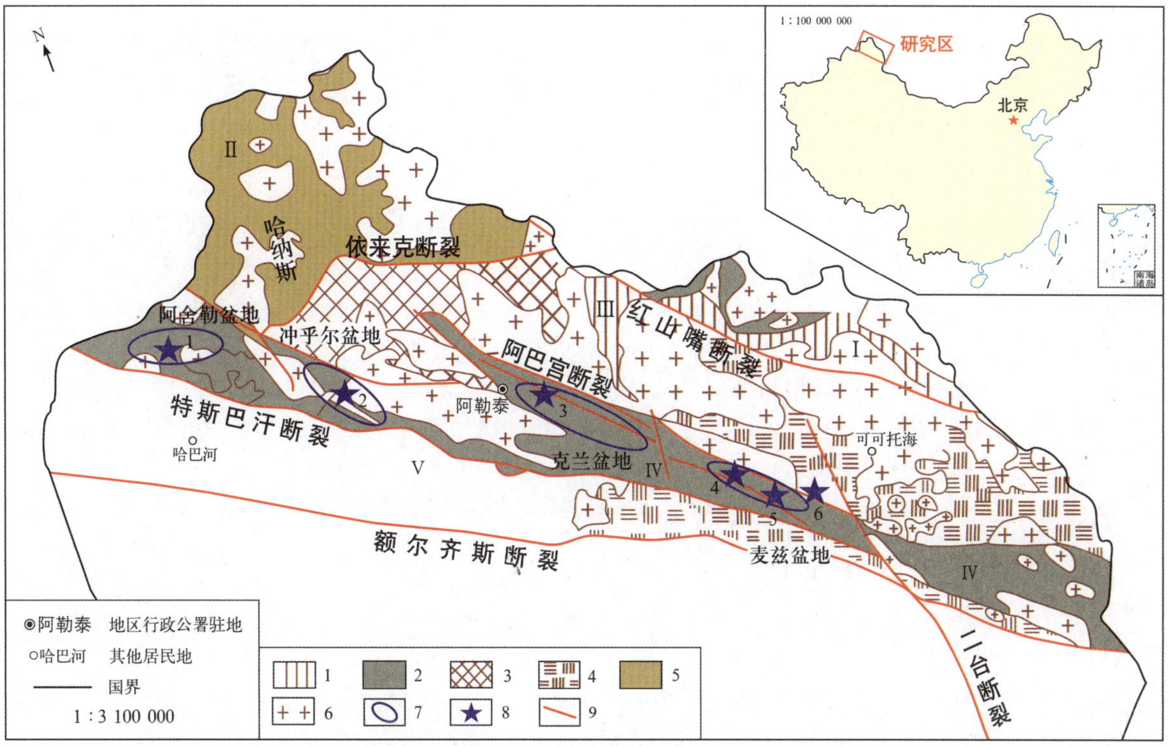


图 3-7 阿尔泰南缘构造单元划分及早-中泥盆世火山沉积盆地、硫化物矿床分布图

（据刘伟等，2013）

1—石炭纪火山岩；2—泥盆纪火山-沉积岩；3—志留纪火山-沉积岩；4—奥陶纪片岩与片麻岩；5—寒武纪—奥陶纪变沉积岩；6—晚古生代花岗岩；7—火山-沉积盆地；8—典型矿床；9—断层。典型矿床有：1—阿舍勒；2—克因布拉克；3—铁木尔特；4—蒙库；5—可可塔勒；6—萨吾斯。地体：Ⅰ—阿尔泰山地体；Ⅱ—北西阿尔泰山地体；Ⅲ—中阿尔泰山地体；Ⅳ—冲乎尔-阿巴宫地体；Ⅴ—额尔齐斯地体

## 1.2 典型矿床

### 1.2.1 新疆阿舍勒铜锌矿

（1）区域地质特征

大地构造位置属于阿尔泰造山带南缘阿舍勒成矿亚带。产于区域性拉张地质背景中，主要与早中泥盆世双峰式火山活动有关，在这种背景下形成的阿尔泰南缘火山沉积盆地中形成大量的与之相关的铁、铜、铅、锌、金等矿产。

（2）矿床地质特征

阿舍勒铜锌矿产于早-中泥盆世阿舍勒盆地火山机构边缘的洼地中。矿区出露的地层主要有下-中泥盆统阿舍勒组、中-上泥盆统齐叶组、下石炭统红山嘴组和第四系，阿舍勒组主要出露于矿区中部，是阿舍勒铜锌矿床的容矿地层（图 3-8）。

按照岩性组合，阿舍勒组（$D_2as$）分为 3 个岩性段，第一段主要为流纹质凝灰岩（局部含火山泥球）、角砾凝灰岩、沉凝灰岩、凝灰质粉砂岩、硅质岩，夹大理岩；第二段为流纹质凝灰岩、角砾凝灰岩、火山角砾岩、流纹岩、千枚岩，夹结晶灰岩、含铁硅质岩、放射虫硅质岩透镜体等，为含矿层，块状硫化物矿层产于该段顶部，位于第三段玄武岩之下。岩石蚀变强烈，片理发育；第三段由玄武岩（块状、杏仁状玄武岩）、凝灰岩、硅质岩等组成。火山岩为一套酸性、中酸性火山碎屑岩为主的双峰式海相火山岩，形成于拉张环境，爆发指数约为 70，成矿为火山活动间歇期，铁质碧玉岩全岩 Rb-Sr 和 Sm-Nd 等时线年龄分别为 378.3 Ma 和 372.7 Ma（李华芹等，1998）。含矿岩系具有高钠、低钾、高 $H_2O^+$的特征，表明岩石受到了蚀变和变质作用。$TiO_2$ 含量低，具岛弧火山岩的特征。

矿床基本上均由原生硫化物矿石组成。自然类型按矿石的矿物组合可划分为黄铁矿矿石、黄铜黄

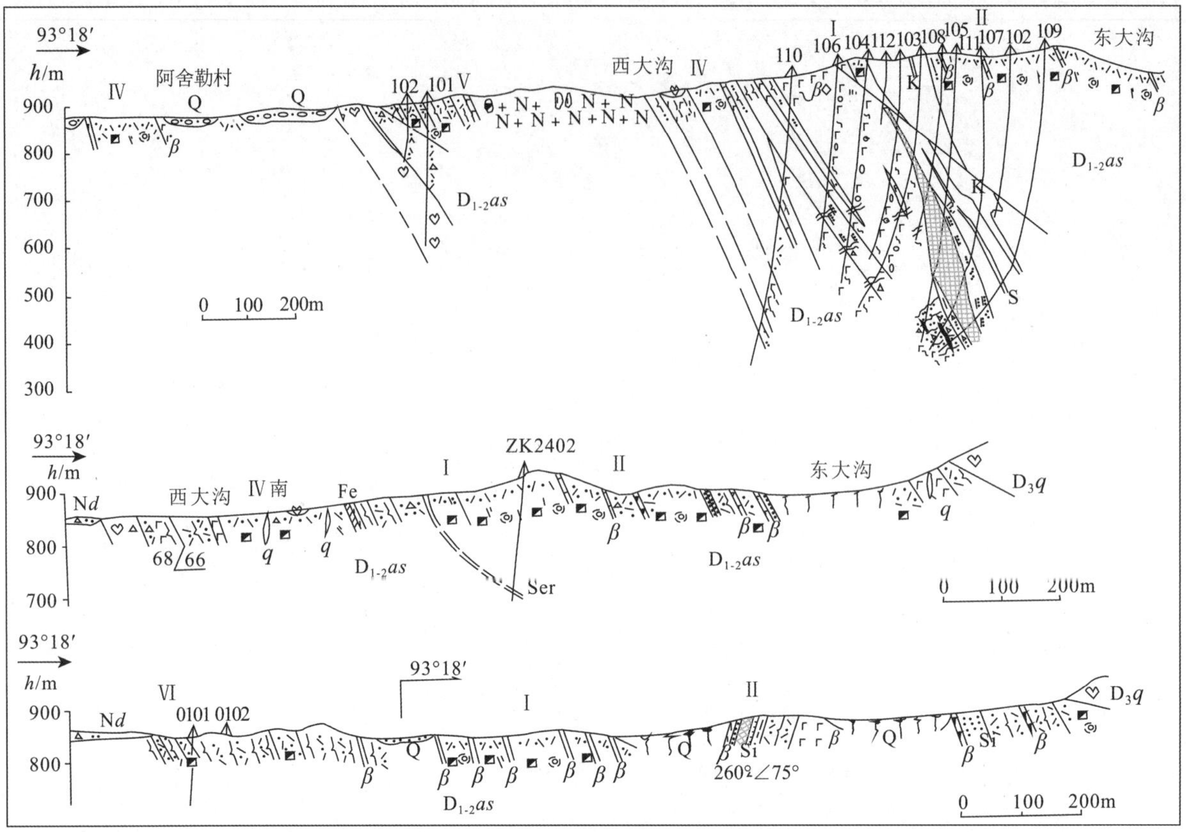

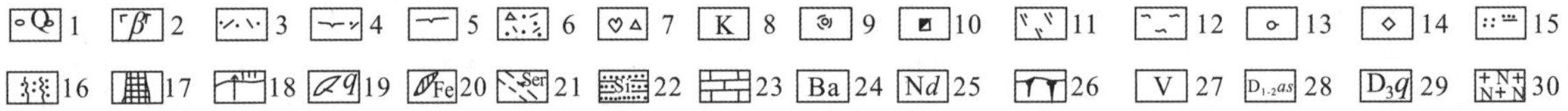

图 3-8 新疆哈巴河县阿舍勒矿区一号矿床剖面图

（据王登红等，2017）

1—第四系；2—细碧岩；3—凝灰岩；4—角斑质凝灰岩；5—角斑岩；6—角砾凝灰岩；7—集块岩；8—英安斑岩；9—硅化；10—黄铁矿化；11—绢云母化；12—绿泥石化；13—绿帘石化；14—碳酸盐化；15—浸染状、条带浸染状矿石；16—细脉浸染状矿石；17—致密块状矿石；18—钻孔及编号；19—石英脉；20—铁碧玉；21—绢云片岩；22—硅质岩；23—灰岩；24—重晶石；25—新近系；26—水系；27—矿带编号；28—阿舍勒组；29—齐也组；30—钠长斑岩

铁矿矿石、闪锌黄铜黄铁矿矿石、多金属矿矿石、闪锌矿矿石。按矿石构造特征可分为块状矿石、条带状矿石、条带-浸染状矿石、细脉-浸染状矿石。

按照矿石特征，矿物生成顺序及包体测温等，可划分出火山喷气沉积-热液交代期、变质改造活化期和表生期三期成矿作用。火山喷气沉积-热液交代期：属火山作用同生成矿期。可划分五个阶段：黄铁矿阶段、黄铜矿-黄铁矿阶段、闪锌矿-黄铜矿-黄铁矿阶段、多金属硫化物阶段和含多金属重晶石阶段。变质改造活化期：矿体因构造作用发生变形，局部矿石被压碎并重结晶，同时叠加了含硫化物碳酸盐石英脉，在Ⅰ号矿体回转端部位形成细脉-浸染状锌矿石。表生期：矿体经氧化淋滤作用形成铁帽，原生矿石产生辉铜矿化等次生富集现象，品位加富。

围岩蚀变强烈，主要有硅化、绢云母化、黄铁矿化、绿泥石化、碳酸盐化等。矿体下盘长英质岩石中发育绿泥石带或绢云母-绿泥石带，远离矿体则为绢云母-次生石英岩带，宽度可达上百余米；上盘蚀变微弱，范围仅几十厘米至几米。

（3）成矿机制和成矿模式

阿舍勒铜矿为火山喷气-沉积成因的块状黄铁矿型铜（锌）矿床。矿物流体包裹体的 $\delta D$ 值为 $-142‰\sim-39‰$，$\delta^{18}O_{H_2O}$ 值为 $-12.3‰\sim-0.3‰$。介于岩浆水和大气水之间。由于成矿作用发生在 1000 m 深的海底下，只能是一种深循环的海水与岩浆水的混合流体。成矿流体具有多源性，喷气-沉

积期以富 $K^+$、$Cl^-$、$CO_2$ 为特征，$K^+>Na^+$，$Cl^->F^-$，而且从浸染状黄铁矿矿石到多金属矿石 $K^+/Na^+$ 比值减小，$SO_4^{2-}$ 浓度增大。变质改造期和热液叠加期以 $Na^+>K^+$、$Cl^->F^-$ 为特点，两者明显不同。矿石硫化物的 $\delta^{34}S$ 值为 0.7‰~8.17‰，集中在 2‰~6‰之间；重晶石的 $\delta^{34}S$ 值为 16.4‰~20.3‰。成矿流体的 $\delta^{34}S$ 值从矿体下部往上由 3‰变到 16‰，表明硫主要来自酸性火山喷发，向矿体上部混入海水硫。矿石铅同位素组成与阿舍勒组火山岩的分散铅同位素组成基本一致，暗示它们有着共同的来源。

成矿流体沿断裂在酸性火山碎屑岩层中运移，后者作为“多孔坝”使流体呈弥散式喷射，伴随酸性淋滤形成浸染状矿体和蚀变分带。排泄到海底的流体，在喷口及其附近堆积了块状硫化物矿体，形成了矿床的双层结构和矿化分带。在铜锌黄铁矿矿层底部常见角砾状矿石，细粒黄铁矿矿石角砾被含铜黄铁矿矿石或铜锌黄铁矿矿石所胶结，说明块状矿石堆积过程中构造不断活动，成矿具有脉动性质。喷气-沉积成矿后，矿床经历了变质改造和火山热液叠加，形成了大量热液脉。

综上所述，阿舍勒矿床具有海底热水循环和岩浆热液补给的成矿模式，并经历了后期改造。成矿模式见图 3-9。

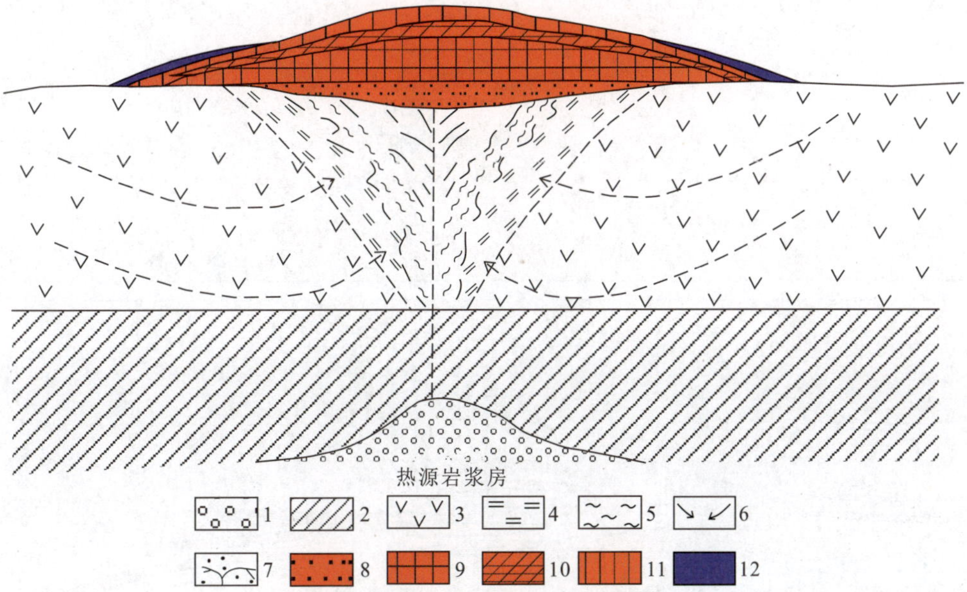


图 3-9　新疆哈巴河县阿舍勒铜矿成矿模式图

（据新疆地质矿产勘查开发局，2013）

1—岩浆房；2—前泥盆纪褶皱基底；3—中泥盆世火山-沉积岩系；4—绢云母蚀变火山岩；5—绿泥石化蚀变火山岩；6—对流循环系统；7—硅化网状矿化（黄铁矿）；8—黄铁矿矿石；9—黄铜黄铁矿矿石；10—铜锌黄铁矿矿石；11—多金属矿石；12—重晶石多金属矿石

（4）找矿模型

综合地球物理场反映阿舍勒铜矿体的物探异常组合为“高重力、高极化、低阻、明显 TEM 异常”特征。弱-高重力异常及弱 TEM 异常是深埋藏块状硫化物矿床的标志。高重力异常、明显的 TEM 中-晚期通道异常和弱激电异常是中等埋深块状硫化物矿床的标志。低阻、高极化、强负自然电位、高重力异常、明显的 TEM 早-晚期道异常是浅埋藏块状硫化物矿床的标志。中-低阻、高极化、较明显的 TEM 异常并位于平静的重力场或重力低值带上，这一组合异常一般与构造破碎带中的矿体、矿化体有关。高阻、高极化、高重力异常与中-浅埋藏状态稀疏浸染状矿体、矿化体有关。

地球化学异常体的空间形态、规模与矿（化）体及蚀变围岩有着密切的空间对应关系。由矿头至矿尾依次出现 Ba、Sb、Hg-Pb、Ag、As、Zn-Au、Bi、Cu-Mo、Co-Sn 的矿化元素组合分带。矿体埋藏深时无明显原生晕异常；中等埋深时，主要为 Cu、Zn、Pb、Ag、Bi、As、Mo 元素异常；已有矿体出露地表时，以 Cu、Mo、Bi、Sn 高异常强度为特征。

### 1.2.2 新疆可可塔勒铅锌矿

（1）区域地质特征

可可塔勒铅锌矿位于西伯利亚板块阿尔泰陆缘活动带，克兰晚古生代火山盆地麦兹复式倒转向斜北东倒转翼的东南端近转折部位（姜俊，2003）。下泥盆统康布铁堡组的中酸性火山岩为铅锌矿的含矿地层。

（2）矿床地质特征

可可塔勒铅锌矿床受火山爆发中心和局部沉积洼地控制明显。直接容矿围岩为片岩、变砂岩、粉砂岩、大理岩，即以正常沉积岩和凝灰质沉积岩为主（图 3-10）。

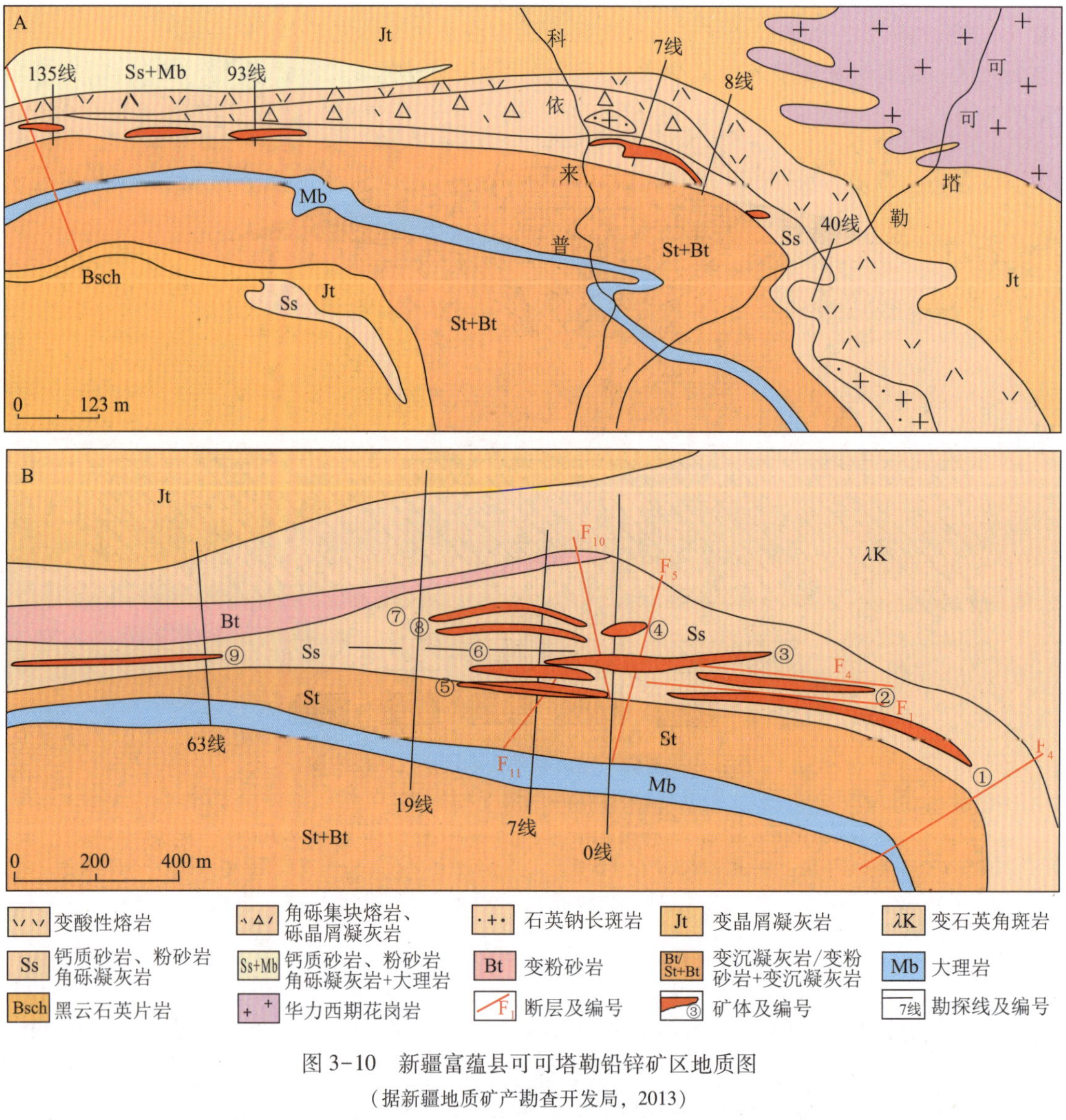

图 3-10　新疆富蕴县可可塔勒铅锌矿区地质图

（据新疆地质矿产勘查开发局，2013）

矿床内所有的铅锌矿体多数为分支复合脉状，沿走向和倾向多分支复合现象；少数为似层状、透镜状。矿体走向为北西（310°~320°）和北北西（340°~345°），倾向多为北东，少数矿体倾向南西，倾角 65°~80°。按矿石构造可分为 5 种类型，即块状矿石、稠密浸染状矿石、条带条纹状矿石、稀疏浸染状矿石、细脉-网脉状矿石等，以前 3 种矿石类型为主。矿石结构为中细粒自形-半自形、他形-半自形、粒状结构、斑状结构、反应边结构、共边结构、交代溶蚀结构、填间结构等。矿石构造以浸染状构造、斑杂状构造、块状构造为主，其次为条带状、条纹状、似条纹状构造，少数为角砾状构造等。分带性：从全矿区来看，从下至上，大致有（Cu）-Zn→Zn-Pb→Pb-Zn 分带趋势。围岩蚀变主要为黄铁矿化、硅化、绢云母化、绿泥石化、绿帘石化、碳酸岩化、石榴子石化、透辉石化。

矿体产于早泥盆世中期的火山-沉积碎屑岩地层内，且铅同位素模式年龄 312~540 Ma，大部分 367~428 Ma，表明矿床成矿时代为早泥盆世（康吉昌，2003）。

（3）成矿机制和成矿模式

泥盆纪时期，尤其是早泥盆世后期，本区域处于浅海、滨海环境，地质事件频繁，反复的升降运动与不断的火山活动使区域处于不稳定的动荡状态中，这是造就本区域火山喷发-沉积多旋回的机制，也是形成可可塔勒铅锌矿床所具特征的地质作用和古地理条件（郭正林，2002）。矿床成因类型为海底火山喷流-沉积变质改造型铅锌矿床，即沉积岩容矿的海底喷气沉积变质改造矿床。

成矿元素带出机理：海水与火山岩作用，淋滤火山岩中的成矿元素 Pb、Zn、Cd、Ag 及 $Na_2O$、CaO、MgO、$Al_2O_3$、$Fe_2O_3$、FeO 等常量元素组分。而 Ca、Mg、Fe 等元素又在 Pb、Zn 成矿期从热液中沉淀，形成了阳起石、透闪石、石榴子石等似矽卡岩矿物。沉淀机理：成矿流体中富 $Ca^{2+}$、$Na^{+}$、$Cl^{-}$、$SO_4^{2-}$ 及气体 $CO_2$、$H_2O$，为富 S 体系，成矿金属主要以硫氢氧络合物形式迁移。降温、降压及 pH 从低到高过程，并保持较还原环境，有利于硫化物沉淀；从深部热液进入较低火山洼地，其环境的物理化学变化有利于矿质沉淀（姜俊，2003）。

在早泥盆世时期，随着区域地壳拉张、断裂活动，全球海平面上升的影响，麦兹盆地逐渐形成。随着强烈的裂陷拉张作用和火山喷发，使得次级沉积盆地迅速转变为深海次深海环境。下渗的海水渗滤了尚未固结的火山岩，从中获取了一定量的 Pb、Zn 等矿质后，继续沿断裂下渗，在深部被加热并与火山期后热液混合。含 Pb、Zn 较富的热水溶液上升，进一步萃取火山岩中的矿质并使其蚀变。沿补给通道上升到海底再度与富生物遗体的海水混合，还原海水硫酸盐，获得充足的 $S^{2-}$ 从而沉淀了本矿床的富矿石，即块状、斑杂状矿石。紧随其后的（脉动式上升）热水溶液大多沿碎屑沉积物和早先沉淀的矿质中的间隙充填，形成了以浸染状为主的，包括条纹状、脉状在内的贫矿石。在火山口洼地形成多层富矿，在沉积洼地中心形成单层厚大矿体，在洼地斜坡形成薄层矿。

#### 1.3 成矿作用

晚古生代阿尔泰弧盆系中与海相火山-喷流有关的铜、铅、锌和铁成矿作用与双峰式火山岩有关，含矿火山岩组合为细碧岩-角斑岩-石英角斑岩组合，相当于日本的岛弧安山岩岩石组合，表明了该类矿床通常产在岛弧板块构造位置的特点。岛弧型或火山弧火山岩大多数位于活动性大陆边缘的拉张环境下，裂谷作用导致深源岩浆喷发，早期火山喷发具有酸性和基性交替喷发沉积的特点，以火山碎屑岩喷发为主熔岩流居次要地位。

约 400 Ma，准噶尔大洋板块向阿尔泰之下俯冲，导致阿尔泰造山带的快速隆升以及阿尔泰南缘的拉张，形成一系列弧间和弧前盆地，引发盆地流体的活动，在阿尔泰南缘早-中泥盆世火山-沉积盆地中，形成众多的硫化物矿床。东部的麦兹盆地以 Pb-Zn 矿床为主，矿石具有较高的 $^{207}Pb/^{204}Pb$、$^{208}Pb/^{204}Pb$ 比值，赋矿火山岩来源于多旋回碎屑物质的部分熔融。中部的克兰盆地以 Fe-Pb-Zn 多金属成矿为主，矿石具有偏高的 $^{206}Pb/^{204}Pb$ 比值，其赋矿岩石组合属大洋岛弧火山岩。中西部的冲乎尔盆地及西部阿舍勒盆地则以 Cu-Zn 成矿为主，阿舍勒富镁英安岩来源于板片流体交代的地幔楔，较低的放射成因 Pb 反映其成矿金属物质直接来源于地幔源区。

## 二、天山-兴蒙联合板块

### 2. 准噶尔东部泥盆纪—石炭纪变质成矿作用

#### 2.1 成矿时空分布

东准噶尔地区新发现孔克热、达布逊、黄羊山、苏吉泉等 10 余处大型-超大型石墨矿床（图 3-11），已探（332）+（334）级工业晶质石墨固定碳矿物量达 6600 万吨，矿石远景储量超过 3 亿多吨，并且层位稳定、厚度大，品位富，易开采。根据成矿地质背景、控矿因素及成矿作用特征的不同，划分为：接触变质型石墨矿（青河县阿拉托别、达布逊和孔克热等）和岩浆热液型石墨矿（奇台县黄羊山和苏吉泉等）2类。接触变质型含矿岩系为泥盆纪—石炭纪碎屑岩，成矿时代主要为晚石炭世—早二叠世；岩浆热液型赋矿围岩为华力西期（320～270 Ma）碱长花岗岩，成矿时代与岩浆侵入时代一致。

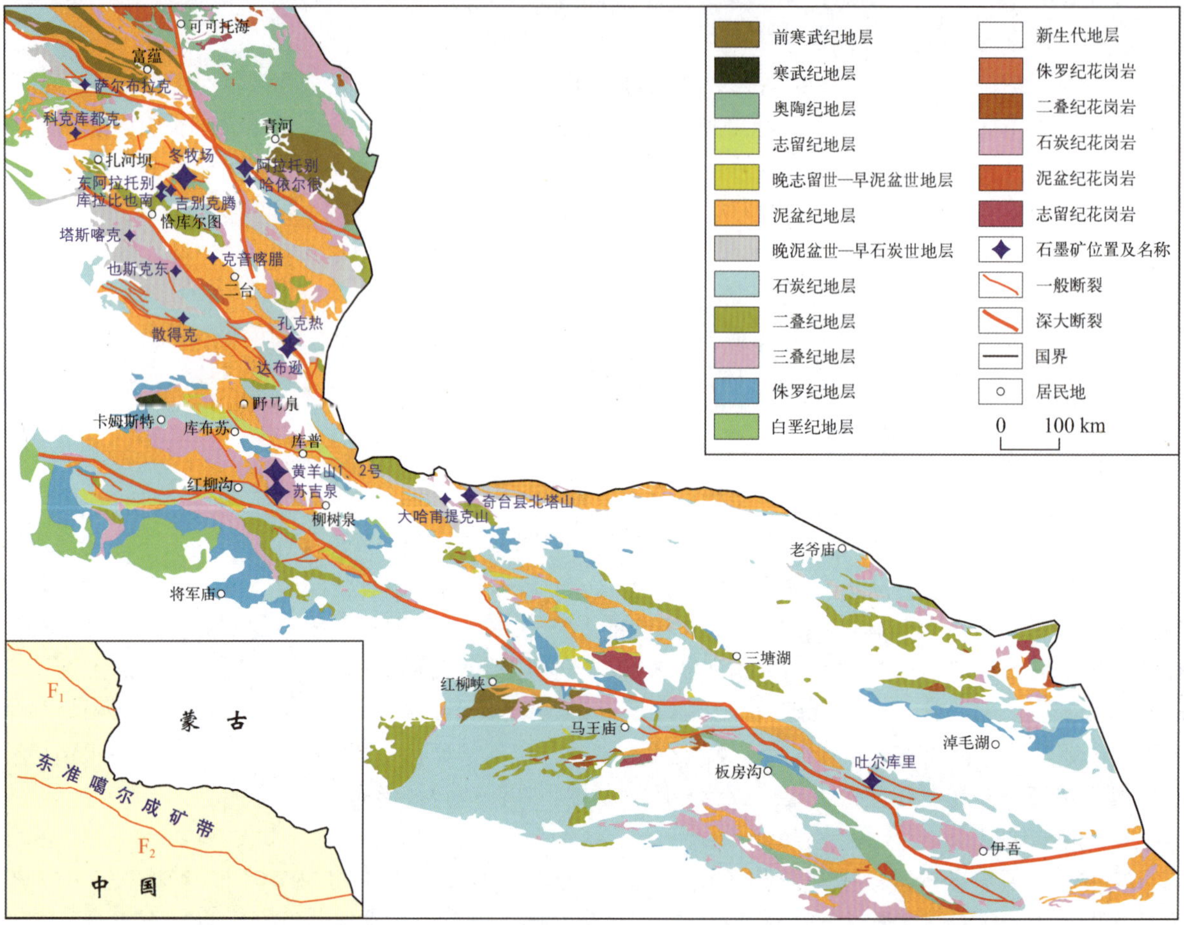


图3-11 东准噶尔地区石墨矿床分布意图
（据白建科等，2017）

## 2.2 典型矿床

### 2.2.1 新疆孔克热石墨矿

孔克热接触变质型石墨矿位于北西—南东向阿尔曼太-北塔山区域性大断裂产生的次级断裂破碎带中。出露地层主要为下石炭统姜巴斯套组（$C_1j$）由砂岩、粉砂岩及泥岩组成的滨海相含碳质碎屑岩建造，亦为石墨赋矿岩层，赋矿岩石为石墨板岩（图3-12）。地层受岩浆热力变质作用岩石呈现角岩化、褪色、蚀变及高温的锖色和板岩化等变质，变质岩的岩性组合为单一碳质板岩。矿区的地质特质反映引起变质的主导因素是热力变质作用，变质级属中低温热力变质范畴，区域变质程度较浅。

矿床构造为阿尔曼太3号向斜，呈北东向出露于矿区南部一带，北东翼倾向南西，倾角为50°～85°，南西翼倾向北东，倾角为50°～70°，组成向斜核部地层为下石炭统姜巴斯套组（$C_1j$），即石墨矿体赋存位。石墨矿体产于下石炭统姜巴斯套组（$C_1j$）碳质板岩和泥质粉砂岩内，矿体与地层为整合接触，由泥质粉砂岩到碳质板岩到矿体为渐变过渡，并且多见由植物化石碎片的沉积特征，在矿体边部及周围上下多有闪长玢岩岩体出露。矿体呈层状、似层状，主要集中于向斜核部及翼部，随地层产状而变化，并与石炭系中细粒斑状黑云母二长花岗岩、闪长岩、辉长岩等呈侵入接触。

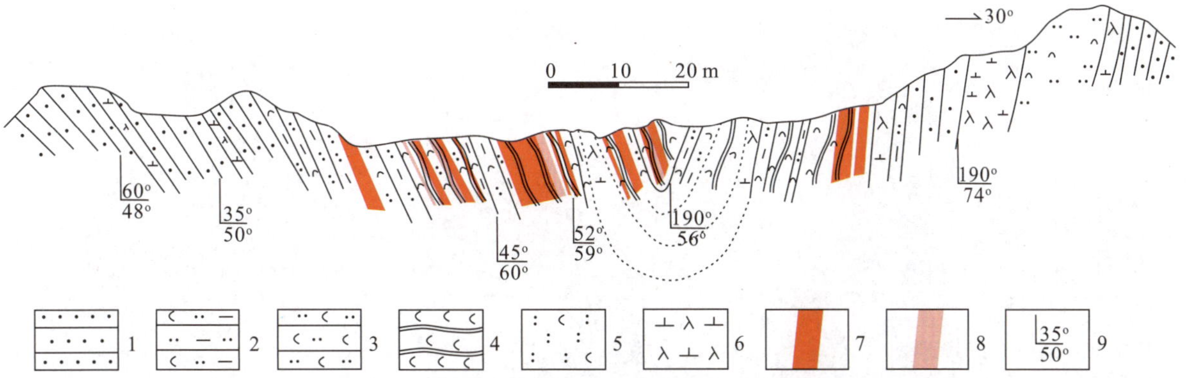


图 3-12 新疆青河县孔克热石墨矿区地质剖面图

（据彭素霞等，2018）

1—细砂岩；2—含碳泥质粉砂岩；3—碳质粉砂岩；4—碳质板岩；5—含碳质沉火山凝灰岩；6—闪长玢岩；7—达到工业品位石墨矿体；8—达到边界品位石墨矿体；9—地层产状

矿区内共圈出 4 条石墨矿化蚀变带，出露总长约 2600 m，宽约 200 m。带内控制矿体出露最长 580 m，控制矿体最大斜深 400 m，地表单工程矿体最厚 42.2 m，钻孔中最大控制厚度 342.12 m。固定碳品位可达 $30.15\times10^{-2}$，平均品位可达 $15.96\times10^{-2}$。矿石类型属晶质（鳞片状）石墨矿，单晶鳞片直径一般在 0.001～0.2 mm，伴生有益有害成分简单，为中碳石墨产品。孔克热石墨矿床内蕴经济资源量及预测资源量（332）+（334）级工业晶质石墨固定碳矿物量达 3054.82 万吨。

**2.2.2 新疆黄羊山石墨矿**

东准噶尔与碱性花岗岩有关的晶质石墨矿最早发现于黄羊山岩体南部苏吉泉地区，石墨矿沿角闪花岗岩与黑云花岗岩的接触带呈北西 300°～320°方向断续分布，矿体直接围岩为含石墨混染花岗岩，矿区共发现大小矿体 20 多处，分布面积约为 $3.9\times10^4$～$33.6\times10^4$ $m^2$，延深一般为 20 m，最深 51 m，达到中型矿床规模（严正富等，1990；刘松柏等，2011）。

随着近年来地质勘查程度的提高，黄羊山岩体中部新圈定出Ⅰ-1、Ⅰ-2、Ⅰ-3 等 3 个石墨找矿靶区（张小林等，2017），其中Ⅰ-1 号靶区内岩体主要由中粒角闪石碱性花岗岩、中细粒含石墨碱性花岗岩和细粒黑云母碱性花岗岩组成。石墨矿主要赋存于中细粒含石墨碱性花岗岩内，包含①号和②号 2 个石墨矿体，共估算晶质石墨矿物资源量 7264 万吨，达到超大型矿床规模（图 3-13）。

黄羊山石墨矿区①号和②号石墨矿体含石墨碱性花岗岩 LA-ICPMS 锆石 U-Pb 年龄分别为 303.6±4.0 Ma（MSWD=0.95，$n$=20）和 304.6±3.7 Ma（MSWD=0.39，$n$=18），表明该岩浆热液型石墨矿床含矿岩体成岩成矿时代均为晚石炭世晚期（白建科等，2018）。矿石由岩浆热液不同阶段的结晶矿物和石墨组成，共生矿物比较复杂，石墨呈大小不等的球状、豆状、球斑状、复球团块状或细鳞片浸染状，富集于混染花岗岩的膨大部位。黄羊山岩浆型石墨矿具独特的“球状”特征，石墨集合体呈大小不一（球径 0.2～8 cm 不等）的球体，根据石墨矿石形态、组成及大小等特点，可以划分出 3 种矿石类型：球状构造，石墨鳞片聚集成大小不等的浑圆球体，表面粗糙，球径一般大于 1 cm，最大可达 8 cm，球体内部包裹花岗岩残留体或其中的析离体，构成所谓“夹心”球体，其中的“夹心”多为长英质或花岗质角砾岩；豆状构造，石墨鳞片构成细粒球体，呈豆状体，球径一般在 1 cm 以下“夹心”很少，石墨含量较高；浸染状构造，石墨鳞片集合体呈不均匀浸染状分布于混合岩化角闪花岗岩中，常见石墨脉体杂乱散布于花岗岩体内。

**2.3 成矿作用**

新疆东准噶尔地区古生代期间经历了复杂的洋陆转化过程，尤其是晚古生代，古准噶尔洋壳向西伯利亚古陆俯冲、汇聚、碰撞，加之板块扩张、俯冲等引起大规模强烈的褶皱造山运动和岩浆活动，

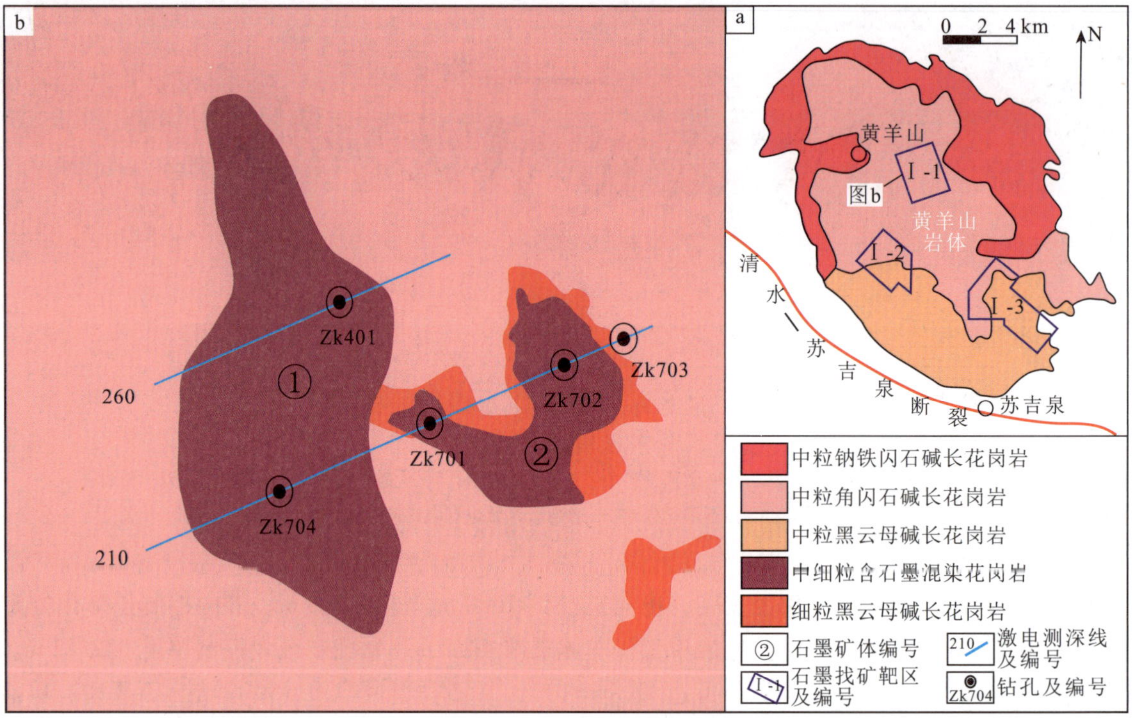


图 3-13 新疆奇台县黄羊山石墨矿地质简图
（据白建科等，2018）

强烈的岛弧型火山喷发和花岗岩浆侵入活动形成陆缘岛弧及弧后盆地，断裂提供了变质动力和热源，使古生代火山沉积含碳地层发生大面积的区域变质作用叠加热流接触变质作用，为东准地区内生金属矿床及石墨等非金属矿床提供了必要的形成环境和重要的产出条件（刘家远，2001；张栋等，2011；梁培等，2017）。

东准噶尔由北往南依次分布：额尔齐斯、阿尔曼太和卡拉麦里等 3 条北西—南东向展布的区域性深大断裂。石墨资源分布与区域性大断裂关系密切，目前已发现的石墨矿均出露于这些大断裂的次级断裂褶皱带中，石墨矿体分布于晚石炭世—早二叠世（320～270 Ma）后碰撞侵入岩（白建科等，2017）。

东准地区石墨矿的成矿可分为 3 个阶段：阶段 1，C 初始富集，晚古生代期间，东准噶尔地区为浅-滨海沉积环境，形成含碳或含煤地层；阶段 2，C 再富集，石炭纪造山期间，一系列北西向深大断裂及巨型的韧性剪切带，使得早先富集的 C 在有利的成矿空间与环境中得到再次集中与富集，这也包含部分有机碳的分解与还原；阶段 3，C 富集成矿，中酸性岩浆活动活动为石墨矿床提供了巨量的热源与动能，在成矿有利地段使 C 变质、重结晶形成石墨。根据东准噶尔地区石墨矿床类型，可以分两种成矿作用。

接触变质型石墨矿：该类矿床主要见于活动构造带中，构造-岩浆岩带内富含有机质泥岩、页岩或煤系地层，经过中酸性岩浆热液接触变质作用重结晶，形成致隐晶质-微晶石墨，如达布逊、孔克热石墨矿。

岩浆热液型石墨矿：当壳幔混合岩浆沿大断裂上升侵位过程中形成多期中酸性岩浆，会持续不断地同化混染前石炭纪含碳地层，并使其参与岩浆演化过程。早期中酸性岩浆作用对含碳地层进行石墨化热变质改造，表现出在早期中酸性侵入体中发育不规则状、椭圆状碳质捕虏体、石墨捕虏体等；晚期碱性花岗质岩浆形成于低压环境，且其相对 $SiO_2$ 活度大，热动力强，在热动力及重力作用下，岩浆包裹的石墨化捕虏体又一次发生翻滚、拖拽，形成球状体。这种同心圈层构造指示石墨在“沸腾”的岩浆中边结晶边滚动，类似于水介质中核形石或鲕粒的形成过程（图 3-14）。

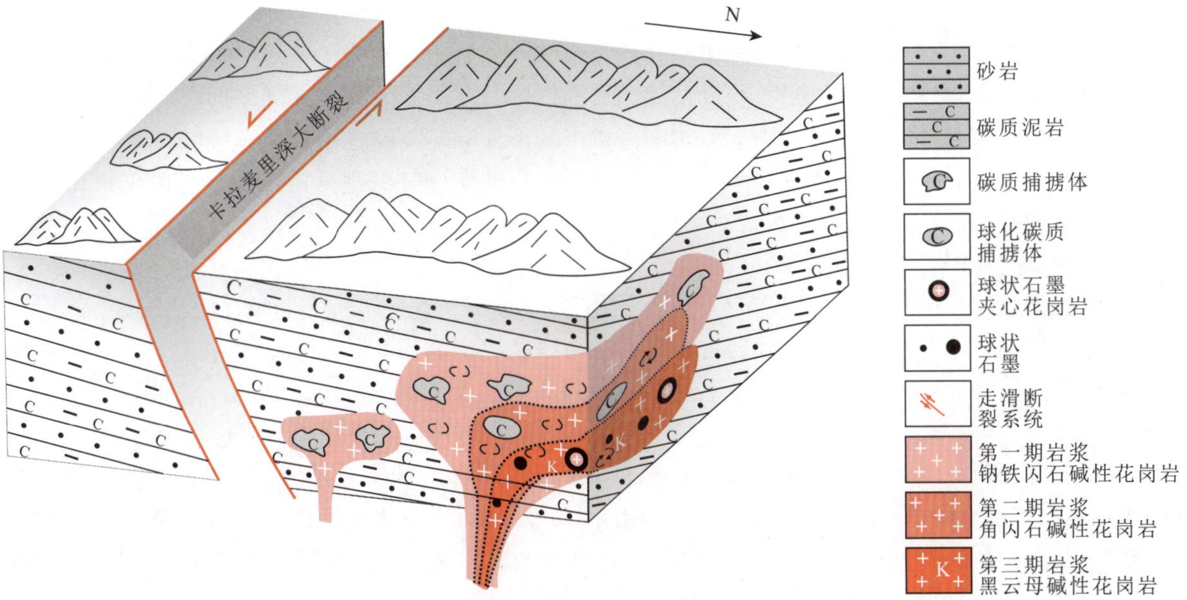


图 3-14　新疆东准噶尔地区岩浆热液型石墨矿成矿模式图

（据白建科等，2018）

**3. 准噶尔北部华力西早期岩浆成矿作用**

**3.1 成矿时空分布**

西准噶尔发育有唐巴勒小型铬铁矿床、托里县 8 号岩体铬铁矿点等；萨雷诺海（小型）、阿克沙依、科热克、恰勒巴依等铬铁矿点；达拉布特一带的蛇绿混杂岩带中发育有萨尔托海中型铬铁矿床、鲸鱼小型铬铁矿床、科果拉铬铁矿点等一批极具潜力的矿产地。东准噶尔的卡拉麦里蛇绿混杂岩带的红柳沟地区，发育有苦水泉小型铬矿床和清水、南明水泉等铬矿点（图 3-15）。

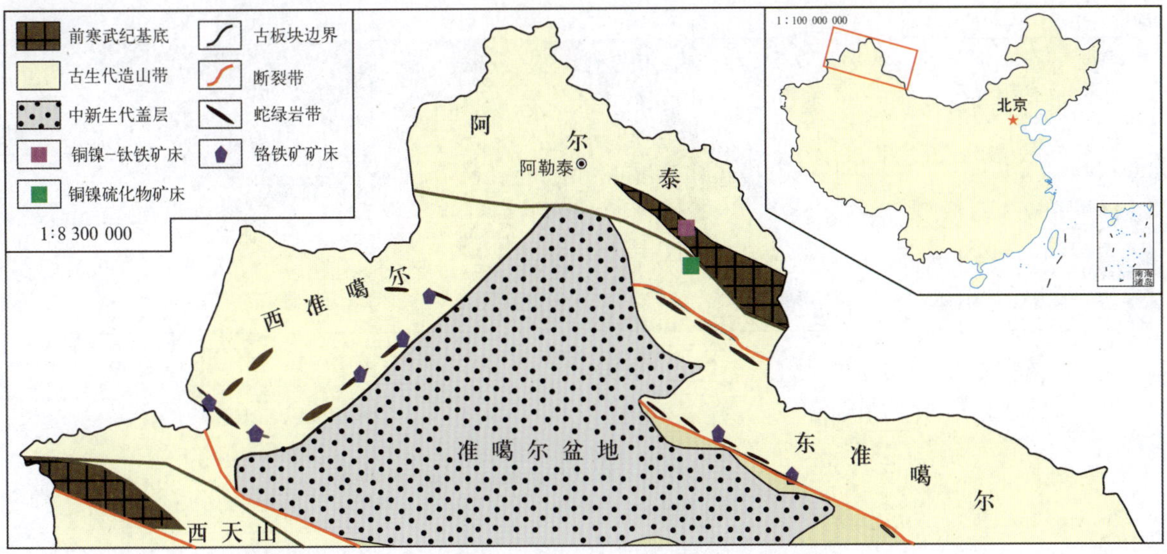


图 3-15　准噶尔北部蛇绿岩与铬铁矿床分布示意图

**3.2 典型矿床**

**3.2.1 新疆萨尔托海铬矿**

（1）区域地质特征

萨尔托海矿床位于哈萨克斯坦-准噶尔板块准噶尔微板块之唐巴勒-卡拉麦里古生代复合沟孤带，

在达拉布特一带，南部早奥陶世开始成为哈萨克斯坦-伊犁古陆北侧的大陆边缘，中奥陶世—中志留世为洋壳，晚志留世转入汇聚；北部志留纪开始拉张，泥盆纪出现洋壳，石炭纪转为汇聚环境，以火山类复理石及碎屑岩建造为主，晚石炭世初固结。固结钾长花岗岩发育。新陆壳形成后的活化期陆内盆岭分化时期形成规模巨大的推覆构造，对部分矿产的形成和富集起控制作用。发育一系列 NE 向大断裂组成，岩浆活动强烈，矿体主要产于达拉布特断裂以北萨尔托海地区的蛇绿岩带内斜辉橄榄岩-纯橄榄岩相带之中。

（2）矿床地质特征

萨尔托海岩体位于扎依尔-达拉布特复向斜的南翼近轴部，达拉布特大断裂北西侧约 6 km 处，侵位于下石炭统包古图组和上石炭统太勒古拉组中，与绿色火山岩系相伴生。岩体与围岩为断层接触，或为构造侵入接触。岩体走向北东，呈不规则带状展布。整个岩体长约 31.4 km，南北平均宽 800 m 左右。岩体总体倾向北北西，倾角陡立，是一复杂的岩墙状岩体。在平面上，岩体东南边界沿两组断裂方向呈波状拐折；北西边界为不规整面，多有岩枝深入围岩，形成港湾状。在剖面上，岩体中段、特别是东段下盘产状有明显的转折构成所谓“主干”与“侧枝”。“主干”产状主要陡倾，延伸大；“侧枝”是岩体南部的产状平缓分枝。这种产状上的变化，显示断裂构造对岩体的控制。萨尔托海岩体主要由斜辉橄榄岩和少量的纯橄岩、二辉橄榄岩组成。

萨尔托海岩体目前共发现矿群 26 个。矿群长度多在 150~500 m，延深多在 55~160 m，矿群水平投影宽度多在 40 m 或 80 m 左右，个别 20 m。矿体形态复杂多样，以透镜状为主，次为囊状、似脉状、扁豆状等。多数矿体为陡倾斜，倾角 50°~80°，少缓倾斜，倾角 30°~45°，均向北西倾，个别南东倾（图 3-16）。

矿石自然类型为铬尖晶石铬矿石，矿石矿物为铬尖晶石；脉石矿物主要为蛇纹石，次为菱镁矿及绿泥石，个别可见滑石、石榴子石及方解石。其他金属矿物有黄铜矿、针镍矿及微量的磁铁矿、黄铁矿、钛铁矿等。矿石结构按铬尖晶石的结晶程度分，绝大部分矿石为半自形-他形结构，少部分为半自形结构。矿石构造主要有准致密块状、稠密浸染状、斑杂状构造，其次有松鸡羽毛状和少量的带状构造，互相之间均为逐渐过渡关系。

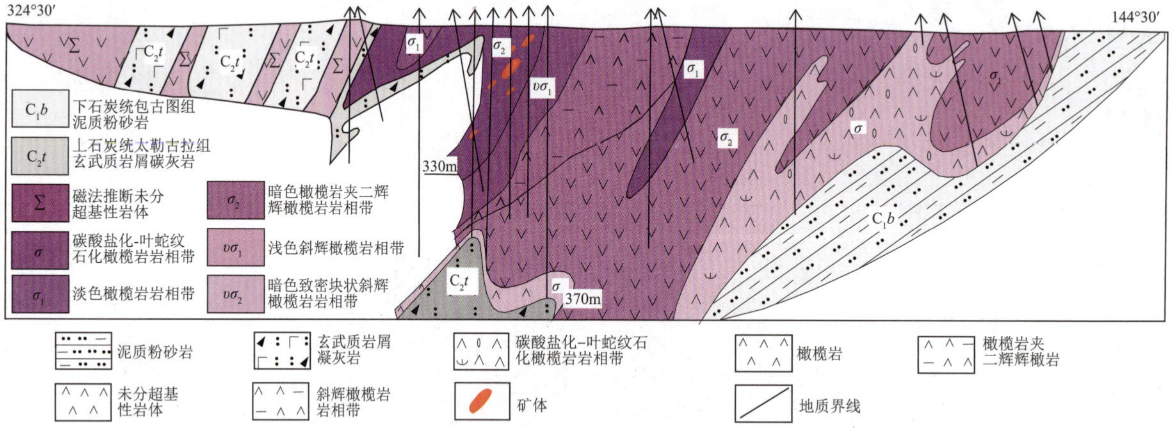


图 3-16 新疆托里县萨尔托海铬铁矿地质剖面图

（据新疆地质矿产勘查开发局，2013）

（3）成矿机制和成矿模式

萨尔托海铬矿床成因类型为蛇绿岩型矿床。矿床的形成演化过程及其成因机制为：泥盆纪出现的洋壳，石炭纪转入汇聚，以火山类复理石及碎屑岩建造为主，晚石炭世初固结。新陆壳形成后的活化期陆内盆岭分化时期形成规模巨大的推覆构造，对部分矿产的形成和富集起控制作用。萨尔托海所经历的三次主要构造事件中的第一次塑性变形，具显著的流动特征，主要矿化阶段即为此构造事件发育期。

在基性-偏基性相带中下部的蚀变超基性岩之上，存在与矿体有着一定关系的含矿岩相构造带（含矿带），它明显呈带状分布，其产状与基性相带及所处部位的控制构造和岩体基底形态基本吻合。带内岩石的岩性、颜色、结构、构造变化繁复，下盘附近常有蚀变超基性岩分布；上盘围岩中橄长央、辉长岩脉发育，局部片理化强烈，造成暗色块状与浅色片状岩石交替出现。近矿围岩中的矿物晶粒粗大，特别是铬尖晶石和绢石的特征，可作为找矿的标志矿物。矿体在矿带中成群出现，分段集中，段间距一般 20~45 m，少数 80 m，个别 200 m，在平面上呈雁行状“一”字形、“二”字形、“入”字形排列；在剖面上成叠瓦状斜列（叠瓦间距多在 0.5~7 m）；并具尖灭再现或尖灭侧现的现象。

从岩体纵深上看，各矿带中矿体分 3 个标高段分布：680~550 m、525~375 m、350~250 m；总的趋势是浅部矿体个数多，矿量少，而向深部矿体个数显著减少，但单个矿体的规模变大。从岩性上看，矿体与纯橄榄岩体分布密切相关：60%以上的矿体产于纯橄榄岩中；规模大的纯橄榄岩带中主矿体位于中、下部，次要矿体则位于上部的斜辉橄榄岩中；有时规模小的纯橄榄岩中也赋有较大的矿体。

（4）找矿模型

矿床直接找矿标志：蛇绿岩带内浅色相带；地势相对低洼带；浅色相带内深色完整地质体。间接找矿标志：低重力带内的相对重力高或其梯度带；低磁或负磁异常带内的相对正磁异常或其梯度带；较为显著的硼元素异常带。

### 3.3 成矿作用

准噶尔北部，乃至新疆北部分布有大小十余条蛇绿岩带，主要形成于显生宙，同位素定年的时代从新元古代末到早石炭世。蛇绿岩型铬铁矿可分为富铝型和富铬型。产于准噶尔唐巴勒-卡拉麦里蛇绿混杂岩带西段的唐巴勒复合俯冲增生杂岩带经历 3 个构造阶段，中奥陶世，表现出洋盆俯冲增生杂岩的含蛇绿岩碎片的浊积岩亚相，主要由中基性火山岩、放射虫硅质岩及蛇绿混杂岩组成，发育有唐巴勒铬铁矿床等；中-晚志留世，表现为洋壳再次拉伸或是早古生代洋盆消亡后的残余洋盆，形成火山细碎屑岩、火山熔岩及蛇绿混杂岩等岩石建造，发育萨雷诺海等铬铁矿；早-中泥盆世，再次拉张形成达拉布特一带的蛇绿混杂岩带，主要由变质橄榄岩，少量（辉长岩质、辉石岩质）堆晶岩、辉长岩、枕状玄武岩、辉绿岩及放射虫硅质岩等组成。蛇绿混杂岩中发育有萨尔托海、鲸鱼、科果拉等一批极具潜力的矿产地。东段的卡拉麦里蛇绿混杂岩带的红柳沟地区，巨大的蛇绿岩块由北向南推覆于下石炭统南明水组碎屑沉积岩之上，上部为中-基性熔岩、火山凝灰岩、硅质岩岩石组合，下部地幔单元内发育有苦水泉小型铬矿床和清水、南明水泉等铬矿点（图 3-17）。

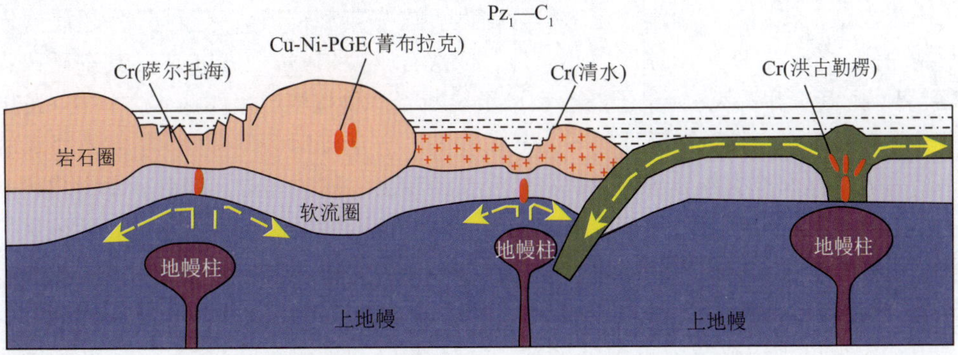


图 3-17　新疆北部板块俯冲期幔源岩浆构造演化图

（据王玉往等，2013）

## 4. 新疆北部华力西期岩浆成矿作用

### 4.1 成矿时空分布

新疆北部主要发育有 6 条铜镍矿带，分别为阿尔泰南缘喀拉通克铜镍矿带、西南天山菁布拉克铜镍矿带、东天山图拉尔根-黄山-土墩铜镍矿带、中天山天宇-白石泉铜镍矿带、新疆坡北-红石山铜镍矿带和库鲁克塔格兴地铜镍矿带（图 3-18）。

其中喀拉通克铜镍矿带、图拉尔根-黄山-土墩铜镍矿带、天宇-白石泉铜镍矿带和坡北-红石山铜镍矿带中的含铜镍矿镁铁-超镁铁岩体均为早二叠纪的产物（韩宝福等，2004；姜常义等，2006；毛景文等，2006；三金柱等，2010；孙涛等，2010；夏明哲，2010；肖庆华等，2010；Qin et al，2011；Sun et al，2013；孙涛等，2019）。

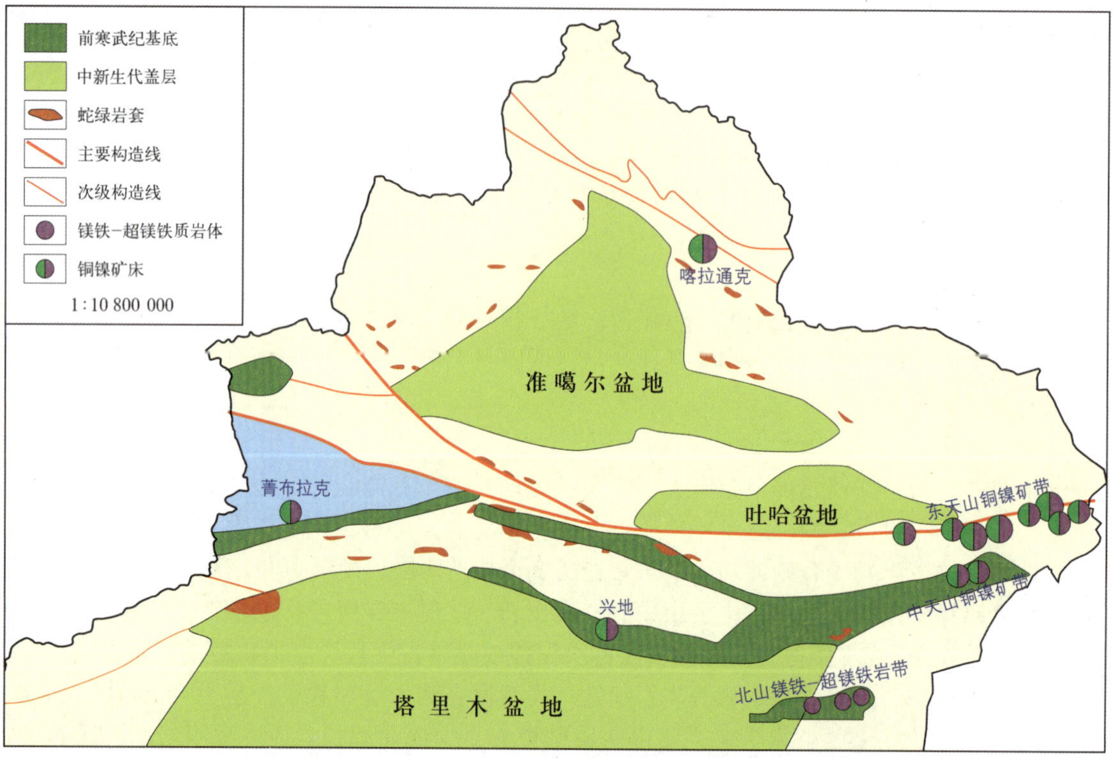


图 3-18 新疆北部铜镍矿床分布略图

（据秦克章等，2012，有修改）

据不完全统计，新疆北部目前已知铜镍矿床有 15 个（表 3-5），其中图拉尔根、黄山、黄山东和喀拉通克矿床为大型，香山、黄山南、土墩等为中型。这些典型铜镍矿床及镁铁-超镁铁岩体主要沿区内主干断裂两侧分布。在东天山地区由北向南，依次有康古尔-黄山深断裂（其东延称为大草滩断裂）、苦水断裂、阿其克库都克-沙泉子断裂和星星峡断裂。物探资料表明康古尔塔格-黄山断裂带的重力、航磁异常最显著，是该区最重要的导岩导矿构造，且活动时限与镁铁-超镁铁岩形成时代基本一致，其南侧的阿其克库都克断裂虽然也具有较明显的重力、航磁异常，但其活动时代可能较晚。在北山地区主要受淤泥河断裂控制。在喀拉通克矿带主要受额尔齐斯深断裂控制。目前该区仍不断有新矿床被发现，如圪塔山口、白鑫滩和路北矿床，且在岩体的深边部也不断取得新的找矿突破，暗示该区仍具有较大的铜镍矿成矿和找矿潜力。

新疆北山造山带位于中亚造山带中部南缘，总体上位于塔里木东北缘。北山造山带内已发现的含铜镍硫化物矿床的岩体有西段的坡北、红石山、北架山岩体，东段的黑山、怪石山、大山都、大山头南，其中东段的黑山岩体中铜镍矿床规模已达大型（杨建国等，2012；颉伟等，2013）。随着勘查程度的深入，相继发现了一些新的铜镍矿化岩体，如怪石山、红柳沟等铜镍矿化岩体（谢燮等，2015；杨建国等，2016）。通过精确的锆石 U-Pb 定年，表明这些岩体均形成于 359～397 Ma（Xie et al.，2012；杨建国等，2012，2016；谢燮等，2015），表明其形成时代主要为中-晚泥盆世（图 3-19）。

**表 3-5　新疆北部晚古生代铜镍矿床（点）一览表**

| 矿带 | 岩体 | 出露面积 km$^2$ | 矿床规模 | 岩石类型 | 成矿年龄 Ma | 资料来源 |
|---|---|---|---|---|---|---|
| 东天山 | 黄山东 | 2.8 | 大型 | 二辉橄榄岩、橄榄辉长岩、辉长苏长岩和辉长闪长岩 | 274 | 韩宝福等，2004 |
| | 黄山 | 1.71 | 大型 | 闪长岩、辉石闪长岩、云母角闪辉长苏长岩、斜长角闪橄榄辉长岩、角闪辉石岩和斜长云母橄榄岩及少量二辉橄榄岩和橄榄岩 | 284 | Qin et al.，2011 |
| | 香山 | 2.5 | 中型 | 角闪辉橄岩（主要）、角闪橄榄岩、角闪辉石岩、橄榄辉长岩、蚀变角闪辉长岩 | 285 | 秦克章等，2002 |
| | 葫芦 | 0.62 | 中型 | 辉长闪长岩、辉长岩、辉石岩、辉橄岩、橄榄岩 | 274 | 孙涛等，2010 |
| | 二红洼 | 6.3 | 矿点 | 橄榄岩、橄榄辉长岩、辉长苏长岩和含石英辉长苏长岩 | 283 | Sun et al.，2013 |
| | 圪塔山口 | 0.016 | 小型 | 辉长岩、橄榄辉石岩和辉石橄榄岩 | 275 | 王亚磊等，2016 |
| | 白鑫滩 | 2.1 | 中型 | 辉长岩、橄榄辉石岩和辉石橄榄岩 | 278 | 王亚磊等，2015 |
| | 图拉尔根 | 0.003 | 大型 | 角闪辉长岩相、角闪橄榄岩相、角闪辉橄岩相 | 301 | 三金柱等，2010 |
| 中天山 | 天宇 | 0.056 | 中型 | 橄榄岩、辉橄岩、橄辉岩、辉石岩和辉长岩 | 290 | 唐冬梅等，2009 |
| | 白石泉 | 0.8 | 中型 | 辉石橄榄岩、橄榄辉石岩、橄长岩、辉长岩、角闪辉长岩 | 281 | 毛启贵等，2006 |
| 新疆北山地区 | 旋窝岭 | 5 | 矿点 | 橄榄岩、橄长岩、橄榄辉长岩和辉长岩 | 261 | Su et al.，2010 |
| | 红石山 | 4.7 | 中型 | 纯橄岩、辉橄岩、橄长岩和辉长岩 | 286 | Su et al.，2011 |
| | 笔架山 | 13 | 矿点 | 含长单辉橄榄岩、橄榄辉长岩、含橄辉长岩、辉长岩以及辉绿岩 | 279 | Qin et al.，2011 |
| | 坡一 | 2.2 | 大型 | 含长纯橄岩、二辉橄榄岩、方辉橄榄岩、单辉橄榄岩、橄榄二辉岩、二辉岩 | 278 | 李华芹等，2006 |
| 喀拉通克岩带 | 喀拉通克 | 0.022（Y1） | 大型 | 方辉橄榄岩、橄榄苏长岩、辉长苏长岩、辉长岩、淡色辉长岩和辉长闪长岩 | 287 | 韩宝福等，2004 |

## 4.2 典型矿床

### 4.2.1 新疆喀拉通克铜镍矿

（1）区域地质特征

喀拉通克地区位于中亚造山带北部，新疆阿尔泰造山带南缘与准噶尔东北缘间。准噶尔地块以额尔齐斯-玛因鄂博深断裂为界与北边的阿尔泰加里东造山带接壤。东准噶尔地块由 3 条北西向增生蛇绿杂岩带和强变形变质沉积岩组成，向北沿额尔齐斯深断裂拼贴到西伯利亚克板块南缘。

矿区地层主要由泥盆系和石炭系组成。中下泥盆统，由正常海相沉积碎屑岩夹碳酸盐岩、凝灰岩组成；中泥盆统下部北塔山组的中基性火山熔岩、火山碎屑岩和硅质岩；中泥盆统蕴都喀拉组的中偏基性火山岩夹少量正常沉积岩。石炭系区内仅发育下石炭统黑山头组和南明水组的陆相正常沉积-火山岩相和滨海-浅海相的碎屑岩夹碳酸盐岩沉积。区内构造由一系列复式褶皱和逆冲断层组成，此二者的关系是褶断走向相同，断裂为主，褶皱次之。可见北西向、北北西向、北东向和东西向构造，其中以北西向构造为主，展布方向约 120°。而北东、北北西和东西向则是与之配套的构造，并由此构成了本区的构造格架。北西向断裂，倾向北东和南西，倾角变化大（40°~70°），以逆冲断裂为主，

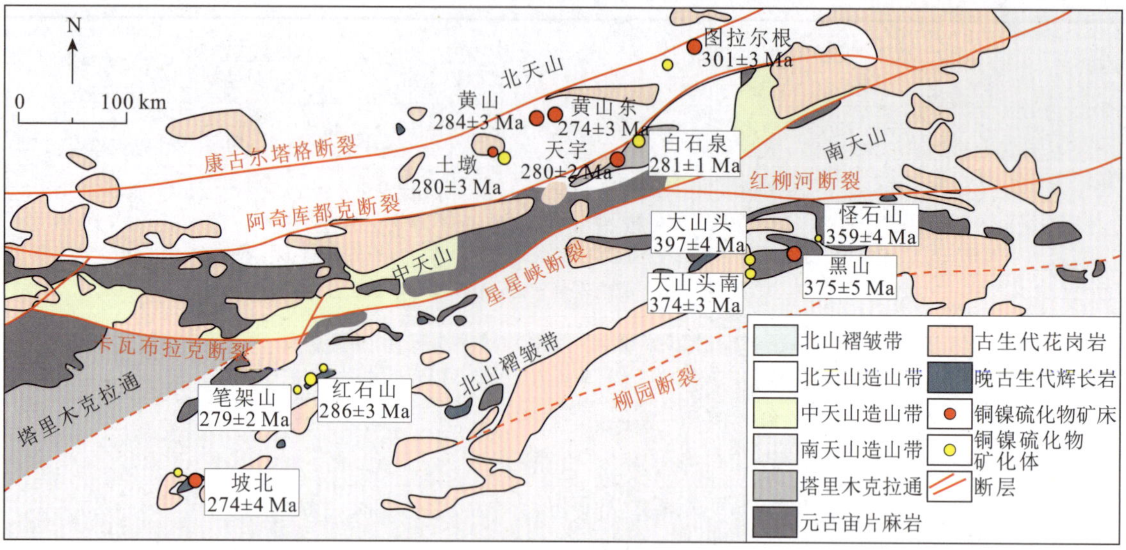


图 3-19 新疆北山地区及邻区铜镍硫化物矿床及镁铁-超镁铁岩体时空分布图
（据颉伟等，2013）

规模较大，多数延出区外，是区内主要控岩、控矿构造。

（2）矿床地质特征

喀拉通克岩体群受区域断裂构造和褶皱构造的控制，岩体均侵位于下石炭统南明水组中，已发现13个镁铁质岩体，总体构成一个岩带；岩体平面上多呈岩株状，不规则岩枝和岩脉状产出；剖面上常呈“漏斗状”。岩石类型主要有方辉橄榄岩、橄榄苏长岩、辉长苏长岩、黑云角闪苏长岩、辉长岩、淡色辉长岩、角闪辉长岩。

矿区由7个矿床组成，其中Y1岩体赋存的Ⅰ号矿床规模最大，几乎全岩矿化，矿体断面形态呈巢状；二、三、九号矿床为中型，六、七、八号矿床为小型。二号矿床可分为两个大的矿体：西段矿体和东段矿体。西段矿体似不规则的莲藕状，东段矿体呈弯月形（图3-20；王润民等，1991）。

主要赋矿的Y1-Y3岩体同处一个构造带，3个岩体在本质上没有大的区别，为同源同期产物，由西向东，总的基性程度依次降低，金属硫化物总的含量依次减少。从矿体的赋存部位来看，Y3岩体靠近岩体底板，Y2岩体靠中部，Y1岩体基本上全岩矿化，矿化位置更靠上（钱壮志等，2009；秦克章等，2014）。

从成矿岩相及成因上分析，喀拉通克铜镍矿区的主要赋矿岩相为辉长岩相、辉长苏长岩相、苏长岩相和橄榄苏长岩相。与其他典型铜镍矿床相比较，喀拉通克岩体群基性程度整体偏低，发育橄榄苏长岩相的只有Y1岩体，且占比例很小（5%），Y2、Y3、Y9岩体发育苏长岩相，而其余岩体主要为辉长岩相、淡色辉长岩相和辉长闪长岩相。喀拉通克铜镍矿区已发现的工业矿体主要集中在Y1至Y3岩体中，特别是Y1，占到探明储量的50%以上。而北岩带和东部岩体基性程度最低，现已揭露部位矿化相对较弱。

矿石类型可划分为稀疏浸染状矿石、中等浸染状矿石、稠密浸染状矿石和致密块状矿石。致密块状矿石包括致密块状特富铜镍矿石和致密块状富镍高铜矿石两种。喀拉通克不同类型矿石中已发现的矿石矿物有50多种。主要矿石矿物为磁黄铁矿、黄铜矿、镍黄铁矿、黄铁矿、磁铁矿等（钱壮志等，2009）。Ⅰ号岩体SHRIMP锆石U-Pb谐和年龄为287±5 Ma（韩宝福等，2004），Ⅰ号矿床硫化物矿石Re-Os等时线年龄283±5 Ma（Zhang et al.，2008）。

（3）成矿机制和成矿模式

喀拉通克矿床是来源于软流圈部分熔融形成的高镁玄武质岩浆，岩浆到达深部岩浆房，在深部岩浆房内发生混染，导致硫饱和，少量硫化物熔离。随着温度降低，达到了橄榄石的固相线，橄榄石开

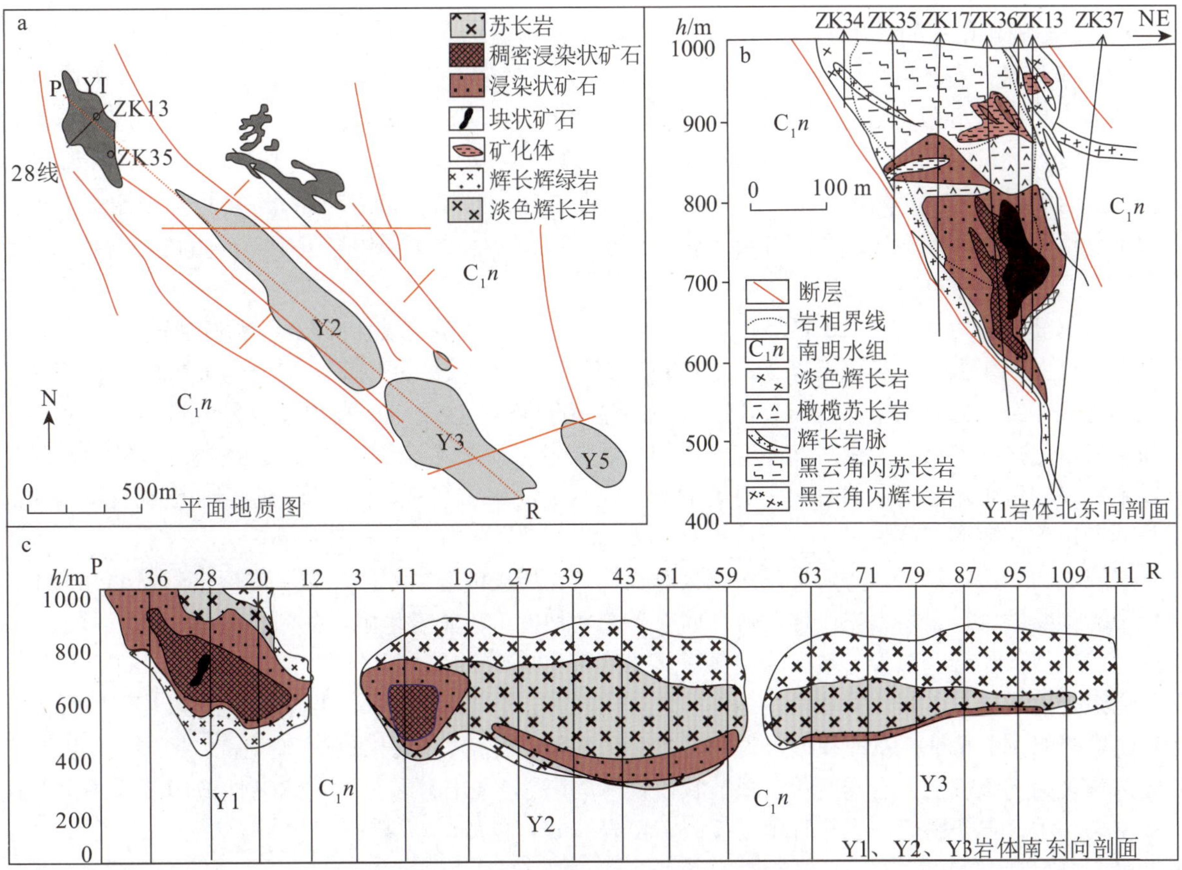


图 3-20 新疆富蕴喀拉通克铜镍矿地质图

（据王润民等，1991，有修改）

始从岩浆中结晶出来，由于亲铜元素还在岩浆中，所以这部分橄榄石中的 Ni 含量较高。橄榄石的结晶大大减少了岩浆中的 FeO 含量，从而降低了岩浆中 S 饱和度，促进了硫化物的进一步熔离。由于硫化物熔体的密度比硅酸盐熔体的密度大，受重力作用影响，硫化物与早先结晶的橄榄石向岩浆房底部运移。在下降过程中，硫化物液滴逐渐加大，进一步提取了下部岩浆中的亲铜元素，使后期结晶的橄榄石中的 Ni 含量大大降低。

硫化物熔体呈“珠滴”状下沉到岩浆房底部，由于硫化物比重大，含硫化物较多的岩浆在最底部，聚集分层，形成底部矿浆、下部富矿浆、上部贫矿硅酸盐岩浆和无矿硅酸盐岩浆。这些分层岩浆在构造动力的作用下，先后沿同一通道或不同通道上涌，定位于深断裂的次一级断裂构造所形成的岩浆房内。这些分层的岩浆依次上升到高位岩浆房，发生就地结晶分异作用，形成各种浸染状矿化的矿石，相互之间呈过渡接触关系。总体体现了上部岩体含矿差，下部岩体含矿较好的特点。岩体的中下部或底部形成了岩浆就地熔离型矿体。之后，位于深部岩浆房下部的富矿硅酸盐岩浆上侵，侵入岩体底部以及早期阶段的形成的岩相和原生构造裂隙中，形成深部熔离贯入型矿体。最后是残留在岩浆房底部的矿浆上侵，定位于岩体底部构造裂隙及岩体接触带附近的围岩裂隙之中，形成晚期贯入型致密块状特富矿体。

（4）找矿模型

喀拉通克矿床是目前国内已知铜镍矿床中赋矿岩性基性程度最低的矿床，矿区内发育有一系列的基性-超基性岩体，找矿潜力仍较大。矿区重力异常显示矿体引起的重力异常约为 0.1～0.29×$10^{-5}$ m/s$^2$。磁异常强度 10～200 nT，异常范围与超镁铁岩范围吻合，由于岩体埋深较深，同时赋矿岩性的基性程度相对较低，缺少橄榄岩相，故其引起的磁异常强度较低。地球化学异常以 Ni 异常为主，伴生有 Cr、Co、Cu 的元素组合异常，具有异常三级分带。

**4.2.2 新疆黄山东铜镍矿**

(1) 区域地质特征

黄山东矿床位于东天山造山带觉罗塔格构造岩浆带内，天山造山带部分夹于准噶尔、塔里木两盆地之间，发育大量的古生代岛弧火山岩、花岗岩、埃达克岩、高镁安山岩、富碱火山岩、A 型花岗岩、玄武岩和镁铁-超镁铁侵入岩，表明中亚造山带古生代时期岩浆活动和壳-幔相互作用强烈。东天山出露地层主要为下石炭统雅满苏组，中石炭统干墩组和梧桐窝子组，其次有新生代古近系—新近系、第四系零星分布。

康古尔韧性剪切带为东天山区域内规模最大的断裂，自秋格明塔什向东经康古尔塔格、黄山、镜儿泉，直至图拉尔根大沟东仍未终止，全长超过 600 km。张拓夫（1997）认为这条韧性剪切带向西可能一直延伸至托克逊以南，因而其长度可能超过 1000 km。这条带的突出特点是区域上为一条狭长的强应变带，韧性剪切、岩浆活动、变质作用、混合岩化（朱文斌等，1996）。根据已有的年代学研究成果，该构造带韧性变形的时间主要集中于中晚石炭世和二叠纪之间，是一条多期活动且持续时间很长的韧性剪切变形变质带。

研究表明，康古尔韧性剪切带是一条具有长期演化历史的超岩石圈断裂，在康古尔盆地碰撞闭合过程中，该断裂曾是一条大规模推覆带，而在碰撞后伸展阶段则发生强烈的右行走滑，从而形成了一条巨型的韧性剪切带。东天山地区断裂构造从北往南主要断裂有香山断裂、黄山断裂、黑山口断裂，由它们组合而成康古尔韧性剪切带，总体呈北东向展布，宽 12~16 km。康古尔断裂带以活动时间长、多序次、多级别为特征。从北往南可见明显的角砾岩带、糜棱岩带、巨型片理化带、劈理化带。它们处于区域重力梯级带上，有透镜状、藕节状镁铁-超镁铁岩产出，多与康古尔韧性剪切带低序次断裂构造密切相关，如香山岩体紧靠香山断裂，黄山岩体分布在黄山断裂中。

(2) 矿床地质特征

黄山东铜镍硫化物矿床是东天山觉罗塔格构造岩浆带最典型的矿床之一，其矿床规模也最大，为早二叠世幔源岩浆活动的产物。整个复式岩体出露面积 2.8 $km^2$，空间上为一漏斗状，地表呈菱形透镜体。黄山岩体侵位于下石炭统干墩组变余含铁粉砂岩、含碳铁质板岩和生物碎屑灰岩之中。岩体接触带围岩受岩体侵位影响发生热接触变质作用，使含碳板岩变质形成含石墨黑云绢云石英角岩，其中不纯石灰岩夹层变质形成符山石硅灰石大理岩和石榴子石硅灰石大理岩，岩体中多处出现围岩的捕虏体。

依据岩相间的接触关系，可将黄山东岩体划分为 4 个侵入期次（图 3-21）。第一次岩浆侵入形成杂岩体的主体（约总面积的 75%），从上至下为闪长岩相、角闪辉长岩相和橄榄辉长岩相；第二次岩浆侵入在岩体西端和西北侧形成辉长苏长岩相，可含第一次侵入的角闪辉长岩捕虏体；第三次岩浆侵入形成岩体下部斜长二辉橄榄岩和含硫化物斜长二辉橄榄岩，在钻孔中可见第二次侵入的辉长苏长岩和第一次侵入的角闪辉长岩被斜长二辉橄榄岩相穿插的现象；第四次岩浆侵入仅形成岩体底部的角闪辉长岩（夏明哲等，2010）。

黄山东矿床的工业矿体主要赋存于第三次侵入的斜长二辉橄榄岩中，其次为第二次侵入的辉长苏长岩和第一次侵入的角闪辉长岩中，矿体在剖面上多为层状和透镜状，大部分在地表 100 m 以下，仅有的地表露头出现在岩体西端。

根据矿体赋存部位、矿石类型、形态和产状，可以将矿体划分为 4 种：一是在超镁铁质岩体的中下部呈悬浮状分布；二是在超镁铁质岩体底部或边部与辉长岩的接触带上；三是在辉长苏长岩体中呈陡倾斜的侧幕状排列；四是在辉长岩体中呈富铜的小矿脉（王润民等，1987）。矿石类型主要有块状矿石、稠密浸染状、稀疏浸染状和星散状矿石。矿石中金属矿物主要有磁黄铁矿、镍黄铁矿、黄铜矿，非金属矿物主要有橄榄石、辉石、斜长石、角闪石、蛇纹石、绿泥石、纤闪石。

岩体锆石 U-Pb 年龄为 274±3 Ma（韩宝福等，2004），硫化物矿石 Re-Os 等时线年龄 282±20 Ma（毛景文等，2002）。

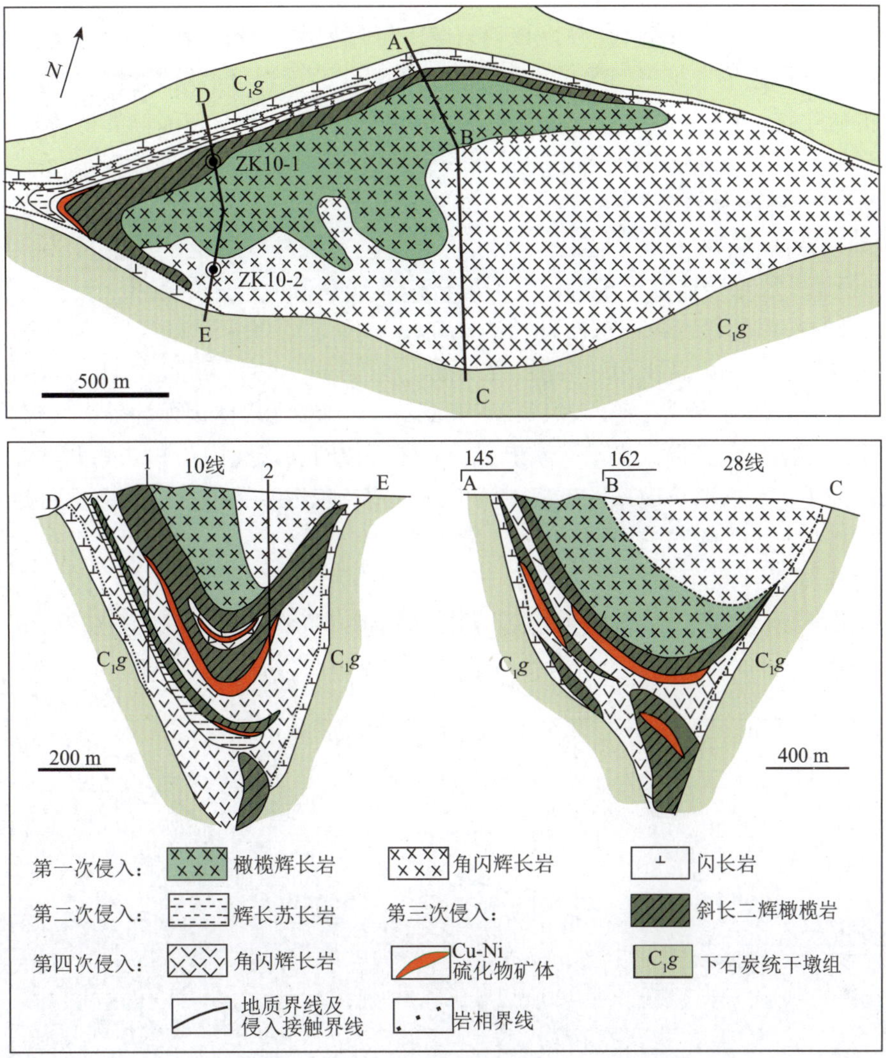


图 3-21 新疆哈密市黄山东矿床赋矿岩体及勘探线剖面图

（据邓宇峰等，2012）

（3）成矿机制和成矿模式

玄武质岩浆在深部岩浆房中发生硫化物熔离作用和结晶分异作用，硫化物及硅酸盐堆晶矿物由于重力分异作用沉降在岩浆房底部，而 MgO、FeO 含量降低的残余熔浆聚集在岩浆房上部，形成镁铁质岩浆。因此岩浆在深部岩浆房形成由下往上的分层：硫化物硅酸盐堆晶、硅酸盐熔浆“晶粥”、硅酸盐熔浆“晶粥”、硅酸盐熔浆。当后期新的岩浆不断上侵或者由于地质构造挤压深部岩浆房，导致深部岩浆房内上层硅酸盐堆晶硅酸盐熔浆“晶粥”不断上侵至岩浆通道的平缓处形成地壳浅部岩浆房，经过结晶分异和同化混染过程，先期结晶的橄榄石、磁铁矿和钛铁矿沉降到浅部岩浆房底部并与残余岩浆结晶出的辉石和斜长石形成第一次侵入的橄榄辉长岩，上层残余硅酸盐熔浆形成第一次侵入的角闪辉长岩。当深部岩浆房中硫化物硅酸盐堆晶硅酸盐熔浆“晶粥”进入浅部岩浆房时，早期熔离出来硫化物被不断上涌的新的岩浆带到浅部岩浆房，并与大量 Ni 不亏损的岩浆反应，形成富 Ni 的硫化物。由于硫化物密度大，与先期形成的硅酸盐矿物堆晶发生重力分异作用。

依据岩相接触关系、不同期次橄榄石 Fe、Ni 含量的关系及 100%硫化物中 Ni、Cu、PGE 的变化趋势，进一步完善了黄山东矿床的成矿模式（毛亚晶，2014）。即第一期次主体辉长岩岩浆在深部经历强烈的结晶分异作用，最终侵入形成不含硫化物的主体辉长岩岩相。第二期次岩浆深部经历中度结晶分异，在结晶分异过程中达到硫饱和。该期岩浆携带硫化物和橄榄石上侵形成第二期次岩相，硫化物通过重力分异作用赋存在该岩相的底部，部分硫化物向底部第一期次橄榄辉长岩中渗滤，形成第一期次橄榄辉长岩中的矿体（外来硫化物）。该期岩浆上侵过程中部分硫化物残留在通道中。深部岩浆房中岩浆经结晶分异作用形成第三期次辉长苏长岩的母岩浆，该岩浆上侵过程中溶解了第二期次岩浆残留在通道中的硫化物，在浅部通过流动分异作用形成辉长苏长岩中心部位的矿体。第四期次（深部少量结晶分异）岩浆侵入到黄山东岩体的底部形成第四期次超基性岩。

#### 4.2.3 新疆香山铜镍-钛铁矿

（1）区域地质特征

香山镁铁-超镁铁质杂岩体位于东天山觉罗塔格构造岩浆带内，是白鑫滩-土墩-黄山-图拉尔根镁铁-超镁铁岩带的一部分，该岩带东西延长约 270 km，南北宽 20～30 km，自西向东依次分布有白鑫滩、土墩、二红洼、香山、黄山南、黄山、黄山东、红石岗、红石岗北、葫芦、马蹄、图拉尔根、圪塔山口等二十余个岩体（秦克章等，2012；王亚磊等，2016）。岩体规模均较小（$0.n\sim n$ km$^2$），主要侵位于石炭系地层中，个别侵位于奥陶系地层，岩体形成时代多集中于早二叠世。带内矿床以铜镍矿和钒钛磁铁矿为主，已探明黄山东、黄山、黄山南、图拉尔根、香山中、土墩、白鑫滩等大、中型铜镍矿床多处，香山西大型铜镍-钛铁复合型矿床 1 处。

（2）矿床地质特征

香山镁铁-超镁铁质岩体位于土墩-镜儿泉北韧性剪切带（$F_8$）和黄山韧性剪切带（$F_9$）之锐角处，总体走向为北东 58°，平面上呈藕节状，由西向东依次为香山西、香山中和香山东岩体（图 3-22）。

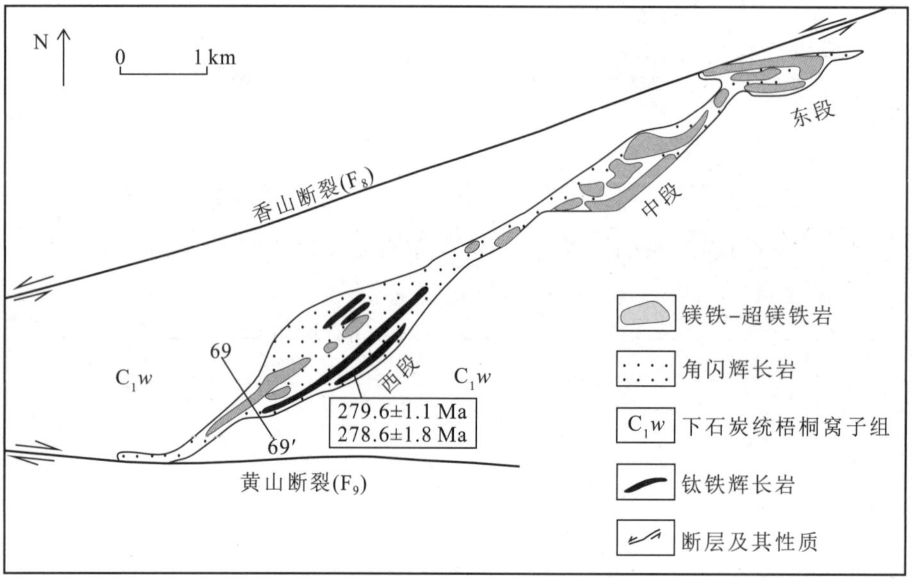


图 3-22　新疆哈密市香山杂岩体地质略图

（据竺国强等修改，1996）

香山岩体断续延伸约 10 km，宽 100～800 m，地表出露面积约 2.8 km$^2$，依据各岩相之间的侵入接触关系，可划分为 3 个侵入阶段。第一阶段侵位的角闪辉长岩由东向西均有分布，构成香山岩体的主体，约占杂岩体总面积的 83.5%；第二侵入阶段侵位的超镁铁岩相（辉石岩相、橄榄岩相）规模较小，约占杂岩体总面积的 15%，多呈透镜状侵位于第一期角闪辉长岩中；第三侵入阶段为细粒辉长岩和钛铁辉长岩，约占杂岩体面积的 1.5%，多呈脉状分布于香山西岩体。依据各岩石类型与铜镍和钒钛磁铁矿体之间的矿化关系，划分出铜镍系列岩石和钛铁系列岩石。铜镍系列岩石包括二辉橄榄岩、单辉橄榄岩、橄榄辉石岩、橄榄辉长岩和角闪辉长岩；钛铁系列岩石主要为钛铁辉长岩（钛铁矿石）、含钛角闪辉长岩和淡色辉长岩。香山岩体中铜镍矿体主要赋存于香山中岩体，铜镍矿体在地表氧化形成铁帽，铁帽一般深约 10～15 m，沿走向断续分布，规模较小（图 3-23a）。

在香山西岩体69线以西也有少量分布。香山中岩体内目前共发现45个铜镍矿体，全为隐伏矿体，据其规模和工业价值可划分出主矿体1个（II号）、主要矿体1个（I号）、次要矿体3个（I-1、II-1、II-2），其余均为小矿体和单工程控制矿体。矿体在平面上多表现为较大的透镜状，呈串珠状或尖灭再现产出，剖面上呈单层状或多层状产出（图3-23b），主要赋矿岩性为二辉橄榄岩、橄榄二辉岩和辉长苏长岩，3个较大钛铁矿体在地表呈脉状，空间上呈似层状，长约406~2084 m，厚度5~25 m。矿体主要赋矿围岩为钛铁辉长岩，主要矿石类型为浸染状和海绵陨铁状，这些地质特征表明钒钛磁铁矿化属岩浆晚期结晶分异成矿。铜镍矿体与钛磁铁矿体在69线附近直接接触（图3-23c），但先后侵入顺序不清（王玉往等，2006），宏观上二者在空间上相互分离。

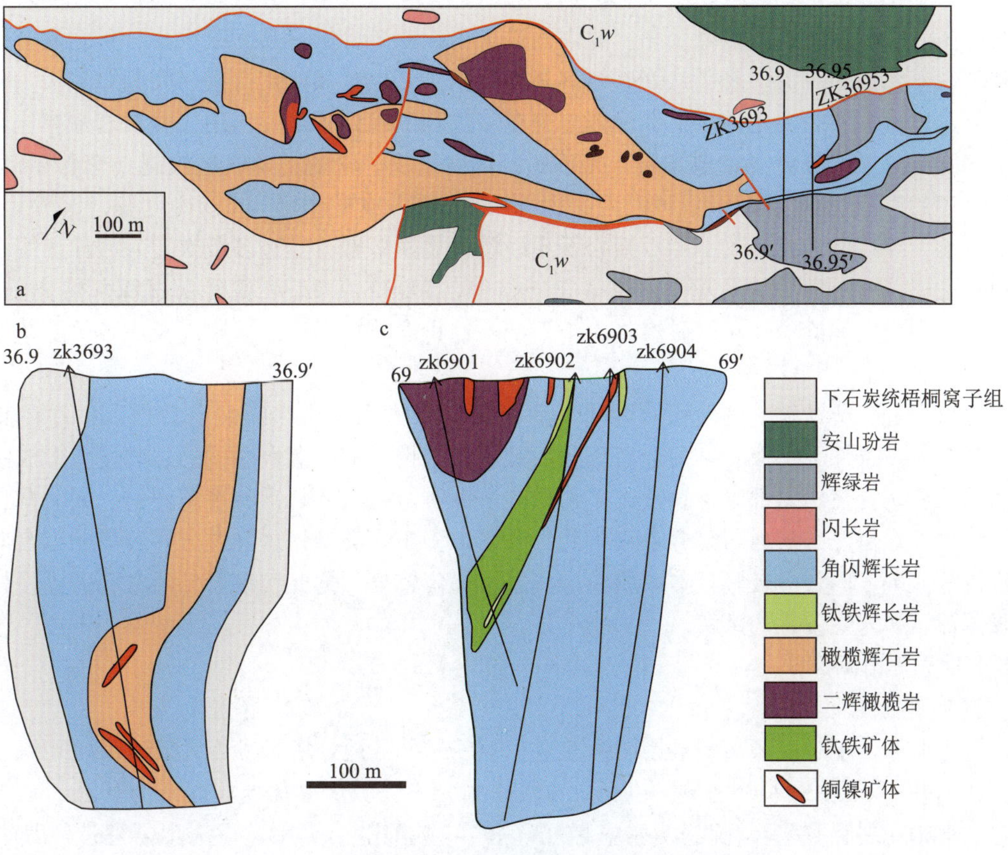


图3-23 新疆哈密市香山矿床矿区及勘探线剖面图

（据王玉往等，2006）

香山铜镍矿石一般为EI自形-半自形粒状结构、海绵陨铁结构、稀疏浸染或细脉浸染状构造。主要金属矿物为黄铜矿、磁黄铁矿、镍黄铁矿，其次为紫硫镍矿、黄铁矿和方黄铜矿。II号矿体Ni平均品位为0.62%，Cu为0.61%；I号矿体Ni平均品位为0.60%，Cu为0.50%；其他矿体Ni平均品位一般小于0.5%，Cu平均品位一般小于0.4%。钒钛磁铁矿体主要分布于香山西岩体的69线以东，分南北两个矿带，钛铁矿石一般为自形-半自形细粒结构，稀疏浸染状构造，金属氧化物主要有钛铁矿、磁铁矿、钛磁铁矿，呈浸染状和稀疏浸染状分布，钛铁矿颗粒多呈半自形-他形条状、近等轴状或不规则状分布在硅酸盐矿物间隙。按$TiO_2$含量5%为边界品位，共圈出7个钛铁矿体，主要矿石类型为浸染状，单个矿体平均品位$TiO_2$为5.03%~9.02%，TFe为8.95%~23.33%，伴生$V_2O_5$为0.12%~0.34%。

（3）成矿机制和成矿模式

香山矿床为典型的岩浆熔离型的铜镍矿床和分异型的钒钛磁铁矿复合型矿床。香山铜镍矿床形成于后碰撞伸展环境，并经历了以下成矿过程：早二叠世，准噶尔板块和塔里木板块之间进入碰撞挤压-伸展弛张阶段，大量超壳深大断裂发育，为原生岩浆向上侵位提供了通道，在侵位过程中，原生岩浆发生深部硫化物熔离作用，形成 PGE 亏损的高镁玄武质母岩浆。PGE 亏损的高镁玄武质母岩浆经历橄榄石、辉石和基性斜长石等矿物的结晶分异，以及地壳物质的同化混染作用，使母岩浆再次硫饱和，并发生浅部硫化物熔体熔离作用，残余的贫矿化岩浆继续向上侵位，形成现今所见浸染状和无矿化的岩体，富硫化物熔体由于密度较大，侵位时间较晚，最后沿着贫矿化或者无矿化岩体中的裂隙形成现今所见的各种脉状富矿石。

香山西钛铁矿与铜镍矿为共生关系，钛铁矿形成机制可能是由普通的拉斑玄武质岩浆经历了相对高的分异演化而最终达到钛铁矿氧化物富集成矿。母岩浆经历了明显的地壳物质混染，这种地壳物质的混染导致了岩浆演化早期硫化物的熔离作用。同时地壳物质混染，导致岩浆演化到晚期岩浆体系氧逸度逐渐升高，从而促使钛铁矿的结晶。香山西矿床中钛铁矿含量远高于磁铁矿，且发现有钛铁矿和硫化物被磁铁矿包裹的现象，表明钛铁矿结晶早于磁铁矿，且结晶作用持续时间相对较长，暗示了岩浆体系中氧逸度由低到高变化的结果，地壳混染在该过程中起到了重要作用。幔源岩浆在地壳深部的分层熔离和脉动式上侵分异（就地熔离）是该区铜镍硫化物矿床的重要成矿机制（李德东等，2012；王亚磊等，2018）。这类矿床的形成可以用“深部熔离-贯入成矿作用”（汤中立等，2012）来理解。幔源岩浆上涌，导致被先前交代了的亏损岩石圈地幔大规模熔融，经过多级次侵入分异作用，演化出偏碱性的基性岩浆和拉斑质的超基性岩浆（王玉往等，2009）。含矿岩浆经历过深部熔离分异作用，形成了上部基性程度偏低的无矿贫矿熔浆、中下部基性程度较高的含矿熔浆以及底部的矿浆等分层岩浆房。

上层比重较轻、贫钛铁矿的硅铝质熔浆（辉长质）首先沿香山大断裂上升侵入，并在北东向多组断裂控制的封闭条件下形成一系列近似环状的锥形裂隙带。随后混合层位的岩浆侵位形成浸染状矿脉侵入体，然后是岩浆房下部富含钛铁成矿物质的镁铁质熔浆沿环状锥状裂隙侵位。同时富含铜镍硫化物的岩浆也随之侵位，形成与富含钛铁矿共生的复合型矿床类型。这导致分异较早的富含矿质的深层位岩浆侵位较晚，而分异较晚且贫矿质浅层位岩浆侵位较早。据此，在野外经常会看到侵位较早的贫矿岩浆体被富矿岩浆侵入的事实。

#### 4.2.4 甘肃黑山铜镍矿

（1）区域地质特征

黑山铜镍矿床位于甘肃省瓜州县柳园镇北东东 60 km 处，地处塔里木古大陆边缘向陆一侧的裂谷带中段，庙庙井-双鹰山断裂带南侧。以新太古代—中元古代敦煌群深变质岩系为基底，其上广泛发育蓟县纪—奥陶纪裂谷裂陷环境浅-深水盆地相碎屑岩-碳酸盐岩夹中基性火山岩建造。其中蓟县纪为中-薄层大理岩、千枚岩、千枚岩化粉砂岩等。青白口纪为中厚层白云质灰岩、硅质灰岩和中薄层伟晶灰岩。震旦系为杂色泥板岩、页岩、粉砂质页岩及厚层状白云质灰岩透镜体。寒武系为黑色岩系，奥陶系主要为杂砂岩、石英砂岩夹硅质岩。上述不同地层中均广泛发育元古宙、古生代侵入岩和中生代花岗质侵入岩类。

（2）矿床地质特征

黑山铜镍矿床是甘肃北山造山带内发现的唯一一个具有重要经济价值的大型铜镍矿床，黑山铜镍矿床北距庙庙井-双鹰山断裂仅 2 km，该断裂被认为是花牛山-黑山裂谷带的北缘深断裂，与其次级断裂控制了黑山岩体的侵位。该矿床赋矿岩体侵位于青白口纪大豁落山群地层中。根据岩性变化，可将其分为上下两个岩组：下岩组为白云质大理岩，硅质板岩夹变质玄武岩、变质石英砂岩、重晶石岩及少量的千枚岩，以硅质板岩为主；上岩组发育厚层硅质条带白云质大理岩、绢云硅质板岩夹变质英安岩，以厚层状硅质条带白云质大理岩为主（颉伟等，2013）。区内断层及构造发育，大豁落山群构成一个走向近东西、向西倾覆的直立倾伏背斜。下岩组的岩石构成黑山背斜的核部，分布在矿区中部，上岩组的岩石构成背斜的两翼。黑山背斜核部地层产状直立或近直立。黑山岩体的侵入切穿了下岩组和上岩组的若干岩性。黑山矿区发育的断层以近东西向为主，与褶皱轴线方向基本一致。

黑山含矿镁铁-超镁铁质岩体在平面山呈“鸭梨状”，在横剖面上，总体产状为向南西倾斜的岩珠状单斜岩体（图3-24）。岩体长约800 m，宽约470 m，地表出露面积仅约0.25 $km^2$，据钻探资料，岩体延伸超过1300 m。矿区东南端有岩体呈岩枝状产出。黑山岩体的直接围岩为大豁落山群上岩组白云质大理岩和硅质板岩。在钻孔中可见围岩捕虏体，长5~20 m不等，主要为大理岩和硅质板岩。

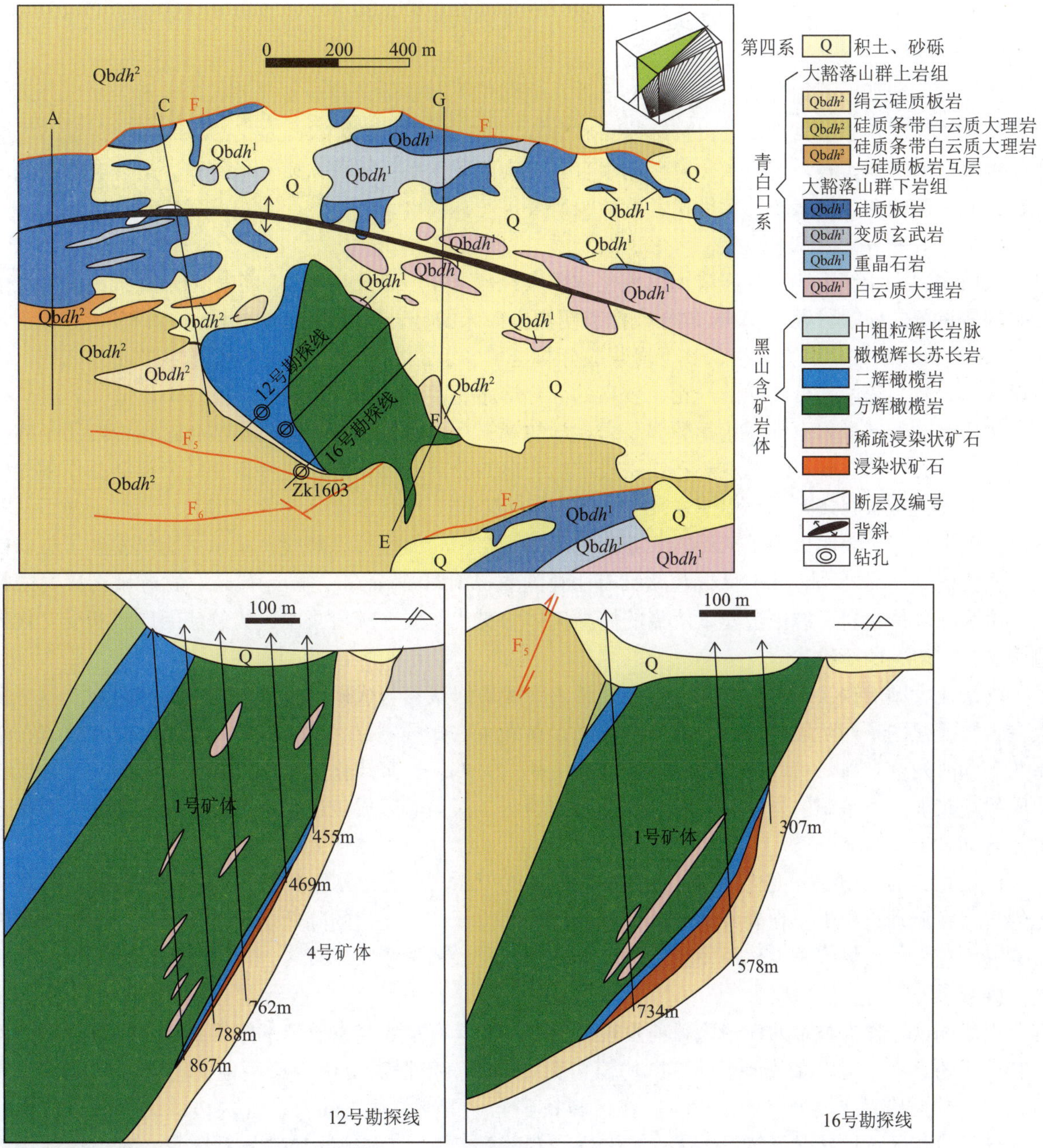


图3-24　甘肃肃北县黑山铜镍矿床含矿岩体地质图及勘探线剖面图

（据颉伟等，2013）

岩体是同源同期多次侵入形成的复式岩体，主体为斜长方辉橄榄岩、角闪橄榄岩、橄榄角闪辉长岩和角闪辉长岩。侵入顺序是第一期角闪辉长岩相，由角闪辉长岩及其内部的石英正长岩团块组成；第二期橄榄角闪辉长岩-斜长方辉橄榄岩相，由橄榄角闪辉长岩、角闪橄榄辉长岩、橄榄辉长岩和斜长方辉橄榄岩组成。其中，角闪橄榄岩是黑山岩体的主体，约占岩体总面积的94%。

黑山岩体主要岩相为中细粒方辉橄榄岩和二辉橄榄岩。二辉橄榄岩的分布在平面上自东向西所占比例逐渐增大。方辉橄榄岩、二辉橄榄岩和橄榄辉长苏长岩组成黑山岩体超镁铁质岩相。黑山铜镍硫化物矿体主要呈透镜状发育在岩体底部和方辉橄榄岩中下部，矿体主要以透镜状、脉状和似层状赋存，目前圈定了镍矿体120条，铜矿体9条。其中7、8、9、29、30号矿体为矿区主矿体。矿体一般长25~610 m，主矿体厚2~26 m，斜深200~610 m。其单工程矿体厚度在2~26 m，平均厚11.54 m。其中以1号和4号矿体规模最大。1号矿体以稀疏浸染状矿石为主，4号矿体以浸染状矿石为主，硫化物主要为磁黄铁矿、镍黄铁矿和黄铜矿，多呈不规则状集合体填充在橄榄石晶间空隙中，局部发育海绵陨铁结构。

依据矿体特征，可划分为就地熔离型矿体、晚期贯入型矿体、接触交代型矿体3类，矿床以就地熔离型矿体为主。矿石类型主要以稀疏浸染状和浸染状-稠密浸染状矿石为主，局部可见少量的块状及热液改造型富铜矿石。金属硫化物矿物组合主要为磁黄铁矿、镍黄铁矿和黄铜矿，另外含有少量的红砷镍矿、砷镍矿、针镍矿、黄铁矿、紫硫镍矿等。

（3）成矿机制和成矿模式

黑山铜镍矿床作为典型的岩浆铜镍硫化物矿床，硫化物熔离及在较小的空间内聚集沉淀是形成该类矿床最重要的因素。利用Melts软件模拟表明黑山矿床的母岩浆成分MgO含量为12.8%，FeO含量为10.84%，为高镁拉斑玄武岩，其母岩浆成分与金川、黄山、喀拉通克等矿床母岩浆成分一致，是地幔橄榄岩较高程度部分熔融的产物，较高的部分熔融程度使岩浆中含有较高的Ni含量，为成矿提供了物质基础。通过岩石地球化学数据及岩相学的观察，认为黑山岩体母岩浆演化过程中经历了铬尖晶石、橄榄石、斜方辉石和单斜辉石镁铁质矿物明显的分离结晶作用，这些矿物的分离结晶作用导致岩浆中$Fe^{2+}$的含量明显降低，促使岩浆中S的溶解度降低，有利于硫化物的过饱和。同时通过Sr-Nd同位素模拟计算，表明黑山矿床母岩浆偏离地幔端元与围岩的模拟趋势线，暗示可能仅发生了微弱的地壳物质混染。另外结合Sr-Nd同位素具有明显的N-MORB特征和岩石具有典型的岛弧玄武岩的特征，认为该岩体在岩浆源区遭受了明显的俯冲流体的交代作用，其岩浆源区为软流圈地幔和受交代的地幔楔共同熔融的产物。

要形成大型的铜镍硫化物矿床，需要大量的玄武质岩浆参与成矿，且硫化物熔离的时间要尽量发生在岩浆演化的早期阶段。黑山岩体中硫化物熔离发生在橄榄石结晶约1%之后，硫化物与橄榄石结晶几乎同时发生，并一直伴随着橄榄石的分离结晶。另外，岩浆演化过程中不断有新鲜的、富含成矿物质的岩浆加入。系统的岩芯编录及矿物学研究表明，黑山矿床成矿过程中可能存在至少3个期次岩浆的脉动式上涌。

依据相关的矿物成分变化规律，认为黑山矿床的原始产状是近水平的，携带硫化物及橄榄石等晶体的岩浆在流动过程中，在岩浆通道的变宽或变缓部位，由于流速的降低，导致橄榄石、硫化物及辉石等密度较大的矿物因重力作用发生沉降，形成了似层状和透镜状矿石。

（4）找矿模型

黑山铜镍矿作为甘肃北山地区目前发现的唯一一个具有重要经济价值的铜镍矿，建立其成矿模型具有重要的意义，可以有效地指导该区的镍矿勘查工作。依据黑山矿床典型地质特征，建立了“黑山式”铜镍矿床勘查模型（图3-25）。在区域找矿上，重点关注古陆及老地块边部的深大断裂上的重磁异常发育区，地球化学背景上Fe、Cr、Ni、Co、V、Cu、Zn、Mn异常发育区带。对上述地区的多期次侵入的、露头或者规模小、隐伏的基性-超基性岩杂岩体都是寻找岩浆型铜镍矿床的靶区（张新虎等，2012）。

**4.3 成矿作用**

该区赋存铜镍硫化物矿床和钒钛磁铁矿的镁铁-超镁铁岩体是经历了母岩浆较高程度的分异演化作用，结合岩相学及岩石地球化学研究，认为在岩浆演化过程中主要发生了橄榄石、单斜辉石和少量斜方辉石的分离结晶作用。这些早期镁铁质矿物的分离结晶使岩浆体系中$Fe^{2+}$含量降低，进一步使岩浆中S的溶解度降低，从而可以促进岩浆体系中硫化物的熔离。与东天山铜镍矿床相比较，新疆北山地区镁铁-超镁铁岩的岩石类型也较丰富，也经历了充分的分异演化，在岩浆演化过程中也主要发生了橄榄石、单斜辉石和少量斜方辉石的分离结晶作用，这方面的作用与东天山地区含矿岩体相似，尽

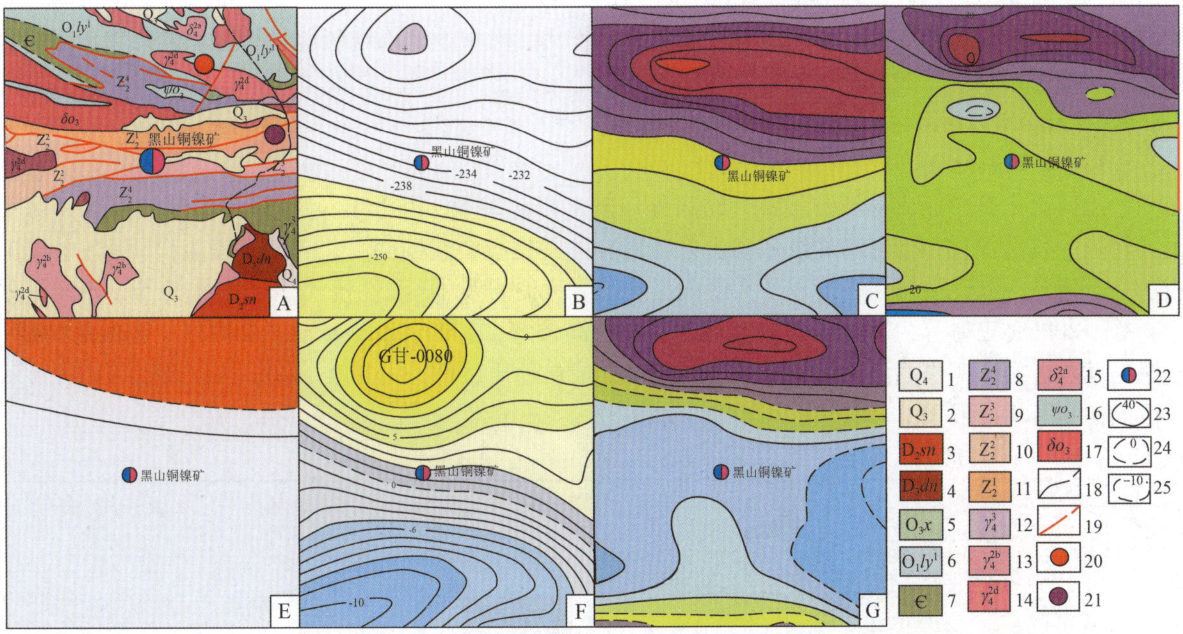


图 3-25 甘肃肃北县黑山铜镍矿床勘查模型图

（据张新虎等，2012，有修改）

A—地质矿产图；B—布格重力异常图；C—航磁 $\Delta T$ 等值线平面图；D—航磁 $\Delta T$ 化极垂向一阶导数等值线平面图；E—重磁推断地质构造图；F—剩余重力异常图；G—航磁 $\Delta T$ 化极等值线平面图

1—现代冲积砂、砾、亚砂土，风成砂；2—冲-洪积砂、砾和黄土状亚砂土；3—褐红色粉砂岩、砂岩夹灰岩，火山角砾岩；4—英安质火山角砾岩、凝灰岩；5—含砾粗砂岩、砂岩、硅质板岩、粉砂岩夹细砂岩；6—变长石石英砂岩夹板岩、砂砾岩，南部受花岗岩影响形成不纯石英岩、硅质板岩等；7—上部薄层硅质板岩与结晶灰岩互层，中部硅质板岩、石英岩夹片岩、粉砂岩，下部碳酸质砾岩夹碳酸盐岩及碳质板岩；8—深灰色薄层含白云质灰岩、大理岩夹灰质板岩、泥质板岩，沿走向相变为泥质板岩、变质细砂岩及含砾泥钙质板岩等；9—灰色块状含灰质白云岩、白云质灰岩夹灰质片岩，白云岩中含蓝藻；10—块状灰质白云岩夹碎屑岩，有时二者呈相变关系；11—块状灰质白云岩、硅化白云质灰岩，上下部为条带状结晶灰岩；12—钾长花岗岩、花岗岩、斜长花岗岩；13—灰白色花岗岩；14—华力西中期花岗岩；15—华力西中期闪长岩；16—加里东旋回斜长角闪岩；17—加里东旋回闪长岩；18—实测和推测地质界线；19—实测及推测性质不明断层；20—磁铁矿；21—锰矿；22—铜镍矿；23—正等值线及注记；24—零等值线及注记；25—负等值线及注记

管二者岩浆源区的物质组成存在明显的差异。

两地区岩体的同化混染程度都较低（3%~10%），东天山地区岩体混染物主要为与产出时间相近的中性火山岩，混染过程中有富硅组分的加入，而北山地区混染物主要为古老的地层，其混染过程中也有一些富硅组分的加入。东天山和新疆北山地区镁铁-超镁铁含矿岩体中除葫芦矿床个别样品 $\delta^{34}$S 值较大外，其他矿床的 S 同位素均在 -1‰~+3‰之间，均落在幔源硫的范围内，一些学者据此认为导致硫化物熔离的关键因素是镁铁质矿物（橄榄石、辉石）的分离结晶作用。通过对东天山地区黄山东和黄山典型矿床的模拟计算，发现在岩浆演化过程中橄榄石发生约 2%~3% 的分离结晶时即开始出现硫化物的熔离作用，此时岩浆中镁铁质矿物分离结晶的程度较低，据此推测导致硫化物熔离的主要机制可能不是镁铁质矿物的分离结晶作用。我们系统的收集了产于俯冲带环境中斑岩型铜矿的 S 同位素资料，表明斑岩型铜矿的 $\delta^{34}$S 也主要集中在 0‰附近，结合东天山地区铜镍矿床的形成时代，我们认为在俯冲环境在地壳深部发生了硫化物的聚集，且其硫同位素具有明显的幔源 S 的特征，后期地幔部分熔融形成的岩浆在上升过程中同化了部分的 S，使其岩浆中的 S 达到过饱和而发生了硫化物的熔离，目前这仅限于推测，但我们更倾向于认为导致硫化物熔离的主要机制是外来 S 的加入。

野外宏观地质观察表明矿床各岩相之间呈截然接触的关系，在水平和垂直剖面上，橄榄石成分、斜方辉石粒径及成分的变化都暗示他们是多期岩浆脉动的产物（秦克章等，2012）。岩浆铜镍硫化物矿床各典型矿床虽然主要赋矿岩性有所差异，但均严格受岩相控制。结合宏观地质及岩石地球化学方面的研究，总结认为东天山地区铜镍矿床硫化物的熔离发生在深部岩浆房内，且熔离出的硫化物与先期结晶的橄榄石和辉石在重力作用下发生重力分异作用，形成上部不含硫化物的贫矿岩浆和下部富含硫化物和橄榄石、辉石的“晶粥状”岩浆。

**5. 西天山华力西早中期岩浆成矿作用**

**5.1 成矿时空分布**

中国西天山是中亚成矿域的重要组成部分（朱永峰，2009；万天丰，2013），古生代该区经历了由洋转陆的构造演化，构造和岩浆活动十分频繁。尤其是石炭纪期间，北天山洋发生向伊犁-中天山板块之下俯冲消减，沿俯冲带形成了大量的活动陆缘火山岩及中-酸性侵入体（姜常义等，1996；朱志新等，2006；王博等，2007；龙灵利等，2008；高俊等，2009；Zhu et al.，2009）。强烈的构造-岩浆活动为各类成矿作用提供了物质基础和有利的成矿地质条件，尤其金、铜、铁以及锰等矿种显示出巨大的资源潜力（图 3-26）。

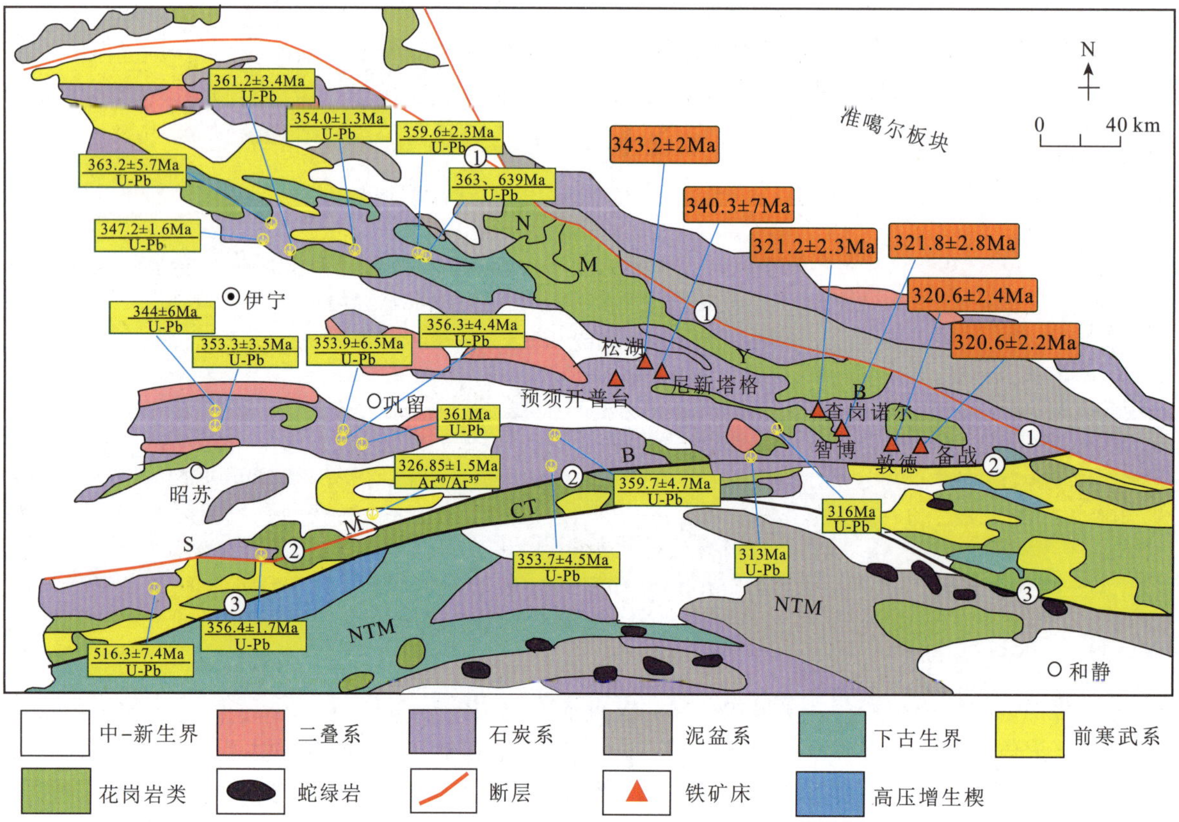


图 3-26　西天山石炭纪火山岩及主要铁矿床时空分布图

（据茹艳娇，2012，有修改）

YB—伊犁地块；NTA—北天山弧增生体；NMYB—伊犁地块北缘活动陆缘；SMYB—伊犁地块南缘活动陆缘；CT—中天山复合弧地体；NTM—塔里木北部陆缘。①—中天山北缘断裂带；②那拉提北坡断裂（尼古拉耶夫线）；③—中天山南缘断裂

近年来随着一系列勘查、研究工作的开展，在沿西天山伊犁地块东北缘分布的阿吾拉勒成矿带相继发现和重新评价了包括智博、查岗诺尔、备战、敦德四个大型铁矿床，松湖、式可布台、塔尔塔格、阔拉萨依、尼新塔格等数个中型矿床，以及近百个小型铁矿床（点）（张振亮等，2017），使西天山铁矿石资源量迅速增加到 15 亿吨以上，也使该带成为新疆乃至全国重要的大型铁成矿带之一。

该区铁成矿作用紧密伴随石炭纪岩浆活动发生，铁矿床的产出受石炭纪海相火山岩及火山机构控制，属典型的火山岩型铁矿床（冯金星等，2010；汪帮耀等，2011a，2011b，2017；荆德龙等，2012，2014；蒋宗胜等，2012；张振亮等，2017；Wang et al.，2018）。其中阿吾拉勒成矿带东段成岩、成矿时代集中于320 Ma左右，热液成矿作用稍晚，集中于310~316 Ma。而成矿带西段，大规模磁铁矿化作用集中发生于343~340 Ma（张博等，2015，2016；荆德龙，2016）。

### 5.2 典型矿床

#### 5.2.1 新疆智博铁矿

智博铁矿位于和静县西北约200 km，行政区划隶属和静县管辖。根据遥感影像解译，智博铁矿区位于一直径约30 km的破火山口构造中心部位（图3-27）。矿区内出露地层为下石炭统大哈拉军山组第二亚组（$C_1d^2$）地层，其余为大面积的冰碛物和冰水堆积物，矿区北部出露灰白色、灰褐色石英闪长岩侵入体（图3-27a）。大哈拉军山组第二亚组（$C_1d^2$）为主要含矿地层，其中下部以基性-中基性熔岩为主，上部层位为中基性火山岩、火山碎屑岩，火山集块岩和含集块火山角砾岩在矿区广泛分布。

智博铁矿矿化带东西长5.5 km，分东、中、西3个矿段（图3-27a），共圈定了21条铁矿体，矿体呈层状、似层状、透镜状分布于大哈拉军山组第二亚组玄武岩、粗面安山岩和玄武粗面安山岩中，

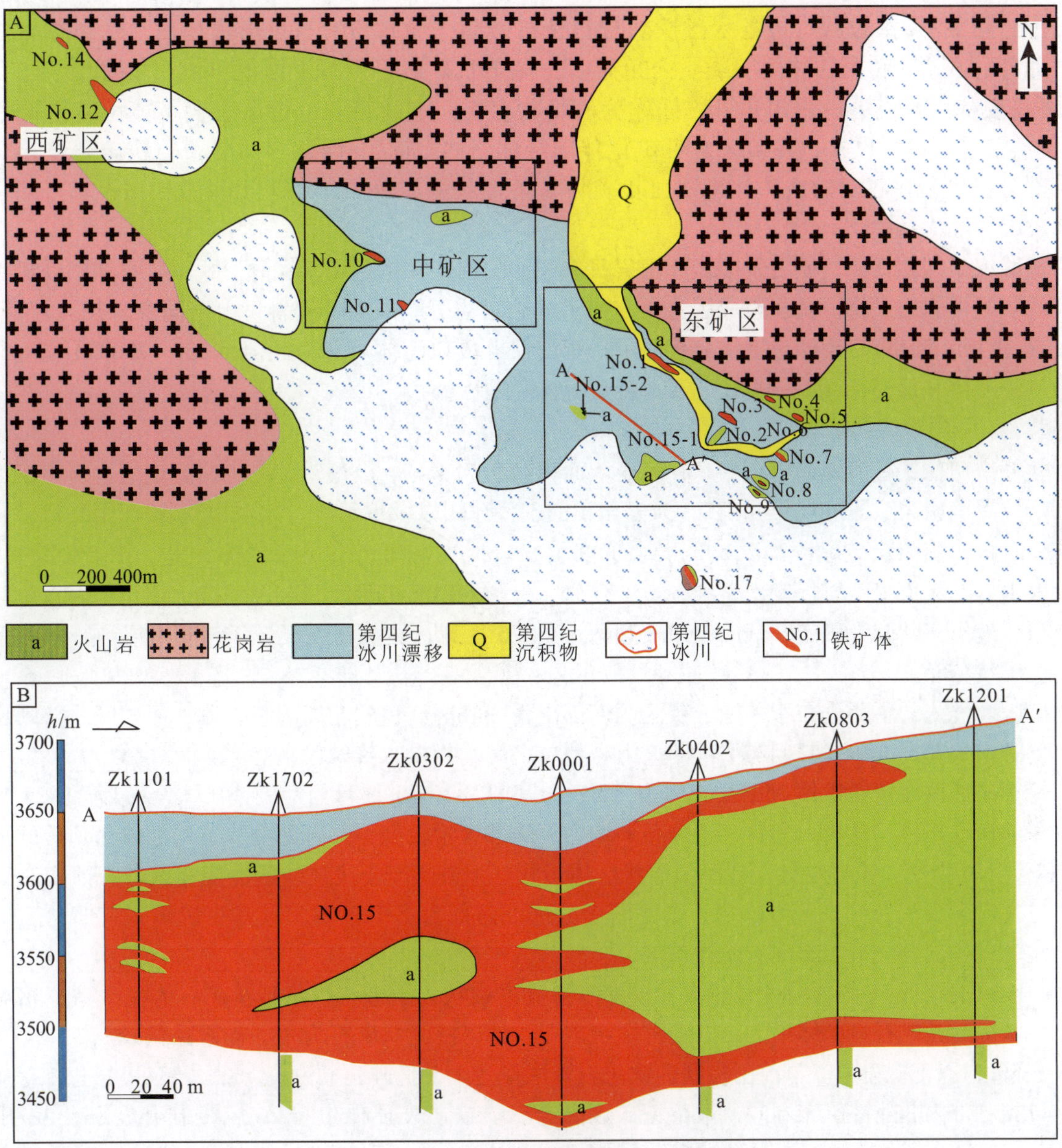


图3-27 新疆和静县智博铁矿区地质图（A）及勘探线剖面图（B）

（据张喜，2013）

少量分布于安山质火山碎屑岩中。矿石类型多样，以致密块状、浸染状矿石为主，多赋存于火山熔岩中；此外常见条带状矿石以及角砾状矿石，赋存于火山碎屑岩中。矿石矿物以磁铁矿为主，含少量赤铁矿，硫化物以黄铁矿为主。矿石中磁铁矿多呈板状、自形细粒结构。主矿体矿石中全铁品位多介于40%~65%，全铁平均品位50%左右，部分矿段矿石全铁平均品位可达60%以上，为富磁铁矿。根据已有的勘探工作，智博铁矿区目前累计探获铁矿石资源量3.54亿吨，其中富铁矿资源量超过1.5亿吨，且深部仍有较大找矿潜力。

矿区内围岩蚀变广泛发育，以大面积绿帘石和绿泥石化为主，此外常见钾长石化和钠长石化，局部见少量阳起石化。成矿期后碳酸盐化和硅化局部发育。根据蚀变作用特征划分出3个阶段：即钠长石-阳起石（-绿泥石）化阶段、绿帘石-钾长石（-绿泥石）化阶段和碳酸盐化-硅化阶段。其中钠长石-阳起石蚀变组合多分布于火山熔岩及其中的铁矿体中，绿帘石-钾长石蚀变组合分布范围覆盖钠长石-阳起石蚀变带，在整个矿区范围内广泛分布。晚期碳酸盐化-硅化主要沿裂隙充填-交代围岩，分布相对局限。

在火山熔岩中见有一类致密块状、浸染状矿石，与围岩呈渐变过渡关系，围岩蚀变不发育，矿石中自形细-微细粒状、板条状磁铁矿与斜长石微晶作为基质，与自形透辉石、钠长石斑晶伴生。此外，在火山碎屑岩中见一类贯入角砾状、斑杂状矿石，矿石中蚀变不发育，自形、半自形细-微细粒磁铁矿充填于围岩角砾之间作为胶结物存在。上述特征，指示它们可能由富铁矿浆喷溢/侵出形成。除此以外，在矿区常见矿化伴随绿泥石-绿帘石-钾长石蚀变，磁铁矿颗粒相对较粗，部分条带状矿石中磁铁矿与热液蚀变矿物呈条带状相间分布，伴生少量黄铁矿，具有明显的热液成因特征。

智博铁矿区磁铁矿、矿石及围岩火山岩具有相似的稀土和微量元素配分形式，且早期磁铁矿微量元素及氧同位素组成特征具岩浆成因特征，指示成矿物质可能来源于围岩火山岩同源岩浆（汪帮耀，2011a；张喜，2013）。流体包裹体分析显示，智博铁矿成矿流体可分为高温（650~700℃）富 $Cl^-$ 的岩浆热液流体和低温（200~300℃）富水热液流体两种。

**5.2.2 新疆敦德铁矿**

敦德铁矿位于智博铁矿以东约25 km处，面积约9.71 $km^2$。敦德铁矿区内出露地层主要为下石炭统大哈拉军山组第三段（$C_1d^3$），其余为大面积的现代冰川以及冰碛物、冰水堆积物（图3-28）。

大哈拉军山组第三段（$C_1d^3$）地层中下部主要岩性为灰褐色、灰绿色玄武岩、玄武质凝灰岩、玄武安山岩、粗面安山岩、安山岩和各类蚀变岩。上部层位火山集块岩和含集块火山角砾岩在矿区广泛分布。地层产状较为稳定，倾向北西，倾角57°~76°。矿区内铁矿主要产于该套地层中，矿体呈层状、似层状分布。

矿区内侵入岩主要分布于外围，矿区西南部出露一浅肉红色的花岗闪长岩体，而矿区北部则见一肉红色的正长花岗岩体，它们与中部的火山岩地层之间均为侵入接触关系。

敦德矿区共圈定铁矿体25条，锌矿体20条，其中Fe1至Fe3号为地表铁矿体，Fe4至Fe25号为地下深部盲铁矿体。伴生元素锌含量分布不均匀，局部含量较高，并且部分锌平均品位达到最低工业品位1%。敦德铁（锌）矿体一般呈似层状、透镜状、条带状产于浅灰绿色蚀变玄武岩、蚀变玄武安山岩与玄武质凝灰岩中。矿体集中于东西两个分区，西部为Fe1至Fe3号露头矿体，东部为隐伏矿体，地表有一部分被第四纪残坡积物覆盖。

矿体由上至下Fe的含量变化较大，顶部以稀疏浸染状、条带状、角砾状矿石为主，品位相对不高，多属贫磁铁矿石。矿体中上部以致密块状矿石、稠密浸染状矿石为主，矿石品位较高，一般TFe 40%~65%，以富矿为主。目前已控制的铁矿石资源量达1.5亿吨，预测资源量（334）超过1亿吨。

与成矿带内其他铁矿床不同，敦德铁矿区除产出磁铁矿外还伴生有Zn、Au矿化，Zn、Au矿化既可以与磁铁矿化伴生，又可单独成矿，目前已控制的Zn（主要为闪锌矿）资源量达160万吨，Au资源量达21吨。锌品位与TFe品位大多呈正相关变化关系，一般TFe品位达到20%时Zn品位均会达到最低边界品位0.1%~0.5%。Zn在磁铁矿中的含量从上到下有递增趋势。

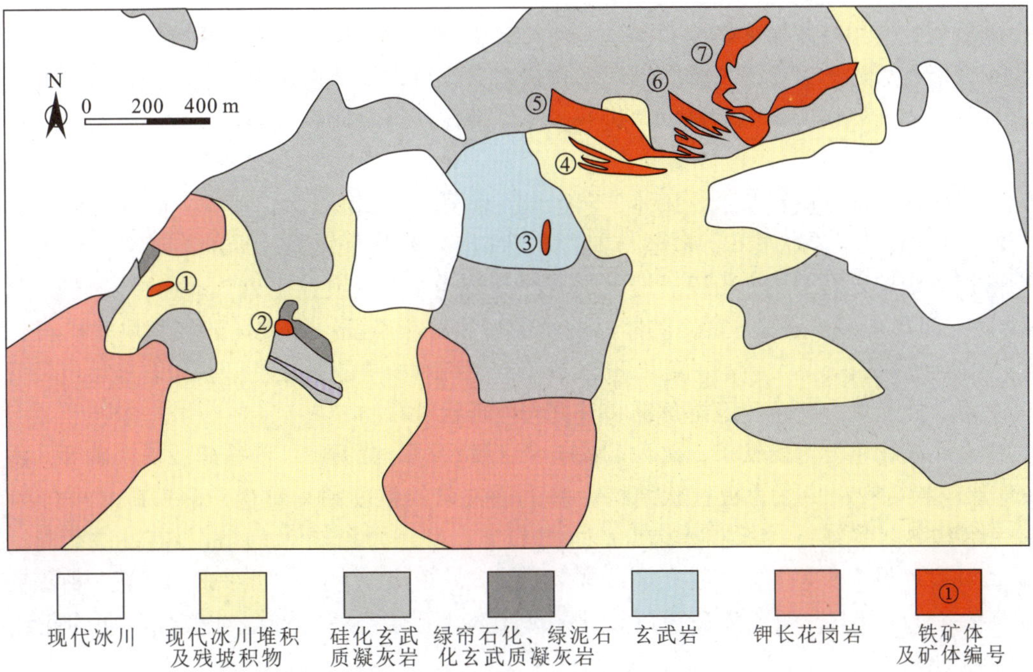


图 3-28　新疆和静县敦德铁矿区地质简图

（据荆德龙，2016）

敦德铁矿的矿石矿物组成较智博铁矿要丰富和复杂得多。矿石中金属矿物主要为磁铁矿，次为黄铁矿、磁黄铁矿、闪锌矿，少量赤铁矿、褐铁矿，微量的黄铜矿。磁铁矿至少可划分为两期，早期磁铁矿多分布于火山熔岩中，与微晶斜长石、微晶辉石及玻璃质等构成熔岩基质，或作为胶结物充填于隐爆角砾岩中，具矿浆成因特征；晚期磁铁矿则多分布于火山碎屑岩中，或沿岩石中裂隙充填成脉，与透辉石、石榴子石、阳起石、绿泥石、方解石等热液蚀变矿物相伴生，显示热液成因特征。闪锌矿多呈无色粒针状、叶片状、板条状或他形粒状分布，或呈黄褐色-红褐色他形集合体或细脉状分布。常与粗粒磁铁矿、磁黄铁矿、黄铜矿等伴生，常见乳滴状黄铜矿与磁黄铁矿分布其中。

敦德铁矿区围岩蚀变以种类繁多、多期多阶段蚀变重复叠加为特征。根据蚀变矿物组合特征，划分出以下 4 个阶段：①磁铁矿-透辉石-石榴子石化阶段；②磁铁矿-石榴子石（-透辉石）-绿帘石化-阳起石化阶段；③磁铁矿-石榴子石-透辉石-绿帘石化阶段；④磁铁矿-石榴子石-阳起石-绿帘石-绿泥石-方解石阶段。需要强调的是，矿区范围内特征蚀变矿物如石榴子石、透辉石、绿帘石、阳起石等，均为高温火山气液交代火山岩围岩而产生。矿区范围内虽分布有少量灰岩，但是未见灰岩与火山岩之间具有明显的交代蚀变关系。

敦德铁矿区内隐爆角砾状矿石、贯入角砾状矿石指示成矿过程中有富铁矿浆的喷溢，这些铁矿石多与蚀变玄武岩关系密切，铁矿石与围岩具有相似地球化学特征，同位素特征指示它们具有同源特征。强烈的围岩蚀变以及大部分富矿石中自形粗粒磁铁矿（少量为磁铁矿巨晶，粒径达 10 cm）则表明岩浆成矿期后又有热液成矿作用叠加。伴生 Zn、Au 矿化多与晚期中-低温热液作用有关。

**5.2.3 新疆备战铁矿**

备战铁矿床隶属新疆维吾尔自治区巴音郭楞蒙古自治州和静县管辖，距和静县城约有 130 km。2014 年最新估算资源储量含 331+332+333 资源量约为 3.39 亿吨，334 资源量约为 1.29 亿吨。2017 年估算矿区铁资源总量近 6 亿吨，目前为阿吾拉勒成矿带内规模最大铁矿床。矿区出露的地层为下石炭统大哈拉军山组（$C_1d$）及第四系，总体上呈一向斜产出。矿区内侵入岩发育，主要为正长花岗岩，次为正长花岗斑岩、闪长玢岩及辉绿玢岩，与大哈拉军山组火山岩呈侵入接触。下石炭统大哈拉军山组（$C_1d$）为区内主要赋矿地层，其岩性主要为玄武岩、玄武安山岩、安山岩、英安岩及中基性正常火山碎屑岩、熔结凝灰岩、熔结角砾岩，并夹有大理岩化灰岩、页岩、千糜岩等。

遥感影像上备战铁矿区位于一椭圆形环形构造内，经解译为一古火山口。矿区内分布有大量的火山集块岩以及含火山集块的火山角砾岩，进一步印证上述结论。区内火山岩及铁矿体受该古火山口构造控制。

备战铁矿区内目前共圈定4个铁矿体，3个出露地表，1个为隐伏矿体。主矿体为位于矿区中部的L3矿体，呈层状、似层状展布，矿体与围岩之间多为截然接触关系，局部为渐变过渡关系。赋矿围岩为中基性火山熔岩及同质火山碎屑岩，围岩蚀变较为发育。矿体中磁铁矿品位变化于20.07%～49.72%之间，西贫东富，上贫下富，矿体具明显的矿相分带特征，即大量的致密块状矿石、稠密浸染状矿石、斑点状矿石等品位较高的矿石位于下部，而相对少量的稀疏浸染状矿石等品位较低的矿石位于矿体上部。此外见有特色的隐爆角砾状、贯入角砾状矿石。

矿石中金属矿物主要为磁铁矿，次为黄铁矿、磁黄铁矿、黄铜矿、赤铁矿、褐铁矿等，磁铁矿呈半自形-他形粒状结构，少量为板柱状结构。基于磁铁矿的粒度和其颜色，磁铁矿又可分为两种类型：其中一种磁铁矿呈细粒，其粒度多在0.1 mm以下，颜色为灰紫色，局部具有淋滤孔洞，孔洞多被黄铁矿、黄褐色磁铁矿等金属矿物充填，这是磁铁矿的主体，为矿浆期形成；另外一种磁铁矿呈粗粒，粒径多在1 mm以上，颜色为黄褐色，其多呈半自形晶粒包裹、胶结或交代早期的微细粒磁铁矿，其为热液期形成。

备战铁矿区近矿的火山岩中不同类型的蚀变作用相互叠加致使蚀变分带不明显，但蚀变强度整体上由矿体向外逐渐减弱。蚀变作用主要是由于中基性火山岩受到热液交代作用所致，整体上以钠（钾）-钙质蚀变为主，尤其常见于孔隙及裂隙较为发育的火山碎屑岩中，而远离矿体的碳酸盐岩中则无此类蚀变作用，仅发育大理岩化。

**5.3 成矿作用**

早石炭世—晚石炭世期间，位于伊犁地块以北的北天山洋持续向伊犁地块之下俯冲消减，引发俯冲板片之上的地幔楔及下地壳的部分熔融形成玄武质-安山质岩浆，这部分岩浆携带大量铁质，低氧逸度条件下经大量的硅酸盐矿物的结晶分离而逐渐富铁并伴随有富Fe、富$Cl^-$的岩浆热液的出溶。上涌过程中受陆壳物质混染以及热液流体出溶导致岩浆系统氧逸度升高，进而引发重的富铁矿浆与硅酸岩浆发生液态不混溶。熔离出的铁矿浆在强烈的火山作用下喷溢出地表，沿伊犁地块北缘形成一系列赋存于火山岩中的铁矿床（图3-29）。

火山通道以及火山机构中发育的一系列断裂构造是矿区重要的导矿构造，为铁矿浆及富矿热液的运移、扩散提供了通道。另一方面，这些断裂和裂隙连同火山岩地层层间薄弱带、火山岩富含的孔隙等减压空间，为铁质的沉淀、聚集成矿提供了场所。在靠近火山口中心部位，以岩浆-热液活动较强，形成火山矿浆-热液复合型铁矿（如智博铁矿）；在火山口外围，铁矿浆活动能力有限，而热液成矿作用发育，形成的铁矿体中热液磁铁矿占比较大，且伴生大量硫化物（如敦德、松湖）。在远离火山活动中心的部位，受火山沉积成矿作用及盆地沉积作用共同控制，火山气液携带铁质沉积形成火山沉积型铁（锰）矿床，铁氧化物以赤铁矿为主，常伴生有菱铁矿、镜铁矿等，代表性矿床有式可布台铁矿和莫托萨拉铁锰矿。

综上所述，西天山阿吾拉勒成矿带内分布的一系列铁矿床为石炭纪北天山洋俯冲消减过程中岩浆活动的产物，这些铁矿床的形成与火山活动关系密切，铁矿床的分布受火山机构控制明显。成矿早阶段以火山喷溢为主，晚阶段以热液叠加改造为特征。赋矿地层中普遍见海相碳酸盐沉积，指示成矿过程一直处于海相环境。根据陈毓川院士提出的矿床成矿系列理论，西天山这些铁矿床成矿系列应为西天山伊犁地块北部活动大陆边缘与石炭纪海相火山岩有关的Fe（Zn-Au）-Mn矿床成矿系列。按照成矿物质的直接载体和成矿过程，又可进一步划分为两个亚系：矿浆-火山热液复合成因型Fe（-Zn-Au）矿床系列（智博、敦德、备战、查岗诺尔、松湖、尼新塔格-阿克萨依、塔尔塔格等）和火山-沉积型Fe（-Mn）矿床系列（式可布台和莫托萨拉等）。

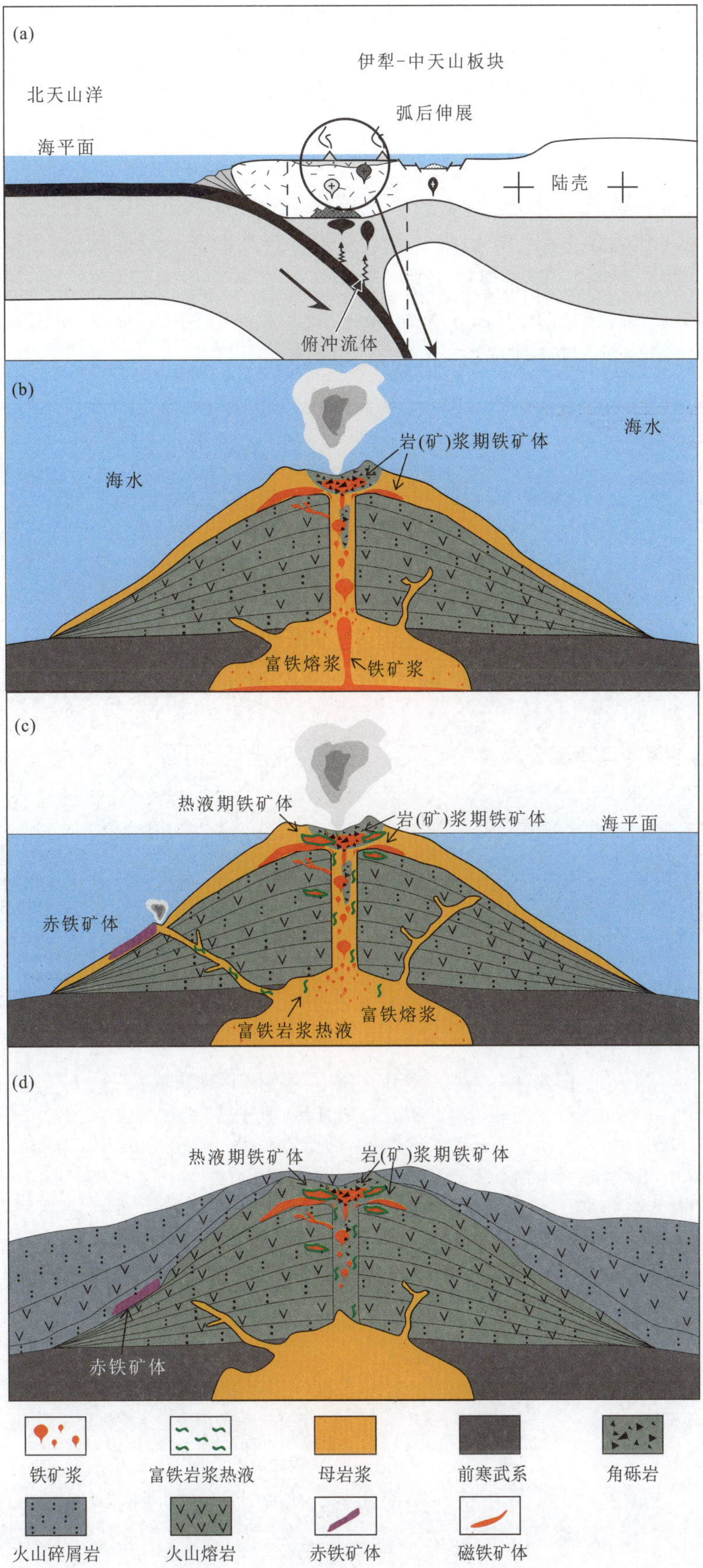


图 3-29　西天山晚古生代铁矿成矿模式

（据荆德龙，2016）

## 6. 东天山-北山地区华力西中晚期岩浆热液成矿作用

### 6.1 成矿时空分布

处于觉罗塔格沟弧带北侧大南湖晚泥盆纪—石炭纪岛弧带，主要分布有北带的泥盆系中基性火山碎屑岩-火山岩建造和南带石炭系一套中基性火山岩-火山碎屑岩-碎屑岩建造，石炭纪—二叠纪侵入的中深成中酸性花岗岩和浅成相岩体发育，铜、钼、金、砷、锑的化探异常呈带状展布、分片集中，与中基性-中酸性侵入岩有关的中弱磁异常较多，部分位于侏罗系覆盖区中。主要成矿类型为斑岩型铜（钼）矿，自 1997 年发现土屋铜矿以来，先后发现了延东铜矿、延西铜矿（图 3-30），以及福新铜矿、灵龙铜矿、赤湖铜钴矿、喀拉塔格铜矿、翠岭铜钼矿等斑岩型铜矿床、矿点，还有鄯善县维权银铜矿床。成矿组分：Cu、Ag、Pb、Zn、Mo、Au、Ag，成矿时代为晚石炭世末期（表 3-6）。花岗岩体中的锆石 U-Pb 年龄为 297±3 Ma（王龙生等，2005）。

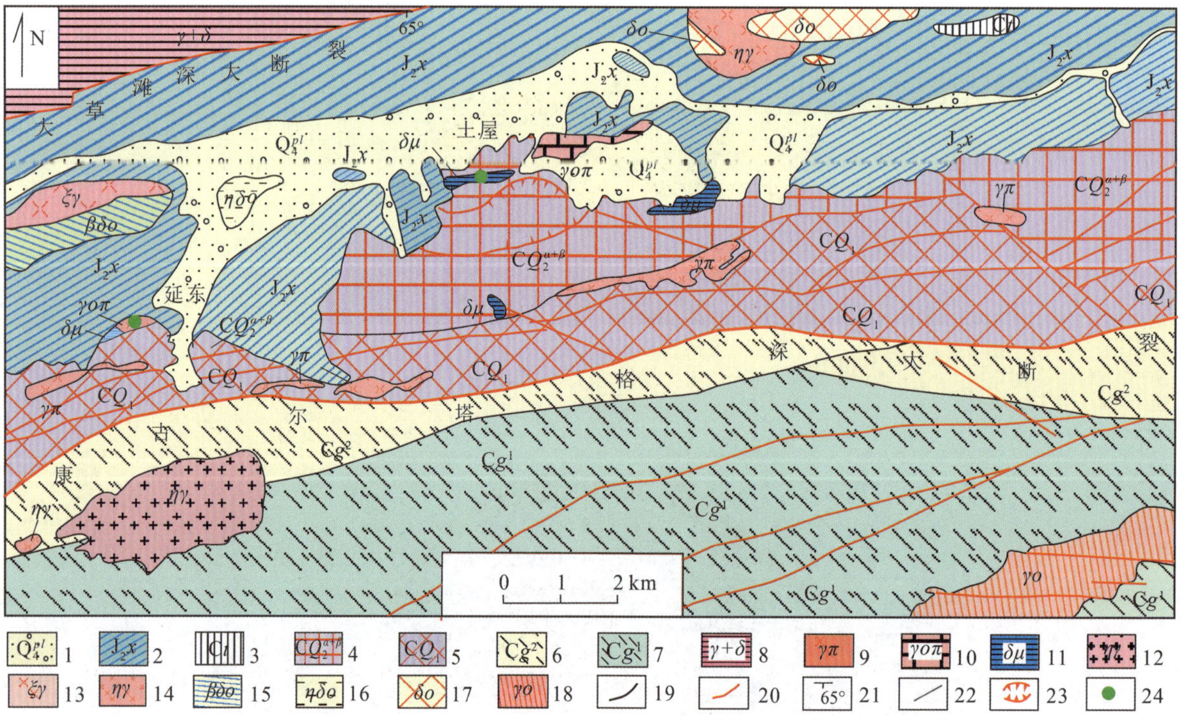


图 3-30 新疆哈密市土屋-延东铜矿区地质略图

（据木合塔尔·扎日等，2004）

1—第四系；2—西山窑组粗、细、粉砂岩；3—土屋组长石岩屑砂岩及沉凝灰岩；4—企鹅山群第二组安山岩、玄武岩；5—企鹅山群第一组长石岩屑砂岩、砾岩；6—干墩岩组第二岩段砂质千糜岩、片理化糜棱岩化长石岩屑砂岩；7—干墩岩组第一段千糜岩、绢云千糜岩及片理化沉凝灰岩等；8—大南湖花岗岩、闪长岩；9—长石石英斑岩；10—斜长花岗斑岩；11—闪长玢岩；12—中细粒黑云母二长花岗岩；13—细粒斑状正长花岗岩；14—中细-细粒斑状黑云母二长花岗岩；15—微细-细粒斑状黑云角闪英云闪长岩；16—中细粒（斑状）角闪石英二长闪长岩；17—弱糜棱岩化角闪黑云石英闪长岩；18—弱糜棱岩化细粒斑状黑云角闪斜长花岗岩；19—地质界线；20—角度不整合界线；21—产状；22—断层；23—火山喷发中心；24—大型铜矿床

### 6.2 典型矿床

#### 6.2.1 新疆土屋铜矿

（1）区域地质特征

大地构造位置为新疆东天山觉罗塔格裂陷槽北缘，大南湖-大草滩断裂以南，康古尔塔格韧性剪切带以北。矿田位于东天山区域重力高值区的中南部，对应于企鹅山-白石山升高磁场区和 Cu-5、Cu-7、Cu-10 化探异常区。

（2）矿床地质特征

矿体位于上石炭统企鹅山组火山-沉积岩系中。岩体和矿体受近东西向层间断裂带和南北向放射状线性断裂带的交汇控制。成矿斑岩体为斜长花岗斑岩，呈近 EW 向条带状产出，单个露头面积不足 100 $m^2$。赋矿岩石为蚀变斜长花岗斑岩及下石炭统企鹅山群第二组玄武岩、凝灰岩类。矿田内已发现两个矿床：土屋矿床、延东矿床（图 3-31）。矿体均向南呈陡倾厚板状，顺区域构造线 NEE 向延伸。

**表 3-6　东天山-北山地区铜金矿床的年龄数据**

| 矿床名称 | 构造位置 | 测试方法 | 年龄 | 资料来源 |
|---|---|---|---|---|
| 土屋铜矿 | 准噶尔弧盆系觉罗塔格裂谷带 | 花岗岩锆石 U-Pb 法 | 334±3 Ma | 陈富文等，2005 |
| 延东铜矿 | 准噶尔弧盆系觉罗塔格裂谷带 | 花岗岩锆石 U-Pb 法 | 333±4 Ma | |
| 石英滩金矿 | 准噶尔弧盆系觉罗塔格裂谷带 | 流纹斑岩锆石 U-Pb 法<br>英云闪长岩锆石 U-Pb 法 | 234±4 Ma<br>287±3 Ma | 薛春纪等，1999 |
| 公婆泉铜矿 | 北山弧盆系 | 英安斑岩 K-Ar 法<br>闪长斑岩 K-Ar 法 | 372±16 Ma<br>336~341 Ma | 唐治乾，1990<br>王玉往等，1996 |
| 马庄山金矿 | 北山弧盆系 | 石英流体包裹体 Rb-Sr 法 | 298±28 Ma | 李华芹等，1999 |
| 南金山金矿 | 北山弧盆系 | 绢云母的 $^{40}Ar/^{39}Ar$ 法 | 243±1 Ma | 江思宏等，2006 |

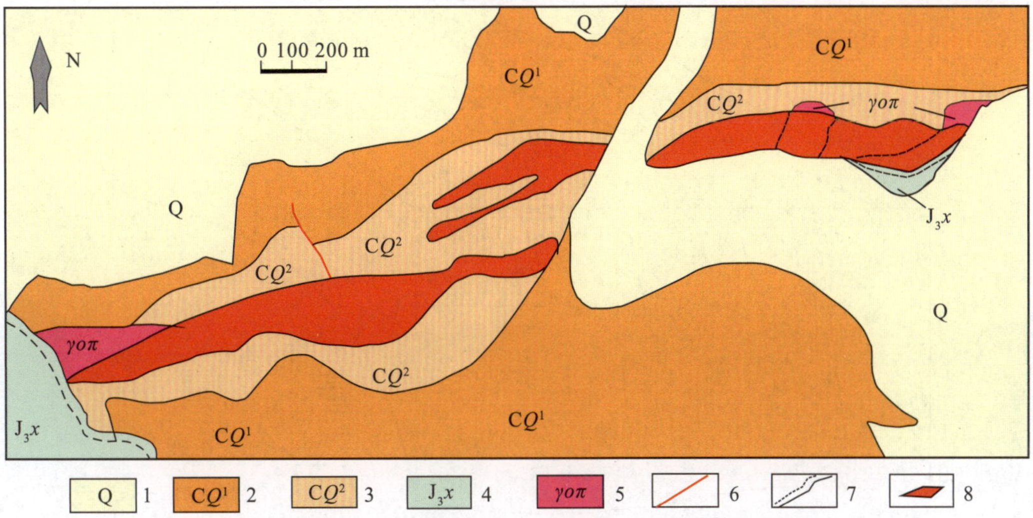


图 3-31　新疆哈密市土屋斑岩型铜矿床平面地质图

（据王云峰等，2016）

1—第四系沉积；2—石炭系企鹅山群一段；3—石炭系企鹅山群二段；4—上侏罗统泥炭质沉积层；5—斜长花岗岩；6—断层；7—不整合界面；8—矿体

土屋矿床由Ⅰ、Ⅱ号两个矿体组成。Ⅰ号矿体产于斜长花岗斑岩之中，以 Cu 0.2%为边界品位圈定的矿化体长 1300 m，宽 8.0~87.1 m，平均 38.94 m。铜在地表的平均品位 0.3%。Ⅱ号矿体位于Ⅰ号矿体西侧偏南，以 Cu 0.2%圈定的地表矿体长 1400 m，宽 7.6~125.0 m，平均 65.87 m；Cu 平均品位为 0.44%。延东矿床：西偏南距土屋Ⅱ号矿体 8 km 处。地表圈定矿体长 900 m，宽 26 m，为一巨大厚板状矿体。控制矿体长大于 3200 m，平均厚度 59.91 m。Cu 品位 0.2%~2.20%，一般 0.2%~0.5%。

矿石分为原生矿石和氧化矿石。矿石矿物主要为黄铜矿、斑铜矿、辉钼矿、黄铁矿、铜蓝、辉铜矿等，脉石矿物为石英、绢云母、高岭土、长石等。矿石结构主要为中-细粒、半自形-他形粒状结构，次为固溶体分离结构、交代结构和碎裂结构。矿石构造以浸染状构造和脉状构造为主，次为团块状构造。

矿区蚀变类型齐全，分带明显，矿体及顶板蚀变大于底板。蚀变围绕矿体分布。大体上，矿体带内为强石英-黑云母-绢云母-硬石膏带，向外为较宽的石英-绢云母化带（绢英岩化带），更外侧为青磐岩化带。中心带内局部硅化较重。

矿化斜长花岗斑岩体 SHRIMP 微区锆石 U-Pb 年龄为 334±3 Ma（陈富文等，2005）。矿床形成时间为 323±2 Ma（辉钼矿 Re-Os 等时线法；芮宗瑶等，2002），属早石炭世产物。

（3）成矿机制和成矿模式

矿田产于觉罗塔格晚古生代造山带，成矿与晚石炭世早期汇聚阶段钙碱性火山-深成岩建造有关。赋矿岩体为斜长花岗斑岩及围岩（玄武质火山岩、火山碎屑岩）。岩体就位及成矿均受线性构造控制，致使矿体呈厚板状。矿床成因类型为斑岩型。

成矿作用分为 3 期 4 阶段：①第一期为岩浆晚期气成热液成矿期；②第二期为岩浆期后热液成矿期，是矿床主成矿期。分为 2 个阶段：第一阶段为韧性断裂控制的初矿化阶段，即石英-硫化物阶段；第二阶段为脆性-韧性剪切带控制的工业矿化阶段，即硫化物-氧化物成矿阶段。③第三期矿化为次生氧化成矿期，矿床产生氧化淋虑及次生富集作用。

控矿因素：①斜长花岗斑岩的侵位；②构造裂隙的发育特征控制了矿体在空间上的具体分布位置，是控矿的主要因素；③下石炭统企鹅山群陆源火山岩-火山碎屑岩组合，具有较强的脆性，易发生破裂而形成众多的微裂隙，为含矿热液的贯入创造条件。其成矿模式如图 3-32。

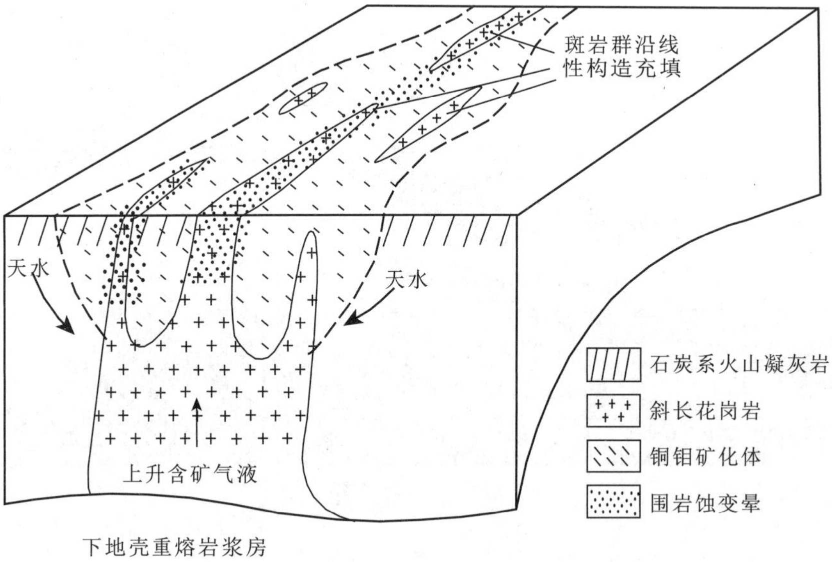


图 3-32 新疆哈密市哈密土屋-延东铜钼矿田成矿模式

（据刘德权等，2003）

（4）找矿模型

区域找矿标志为：①觉罗塔格晚古生代陆缘活动带，陆缘活动区的复理石沉积和钙碱性的双峰式火山岩建造；②与成矿有关的斑岩属晚石炭世钙碱性花岗岩侵入岩类（斜长花岗斑岩）；③斑岩铜矿的特有的组合蚀变及其分带特征及地表孔雀石化及黄钾铁矾带；④Cu、Mo 元素异常二、三级浓度带范围，Cu、Mo、Ag、Sb 元素组合异常；⑤遥感图像断裂呈线型特征，而岩体呈椭圆形环状构造特征；铁染三级浓度以上，羟基三级以上浓度与地质成矿有利部位相互叠加；⑥区域重力场的梯度带中的低重力区、高磁异常区的局部低磁异常区、高激化、低阻区等地球物理场找矿标志等。

**6.3 成矿作用**

晚古生代是天山造山带形成演化历史中的一个非常重要的关键时期。这一时期，天山地区完成了从大洋向大陆的转化，经历了晚古生代的洋盆形成、消减和闭合以及晚石炭世的强烈碰撞造山和二叠纪拉伸裂谷作用，并在晚二叠世晚期真正进入陆内演化阶段。同时，这一洋-陆转化历史的碰撞造山过程中，相伴有十分醒目的中酸性岩浆活动和大规模成矿事件，东天山铜、金大规模成矿作用正是在这一时期和背景下发生的。

晚古生代阿尔泰弧盆系中分布的多个独立岩金矿床成矿类型属造山型金矿（闫升好等，2006），其产于强变形构造带，也形成于华力西晚期（晚石炭世—早二叠世）的后碰撞阶段；矿化样式主要为浸染状蚀变岩、石英脉及其复合类型；矿石矿物组合为：金属硫化物（黄铁矿、毒砂、磁黄铁矿及少量黄铜矿、闪锌矿、方铅矿等）+自然金（少量碲金矿）+石英+方解石，硫化物含量普遍较低；成矿流体为低盐度、富 $CO_2$ 的变质水、天水及部分岩浆水的混合流体。

## 三、华北板块

### 7. 华北陆块区石炭纪—二叠纪沉积成矿作用

#### 7.1 成矿时空分布

据统计，晚石炭世—早二叠世煤矿占全国探明储量的 70%（图 3-33）。华北煤矿、铝土矿大规模成矿作用发生在晚石炭世至二叠纪。铝土矿主要形成在晚石炭世继本溪期早期山西式铁矿成矿阶段之后，中期发生铝土矿（包含耐火粘土）大规模成矿作用（高兰等，2014）。从本溪期晚阶段经太原期延至二叠纪山西期主要是大规模的煤成矿作用。铝土矿在晋、豫、鲁、冀、陕、辽、内蒙古主要发生于晚石炭世本溪期（$C_2B^2$），在山东、辽宁、陕西、河北；少量矿床于二叠纪成矿（如河北的望海寺）。

#### 7.2 典型矿床

##### 7.2.1 河南郁山铝土矿

郁山铝土矿矿床是河南省地质调查院于 2006 年发现的大型隐伏铝土矿矿床，矿床位于河南省新安县城西南约 5 km，主要包括西郁山、东郁山、李村和南庄 4 个矿段，目前主要完成西郁山矿段的详查工作。

（1）区域地质特征

郁山矿床属华北陆块南部渑池-确山陷褶断束的西北端，为构造隆起与坳陷的接合部位。属晋冀鲁豫地层区豫陕地层分区渑池-确山地层小区，出露地层有中元古界洛峪群、下古生界寒武系—奥陶系、上古生界石炭系—二叠系、中生界三叠系、新生界新近系和第四系。本溪组沉积环境属豫西渑池潟湖东部的潮坪-沼泽相。断裂和褶皱构造较发育，岩浆活动微弱。

矿床位于河南省三门峡-渑池-新安四级铝土矿成矿区的杜家沟-郁山铝土矿成矿带的东端，为河南省富铝土矿最集中区。区域上已发现煤、铝、铁等沉积矿产。铝土矿赋矿层位为上石炭统—下二叠统的本溪组。

（2）矿床地质特征

矿区整体为一背斜，北东翼地层倾向北东，南西翼地层倾向南西。矿区中部主要出露寒武系和奥陶系地层，本溪组露头偶尔可见，东部及西南部断续出露二叠系—三叠系地层，大部分为第四系和新近系覆盖（图 3-34）。

郁山矿床含矿地层为石炭系—二叠系本溪组，与下伏马家沟组呈平行不整合接触，含铝岩系厚度 1.18~26.06 m，平均 8.65 m。一般自下而上分为四个岩性层：一层为灰褐色中薄菱铁矿层或含菱铁矿铝土质泥岩，以铁质粘土岩为主，厚度 0~4.80 m；二层为灰色中薄层含豆鲕、粒屑铁铝质粘土岩层，局部含碳质而呈深灰色，黄铁矿零星发育，菱铁矿以豆鲕状，团粒状产出，层理发育，可发育成耐火粘土，为矿层直接底板，厚度 0~4.56 m；三层为主矿层，为灰-深灰色中厚层状碎屑-豆鲕状铝土矿及泥晶铝土矿，偶尔见层理构造，厚度 0~10.18 m；四层为深灰-灰黑色中薄层含碳质铝土质泥岩或碳质泥岩或矸石，为矿层直接顶板，可见层理，含植物化石，普遍含黄铁矿团块，厚度 0~3.35 m。4 个岩性层组合为一个完整的沉积旋回，矿区内一般可见两个沉积旋回。

矿区共发现 10 个铝土矿体。东郁山、李村和南庄 3 个矿段分别 1 个，均为单层，形态为似层状或透镜状，平均厚度分别为 5.33 m、2.51 m 和 3.00 m。西郁山矿段包括 7 个铝土矿体。西郁山矿段位于架子沟背斜西南部，自上而下包括 7 个铝土矿体（层），最上层为主矿体，呈层状、似层状连续

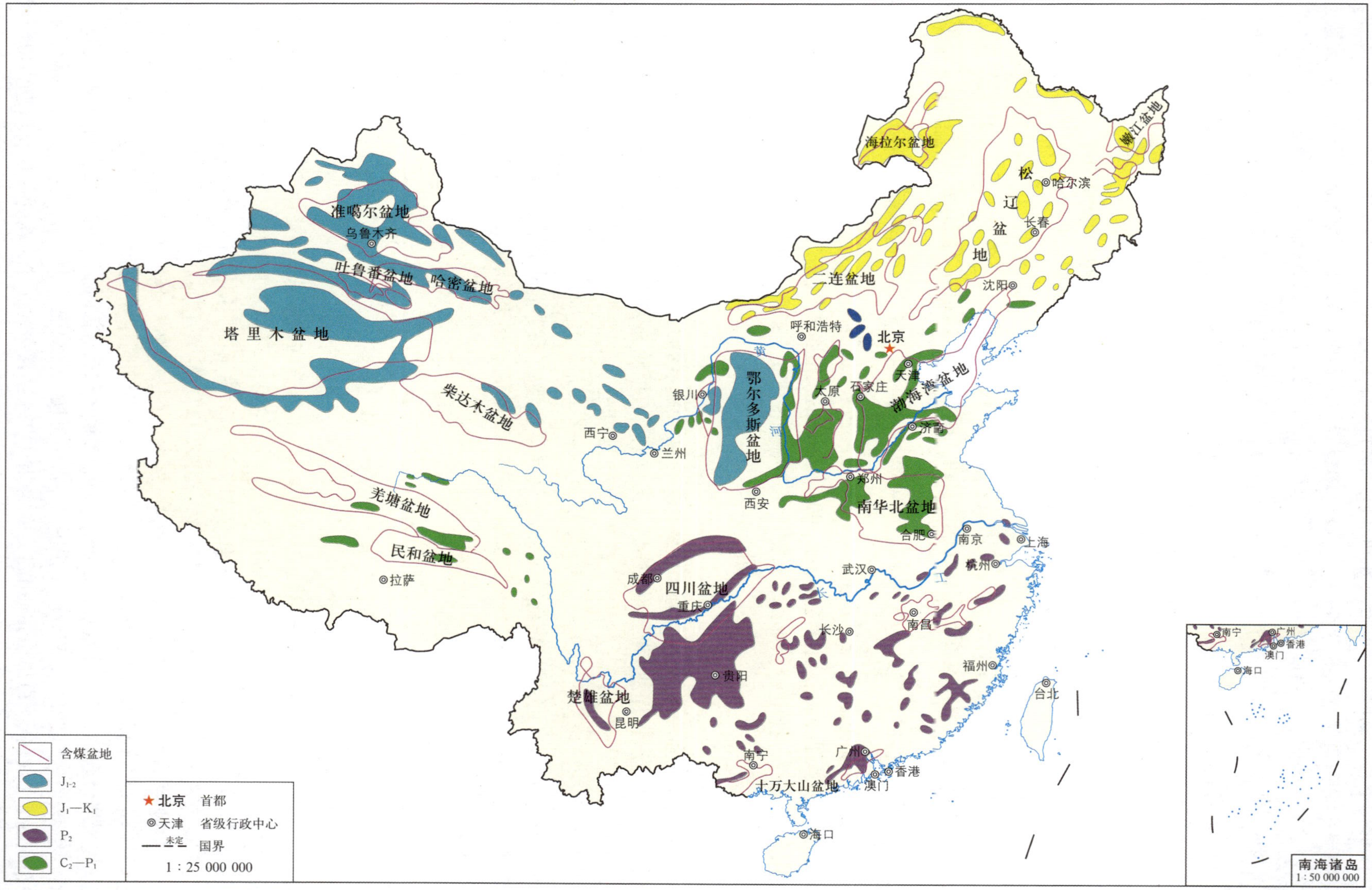


图3-33 中国主要含煤盆地与煤炭资源分布图
（据中国煤炭地质总局，2013）

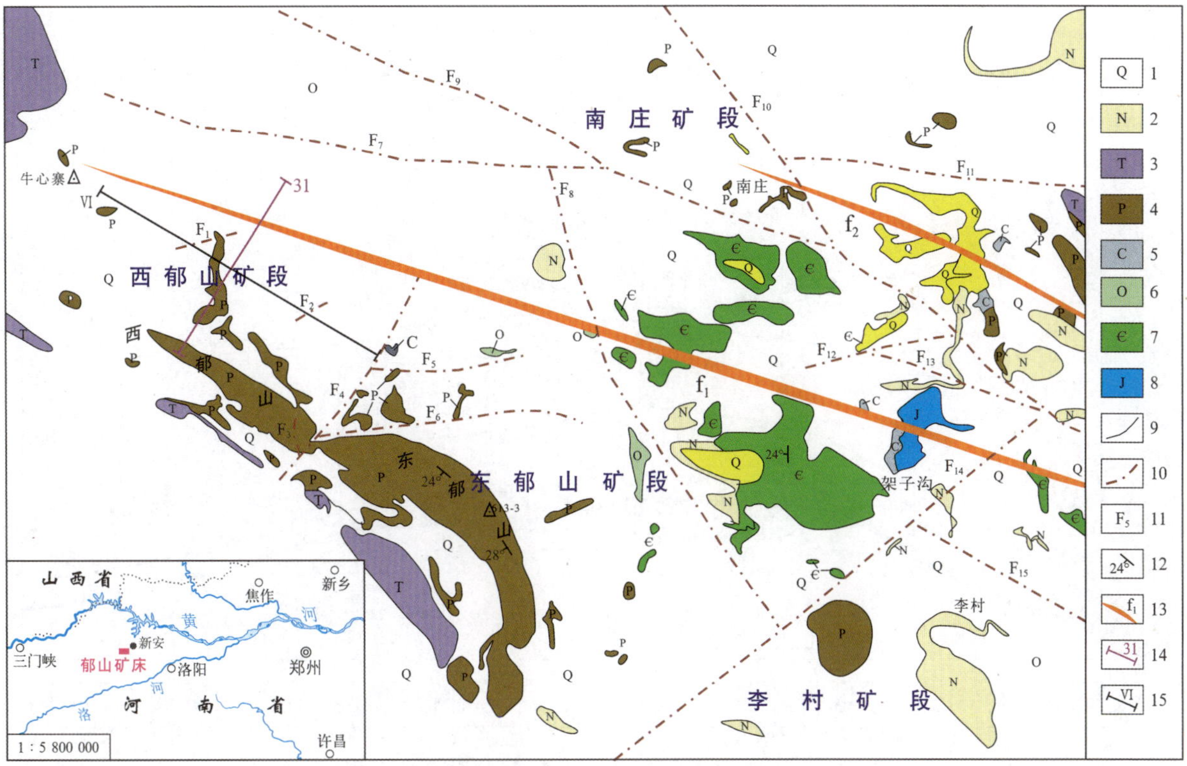


图 3-34　河南新安县郁山矿床地质构造简图

（据马瑞申等，2012）

1—第四系；2—新近系；3—三叠系；4—二叠系；5—石炭系；6—奥陶系；7—寒武系；8—蓟县系；9—地质界线；10—断层；11—断层编号；12—产状；13—褶皱及编号；14—典型横勘探线及其编号；15—典型纵勘探线及其编号

产出，分布于全矿段；其下部发育 6 个透镜状小矿体。钻孔控制长约 2476 m，宽约 1500 m。矿体真厚度 0.48～9.65 m，平均真厚度 2.79 m，矿体厚度变化系数为 78.81%，矿体厚度变化曲线呈单峰，矿体厚度集中在 1.5～3.5 m。

西郁山主矿体受背斜控制，矿体倾向上总体呈上凸的弧形，如横 31 勘探线剖面（图 3-35）；走向上总体向北西方向倾伏，如纵Ⅵ勘探线剖面。横 31 勘探线以东，纵Ⅵ勘探线以南矿体向南倾斜，倾角一般 12°～32°，倾角最大 42°，矿体埋深 76.97～561.62 m；横 31 勘探线以东、纵Ⅵ勘探线以北矿体倾向 320°，倾角 8°～25°，矿体埋深 76.79～441.25 m。横 31 勘探线以西总体呈扇形分布，倾向 249°～358°，倾角一般 20°，矿体埋深 325.30～626.21 m。矿区铝土矿的厚度与含矿岩系厚度总体呈较明显的正相关关系；A/S 与含铝岩系厚度的及矿体厚度相关性很小。矿体直接顶板多为含碳质铝土质泥岩，间接顶板多为含砾长石石英砂岩，局部为太原组中薄状灰岩。直接底板多为中厚层状含铁质泥岩或菱铁矿层，间接底板为奥陶系灰岩、白云岩等。矿体中夹石较少发育。铝土矿石的主要结构为豆鲕状（内碎屑）结构和泥晶结构。

矿石主要含铝矿物是一水硬铝石（42%～88%），其次是高岭石（1%～20%）和伊利石（1%～15%）。含铁矿物中赤铁矿、针铁矿主要分布于浅表处铝土矿石中。方解石、白云石主要见于矿石微细裂隙中。黄铁矿、菱铁矿较普遍分布于下部矿石中，显示矿石形成于还原性沉积洼地。主要含钛矿物是金红石，次为锐钛矿、板钛矿，另有微量钛铁矿、白钛石、金红石。

（3）成矿机制和成矿模式

郁山铝土矿床的形成经历了“三期五阶段”：“三期”包括铝土矿体就位、埋藏、改造保存 3 个成矿时期；具体可划分为“五阶段”，包括物源准备和搬运、同生、成岩、后生、风化和表生 5 个成矿阶段。矿床的成矿模式为“古陆风化+碎屑和化学沉积”（图 3-36）。

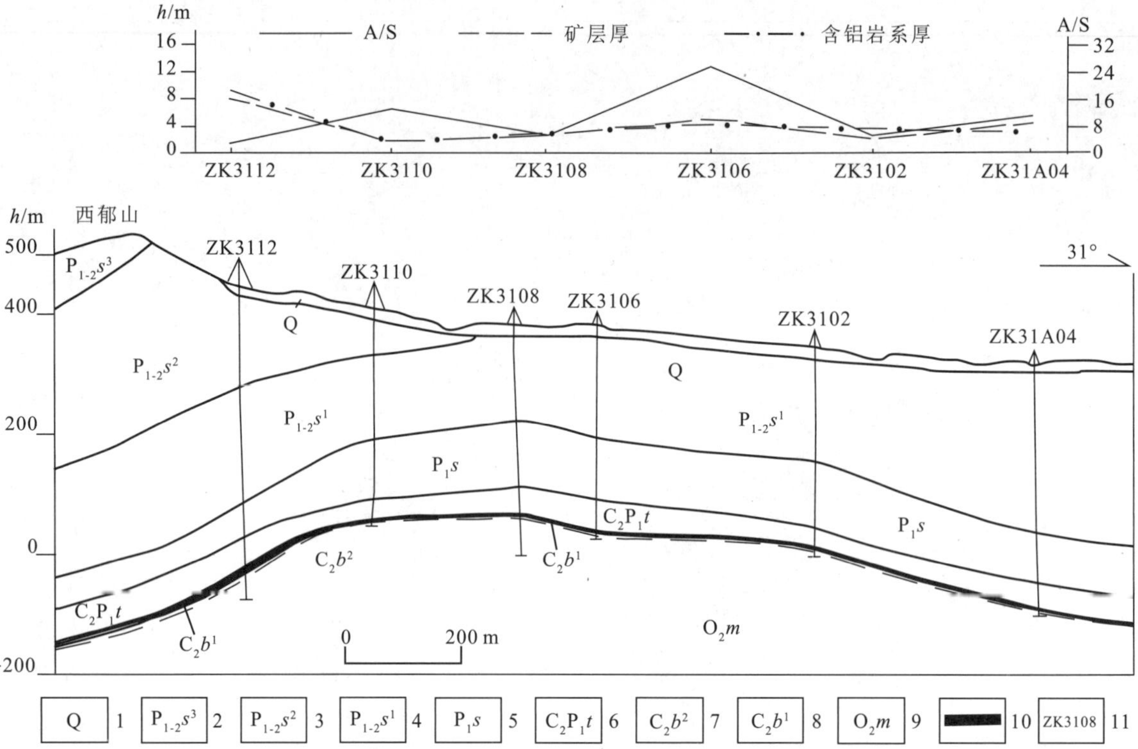


图 3-35 河南新安县西郁山矿段横 31 勘探线剖面图

（据马瑞申等，2012）

1—第四系；2—石盒子组三段；3—石盒子组二段；4—石盒子组一段；5—山西组；6—太原组；7—本溪组上段；8—本溪组下段；9—奥陶系马家沟组；10—矿层；11—钻孔编号

**7.2.2 山西宁武煤田**

（1）区域地质特征

宁武煤田的基底为一套古老的变质岩系，地层沉积总厚达 2600~3500 m 以上，沉积中心位于煤田中南部宁武-静乐一带，地层厚度在 3500 m 以上，而北部井坪-朔县一带仅几百米，中心出露最新地层为中生界侏罗系，向周围依次为中生界三叠系，古生界二叠系、石炭系、奥陶系、寒武系，太古宇五台群，新生界、古近系—新近系、第四系在南部静乐盆地及北部朔县平原厚度达 200 m 以上。

宁武煤田地处山西地台背斜北中部，属祁、吕、贺“山”字形东翼中段外侧。煤田南北长，东西窄，呈北东向斜列，展布于鄂尔多斯地台，吕梁地块、五台地块及内蒙古地轴之间为一继承性上叠构造盆地。宁武向斜贯穿煤田南北，其走向：井坪-阳方口近南北，阳方口-静乐为 NE30°，向斜轴除朔县平原偏向西部外，一般偏向东部，且东翼地层倾角大于西翼，为一不对称向斜。

煤田东部构造较西部复杂，地层倾角在 30°以上，有的达 70°~80°，甚至直立倒转，大的逆断层多分布于此，中部地层倾角平缓，一般在 10°以下，无急剧褶曲，微倾斜波状起伏的较发育，其两翼倾角一般 2°~5°。断裂发育在煤田东西两侧，主要在东部，以走向 NE20°~50°一组为主，多为高角度的正断层，逆断层较少，另一组为 NW15°~45°，但数量稀少，规模较小，影响甚微。

（2）煤田地质特征

煤矿区位于宁武煤田的北部，地表大部分被新生界覆盖，属典型的黄土丘陵地貌。在本区的北部靠近煤层露头处及区内各大沟谷的底部有零星地层出露。煤矿区主要含煤地区为上石炭统太原组，下二叠统山西组只含有 1~3 层薄煤层，均不可采。中石炭统本溪组含有 2 层薄煤层，也均不可采。

上石炭统太原组为区内主要含煤地层，本组地层厚 72.90~125.14 m，平均厚 107.65 m，岩性由灰白色碎屑岩、深灰色泥岩、煤层及泥灰岩组成，具缓波状层理及微斜层理，其中碎屑岩比值较大，为一套以海陆交互相为主的含煤岩系，其岩相为滨海相、三角洲相、冲积相及泥炭沼泽相，自中石炭

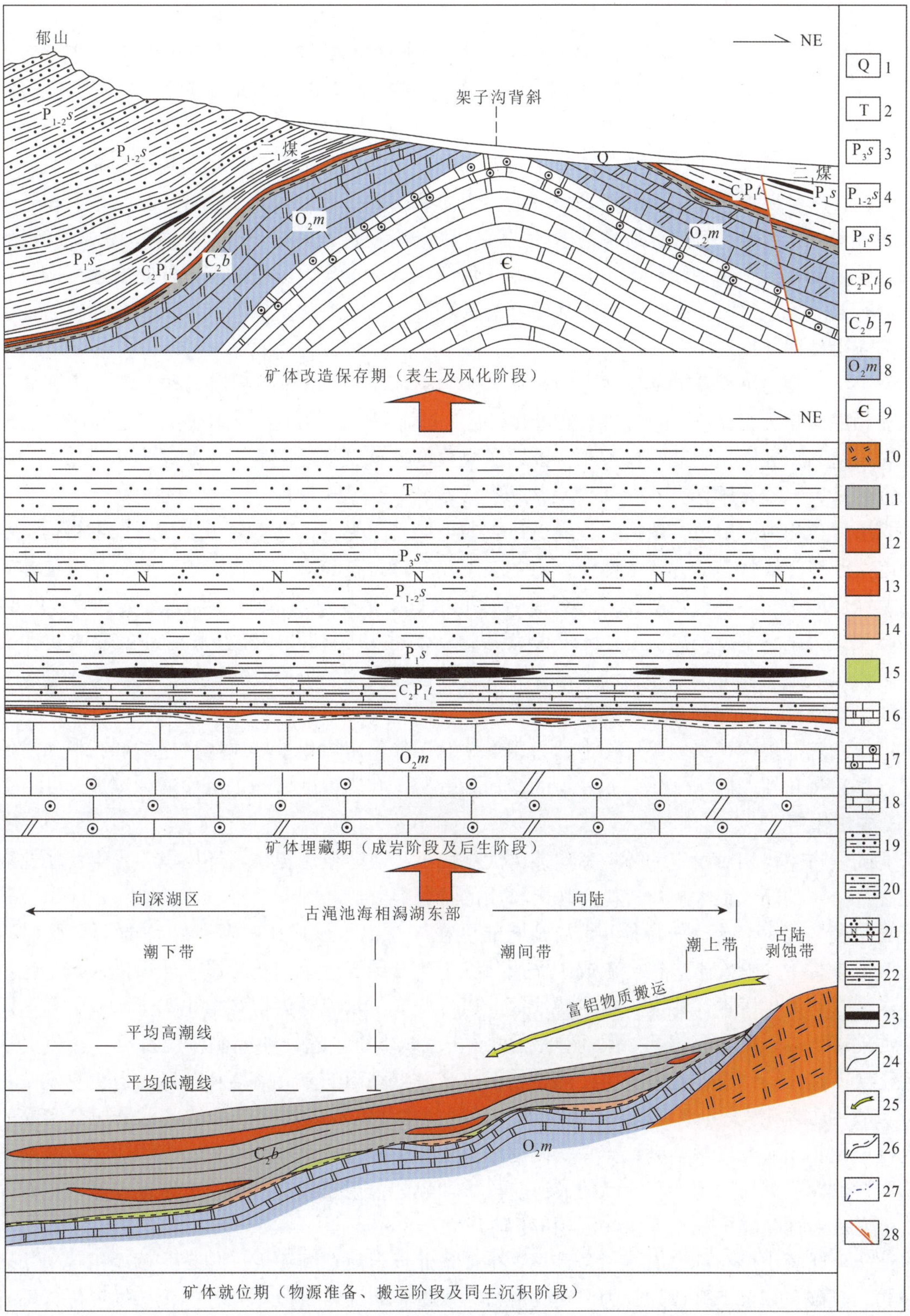


图 3-36　河南新安县郁山铝土矿床成矿模式图

（据李中明等，2012）

1—第四系；2—三叠系；3—二叠系孙家沟组；4—二叠系石盒子组；5—二叠系山西组；6—上石炭统—下二叠统太原组；7—上石炭统本溪组；8—中奥陶统马家沟组；9—寒武系；10—硅铝酸盐基岩；11—铝土质泥岩带；12—泥晶-粒泥铝土矿；13—砂砾屑铝土矿；14—铁质泥岩；15—菱铁矿；16—灰岩、白云岩等；17—鲕粒灰岩、白云岩等；18—灰岩；19—泥岩、粉砂质泥岩、砂岩层；20—泥岩砂岩；21—长石石英砂岩；22—泥岩、砂岩、含碳泥岩；23—煤层；24—地质界线；25—成矿物质运移方向；26—不整合界线；27—风化及表生作用界线；28—断层世起华北陆台下降，开始接受沉积，并伴随着小型振荡运动，到晚石炭世展现了一个广阔的滨海冲积平原的古地理景观，由于距陆缘侵蚀区较近，地壳的沉降幅度与沉积物补偿大致平衡，保持了泥炭沼泽的聚煤环境，形成了4、9、11号等厚煤层。沉积物来源于西北，其海侵规模依次减弱，海岸线向东南方向后撤。

自中奥陶世以后，整个华北陆台遭受了长期的风化剥蚀，在中石炭世随着地壳的缓慢沉降，海水逐渐侵入，在本溪期形成了广阔的陆表海环境，太原期出现了以广阔陆表海壁-潟湖体系和三角洲体系构成的一套沉积组合。勘探区所在的平朔矿区，距陆缘较近，其沉积环境则是以海陆过渡相为主。由于海水的反复进退，在平朔矿区则有多期的三角洲建造。本区太原组的沉积便是在这样的沉积环境背景下进行的。太原组沉积之后，沉积环境变为远离海岸的河流相。按岩相和沉积旋回等特征，太原组可分为5个旋回（图3-37）。

太原组沉积相的沉积环境从下而上为潮坪-泥炭沼泽，下三角洲体系潟湖和上部三角洲体系。主要为海陆相过渡相沉积，以9~11号煤层间泥灰岩为过渡标志。本组含煤地层上、下界明显，地层与其他含煤建造易于区别，因此对比可靠，控制研究程度较高。本区主要可采煤层为4、9、11号煤层，全区稳定可采，4、9、11号煤层局部都有风氧化现象。

各煤层颜色均为深黑色，条痕色为黑色，以弱玻璃光泽为主，沥青光泽为辅，条带结构，水平层理，参差状断口，块状构造，致密性硬，内生裂隙较发育，碳酸盐类矿物充填，除4号煤层外其他煤层可见黄铁矿的结核、颗粒及薄膜。宏观煤岩特征多数以半亮型煤为主，半暗型煤为辅，11号煤层则以半暗型煤为主，半亮型煤次之。半亮型煤以亮煤为主，夹有镜煤和丝炭的细条带或线理及透镜体；半暗型煤以暗煤为主，亮煤为辅，镜煤和丝炭以线理或细条带以及透镜体分布。半暗型煤的光泽比较暗淡，其硬度、韧性和密度较半亮型煤大。

本区煤的工业用途煤炭主要可作为动力用煤。对于气化用煤化学反应性虽然较低，但通过添加活化剂可以提高气化性能用于气化。此外煤的含油率较高，变质程度低，也可作液化用煤。

### 7.3 成矿作用

华北陆块古生代相对稳定的环境和建造为大规模沉积成矿作用提供了环境。晚古生代华北陆块区石炭纪—二叠纪的煤、铝大规模成矿反映了鲜明的特色。

晚古生代华北东部碳酸盐台地-鄂尔多斯陆块在煤与铝土矿成矿过程中，均要求在相似的古地理、古气候条件下才能发生。铝土矿成矿作用从红土化开始经过土壤化阶段，然后进入红土化铝土矿阶段，这一过程发生于古风化壳、喀斯特地区。通过气流、水流动力把红土化铝土矿从较高的风化壳源区向河湖、潟湖、滨浅海等低处搬迁，最后堆积-沉积下来。这样的成矿作用特点，实质上是古红土化铝土矿改造型。红土化主要发生在热带、亚热带潮湿多雨的灰岩喀斯特地区，但也有发生在非灰岩地区。故用古风化壳-异地堆积沉积型作为华北地区主要的成矿作用类型的名称是切合实际的。在风化壳红土化铝土矿源区逐渐剥蚀夷平，同时红土化铝土矿已迁至异地堆积、沉积后，区域准平原化了，滨海、潟湖、湖河、沼泽转向新的成矿阶段，即煤的大规模建造时期，有原地埋藏的也有异地埋藏的。但总的应属生物沉积型或生物沉积-变质类型。

华北铝土矿集中分布的原因之一，是早古生代华北地台海侵面积大，陆表海台地相碳酸盐岩建造广泛分布。到晚奥陶世上升成陆，为广大碳酸盐岩区发生喀斯特古风化壳红土化提供了优越场所。在华力西期构造演化过程中，不同级序断裂系统的活化，新海陆分布和构造盆地的发生，为煤、Al的大规模成矿堆积-沉积准备了容矿空间。古地理-古气候条件即低纬度热带、亚热带温湿气候，更有利于铁-铝-煤系列成矿作用的发生。就煤铝大规模成矿作用而论，其主要地质条件有以下3点：①相对稳定的地质构造条件；②对煤和铝土矿成矿作用来说都需要在低纬度（古地磁）区定位和海洋性气候，对铝土矿来说最好在南北古纬度23°以内，气候炎热有利于形成红土化铝土矿；③对古风化壳（红土化）铝土矿来说，必须存在地层中的侵蚀面。华北铝土矿发育就是在晚奥陶世上升成陆经受$O_3$—$C_1$的长期剥蚀，准平原化，长期剥蚀的又主要是碳酸盐岩类，因而易于红土化，形成红土化

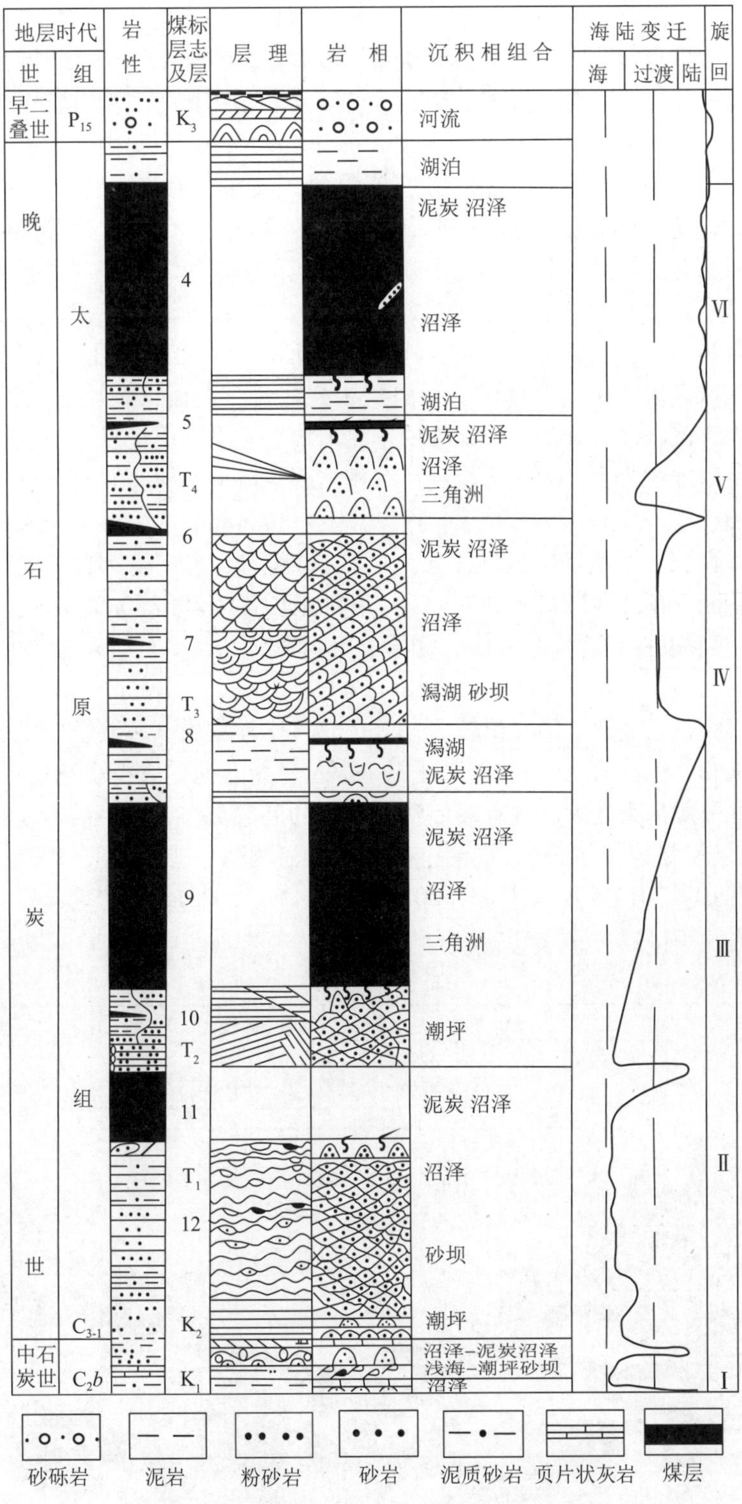


图 3-37　太原组地层岩性、岩相及沉积旋回图

（据中国煤炭地质总局特种技术勘探中心，2013）

铝土矿。上述重要因素对成矿作用来说都不能少。但从煤、铝成矿系列的大规模成矿作用发生的主导因素而说，古地理古气候是首要因素，也是煤、铝大规模成矿作用的主导因素。

**8. 中国北方石炭纪—二叠纪油气资源**

**8.1 时空分布**

中国北方的主要盆地，包括准噶尔盆地、三塘湖盆地、吐哈盆地、柴达木盆地、银额盆地、二连盆地、松辽盆地、塔里木盆地、渤海湾盆地、鄂尔多斯盆地、沁水盆地、南华北盆地的石炭系—二叠系均有广泛的分布，残留厚度大。中国北方石炭系—二叠系分布面积达到211万平方千米。

中国北方石炭系—二叠系发育有海相、陆相、海陆交互相；沉积类型有正常浅海型、近海含煤沉积类型、火山岩类型。中国石炭系的分布及区划和沉积类型受天山-阴山和昆仑山-秦岭两大纬向带的控制。北部，即天山和阴山以北为天山-兴安地槽区，或称中国北方槽区，主要为浅海碎屑岩沉积，夹有各类火山岩，包括准噶尔盆地、三塘湖盆地、吐哈盆地、二连盆地等。中部，即横贯中国中北部，呈东西向延展的北方古陆，其东部为中朝古陆，西部为塔里木陆台，主要为海陆交互相含煤沉积和浅海相灰岩。塔里木区包括塔里木盆地及其周缘地区。全部为海相沉积，厚度不大，地层发育齐全，区内泥盆系与石炭系，石炭系与二叠系为连续过渡沉积。华北区阴山以南，贺兰山以东，秦岭、大别山以北的广大地域，大致相当大地构造上的“中朝陆台”范围。普遍缺失下石炭统，主要为晚石炭世海陆交替相含煤沉积。二叠纪时，北方的华北地块、塔里木地块以及北疆褶皱带由海相、海陆交互相过渡为陆相，以陆相为主。大陆边缘深水沉积出现在塔里木地块的西北缘，并可能在华北地块南缘的斜块区。

中国北方广泛发育裂谷型和克拉通型盆地，半深海环境和潟湖环境有利于优质烃源岩发育。中国北方石炭系—二叠系油气预测地质资源量大。其中石油地质资源量达80.25亿吨，天然气地质资源量达14万亿立方米。然而勘探程度均非常低，资源未探明率高，其中石油未探明率87%，天然气未探明率89%。

目前石炭系—二叠系已经建成油气田较多，但是分布比较集中，主要位于北疆和鄂尔多斯盆地。其中北疆准噶尔盆地和三塘湖盆地建成13个油田、鄂尔多斯盆地建成4个气田（图3-38）。中国北方石炭系—二叠系的资源潜力较大，具有较好资源前景的新领域多，包括银额、伊宁盆地、柴达木、河西走廊、南华北、东北等初步证实具备一定的资源潜力（王昌桂等，2004；康玉柱等，2008，2014；王绪龙等，2010，2013；张永生等，2011；匡立春等，2012；马晓峰等，2012；卢进才等，2014，2018；姜亭等，2015）。

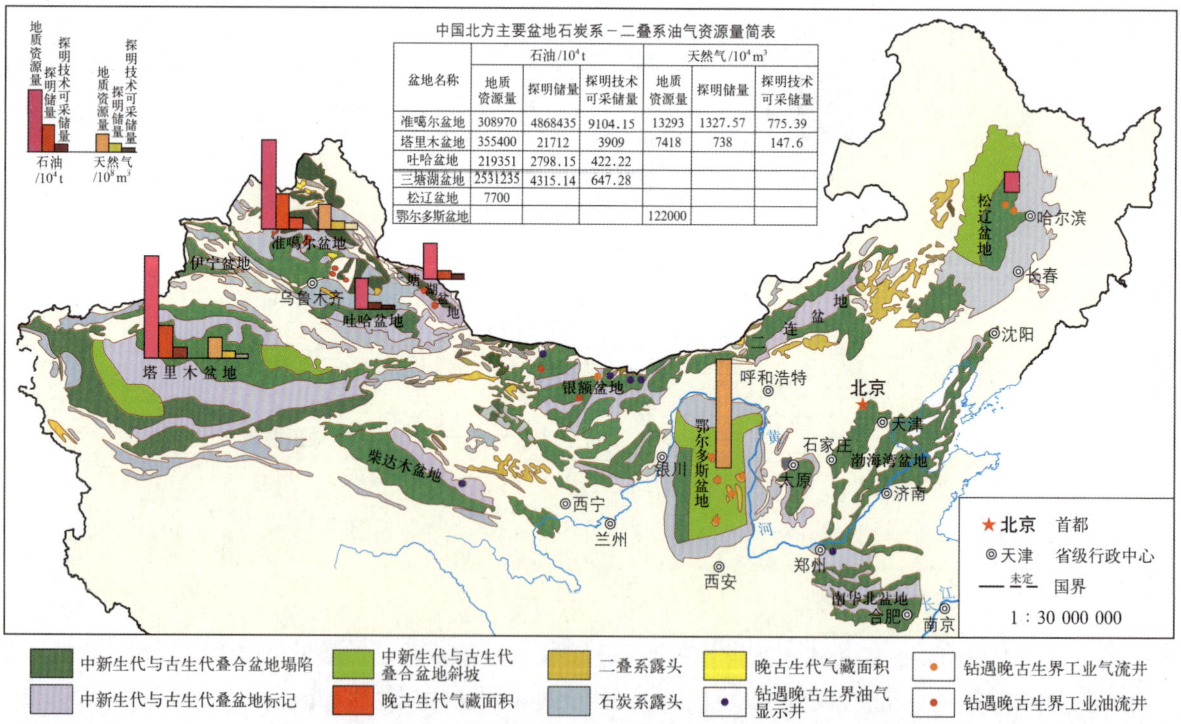


中国北方主要盆地石炭系-二叠系油气资源量简表

| 盆地名称 | 石油/$10^4$t | | | 天然气/$10^4$m$^3$ | | |
|---|---|---|---|---|---|---|
| | 地质资源量 | 探明储量 | 探明技术可采储量 | 地质资源量 | 探明储量 | 探明技术可采储量 |
| 准噶尔盆地 | 308970 | 4868435 | 9104.15 | 13293 | 1327.57 | 775.39 |
| 塔里木盆地 | 355400 | 21712 | 3909 | 7418 | 738 | 147.6 |
| 吐哈盆地 | 219351 | 2798.15 | 422.22 | | | |
| 三塘湖盆地 | 2531235 | 4315.14 | 647.28 | | | |
| 松辽盆地 | 7700 | | | | | |
| 鄂尔多斯盆地 | | | | 122000 | | |

图3-38 中国北方主要盆地石炭系—二叠系油气资源分布图

## 8.2 典型油气藏

### 8.2.1 鄂尔多斯盆地碳酸盐岩油气藏

(1) 区域地质条件

鄂尔多斯盆地位于华北板块西南部，处于多个微板块的交接部位，由秦岭造山带、六盘山构造带、贺兰山-阴山构造带、吕梁山构造带围限，鄂尔多斯盆地是一个以太古宇和元古宇结晶变质岩系为刚性基底、以中新元古界、下古生界海相碳酸盐岩、上古生界—中生界滨海相及陆内碎屑岩等构成沉积盖层、呈南北向展布的大型多旋回叠合盆地（赵重远，1990；杨遂正等，2006；郝蜀民等，2016），盆地总面积37万平方千米，是中国第二大沉积盆地，以盆地面积大、资源分布广，能源构成齐全、储量规模大而著称。

盆地由伊盟隆起、渭北隆起、西缘逆冲带、晋西褶曲带、天环向斜以及陕北斜坡等6个二级构造单元构成。纵向上具有“上油下气”的油气藏分布特点。发育两套含油层系，即侏罗系延安组和三叠系延长组；两套含气层系，即上古生界碎屑岩和下古生界碳酸盐岩。目前的构造格局为东高西低，三叠系地层在盆地东部有出露（图3-39）。鄂尔多斯盆地靖边气田奥陶系碳酸盐岩天然气探明储量为6552亿方。

(2) 烃源岩条件

鄂尔多斯盆地奥陶系碳酸盐岩大气田的气源主要来源于上覆的上石炭统本溪组—下二叠统山西组煤系地层（包括煤层、碳质泥岩和暗色泥岩）（图3-40），煤层厚度介于3~6 m，碳质泥岩及暗色泥岩厚度介于60~120 m，靖边大气田附近的烃源岩生气强度达（20~36）$\times 10^8$ $m^3/km^2$。此外，部分奥陶系油型气则来源于奥陶系自身的腐泥型烃源岩。无论是石炭系—二叠系，还是奥陶系烃源岩，目前均处于高-过成熟阶段。

(3) 储层条件

鄂尔多斯盆地海相碳酸盐岩大气田储层主要发育在奥陶系。储层类型包括岩溶风化壳储层、台缘礁滩储层以及台地、粒屑滩相的白云岩储层等。储层岩性主要为细-粉晶白云岩、角砾溶孔白云岩、鲕粒溶孔白云岩、砂屑白云岩、亮晶生屑灰岩等。储层总体上以低孔为主，并有随储层时代变新其孔隙度增大的趋势。鄂尔多斯盆地奥陶系储层孔隙度为4.5%~7.4%，平均5.76%。储层有效厚度与含气面积是决定气藏规模的关键要素。鄂尔多斯盆地奥陶系大气田表现为面积大（26.6~1008.6 $km^2$）、厚度薄（3.1~8.1 m）的特点外，有效厚度与含气面积均与气藏储量具有较好的正相关关系。

(4) 输导体系

鄂尔多斯盆地碳酸盐岩气田主要以不整合面或侵蚀沟槽作为输导通道，如靖边大气田奥陶系马家沟组风化壳气藏天然气主要来源于上覆石炭系—二叠系煤系烃源岩，烃源岩生成的油气主要沿不整合或古侵蚀沟槽侧向进入奥陶系风化壳岩溶储层聚集成藏。

(5) 盖层条件

鄂尔多斯盆地靖边奥陶系大气田，直接盖层主要是各气层之间的泥质白云岩、白云质泥岩、含膏白云岩、膏质白云岩、膏岩以及本溪组底部的铁铝质泥岩、泥岩及泥质粉砂岩等，铁铝质泥岩厚度一般为10~15 m，铝土岩的渗透率为6.5$\times 10^{-6}$ mD，饱含空气时突破压力为5 MPa，铝土质泥岩饱含空气的突破压力为15 MPa，封闭性能好；区域封盖层主要为二叠系上石盒子组和石千峰组的湖相泥质岩，泥质岩厚度达240~350 m，在盆地中部分布广泛，其气体绝对渗透率为（7~10.8）$\times 10^{-6}$ mD，饱含空气时的突破压力为2~6 MPa，具有较强的封闭性。

(6) 苏里格气田

苏里格地区位于鄂尔多斯盆地伊陕斜坡西部，西起内蒙古自治区鄂托克前旗，东到陕西省靖边县，北起内蒙古自治区鄂托克旗，南至陕西省吴起县，勘探面积约$4\times 10^4$ $km^2$。该区北部地表为草原、沙丘，南部为黄土塬地貌。

苏里格地区在石炭纪—二叠纪以海陆过渡相为主。在二叠纪山西组、石盒子组和石千峰组发育有三角洲相砂岩，与本溪组、太原组的煤系烃源岩形成良好的配置关系。苏里格地区大规模天然气勘探

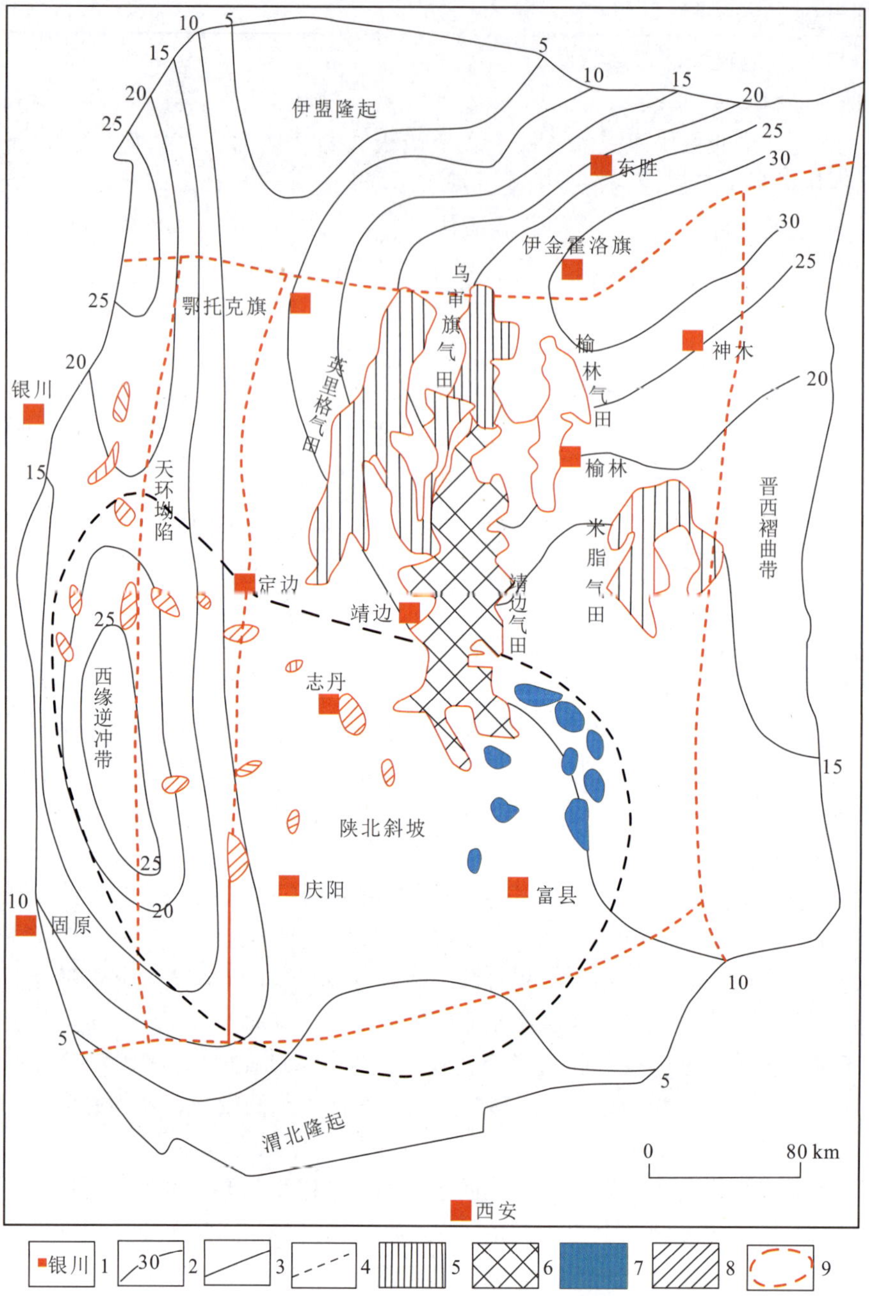


图 3-39　鄂尔多斯盆地构造单元划分及油气田分布图

（据丛琳等，2010）

1—地名；2—煤地层等厚线；3—盆地边界；4—构造单元分界；5—上古生界气藏；6—下古生界气藏；7—三叠系油藏；8—侏罗系油藏；9—延长组生油区

始于 2000 年，苏 6 井在上古生界中二叠统石盒子组盒 8 段钻遇厚层含砾中-粗粒石英砂岩气层，试气获得无阻流量达 $120\times10^4\ m^3/d$ 的高产工业气流。按照“区域甩开探相带，整体解剖主砂体，集中评价高渗区”的大型岩性气藏勘探部署思路，高效、快速探明了苏里格大气田，并使之成为了当时中国陆上探明天然气储量最大的整装气田。目前苏里格大气田累计探明天然气地质储量达 $5\times10^{12}\ m^3$。

戴金星院士于 1996 年就提出生烃强度大于 $20\times10^8\ m^3/km^2$ 是形成大中型气田的主控因素之一。这一指标也被作为形成高效气藏的重要评价指标。苏里格大气田分布于生烃强度大于 $20\times10^8\ m^3/km^2$ 范围内。苏里格地区盒 8 段和山 1 段主力气层的气源主要来自下伏二叠系太原组和山西组煤系地层，气源岩包括暗色泥岩和煤层。暗色泥岩累计厚度为 20～70 m，有机碳含量平均为 2.0%～3.0%，煤层

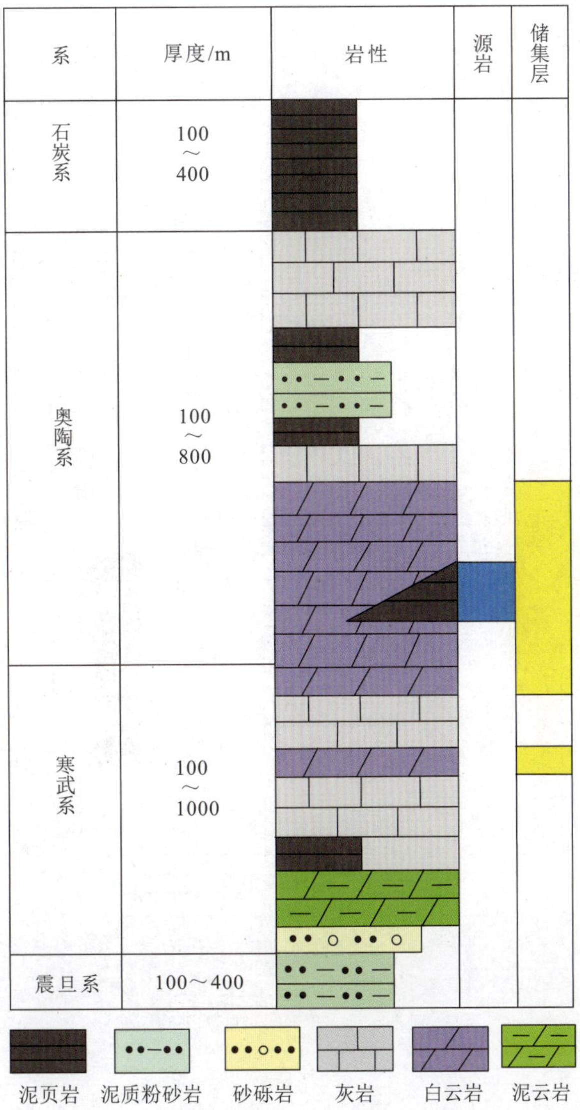

图 3-40　鄂尔多斯盆地古生代烃源岩和储层

（据邹才能等，2014）

累计厚度为 6～14 m，有机碳含量平均为 73.6%～74.7%；有机质丰度高，有机质类型为腐殖型；热演化程度高，烃源岩镜质体反射率（$R_o$）值为 1.48%～2.21%。

鄂尔多斯盆地晚古生代主要发育本溪组—石千峰组陆源碎屑沉积，500 余口单井统计表明，石盒子组盒 8 段和石千峰组千 5 段砂岩沉积尤为发育，砂地比最高，是鄂尔多斯盆地最富砂的 2 个层段（图 3-41）。苏里格地区盒 8 段砂岩砂层累计厚度最小也超过 10 m，如果把砂体形态划分为带状、树枝状、朵状和席状砂等，苏里格地区则与一般砂体形态不同，表现为砂体分带不明显，砂体在平面上广泛分布，可描述为毯式砂体分布。

苏里格气田本部岩性主要为石英砂岩，孔隙类型以残余粒间孔、火山物质溶孔为主，晶间孔次之，孔喉结构好，发育粒间孔-火山物质强溶蚀相，平均喉径为 0.35 μm，排驱压力为 0.53 MPa；孔隙度为 6.5%～18.7%，渗透率为 $0.3\times10^{-3}$～$3.6\times10^{-3}$ $\mu m^2$，储层物性及含气性好。

苏里格西部岩性也以石英砂岩为主，但孔隙类型以晶间孔、火山物质溶孔为主，发育晶间孔-火山物质强溶蚀相，孔喉结构较好，平均喉径为 0.21 μm，排驱压力为 0.71 MPa；孔隙度为 4.3%～15.3%，渗透率为 $0.3\times10^{-3}$～$1.7\times10^{-3}$ $\mu m^2$，储层物性次之。苏里格东部岩性主要为岩屑石英砂岩、岩屑砂岩，孔隙类型以岩屑溶孔、晶间孔为主，杂基微孔、残余粒间孔次之，发育晶间孔-岩屑溶蚀

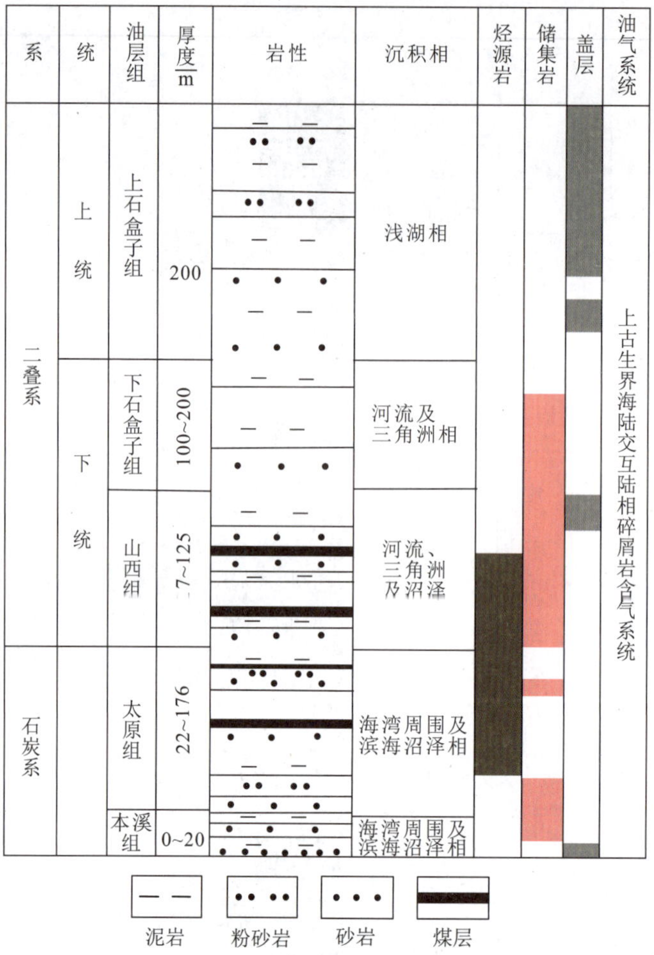


图 3-41　鄂尔多斯盆地上古生界烃源岩和储层

（据何自新等，2000；何自新，2003）

相，孔喉结构较差，平均喉径 0.11 μm，排驱压力 0.92 MPa；孔隙度为 6.5%～13.7%，渗透率为 $0.2\times10^{-3}\sim1.3\times10^{-3}$ $\mu m^2$，储层物性存在非均质性。

下伏二叠系太原组和山西组煤系地层，稳定地分布在盒 8 段和山 1 段主力气层下方 50 m 左右处，形成近距离大面积供气源储配置有利空间天然气近距离运移在运移聚集过程中散失量相对较小，即便是较小的生烃强度也能够聚集成藏。

### 8.2.2 准噶尔盆地玛湖油田

（1）区域地质条件

玛湖凹陷是准噶尔盆地中央坳陷的次一级负向构造单元，毗邻西北缘断裂带（乌夏断裂带、克百断裂带和红车断裂带）（图 3-42）。自 1955 年克拉玛依油田发现之后，西北缘断裂带勘探程度日益提高。20 世纪 90 年代，按照“跳出断裂带，走向斜坡区”的勘探思路，在玛湖凹陷斜坡区先后发现了玛北油田和玛 6 井区块三叠系百口泉组油藏，限于当时低渗透储层改造技术，玛北油田未有效开发，玛湖凹陷斜坡区勘探基本处于停滞状态。

2010 年以来，新疆油田优选夏子街-玛湖鼻状构造带斜坡区，围绕二叠系—三叠系不整合面之上的百口泉组开展整体研究，构建扇控大面积成藏模式。玛湖凹陷斜坡区二叠系—三叠系具备扇控大面积成藏地质特征。玛湖凹陷大油区已经成为新疆油田现实油气储量与产量新基地，不仅开辟了准噶尔盆地岩性油气藏勘探新局面，而且对于推动中国西部盆地斜坡区岩性油气藏勘探具有重要的指导意义。准噶尔盆地玛湖凹陷已发现 10 亿吨大油区，建成全球最大砾岩油田，探明石油储量为 5.2 亿吨，其中二叠系探明储量为 7860 万吨。

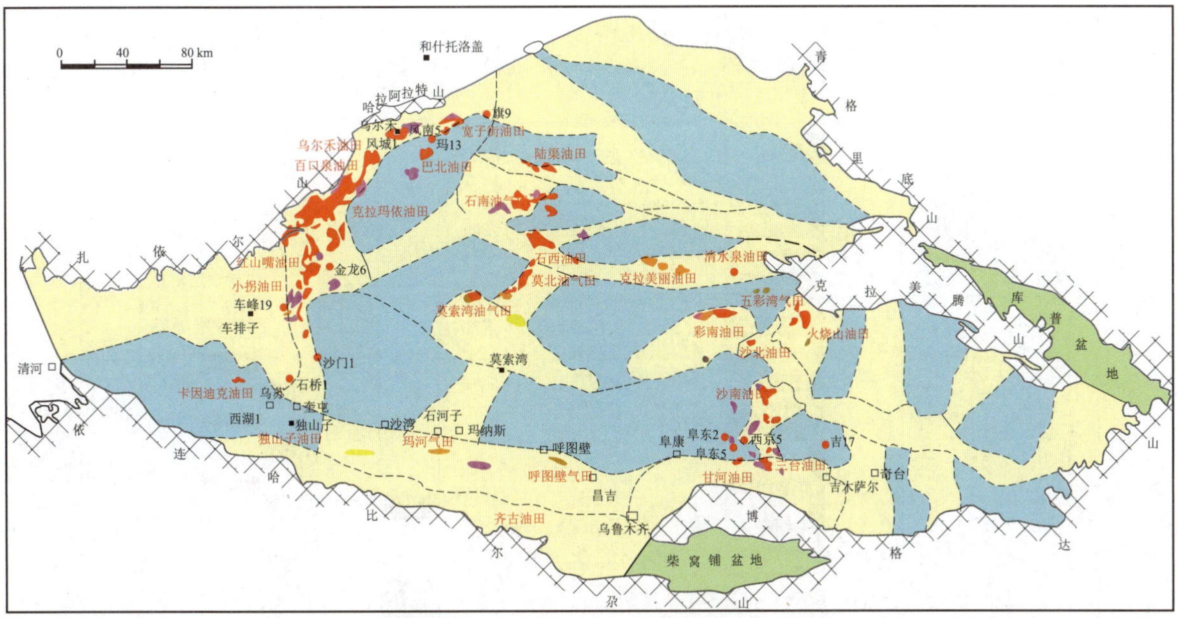


图 3-42 准噶尔盆地构造单元划分及油气田分布图

（据中国石油新疆油田分公司，2012）

（2）烃源岩特征

玛湖凹陷是准噶尔盆地迄今经勘探证实的最富生烃凹陷，其优质烃源岩主要分布于二叠系。二叠系具有典型的前陆盆地沉积特征，由下至上共发育下二叠统佳木河组、下二叠统风城组、中二叠统下乌尔禾组三套烃源岩（图 3-43）。在这三套烃源岩中，又以风城组为主力。风城组优质烃源岩平面分布面积约 3800 km$^2$，厚度 50~300 m，有机碳含量在 0.14%~12.35%之间，平均 1.34%，有机质类型较好，烃源岩热解氢指数为 23~626 mg/g，主要为 100~500 mg/g，其中氢指数为 200~400 mg/g 的样品占 80%，400 mg/g 以上的样品占 14%，有机质类型以 Ⅰ 至 Ⅱ$_1$ 型为主，因此具有优越的生烃潜力。风城组烃源岩可能属于一类新的湖相（碱湖）优质烃源岩。风城组烃源岩系中碱性矿物普遍发育，反映其可能形成于碱湖沉积环境。碱湖水体生物贫乏，但菌藻类发育，以菌藻类为主的生油母质，有机质是“富化了富氢组分”的有机质，且烃转化率高，属于好-极好级别的湖相优质烃源岩。

玛湖凹陷发育多套优质烃源岩，既可生油，也可生气，所以可以形成大油气区，并且以风城组为主、为特色的前陆盆地碱湖优质烃源岩是这一大油区形成的首要基础，提供了优越的油气源条件。这是全球目前发现的最古老碱湖烃源岩沉积，成烃可能极具特色，不仅优质，而且高效。

（3）储层特征

玛湖凹陷发育多种成因类型的储层，并以扇三角洲砂砾岩、云质岩、火山岩三大类规模有效储层相对最为优质。其中扇三角洲砂砾岩储层主要发育于中上二叠统上乌尔禾组和下乌尔禾组，砂砾岩叠置连片，厚度在 40~140 m 之间，有利前缘相分布面积 5000 km$^2$，储层整体表现为低孔低渗，有效储层可以分为 3 类：Ⅰ类储层以灰色含砾粗砂岩、灰色粗砂质细砾岩为主，孔隙度大于 10%，渗透率大于 $5\times10^{-3}$ μm$^2$，直井小规模压裂改造可获较高产量；Ⅱ类储层为灰色砂质中细砾岩，孔隙度 8%~10%，渗透率 $1\times10^{-3}$~$5\times10^{-3}$ μm$^2$，直井大规模压裂改造可获工业油流；Ⅲ类储层以灰色中细砾岩、钙质砂质中细砾岩、灰绿色泥质胶结砂质细砾岩为主，孔隙度 7%~9%，渗透率 $0.5\times10^{-3}$~$1\times10^{-3}$ μm$^2$，需水平井大规模压裂改造可获工业油流。另外玛湖凹陷还发育下二叠统风城组云质岩储层、佳木河组和风城组火山岩储层。

（4）运聚条件

玛湖凹陷发育立体油气输导体系，包括断层、不整合面与砂体。具体而言，对于断裂，玛湖凹陷

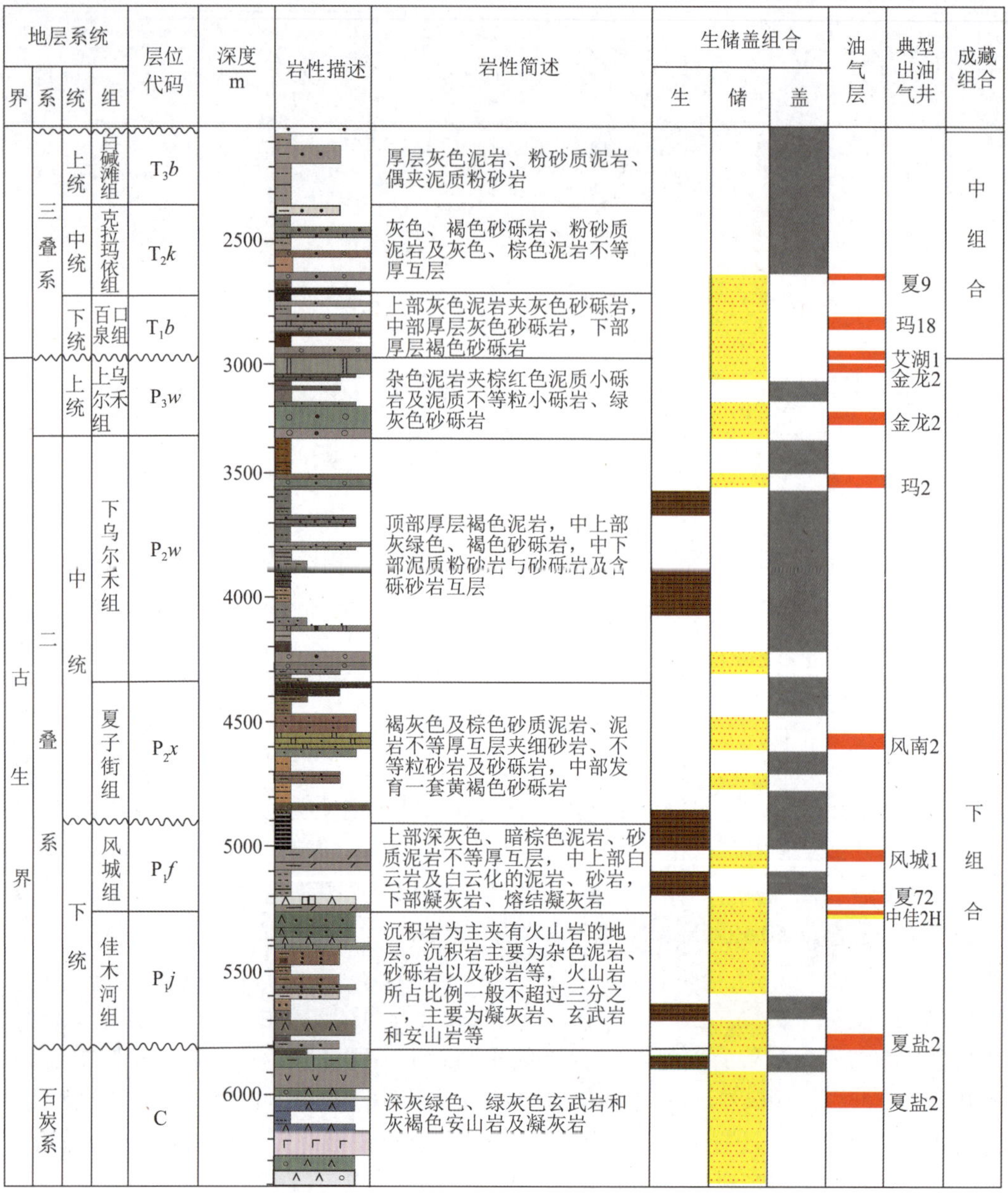


图 3-43　准噶尔盆地玛湖凹陷古生界烃源岩和储层

（据雷德文等，2017）

主要存在北东向和北西—北西西向两组断裂，前者控制了山前冲断带、玛湖背斜和达 1 井背斜等构造的发育。相比而言，第二组断裂走向为北西—北西西向，具有调节、走滑断裂的性质，断裂陡直，多数被三叠系不整合覆盖，或后期活动微弱。两组断裂在山前断裂带、玛湖背斜和达 1 井背斜等主体构造部位向下切穿以风城组为主的优质烃源岩系，向上与三叠系底不整合面沟通，并被三叠系巨厚泥岩封盖，油气可以跨层运聚。

玛湖凹陷存在多套不整合，包括二叠系与石炭系、三叠系与二叠系两大区域不整合，以及二叠系内部的局部不整合，存在火山岩侵蚀潜山超覆不整合、断隆超覆不整合、削蚀不整合等类型。玛湖凹陷切穿二叠系烃源岩系的断裂、不整合面及不整合面上部和下部有效的储集岩，以及相关有效圈闭之间为油气的运移建立了高速公路，形成了有效的输导格架。

（5）盖层条件

玛湖凹陷垂向上发育三套区域性优质盖层，对油气运移逸散形成封堵，于三类规模有效储层中聚集，形成三大储盖组合，一是百口泉组和乌尔禾组砂砾岩作储层，中上三叠统湖相泥岩作盖层；二是风城组致密油源储共生，层内云质岩和上覆的中二叠统下乌尔禾组湖相泥岩是盖层；三是石炭系—二叠系深大构造的碎屑岩、云质岩和火山岩作储层，层内的云质岩和下乌尔禾组泥岩作盖层。

## 8.3 成藏模式

### 8.3.1 缓坡三角洲岩性油气成藏模式

晚石炭世华北板块南高北低和早二叠世北高南低的“翘板式”构造运动，使华北板块内部在南北向达到沉积填平补齐，使中二叠世沉积时盆地古地形极为平缓，这在苏里格地区尤为明显：表现为在 $4\times10^4$ $km^2$ 面积内，盒 8 段地层厚度差小于 20 m，计算的古沉积坡度只有 1°~2°，并发育独特的缓坡型浅水辫状河三角洲沉积体系；苏里格地区主体处于缓坡型浅水辫状河三角洲平原，向苏里格南部过渡到浅水湖泊；古地形平缓，陆源碎屑供给充足，不同期次辫状河道横向反复迁移，砂体纵向多期叠置，平面上形成连片分布，形成延伸范围数百公里的大面积分布毯式砂岩储集体（图 3-44）。

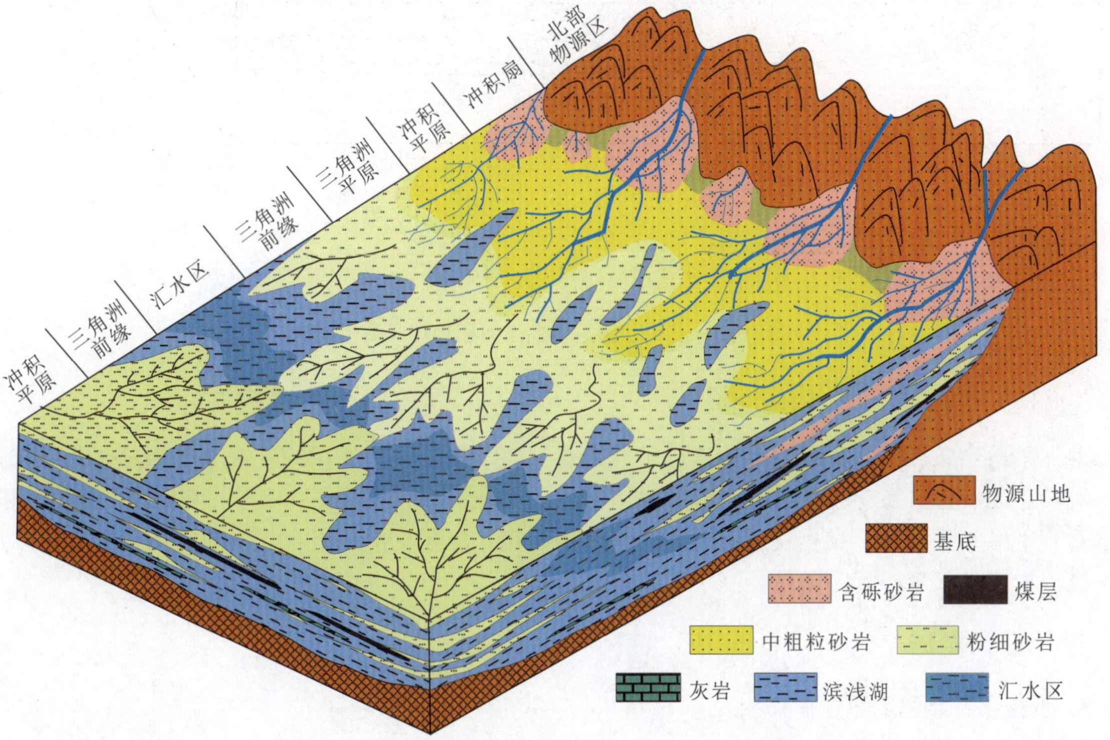


图 3-44　鄂尔多斯盆地上古生界缓坡三角洲成藏模式
（据中国石油长庆油田分公司，2015）

### 8.3.2 扇控大面积岩性油气成藏模式

玛湖凹陷油气成藏与富集的核心是断裂、储层、顶底板。首先是断裂的沟通，使得二叠系—三叠系在垂向上虽然远离主力烃源层风城组上千米，但仍可以形成油气聚集。即由于众多断裂形成高效沟通油源网络，使得原本纵向上与烃源岩分隔的它源型的储盖组合可近似看作为源储一体或自生自储型的“连续型”油气藏储盖组合，因此，断裂对这类它源型大面积成藏起着关键作用。

其次是发育大规模稳定展布的砂砾岩储层，这为油气的大面积运聚提供了良好输导与储集条件。这些砂砾岩储层属于扇三角洲沉积。玛湖凹陷周缘共发育了六大物源沉积体系，与之对应发育了六大扇体，分别为夏子街、黄羊泉、克拉玛依、中拐、盐北、夏盐。在六大扇体的控制下，百口泉组陆源碎屑供给充足，沉积时坡度较缓，扇三角洲前缘亚相发育，砂体可直接推进至湖盆中心。单个扇体前缘相分布面积较大，均在数百平方千米，为油气的大面积运聚提供了良好输导与储集条件（图 3-45）。

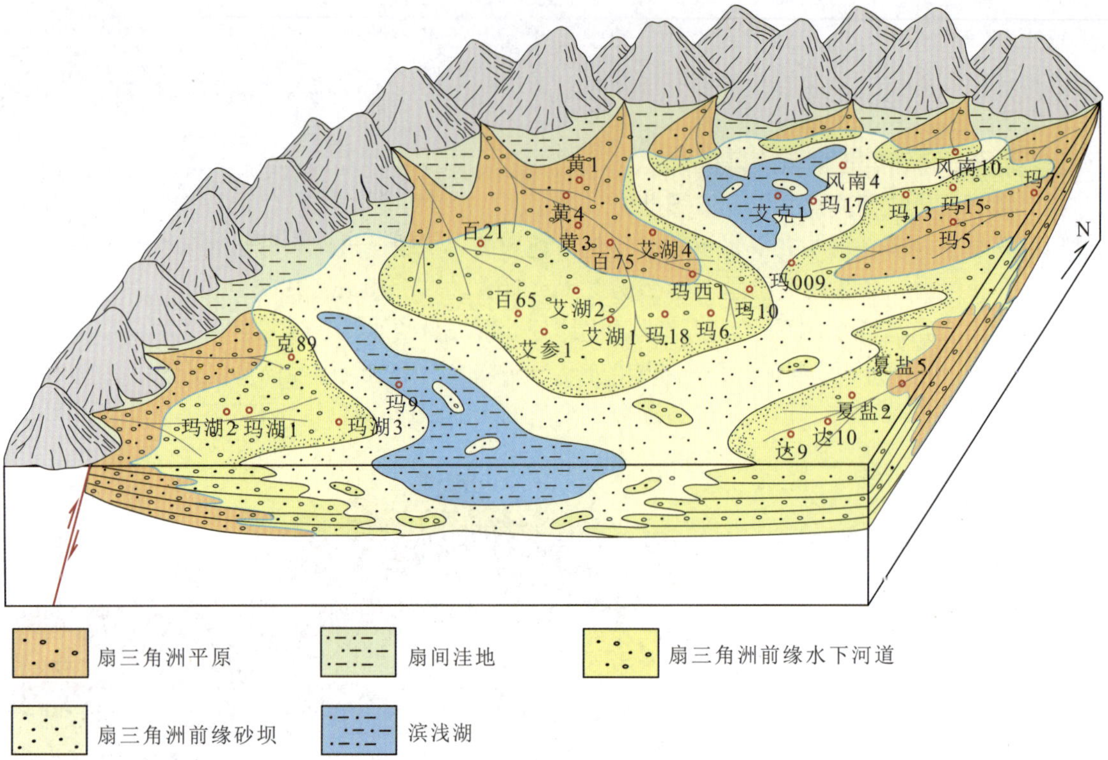


图 3-45 准噶尔盆地扇控大面积岩性成藏模式
（据雷德文等，2017）

第三是盖层条件，从油气成藏的盖层条件来看，玛湖斜坡区油气藏的区域盖层为三叠系白碱滩组湖相泥岩，以及三叠系克拉玛依组—百口泉组三段的细粒沉积，盖层条件良好。从油气成藏的侧向封堵来看，平原相致密层、湖相及扇间泥岩、断裂平面相互配置，形成组合式多面遮挡，为前缘相带大面积成藏提供了优越的圈闭条件。

## 四、秦祁昆增生带

### 9. 西昆仑石炭纪沉积成矿作用

#### 9.1 成矿时空分布

西昆仑地区石炭纪富锰矿十分发育，主要位于新疆西昆仑地区玛尔坎苏地区，为沉积型锰矿，层位稳定，厚度较大，品位富，初步查明富锰矿石资源量达 5000 万吨；含锰岩系东西延伸达 100 km，向西延至塔吉克斯坦境内。已发现奥尔托喀纳什大型、穆呼大型、玛尔坎土中型锰矿床以及多处锰矿化点（图 3-46）。

#### 9.2 典型矿床

（1）区域地质特征

锰矿大地构造位于西昆仑与塔里木结合部位，含锰岩系沿昆北构造带玛尔坎苏晚古生代弧后裂谷盆地分布。地层出露发育较齐全，从元古宇到古生界、中生界、新生界均见，以古生界、新生界为主，中生界地层出露较少。区内划分为 3 个构造单元，总体上为大型复式向斜。昆北构造带位于古特提斯洋北缘，石炭纪之后，古特提斯洋壳向北俯冲消减，在昆北南缘发育火山岛弧，在山前苦阿一带形成变质中性、中酸性火山岩；在玛尔坎苏一带形成弧后盆地，早石炭纪发生裂解作用，形成了巨厚的基性火山岩（乌鲁阿特组，$C_1w$）。随后在裂谷系上形成浅海碳酸盐岩台地，沉积了含碳泥质灰岩、长石砂岩、生物碎屑灰岩等（喀拉阿特河组，$C_2k$）。早二叠世之后，玛尔坎苏地区残余盆地闭合，上覆二叠纪碎屑岩夹火山岩沉积（玛尔坎雀库塞山组，$P_1m$）。石炭纪—二叠纪地质体经历的构造变

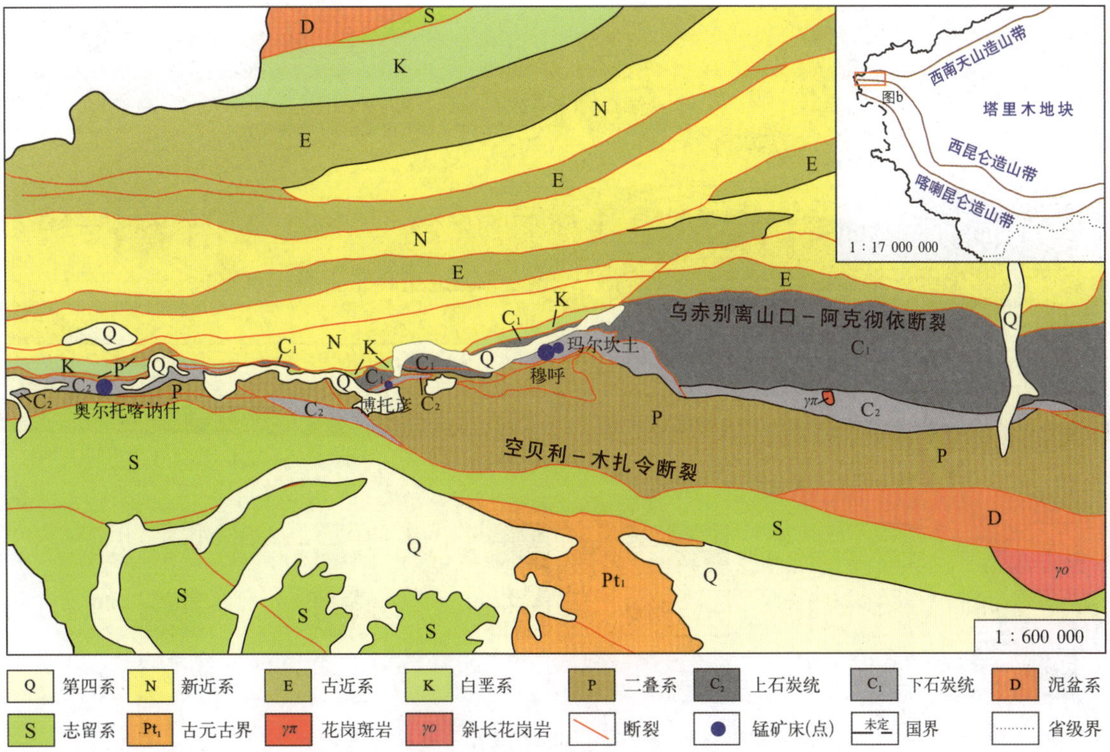


图 3-46　西昆仑玛尔坎苏一带区域地质矿产简图

（据高永宝等，2017）

形：二叠纪晚期裂谷盆地闭合阶段浅层次顺层脆性、韧性变形→右行走滑与新近纪晚期陆内造山阶段浅表层次脆性变形→由南向北叠瓦式逆冲推覆。

（2）矿床地质特征

a. 新疆奥尔托喀纳什锰矿

矿区内出露的主要地层有下二叠统玛尔坎雀库塞山组（$P_1m$）、上石炭统喀拉阿特河组（$C_2k$）、上白垩统库克拜组（$K_2k$）、第四系冲洪积物。含矿地层主要为上石炭统喀拉阿特河组（$C_2k$），可分为 3 个岩性段，第一岩性段的岩性主要为生物碎屑灰岩，呈灰黑色，风化面呈深灰色，生物碎屑结构，中-厚层状构造；第二岩性段为浅灰-灰白色砂屑灰岩，砂状结构，块状构造，由碎屑物和填隙物组成，厚度在 200 m 左右；第三岩性段为泥质灰岩夹薄层状灰岩，呈灰色，风化面呈浅灰色，泥质、泥晶结构，中-厚层状构造，为区内最主要的沉积型锰矿赋矿层位（图 3-47）。

矿区主体构造为褶皱构造和断裂构造，其中褶皱为区域玛尔坎土山复背斜的西延部分，在矿区表现为单一的背斜构造，背斜核部位于矿区南部，背斜轴向总体呈近东西向，在矿区中部微向北凸，两翼地层基本对称。背斜的核部为上石炭统喀拉阿特河组第一岩性段（$C_2k^1$），两翼依次为上石炭统喀拉阿特河组第二岩性段（$C_2k^2$）、上石炭统喀拉阿特河组第三岩性段（$C_2k^3$）、二叠系。总体看，背斜北翼产状较陡，倾角为 75°~88°，南翼稍缓，倾角为 65°~70°，矿区锰矿体赋存于该背斜北翼，与地层产状基本一致。断裂构造主要为近东西向区域断裂构造和北东向次级断裂。区域性大断裂主要为乌赤别里山口断裂（$F_{48}$）和卡拉特河断裂（$F_{49}$）的西延部分，其中卡拉特河断裂（$F_{49}$）与成矿关系密切，该断裂切割石炭系、二叠系地层，并控制不同地质体的边界，总体呈近东西向展布，断层面总体向南倾 173°~200°，倾角中等 35°~48°，局部分支断裂产状较陡，倾角达 83°。初步分析认为成矿后期该断裂对矿床破坏作用较大。

矿区内侵入岩不发育，未见出露。火山岩区内出露有少量下二叠统灰绿色蚀变安山岩，主要出露于矿区背斜南部和北部，出露面积较大。蚀变安山岩位于矿体上盘，走向基本稳定，与矿体一致。蚀

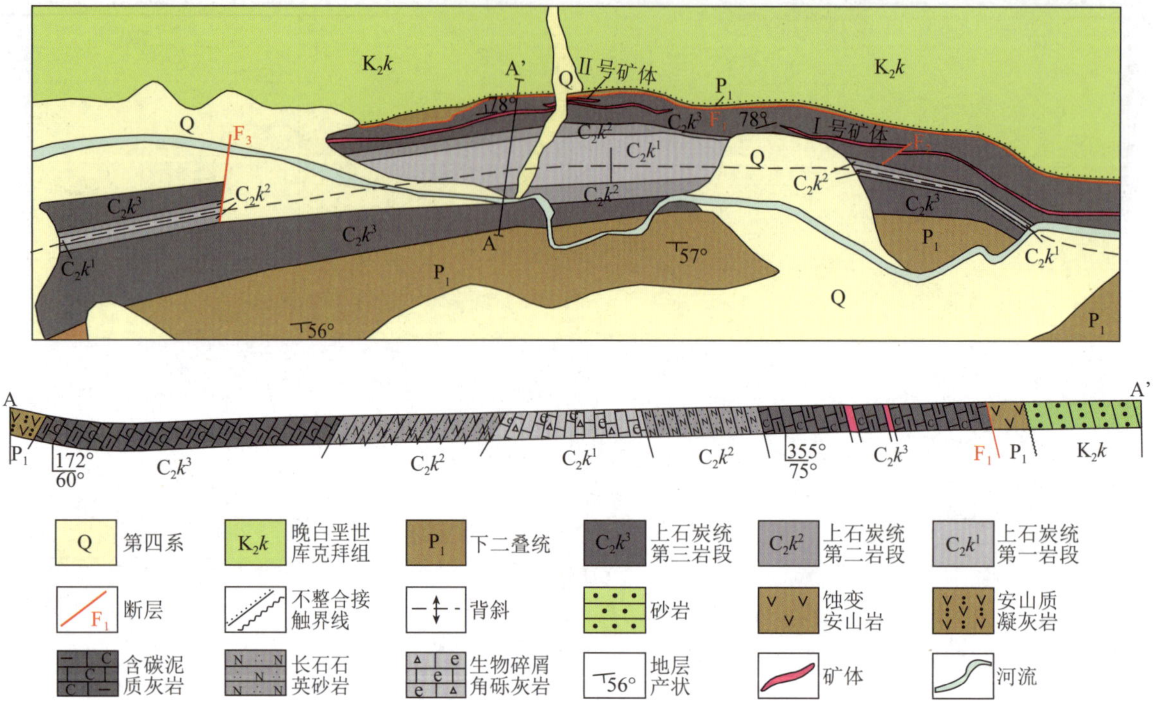

图 3-47　新疆阿克陶县奥尔托喀纳什锰矿地质简图

（据高永宝等，2017）

变安山岩位于矿体的上盘，与矿体的形成密切相关，是很好的间接找矿标志。另外在奥矿西段经钻探验证发现，深部发育有闪长玢岩脉，该岩脉在二叠系、石炭系地层中均有产出，目前由于工作程度偏低，尚未对其详细控制和研究。

目前发现两条矿体（Ⅰ、Ⅱ号），间距约 20~50 m，呈近东西向近平行展布，连续性好，地表有剥土、探槽工程控制，长约 5500 m。Ⅰ号矿体为矿区主矿体之一，呈层状产出，产状稳定、连续，已控制最大斜深 475 m，最大厚度 20. 25 m，总体走向 95°，倾角 75°~88°。单工程控制矿体平均真厚度 4. 1 m，单工程锰平均品位 36. 70%（新疆佰源丰矿业有限公司，2016）。矿体顶板围岩为灰黑色含碳泥质灰岩夹薄层微细晶灰岩，局部含碳泥灰岩中含有少量生物碎屑和菱锰矿团块；矿体底板附近也产出薄层含碳泥灰岩夹薄层细晶灰岩，矿体底部产出大量厚层砂屑灰岩，砂屑含量 30%左右，粒径一般 0. 5 mm 左右，砂屑以长石、石英为主，含少量的菱锰矿团块。

矿石类型主要以菱锰矿为主，局部可见氧化锰矿石、蔷薇辉石。选冶工艺较简单，电解可获得锰含量 99. 8%的优质电解锰产品。

第一期（主成矿期）：主要矿石矿物为菱锰矿，占比 75%~91%，与锰方解石密切共生。菱锰矿为隐晶质结构，呈团块状，碳质泥质胶结物，富矿体主要由隐晶质菱锰矿组成；锰方解石主要以团块状产出，交代菱锰矿，内部残留菱锰矿。

第二期：矿物组合主要为硅质热液交代早期菱锰矿形成的锰镁绿泥石、红锰矿、硫锰矿、锰方解石（脉）、蔷薇辉石等。该期矿物均沿菱锰矿裂隙或成脉状产出，锰镁绿泥石呈纤维状、红锰矿呈短柱状。表明该期改造热液中主要为以硅质热液为主。

第三期：受后期氧化和地表淋滤过程影响，矿石中形成了少量水锰矿、硬锰矿等（高永宝等，2018）。

b. 新疆穆呼锰矿

穆呼矿区出露的地层的主要有石炭系、二叠系、白垩系、新近系、第四系。含矿地层位于石炭系喀拉阿特河组中段（$C_2k^2$），含矿岩性主要为浅黑色极薄层状含泥炭质灰岩夹薄层状泥晶灰岩、灰色亮晶砂屑灰岩夹黑色泥质灰岩；方解石脉普遍发育，石英脉亦可见（图 3-48）。

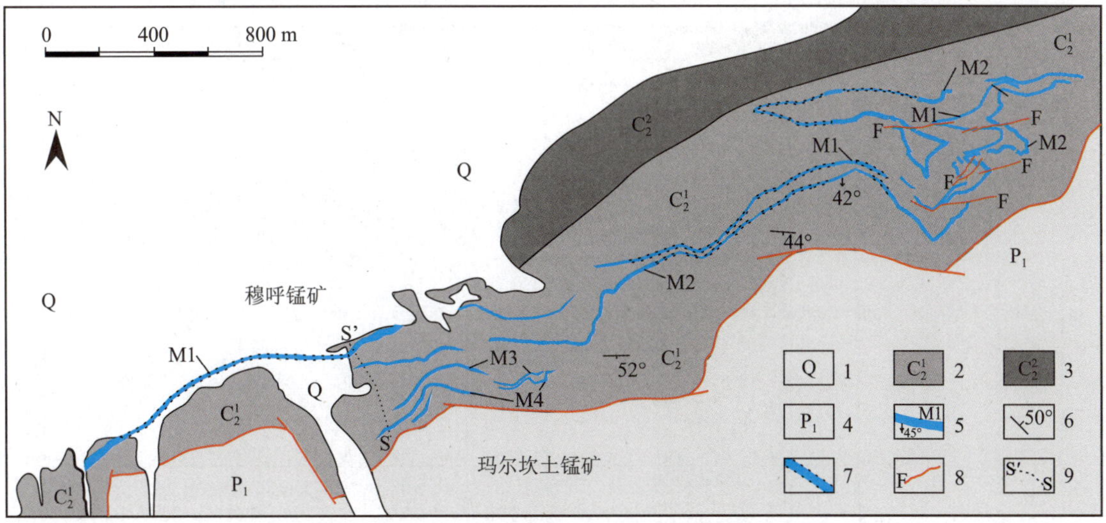


图 3-48　新疆阿克陶县穆呼锰矿地质简图

（据陈登辉等，2019）

1—冲积物、洪积物；2—上石炭统第一岩性段碎屑岩、碳酸盐岩；3—上石炭统第二岩性段长石砂岩；4—下二叠统未分变质砾岩、长石砂岩、硅质大理岩；5—矿体、编号及产状；6—岩层产状；7—隐伏矿体及推测矿体；8—断层；9—实测剖面

区内构造发育，主要表现为断裂和褶皱，由于褶皱被后期断裂破坏，目前大部分已难辨认，仅在局部地段见到小型褶皱构造，另外，由于区域大断裂从普查区通过，工区内次级断裂发育。

区内火山岩和侵入岩均较发育，火山岩主要有蚀变安山岩、蚀变玄武岩、片理化英安岩、强蚀变霏细岩；侵入岩主要呈脉状产出，可见到顺层和穿层的岩脉，还有呈“X”形，应有多期次岩浆侵入，岩性主要有蚀变含斜长石角闪岩、辉绿岩、闪长岩、辉绿玢岩、辉长玢岩、闪长玢岩。

穆呼锰矿赋存于上石炭统灰岩中，含矿地层及岩性与奥尔托喀纳什一致，由 5 条矿带和 16 条小矿体组成，最大的为 I 号矿体。I 号矿带圈定一条矿体，地表由 10 个探槽控制，断续出露长约 2166 m，东部延出区外，矿体厚度 1.34~14.34 m，平均 5.68 m，Mn 品位 10.38%~45.07%，平均品位 29.64%。矿体深部由 8 个钻孔控制，其中东段由 7 个钻孔控制，西段目前仅由 1 个钻探控制。钻孔控制最大斜深 333 m（ZK0002），深部见矿厚度 1.06~4.10 m，平均 2.89 m，Mn 平均品位 26.27%。在中部第四系覆盖区施工的 09 线 ZK0901 仍有矿体产出，矿带往西部仍有延伸。

矿石成分单一，主要为菱锰矿，另有少量软锰矿、硅酸锰等。脉石矿物主要为方解石等。以菱锰矿为主（80%~90%），发育共生的锰方解石，受后期构造影响，在裂隙中发育后期锰镁矿绿泥石、红锰矿、锰方解石（脉）、蔷薇辉石等，在锰矿石表面（裂隙）发育后期石英脉、绿泥石、石膏等。

（3）成矿机制和成矿模式

西昆仑玛尔坎苏锰矿属沉积型锰矿床。通过对下伏乌鲁阿特组双峰式火山岩中流纹岩进行定年，获得锆石 U-Pb 年龄为 345.3±3.7 Ma，为早石炭世产物；众多学者对奥依塔格以及萨罗依岩体中斜长花岗岩、奥长花岗岩以及英云闪长岩的研究，获得 319~339 Ma 的锆石 U-Pb 年龄（Jiang et al, 2008；康磊等，2015；李广伟等，2009；张传林等，2006）；锰矿上覆含凝灰质长石石英砂岩锆石 U-Pb 年龄为 292±3.2 Ma。同时，奥尔托喀讷什锰矿石中有机质 Re-Os 同位素等时线年龄 302±9.2 Ma（图 3-49）。可见，玛尔坎苏地区锰矿形成于晚石炭世。

含锰岩系为一套浅海碳酸盐岩台地相沉积建造组合，可划分为台内浅滩、潮坪、开阔台地、局限台地等 4 个相类型。锰矿石较低的 Fe/Mn 比值、V/（V+Ni）比值、强烈的 Ce 正异常，表明 Mn 是在较氧化环境下，以氧化物或氢氧化物形式沉积富集。含锰岩系顶、底板岩石中较多成熟度较差的中酸性火山岩岩屑，以及锰矿石较低的 Al/（Al+Fe+Mn）、Y/Ho、Co/Ni 比值等说明成矿物质来源于海底

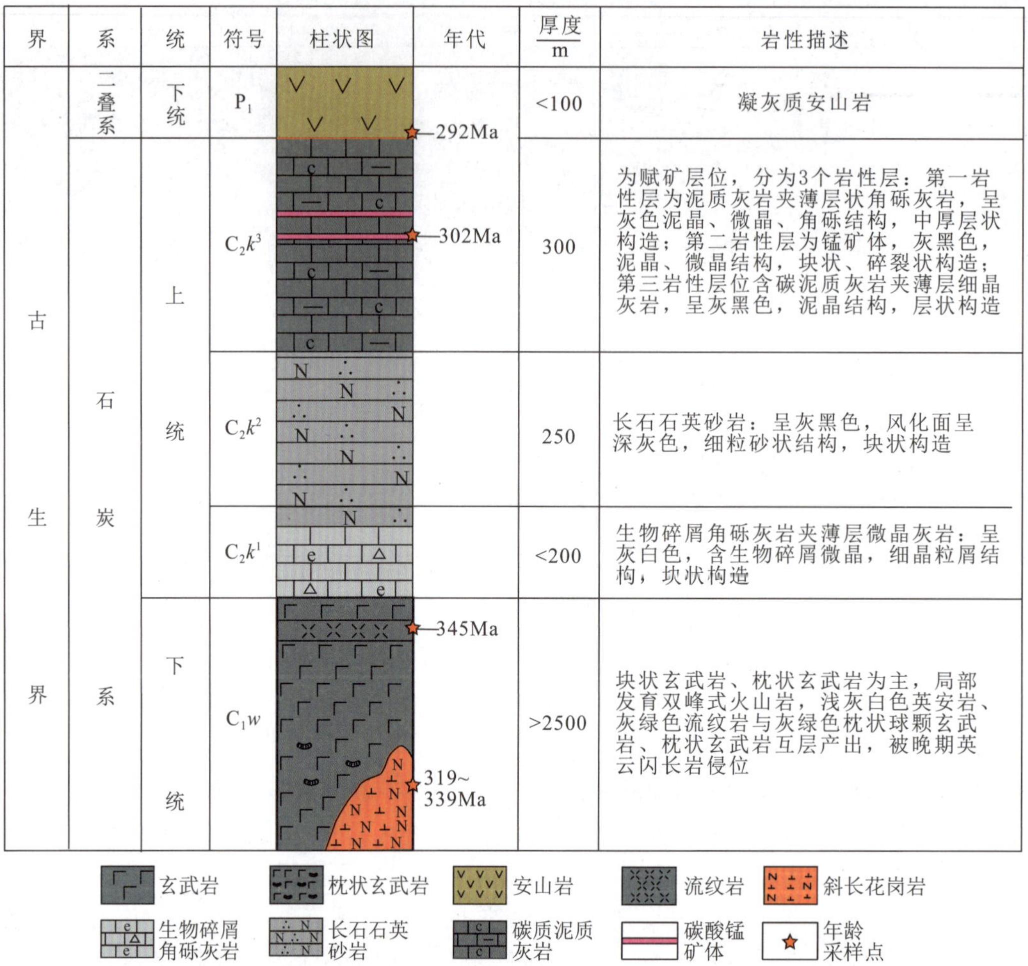


图 3-49 西昆仑玛尔坎苏一带含锰岩系柱状示意图

（据高永宝等，2017）

热水活动。西昆仑石炭纪锰矿具有“内源外生”特点，锰矿石及菱锰矿较负的 $\delta^{13}C$ 值（-23.3‰~-13.2‰）表明锰矿经历了先成锰氧化物或氢氧化物被还原转化成菱锰矿的过程，有机质更为强烈的还原作用是富锰矿形成的重要机制。后期构造叠加致使矿体发生变形，受褶皱控制，矿石受到强烈改造，形成锰镁绿泥石、红锰矿、蔷薇辉石等；晚期经历氧化淋滤作用形成软锰矿、水锰矿等（高永宝等，2018）。

（4）找矿模型

岩相古地理标志：锰矿床多形成于晚石炭世弧后裂谷盆地浅海碳酸盐岩台地相，海侵阶段的相对静止碱性还原环境有利于成矿。

层位及岩石标志：上石炭统喀拉阿特河组是锰矿产出的唯一层位，直接顶底板均为含碳泥晶灰岩，黄铁矿的出现也是重要的找矿标志。锰矿体受风化作用在地表呈黑色条带，可作为重要的露头标志；间接标志为上盘二叠系的灰绿色蚀变安山岩。

构造标志：受南北向逆冲推覆构造影响，玛尔坎苏地区形成背斜等构造，锰矿体分布于背斜的南北两翼，但由于挤压强烈，两翼尤其是南翼会形成倒转向斜等。另外，区域东西向乌赤别里山口等断裂与矿体展布方向基本一致，在空间上控制着锰矿床的分布，是寻找锰矿床的重要标志。

遥感标志：Worldveiw2、SPOT7 等高分遥感数据对于该区域灰岩、砂岩、砾岩、火山碎屑岩、冲积物等岩性解译，以及断裂等线性构造解译均具有较好的效果，可作为重要的间接找矿标志。对 Landsat 8 等数据采用主成分法提取的羟基异常、铁染异常信息，以及采用光谱角法使用菱锰矿、软锰矿光谱提取的锰矿蚀变异常也可作为间接标志（高永宝等，2017）。

### 9.3 成矿作用

从石炭纪开始，西昆仑处于拉张构造背景，形成一系列类似于红海型小洋盆的深水盆地，出现库尔良裂陷盆地、昆盖山裂陷盆地，在玛尔坎苏一带形成弧后盆地。早石炭世开始，弧后盆地发生裂解作用，在弧后拉张的伸展环境形成了巨厚的基性火山岩乌鲁阿特组（贠杰等，2015）。晚石炭世，进入稳定沉降阶段，形成浅海碳酸盐岩台地，伴随缓慢的海侵过程及盆地差异性沉降作用，在碳酸盐岩台地上形成若干相对水体较深的台内盆地。台内盆地存在氧化还原分层的海水系统，间歇性火山喷发作用致使大量海底热水活动，并携带大量 $Mn^{2+}$ 带入盆地（图 3-50a）。

台内盆地低能、静水环境中沉积物粒度较细，且有机质不断沉淀。随着盆地中 $Mn^{2+}$ 持续不断地富集，致使处于溶解状态的锰质在 $Mn^{4+}/Mn^{2+}$ 氧化还原界面附近发生化学反应。$Mn^{2+}$ 逐渐转化 $Mn^{4+}$，

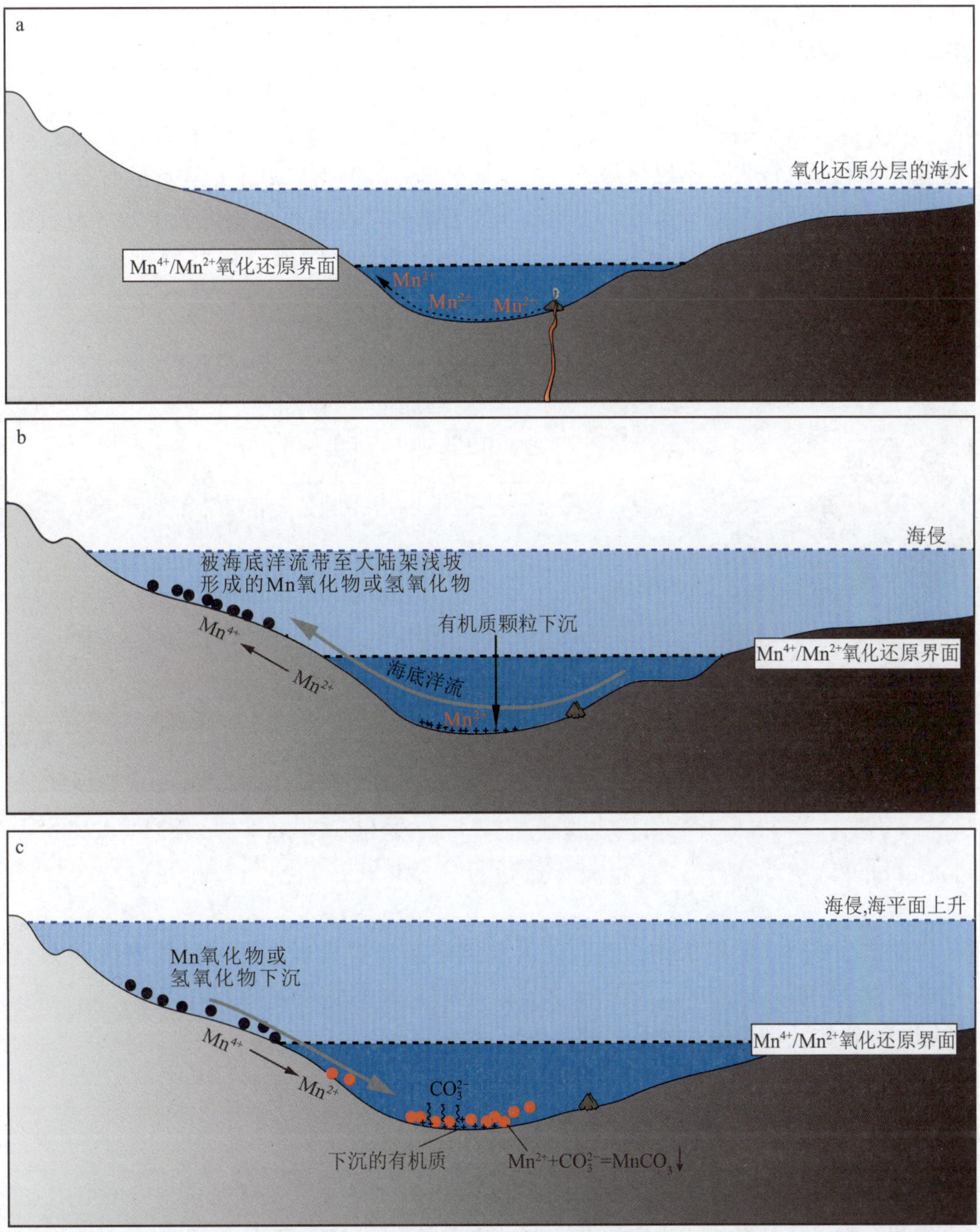


图 3-50 西昆仑玛尔坎苏一带锰矿成矿模式

（据高永宝等，2017）

a—热水活动阶段；b—氧化锰形成阶段；c—碳酸锰形成阶段

并开始以较稳定的高价态氧化锰矿物（如 $MnO_2$）的形式大量沉积下来形成氧化锰或氢氧化锰矿物，另一部分锰则以离子形式在贫氧的底层水和空隙中逐渐富集起来并达到一定的浓度（图 3-50b）。

构造活动引起盆地沉降作用进一步加剧，海侵范围逐渐扩大，水体变深，氧化还原界面随之上升，在台内盆地中沉积了低能环境下有机质含量较高的碳质泥岩。同时，锰氧化物开始大量下沉被掩埋在缺氧带（还原环境）之下，在成岩过程中和有机物质相互作用，锰氧化物和氢氧化物被还原释放出 $Mn^{2+}$，而有机物质被氧化释放大量 $CO_3^{2-}$，$Mn^{2+}$ 和 $CO_3^{2-}$ 在深部沉淀物表面结合沉淀形成菱锰矿并被保存下来（图 3-50c）。

受后期青藏高原向北俯冲-碰撞的影响，西昆仑严重挤压，玛尔坎苏地区整体发生推覆，使得晚石炭世含锰岩系发生大规模褶皱，形成背斜以及倒转向斜为主的构造。矿体受后期构造影响，与顶、底板含碳灰岩的接触带多发生滑脱、碎裂，并在含菱锰矿的裂隙中形成锰镁绿泥石、红锰矿、硫锰矿、锰方解石（脉）、蔷薇辉石等，后晚期经历氧化淋滤作用形成软锰矿、水锰矿等。

**10. 东昆仑华力西早期岩浆成矿作用**

**10.1 成矿时空分布**

近年来，在东昆仑地区随着夏日哈木超大型镍矿的发现，以铜镍矿为目标矿种开展了大量勘查研究工作。随着工作程度的深入，不仅取得了新的找矿突破，同时对区域上铜镍矿的时空分布特征及成矿作用过程等有了新的认识（图 3-51）。目前在东昆仑地区共发现超大型镍矿 1 处（夏日哈木），大型矿床 3 处（阿克楚克赛、石头坑德和浪木日），其余中小型矿床或矿化点多处（盐场北山、冰沟南、希望沟、牛鼻子梁、沟里等），该区目前勘查研究程度仍较低，找矿潜力巨大，随着勘查的深入，该区也是国内铜镍找矿潜力最大的地区。

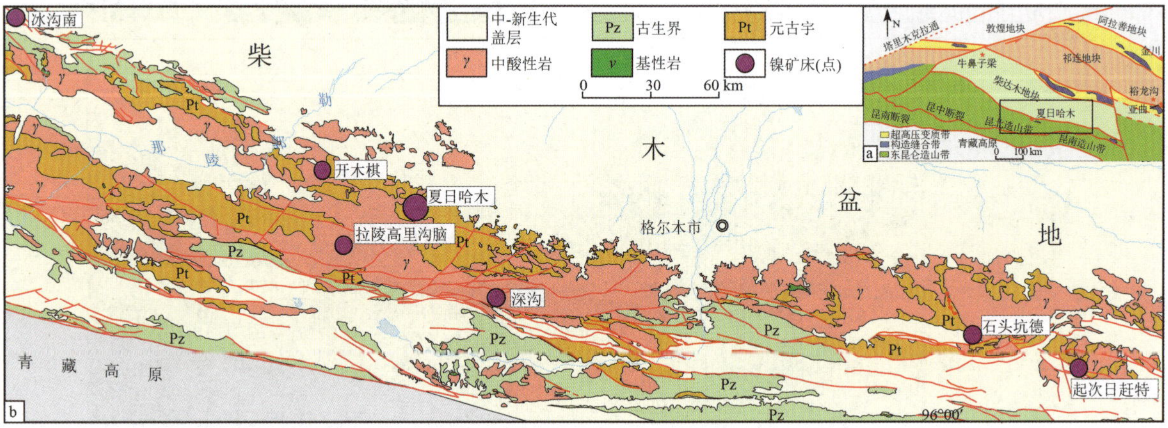


图 3-51 东昆仑岩浆铜镍硫化物矿床区域地质构造简图
（据张照伟等，2020）

通过精确的锆石 U-Pb 定年工作，表明该区铜镍矿床和矿化岩体形成时代跨度较大，为 334～411 Ma（李世金等，2012；Li et al.，2015；潘彤，2015；张照伟等，2017，2018；钱兵等，2018），也暗示该区的铜镍成矿作用持续了较长时间。

**10.2 典型矿床**

**10.2.1 青海夏日哈木镍矿**

（1）区域地质特征

夏日哈木镍矿床位于青海省东昆仑造山带西段之东昆中早古生代岛弧带内，位于格尔木市以西约 160 km 处。东昆仑地区先后经历了五个阶段，分别是太古宙古元古代古陆核形成阶段、中新元古代古大陆裂解与超大陆汇聚阶段、南华纪早古生代洋陆转换阶段、晚古生代早古生代洋陆转换阶段以及中新生代陆内造山阶段（校培喜等，2014）。东昆仑造山带依据区域性大断裂划分了几个大的次级构造单元，昆北断裂带、黑山-那陵格勒断裂、昆中断裂带以及昆南断裂带将东昆仑自北而南分为祁漫塔格早古生代岩浆弧、中昆仑微陆块以及昆南增生楔杂岩带3个部分。昆仑造山带以阿尔金断裂为界分为西昆仑造山带和东昆仑造山带，东昆仑造山带延伸近500 km，东部与西秦岭造山带接触，北面是柴达木克拉通和祁连微陆块。

（2）矿床地质特征

夏日哈木岩浆铜镍硫化物矿床所在区域目前已发现5个镁铁-超镁铁质岩体，分别对应化探异常查证时的Hs25号异常、Hs26号异常、Hs27号异常、Hs28号异常及Hs31号异常，对应的岩体编号分别为Ⅲ号、Ⅰ号、Ⅱ号和Ⅳ号（图3-52a）。夏日哈木铜镍矿体基本都产在Hs26号异常所对应的岩体，即Ⅰ号岩体。依据钻孔施工及勘探工作，初步确定Ⅰ岩体长约1.5 km，宽约0.8 km，长轴方向近东西向，西段略向南偏转岩体顶界面东高西低，东段出露于地表，西段隐伏于地下，且越向西埋深越深，总体形态为向西倾伏的岩床。夏日哈木矿区Ⅰ号岩体在地表有氧化蚀变带及铁帽出露，主要集中在0号勘探线东西两侧，1号勘探线与4号勘探线之间的区域。从3条勘探线（2号、9号和17号勘

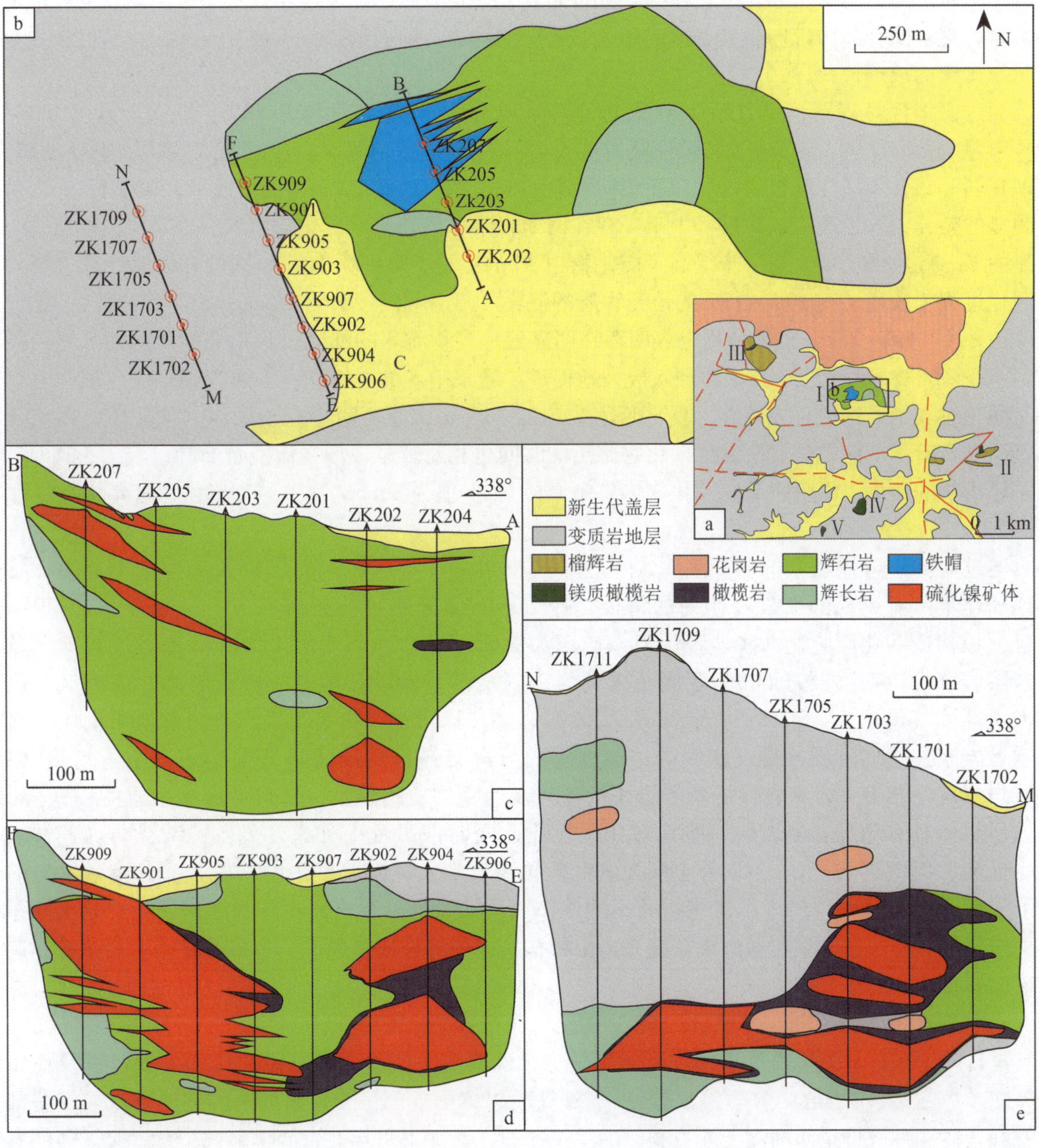


图3-52 青海格尔木市夏日哈木矿区地质图

（据张照伟等，2020）

探线）岩体岩性主要是辉石岩相、橄榄岩相、辉长岩相及少量的花岗岩脉，并且橄榄岩相越向西橄榄石含量逐渐增多，同时埋深加大，围岩地层厚度增厚。从钻孔横剖面图上看，岩体沿南西248°方向，岩石基性程度变深、岩体埋深增大、橄榄石含量增多、矿体增厚变富（图3-52c、d、e）。

矿体主要呈层状、似层状或透镜状赋存于岩体的中下部，主要赋矿岩性为二辉橄榄岩、橄榄辉石岩相和橄榄苏长岩，矿体形态与岩浆通道的形态特征明显的相关性，在岩浆通道的突然变宽或变缓部位，矿体变得厚大。主要矿石类型为浸染状、海绵陨铁状和斑杂状、局部可见少量的块状矿石和细脉状。矿石为他形粒状、半自形-自形粒状结构。矿石矿物主要为：磁黄铁矿、镍黄铁矿、黄铜矿、黄铁矿、紫硫镍矿，地表孔雀石和镍华呈薄膜状分布。脉石矿物主要为铬尖晶石、橄榄石、斜方辉石、普通辉石、滑石、蛇纹石、透辉石等。

（3）成矿机制和成矿模式

夏日哈木作为典型的铜镍硫化物矿床其成因模式与国内其他典型铜镍矿具有很多相似之处，但是夏日哈木矿床与其他矿床相比也存在很多独特之处，如夏日哈木矿床是目前造山带内发现的规模最大的矿床，这表明在造山带内也具备形成超大型镍矿的潜力。前人通过大量研究工作，目前已较系统总结了该矿床的成因模式。

通过模拟计算表明，夏日哈木矿床的母岩浆成分中MgO含量为9.79%，FeO含量为6.54%，$SiO_2$含量为52.42%，与形成于岛弧环境的玻安岩具有明显的相似性。通过系统的矿物组分的研究，发现在同一钻孔不同深度范围内，存在不同成分的橄榄石，如在Fo相同的情况下，橄榄石Ni含量存在明显的差异，这也表明成矿过程中至少存在两期岩浆。另外，在硫化物熔离后，又与橄榄石发生了明显的Fe-Ni物质交换，进一步提高了硫化物中Ni的品位。Sr-Nd-Hf-Os同位素模拟计算表明母岩浆演化过程中发生了约10%~15%的地壳物质的混染（Li et al.，2015；Zhang et al.，2017），尤其是S同位素（2.4‰~7.7‰）的分析也表明存在明显的地壳物质S的加入，且地壳物质的加入量可能能达到40%~60%，大量的地壳S的加入极大地促进了岩浆中S的过饱和，导致岩浆中发生硫化物熔离的时间相对较早，这也直接导致了夏日哈木矿床的Ni/Cu比值要明显高于国内其他矿床，模拟计算也表明夏日哈木矿床中母岩浆发生硫化物熔离的时间也相对较早，如在橄榄石Fo值为87.5时即已发生了硫化物的熔离，而金川矿床硫化物熔离是橄榄石Fo值为85.5，喀拉通克硫化物熔离时橄榄石Fo值为82。

通过对Sr-Nd同位素的研究表明，一些学者提出夏日哈木矿床的岩浆源区为富集地幔，结合其地球化学具有明显的弧岩浆作用的特征，提出岩石圈地幔可能是辉石岩（Song et al.，2016）。结合区域构造演化历史，一些学者认为该矿床为岛弧环境俯冲环境的产物，但是通过梳理区域各类岩浆岩、高压变质岩的年代学及同位素资料，以及区域地层及构造的分布规律，认为该矿床产于伸展环境（潘彤等，2017；张照伟等，2020），该矿床可能是古特提斯洋开启的地质响应。夏日哈木母岩浆在早期阶段S是不饱和的，橄榄石的分离结晶作用导致母岩浆中S发生了初步富集，随着岩浆房中具有弧岩浆物质的新鲜岩浆的注入及地壳物质的混染，使得矿床中形成的镁铁质-超镁铁质岩体具有岛弧岩浆岩的一些地球化学性质，同时该过程中外来S的加入导致岩浆房中的S发生饱和，促使富Ni、Cu、Co等金属元素的硫化物发生大规模熔离作用，随着部分熔融发生的岩浆上涌，深部和浅部均产生了硫化物的不混溶作用，演化的岩浆恰逢古特提斯洋演化开始大陆裂解的构造背景，于柴达木克拉通南缘东昆仑造山带构造薄弱部位成岩成矿，形成夏日哈木岩浆镍钴硫化物矿床（图3-53）。

（4）找矿模型

夏日哈木矿区地表覆盖严重，仅局部可见少量的露头，依据夏日哈木矿床的发现过程及地质特征，初步总结了该矿床的找矿要素。镁铁-超镁铁质岩体中下部位，岩浆通道的突然变宽或变缓部位是有利含矿部位。近东西向深大断裂旁侧的次级断裂，大理岩与片麻岩的接触部位是岩浆上侵的有利部位。地表可见镍化、孔雀石化、褐铁矿化等、可见“球状分化”。矿区重力异常显示矿体引起的重力异常约为$2.2\times10^{-5}m/s^2$。峰值区对应矿体富集区。剩余重力异常主要由矿体引起，次为超基性岩

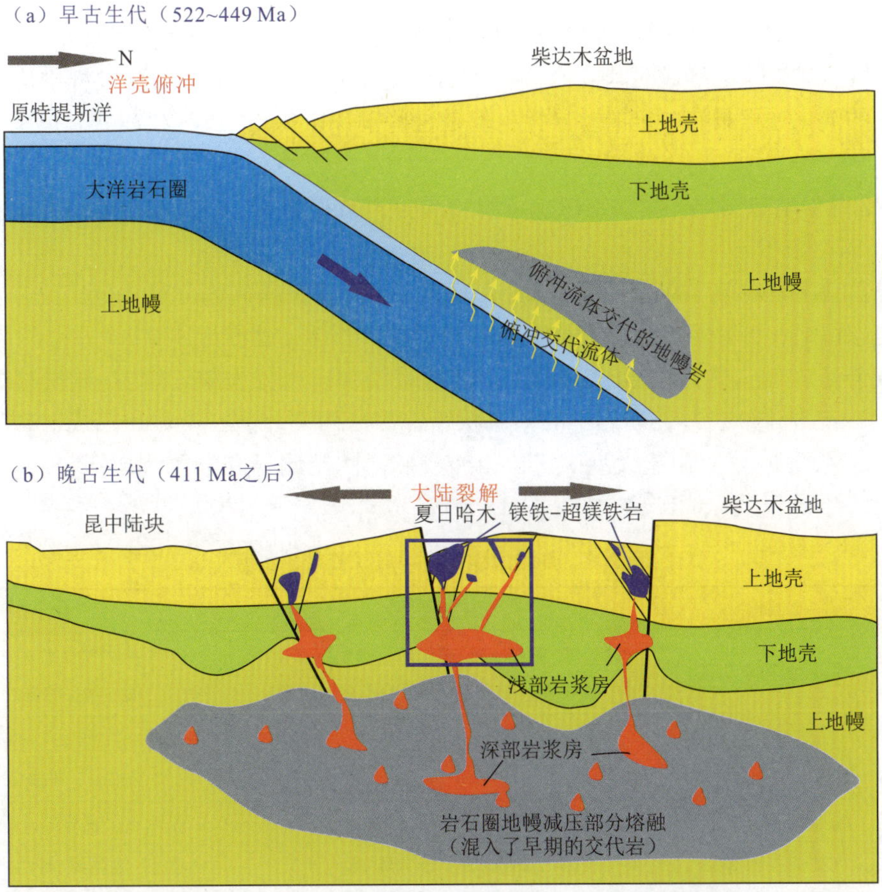


图 3-53　东昆仑夏日哈木镍钴硫化物矿床成矿模式简图

（据张照伟等，2020）

体。1∶5 万航磁异常较弱，1∶2000 高精度磁法测量显示异常强度 400~1900 nT，异常范围与超镁铁岩范围吻合。激电异常极化率为 6%~10%，随矿体的埋深具有明显的变化，局部可达 11%，电阻率为 50~120 Ω·m。地球化学异常以 Ni 异常为主，伴生有 Cr、Co、Cu 的元素组合异常，具有异常三级分带。

**10.3 成矿作用**

研究表明该区原特提斯洋在加里东早期，开始沿现今的昆中断裂附近由南而北向柴达木地块俯冲，在昆中断裂处形成海沟，随着俯冲的加剧，在昆北断裂以北形成弧后裂陷槽，局部扩张为小洋盆并接受滩间山群的沉积，昆中断裂以南的大洋环境主要为万宝沟群大洋玄武岩高原（莫宣学等，2007）。在对加里东造山旋回进行研究的过程中，莫宣学等（2007）通过对阿拉克湖岩体、德拉托郭勒岩体和万宝沟岩体的研究发现，东昆仑东部在早寒武世为洋盆形成及扩张阶段，中寒武世开始俯冲，持续到晚奥陶世，西部地区形成洋盆的时间稍晚。

晚寒武世早志留世期间，原特提斯洋向北俯冲消减，东昆仑地区在此时限内转化为沟弧盆体系（刘战庆等，2011）。位于东昆中清水泉-可可沙-科科可特一线发育的岛弧型中酸性侵入岩（515~427 Ma），可能就是对该时期洋壳俯冲事件的响应。昆中缝合带出露的胡晓钦角闪辉绿岩（438 Ma）、清水泉辉绿岩（436 Ma）等镁铁质岩石和基性岩脉可能代表了早古生代原特提斯洋俯冲最晚的岩浆记录。高压榴辉岩相变质年龄为 428 Ma，中压（绿帘）角闪岩相变质峰期年龄为 427 Ma，可能反映了特提斯洋的最终关闭。400~423 Ma 的磨拉石建造的出现则标志着洋盆最终关闭（陆露等，2010）。早泥盆世之后，东昆南大洋板块与东昆中带发生碰撞拼贴，随后昆北弧后裂陷槽关闭，以夏日哈木为代表的 411~405 Ma 的基性、超基性杂岩的大量出现，暗示该时期东昆仑地区的构造体制发生了重大转变，由洋壳俯冲体制转变为碰撞拼贴后的伸展体制（何书跃等，2017）。

区域上不同含矿岩体的形成时代存在较大差异，这表明在区域构造演化过程中应该存在多阶段性，不同地区的演化过程具有一定的差异性，但是这些铜镍矿床及镁铁-超镁铁岩体基本上都形成于伸展环境。

### 11. 秦岭边缘盆地志留纪—泥盆纪热水沉积（层控）成矿作用

#### 11.1 成矿时空分布

秦岭边缘盆地南秦岭被动陆缘-裂陷盆地中铅锌（银）多金属矿床分布十分广泛，主要赋存与泥盆纪，其次是志留纪、震旦纪。成矿带从陕西东部到甘肃西部，延伸近 400 km（表 3-7），已知铅锌矿床和矿点百余处，如厂坝-李家沟、铅硐山。泥盆系铅锌矿床分为细碎屑岩-碳酸盐岩中层状铅锌矿床和礁（滩）灰岩-硅质岩-泥质岩中的似层状铅锌矿床两类。前一类分布于成矿带北带，典型矿床有西成成矿区的厂坝-李家沟超大型矿床，山柞成矿区的银硐子和桐木沟矿床。后一类如邓家山、毕家山、洛坝、铅硐山、八方山等矿床（图 3-54）。

**表 3-7　秦岭边缘盆地中成矿亚带矿集区**

| 成矿带 | 矿集区 | 矿床类型 | 代表矿床 |
|---|---|---|---|
| 南秦岭被动陆缘-裂陷盆地中成矿亚带 | 柞水-山阳矿集区 | 沉积型重晶石-菱铁矿矿床；热水沉积型铅、锌、铜、银矿床沉积-改造型铜矿床 | 大西沟、银洞子、黑沟、桐木沟、穆家庄、小河口 |
| | 西成矿集区 | 热水沉积型铅锌矿床 | 厂坝-李家沟、洛坝、向阳山、毕家山、邓家山、页水河、 |
| | 凤县-太白矿集区 | 热水沉积型铅锌（铜）矿床 | 铅硐山、银洞梁、八方山、银母寺 |
| | 镇安-旬阳矿集区 | 热水沉积型铅锌矿床 | 锡铜沟-月西、赵家庄 |

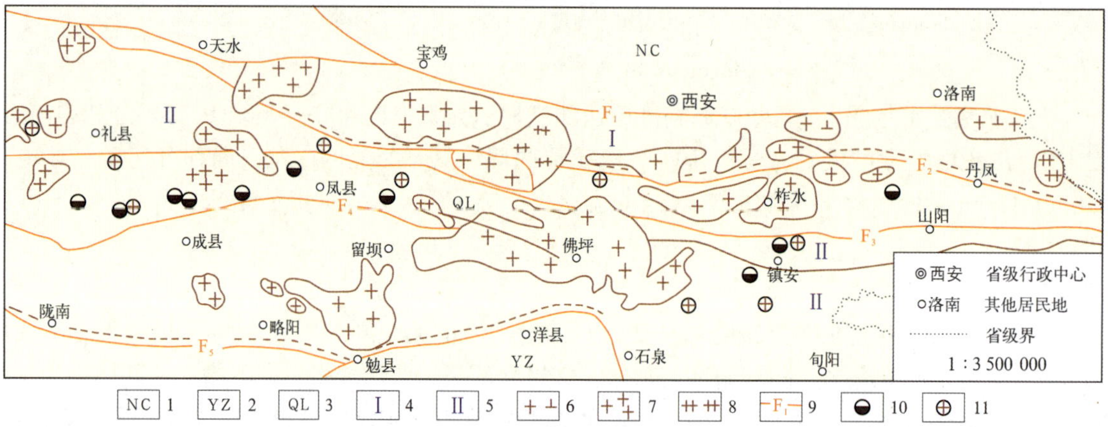


图 3-54　秦岭造山带地质构造格架及矿集区分布图

（据朱多录等，2012）

1—华北板块；2—扬子板块；3—秦岭造山带；4—北秦岭构造带；5—南秦岭微板块；6—燕山期中酸性侵入岩；7—印支期中酸性侵入岩；8—加里东期中酸性侵入岩；9—断裂；10—缝合带；11—铅锌矿床；12—金矿床。$F_1$—宝鸡-洛南断裂；$F_2$—商丹缝合带；$F_3$—礼县-山阳断裂；$F_4$—两当-镇安断裂；$F_5$—勉略缝合带

泥盆系热水沉积（层控型）Pb-Zn（Ag）、Au、Hg-Sb、Fe 等矿床成矿时代集中于两段，一是泥盆纪（以中泥盆世）为主，一是印支期—燕山期。铅锌（银）矿床和菱铁矿矿床成矿时代为泥盆纪，与围岩地层时代一致，矿床成矿作用以热水沉积作用为主，矿床不同程度受到叠加改造作用，其时代为华力西晚期—印支期—燕山期，主要与岩浆侵入作用和区域热动力变质作用有关。金矿床和 Hg-Sb

矿床在泥盆纪一般只形成矿源层，主成矿期为印支期—燕山期，与南秦岭造山期构造-岩浆活动有关（王集磊，1996；马国良，1998；王平安，1998）。

**11.2 典型矿床**

**11.2.1 甘肃厂坝铅锌矿**

（1）区域地质特征

厂坝铅锌矿床位于甘肃省成县。大地构造位置处于中秦岭陆缘盆地。属脆性逆冲剪切破碎带吴家山逆冲剪切构造。

区内地层以泥盆系分布最广，含矿地层主要为下泥盆统安家岔组（$D_1a$）灰绿、黄绿、黄褐色粉砂岩、粉砂质绢云千枚岩、钙质绢云千枚岩夹粉砂岩、泥岩、泥质生物灰岩等。属陆棚碎屑滨海环境之前滨砂泥岩建造组合。本区褶皱构造发育。其中以东西向展布的吴家山背斜为骨架，对区内地层、矿带的分布起主要控制作用。断裂构造发育，以东西向为主，北东向—北北东向次之。东西向断裂规模较大者有人土山-江洛断裂、黄渚关断裂。该组断裂以压性为主兼具扭性和多期活动的特点，明显地继承了前泥盆纪东西向断裂或至少是同沉积断裂构造。

（2）矿床地质特征

矿区内出露地层主要为下泥盆统安家岔组（$D_1a$），呈北西西向展布，按岩性组合及含矿层特征，安家岔组分为焦沟层（$D_1a^2$）和厂坝层（$D_1a^1$），两者为整合接触关系。厂坝矿区受吴家山复式背斜北东翼的二级构造干渔廊向斜的控制。干渔廊向斜其北翼位于矿区南侧，区内向斜轴部紧闭，由焦沟层（$D_2a^2$）组成，轴面向北倒转，两翼岩层近于等斜，由厂坝层（$D_2a^1$）组成。矿区内断裂构造发育，主要断裂构造有两组，即走向断层组（为走向近东西的层间压扭性断层）和横向断层（是北东向为主的横向压扭性-张扭性断层）。走向断层多分布在两种不同岩性的接触部位或小角度斜切岩层，常见于白云岩底部与大理岩接触部位，是矿区主干断裂（图3-55）。

厂坝-李家沟铅锌矿床含矿层延长大于2200 m。厂坝矿段有矿体51个，主矿体三个，均产于黑云母片岩和大理岩中。矿体呈层状、似层状、透镜状，与围岩整合产出，走向NW60°~80°，倾向南西，倾角40°至直立。矿体沿走向有分枝、复合、膨缩的特征。以厂Ⅰ、厂Ⅱ号矿体规模最大，主矿体平均品位为Zn 5.16%，Pb 1.38%，Zn/Pb比值3.74；李家沟矿段共有矿体95个，以李Ⅰ、李Ⅲ2矿体规模大，主矿体平均品位为Zn 8%、Pb 1.29%，Zn/Pb比值6.2。

原生矿石类型又分为铅锌矿石、锌矿石两种类型。产于片岩中的矿石金属矿物主要为闪锌矿、黄铁矿、方铅矿，次为磁黄铁矿、黄铜矿等。脉石矿物主要为石英、白云母，次为斜长石、微斜长石、黑云母等。产于大理岩中的矿石的金属矿物主要有闪锌矿、黄铁矿，其次为方铅矿、磁黄铁矿、毒砂等。脉石矿物主要为方解石、石英、斜长石等。

矿石可见三期矿化：具明显沉积特征的早期同沉积纹层状矿化、叠加于早期的变质块状构造的中期矿化、晚期具粗晶结构网脉及细脉状矿化。成矿时代属华力西晚期，铷-锶同位素年龄为389.42±13.95 Ma（马国良等，1998）。

（3）成矿机制和成矿模式

吴家山基底的缓慢隆起发生在深部地幔大量热物质参与和幔壳物质交换的大陆动力学背景下，构成了引起热水（能）自深部向陆壳浅部大规模运移的构造驱动和热力驱动，引起下渗海水的对流循环，并淋滤所流经地层，形成含矿热卤水。含矿热水沿着生长断裂上升，进入沉积盆地。由于其密度远大于海水，因而仅在盆地底部沿斜坡流动，并在局部洼地中停聚形成卤水池。热水进入海底后因温度、压力等物理-化学条件产生明显变化，使热水平衡系统受到破坏，络合物分解，在相对较高温度的热水环境中，硫酸盐被还原产生大量硫，与铅锌等金属结合形成富含金属硫化物的富厚矿层，形成热水矿床。由于盆地边缘及卤水层上部处于浅水半氧化环境，因而形成重晶石等硫酸盐及少量硫化物沉积。本区热异常持续、稳定的作用，使得热液系统发育完全，从而形成厂坝巨厚的具韵律沉积特征的层状矿体。同生断裂的脉动式活动导致含矿流体周期性流动，成矿作用在较长时间内反复发生，从

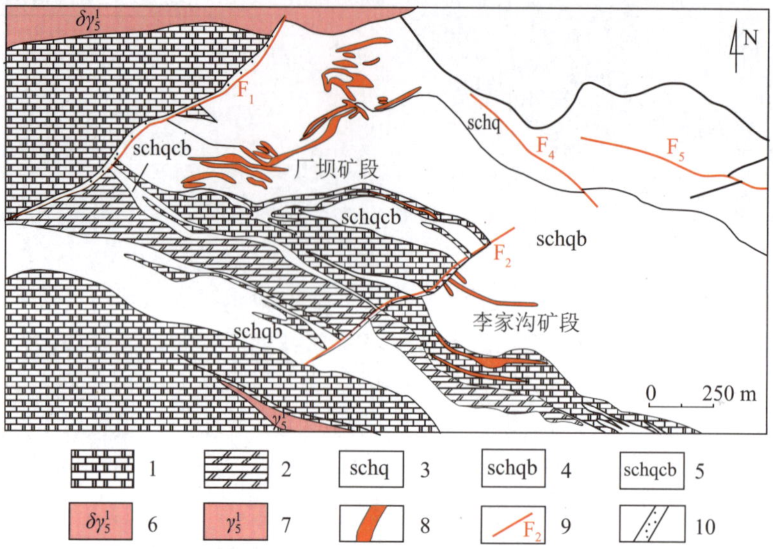


图 3-55 甘肃成县厂坝矿床地质图

（据甘肃省地质调查院，2013）

1—大理岩；2—白云岩；3—石英片岩；4—黑云母石英片岩；5—黑云母石英方解片岩；6—花岗闪长岩；7—二云母花岗岩；8—矿体；9—断层；10—断层角砾带

而形成片岩与灰岩两套含矿系统。其次，矿床经历变质作用，对已形成的矿体影响较明显。在较高的温度下，岩矿石的重结晶表现得最为强烈。矿体内部的含铅锌石英脉方解石脉及近矿围岩中的细脉状矿体常见，岩矿石的压碎作用及塑性形变发育，但未改变矿床的根本面貌。铅同位素显示出单阶段演化的特点，表明变质作用在较为封闭体系中发生。厂坝式铅锌矿床其成矿过程就是深部热水沿生长断裂向上运移并喷溢到礁后断陷滞流盆地中及热水中矿质发生沉淀、聚集的过程。厂坝式铅锌矿床属层控内生型铅锌矿床。

矿床受控于中泥盆统安家岔组地层之中，主要容矿岩石为碎屑岩及碳酸盐岩，矿体与围岩整合产出；矿床形成于台地边缘生物礁后断陷滞流盆地之中，受台缘断陷滞流盆地相中的次洼地控制；矿床受生长断裂控制，主要的矿体产于生长断裂的旁侧；矿床受地热增高点控制。本区热异常持续、稳定的作用，使得热液系统发育完全，从而形成厂坝巨厚的具韵律沉积特征的层状矿体。同生断裂的脉动式活动导致含矿流体周期性流动，成矿作用在较长时间内反复发生，从而形成片岩与灰岩两套含矿系统。其次，矿床经历变质变形作用，对已形成的矿体影响较明显（图 3-56）。

（4）找矿模型

构造环境：中秦岭陆缘盆地，受同生断层控制。低序次 NE 向石鼓子断裂两侧的差异运动形成厂坝-李家沟三级断陷滞流盆地，盆地水体深、封闭条件好，有利于铅锌矿层的沉积与发育。磁法：本区仅有部分铅锌矿石、黑云母石英片岩、石英片岩及不纯灰岩具弱磁性，岩矿磁性强弱变化均随磁黄铁矿含量多寡而呈正相关系。工作实践发现，具有磁性的岩石往往是铅锌矿的近矿围岩，也就是说磁性岩石的分布与铅锌矿（化）体有一定空间位置上的联系，因而在铅锌矿体上方或其附近往往有弱的磁异常出现。地球化学标志：泥盆系地层是 Pb、Zn、Cu、Ba 成矿（晕）的有利地层，Pb、Zn 在下泥盆统安家岔组富集系数最大。Pb、Zn 两元素无论在碎屑岩还是在碳酸盐岩中都有较高的丰度。

地表找矿标志：下泥盆统安家岔组下部，礁后断陷滞流盆地之细碎屑岩、碳酸盐岩组合地段，重晶石、钠长石、硅质岩等热水沉积岩；生长断裂（地层厚度、岩性、岩相突变带）旁侧；铁帽等氧化标志。

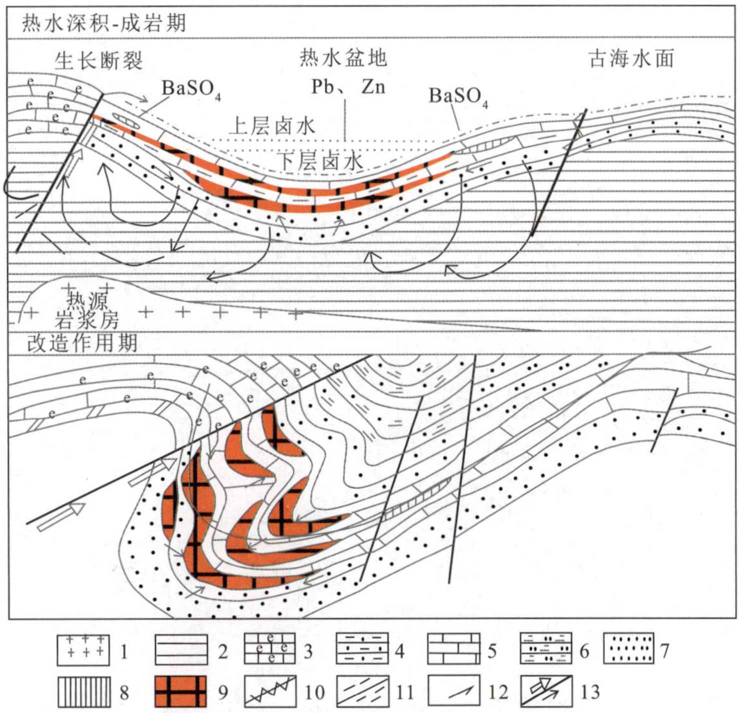


图 3-56　甘肃成县厂坝铅锌矿床成矿模式图

（据甘肃省地质调查院，2013）

1—岩浆房；2—前泥盆纪基底；3—生物微晶灰岩；4—千枚岩；5—大理岩；6—片岩；7—砂岩；8—重晶石脉；9—块状铅锌矿床；10—生长断层；11—富含金属软泥；12—断层；13—富金属热水及地层下渗水运移方向

### 11.3 成矿作用

秦岭边缘盆地泥盆纪地层中的金属矿床的形成与盆地的形成发展和随后的造山演化有着密切关系。成矿作用包括：①泥盆纪盆地中的喷气沉积或热水沉积作用；②沉积物成岩及埋藏变质的改造作用；③造山期的变形和变质流体的改造作用；④岩浆活动的叠加成矿作用。成矿带内铅锌银矿床及菱铁矿矿床主要是同生热水沉积成因，部分受到较显著的沉积期后改造。

以厂坝-李家沟超大型铅锌矿床为例：厂坝-向阳山盆地是一个封闭较好半深水海盆，沉积了具韵律构造的粉砂质、泥质和碳酸盐沉积物。在盆地四周发育同生断裂，其中如石鼓石、七架沟、向阳山等次级同生断裂呈北北东向，断层两侧沉积岩相有明显或一定差别，矿层亦难以对应。在区域拉张构造环境影响下，在深部热源（岩浆房或大陆热点）驱动下，海水下渗，并发生对流，淋滤海底沉积柱内成矿元素，形成含矿热液。热液沿同生断裂等裂隙喷出，在盆地底部堆积形成卤水池和富含金属硫化物的软泥，经沉积-成岩作用，形成铅锌矿层和硅质钠长石岩、重晶石岩等热水沉积岩。同时，交代喷口附近岩石或沉积物，形成网脉状矿化蚀变带。热水喷出沉积作用，在较长时间内间歇性发生，从而形成厂坝-李家沟很厚的具韵律特征的层状矿体（图 3-57）。印支期—燕山期，矿区北部有中基性的黄渚关杂岩体，南部有厂坝黑云母花岗岩株侵位（Rb-Sr 等时线年龄分别为 240 Ma 和 208 Ma）。在矿区地层遭受一定变质（可达角闪岩相）同时，原沉积矿层发生重结晶作用和有限活化迁移，沿构造面理形成铅锌矿细脉和不规则条带。

近年来，秦岭边缘盆地中铅锌找矿有新的突破，在志留系地层中发现了大量铅锌矿。齐文等（2005）经对镇（安）旬（阳）矿田中泗人沟、大岭、赵家庄、锡铜沟（水田沟）、月西铅锌矿地质特征和成矿条件对比分析，认为镇旬铅锌矿田泥盆系、志留系铅锌矿总体属层控矿床类型，以泗人沟为代表的志留系铅锌矿属细碎屑岩沉积强改造型铅锌矿床；以大岭、赵家庄为代表的泥盆系铅锌矿属碳酸盐岩沉积弱改造型铅锌矿床，以锡铜沟、月西为代表的泥盆系铅锌矿属碳酸盐岩沉积的强改造型

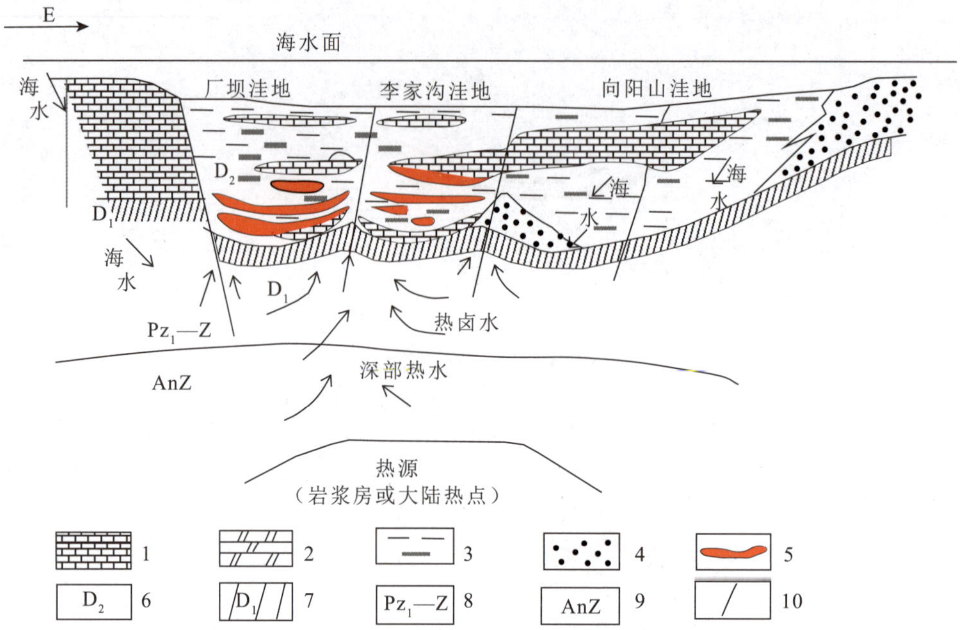


图 3-57　甘肃成县厂坝-李家沟铅锌矿床成矿模式图

（据甘肃省地质调查院，2013）

1—灰岩；2—白云岩；3—细碎屑岩为主；4—粗碎屑岩为主；5—铅锌矿床；6—中泥盆统；7—下泥盆统中下部；8—早古生代及震旦纪沉积；9—前震旦纪基底；10—同生断层

铅锌矿床。镇旬矿田志留纪—泥盆纪铅锌矿成矿作用可总结为：海盆底部沉积柱中的地层水受地热异常影响变热，酸度和盐度增高，在巨大热源的驱动下对流循环，并溶解了所流经地层和岩石中的成矿物质形成含矿热（卤）水。由于区内同生断裂的活动，含矿热液沿断裂通道喷到海底。部分成矿物质在喷出过程中，在喷气通道中沿围岩的裂隙充填交代成矿和在喷口附近沉积。大部分成矿物质随热液喷出后又沿海底运移到有利的环境中经沉积形成硫化物矿床。矿床形成后，在印支期受到构造变形作用不同程度的改造。总之，被动大陆边缘伸展构造环境、丰富的成矿物质来源、持续的区域热源或大陆热点、同生断裂系统及其控制的成矿沉积盆地以及后期构造-岩浆作用等因素的配合（耦合），可能是南秦岭泥盆系大规模 Pb、Zn、Ag、Au 成矿带形成的原因（图 3-58）。

## 五、武夷-云开-台湾增生带

### 12. 武夷-云开及周边地区华力西中晚期岩浆成矿作用

#### 12.1 成矿时空分布

成矿作用主要集中在湖南雪峰山和福建武夷山成矿带，均为岩浆热液成矿作用的产物，主要成矿时代集中在华力西期。其中，南平西坑铌钽矿处于北武夷隆起区东南缘、政和-大埔深断裂西侧，是重要的花岗伟晶岩型稀有金属成矿带，西坑花岗伟晶岩矿田是一富钽型稀有金属矿田。该矿田位于华南褶皱系东部边缘的闽西北加里东褶皱带东南，南与闽西南华力西期—印支期坳陷带相接，东与闽东燕山断坳带毗邻，恰处于 3 个构造旋回域的衔接部位（郑文怡，2016）。

#### 12.2 典型矿床

##### 12.2.1 福建西坑铌钽矿

（1）矿区地质特征

区内主要出露地层为古元古代麻源岩群南山岩组的片岩、变粒岩类变质岩系。南山岩组中褶皱构造非常发育，主要发育北东向、北东东向、近南北向复式背斜，溪源头矿段可见花岗伟晶岩脉受轴向近南北的复背斜控制展布；溪源头矿段内仅见一些小断裂，对伟晶岩无明显破坏。区内未见大的侵入

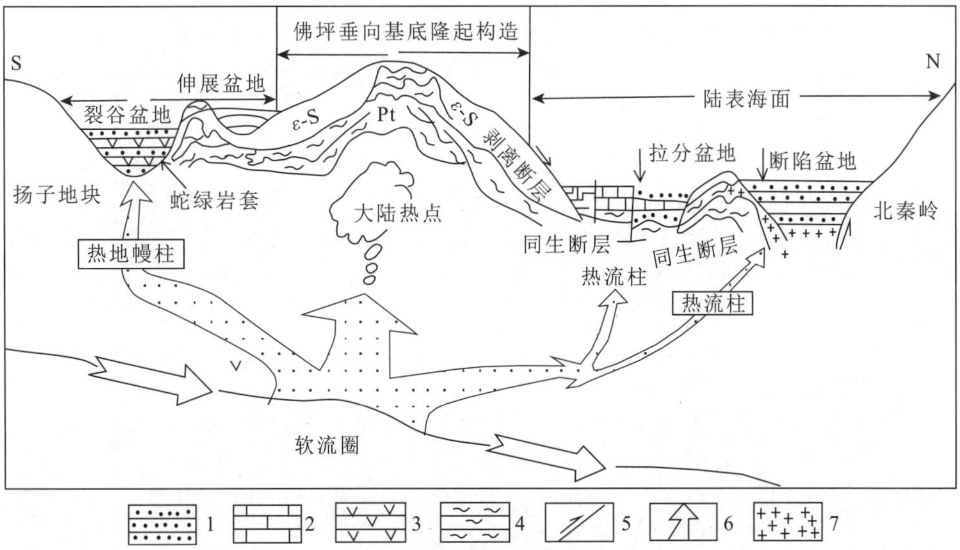


图 3-58　秦岭泥盆纪沉积盆地及深部动力学背景示意图

（据方维萱，2001a）

1—碎屑岩；2—碳酸岩盐；3—火山岩；4—深变质岩；5—（同生）断层及运动方向；6—热流柱及运动方向；7—粗碎屑岩（杂砾岩及含砾杂砂岩）

岩体，脉岩非常发育，主要为伟晶岩脉，其次为花岗斑岩、辉绿玢岩、煌斑岩等。铌钽矿体赋存于花岗伟晶岩脉中，其中溪源头矿段内规模最大的31号脉发育于复背斜的核部与核翼转折端。31号伟晶岩脉属于典型的白云母-钠长石-锂辉石（Ⅳ类型）伟晶岩（图3-59），其交代作用强烈（白云母化、钠长石化、磷酸盐化等），围岩蚀变发育（硅化、白云母化、铝黑鳞云母化、细晶黑电气石化），矿物种类多样，伴生组分复杂。

（2）矿床地质特征

矿田内目前已查明500余条伟晶岩脉，除少量产在西芹、金龙岩岩体内接触带外，绝大部分产于两岩体间的迪口组变质岩系中。其总体呈北北东向展布，密集成群出现，与围岩呈明显侵入接触关系。

区内黑云母伟晶岩为数极少，基本只局限于两岩体的内接触带，白云母伟晶岩分布甚广，占伟晶岩总数的98%以上。区内伟晶岩的造岩矿物基本相同，主要有石英、钠长石、白云母、微斜长石等。主要的稀有元素矿物为铌钽铁矿族、重钽铁矿、锡锰钽矿、锡石、锂辉石、绿柱石、锆石等。铌钽铁矿族是伟晶岩中最主要的铌钽矿物类型，占所有铌钽矿物总量的90%以上，同时也是该区最具有经济效益的工业矿物。铌钽铁矿呈半自形-他形粒状，硬度大，矿物粒径在0.3~40 mm，常与钠长石共生或嵌布于白云母中。锡石多为半自形粒状，矿物粒径在0.02~50 mm，有些受动力作用影响产生破碎，裂隙间常被石英、绢云母充填。锡石常常与铌钽矿物密切伴生，且晶体较粗大。锂辉石多为自形晶，呈短柱状外形，干涉色鲜艳，近平行消光，多数均受到不同程度的绢云母化。有些锂辉石已完全被细鳞白云母取代，只是仍保留有锂辉石假象，称之为“腐锂辉石”。

伟晶岩形成的物理化学条件：对伟晶岩中石英等矿物的上千个流体包裹体的研究表明，它们和西芹、金龙岩岩体的同类矿物包裹体既有共同之处，也存在较明显差异。共同点是：绝大多数包裹体均为气液包裹体，气体占15%~30%；包裹体的形状大小也基本相似，分布均较密集，说明两者形成的物理化学条件有相似之处。二者差异表现为：①伟晶岩中石英等矿物的包裹体数量明显多于花岗岩，且密集成群分布或星散分布，而在西芹等岩体中常呈似层状分布。②在花岗岩的不同部位，包裹体的特征基本类同。但在体积小得多的伟晶岩中，不同类型之间，甚至在同一脉

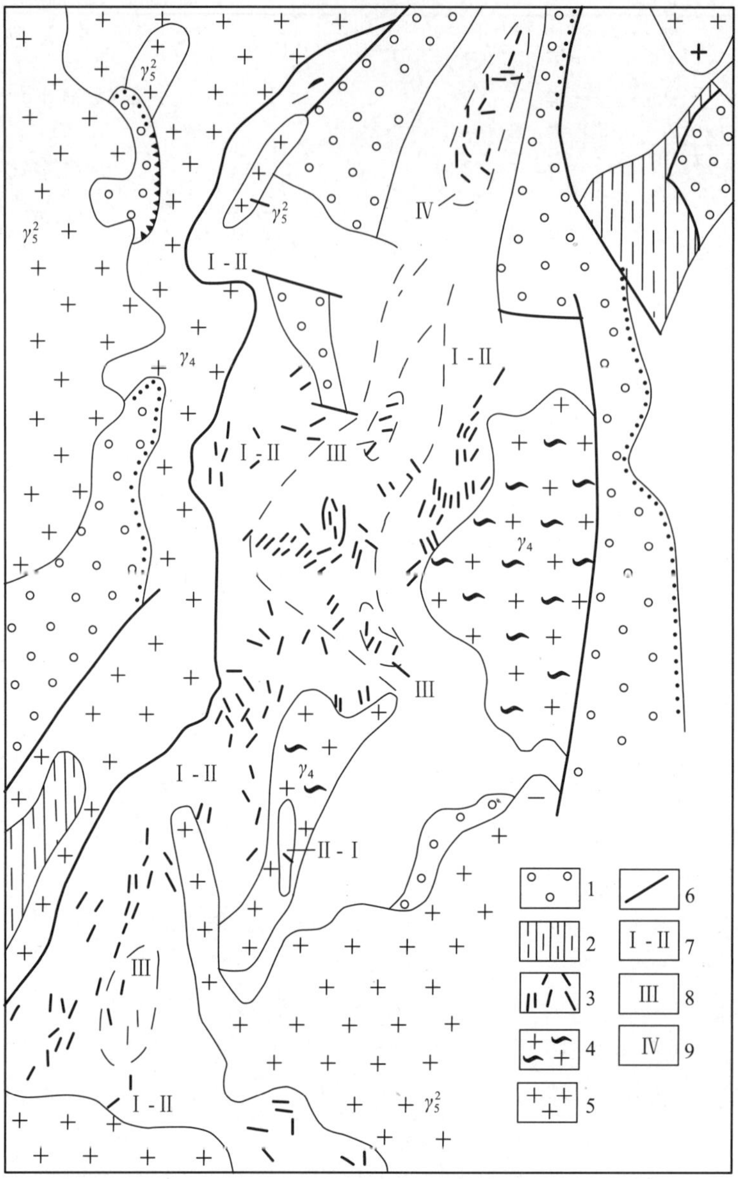


图 3-59　福建南平市西坑矿田地质简图

（据杨岳清，1987）

1—侏罗系陆相沉积岩；2—二叠纪海陆交互相砂页岩；3—震旦系变质岩；4—混合花岗岩；5—花岗岩；6—断层；7—伟晶岩分布区；8—Ⅲ类型伟晶岩分布区；9—Ⅳ类型伟晶岩分布区

体的不同部位，包裹体特征均显示一定差异。通常，气液包裹体的气液比，脉体上盘高于下盘，早期结构带高于晚期结构带。而从低类型到高类型、脉体上盘对下盘、早期结构带对晚期结构带，均一温度有降低趋势。

与伟晶岩有成因联系的西芹岩体全岩 $\delta^{18}O$ 为 9.3‰，石英的 $\delta^{18}O$ 为 10.3‰，伟晶岩全岩 $\delta^{18}O$ 为 9.3‰~10.4‰，石英的 $\delta^{18}O$ 为 9.3‰~13.2‰。其数值普遍低于典型的重熔岩浆花岗岩和有关的伟晶岩。从伟晶岩的全岩 $\delta^{18}O$ 值高于花岗岩，伟晶岩的 $\delta^{18}O$ 值从低类型到高类型趋于增高，说明随温度下降、挥发组分和稀有元素的富集，氧的重同位素趋于增高。在矿化和交代作用强烈发育的伟晶岩中，早期形成的结构带全岩 $\delta^{18}O$ 值最高（12.53‰）。而较晚形成的石英-钠长石带最低。显然，这和封闭体系中结晶的伟晶岩 $\delta^{18}O$ 值变化是明显不同的，说明在该类脉的形成过程中有低 $\delta^{18}O$ 值的物质加入。伟晶岩成岩流体的氧同位素组成是：$\delta^{18}O_{石英-水}$ 值基本均在 9.5‰以上，$\delta^{18}O_{白云母-水}$ 值基本均在

9.96‰以上。这与泰勒定义的在成岩温度下同岩体最后达到同位素平衡的“岩浆水”的氧同位素值范围（7.0‰~9.5‰）并不很接近，而多处于“变质水”的范围（5‰~25‰）。

（3）成矿机制和成矿模式

伟晶岩矿体的成因，一直存在两种不同的认识：变质作用或超变质作用成因，重熔花岗岩浆分异成因。实际情况表明，两种成因的伟晶岩都是存在的。但在某些地区，由于两种成因的标志并非都很清楚，因而难免出现不同的看法。初步认为西坑伟晶岩总体属于与混合岩化作用有关的超变质作用范畴，主要依据是：

西坑伟晶岩围绕同构造旋回产物，即金龙岩和西芹混合花岗岩呈规律性展布。而两岩体的产状、岩性及稀土模式等特征则表明它们和迪口组变质岩系具有一定的内在联系，反映了物质来源的同一性。伟晶岩与两岩体在化学成分上具有相关性，特别是钽等稀有元素的含量在两个岩体中明显高于世界酸性岩之含量。伟晶岩和两岩体的$^{87}Sr/^{86}Sr$初始比值基本都在0.71以上，因此两者均是本地地壳演化之产物。岩体和伟晶岩的$\delta^{18}O$值均低于典型重熔花岗岩和伴生的伟晶岩，其成岩流体的$\delta^{18}O$值不在“岩浆水”范畴，而在“变质水”范畴。伟晶岩和岩体中矿物的均一温度或爆裂温度均明显低于重熔岩浆花岗岩及有关伟晶岩的相应温度，也没有发现熔体包裹体。

以上特征表明，西坑伟晶岩既不同于重熔花岗岩浆产生的伟晶岩，也不完全类同于混合岩中发育的伟晶岩，称之为与混合岩化作用有关的超变质分异型伟晶岩。西坑伟晶岩的同位素年龄变化于312~235 Ma（王登红等，2017）。

伟晶岩的形成过程基于伟晶岩和混合花岗岩的密切关系，因此从混合岩化作用开始到混合花岗岩和伟晶岩的形成应是一个统一的过程，且受控于相应的构造旋回。也即在华力西旋回晚期，在闽西南巨大厚度盖层的压力及深部热事件的影响下，一定深度的基底变质岩系深熔发生混合岩化作用，部分熔融程度相对较高的熔体沿坳陷边缘上升到一些背斜轴部，形成似底辟岩体的混合花岗岩（西芹岩体），部分也可沿构造断裂侵入，由于减压造成温度升高形成类似于重熔岩浆花岗岩（金龙岩岩体）。在此过程中，熔离作用产生了富含挥发组分和稀有元素的伟晶熔体-溶液。其中的稀有元素从根本上来说，也主要来自于稀有元素丰度显著高于地壳平均值的本区变质岩系，而混合岩化过程中的熔离作用则进一步促进了挥发组分和稀有元素在伟晶熔体-溶液中的集中。当富挥发组分和稀有元素的熔体-溶液沿周围的构造裂隙侵入后，由近而远，则依次形成挥发组分和稀有元素递增的各类型伟晶岩（图3-60）。

**12.3 成矿作用**

按照岩石矿物等特征，矿田内伟晶岩可分成4个类型，它们围绕华力西期花岗岩类在变质岩系中有规律地展布，其中工业意义最大的为Ⅳ类型伟晶岩。Ⅳ类型伟晶岩的主要特征是脉体复杂、规模大，分异交代作用发育，围岩蚀变强烈，可利用的稀有元素不仅种类多，而且所形成的稀有元素矿物组合也十分复杂，此外，还伴有种类繁多的磷酸盐矿物。本区伟晶岩属于与混合岩化作用有关的超变质分异型伟晶岩。其混合岩化的发生与华力西构造活动晚期的深熔作用有关，伟晶岩则由混合岩化过程中的熔离作用产生，伟晶岩中的稀有元素来自变质岩系。

## 六、扬子板块

### 13. 扬子陆块周缘晚古生代海相沉积成矿作用

**13.1 成矿时空分布**

晚古生代中国南方锰矿床，如上泥盆统榴江组，分布于桂西南，典型矿床如广西土湖；上泥盆统五指山组，分布于桂西南，典型矿床如广西下雷；下石炭统大塘组，分布于桂中、桂北一带，典型矿床如河池龙头；上石炭统黄龙组，分布于江西，典型矿床如乐平花亭；下二叠统孤峰组，分布于湖南、广西、安徽一带，典型矿床如湖南零陵水埠头；中二叠统茅口组，分布于贵州北部，典型矿床如遵义铜锣井。

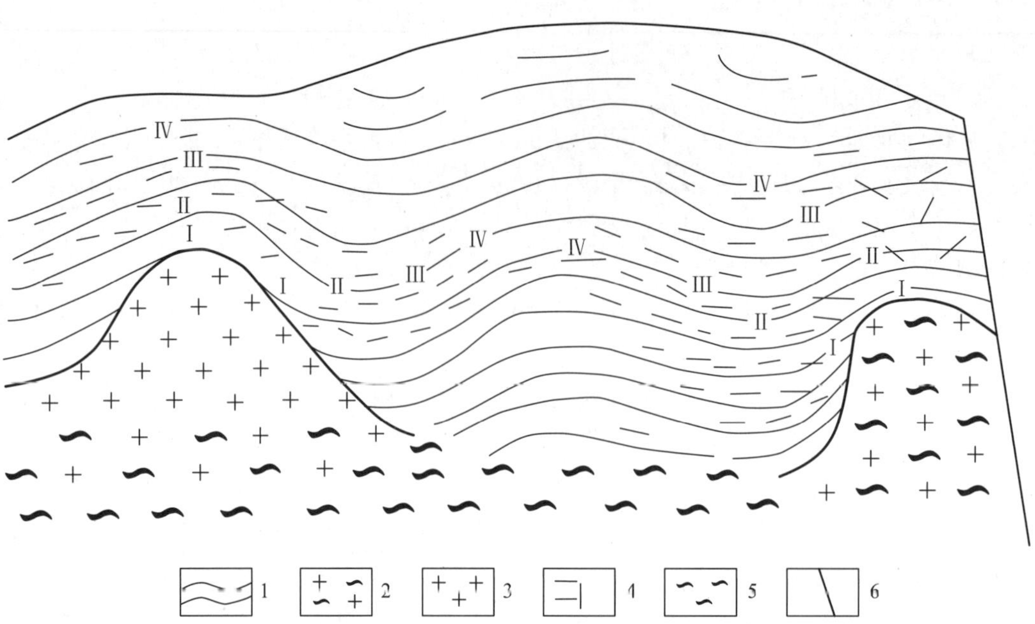


图 3-60 福建南平市西坑伟晶岩形成模式图

（据杨岳清，1987）

1—变质岩；2—混合花岗岩；3—花岗岩；4—伟晶岩脉及类型；5—混合岩；6—断层。Ⅰ—白云母-钾长石-早期钠长石-伟晶岩；Ⅱ—白云母-钠长石-钾长伟晶岩；Ⅲ—白云母-钾长石-钠长石伟晶岩；Ⅳ—白云母-钠长石-锂辉石伟晶岩

滇黔桂渝地区铝土矿的沉积作用主要发生在中、晚二叠世（高兰等，2014）。铝土矿主要分布在云南的东南部至广西西部地区（自云南的文山市往东延伸到南宁市，大地构造位置属于扬子准地台和华南褶皱系等两个一级地质构造单元内）以及重庆的东部往南延伸至贵州省北部（大地构造位置属于扬子地台南缘）。

**13.2 典型矿床**

**13.2.1 广西下雷锰矿**

（1）区域地质特征

下雷锰矿构造上位于华南褶皱系右江褶皱带下雷-灵马坳陷的西南部。区内分布有泥盆系、石炭系、二叠系和三叠系，其中泥盆系最为发育，分布面积最广。广西运动使华南造山带最终形成，构造演化进入了板内活动阶段。该区华力西早期，由于古特提斯洋裂谷作用的影响，造成了一系列板内张裂构造，形成了右江大陆边缘裂谷盆地。盆地内部沿下雷-灵马同沉积断裂，产生了次一级狭长坳陷槽沟，发育了一套碎屑岩、硅质岩、泥质岩、碳酸盐岩组成的槽沟相沉积。其中上泥盆统含锰泥质岩、硅质岩和碳酸盐岩组成了含锰沉积岩系，下雷锰矿即赋存于这一岩系内（图 3-61）。

（2）矿床地质特征

下雷锰矿位于北西南东向的上映倒转向斜的西南端，锰矿层围绕着向斜两翼出露。南翼锰矿层产状呈陡倾斜，倾角一般在 70°以上，北翼锰矿层产状平缓，倾角一般 25°。在当地最低侵蚀基准面以上为氧化锰矿石，在侵蚀基准面以下为碳酸锰矿石。矿层总长度达 5 km 以上，平均厚度 1.94 m，延深 400 m 以上。

矿层产于上泥盆统五指山组中，共有三个分层，自下而上分别称为Ⅰ、Ⅱ、Ⅲ矿层，其中夹石层分别称为夹一、夹二层。Ⅲ矿层为碳酸锰矿，由菱锰矿、钙菱锰矿及石英、方解石等组成，Ⅰ矿层和Ⅱ矿层为含硅酸锰的碳酸锰矿石，矿石中除菱锰矿、钙菱锰矿外，还出现蔷薇辉石、锰铁叶蛇纹石、锰帘石等硅酸锰矿物。碳酸锰矿石多具微细粒结晶结构，块状构造、豆（鲕）状构造和条带（条纹）状构造。矿层顶底板和夹层的组成相似，都为含泥质钙质硅质岩，或是薄层泥质岩和碳酸盐岩夹杂于

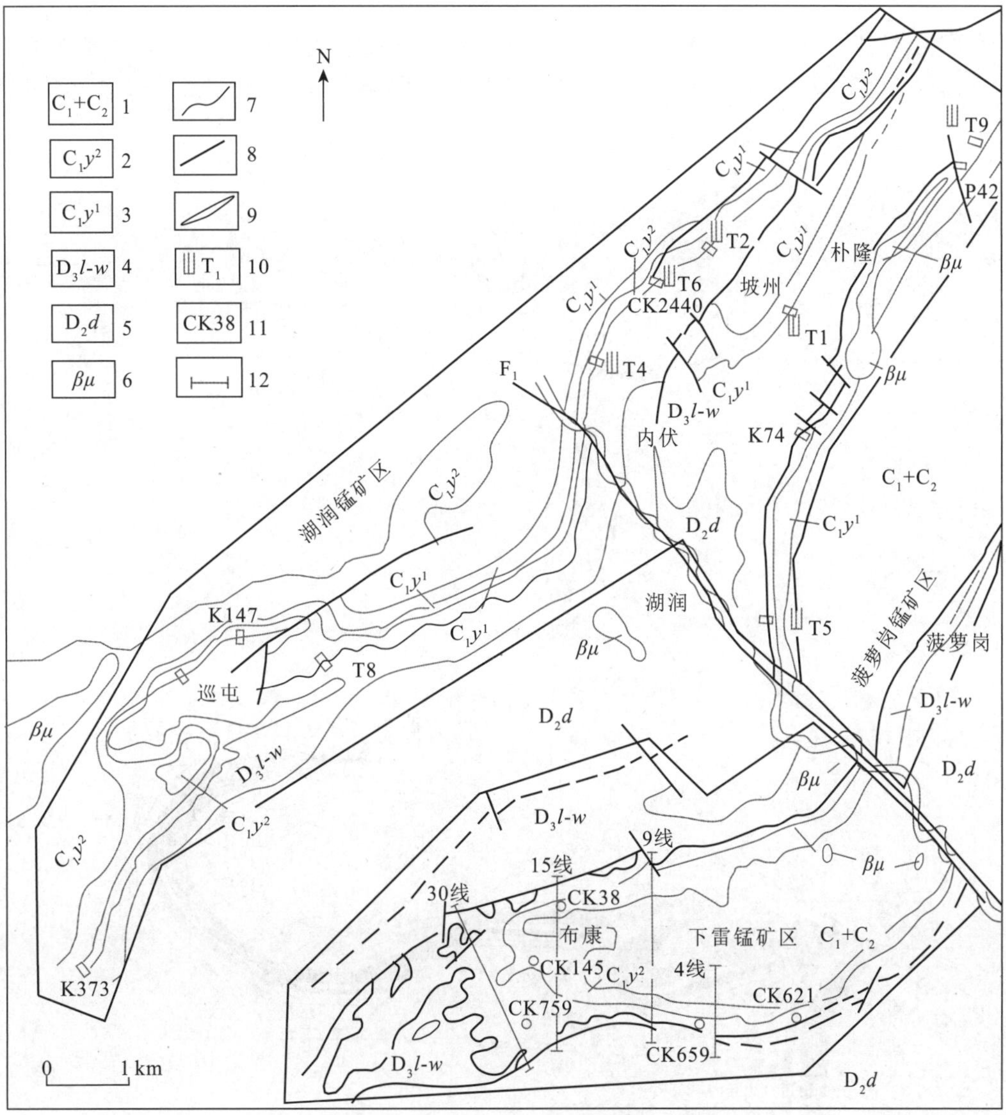

图 3-61　广西大新县下雷锰矿区地质图

（据中国冶金地质总局广西地质勘查院，2015）

1—上、下石炭统；2—下石炭统岩关阶上段；3—下石炭统岩关阶下段；4—上泥盆统榴江组五指山组合层；5—中泥盆统东岗岭组；6—中生代辉绿岩；7—地质界线；8—断层；9—锰矿区；10—坑探工程及编号；11—钻孔及编号；12—剖面线及编号

硅质岩中。

下雷锰矿经历了沉积、变质和风化作用3个阶段，每个成因阶段都有一组不同的矿物组合。第1类是同生沉积形成的，主要是含锰碳酸盐矿物及与其紧密共生的玉髓、石英、水云母等脉石矿物，广泛分布于全区碳酸锰矿层中；第2类是锰硅酸盐矿物，少量氧化锰矿物及其他变硅酸盐矿物及氧化物，由于变质作用不甚强烈，这类矿物未单独聚集构成单独的硅酸锰矿石，而是掺杂散布在碳酸锰矿物间且含量不均的分布在1号、2号矿层中的局部地段，又称硅酸锰-碳酸锰矿石；第3类是在矿层的近地表氧化带中，原生的碳酸锰矿物、硅酸锰矿物或含锰灰岩经风化作用次生氧化形成的氧化锰、氢氧化锰、铁的氧化物和次生石英粘土类矿物（覃桂武等，2012）。

（3）成矿机制和成矿模式

晚泥盆世五指山期，在广南-靖西一带右江被动陆缘裂谷盆地系中形成地堑式台间盆地。深源锰质由海底热水沿同生断裂溢出，在地堑式台地间盆地中直接沉积富锰物质，沉积成岩成矿。期后被动陆缘走滑拉断作用，形成一系列剥离断层，辉绿岩的岩浆沿其上侵。燕山运动产生了继承先存剥离断层的压性剪切构造带或S型面理构造带。构造活动的机械能转化成热能，和先期辉绿岩沿构造面侵位热能，双重作用叠加于已形成锰矿层，产生活化含矿流体，在上下剥离断层挟持屏蔽下，含矿流体在上剥离断层下盘的后期压剪切带（S面理构造带）的碳酸锰矿层中，富集成优质富锰矿（图3-62）。

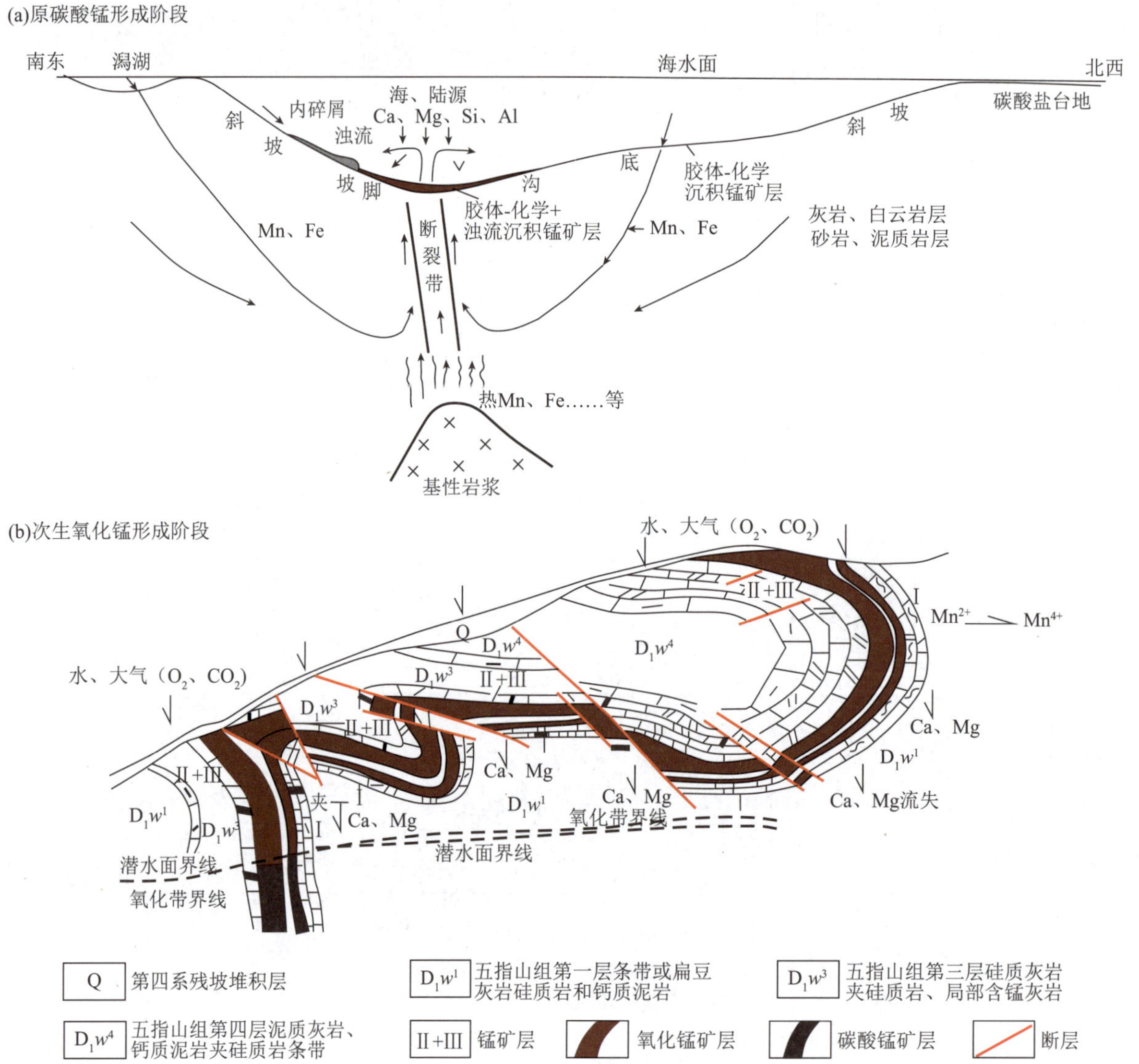

图3-62 广西大新县下雷锰矿床成矿模式图

（据丛源等，2018）

锰帽位于原生锰矿层或含锰层的氧化带中，由原生的碳酸锰矿层、硅酸锰矿层或含锰的硅酸盐、碳酸盐等岩层，在近代亚热带气候条件下，遭受风化时，由于大量的碱金属、碱土金属（如K、Na、Ca、Mg、$SiO_2$）等组分被地表水和地下水带出，二价锰被氧化成为软锰矿-硬锰矿、偏锰酸矿等残留在原地，相对富集形成锰帽型矿床。

### 13.2.2 贵州遵义锰矿

遵义锰矿已勘查评价的矿床（点）有：遵义铜锣井锰矿区、深溪锰矿区、小金沟锰矿区、遵义共青湖锰矿床、遵义和尚场锰矿床、遵义西坪蒜叶沟锰矿点、遵义团溪五龙锰矿点、遵义龙坪张家湾铁锰矿点、遵义西坪毛家山铁锰矿点、遵义西坪大土场铁锰矿点、遵义天井台锰矿点等矿床（点）（图3-63）。

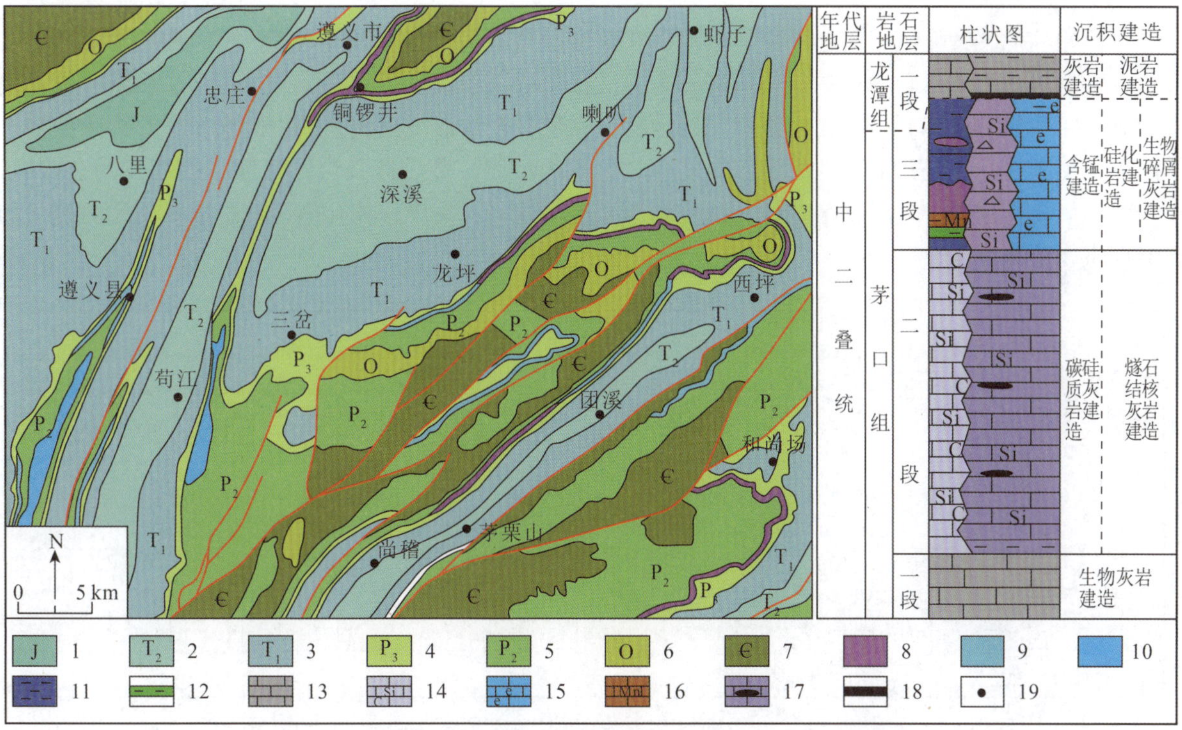


图 3-63　贵州遵义地区地质图及中二叠统综合地层柱状图

（据刘志臣等，2019）

1—侏罗系；2—中三叠统；3—下三叠统；4—上二叠统；5—中二叠统；6—奥陶系；7—寒武系；8—含锰建造；9—硅化岩建造；10—生物灰岩建造；11—粘土岩；12—凝灰岩；13—灰岩；14—碳硅质灰岩；15—生物碎屑灰岩；16—硅化岩；17—燧石条带灰岩；18—煤层；19—地名

（1）区域地质特征

区域内出露地层均为沉积岩组成，无岩浆岩和变质岩分布。由于黔中隆起影响，区内奥陶系、志留系、泥盆系、石炭系等缺失或发育不全；震旦系、寒武系、二叠系、三叠系等发育较完全，且分布较为广泛；其余地层分布多有局限性，古近系—新近系仅分布在个别河谷盆地中。二叠系为区内唯一产工业锰矿床的地层。

遵义铜锣井锰矿以矿层厚度稳定、质量好、储量大而成为遵义锰矿中最重要的矿区。锰矿层赋存于中二叠统茅口组中，矿床为一向西南倾没的背斜构造，两翼矿层分别向正东及北东两个方向延展，构成一个“Y”字形（图 3-63）。背斜轴部褶皱、断层十分发育，断层以倾向北西的高角度叠瓦状走向逆断层为主，正断层较少；褶曲主要发育在北西翼中段背斜轴部，形成一系列次级的复背斜、复向斜构造。

（2）矿床地质特征

锰矿层呈层状、似层状、透镜状产出，层位稳定。锰矿层厚度 0~4.5 m，一般 1.5 m 左右。锰矿体长 10~2500 m，一般 150~600 m，沿倾斜延伸最大至 1 km 且未尖灭，矿体变化与其规模成反比趋势，矿体之间为含锰粘土岩。锰矿由中心向边缘的变化规律为：层状稳定矿体-透镜状不连续矿体-含锰结核粘土岩-含锰粘土岩。

锰矿主要分为碳酸盐锰矿及氧化锰矿。碳酸盐锰矿为该区的主要矿石类型，氧化锰矿系碳酸盐锰矿的氧化物，一般分布于潜水面以上。碳酸盐锰矿主要由菱锰矿、锰方解石、锰白云石及少量硫锰矿、水锰矿等矿物组成，伴生有水云母、高岭石、伊利石等粘土矿物及黄铁矿、菱铁矿碳泥质等。

（3）成矿机制和成矿模式

在地幔柱的托升作用下引起深断裂活动，在碳酸盐台地的基础上发生了分异，形成了黔中台沟，富硅、锰的热液流体沿黔中台沟通道运移，为遵义锰矿的沉积提供了物质来源。另外，由海底喷流出富含硅、锰质热液流体，沿着次生裂隙通道运移，在遵义台沟形成喷流，其中的锰质在热海水的渗入作用下，不断析出，进入弱碱性的海水中发生氧化锰的沉淀，最后遵义台沟西部早期喷发的玄武岩，在强化学风化作用下，淋滤出来的铁、锰质向遵义台沟迁移、集中，风化搬运沉积成矿作用为遵义的成锰提供物质来源（图 3-64）。

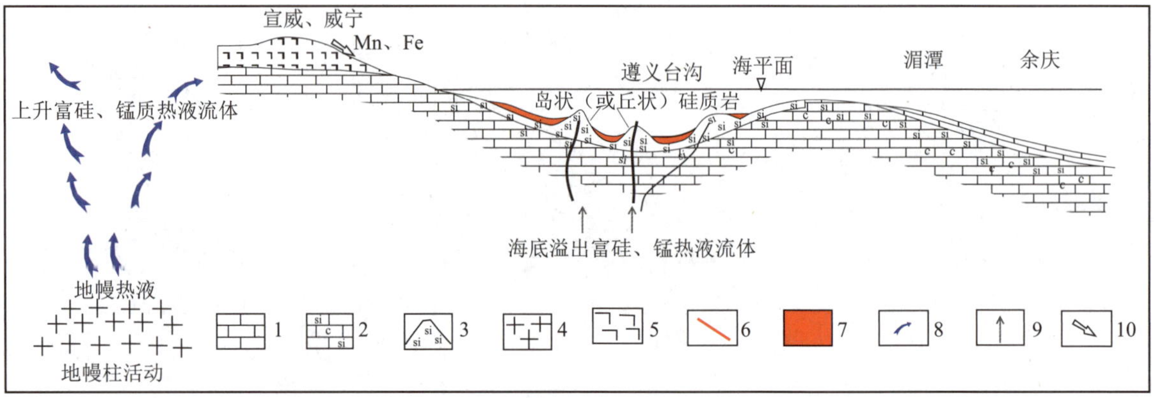


图 3-64　贵州遵义铜锣井锰矿床成矿模式图

（据贵州省地矿局一〇二地质大队，2014，有修改）

1—石灰岩；2—碳质硅质灰岩；3—岛状（或丘状）硅质岩；4—超基性岩；5—玄武岩；6—次级断裂；7—菱锰矿；8—地幔热液喷溢方向；9—海底喷发热液喷溢方向；10—地表 Mn、Fe 质运移方向

### 13.2.3 贵州务正道地区铝土矿

（1）区域地质特征

务正道地区大地构造位置处于扬子准地台南缘的黔北台隆遵义断拱之凤岗北北东向构造变形区内（扬子板块南部北侏罗山式褶皱带）。属遵义断拱东北部的一个四级构造单元。区内构造以北北东向褶皱发育为特点，背斜与向斜相间排列，其背斜相对平缓开阔，向斜相对较紧闭，为典型的隔槽式褶皱。向斜轴部多保留有三叠系，背斜核部常由寒武系组成，奥陶系、志留系、二叠系沿褶皱翼部呈环状分布。铝土矿赋存于向斜构造内，受向斜构造控制。如鹿池向斜的瓦厂坪矿床、青坪向斜的大竹园矿床、新木向斜的新木-晏溪矿床、农桥向斜新民、岩坪矿床、桃园向斜老鸦塘矿床等。区内断裂构造以逆断层为主，多沿背斜轴部和向斜两翼展布，断层走向主要为北北东向，次为北西向，但后者规模较小。

黔中-渝南铝土矿成矿带呈北东向展布，长达 370 km，自南西往北东铝土矿床（点）相对集中于修文、息烽、遵义、正安和道真 5 个片区（图 3-65）。

（2）矿床地质特征

矿体赋存于中二叠统梁山组地层中，含矿岩系一般厚 3～15 m。矿体平面上围绕向斜外围分布，剖面上呈层状、似层状产于含矿岩系中上部。矿体连续稳定，与围岩界限清晰，厚度变化小，一般为 0.7～3.2 m。

矿石类型以土状-碎屑状铝土矿为主，致密状铝土矿次之。$Al_2O_3$ 58.26%～69.57%，平均 64.85%，$SiO_2$ 6.95%～12.88%，平均 9.70%；A/S＝4.6～10.0，平均 6.7；$Fe_2O_3$ 2.29%～11.97%，平均 5.14%。TS 0.06%～3.19%，平均 0.70%。本区矿石构造主要以土状-半土状构造、碎屑状构造、豆状、鲕状构造以及块状构造为主。

由于受加里东旋回末期的广西运动的影响，黔北务正道地区普遍上升为陆，长期遭受剥蚀，华力

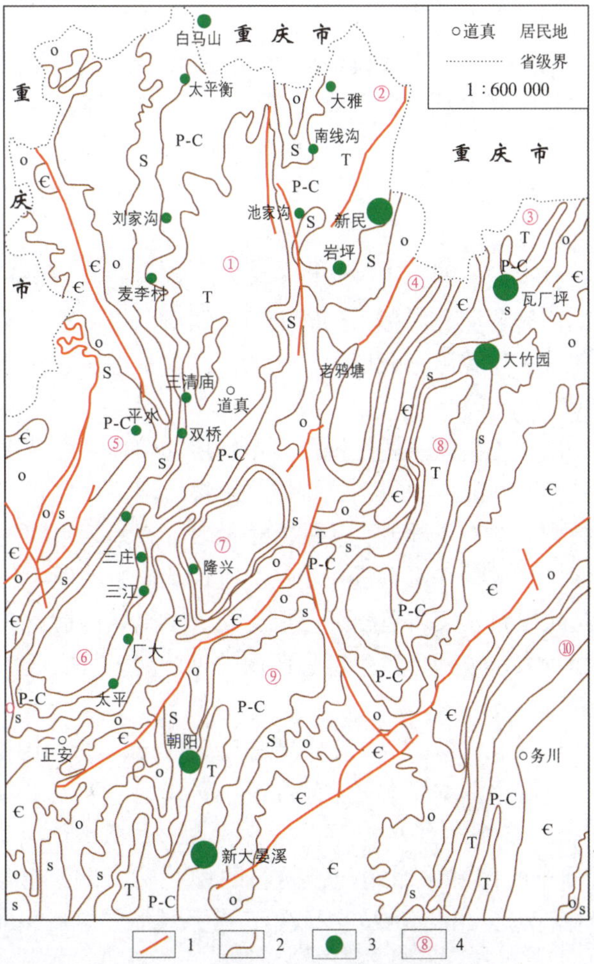


图 3-65　黔北务正道地区地质图

（据金中国等，2012）

1—断层；2—地层界线；3—铝土矿床（点）；4—向斜编号。

J—侏罗系；T—三叠系；P—C—二叠系—石炭系；S—志留系；O—奥陶系；Є—寒武系

西旋回开始仍属剥蚀地区，故泥盆纪时未接受沉积。直至石炭纪中期，海水自北向南侵入，在凹陷部位有断续的厚数米至十余米的碳酸盐岩沉积；至中二叠世，在中下志留统韩家店群的泥页岩、含砂质泥岩及上石炭统黄龙组的灰岩的侵蚀面上沉积了一套富铝质岩系。

务正道地区铝土矿与黔中地区（包括遵义附近）的铝土矿沉积岩相古地理特征有较大的差异。黔中地区的铝土矿沉积时代为早石炭世九架炉期，黔中地区在泥盆纪、志留纪时期地壳抬升，长期遭受风化剥蚀，缺失泥盆系、志留系的沉积，至石炭纪早期，海水从南至北开始海浸，接受沉积，在其底部的中上寒武统娄山关群（$Є_{2-3}ls$）碳酸盐岩侵蚀面之上，沉积了一套铁铝质碎屑岩建造，形成了黔中地区的铝土矿。而黔北务正道地区的铝土矿的沉积时代为中二叠世梁山期，海水从北至南海浸，在川南-黔北地区的古海岸边缘，在其底部为中下志留统韩家店组（$S_{1-2}hj$）碎屑岩及上石炭统黄龙组（$C_2h$）的灰岩侵蚀面之上，沉积了一套河湖相的碎屑岩建造的富含铁、铝质岩系，属长期剥蚀分解作用的初期沉积。

（3）成矿机制和成矿模式

该区铝土矿床的形成经历了长期多阶段的发展、演化，其成矿过程大致分为 3 个阶段。

风化作用阶段：铝土矿的形成一般是有基底含铝高的岩石或地层受长期风化剥蚀而成，因此蚀源区需有含铝量高的矿源岩存在。

晚志留世在广西运动的影响下，本区上升为陆，晚志留世石炭纪为风化剥蚀期，在准平原化过程中，中下志留统韩家店组富铝碎屑岩，在气候炎热，潮湿多雨的亚热热带环境和长期含有、酸性地表水的化学溶蚀作用下，形成较厚的古风化壳，K、Na、Ca、Mg 等元素及相对易溶的组分被淋漓带走，部分 $SiO_2$ 呈胶体溶液被带出，而难溶惰性的 Al、Ti 及部分 Fe、Si 等残留原地或近地富集，形成以高岭石主的粘土矿物。晚石炭世早期的局部断块运动，伴有间歇性上升活动和间歇性海侵的影响下，在低洼区域形成浅海台地相的黄龙组沉积。

搬运沉积阶段：在中二叠世梁山期，本区缓慢下降，海水自北向南侵入，在古陆周边形成广大的树枝状河流水系及大片湖泊沼泽环境，局部为局限海湾，滨海前缘有利于大量铝土质风化物的运移和沉积。经地表水作用，风化残积物源源不断地向低洼的河湖盆地搬运、迁移，在还原、弱酸性水体中再经沉积、分异形成含矿层。

表生富集阶段：已沉积的铝土矿经三叠纪及白垩纪地层的覆盖，经多次构造运动，地壳上升，地层发生褶皱、断块运动，使黔北地区成为隔槽式褶皱，最终形成多个北东及北北东的复式褶皱带。由于构造运动，含铝岩层被抬升之地壳浅部或直接暴露于地表，在地下水和地表水的作用下，最初形成的铝土矿中的黄铁矿被溶滤，形成酸性水，进一步带走了铝土矿中的硅质、铁质等有害杂质，使得铝土矿进一步富集，矿石构造也由致密变得疏松，形成土状、半土状构造。在向斜的转折扬起端及缓倾斜翼，原生铝土矿出露面积较大，更利于表生富集作用的进行。三阶段成矿模式可概括为图 3-66。

（4）找矿模型

沉积型矿床层位控矿作用明显，本区铝土矿即产在特定层位，即梁山组中，其顶底板地层可作为找矿标志。另外在地质演化过程中，本区在泥盆纪和早中石炭世均为风化剥蚀期，因而该时代地层的缺失也是找矿的间接标志。

向斜构造对含矿岩系分布的控制作用明显，向斜的仰起转折端，枢纽隆起部位（向斜宽度变窄），缓倾斜翼（二叠系出露较宽），没有或较少残留三叠系地层的宽展型向斜（深部矿层埋深较浅）是找矿勘查的有利部位。

本区含矿层梁山组地层上覆数百米厚的栖霞组灰岩，抗风化能力强，地貌上常形成陡崖，而含矿层底板韩家店组泥页岩柔性较强，构造作用下常形成缓坡，含矿层即位于两者之间的陡崖下部。铝土矿多为土状半土状、豆鲕状、碎屑状、致密状构造，其中以土状半土状矿石质量最好，多产于矿层中上部，呈土黄色，表面粗糙，结构疏松，吸水性好，在其上、下多为豆鲕状及碎屑状矿石，为找矿直接标志。致密状矿石较为少见，通常呈致密状者，其硅质含量较高，为铝上岩或铝质粘土岩。

**13.3 成矿作用**

晚古生代是扬子板块周缘锰矿形成密集时期。扬子板块南缘，泥盆纪越北裂陷槽形成了含锰硅质岩建造。含锰建造由北向南依次为碳酸盐相带、过渡相带和深水硅质岩相带，锰矿呈层状或似层状分布在硅质岩相带与过渡相带之间。

榴江组是晚泥盆世早期以硅质岩、硅质页岩为主，夹多层含锰硅质岩、泥页岩、灰岩的特征岩石组合，分布在以平南-桂平一带为中心的桂东南地区。五指山组是晚泥盆世晚期一套以扁豆状、条带状泥灰岩、钙泥硅质岩为主，夹多层碳酸锰矿层或含锰灰岩、含锰硅质泥岩的特征岩石组合，集中分布于桂西南右江褶皱带，构成以下雷-湖润大型、中型矿床为中心的锰矿带。

含锰的石炭系大塘组主要是一套以泥晶灰岩、硅质灰岩、暗色泥质岩、硅质岩夹生物屑灰岩为特征的浅海陆棚裂堑盆地沉积物。岩石组合类型变化较大，生物化石较少，仅以牙形刺、海百合茎为主。该类锰矿集中分布于桂北南丹-荔浦地区，呈近东西向，其中尤以宜山龙头-洛东一带最佳。

湘赣苏皖和闽西南-粤东等地石炭系黄龙组和船山组都是纯净的浅海钙质碳酸盐岩和镁质碳酸盐岩组合，盛产珊瑚类生物群，通常含锰性都很微弱。在赣东北乐平（众埠街）、湘东浏阳（七宝山）等地，黄龙组—船山组超覆于前震旦纪变质岩之上，其底部不整合面间赋存有似层状、扁豆状铁锰碳

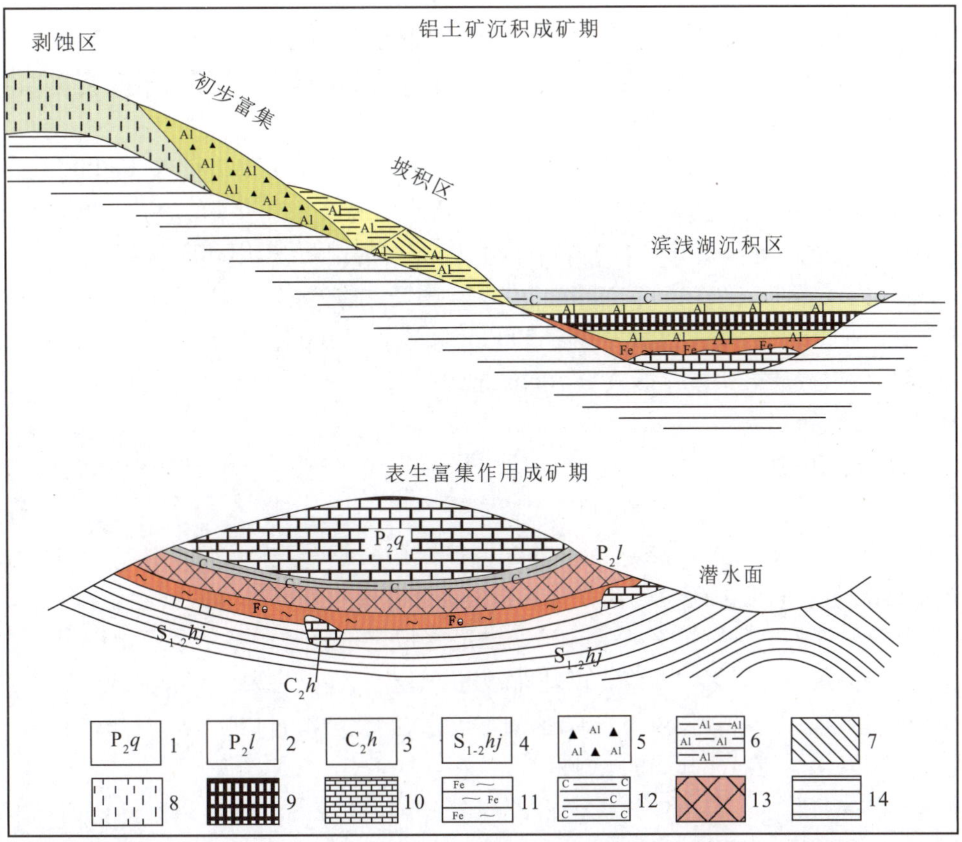


图 3-66　贵州务正道地区铝土矿成矿模式图

（据隗含涛，2013）

1—中二叠统栖霞组；2—中二叠统梁山组；3—上石炭统黄龙组；4—下-中志留统韩家店组；5—含铝碎屑物；6—铝土岩或铝质粘土岩；7—坡积铝土矿；8—风化粘土岩；9—沉积铝土矿；10—灰岩；11—（含铁）绿泥石岩；12—碳质页岩；13—铝质层；14—页岩

酸盐矿层。

桂东北-湘南-粤北地区的二叠系孤峰组和当冲组含锰硅质岩建造，主要是一套硅质岩、硅质泥页岩、泥灰岩组合，上、下夹两层含锰灰岩、含锰硅质岩和（或）碳酸锰矿层，一般厚十几米到一百多米，含菊石、有孔虫、头足类、腕足类等化石。锰矿层通常含锰低，与其有关的次生氧化锰矿在桂东北、湘南、粤北一带分布较广泛。

贵州境内的晚二叠世龙潭组、吴家坪组属于同期海陆交互相沉积物，代表长兴组之下、峨眉山玄武岩或茅口灰岩之上的地层单位。吴家坪组是一套海相碳酸盐岩，盛产䗴类、珊瑚、菊石等，底部常出现粘土岩、粉砂质泥岩夹可采煤层及结核状黄铁矿、菱铁矿条带，一般不含锰矿，广泛分布于紫云-贵阳一线以东地区。龙潭组是一套海陆过渡相含煤粘土质碎屑沉积物，主要由杂色-黑色页岩、粘土岩、粉砂岩夹灰岩、硫铁矿和煤层组成，盛产腕足类、双壳类、植物化石。黔北遵义-桐梓一带的大型遵义锰矿即产于该层底部，与下伏茅口组上段硅质岩呈平行不整合接触。

扬子板块西缘与北特提斯构造域过渡区，晚二叠世至早三叠世末，古特提斯海盆由鼎盛转向萎缩消亡，冈瓦纳分离地块与扬子板块缝合，形成西部山弧带和东部前陆盆地带，并在川北陕南形成了相关一系列锰矿床。

**14. 扬子陆块西缘华力西晚期岩浆成矿作用**

**14.1 成矿时空分布**

中国扬子地台西缘及其邻区广泛分布着晚二叠世峨眉山玄武岩，与之伴随的是数量众多的同期镁铁-超镁铁侵入体，仅在云南省境内就有5条镁铁-超镁铁岩带。同时，还形成了与峨眉山玄武岩及其相应镁铁-超镁铁侵入体具有时空联系的一系列铜镍铂族元素矿床和钒钛磁铁矿矿床，其中云南金宝山为独立铂钯矿床、云南白马寨和四川丹巴杨柳坪等为代表的铜镍硫化物矿床，还有以攀枝花、红格、白马、太和为代表的钒钛磁铁矿矿床（图3-67）。

云南金平白马寨Cu-Ni-PGE矿床的成岩时代为259±4 Ma（SHRIMP锆石U-Pb法），成矿时代为259~249 Ma（Re-Os法），力马河和新街的SHRIMP锆石U-Pb年龄分别为263±3 Ma和259±3 Ma。金宝山超镁铁岩体蛇纹石化橄榄岩及斜长角闪石岩的锆石SHRIMP年龄分别为261±4 Ma和264±6Ma。攀西地区的攀枝花、白马和红格层状镁铁-超镁铁质岩体的SHRIMP锆石U-Pb年龄263±3 Ma、262±2 Ma和259±1 Ma（吕林素等，2007；陶琰等，2008；Zhou et al.，2008；王登红等，2014），不同性质的玄武质岩浆演化形成了不同类型的矿床。

### 14.2 典型矿床

#### 14.2.1 云南金宝山铂钯矿

（1）区域地质特征

金宝山矿床是20世纪70年代发现的一处大型独立铂钯矿床，矿床位于扬子地台西缘南端，宁蒗-弥渡镁铁-超镁铁岩带内，该镁铁-超镁铁岩带向北进入四川省，向南至云南省南华县，与之对应的喷出岩是空间上紧邻的大理宾川玄武岩。矿区内出露地层主要有泥盆系金宝山组第三段互层的板岩、变质砂岩、结晶灰岩。矿区内岩浆岩以基性、超基性岩为主，主要为辉石橄榄岩，底部及边部可见一些小的橄榄岩、辉石岩和斜长角闪岩。超基性岩蛇纹石化和滑石化强烈，在岩体与围岩的接触带发育角岩化、大理岩化、滑石化和绿泥石化。

（2）矿床地质特征

岩体空间展布呈两翼平缓的短轴背斜形态，被礼社江从中部分割为南北两部分，以北段发育较好。北段北西向延伸，已控制长2560 m，宽760~1240 m，岩体厚度25.07~109.06 m，最大垂厚170.11 m（图3-68）。岩体组成岩石主要为单辉橄榄岩，垂厚统计占92%，肉眼观察铂钯矿石与围岩没有明显区别，但单偏光下前者较后者更具丰富的硫化物。岩石几乎全部变质，橄榄石、辉石强烈蛇纹石化、滑石化及次闪石化，镜下可见明显网状结构，但是晶体结构尚存。金宝山铂族元素矿床是典型的岩浆型矿床，但整个岩体蚀变强烈，且矿体中广泛发育热液硫化物细脉矿石，脉体有较高的铂族元素含量，但主要表现为就地改造，热液活动未造成矿体形态、产状的根本变化（陶琰等，2003）。该岩体年龄为259 Ma，与峨眉山玄武岩基本同期（Zhou et al.，2008）。

矿区内已发现5个含铂矿岩体，产于橄榄岩-辉橄岩岩相带中主矿体多为似层状透镜状次矿体则多为条带状、扁豆状和不规则状；个别产于辉石岩中的矿体则成瘤状和巢状。矿体规模大小不一，富矿体规模一般较小，矿体厚度2~4 m，长度50~100 m。矿石中有用组分主要是铂、钯、铜、镍，其次为锇、铱、钌、铑。铜、镍与铂、钯关系密切，铂、钯品位2.00~6.26 g/t，平均品位2.07~3.6 g/t，个别矿体最高品位达5.24 g/t。铜、镍品位：铜一般为0.03%~0.10%，平均为0.08%，最高达0.9%，镍一般为0.10%~0.20%，平均0.17%，最高达0.45%。

该矿床中矿体与围岩呈渐变过渡，无明显岩性差异及界线。含矿超基性岩具致密块状构造，以半自形-他形粒状结构为主，矿石以稀疏浸染状构造为主，呈自形-半自形粒状结构、半自形-他形粒状结构和交代结构。矿床贫铜、镍，富铂、钯，矿石基性程度越高，蚀变越强，铂、钯丰度值越高。矿床中已知铂族矿物有5类25种，其中以自然元素及金属互化物类、锑化物类、铋碲化合物与碲化物类，砷铂矿为主。金属硫化物主要为磁黄铁矿，次为镍黄铁矿（紫硫镍铁矿）、黄铜矿和白铁矿。金属氧化物主要为磁铁矿、铬铁矿，次为针镍矿、辉钴矿和辉铁镍矿。

（3）成矿机制和成矿模式

该矿床为典型的岩浆熔离型矿床，其成矿作用过程与岩浆演化过程同步进行。通过综合金宝山矿床的岩体地质特征、矿体地质特征、岩石地球化学特征及同位素地球化学特征，综合建立了该矿床的

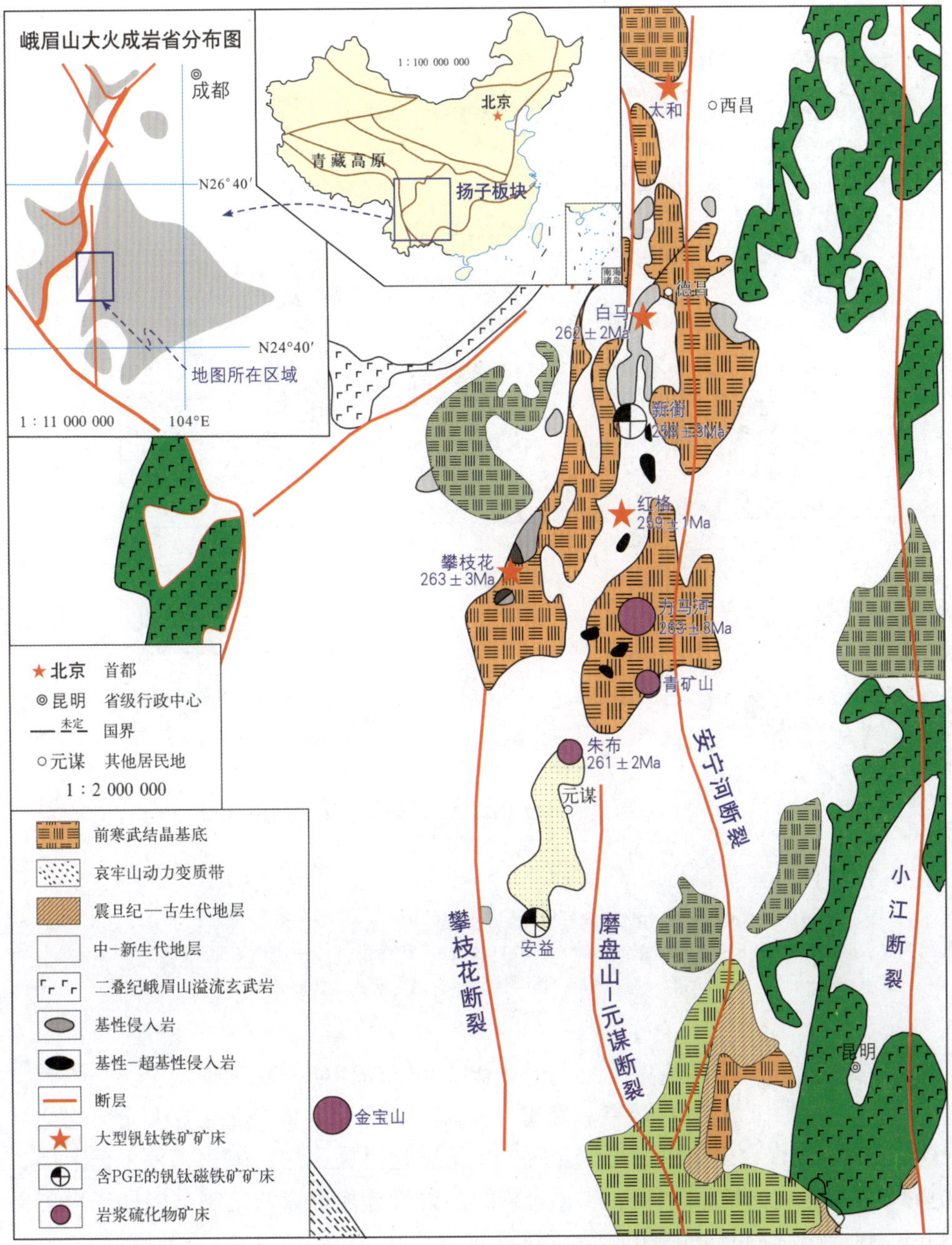


图 3-67　与峨眉地幔柱有关的 Ni-Cu（PGE）矿床和钒钛磁铁矿床分布规律图

（据张晓琪等，2011）

成因模式。认为金宝山铂钯矿金宝山岩体均经历了硫化物从岩浆中富集 PGE 过程，而且反映了峨眉地幔柱结晶分异和熔离金宝山岩体之前，可能未曾发生 S 饱和及硫化物的熔离作用（王生伟等，2012）。此外，利用 Cu-Pd 图解也说明形成金宝山岩体时岩浆并未发生 S 饱和。计算得出金宝山矿床 $R$ 值 1000~5000，明显大于金川、图拉尔根、白马寨等典型岩浆硫化物矿床，较高的 $R$ 值表明硫化物熔离程度较低。这些都说明金宝山岩体形成时岩浆中的硫化物熔离程度较低，并没有因为岩浆中 S 的饱和使得硫化物大规模的熔离。前人认为金宝山岩体富 PGE 岩浆的形成源于一个开放岩浆通道系统“多阶段熔解叠加”过程，在岩浆侵位之前，在深部岩浆房中由于橄榄石和铬铁矿的分离结晶作用使得岩浆从 S 不饱和变饱和。

金宝山岩体 PGE 的富集源于岩浆侵位之前深部岩浆房中硫化物大规模发生熔离而非之后就地混染的结果。早阶段在深部岩浆房中强烈的地壳混染作用使得岩浆中的 S 饱和、硫化物发生熔离并形成

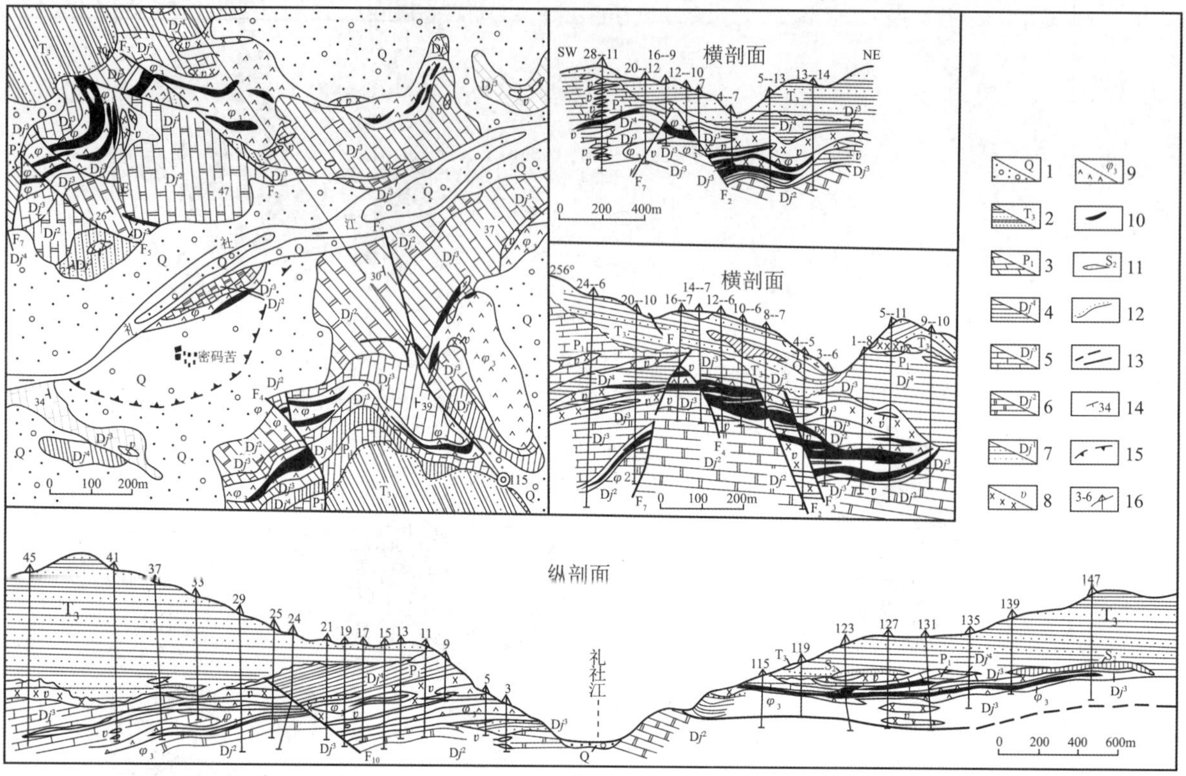


图 3-68 云南弥渡县金宝山铂钯矿区地质图及剖面简图

（据张翼飞等，1993）

1—第四系砂、砾岩；2—上三叠统砂页岩，含煤，次为灰岩；3—薄层灰岩、泥质灰岩夹板岩；4—深灰色白云岩；5—金宝山组薄层灰岩夹板岩偶夹白云岩、长石石英砂岩、板岩及硅质岩；6—金宝山组白云岩夹一层砂板岩；7—金宝山组长石石英杂砂岩、粉砂岩、板岩互层；8—辉绿辉长岩；9—橄榄岩；10—铂钯矿体；11—石膏层；12—地质不整合界线；13—推测、实测断层；14—地层产状；15—滑坡线；16—钻孔及其编号

富 PGE 岩浆，后续的不饱和岩浆与先前的硫化物熔体相互作用使得硫化物发生部分熔解，在这一过程中 Pd、Se 等元素在硫化物熔体中进一步聚集，而 S、Fe 等元素将会保留在残余岩浆之中。之后这种富 PGE 岩浆被带入到浅部岩浆房，与地壳发生少量就地混染作用，硫化物发生低程度、小规模熔离，岩浆中的 S 没有达到饱和。这种富 PGE 岩浆的多阶段叠加形成的机制与同样产出于大型层状岩体的南非 Bushveld 杂岩体的 Platreef 矿床形成机制非常类似。

**14.2.2 云南白马寨铜镍矿**

（1）区域地质特征

位于中国西南部和越南北部的峨眉山 LIPs 发育了大量规模不等的岩浆型硫化物矿床和含硫化物的侵入岩体（Zhou et al.，2008）。根据硫化物含量以及 PGE 的含量，这些矿床被分为：富硫化物贫 PGE 的 Cu-Ni 硫化物矿床包括白马寨，力马河等；富硫化物含中等程度 PGE 的 Cu-Ni-PGE 硫化物矿床包括青矿山和杨柳坪等。其中白马寨矿床作为该区典型的铜镍硫化物矿床，分布在哀牢山-红河断裂和哀牢山-Song Ma（越南北部）断裂围限的金平-Song Da 地区的一个狭长的北西向的二叠纪溢流玄武岩和相关镁铁-超镁铁侵入体分布带中，构成了峨眉山 LIPs 最南端部分。该区的玄武岩地层厚度达到 4.5 km，其下为早二叠世阳新组，其上被三叠纪个旧组覆盖。白马寨铜镍硫化物矿床位于该带的北部，赋存在一个镁铁-超镁铁侵入体中。该侵入体的围岩为奥陶纪砂岩和板岩。研究区还出露有古元古代片岩和片麻岩以及元古宙花岗岩。

（2）矿床地质特征

白马寨矿区共有 3 个岩体（图 3-69），此 3 个岩体均为隐伏岩体，地表出露极为有限，最大的 I

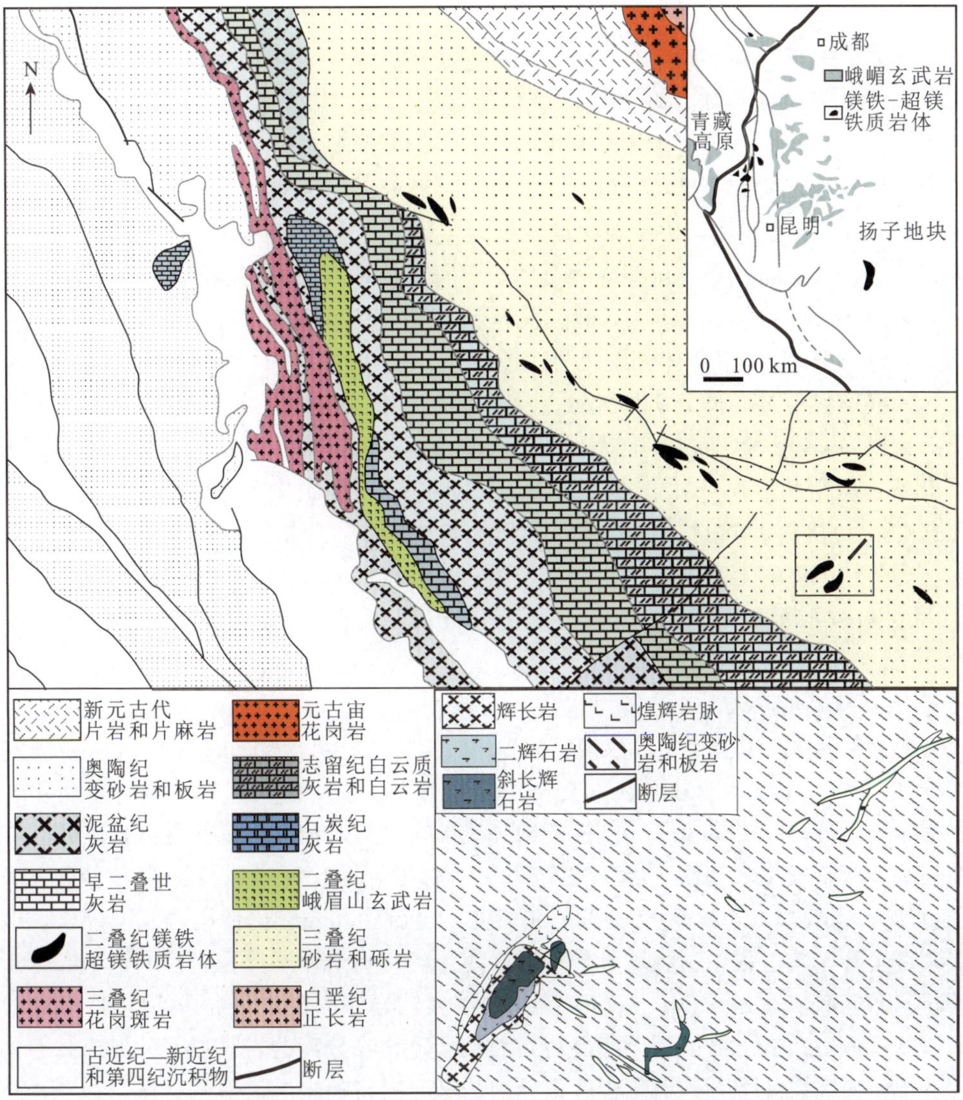


图 3-69　云南金平县白马寨矿床区域地质图及矿区地质图

（据王焰，2008）

号岩体在地表形似履状，呈北东 40°方向展布；长约 600 m，宽约 150 m，厚度 50~100 m；形态为一扁柱体，略向北东侧伏并沿 305°方向延伸，倾角约 35°。该岩体由两个互不连接、产状大致相同的镁铁-超镁铁质岩体组成。东北端为超镁铁质岩体，由斜方辉石岩和二辉石岩组成，二辉石岩成环状包围斜方辉石岩。中部镁铁-超镁铁质岩体自中心向外，由斜方辉石岩、二辉石岩和辉长岩组成，仅东段的斜方辉石岩内有微弱矿化。Ⅱ号岩体长 720 m，宽 20~30 m，厚度 42 m。中部煌斑岩脉沿走向为北东 60°的断裂充填，将Ⅰ号岩体分为南北两段，北段小，水平长 250 m，宽 20 m，走向北东 55°，倾角 40°，东北端已尖灭。南段大，水平长 470 m，南宽北窄，平均 30 m，平均厚度 42 m。走向北东 40°，倾角 50°。岩体内部自中心向边缘，由含硫化物的二辉石岩、暗色辉长岩和辉长岩组成，构成明显的环带分布，其岩相之间的结构、构造、组分变化均系渐变过渡关系，矿体主要位于二辉石岩中，矿化连续，界线较清楚。最小的Ⅲ号岩体在地表的出露面积约为 0.1 $km^2$，长约 530 m，宽 190 m，厚度为 24~64 m。岩体呈透镜状，倾向 296°，倾角约 22°，岩体为一同心环状，核部为块状矿体，向外依次为斜方辉石岩、二辉石岩和辉长岩。斜方辉石岩也是具海绵陨铁结构的矿石，二辉石岩为浸染状矿石，辉长岩基本不含矿。辉长岩、二辉石岩、斜方辉石岩和块状矿石的比例大致为 30%、30%、20%和 20%。Ⅲ号岩体是最主要的开采对象。

其中Ⅲ号矿体矿化率高，但矿石品位变化较大，所有矿体均产于岩体之中或其边缘接触带上。共圈定出8个工业矿体，其中6个原生矿体和2个氧化矿体，其中1号和2号矿体最大，储量占总储量的97%，而1号和3号矿体最富，Ni品位一般在3%以上。其中Ⅰ号矿体位于岩体中部，产状与Ⅲ号岩体基本相同，沿倾斜方向略向岩体南西侧偏移，为一块状特富矿体。矿体形态呈扁柱状，被橄榄岩包围。矿体形态较规则，仅南西缘稍有分岔，总长度425 m，宽度40~72 m，平均51 m，厚度0.7~21 m，平均为9.3 m，主要以致密块状硫化物矿石为主边部常有较薄的角砾状矿石断续分布。主要金属硫化物为磁黄铁矿、镍黄铁矿、黄铜矿和黄铁矿等，矿体中Ni、Cu品位变化范围较大，一般Ni含量为2.05%~4.85%，平均为3.88%；Cu含量为0.39%~3.26%，平均1.99%；Co含量0.108%~0.224%，平均为0.182%。2号矿体围绕1号矿体分布，呈扁筒状顺岩体延长，产状与岩体向南西侧基本一致，为一浸染状中贫矿体。矿体北西端未圈闭，矿体长约436 m，宽72~110 m，平均89 m。矿石类型中部为海绵陨铁状、细粒浸染状的橄榄岩型为主，向边部，辉长岩、辉石岩和部分橄榄辉石岩中则为浸染状、斑杂状、斑点状、片状矿石。细脉状矿石多集中于辉石岩中。矿石中平均含Ni 0.78%、Cu 0.65%，Co 0.036%。3号矿体赋存于岩体中上部与围岩接触处，为一角砾块状硫化矿脉，其规模不大，为2号矿体的上带，产状与岩体一致，总长度约232 m，宽度变化较大，为7~52 m，平均为10 m；厚度4.8~1.5 m，平均为2.8 m。矿石以角砾状为主，局部为斑杂状和细脉浸染状，平均为Ni 3.69%、Cu 1.41%、Co 0.126%。

（3）成矿机制和成矿模式

该矿床为典型的岩浆熔离型矿床。受峨眉地幔柱的作用，金平-Song Da地区上地幔浅部热的源区发生较大程度（约25%）的部分熔融，形成低钛苦橄质岩浆。“Melts”模拟结果表明，苦橄质岩浆在上升过程中不断分离结晶橄榄石，到达上地壳浅部岩浆房时演变为高镁玄武质岩浆。在浅部岩浆房内，高镁玄武质岩浆发生大规模（最高达到30%）的围岩同化混染以及橄榄石、斜方辉石、单斜辉石和斜长石的分离结晶（约27%），促使岩浆中的S达到饱和，硫化物从岩浆中分离。携带有硫化物熔体的岩浆在上升侵位过程中受流动分异作用，使得硫化物熔体聚集在岩浆通道中心，形成了白马寨呈同心环状分布的矿体（图3-70）。发生硫化物熔离的岩浆喷出地表，形成金平-Song Da地区具有低Cu/Zr值的低钛玄武岩。而未经历明显地壳混染和硫化物分离的岩浆喷发，形成高Cu/Zr值的低钛玄武岩。从地幔源区快速上升，演化程度很低的苦橄质岩浆喷出地表形成苦橄岩。

（4）找矿模型

宋立军等（2004）通过对人量地质及物化探资料进行分析，初步建立了白马寨矿床中Ⅲ号矿体的找矿综合模型。在白马寨矿床中，岩体的密度、磁性随岩体的基性程度的增加而变大，含矿性也越好。矿化辉长岩磁性较非矿化岩石明显增高；岩体和含矿岩体同围岩之间具有明显的密度差；磁性体使岩（矿）体的一部分，磁性大小与矿化呈正相关。含矿岩体的极化率高，电阻率低，表现出明显的“三高一低”，即重力高、磁化率高、极化率高和电阻率低的特征。

白马寨矿体具有强磁、低阻、高极化率的特征，同时显示$\Delta T$异常、TEM低阻异常及激电高极化率异常。矿体的异常强度与矿体的埋深、规模大小、矿化程度有关，埋深浅、规模大、矿化程度高则异常强度高、反之则弱。$\Delta T$异常平面等值线及平面异常能大致确定异常体的范围及走向，综合各种磁参数，能大致推断磁性体的产状及埋深。

### 14.2.3 四川攀枝花钒钛磁铁矿

（1）区域地质特征

研究区处于康滇地轴中段的攀西古裂谷带，为峨眉山大火成岩省的一部分。该区域岩浆活动非常活跃，构造极其复杂，是我国非常重要的岩浆-构造带。区内中元古宇、古生界、中生界及新生界均有出露。基底为古元古代早期的米易群，主要岩性为斜长角闪岩以及角砾状混合岩，夹少量的变粒岩；围岩地层为震旦系—寒武系一套陆表海沉积，下部为观音崖组砂岩以及片岩，分布较少，上部主要为灯影组白云岩、夹硅质条带的白云岩，呈断层接触于基底地层之上。矿区缺失寒武系—石炭系，

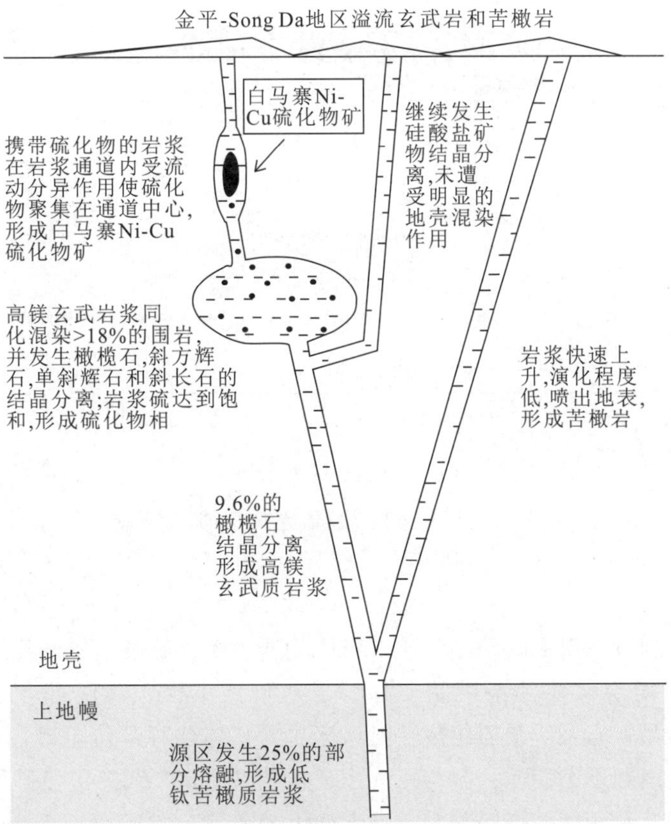


图 3-70　云南金平县白马寨矿床成矿模式图

（据张乐等，2013）

推测是由于基底地层的抬升，导致了寒武系—石炭系地层变薄至消失，晚二叠世由于裂谷中裂隙构造发育到达顶峰，形成以峨眉山玄武岩为主的大陆溢流相火山岩，以及研究区层状含矿辉长岩体。在晚三叠世—晚侏罗世的裂陷盆地中，堆积了厚度巨大的陆相类磨拉石-含煤建造，在矿区中主要以丙南组（$T_3b$）和大荞地组（$T_3d$）为代表，主要岩性为砂岩、砾岩以及上部的页岩和含煤层。古近系—新近系主要为薄层砂页岩沉积，厚度巨大（图 3-71）。

区内以南北向构造占主导地位，其次为东西向构造。南北向构造在区内为一系列南北向或近于南北向断裂或断裂带及南北向褶皱组成，同时也发育一系列北北东向、北北西向剪切断裂，由它们构成南北构造带。这个构造带发生于晋宁期，经历了澄江期、加里东期、华力西期、印支期和燕山期等，形成了一个以褶皱及冲断裂为主的南北向先张后压构造带。这个构造带断裂主要有金河-箐河断裂、攀枝花断裂、昔格达-元谋深大断裂、安宁河断裂等。

（2）矿床地质特征

攀枝花赋矿层状基性岩体根据其岩石特征组合、矿物组合、结构、构造及矿化特征，大致划分 6 个岩相带 4 个含矿层（图 3-72）。①顶部浅色流层状辉长岩相带（厚度 500~1500 m），以基性斜长石为主（一般大于 50%，部分达 75%以上），辉石次之，橄榄石、角闪石、磷灰石、铁钛氧化物少量，灰至深灰色，中粒结构，流层状构造（浅色条带密集）。上部有部分块状辉长岩，底部有暗色条带及少量小矿条。层位较为稳定。蚀变矿物主要为次闪石、绿泥石-蛇纹石等。上与三叠系地层或正长岩呈断层接触，出露不全。②上部层状辉长岩相带（厚度 10~120 m），位于岩体中上部，以含铁辉长岩为主，夹有星散浸染状矿石组成的小矿体。层位较稳定。该带中部的部分岩层富含磷灰石，一般 1%~5%，局部可达 20%。底部断续分布厚 3 m 左右的斜长岩。③下部暗色流层状辉长岩相带（厚度 166~600 m），岩石呈深灰色-灰黑色，中粒结构，流层状构造。岩石矿物成分中暗色普通辉石增多（大于 50%），长石减少。铁钛氧化物增多，橄榄石、角闪石少量，岩相带中暗色条带较密集。本岩

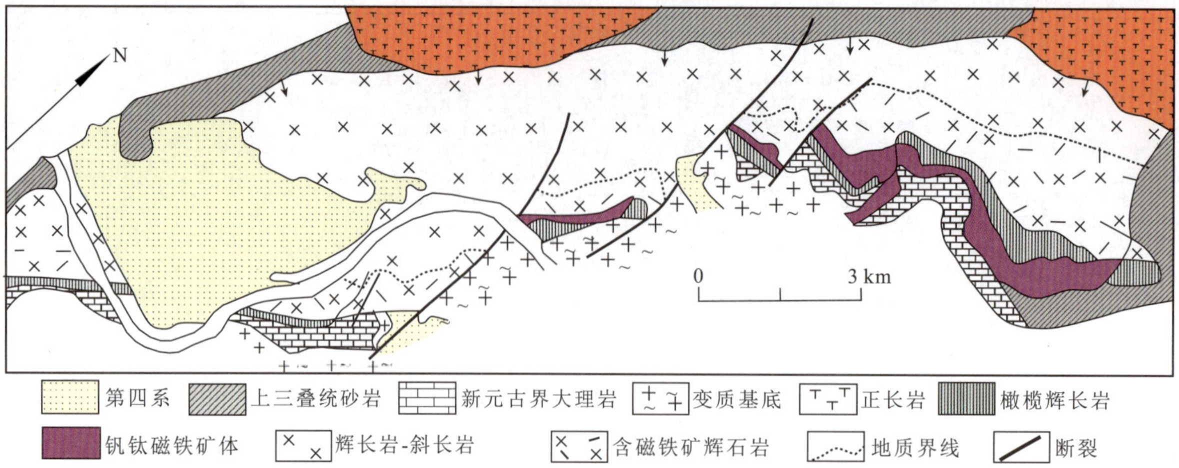


图 3-71　四川攀枝花钒钛磁铁矿矿区地质图

（据张招崇等，2007，有修改）

相带夹有薄层含铁辉长岩及少量稀疏浸染状矿石形成的透镜状小矿条，矿化差，仅局部在辉长岩中夹星浸-稀浸状矿石构成薄层矿体及条带状矿体，工业价值不大。④底部含矿岩相带（厚度 60～500 m），为各类辉长岩型矿石及辉长岩组成，是矿床主要矿体赋存部位。该含矿岩相带总体较稳定，朱家包包矿段最厚，向南西逐渐变薄，至兰家火山矿区为 256 m，到尖包包矿区变成 220 m。该岩相带按矿化特征、矿石构造及矿体与岩层关系，自上而下划分 3 个含矿层，矿石品位逐渐增高。⑤粗-伟晶辉长岩岩相带，以星浸-稀浸矿为主，局部较富，为矿区最下部含矿层，工业矿体主要赋存于该岩相带的顶部。该层在太阳湾矿段较发育，厚度 0～270 m。⑥边缘岩相带（厚度 10～300 m），该岩相带以细粒辉长岩为主，暗色矿物（辉石、橄榄石、角闪石）含量增多，基性斜长石减少。流层状构造发育，层位不稳定。此岩相带顶部有一层厚 3 m 左右的橄榄岩或橄辉岩层。该岩相带不含工业矿体。

矿石矿物主要有磁铁矿、钛磁铁矿、钛铁矿及少量磁黄铁矿等，脉石矿物主要有辉石、斜长石及少量橄榄石等；铁矿物主要以粒状星点状不均匀地分布或嵌布在围岩中，可见团块状或板状矿物分布在岩石中。矿石结构以中细粒、细粒结构为主，可见少量粗粒结构、海绵陨铁结构；矿石构造以稀疏浸染状、稠密浸染状为主，可见致密块状、条带状。蚀变以绿泥石化为主，在接触带或裂隙带上可见大理岩化、硅化及蛇纹石化等。

（3）成矿机制和成矿模式

该类矿床为典型的岩浆型矿床，其成矿作用过程与岩浆演化密切相关。关于攀枝花地区钒钛磁铁矿床的成因目前仍存在不同的观点，一种认为是岩浆不混溶作用形成的，另外一种观点认为是岩浆分异演化作用造成的。岩浆不混溶模式分离模式可以较好地解释为什么攀枝花层状岩体会在下部暗色辉长岩中发育厚层的钒钛磁铁矿体（王坤等，2013）。不混熔作用发生后，在重力分异作用下，富 Si 熔体向上迁移，同时，岩浆房也逐渐冷凝并伴有不断进行的分离结晶作用，这将减缓重力分异的速率，从而导致富 Si、富 Fe 熔体未能完全分离形成界限截然的不混熔富 Si、富 Fe 熔体层。在不彻底的重力分异作用下，岩浆房上部相对于下部聚集更多的富 Si 熔体，形成了一个上部相对富 Si，下部相对富 Fe 的不完全分离的乳状岩浆房。随后，大量的磁铁矿从岩浆房下部富 Fe、Ti 的岩浆中结晶出来，形成层状岩体下部赋存于暗色辉长岩中的厚层钒钛磁铁矿体；而岩浆房上部相对富 Si 的硅酸盐岩浆层形成层状岩体上部的浅色辉长岩，其中局部聚合加大的富 Si 熔体形成浅色辉长岩中所含的长英质岩脉和透镜体。赋存有巨厚的钒钛磁铁矿层，并在岩体的上部发育浅色辉长岩以及长英质岩脉和透镜体。岩浆不混熔作用在红格钒钛磁铁矿的形成过程中同样起了重要作用。在新街层状岩体上部带的斜

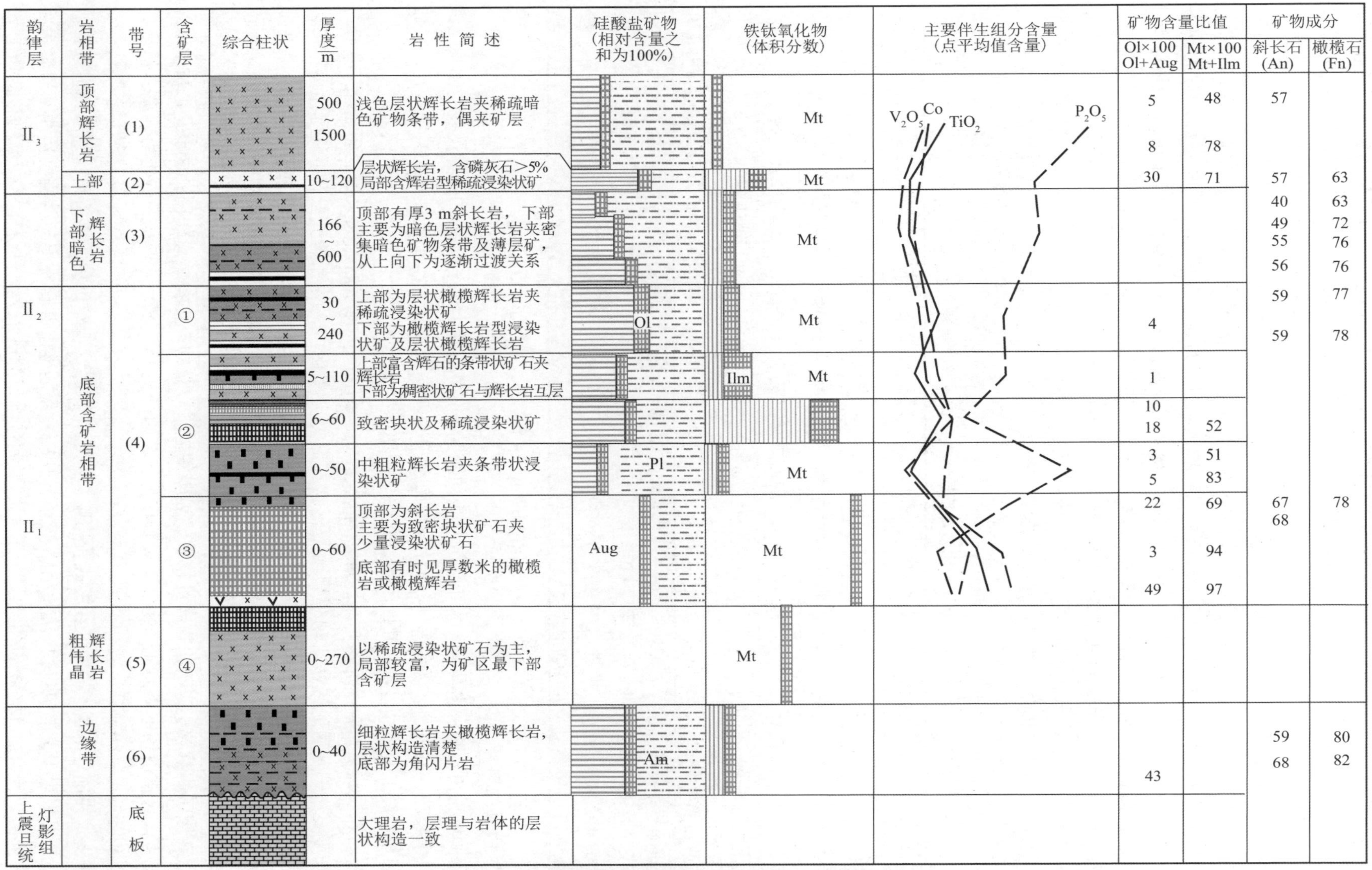


图 3-72　四川攀枝花含矿岩体岩相分带及含矿层柱状图

（据郭道军等，2014）

Am—角闪石；Aug—普通辉石；Ilm—钛铁矿；Mt—磁铁矿；Ol—橄榄石；Pl—斜长石

长石中发现大量富 Fe 的熔融包裹体，其平均成分及含量为：$SiO_2$ 35.9%、$TiO_2$ 8.2%、$Al_2O_3$ 5.5%、FeO 26.9%、MgO 8.3%、CaO 13.0%和 $P_2O_5$ 1.0%。这一富 Fe 熔体的成分与攀枝花层状岩体磷灰石中的富 Fe 熔融包裹体成分相似。新街层状岩体上部带中富磁铁矿矿层是由玄武质岩浆不混熔而来的富 Fe 硅酸盐熔体形成的。因此，认为玄武质岩浆不混熔作用在攀西地区可能是普遍存在的，并且对攀西地区的钒钛磁铁矿的形成起了重要作用。

另外一些学者则认为，钒钛磁铁矿矿床的形成与岩浆通道关系密切。通过系统的矿物学、岩石地球化学研究认为含矿层状岩体可能处于大量玄武岩浆向上运移的通道部位，Fe-Ti 氧化物是苦橄质岩浆在深部岩浆房经历硅酸岩矿物分离结晶形成高氧逸度富铁钛的玄武质岩浆上侵、磁铁矿较早分离结晶的产物；钒钛磁铁矿矿层是岩浆通道内岩浆多次补充、流动过程 Fe-Ti 氧化物经重力作用分选堆积等一系列过程的耦合（Song et al.，2013；陈列锰等，2014）。

（4）成矿模型

通过对矿床的地质地球物理特征及成矿作用过程进行梳理，总结了攀枝花钒钛磁铁矿床的成矿要素表（表 3-8）。

**表 3-8　攀枝花钒钛磁铁矿床成矿要素表**

| 成矿要素 | 攀枝花矿床 |
|---|---|
| 控岩（矿）构造 | 攀枝花断裂 |
| 含矿岩体规模、产状 | 含矿辉长岩岩体长约 19 km，宽 1.5～2 km，分异良好，岩体总体产状 NW∠40°～50° |
| 具有“三位一体”的岩体组合 | 具有含矿岩体，印支期碱性正长岩，峨眉山玄武岩在空间上密切共生 |
| 岩体侵位的围岩 | 顺层侵入灯影组白云岩，受构造抬升，出露地表 |
| 岩相、矿化特征 | 可划分为 6 个岩相带，见 8～10 层矿，其中底部为主要的含矿岩相带，常见 4～6 层矿体 |
| 矿物组合 | 钛磁铁矿、钛铁矿，块状、条带状、浸染状构造 |
| 地球物理特征 | 两条近平行的高磁异常带，其中磁异常最高达 1123.3 nT，<br>两异常的鞍部降低至负值，最低可达-45.4 nT |

### 14.3 成矿作用

以杨柳坪、白马寨、力马河、朱布等为代表的铜镍硫化物矿床，以金宝山铂钯为代表的铂族元素矿床和以攀枝花、太和、红格和白马等为代表的钒钛磁铁矿床共同构成了地幔柱成矿系统。这些矿床的形成都与峨眉山大火成岩省不同性质的岩浆演化密切相关。

胡瑞忠等（2005）曾系统的总结了峨眉地幔柱成矿系统，认为峨眉山大火成岩省岩浆 Ni-Cu-PGE 矿床主要产于峨眉地幔柱活动模型内带低钛玄武岩分布区内，并在地壳强烈抬升剥蚀区出露。成矿岩体出露在整个川滇构造带上，呈线性分布，包括最北端的丹巴地区、南西部位的大理-丽江地区。过渡带及外带高钛玄武岩分布区缺乏 Ni-Cu-PGE 矿床的产出。铜镍硫化物矿床成矿作用过程中发生了较高程度的地壳物质混染，且 S 同位素研究表明，具有明显的地壳硫的加入。模拟计算表明该类矿床的 $R$ 因子相对较小，硫化物含量较多，表明发生了大量的硫化物熔离作用，这也是形成 Ni-Cu 矿床的关键。金宝山铂钯矿的地壳物质混染程度低，$R$ 因子较大，发生了少量的硫化物熔离，但是铂族元素明显富集。

源于上地幔部分熔融形成的低钛玄武质岩浆，在地壳深部发生硫化物熔离作用，一部分上侵到达中间岩浆房并发生少量的硫化物熔离作用，形成富含硫化物的熔浆并再次上升，当到达浅部岩浆房后发生强烈的硫化物熔离并形成了 Ni-Cu-PGE 矿床，如杨柳坪矿床。另一部分在地壳深部形成 PGE 富集的玄武质岩浆，在中间岩浆房发生少量的硫化物熔离并形成富含 PGE 的熔体。后者向上侵位达到地表形成以 PGE 为主的矿床，如金宝山矿床。同时，由于富含 PGE 的熔体侵位分离，导致中间岩浆房中形成 PGE 亏损的玄武质岩浆。该岩浆在达到浅部岩浆房后发生硫化物的二次熔离，并形成 PGE 亏损的 Ni-Cu 矿床，如力马河矿床。两部分岩浆在发生硫化物熔离后形成的 PGE 极度亏损的玄武质岩浆，最后向上喷出地表形成了该区大量的 PGE 亏损的低钛玄武岩。峨眉大火成岩省 Ni-Cu-PGE 矿床成矿模式如图 3-73 所示。

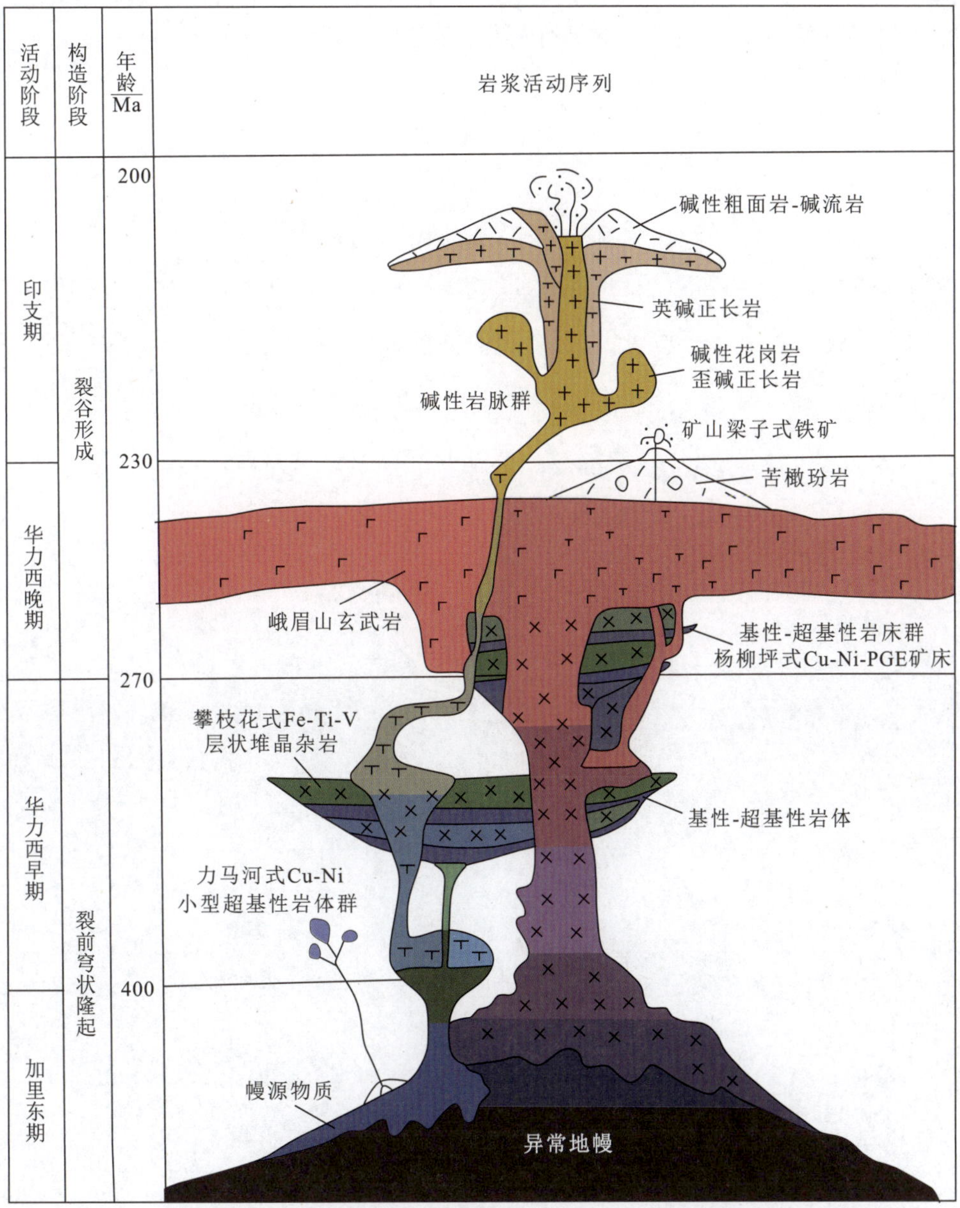


图 3-73　峨眉大火成岩省镍铜铂钯矿床成矿模式示意图

（据孙涛等，2019）

位于峨眉山大火成岩省中部的攀枝花-西昌地区是钒钛磁铁矿的主要成矿带。钒钛磁铁矿产于峨眉山大火成岩省中部层状镁铁-超镁铁质杂岩带。该杂岩带南北断续延伸达 300 km，宽 10~15 km。该区域分布有镁铁-超镁铁质岩体 30 余个，其中攀枝花、红格、白马、太和 4 个岩体赋存超大型钒钛磁铁矿床。赋矿岩体与峨眉山玄武岩、正长岩密切共生，且岩体与玄武岩形成时代一致。这些钒钛磁铁矿床是高钛玄武岩演化的产物。攀枝花、红格、白马和太和岩体的分布均受控于近南北向的区域性断裂，附近剥蚀残留的玄武岩厚度也很大，这说明岩体和可能处于大量玄武岩向上运移的通道部位。

各岩体每一旋回中矿层及矿石结构构造、化学成分等都显示多级韵律变化，而各旋回界限处变现为突变，反映了新岩浆的多次补给作用以及岩浆结晶分异过程的周期性变化。这些特征可以用多期次岩浆补给混合的剥蚀进行解释。新注入的岩浆也参与岩浆发生的混合作用或岩浆混染作用对钒钛磁铁矿层、硫化物富集层及 PGE 矿物的形成至关重要。不同成分的岩浆发生混合导致物理化学条件（温度、氧逸度、硫逸度等）的突然变化，铬铁矿或磁铁矿首先结晶出来，极大地降低了熔离中硫的溶解度，造成硫过饱和，导致硫化物的熔离并高度富集，形成铜镍硫化物矿床和铂族元素矿床。上述过程中形成的密度大的钛铁氧化物，发生沉淀形成具有一定韵律结构的钒钛磁铁矿床。

# 第四章　中国古生代区域成矿规律

## 第一节　古生代矿床区域分布及特点

中国大陆古生代矿产十分丰富，古生代矿床总计3192处，超大型110处，大型478处，中型861处，小型1743处。其中，早古生代矿床总计986处，包括超大型45处、大型134处、中型246处、小型561处。晚古生代矿床总计2206处，包括超大型65处、大型344处、中型615处、小型1182处。

据大型-超大型矿床统计，古生代大型金属和能源矿床278处，超大型金属和能源矿床55处，大型非金属矿床共计200处，超大型非金属矿床共计55处（表4-1）。这些大型、超大型矿床主要包括沉积型矿床（铝、能源矿产、磷、锰、硫、重晶石、石膏和石灰岩等），与基性岩浆及中酸性岩浆热液有关的矿床（铁钒钛、铬、铜（钼）、钨、铜多金属、金、铜镍PGE、稀有金属、稀土和石棉、白云母、萤石、硅灰石等），热水沉积或层控改造型矿床（铅锌多金属），变质矿床仅在部分造山带有少量分布，且大型矿床表现不明显。

**表4-1　古生代大型-超大型矿床统计表**

<table>
<tr><th colspan="3">金属和能源矿床</th><th colspan="3">非金属矿床</th></tr>
<tr><th>矿种</th><th>大型/处</th><th>超大型/处</th><th>矿种</th><th>大型/处</th><th>超大型/处</th></tr>
<tr><td>铁钒钛、铁</td><td>34</td><td></td><td>红柱石、石墨、金红石、云母</td><td>9</td><td>3</td></tr>
<tr><td>铜镍、铂钯、镍</td><td>9</td><td>1</td><td>大理岩、石灰岩、白云岩、页岩</td><td>42</td><td>7</td></tr>
<tr><td>铜、铜铅锌、铜金</td><td>9</td><td>1</td><td>耐火粘土、高岭土</td><td>13</td><td>4</td></tr>
<tr><td>钨、锡、钼</td><td>10</td><td>2</td><td>沸石、膨润土、水泥配料粘土矿、石英砂岩</td><td>7</td><td></td></tr>
<tr><td>金、银</td><td>21</td><td>1</td><td>磷</td><td>58</td><td>28</td></tr>
<tr><td>铅、铅锌、铅锌银</td><td>13</td><td>2</td><td>石膏</td><td>6</td><td>2</td></tr>
<tr><td rowspan="2">铝土矿</td><td rowspan="2">63</td><td rowspan="2">3</td><td>硅灰石、钾长石</td><td>5</td><td>3</td></tr>
<tr><td>萤石、重晶石</td><td>10</td><td>5</td></tr>
<tr><td>锰</td><td>4</td><td></td><td>石棉、滑石、菱镁矿</td><td>4</td><td>1</td></tr>
<tr><td>稀土和稀有金属</td><td>7</td><td></td><td rowspan="2">玉石、水晶、金刚石</td><td rowspan="2">7</td><td rowspan="2"></td></tr>
<tr><td>锑</td><td>2</td><td></td></tr>
<tr><td>页岩气</td><td>4</td><td>1</td><td rowspan="2">硫铁矿</td><td rowspan="2">39</td><td rowspan="2">2</td></tr>
<tr><td>煤、石油、天然气</td><td>102</td><td>44</td></tr>
</table>

在总体分布上，磷、锰、铝、煤、重晶石、金刚石等矿产主要分布在华北、扬子等稳定地台区，稀土、大理岩、硅灰石、云母、水晶、萤石、铜钼、锂铍、金主要分布在天山-兴蒙造山系，铅锌分布在秦岭弧盆系和武夷-云开造山系。油气主要分布在塔里木、华北陆块沉积盆地内，页岩气主要分布于扬子陆块沉积盆地内，黑色金属主要分布在地台周缘地区和造山带的构造结合带附近，其他有色金属、贵金属及非金属矿产多分布在造山系内。中国大陆古生代成矿是以沉积作用和岩浆作用成矿为特色（表4-2），整个古生代以沉积作用成矿为主，晚古生代岩浆成矿作用有所增强。

**表 4-2 古生代重要成矿作用特点**

| 成矿作用 | 成矿作用分布 | 成矿作用类型 | 主要成矿背景 |
|---|---|---|---|
| 岩浆成矿作用 | 新疆北部华力西期铜镍铂族、钒钛成矿作用 | 深部熔离-贯入作用、分离结晶 | 地幔柱活动+深断裂 |
| | 扬子陆块区西缘华力西晚期铜镍铂族、铁钒钛、石棉成矿作用 | | |
| | 东昆仑华力西早期铜镍成矿作用 | | 由洋壳俯冲体制转变为碰撞拼贴后的伸展体制 |
| | 准噶尔华力西早期铬成矿作用 | | 弧后洋盆闭合条件下洋壳残片的局部熔融 |
| | 华北东部碳酸盐台地加里东中晚期金刚石成矿作用 | | 受深源断裂控制的金伯利岩型 |
| | 阿尔泰华力西早中期铜铅锌、铁成矿作用 | 海相火山-喷流沉积作用 | 裂谷岛弧环境 |
| | 西天山华力西早中期铁成矿作用 | | |
| | 阿尔金加里东早期铁、铅锌成矿作用 | | |
| | 祁连加里东期铜铅锌、金、硫铁矿、铁、锰成矿作用 | | |
| | 东天山-北山地区华力西中晚期铜钼、金成矿作用 | 中酸性岩浆热液作用 | 洋陆体制转化背景-强烈碰撞造山 |
| | 柴周缘加里东期钨锡、钼、金、萤石成矿作用 | | 板块俯冲-强烈碰撞造山 |
| | 兴安岭-张广才岭-太平岭加里东中期铜钼、铁、铅锌成矿作用 | | 弧盆系之岛弧区 |
| | 阿尔金加里东中期锂铍、萤石成矿作用 | 伟晶岩化作用、中酸性岩浆热液作用 | 碰撞-后碰撞作用 |
| | 阿尔泰加里东晚期白云母、稀有金属成矿作用 | 伟晶岩化作用、交代作用、变质作用-深熔作用 | 板块俯冲-碰撞-造山作用、动力热变质作用和深熔岩浆作用 |
| | 武夷-云开及周边地区华力西中晚期铌钽成矿作用 | | |
| 沉积成矿作用 | 天山-北山寒武纪磷、钒成矿作用 | 化学沉积作用 | 古陆壳结晶基底上的陆表海盖层沉积 |
| | 华北陆块区古生代铝土矿、磷、煤、油气成矿作用 | 化学沉积作用、生物化学沉积作用 | 相对稳定的地质构造条件，低纬度（古地磁）区和海洋性气候以及侵蚀面存在 |
| | 扬子陆块古生代锰、磷、页岩气、油气成矿作用 | 生物化学作用、海水化学沉积作用 | 生物作用、古气候条件、泛大陆拉张解体和全球性海平面上升的耦合 |
| | 西昆仑古生代铁、锰成矿作用 | 化学沉积作用 | 浅海碳酸盐岩台地相 |
| 含矿流体成矿作用 | 秦岭边缘盆地泥盆纪铅锌成矿作用 | 热水沉积作用 | 被动陆缘伸展环境+丰富成矿物源+持续热源或热点+同生断裂系统及沉积盆地+后期构造-岩浆作用改造 |
| 变质成矿作用 | 东准噶尔泥盆纪—石炭纪石墨变质成矿作用 | 热流接触变质作用 | 火山沉积含碳地层+区域变质作用 |

## 一、早古生代矿床时空分布及地质特点

早古生代以寒武纪为主要成矿期，以沉积作用和岩浆作用成矿为主，川滇黔铅锌、萤石、重晶石等含矿流体成矿作用也较为强烈。

早古生代与岩浆作用有关矿产主要有云母、水晶、萤石、金刚石、铬、金、钨、铜多金属、稀有金属、铁多金属矿，其次是蛇纹石、铜钼、锡、铁等。主要分布在秦祁昆增生带中祁连造山带和扬子板块（图 4-1）。云母矿主要分布在阿尔泰弧盆系；铜多金属、钨主要分布在祁连弧盆系、大兴安岭弧盆系；铬主要分布在中祁连岩浆弧中；铁铅锌多金属、水晶主要分布在小兴安岭岩浆弧中；金刚石主要分布在华北东部碳酸盐台地。钼、镍、金主要分布在扬子板块。主要矿床类型有岩浆型、岩浆热

图4-1 早古生代与岩浆作用有关矿床地质分布图

液型、海相火山岩型、矽卡岩型等。阿尔泰志留纪与区域热变质深熔作用有关的变质型花岗伟晶岩白云母（Be、宝石）矿床，如也拉曼、那森恰、切别林、阿尤拉克、森严、巴利尔斯等。震旦纪末期—志留纪兴安岭-张广才岭-太平岭与中酸性侵入岩浆活动有关的铜、钼、铁、铅锌成矿作用，如多宝山铜钼、小西林铅锌矿等。祁连造山带加里东期海相火山-岩浆成矿作用主要发生在北祁连，其次为南祁连。成矿主要与北祁连早古生代裂解-汇聚活动过程有关，形成了包括早期陆缘弧环境下的Cu-Pb-Zn成矿组合（白银、小铁山-清水沟）、中期弧后盆地环境下的Cu成矿组合（九个泉-猪咀哑巴）以及中晚期岛弧环境下的Cu组合（红沟-蛟龙掌）等一系列矿床。祁连造山带早古生代晚期俯冲-造山过程中岩浆热液成矿作用，主要发生在北祁连，与北祁连早古生代晚期的汇聚活动过程有关，形成了包括W成矿组合（塔尔沟-小柳沟）、Pb-Zn成矿组合（大东沟-吊大坂）以及洋壳残片蛇绿岩Cr成矿组合。阿尔金西段发育与加里东中期中酸性侵入岩浆活动密切相关的锂铍、萤石成矿作用。早古生代时期华北陆块岩浆作用相对较弱，在华北陆块西北缘阿拉善右旗-贺兰山一带早古生代岩浆岩侵入，形成卡休他他矽卡岩型铁钴矿、小松山铬矿等。华北克拉通上产出有多个金伯利岩岩区，南起山东蒙阴北至辽宁复县的含金刚石金伯利岩带。

与变质作用有关矿产较少，主要有铁、硫铁矿、红柱石、蓝晶石、石墨等，其次有云母、金红石、磷等。蓝晶石、金红石、石墨主要分布在秦岭弧盆系中（图4-2）。晚加里东期—早华力西期秦岭造山带北部地区与区域变质岩及混合（伟晶）岩化作用，形成稀有金属、蓝晶石、红柱石、白云母、石墨矿床。

含矿流体作用有关矿产有铜、金、铅锌、重晶石等，主要分布在秦祁昆增生带和扬子陆块南缘上扬子古陆块中（图4-3）。北祁连西段主要的中低温热液型金矿床都位于北祁连造山带上，成矿与造山后伸展构造环境中的侵入岩密切相关，具有多期次侵入活动且叠加成矿期构造活动的特点，属于岩浆期后热液流体成矿。扬子地台震旦系—奥陶系海相碳酸盐岩中受岩性控制且受断裂控矿，成矿流体为热卤水，形成的川滇黔、鄂西地区、湘西地区铅锌矿化集中区。

早古生代沉积作用有关矿产主要有磷块岩、重晶石、石膏、石灰岩，还有少量的天然气、赤铁矿、耐火粘土、锰、毒晶石、钒等，其中以沉积型磷矿最具代表性。磷、锰、重晶石主要分布在天山-北山地区、扬子古陆块边缘；中国北方沉积磷矿地层时代以下寒武统为主，包括部分上震旦统，与南方沉积磷块岩矿床产出层位相当，只是含矿的岩性组合有所差异。主要分布在塔里木盆地北缘天山成矿带南部地区（苏盖特布拉克、西山布拉克、科古尔琴、果子沟、方山口磷矿）、华北地台南缘的秦岭成矿带（天台山磷矿）以及阿拉善地块东部边缘（苏峪口磷矿）。在寒武纪—奥陶纪期间，华北地台广泛沉积了与盖层沉积作用相关的磷、石灰岩等矿产。扬子地台西缘的川西-滇东地区是中国具有较大工业价值的磷矿成矿带。该成矿带南自云南的华宁，向北经昆阳、会泽、雷波、马边、峨眉，呈近似南北向展布。这一成矿带内有昆阳、德泽、雷波、马边等重要工业矿区。磷矿矿床类型主要为海相沉积磷块岩型，近地表风化后常形成风化磷矿。海相沉积磷块岩型矿床在区内最重要的含磷层位是早寒武世梅树村期形成的梅树村组（麦地坪组）和筇竹寺组。钒主要分布在上扬子古陆块米仓山-大巴山被动陆缘盆地中。早古生代页岩气赋存南方地区下寒武统、志留系海相页岩和华北地区下古生界海相页岩及塔里木寒武系—奥陶系海相页岩，该类海相黑色页岩主要形成于沉积速率较快、地质条件较为封闭、有机质供给丰富的台地或陆棚环境中。四川盆地内部的4个页岩气田，分别为涪陵页岩气田、威远页岩气田、长宁页岩气田和昭通页岩气田，赋存于寒武系牛蹄塘组和志留系龙马溪组（图4-4）。

## 二、晚古生代矿床时空分布及地质特点

晚古生代岩浆成矿作用明显增强，沉积作用成矿仍然较强。成矿时代以石炭纪、二叠纪为主。特别是祁连成矿带晚古生代成矿作用相对于早古生代明显减弱。

晚古生代与岩浆作用有关矿产主要有铁钒钛、铜镍铂族、石棉、稀有金属、金、硅灰石、铜钼、

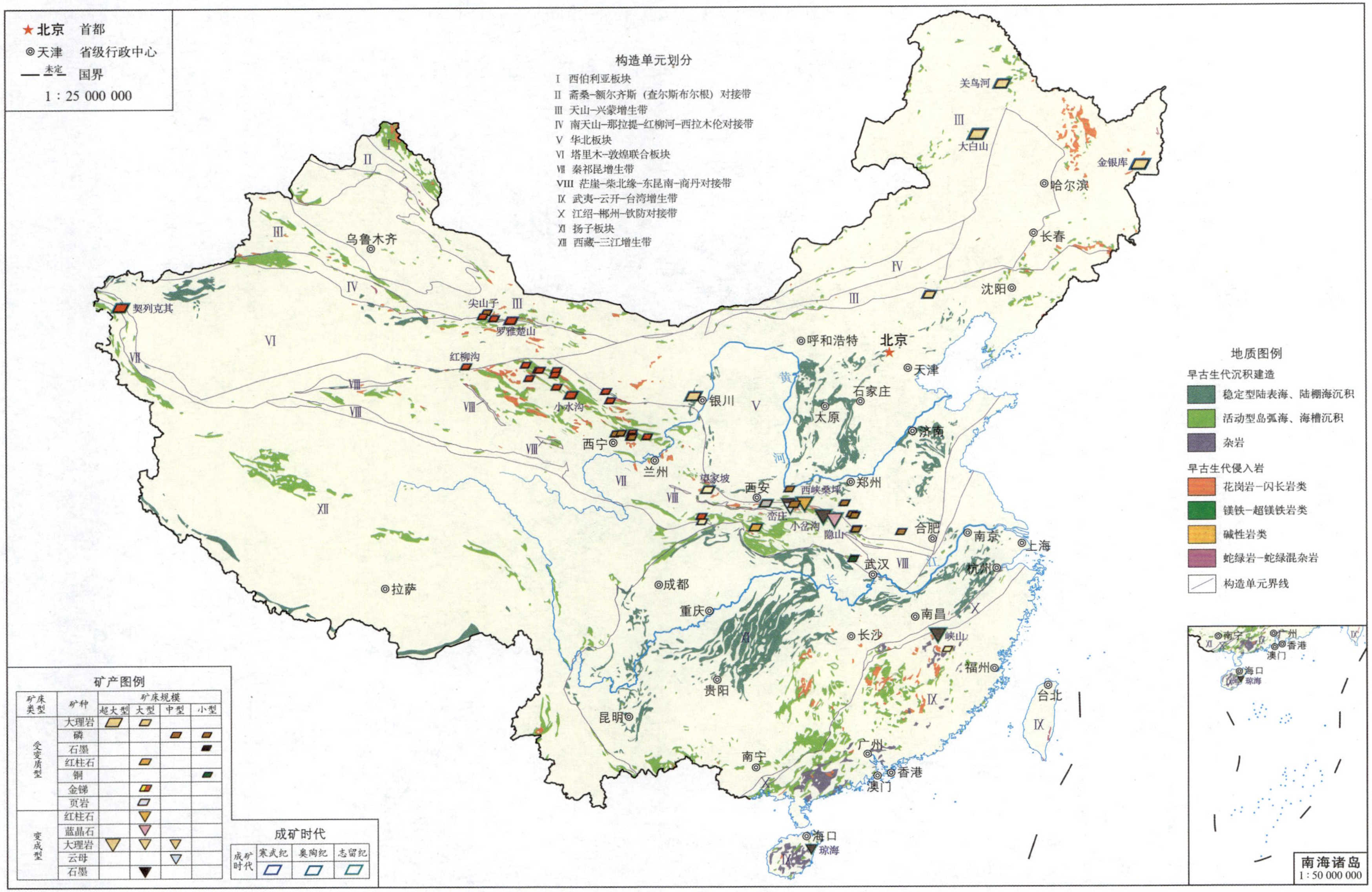


图4-2 早古生代与变质作用有关矿床地质分布图

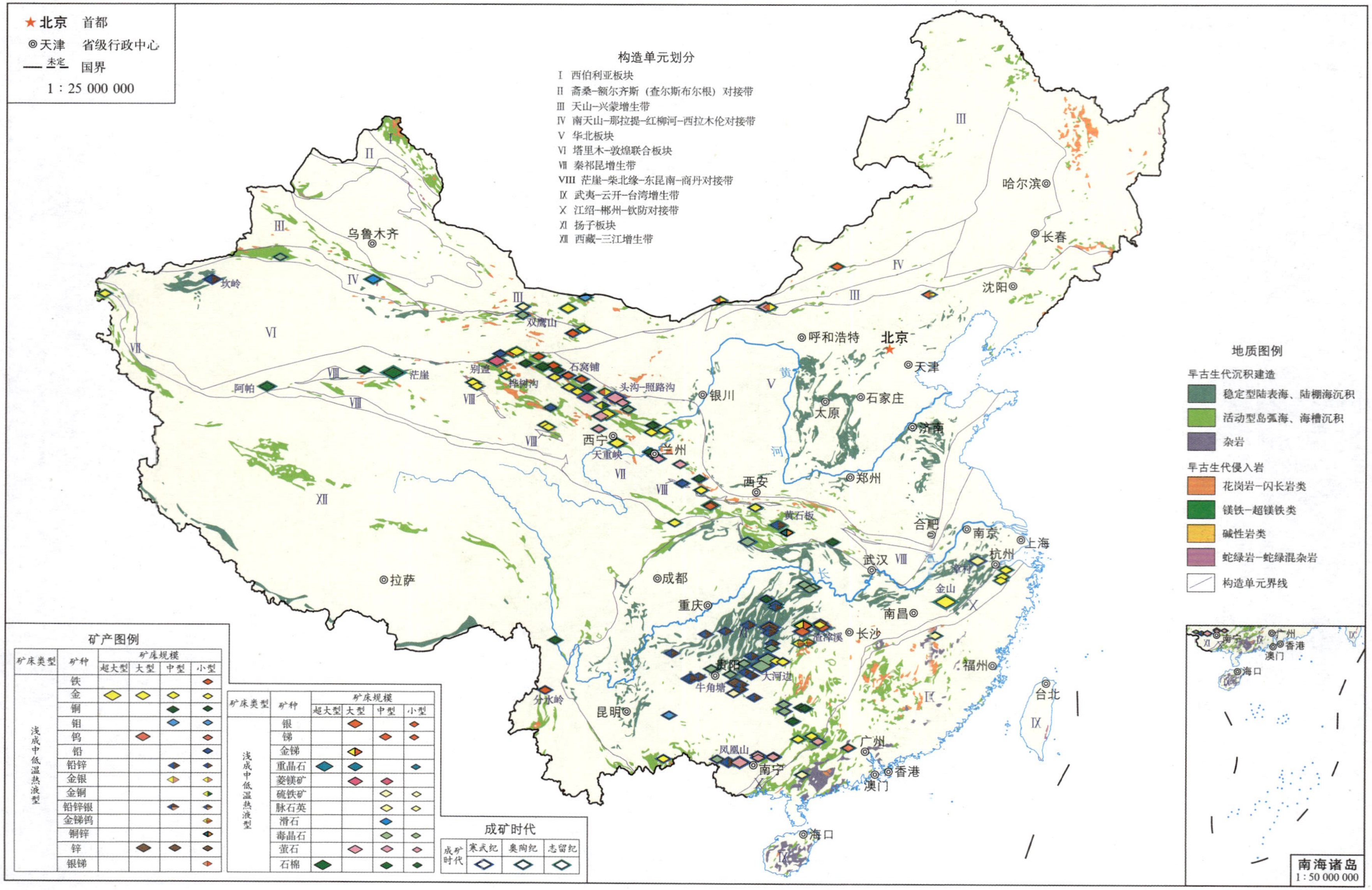


图4-3 早古生代与热液（流体）作用有关矿床地质分布图

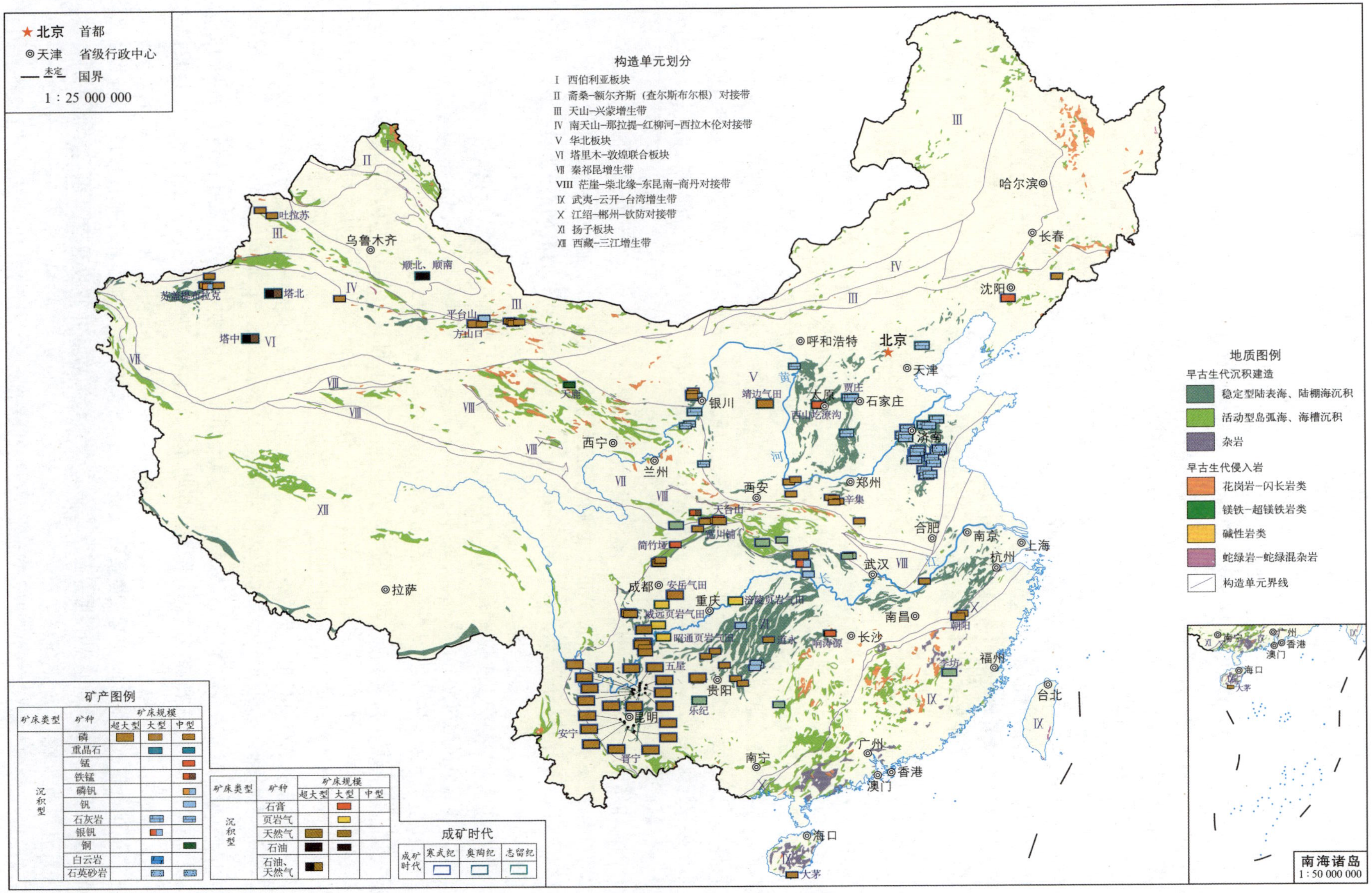


图 4–4　早古生代与沉积作用有关矿床地质分布图

铁、铜多金属、沸石、铅锌多金属、膨润土、玉石、萤石等，其次是铬、硫、蛇纹石、石墨、滑石、银、钨、锡等。主要矿床类型为岩浆型、岩浆热液型、海相火山岩型和矽卡岩型（图4-5）。阿尔泰成矿带晚古生代金属矿床具有成群和成带分布特征，早-中泥盆世南阿尔泰岛弧系，伴随着火山-沉积作用，在阿尔泰南缘形成一系列与火山作用有关的金属矿产，形成块状硫化物矿床（阿舍勒铜矿和可可塔勒铅锌矿）；早-中石炭世，伴随花岗岩浆侵位，形成阿尔泰山南缘斑岩型铜矿（哈腊苏铜矿）；在晚石炭世—早二叠世，伴随有大量基性-超基性岩浆的侵位和碱性花岗岩浆的形成，形成铜镍硫化物矿床（喀拉通克）和矽卡岩型铜钼矿床（索尔库都克）。石炭纪—二叠纪，天山及其邻区有显著的高峰期岩浆活动和大规模的成矿事件。西天山赛里木地块、博罗科努山吐拉苏地区与晚古生代早期二长花岗岩有关的斑岩-矽卡岩型铜（铅、锌）、钨钼矿床（喇嘛苏和肯登高尔），与裂谷火山-沉积作用相关的金矿床（阿希），石炭纪与海相火山岩有关的阿吾拉勒铁矿带。东天山觉罗塔格地区主要为泥盆纪岛弧岩浆作用有关的斑岩型铜矿（土屋、延东）、石炭纪基性-超基性岩有关的铜、镍、钴矿床（黄山）。早石炭世双峰式火山岩建造中的铁、铜（雅满苏），具有明显的成矿分带。扬子地台西缘及其邻区形成了与峨眉山玄武岩及其相应镁铁-超镁铁侵入体具有时空联系的一系列铜镍铂族元素矿床（金宝山铂钯矿、白马寨和杨柳坪铜镍矿）和钒钛磁铁矿矿床（攀枝花、红格、白马、太和钒钛磁铁矿）。

与变质作用有关矿产较少，主要有铁、大理岩、石墨、红柱石、硅灰石等。大理岩主要分布在小兴安岭-张广才岭后造山裂谷盆地；石墨主要分布在新疆东准噶尔和武夷-云开弧盆系（图4-6）。东准噶尔地区新发现孔克热、达布逊、黄羊山、苏吉泉等10余处大型-超大型石墨矿床，层位稳定、厚度大，品位富，易开采。划分为接触变质型石墨矿（青河县阿拉托别、达布逊和孔克热等）和岩浆热液型石墨矿（奇台县黄羊山和苏吉泉等）2类。硅灰石矿主要分布在吉黑褶皱系，矿床多，规模大（吉林磐石市长崴子和梨树县大顶山），新疆东天山星星峡至尾亚一带也有分布。水泥用大理岩主要分布于黑龙江延寿生产沟、尚志尹家沟、伊春五星农场，赋矿层位为下泥盆统黑龙宫组；分布于阿城的大理岩赋矿层位为下二叠统玉泉组和土门岭组。

含矿流体作用有关矿产为铅锌、银、金、汞等，铅锌矿产主要集中在秦岭边缘盆地。南秦岭北部带主要为泥盆纪热水沉积型铅锌成矿带，受泥盆纪沉积地层控制，矿床集中在西成-凤太、柞水-山阳和镇安-旬阳泥盆纪裂陷-沉积盆地中。阿尔泰、天山、祁连成矿带发育有构造-蚀变岩型、石英脉型金矿（图4-7）。

与沉积作用有关矿产以非金属矿为主，主要有煤、铝土矿、人理岩、硫、耐火粘土、石膏、赤铁矿、石油，还有少量的海泡石、重晶石、膨润土、磷、铁钒矿、菱铁矿等，其中沉积型煤、铝土矿最具代表性（图4-8）。煤、铝土矿、耐火粘土主要分布在华北东部碳酸盐台地及上扬子古陆块滇东-黔-渝-湘西碳酸盐台地；硫、赤铁矿、磷主要分布在上扬子古陆块乐山-万州碳酸盐台地与滇东-黔-渝-湘西碳酸盐台地；石膏主要分布在上扬子古陆块滇东-黔-渝-湘西碳酸盐台地及湘桂断陷盆地；油气主要分布在塔里木盆地。晚古生代也是中国硫铁矿重要成矿期，在中石炭统底部赋存有煤系沉积型硫铁矿，矿床分布在豫西北、晋东南等地，在西南地区，二叠纪则是重要的煤系沉积型硫铁矿成矿时期，分布于川滇黔及桂西南的煤系沉积硫铁矿矿床，皆产在二叠纪乐平统底部。

天山-兴蒙构造带为活动背景，石炭系—二叠系是重要烃源岩层系，以浅海相碎屑岩夹火山岩为主，既富油又富气，油气资源量巨大。华北、塔里木、柴达木等为稳定背景，石炭系—二叠系以浅海-海陆交互相为主，且以产气为主。另外，在准噶尔盆地、三塘湖盆地、鄂尔多斯盆地发现石炭系—二叠系油气田，银额盆地发现二叠系油气藏。松辽已获天然气发现，虽未形成规模，前景不容忽视；周缘盆地见良好烃源岩。中国北方石炭系—二叠系烃源岩演化程度具有“东高西低”的特点，分布上具有“西油东气”的特征。

石炭纪—二叠纪是中国主要成煤时代，北方产在石炭纪及早二叠世地层中，南方则主要产在晚二叠世地层中。北方主要产煤地层有本溪组、太原组、山西组，如开滦、淮南、平顶山、淄博、本溪、

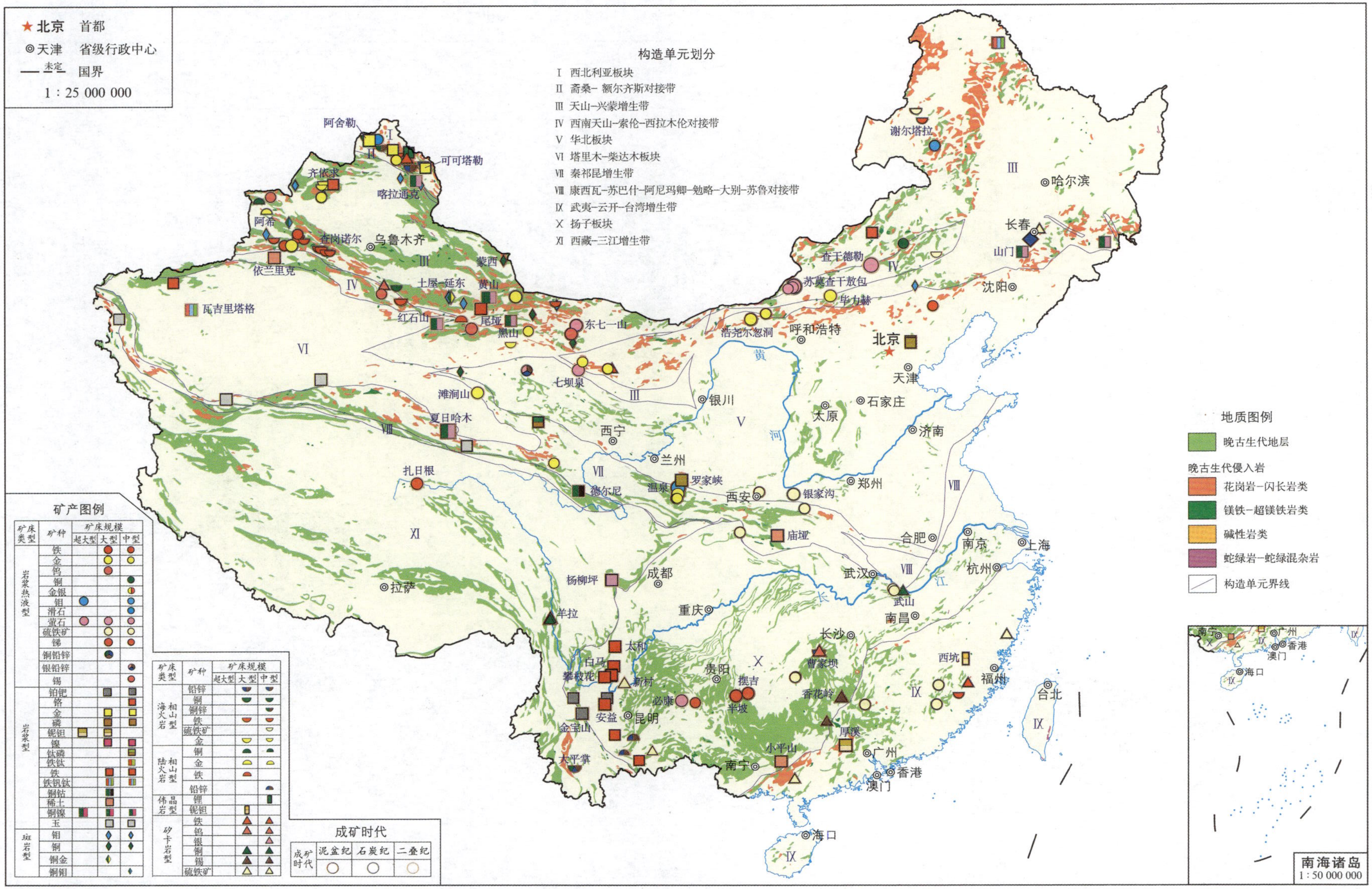


图4-5 晚古生代与岩浆作用有关矿床地质分布图

图 4-6 晚古生代与变质作用有关矿床地质分布图

图4–7 晚古生代与热液（流体）作用有关矿床区域分布图

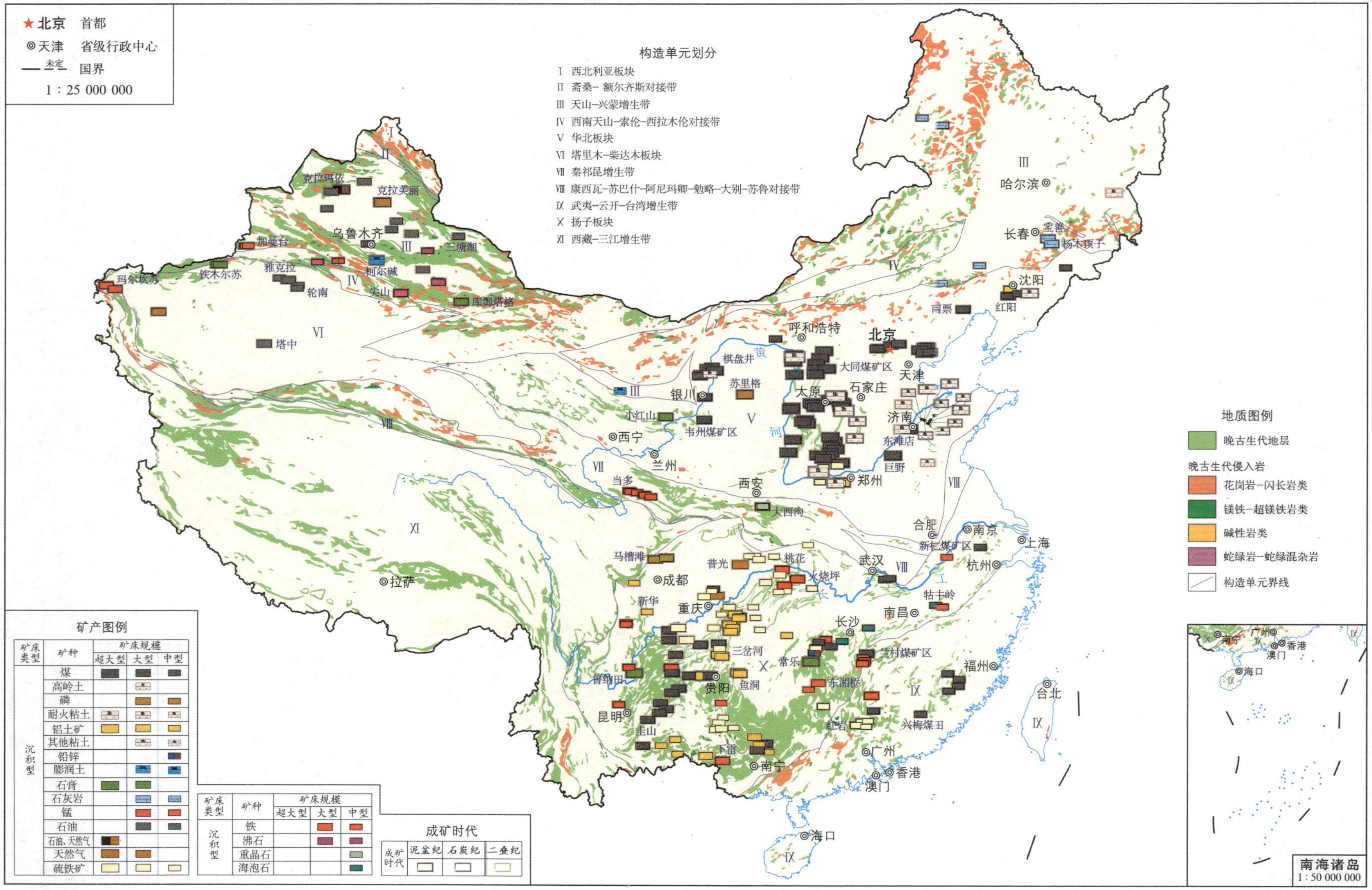

图 4-8 晚古生代与沉积作用有关矿床区域分布图

焦作、太原、大同等煤田。南方主要产煤地层有石炭纪浏水组和晚二叠世龙潭组（乐平、斗岭、梁山为同一时代），如洪山殿、牛马司、乐平、斗岭山等煤矿。早石炭世在扬子克拉通含煤盆地边缘的潟湖海湾环境形成的煤田，主要分布在滇东、川东、黔西和桂北等地区。晚石炭世至二叠纪在华北克拉通盆地及西北准噶尔盆地是连续的聚煤期。早二叠世南方扬子克拉通含煤盆地的聚煤期，如湘西、鄂西、鄂东南和滇东等地。

## 第二节 古生代成矿区带划分

成矿区带是具有较丰富矿产资源及其潜力的成矿地质单元，其划分主要依据区域成矿的构造背景及成矿作用性质、产物和强度等矿化信息。

### 一、古生代成矿区带划分的原则及其意义

全国的成矿区（带）划分采用五分法：即成矿域（Ⅰ级区带）、成矿省（Ⅱ级区带）、成矿区（带）（Ⅲ级区带）、成矿亚区（带）（Ⅳ级区带）、矿田（Ⅴ级区带）。级别由高到低，范围也由大变小，统称序次排列的成矿区（带）划分体制。成矿区（带）是成矿单元的地质体，其内部结构应该是地质构造单元加区域成矿作用（矿床及其空间分布）（朱裕生等，1999，2000，2013，2016；陈毓川等，2006；徐志刚等，2008）。成矿区（带）划分的基本原则包括：

**1. 大地构造单元与成矿地质背景相结合和分别对待原则**

大地构造单元和特定的成矿地质背景环境限定了成矿区带的空间位置，如东南沿海华力西褶皱系，其大地构造单元与成矿地质背景叠加在同一空间位置，可单独划归一个成矿带。但有些地区受统一成矿环境的控制，一个成矿带可以共用两个构造单元的特定空间。

**2. 逐级圈定的原则**

现有的区域地质和大地构造学的研究为全国大地构造演化提供了充分的科学依据；区域成矿作用研究对全国矿产的时空分布的框架已经建立，覆盖我国境内的全球性成矿区带的总体面貌已经清楚。根据区域构造和区域成矿理论以及前人的研究成果，首先圈定Ⅰ级成矿区带的界线，其次圈定Ⅱ级、Ⅲ级、Ⅳ级和Ⅴ级。这一原则是较为实用而有效的做法。Ⅰ级常用“成矿域”来表达其内涵，它反映全球范围内地幔物质巨大的不均一性，常与全球性的巨型构造相对应，是在几个大地构造-岩浆旋回期间发育形成的，每一旋回有其特定的矿化类型。随着构造-岩浆旋回的发展、演化，出现多期次叠加和改造等复杂的成矿作用，古生代成矿多涉及古亚洲成矿域、秦祁昆成矿域和特提斯成矿域。Ⅱ级成矿区带与大地构造单元相对应或跨越多个大地构造单元的含矿领域，其区域成矿作用是经几个或单一大地构造-岩浆旋回的地质历史时期形成的，发育特定的矿化类型。如阿尔泰成矿省（阿尔泰地块及南缘造山带），主要发育古生代海相火山岩型铜铅锌多金属及伟晶岩型白云母矿床。Ⅲ级成矿区带就是在有利成矿区段内受区域的或同一地质作用控制的某几种矿床类型集中分布的地区，反映了区域成矿专属性的特征。Ⅳ级受同一成矿作用控制的几个主导因素控制的矿田分布区。Ⅴ级一般指矿田范围。

**3. 区域矿产空间分布的集中性和区域成矿作用的统一性**

在一定空间范围内具备共同有利的成矿地层，岩石组合、物化探场、构造-岩浆条件和在相似成矿环境控制下，由相似成矿机制形成相近的一组（或一类）矿床（点），也是矿产分布集中区，可以构成一个成矿区带。此原则在圈定低序次的成矿区带时更为适用。Ⅲ级和Ⅳ级成矿区带就反映区域矿产空间集中分布和成矿作用的一致性。如Ⅲ-8 觉罗塔格-黑鹰山 Fe-Cu-Ni-Au-Ag-Mo-W-石膏-硅灰石-膨润土-煤成矿带，成矿时代主要为晚古生代。是新疆东天山地区最重要的成矿时代，早石炭世以铁、铜多金属矿化为特色，主要形成了火山-次火山作用有关的热液型铜多金属矿床；晚石炭世以火山-次火山热液型铜金和岩浆熔离型铜镍硫化物矿床为主，早二叠世是东天山的成矿高峰期，成

矿作用主要与中酸性岩浆活动和动力变质热液活动有关。

**4. 以区域成矿地质背景为基础，物化遥资料印证的原则**

成矿区带属成矿地质背景及特定区域成矿作用控制的空间，赋存着有关矿种或特定类型的矿床，它均有自身的地球物理场和地球化学场，提供的信息视为其边界定位的参考依据。至于遥感影像特征从更广的范围反映大型地质构造单元的边界。它们都是圈定成矿区带的佐证，物、化、遥较为客观地印证了成矿区带边界的位置和反映不同深度的资质要素。

## 二、古生代成矿区带划分方案

结合古生代区域矿产分布特征和区域成矿作用，按照早古生代、晚古生代地质构造单元划分方案，早古生代划分了12个Ⅱ级成矿省和54个Ⅲ级成矿区带（表4-3、图4-9），晚古生代划分了11个Ⅱ级成矿省和41个Ⅲ级成矿区带（表4-4、图4-10）。

**1. 古亚洲成矿域**

（1）阿尔泰成矿省

该成矿省位于自斋桑-额尔齐斯结合带以北我国境内地区，是西伯利亚陆块群的组成部分。区域构造演化经历了阿尔泰被动陆缘（早古生代）和陆块汇聚过程的陆缘弧（晚古生代）阶段。区内优势矿种为铜、铅锌、铁和稀有金属，主要成矿期集中在晚古生代。志留纪主要是与区域热变质深熔作用有关的花岗伟晶岩白云母（Be、宝石）矿床；早-中泥盆世火山岩主要分布于阿舍勒、冲乎尔、克兰、麦兹4个斜列产出的火山-沉积盆地中。矿床类型以花岗伟晶岩型、海相火山岩型为主。

（2）天山-兴蒙成矿省

天山-兴蒙成矿省东段的大兴安岭成矿带在大地构造上属东西向延伸的天山-兴蒙褶皱系，其大地构造格架和构造单元布局主要是在古亚洲洋演化期间形成的，成矿时代以晚古生代和中生代为主。其中与早二叠世火山-沉积盆地演化有关的为海底热液喷流-沉积的铅锌矿，与晚古生代火山-岩浆侵入作用有关的以铜钼矿为主。小兴安岭-张广才岭成矿带于早古生代沉积了碎屑岩-碳酸盐岩-中基性火山岩沉积建造，形成沉积变质型铁矿及岩浆热液型金、铅锌、铜矿；晚古生代，在有利部位形成了海相火山沉积型铜多金属矿。

天山-兴蒙成矿省西段准噶尔-天山-北山成矿带挟持于北部的西伯利亚板块与南部的塔里木板块之间，包括准噶尔盆地及其周缘造山带，主要成矿作用以晚古生代最为强烈。区内准噶尔盆地（成矿区）是我国重要的石油、煤等能源矿产基地，其周缘优势矿种为铜、镍、铅锌、铁、金、钼等，主要成矿期集中在晚古生代，其次为早古生代，石炭纪是成矿集中爆发期。矿床成因类型有海相火山岩型铁矿、基性超基性岩型铜镍矿、斑岩型铜、钼矿、海相火山岩型铜矿和破碎蚀变岩型金矿等。

（3）塔里木成矿省

塔里木成矿省主体位于新疆南部，包括塔里木盆地及其周缘造山带和北山地区，主要成矿作用与塔里木陆块及其周缘弧盆系演化、中新生代板内演化关系密切，金属矿产成矿作用以晚古生代最为强烈。区内塔里木盆地（成矿区）是我国重要的石油、天然气、钾盐大型资源基地和主要产区，其周缘造山带内优势矿种为铁、铜、铅锌、金、萤石、磷矿等，主要成矿期集中在晚古生代，以产出铜、铅锌、金等金属矿产为主，早古生代以产出铁、铜铅锌、锰、磷等矿产为主。

（4）华北成矿省

华北成矿省古生代地层为海陆交互相沉积建造，铁铝、灰岩、碳酸盐岩及含煤碎屑岩系为主，与山西式铝土矿、煤及铁锰矿产有关。

**2. 秦祁昆成矿域**

（1）昆仑成矿省

昆仑成矿省位于秦祁昆中央造山系西段，塔里木陆块南部，主要包括柴达木盆地和东、西昆仑、阿尔金造山带，其中，柴达木盆地（成矿区）是我国油气和盐类大型资源基地，柴达木盆地周缘和东昆仑祁漫塔格为重要的铜镍、铅锌、铁等多金属矿产资源基地，阿尔金为重要的铁铅锌、萤石资源

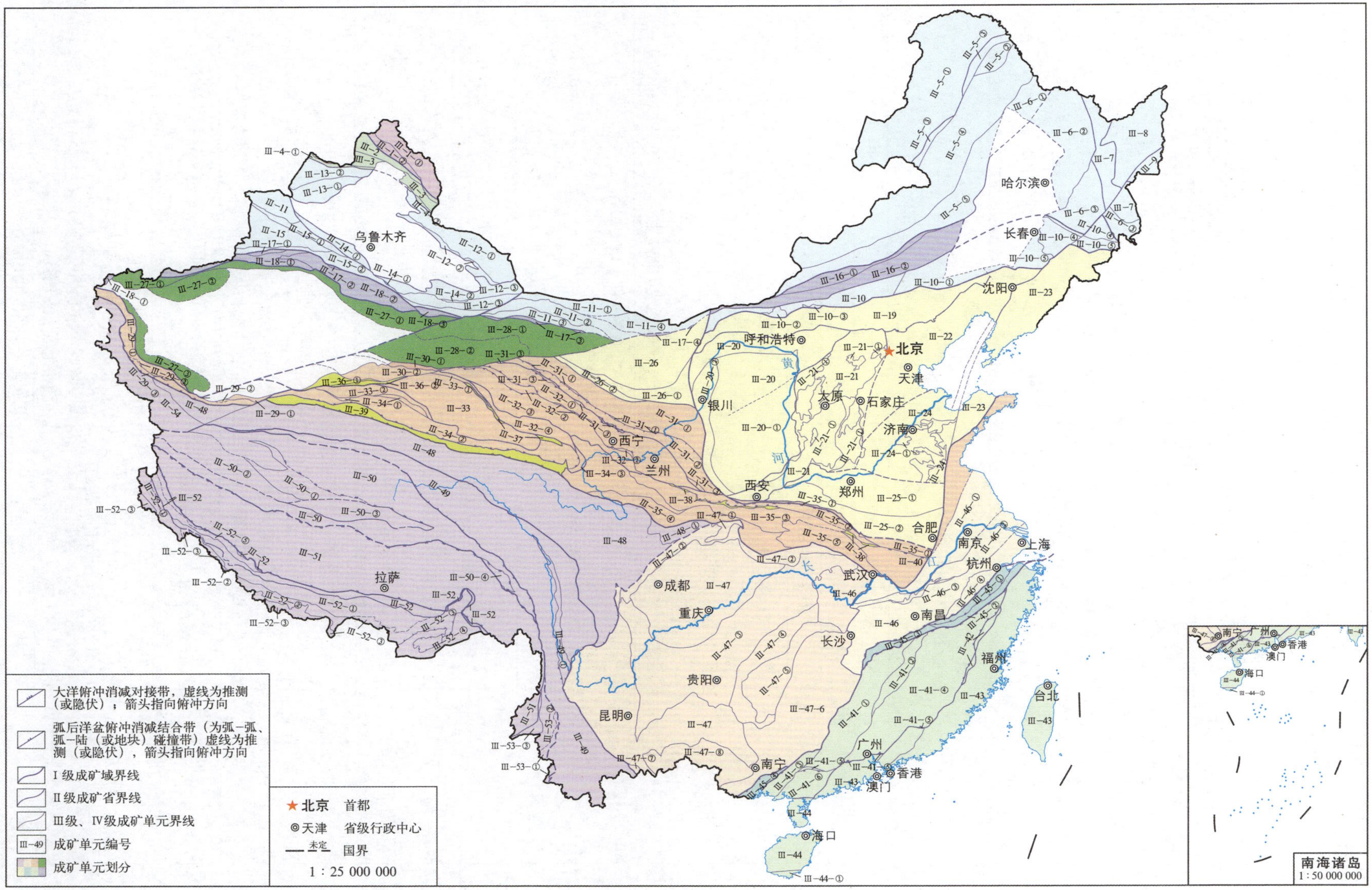


图4-9 早古生代成矿区带划分图

成矿区带名称详见表4-3

**表 4-3　早古生代成矿区带划分一览表**

| Ⅰ级成矿域 | Ⅱ级成矿省 | Ⅲ级成矿（区）带 | Ⅳ级成矿亚带 |
|---|---|---|---|
| Ⅰ古亚洲成矿域 | Ⅱ-1 阿尔泰成矿省 | Ⅲ-1 阿尔泰成矿带 | ①阿尔泰被动陆缘成矿亚带 |
| | | | ②阿尔泰岛弧成矿亚带 |
| | Ⅱ-2 斋桑-额尔齐斯（查尔斯布尔根）成矿省 | Ⅲ-2 乔夏喀拉-布尔根成矿带 | |
| | | Ⅲ-3 北准噶尔成矿带 | |
| | | Ⅲ-4 塔尔哈巴台-洪古勒楞-谢米斯台-阿尔曼泰成矿带 | ①塔尔哈巴台-洪古勒楞-谢米斯台成矿亚带 |
| | | | ②阿尔曼泰成矿亚带 |
| | Ⅱ-3 天山-兴蒙成矿省 | Ⅲ-5 大兴安岭成矿带 | ①额尔古纳成矿亚带 |
| | | | ②海拉尔-呼马成矿亚带 |
| | | | ③环宇-新林成矿亚带 |
| | | | ④扎兰屯-多宝山成矿亚带 |
| | | | ⑤锡林浩特成矿亚带 |
| | | Ⅲ-6 小兴安岭-张广才岭成矿带 | ①塔溪成矿亚带 |
| | | | ②伊春-延寿成矿亚带 |
| | | | ③张广才岭成矿亚带 |
| | | Ⅲ-7 太平沟-依兰-穆棱成矿带 | |
| | | Ⅲ-8 佳木斯成矿区 | |
| | | Ⅲ-9 兴凯成矿区 | |
| | | Ⅲ-10 包尔汉图-温都尔庙成矿带 | ①通辽成矿亚带 |
| | | | ②包尔汉图成矿亚带 |
| | | | ③白乃庙成矿亚带 |
| | | | ④盘石-百里坪成矿亚带 |
| | | | ⑤下二台-呼兰成矿亚带 |
| | | Ⅲ-11 额济纳旗-北山成矿带 | ①圆包山成矿亚带 |
| | | | ②明水成矿亚带 |
| | | | ③公婆泉成矿亚带 |
| | | | ④辉深乌拉-都热成矿亚带 |
| | | Ⅲ-12 东准噶尔-吐哈成矿带 | ①三塘湖成矿亚带 |
| | | | ②卡拉麦里成矿亚带 |
| | | | ③哈尔力克-大南湖成矿亚带 |
| | | Ⅲ-13 西准噶尔成矿带 | ①唐巴勒-玛依拉成矿亚带 |
| | | | ②巴雷克成矿亚带 |
| | | Ⅲ-14 冰达坂-米什沟-康古尔成矿带 | ①冰达坂-米什沟成矿亚带 |
| | | | ②康古尔成矿亚带 |
| | | Ⅲ-15 伊宁-博洛科努-巴伦台成矿带 | ①博洛科努成矿亚带 |
| | | | ②巴伦台-阿拉塔格成矿亚带 |
| | Ⅱ-4 南天山-那拉提-红柳河-西拉木伦成矿省 | Ⅲ-16 索伦山-西拉木伦成矿带 | ①白音宝力道成矿亚带 |
| | | | ②温都尔庙成矿亚带 |
| | | Ⅲ-17 那拉提-红柳河成矿带 | ①哈尔克山北坡成矿亚带 |
| | | | ②乌瓦门-拱拜子成矿亚带 |
| | | | ③红柳河-洗肠井成矿亚带 |
| | | | ④恩格尔乌苏成矿亚带 |
| | | Ⅲ-18 南天山-罗雅楚山成矿带 | ①东阿莱-哈尔克山成矿亚带 |
| | | | ②额尔宾山-库米什成矿亚带 |
| | | | ③碱泉成矿亚带 |

续表

| Ⅰ级成矿域 | Ⅱ级成矿省 | Ⅲ级成矿（区）带 | Ⅳ级成矿亚带 |
|---|---|---|---|
| Ⅰ古亚洲成矿域 | Ⅱ-5 华北成矿省 | Ⅲ-19 冀北-阴山成矿区 | |
| | | Ⅲ-20 鄂尔多斯成矿区 | ①鄂尔多斯成矿亚带<br>②贺兰山成矿亚带 |
| | | Ⅲ-21 五台-太行成矿区 | ①山西成矿亚带 |
| | | Ⅲ-22 冀辽成矿区 | |
| | | Ⅲ-23 渤海东成矿区 | |
| | | Ⅲ-24 鲁西成矿区 | ①鲁西-淮北成矿亚带 |
| | | Ⅲ-25 豫皖成矿区 | ①晋豫成矿亚带<br>②华北南缘成矿亚带 |
| | | Ⅲ-26 阿拉善成矿区 | ①金昌北-阿拉善右旗成矿亚带<br>②龙首山成矿亚带 |
| | Ⅱ-6 塔里木-敦煌成矿省 | Ⅲ-27 塔里木成矿区 | ①塔里木北缘成矿亚带<br>②柯坪成矿亚带<br>③铁克里克成矿亚带 |
| | | Ⅲ-28 敦煌成矿区 | ①敦煌北缘成矿亚带<br>②敦煌地块中南部成矿亚带 |
| Ⅱ秦祁昆成矿域 | Ⅱ-7 西昆仑-祁连-秦岭成矿省 | Ⅲ-29 西昆仑成矿带 | ①奥依且克-塔木其成矿亚带<br>②库地-祁曼于特成矿亚带<br>③柳什塔格-上其汗成矿亚带 |
| | | Ⅲ-30 阿尔金成矿带 | ①红柳沟-拉配泉成矿亚带<br>②阿中成矿亚带 |
| | | Ⅲ-31 北祁连成矿带 | ①走廊成矿亚带<br>②走廊南山成矿亚带<br>③北祁连成矿亚带 |
| | | Ⅲ-32 中-南祁连成矿带 | ①中祁连成矿亚带<br>②党河南山-拉脊山成矿亚带<br>③南祁连成矿亚带<br>④全吉成矿亚带 |
| | | Ⅲ-33 柴达木成矿区 | ①柴达木北缘成矿亚带<br>②祁漫塔格北坡-夏日哈成矿亚带 |
| | | Ⅲ-34 东昆仑成矿带 | ①祁漫塔格成矿亚带<br>②北昆仑成矿亚带<br>③赛什塘-兴海成矿亚带 |
| | | Ⅲ-35 秦岭成矿带 | ①早古生代宽坪-淮阳-佛子岭成矿亚带<br>②北秦岭成矿亚带<br>③南秦岭成矿亚带<br>④南秦岭-西倾山成矿亚带<br>⑤武当-随州成矿亚带 |
| | Ⅱ-8 茫崖-柴北缘-东昆南-商丹成矿省 | Ⅲ-36 阿南成矿带 | ①江嘎萨依-巴什瓦克成矿亚带<br>②阿帕-茫崖成矿亚带 |
| | | Ⅲ-37 柴北缘成矿带 | ①柴北缘成矿亚带 |
| | | Ⅲ-38 商丹成矿带 | ①鸳鸯镇-鹦鹉嘴成矿亚带<br>②商丹成矿亚带 |
| | | Ⅲ-39 南昆仑成矿带 | ①东昆仑南坡成矿亚带 |
| | | Ⅲ-40 大别-苏鲁成矿带 | |

续表

| Ⅰ级成矿域 | Ⅱ级成矿省 | Ⅲ级成矿（区）带 | Ⅳ级成矿亚带 |
|---|---|---|---|
| Ⅲ特提斯成矿域 | Ⅱ-9 武夷-云开-台湾成矿省 | Ⅲ-41 武夷-云开成矿带 | ①罗霄成矿亚带<br>②新干-永丰成矿亚带<br>③十万大山-大容山成矿亚带<br>④武夷成矿亚带<br>⑤信宜-贵子坑成矿亚带<br>⑥云开成矿亚带 |
| | | Ⅲ-42 丽水-政和-大浦成矿带 | |
| | | Ⅲ-43 东南沿海成矿带 | |
| | | Ⅲ-44 海南成矿带 | ①南海地块成矿亚带 |
| | Ⅱ-10 江绍-郴州-钦防对接带 | Ⅲ-45 江绍-郴州-钦防结合带 | ①绍兴-金华成矿亚带<br>②陈蔡成矿亚带<br>③新余-东乡成矿亚带<br>④钦防成矿亚带 |
| | Ⅱ-11 扬子成矿省 | Ⅲ-46 下扬子成矿区 | ①下扬子（苏皖）成矿亚带<br>②下扬子成矿亚带<br>③南华成矿亚带<br>④怀玉山-天目山成矿亚带 |
| | | Ⅲ-47 上扬子成矿区 | ①汉南成矿亚带<br>②米仓山-大巴山成矿亚带<br>③扬子地块南部成矿亚带<br>④上扬子东南缘成矿亚带<br>⑤雪峰山成矿亚带<br>⑥湘桂成矿亚带<br>⑦金平成矿亚带<br>⑧富宁-那坡成矿亚带 |
| | Ⅱ-12 西藏-三江成矿省 | Ⅲ-48 巴颜喀拉成矿带 | ①摩天岭成矿亚带 |
| | | Ⅲ-49 三江成矿带 | ①中咱-中甸成矿亚带 |
| | | Ⅲ-50 羌塘成矿带 | ①龙木错-双湖成矿亚带<br>②多玛成矿亚带<br>③南羌塘成矿亚带<br>④嘉玉桥成矿亚带 |
| | | Ⅲ-51 冈底斯成矿带 | |
| | | Ⅲ-52 喜马拉雅成矿带 | ①拉岗轨日成矿亚带<br>②北喜马拉雅成矿亚带<br>③高喜马拉雅成矿亚带<br>④低喜马拉雅成矿亚带<br>⑤仲巴成矿亚带 |
| | | Ⅲ-53 保山成矿带 | ①耿马成矿亚带<br>②保山成矿亚带<br>③潞西成矿亚带 |
| | | Ⅲ-54 甜水海成矿带 | |

**表 4-4　晚古生代成矿区带划分一览表**

| Ⅰ级成矿域 | Ⅱ级成矿省 | Ⅲ级成矿（区）带 | Ⅳ级成矿亚带 |
| --- | --- | --- | --- |
| Ⅰ古亚洲成矿域 | Ⅱ-1 阿尔泰成矿省 | Ⅲ-1 阿尔泰成矿带 | ①诺尔特成矿亚带<br>②阿尔泰晚古生代成矿亚带 |
| | Ⅱ-2 斋桑-额尔齐斯（查尔斯克-乔夏喀拉-布尔根）成矿省 | Ⅲ-2 额尔齐斯成矿带 | |
| | Ⅱ-3 天山-兴蒙成矿省 | Ⅲ-3 大兴安岭成矿带 | ①莫尔道嘎成矿亚带<br>②海拉尔-呼马成矿亚带<br>③扎兰屯-多宝山成矿亚带<br>④二连-贺根山成矿亚带<br>⑤锡林浩特成矿亚带 |
| | | Ⅲ-4 小兴安岭-张广才岭成矿带 | ①塔溪成矿亚带<br>②伊春-延寿成矿亚带<br>③张广才岭成矿亚带 |
| | | Ⅲ-5 佳木斯-兴凯成矿区 | ①佳木斯成矿亚带<br>②兴凯成矿亚带 |
| | | Ⅲ-6 宝音图-温都尔庙成矿带 | ①宝音图成矿亚带<br>②苏右旗-多伦成矿亚带<br>③通辽成矿亚带<br>④磐石-百里坪成矿亚带 |
| | | Ⅲ-7 额济纳-北山成矿带 | ①园包山成矿亚带<br>②红石山成矿亚带<br>③明水成矿亚带<br>④岌岌台子-小黄山成矿亚带<br>⑤公婆泉成矿亚带<br>⑥狼娃山-雅布拉成矿亚带 |
| | | Ⅲ-8 准噶尔周缘成矿带 | ①北准噶尔成矿亚带<br>②西准噶尔成矿亚带<br>③东准噶尔成矿亚带 |
| | | Ⅲ-9 伊什基里克-阿吾拉勒-巴音沟-博格达-红石山成矿带 | ①伊什基里克-阿吾拉勒成矿亚带<br>②依连哈比尔-巴音沟成矿亚带<br>③博格达成矿亚带 |
| | | Ⅲ-10 中天山-东天山-北山-三危山-阿拉善成矿带 | ①那拉提-巴伦台-额尔宾山东-卡拉塔格成矿亚带<br>②小热泉子-雅满苏-黄山成矿亚带<br>③笔架山-柳园成矿亚带<br>④三危山-瓜州成矿亚带<br>⑤龙首山（断陷盆地）成矿亚带<br>⑥龙首山（岩浆弧）成矿亚带 |
| | Ⅱ-4 西南天山-索伦-西拉木伦成矿省 | Ⅲ-11 哈尔克山成矿带 | |
| | | Ⅲ-12 南天山成矿带 | ①西南天山成矿亚带<br>②额尔宾山-帕尔岗塔格成矿亚带 |
| | | Ⅲ-13 乌瓦门-拱拜子-碱泉-恩格尔乌苏成矿带 | ①乌瓦门-拱拜子成矿亚带<br>②碱泉成矿亚带<br>③恩格尔乌苏成矿亚带 |
| | | Ⅲ-14 索伦山-西拉木伦成矿带 | ①索伦山成矿亚带<br>②林西成矿亚带<br>③查干淖尔成矿亚带<br>④柯单山-小苇塘成矿亚带<br>⑤头道沟-采秀洞成矿亚带 |

| Ⅰ级成矿域 | Ⅱ级成矿省 | Ⅲ级成矿（区）带 | Ⅳ级成矿亚带 |
|---|---|---|---|
| Ⅰ古亚洲成矿域 | Ⅱ-5 华北成矿省 | Ⅲ-15 祁连成矿带 | ①祁连北部成矿亚带<br>②祁连中南部成矿亚带 |
| | | Ⅲ-16 华北陆块北缘成矿带 | ①阴山-冀北成矿亚带<br>②狼山成矿亚带 |
| | | Ⅲ-17 华北东部成矿带 | ①晋中成矿亚带<br>②河南-皖北成矿亚带<br>③冀辽成矿亚带<br>④渤海东成矿亚带<br>⑤鲁西成矿亚带 |
| | | Ⅲ-18 鄂尔多斯成矿区 | ①贺兰山成矿亚带<br>②鄂尔多斯西缘成矿亚带<br>③鄂尔多斯东部成矿亚带 |
| | | Ⅲ-19 阿拉善成矿区 | ①包尔乌拉成矿亚带<br>②迭布斯格-阿拉善右旗成矿亚带 |
| | Ⅱ-6 塔里木-柴达木成矿省 | Ⅲ-20 塔里木成矿区 | ①西南天山成矿亚带<br>②柯坪成矿亚带<br>③和田成矿亚带 |
| | | Ⅲ-21 柴达木成矿区 | |
| Ⅱ秦祁昆成矿域 | Ⅱ-7 昆仑-祁连-秦岭成矿省 | Ⅲ-22 西昆仑成矿带 | ①昆盖山-阿羌成矿亚带<br>②西昆中成矿亚带 |
| | | Ⅲ-23 东昆仑成矿带 | ①东昆北成矿亚带<br>②东昆南成矿亚带 |
| | | Ⅲ-24 祁连-宗务隆山成矿带 | ①宗务隆-甘加成矿亚带<br>②柴达木北缘-青海湖南山成矿亚带<br>③鄂拉山成矿亚带<br>④兴海成矿亚带<br>⑤隆务河-留凤关成矿亚带 |
| | | Ⅲ-25 陇山-北中秦岭成矿带 | ①陇山成矿亚带<br>②北秦岭南部成矿亚带<br>③刘岭-大草滩成矿亚带 |
| | | Ⅲ-26 南秦岭成矿带 | ①南秦岭成矿亚带<br>②西倾山成矿亚带<br>③武当-随州成矿亚带 |
| | Ⅱ-8 康西瓦-苏巴什-阿尼玛卿-勉略-大别-苏鲁成矿省 | Ⅲ-27 南昆仑成矿带 | ①苏巴什-木孜塔格-西大滩-布青山成矿亚带<br>②玛多-玛沁成矿亚带 |
| | | Ⅲ-28 勉略成矿带 | ①文县-勉略成矿亚带<br>②高川成矿亚带 |
| | | Ⅲ-29 大别-苏鲁成矿带 | ①大别成矿亚带<br>②苏鲁成矿亚带 |
| Ⅲ特提斯成矿域 | Ⅱ-9 武夷-云开-台湾成矿省 | Ⅲ-30 郴州-萍乡-江绍成矿带 | |
| | | Ⅲ-31 武夷-云开成矿带 | ①六万大山-大容山成矿亚带<br>②钦防成矿亚带 |
| | | Ⅲ-32 东南-海南沿海成矿带 | |

续表

| Ⅰ级成矿域 | Ⅱ级成矿省 | Ⅲ级成矿（区）带 | Ⅳ级成矿亚带 |
| --- | --- | --- | --- |
| Ⅲ特提斯成矿域 | Ⅱ-10 扬子成矿省 | Ⅲ-33 下扬子成矿带 | ①下扬子（苏皖）成矿亚带<br>②怀玉山-天目山成矿亚带 |
| | | Ⅲ-34 上扬子成矿带 | ①米仓山-大巴山成矿亚带<br>②扬子陆块南部成矿亚带<br>③上扬子东南缘成矿亚带<br>④湘桂成矿亚带<br>⑤攀西成矿亚带<br>⑥盐源-丽江成矿亚带<br>⑦金平成矿亚带<br>⑧富宁-那坡成矿亚带 |
| | Ⅱ-11 西藏-三江成矿省 | Ⅲ-35 巴颜喀拉成矿带 | ①黄龙成矿亚带<br>②可可西里-松潘成矿亚带<br>③炉霍-道孚成矿亚带<br>④康西瓦-泉水沟成矿亚带 |
| | | Ⅲ-36 三江成矿带 | ①甘孜-理塘成矿亚带<br>②义敦-沙鲁里成矿亚带<br>③中咱-中甸成矿亚带<br>④西金乌兰湖-金沙江-哀牢山成矿亚带<br>⑤治多-江达-维西-绿春成矿亚带<br>⑥昌都-兰坪成矿亚带<br>⑦开心岭-杂多-景洪成矿亚带<br>⑧乌兰乌拉湖-澜沧江成矿亚带<br>⑨碧罗雪山-崇山成矿亚带<br>⑩临沧成矿亚带 |
| | | Ⅲ-37 羌塘成矿带 | ①羌北成矿亚带<br>②塔什库尔干-甜水海成矿亚带<br>③托和平错-查多岗日成矿亚带<br>④龙木错-双湖成矿亚带<br>⑤南羌塘成矿亚带<br>⑥唐古拉-左贡成矿亚带 |
| | | Ⅲ-38 班公湖-怒江-昌宁-孟连成矿带 | ①班公湖-怒江成矿亚带<br>②昌宁-孟连成矿亚带 |
| | | Ⅲ-39 拉达克-冈底斯成矿带 | ①伯舒拉岭成矿亚带<br>②班戈-腾冲成矿亚带<br>③申扎成矿亚带<br>④隆格尔-工布江达成矿亚带 |
| | | Ⅲ-40 喜马拉雅成矿带 | ①雅鲁藏布成矿亚带<br>②拉岗轨日成矿亚带<br>③北喜马拉雅成矿亚带<br>④低喜马拉雅成矿亚带 |
| | | Ⅲ-41 保山成矿带 | ①潞西成矿亚带<br>②保山成矿亚带<br>③耿马成矿亚带 |

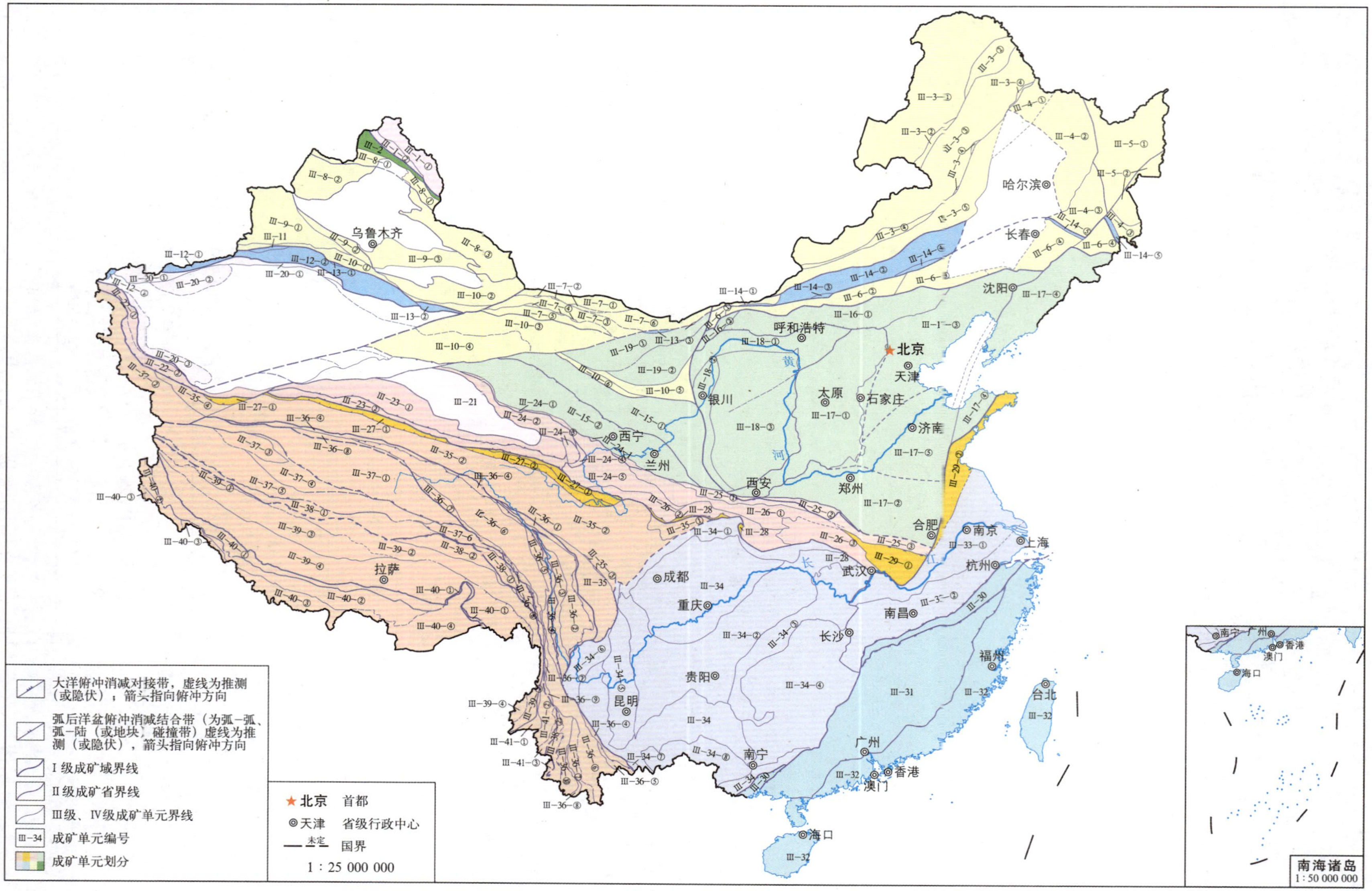


图4-10 晚古生代成矿区带划分图

成矿区带名称详见表4-4

基地。成矿时代以中生代为主，其次为古生代。矿床成因类型有海相火山岩型铜矿、破碎蚀变岩型金矿、基性-超基性岩型铜镍矿、沉积型锰矿、矽卡岩型钨矿、伟晶岩型稀有金属矿、岩浆热液充填型萤石矿、火山沉积改造型铁铅锌矿等。

（2）祁连成矿省

祁连成矿省位于秦祁昆中央造山系中东部，华北陆块和敦煌地块南部，主要成矿作用与中-新元古代超大陆裂解、裂谷和新元古代弧盆系以及早古生代北祁连、中-南祁连弧盆系过程关系密切。成矿时代以早古生代为主，其次为晚古生代和前寒武纪，区内优势矿产主要为铜镍、铅锌、金、铁、钨、磷等。矿床成因类型海相火山岩型铜矿，破碎蚀变岩型金矿，矽卡岩（云英岩）-石英脉型钨矿，岩浆型稀土矿，海相火山岩沉积型锰矿等。

（3）秦岭成矿省

秦岭成矿省位于秦祁昆中央山系中东段，是长期分隔中国华北与扬子两大陆块的分界线。主要成矿作用有与中生代构造热隆起岩浆活动相关的钼、金矿，与陆缘盆地相关的铅锌矿、磷、重晶石等。区内金、铅锌、铜、铁、钼（钨）、汞锑等矿种具有比较明显的优势，其中金、铅锌矿最具优势和找矿潜力的矿种。成矿时代以中生代为主，晚古生代次之。矿床成因类型有海相火山岩型铜矿、碳酸盐岩-细碎屑岩型铅锌矿等。

**3. 特提斯成矿域**

（1）西藏-三江成矿省

巴颜喀拉成矿带主要成矿作用与中生代构造热隆起岩浆活动、活动大陆边缘关系密切。区内优势矿种为铅锌、锂、金（锑）、铜（钴），成矿时代以中生代为主，晚古生代次之。矿床成因类型有海相火山岩型铜（钴）矿（德尔尼铜钴矿）。三江成矿带位于巴颜喀拉-松潘成矿省之南，北以康西瓦-甜水海缝合带为界，东与巴颜喀拉-松潘成矿省毗邻，南至与印度的国界。主要成矿作用与特提斯洋形成、演化和消亡过程关系密切。区内优势矿种为铜、铅锌、铁等，成矿时代以中生代为主，晚古生代和新生代次之。

（2）扬子成矿省

古生代是扬子陆块发展阶段。下扬子地区在早古生代处于半封闭的台地环境或陆棚浅海碳酸盐台地，形成了以碳酸盐岩为主的沉积建造。晚古生代二叠纪时期内海水时退时进，则形成滨海沼泽-陆棚陆表海的沉积环境。上扬子地区在早古生代形成铅锌矿、磷矿、金矿及铜多金属矿，晚古生代形成与峨眉大火成岩省有关的钒钛磁铁矿和铜镍铂钯矿，还有沉积型铝土矿、锰矿、煤矿。

（3）武夷-云开成矿省

武夷-云开成矿省是古、中元古代陆壳基础上发展起来的加里东褶皱区，由元古宙—早古生代基底、晚古生代—中三叠世盖层和中、新生代陆盆沉积 3 个构造层组成。震旦系—志留系为一套复理石、类复理石夹少量碳酸盐岩的冒地槽建造。早寒武世缺氧环境下形成的黑色页岩建造，有多种金属、非金属沉积矿产，为重要的矿源层。其中锰碳硅质建造，是区内锰矿的矿源层。泥盆系—二叠系以浅海相碎屑岩和碳酸盐岩建造为主。

## 第三节 古生代成矿体系

### 一、古生代成矿体系的概念及内涵

#### （一）成矿体系的概念

成矿体系是指某一较大空间范围内各个地质历史时期各种成矿作用所形成的矿床及其与成矿作用密切相关的地质要素所共同构成的整体。其他的地质要素包括成矿时代、成矿时的大地构造背景、成矿地质环境、与成矿有关的地质作用及其过程、控矿构造、特定的赋矿围岩等，它包括了在此空间范围内所构成的各个局部成矿系统及其相互关系。具体到“中国成矿体系”，则可以理解为在目前中国境内大陆地壳和大洋地壳漫长的形成、发展过程中，随着壳幔相互作用、变形和地壳海陆变迁而形成的成矿作用及其产物的有机整体及其在四维时空中的分布规律（陈毓川等，2006），具有明显的阶段性、多期叠加和成矿演化特征，因此可进一步分为太古宙陆核成矿体系、元古宙陆块边缘裂谷-裂陷槽为主成矿体系、古生代板块成矿体系和中新生代大陆成矿体系。

构造环境是成矿体系的基础；区域地球化学场和区域地球物理场是成矿的显示；矿床成矿系列是成矿体系的基本单位；成矿区带是成矿体系的载体；通过矿床成矿系列的构筑揭示地壳运动的基本规律、反演地球演化的历史轨迹，是成矿体系研究的科学目标；成矿预测则是成矿体系研究的应用目标。要想比较客观、真实地再现中国大陆成矿体系的形成过程及其组织结构，必须构筑起完整的成矿体系的框架，而矿床的成矿系列则可以作为构筑中国成矿体系的基本单位（王登红等，2006）。

### （二）古生代成矿体系的内涵

古生代板块构造成矿体系在我国境内加里东期构造旋回和华力西期构造旋回，特别是后者在西部、北部地区发育完整，在此期间西伯利亚古陆、华北-塔里木古陆、扬子古陆与华夏古陆之间多次开合，在这些古陆（板块）对接带及其两侧有序发生岩浆成矿作用、沉积成矿作用及变质成矿作用等。

区域构造与区域成矿作用具有相关性，现今的区域构造是由地质历史中的多次构造作用形成的。实测的区域重力场、航磁场等地球物理场虽然反映现今的区域地质构造特征，但是有些构造（如岩石磁性）的继承性，在地球物理场上仍有所反映，因而可有条件地利用地球物理场特征探讨矿产形成。矿产大多产于重力异常梯度带和航磁异常带及其附近地带，且大多数成带产出，形成矿产资源聚集带（区），即成矿区（带）。

古生代时期，西伯利亚板块与哈萨克斯坦-准噶尔陆块之间、哈萨克斯坦陆块与塔里木陆块之间、西伯利亚陆块与华北陆块之间、华北陆块与扬子陆块之间都发生了从拉张裂陷（形成海相火山-沉积铁、铜、铅锌等矿床和斑岩型铜矿）→扩张成洋（或小洋盆）（形成洋壳铬铁矿）→收缩（形成沉积型菱铁矿等）→对接（俯冲、碰撞）挤压、造山（形成伟晶岩型稀有金属、云母矿床、剪切带热液型金矿等）→伸展（形成基性超基性岩铜镍矿、碱性花岗岩类有关的锡矿等）→造山期后岩浆、变质作用（形成陆相火山岩型及浅成侵入岩有关的铁、铜、钨、金、钼及伟晶岩矿床）与盆地沉积（形成蒸发盐类矿床）的过程（陈毓川等，2007）。

## 二、古生代成矿系列

对于古生代成矿系列的划分，首先考虑的因素是板块构造格局以及构造阶段，即不同的成矿系列应分别归属于不同时期的构造单元之中，在此基础上，再考虑成矿作用并结合成矿系列组合进行划分。在成矿系列归纳中，以Ⅰ级构造为背景单元，以Ⅱ、Ⅲ级构造单元为成矿构造环境。建立系列所涵盖的矿床一般均为大型以上，同时考虑到具有重要成因意义的中型矿床。

在成矿系列序次与命名上，主要考虑了矿床成矿系列组合、成矿系列和成矿亚系列。矿床成矿系列组合分为：①岩浆作用矿床成矿系列组合；②沉积作用矿床成矿系列；③变质作用矿床成矿系列组合；④含矿流体作用矿床成矿系列组合。

古生代是中国大陆重要的成矿时期之一，在古生代中国大陆的板块构造格局已经形成，其区域成矿作用是与中国大陆古生代多陆块洋（多岛洋）的构造环境（殷鸿福等，1995，1998；任纪舜等，1999；张国伟等，2001，冯益民等，2002）及其形成的地球动力学体制密切相关。依据板块构造分析，古生代中国大陆构造是由 4 大造山系和夹于其间的 3 个古陆块构成总体格局，在早、晚古生代，这一大的格局的构造演化总体受到古亚洲构造域动力学体制控制，在加里东和华力西构造旋回，在天山-兴蒙、秦岭-祁连-昆仑、武夷-云开和西藏-三江均有不同程度的洋陆转化和造山作用发生，在三个陆块区，主要表现稳定区沉积作用和陆内深大断裂作用，在此背景或构造环境下，成矿系列的发育和分布表现出一定规律。矿床成矿系列命名方法：早晚古生代的代号+Ⅱ级成矿省代号（Ⅰ级构造单元代号）+序号。

## （一）早古生代的矿床成矿系列

依据成矿构造环境、成矿时期、成矿作用及其矿床成因联系，将中国早古生代矿床划分为38个成矿系列。其中：岩浆作用矿床成矿系列16个；沉积作用矿床成矿系列17个；变质作用矿床成矿系列4个；含矿流体作用矿床成矿系列1个（表4-5、图4-11）。

**1. 阿尔泰成矿省**

岩浆作用成矿系列组合1个。

阿尔泰与加里东晚期岩浆作用有关的白云母、宝石、稀有金属矿床成矿系列（$Pz_1$-1-1）。

该矿床成矿系列集中分布在富蕴县西北部的阿尤布拉克-那森恰-库威中下游一带，主要是与区域热变质深熔作用有关的变质型花岗伟晶岩白云母（铍、宝石）矿床，如那森恰、切别林、阿尤拉克、森严、巴利尔斯等。白云母成矿时代主要为志留纪。

在北阿尔泰中部的大桥一带产出一系列伟晶岩型白云母矿床，统称为那森恰矿区，其伟晶岩产状与变质岩地层一致，稳定延伸。矿物组合比较简单，主要是石英、长石和云母，外带和地层过渡处出现大量的蓝晶石，表明该伟晶岩属于变质成因。其Ar-Ar法坪年龄448±0.4 Ma表明该伟晶岩是在加里东期由变质作用形成。利用等时线和反等时线得到的年龄分别为448±3 Ma和447±0.7 Ma，表明447 Ma就是伟晶岩及其矿床的形成时期（王登红等，2002）。

拜城锂铍矿床位于青河县城西北部的拜兴一带，是阿尔泰成矿带加里东期伟晶岩有关稀有金属-宝石成矿系列的代表。伟晶岩脉构造上位于阿克塔斯向斜北翼与塞克博洛泰断裂之间，NW向断裂控矿，而NE向断裂则破坏矿脉。伟晶岩脉产于地层片理中，产状与变质岩地层一致。其白云母的坪年龄和等时线、反等时线年龄基本一致，均为436 Ma左右（王登红等，2002）。

**2. 天山-兴蒙成矿省**

岩浆作用成矿系列组合3个，沉积作用成矿系列组合1个，变质作用成矿系列组合1个。

（1）大兴安岭与加里东中期中酸性岩浆侵入活动有关铜、钼矿床成矿系列（$Pz_1$-3-1）

该矿床成矿系列分布于伊尔施-多宝山造山带东北部的多宝山地区。成矿与加里东中期花岗闪长斑岩和多宝山组火山岩有着密切的联系。矿床类型为斑岩型-热液脉复合型，主要矿种为铜、钼，代表性矿床为多宝山和铜山铜钼矿床。前人对多宝山和铜山铜钼矿床的成岩、成矿年代学开展了大量的研究工作，葛文春等（2007）、崔根等（2008）、向安平等（2012）和Zeng et al.（2014）获得多宝山花岗闪长岩的锆石SHRIMP和LA-ICPMS U-Pb年龄为485~478 Ma，向安平等（2012）和Zeng et al.（2014）获得多宝山花岗闪长斑岩的锆石LA-ICPMS U-Pb年龄为477~475 Ma，Liu et al.（2012）、向安平等（2012）和Zeng et al.（2014）获得多宝山辉钼矿（黄铁矿、黄铜矿）的Re-Os年龄为486~475 Ma，研究认为多宝山和铜山矿床形成于早奥陶世。

（2）大兴安岭与奥陶纪海相化学沉积-变质作用有关大理岩矿床成矿系列（$Pz_1$-3-2）

该矿床成矿系列分布在大兴安岭隆起带北端偏东侧，区内地层出露较齐全，其中，奥陶系、泥盆系最发育，其次是志留系、二叠系，侏罗系零星出露。奥陶系在关鸟河上、中游出露，志留系主要分布在关鸟河上游，与奥陶系密切共生。区内侵入岩发育，构造复杂，北东向三峰山-鸡冠山复背斜为主体构造格架，其中叠加了一系列北西向褶皱带和断裂带。

区内大理岩矿床属于中奥陶统关鸟河组的一部分，具一定的层位。原岩为一套粉细砂-粘土-碳酸盐岩沉积建造。碎屑岩原岩层理尚明显可见（一般在新鲜面上不易观察，但在风化面上清晰可见）。大理岩中原岩层理保存很少，但仔细观察，仍可找到原岩层理（如不同颜色条带和风化面上显示层理的凹凸不平的条带等），还有保留下来的生物碎屑（或碳酸盐岩屑）假象和原始鲕粒构造，尤其是在矿体中有丰富的动物化石。说明矿床碳酸盐物质来源主要是各种碳酸盐碎屑（包括生物和非生物），在条件适宜的情况下形成大面积碳酸盐岩岩层，矿体沿走向或倾向呈透镜状，可能是原始沉积形成的。赋矿地层是一套正常海相-浅海相沉积的粉砂-粘土-碳酸盐岩建造，经过区域及接触变质形成变质细砂、粉砂岩夹大理岩层（李方辉，2009）。

**表 4-5　早古生代矿床成矿系列划分一览表**

| Ⅱ级成矿省 | Ⅲ级成矿（区）带 | Ⅳ级成矿亚带 | 矿床成矿系列组合 | 矿床成矿系列 | 矿床成矿亚系列 | 矿床式 |
|---|---|---|---|---|---|---|
| Ⅱ-1 阿尔泰成矿省 | Ⅲ-1 阿尔泰成矿带 | Ⅲ-1-①阿尔泰被动陆缘成矿亚带 | 岩浆作用成矿系列 | $Pz_1$-1-1 阿尔泰与加里东晚期岩浆作用有关的白云母、宝石、稀有金属矿床成矿系列 | | 那森恰云母、也拉曼绿柱石、布鲁克特石榴石 |
| Ⅱ-3 天山-兴蒙成矿省 | Ⅲ-5 大兴安岭成矿带 | Ⅲ-5-④扎兰屯-多宝山成矿亚带 | 岩浆作用成矿系列 | $Pz_1$-3-1 大兴安岭与加里东中期中酸性岩浆侵入活动有关铜、钼矿床成矿系列 | | 多宝山铜钼，铜山钼 |
| | | | 变质作用成矿系列 | $Pz_1$-3-2 大兴安岭与奥陶纪海相化学沉积-变质作用有关大理岩矿床成矿系列 | | 关鸟河大理岩 |
| | Ⅲ-6 小兴安岭-张广才岭成矿带 | Ⅲ-6-②伊春-延寿成矿亚带 | 岩浆作用成矿系列 | $Pz_1$-3-3 小兴安岭与加里东中期中酸性岩浆侵入活动有关铅、锌、铁多金属、水晶矿床成矿系列 | 与加里东中期混染花岗岩有关 Pb-Zn 矿床成矿亚系列 | 小西林式铅锌银 |
| | | | | | 与加里东中期二长花岗岩有关 Fe 多金属矿床成矿亚系列 | 翠宏山式铁铅锌 |
| | Ⅲ-13 西准噶尔成矿带 | Ⅲ-13-①唐巴勒-玛依拉成矿亚带 | 岩浆作用成矿系列 | $Pz_1$-3-4 准噶尔与加里东期基性岩浆活动有关铬、石棉矿床成矿系列 | | 萨雷诺海式铬、唐巴勒铬 |
| | Ⅲ-15 伊宁-博洛科努-巴伦台成矿带 | Ⅲ-15-①博洛科努成矿亚带 | 沉积作用成矿系列 | $Pz_1$-3-5 西天山与寒武纪黑色岩系沉积作用有关的磷、钒、铀、重晶石矿床成矿系列 | | 科古尔琴式磷、果子沟式磷 |
| Ⅱ-4 南天山-那拉提-红柳河-西拉木伦成矿省 | Ⅲ-16 索伦山-西拉木伦成矿带 | Ⅲ-16-②温都尔庙成矿亚带 | 岩浆作用成矿系列 | $Pz_1$-4-1 索伦山-西拉木伦与早古生代超基性岩浆活动有关铬矿床成矿系列 | | 柯单山铬 |
| Ⅱ-5 华北成矿省 | Ⅲ-20 鄂尔多斯成矿区 | Ⅲ-20-②贺兰山成矿亚带 | 沉积作用成矿系列 | $Pz_1$-5-1 鄂尔多斯与早古生代沉积作用有关磷、石灰岩、粘土矿床成矿系列 | 寒武纪沉积磷矿床成矿亚系列 | 苏峪口式磷、紫花沟式磷 |
| | | | | | 奥陶纪沉积有关石灰岩矿床成矿亚系列 | 干沟式石灰岩 |
| | Ⅲ-21 五台-太行成矿区 | Ⅲ-21-①山西成矿亚带 | 沉积作用成矿系列 | $Pz_1$-5-2 五台-太行早古生代碳酸盐台地沉积作用有关石灰岩矿床成矿系列 | 与寒武纪—奥陶纪浅海台地相沉积有关石灰岩矿床成矿亚系列 | 贾庄式石灰岩 |
| | Ⅲ-23 渤海东成矿区 | | 岩浆作用成矿系列 | $Pz_1$-5-3 华北东部与加里东中期金伯利岩岩浆作用有关的金刚石矿床成矿系列 | 辽东半岛受深源断裂控制的金伯利岩型金刚石矿床成矿亚系列 | 瓦房店式金刚石、常马庄式金刚石、西峪式金刚石 |
| | Ⅲ-24 鲁西成矿区 | Ⅲ-24-①鲁西-淮北成矿亚带 | | | 山东蒙阴与金伯利岩有关的金刚石成矿亚系列 | 蒙阴金刚石 |

续表

| Ⅱ级成矿省 | Ⅲ级成矿（区）带 | Ⅳ级成矿亚带 | 矿床成矿系列组合 | 矿床成矿系列 | 矿床成矿亚系列 | 矿床式 |
|---|---|---|---|---|---|---|
| Ⅱ-5 华北成矿省 | Ⅲ-24 鲁西成矿区 | Ⅲ-24-①鲁西-淮北成矿亚带 | 沉积作用成矿系列 | $Pz_1$-5-4 鲁西早古生代碳酸盐台地沉积作用有关石灰岩矿床成矿系列 | 寒武纪—奥陶纪海相沉积有关石灰岩矿床成矿亚系列 | 双顶山石灰岩、亭码头石灰岩 |
| | Ⅲ-25 豫皖成矿区 | Ⅲ-25-①晋豫成矿亚带 | | $Pz_1$-5-5 华北南缘与早古生代碳酸盐台地沉积作用有关磷、石灰岩矿床成床系列 | 与寒武纪深海相沉积有关磷矿床成矿亚系列 | 辛集式磷 |
| | | Ⅲ-25-②华北南缘成矿亚带 | | | | 杜庄磷 |
| Ⅱ-6 塔里木-敦煌成矿省 | Ⅲ-27 塔里木成矿区 | 塔里木成矿区 | 沉积作用成矿系列 | $Pz_1$-6-1 塔里木盆地寒武纪—奥陶纪沉积作用有关油气成矿系列 | | 塔北、塔中油田顺北、顺南油田 |
| | | Ⅲ-27-①塔里木北缘成矿亚带 | | $Pz_1$-6-2 塔里木北缘寒武纪沉积作用有关的磷、钒、铀、石膏、重晶石矿床成矿系列 | 库鲁克塔格与寒武纪黑色岩系建造有关的磷、钒矿床成矿亚系列 | 西山口一号磷 |
| | | Ⅲ-27-②柯坪成矿亚带 | | | 柯坪与寒武纪黑色岩系建造有关的磷、钒矿床成矿亚系列 | 沙依里克式磷 |
| | Ⅲ-28 敦煌成矿区 | Ⅲ-28-①敦煌北缘被动-活动陆缘 | | | 北山与寒武纪黑色岩系建造有关的磷、钒、铀、锰、重晶石矿床成矿亚系列 | 方山口式磷、钒 |
| Ⅱ-7 西昆仑-祁连-秦岭成矿省 | Ⅲ-29 西昆仑成矿带 | Ⅲ-29-③柳什塔格-上其汗成矿亚带 | 变质作用成矿系列 | $Pz_1$-7-1 西昆仑与奥陶纪—志留纪浅变质沉积作用有关的铁（铜）矿床成矿系列 | | 卡拉墩铁 |
| | Ⅲ-30 阿尔金成矿带 | Ⅲ-30-①红柳沟-拉配泉成矿亚带 | 岩浆作用成矿系列 | $Pz_1$-7-2 阿尔金与加里东早期火山沉积改造作用有关铁、铜、铅、锌、金矿床成矿系列 | | 喀腊大湾铁、喀腊达坂铅锌、拉配泉式铜、采石沟式铜 |
| | | Ⅲ-30-②阿中成矿亚带 | 岩浆作用成矿系列 | $Pz_1$-7-3 阿尔金与加里东中期中酸性岩浆热液作用有关稀有金属、萤石矿床成矿系列 | 与加里东中期黑云母花岗岩有关锂铍等稀有金属矿床成矿亚系列 | 吐格曼锂铍等稀有金属 |
| | | | | | 与加里东中期碱长花岗岩有关萤石成矿亚系列 | 卡尔恰尔萤石 |
| | Ⅲ-31 北祁连成矿带 | Ⅲ-31-①走廊成矿亚带 | 沉积作用成矿系列 | $Pz_1$-7-4 北祁连与志留纪海相碎屑岩建造沉积作用有关的铜矿床成矿系列 | | 天鹿铜 |

续表

| Ⅱ级成矿省 | Ⅲ级成矿（区）带 | Ⅳ级成矿亚带 | 矿床成矿系列组合 | 矿床成矿系列 | 矿床成矿亚系列 | 矿床式 |
|---|---|---|---|---|---|---|
| Ⅱ-7 西昆仑-祁连-秦岭成矿省 | Ⅲ-31 北祁连成矿带 | Ⅲ-31-②走廊南山成矿亚带 | 岩浆作用成矿系列 | $Pz_1$-7-5 北祁连与加里东期岩浆作用有关的铜、铅、锌、金、钨矿床成矿系列 | 加里东早期海相酸性火山-沉积岩系同生铜、铅、锌、硫铁矿成矿亚系列 | 白银厂（折腰山铜锌、火焰山铜锌、小铁山锌铅铜） |
| | | | | | 加里东中期海相基性火山-沉积岩系同生铜、锌成矿亚系列 | 石居里铜-锌、九个泉铜、错沟铜 |
| | | | | | 加里东晚期与侵入岩有关的钨、金、铜矿床成矿亚系列 | 小柳沟钨（钼）、桦树沟铜、寒山金 |
| | Ⅲ-32 中-南祁连成矿带 | Ⅲ-32-①中祁连成矿亚带 | 岩浆作用成矿系列 | $Pz_1$-7-6 中-南祁连与加里东中晚期花岗岩岩浆作用有关的钨（钼）、铜、金矿床成矿系列 | 与加里东中晚期花岗岩有关的钨（钼）矿床成矿亚系列 | 塔尔沟钨（钼） |
| | | Ⅲ-32-②党河南山-拉脊山成矿亚带<br>Ⅲ-32-③南祁连成矿亚带 | | $Pz_1$-7-7 中-南祁连与加里东期镁铁-超镁铁岩和花岗岩岩浆作用有关的金、镍、铬、稀土矿床成矿系列 | 与加里东期蛇绿岩有关的铬矿床成矿亚系列 | 大道尔吉铬、玉石沟铬 |
| | | | | | 与加里东期镁铁-超镁铁岩有关的镍、稀土、磷矿床成矿亚系列 | 拉水峡镍，上庄稀土、磷 |
| | | | | | 与加里东期花岗岩有关的金矿床成矿亚系列 | 天重峡金、黑刺沟金、贾公台金 |
| | Ⅲ-33 柴达木成矿区 | Ⅲ-33-②祁漫塔格北坡-夏日哈成矿亚带 | 岩浆作用成矿系列 | $Pz_1$-7-8 祁漫塔格与加里东期花岗岩浆作用有关的钨、锡、铁矿床成矿系列 | | 白干湖钨、锡 |
| | Ⅲ-35 秦岭成矿带 | Ⅲ-35-②北秦岭成矿亚带 | 岩浆作用成矿系列 | $Pz_1$-7-9 北秦岭与加里东中期海相火山岩-超基性岩岩浆作用有关的铜、锌、金、银矿床成矿系列 | 与超基性岩有关的铜、镍矿床成矿亚系列 | 金盆式铜、镍 |
| | | | | | 与海相火山岩有关铜、锌、金矿床成矿亚系列 | 铜峪铜、西骆峪铜-锌、刘山岩式铜-锌，东流水铜 |
| | | | 变质作用成矿系列 | $Pz_1$-7-10 北秦岭与加里东—华力西早期区域变质作用有关的红柱石、金红石、白云母、石墨、玉石矿床成矿系列 | | 玉川玉石矿、丹凤大西沟石墨夕线石、西峡桑坪红柱石矿、镇坪小岔沟石墨矿、南阳蓝晶石矿、安康熊山沟金红石矿、丹凤峦庄白云母矿、卢氏蔡家沟稀有金属矿、龙泉坪白云母矿 |

续表

| Ⅱ级成矿省 | Ⅲ级成矿（区）带 | Ⅳ级成矿亚带 | 矿床成矿系列组合 | 矿床成矿系列 | 矿床成矿亚系列 | 矿床式 |
|---|---|---|---|---|---|---|
| Ⅱ-7 西昆仑-祁连-秦岭成矿省 | Ⅲ-35 秦岭成矿带 | Ⅲ-35-④南秦岭-西倾山成矿亚带 | 沉积作用成矿系列 | $Pz_1$-7-11 西倾山-南秦岭与震旦系—下古生界黑色岩系沉积作用有关的磷、锰、钒、钼、铀、重晶石、毒重石矿床成矿系列 | | 黑风沟、石梯、永坪-獐子坪、柳林重晶石、巴山毒重石、高燕锰矿、汉中天台山磷-锰矿、石坎式锰、清平式磷、四棵树钒矿 |
| Ⅱ-8 茫崖-柴北缘-东昆南-商丹成矿省 | Ⅲ-36 阿南成矿带 | Ⅲ-36-②阿帕-茫崖成矿亚带 | 岩浆作用成矿系列 | $Pz_1$-8-1 阿帕-茫崖与加里东期超基性岩有关的石棉矿床成矿系列 | | 茫崖石棉矿、英格里克石棉矿、依吞布拉克石棉、阿帕石棉 |
| | Ⅲ-37 柴北缘成矿带 | Ⅲ-37-①柴北缘成矿亚带 | 岩浆作用成矿系列 | $Pz_1$-8-2 柴北缘与加里东中期火山-沉积作用有关的铅、锌、金矿床成矿系列 | | 锡铁山铅、锌 |
| Ⅱ-9 武夷-云开-台湾成矿省 | Ⅲ-41 武夷-云开成矿带 | Ⅲ-41-④武夷成矿亚带 | 沉积作用成矿系列 | $Pz_1$-9-1 武夷-云开与早-中寒武世砂泥岩、硅质岩沉积作用有关的重晶石矿床成矿系列 | | 永安李坊重晶石 |
| | | | 变质作用成矿系列 | $Pz_1$-9-2 武夷-云开与加里东晚期碰撞造山变质作用有关的石墨成矿系列 | | 峡山石墨 |
| | Ⅲ-44 海南成矿带 | Ⅲ-44-①南海地块成矿亚带 | 沉积作用成矿系列 | $Pz_1$-9-3 南海地块与加里东期沉积作用有关的磷矿床成矿系列 | | 大茅磷、红花磷 |
| Ⅱ-10 江绍-郴州-钦防成矿省 | Ⅲ-45 江绍-郴州-钦防成矿带 | Ⅲ-45-①绍兴-金华成矿亚带 | 沉积作用成矿系列 | $Pz_1$-10-1 绍兴-金华与寒武纪沉积作用有关的磷矿床成矿系列 | | 朝阳磷 |
| Ⅱ-11 扬子成矿省 | Ⅲ-46 下扬子成矿区 | Ⅲ-46-④怀玉山-天目山成矿亚带 | 沉积作用成矿系列 | $Pz_1$-11-1 下扬子与加里东期硅质岩-白云岩-磷块岩沉积作用有关的磷矿床成矿系列 | | 东溪磷、夏禹桥磷 |
| | Ⅲ-47 上扬子成矿区 | Ⅲ-47-②米仓山-大巴山成矿亚带 | 沉积作用成矿系列 | $Pz_1$-11-2 上扬子与早寒武世硅质岩-白云岩-磷块岩沉积作用有关的磷、锰矿床成矿系列 | 产于寒武纪—奥陶纪硅质岩-碳酸盐岩中 Mn 矿床成矿亚系列 | 石坎锰、筒竹垭锰、轿顶山锰 |
| | | Ⅲ-47-③扬子地块南部成矿亚带 | | | 产于寒武纪硅质岩-白云岩-磷块岩中磷矿床成矿亚系列 | 汉源磷、昆阳磷、新华磷 |
| | | | 沉积作用成矿系列 | $Pz_1$-11-3 扬子陆块南缘与早寒武世海相黑色岩系沉积作用有关的重晶石、磷、钒、镍、钼矿床成矿系列 | | 冉村沟钼镍、江古钒贡溪重晶石、大河边重晶石 |

续表

| Ⅱ级成矿省 | Ⅲ级成矿（区）带 | Ⅳ级成矿亚带 | 矿床成矿系列组合 | 矿床成矿系列 | 矿床成矿亚系列 | 矿床式 |
|---|---|---|---|---|---|---|
| Ⅱ-11 扬子成矿省 | Ⅲ-47 上扬子成矿区 | Ⅲ-47-⑤雪峰山成矿亚带 | 含矿流体作用成矿系列 | $Pz_1$-11-4 上扬子与寒武纪—奥陶纪海相陆源碎屑岩中流体作用有关的金、锑、钨、铅、锌矿床成矿系列 | | 沃溪金、锑、钨 |
| | | Ⅲ-47-③扬子地块南部成矿亚带 | | | | |
| | | Ⅲ-47-④上扬子东南缘成矿亚带 | | | | 李梅锌、牛角塘式铅锌 |
| | | Ⅲ-47-⑥湘桂成矿亚带 | 岩浆作用成矿系列 | $Pz_1$-11-5 上扬子与加里东期花岗岩岩浆作用有关的钨矿床成矿系列 | | 牛塘界钨 |
| | | 上扬子成矿区 | 沉积作用成矿系列 | $Pz_1$-11-6 上扬子与早古生代生物化学沉积作用有关的页岩气矿床成矿系列 | | 安岳气田、昭通页岩气田、涪陵页岩气田 |
| Ⅱ-12 西藏-三江成矿省 | Ⅲ-54 甜水海成矿带 | | 沉积作用成矿系列 | $Pz_1$-12-1 喀喇昆仑与寒武纪—志留纪海相沉积-改造作用岩有关的铁（铜）矿床成矿系列 | | 契列克其铁、黑黑孜站干铁 |

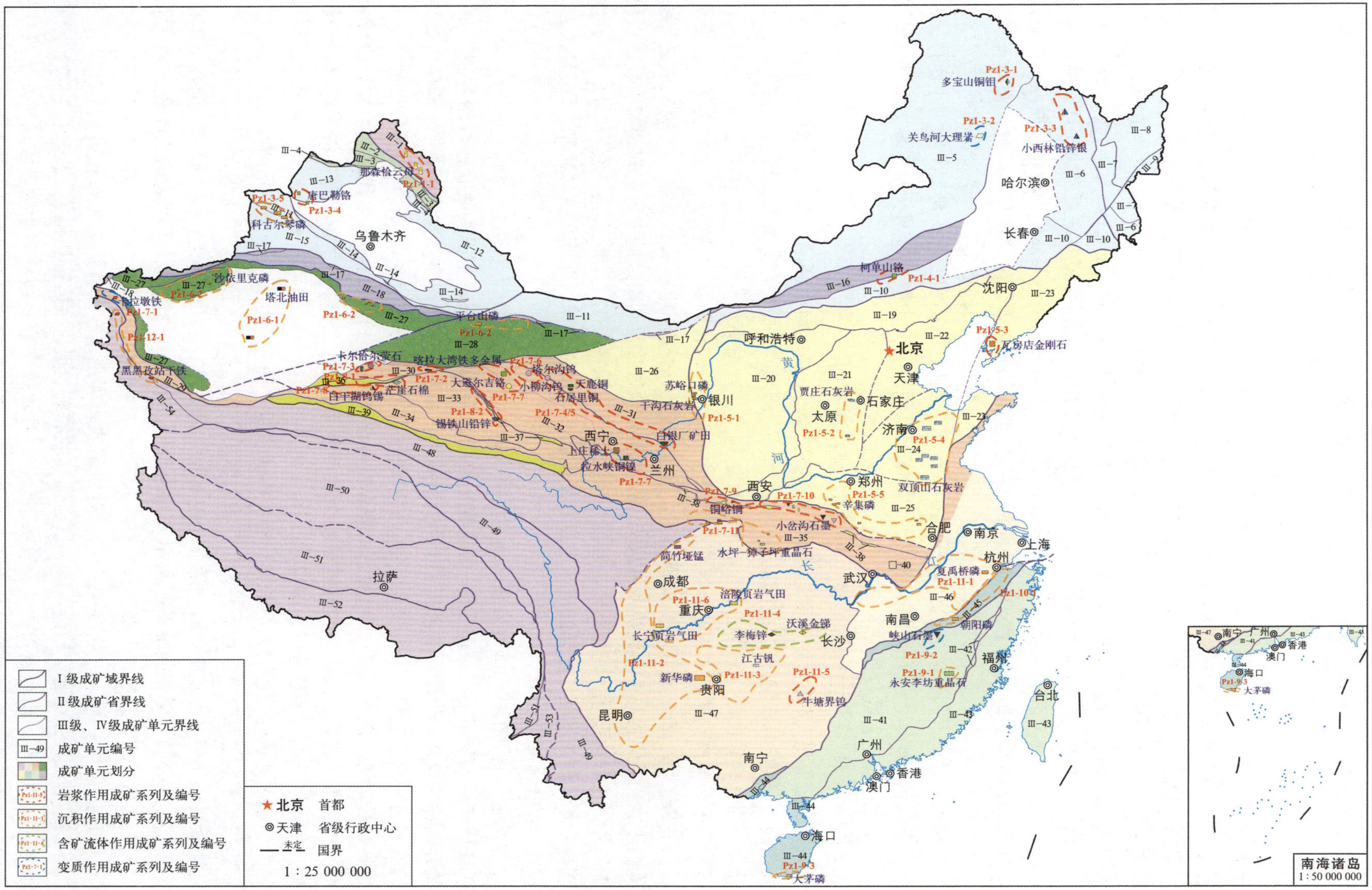


图 4−11　中国早古生代矿床成矿系列分布图
图中成矿系列编号见表4−5

（3）小兴安岭与加里东中期中酸性岩浆侵入活动有关铅锌、铁多金属、水晶矿床成矿系列（$Pz_1$-3-3）

该矿床成矿系列分布于小兴安岭南段-张广才岭成矿带的北部，位于依舒断裂以北的伊春-延寿地槽褶皱系的次级构造单元，即五星-关松镇中间隆起带中，成因上与加里东中期侵入的花岗岩类有关，相应划分为2个矿床成矿亚系列（侯敏等，1998）。

a. 与加里东中期混染花岗岩有关铅、锌矿床成矿亚系列

该亚系列分布于五星-关松镇中间隆起带的汤旺河一关松镇隆起中，与加里东中期第一侵入次形成的陆壳重熔型混染花岗岩及花岗斑岩有成因联系。目前已发现矿床4处，属中低温岩浆热液型矿床，成矿元素较简单，以Pb、Zn为主，伴生Ag，矿石类型为方铅矿-闪锌矿-石英-碳酸盐等为主，主要围岩蚀变有绢云母化、绿泥石化、硅化、铁锰碳酸盐化等，矿体呈脉状、扁豆状、囊状及细脉浸染状，产于混染花岗岩及花岗斑岩和下寒武统西林群铅山组侵入接触带或其附近围岩层间裂隙中。

成矿岩石类型主要为混染花岗岩及混染花岗闪长岩，尤以其原始岩浆演化的较晚阶段派生的花岗斑岩含矿性最好，成矿年龄据U-Pb等时线年龄为451 Ma，属中低温岩浆热液矿床，成矿热液主要来自岩浆，并有大量天水混入。主要蚀变类型为绢云母化、绿泥石化、硅化、碳酸盐化和铁锰碳酸盐化，矿石矿物以方铅矿、闪锌矿为主，脉石矿物主要为碳酸盐、石英和云母。典型矿床为小西林、西林南沟和昆仑气铅锌矿床。所有矿床在热液成矿期之前都经历了一个矽卡岩期，但在矽卡岩形成过程中基本不发生成矿作用，或仅形成不具工业意义的磁铁矿化。

b. 与加里东中期二长花岗岩有关铁多金属矿床成矿亚系列

该亚系列产于五星-关松镇中间隆起带的次级构造单元：乌敏河中断陷的北部，与加里东中期侵入的二长花岗岩（407 Ma）有密切成因联系，尤以结晶分异晚期形成的富碱质，特别是富钾的二长花岗闪长岩小岩株含矿性好，富含白钨矿、辉钼矿、锡石、方铅矿及萤石等；矿床类型为矽卡岩型矿床，矿石矿物主要为白钨矿、辉钼矿、锡石，其次为方铅矿、闪锌矿等，成矿元素复杂多样，主要为W、Mo、Sn、Fe、Pb、Zn，表现在成矿作用上，主要与矽卡岩化作用有关，其次为热液充填交代作用；矿体产于二长花岗岩与下寒武统西林群铅山组接触矽卡岩带及其附近的围岩层间裂隙中，围岩蚀变除矽卡岩外，还有萤石化、蛇纹石化、硅化、绿泥石化、绿帘石化、阳起石化、透闪石化、绢云母化和碳酸盐化等。该亚系列所包括的矿床主要有翠宏山多金属铁矿床、红旗山铁锌矿床、阿廷河钨矿床和翠岗铁铅矿床。

（4）准噶尔与加里东期中基性岩浆活动有关铬、石棉矿床成矿系列（$Pz_1$-3-4）

该矿床成矿系列分布于新疆唐巴勒-卡拉麦里蛇绿混杂岩带西段，唐巴勒复合俯冲增生杂岩带。唐巴勒复合俯冲增生杂岩带的形成经历了3个构造阶段。中奥陶世表现出洋盆俯冲增生杂岩的含蛇绿岩碎片的浊积岩亚相，主要由中基性火山岩、放射虫硅质岩及蛇绿混杂岩组成，产出有唐巴勒铬铁矿床、托里县8号岩体铬铁矿点等；中-晚志留世表现为洋壳再次拉伸或是早古生代洋盆消亡后的残余洋盆，形成火山细碎屑岩、火山熔岩及蛇绿混杂岩等岩石建造，发现有萨雷诺海、阿克沙依、科热克、恰勒巴依等铬铁矿（董连慧等，2012）。

（5）西天山与寒武纪黑色岩系沉积作用有关的磷、钒、铀、重晶石矿床成矿系列（$Pz_1$-3-5）

该矿床成矿系列主要分布在新疆西天山科古尔琴山，寒武系的黑色岩系为含碳磷硅质岩建造，形成于大陆边缘沉积环境，由碳质页岩、薄层碳酸盐岩、磷块岩、硅质岩等组成，总厚度一般数十米以下（杨富全等，2005a）。下寒武统磷矿沟组底部为砾岩、砂岩、磷块岩，下部为暗灰绿色含磷钙质砂岩、页岩、灰岩不均匀互层，上部为灰色厚层状灰岩，科古尔琴山磷矿赋存在该组中。矿体呈层状和似层状，与地层产状一致，一般有1~3层，含钒碳质板岩出露在磷矿层之上。在磷块岩中常伴生钒、铀。矿石具有块状和结合状构造。磷、钒、铀等的成矿与黑色页岩密切相关，生物作用对矿床的形成起了重要作用。钒、磷在地壳中呈分散状态存在，在水体中容易被许多生物吸收而浓集。另外，生物产生的有机质具有从海水中吸取铀的能力，在地壳运动相对稳定时期处于缺氧的强还原环境下，富含磷、钒的生物大量死亡后聚集，经成岩作用形成矿床。

**3. 南天山-那拉提-红柳河-西拉木伦成矿省**

岩浆作用成矿系列组合 1 个。

索伦山-西拉木伦与早古生代超基性岩浆活动有关的铬矿床成矿系列（$Pz_1$-4-1）。

该矿床成矿系列分布在西拉木伦深大断裂带南侧蛇绿岩带，蛇绿岩南带主要分布于温都尔庙和西拉木伦河上游北岸，温都尔庙群体本身就是一个比较完整的蛇绿岩套，是震旦纪—寒武纪形成的洋壳，于早奥陶世同中期板块发生俯冲作用的产物。分布于西拉木伦河上游北岸柯单山、五道石门及杏树洼一带的志留系和二叠系，何国琦等（1983）研究认为应属蛇绿岩套，此蛇绿岩套与温都尔庙地区的蛇绿岩套一起构成了南蛇绿岩带。南蛇绿岩带的形成时代均属早古生代。铬铁矿的矿源体为岩浆自身带来的矿质，成矿物质来源于地下深部岩浆。幔源超基性成矿物质上侵，富集的铬铁矿熔体在挥发及下面压力作用下，短距离移动到充填断裂附近裂隙中，在构造分叉、膨大部位及其附近成矿有利部位就位形成层状矿体，产于超基性岩体变质的蛇纹岩中。岩浆上侵能量释放，使大量地下水、天水等参与活动，高温高压下作用使辉橄岩被蛇纹石化为粗粒叶蛇纹岩、致密状蛇纹岩，到岩浆晚期经构造变形作用，形成小规模、形状复杂又严格受裂隙控制的铬铁矿。柯单山蛇绿岩型铬铁矿为侵入岩浆型，形成时代奥陶纪（赵华伟等，2014）。

**4. 华北成矿省**

沉积作用成矿系列组合 4 个，岩浆作用成矿系列组合 1 个。

（1）鄂尔多斯与早古生代沉积作用有关磷、石灰岩、粘土矿床成矿系列（$Pz_1$-5-1）

该矿床成矿系列地处华北陆块区鄂尔多斯陆块贺兰山被动陆缘盆地。区内以发育太古宇、元古宇为特征，寒武系、奥陶系、石炭系、二叠系，及中、新生界均比较发育。磷矿资源主要分布在苏峪口至紫花沟一带，即南北长约 30 km，东西宽约 2 km 的范围。含磷地层为寒武系苏峪口组，假整合于震旦系正目观组之上，为一套滨海相含磷建造。寒武系苏峪口组含磷地层以黄旗沟上游的冰沟最为发育。甘肃蟠龙坡一带为厚度不等的砾岩或砂砾岩和含磷砂岩，多呈似层状或扁豆状产出。成矿构造背景属于古生代陆表浅海环境下稳定的地台型沉积。含矿层位是寒武系苏峪口组，层位相当云南下寒武统的沧浪铺组红沟啃段上部及豫西辛集组。典型矿床有宁夏贺兰县苏峪口磷矿、银川市郊区紫花沟磷矿。

早寒武世—早奥陶世形成的磷、白云岩和石灰岩矿床为海相化学沉积，古地理环境由滨海相过渡为潮坪相，早奥陶世又变为局限台地相和开阔台地相，沉积范围由小变大，矿床规模大，以大中型为主，石灰岩有特大型矿床。磷灰石以砾状磷块岩为主，白云岩以细晶为主，因含硅等杂质较多只能作溶剂白云岩。

（2）五台-太行早古生代碳酸盐台地沉积作用有关石灰岩矿床成矿系列（$Pz_1$-5-2）

该矿床成矿系列区域上处于五台-太行地块的山西碳酸盐台地。区内中奥陶统马家沟组包括下马家沟组、上马家沟组和峰峰组，赋矿岩性主要为灰岩和白云质灰岩。中奥陶统上、下马家沟组可用灰岩厚度较大，质量较好而且稳定，是主要的水泥灰岩层位。以河北井陉县贾庄石灰岩矿为代表。

（3）华北东部与加里东中期金伯利岩浆作用有关的金刚石矿床成矿系列（$Pz_1$-5-3）

该矿床成矿系列主要分布在华北地台，其中山东蒙阴和辽宁复县金伯利岩岩区是主要原生金刚石产地。这些金伯利岩主要形成于古生代时期（张宏福等，2007）。

a. 辽东半岛受深源断裂控制的金伯利岩型金刚石矿床成矿亚系列

该系列的原生金刚石矿床主要分布在辽南瓦房店地区，此外，铁岭、桓仁和锦西等地也有金伯利岩产出。瓦房店地区金伯利岩体多集中分布在金州断裂带附近及其以西地区，长约 28 km，宽 18 km。已发现金伯利岩体 111 个，其中岩管 22 个，其余均为岩脉，通常金刚石多产于岩管中。区内主要金刚石原生矿床有 3 处，即 30 号岩管、42 号岩管以及由 50、51、68 和 74 号岩管共同组成的矿区，空间上有成群成带展布特点，呈 3 条金伯利岩成矿带。金刚石晶形、粒度因贫富矿而有所差异：富矿岩体中的金刚石晶体以菱形十二面体为主，其次为阶梯状八面体，再次为聚形晶体；贫矿岩体中的金刚石晶体则以平面八面体为主。

b. 山东蒙阴与金伯利岩有关的金刚石成矿亚系列

山东原生金刚石矿床分布于郯庐深大断裂西侧的次级断裂带中，距主断裂 60~70 km。原生金刚石矿床主要分布于蒙阴地区，已发现金伯利岩岩体 100 多个，可划分为 3 个含金刚石金伯利岩成矿带（彭艳菊等，2013）。Ⅰ矿带即常马庄金刚石原生矿带，位于蒙阴矿田南端，蒙阴县城南常马庄一带。该矿带长约 14 km，宽约 5 km，沿 350°方向展布，由 9 脉 1 管组成，岩体呈雁行左列式排列，其中红旗 1 号岩脉和胜利 1 号岩管具工业价值。该矿带金刚石矿体分布最为集中，品位高，巨型金刚石多。蒙阴金刚石矿田的含矿性自南向北由富渐贫，在同一矿带汇总，中部岩脉（管）含矿富，两侧岩体含矿贫。含矿性除与空间位置相关外，还与金伯利岩岩体的岩性、岩石化学、围岩蚀变和空间分布有关。当金伯利岩中外来物质愈少，含镁铝榴石愈多，含 Ni、Co 等微量元素愈高，围岩蚀变愈强，越接近矿体延深最大部位，含矿性愈高。

（4）鲁西早古生代碳酸盐台地沉积作用有关石灰岩矿床成矿系列（$Pz_1$-5-4）

该矿床成矿系列区域上处于鲁西-淮北碳酸盐台地。区内中寒武统张夏组主要为褐灰-灰色厚层鲕状灰岩，条带状豹皮灰岩，厚层-薄层状豹皮灰岩，层内很少有非矿夹层。中奥陶统马家沟组也是水泥灰岩的主要层位，为一套灰-深灰色厚层及中厚层致密块状纯灰岩夹豹皮状灰岩、蠕虫状灰岩、白云泥质灰岩等。

（5）华北南缘与早古生代碳酸盐台地沉积作用有关磷、石灰岩矿床成矿系列（$Pz_1$-5-5）

该矿床成矿系列主要分布于华北陆块南缘，含磷岩系主要为寒武系辛集组，为一套含磷陆源碎屑岩建造，属滨海相潮间带亚相沉积。岩性主要为砾岩、砂岩、页岩、白云岩组成，含磷岩石主要是含磷砂砾岩、磷质砂砾岩、砂质磷块岩。豫西、晋南地区广泛发育的辛集组及其相当地层，含磷岩系大致可分为四个岩性段：即灰黑色砂质磷块岩或砾质磷块岩段、灰色含磷砂岩段、砖红色钙质细砂岩段和紫红色灰黄色泥质白云岩及灰岩段。砂质磷块岩是该类磷矿主要矿石，化学成分比例均匀，含磷砾岩与砾质磷块岩，主要由砾状结构的矿石组成，矿体一般厚 0.5~2.3 m。

**5. 塔里木-敦煌成矿省**

主要是沉积作用成矿系列组合 2 个。

（1）塔里木盆地寒武纪—奥陶纪沉积作用有关油气成矿系列（$Pz_1$-6-1）

塔里木盆地在寒武纪—奥陶纪广泛分布海相碳酸盐岩沉积，在这套碳酸盐岩层系中，油气资源丰富，是油气勘探的重要领域，已发现塔河-轮南、塔中、哈拉哈塘等碳酸盐岩油气田（群）。塔里木盆地主要发育中下寒武统、中下奥陶统和上奥陶统 3 套主力烃源岩，受原型盆地和岩相古地理展布控制，可以总结为 3 种模式，即伸展型克拉通边缘坳陷盆地斜坡-盆地相、克拉通内坳陷盆地局限台地潟湖相和克拉通边缘挠曲坳陷盆地稳定翼陆棚相。受古构造格局、古地貌控制，形成台缘礁滩和台内颗粒滩两大类沉积型有利储层，具有分布广、迁移性强、规模较小等特点。古隆起发育控制油气聚集，礁滩相带、不整合岩溶带、断裂带附近油气最富集（张光亚等，2015）。

（2）塔里木北缘寒武纪沉积作用有关的磷、钒、铀、石膏、重晶石矿床成矿系列（$Pz_1$-6-2）

该矿床成矿系列主要位于塔里木陆块北缘柯坪地区、库鲁克塔格、北山等地。产于下寒武统底部黑色页岩中的沉积磷钒矿床，主要层位在黑色岩系的底部、下伏地层侵蚀面之上。赋矿岩性为灰色、灰黑色硅质岩、磷块岩、碳质页（板）岩、板岩、燧石层、灰岩、白云岩等。矿体呈层状、似层状，与地层产状一致（杨富全等，2005a）。可划分为 3 个成矿亚系列。

a. 库鲁克塔格与寒武纪黑色岩系建造有关的磷、钒矿床成矿亚系列

该矿床成矿亚系列位于塔里木板块库鲁克塔格隆起的稳定地区，库鲁克塔格地区西山布拉克组由下而上整体为黑色硅质岩或硅质磷质岩-黑色硅质岩与碳质泥岩互层-黑色碳质页岩、含钒碳质页岩夹少量硅质岩的岩性组合，表现为下磷上钒的元素组合。钒主要来源于海底热水活动，磷主要来源于生物骨骸。库鲁克塔格全区的西山布拉克族由西向东钒质组分逐渐减少，磷质组分逐渐增多，海水深度逐渐变浅，热水活动强度逐渐减弱，硅质组分逐渐减少，黑色岩系建造总厚度逐渐变薄。

b. 柯坪与寒武纪黑色岩系建造有关的磷、钒矿床成矿亚系列

柯坪地区的肖尔布拉克组（包括玉尔吐斯组）下部为含磷、铀、钒的硅质岩夹碳质页岩、薄层灰岩，上部由灰岩、泥灰岩、白云质灰岩、白云岩组成，乌什县沙依里克磷矿、苏盖布拉克钒磷矿赋存在该组中。

c. 北山与寒武纪黑色岩系建造有关的磷、钒、铀、锰、重晶石矿床成矿亚系列

跨新疆和甘肃两省区的北山地区含磷矿层为双鹰山组，为一套黑色硅质板岩、千枚岩、含磷结核硅质岩、板岩及生物灰岩。哈密市平台山磷钒矿、敦煌市方山口钒磷矿赋存于该组中。钒矿主要呈层状和似层状产出，磷矿层多呈似层状和透镜状，铀矿很少单独成矿，常随同磷、钒矿床产出。

**6. 西昆仑-祁连-秦岭成矿省**

岩浆作用成矿系列组合 7 个，沉积作用成矿系列组合 2 个，变质作用成矿系列组合 2 个。

（1）西昆仑与奥陶纪—志留纪浅变质火山-沉积作用有关的铁（铜）矿床成矿系列（$Pz_1$-7-1）

区域上属塔里木陆块与西昆仑-喀喇昆仑造山带交接部位，塔合曼西若达坂沉积变质型铁矿成矿带的西北段。下志留统温泉沟组上亚组为一套海相碳酸盐沉积-碎屑沉积浅变质岩，为区域内菱铁矿的主要含矿层位。赋矿岩性为白色白云质大理岩、灰色-灰黑色大理岩化灰岩、钙质砂岩，受沉积层位控制。矿体顺层产出，产状与地层基本一致。原始沉积的铁矿层经过变质作用的改造，矿体上下盘围岩因变质分异析出了部分铁质在层间富集，矿体形态出现膨大狭缩现象。沿昆盖山南坡产出一系列的沉积改造型菱铁矿床及矿点。

（2）阿尔金与加里东早期火山沉积改造作用有关铁、铜、铅、锌、金矿床成矿系列（$Pz_1$-7-2）

区域上位于北东向阿尔金走滑断裂北侧与东西向阿尔金北缘断裂所夹持的地区，属于阿尔金金、铜、镍及多金属、铁、稀有稀土成矿带的红柳沟-拉配泉金、铜及多金属、铁成矿亚带（刘兵，2014）。矿床成因类型属火山成因块状硫化物型。阿尔金山北缘红柳沟-拉配泉一带在新元古代末期发生了陆块裂解，形成北阿尔金洋盆，在早古生代寒武纪中晚期，发生板块俯冲，板块俯冲作用导致形成岛弧，并且俯冲的洋壳部分熔融与熔融的陆壳混合造就了广泛的火山喷发活动，形成岛弧型火山岩，引发成矿作用发生。阿尔金断裂、阿尔金北缘断裂和喀腊达坂断裂是该区主要大断裂，直接控制着区内岩浆、沉积建造的发育、矿化类型、矿种组合及成矿带的分布。沿断裂带分布的韧、脆性变形带是成矿的有利部位。区内中下寒武统喀腊大湾组中酸性火山岩由中基性向中酸性逐步演化，表现为喷溢爆发期-间歇式喷发期-喷溢喷发期的火山作用过程，在整个喷发旋回的后期是区内铜多金属成矿的重要时期。

（3）阿尔金与加里东中期中酸性岩浆热液作用有关稀有金属、萤石矿床成矿系列（$Pz_1$-7-3）

该矿床成矿系列主要分布在阿尔金西段，成矿时代以奥陶纪为主，形成了伟晶岩型锂铍等稀有金属、岩浆热液充填型萤石等矿产。该矿床成矿系列划分为以下 2 个亚系列。

a. 与加里东中期黑云母花岗岩有关锂铍等稀有金属矿床成矿亚系列

该亚系列主要分布于卡尔恰尔-阔什区域性大断裂（阿中断裂）以北的早-中奥陶世黑云母花岗岩侵入体外接触带脆性韧性断裂带中。目前已发现矿床 3 处，均为伟晶岩型稀有金属矿。奥陶纪花岗岩体为锂、铍等稀有金属矿富集成矿提供了矿源和矿质，具有黑云母花岗岩→二云母花岗岩→白云母花岗岩→花岗伟晶岩的序列特征，表明其可能形成于连续的结晶分异作用，而锂铍等稀有金属是在高度分异演化的晚期成矿。

b. 与加里东中期碱长花岗岩有关萤石成矿亚系列

该亚系列主要分布于卡尔恰尔-阔什区域性大断裂（阿中断裂）以南的晚奥陶世碱长花岗岩侵入体内及其外接触带附近的富钙岩系中。目前已发现矿床 3 处，其中卡尔恰尔已达超大型规模。矿区与成矿相关的碱长花岗岩锆石 U-Pb 年龄为 450~456 Ma，与萤石矿物紧密共生的磷灰石 U-Pb 年龄为 448±27 Ma，表明萤石矿形成时代为晚奥陶世。区内成矿碱长花岗岩体属高氟岩体（F>0.1%），可为萤石成矿提供氟物质，萤石赋矿地层具有一定选择性，主要为阿尔金岩群中的黑云斜长片麻岩、碳酸盐岩等富钙质岩系，岩石地球化学及流体包裹体研究均显示成矿流体以岩浆热液为主。因此，认为区

内主要为岩浆热液充填型萤石矿，成矿主要物质 Ca 元素可能主要来源于岩浆热液对地层的淋滤萃取，而 F 元素则可能主要来源于岩浆热液。

（4）北祁连与志留纪海相碎屑岩建造沉积作用有关的铜矿床成矿系列（$Pz_1$-7-4）

该矿床成矿系列主要分布于北祁连加里东地槽褶皱带中西段，北祁连造山带在奥陶纪末发生碰撞造山，在造山带北部残留海盆中形成了一套浅海相碎屑岩沉积，在上部紫红色碎屑岩与灰绿色碎屑岩之间出现含铜砂岩层。志留纪地层东起张掖民乐县南部，西至酒泉西南红口子。在东部大野口南有三把羊砂岩型铜矿点，西部有红口子砂岩型铜矿点，中部天鹿铜矿是志留纪含铜岩系地层中具有代表性的砂岩型铜矿（李金春等，2005）。铜矿石主要为粉砂岩型，矿石结构有结晶结构、交代结构、固溶体分解结构，矿石构造主要是浸染状构造。金属矿物沿岩石的层理分布，且随着脉石矿物粒度、成分的变化而变化，其粒度与载体碎屑物的粒度相当，在同一纹层中均匀分布。矿体中的原生金属矿物均为铜、铁硫化物，具有明显的分带性，底部以辉铜矿为主，中部以斑铜矿为主，顶部以黄铜矿、黄铁矿为主。

（5）北祁连与加里东期岩浆作用有关的铜、铅、锌、金、钨矿床成矿系列（$Pz_1$-7-5）

早古生代海相火山岩型铜多金属矿床是祁连成矿带内具有特色的优势成矿类型。按照成矿元素组合可进一步划分为 Cu 型、Cu-Zn 型及 Zn-Pb-Cu 型 3 类。Cu 型多产于基性火山岩系内，Zn-Pb-Cu 型产于酸性火山岩系内，Cu-Zn 型则在基性火山岩系和酸性火山岩系均有产出。在矿床规模上，Cu 型矿体小，但品位高，产出层位多。Cu-Zn 型和 Zn-Pb-Cu 型矿体规模较大。北祁连西段的钨矿也是加里东期的产物，初始矿源来自元古宙古老地层，构造控矿，酸性花岗质岩体侵入热液作用使 W 元素富集最终成矿。该矿床成矿系列划分为以下 3 个亚系列。

a. 加里东早期海相酸性火山-沉积岩系同生铜、铅、锌、硫铁矿成矿亚系列

以白银矿田为代表，发育于中寒武统黑茨沟群细碧角斑岩类及其同质火山碎屑岩类，系双峰型火山岩组合，为大陆裂谷作用的产物，火山活动具有长期多次喷发特点，以中心式喷发为主，爆发强度高，火山机构发育，环形构造清楚。矿产种类主要为铜、铅、锌、金、银等。白银矿田中的折腰山、火焰山铜锌矿床为相对贫金-银型的块状硫化物矿床、小铁山锌-铅-铜矿床则为富金-银型的块状硫化物矿床。在火山岩系与沉积岩夹层部位和（或）不同岩相、不同岩性变化部位，尤其是酸性火山岩变为基性火山岩的部位，矿化较富。该类矿床在空间上常与铁矿床、锰矿床共生。北祁连西段的郭米寺矿田（包括郭米寺、下柳沟、弯阳河、下沟、尕大坂等矿床）在成矿环境、赋矿岩系和控矿因素等特征上与白银矿田基本类似。分布在白银矿田和郭米寺矿田之间的门源县银灿矿床，其含矿岩石、矿床特征等方面与前二者相似，其成矿时代亦可能属寒武纪（贾群子等，2007）。另外，祁连县香子沟黄铁矿矿床也产于具双层结构的大型岩穹的酸性火山岩系之中。

b. 加里东中期海相基性火山-沉积岩系同生铜、锌成矿亚系列

奥陶纪海相基性火山岩系同生铜、锌、金系列矿床产于富钠的基性火山岩系中，绝大多数位于蛇绿岩套的上部，火山作用以裂隙式溢流为主，矿体具有多层位产出的特点。形成环境可以是洋盆、弧后盆地、裂谷，也可以是岛弧等，矿床规模一般较小，主要形成于扩张的构造背景。赋矿地层为早奥陶世阴沟群、中奥陶世中堡群、晚奥陶世滩间山群和扣门子组基性火山岩系内。成矿元素组合为 Cu、Zn、S、Co、Au、Fe 等，Cu、Zn 是主要的成矿元素，具有品位高的特点。并在铜矿体的上部有薄层铁（磁铁矿）矿体产出（如猪嘴哑巴、银硐沟），以猪嘴哑巴、石居里、九个泉、银灿和浪力克等矿床（点）为代表（杨合群等，2002）。

c. 加里东晚期与侵入岩有关的 W、Au、Cu 矿床成矿亚系列

北祁连山西段是中国首例加里东期钨矿带，以小柳沟大型矿田为代表，区内钨矿以石英脉型和矽卡岩型白钨矿黑钨矿并重，还有少量云英岩型和斑岩型矿化。小柳沟钨钼矿的辉钼矿 Re-Os 等时线年龄为 462±13 Ma（Mao et al.，1999），矿床形成于中晚奥陶世。自 2006 年以来，在金佛寺花岗岩体南缘的内、外接触带先后发现西柳沟、大道口、青大坂、干巴河脑、小索铜沟等多处钨钼矿和铅锌矿床（矿点）。其中，干巴河脑钼钨矿床的规模已经达到中型，矿床类型为石英脉型。通过其中辉钼矿

的 Re-Os 同位素定年，获得等时线年龄 424±10 Ma（刘晓煌等，2010）。并且金佛寺花岗岩体外接触带西柳沟钨钼矿 Re-Os 等时线年龄为 421.0±3.8 Ma（刘晓煌等，2007），成矿时间均与有关的金佛寺花岗岩体成岩时代 423±14 Ma（刘晓煌等，2007）相近。

（6）中-南祁连与加里东中晚期花岗岩岩浆作用有关的钨（钼）、铜、金矿床成矿系列（$Pz_1$-7-6）

塔儿沟钨矿床有关的野牛滩花岗闪长岩体锆石 U-Pb 年龄为 452±12 Ma（西安地质矿产研究所，2001），黑钨矿石英脉型矿体中白云母的 Rb-Sr 法测年结果为 441±17 Ma（邹治平等，1988），表明成矿略晚于成岩。由于温度分带，钨矿床外围分布石洞沟银铅矿床，构成统一成矿系列。沿中祁连地块北缘向东延伸，在前寒武纪地层与加里东期二长花岗岩、花岗闪长岩的接触带，发育钨的化探异常和重砂异常，并形成矽卡岩型钨矿点（花石峡钨钼矿点、朱岔钨矿点、白山坡钨矿点），且钨的化探异常和钨矿物的重砂异常与其套合（陈生民等，2007；任育智等，2008），该区应是今后找钨矿的有利地区。

（7）中-南祁连与加里东期镁铁-超镁铁岩和花岗岩岩浆作用有关的金、镍、铬、稀土矿床成矿系列（$Pz_1$-7-7）

该矿床成矿系列进一步划分为 3 个矿床成矿亚系列。

a. 与加里东期蛇绿岩有关的铬矿床成矿亚系列

中祁连成矿带南缘，在镁质超基性岩中产有西北地区最大的大道尔吉铬矿床，为岩浆型铬铁矿床（鲍佩声等，1989）。该区有野人沟、大道尔吉和小道尔吉 3 个镁质超基性岩体群，呈透镜状岩墙侵位于蓟县系大理岩之断裂带中。大道尔吉岩体分为变质地幔橄榄岩带，由纯橄岩和方辉橄榄岩（*m/f* 为 10.16~11.14）组成；堆晶杂岩带由纯橄岩-含辉纯橄岩（*m/f* 为 7.34~9.11）、透辉岩-易剥橄榄岩-辉长岩（*m/f* 为 3.16~4.93 组成，自北向南划分为 3 个旋回。大道尔吉铬铁矿体主要赋存于堆晶杂岩带第三旋回底部纯橄岩中，第二旋回底部纯橄岩仅局部矿化，第一旋回底部纯橄岩矿化较差。矿体呈长条状、透镜状、扁豆状。含矿岩性主要为纯橄岩，其次是含辉纯橄岩。矿石可分为块状和浸染状两种自然类型。矿石矿物为铬尖晶石；脉石矿物有橄榄石、辉石、蛇纹石、绿泥石、次闪石、帘石等（苟国朝等，1994）。

另外，分布在北祁连西段托莱山北坡，东起祁连县川刺沟、玉石沟，西至吊大坂，产于晚寒武世至早奥陶世洋脊蛇绿岩中的超基性-基性岩体较多，但大部分岩体的出露面积小于 1 $km^2$，这些岩体多有铬铁矿化，其矿化规模不一。玉石沟岩体出露面积近 14 $km^2$，由纯橄岩、斜辉辉橄岩、橄榄岩、蛇纹岩及滑石碳酸岩等组成，岩体不仅含铬铁矿床，还伴生铂族（锇、铱、钌等）。

b. 与加里东期镁铁-超镁铁岩有关的镍、稀土、磷矿床成矿亚系列

日月山-化隆一带，新太古界—古元古界化隆岩群变质岩系广泛分布，岩性为结晶片岩、石英岩、混合岩等。侵入该变质岩系的加里东期铁质基性-超基性岩较发育，但岩体规模一般较小，多数小于 0.1 $km^2$，呈透镜状、扁豆状、脉状产出，角闪岩、角闪辉石岩往往与铜镍硫化物矿化有成因联系。用 ID-TIMS 锆石 U-Pb 法测得日月山-化隆成矿带中比较有代表性的亚曲岩体中的苏长岩锆石结晶年龄 440.74±0.33 Ma（孙佳，2010）。该区已知的矿床主要为拉水峡和裕龙沟铜镍矿床和沙家、官庄沟、冶什春等铜镍矿点，是祁连成矿带铜镍矿产重要的分布区。

分布于拉脊山一带的青海上庄铁磷稀土矿床，含矿岩体为加里东中期偏碱性基性超基性岩体，由含黑云母透辉石岩体及黑云母次透辉石组成，高铁低镁稍偏碱性。磷灰石矿床赋存于黑云母单斜辉石岩体中，并严格受岩相控制（磷矿主要分布于黑云母次透辉石岩、含磁铁矿黑云母次透辉石岩及角闪次透辉石岩岩相带中）；大部分呈似层状，少部分呈透镜状或扁豆状，产状与岩体产状一致；矿石的有用矿物为磷灰石、磁铁矿（包括少量钛铁矿）及蛭石化黑云母。其他矿物有次透辉石（含少量霓次透辉石）、角闪石、榍石、黄铁矿（含少量黄铜矿）、长石、绿帘石及方解石等；矿石构造以块状为主，次为斑杂状、浸染状、条带状、碎裂状及砂状等构造；稀土元素主要赋存于磷灰石中，为伴生有益组分。

c. 与加里东期花岗岩有关的金矿床成矿亚系列

南祁连党和南山一带金矿类型基本都是构造蚀变岩或者石英脉型。赋矿地层为早中奥陶统中基性、中酸性火山岩砂岩、砾岩、板岩等组成，矿体产于三角洲斜坡相碎屑岩中的底部砾岩及次级不整合、假整合砾岩带上矿化岩性主要是砾岩、角砾岩、凝灰质砾岩等，层控特征较明显。本区先后发现了黑刺沟、贾公台、振兴梁、狼查沟等一批金矿床、矿点、矿化点（张新虎等，2007，2013）。

（8）祁漫塔格与加里东期花岗岩浆作用有关的钨、锡、铁矿床成矿系列（$Pz_1$-7-8）

该矿床成矿系列分布于柴达木微陆块南缘的祁漫塔格加里东褶皱带北西向北东方向的转折部位，属秦祁昆成矿带的西延部分。该区构造作用、岩浆活动强烈，以加里东期中酸性岩浆活动为主，具多期次侵入、同源演化之特点。以白干湖钨锡矿田为代表。主要矿石类型为石英脉型和似矽卡岩白钨矿型，含矿石英脉宽 10~100 cm，主要金属矿物有黑钨矿、白钨矿、锡石、钨华和黄铜矿等；脉石矿物以石英、白云母和透闪石为主。矿区出露的古元古界金水口群中浅变质岩系（岩性主要为二云石英片岩、绿泥石英片岩、石英岩、透闪石化大理岩和变玄武岩等）为本区钨锡矿的主要矿源层（李宏茂等，2007）；加里东期中酸性岩浆侵入活动（高永宝等，2010）为钨锡矿床的形成提供了热源；北东向贯穿全区的白干湖断裂带为矿液的运移和储藏提供了有利空间，既是导矿构造，也是容矿构造；因此该矿主要成因类型为岩浆-高温热液型钨锡矿，具岩浆期后热液成矿特点。

（9）北秦岭与加里东中期海相火山岩、超基性岩岩浆作用有关的铜、锌、金、银矿床成矿系列（$Pz_1$-7-9）

该矿床成矿系列进一步划分为 2 个成矿亚系列。

a. 与超基性岩有关的铜、镍矿床成矿亚系列

该成矿系列主要位于商南县一带，矿床实例为商南县金盆铜镍（钴）矿，赋存于富水杂岩的基性岩体内。矿石为磁黄铁矿（主要）+黄铜矿的硫化镍铜矿石。矿石呈半自形不等粒结构；浸染状、网脉状、块状、角砾状构造，其品位 Cu 0.405%、Ni 0.255%、Co 0.047%。该杂岩体的中粗粒角闪黑云辉长岩中的斜锆石 U-Pb 同位素年龄为 501±1 Ma（李惠民等，2006）。

b. 与海相火山岩有关的铜、锌、金矿床成矿亚系列

该成矿系列位于秦岭造山带北秦岭构造带中段斜峪关群中。早古生代北秦岭西部弧前盆地形成李子园群等海相火山-沉积岩系中产出了范家寺磁铁矿矿床、关子镇黄铁矿矿床和分水岭银铅矿等矿床，岛弧区产出了陕西眉县铜峪铜矿床，赋矿围岩为斜峪关群火山岩，以及鄠邑区东流水铜矿床，周至西骆峪锌铜矿床等。斜峪关群一套浅变质火山-沉积岩系，分布于北秦岭中段，西起眉县铜峪，向东经鄠邑区涝峪、蓝田汤峪、草坪至商州，被北西向草坪-丹凤断裂所截，东西向断续延伸达 500 km。铜峪铜矿床矿区斜峪关群为一套浅-中级变质的中基性火山岩-沉积岩系。铜峪铜矿床是古秦岭洋板片在 472 Ma 左右的俯冲事件中，由俯冲板片脱水产生的高氧逸度流体进入地幔楔，活化萃取地幔楔的 Cu 等金属元素并导致地幔楔部分熔融产生的钙碱性岩浆在岛弧区喷发形成的 VHMS 型矿床。矿区火山岩锆石 U-Pb（462±7 Ma）年龄代表了铜峪铜矿床火山喷发-沉积成矿的时代（李犇等，2010）。铜峪铜矿床同生矿体呈似层状和透镜状大致顺层展布；矿石的纹层状、条带状和块状组构，胶状黄铁矿纹层发育；矿体下盘发育绢英岩化、硅化和碳酸盐化蚀变；含磁黄铁矿的金属矿物组合呈浸染状分布于火山岩中，具有与火山岩同生的特点。硫-铅同位素显示成矿物质具有深部地幔来源，黄铁矿发育特征的碎裂组构，偶见拔丝状黄铁矿纹层，均说明同生矿化形成于构造改造变形之前的早古生代火山喷流沉积作用期。

（10）北秦岭与加里东期—华力西早期区域变质作用有关的红柱石、金红石、白云母、石墨、玉石矿床成矿系列（$Pz_1$-7-10）

该矿床成矿系列分布于东秦岭地槽，东、西、中三段在沉积和变质作用上既有统一性又有差异性。西段陕西商县-丹凤地区，沉积了中元古中晚期复理石碎屑沉积，多期次的褶皱作用及变质作用十分强烈，混合岩化作用范围大，强度高，变质程度可达高角闪岩相，主要形成高温高压的矽线石矿床及矿点；而东段的河南南阳、桐柏地区，则沉积一套新元古界的富铝硅质岩，构造作用及变质作用

较弱，变质程度仅达高绿片岩相，但局部岩浆活动强烈，因此处于压力较高、温度偏低的温压环境，仅形成了蓝晶石矿床；中段河南西峡地区，构造环境处于东西两段之间，且变质程度为低角闪岩相，富铝的砂质粘土岩经区域变质作用，只能形成红柱石矿床（王克勤等，1995）。

东秦岭伟晶岩脉的整个分布范围受两条深大断裂带控制，北至栾川断裂带，南到商丹断裂带，而这两个断裂带间区域被认为是北秦岭造山运动的重要区域。栾川断裂带和商丹断裂带对伟晶岩脉及矿床的形成起到很重要的作用。除此之外，发现的南阳山、蔡家沟、七里沟和白庙沟稀有金属矿产全部分布在北北西向的狮子坪强变形带中，可见狮子坪强变形带对成矿起着关键的作用。次级小断裂和层间裂隙为伟晶岩脉和稀有金属矿产提供很好的赋存空间。尤其是张性裂隙，顺张性裂隙形成的伟晶岩脉大都具有很好的稀有元素含矿性。灰池子复式岩体及花岗伟晶岩带直接控制稀有金属矿产的产出空间位置。整个伟晶岩脉群围绕灰池子岩体成带状分布，伟晶岩带的性质决定了矿产的种类。在黑云母伟晶岩带中集中形成伟晶岩型铀矿，如东秦岭的伟晶岩型铀矿；白云母伟晶岩带中分布有中小型的白云母矿；含稀有金属矿物伟晶岩带为铌、钽、锂、铍和铯的主要产出带（何玉良等，2012）。

（11）西倾山-南秦岭与震旦系—下古生界黑色岩系沉积作用有关的磷、锰、钒、钼、铀、重晶石、毒重石矿床成矿系列（$Pz_1$-7-11）

该矿床成矿系列主要分布在秦巴地区下寒武统黑色岩系中，构成大型毒重石-重晶石成矿带。受南秦岭大陆边缘裂谷构造环境控制。矿床呈层状或似层状赋存于下寒武统下部的硅质岩中，矿床底板多为黑色硅质岩，顶板一般为黑色含碳质页岩。含矿层位稳定，矿床具同生沉积特征，矿体受岩性和岩相控制明显。南秦岭地区随震旦纪裂谷的发育进一步扩张，至寒武纪—奥陶纪已发展成具相当规模的古海槽，并在秦岭海域内基底孤岛和水下隆起的限制下，形成较典型的滞留盆地。向西与西秦岭海水相通，形成海域狭窄的较深海槽。为海相喷流-沉积毒重石-重晶石矿床形成创造了条件（夏学惠等，2005）。

磷矿床主要分布在陕西汉中的天台山、茶店、金家河、何家岩、宁强宽川、甘肃文县、徐家沟等地区。含磷岩系为下寒武统梅树村阶陆源碎屑-碳酸盐岩建造，主要岩性为磷块岩、白云质灰岩、白云岩、硅质岩、碳质千枚岩及含锰白云岩、含锰磷块岩等。矿石自然类型有薄层状泥硅质磷块岩、条带状泥硅质磷块岩和白云质磷块岩。

**7. 茫崖-柴北缘-东昆南-商丹成矿省**

岩浆作用成矿系列组合 2 个。

（1）阿帕-茫崖与加里东期超基性岩有关的石棉矿床成矿系列（$Pz_1$-8-1）

该矿床成矿系列分布于阿帕-茫崖超基性岩带的东段依吞布拉克超基性岩体群，在大地构造位置上属阿尔金古陆缘活动带南侧。该超基性岩体群是阿尔金蛇绿岩套下部以斜辉橄榄岩、斜辉辉橄岩和纯橄岩为主组成，对于纤蛇纹石石棉、滑石、菱镁矿、玉石等矿种具有一定的成矿专属性。依吞布拉克石棉矿超基性岩体群的围岩以下奥陶统浅变质岩为主。石棉产于超基性岩体内，是超基性岩蛇纹石化的产物。石棉成矿期不是在加里东期大洋环境的超基性岩体侵入和初期蛇纹石化阶段，其只能在华力西早期末至燕山期，此时超基性岩体位于大陆环境并有一定埋深才符合其成矿环境（范永源，1995）。因此，该石棉矿属与加里东期镁质超基性岩后生的石棉成矿系列，类似的矿床还有阿帕、茫崖、安南坝、红柳沟、巴什瓦克等大中型石棉矿和许多小型石棉矿。

（2）柴北缘与加里东中期火山-沉积作用有关的铅、锌、金矿床成矿系列（$Pz_1$-8-2）

该矿床成矿系列分布于柴达木盆地北缘，以青海大柴旦镇锡铁山铅锌矿床为代表。古生界上奥陶统滩涧山群是锡铁山地区重要地层，也是分布范围最大、层内发育变质岩系，是一套发育有火山碎屑岩和碳酸盐岩及沉积岩互层，中基性-酸性火山岩的绿片岩系，含矿层位是下部的正常沉积岩系。主要矿体赋存在大理岩与绿片岩接触部位及大理岩中，明显受地层层位和岩性控制，形成于火山喷发间歇期远喷流中心位置。

**8. 武夷-云开-台湾成矿省**

沉积作用成矿系列组合 2 个，变质作用成矿系列组合 1 个。

（1）武夷-云开与早-中寒武世砂泥岩、硅质岩沉积作用有关的重晶石矿床成矿系列（$Pz_1$-9-1）

该矿床成矿系列分布于福建永安和明溪交界，区内重晶石矿床、矿点较少，福建李坊重晶石矿床为一独立矿床，规模为大型，大地构造位置为华南褶皱系华夏褶皱带的西南缘。下中寒武统林田群为重晶石的含矿岩系，为一套浅海相细碎屑-化学沉积岩。矿区构造线主要呈北西向，寒武系—奥陶系总体为一倾向南西的单斜岩层。褶皱简单，断裂有北西、北东和东西向3组。矿区内有燕山早期黑云母花岗岩和规模较小的辉绿岩脉、煌斑岩脉。区内典型矿床为福建永安李坊重晶石矿床。

（2）武夷-云开与加里东晚期碰撞造山变质作用有关的石墨矿床成矿系列（$Pz_1$-9-2）

该矿床成矿系列以江西峡山金溪县峡山石墨矿为代表，石墨矿层赋存于寒武系下部地层中，呈层状、似层状产出，与地层产状一致，为单斜构造；矿石自然类型为含钒白云母片岩型、云母石墨片岩型和石英石墨片岩型。该区在早寒武世时期，地处近古陆海湾浅水区，海水宁静期和振荡期以及与之适应的氧化与还原环境交替出现，有利于有机质的聚集堆积和腐烂，从而形成有机碳。之后，随着强烈的构造运动和造山运动而产生的区域变质作用和岩浆侵入活动，使有机碳转化为晶质石墨。下寒武统是我国南方寻找石墨矿的最有利层位。在这一层位中，寻找古陆边缘的内海海盆，尤其是海底高地附近的海底凹地，为有利的古地理位置。同时，要注意分析变质相，变质相中的绿片岩相下界至麻粒岩相对石墨矿的形成有利（余仕军，2012）。

（3）南海地块与寒武纪沉积作用有关的磷矿床成矿系列（$Pz_1$-9-3）

该类磷矿是一类以陆源碎屑向碳酸盐过渡的海相沉积含锰磷矿床，主要分布在海南田独聚磷区。含矿岩系为中寒武统，大茅含磷地层厚度大，沉积韵律清楚，含陆源碎屑岩较多。大茅含磷岩系总的特点是：岩性复杂，有石灰岩、白云质灰岩、白云岩、钙质石英砂岩，硅质岩、硅质页岩、含生物碎屑灰岩、黑色生物碎屑磷块岩、粉砂质页岩和含锰碳酸盐岩等，岩性纵横递变迅速，显示中寒武世大茅地区沉积变化较大，海水升降频繁，陆源碎屑掺和较强烈。大茅中寒武统含磷岩系，按岩性可分六层。其中有三个层位含矿，即第二层白云岩夹页岩含矿、第三层砂质岩、碳酸盐类岩石含矿，第四层透闪石化钙质石英砂岩含矿。矿体厚度变化在0.58~38 m，$P_2O_5$含量11.86%~18.60%，矿石以砂质磷块岩和锰质磷块岩为主（夏学惠等，2011）。

**9. 江绍-郴州-钦防成矿省**

沉积作用成矿系列组合1个。

绍兴-金华与寒武世沉积作用有关的磷矿床成矿系列（$Pz_1$-10-1）。

该矿床成矿系列处于扬子地台与华南褶皱系的接合部位，萍乡-广丰深断裂呈北东东向横穿该区。以江西上饶朝阳磷矿为代表，含磷层位有下震旦统朝阳组及下寒武统荷塘组。朝阳组主要岩性为下部白云质灰岩夹含磷粉砂质页岩，中部粉砂质页岩夹白云质灰岩，上部含锰白云质灰岩、硅质磷块岩、鲕状硅质灰岩、白云质灰岩，顶部含磷粉砂质页岩；荷塘组主要岩性为含碳硅质页岩夹薄层灰岩，底部含磷结核及黄铁矿结核（唐正等，2015）。磷块岩矿石由磷酸盐矿物和脉石矿物两大类组成，磷酸盐矿物主要为胶磷矿，脉石矿物主要为石英、玉髓和白云石，含有少量方解石、粘土矿物、碳质物、金属矿物等。矿石结构主要为泥晶胶状结构和磷质粒屑结构，岩石硅化现象强烈，矿石构造为纹层-条带状构造及块状构造。朝阳磷矿为海相胶体溶液沉积矿床，早震旦世赣东北地区处于高能水动力的浅海台地环境，早中期属潮坪相，晚期为台地边缘滩相，末期复为潮坪相，每个相环境的海侵时期，当水动力由动荡转为相对宁静时，在弱氧化-还原条件、弱碱性介质中，即产生磷酸盐化学沉积，其中台缘滩相环境更有利于磷矿形成。晚震旦世转为有障壁的潟湖环境，寒武纪初期的障壁海湾环境下形成磷矿沉积。

**10. 扬子成矿省**

岩浆作用成矿系列组合1个，含矿流体作用成矿系列组合1个，沉积作用成矿系列组合4个。

（1）下扬子与寒武纪硅质岩-白云岩-磷块岩沉积作用有关的磷矿床成矿系列（$Pz_1$-11-1）

该矿床成矿系列含磷矿层位分布于浙江西部寒武系底部荷塘组黑色岩系，其层位与滇东的筇竹寺组和沧浪铺组下部、黔北的牛蹄塘组和明心寺组、鄂西的水井沱组相当。荷塘组由黑色薄层碳质硅质岩、碳质硅质泥岩、页岩、石煤层夹灰岩透镜体及磷矿层组成。荷塘组下段以硅质岩、粉砂岩为主，含碳硅质泥岩、泥质粉砂岩次之，底部局部地区含磷块岩，在磷块岩之上有一金属硫化物富集层（镍、钼、铀、稀土等伴生元素含量较高）。荷塘组初期的沉积环境有利于磷矿的形成，沉积古地理为陆缘浅海，区域上不存在矿层的迁移沉积，没有形成大而富的层状磷块岩矿床，多为结核状磷矿，一般构成小型矿床和矿点。磷块岩的矿物成分主要为胶磷矿、酸盐矿物和碳、泥质以及少量石英和硫化物；主要呈胶状-隐晶-微晶结构，常见结核状构造。磷矿层普遍含有镍、钼、稀土等元素，如浙江桐庐县东溪磷矿、夏禹桥磷矿。

（2）上扬子与早寒武世硅质岩-白云岩-磷块岩沉积作用有关的磷、锰矿床成矿系列（$Pz_1$-11-2）

该矿床成矿系列主要分布于上扬子古陆块西缘，上扬子成磷带的云南、四川与陕西在地理上构成近南北向的带状分布。划分为2个矿床成矿亚系列。

a. 产于寒武纪—奥陶纪硅质岩-碳酸盐岩中锰矿床成矿亚系列

在上扬子陆块西北缘龙门山北段平武-青川地区，下寒武统邱家河组中，产有石坎、马家山、平溪、筒竹垭锰矿，主要岩性为碳硅质板岩、硅化灰岩（白云岩）、硅质岩，系含磷碳硅质岩建造，形成环境为浅海-半深海，被后期龙门山断裂多次破坏，锰矿体被错切、错失。在汉源、盐边地区的中奥陶统巧家组、上奥陶统大箐组中，产有轿顶山、大瓦山、刘坪大岗锰矿，为碳酸盐岩-碎屑岩建造，岩性为礁灰岩、砂岩、黑色页岩（杨先光等，2012，2016）。

b. 产于寒武纪硅质岩-白云岩-磷块岩中磷矿床成矿亚系列

上扬子陆块西北缘龙门山-大巴山早寒武世梅树村期—筇竹寺期磷矿成矿位于滇、川、陕磷矿带的北端。成磷期成矿带西侧为摩天岭古陆，北侧为汉南古陆，在川西北绵竹和汉中一带形成聚磷区。西南缘川西南-滇东-黔西早寒武世梅树村期—筇竹寺期磷块岩成矿，含矿地层主要有梅树村组（滇东）、麦地坪组（川西南）、筇竹寺组（川西）、牛蹄塘组（黔西）。汉源-峨边一带是以陆源碎屑为主的海相沉积型含钾磷矿床，主要分布在汉源县万里、市荣、田坝、麻窝沟等地区。含磷岩系厚40~60 m。由一套浅海-滨海相沉积的富泥质、白云石胶结的含磷粉砂岩和磷块岩组成，底部夹有火山碎屑沉积岩、粘土岩和白云岩的透镜体。矿石品位不高，一般$P_2O_5$ 12%~24%，为碎屑岩型磷矿，结构主要为碎屑结构，次为粉屑和砾屑结构，局部见生物碎屑结构。川西南峨眉-雷波地区是下寒武统麦地坪组（梅树村期）磷块岩的主要产地，现有马边县老河坝，雷波县小沟、马颈子、牛牛寨等磷矿床，含磷岩系和磷矿床呈近南北向分布于川西南地区，主要岩性为白云岩、硅质岩和磷块岩。云南东部地区也是梅树村组磷块岩主要产地，带内分布有昆阳磷、海口磷矿、晋宁磷矿等著名磷矿床，也是我国主要的磷矿基地之一。贵州织金新华地区磷矿床产出于早寒武世梅树村阶级筇竹寺底部含磷岩系，主要为一套生物碎屑白云质磷块岩，以富含稀土元素而著称。磷矿石主要有生物屑内碎屑磷块岩、凝胶磷块岩、结核状硅质磷块岩三类。以生物内碎屑磷块岩为特点（夏学惠等，2011）。

（3）扬子陆块南缘与早寒武世海相黑色岩系沉积作用有关的重晶石、磷、钒、镍、钼矿床成矿系列（$Pz_1$-11-3）

该矿床成矿系列位于扬子地台西南缘，湘黔交界处至桂北地区，区内一些褶皱构造周边的上震旦统—下寒武统，由一套黑色、深灰色碳质页岩、薄层硅质岩、灰岩组成，富含硫化物和有机质，俗称“黑层”，其间含有较丰富的磷、重晶石、钒、钼、镍等矿产。主要矿床类型为沉积型，典型矿床有贵州天柱大河边和湖南新晃贡溪、广西三江板必等重晶石矿床，贵州镇远江古钒矿，遵义冉村沟钼镍矿等。震旦纪至早寒武世早期，南方大陆板块内发生了强烈的拉张活动，导致中元古代大陆的解体，产生扬子地块和华南地块，其间为深海相隔。由于陆内拉张裂谷作用，沿着扬子地块的浅海域内形成地堑式槽状深水盆地，拉张活动延续至晚震旦世仍有碱性火山岩喷发。在早寒武世整个南方海平面上升，沉积了黑色页岩，底部有含磷结核和硅质放射虫等深海凝缩沉积物。于上述震旦系—寒武系界线附近的含磷结核、硅质岩、黑色页岩组合层内时夹有重晶石建造。寒武系是重晶石矿床的主要赋矿地层，奥陶系是重晶石矿床的次要赋矿地层。区内重晶石矿床均为海相沉积型，主要产出于下寒武统牛蹄塘组、清溪组及上泥盆统响水洞组、柳江组的硅质岩系中。矿体呈层状、似层状、透镜状单层或多层产出。

贵州遵义地区的沉积型钼镍矿含矿层位于牛蹄塘组底部，钼、镍矿产于含矿岩系之薄层状黄铁矿型钼、镍等多金属矿层，矿体呈层状产出。矿石致密坚硬，岩性较复杂，主要由硅质磷块岩、砂屑黄铁矿粘土岩、高碳质鳞片状页岩夹磷质结核、碳质粘土岩夹磷质透镜体、粉砂质粘土岩等组成。

（4）上扬子与寒武纪—奥陶纪海相陆源碎屑中流体作用有关的金、锑、钨、铅、锌、重晶石、萤石矿床成矿系列（$Pz_1$-11-4）

该矿床成矿系列分布于湘西-黔东地区，典型矿床有湘西花垣铅锌矿田、黔南牛角塘铅锌矿田等。区内铅锌矿床主要赋存于下寒武统清虚洞组藻灰岩或白云岩中，矿体多呈层状、似层状及透镜状，少数矿体为不规则状或筒状，在构造发育的地段可见角砾状矿体。主要矿石矿物为闪锌矿、黄铁矿、方铅矿，伴生脉石矿物主要为方解石、白云石、萤石及重晶石。矿石组构多为角砾状、脉状、网脉状，成矿流体具有热卤水的性质，主要来源于建造水和大气降水。成矿物质来源于下伏青白口系、震旦系及下寒武统石排组、牛蹄塘组等地层的碎屑岩中高铅锌含量。该地区铅锌矿床的成矿时代为晚志留世—早泥盆世，成矿作用与加里东运动所引起的盆地流体运移有关（李堃，2018）。

（5）上扬子与加里东期花岗岩岩浆作用有关的钨矿床成矿系列（$Pz_1$-11-5）

该矿床成矿系列位于上扬子陆块的桂北隆起北东段，越城岭褶断带南端，向北突出的南北向弧形构造带。构造运动强烈、构造样式复杂多变，岩浆活动强烈。主要褶皱有猫儿山背斜和越城岭背斜，走向北东。以广西资源县牛塘界钨矿为典型代表，矿体呈层状、似层状产于寒武系清溪组第二段，岩性为深灰、灰黑色含碳绢云母板岩夹泥质粉砂岩、粉砂质绢云板岩夹大理岩或矽卡岩化大理岩。矿区岩浆岩主要为黑云母花岗岩。碳酸盐化硅化矽卡岩型钨矿为主要矿石类型，金属矿物主要为白钨矿、黄铁矿、方铅矿及闪锌矿。含白钨矽卡岩化角岩中白钨矿的 Sm-Nd 等时线年龄为 431±12 Ma，黑云母花岗岩中的锆石 SHRIMP 年龄为 429.6±4.3 Ma（李晓峰等，2012）。

（6）上扬子与早古生代生物化学沉积作用有关的页岩气矿床成矿系列（$Pz_1$-11-6）

该矿床成矿系列主要分布于扬子地台西部的四川盆地，受扬子地台控制，震旦系、寒武系、奥陶系、志留系在半深水-深水陆棚相区沉积了丰富的富有机质页岩，在加里东、华力西运动影响下，盆地边缘、乐山-龙女寺古隆起等局部区域页岩地层遭受剥失。泥盆系、石炭系沉积期，四川盆地黔北地区上升隆起，大面积缺失该期沉积。早印支运动后，四川盆地转向大型内陆坳陷-前陆盆地沉积演化阶段，沉积了湖相、湖沼相页岩。喜马拉雅运动盆地全面褶皱回返，形成了盆地以北东向为主的褶皱和断裂体系。四川盆地富有机质页岩丰富，区域性富有机质页岩有 6 套，自下而上分别是：上震旦统陡山沱组、下寒武统筇竹寺组、上奥陶统五峰组—下志留统龙马溪组、上二叠统龙潭组、上三叠统须家河组及下侏罗统自流井组（—沙溪庙组）。有机质页岩厚度大、区域分布稳定，有机碳含量高，成熟度高，以生气为主，均具有良好的页岩气资源前景（董大忠等，2014）。另外，四川盆地相邻的滇黔北坳陷主要发育海相震旦系—中三叠统、陆相上三叠统—下白垩统两大沉积组合。其中海相上二叠统龙潭组、下石炭统大塘组、下志留统龙马溪组和下寒武统牛蹄塘组是灰黑色页岩发育的富集层。龙马溪组和牛蹄塘组黑色泥页岩具有厚度大、区域稳定、有机质丰度高、成熟度高的特点，与四川盆地页岩条件大致类似。而且页岩气储层具有低孔、低渗、富硅质特征，易于后期储层压裂改造。含页岩气层段单层厚度达 50 m 以上，解析气量随地层埋深加大而增加并以甲烷为主，页岩气藏地质条件良好。以四川安岳气田、重庆涪陵气田和云南昭通气田为典型代表。

**11. 西藏-三江成矿省**

沉积作用成矿系列组合 1 个。

喀喇昆仑与寒武纪—志留纪海相沉积-改造作用有关的铁（铜）矿床成矿系列（$Pz_1$-12-1）。

该矿床成矿系列以契列克其菱铁矿为代表，含矿地层为下志留统温泉沟群，主要岩性为云母石英片岩和大理岩。菱铁矿体顺层产出于片岩（碎屑岩）与所夹大理岩（碳酸盐岩），或大理岩（碳酸盐岩）与所夹片岩（碎屑岩）接触带上，少数顺层产出于片岩中。局部地段表现出菱铁矿层向片岩和大理岩等围岩过渡特征。矿区含矿带总体呈东西向展布于求库台岩体接触带外侧 200~600 m 处，带长 4 km，共有矿体 13 个。矿体形态为似层状、透镜状，呈近东西和北东东向展布，长 140~605 m，平均厚1.80~39.92 m，全铁平均品位38.00%~47.52%。矿石自然类型主要为菱铁矿和褐铁矿，矿石构造主要有块状、层状、条带状或纹层状构造、假波纹构造和晶洞构造。矿石矿物单一，主要为菱铁矿，含量达70%~80%或更高，有少量黄铜矿。地表及浅部菱铁矿被氧化成褐铁矿，保留着菱形解理。据矿石矿物组成及特点、结构构造等特征，将成矿期划分为沉积成岩和区域变质及岩浆热液叠加改造成矿期两个主要成矿阶段，其成因类型主要为海相沉积（改造）型菱铁矿床（李凤鸣等，2010）。类似矿床还有切北菱铁矿、黑黑孜站干菱铁矿和麻扎赤铁矿点。

## （二）晚古生代矿床成矿系列

依据成矿构造环境、成矿时期、成矿作用及其矿床成因联系，将中国晚古生代矿床划分为46个成矿系列。其中，岩浆作用矿床成矿系列26个；沉积作用矿床成矿系列13个；变质作用矿床成矿系列3个；含矿流体作用矿床成矿系列4个（表4-6、图4-12）。

**1. 阿尔泰成矿省**

岩浆作用成矿系列组合2个。

（1）阿尔泰与华力西期岩浆作用有关的稀有金属、宝石、铅、锌矿床成矿系列（$Pz_2$-1-1）

该矿床成矿系列可进一步划分为2个矿床成矿亚系列。

a. 与华力西中期花岗岩有关的稀有金属、宝石矿床成矿亚系列

晚泥盆世，准噶尔板块与西伯利亚板块开始对接碰撞，热的俯冲洋壳在俯冲带深部发生熔融，产生的岩浆沿上部构造裂隙运移侵位，形成阿尔泰地区晚泥盆世花岗岩（片麻状中细粒英云闪长岩）。到早石炭世，随着碰撞挤压造山运动的发展，大规模的地壳重熔事件导致大面积花岗岩形成，在持续挤压、增温和岩浆作用下，引起广泛的区域变质作用和有限的混合岩化作用，导致大量热液活动，使成矿元素萃集形成一系列伟晶岩型稀有金属、白云母矿床。以柯鲁木特锂辉石矿为典型代表。

b. 与晚泥盆世—早石炭世上叠盆地中酸性火山岩-浅成岩建造有关的铅、锌矿床成矿亚系列

诺尔特地区位于西伯利亚板块西南部大陆边缘，北阿尔泰构造带的东部，是古生代大陆边缘基底陆壳上发展起来的晚古生代新陆壳，为一断陷火山盆地。区内下石炭统红山嘴组是控制Pb、Zn、Cu、Au多金属矿（化）体等多元素异常分布的主要地层，第一亚组出露比较广泛，主要为千枚岩化粉砂岩、粉砂质泥岩、细砂岩与粉砂岩交替的韵律沉积岩、岩屑砂岩等；第二亚组各段沿走向相变明显，东部为泥质粉砂岩和粉砂质泥岩为主，有少量火山碎屑物和石英砂岩、含砾砂岩，往西—西北逐渐以石英砂岩、岩屑砂岩和粉砂岩居多。区内岩浆及火山活动强烈，出露广泛，侵入岩以晚石炭世中-深成的花岗岩类为主，火山活动以华力西期为主，主要为爆发相，形成英安质凝灰岩、角砾凝灰岩及沉凝灰岩，有少量喷溢相的流纹岩。区内北西—南东向的红山嘴-库鲁克特-玉西库里大断裂是规模最大的一条控制盆地演化和岩浆活动的区域性大断裂。区内金、铜、铅锌矿（化）点、矿化带基本上都沿断裂及其两侧分布，如库马苏铅锌矿等（王晓刚等，2011）。

（2）阿尔泰与华力西期岩浆作用有关的铁、铜、铅、锌、金、水晶矿床成矿系列（$Pz_2$-1-2）

该矿床成矿系列可进一步划分为2个矿床成矿亚系列。

a. 与华力西早期双峰式细碧角斑岩建造有关的铁、铜、铅、锌矿床成矿亚系列

阿尔泰南缘的克朗、冲乎尔和麦兹火山沉积盆地是在早泥盆世晚期在挤压背景下形成的断陷盆地。随着大洋板块的持续俯冲，于晚志留世末至早泥盆晚期，幔源物质熔融上涌底侵至下地壳，导致地壳上隆而在其顶部因拉张变薄产生断裂形成上述几个断陷盆地，并发生火山喷发作用形成康布铁堡组火山岩。麦兹盆地位于阿尔泰陆缘活动带，是一个重要的铅、锌、铁矿化集中区，其中著名的有蒙库铁矿、可可塔勒铅锌矿，是阿尔泰南缘多金属成矿带中最重要的成矿盆地之一。盆地内矿床、矿点多为火山喷流热水沉积成因，层控特征明显，具有规模大、形态规则、厚度及有用组分稳定等特点。铁矿成矿与早泥盆世早期细碧角斑质火山作用相伴，而铅锌成矿则与早泥盆世晚期长英质火山喷流沉积作用相伴。北西向同生断裂、火山沉积洼地、火山喷发中心（火山机构）共同控制铅锌矿的产出，矿体还受到后期褶皱、变质作用的改造（郭正林等，2007）。

**表 4-6 中国晚古生代矿床成矿系列划分一览表**

| Ⅱ级成矿省 | Ⅲ级成矿（区）带 | Ⅳ级成矿亚带 | 矿床成矿系列组合 | 矿床成矿系列 | 矿床成矿亚系列 | 矿床式 |
|---|---|---|---|---|---|---|
| Ⅱ-1 阿尔泰成矿省 | Ⅲ-1 阿尔泰成矿带 | Ⅲ-1-①诺尔特成矿亚带 | 岩浆作用成矿系列 | $Pz_2$-1-1 阿尔泰与华力西期岩浆作用有关的稀有金属、宝石、铅、锌矿床成矿系列 | 与华力西中期花岗岩有关的稀有金属、宝石矿床成矿亚系列 | 柯鲁木特锂辉石矿 |
| | | | | | 与晚泥盆世—早石炭世上叠盆地中酸性火山岩-浅成岩建造有关的铅、锌矿床成矿亚系列 | 库马苏铅、锌 |
| | | Ⅲ-1-②阿尔泰晚古生代成矿亚带 | 岩浆作用成矿系列 | $Pz_2$-1-2 阿尔泰与华力西期岩浆作用有关的铁、铜、铅、锌、金矿床成矿系列 | 与华力西早期双峰式细碧角斑岩建造有关的铁、铜、铅、锌矿床成矿亚系列 | 蒙库铁，可可塔勒铅、锌，阿舍勒铜 |
| | | | | | 与华力西中期岩浆热液有关金矿床成矿亚系列 | 萨热阔布金，多拉纳萨依金 |
| Ⅱ-3 天山-兴蒙成矿省 | Ⅲ-3 大兴安岭成矿带 | Ⅲ-3-①莫尔道嘎成矿亚带 | 岩浆作用成矿系列 | $Pz_2$-3-1 大兴安岭与华力西中期海底火山喷流-沉积作用有关铁、硫矿床成矿系列 | | 谢尔塔拉铁，六一硫铁矿 |
| | | Ⅲ-3-②海拉尔-呼马成矿亚带 | 岩浆作用成矿系列 | $Pz_2$-3-2 大兴安岭与华力西早期基性侵入岩浆活动有关钛、铁成矿系列 | | 北西里式钛，跃铁山式铁 |
| | | Ⅲ-3-④二连-贺根山成矿亚带 | 岩浆作用成矿系列 | $Pz_2$-3-3 大兴安岭与华力西早期侵入岩浆活动有关铬、镍成矿系列 | | 赫格敖拉铬，哈拉图庙镍 |
| | | Ⅲ-3-⑤锡林浩特成矿亚带 | 岩浆作用成矿系列 | $Pz_2$-3-4 大兴安岭与华力西中晚期中酸性侵入岩-火山岩浆作用有关萤石矿床成矿系列 | | 苏莫查干敖包萤石 |
| | Ⅲ-4 小兴安岭-张广才岭成矿带 | Ⅲ-4-②伊春-延寿成矿亚带 | 变质作用成矿系列 | $Pz_2$-3-5 小兴安岭与二叠纪变质作用有关的石墨、大理岩矿床成矿系列 | | 小白河式石墨，浩良河大理岩、拉古大理岩 |
| | Ⅲ-6 宝音图-温都尔庙成矿带 | Ⅲ-6-④磐石-百里坪成矿亚带 | 变质作用成矿系列 | $Pz_2$-3-6 宝音图-温都尔庙与晚古生代变质作用有关的硅灰石矿床成矿系列 | | 细鳞河硅灰石 |
| | | | 沉积作用成矿系列 | $Pz_2$-3-7 宝音图-温都尔庙与石炭纪—二叠纪海相沉积作用有关的石灰岩矿床成矿系列 | | 宝善石灰岩，杨木顶子石灰岩 |

续表

| Ⅱ级成矿省 | Ⅲ级成矿（区）带 | Ⅳ级成矿亚带 | 矿床成矿系列组合 | 矿床成矿系列 | 矿床成矿亚系列 | 矿床式 |
|---|---|---|---|---|---|---|
| Ⅱ-3 天山-兴蒙成矿省 | Ⅲ-7 额济纳-北山成矿带 | Ⅲ-7-③明水成矿亚带 | 岩浆作用成矿系列 | $Pz_2$-3-8 北山与华力西中晚期构造-岩浆作用有关的铁、铜、钨、钼、金矿床成矿系列 | 华力西中期海相火山-沉积岩系有关的铁、铜、锌、金矿床成矿亚系列 | 黑鹰山铁，460 金 |
| | | | | | 华力西晚期中酸性岩有关的钨、钼、金、银矿床成矿亚系列 | 流沙山钼，红尖兵山钨 |
| | Ⅲ-8 准噶尔周缘成矿带 | Ⅲ-8-①北准噶尔成矿亚带 | 岩浆作用成矿系列 | $Pz_2$-3-9 准噶尔与华力西期构造-岩浆作用有关的铜、钼、镍矿床成矿系列 | 华力西早期中酸性侵入岩有关的铜、钼、金、银、铅、锌矿床成矿亚系列 | 索尔库都克式铜、钼，哈腊苏式铜 |
| | | | | | 华力西晚期铁质基性-超基性岩有关的铜、镍、钴、铂、钯矿床成矿亚系列 | 喀拉通克式铜镍 |
| | | Ⅲ-8-②西准噶尔成矿亚带 | 岩浆作用成矿系列 | $Pz_2$-3-10 准噶尔与华力西早中期构造-岩浆作用有关铬、铁、金、锡、铜、硫、石墨、水晶矿床成矿系列 | 与华力西中期二长花岗岩、钾长花岗岩有关金、水晶矿床成矿亚系列 | 齐依求式金，阿克巴斯套式水晶 |
| | | | | | 与华力西早期蛇绿岩建造有关铬矿床成矿亚系列 | 萨尔托海式铬，鲸鱼铬、铁 |
| | | Ⅲ-8-③东准噶尔成矿亚带 | | | 与华力西（早）中期板块汇聚阶段中酸性火山岩、深成岩建造有关铜、硫成矿亚系列 | 淖毛湖北山式硫，琼河坝式铜 |
| | | | | | 与华力西中期钾长花岗岩-碱长花岗岩建造有关锡、石墨矿床成矿亚系列 | 卡姆斯特式锡，萨热什克锡，苏吉泉式石墨 |
| | | 准噶尔盆地 | 沉积作用成矿系列 | $Pz_2$-3-11 准噶尔盆地与石炭纪—二叠纪海陆交互相沉积作用有关煤、天然气、石油成矿系列 | | 克拉玛依式石油，吐鲁番式油气 |
| | Ⅲ-9 伊什基里克-阿吾拉勒-巴音沟-博格达-红石山成矿带 | Ⅲ-9-①伊什基里克-阿吾拉勒成矿亚带 | 岩浆作用成矿系列 | $Pz_2$-3-12 伊宁-中天山与华力西期裂谷盆地岩浆作用有关的铜、钼、铁、金矿床成矿系列 | 与华力西期花岗闪长岩有关的铜、钼矿床成矿亚系列 | 肯登高尔铜，莱历斯高尔铜钼，哈勒尕提铁铜 |
| | | | | | 与华力西中晚期火山岩有关的铁、铜、金矿床成矿亚系列 | 阿希式金，尼勒克铜，群吉式铜，式可布台铁，查岗诺尔，智博，敦德铁 |
| | | Ⅲ-9-③博格达成矿亚带 | 岩浆作用成矿系列 | $Pz_2$-3-13 博格达与华力西早期火山岩浆作用有关硼、膨润土矿床成矿系列 | | 西西尔塔克硼矿，柯尔碱式膨润土 |

续表

| Ⅱ级成矿省 | Ⅲ级成矿（区）带 | Ⅳ级成矿亚带 | 矿床成矿系列组合 | 矿床成矿系列 | 矿床成矿亚系列 | 矿床式 |
|---|---|---|---|---|---|---|
| Ⅱ-3 天山-兴蒙成矿省 | Ⅲ-10 中天山-东天山-北山-三危山-阿拉善成矿带 | Ⅲ-10-①那拉提-巴伦台-额尔宾山东-卡拉塔格成矿亚带 | 沉积作用成矿系列 | $Pz_2$-3-14 那拉提-巴伦台与晚古生代火山-沉积作用有关的铁、锰矿床成矿系列 | | 莫托沙拉式铁、锰，加曼台式锰 |
| | | | 岩浆作用成矿系列 | $Pz_2$-3-15 那拉提与华力西中晚期岩浆作用有关的金矿床成矿系列 | | 卡特巴阿苏金 |
| | | Ⅲ-10-②小热泉子-雅满苏-黄山成矿亚带 | 岩浆作用成矿系列 | $Pz_2$-3-16 东天山-北山与华力西期岩浆作用有关的铁、铜、锌、镍、铁钒钛、金、银、钨、稀土、膨润土、沸石矿床成矿系列 | 与华力西早期拉张裂陷期火山岩有关的铁、铜、锌矿床成矿亚系列 | 小热泉子、卡拉塔格式铜锌，雅满苏式铁，白山泉式铁 |
| | | | | | 与华力西中晚期伸展期镁铁-超镁铁岩有关铜、镍、铁钒钛矿床成矿亚系列 | 黄山式铜镍，葫芦式铜镍，尾垭式铁钒钛，天宇式铜镍，黑山式铜镍 |
| | | | | | 与华力西中期中酸性岩-碱长花岗岩有关铜、金、银、钨、稀有金属、硅灰石矿床成矿亚系列 | 土屋式铜，维权式银，明水西式金，镜儿泉北山稀有金属，小白石头泉式硅灰石，忠宝钨 |
| | | | | | 与华力西晚期上叠盆地陆相中基性火山岩建造有关的膨润土、沸石矿床成矿亚系列 | 卡拉塔格沸石，沙尔湖式膨润土 |
| | | | 含矿流体作用成矿系列 | $Pz_2$-3-17 东天山与石炭纪末期韧性剪切带含矿流体作用有关金矿床成矿系列 | | 康古尔式金，石英滩金 |
| | | | 沉积作用成矿系列 | $Pz_2$-3-18 东天山与中石炭世残余海盆地蒸发沉积作用有关的铁、石膏矿床成矿系列 | | 库姆塔格式铁，库姆塔格式石膏 |
| | | Ⅲ-10-③笔架山-柳园成矿亚带 | 岩浆作用成矿系列 | $Pz_2$-3-19 笔架山-柳园-龙首山与华力西中晚期岩浆作用有关的铜、镍、金、钨、膨润土、萤石矿床成矿系列 | 与华力西晚期伸展期镁铁-超镁铁岩有关铜、镍矿床成矿亚系列 | 红石山铜镍，坡一、坡十铜镍 |
| | | | | | 与华力西中期中酸性岩有关金、钨矿床成矿亚系列 | 白山、盘陀山钨，拾金坡、金窝子金 |

续表

| Ⅱ级成矿省 | Ⅲ级成矿(区)带 | Ⅳ级成矿亚带 | 矿床成矿系列组合 | 矿床成矿系列 | 矿床成矿亚系列 | 矿床式 |
|---|---|---|---|---|---|---|
| Ⅱ-4西南天山-索伦-西拉木伦成矿省 | Ⅲ-12南天山成矿带 | Ⅲ-12-②额尔滨山-帕尔岗塔格成矿亚带 | 岩浆作用成矿系列 | $Pz_2$-4-1额尔滨山-帕尔岗与华力西期岩浆作用有关的稀土、锡矿床成矿系列 | | 依兰里克稀土矿，独山锡 |
| | | | 变质作用成矿系列 | $Pz_2$-4-2额尔滨山-帕尔岗与二叠纪变质作用有关的铁、红柱石、菱镁矿、硅灰石矿床成矿系列 | | 帕尔岗式铁，库鲁克坤式红柱石，哈勒哈特菱镁矿，克其克果勒硅灰石矿 |
| | Ⅲ-14索伦山-西拉木伦成矿带 | Ⅲ-14-①索伦山成矿亚带 | 岩浆作用成矿系列 | $Pz_2$-4-3索伦山与华力西期岩浆作用有关的铬矿床成矿系列 | 与华力西期基性、超基性岩有关铬矿床成矿亚系列 | 察汗胡勒铬、乌珠尔铬 |
| Ⅱ-5华北成矿省 | Ⅲ-15祁连成矿带 | Ⅲ-15-①祁连北部成矿亚带 | 沉积作用成矿系列 | $Pz_2$-5-1卫宁北山与泥盆纪—石炭纪沉积作用有关铜、石膏矿床成矿系列 | | 腰岘子式铜，小红山式石膏 |
| | Ⅲ-17华北东部成矿带 | Ⅲ-17-①晋中成矿亚带<br>Ⅲ-17-②河南-皖北成矿亚带<br>Ⅲ-17-③冀辽成矿亚带<br>Ⅲ-17-④渤海东成矿亚带<br>Ⅲ-17-⑤鲁西成矿亚带 | 沉积作用成矿系列 | $Pz_2$-5-2华北东部与石炭纪—二叠纪沉积作用有关煤、铝土矿、耐火粘土、稀土-稀散元素矿床成矿系列 | 与晚石炭纪—早二叠世沉积有关的煤、耐火粘土矿床成矿亚系列 | 大同式煤，竹园-狂口式耐火粘土 |
| | | | | | 与晚石炭世风化淋滤型沉积铝土矿、耐火粘土、稀土-稀散元素成矿亚系列 | 西河底-克俄式铝土矿，大冶式铝土矿 |
| | Ⅲ-18鄂尔多斯成矿区 | Ⅲ-18-①贺兰山成矿亚带Ⅲ-18-②鄂尔多斯西缘成矿亚带<br>Ⅲ-18-③鄂尔多斯东部成矿亚带 | 沉积作用成矿系列 | $Pz_2$-5-3鄂尔多斯与石炭纪—二叠纪沉积作用有关煤、耐火粘土、天然气、铝土矿、硫矿床成矿系列 | 与石炭纪—二叠纪沉积有关的煤、耐火粘土、天然气、铝土矿、硫矿床成矿亚系列 | 棋盘山式煤-耐火粘土，胜利井式天然气，曹村式铝土矿，三眼桥式硫铁矿，渭北式煤，苏里格式天然气，靖边式天然气 |
| Ⅱ-6塔里木-柴达木成矿省 | Ⅲ-20塔里木成矿区 | 塔里木盆地 | 沉积作用成矿系列 | $Pz_2$-6-1塔里木与古生代海陆交互相碳酸盐岩沉积作用有关石油、天然气成矿系列 | | 塔中式石油，轮南式石油、雅克拉油田 |
| | | Ⅲ-20-①西南天山成矿亚带 | 含矿流体作用成矿系列 | $Pz_2$-6-2西南天山与志留纪—石炭纪会聚盆地碎屑岩-碳酸盐岩建造中含矿流体作用有关铅、锌、金矿床成矿系列 | | 霍什布拉克式铅锌，沙里塔什铅锌，萨瓦亚尔顿金 |
| | | Ⅲ-20-②柯坪成矿亚带 | 岩浆作用成矿系列 | $Pz_2$-6-3柯坪与华力西晚期碱性岩浆活动有关的铁、钒、钛矿床成矿系列 | | 瓦吉里塔格式铁钒钛，普昌式钛 |
| | | Ⅲ-20-③和田成矿亚带 | 含矿流体作用成矿系列 | $Pz_2$-6-4和田碳酸盐盆地含矿流体作用有关铅、锌矿床成矿系列 | | 卡兰古铅锌，塔木铅锌 |

续表

| Ⅱ级成矿省 | Ⅲ级成矿（区）带 | Ⅳ级成矿亚带 | 矿床成矿系列组合 | 矿床成矿系列 | 矿床成矿亚系列 | 矿床式 |
|---|---|---|---|---|---|---|
| Ⅱ-7昆仑-祁连-秦岭成矿省 | Ⅲ-22西昆仑成矿带 | Ⅲ-22-①昆盖山-阿羌成矿亚带 | 沉积作用成矿系列 | $Pz_2$-7-1 西昆仑与石炭纪沉积作用有关锰矿床成矿系列 | | 玛尔坎苏锰 |
| | | Ⅲ-22-②西昆中成矿亚带 | 岩浆作用成矿系列 | $Pz_2$-7-2 西昆仑与华力西晚期花岗岩类岩浆活动有关的玉石、水晶矿床成矿系列 | | 和田式玉石矿 |
| | Ⅲ-23东昆仑成矿带 | Ⅲ-23-①东昆北成矿亚带<br>Ⅲ-23-②东昆南成矿亚带 | 岩浆作用成矿系列 | $Pz_2$-7-3 东昆仑与华力西期岩浆作用有关的铜、镍、铁、硅灰石、软玉成矿系列 | 与超基性岩有关的铜、镍成矿亚系列 | 夏日哈木铜镍 |
| | Ⅲ-24祁连-宗务隆山成矿带 | Ⅲ-24-②柴达木北缘-青海湖南山成矿亚带 | 岩浆作用成矿系列 | $Pz_2$-7-4 柴达木北缘与华力西期花岗岩岩浆活动有关的金、钛、磷矿床成矿系列 | | 滩涧山金，高特拉蒙钛磷矿 |
| | Ⅲ-26南秦岭成矿带 | Ⅲ-26-①南秦岭成矿亚带 | 含矿流体作用成矿系列 | $Pz_2$-7-5 秦岭与泥盆纪碳酸盐岩建造含矿流体作用有关的铅、锌、铜、银、铁矿床成矿系列 | | 厂坝式铅锌，大西沟式铁，银洞子式银，穆家庄式铜 |
| | | Ⅲ-26-②西倾山成矿亚带 | 沉积作用成矿系列 | $Pz_2$-7-6 西倾山与泥盆纪海相沉积作用有关的铁矿床成矿系列 | | 当多铁，黑拉铁 |
| Ⅱ-8康西瓦-苏巴什-阿尼玛卿-勉略-大别-苏鲁成矿省 | Ⅲ-27南昆仑成矿带 | Ⅲ-27-①苏巴什-木孜塔格-西大滩-布青山成矿亚带 | 岩浆作用成矿系列 | $Pz_2$-8-1 东昆仑与华力西中晚期期蛇绿岩、海相火山-沉积岩浆作用有关的铜、钴（金）矿床成矿系列 | | 德尔尼式铜、钴（金） |
| Ⅱ-9武夷-云开-台湾成矿省 | Ⅲ-31武夷-云开成矿带 | Ⅲ-31-①六万大山-大容山成矿亚带<br>Ⅲ-31-②钦防成矿亚带 | 岩浆作用成矿系列 | $Pz_2$-9-1 武夷-云开地区华力西早中期陆内裂陷槽与岩浆作用有关的铌钽矿床成矿系列 | 与华力西期花岗斑岩和伟晶岩有关的铌钽矿床成矿亚系列 | 西坑铌钽矿，厚溪铌钽矿 |
| | | | 沉积作用成矿系列 | $Pz_2$-9-2 武夷-云开地区与石炭纪—二叠纪海相沉积作用有关的煤成矿系列 | | 兴梅煤矿 |
| Ⅱ-10扬子成矿省 | Ⅲ-33下扬子成矿带 | Ⅲ-33-①下扬子（苏皖）成矿亚带<br>Ⅲ-33-②怀玉山-天目山成矿亚带 | 沉积作用成矿系列 | $Pz_2$-10-1 下扬子与二叠纪沉积作用有关的锰、磷、煤、海泡石成矿系列 | 与早二叠世石灰岩、硅质（页）岩沉积-风化海泡有关的海泡石矿床成矿亚系列 | 乐平牯牛岭海泡石，浏阳永和海泡石 |

| Ⅱ级成矿省 | Ⅲ级成矿（区）带 | Ⅳ级成矿亚带 | 矿床成矿系列组合 | 矿床成矿系列 | 矿床成矿亚系列 | 矿床式 |
|---|---|---|---|---|---|---|
| Ⅱ-10 扬子成矿省 | Ⅲ-34 上扬子成矿带 | Ⅲ-34-⑤攀西成矿亚带 | 岩浆作用成矿系列 | $Pz_2$-10-2 上扬子与华力西晚期峨眉山大火成岩省岩浆作用有关的铁、钒、钛、铜、镍、铂族、蛇纹石、石棉矿床成矿系列 | 西昌-攀枝花与富铁超镁铁-镁铁岩有关的铁、钒、钛矿床成矿亚系列 | 攀枝花铁、钒、钛，西昌太和式铁、钒、钛 |
| | | | | | 会理-元谋与铁质镁铁-超镁铁岩有关的铜、镍、铂族矿床成矿亚系列 | 朱布镍、铂，力马河铜、镍，白马寨铜、镍 |
| | | | | | 与花岗岩-碱性岩系有关的稀有金属和放射性元素成矿亚系列 | 会理白草铌钽矿，盐边路枯铌钽锆稀土矿床，米易黄草铌钽锆矿点 |
| | | | | | 与峨眉山玄武岩浆活动有关的热液-热液改造成矿亚系列 | |
| | | | | | 石棉县一带与镁质超镁铁岩有关的蛇纹石棉矿床成矿亚系列 | |
| | | Ⅲ-34-①米仓山-大巴山成矿亚带<br>Ⅲ-34-②扬子陆块南部成矿亚带<br>Ⅲ-34-④湘桂成矿亚带<br>Ⅲ-34-⑤攀西成矿亚带<br>Ⅲ-34-⑧富宁-那坡成矿亚带 | 沉积作用成矿系列 | $Pz_2$-10-3 上扬子与晚古生代海陆交互相沉积作用有关的锰、铝土矿、磷、耐火粘土、石膏、硫、煤、天然气矿床成矿系列 | | 下雷锰，龙头锰，平果八秀铝土矿，邵阳常乐石膏 |
| Ⅱ-11 西藏-三江成矿省 | Ⅲ-35 巴颜喀拉成矿带 | Ⅲ-35-②可可西里-松潘成矿亚带 | 岩浆作用成矿系列 | $Pz_2$-11-1 丹巴地区与华力西晚期铁质镁铁-超镁铁岩岩浆作用有关的铜、镍矿床成矿系列 | | 杨柳坪铜、镍 |
| | Ⅲ-36 三江成矿带 | Ⅲ-36-④西金乌兰湖-金沙江-哀牢山成矿亚带 | 岩浆作用成矿系列 | $Pz_2$-11-2 西金乌兰湖-金沙江-哀牢山（巴塘-绿春）与华力西晚期铁质镁铁-超镁铁岩岩浆作用有关的铂族、铬矿床成矿系列 | | 金宝山铂、钯，苏鲁铬，双沟铬 |
| | | Ⅲ-36-⑦开心岭-杂多-景洪成矿亚带 | 岩浆作用成矿系列 | $Pz_2$-11-3 兰坪-普洱与华力西期火山喷发岩浆作用有关铜、铅、锌矿床成矿系列 | | 大平掌铜、铅、锌 |

图4-12 中国晚古生代矿床成矿系列分布图

图中成矿系列编号见表4-6

b. 与华力西中期岩浆热液有关金矿床成矿亚系列

在华力西期旋回中晚期，阿尔泰进入强烈造山阶段的中后期，此时构造活动非常强烈，并伴随有深部岩浆的上侵，导致金发生活化、迁移，最终在合适的构造部位富集成矿。阿尔泰的岩金矿床明显受剪切带构造控制，产出如多拉纳萨依金矿床、赛都金矿床、阿克希克金矿床、萨热阔布金矿床、恰奔布拉克金矿床等一系列金矿床。多拉纳萨依金矿的主矿带位于额尔齐斯深大断裂以北，马尔卡库里大断裂南侧，喀腊托别-加曼阔依塔斯背斜与布托别山向斜之共轭部位，矿区处于两岩体之间的外接触带，受层间折离带控制。矿床出露地层主要是中-下泥盆统托克萨雷组一套陆源碎屑岩和浅海碳酸盐岩沉积组合。糜棱岩化中酸性脉岩是金矿化重要载体。多拉纳萨依金矿石有氧化和原生矿石两类。原生矿石可分为蚀变岩型和石英脉型。由此看出该矿床属于岩浆热液构造蚀变岩型金矿。多拉纳萨依含金石英脉中石英流体包裹体的 Rb-Sr 等时线年龄 269 Ma；赛都含金石英脉中石英流体包裹体的 Rb-Sr 等时线年龄 272~306 Ma（王登红等，2002）。

**2. 天山-兴蒙成矿省**

晚古生代，天山-兴蒙主要表现为古亚洲洋的闭合，但经历了复杂的、多次开合过程。在这一构造背景下区域岩浆成矿作用复杂多样，并形成了一系列重要矿床。岩浆作用成矿系列组合 12 个，沉积作用成矿系列组合 4 个，变质作用成矿系列组合 2 个，含矿流体成矿系列组合 1 个。

（1）大兴安岭与华力西中期海底火山喷流-沉积作用有关铁、硫矿床成矿系列（$Pz_2$-3-1）

该矿床成矿系列分布于牙克石-鄂伦春造山带之牙克石地区，成矿与华力西中期的海相中基性-中酸性火山岩密切相关，矿床类型为海相火山岩型。谢尔塔拉式为铁锌矿床，赋矿围岩为早石炭世莫尔根河组富钠海相火山岩，代表性矿床为谢尔塔拉铁、锌矿床，该矿床经历了早期的火山喷发沉积成矿作用和后期的热液成矿作用，火山喷发成矿期主要形成层状的赤铁矿体，而热液期形成锌矿体，但矿床的主体为火山喷发沉积成矿期形成的铁矿体。六一式为硫铁矿矿床，赋矿围岩亦为早石炭世莫尔根河组富钠海相火山岩，代表性矿床为六一和十五里堆硫铁矿矿床。该矿床成矿系列之矿床的成矿均与火山喷发期间或稍后的海底热液活动有关，因此，火山岩的成岩年龄基本代表了成矿年龄，该矿床成矿系列形成于华力西中期（武广等，2014）。

（2）大兴安岭与华力西早期基性岩浆侵入活动有关钛、铁矿床成矿系列（$Pz_2$-3-2）

该矿床成矿系列分布于伊尔施-多宝山造山带东北部的呼玛地区。岩浆型铁、钛（钒）矿床产于造山带内的微陆块边缘，受微陆块边缘深大断裂的控制，成矿与华力西早期的基性岩浆侵入活动有关，成矿岩体主要为辉长岩，岩石中普遍含有锆石、磷灰石、钛铁矿、磁铁矿。岩体中心部位以磷灰石为主，岩体边缘磷灰石减少，锆石含量增加，为锆石-磷灰石型辉长岩杂岩体。代表性矿床为北西里铁、钛（钒）矿床。

（3）大兴安岭与华力西早期岩浆侵入活动有关铬、镍矿床成矿系列（$Pz_2$-3-3）

该矿床成矿系列主要分布于二连-贺根山蛇绿混杂岩带，该蛇绿岩岩石组合较全，出露完整。二连-贺根山蛇绿岩带北东向分布于二连浩特-朝克山-贺根山-崇根山-乌斯尼黑一线，绵延近 400 km。沿该带分布的中-上泥盆统塔尔巴格特组为半深海复理石建造夹中基性火山岩建造，贺根山北部出露上泥盆统安格尔音乌拉组，为海陆交互相碎屑岩建造。早石炭世地层缺失，晚石炭世岩浆岩及火山岩广泛出露，火山岩包括格根敖包组和宝力高庙组陆缘弧火山岩，崇根山、乌斯尼黑等地火山岩不整合覆盖于蛇绿岩之上。二叠纪南部苏左旗和锡林浩特出露下二叠统寿山沟组和大石寨组火山-沉积岩，并发育大量花岗岩类。中二叠统哲斯组碎屑岩沉积，富含腕足类、苔藓和珊瑚等化石，在小坝梁一带与蛇绿岩不整合接触。

贺根山蛇绿岩包括朝克山、贺根山、崇根山三个较大蛇绿岩岩块以及若干小块体，深海沉积岩等伴生岩石零星分布，露头较差，多被中生代及第四纪沉积物覆盖。其中，朝克山与贺根山蛇绿岩块各单元相对齐全，朝克山地区发育蛇纹石化方辉橄榄岩、镁铁质堆晶岩及少量镁铁质熔岩，磁异常表明，其下部可能还存在一个体积相似的岩块。贺根山露头较差，多由探井、探槽揭露，主要为蛇纹石化方辉橄榄岩，含铬铁矿纯橄榄岩广泛发育，如内蒙古锡林浩特市赫格敖拉铬矿，铬铁矿多呈豆荚状、浸染状、脉状及团块状产出，与纯橄榄岩呈迅速过渡或突变，二者产状基本一致，近北东向（黄波等，2016）。

（4）大兴安岭与华力西中晚期中酸性侵入岩-火山岩岩浆作用有关萤石矿床成矿系列（$Pz_2$-3-4）

该矿床成矿系列主要分布在内蒙古四子王旗，大地构造位置属大兴安岭弧盆系锡林浩特岩浆弧。最主要的萤石矿床有苏莫查干敖包萤石矿（聂凤军等，2008）、四子王旗北敖包土萤石矿。该类萤石矿床的形成分为华力西期原生萤石矿沉积阶段和燕山期改造阶段。华力西期晚期，华北板块北缘中西段有一系列规模大小不等和产出形态各异的裂陷盆地。各裂陷盆地内的火山喷发和沉积作用不仅形成有下二叠统西里庙群火山-沉积岩地层，而且还产出有纹层状和条带状萤石集合体以及富萤石块体（矿胚）。研究结果表明，随着海底火山喷发活动的进行，一方面，挥发性组分（如 $CO_2$、$H_2$、F、C1、HF 和 $SiF_4$）和成矿元素（Ca、Na、K、Pb、Zn 和 Fe）随火山碎屑、火山灰和喷气进入海水或直接沉淀下来，造成氟和钙的初步富集，另一方面，火山活动亦可导致区域地热梯度不断增高和热泉活动加剧，并且构成海水与围岩的对流循环，在上述地质作用过程中，形成纹层状或条带状萤石矿体。燕山旋回中期，中酸性岩浆活动频繁，在构造薄弱地带，富挥发性组分流体可沿特定构造部位运移，并且对下二叠统西里庙群火山-沉积岩地层中的有用组分进行淋滤、萃取。这种热液流体在华力西期形成的纹层状或条带状萤石粒间空隙或裂隙中沉淀，对早期火山-沉积岩地层和萤石矿（化）体进行不同程度的交代改造作用（王吉平等，2010）。

（5）小兴安岭与二叠纪变质作用有关的石墨、大理岩矿床成矿系列（$Pz_2$-3-5）

该矿床成矿系列中的石墨矿主要分布于伊春-延寿岩浆弧，地理上分布于铁力一带，石墨为隐晶质石墨，矿床类型为接触变质型。主要形成于二叠纪，赋矿层位为中二叠统土门岭组，含矿岩石为石墨质板岩。石墨为煤层变质型土状石墨，固定碳含量 50%~60%。已有神树、小白河、白南沟 25 公里等石墨矿点。该矿原岩为一套碎屑岩（粉砂岩、砂岩、碳酸盐岩、粘土煤层）建造，形成环境为海陆过渡三角洲相。在华力西、印支期受侵入岩作用的影响经热变质，粘土岩变质为石墨质板岩，碳质（煤）变质成为石墨，富含碳质的原岩层变质形成石墨矿体。分布于延寿生产沟、伊春五星农场的大理岩赋矿层位为中下泥盆统黑台组，岩性为浅海相陆源细碎屑岩-碳酸盐沉积建造。碳酸盐岩经动力热变质作用形成大理岩，矿石矿物成分主要是方解石，占 95%~98%，其他为石英、绿泥石等。粒状变晶结构，块状构造，局部条带状构造。另外，铁力陆缘海盆中下二叠统玉泉组与土门岭组的碳酸盐岩建造经后续动力热变质作用形成大理岩，矿物粒度细、自形程度低。典型矿床有黑龙江伊春浩良河大理岩、牡丹江拉古大理岩等。

（6）宝音图-温都尔庙与晚古生代变质作用有关的硅灰石矿床成矿系列（$Pz_2$-3-6）

该矿床成矿系列大地构造位置属磐石-百里坪陆表海，主要矿种是大理岩、硅灰石、透闪石、透辉石等矿床组合。这个矿床组合又细分为大理岩（钙质）+硅灰石与大理岩（镁质）+透闪石（透辉石）两种类型。大理岩+硅灰石是常见的矿床组合形式，形成吉林省著名的大理岩+硅灰石矿床，如龙井市细鳞河硅灰石（大理岩）矿床。该系列是碳酸盐岩与岩浆岩接触时，碳酸盐岩经岩浆热力作用重晶形成大理岩。硅灰石是一种新生成的矿物，有两种形成方式：一是较纯灰岩中的钙和侵入体带来的含硅热液进行交代形成硅灰石，属接触交代型，形成矽卡岩型大理岩+硅灰石矿床组合；二是含硅质灰岩与岩浆接触，侵入岩浆只提供热量，促进 CaO、$SiO_2$ 重新结合形成硅灰石。镁质碳酸盐岩与岩浆接触在交代作用和热力作用下形成透辉石（透闪石）+大理岩矿床组合。该系列几种矿产的分布从岩体至原岩依次是硅灰石（透闪石）-大理岩-灰岩（刘吉等，2019）。

（7）宝音图-温都尔庙与石炭纪—二叠纪海相沉积作用有关的石灰石矿床成矿系列（$Pz_2$-3-7）

该系列矿床主要分布在长春（双阳）和吉林（磐石）两个地区，如吉林双阳宝善石灰岩矿、吉林磐石市明城杨木顶子石灰岩矿。矿床受地层控制，主要含矿层位为石炭系（鹿圈屯组、磨盘山组、山秀岭组和石咀子组）和二叠系（庙岭组、范家屯组）。矿层除下二叠统庙岭组、范家屯组多呈大的透镜体外，其余皆为层状、似层状。厚度一般 53~267 m，长度一般 700~2000 m，产状与地层产状一致。矿石主要分为浅灰-深灰色隐晶质、泥晶、粉晶灰岩和灰白-白色大理岩两种自然类型。矿物成分主要为方解石，次为石英及白云石，微量的铁质等。矿床沉积环境为水域开阔水流通常的浅海相（吴兴涛，2014）。

（8）北山与华力西中晚期构造-岩浆作用有关的铁、铜、钨、钼、金矿床成矿系列（$Pz_2$-3-8）

该矿床成矿系列大地构造位置属额济纳-北山弧盆系，明水岩浆弧。进一步划分为2个矿床成矿亚系列。

a. 华力西中期海相火山-沉积岩系有关的铁、铜、锌、金矿床成矿亚系列

在海相火山-沉积岩系中，形成与火山岩有关的铁矿，如内蒙古额济纳旗黑鹰山铁矿，黑鹰山富铁矿床产于下石炭统白山组巨厚的火山-沉积岩地层，铁矿层夹有少量碧玉条带，揭示海底热液喷流成因。对该铁矿床致密块状铁矿体中的6件磷灰石样品进行Sm-Nd同位素定年，所获等时线年龄为322±4 Ma（聂凤军等，2005）。在北山的狼娃山一带分布有460金银矿床，扫子山、狼娃山、双尖山霍勒扎德盖东金矿床，该带金成矿作用集中在华力西中晚期，具明显的区域性成矿特征。金矿集中分布在下石炭统扫子山组、白山组火山岩和华力西期中酸性（石英闪长岩、花岗闪长岩）侵入岩体内外接触带中，并受近东西向深大断裂及派生的次级构造控制（刘东晓等，2009）。

b. 华力西晚期中酸性岩有关的钨、钼、金、银矿床成矿亚系列

流沙山金（钼）矿床矿体核部向外分别为钾化带（钾长石化和黑云母化）、绢（云）英岩化带、硅化带和青磐岩化带，钼矿化主要在钾化带和硅化带内呈细脉浸染状或网脉状产出，矿体的空间展布形态明显受环状断裂带控制，成矿物质主要来自花岗质岩浆热液。金（钼）矿床赋矿围岩（花岗闪长岩）角闪石K-Ar同位素年龄为261~262 Ma，浸染状金（钼）矿石辉钼矿样品构成的Re-Os同位素等时线年龄为260±10 Ma（聂凤军等，2002），略晚于成矿岩体形成。红尖兵山钨矿区出露地层为下石炭统白山组流纹质凝灰熔岩和流纹斑岩，二者无明显界线，为渐变过渡关系，前者分布在矿区的内部，构成矿脉的主要围岩，后者分布于矿区的南部。华力西中期二长花岗岩分布在矿区的中部，侵入于下石炭统流纹质凝灰熔岩中，呈2个不规则的岩株状产出。该岩体的侵入与本区钨矿脉的形成有着密切的关系，为矿液母岩。矿石中金属矿物以黑钨矿为主；矿石中$WO_3$变化范围为0.66%~2.69%，平均值为1.44%。除$WO_3$之外，矿石中$Li_2O$、BeO、$Nb_2O_5$和$Ta_2O_5$的平均含量分别为2%、0.8%、0.6%和0.25%，Mo和$Re_2O_3$的含量分别为0.09%和0.18%。采用锆石U-Pb法确定红尖兵山钨矿有关的花岗岩年龄为314.2±2.4 Ma，形成于石炭纪，推断有关花岗岩浆起源于前寒武古陆壳在裂谷地幔热柱作用下的重熔。红尖兵山钨矿床在构造上受北东向裂隙构造所控制，形成与二长花岗岩有密切的成因联系，属与花岗岩类侵入岩有关的高温热液脉型钨矿床。

（9）准噶尔与华力西中晚期构造-岩浆作用有关的铜、钼、镍矿床成矿系列（$Pz_2$-3-9）

该矿床成矿系列进一步划分为2个成矿亚系列。

a. 华力西早期中酸性侵入岩有关的铜、钼、金、银、铅、锌矿床成矿亚系列

额尔齐斯构造活动带内，东准噶尔卡拉先格尔斑岩铜矿（带）含矿岩体主要为一套华力西中晚期的中酸性斑岩，主要赋矿层位为中泥盆统北塔山组无斑玄武岩、玄武安山岩、凝灰岩、火山角砾岩及片理化辉斑玄武岩。已发现有哈腊苏铜矿床、卡拉先格尔铜矿床、玉勒肯哈腊苏铜矿床、希勒克特哈腊苏铜矿床。哈腊苏铜矿化主要受石英二长岩控制，该岩体SHRIMP锆石U-Pb年龄为381 Ma（万博等，2006）。黄铜矿呈他形粒状、星散状分布于脉石矿物之间，或聚集沿裂隙充填呈脉状。矿石类型以稀疏浸染状和细脉浸染状为主，中、细粒半自形-他型粒状构造，浸染状构造和脉状构造。矿化蚀变主要类型有硅化、钾长石化、黑云母化、绢云母化、青磐岩化和碳酸盐化。杨富全等（2012）利用LA-ICPMS锆石U-Pb法测得玉勒肯哈腊苏铜矿含矿闪长玢岩年龄为379 Ma，辉钼矿Re-Os同位素等时线年龄为374±2 Ma。

东准噶尔索尔库都克铜（钼）矿床含矿建造为下泥盆统中偏基性火山碎屑岩，于闪长玢岩、花岗斑岩等浅成岩与火山碎屑岩地层的接触带之附近的破碎蚀变部位形成了铜钼矿体，矿化主要产于辉石闪长玢岩的外接触带及其附近的裂隙中，相当于类矽卡岩型。矿石呈星散浸染状、细脉浸染状、细脉状，除Cu、Mo外，还伴生有Au、Ag、Pb、Zn等有益组分。矿物组合黄铜矿-黄铁矿-闪锌矿-方

铅矿-辉钼矿-磁黄铁矿-碲银矿-自然金-自然银-绿帘石-石榴石-阳起石-钾长石-石英-方解石-绿泥石。岩浆-次火山热液交代与充填作用是其主要成矿作用（廖启林，2001）。矽卡岩 K-Ar 年龄为 313.7 Ma（陈仁义，1995）。

b. 华力西晚期铁质基性-超基性岩有关的铜、镍、钴、铂、钯矿床成矿亚系列

准噶尔北缘额尔齐斯断裂带的喀拉通克铁质基性超基性岩带产有喀拉通克铜镍硫化物矿床。矿床有多个成矿岩体组成，各岩体的镁铁比值（$m/f$）平均为 1.92。1 号岩体几乎全岩矿化，主要赋存于黑云角闪橄榄苏长岩和黑云角闪苏长岩中，矿体形状和产状与岩体基本一致，由浸染状和致密块状矿石组成，致密块状矿体分布于浸染状矿体内部，两者界限明显。浸染状矿体与围岩呈渐变过渡关系。主要金属矿物有磁黄铁矿、黄铜矿、镍黄铁矿、黄铁矿、紫硫镍矿和磁铁矿等。矿床以原生硫化物矿石为主。喀拉通克各岩体年龄显示说明成岩成矿作用时间在 280~300 Ma（王登红等，2002），属华力西中晚期构造-岩浆活动的产物。

（10）准噶尔与华力西早中期构造-岩浆作用有关铬、铁、金、锡、铜、硫、石墨、水晶矿床成矿系列（$Pz_2$-3-10）

该矿床成矿系列进一步划分为 4 个成矿亚系列。

a. 与华力西中期二长花岗岩、钾长花岗岩有关金、水晶矿床成矿亚系列

西准噶尔哈图-萨尔托海金矿聚集区，发育有与火山活动和断裂构造有关的贫硫化物石英脉型和蚀变岩型金矿床，如哈图金矿、萨尔托海金矿、灰绿山金矿、满洞山金矿、红旗金矿、铬门沟金矿、鸽子沟金矿、宝贝金矿等，均受断裂控制。哈图金矿是其中最大的金矿床，由浅部石英脉型矿体和深部蚀变岩型矿体组成。赋矿围岩为下石炭统太古拉组基性火山熔岩与火山碎屑岩（黄琴等，2012；王京彬等，1997）。矿区发育的北西向及东西向断裂组为金矿主要容矿构造。石英脉主要以透镜状、细脉状分布于蚀变带中断裂内。矿区围岩蚀变主要有：黄铁矿化、毒砂化、硅化、碳酸盐化、绢云母化和绿泥石化等。哈图金矿矿石的 Rb-Sr 等时线年龄为 290 Ma（王瑞等，2007）。宝贝金矿属于石英脉型金矿，含金矿物为银金矿，锆石 SHRIMP 测定含金石英脉赋矿围岩加权平均年龄为 328.1±1.8 Ma（王瑞等，2007），主要含金矿物是毒砂、黄铁矿和石英。

西准噶尔汇聚阶段弧后盆地在早石炭世发生大规模的异地型钾长花岗岩侵入事件，富含挥发分。在地壳浅部定位时围岩封闭条件较好，在岩体内接触带形成同生分异型花岗伟晶岩。伟晶岩脉多呈囊状、凸镜状，结构分带较简单，内部可形成大小不一的晶洞，产出水晶和萤石。矿床有阿克巴斯陶水晶矿床和阿克坦水晶矿床。

东准噶尔南明水金矿分布在卡拉麦里缝合带内及其边部，如南明水、清水、金山、苇子峡、库布苏、艾盖巴依、三个泉、艾南、库布苏等一系列金矿床，火山-沉积建造为矿源层。卡拉麦里金山沟、白依山、纸房-段家地一带，构造上为晚古生代中期拉张断陷盆地边缘，属上叠式火山喷发盆地。产出有金山沟金、黑山金银多金属、白依山铜、双峰山汞金等火山岩型、热液型矿床，主要成矿元素有 Au、Cu、Hg、Ag，含矿建造为基性、中酸性熔岩、火山碎屑岩。矿床产于火山岩中，受火山机构、断裂控制。东准噶尔地区北山金矿，金矿化主要产于下泥盆统卓木巴斯套组火山碎屑岩建造中。金矿化蚀变带均位于矿区 F1 断裂西侧，具不同程度的金矿化显示。北山金矿含矿石英脉中石英矿物 Rb-Sr 等时线年龄为 346±10 Ma（王登红等，2009）。

b. 与华力西早期蛇绿岩建造有关铬矿床成矿亚系列

在西准噶尔地区，早-中泥盆世再次拉张形成达拉布特一带的蛇绿混杂岩带，主要由变质橄榄岩，少量（辉长岩质、辉石岩质）堆晶岩，辉长岩、枕状玄武岩、辉绿岩及放射虫硅质岩等组成，蛇绿混杂岩中发现有萨尔托海铬铁矿床、鲸鱼铬铁矿床、科果拉铬铁矿点等。在东准噶尔卡拉麦里蛇绿混杂岩带的红柳沟地区，巨大的蛇绿岩块由北向南推覆于下石炭统南明水组碎屑沉积岩之上，其上部为中-基性熔岩、火山凝灰岩、硅质岩岩石组合，下部地幔岩单元内发现有苦水泉铬矿床和清水、南明水泉等铬矿点（董连慧等，2012）。典型矿床萨尔托海镁质超基性岩 $m/f$ 为 8.6~11.8（彭礼贵，1987）。铬铁矿体与变质变形地幔橄榄岩中异离体型中粗粒纯橄榄及方辉橄榄岩密切相关，60%以上

的矿体产于纯橄岩中；规模大的纯橄岩带中主矿体位于中、下部，次要矿体则位于上部的方辉辉橄岩中。矿石矿物为铬尖晶石，脉石矿物有蛇纹石、菱镁矿、绿泥石。矿石构造主要有致密块状、稠密浸染状、稀疏-中等浸染状，互相之间均为逐渐过渡关系。矿石 $Cr_2O_3$ 变化于 15.85%~40.11%，平均 33.30%，铂族元素含量约 0.2 g/t。

c. 与华力西（早）中期板块汇聚阶段中酸性火山岩、深成岩建造有关铜、硫成矿亚系列

准噶尔盆地东北缘北塔山-三塘湖一带，包括阿尔曼太断裂以南、卡拉麦里断裂以北地区，经历多旋回的构造运动和火山喷发活动、侵入活动。主要为华力西期侵入的产物，为安山-英安质喷溢喷发岩建造，矿产主要产于早石炭世晚期陆相火山岩所构造的火山盆地内及其外缘。成矿既在成因上严格受陆相火山作用制约，直接赋存于陆相火山岩中，而矿床与矿体的定位又严格受断裂构造控制，赋矿岩石多为凝灰岩、凝灰角砾岩为代表的火山碎屑岩，成矿主要发生在火山岩成岩后的火山热液阶段。此外，广泛发育有中性-中酸性浅成-超浅成侵入岩，次火山侵入岩，与铜、金、铁的成矿关系密切。主要形成有含金石英脉型金矿、构造蚀变岩型金矿和斑岩型金铜矿、接触交代的矽卡岩型铜矿等。

d. 与华力西中期钾长花岗岩-碱长花岗岩建造有关锡、石墨矿床成矿亚系列

东准噶尔奇台、富蕴和青河三县交界处的苏吉泉-清水断裂与库普-库布苏断裂之间的老鸦泉前缘火山岩浆弧中，分布有一个较大规模的锡矿带，产出有贝勒库都克、萨惹什克、卡姆斯特、干梁子、苏吉泉等锡矿床，呈北西西向带状分布在卡拉麦里深断裂北侧的造山晚期及造山后期花岗岩的内接触带（王登红等，2002）。含矿建造为钾长花岗岩-碱性花岗岩，断裂控制含矿岩体。矿化类型有锡石-石英脉、含锡云英岩、含锡蚀变花岗岩，少量的含锡伟晶岩。矿体多以脉状、长条状、不规则状为主。围岩蚀变类型有云英岩化、钠长石化、钾长石化、白云母化、萤石化、黄玉化、硅化、钠闪石化、霓石化等。成矿溶液以岩浆热液为主，有大气降水的混入（杨富全等，2001b）。贝勒库都克含矿岩体中锆石 U-Pb 年龄为 313±18 Ma，萨惹什克含锡花岗岩岩体 Rb-Sr 等时线年龄为 305±25 Ma，卡姆斯特似斑状黑云母花岗岩锆石 U-Pb 年龄为 291 Ma，干梁子锡石-石英脉中石英流体包裹体的 Rb-Sr 等时线年龄为 305 Ma（杨富全等，2001b；王登红等，2002）。

（11）准噶尔与晚古生代沉积作用有关煤、天然气、石油成矿系列（$Pz_2$-3-11）

准噶尔盆地石炭纪早期海相盆地规模大、分布广，沉积巨厚。石炭纪末期—二叠纪早期处于海陆盆地转换期，形成分割型的坳隆格局，具备较为雄厚的物质基础和油气资源潜力。石炭系广泛发育的暗色泥岩、煤岩、富含有机质的沉凝灰具备良好生烃条件，石炭系—二叠系火山岩岩体规模大、分布广，成为重要的油气储层。坳陷期的中、上二叠统所发育的暗色泥质烃源岩成为重要的补充（吴晓智等，2009）。在西准噶尔西北缘断裂带、东准噶尔卡拉麦里造山带、东准噶尔陆东—五彩湾地区与莫北凸起，形成油气藏带，产出克拉玛依、五彩湾和三塘湖著名油气田。在西准噶尔西北缘断裂带探明储量近 $3\times10^8$ t 石油，东准噶尔陆东-五彩湾地区形成 $1000\times10^8$~$2000\times10^8$ $m^3$ 天然气。

（12）伊宁-中天山与华力西期裂谷盆地岩浆作用有关的铜、钼、铁、金矿床成矿系列（$Pz_2$-3-12）

该矿床成矿系列进一步划分为 2 个成矿亚系列。

a. 与华力西期花岗闪长岩有关的铜、钼矿床成矿亚系列

伊宁北缘与成矿有关的侵入岩为华力西期中酸性花岗岩。主要形成斑岩型和矽卡岩型的铜多金属矿床。矿体主要赋存在浅成中酸性岩体或岩体与地层的接触带，矿体呈层状、似层状、浸染状、脉状产出（王志良等，2006）。西天山的喇嘛苏铜矿区花岗闪长斑岩锆石 LA-ICPMS 测定年龄为 366±2 Ma（唐功建等，2008）；与哈勒尕提矽卡岩型铁铜矿床有关的二长花岗岩 LA-ICPMS 锆石 U-Pb 年龄为 358±1 Ma（姜寒冰等，2014）；莱历斯高尔钼矿石中辉钼矿的 Re-Os 法年龄为 359±8 Ma（李华芹等，2004）。莱历斯高尔钼矿区花岗闪长斑岩形成于 346±1 Ma，3571 铜矿区花岗闪长斑岩形成于 350±0.7 Ma（薛春纪等，2011）。3571 铜矿和莱历斯高尔钼矿斑岩体锆石 LA-ICPMS 测定年龄分别为 354±0.7 Ma 和 346±1 Ma（张东阳等，2009）。对达巴特斑岩型铜矿矿石中的辉钼矿单矿物进行了 Re-Os 定年为 301±20 Ma（张作衡等，2006），对矿区内与矿化有关的流纹斑岩和花岗斑岩进行了

SHRIMP 锆石 U-Pb 年龄测定，分别获得了 316±6 Ma 和 279±6 Ma（张作衡等，2008b）。

b. 与华力西中晚期火山岩有关的铁、铜、金矿床成矿亚系列

西天山阿吾拉勒查岗诺尔铁矿、备战、智博、阔拉萨依、尼新塔格等铁矿床赋存的下石炭统大哈拉军山组主要为安山质凝灰岩、角砾凝灰岩、透辉石大理岩、石榴子石大理岩夹层状钠长斑岩质火山灰凝灰岩组成。矿体总体形态呈厚板状、板状、似层状、透镜状；矿体产状与顶、底板围岩产状基本一致，顶板为石榴子石矽卡岩，底板为磁铁矿矿化阳起石岩、大理岩等。铁矿石具有明显的层状、块状和角砾状构造。矿石金属矿物主要为磁铁矿，次为赤铁矿，伴有黄铁矿化及不同程度黄铜矿化、闪锌矿化。各矿体 TFe 平均品位 35.61%~39.4%。矿床成因主要为海底火山喷流，晚期中酸性岩侵入并叠加改造矽卡岩化。查岗诺尔矿区流纹岩的年龄为 321 Ma（汪帮耀等，2011b）。查岗诺尔铁矿床与成矿关系密切的石榴子石 Sm-Nd 等时线年龄为 316.8±6.7 Ma（洪为等，2012）。式可布台、松湖、铁木里克铁等矿床赋矿的上石炭统伊什基里克组第一段主要为细凝灰岩、火山灰凝灰岩、凝灰砂岩、粉砂岩，局部为碳酸盐岩。矿层的产出严格受层位的制约，产状与围岩一致。矿层与围岩同步褶曲。块状赤铁矿石夹透镜状红碧玉和层纹状重晶石赤铁矿；个别钻孔在铁矿体底部见块状含铜黄铁矿出现。矿石类型有含碧玉块状赤铁矿石及含铜黄铁矿石。矿石矿物组成：以赤铁矿、镜铁矿、褐铁矿为主，少量黄铁矿、黄铜矿、磁铁矿、闪锌矿、方铅矿。

西天山地区晚古生代吐拉苏-也里莫墩火山岩带中，金矿赋矿围岩为大哈拉军山组中基性-中酸性陆相火山岩系，以钙碱性为主，少量碱性系列岩石（董连慧等，2001）。阿希金矿床受伴随火山作用而成的破火山机构控制，并产于其形成的近南北向环形断裂中。含矿火山热液沿火山管道及裂隙上升，在低温、低压、弱酸性条件下形成硅质岩金矿和蚀变岩型金矿。

（13）博格达与华力西早期火山岩浆作用有关硼、膨润土矿床成矿系列（$Pz_2$-3-13）

该矿床成矿系列主要分布于新疆吐鲁番一带，大地构造位置属依连哈比尔尕-博格达裂谷盆地的博格达晚古生代裂谷，代表性矿床有西西尔塔格硼矿。该类型硼矿体产出于石炭系玄武岩中，主要表现为火山作用密切相关的成矿作用，受古火山机构控制。成矿时代以晚古生代为主，主要为晚石炭世。含矿建造为上石炭统柳树沟组基性火山熔岩、火山碎屑岩及沉积岩建造，矿石建造为硼矿、硼矿-方解石矿建造（王莹等，2014）。另外，新疆托克逊县柯尔碱膨润土矿产出时代是晚石炭世，矿床类型属火山沉积型。

（14）那拉提-巴伦台与晚古生代火山-沉积作用有关的铁、锰矿床成矿系列（$Pz_2$-3-14）

西天山石炭纪火山-沉积盆地东端分布有莫托沙拉铁锰矿床及一些铁锰矿点，成矿环境前期为海相火山-沉积环境，后期演变为浅海相-潮坪相（化学）沉积环境，赋矿地层为不整合于元古宇长城系星星峡组之上的下石炭统阿克沙克组的一套碳酸盐岩-陆缘碎屑岩建造，矿层均为层状，与围岩整合产出，由下至上依次为铁矿层、铁锰条带层、锰矿层，矿层中夹有较稳定硅质岩层，伴生组分中 Ba、Pb、Zn 和 Cu 显著偏高。属正常滨海条件下沉积而成，成矿类型为海相火山喷流沉积铁矿-化学沉积型铁锰矿。那拉提山西段分布有加曼台、阿克苏、阿克苏西、阿克苏东等锰矿床，成矿环境为碳酸盐台地浅海相-潮坪相（化学）沉积环境，赋存地层为下石炭统阿克沙克组一套厚层石灰岩、薄层灰岩、碳质灰岩、泥灰岩、生物灰岩、白云岩、含锰灰岩、页岩等，以碳酸盐岩为主的建造，亦见有少量的砂岩和砾岩。有上下两个含锰矿层，每个含锰岩层中有一层锰矿，呈稳定层状产出，厚度 2~4 m。矿石的主要矿物成分为氧化锰矿和碳酸锰矿，氧化锰矿在 20~40 m 的氧化带内形成，主要锰矿物有软锰矿和硬锰矿，向深部过渡为碳酸锰矿以锰方解石为主，少量菱锰矿。菱锰矿组成的碳酸锰矿含锰 13%~20%；地表软锰矿和硬锰矿组成的氧化锰矿含锰 20%~30%。成矿类型属化学沉积型（李凤鸣等，2011）。

（15）那拉提与华力西中晚期岩浆作用有关的金矿床成矿系列（$Pz_2$-3-15）

该矿床成矿系列大地构造位置处于塔里木板块和哈萨克斯坦-准噶尔板块的那拉提-红柳河缝合带之中天山多期复合陆缘岩浆弧内，出露主要地层为上志留统巴音布鲁克组，岩性为灰白色、灰黑色、浅灰绿色变质长石石英砂岩、粉砂岩、薄-厚层状灰岩、泥岩、泥质硅质岩、白云岩夹凝灰质砾

岩、安山质晶屑凝灰岩、火山灰凝灰岩，是一套障壁海岸潮下带沉积环境的溢流相火山岩组合。侵入晚石炭世—二叠纪中酸性花岗岩类。该区处于那拉提-巴伦台逆冲走滑构造带，总体为北东东—南西西向。受石炭纪钙碱性花岗岩系列岩浆活动作用影响，并受到后期构造作用叠加，形成岩浆热液-构造蚀变岩型金矿。主要金矿床有卡特巴阿苏金（铜）矿、泥牙孜铁克协金矿和阿拉斯托金矿点等。

（16）东天山-北山与华力西期岩浆作用有关的铁、铜、锌、镍、铁钒钛、金、银、钨、稀土、膨润土、沸石矿床成矿系列（$Pz_2$-3-16）

该矿床成矿系列进一步划分为4个成矿亚系列。

a. 与华力西早期拉张裂陷期火山岩有关的铁、铜、锌矿床成矿亚系列

该成矿亚系列形成于塔里木板块被动大陆边缘形成初期，在拉张过渡壳形成过程中，海底火山喷发活动强烈，形成了阿齐山、雅满苏、沙泉子等数个火山活动中心，发育钙碱性的中性-基性-酸性火山类复理石建造，其中有较多的石英角斑岩、细碧岩，复理石建造中夹有硅质岩，火山岩偏基性、富钠，大量基性-中基性岩浆活动，不仅形成厚层火山岩，还伴随有火山热液型铁矿床和铁铜矿床的形成，构成一个以铁矿为主的成矿亚系列。主要矿床类型有与细碧-角斑岩建造有关的火山喷发-热液型铁铜矿床、与火山碎屑岩建造有关的火山-沉积型铁矿床和与火山机构有关的火山喷发-热液型铁矿床，形成了东天山著名的铁矿带。主要矿床有尖山、梧桐沟、红云滩、阿齐山、百灵山、多头山、红铁山、库姆塔格、雅满苏、沙垄东、沙泉子和坡子泉等铁矿床和铁铜矿床，矿床成因上属于火山成因类型，后期构造活动和变质作用对该系列的矿床有不同程度的改造作用（惠卫东，2009）。

b. 与华力西中晚期伸展期镁铁-超镁铁岩有关铜、镍、铁钒钛矿床成矿亚系列

觉罗塔格构造带中的黄山-四顶黑山基性-超基性岩带长约270 km，呈分段成群集中出现的特点，有大小近20个岩体，形成黄山、黄山东、香山、土墩、黄山北、葫芦、图拉尔根等岩浆铜镍硫化物矿床。岩体侵位于中石炭统中。岩体类型以中基性-超基性杂岩为主，属闪长岩-辉长苏长岩-辉石岩-橄榄岩组合。香山岩体为钒钛磁铁矿与铜镍矿共生，铜镍硫化物矿石 Re-Os 等时线定年 298±7.13 Ma（李月臣等，2006），香山岩体的角闪辉长岩 SHRIMP 锆石 U-Pb 年龄为 285±1.2 Ma（秦克章等，2002）；黄山橄榄苏长岩中锆石 U-Pb 定年结果为 274±3 Ma（郭宏等，2006），黄山岩体的闪长岩的单颗粒 SHRIMP 锆石 U-Pb 年龄为 269±2 Ma，橄榄苏长岩单颗粒锆石的 SHRIMP U-Pb 年龄为 274±3 Ma（韩宝福等，2004）；黄山东硫化物矿石的 Re-Os 等时线为 282±20 Ma（毛景文等，2002），黄山东杂岩体的黑云母橄榄苏长岩 SHRIMP 锆石 U-Pb 年龄为 274±3 Ma（Zhou et al.，2004）；葫芦岩体的硫化物矿石 Re-Os 等时线年龄为 283±13 Ma（陈世平等，2005）。圪塔山口1号岩体中的辉长岩的 SIMS 锆石 U-Pb 谐和年龄为 283±2 Ma（MSWD=0.15，冯宏业等，2012），该年龄反映了圪塔山口铜镍硫化物矿床的成岩时代为早二叠纪。北山的四顶黑山铜镍矿远景区位于图拉尔根岩浆型铜镍矿床东侧，已发现铜镍矿化。

c. 与华力西中期中酸性岩-碱长花岗岩有关铜、金、银、钨、稀有金属、硅灰石矿床成矿亚系列

早-中石炭世随着北天山有限洋盆分别向南、北两侧扩张俯冲，土屋-延东成矿带就是随着北天山有限洋盆的关闭，发生应力松弛和花岗质岩浆侵位而发展起来的，含铜花岗质岩浆上侵到浅成-超浅成环境形成含铜斑岩体，形成了东天山地区的大规模斑岩型铜矿集中区。该成矿亚系列中的矿床以土屋-延东铜矿为代表，自西向东分布着延东、土屋、土屋东、灵龙、赤湖、三口、三岔口东、红山和红柳沟铜钼矿床（点），其中土屋、延东两个矿床已具有大型规模。矿带位于大南湖-头苏泉岛弧带南部，夹于康古尔-黄山断裂和大草滩断裂之间。闪长玢岩和斜长花岗斑岩是斑岩型铜矿的主要含矿岩体，它们均具较强的铜矿化。单个岩体出露面积均很小，岩体和盖层均发育较强的孔雀石化。其蚀变分带明显，自中心向两侧可依次划分为石英-绢云母带、绢云母（泥化、石膏化）青磐岩化带。深部黑云母化显著增强。黑云母化和硅化蚀变强烈叠加处铜明显富集。

d. 与华力西晚期上叠盆地陆相中基性火山岩建造有关的膨润土、沸石矿床成矿亚系列

该成矿亚系列位于吐哈盆地Ⅱ级坳陷的次级坳陷内。以沙尔湖膨润土矿床为代表，为上叠火山盆

地型矿床，属陆相火山盆地中基性火山岩沉积建造。主要含矿地层为下二叠统阿其克布拉克组，主要矿体中矿石的蒙脱石含量较高，矿石质量较好，膨胀容量大于50%，膨胀性能较好，pH值趋于稳定，属优质膨润土矿床。晚石炭世至早二叠世时期，吐哈盆地陆相火山作用十分发育，这一时期的火山作用为沙尔湖膨润土矿得到了充足的物质来源，稳定沉积的海盆地是膨润土成矿的天然场所，使得膨润土中主要的物质组分得以保存，也形成了保存碱性介质外部条件。因此，得天独厚的稳定盆地构造条件，形成了上叠火山盆地型膨润土矿床（苏震等，2018）。

（17）东天山与早二叠世韧性剪切带含矿流体作用有关金矿床成矿系列（$Pz_2$-3-17）

该成矿系列以金为主。金矿化形成于同一构造-岩浆成矿作用的不同阶段，表现在矿床类型上有韧性剪切带型、浅成低温热液型和石英脉型。华力西晚期觉罗塔格地区发生强烈的陆内俯冲、走滑造山作用，形成康古尔塔格强应变构造带，金矿床就产于韧性剪切带内受脆性断裂叠加的部位，矿石类型以蚀变岩型为主，石英脉和多金属硫化物脉居次要，围岩蚀变发育，并且具有多期性。成矿元素组合为Au-Cu-Pb-Zn，除Au外，Cu、Pb、Zn也已形成工业矿体，而且表现出从浅部至深部，金属元素表现出Au-Pb+Zn-Cu的垂直分带特征。康古尔-马头滩金矿是该类型金矿的代表，赋矿围岩为雅满苏组基性火山岩类，成矿分两个阶段，即富硫化物石英脉阶段和石英-碳酸盐脉或碳酸盐脉阶段。该成矿系列的主要矿床还有：康西、元宝山、元宝山南、企鹅山、翠岭、148、梧桐窝子南、镜儿泉等众多金矿床，构成了东天山地区规模较大的金矿产富集区，向东与位于蒙古境内发现的塔林金矿同属于一条强应变构造带。康古尔金矿主成矿阶段的形成时代为290.4±7.2 Ma~282.3±5 Ma，而晚阶段石英-碳酸盐脉为254±7 Ma（李华芹等，1998）。这组年龄与康古尔金矿区正长斑岩的Rb-Sr等时线年龄282±16 Ma相吻合（惠卫东，2009）。

继晚石炭世碰撞造山挤压环境之后，由于构造应力释放，局部地区于早二叠世转入伸展期，张扭性断裂带中以大气降水的渗透为主，而伸展带两侧的逆冲断层成为水热循环的良好屏障，不时发生的浅（超浅）成岩浆活动，加热并驱动热水循环，为成矿提供了充足的热源和部分矿质。热水迁移循环，活化运移围岩中的矿质，然后以热泉方式将成矿物质充填到有利的构造部位，形成浅成低温热液型金矿床。矿体分布基本上受到火山机构断裂系统和区域断裂的双重控制，赋矿地质体主要为安山岩、凝灰岩等火山岩和英云长岩、花岗流纹斑岩及隐爆角砾岩。典型矿床有石英滩、赤龙峰、马庄山等金矿床。利用Rb-Sr等时线方法测得石英滩金矿内杏仁状安山岩和中细粒英云闪长岩的年龄分别为285±12 Ma和293±1 Ma（李华芹等，1998），与成矿时代288±7 Ma和276±7 Ma基本吻合（惠卫东，2009）。

（18）东天山与中石炭世残余海盆地蒸发岩沉积作用有关的铁、石膏矿床成矿系列（$Pz_2$-3-18）

该矿床成矿系列以新疆哈密库姆塔格铁矿为代表，产于北天山华力西期褶皱带中石炭统安山玢岩带中，形成于同造山期压陷盆地中，菱铁矿沉淀于封闭的残余海相地质环境。含矿岩系为火山碎屑岩-碳酸盐岩（白云质灰岩、铁白云岩）-硬石膏建造。在地层剖面上，垂向为火山岩（凝灰岩）-白云质灰岩-灰质铁白云石-铁白云岩（包括菱铁矿层）重复出现。菱铁矿体呈层状、似层状和透镜状产出，与围岩整合接触，并具有同生性质。菱铁矿自形程度较差，多为半自形、他形结构。矿物特征对比分析具明显的海相沉积的特征。矿区地层以中石炭世火山岩为主，普遍富含铁质。海底火山喷发物和含铁挥发组分在海水的淋滤和海解作用下，铁质离溶于海水，搬运富集后经化学沉积作用形成菱铁矿层。矿层受控于铁白云岩的沉积相（柴超，2011）。

（19）笔架山-柳园-龙首山与华力西中晚期岩浆作用有关的铜、镍、金、钨、膨润土、萤石矿床成矿系列（$Pz_2$-3-19）

该矿床成矿系列进一步划分为2个成矿亚系列。

a. 与华力西晚期伸展期镁铁-超镁铁岩有关铜、镍矿床成矿亚系列

该成矿亚系列处于新疆北山古生代裂谷系，区内出露地层为古元古界北山岩群及中元古界白湖群石英岩、石英片岩、大理岩，下石炭统红柳园群及上石炭统胜利泉组碎屑岩、火山碎屑岩等。总体构造线方向为北东东向。区域上受红十井-矛头山大断裂和白地洼-淤泥河大断裂及红柳河-依格孜塔格

大断裂联合控制。区内侵入岩较发育，侵入体为岩基、岩盆、岩枝、岩墙及岩株，从超基性、基性至酸性、碱性岩均有分布。基性-超基性岩发育2个岩带，走向呈北东东向。坡北基性-超基性岩带位于西南，形成于二叠纪。主要矿床有坡一、坡十、罗东铜镍矿。笔架山基性-超基性岩带位于西北，形成于二叠纪。主要矿床有红石山、笔架山、旋窝岭铜镍矿等。矿床与超基性岩主岩相橄榄岩关系密切，主要产于橄榄岩底部或靠近底部，呈悬浮状产出。含矿岩性为斜长单辉橄榄岩、斜长二辉辉石岩及辉橄岩（陈疆等，2013）。矿床成因类型为岩浆熔离型。坡北基性-超基性岩带Ⅰ号岩体的不同岩相进行了同位素年代学研究，获得岩体Sm-Nd等时线年龄为307±32 Ma（95%可信度，MSWD=0.12），辉长岩锆石SHRIMP U-Pb年龄为278±2 Ma（95%可信度，MSWD=1.17）（李华芹等，2006）。坡北10号铜镍硫化物矿床的成岩成矿时间应发生在晚石炭世—早二叠世，是后碰撞构造背景下幔源岩浆上侵的产物（李华芹等，2009）。

b. 与华力西中期中酸性岩有关金、钨矿床成矿亚系列

区内钨矿主要位于甘肃金塔县、瓜州县和肃北县，该区成矿作用发育，矿化强烈，矿产以Au、Cu、W、Mo为主，成矿与华力西中晚期花岗岩浆侵入及火山作用有关。断裂、脆韧性剪切带发育，尤其是深大断裂或韧性剪切带控制着地层展布、岩浆侵位及矿产分布。已发现小西弓、金庙沟、跃进山等多处金矿和华窑山-大口子东山钨矿带。在北山陆缘裂谷带的东端，已发现的玉山白钨矿床，出露地层为红柳园组结晶灰岩和褐铁矿化硅质岩。矿区以南大面积分布华力西中期花岗岩。接触带形成石榴子石-绿帘石矽卡岩，矿体呈层状产于结晶灰岩和褐铁矿化硅质岩中（彭巨贵等，2004）。另外，在内蒙古北山盘陀山-古硐井近东西向挤压隆起带中发现了盘陀山钨矿床和望旭山钨矿床。

**3. 西南天山-索伦-西拉木伦成矿省**

（1）额尔宾山-帕尔岗与华力西期岩浆作用有关的稀土、锡矿床成矿系列（$Pz_2$-4-1）

该系列位于哈尔克古生代沟弧带南缘。稀土矿主要产于二叠纪花岗岩及碳酸岩中。矿石的稀土元素丰度中等，碱性花岗岩含ΣREE较高，含重稀土（Gd-Lu+Y）。特别是富含Nb、Ta、Zr的霓石钠长花岗岩，波孜果尔碱性花岗岩及黑云母碱长花岗岩稀土分布形式为LREE/HREE值低，La/Yb值也低，强烈的Eu亏损。矿石矿物主要为烧绿石和锆石，次为硅锆钙石、独居石、磷灰石、钍石和硅钙钍矿。碱性正长岩体为镁绿钙闪石正长岩，从接触带向外逐渐形成镁绿钙闪石-歪长石型伟晶岩-黑云母-霞石-歪长石型伟晶岩-黑云母-霞石-钠长石型伟晶岩-黑云母-方钠石-霞石-钠长石型伟晶岩。Nb、Ta、Zr主要富集在伟晶岩演化的后两类富含钠长石的伟晶岩中，REE则仅富集于最后一类钠长石伟晶岩的钠长石带内。霓石钠长花岗岩由于富含萤石和方解石，化学成分中CaO高，F和$CO_2$也高，$Na_2O$高$K_2O$低；钠闪霓石花岗岩$Na_2O+K_2O$很高、$Al_2O_3$高，$SiO_2$低。霓石钠长花岗岩类伟晶岩分布于碳酸岩体顶部及内外接触带，表明为富含挥发分的碳酸岩浆分离结晶形成，岩石中的石墨是来自地幔的原生碳，主要造岩矿物的结晶温度较高，透辉石宝石的结晶温度稍低，形成的流体是岩浆水。铅同位素组成显示其物质来自有陆壳物质混入的幔源岩浆。黑云母的结晶温度为700℃，霞石的结晶温度为775~820℃，侵位深度约8 km，且在高氧逸度的环境结晶。

（2）额尔宾山-帕尔岗与二叠纪变质作用有关的铁、红柱石、菱镁矿、硅灰石矿床成矿系列（$Pz_2$-4-2）

该矿床成矿系列大地构造位置属塔里木板块北缘活动带之南天山晚古生代陆缘盆地。晚泥盆世晚期—石炭纪，南天山由于强烈造山隆起，伴随产生一系列断裂、褶皱和韧-脆性剪切变形变质作用，并伴有华力西期岩浆侵入，为区内铁矿改造提供了良好的成矿条件。区域上，北部紧邻阿其克库都克深大断裂，为变质较深的角闪斜长片麻岩类，组成一个紧密的背斜。中部为尖山向斜，为含石榴子石的黑云母石英片岩夹大理岩。南部为梧桐沟背斜，西南翼主要为绿片岩夹大理岩。区内已有帕尔岗铁矿、尖山铁矿和梧桐沟铁矿。矿石类型较单一，深部原生矿石为灰色或米黄色粒状菱铁矿。矿石结构以全晶或半自形花岗变晶结构为主，少量矿石为他形粒状结构、碎屑结构等。矿石原生都在呈块状、条带状。尖山铁矿变质矿物黑云母Ar-Ar同位素测年获得266 Ma的坪年龄，梧桐沟铁矿变质矿物黑云母Ar-Ar同位素测年获得299 Ma的坪年龄（陈文等，2013）。另外，新疆哈勒哈特菱镁矿产于南

天山中泥盆统萨阿尔明组，赋矿围岩主要为高镁质白云岩。矿区变质作用以区域变质作用为主，变质岩属低压绿片岩相。区域变质作用产生的变质水运移中不断萃取白云岩中的镁质，形成镁质含量较高的溶液，在有利部位交代白云岩形成菱镁矿。

（3）索伦山与华力西期岩浆作用有关的铬矿床成矿系列（$Pz_2$-4-3）

该矿床成矿系列主要分布于内蒙古索伦山地区，索伦山蛇绿岩位于索伦山地区北部中蒙边境线附近，西起索伦敖包西哈布塔盖地区，东到乌珠尔少布特地区，北侧进入蒙古国境内，东与满都拉蛇绿岩相连，区内南北最宽达4 km，东西延伸超过70 km，呈近东西向或北东东向展布，在区域上构成显著的构造混杂带。区内铬铁矿床均产于索伦山蛇绿岩超基性岩中。索伦山蛇绿岩组成以超基性岩为主，有索伦山、阿不盖和乌珠尔少布特等较大岩块，岩性主要由纯橄榄岩、辉石橄榄岩、橄榄辉石岩等组成。索伦山的超基性岩体划分不同的岩相带，一般分异较好的，铬铁矿床规模大、品位高。索伦-阿布盖岩体具有对称分异的特点，由中心向边缘依次为纯橄岩、斜方辉橄岩、二辉橄榄岩3个岩相带，乌珠尔少布特岩体具较典型的垂直分布特征，由南向北分为纯橄榄岩-斜方辉石橄榄岩、带状纯橄榄岩-斜方辉石橄榄岩杂岩带和纯橄榄岩岩相带（赵春荣等，2015）。索伦山地区铬铁矿均产于超基性岩体内部，同时与超基性岩体分布有关。矿体具有成带分布、分段集中的特点。索伦山、阿布盖岩体中纯橄榄岩-方辉橄榄岩岩相带含矿性较好，乌珠尔少布特岩块中纯橄榄岩岩相带中的矿床规模较大。矿体赋存于索伦山蛇绿岩中纯橄榄岩和纯橄榄岩-方辉橄榄岩中，矿体顶底板围岩均为纯橄榄岩或斜方辉橄岩中，其与矿体界线不明显。矿体产状受异离体产状控制，随着异离体的变化而变化。一般矿体产状较陡，约60°~70°，倾向不定。矿体为似脉状、长条状、透镜状、扁豆状断续分布在岩体中部。脉状矿体窄而长，厚度一般都不大，矿体较稳定，延伸性较好；脉状矿体有时局部膨胀，而使宽度变大。在厚大的纯橄榄岩异离体中往往有几条平行的脉状矿体。透镜状矿体在厚大的纯橄榄岩岩相带中，由几个不连续的透镜状矿体组成一个矿床，矿床的形状复杂，厚度变化很大。矿体与围岩为渐变过渡接触关系，以就地结晶分异作用为主，应属岩浆就地分异形成的同生矿床。

**4. 华北成矿省**

（1）卫宁北山与泥盆纪—石炭纪沉积作用有关铜、石膏矿成矿系列（$Pz_2$-5-1）

该成矿系列分布于宁夏中南部香山-天景山构造带，区域矿床（点）分布主要受古生界和断裂构造（特别是层间断裂）控制，其中铜、铅矿化主要出现在奥陶系和泥盆系地层，铁矿（点）主要出现在奥陶系和石炭系两个层位。代表性矿床有中卫腰岘子铜（银）矿，还有较多的铜、铅矿（化）点分布。腰岘子铜矿（化）体主要赋存于泥盆系老君山组石英砂岩、含砾砂岩之中以及下石炭统前黑山组石英砂岩、页岩中，沿石炭系与泥盆系断层接触带分布。矿（化）体呈层状、似层状、透镜状产出，受层位和断裂控制明显。另外该区还有较多的石膏矿、煤矿、石灰岩及粘土矿等沉积矿产分布。主要非金属矿产有小红山石膏矿、油井山陶瓷粘土矿、中卫上下河沿煤矿、梁水园子煤矿等。其中石膏矿受石炭系和古近系—新近系控制，煤矿受石炭系—二叠系太原组和石炭系土坡组控制，石灰岩则分布在奥陶系马家沟组和石炭系前黑山组地层中（李小东，2010）。

（2）华北东部与石炭纪—二叠纪沉积作用有关的煤、铝土矿、耐火粘土、稀土-稀散元素矿床成矿系列（$Pz_2$-5-2）

该矿床成矿系列进一步划分为2个成矿亚系列。

a. 与晚石炭纪—早二叠世沉积有关的煤、耐火粘土矿床成矿亚系列

华北地区从奥陶世起至早石炭世为高出海面的平原，中晚石炭世起盆地基底沉降，开始接受沉积，海水从东北方向侵入，至陕西南铜川一带为北西向台隆阻隔。自晚石炭世晚期起，海侵方向改变，从南方侵入，在陕南、豫西和淮南一带受到秦岭海域的影响。该聚煤带北部长期属于华北地台北缘山地，在呼和浩特东北和包头西北的古陆上有滨海陆相小型聚煤盆地。东部胶辽台隆，南部时有隆起高出海面，其上出现地槽型聚煤盆地。东部盆地沉积以被动向的郯庐断裂为界。华北地台在南北两条高地之间的广阔含煤建造中曾有河流、湖泊、沼泽和浅水海湾发育，形成了滨海沉积含煤建造，包括石炭纪本溪组和太原组。二叠纪沉积建造包括山西组、下石盒子组、上石盒子组。石炭纪含煤建造

厚度较薄，一般为200~300 m，分布范围广，表现出地台构造活动时空差异小，地壳以升降运动为主，沉积旋回明显，岩性岩相稳定。二叠纪发育一套富含火山物质的海陆交互沉积（田乾乾等，2009）。

b. 与晚石炭世风化淋滤型沉积铝土矿、耐火粘土、稀土-稀散元素成矿亚系列

该类型铝土矿在华北分布于山西省、河南省、山东省及辽宁省。主要位于寒武系或奥陶系古侵蚀面上，赋存于石炭系本溪组中的一水硬石型铝土矿。含矿岩系为一套铝铁质岩石组合，主要组成岩性为粘土岩、铝土岩、铝矿、赤铁矿、菱铁矿等（刘永春等，2004）。

华北石炭纪岩溶型铝土矿的主要物质来源为下伏的晚寒武世—中奥陶世碳酸盐岩。在长期的风化过程中，碳酸盐岩中活泼元素被带走，而残余的Al、Ti、Fe等惰性元素得到富集，其依据为下伏基岩具有与铝土矿相近的Al/Ti值，两者的痕量元素分布和富集系数基本一致，重砂矿物的种类、标型特征具有明显的继承性；华北铝土矿的成矿模式可概括为：在早古生代碳酸盐岩风化壳的物质基础上，由于中石炭世湿热气候对粘土物质的铝土化作用，生成三水型铝土矿，并在附近的潟湖和海湾环境中沉积，经多次再沉积和成岩、后生阶段形成现代的铝土矿矿床（吴国炎，1997）。代表性矿床有山西西河底-克俄铝土矿、河南大冶铝土矿。

（3）鄂尔多斯与石炭纪—二叠纪沉积作用有关煤、耐火粘土、天然气、铝土矿、硫矿床成矿系列（$Pz_2$-5-3）

区内铝土矿主要成矿时代为石炭纪。渭北主要在铜川-韩城一带，呈北东—南西向带状分布，含矿地层为瓦窑堡组和延安组碎屑岩系，一般呈透镜状、层状、窝状产出。硫铁矿产地在鄂尔多斯成矿带内仅有小矿点分布。此类硫铁矿为浅海（陆棚相）弱还原沉积作用形成硫化物胚胎矿层，区域动力变形变质及后期构造、岩浆活动使硫化物活化、富集。此阶段的含煤岩系主要是石炭系—二叠系发育一套由海向陆过渡的海陆交互相地层。广泛分布在陕北榆神府地区、西部定边-靖边-吴旗地区、安塞-子长一带。

石炭系—二叠系煤层在煤化过程中产生的天然气吸附储在生气层为煤层气；经运移再聚集储存的形成独立的天然气藏，有的以石炭系—二叠系储存为主（如：苏里格、乌审旗、榆林、延安大气田），有的进入其下层位的奥陶系储存为主（靖边大气田）。

**5. 塔里木-柴达木成矿省**

（1）塔里木与古生代海陆交互相碳酸盐岩沉积作用有关石油、天然气成矿系列（$Pz_2$-6-1）

塔里木盆地古生代的烃源岩，主要有寒武系、奥陶系、石炭系及下二叠统。烃源岩岩性主要为暗色泥岩、泥灰岩、页岩、灰质白云岩等。寒武系—奥陶系烃源岩，除库车坳陷北部和东南隆起外均有分布，一般厚度500~1500 m。石炭系烃源岩主要分布在满加尔坳陷，阿瓦提断陷及西南坳陷区，烃源岩厚度一般200~400 m，最厚达600 m。下二叠统烃源岩主要分布于西南坳陷区莎车-皮山一带地区，烃源岩厚度100~200 m。盆地古生界烃源岩具有多期生烃、多期成藏特征。古生代多时代原型盆地的叠加，造就了多类型的储盖组合。盆内主要储集层有上震旦统、寒武系、奥陶系、志留系、泥盆系、石炭系等。盆内泥质岩、膏泥岩、泥灰岩、微晶灰岩、膏盐等均属良好盖层。古生界的古隆起（沙雅隆起、卡塔克隆起、巴楚隆起、顺托果勒隆起、古城虚隆起）是油气最主要的聚集区（康玉柱，2004）。

（2）西南天山与志留纪—石炭纪会聚盆地碎屑岩-碳酸盐岩建造沉积作用有关铅、锌、金矿床成矿系列（$Pz_2$-6-2）

该系列位于南天山-霍拉山陆缘裂谷南缘，迈丹河复向斜南翼，喀拉铁克区域大断裂带北侧。南邻塔里木陆块-柯坪陆缘盆地。以晚古生代碳酸盐岩-碎屑岩为容矿岩石，矿体呈板状、层状、似层状产于上泥盆统坦盖塔尔组上岩性段灰岩层位中，宏观及微观现象均显示后生成矿特点，围岩蚀变较弱。矿石矿物主要为方铅矿、闪锌矿，少量黄铜矿，脉石矿物以黄铁矿、方解石、白云石、石英为主。黄铁矿Co/Ni比值<1，指示其成因与盆地流体相关，闪锌矿浅色、贫铁［$w$（Fe）0.652%~1.797%］，反映中低温成矿。成矿流体主要为盆地中的封存水，而其中的碳主要来源于围岩碳酸盐岩。矿石中硫化物$\delta^{34}S$值多数集中于16‰~24‰，指示硫来源于海相硫酸盐的热化学还原。矿石铅

同位素与围岩碳酸盐岩地层具有可比性，而明显不同于矿床附近二叠纪侵入岩体，指示围岩提供了成矿物质（李志丹等，2010）。霍什布拉克矿床块状矿石 Rb-Sr 等时线年龄为 265±12 Ma（李华芹等，2004），与南天山晚古生代碰撞造山事件相对应，霍什布拉克铅锌矿床是由于造山期逆冲推覆作用使盆地流体大规模活化、运移形成的 MVT 型矿床。

（3）柯坪与华力西晚期碱性岩浆活动有关的铁、钒、钛矿床成矿系列（$Pz_2$-6-3）

二叠纪是塔里木盆地演化史上的重要时期，不仅仅是结束了海相沉积的历史，进入了陆相沉积的新阶段，最重要的是盆地中部及西北部发育了大规模的早-中二叠世岩浆活动，面积达 $25\times10^4$ $km^2$。区域内侵入岩主要为华力西晚期侵入的超镁质、镁铁质岩体、碱性岩体，岩浆活动晚期有大量脉岩产出。岩体主要分布于麻扎塔格穹窿、瓦吉里塔格穹窿核部。该带长 300 km，宽 70～110 km，面积约 27000 $km^2$。带内重要矿产有巴楚县瓦吉里塔格钒钛磁铁矿床、瓦南钒钛磁铁矿床、瓦北稀土矿床、金刚石矿点等。角砾状超镁铁岩进行了 LA-ICPMS 锆石 U-Pb 年代学研究，揭示该类岩体的成岩年龄为 289±3 Ma，表明巴楚角砾状超镁铁岩形成于早二叠世。对杂岩体在垂向上进行了相带划分，并发现了脉状富磁铁矿体，瓦吉里塔格钒钛磁铁矿是与超基性岩体有关的岩浆晚期分异型为主，局部充填后期富矿热液的复合型铁矿床。

（4）和田碳酸盐盆地热液流体作用有关铅、锌矿床成矿系列（$Pz_2$-6-4）

新疆塔木-卡兰古铅锌矿带位于塔里木板块西南缘之晚古生代碳酸盐岩台地环境中。矿化以铅锌矿为主，矿床赋存于中泥盆统—下石炭统 3 个控矿的古含水层中，矿体形态复杂，富矿段往往赋存于多组断裂构造交汇部位。矿石结构分两类，一类呈角砾状构造，硫化物呈浸染状，共（伴）生赤铁矿和磁铁矿；另一类矿石中硫化物以胶状、草莓状结构为主。

矿床全部受控于古含水系统的角砾岩带中。角砾化作用大体沿地层层位发生，形态极不规则，其范围远超过矿体范围。在塔木铅锌矿床，角砾岩带长大于 2000 m，宽 100～180 m，可大致与矿化体对应。角砾为灰岩或白云质灰岩，在有砾岩的矿区，还可见到浑圆状石英角砾，角砾大小不等（0.5～5 cm）。胶结物为细粒碳酸盐岩，富含粘土质，普遍含铅锌矿化（祝新友等，1998）。

**6. 昆仑-祁连-秦岭成矿省**

（1）西昆仑石炭纪沉积作用有关的锰矿床成矿系列（$Pz_2$-7-1）

该成矿系列大地构造位于西昆仑造山带与塔里木陆块结合部位，含锰岩系沿西昆仑昆北构造带玛尔坎苏晚古生代弧后裂谷盆地分布。锰矿层产于晚石炭纪喀拉阿特河组顶部含碳泥质灰岩中。富锰含矿层位稳定，向西已延至塔吉克斯坦境内，已发现奥尔托喀讷什锰矿床、穆呼锰矿、玛尔坎土锰矿等，是我国最富的碳酸锰矿床。矿石类型主要以碳酸锰矿石为主，局部可见氧化锰矿石、蔷薇辉石等。碳酸锰矿石为泥-微晶结构，块状构造及层纹-条纹状构造，主要矿石矿物以菱锰矿为主，与锰方解石、硼锰矿密切共生。属于海相沉积型锰矿床。另外，区域下伏早石炭纪枕状玄武岩和双峰式火山岩，发育阿克塔什等块状硫化物矿床（高永宝等，2017）。

（2）西昆仑与华力西晚期花岗岩类岩浆作用有关的玉石、水晶矿床成矿系列（$Pz_2$-7-2）

该矿床成矿系列分布于塔里木板块南缘，区内地层为元古宇蓟县系变质的碎屑岩-碳酸盐岩建造，下部为蚀变白云石大理岩，是玉石矿围岩。中部为条带状大理岩夹二云母石英片岩和石英岩，上部为长石石英片岩。侵入岩主要为华力西晚期花岗岩类，在花岗岩与大理岩接触带上有明显的交代蚀变，主要有透辉石化、透闪石化、蛇纹石化。矿化带严格受花岗岩与大理岩的接触带控制。和田玉矿物成分为透闪石，是微晶-隐晶质集合体。典型矿床如新疆且末塔特勒克苏和田玉矿床、于田阿拉玛斯和田玉矿床（王登红等，2017）。

（3）东昆仑与华力西早期岩浆作用有关的铜、镍、铁、硅灰石、软玉成矿系列（$Pz_2$-7-3）

该矿床成矿系列处于东昆仑造山带西段，位于东昆仑弧盆系的祁漫塔格蛇绿混杂岩带与北昆仑复合岩浆弧带的接合部位，即昆北断裂带（那陵格勒河断裂）南侧。区域出露地层有古元古界金水口岩群、奥陶系—志留系滩间山群、上泥盆统牦牛山组、下石炭统石拐子组及大干沟组。区域构造以北西向、近东西向断裂为主，岩浆活动强烈是区内最显著的一个特征，以华力西、印支期的中酸性岩体为主，多与不同时代的碳酸盐岩接触形成矽卡岩型铁多金属矿。华力西早期超镁铁质、镁铁质岩体出露较少，形成夏日哈木铜镍硫化物矿床。夏日哈木杂岩体南西段隐伏于金水口群之下，剖面上呈一平缓的“岩盆状”。矿体主要呈层状和似层状，主体赋存在岩体上部，含矿岩相主要为纯橄岩、方辉橄榄岩和方辉辉石岩。属典型的岩浆熔离型硫化物矿床。利用LA-ICPMS锆石U-Pb法获得杂岩体上部条带状辉长岩的年龄为394±3 Ma，侵入于辉石岩中的闪长岩脉的年龄为383±3 Ma，即成岩成矿时代为早泥盆世（李世金等，2012）。

（4）柴达木北缘与华力西期花岗岩岩浆作用有关的金、钛、磷矿床成矿系列（$Pz_2$-7-4）

该矿床位于柴北缘结合带，地处柴北缘成矿带中段。区内构造发育，早期形成的北西向区域性断裂是本区的控岩构造，晚期形成的北北东向片理化带是重要的导矿构造，而复式褶皱的层间破碎带、层间滑脱带是矿区最主要的控矿容矿构造。分别在万洞沟群、滩间山群中发现了较多的金矿床（点），金矿主要产于以上两个群与千枚岩、片岩有关的构造破碎带中。另外，在古元古界达肯大坂岩群片麻岩组中也发现零星的金矿点。区内岩浆侵入作用较强，从岩浆岩分布时代来看主要为加里东期—华力西期。多期岩浆活动为区内金矿的进一步富集起到了重要作用。区内一级断裂为丁字口-乌兰断裂，其南侧有骆驼泉-千枚岭、青龙沟-滩间山等几条长20~30 km的北西西向剪切带，分别控制了野骆驼泉、千枚岭、青龙沟、滩间山、细晶沟等金矿床的产出，从而构成了滩间山金矿化集中区（由胜利沟、红柳沟、青龙沟、滩间山、细晶沟金矿床及多处金矿点组成），以滩间山式破碎蚀变岩型金矿为代表（王德福等，2018）。

（5）秦岭与泥盆纪碳酸盐岩建造流体作用有关的铅、锌、铜、银、铁矿床成矿系列（$Pz_2$-7-5）

分布于西秦岭微板块的一系列堑垒式断陷盆地中，由于大规模海底热水喷流成矿作用，沿同生断裂形成了众多以铅锌为主的大型多金属矿床，并分段集中分布于西成、凤太地区。含矿地层为泥盆系的一套碳酸岩及细碎屑、泥岩组合，矿质来源是基底老地层。成矿金属元素主要来源于元古宇碧口群和志留系白龙江群；多期（包括加里东+华力西+印支）构造运动和幅度较大的裂陷发育史，为大量矿质的喷流和聚集提供了十分有利的导矿和容矿构造条件；花岗岩类及其他岩类的岩浆活动，不仅导致了地热异常的产生，为含矿热液对流体系形成与运输提供了巨大热源，同时还为区内成矿作用提供了部分矿源和水源。赋存于泥盆系碳酸盐岩中Sedex型铅锌矿属于西成矿田，在其西延下拉地-代家庄一带产有窑沟、下拉地、代家庄、半沟等铅锌矿床。

（6）西倾山与泥盆纪海相沉积作用有关的铁矿床成矿系列（$Pz_2$-7-6）

该成矿系列位于南秦岭西汉水、迭部-武都，含矿建造为南秦岭泥盆纪细碎屑岩夹碳酸盐岩及泥质岩组合，其中杨家河菱铁矿沉积时代为中泥盆世，含矿地层在北亚带西汉水小区为诸葛寺组（榆树坪组），在中亚带迭部-武都小区为下吾那组，在南亚带文县-康县小区为冷堡子组，含矿岩系以含铁石英砂岩为主，夹灰岩及泥岩。代表性矿床为杨家沟、黑潭寺、大水沟、洛大、九风地铁矿。宁乡赤铁矿沉积成矿时代为早泥盆世晚期—中泥盆世早期，含矿地层在西汉水小区为鱼池坝组（雷家坝组中上部），在迭部-武都小区为当多组，在文县-康县小区为岷堡沟组。代表性矿床为岷堡沟、当多、冷堡子、黑拉铁矿。矿体顶板为碳酸盐岩建造、底板为泥质岩（李永军等，2003）。

**7. 康西瓦-苏巴什-阿尼玛卿-勉略-大别-苏鲁成矿省**

东昆仑与华力西中晚期蛇绿岩、海相火山-沉积岩浆作用有关的铜、钴（金）矿床成矿系列（$Pz_2$-8-1）

区内地层主要为中二叠统马尔争组碎屑岩-火山岩系，为洋中脊环境。带内岩浆活动强烈，岩浆岩以带状成群分布的华力西期超基性岩为主，次为印支期—喜马拉雅期酸性侵入岩小岩株。已发现的矿产主要有铁、铜、钴、金等。成因类型主要为海相火山岩型。以玛沁县德尔尼铜锌钴矿床、牧羊山铜锌钴矿床为代表。矿床形成于中二叠世火山沉积作用，海相火山岩型含铜黄铁矿为主的似层状、块状硫化物矿体、玄武岩、含铁硅质板岩、砂板岩等被镁质超基性岩捕获，硫化物矿体中的黄铁矿被磁黄铁矿替代并且富钴。矿体呈层状、似层状、透镜状。矿石矿物为黄铁矿、黄铜矿、闪锌矿、钴镍黄铁矿。矿体周围已发现残留的基性火山岩和含铁硅质板岩。研究认为该类玄武岩为典型海底拉斑玄武岩，并测得岩浆锆石平均年龄 308±1 Ma（杨经绥等，2004），该年龄值代表岩浆结晶的时代，即蛇绿岩洋壳形成时代为晚石炭世。德尔尼铜矿 Re-Os 年龄为 311±2 Ma~314±2 Ma，也属晚石炭世（宋忠宝等，2009）；矿体外壳的钴矿 Re-Os 年龄为 283±2 Ma~279±2 Ma，代表镁质超基性岩捕获硫化物矿体的热事件。

**8. 武夷-云开-台湾成矿省**

（1）武夷-云开地区华力西早中期陆内裂陷槽与岩浆作用有关的铌钽矿床成矿系列（$Pz_2$-9-1）

该矿床成矿系列位于武夷成矿带，区内经历了长期的构造岩浆活动，从加里东期至喜马拉雅期岩浆岩均有产出。以福建南平西坑铌钽矿为代表，属花岗伟晶岩型铌钽矿床或钽锡矿床。区内基底为元古宙变质岩，有古元古界大金山组和迪口组。岩性为斜长变粒岩、二云片岩，盖层为梨山组，为一套内陆盆地沉积的碎屑岩，岩性为灰白、浅灰色厚-巨厚层状中粗粒杂砂岩、石英砂岩夹细粉砂岩。区内各种脉岩分布广泛，花岗伟晶岩形成时代为华力西期（同位素 Rb-Sr 年龄为 287.4~360.27 Ma），常成群成带密集产出，是区内稀有金属矿的含矿母岩。矿体形态与伟晶岩形态相似，均呈透镜状、短透镜状，次为脉状，局部具膨胀收缩和尖灭再现。形态变化与挠曲、褶皱基本一致。伟晶岩铌钽矿化普遍，钽含量高低与伟晶岩类型关系密切，钠长石-锂辉石型一般钽含量高，钽铌比值一般大于 1。伟晶岩类型以钠长石-锂辉石型为主，钾长石-钠长石型次之。区内稀有元素的富集与伟晶岩形成的不同地球化学演化阶段相关联。铌主要富集于伟晶作用的早期结晶分异阶段，矿化强度随着伟晶岩演化趋于降低。钽与铌相反，广泛富集于成岩作用中晚期的熔离、气成热液阶段。锡与钽基本相同，富集于气成热液阶段；伴生稀有元素中，锂主要富集于伟晶作用早期结晶分异阶段，随成岩作用发展而降低。钕、铯富集于伟晶作用的早、晚两阶段。铍富集于伟晶作用早、中期。

（2）武夷-云开地区与石炭纪—二叠纪海相沉积作用有关的煤成矿系列（$Pz_2$-9-2）

该矿床成矿系列主要分布于广东省北部，由东至西有兴梅矿区、曲仁矿区以及连阳矿区等，其探明储量约占全省的 80%。含煤地层：下石炭统测水组分为上、下两段，下段为海退序列含煤碎屑岩沉积，为主要含煤段，一般含煤 2~4 层，含煤性以曲仁煤田最好，具一定工业价值。上段为海进序列含煤碎屑岩夹碳酸盐岩沉积，为次要含煤段，含煤 1~3 层，仅个别点可采。煤系厚度 35~460 m，由东南向西北薄，浅海相沉积增多。二叠系东南向西北聚煤期有规律迁移，兴梅、广花、台开恩煤田和阳春矿区为下二叠统童子岩组，曲仁、英翁煤田为上二叠纪龙潭组，连阳煤田为上二叠统合山组。沉积的共同特点是曲仁、连阳、兴梅可三分，中部为海相层，上下为含煤段，含煤性下段好于上段，为主要含煤段。广花、台开恩、阳春二分，上部海相层，下部含煤段。煤系厚度 116~935 m，含可采，局部可采煤层 2~11 层。上三叠统艮口群为海陆交互相含煤碎屑岩沉积，古近系—新近系为山间盆地，河流湖泊相沉积为主，褐煤与油页岩呈互层产出。

**9. 扬子成矿省**

（1）下扬子与二叠纪沉积作用有关的锰、磷、煤、海泡石成矿系列（$Pz_2$-10-1）

该矿床成矿系列主要分布于前震旦纪江南古老隆起区两侧的晚古生代盆地中。扬子地台的西部含磷较高，磷块岩矿层较厚一般几米，后者达二十余米，多形成大、中型磷块岩矿床，而往北、往东，陕南地区和浙西地区，含磷沉积建造成矿性减弱，磷块岩厚一般不足 2 m，只形成小型磷矿床。海泡石成矿如江西乐平牯牛岭矿床、湖南浏阳永和矿床等，均为海相沉积型矿床。海泡石矿体分为原岩型和粘土型 2 种类型。原岩型矿体呈层状或似层状赋存于含矿岩石中，层数较多（1~10 层），厚 1~37.5 m，一般为几米。矿层产状与围岩一致，分布广，规模大，矿层内部结构较为复杂。矿石为含海泡石钙镁质页岩或含海泡石泥灰岩，呈浅灰-深灰色，薄-中层状，微层理发育。矿石具泥灰结构、泥质泥晶结构，海泡石含量一般为 5%~40%。该类型矿石一般分布于矿体的较深部位，矿石质地较硬，无明显吸水现象，用常规办法在饱和盐水中不造浆。粘土型矿体呈层状、似层状产于含矿岩段风化带的中上部，有 1~2 层。矿体长 1000~2500 m，厚度为 3~8 m，近于水平产出。粘土型（风化或半风化的）矿石呈浅灰、灰白色或灰褐色等杂色，具弱丝绢光泽或蜡状光泽，质细腻，手触有滑感，质轻，具片状或土状构造，有良好的造浆性能、脱色及吸附性能，遇水溶解成胶状溶液。干燥后质轻，局部夹银灰色纤维状海泡石。海泡石含量一般为10%~50%，最高可达90%以上。该类型矿石分布于近地表，由其组成的矿体厚度受地形控制，具风化残积特征。矿床沉积的特点较为突出，含矿建造岩石组合为钙镁质页岩、碳酸盐岩、硅质岩，而以页岩、碳酸盐岩为主。矿层及围岩中含有早二叠世门类众多的海相动物及藻类化石，说明含矿建造是浅海相沉积物。建造岩石多黑色、深灰色，含有机质及少量黄铁矿，反映形成于较还原的沉积环境。

（2）上扬子与华力西晚期峨眉山大火成岩省岩浆作用有关的铁、钒、钛、铜、镍、铂族、蛇纹石、石棉矿床成矿系列（$Pz_2$-10-2）

该矿床成矿系列分布于西南地区，晚二叠时期大规模喷发的以峨眉山玄武岩为主体的火成岩套，也称为峨眉大火成岩省，主要包括峨眉山玄武岩系、华力西期镁铁-超镁铁层状侵入体及碱性岩、花岗岩类。峨眉火成岩省岩浆的分异演化彻底，与地壳的同化混染程度较高。因此，与其有关的成矿作用复杂，成矿系统多，成矿系列齐全，区域分布规律明显。峨眉火成岩省成矿系统可进一步分为以下五个亚系列。①与深成层状镁铁-超镁铁杂岩体有关的铁、钛、钒成矿亚系列，形成了广布于攀西地区，驰名中外的大型-超大型钒钛磁铁矿，如攀枝花、红格、白马、太和等钒钛磁铁矿矿床。②与超浅成镁铁-超镁铁岩体有关的铜、镍、铂族元素成矿亚系列，形成了如力马河铜镍矿床，大岩子、打矿山、清水河、炉房箐铜镍铂族矿床等。③与花岗岩-碱性岩系有关的稀有金属和放射性元素成矿亚系列，形成了如会理白草铌钽矿、盐边路枯铌钽锆稀土共生矿床、米易黄草铌钽锆矿点、黄土坡铌钽矿点和杨家地铌铍矿点等铌、钽、铍、锆等矿；该成矿亚系列多为与碱性岩浆系列有关矿产的共生、伴生组分，包括碱性伟晶岩、火山岩、矽卡岩和砂矿等类型。④与峨眉山玄武岩浆活动有关的热液-热液改造成矿亚系列，主要形成受构造蚀变带控制的岩浆热液型Cu、Au、Sb、Pb、Zn多金属矿床以及与深部古异常热流场有关的中-低温热液改造型Au、Ag、Pb、Zn、Hg、Te、Sb、Se矿床。⑤石棉县一带与镁质超镁铁岩有关的蛇纹石棉矿床成矿亚系列（张成江等，2004，2009；王登红等，2007）。

（3）上扬子与晚古生代海陆交互相沉积作用有关的锰、铝土矿、磷、耐火粘土、石膏、硫、煤、天然气矿床成矿系列（$Pz_2$-10-3）

该矿床成矿系列可进一步划分为两种类型，Mn-P-Ba型，以桂平市桂锰矿、钦州-南宁一带铁锰矿、锰钴矿、大新县下雷锰矿为代表。这些矿床的形成与海底基性火山活动有密切关系，在桂锰矿等地发现夹在硅质岩中的角闪玢岩、凝灰岩或碧玉岩，海底基性火山喷发的顺序为基性火山岩-碧玉岩-硅质岩-喷气阶段（重晶石岩），在硅质岩中，毫米级条带含有纹层状原生胶磷矿。沉积环境为深水、滞流的还原环境，有利于碳酸锰的大规模沉积成岩成矿。下雷锰矿床的矿层呈层状，与地层产状一致，并同步褶皱。原生锰矿石建造有：碳酸盐型锰矿石主要由菱锰矿、锰方解石、钙菱锰矿、石英及绿泥石等组成；硅酸盐-碳酸盐型混合矿石由菱锰矿、钙菱锰矿、褐锰矿等组成。它们是原生锰矿石的主要工业类型，局部发育硅酸盐型锰矿石，氧化物型锰矿石发育在潜水面以上的矿床氧化带中。Fe-Ba型，以广西靖西市弄华黄铁矿-重晶石矿床为代表，含矿层位处于下泥盆统碎屑岩建造向碳酸盐岩建造的过渡部位的海侵体系域中的下部。下泥盆统益兰组超覆于寒武系碳酸盐岩（灰岩、白云岩）建造之上，含矿岩系有泥岩夹粉砂岩、泥质粉砂岩。矿体底板由泥岩组成，距寒武系—泥盆系不整合面100 m以内，矿体顶板围岩为白云岩，超覆于含矿岩系之上（方维萱等，2001b；曹烨等，2018）。

**10. 西藏-三江成矿省**

（1）丹巴地区与华力西晚期铁质镁铁-超镁铁岩岩浆作用有关的铜、镍矿床成矿系列（$Pz_2$-11-1）

丹巴地区大地构造位于松潘-甘孜造山带中的丹巴弧形构造岩片之上，含矿基性-超基性岩体围绕杨柳坪穹窿构造分布。侵入岩体遭受不同程度的变质，含矿岩体主要由橄榄岩、二辉橄榄岩、斜辉橄榄岩、辉石岩、辉长岩和闪长岩组成，多顺层侵入到杨柳坪穹窿中。现指的杨柳坪包括杨柳坪、正子岩窝、协作坪和打枪岩窝含矿岩体。矿体及矿化类型有：岩浆熔离-热液型为区内主要类型，该类型矿体约占矿体总数98%，矿化产生的蚀变岩相分别有蛇纹岩、滑石岩及次闪石岩，矿石以稀疏-中等浸染矿石为主。热液型以矽卡岩型为主，多见热液形成的矿脉叠加于其他类型矿体中，出现在含矿岩体底盘接触带 1~3 m 范围内，呈网状、细脉状、透镜状产出。黑色岩系中 PGE 矿化，矿区碳质板岩、碳质千枚岩、结晶灰岩分布广泛，地层中同生沉积黄铁矿中一部分 PGE 在后期热液作用过程中活化转移，为矿化提供丰富的 PGE 矿源。杨柳坪和石锅棚子铂镍矿床致密块状富矿体的发现，不但提供了热液成矿的实例，对认识铂族元素找矿前景也具有重要意义（蒲登兴等，2008）。

（2）西金乌兰湖-金沙江-哀牢山（巴塘-绿春）与华力西晚期铁质镁铁-超镁铁岩岩浆作用有关的铂族、铬矿床成矿系列（$Pz_2$-11-2）

该矿床成矿系列位于哀牢山构造带北东侧北北西向构造带中。以云南金宝山铂矿床为代表。含铂超镁铁-镁铁质岩体侵位于金宝山背斜轴部。含铂杂岩体具巨大的层间延展。在巨大的似层状岩体中，始终保存上部辉长岩相、下部橄榄岩相的双层结构。两期连续注入的现象除上述双层结构、偶见贯入接触外，还表现于两套岩相的异离体和分凝岩相截然不同。依赖于辉长岩提高热背景的屏障环境，橄榄岩相成矿极为有利。主要产物是硫化物与硅酸盐的分离。橄榄岩相中形成金宝山矿区巨厚的中部矿体和底部矿体。橄榄岩熔融成矿的不彻底还表现在矿石以星点浸染状为主，时有水滴状、细脉-网脉状，极少海绵陨铁状。岩体普遍含棕色角闪石。辉石类大部分为单斜辉石，岩体外接触带出现角岩化、大理岩化、滑石绿泥石化。超基性岩内蛇纹石化、次闪石化、滑石化、绿泥石化。金宝山是岩浆深部已然具有一定分异，经沿层连续注入，依靠自身热屏障而就地熔离得不够彻底的层状贫铂矿床（罗君烈，1995）。

（3）兰坪-普洱与华力西期火山喷发岩浆作用有关铜、铅、锌矿床成矿系列（$Pz_2$-11-3）

该矿床成矿系列构造上位于兰坪-思茅盆地南段西缘，属于南澜沧江铜多金属矿成矿带的一部分，形成于古特提斯的岛弧环境，夹持于北西向区域性酒房断裂和李子箐断裂之间。以云南大平掌铜、铅锌矿床为代表。矿床产于角砾状流纹岩中上部，顶板为英安岩、凝灰岩和硅质岩，其中英安岩多与矿体呈断层接触。上部为块状多组分硫化物矿体，下部为细脉浸染状矿体，二者之间连续过渡，无明显界线。上部块状硫化物矿体呈层状-透镜状分布于上石炭统龙洞河组上段角砾状流纹岩顶部，受后期断裂破坏，总体沿北西向断裂破碎带断续分布，被分割成大小不等的透镜状块体。下部细脉浸染状矿体赋存于角砾状流纹岩上部，呈不规则的透镜状，沿北西向火山穹丘连续分布，倾角平缓。大平掌矿床由上部块状和下部网脉状矿体构成，具“上黑矿”、“下黄矿”的矿化-蚀变分带，喷流沉积矿床的“双层结构”典型。矿石的金属元素配分形式与古代及现代海底热液硫化物矿床类似（李峰等，2001）。矿层中石英角斑岩样品和矿体上覆的英安岩样品 Rb-Sr 等时线，年龄值为 306 Ma，与成矿有关的火山岩的成岩时代为晚石炭世，成矿时代也应是这个时期或稍晚（杨岳清等，2008）。矿体下伏富钠流纹岩和凝灰岩锆石 SHRIMP U-Pb 年龄为 417±2 Ma 和 421±2 Ma；$V_2$ 型矿体中黄铜矿 Re-Os 同位素年龄为 410±6 Ma，辉钼矿 Re-Os 同位素年龄 429±6 Ma（李文昌等，2010）；侵入于矿体含矿火山岩中的斜长花岗斑岩锆石 LA-ICPMS U-Pb 年龄为 401±2 Ma（汝珊珊，2012）。

## 三、古生代成矿谱系

中国大陆古生代区域成矿背景是在前寒武纪构造基础上发展和演化的，如前所述，从南华纪开始，中国大陆演化进入崭新时期。扬子、塔里木准板块发育盖层，中朝准板块在南华纪大部隆升、被剥蚀，仅东部沉降，塔里木板块北侧的南天山元古洋闭合后发育南华纪—震旦纪盖层沉积。中朝准板块北向增生，形成温都尔庙兴凯造山带。西伯利亚陆块南向增生，形成（萨彦-）额尔古纳兴凯造山带。中国古生代地质及成矿作用就是在前寒武纪三种不同的基底之上发生、发展、演化的，并经历了加里东和华力西两个巨型构造旋回运动，于晚古生代末至早中生代初形成了块带相间的大地构造格局。岩浆成矿作用在晚古生代明显增强，沉积成矿作用和热液流体成矿作用在志留纪减弱，石炭纪增强（图 4-13）。

中国大陆古生代成矿系列分布和演化正是受上述板块构造背景所控制，由此可以根据板块构造单元的时空分布与演化来构建古生代成矿体系。以构造单元和地质时期为主的纵横坐标反映时空演化因素，成矿系列的成因组合以符号展示，来构建和表达古生代板块构造体制下的成矿体系。

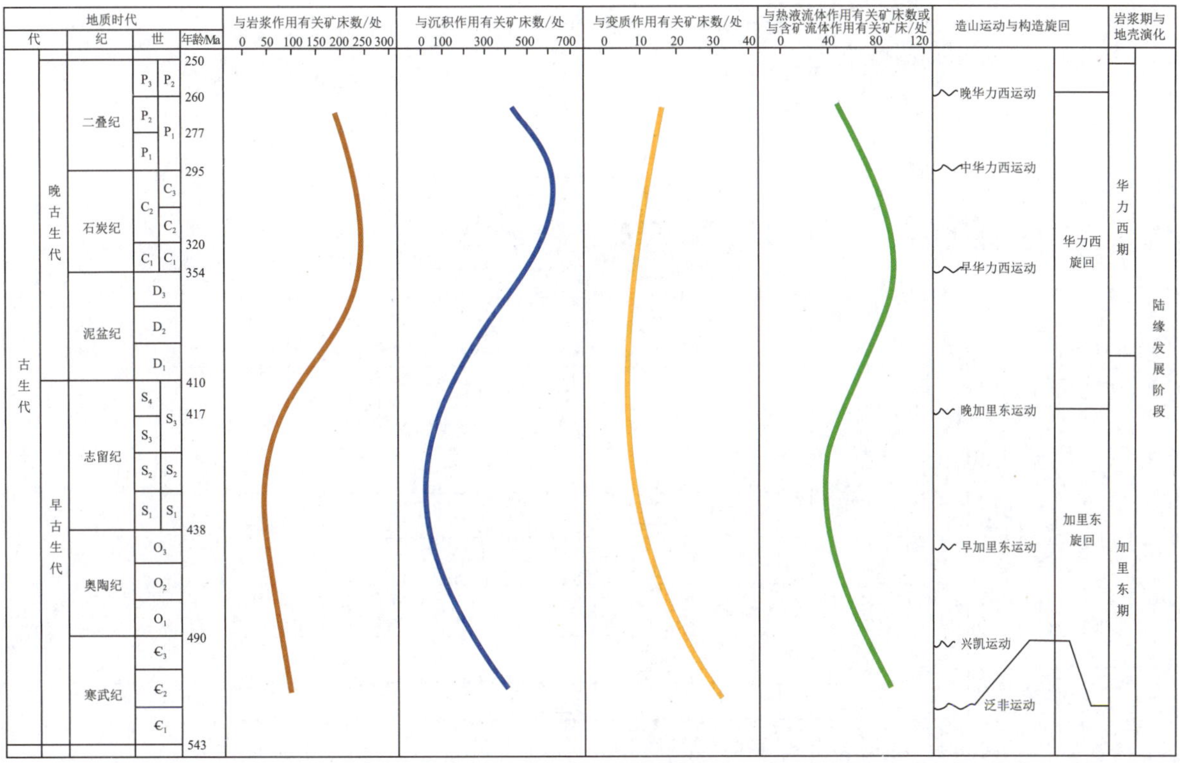


图 4-13　古生代与成矿作用有关矿床数统计趋势图

## （一）早古生代成矿谱系

在早古生代出现的以多岛洋盆为代表的构造格局，形成一系列缝合带和广泛的大陆边缘沉积。表现为震旦纪—寒武纪初至奥陶纪形成一系列裂谷、被动陆缘和洋盆，奥陶纪至志留纪发育沟弧盆系及残留海盆，志留纪末至早中泥盆世碰撞造山完成中华陆块群汇合。这一过程的主要表现是南华纪打开的祁连洋、秦岭洋继续发展，天山洋打开。柴达木-中祁连等微陆块从华北陆块裂离出来，形成北祁连洋盆，继之在奥陶纪又裂离，形成南祁连洋盆。洋盆在晚奥陶世开始收缩，并在晚志留世闭合形成加里东造山带（北祁连洋盆往南东延伸至北秦岭）。塔里木准陆块北侧的南天山-罗雅楚山地区发育寒武纪—奥陶纪裂谷和被动大陆边缘沉积。南天山向东至红柳河一带，出现寒武纪—奥陶纪的蛇绿岩（洋盆），早古生代末—晚古生代初期（S—D）形成造山带。塔里木准陆块南侧形成阿拉善造山带。西伯利亚陆块南向增生至卡拉麦里及伊尔施一线。华北陆块北向增生，形成狭长的加里东造山带。佳木斯地块西侧形成伊春-延寿造山带。扬子准陆块继续发育陆块型沉积，其北侧的南秦岭具被动陆缘特征。华南加里东造山带形成。总之，早古生代中国大陆经历了超大陆裂解-汇聚-碰撞造山的完整构造旋回（图 4-14）。

**1. 阿尔泰成矿省**

阿尔泰位于西伯利亚板块西南缘，与准噶尔板块结合部位。元古宙变质岩基底沿额尔齐斯断裂北侧出露。古亚洲洋在早寒武世末至志留纪逐渐消减，形成早古生代弧盆体系和晚奥陶世—志留纪磨拉石建造，即加里东增生陆壳，成为古陆壳的一个组成部分。与加里东晚期伟晶岩有关的白云母、宝石、稀有金属矿床成矿系列的成型矿床主要分布在哈萨克斯坦和俄罗斯境内，在中国境内这类矿床虽有发现，但规模很小，主要是与交代型花岗岩有关的白云母矿产，即那森恰式白云母矿床（系列 $Pz_1$-1-1）。含矿伟晶岩是在地层花岗岩化过程中形成的。岩浆结晶分异首先析出斜长石和石英。随着岩浆演化，熔浆中流体含量逐渐增加，斜长石发生水解，形成白云母矿。在交代型花岗岩体顶部局部可形成云英岩，伴有钨钼矿化，并沿断裂形成含钨钼矿化石英脉。有时在外接触带富钙质岩层中形

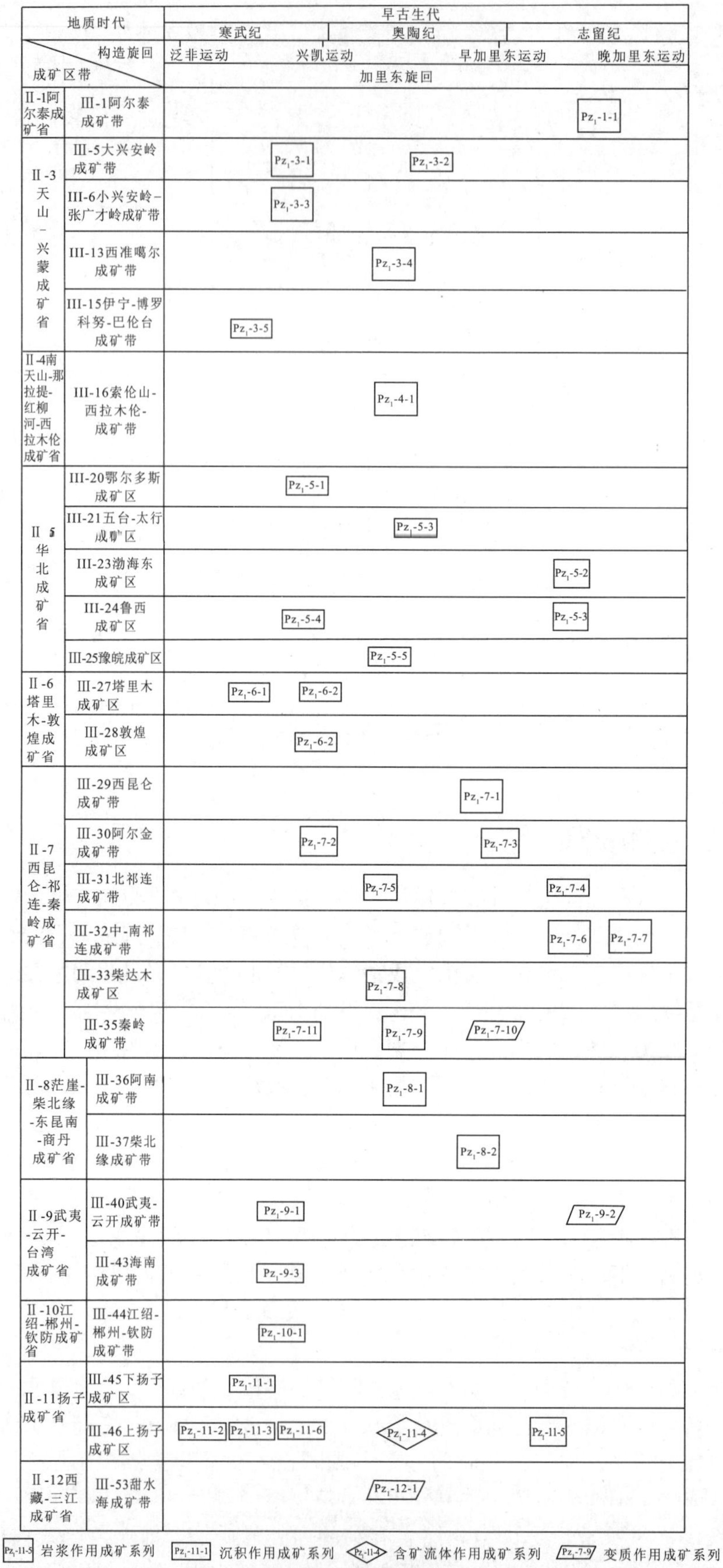


图4-14　早古生代成矿体系示意图

图中成矿系列编号见表4-5

成矽卡岩，伴有钨铍或钨钼矿化，甚至形成铁矿床（叶庆同等，1998）。

**2. 天山-兴蒙成矿省**

（1）东段构造活动区

天山-兴蒙东段范围为夹持于中朝准陆块和西伯利亚陆块间的古亚洲洋，及其内所含的较多微地块共同组成。这一地区是在前寒武纪古老基底上开始发生发展起来的，经历了早加里东期兴凯运动和加里东运动，形成南缘的加里东褶皱带，以及微陆块陆缘增生和岩浆的侵入活动。早古生代多次开合，古亚洲洋发展到了高峰期。

在松嫩、佳木斯两微地块间的伊春早寒武世陆缘海盆，沉积了碳酸盐岩、含镁盐碳酸盐岩建造，后来加里东中期侵入的混染花岗岩、二长花岗岩分别形成岩浆热液、接触交代型铅锌（Fe、W、Mo）矿床，由此形成了伊春矿集区。在加里东期，沿古亚洲洋南缘接受陆缘碎屑岩-碳酸盐岩建造，并夹有不同程度的海相火山喷发沉积物，在东段岛弧带形成海相火山岩型硫化物铅锌矿床；在弧后盆地近陆一侧，铁质基性-超基性岩浆的侵入形成铜镍矿。大兴安岭多宝山早古生代裂谷岛弧带，具有类双峰态火山-沉积岩系特征，形成了与华力西中晚期侵入的花岗闪长岩、花岗闪长斑岩有关的斑岩-热液型铜（钼）矿床；在其东南延伸的同一层位中还有铜山铜（钼）矿床，该带上尚有多处矿床（点）共同呈北东东向带状展布（系列 $Pz_1$-3-1）。小兴安岭地区形成与中酸性侵入岩有关 Pb、Zn、Fe 矿床成矿系列（系列 $Pz_1$-3-3），如小西林铅锌银矿和翠宏山铁铅锌矿。大兴安岭弧盆系与古生代海相化学沉积变质有关大理岩矿床成矿系列（系列 $Pz_1$-3-2）。

（2）西段构造活动区

天山-兴蒙西段包括准噶尔、天山及北山等地区，具有与东段相似的组合特征，即洋区内分布较多的微陆块（伊犁、准噶尔、吐鲁番、中天山星星峡等）。并表现南北两大陆块夹持的古亚洲洋活动区及其内部的大小微陆块间的多次开合，其沉积建造、构造-岩浆旋回演化以及相应的区域成矿作用与演化，都具有其相似而又有相异的特征。

西段成矿作用主要与古亚洲洋南多岛海的俯冲汇聚作用密切相关，唐巴勒俯冲带与加里东期蛇绿岩建造有关铬铁矿（系列 $Pz_1$-3-4），在晚前寒武纪统一大陆壳的背景上，进入了一个新的地质构造和成矿演化时期。首先，在天山-兴蒙增生带南邻的塔里木北部（中、南天山）古地块上，寒武纪残留海盆沉积了含磷、钒、铀硅质岩、碳酸盐岩建造，赋存有磷、钒、铀矿床（系列 $Pz_1$-3-5）。加里东中晚期，天山地区形成志留系碎屑岩、中酸性火山岩-碎屑岩、碳酸盐岩建造，以及与加里东晚期花岗闪长岩、二长花岗岩有关的铜钼、金、铅锌、铁矿。

另外，在索伦山-西拉木伦结合带，发育早古生代蛇绿岩有关的铬铁矿（系列 $Pz_1$-4-1）。

**3. 华北成矿省**

早古生代寒武纪—奥陶纪，华北陆块除局部基底凸起经受风化剥蚀外，大面积海侵形成广阔的陆表海，在台地上以大面积海相碳酸岩建造为特征。在浅海-半深海环境形成海相磷矿和铝质粘土岩，浅海台地相形成不同用途和不同品级的石灰岩，在滨海相或潟湖相，出现以蒸发作用为主的富镁质碳酸盐岩和石膏的沉积组合类型（系列 $Pz_1$-5-1、系列 $Pz_1$-5-3 至 $Pz_1$-5-5）。在晚奥陶世，华北陆块上隆成陆。一面经历着长期的红土化的准平原过程，为晚古生代铝土矿的建造提供物质来源。同时期，陆块内部与边缘断裂系统的新生或再活动，如位于陆块东部的郯庐深大断裂和次级断裂系统成为辽（瓦房子）、鲁（蒙阴）金伯利岩岩浆的上侵通道和最终就位的场所（系列 $Pz_1$-5-2）。

**4. 塔里木-敦煌成矿省**

震旦纪—早古生代的塔里木陆块，为一个具有基底隆起的盆地，大陆边缘与原特提斯体系的三个分支洋相连，早寒武世为最大海泛，至中奥陶世完成碳酸盐岩台地建设。晚奥陶世为晚加里东期重要的构造转折，以弧-陆碰撞为特点，与盆地演化相耦合沉积了两种类型的烃源岩：一是与大陆边缘上升洋流相关的黑色岩系；二是与前陆盆地淹没台地相关的黑色岩系。两者均为黑色页岩和泥质碳酸盐岩。寒武纪—奥陶纪广泛分布海相碳酸盐岩沉积，在这套碳酸盐岩层系中，油气资源丰富。古隆起发育控制油气聚集，礁滩相带、不整合岩溶带、断裂带附近油气最富集（系列 $Pz_1$-6-1）。在塔里木盆地北缘柯坪、库鲁克塔格，以及敦煌地块北缘发育寒武纪与黑色岩系建造有关的磷、钒矿床成矿系列（系列 $Pz_1$-6-2）。

**5. 西昆仑-祁连-秦岭成矿省**

西昆仑-祁连-秦岭成矿省呈东西展布，又有中央造山系之称谓，包括西昆仑、阿尔金、东昆仑、祁连、秦岭和大别造山带以及夹于其间的柴达木地块。晋宁运动之后，秦祁昆进入板块构造演化阶段，可分为新元古代—早古生代和晚古生代—早中生代两个大的旋回，前者主要与古亚洲域构造背景有关。后者则更多地体现了古特提斯构造域的大地构造背景。新元古生代—早古生代，是北秦岭-祁连海槽（或洋）开-合、昆仑开-合和华北陆块与塔里木、柴达木、华北陆块群对接碰撞的主要时期。秦祁昆这一阶段具有多岛洋特点，且发育多条裂谷或裂陷槽（钱壮志等，2003）。

就不同构造单元而论，加里东成矿期是祁连地区的成矿高峰期，海相火山岩型铜多金属矿床是祁连具有特色的优势矿床类型，以白银厂为代表（系列 $Pz_1$-7-5）。发育与花岗岩类有关的钨、钼、锡矿，与蛇绿岩有关的铬铁矿，与镁铁-超镁铁岩有关的镍矿（系列 $Pz_1$-7-6 至 $Pz_1$-7-8）。阿尔金地区发育与火山沉积改造有关铁铜铅锌矿床（系列 $Pz_1$-7-2）及与中酸性侵入岩浆活动有关的伟晶岩型锂铍等稀有金属矿床及岩浆热液充填型萤石矿床（系列 $Pz_1$-7-3）。西昆仑地区与奥陶纪—志留纪浅变质沉积岩有关铁矿床（系列 $Pz_1$-7-1）。北祁连弧盆系发育与志留纪海相碎屑岩建造有关的砂岩型铜矿，以天鹿铜矿为代表（系列 $Pz_1$-7-4）。在成矿域东部夹持于华北、华南两大板块背景下的秦岭（-大别）造山带，在加里东旋回发育内生金属 Au、Ag、Cu、Zn 和非金属矿产以及外生 P、Mn、V 等沉积矿产（系列 $Pz_1$-7-9 至 $Pz_1$-7-11）。阿尔金阿帕-茫崖蛇绿混杂岩带与超基性岩有关的石棉矿床（系列 $Pz_1$-8-1）。柴北缘早古生代经历了柴达木地块与祁连地块之间的碰撞造山作用，导致强烈的岩浆作用及成矿（系列 $Pz_1$-8-2）。

**6. 武夷-云开-台湾成矿省**

武夷-云开-台湾南段粤东地区为早加里东造山带，发育巨厚的青白口系—震旦系（云开群）浅海相类复理石建造夹火山岩、碳酸盐岩和变质铁、磷矿和上震旦统—寒武系（八村群）浅变质的类复理石建造。八村群下部含碳质页岩，富含黄铁矿、磷结核，并有 V、U 矿化和石煤层。寒武纪末的早加里东运动使这些地层形成紧密线性褶皱、强烈区域变质和混合岩化。在早加里东造山带形成后，其西、北侧复又沉降，发育裂谷型沉积。粤北地块，早、中寒武世砂泥岩、硅质岩中有重晶石矿床形成（系列 $Pz_1$-9-1）。南海地块与加里东期沉积作用有关的磷矿床（系列 $Pz_1$-9-3）。

武夷-云开-台湾中北段发育巨厚的南华系—奥陶系浅变质泥砂质复理石建造。桂粤交界处南华系鹰阳关群的中-下部夹变质细碧角斑岩、凝灰岩。赣中南南华系—震旦系有拉斑玄武岩、细碧角斑岩，定南有橄榄岩、角闪岩、与围岩同受混合岩化，可能是洋壳残片。寒武系为次深海浊积砂泥质复理石，富含火山碎屑，下部夹硅质岩和石煤层，含 V、U 等成矿元素。奥陶系零星分布于赣湘、赣粤交界处的向斜核部，下-中奥陶统为笔石页岩相复理石；上奥陶统为浅水介壳相变质砂岩夹碳酸盐岩，显示地壳已渐趋隆升，致使志留纪沉积时限短、厚度薄或缺失。伸入华夏古陆内部的邵武-龙岩海盆内发育奥陶系复理石，碎屑往上变粗，反映一次较大海退。志留纪末的晚加里东运动（广西运动）使上述诸地层褶皱，并伴有广泛的花岗岩类侵位。与上述背景相关，形成与加里东晚期碰撞造山有关的变质石墨、硫铁矿矿床（系列 $Pz_1$-9-2）。

**7. 扬子成矿省**

扬子陆块区在新元古代中期—加里东旋回，主要区域成矿发生在新元古代中期—加里东旋回的早-中期，在这一时期，扬子陆块已形成浅变质褶皱基底并经历了长期隆起、剥蚀，早震旦世晚期广泛接受海侵，形成陆块盖层。在扬子克拉通碳酸盐台地边缘形成晚震旦世（陡山沱组）沉积磷块岩矿床，在贵州开阳、湖南古丈、湖北宜昌和荆襄地区形成一条北东向的聚磷盆地。在上扬子克拉通（川西南）蒸发岩台地与海退有关，形成晚震旦世膏盐矿床。于早寒武世初，聚磷盆地转移到川西、滇中、南北向展布、向东延伸至云南寻甸和贵州织金，在上扬子克拉通西南缘形成沉积磷块岩矿床，该阶段在扬子陆块边缘裂谷盆地中还广泛发育黑色岩系，上扬子北缘（鄂川陕）形成与黑色岩系有关的Ba、P、V、Mo、Mn石煤矿床（系列 $Pz_1$-11-2、$Pz_1$-11-3），在城口、万源梅树村组硅质岩、碳硅质岩中发现了含银层位，上扬子地块东南缘（湘、鄂、黔）及下扬子地块东南缘（皖南、浙西）陆缘裂谷盆地中形成与黑色岩系有关的重晶石P、V、Ni、Mo、PGE、U、石煤矿床（系列 $Pz_1$-10-1、$Pz_1$-11-1）。中-晚寒武世、上扬子克拉通（川西、滇东北、黔北、川南）再次形成与蒸发岩台地有关的膏盐矿床，中奥陶世在中扬子地块南缘裂谷盆地有少量锰矿床产出。在加里东旋回早-中期，扬子陆块克拉通盆地以沉积成矿作用为主，震旦纪、寒武纪分别有两次成磷成盐期，成盐期在成磷期之后。上扬子与寒武纪—奥陶纪陆源碎屑-碳酸盐岩有关的Au、Sb、W、Pb、Zn矿床成矿系列（系列 $Pz_1$-11-4），与花岗岩有关的W矿床成矿系列（系列 $Pz_1$-11-5）。四川盆地页岩气成藏作用，主要赋存于寒武系牛蹄塘组和志留系龙马溪组，如涪陵页岩气田、威远页岩气田、长宁页岩气田和昭通页岩气田（系列 $Pz_1$-11-6）。

**8. 西藏-三江成矿省**

西藏-三江早古生代成矿作用较弱，喀喇昆仑甜水海被动陆缘发育与寒武纪—志留纪海相沉积岩有关的铁矿床，如契列克其铁矿、黑黑孜站干铁矿。菱铁矿多顺层产出于片岩与其中所夹大理岩，或者大理岩与其中所夹片岩的接触带上，成因类型属海相沉积型。

### （二）晚古生代成矿谱系

中国大陆在晚古生代构造格局自北向南分别为：西伯利亚大陆及其结构复杂的南部边缘、古亚洲洋、冈瓦纳大陆及其结构复杂的北部边缘（包括经加里东造山作用形成古中华陆块群）。中国晚古生代主要表现为古亚洲洋的闭合，但经历了复杂的、多次开合过程。在塔里木-天山-阿尔泰地区，南天山晚志留世—早泥盆世的挤压造山引起塔里木陆块隆升，广泛发育泥盆纪陆相沉积，但石炭纪又开始发生沉降。早-中泥盆世天山北缘的扩张引起南天山海盆的闭合。晚泥盆世—早中石炭世北天山海盆的扩张引起北天山弧后扩张和巩乃斯弧后盆地。在晚二叠世时，阿尔泰带、哈萨克斯坦构造域和塔里木构造域之间洋盆消失。塔里木准陆块南东缘与华北陆块西部边缘的碰撞可能是沿阿尔金转换断层和恩格尔断层发生的。在东北部华北陆块-内蒙-兴安地区，华北陆块在晚古生代初仍继续隆升，直至中石炭世，陆块中东部又才发生陆缘海的海侵，发育稳定的海相沉积，直至中二叠世才以近海和陆相沉积为主。南秦岭晚古生代狭窄海域在西秦岭扩张为宽阔的多岛洋（张克信等，2007）。并在中二叠世末沿金沙江和木孜塔格-玛沁一线闭合（任纪舜等，2004）。扬子准陆块和华南加里东造山带在志留纪末已成为统一的华南大陆，发育泥盆纪至中三叠世陆块型盖层沉积，仅钦防地区为一残余海盆。泥盆纪时扬子准陆块受到较广泛拉张，昌都等地块从扬子准陆块裂离出去，在桂黔湘地区出现一些“台沟”，二叠纪时拉张作用尤强，导致峨眉山玄武岩浆大面积喷发（峨眉地幔柱）及松潘-甘孜地区一些有限洋盆中裂谷型和岛弧型火山作用（图4-15）。

**1. 阿尔泰成矿省**

华力西早期，在元古宙—早古生代陆壳基底上拉张形成大陆边缘裂谷，发育了早-中泥盆世细碧角斑岩建造和玄武岩-流纹岩建造，产出了3类与海相火山活动有关的矿床，即黄铁矿-重晶石-多金属建造矿床、铜锌建造矿床和铅锌建造矿床，构成了与泥盆纪双峰式海相火山活动有关的Fe、Cu、Pb、Zn矿床成矿亚系列（系列 $Pz_2$-1-2）。在泥盆纪末，由于洋壳俯冲，拉张转变为挤压，形成了原地-半原地和侵入型花岗岩类，伴有大量伟晶岩型稀有金属、白云母、宝石矿床形成，构成了与华力西中期花岗岩有关的稀有金属、宝石矿床成矿系列（系列 $Pz_2$-1-1）。造山期和造山期后花岗岩类侵入，形成了与之有关的金矿床，即成为与华力西中期岩浆热液作用有关Au矿床成矿亚系列（系列 $Pz_2$-1-2）。

**2. 天山-兴蒙成矿省**

（1）东段构造活动区

晚古生代，沿西拉木仑河、长春、吉林洋脊一线闭合，再经多次开合，于华力西晚期实现西伯利亚东南部陆缘、中间微地块、洋脊、陆缘活动带的拼接，并伴有大规模的岩浆侵入活动。直至早三叠

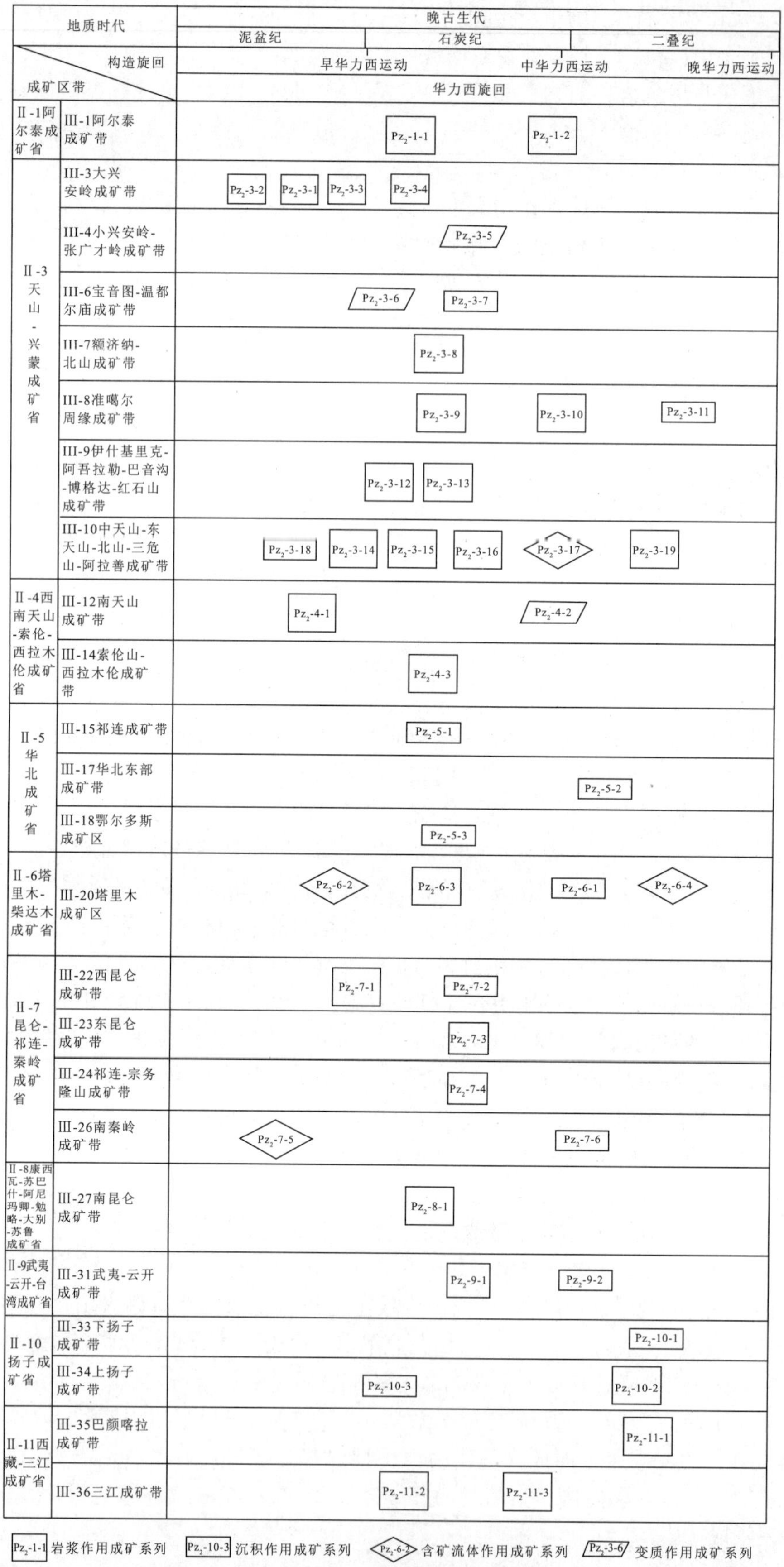


图4-15　晚古生代成矿体系示意图

图中成矿系列编号见表4-6

世，印支运动第一幕造山运动结束，古亚洲洋的消亡，拼接为统一的大陆。在其发展演化的诸阶段，发生了相应的成矿作用，形成了岩浆、热液、沉积和变质型等各类矿床以及多个成矿系列。在华北陆块北部边缘，受古亚洲洋活动区的影响，形成北缘叠加岩浆弧，华力西期岩浆侵入活动强烈，构成大兴安岭弧盆系与海底火山喷流-沉积有关Fe、硫铁矿成矿系列（系列$Pz_2$-3-1），形成了包括与华力西期幔源超基性-基性岩有关的Cr、Pt、Fe、Ti、V（P）、萤石成矿系列（系列$Pz_2$-3-2至$Pz_2$-3-4），变质作用有关的石墨、大理岩矿床成矿系列（系列$Pz_2$-3-5）。在吉林磐石-百里坪陆表海，发育与变质作用有关的硅灰石矿床成矿系列（系列$Pz_2$-3-6），与海相沉积作用有关的石灰石矿床成矿系列（系列$Pz_2$-3-7）。

（2）西段构造活动区

准噶尔弧盆系东部，在泥盆纪蛇绿岩建造，形成早华力西期岩浆型铬矿。此外在这一地区，还有火山岩型硫铁矿、岩浆热液型Au、Sn、Cu等成矿作用发生。准噶尔弧盆系西部，奥陶纪—泥盆纪蛇绿岩建造中，形成早华力西期岩浆型铬矿。与晚泥盆世中酸性火山岩，石炭纪碎屑岩夹火山岩建造及酸性岩浆活动有关，形成金矿。至晚古生代末期，二叠纪上叠盆地产出沉积型煤、火山沉积型膨润土矿。准噶尔北部，华力西早期板块会聚阶段，中晚盆泥世中-酸性火山岩、次火山闪长玢岩形成火山热液型铜（钼）矿（索尔库都克）；石炭纪陆源碎屑岩-火山沉积岩建造中形成韧性剪切带蚀变岩型金矿（沙尔布拉克）；二叠纪铁质辉石闪长岩-辉长苏长岩-角闪橄榄苏长岩岩相组合生成岩浆熔离—贯入型铜镍矿床（喀拉通克）。二叠纪陆相火山岩、磨拉石-碎屑岩夹煤层建造产煤（沉积型）和火山沉积型膨润土矿（系列$Pz_2$-3-9、$Pz_2$-3-10）。准噶尔盆地坳陷区与石炭纪—二叠纪沉积作用有关煤、天然气、石油成矿系列（系列$Pz_2$-3-11）。额济纳-北山弧盆系，形成与岩浆作用有关的Fe、Cu、W、Mo、Au矿床成矿系列（系列$Pz_2$-3-8）。

中天山地块，在石炭纪裂谷火山盆地，海（-陆）相中酸性火山岩建造中，发育火山型铁矿，热液型金矿（系列$Pz_2$-3-12）。博格达裂谷与华力西早期火山岩有关硼、膨润土矿床成矿系列（系列$Pz_2$-3-13）。在古陆块上叠早石炭世沉积盆地，碎屑岩-碳酸盐岩建造和铁锰沉积成矿作用发育，形成沉积型铁锰矿床（系列$Pz_2$-3-14）。在华力西晚期，发生陆内构造活化，伊犁盆地上叠二叠纪裂谷，有与双峰式火山-次火岩有关的铜铁成矿活动；阿拉套造山后陆内活动带，有与钾长花岗岩、碱长花岗岩有关的钨锡成矿作用。在东部陆缘深断裂与陆内活动带（造山后伸展），有与基性、超基性岩浆活动有关的钒钛磁铁矿和铜镍矿形成。那拉提与晚泥盆世岩浆作用有关的Au矿床成矿系列（系列$Pz_2$-3-15）。

在觉罗塔格裂谷带（北天山活动带），成矿活动主要发生在华力西中期。早石炭世始陆壳强力拉张裂陷，早、中石炭世发育双峰式火山岩-陆源碎屑岩建造，形成与之有关的火山热液型铁、铜、金、膨润土矿床成矿系列。在中石炭世残余海盆中沉积蒸发岩建造，其中赋存有石膏和菱铁矿矿床（系列$Pz_2$-3-18）。晚石炭世北天山洋闭合，碰撞造山带隆起成陆。碰撞期华力西中期花岗岩岩浆活动强烈，形成重要的与闪长岩-花岗闪长岩-花岗岩-钾长花岗岩有关的铁、铜、金、钼、铅锌矿床成矿系列，其中与斜长花岗斑岩有关的铜、钼、金矿带（土屋、延东等矿床）尤为重要（系列$Pz_2$-3-16）。碰撞造山期末，康古尔塔格一带韧性剪切带发育，有中酸性火山岩建造中剪切带蚀变岩型金矿形成（系列$Pz_2$-3-17）。二叠纪进入陆内伸展作用阶段，上二叠盆地陆相中酸性火山作用形成了膨润土、沸石、金矿床。在笔架山-柳园后碰撞裂谷，发育与二叠纪伸展期镁铁-超镁铁岩有关Cu、Ni矿床，与中酸性岩有关Au、W矿床（系列$Pz_2$-3-19）。

天山-兴蒙构造带为活动背景，石炭系—二叠系是重要烃源岩层系，以浅海相碎屑岩夹火山岩为主，既富油又富气，油气资源量巨大。华北、塔里木、柴达木等为稳定背景，石炭系—二叠系以浅海-海陆交互相为主，气为主。目前在准噶尔、三塘湖盆地发现石炭系—二叠系油气田。

南天山陆缘发育有与志留系、泥盆系、石炭系碎屑岩、碳酸盐岩建造有关的层控型矿床成矿系列：Pb、Zn（泥盆纪）、Fe、Au、Sb、Pb、Zn（晚石炭纪）。华力西早中期的沉积-变质型铁矿（系列$Pz_2$-4-2）、热液型菱镁矿和接触交代型铅锌矿床，华力西晚期有岩浆岩型铁钒钛矿床，与岩浆作用有关的稀土、锡矿（系列 $Pz_2$-4-1）。沿北山古生代裂谷带，发育与石炭系—二叠系火山-碎屑岩建造、辉长辉绿岩体有关的火山岩浆-热液铁矿床。索伦山蛇绿岩带，发育与华力西期岩浆作用有关铬铁矿成矿系列（系列 $Pz_2$-4-3）。

**3. 华北成矿省**

华北地区晚古生代海侵频繁，晚石炭世—早二叠世沉积了一套典型的海陆交互相沉积，华北板块晚古生代为板内克拉通盆地，早石炭世末的华力西运动致使其沉入水下，开始接受晚石炭世沉积，晚石炭世末期由于华北古板块不断向北增生，古蒙古洋壳的消减和俯冲作用使得华北古板块北部隆升。成为整个华北板块主要物源区。随着北部板块挤压机制进行，华北板块不断隆升，相对海平面下降，致使中晚二叠世海水开始退出华北板块，气候随之转变为干旱环境（吕大炜等，2014）。海侵、海退与盆地演化及泥炭沼泽发育具有成因上的密切关系。陆表海主要分布于现晋豫台背斜与鲁西台背斜之间的华北平原范围。在此陆内浅海盆地的周边，有着略呈环状的滨海相、海陆交互相、滨海湖河相的古地理环境，而当时的古气候炎热又湿润多雨。其优越环境条件促成了铝土矿、煤矿成矿系列组合的形成（系列 $Pz_2$-5-1 至 $Pz_2$-5-3）。

**4. 塔里木成矿省**

在泥盆纪末期，加里东晚期的造山运动与塔里木盆地晚古生代最初的海侵事件的相互叠加强烈地改造了该盆地的古地理轮廓。石炭纪时期，塔里木地块古地理格局分异相当明显，出现包括三角洲系统、近滨带、潮间带、潮下带、局限台地、开阔陆缘海直到开阔的碳酸盐岩台地等局部环境。晚石炭世，区域性构造抬升致使塔里木西南缘海湾持续性收缩，至早二叠世，该海湾仅仅只出现在盆地的西南边缘地区。与之完全相反的塔里木西北边缘地区，自晚石炭世形成小海湾不断扩张，特别是在早二叠世该海湾迅速向它的东南向扩展合并了盆地中部的大部分地区。至中二叠世时期塔里木地块变成了前陆盆地。塔里木盆地石炭纪—二叠纪发育海陆过渡相泥质烃源岩，总体表现为西厚东薄，有机质丰度西高东低，主要分布在盆地西部的和田河以西。有机碳丰度低-中等，成熟度为低成熟-成熟。储层为一套海相碳酸盐岩和碎屑岩，如广泛分布在塔北-塔中地区的下石炭统东河砂岩。富油又富气是塔里木盆地的一大特色，气藏主要都是凝析气藏，因为油气藏埋深较大，而盆地地温梯度较低（系列 $Pz_2$-6-1）。

南天山北缘的巴伦台-库米什断裂所代表的洋盆于志留纪末闭合，塔里木板块与北侧的伊犁地块碰撞拼合，泥盆纪中后期，南天山再度裂开，形成一个再生的深水沉积盆地，其发展一直持续到早石炭世（系列 $Pz_2$-6-2）。石炭纪，沿哈尔克山南坡发育一个东浅西深的盆地，该盆地东部在黑鹰山、野云沟一带有台地相的碳酸盐岩和闭塞海湾相的膏盐岩沉积。位于板块内部巴楚和柯坪地区，石炭系均为典型的地台型碎屑岩-碳酸盐岩-膏盐岩，属板内盆地的陆棚浅海-闭塞台地沉积。由于北天山洋盆在早二叠世时期闭合，塔里木北缘早二叠世早期为浅海陆棚-台地相的碳酸盐岩-碎屑岩沉积，后期逐渐海退，出现滨岸沼泽相的含煤碎屑岩系。从早二叠世开始，塔里木板块西部发生了大规模的玄武岩喷出，在柯坪地区玄武岩大面积出露，并可分为上、下两套玄武岩，其间夹有碎屑沉积和煤系（刘训等，1994）。在巴楚瓦吉尔塔格形成钒钛磁铁矿床（系列 $Pz_2$-6-3）。塔里木南缘，铁克里克山前地带二叠系发育良好，一直延伸到和田以东阿其克附近，主要为碳酸盐岩-碎屑岩沉积，矿化以铅锌矿为主，如卡兰古铅锌矿、塔木铅锌矿（系列 $Pz_2$-6-4）。

**5. 昆仑-祁连-秦岭成矿省**

秦祁昆西段的西昆仑地区晚古生代成矿作用统一于晚泥盆世—早石炭世地壳强烈拉张环境，西昆仑玉石矿主要产在中昆仑地块，该带侵入岩十分发育，因处于北昆仑沟弧带西南侧的成熟岛弧部位，发育大量华力西期以二长花岗岩为主的花岗岩类。玉石矿主要受中新元古界碳酸盐岩合侵入其中的碱性花岗岩接触带控制（系列 $Pz_2$-7-1）。晚石炭世，沿西昆仑昆北构造带玛尔坎苏晚古生代弧后裂谷盆地分布的含锰岩系，已发现奥尔托喀讷什锰矿、玛尔坎土锰矿等，主要含锰岩系为一套晚石炭世的海相碎屑岩-碳酸盐岩建造（系列 $Pz_2$-7-2）。玛尔坎苏锰矿带近东西向展布，并且在玛尔坎苏锰矿带博托彦南二叠纪地层中发现锰矿床，拓展了该地区锰矿找矿空间。

晚古生代—早中生代，东昆仑进入一个重要的构造-岩浆-成矿期。其中，早期演化相对稳定，处于一个长期经受剥蚀-夷平的阶段，晚泥盆世以后，由于受南部阿尼玛卿-巴颜喀拉洋的俯冲消减，引发区内大规模的岩浆活动，与超基性岩有关的Cu、Ni矿床，以夏日哈木铜镍矿为代表（系列$Pz_2$-7-3）。与华力西期蛇绿岩、海相火山-沉积岩有关的Cu、Co（Au）矿床成矿系列（系列$Pz_2$-8-1），如德尔尼铜钴矿。柴达木北缘与华力西期花岗岩有关的金矿，如滩间山金矿（系列$Pz_2$-7-4）。

秦岭（-大别）造山带从震旦纪至中生代初期，一直处在统一的深部地幔动力学体制下，以华北与扬子以及后期分裂出来的秦岭3个板块之间的长期相互作用为主导，经过早古生代华北与扬子二板块沿商丹带，以及晚古生代华北、扬子及其之间的秦岭微板块沿商丹和勉略两个缝合带的侧向运动与相互作用的漫长反复的俯冲碰撞演化历程。随造山带不同演化阶段，到华力西期旋回，则以Pb、Zn（Ag-Cu-Fe）热水沉积大规模成矿作用为主（系列$Pz_2$-7-5、$Pz_2$-7-6）。

**6. 武夷-云开-台湾成矿省**

武夷-云开-台湾在华力西期—（印支期）旋回，由于加里东运动后，南华活动带浅变质褶皱基底形成，扬子陆块和华夏陆块拼合形成统一的华南板块。上叠在加里东褶皱带基底上的湘桂粤和右江裂陷盆地，首次形成了广泛分布的以碳酸盐岩台地为主的盖层沉积，但同时出现活动性较强的台盆相沉积，并伴有小规模的海底火山活动。华力西旋回初期，湘桂粤和右江裂陷盆地有小规模的海底火山活动，具较高的热异常，形成了与盆地流体成矿作用有关的矿化和矿床；华力西旋回晚期，属于盆地演化结束阶段，该阶段扬子-华南成矿域构造活动趋于活跃，早二叠世末的东吴运动，钦州残留海盆和琼中裂陷盆先后闭合，在钦州-云开地区、武夷山南段具有造山性质，分别形成与碰撞造山活动带有关的并关于变质细碎屑岩中的金矿床及变质滑石、石墨矿床等。与钦州海盆闭合造山有关，右江盆地隆起区海陆过渡相沉积岩中形成晚二叠世铝土矿、耐火粘土和煤矿床（系列$Pz_2$-9-2）。在武夷-云开弧盆系和华夏地块，与华力西期造山活动有关，在武夷-云开-台湾造山系形成与混合花岗岩有关的伟晶岩型Nb、Ta矿床（系列$Pz_2$-9-1）。

**7. 扬子成矿省**

扬子陆块上的成矿作用主要发生在早古生代大陆边缘的基础上，与海侵先后有关，上扬子古陆南缘在晚泥盆世海侵底部碎屑岩中形成了铁矿床，上扬子地块西缘，中泥盆世期间形成粘土中风化-再沉积P、V矿床，上扬子克拉通中部（黔中）在加里东之后长期隆起剥蚀，风化淋滤，早石炭世遭受海侵形成海陆过渡相沉积岩中铝土矿、耐火粘土、煤矿床，上扬子克拉通西缘和江南地块东西缘分别形成石膏矿床。华力西旋回晚期，属于盆地演化结束阶段，该阶段扬子陆块构造活动趋于活跃，晚二叠纪，康滇地块经历了陆壳拉张、地幔柱作用，导致大规模基性-超基性岩浆侵入和峨眉山玄武岩的喷溢活动，形成与镁铁质-超镁铁质岩有关的Fe、V、Ti、Cu、Ni、PGE、蛇纹石、石棉矿床，为扬子-华南成矿域古生代规模最大的一次岩浆成矿作用（系列$Pz_2$-10-2），伴随康滇地块隆升，限制了早二叠世碳酸盐岩台地的扩大，在隆起区边缘发育晚二叠世陆相玄武岩和海陆交互相沉积岩地层，形成了S、Mn、Fe、铝土矿、煤矿床（系列$Pz_2$-10-1、$Pz_2$-10-3）。与钦州海盆闭合造山有关，右江盆地隆起区海陆过渡相沉积岩中形成晚二叠世铝土矿、耐火粘土和煤矿床。

**8. 西藏-三江成矿省**

西藏-三江古生代成矿作用相对较弱，晚古生代—中生代早期，由弧后扩张演变为复杂的多岛海构造-地理格局。二叠纪玄武岩喷溢和晚古生代基性-超基性岩侵入，产出铜镍铂矿（系列$Pz_2$-11-1、$Pz_2$-11-2）。在澜沧江构造带南段景洪一带火山-岩浆活动显著，在基性-中酸性火山岩内形成海相基性-中酸性火山岩有关的Cu、Pb、Zn等矿床（系列$Pz_2$-11-3）。

# 结　　语

自2016年本项目实施以来，在全国及各大区资源潜力评价等项目成果资料基础上，全面搜集、整理了中国古生代金属、非金属、油气、非常规能源矿产资料，重新厘定了古生代矿床时代与类型，建立了中国古生代矿床数据库，梳理了不同构造单元重要成矿作用，对中国古生代成矿地质环境、成矿特征、成矿系列和成矿体系进行了详细总结。

## 一、取得的主要成果认识

### 1. 以板块构造与地幔柱理论为指导，以活动论的观点，创新古特提斯洋与古亚洲洋关系及成矿作用认识

从板块构造研究中国古生代洋陆关系和构造-岩浆-成矿作用，离不开对古亚洲洋和古特提斯洋的关系判断，特别是对于中国西北部的研究，两个古生代大洋形成演化和关系是理清重要地质构造和成矿事件的关键。早古生代的原特提斯洋与古亚洲洋应连为一体，合称古亚洲-原特提斯洋，简称古亚洲洋。古亚洲洋是发育于早古生代劳亚大陆与冈瓦纳大陆之间的大洋，金川超大型铜镍矿床的形成是元古宙罗迪尼亚超大陆裂解三叉裂谷开启大洋的开始，塔里木陆块作为古亚洲洋南岸的一个陆块，早古生代的昆仑洋、祁连洋和秦岭洋只是古亚洲洋的分支或次生洋盆，这些次生洋盆于志留纪末闭合，古亚洲洋主洋则直到晚古生代泥盆纪末才闭合。石炭纪天山及邻区是古亚洲洋闭合后板块构造后碰撞机制与地幔柱作用提供热动力的两种地球动力学机制并存的构造背景，为大规模壳幔混合（染）岩浆作用和成矿爆发提供了可能。古特提斯洋是古亚洲洋在晚古生代的发展和继承，东昆仑夏日哈木超大型铜镍矿床的产生是冈瓦纳大陆北侧志留纪末破裂三叉裂谷开启大洋的开始，塔里木和华北等泛华夏陆块群构成了古特提斯洋北岸陆缘，石炭纪大洋形成，古特提斯洋为古亚洲洋在晚古生代的发展和继承，东昆仑夏日哈木超大型铜镍矿床的产生是冈瓦纳大陆北侧志留纪末破裂三叉裂谷开启大洋的开始，塔里木和华北等泛华夏陆块群构成了古特提斯洋北岸陆缘，石炭纪大洋形成。西昆仑玛尔坎苏大型优质锰矿可能就形成于大洋北侧被动大陆边缘的浅海或陆表海，成矿物质则很可能来自同时代的大洋中脊。德尔尼大型铜钴矿为晚石炭世大洋中脊塞浦路斯型块状硫化物矿床。而铜峪沟铜矿和大场金矿等则分别为古特提斯洋消减俯冲岛弧岩浆作用下形成的矽卡岩-斑岩矿床和浅成低温热液矿床。中三叠世末古特提斯洋闭合。

### 2. 提出中国早古生代、晚古生代构造单元划分方案

古生代中国大陆的构造格局及其成矿地质环境是在前寒武纪不同地质发展阶段形成的不同性质的基底之上发展起来的。

中国早古生代构造单元划分为4个板块区（西伯利亚板块、华北板块、塔里木板块、扬子板块）及其间的4个对接带（斋桑-额尔齐斯（查尔斯克-布尔根）对接带、南天山-那拉提-红柳河-西拉木伦对接带、茫崖-柴北缘-东昆南-商丹对接带和江绍结合带），以及4个早古生代增生带（天山-兴蒙、秦祁昆、武夷-云开-台湾、西藏-三江）。可划分为12个Ⅰ级构造单元、54个Ⅱ级构造单元、116个Ⅲ级构造单元。中国大陆早古生代（个别延续到早中泥盆世）出现的以多岛洋盆为代表的构造格局，形成一系列缝合带和广泛的大陆边缘沉积。表现为震旦纪寒武纪初至奥陶纪形成一系列裂谷、被动陆缘和洋盆，奥陶纪至志留纪发育沟弧盆系及残留海盆，志留纪末至早中泥盆世碰撞造山完成中华陆块群汇合。形成超大陆裂解-汇聚-碰撞造山完整的构造旋回，主要表现为板块裂解、飘移、新生洋盆形成、洋壳俯冲、消减，陆壳增生及陆-陆碰撞等洋、陆之间各种板块运动。

中国大陆晚古生代一级构造单元，主要包括西伯利亚、塔里木-柴达木、华北和扬子等4个板块，斋桑-额尔齐斯（查尔斯克-乔夏喀拉-布尔根）对接带、西南天山-索伦-西拉木伦对接带、康西瓦-苏巴什-阿尼玛卿-勉略-大别-苏鲁拼接带3条主要对接带和天山-兴蒙、秦祁昆、西藏-三江和武夷-云开等4个增生带。可分为11个Ⅰ级构造单元、41个Ⅱ级构造单元、130个Ⅲ级构造单元。中国大陆在晚古生代构造格局自北向南分别为：西伯利亚大陆及其结构复杂的南部边缘、古亚洲洋、冈瓦纳大陆及其结构复杂的北部边缘（包括经加里东造山作用形成古中华陆块群）。进入到板内伸展与板缘拼合共同发展阶段，表现为稳定克拉通盆地-伸展裂解-汇聚碰撞构造演化体制。二叠纪地幔柱与板块相互作用。

**3. 研究成矿作用和矿床成因类型，深入认识矿床形成机理和分布规律**

在总体分布上，中国古生代磷、锰、铝、煤、重晶石等沉积矿产主要分布在华北、扬子等稳定地台区，油气主要分布在塔里木、华北陆块沉积盆地内，页岩气主要分布于扬子陆块沉积盆地内，黑色金属主要分布在地台周缘地区和造山带的构造结合带附近，其他有色金属、贵金属及非金属矿产多分布在造山系内。

中国大陆古生代成矿是以沉积作用和岩浆作用成矿为特色。早古生代以板块构造体制下的大陆裂谷、洋陆转换与增生造山作用为主，以沉积作用和岩浆作用成矿为主，主要矿床类型为化学沉积型、浅成中低温热液型、海相火山岩型；晚古生代西部为板块构造体制与地幔柱叠加成矿作用，岩浆成矿作用明显增强，沉积作用成矿仍然较强。以化学沉积型、生物化学沉积型、岩浆热液型、海相火山岩型、岩浆型、浅成中低温热液型、风化型为主。

**4. 进一步深化了古生代成矿系列的研究，集成区域成矿研究成果，总结中国古生代区域成矿规律**

结合古生代区域矿产分布特征和区域成矿作用，按照早古生代、晚古生代地质构造单元划分方案，早古生代划分了12个Ⅱ级成矿省和54个Ⅲ级成矿区带，晚古生代划分了11个Ⅱ级成矿省和41个Ⅲ级成矿区带。

中国早古生代矿床划分为38个成矿系列。其中：岩浆作用成矿系列16个；沉积作用成矿系列17个；变质作用成矿系列4个；含矿流体作用成矿系列1个。中国晚古生代矿床划分为46个成矿系列。其中，岩浆作用矿床成矿系列组合26个；沉积作用矿床成矿系列13个；变质作用矿床成矿系列组合3个；含矿流体作用矿床成矿系列组合4个。

古生代矿床地质分布上以发育于古生代造山带为特点，以阿尔泰华力西期造山带、天山-北山华力西期造山系、内蒙古-兴安岭华力西期—燕山期造山系、秦祁昆加里东期—华力西期造山系和扬子地台西北缘华力西期造山带最为主要，并表现为自西北端向东南方向古生代成矿作用减弱，中新生代成矿作用逐渐增强的特点。这与中国大陆显生宙大陆构造裂陷、封闭造山的演化历史是相一致的，壳幔作用是造就金属成矿元素可能超常富集的主要物质来源与动力来源，而造山带是地质历史上壳幔作用最为剧烈的场所。陆块内部的古生代成矿作用，表现为寒武纪的磷、锰和石炭纪—二叠纪的铝土矿等沉积型矿床的分布。因此中国大陆古生代成矿作用是中国大陆古生代造山作用的产物，这个造山作用应包括造山前的大陆裂解成洋、造山期的陆块碰撞和造山后的局部裂陷活动。

新元古代中晚期形成了以中-朝、塔里木和扬子古陆块为主体统一中国大陆，并且可能是全球Rodinia超大陆的组成部分。发育于古陆块周围的古生代增生带，说明古生代裂解成洋的古板块作用历史。从全球构造考察中国大陆古生代的构造演化，中国古陆处于北半球冈瓦纳大陆和俄罗斯-西伯利亚大陆裂解的构造转换部位，当新元古代末裂解、中寒武世形成古亚洲洋时，中国古陆处于冈瓦纳大陆的北缘活动带，受古亚洲洋主洋打开的强烈影响，而形成类似太平洋东岸多微陆块、碎块和边缘海组成的大陆边缘活动带。古亚洲洋的形成、发展和消亡历史造就了古亚洲成矿域的形成。古亚洲洋发育于整个古生代，最终古亚洲洋主洋直到晚古生代泥盆纪末才闭合，并逐步向特提斯体系转化。因为古亚洲洋整个古生代都存在，大陆边缘则表现为加里东期和华力西期两期的拉张、缝合增生作用，不同部位裂解、缝合增生造山带的时期有差异。祁连-北秦岭边缘海志留纪末微陆块碰撞造山，而真正的大陆碰撞作用则发育于华力西期，因此中国大陆古生代成矿作用，晚古生代强于早古生代，由于古生代整体处于全球大陆（冈瓦纳大陆）北部边缘内部的有限拉张和有限碰撞，壳幔物质交换有限，整个古生代构造作用不似中新生代西太平洋古陆和印度大陆向亚洲大陆拉张、俯冲、碰撞作用强烈，因此也难有世界级超大型超常规模成矿作用形成，但大型矿床还是存在的，特别是处于中-朝、塔里木古陆以北的造山带有形成超大型矿床的地质背景。可能于晚古生代开始裂解的古特提斯洋，属于大陆之间的裂张，有可能形成大型金属矿床，但由于中新生代特提斯构造域的叠加，仅在扬子地台的西缘有与裂解作用有关的岩浆矿床，其壳幔作用强烈的成矿构造环境，应有形成较大规模金属矿床的成矿条件。

## 二、存在问题及建议

1）亟待加强古特提斯构造转换与成矿作用的深入研究，从成矿作用研究出发，重新审视古特提斯洋演化与构造转换过程，厘定区域成矿构造环境，创新古特提斯构造转换与成矿作用认识。

2）古生代成矿区带的划分有待进一步完善。

3）在新一轮矿产地质志成果基础上，继续完善中国古生代矿床数据库和成矿系列，进一步丰富完善中国古生代板块构造成矿体系。

# 主要参考文献及资料


甘肃省地质调查院. 2011. 甘肃省铅锌矿潜力评价报告.

甘肃省地质调查院. 2013. 甘肃省矿产资源潜力评价成矿规律研究报告.

甘肃省地质局第二地质队. 1978. 大道尔吉铬铁矿床特征简介. 西北地质, (1): 28-38.

广西大新县下雷矿区大新锰矿北中部矿段勘探报告. 2015.

广西地质勘查总院. 2008. 广西德保县钦甲矿区铜锡矿核查资源储量核查报告.

广西第二地质队. 1972. 广西德保县钦甲铜锡矿区地质普查勘探报告.

广西第二地质队. 1984. 广西壮族自治区德保县钦甲铜锡矿地质研究报告.

广西宜州市龙头矿区深部及外围碳酸锰矿普查工作总结. 2018.

贵州省地矿局一〇二地质大队. 2014. 贵州省遵义锰矿整装勘查实施方案.

贵州省地质调查院. 2012. 贵州省重晶石矿资源潜力评价报告.

辽宁省第六地质大队. 2016. 辽宁省瓦房店整装勘查区专项填图与技术应用示范报告. 1-155.

内蒙古自治区地质调查院. 2013. 内蒙古自治区铜矿预测成果报告. 1-914.

内蒙古自治区地质矿产局. 1991. 内蒙古自治区区域地质志. 北京: 地质出版社.

陕西省地质调查院. 2012. 1∶25 万滴水泉幅(L45C003004)、北塔山牧场幅(L46C003001)区调修测报告.

陕西省地质矿产局第七地质队. 1984. 陕西省安康市石梯重晶石矿床勘探报告.

四川省冶金地质勘查局. 2012. 四川省锰矿成矿规律及资源评价.

西安地质矿产研究所. 2001. 红坑子幅、国营鱼儿红牧场幅 1∶5 万区域地质调查报告.

新疆佰源丰矿业有限公司. 2016. 新疆维吾尔自治区阿克陶县奥尔托喀讷什锰矿勘探地质报告.

新疆地矿局第二地质大队. 2003. 新疆阿克陶县契列克其铁矿普查报告.

新疆第一区域地质调查大队. 2012. 新疆若羌县喀腊大湾铁矿普查报告.

新疆维吾尔自治区地质调查院. 2012. 新疆 1∶25 万富蕴县幅区域地质调查报告.

新疆维吾尔自治区地质矿产勘查开发局. 2011. 新疆铁矿潜力评价成果报告.

新疆维吾尔自治区地质矿产勘查开发局. 2013. 新疆矿产资源潜力评价成矿规律报告.

中国地质调查局沈阳地质调查中心. 2013. 东北地区重要矿产区域成矿规律成果报告.

中国地质调查局天津地质调查中心. 2016. 华北陆块区金刚石找矿选区评价成果报告. 1-168.

中国地质调查局西安地质调查中心. 2008. 北山成矿带找矿重大疑难问题研究成果报告.

中国地质调查局西安地质调查中心. 2015. 青海 1∶25 万巴什库尔干(J46C001001)、茫崖镇(J46C002001)幅区调修测报告.

中国地质调查局西安地质调查中心. 2015. 青海 1∶25 万巴什库尔干(J46C001001)、茫崖镇(J46C002001)幅区调修测地质报告.

中国地质调查局西安地质调查中心. 2018. 新疆奇台黄羊山晶质石墨资源基地综合地质调查总结报告.

中国煤炭地质总局. 2013. 中国煤炭资源潜力评价.

中国煤炭地质总局特种技术勘探中心. 2013. 山西平朔地区锂镓资源调查成果报告.

中国石油长庆油田分公司. 2015. 鄂尔多斯盆地油气地质特征与勘探进展. 长庆油田分公司报告.

中国石油新疆油田分公司. 2012. 新疆油田公司油气资源勘探工作情况. 新疆油田分公司报告.

中国冶金地质总局. 2019. 湘西-滇东地区矿产地质调查成果报告.

中国冶金地质总局广西地质勘查院. 2015. 广西大新下雷矿区锰矿生产勘探.

中国冶金地质总局湖南地质勘查院. 2008. 湖南省桃江县响涛源锰矿区资源储量核实报告.

中化地质矿山总局地质研究院. 2013. 全国化工矿产资源潜力评价成果报告.

白建科, 陈隽璐, 彭素霞. 2017. 新疆石墨资源特征及成矿规律. 地质学报, 91(12): 2828-2840.

白建科, 陈隽璐, 彭素霞. 2018. 新疆奇台县黄羊山岩浆热液型石墨矿床含矿岩体年代学与地球化学特征. 岩石学报, 34(8): 2327-2340.

白令安, 孙景贵, 张勇, 等. 2012. 大兴安岭地区内生铜矿床的成因类型、成矿时代与成矿动力学背景. 岩石学报, 28(2): 468-482.

包强. 2000. 四川盆地加里东古隆起震旦系储层特征及分布规律研究. 成都理工学院硕士论文, 5-6.

鲍佩声, 王希斌, 彭根勇, 等. 1999. 中国铬铁矿床. 北京: 科学出版社, 1-326.

鲍佩声, 王希斌. 1989. 对大道尔吉铬铁矿床成因的新认识. 矿床地质, (1): 3-18.

鲍文龙. 2012. 谈地质遥感影像特征. 黑龙江科技信息, 2012(28): 50-50.

蔡元吉. 1984. 硬石膏转化黄铁矿实验研究-在水热溶液条件下硬石膏为形成黄铁矿提供硫源的实验. 中国地质科学院南京地质矿产研究所所刊, (5): 36-53.

曹福根, 张玉萍, 李艳, 等. 2009. 新疆哈密沁城一带南华系青石峡红地质特征及意义. 新疆地质, 27(4): 303-307.

曹烨, 唐尧, 要梅娟, 等. 2018. 中国硫矿资源预测模型及资源潜力分析. 地学前缘, 25(3): 179-195.

柴超. 2011. 新疆哈密库姆塔格铁矿成因矿物学及成矿条件研究. 新疆大学硕士学位论文.
车自成，刘洪福，刘良，等. 1994. 中天山造山带的形成与演化. 北京：地质出版社.
陈柏林，蒋荣宝，李丽，等. 2009. 阿尔金山东段喀腊大湾地区铁矿带的发现及其意义. 地球学报，30(2)：143-154.
陈柏林，祁万修，崔玲玲，等. 2017. 阿尔金北缘喀腊达坂火山岩型铅锌矿床研究. 地质学报，91(8)：1818-1835.
陈登辉，隋清霖，赵晓健，等. 2019. 西昆仑穆呼锰矿晚石炭世含锰碳酸盐岩地质地球化学特征及其沉积环境. 沉积学报，37(3)：477-490.
陈富文，李华芹，陈毓川，等. 2005. 东天山土屋-延东斑岩铜矿田成岩时代精确测定及其地质意义. 地质学报，79(2)：256-261.
陈疆，徐永波，王芳，等. 2013. 新疆坡北-笔架山地区基性-超基性岩铜镍矿成矿规律. 新疆地质，31(2)：184-189.
陈隽璐，徐学义，王宗起，等. 2008. 西秦岭太白地区岩湾-鹦鸽咀蛇绿混杂岩的地质特征及形成时代. 地质通报，27(4)：500-509.
陈列锰，易俊年，宋谢炎，等. 2014. 峨眉山大火成岩省内带黑谷田含钒钛磁铁矿层状岩体成因. 岩石学报，30(5)：1415-1431.
陈仁义，刘玉琳. 1995. 新疆索尔库都克类夕卡岩铜(钼)矿床地质特征及矿床成因. 地质论评，41(2)：165-173.
陈生民. 2007. 祁连山地区钨矿特征及找矿前景分析. 黄金科学技术，15(2)：26-35.
陈世平，王登红，屈文俊，等. 2005. 新疆葫芦铜镍硫化物矿床的地质特征与成矿时代. 新疆地质，23(3)：230-233.
陈文，罗修泉，郑宝英，等. 1994. 激光显微探针$^{40}Ar/^{39}Ar$定年方法研究. 地球学报，(增)：197-205.
陈文，孙敬博，李洁，等. 2013. 新疆东天山帕尔岗成矿亚带金属矿床成因和成矿时代研究. 高校地质学报，19(增)：258-259.
陈贤，刘家军，张琪彬，等. 2014. 黑龙江翠宏山铁多金属矿区岩体锆石 U-Pb 年龄、Hf 同位素特征及其地质意义. 矿物岩石地球化学通报，33(5)：636-644.
陈毓川，王登红，徐志刚，等. 2006. 对中国成矿体系的初步探讨. 矿床地质，25(2)：155-163.
陈毓川，朱裕生，肖克炎，等. 2006. 中国成矿区(带)的划分. 矿床地质，25(增)：1-6.
陈毓川，王登红，朱裕生，等. 2007. 中国成矿体系与区域成矿评价. 北京：地质出版社.
陈毓川，张洪涛，朱裕生，等. 1999. 中国主要成矿区带矿产资源远景评价. 北京：地质出版社.
陈毓川，裴荣富，王登红，等. 2020. 论地球系统四维成矿及矿床学研究趋向. 矿床地质，39(5)：745-753.
丛琳，李文龙. 2010. 鄂尔多斯盆地油、气、煤成藏机理及分布规律. 科学技术与工程，10(29)：7123-7127.
丛源，董庆吉，肖克炎，等. 2018. 中国锰矿资源特征及潜力预测. 地学前缘，25(3)：118-137.
崔根，王金益，张景仙，等. 2008. 黑龙江多宝山花岗闪长岩的锆石 SHRIMP U-Pb 年龄及其地质意义. 世界地质，27(4)：387-394.
崔建堂，边小卫，王根宝. 2006. 西昆仑地质组成与演化. 陕西地质，24(1)：1-11.
崔军文，邓晋福，唐哲民，等. 1994. 青藏高原北缘变形动力学研究的一些新认识. 地球学报：中国地质科学院院报，(29)：145-146.
党宽太. 2004. 甘肃小柳沟铜钨多金属矿床地球化学异常特征及找矿标志. 矿产与地质，18(4)：323-328.
邓军，王长明，李文昌，等. 2014. 三江特提斯复合造山与成矿作用研究态势及启示. 地学前缘，21(1)：52-64.
邓军，王庆飞，李龚健. 2016. 复合造山和复合成矿系统：三江特提斯例析. 岩石学报，32(8)：2225-2247.
邓宇峰，宋谢炎，周涛发，等. 2012. 新疆东天山黄山东岩体橄榄石成因意义探讨. 岩石学报，28(7)：2224-2234.
董大忠，高世葵，黄金亮，等. 2014. 论四川盆地页岩气资源勘探开发前景. 天然气工业，34(12)：1-15.
董连慧，田昌烈. 2001. 西天山吐拉苏-也里莫墩金成矿带简述. 地质与资源，10(2)：85-90.
董连慧，李基宏，李凤鸣，等. 2012. 新疆铬铁矿成矿条件与勘查部署建议. 新疆地质，30(3)：292-299.
董申保，沈其韩，孙大中，等. 1986. 中国变质作用及其与地壳演化的关系. 北京：地质出版社.
董云鹏，张国伟，杨钊，等. 2007. 西秦岭武山 E-MORB 型蛇绿岩及相关火山岩地球化学. 中国科学：D 辑，37(A01)：199-208.
范永源. 1995. 新疆若羌县依吞布拉克石棉矿床地质特征及成因探讨. 建材地质，(6)：7-11.
方维萱，张国伟，芦纪英. 2001a. 秦岭造山带泥盆系热水沉积岩相的亚相和微相划分及特征. 地质与勘探，37(2)：50-54.
方维萱，胡瑞忠，苏文超，等. 2001b. 扬子地块南缘及邻区大陆动力成矿系统、成矿系列特征与找矿方向. 矿物学报，21(4)：561-570.
冯宏业，许英霞，秦克章，等. 2012. 东疆圪塔山口含硫化物镁铁-超镁铁岩体 SIMS 锆石 U-Pb 年龄及意义. 矿床地质，31(增)：699-700.
冯金星，石福品，汪帮耀，等. 2010. 西天山阿吾拉勒成矿带火山岩型铁矿. 北京：地质出版社.
冯学仕，王尚彦，等. 2004. 贵州省区域矿床成矿系列与成矿规律. 北京：地质出版社.
冯益民，曹宣铎，张二朋，等. 2002. 西秦岭造山带结构、造山过程及动力学——1：100 万西秦岭造山带及其邻区大地构造图说明书. 西安：地图出版社.
冯增昭，陈继新，张吉森. 1991. 鄂尔多斯地区早古生代岩相古地理. 北京：地质出版社.
冯子齐，刘丹，黄士鹏，等. 2016. 四川盆地长宁地区志留系页岩气碳同位素组成. 石油勘探与开发，43(5)：705-713.
付伟. 2012. 谈铜元素区域地球化学特征. 黑龙江科技信息，(29)：43-43.
高俊，何国琦. 1997. 西天山造山带的古生代造山过程. 地球科学：中国地质大学学报，22(1)：27-32.
高俊，钱青，龙灵利，等. 2009. 西天山的增生造山过程. 地质通报，28(12)：1804-1816.
高兰，王登红，熊晓云，等. 2014. 中国铝矿成矿规律概要. 地质学报，88(12)：2284-2295.
高永宝，李文渊，钱兵，等. 2014a. 东昆仑野马泉铁矿相关花岗质岩体年代学、地球化学及 Hf 同位素特征. 岩石学报，30(6)：1647-1665.

高永宝，李文渊，钱兵，等. 2014b. 新疆维宝铅锌矿床地质、流体包裹体和同位素地球化学特征. 吉林大学学报(地球科学版)，44(4)：1153-1165.
高永宝，李文渊，谭文娟. 2010. 祁漫塔格地区成矿地质特征及找矿潜力分析. 西北地质，43(4)：35-43.
高永宝，李文渊，张照伟. 2011. 祁漫塔格白干湖-戛勒赛钨锡矿带石英脉型矿石流体包裹体及氢氧同位素研究. 岩石学报，27(6)：1829-1839.
高永宝，滕家欣，陈登辉，等. 2017. 新疆西昆仑玛尔坎苏锰矿带成矿地质特征及找矿方向. 西北地质，50(1)：261-269.
高永宝，滕家欣，李文渊，等. 2018. 新疆西昆仑奥尔托喀讷什锰矿地质、地球化学及成因. 岩石学报，34(8)：2341-2358.
高永宝，赵辛敏，王博，等. 2021. 阿尔金西段卡尔恰尔-库木塔什超大型萤石矿带矿床地质、控矿花岗岩特征及找矿远景. 中国地质(网络首发).
高兆奎，丁振举，宋史刚，等. 2011. 祁连造山带与花岗岩有关的钨钼多金属成矿系统. 武汉：中国地质大学出版社.
葛文春，吴福元，周长勇，等. 2007. 兴蒙造山带东段斑岩型 Cu、Mo 矿床成矿时代及其地球动力学意义. 科学通报，52(20)：2407-2417.
苟国朝，田培昭，张新虎，等. 1994. 大道尔吉蛇绿岩型超镁铁岩铬铁矿中铂族元素分布特征. 西北地质，15(1)：11-19.
郭道军，于海军，王雪，等. 2014. 攀枝花钒钛磁铁矿地质特征与成矿远景. 四川地质学报，34(4)：523-528.
郭宏，李霞，毛启贵，等. 2006. 新疆东天山岩浆铜镍硫化物矿床地质特征及成矿环境. 新疆地质，24(2)：135-140.
郭彤楼，刘若冰. 2013. 复杂构造区高演化程度海相页岩气勘探突破的启示——以四川盆地东部盆缘 JY1 井为例. 天然气地球科学，24(4)：643-651.
郭旭升，胡东风，魏志红，等. 2016. 涪陵页岩气田的发现与勘探认识. 中国石油勘探，21(3)：24-37.
郭旭升，李宇平，刘若冰，等. 2014. 四川盆地焦石坝地区龙马溪组页岩微观孔隙结构特征及其控制因素. 天然气工业，34(6)：9-16.
郭正林，郭旭吉，王书来，等. 2007. 阿尔泰南缘麦兹泥盆纪火山-沉积盆地成矿特点及其铅锌、铁、金找矿潜力分析. 矿床地质，26(1)：128-138.
郭正林. 2002. 可可塔勒铅锌矿床地质特征及成因浅析. 新疆有色金属，25(2)：5-8.
韩宝福，季建清，宋彪，等. 2004. 新疆喀拉通克和黄山东含铜镍矿镁铁-超镁铁杂岩体的 SHRIMP 锆石 U-Pb 年龄及其地质意义. 科学通报，49(22)：2324-2328.
韩芳林，崔建堂，计文化，等. 2002. 西昆仑其曼于特蛇绿混杂岩的发现及其地质意义. 地质通报，21(8)：575-578.
韩振新，徐衍强，郑庆道. 2004. 黑龙江省重要金属和非金属矿床的成矿系列及其演化. 哈尔滨：黑龙江人民出版社，61-95.
韩柱国. 1982. 辽宁地区金伯利岩主要地质特征. 辽宁地质学报，(1)：81-97.
郝蜀民，李良，张威，等. 2016. 鄂尔多斯盆地北缘石炭系—二叠系大型气田形成条件. 石油与天然气地质，37(2)：149-154.
何国琦，李茂松，贾进斗，等. 2001. 论新疆东准噶尔蛇绿岩的时代及其意义. 北京大学学报，37(6)：853-858.
何国琦，邵济安. 1983. 内蒙古东南部(昭盟)西拉木伦河一带早古生代蛇绿岩建造的确认及其大地构造意义. 中国北方板块构造文集，第一集：243-250.
何书跃，孙非非，李云平，等. 2017. 青海祁漫塔格地区冰沟南辉长岩岩石地球化学特征及年代学意义. 矿物岩石地球化学通报，36(4)：582-592.
何玉良，黄岑杨. 2012. 河南省卢氏地区伟晶岩型稀有金属矿成矿规律初步研究. 科技资讯，(28)：77-78.
何治亮，胡宗全，聂海宽，等. 2017. 四川盆地五峰组—龙马溪组页岩气富集特征与“建造-改造”评价思路. 天然气地球科学，28(5)：724-733.
何自新，杨华，韩申庭. 2000. 鄂尔多斯盆地上古生界天然气富集规律研究. 长庆油田分公司报告.
何自新. 2003. 鄂尔多斯盆地演化与油气. 北京：石油工业出版社.
洪为，张作衡，李华芹，等. 2012. 新疆西天山查岗诺尔铁矿床成矿时代：来自石榴子石 Sm-Nd 等时线年龄的信息，矿床地质，31(5)：1067-1074.
侯敏，杜恒芳. 1998. 小兴安岭南段-张广才岭成矿带主要金属矿床成矿系列的划分及区域成矿. 黑龙江地质，9(3)：10-16.
侯增谦. 2010. 大陆碰撞成矿论. 地质学报，84(1)：30-58.
侯增谦，吕庆田，王安建，等. 2003. 初论陆-陆碰撞与成矿作用——以青藏高原造山带为例. 矿床地质，22(4)：319-333.
侯增谦，杨竹森，徐文艺，等. 2006a. 青藏高原碰撞造山带：Ⅰ. 主碰撞造山成矿作用. 矿床地质，25(4)：337-358.
侯增谦，潘桂棠，王安建，等. 2006b. 青藏高原碰撞造山带：Ⅱ. 晚碰撞转换成矿作用. 矿床地质，25(5)：521-543.
侯增谦，曲晓明，杨竹森，等. 2006c. 青藏高原碰撞造山带：Ⅲ. 后碰撞伸展成矿作用. 矿床地质，25(6)：629-651.
胡霭琴，张国新，李启新，等. 1995. 新疆北部主要地质事件同位素年表. 地球化学，24(1)：20-31.
胡瑞忠，陶琰，钟宏，等. 2005. 地幔柱成矿系统以峨眉山地幔柱为例. 地学前缘，12(1)：42-54.
胡云中，任天祥，马振东，等. 2006. 中国地球化学场及其与成矿关系. 北京：地质出版社.
黄波，付冬，李树才，等. 2016. 内蒙古贺根山蛇绿岩形成时代及构造启示. 岩石学报，32(1)：158-176.
黄琴，朱永峰. 2012. 新疆西准噶尔灰绿山金矿地质特征初步研究. 新疆地质，30(4)：411-417.
黄萱，金成伟，孙宝山，等. 1997. 新疆阿尔曼太蛇绿岩时代的 Nd-Sr 同位素地质研究. 岩石学报，13(1)：85-91.

黄蕴慧. 1992. 华北地台金伯利岩与金刚石. 北京：地质出版社.
黄增保，郑建平，李葆华，等. 2016. 南祁连大道尔吉早古生代弧后盆地型蛇绿岩的年代学、地球化学特征及意义. 大地构造与成矿学，40(4)：826-838.
惠卫东. 2009. 东天山觉罗塔格成矿带成矿特征及金属矿床成矿系列与成矿谱系. 新疆有色金属，(A01)：55-60.
贾承造. 1999. 塔里木盆地构造特征与油气聚集规律. 新疆石油地质，20(3)：177-183.
贾群子，杜玉良，赵子基，等. 2013. 柴达木盆地北缘滩间山金矿区斜长花岗斑岩锆石 LA-MC-ICPMS 测年及其岩石地球化学特征. 地质科技情报，32(1)：87-93.
贾群子，杨忠堂，肖朝阳，等. 2007. 祁连山铜金钨铅锌矿床成矿规律和成矿预测. 北京：地质出版社，1-306.
简平，刘敦一，张旗，等. 2003. 蛇绿岩及蛇绿岩中浅色岩的 SHRIMP U-Pb 测年. 地学前缘，10(4)：439-456.
江思宏，聂凤军，陈伟十，等. 2006. 北山地区南金山金矿床的$^{40}Ar-^{39}Ar$同位素年代学及其流体包裹体特征. 地质论评，52(2)：266-275.
姜常义，程松林，叶书锋，等. 2006. 新疆北山地区中坡山北镁铁质岩体岩石地球化学与岩石成因. 岩石学报，22(1)：115-126.
姜常义，吴文奎. 1996. 西天山阿吾拉勒地区岩浆活动与构造演化. 西安地质学院学报，18(2)：18-24.
姜春发，王宗起，李锦轶，等. 2000. 中央造山带开合构造. 北京：地质出版社.
姜寒冰，董福辰，张振亮，等. 2014. 西天山哈勒尕提含矿花岗岩地球化学、锆石 U-Pb 年代学及地质意义. 新疆地质，32(1)：25-34.
姜俊. 2003. 阿尔泰可可塔勒铅锌矿床围岩蚀变及成因. 矿产与地质，17(6)：679-682.
姜亭，陈高潮，史冀忠，等. 2015. 新疆伊宁盆地石炭系—二叠系油气调查发现两套烃源岩. 中国地质调查，2(5)：8-13.
蒋宗胜，张作衡，侯可军，等. 2012. 西天山查岗诺尔和智博铁矿区火山岩地球化学特征、锆石 U-Pb 年龄及地质意义. 岩石学报，28(7)：2074-2088.
颉伟，宋谢炎，邓宇峰，等. 2013. 甘肃黑山铜镍硫化物含矿岩体的地质特征及橄榄石成因探讨. 岩石学报，29(10)：3487-3502.
金中国，刘玲，黄智龙，等. 2012. 贵州务正道地区风化作用与铝土矿形成机理探讨. 矿产与地质，26(6)：469-475.
荆德龙，任毅，汪帮耀，等. 2012. 新疆松湖铁矿地质特征与成矿期次划分. 亚热带资源与环境学报，7(4)：10-15.
荆德龙，张博，汪帮耀，等. 2014. 新疆西天山尼新塔格铁矿床地质特征与矿床成因. 岩石矿物学杂志，33(5)：841-858.
荆德龙. 2016. 西天山阿吾拉勒成矿带铁矿成矿作用与成矿规律研究. 长安大学博士学位论文.
康吉昌. 2003. 可可塔勒铅锌矿床地质特征及成因初探. 新疆有色金属，26(4)：9-13.
康磊，校培喜，高晓峰，等. 2015. 西昆仑西北缘大洋斜长花岗岩带的岩石地球化学特征、成因及其构造环境. 岩石学报，31(9)：2566-2582.
康玉柱. 2004. 再论塔里木盆地古生代油气勘探潜力. 石油与天然气地质，25(5)：479-483.
康玉柱. 2008. 中国西北地区石炭-二叠系油气勘探前景. 新疆石油地质，29(4)：415-419.
康玉柱，陈新华. 2014. 中国石炭-二叠系致密岩油气资源潜力分析. 新疆石油地质，35(4)：375-379.
匡立春，唐勇，雷德文，等. 2012. 准噶尔盆地二叠系咸化湖相云质岩致密油形成条件与勘探潜力. 石油勘探与开发，39(6)：657-667.
雷德文，陈刚强，刘海磊，等. 2017. 准噶尔盆地玛湖凹陷大油(气)区形成条件与勘探方向研究. 地质学报，91(7)：1604-1619.
黎世美，瞿伦全，苏振邦，等. 1996. 小秦岭金矿地质和成矿预测. 北京：地质出版社.
李犇. 2010. 北秦岭松树沟铬铁矿矿床和铜峪铜矿床地质地球化学与成矿动力学背景. 西北大学硕士学位论文.
李博秦，姚建新，王炬川，等. 2007. 西昆仑柳什塔格峰西侧火山岩的特征、时代及地质意义. 岩石学报，23(11)：2801-2810.
李才，黄小鹏，翟庆国，等. 2006. 龙木错-双湖-吉塘板块缝合带与青藏高原冈瓦纳北界. 地学前缘，13(4)：136-147.
李才，翟庆国，董永胜，等. 2008. 冈瓦纳大陆北缘早期的洋壳信息——来自青藏高原羌塘中部早古生代蛇绿岩的依据. 地质通报，27(10)：1605-1612.
李春昱，王荃，刘雪亚，等. 1982. 亚洲大地构造图(说明书). 北京：地质出版社.
李德东，王玉往，王京彬，等. 2012. 新疆香山杂岩体的成岩与成矿时序. 岩石学报，28(7)：2103-2112.
李方辉. 2009. 黑龙江省嫩江县关鸟河大理岩矿地质特征和开发前景. 黑龙江科技信息，(24)：45-45.
李峰，张富良. 2001. 滇西大平掌铜多金属矿床火山喷流沉积成因. 地质与勘探，37(4)：5-8.
李凤鸣，彭湘萍，石福品，等. 2011. 西天山石炭纪火山-沉积盆地铁锰矿成矿规律浅析. 新疆地质，29(1)：55-60.
李凤鸣，彭湘萍，张勤军. 2010. 西昆仑契列克其菱铁矿床特征及成矿模式. 新疆地质，28(3)：274-279.
李广伟，方爱民，吴福元，等. 2009. 塔里木西部奥依塔克斜长花岗岩锆石 U-Pb 年龄和 Hf 同位素研究. 岩石学报，25(1)：166-172.
李杭，洪涛，杨智全，等. 2020. 稀有金属花岗伟晶岩锆石、锡石与铌钽铁矿 U-Pb 和白云母$^{40}Ar/^{39}Ar$测年对比研究——以阿尔金中段吐格曼北锂铍矿床为例. 岩石学报，36(9)：2869-2892.
李宏茂，时友东，刘忠，等. 2007. 东昆仑西段黑山-祁漫塔格成矿带钨锡成矿地质条件及找矿方向. 地质与资源，16(2)：86-90.
李洪奎，陈莉，韩廷宝，等. 2016. 郯庐断裂带形成演化与大别-苏鲁造山带的关系探讨. 地球科学前沿，6(1)：44-54.
李华芹，陈富文，蔡红，等. 1999. 新疆东部马庄山金矿成矿作用同位素年代学研究. 地质科学，34(2)：251-256.
李华芹，陈富文，梅玉萍，等. 2006. 新疆坡北基性-超基性岩带Ⅰ号岩体 Sm-Nd 和 SHRIMP U-Pb 同位素年龄及其地质意义. 矿床地质，25(4)：463-469.
李华芹，陈富文. 2004. 中国新疆区域成矿作用年代学. 北京：地质出版社.
李华芹，梅玉萍，屈文俊，等. 2009. 新疆坡北基性-超基性岩带10号岩体SHRIMP U-Pb和矿石Re-Os同位素定年及其意义. 矿床地质，28(5)：633-642.
李华芹，谢才富，常海亮，等. 1998. 新疆北部主要有色贵金属成矿作用年代学研究，北京：地质出版社.
李惠民，陈志宏，相振群，等. 2006. 秦岭造山带商南-西峡地区富水杂岩的变辉长岩中斜锆石与锆石U-Pb同位素年龄的差异. 地质通报，25(6)：653-659.
李金春，刘伯崇，丁书宏. 2005. 北祁连天鹿砂岩铜矿床成矿特征. 西北地质，38(1)：47-54.
李锦轶. 1995. 新疆东准噶尔蛇绿岩的基本特征和侵位历史. 岩石学报，(增1)：73-84.
李锦轶，何国琦，徐新，等. 2006. 新疆北部及邻区地壳构造格架及其形成过程的初步探讨. 地质学报，80(1)：148-168.
李侃. 2019. 新疆和田县大红柳滩一带新发现大型锂矿产地. 中国地质调查成果快讯，118-119：7-10.
李堃. 2018. 湘西-黔东地区铅锌矿床成矿模式与成矿预测. 中国地质大学(武汉)博士学位论文.
李立兴，李厚民，王登红，等. 2009. 河南桐柏地区铜锌多金属矿床的微量元素和稀土元素特征及成因意义. 地学前缘，16(6)：325-336.
李荣社，计文化，何世平. 2011. 中国西部古亚洲与特提斯两大构造域划分问题讨论. 新疆地质，29(3)：247-250.
李世金，孙丰月，高永旺，等. 2012. 小岩体成大矿理论指导与实践——青海东昆仑夏日哈木铜镍矿找矿突破的启示及意义. 西北地质，45(4)：185-191.
李伟，易海永，胡望水，等. 2014. 四川盆地加里东古隆起构造演化与油气聚集的关系. 天然气工业，34(3)：8-15.
李文昌，潘桂棠，侯增谦. 2010. 西南“三江”多岛弧-盆碰撞造山成矿理论与勘查技术. 北京：地质出版社.
李文炎，余洪云，等. 1991. 中国重晶石矿床. 北京：地质出版社.
李文渊. 1996. 中国铜镍硫化物矿床成矿系列与地球化学. 西安：西安地图出版社.
李文渊. 2006. 祁连山岩浆作用有关金属硫化物矿床成矿与找矿. 北京：地质出版社.
李文渊. 2007. 岩浆Cu-Ni-PGE硫化物矿床研究现状及发展趋势. 西北地质，40(2)：1-28.
李文渊. 2015. 中国西北部成矿地质特征及找矿新发现. 中国地质，42(3)：365-380.
李文渊. 2018. 古亚洲洋与古特提斯洋关系初探. 岩石学报，34(8)：3-12.
李文渊，郭周平，王伟. 2005. 北祁连山加里东期聚敛作用的构造转换及其成矿响应. 地质论评，51(2)：120-127.
李文渊，牛耀龄，张照伟，等. 2012. 新疆北部晚古生代大规模岩浆成矿的地球动力学背景和战略找矿远景. 地学前缘，19(4)：41-50.
李文渊，王亚磊，钱兵，等. 2020. 塔里木陆块周缘岩浆Cu-Ni-Co硫化物矿床形成的探讨. 地学前缘，27(2)：276-293.
李文渊，夏林圻，夏祖春，等. 1999. 北祁连山早古生代弧后盆地火山作用及成矿特点——以肃南石居里沟富铜块状硫化物矿床为例. 地质论评，45(S1)：1047-1053.
李文渊，张照伟，高永宝，等. 2011. 秦祁昆造山带重要成矿事件与构造响应. 中国地质，38(5)：41-50.
李献华，苏犁，宋彪，等. 2004. 金川超镁铁侵入岩SHRIMP锆石U-Pb年龄及地质意义. 科学通报，49(4)：420-422.
李小东. 2010. 宁夏香山腰岘子铜(银)矿床及其控矿构造研究. 长安大学硕士学位论文.
李晓峰，冯佐海，肖荣，等. 2012. 桂东北钨锡稀有金属矿床的成矿类型、成矿时代及其地质背景. 地质学报，86(11)：1713-1725.
李永军，陈永彬，李英，等. 2003. 西秦岭铁矿床成矿系列及其区域地质对比. 长安大学学报，25(1)：11-14.
李月臣，赵国春，屈文俊，等. 2006. 新疆香山铜镍硫化物矿床Re-Os同位素测定，岩石学报，22(1)：245-251
李志丹，薛春纪，张舒，等. 2010. 新疆西南天山霍什布拉克铅锌矿床地质、地球化学及成因. 矿床地质，29(6)：983-998.
李志德. 1995. 北秦岭早古生代火山岩区成矿作用研究中的若干问题. 河南地质，13(2)：81-86.
李中明，燕长海，刘学飞，等. 2012. 河南省新安县郁山隐伏铝土矿成因分析. 地质与勘探，48(3)：421-429.
梁培，陈华勇，韩金生，等. 2017. 东准噶尔北缘早石炭世构造体制转变：来自碱性花岗岩年代学和地球化学制约. 大地构造与成矿学，41(1)：202-221.
廖启林，蒋少涌. 2001. 新疆东准噶尔中酸性浅成岩金、铜成矿系列. 地质找矿论丛，16(1)：7-11.
刘兵. 2014. 阿尔金山喀腊达坂一带火山成因块状硫化物型铅锌矿床地质特征及找矿前景. 西北地质，47(4)：264-268.
刘德权，陈毓川，王登红，等. 2003. 土屋-延东铜钼矿田与成矿有关问题的讨论. 矿床地质，22(4)：334-344.
刘东盛，王学求，周建，等. 2020. 中国钴地球化学基准值特征及影响因素. 地球学报，41(6)：807-817.
刘东晓，董雅清，张月宝. 2009. 甘肃北山南金山-狼娃山金成矿带成矿作用特征. 甘肃地质，18(4)：29-33.
刘国仁，秦纪华，赵忠合，等. 2008. 新疆阿尔泰额尔齐斯构造带片麻岩的锆石U-Pb SHRIMP定年及其地质意义. 现代地质，22(2)：190-196.
刘吉，李忠水. 2019. 吉林省非金属矿床成矿系列划分初探. 中国非金属矿工业导刊，(1)：29-32.
刘家远. 2001. 论新疆东准噶尔陆相火山成矿作用. 大地构造与成矿学，25(4)：434-438.
刘良，车自成. 1998. 阿尔金茫崖地区早古生代蛇绿岩的Sm-Nd等时线年龄证据. 科学通报，43(8)：880-883.
刘良，康磊，曹玉亭，等. 2015. 南阿尔金早古生代俯冲碰撞过程中的花岗质岩浆作用. 中国科学：地球科学，45(8)：1126-1137.

刘良，孙勇，罗金海，等. 2003. 阿尔金英格利萨依花岗质片麻岩超高压变质. 中国科学：D辑，33(12)：1184-1192.
刘全有，戴金星，金之钧，等. 2009. 塔里木盆地前陆区和台盆区天然气的地球化学特征及成因. 地质学报，83(1)：107-114.
刘若冰. 2015. 中国首个大型页岩气田典型特征. 天然气地球科学，26(8)：1488-1498.
刘松柏，杨梅珍，吴洪恩，等. 2011. 新疆苏吉泉球状石墨矿床成矿模式. 新疆地质，29(2)：178-182.
刘伟，刘秀金. 2013. 新疆阿尔泰南缘早-中泥盆世东西部火山岩源区及矿床物质来源差异. 地球学报，34(4)：413-424.
刘伟，张湘炳. 1993. 乌伦古-斋桑泊构造杂岩带特征及其地质意义. 北京：科学出版社，217-228.
刘晓煌，邓军，孙兴丽，等. 2010. 北祁连西段干巴河脑钼钨矿床辉钼矿 Re-Os 测年及 C-H-O-S 同位素特征. 吉林大学学报(地球科学版)，40(4)：845-851.
刘晓煌，孙柏年，屈文俊，等. 2007. 北祁连山西段西柳沟钨钼矿的 Re-Os 定年及地质意义. 岩石学报，32(10)：2434-2442.
刘训，Graham S，Chang E，等. 1994. 塔里木板块周缘晚古生代以来的构造演化. 地球科学：中国地质大学学报，19(6)：715-725.
刘永春，郗国增. 2004. 华北铝土矿床成因及河南省铝土矿找矿方向. 河南省第四届青年学术年会论文集(上册)，726-729.
刘战庆，裴先治，李瑞保，等. 2011. 东昆仑南缘布青山构造混杂岩带早古生代百日切特中酸性岩浆活动：来自锆石 U-Pb 测年及岩石地球化学特征. 中国地质，38(5)：1150-1167.
刘志臣，周琦，颜佳新，等. 2019. 二叠纪贵州遵义次级裂谷盆地结构及其对锰矿的控制作用. 古地理学报，21(3)：517-526.
龙灵利，高俊，钱青，等. 2008. 西天山伊犁地区石炭纪火山岩地球化学特征及构造环境. 岩石学报，24(4)：699-710.
龙晓平，孙敏，袁超，等. 2006. 东准噶尔石炭系火山岩的形成机制及其对准噶尔洋盆闭合时限的制约. 岩石学报，22(1)：31-40.
卢纪仁. 1996. 峨眉地幔柱的动力学特征. 地球学报，17(4)：424-438.
卢进才，陈高潮，李玉宏，等. 2014. 银额盆地及其邻区石炭系—二叠系油气资源远景调查主要进展及成果. 中国地质调查，1(2)：35-44.
卢进才，牛亚卓，姜亭. 2018. 中国北方石炭系—二叠系油气地质调查与勘探进展. 地质通报，37(1)：7-15.
陆露，吴珍汉，胡道功，等. 2010. 东昆仑牦牛山组流纹岩锆石 U-Pb 年龄及构造意义. 岩石学报，26(4)：1150-1158.
路凤香，赵磊. 1995. 华北地台金伯利岩岩浆活动时代讨论. 岩石学报，11(4)：365-374.
吕大炜，刘海燕，孟彦如，等. 2014. 华北板块晚古生代海侵事件沉积类型及分布. 中国煤炭，40(8)：35-38.
吕军，秦克章，赵忠海，等. 2017. 黑龙江多宝山-大新屯铜金矿整装勘查区专项填图与技术应用示范.
吕林素，刘珺，张作衡，等. 2007. 中国岩浆型 Ni-Cu-(PGE)硫化物矿床的时空分布及其地球动力学背景，岩石学报，23(10)：2561-2594.
罗君烈. 1995. 云南铂、铜镍、铬矿床的成矿模式. 云南地质，14(4)：311-318.
马国良. 1998. 厂坝铅锌矿床中钠长石岩的成因探讨. 地质地球科学，26(2)：29-33.
马瑞申，刘百顺，李中明，等. 2012. 河南省新安县郁山铝土矿床地质特征. 地质与勘探，48(3)：479-486.
马晓峰，王琪，史基安，等. 2012. 准噶尔盆地陆西地区石炭-二叠系火山岩岩性岩相特征及其对储层的控制. 特种油气藏，19(1)：54-57.
马永生. 2009. 中国南方层序地层与古地理. 北京：科学出版社.
马中平，李向民，孙吉明，等. 2009. 阿尔金山南缘长沙沟镁铁-超镁铁质层状杂岩体的发现与地质意义—岩石学和地球化学初步研究. 岩石学报，25(4)：793-804.
毛景文. 1999. 浅议大规模成矿作用与大型矿集区. 矿床地质，18(4)：291-299.
毛景文，Franco PIRAJNO，张作衡，等. 2006. 天山-阿尔泰东部地区华力西晚期后碰撞铜镍硫化物矿床：主要特点及可能与地幔柱的关系. 地质学报，80(7)：925-942.
毛景文，杨建民，屈文俊，等. 2002. 新疆黄山东铜镍硫化物矿床 Re-0s 位素测定及其地球动力学意义. 矿床地质，21(4)：323-330.
毛启贵，肖文交，韩春明，等. 2006. 新疆东天山白石泉铜镍矿床基性-超基性岩体锆石 U-Pb 同位素年龄、地球化学特征及其对古亚洲洋闭合时限的制约. 岩石学报，22(1)：153-162.
毛亚晶. 2014. 东天山黄山铜镍矿田多期岩浆作用与成矿机理. 博士论文，中国科学院新疆生态与地理研究所：1-178.
梅燕雄，裴荣富，杨德凤，等. 2009. 全球成矿域和成矿带. 矿床地质，28(4)：383-389.
莫宣学，罗照华，邓晋福，等. 2007. 东昆仑造山带花岗岩及地壳生长. 高校地质学报，13(3)：403-414.
木合塔尔·扎日，依马木·塔依尔，池顺都，等. 2004. 东天山土屋-延东斑岩铜矿带矿产资源 GIS 预测. 地质与勘探，40(3)：55-59.
聂凤军，江思宏，白大明，等. 2002. 北山地区金属矿床成矿规律及找矿方向. 北京：地质出版社.
聂凤军，江思宏，刘妍，等. 2005. 内蒙古黑鹰山富铁矿床磷灰石钐-钕同位素年龄及其地质意义. 矿床地质，24(2)：134-140.
聂凤军，许东青，江思宏，等. 2008. 内蒙古苏莫查干敖包特大型萤石矿区地质特征及成因. 矿床地质，27(1)：1-13.
潘桂棠，陈智梁，李兴振，等. 1997. 东特提斯地质构造形成演化. 北京：地质出版社.
潘桂棠，李兴振，王立全，等. 2002. 青藏高原及邻区大地构造单元初步划分. 地质通报，21(11)：701-707.
潘桂棠，肖庆辉，陆松年，等. 2008. 大地构造相的定义、划分、特征及其鉴别标志. 地质通报，27(10)：1613-1637.
潘桂棠，肖庆辉，陆松年. 2009. 中国大地构造单元划分. 中国地质，36(1)：1-28.
潘桂棠，朱弟成，王立全，等. 2004. 班公湖-怒江缝合带作为冈瓦纳大陆北界的地质地球物理证据. 地学前缘，11(4)：371-382.
潘涛，姜歌，孙王辉. 2016. 四川盆地威远地区龙马溪组泥页岩储层非均质性. 断块油气田，23(4)：423-428.

潘彤，李善平，赵呈祥，等. 2017. 东昆仑地区夏日哈木铜镍矿床成矿模式及找矿方向. 地质通报，36(7)：1276-1287.
潘彤. 2015. 青海省柴达木南北缘岩浆熔离型镍矿的找矿——以夏日哈木镍矿为例. 中国地质，42(3)：713-723.
潘玉玲，王传雷. 1993. 金刚石原生矿预测的六准则. 地质科技情报，(S1)：81-84.
潘裕生. 1994. 青藏高原第五缝合带的发现与论证. 地球物理学报，37(2)：184-192.
裴先治，丁仨平，胡波，等. 2004. 西秦岭天水地区关子镇蛇绿岩的厘定及其地质意义. 地质通报，23(12)：1202-1208.
彭巨贵，张发荣，赵福昌. 2004. 甘肃北山地区钨矿特征及找矿远景. 甘肃地质学报，13(2)：59-66.
彭礼贵. 1987. 新疆西准噶尔地区阿尔卑斯型超基性岩中铬铁矿矿物包裹体研究. 中国地质科学院院报，(3)：103-117.
彭素霞，陈向阳，陈隽璐，等. 2018. 新疆东准噶尔地区石墨矿成矿特征及成因探讨. 西北地质，51(4)：194-201.
彭艳菊，吕林素，周振华. 2013. 中国金刚石资源分布及开发利用现状. 宝石和宝石学杂志，15(4)：1-7.
蒲登兴，陈加中，廖兴健，等. 2008. 四川丹巴铜镍铂矿床矿化类型及其意义. 四川地质学报，28(2)：100-104.
齐文，侯满堂. 2005. 镇旬矿田泥盆系和志留系铅锌矿的成矿地质条件分析. 中国地质，32(3)：452-462.
祁万修，刘兵，赵磊，等. 2013. 新疆阿尔金山喀腊达坂一带铁多金属矿调查评价. 新疆维吾尔自治区地质调查院.
钱兵，高永宝，李侃，等. 2015. 新疆东昆仑于沟子地区与铁-稀有多金属成矿有关的碱性花岗岩地球化学、年代学及 Hf 同位素研究. 岩石学报，31(9)：2508-2520.
钱兵，张照伟，李文渊，等. 2018. 柴北缘西端盐场北山铜镍硫化物矿床镁铁-超镁铁质岩体岩浆演化过程及含矿性分析. 岩石学报，34(8)：2275-2294.
钱壮志，汤中立，李文渊，等. 2003. 秦祁昆成矿域古生代区域成矿规律. 西北地质，36(1)：34-40.
钱壮志，王建中，姜常义，等. 2009. 喀拉通克铜镍矿床铂族元素地球化学特征及其成矿作用意义. 岩石学报，25(4)：832-844.
秦克章，方同辉，王书来，等. 2002. 东天山板块构造分区、演化与成矿地质背景研究. 新疆地质，20(4)：302-308.
秦克章，唐冬梅，苏本勋，等. 2012. 北疆二叠纪镁铁-超镁铁岩铜，镍矿床的构造背景、岩体类型、基本特征、相对剥蚀程度、含矿性评价标志及成矿潜力分析. 西北地质，45(4)：83-116.
秦克章，田野，姚卓森，等. 2014. 新疆喀拉通克铜镍矿田成矿条件，岩浆通道与成矿潜力分析. 中国地质，41(3)：912-935.
秦克章，翟明国，李光明，等. 2017. 中国陆壳演化，多块体拼合造山与特色成矿的关系. 33(2)：305-325.
邱家骧，张珠福. 1997. 北秦岭早古生代海相火山岩的实验、成分与构造开合. 地球科学，22(3)：233-239.
任纪舜. 2004. 昆仑-秦岭造山系的几个问题. 西北地质，37(1)：1-5.
任纪舜，陈挺恩，中宝贵，等. 1990. 中国东部及邻区大陆岩石圈的构造演化与成矿. 北京：科学出版社.
任纪舜，姜春发，张正坤，等. 1980. 中国大地构造及其演化. 北京：科学出版社.
任纪舜，王作勋，陈炳蔚，等. 1999. 从全球看中国大地构造——中国及邻区大地构造图简要说明. 北京：地质出版社.
任育智，孙继省，吴保全. 2008. 青海省互助县白山坡钨矿地质特征及找矿前景. 地质与勘探，44(2)：23-28.
茹艳娇. 2012. 西天山大哈拉军山组火山岩地层序列、岩石成因与构造环境. 长安大学硕士学位论文.
汝珊珊，李峰，吴静，等. 2012. 云南大平掌铜多金属矿床花岗闪长斑岩地球化学特征及年代学研究，岩石矿物学杂志，31(4)：531-540.
芮宗瑶，王龙生，王义天，等. 2002. 东天山土屋和延东斑岩铜矿床时代讨论. 矿床地质，21(1)：16-22.
三金柱，秦克章，汤中立，等. 2010. 东天山图拉尔根大型铜镍矿区两个镁铁-超镁铁岩体的锆石 U-Pb 定年及其地质意义. 岩石学报，26(10)：3027-3035.
商朋强. 2018. 扬子陆块震旦-寒武系磷矿成矿区带划分和找矿远景. 化工矿产地质，40(2)：77-83.
史长义，张金华，黄笑梅. 1998. 中国铜矿田区域地球化学异常特征. 地质学报，72(1)：76-82.
宋立军，朱杰勇. 2004. 金平白马寨铜镍矿床地球物理成矿预测模式. 地球物理学进展，19(1)：186-190.
宋忠宝，陈向阳，陈博，等. 2009. 东昆仑德尔尼铜矿的成矿时代及其地质意义. 矿物岩石地球化学通报，28(增)：113.
苏震，冀天方，李龙. 2018. 新疆沙尔湖膨润土矿床成矿地质条件及成因模式. 河北地质大学学报，41(5)：24-28.
孙佳. 2010. 青海化隆亚曲含镍岩体成岩成矿作用及其构造响应. 长安大学硕士论文.
孙龙德，邹才能，朱如凯，等. 2013. 中国深层油气形成、分布与潜力分析. 石油勘探与开发，40(6)：641-649.
孙涛，钱壮志，党新生，等. 2010. 喀拉通克铜镍矿床硫同位素组成特征及其地质意义. 地球科学与环境学报，32(4)：344-349.
孙涛，王登红，王岩，等. 2019. 中国矿产地质志 · 镍矿卷. 北京：地质出版社.
覃桂武，刘文安. 2012. 华力西—印支期海相沉积盆地演化与广西下雷锰矿床成矿关系探讨. 中国锰业，30(4)：5-7.
谭淋耘，徐铫，李大华，等. 2015. 页岩气成藏主控因素与成藏模式研究：以渝东南地区五峰组—龙马溪组为例. 地质科技情报，34(3)：126-132.
汤静如，奚小双，范效仁，等. 2006. 甘肃小柳沟铜钨矿床成矿构造类型及控矿机制. 桂林工学院学报，26(2)：177-180.
汤良杰. 1994. 塔里木盆地构造演化与构造样式. 地球科学，(6)：32-44.
汤中立，钱壮志，焦建刚，等. 2008. 古生代成矿体系成果报告.
汤中立，钱壮志，任秉琛，等. 2005. 中国古生代成矿作用. 北京：地质出版社.
汤中立，徐刚，王亚磊，等. 2012. 岩浆成矿新探索——小岩体成矿与地质找矿突破. 西北地质，45(4)：1-16.
唐冬梅，秦克章，孙赫，等. 2009. 天宇铜镍矿床的岩相学、锆石 U-Pb 年代学、地球化学特征：对东疆镁铁-超镁铁质岩体源区和成因的制约. 岩石学报, 25(4): 817-831.
唐功建, 王强, 赵振华, 等. 2008. 西天山喇嘛苏成矿斑岩年代学、地球化学特征与成因初探. 矿物岩石地球化学通报. 27(增): 269-271.
唐克东, 等. 1989. 中朝板块北侧褶皱带构造演化及成矿规律. 北京: 北京大学出版社.
唐正, 简崟峰. 2015. 江西省上饶地区朝阳磷矿地质特征研究. 矿物学报, (增): 786-787.
唐治乾. 1990. 甘肃公婆泉铜矿古火山口控矿特征及其找矿意义. 矿产与勘查, (6): 11-17.
陶琰, 马言胜, 苗来成, 等. 2008. 云南金宝山超镁铁岩体锆石 SHRIMP 年龄. 科学通报, 53(22): 2828-2832.
陶琰, 朱丹, 高振敏, 等. 2003. 金宝山铂族元素矿床铂族元素的热液活动研究. 矿物岩石地球化学通报, 22(1): 32-37.
田乾乾, 韩建光, 易洪春. 2009. 我国华北地区石炭-二叠纪成煤作用. 煤炭技术, 28(3): 118-121.
田升平. 2000. 中国北方磷矿成矿特征及找矿潜力. 化工矿产地质, 22(2): 65-69.
童英, 洪大卫, 王涛, 等. 2006. 阿尔泰造山带南缘富蕴后造山线形花岗岩体锆石 U-Pb 年龄及其地质意义. 岩石矿物学杂志, 25(2): 85-89.
万博, 张连昌. 2006, 新疆阿尔泰东南缘卡拉先格尔铜矿带含矿斑岩地球化学及其成矿意义. 中国地质, 33(3): 618-625.
万方来, 蒋金晶, 王煊, 等. 2019, 辽宁省瓦房店金伯利岩矿区构造特征及其控矿作用. 地质通报, 38(1): 62-67.
万天丰. 2013. 天山-阿尔泰地区古生代构造及相关的内生成矿作用. 矿床地质, 32(4): 705-714.
万天丰. 2013. 新编亚洲大地构造区划图. 中国地质, 40(5): 1351-1365.
汪帮耀. 2011a. 新疆西天山查岗诺尔和智博火山岩型铁矿矿床地质特征与成因研究. 长安大学博士学位论文.
汪帮耀, 胡秀军, 王江涛, 等. 2011b. 西天山查岗诺尔铁矿矿床地质特征及矿床成因研究. 矿床地质, 30(3): 385-402.
汪帮耀, 姜常义, 李永军, 等. 2009. 新疆东准噶尔卡拉麦里蛇绿岩的地球化学特征及大地构造意义. 矿物岩石, (3): 74-82.
汪帮耀, 荆德龙, 姜常义, 等. 2017. 西天山阿吾拉勒火山岩型铁矿带东段成矿地质背景与成矿机理. 岩石学报, 33(2): 385-397.
王博, 舒良树, Dominique Cluzel, 等. 2007. 伊犁北部博罗霍努岩体年代学和地球化学研究及其大地构造意义. 岩石学报, 23(8): 1885-1900.
王昌桂, 杨飚. 2004. 吐哈盆地二叠系油气勘探潜力. 新疆石油地质, 25(1): 17-18.
王超. 2011. 塔里木盆地南缘前寒武纪地质演化. 西北大学博士学位论文, 1-137.
王德福, 李云平, 贾妍慧. 2018, 青海金矿成矿规律及找矿方向. 地球科学与环境学报, 40(2): 162-175.
王登红, 陈毓川, 徐志刚, 等. 2002. 阿尔泰成矿省的成矿系列及成矿规律. 北京: 地质出版社, 95-397.
王登红, 陈毓川, 徐志刚. 2001. 阿尔泰加里东期变质成因伟晶岩型白云母矿床的成矿年代证据及其意义. 地质学报, 75(3): 419-425.
王登红, 陈毓川, 朱裕生, 等. 2006. 以矿床成矿系列构筑中国成矿体系及其运用. 矿床地质, 25(增): 43-46.
王登红, 李华芹, 屈文俊, 等. 2014. 全国成岩成矿年代谱系. 北京: 地质出版社.
王登红, 李华芹, 应立娟, 等. 2009. 新疆伊吾琼河坝地区铜、金矿成矿时代及其找矿前景. 矿床地质, 28(1): 73-82.
王登红, 骆耀南, 屈文俊, 等. 2007. 中国西南铂族元素矿床地质、地球化学与找矿. 北京: 地质出版社.
王登红, 章少华, 熊先孝. 2017. 中国矿产地质志·典型矿床总述卷. 北京: 地质出版社.
王鸿祯. 1985. 中国古地理图集. 北京: 中国地图出版社.
王鸿祯, 乔秀夫. 1987. 中国元古代构造单元及其边界性质. 地矿部《前寒武纪地质》编委会前寒武纪地质第 3 号国际晚前寒武纪地质讨论会论文选集. 北京: 地质出版社, 1-14.
王吉平, 商朋强, 牛桂芝. 2010. 中国萤石矿主要矿集区及其资源潜力探讨. 化工矿产地质, 32(2): 87-94.
王集磊, 何伯墀, 李健中, 等. 1996. 中国秦岭型铅锌矿床. 北京: 地质出版社.
王京彬, 王军升, 李博泉, 等. 1997. 新疆准噶尔地区与火山-浅成岩有关的金矿成矿系列. 矿产勘查, (增): 26-31.
王克勤, 李明凯, 刘贵忠. 1995. 西峡桑坪红柱石矿床地质特征及矿床成因. 建材地质, 81(5): 6-12.
王坤, 邢长明, 任钟元, 等. 2013. 攀枝花镁铁质层状岩体磷灰石中的熔体包裹体: 岩浆不混溶的证据. 岩石学报, 29(10): 3503-3518.
王立全, 潘桂棠, 李才, 等. 2008. 藏北羌塘中部果干加年山早古生代堆晶辉长岩的锆石 SHRIMP U-Pb 年龄-兼论原-古特提斯洋的演化. 地质通报, (12): 2045-2056.
王龙生, 李华芹, 刘德权, 等. 2005. 新疆哈密维权银(铜)矿床地质特征和成矿时代. 矿床地质, 24(3): 280-284.
王平安, 陈毓川, 裴荣富, 等. 1998. 秦岭造山带区域矿床成矿系列、构造-成矿旋回与演化. 北京: 地质出版社.
王清晨. 2001. 中国超高压变质岩十五年研究进展. 地球学报, 22(1): 11-16.
王瑞, 朱永峰. 2007. 西准噶尔宝贝金矿地质与容矿火山岩的锆石 SHRIMP 年龄. 高校地质学报, 13(3): 590-602.
王润民, 刘德权, 殷定泰. 1987. 新疆哈密土墩-黄山一带铜镍硫化物矿床成矿控制条件及找矿方向的研究. 矿物岩石, 7(1): 1-152.
王润民, 赵昌龙. 1991. 新疆喀拉通克一号铜镍硫化物矿床. 北京: 地质出版社. 1-294.
王生伟, 孙晓明, 廖震文, 等. 2012. 云南金宝山铂钯矿床铂族元素地球化学及找矿意义. 矿床地质, 31(6): 1259-1276.
王涛, 洪大卫, 童英, 等. 2005. 中国阿尔泰造山带后造山喇嘛昭花岗岩体锆石 SHRIMP 年龄、成因及陆壳垂向生长意义. 岩石学报, 21(3): 640-650.
王晓刚, 陈根, 严云峰, 等. 2011. 新疆库马苏-小土尔根一带化探异常特征及找矿前景. 四川地质学报, 31(3): 353-358.
王绪龙. 2013. 准噶尔盆地烃源岩与油气地球化学. 石油工业出版社.

王绪龙，赵孟军，向宝力，等. 2010. 准噶尔盆地陆东-五彩湾地区石炭系烃源岩. 石油勘探与开发，37(5)：523-530.
王学求，刘汉粮，王玮，等. 2020. 中国锂矿地球化学背景与空间分布：远景区预测. 地球学报，41(6)：797-806.
王学求，徐善法，迟清华，等. 2013. 中国金的地球化学省及其成因的微观解释. 地质学报，87(1)：1-8.
王亚磊，李文渊，张照伟，等. 2016. 新疆圪塔山口含铜镍岩体锆石 SHRIMP U-Pb 年龄、岩石地球化学特征及其地质意义. 大地构造与成矿学，40(6)：1275-1288.
王亚磊，张照伟，尹希文，等. 2018. 东天山香山铜镍-钛铁与两类岩浆演化关系探讨. 岩石学报，34(8)：2245-2261.
王亚磊，张照伟，尤敏鑫，等. 2015. 东天山白鑫滩铜镍矿锆石 U-Pb 年代学、地球化学特征及对 Ni-Cu 找矿的启示. 中国地质，42(3)：452-467.
王焰. 2008. 云南二叠纪白马寨铜镍硫化物矿床的成因：地壳混染与矿化的关系. 矿物岩石地球化学通报，27(4)：332-383.
王莹，熊先孝，孙小虹，等. 2014. 中国硼矿成矿地质特征及资源潜力分析. 化工矿产地质，36(1)：38-42.
王永，张峰，朱晔. 1998. 中国陆地部分大地构造单元的卫星影像区划及煤炭资源分布特征分析. 西北地质，19(2)：1-5.
王永和，校培喜，潘长利，等. 2014. 中华人民共和国区域地质调查报告苏吾什杰幅(J45C002004)比例尺 1：250000. 武汉：中国地质大学出版社.
王永磊，王登红，张长青，等. 2010. 广西德保铜锡矿床辉钼矿 Re-Os 同位素定年及对加里东期成矿的探讨. 矿床地质，29(5)：881-889.
王玉满，黄金亮，王淑芳，等. 2016. 四川盆地长宁-焦石坝志留系龙马溪组页岩气刻度区精细解剖. 天然气地球科学，27(3)：423-432.
王玉往，姜福芝，祝新友，等. 1996. 北山地区斑岩铜矿含矿岩体的某些地质特征及判别标志. 有色金属矿产与勘查，5(4)：204-212.
王玉往，王京彬，李德东，等. 2013. 新疆北部幔源岩浆矿床的类型，时空分布及成矿谱系. 矿床地质，32(2)：223-243.
王玉往，王京彬，王莉娟，等. 2006. 岩浆铜镍矿与钒钛磁铁矿的过渡类型——新疆哈密香山西矿床. 地质学报，80(1)：61-73.
王玉往，王京彬，王莉娟，等. 2009. 新疆香山铜镍钛铁矿区两个镁铁-超镁铁岩系列及特征. 岩石学报，25(4)：888-900.
王曰伦，孙忠和，任富根，等. 1988. 中国海相火山-沉积成矿理论及相关地质问题. 北京：地质出版社，1-299.
王云峰，陈华勇，肖兵，等. 2016. 新疆东天山地区土屋和延东铜矿床斑岩-叠加改造成矿作用. 矿床地质，35(1)：51-68.
王照波，王庆军. 2014. 华北板块东缘金刚石成矿区域地质背景分析与成矿预测. 山东国土资源，(10)：8-14.
王志良，毛景文，张作衡，等. 2006. 新疆天山斑岩铜钼矿地质特征、时空分布及其成矿地球动力学演化. 地质学报，80(7)：943-955.
王仲会. 1998. 金刚石成矿模型与勘查方法. 北京：地质出版社.
王宗社，吕新彪. 2006. 新疆小热泉子铜矿床成因. 地质科技情报，25(3)：68-72.
隗含涛. 2013. 贵州务正道地区铝土矿矿床地质特征及成矿规律研究. 中南大学.
邬介人，任秉琛，黄玉春，等. 1994. 西北海相火山岩地区块状硫化物矿床. 武汉：中国地质大学出版社.
吴国炎. 1997. 华北铝土矿的物质来源及成矿模式探讨. 河南地质，15(3)：161-166.
吴海才，何立东，冯昌荣，等. 2010. 物探综合手段在契列克其铁矿区外围找矿中的运用. 西北地质，43(增)：143-146.
吴晓智，齐雪峰，唐勇，等. 2009. 东西准噶尔火山岩成因类型与油气勘探方向，中国石油勘探，16(1)：1-9.
吴兴涛. 2014. 吉林省水泥用灰岩、大理岩矿床特征及评价时应注意的问题. 中国非金属矿工业导刊，113(6)：39-40.
吴益平，张连昌，周月斌，等. 2022. 阿尔金卡尔恰尔超大型萤石矿床成矿流体特征及形成机制探讨. 地质科学，57(2)：495-509.
伍跃中，乔耿彪，陈登辉，等. 2016. 昆仑-阿尔金成矿带金属矿产成矿条件与成矿远景预测. 武汉：中国地质大学出版社，1-265.
武广，王国瑞，刘军，等. 2014. 大兴安岭北部主要金属矿床成矿系列和区域矿床成矿谱系. 矿床地质，33(6)：1127-1150.
夏林圻，张国伟，夏祖春，等. 2002. 天山古生代洋盆开启、闭合时限的岩石学约束——来自震旦纪、石炭纪火山岩的证据. 地质通报，21(2)：55-62.
夏林圻. 2001. 造山带火山岩浆作用. 西北地质，34(3)：18-28.
夏明哲，姜常义，钱壮志，等. 2010. 新疆东天山黄山东岩体岩石地球化学特征与岩石成因. 岩石学报，26(8)：2413-2430.
夏学惠，袁家忠，杨辉艳，等. 2012. 新疆天山成矿带沉积磷矿床地质及地球化学研究. 山东科技大学学报(自然科学版)，(3)：17-27.
夏学惠，袁俊宏，杜家海，等. 2011. 中国沉积磷矿床分布特征及资源潜力. 武汉工程大学学报，33(2)：6-11.
夏学惠，赵玉海. 2005. 秦巴地区毒重石-重晶石矿床地质及成矿远景分析. 化工矿产地质，27(4)：201-205.
向安平，杨郧城，李贵涛，等. 2012. 黑龙江多宝山斑岩 Cu-Mo 矿床成岩成矿时代研究. 矿床地质，31(6)：1237-1248.
肖庆华，秦克章，唐冬梅，等. 2010. 新疆东天山香山镁铁-超镁铁岩矿物化学成分研究. 矿床地质，29(增)：1135-1136.
肖文交，Windley BF，阎全人，等. 2006. 北疆地区阿尔曼太蛇绿岩锆石 SHRIMP 年龄及其大地构造意义. 地质学报，80(1)：32-37.
肖序常，刘训，高锐，等. 2001. 塔里木盆地与青藏高原西北缘碰撞构造-西昆仑山地质、地球物理多学科调查新成果. 地质学报，75(2)：286.
肖序常，汤耀庆，冯益民，等. 1992. 新疆北部及其邻区大地构造. 北京：地质出版社. 1-171.
校培喜，高晓峰，胡云绪. 2014. 阿尔金-东昆仑西段成矿带地质背景研究. 北京：地质出版社，1-261.
谢燮，杨建国，王小红，等. 2015. 甘肃北山红柳沟铜镍矿化基性-超基性岩体 SHRIMP U-Pb 年龄及其地质意义. 中国地质，42(2)：396-408.
谢增业，魏国齐，李建，等. 2013. 中国海相碳酸盐岩大气田成藏特征与模式. 石油学报，34(增)：29-40.

熊盛青，杨海，丁燕云，等. 2018. 中国航磁大地构造单元划分. 中国地质，45(4)：658-680.
徐兴旺，李杭，石福品，等. 2019. 阿尔金中段吐格曼地区花岗伟晶岩型稀有金属成矿特征与找矿预测. 岩石学报，35(11)：3303-3316.
徐学义，何世平，王洪亮，等. 2008. 中国西北部地质概论-秦岭、祁连、天山地区. 北京：科学出版社.
徐志刚. 1995. 华南晚前寒武纪剪刀式开合构造及其动力学. 地质学报，69(4)：285-295.
徐志刚. 1998. 华南晚前寒武纪剪刀式开合构造及其构造-成矿意义. 北京大学地质学系编，北京大学国际地质科学学术研讨会论文集. 北京：地震出版社，115-123.
徐志刚. 2004. 试论夹子式开合构造. 地质通报，23(3)：238-245.
徐志刚，陈毓川，王登红，等. 2008. 中国成矿区带划分方案. 北京：地质出版社.
许志琴，王汝成，赵中宝，等. 2018. 试论中国大陆"硬岩型"大型锂矿带的构造背景. 地质学报，92(6)：1091-1106.
许志琴，杨经绥，嵇少丞，等. 2010. 中国大陆构造及动力学若干问题的认识. 地质学报，84(1)：1-29.
薛春纪，陈波，贾志业，等. 2011. 新疆西天山莱历斯高尔-3571斑岩铜钼矿田地质地球化学和成矿年代. 地学前缘，18(1)：149-165.
薛春纪，段士刚，柴凤梅，等. 2013. 乌兹别克斯坦 Almalyk 斑岩铜矿田成矿时代及其地质意义. 地学前缘，20(2)：197-204.
薛春纪，姬金生，张连昌，等. 1999. 新疆西滩金矿床同位素年代学研究. 西安工程学院学报，21(4)：6-10.
闫全人，王宗起，闫臻，等. 2007. 秦岭勉略构造混杂带康县-勉县段蛇绿岩块-铁镁质岩块的 SHRIMP 年代及其意义. 地质论评，53(6)：755-764.
闫升好，陈文，王义天，等. 2004. 新疆额尔齐斯金成矿带的 $^{40}Ar/^{39}Ar$ 年龄及其地质意义. 地质学报，78(4)：500-506.
闫升好，王义天，张招崇，等. 2006. 新疆额尔齐斯金矿带的成矿类型、地球动力学背景及资源潜力. 矿床地质，25(6)：693-704.
严正富，杨浩，顾连兴，等. 1990. 新疆苏吉泉石墨矿床地质特征及其成因. 江苏地质，(3)：21-24.
杨富全，王义天，李蒙文，等. 2005a. 新疆天山黑色岩系型矿床的地质特征及找矿方向. 地质通报，24(5)：462-469.
杨富全，毛景文，夏浩东，等. 2005b. 新疆北部古生代浅成低温热液型金矿特征及其地球动力学背景. 矿床地质，24(3)：242-263.
杨富全，王立，叶锦华，等. 2001a. 新疆霍什布拉克地区花岗岩锆石 U-Pb 年龄. 中国区域地质，20(3)：267-273.
杨富全，吴海，韩金良. 2001b. 新疆东准噶尔金属矿床成矿系列及成矿规律. 新疆地质，19(1)：54-58.
杨富全，张志欣，刘国仁，等. 2012. 新疆准噶尔北缘玉勒肯哈腊苏斑岩铜矿床年代学研究. 岩石学报，28(7)：2029-2042.
杨合群，宋忠宝，王兴安，等. 2002. 北祁连山中西段塞浦路斯型铜矿特征、成矿作用及找矿标志. 西北地质，35(4)：65-85.
杨华，包洪平，马占荣. 2014. 侧向供烃成藏-鄂尔多斯盆地奥陶系膏盐岩下天然气成藏新认识. 天然气工业，34(4)：19-26.
杨华，包洪平. 2011. 鄂尔多斯盆地奥陶系中组合成藏特征及勘探启示. 天然气工业，31(12)：11-20.
杨建国，王磊，王小红，等. 2012. 甘肃北山地区黑山铜镍矿化基性-超基性杂岩体 SHRIMP 锆石 U-Pb 定年及其地质意义. 地质通报，31(2-3)：448-454.
杨建国，王磊，谢燮，等. 2016. 甘肃北山怪石山铜镍矿化基性-超基性杂岩体 SHRIMP 锆石 U-Pb 同位素定年及其意义. 大地构造与成矿学，40(1)：98-108.
杨杰，祁晓鹏，范显刚. 2016. 东昆仑造山带蛇绿岩研究进展. 地球，(3)：73.
杨经绥，李天福，张仲明，等. 2006. 苏鲁芝麻坊超镁铁岩的岩石成因：大陆科学钻探卫星孔(CCSD-PP1)岩心研究. 地球科学，31(4)：437-456.
杨经绥，王希斌，史仁灯. 2004. 青藏高原北部东昆仑南缘德尔尼蛇绿岩：一个被肢解了的古特提斯洋壳. 中国地质，31(3)：225-239.
杨军录，冯益民，潘晓萍. 2001. 武山蛇绿岩的特征、同位素年代及其地质意义. 前寒武纪研究进展，24(2)：98-106.
杨遂正，金文化，李振宏. 2006. 鄂尔多斯多旋回叠合盆地形成与演化. 天然气地球科学，17(4)：494-498.
杨文强. 2013. 西昆仑塔县-康西瓦构造带印支期变质、岩浆作用及布伦阔勒岩群的形成时代. 西北大学博士论文.
杨先光，郭萍，陈东国. 2012. 四川省锰矿成矿规律与找矿前景. 四川地质学报，32(B09)：33-37.
杨先光. 2016. 四川省锰矿成矿规律及资源评价. 科学出版社，1-200.
杨新岳，李志纯，谢国源. 1994. 新疆阿尔泰造带南缘萨勒巴斯推覆体变形的变质作用. 地球科学-中国地质大学学报，19(4)：461-470.
杨岳清，倪云祥，郭永泉，等. 1987. 福建西坑花岗伟晶岩成岩成矿特征. 矿床地质，6(3)：10-16.
杨岳清，杨建民，徐德才，等. 2008. 云南大平掌铜多金属矿床成矿作用. 矿床地质，27(2)：230-242.
杨占兴，王彬娜. 2016. 辽宁瓦房店 30 号金伯利岩管地球化学特征及金刚石矿床成因. 世界地质，35(2)：378-386.
杨钊，董云鹏，柳小明，等. 2006. 西秦岭天水地区关子镇蛇绿岩锆石 LA-ICP-MS U-Pb 定年. 地质通报，25(11)：1321-1325.
杨钟堂，肖思云，肖朝阳，等. 2004. 祁连成矿带钨矿成矿特征及其区域找矿标志. 中国地质，31(3)：301-307.
叶庆同，傅旭杰. 1998. 新疆阿尔泰造山带矿床成矿系列. 地球学报：中国地质科学院院报，19(1)：31-39.
殷鸿福，黄定华. 1995. 早古生代镇淅地块与秦岭多岛洋小洋盆的演化. 地质学报，69(3)：193-203.
殷鸿福，张克信. 1998. 中央造山带的演化及其特点. 地球科学-中国地质大学学报，23(5)：437-447.
尤敏鑫，刘建民. 2014. 同位素地球化学在峨眉山大火成岩省研究中的应用现状与进展. 吉林大学学报(地球科学版)，(3)：172-184.
余仕军. 2012. 江西金溪地区石墨矿床地质特征及找矿方向. 非金属矿，35(3)：74-77.
贠杰，高晓峰，校培喜，等. 2015. 西昆仑下石炭统乌鲁阿特组火山岩地球化学特征及地质意义. 中国地质，42(3)：587-600.
袁峰，周涛发，岳书仓. 2001. 阿尔泰诺尔特地区花岗岩形成时代及成因类型. 新疆地质，19(4)：292-296.

岳鹏升，石乔，岳来群，等. 2017. 中国页岩气近期勘探开发进展. 天然气勘探与开发，40(3)：38-44.
曾乔松，陈广浩，王核，等. 2007. 阿尔泰冲乎尔盆地花岗质岩类的锆石 SHRIMP U-Pb 定年及其构造意义. 岩石学报，23(8)：1921-1932.
曾庆海. 2012. 河南省桐柏刘山岩铜锌矿地质特征与成矿模式. 矿产与地质，26(5)：408-413.
曾小华，周宗桂. 2014. 青海省兴海县铜峪沟铜矿床成矿物质和流体来源的地球化学探讨. 现代地质，64(2)：108-118.
翟刚毅，王玉芳，包书景，等. 2017. 我国南方海相页岩气富集高产主控因素及前景预测. 地球科学-中国地质大学学报，42(7)：1057-1068.
张博，汪帮耀，荆德龙，等. 2015. 新疆西天山备战铁矿矿床地质特征与矿床成因. 西北地质，48(1)：145-163.
张博. 2016. 新疆和静县备战铁矿床地质特征与成因. 长安大学硕士学位论文.
张成江，刘家铎，刘显凡，等. 2004. 峨眉火成岩省成矿效应初探. 矿物岩石，24(1)：5-9.
张成江，刘家铎，刘显凡，等. 2009. 攀西地区金属成矿系统. 成都理工大学学报：自然科学版，33(4)：387-394.
张弛，黄萱. 1992. 新疆西准噶尔蛇绿岩形成时代和环境的探讨. 地质论评，38(6)：507-524.
张传林，于海峰，叶海敏，等. 2006. 塔里木西部奥依塔克斜长花岗岩：年龄、地球化学特征、成岩作用及其构造意义. 中国科学(D 辑：地球科学)，36(10)：881-893.
张传林，于海锋，王爱国，等. 2005. 西昆仑西段三叠纪两类花岗岩年龄测定及其构造意义. 地质学报，79(5)：645-652.
张德全，孙桂英. 1988. 中国东部花岗岩. 武汉：中国地质大学出版社.
张德全. 1993. 敖瑙达巴斑岩型锡多金属矿床地质特征. 矿床地质，(1)：10-19.
张东阳，张招崇，艾羽，等. 2009. 西天山莱历斯高尔一带铜(钼)矿成矿斑岩体矿物学特征及其成岩成矿意义. 岩石矿物学杂志，28(1)：3-16.
张栋，路彦明，潘爱军，等. 2011. 东准噶尔北缘两类钙碱性花岗岩特征及其构造-成矿意义. 西北地质，44(2)：51-71.
张光亚，刘伟，张磊，等. 2015. 塔里木克拉通寒武纪—奥陶纪原型盆地、岩相古地理与油气. 地学前缘，22(3)：269-276.
张国伟，董云鹏，赖绍聪，等. 2003. 秦岭-大别造山带南缘勉略构造带与勉略缝合带. 中国科学(D 辑)：33(12)：1121-1135.
张国伟，孟庆任，赖绍聪. 1995. 秦岭造山带的结构构造. 中国科学(B 辑)，25(9)：994-1003.
张国伟，孟庆任，于在平，等. 1996. 秦岭造山带的造山过程及其动力学特征. 中国科学(D 辑：地球科学)，26(3)：193-200.
张国伟，张本仁，袁学诚，等. 2001. 秦岭造山带与大陆动力学. 北京：科学出版社.
张宏福，杨岳衡. 2007. 华北克拉通东部含金刚石金伯利岩的侵位年龄和 Sr-Nd-Hf 同位素地球化学特征. 岩石学报，23(2)：285-294.
张辉善，李艳广，全守村，等. 2018. 阿尔金喀腊达坂铅锌矿床金属硫化物元素地球化学特征及其对成矿作用的制约. 岩石学报，34(8)：2295-2311.
张惠民. 1995. 中国前寒武纪古地磁数据表. 地球学报，(4)：441-448.
张建新，张泽明. 1999. 阿尔金构造带西段榴辉岩的 Sm-Nd 及 U-Pb 年龄——阿尔金构造带中加里东期山根存在的证据. 科学通报，44(10)：1109-1112.
张金川，聂海宽，徐波，等. 2008. 四川盆地页岩气成藏地质条件. 天然气工业，28(2)：151-156.
张克信，朱云海，林启祥，等. 2007. 青海同仁县隆务峡地区首次发现镁铁质-超镁铁质岩带. 地质通报，26(6)：661-667.
张乐，任钟元. 2013. 云南白马寨铜镍硫化物矿床形成过程的定量模拟. 岩石学报，29(10)：3581-3591.
张立飞. 1997. 新疆西准噶尔唐巴勒蓝片岩$^{40}Ar/^{39}Ar$年龄及其地质意义. 科学通报，42(20)：2178-2181.
张连昌，冯京，董连慧，等. 2016. 西昆仑塔什库尔干铁矿带矿床类型、成因及成矿规律. 地球科学与环境学报，38(4)：427-443.
张拓夫. 1997. 康古尔韧性剪切带变形特征及控矿作用. 新疆地质，15(4)：342-348.
张喜. 2013. 西天山智博和查岗诺尔铁矿成矿背景与成矿作用研究. 中国科学院大学.
张小林，樊文军，李作武，等. 2017. 新疆奇台县黄羊山发现超大型晶质石墨矿床. 中国地质. 44(5)：1033-1034.
张晓琪，张加飞，宋谢炎，等. 2011. 斜长石和橄榄石成分对四川攀枝花钒钛磁铁矿床成因的指示意义. 岩石学报，27(12)：3675-3688.
张新虎，等. 2013. 甘肃省区域成矿及找矿. 北京：地质出版社.
张新虎，冯军，殷勇，等. 2012. 甘肃肃北黑山铜镍矿床产出特征及对比研究. 西北地质，45(4)：134-144.
张新虎，汤中立，刘建宏，等. 2007. 甘肃省矿床成矿系列研究. 甘肃地质，(4)：5-19.
张翼飞，等. 1993. 云南省区域矿产总结. 昆明：云南省地质矿产局.
张永生，王延斌，卢振权，等. 2011. 松辽盆地及外围地区石炭系—二叠系烃源岩的特征. 地质通报，30(2)：214-220.
张钊，黄晟，朱元超，等. 2017. 广西德保钦甲铜锡矿矿床地质特征及矿化富集规律. 世界有色金属，(18)：178-180.
张招崇，李莹，赵莉，等. 2007. 攀西三个镁铁-超镁铁质岩体的地球化学及其对源区的约束. 岩石学报，23(10)：2339-2352.
张照伟，李文渊，钱兵，等. 2015. 东昆仑夏日哈木岩浆铜镍硫化物矿床成矿时代的厘定及其找矿意义. 中国地质，42(2)：438-451.
张照伟，钱兵，王亚磊，等. 2020. 东昆仑夏日哈木镍成矿赋矿机理认识与找矿方向指示. 西北地质，53(3)：153-168.
张照伟，王驰源，钱兵，等. 2018. 东昆仑志留纪辉长岩地球化学特征及与铜镍成矿关系探讨. 岩石学报，34(8)：2262-2274.
张照伟，王亚磊，钱兵，等. 2017. 东昆仑冰沟南铜镍矿锆石 SHRIMP U-Pb 年龄及构造意义. 地质学报，91(4)：724-735.

张振亮，高永伟，王志华，等. 2017. 西天山晚古生代铁矿床特征与成矿预测. 北京：科学出版社，1-434.
张作衡，毛景文，王志良，等. 2006. 新疆西天山达巴特铜矿床地质特征和成矿时代研究. 地质论评，52(2)：683-689.
张作衡，毛景文，杨建民，等. 2002. 北祁连加里东造山带塔儿沟矽卡岩-石英脉型钨矿床地质及成因. 矿床地质，21(2)：200-211.
张作衡，毛景文，左国朝，等. 2008a. 北祁连山西段小柳沟钨多金属矿床模型. 第九届全国矿床会议论文集. 802-804.
张作衡，王志良，左国朝，等. 2008b. 西天山达巴特矿区火山岩的形成时代、构造背景及斑岩型矿化的制约. 地质学报，82(11)：1494-1503.
章少华，陶维屏. 2018. 中国矿产地质志·石灰岩矿卷. 北京：地质出版社.
赵春荣，刘伟，李钢柱，等. 2015. 内蒙古乌拉特中旗索伦山地区铬铁矿矿床成因初探. 西部资源，(3)：142-144.
赵国斌，杨合群，任华宁，等. 2012. 祁连山塔尔沟钨矿有关花岗岩的岩浆源区同位素示踪. 矿床地质，31(增)：637-638.
赵华伟，张朋，马春生，等. 2014. 东北地区铬铁矿成矿特征与成矿规律研究. 现代矿业，30(4)：55-56.
赵金祥. 2005. 陕西省汉中市天台山锰矿接替资源勘查工作总结. 内部交流资料.
赵辛敏. 2014. 北祁连西段小柳沟钨钼矿床地质与地球化学特征. 中国地质大学(北京).
赵云，王建平，杨增海，等. 2013. 内蒙古白乃庙铜矿床辉钼矿铼锇同位素定年及其地质意义. 地学前缘，20(3)：361-368.
赵重远. 1990. 华北克拉通盆地天然气赋存的地质背景. 地球科学进展，5(2)：40-42.
郑建平，路凤香，Griffin WL，等. 2006. 华北东部橄榄岩与岩石圈减薄中的地幔伸展和侵蚀置换作用. 地学前缘，13(2)：76-85.
郑文怡. 2016. 福建南平西坑钽铌矿稀有金属资源的综合利用分析. 桂林理工大学学报，36(1)：107-112.
周刚，张招崇，王新昆，等. 2007. 新疆玛因鄂博断裂带中花岗质糜棱岩锆石 U-Pb SHRIMP 和黑云母$^{40}Ar-^{39}Ar$年龄及意义. 地质学报，81(3)：359-369.
朱多录，孙柏年，闫德飞，等. 2012. 秦岭西成矿集区构造演化与铅锌成矿关系. 地质学报，86(8)：1291-1297.
朱明玉，王登红，李立兴，等. 2014. 中国铬矿成矿规律. 北京：地质出版社，1-168.
朱文斌，马瑞士，王赐银. 1996. 论新疆东部黄山-镜儿泉杂岩带的构造属性. 地质科学，31(1)：22-32.
朱永峰，徐新. 2006. 新疆塔尔巴哈台山发现早奥陶世蛇绿混杂岩. 岩石学报，22(12)：2833-2842.
朱永峰. 2009. 中亚成矿域地质矿产研究的若干重要问题. 岩石学报，25(6)：1297-1302.
朱永峰. 2014. 中亚成矿域核心区地质演化和巨型成矿带划分. 矿床地质，33(3)：471-485.
朱裕生，丁建华，马玉波. 2016. 矿床成矿系列与成矿区带融合关系的探讨. 地质论评，62(B11)：85-86.
朱裕生，王全明，张晓华，等. 1999. 中国成矿区带划分及有关问题. 地质与勘探，35(4)：1-4.
朱裕生，肖克炎，马玉波，等. 2013. 中国成矿区带划分的历史与现状. 地质学刊，37(3)：349-357.
朱裕生，肖克炎，宋国耀. 2000. 成矿区带的划分和成矿远景区圈定要求的讨论. 中国地质，(6)：41-43.
朱志新，王克卓，徐达，等. 2006. 依连哈比尔尕山石炭纪侵入岩锆石 SHRIMP U-Pb 测年及其地质意义. 地质通报，25(8)：986-991.
竺国强，杨树锋，陈汉林. 1996. 黄山铜镍矿成矿带构造控岩控矿模式初探. 矿物岩石，16(1)：86-93.
祝新友，汪东坡，王书来. 1998. 新疆阿克陶县塔木-卡兰古铅锌矿带矿床地质和硫同位素特征. 矿床地质，17(3)：204-214.
庄德厚. 1979. 探讨我国金伯利岩形成的时代. 地质论评，25(1)：36-38.
邹才能，杜金虎，徐春春，等. 2014. 四川盆地震旦系—寒武系特大型气田形成分布、资源潜力及勘探发现. 石油勘探与开发，41(3)：278-293.
邹治平，黄传俭. 1988. 甘肃省肃北蒙古族自治县塔尔沟钨矿床特征. 科研报告. 甘肃省地质矿产局酒泉地质矿产调查队.
Bristow. 1988. 地矿部中英合作队研究报告.
Feng Yimin, He Shiping. 1996. Orogenic process of the Qilian Mountains. Acta Geosci Sinica, Special Issue, 76(2): 1-5.
Frish W, Meschede M and Blaky R. 2011. Plate tectonic: continental drift and mountain building. Sprnger-Verlag Berlin Heidelberg, 1-21.
Gao Yongbao, Zhao Xinmin, Leon Bagas, et al. 2021. Newly Discovered Ordovician Li-Be Deposit at Tugeman in the Altyn-Tagh Orogen, NW China. Ore Geology Reviews, 139: 1-15.
Jiang Yaohui, Jia Ruya, Liu Zheng, et al. 2013. Origin of Middle Triassic high-K calc-alkaline granitoids and their potassic microgranular enclaves from the weatern Kunlun orogeny, northwest China: A record of the closure of Paleo-Tethys. Lithos, 156-159.
Jiang Yaohui, Liao Shiyong, Shen Weizhou, et al. 2008. An island arc origin of plagiogranites at Oytag, western Kunlun orogen, northwest China: SHRIMP zircon U-Pb chronology, elemental and Sr-Nd-Hf isotopic geochemistry and Paleozoic tectonic implications. Lithos, 106(3-4): 323-335.
Laurent-Charvet S, Charvet J, Monie P, et al. 2003. Late Paleozoic strike-slip shear zones in eastern central Asia (NW China): New structural and geochronological data. Tectonics, 22(2): 1-24.
Li Chusi, Zhang Zhaowei, Li Wenyuan, et al. 2015. Geochronology, petrology and Hf-S isotope geochemistry of the newly-discovered Xiarihamu magmatic Ni-Cu sulfide deposit in the Qinghai-Tibet plateau, western China. Lithos, 216-217, 224-240.
Li Ruibao, Pei Xianzhi, Li Zuochen, et al. 2017. Late Cambrian SSZ-Type ophiolites in Acite Zone, East Kunlun Orogen of Northern Tibet Plateau: Insights from zircon U-Pb isotopes and geochemistry of oceanic crust rocks. Acta Geologica Sinica, 91(S1): 66-67.
Liu Jun, Wu Guang, Li Yuan, et al. 2012. Re-Os Sulfide (chalcopyrite, pyrite and molybdenite) systematics and fluid inclusion study of the

Duobaoshan porphyry Cu (Mo) deposit, Heilongjiang Province, China. Journal of Asian Earth Sciences, 49: 300-312.

Mao Jingwen, Zhang Zhaochong, Zhang Zuoheng, et al. 1999. Re-Os isotopic dating of molybdenites in the Xiaoliugou W(Mo) deposit in the Northern Qilian Mountains and its geological significance. Geochimica et Cosmochimica Acta, 63: 1815-1818.

Mao Jingwen, Zhang Zuoheng, Bernd Lehmann. 2000. The Yeniutan granite in Sunan County, Gansu Province, China: Petrological features, geological setting and relationship to tungsten mineralization. Episodes, 23(3): 163-171.

Okay AL, Xu Shutong, and Sengor AMC, 1989. Coesite from the Dabie Shan ecllogites, central China: European J. Mineralogy, 1: 595-598.

Qin Kezhang, Su Benxu, Sakyi PA et al. 2011. SIMS zircon U-Pb geochronology and Sr-Nd isotope of Ni-Cu-bearing mafic-ultramafic intrusions in Eastern Tianshan and Beishan in correlation with flood basalts in Traim basin (NW China): Constraints on a CA 280 Ma mantle plume. American Journal of Science, 311: 237-260.

Richards JP. 2003. Tectono-Magmatic precursors for porphyry Cu-(Mo-Au) deposit formation. Economic Geology, 98: 1515-1533.

Robb LJ. 2008. Introduction to ore-forming processes. Blackwell Publishing, 1-373.

Seltmann R, Porter TM and Pirajno F. 2014. Geodynamics and metallogeny of the central Eurasian porphyry and related epithermal mineral systems: A review. Journal of Asian Earth Sciences, 79: 810-841.

Sobolev AV, Krivolutskaya NA and Kuzmin DV. 2009. Petrology of the parental melts and mantle sources of Siberian trap Magmatism. Petrology, 17(3): 253-286.

Song Xieyan, Qi Huawen, Hu Ruizhong et al. 2013. Formation of thick stratiform Fe-Ti oxide layers in layered intrusion and frequent replenishment of fractioned mafic magma: Evidence from the Panzhihua intrusion, SW China. Geochem. Geophy. Geosy, 14(3): 712-732.

Song Xieyan, Yi Junnian, Chen Liemeng et al. 2016. The giant Xiarihamu Ni-Co sulfide deposit in the EastKunlun orogenic belt, northern Tibet Plateau, China. Geonomic Geology, 111(1): 29-55.

Su Benxun, Qin Kezhang, Sakyi PA, et al. 2010. Geochronologic-petrochemical studies of the Hongshishan mafic-ultra mafic intrusion, Beishan area, Xinjiang, NW China: petrogenesis and tectonic implications. International Geology Review. Doi: 10. 1080/00206814. 2010. 543011.

Su Benxun, Qin Kezhang, Sakyi Patrick Asamoah, et al. 2011. Geochemistry and geochronology of acidic rocks in the Beishan region, NW China: Petrogenesis and tectonic implications. Journal of Asian Earth Sciences, 41: 31-43.

Sun Tao, Qian Zhuagzhi, Deng Yufeng et al. 2013. PGE and isotope (Hf-Sr-Nd-Pb) constraints on the origin of the Huangshandong magmatic Ni-Cu sulfide deposit in the Central Asian Oregenic Belt, Northwestern China. Economic Geology, 108: 1849-1864.

Wang Bangyao, Jing Delong, et al. 2018. Petrology and Geochemistry of Carboniferous volcanic rocks from the Awulale Iron metallogenetic belt in the west Tianshan orogen (NW China): Constraints on petrogenesis and tectonic setting. Geological Journal. 1-17. https: /doi. org/10. 1002/gj. 3300.

Wang Xiaomin, Liou JG, and Mao Hokwang. 1989. Coesite-bearing eclogite from the Dabie Mountains in the central China: Geology, 17: 1085-1088.

Xia Linqi, Xu Xueyi, Xia Zuchun, et al. 2003. Carboniferous post-collisional rift volcanism of the Tianshan Mountains, Northwestern China. Acta Geologica Sinica(Englist edition), 77(3): 338-360.

Xia Linqi. 2014. The geochemical criteria to distinguish continental basalts from arc related ones. Earth Science Reviews, 139: 195-212.

Xia Linqi, Xu Xueyi, Xia Zuchun, et al. 2004. Petrogenesis of Carboniferous rift-related volcanic rocks in the Tianshan, northwestern China. Geological Society of America Bulletin, 116(3): 419-433.

Xiao Wenjiao, Huang Baochun, Han Chunming, et al. 2010. A review of the western part of the Altaids: A key to understanding the architecture of accretionary orogens. Gondwana Research, 18(2-3): 253-273.

Xiao Wenjiao, Windley BF, Badarch G, et al. 2004. Palaeozoic accretionary and convergent tectonics of the southern Altaids: implications for the growth of Central Asia. Journal of the Geological Society, 161(3): 339-342.

Xie Wei, Song Xieyan, Deng Yufeng, et al. 2012. Geochemistry and petrogenetic implication of a Late Devonian mafic-ultra maifc intrusion at the southern margin of the Central Asian orogenic belt. Lithos, 144: 209-230.

Xu Shutong, Okay AL, Liu Yican, et al. 1992. Diamonds from Dabieshan metamorphic rocks and its implication for tectonic setting. Science, 256: 80-82.

Xu Zhiqin. 1987. Etude tectonique et microtectonique de la chaine paleozoique et Triasique des Qilings (China), These de doctorat, Univ. Sci. Tech Languedoc, Montpellier, 327.

Yakubchuk A. 2002. The Baikalide-Altaid, Transbaikal-Mongolian and North Pacific orogenic collages: similarity and diversity of structural patterns and metallogenic zoning. In: Blundell, D. Neubauer, F. von Quadt, A. (Eds. ), The Timing and Location of Major Ore Deposits in an Evolving Orogen, Geological Society London Special Publication 206, 273-297.

Yang Kaihui, Scott SD. 1996. Possible contribution of a metal-rich magmatic fluid to a sea-floor hydrothermal system. Nature, 383: 420-423.

Yang ShufenF, Li Zilong, Chen Hanlin. 2006. Permian large volume basalts in Tarim basin. Large Igneous Provinces Commission. http: //www. largeigneoursprovinces. org/06jun.

Zeng Qingdong, Liu Jianming, Chu Shaoxiong, et al. 2014. Re-Os and U-Pb geochronology of the Duobaoshan porphyry Cu-Mo-(Au) deposit, northeast China, and its geological significance. Journal of Asian Earth Sciences, 79: 895-909.

Zhang Chuanlin, Yang Dongsheng, Wang Hongyan, et al. 2010. Neoproterozoic mafic-ultra mafic layered intrusion in Quruqtagh of northeastern Tarim block, NW China, two phases of mafic igneous activity with different mantle sources. Gondwana Research, 19(1): 177-190.

Zhang Chuanlin, Zou Haibo, Ye Xiantao, et al. 2018. Timing of subduction initiation in the Proto-Tethys Ocean: Evidence from the Cambrian gabbros from the NE Pamir plateau. Lithos, 314-315: 40-51.

Zhang Zhaowei, Li Wenyuan, Gao Yongbao, et al. 2014. Sulfide mineralization associated with arc magmatism in the Qilian block, western China: zircon U-Pb age and Sr-Nd-Os-S isotope constraints from the Yulonggou and Yaqu gabbroic intrusions. Mineralium Deposita, 49(2): 279-292.

Zhang Zhaowei, Tang Qingyan, Li Chusi, et al. 2017. Sr-Nd-Os-S isotope and PGE geochemistry of the Xiarihamu magmatic sulfide deposit in the Qinghai-Tibet plateau, China. Mineralium Deposita, 52(1): 51-68.

Zhang Zuoheng, Mao Jingwen, Du A. D, et al. 2008. Re-Os dating of two Cu-Ni sulfide deposits in northern Xinjiang, NW China and its geological significance. Journal of Asian Earth Sciences, 32: 204-217.

Zhou Meiyu, Arndt NT, Malpsa J, et al. 2008. Two magma series and associated ore deposit types in the Permian Emeishan large igneous province, SW China. Lithos, 103: 352-368.

Zhou Mmeifu, Lesher CM, Yang Zhenxi, et al. 2004. Geochemistry and petrogenesis of 270 Ma Ni-Cu-(PGE) sulfide-bearing mafic intrusions in the Huangshan district, eastern Xinjiang, northwest China: Implications for the tectonic evolution of the Central Asian orogenic belt. Chemical Geology,209: 233-257.

Zhu Yongfeng, Guo Xuan, et al. 2009. Petrology, Sr-Nd-Hf isotopic geochemistry and zircon chronology of the Late Palaeozoic volcanic rocks in the southwestern Tianshan Mountains, Xinjiang, NW China. Journal of the Geological Society, 166(6): 1085-1099.

**附表1 早古生代矿床基本信息一览表**

| 编号 | 矿床名称 | 主矿种 | 成因类型 | 成矿时代 | 矿床规模 | 所属Ⅲ级成矿单元 | 所属成矿系列 |
|---|---|---|---|---|---|---|---|
| 1 | 新疆福海县莫合奈云母矿 | 云母 | 伟晶岩型 | S | 大型 | Ⅲ-1 | $Pz_1$-1-1 |
| 2 | 新疆富蕴县阿尤布拉克云母矿 | 云母 | 伟晶岩型 | S | 超大型 | Ⅲ-1 | $Pz_1$-1-1 |
| 3 | 新疆富蕴县库威河中游云母矿 | 云母 | 伟晶岩型 | S | 超大型 | Ⅲ-1 | $Pz_1$-1-1 |
| 4 | 新疆富蕴县那森恰云母矿 | 云母 | 伟晶岩型 | S | 超大型 | Ⅲ-1 | $Pz_1$-1-1 |
| 5 | 黑龙江嫩江县多宝山铜钼矿 | 铜钼 | 斑岩型 | O | 超大型 | Ⅲ-5 | $Pz_1$-3-1 |
| 6 | 黑龙江嫩江县铜山钼矿 | 钼 | 斑岩型 | O | 大型 | Ⅲ-5 | $Pz_1$-3-1 |
| 7 | 黑龙江嫩江县关鸟河大理岩矿 | 大理岩 | 受变质型 | O | 大型 | Ⅲ-5 | $Pz_1$-3-2 |
| 8 | 内蒙古阿荣旗富贵屯大白山大理岩矿 | 大理岩 | 受变质型 | O | 超大型 | Ⅲ-5 | $Pz_1$-3-2 |
| 9 | 黑龙江逊克县阿廷河钼钨矿 | 钼钨 | 矽卡岩型 | O | 小型 | Ⅲ-6 | $Pz_1$-3-3 |
| 10 | 黑龙江逊克县翠宏山铁多金属矿 | 铁 | 矽卡岩型 | O | 大型 | Ⅲ-6 | $Pz_1$-3-3 |
| 11 | 黑龙江逊克县库南铅锌矿 | 铅锌 | 矽卡岩型 | O | 小型 | Ⅲ-6 | $Pz_1$-3-3 |
| 12 | 黑龙江伊春市五营区柳树河银多金属矿 | 银 | 矽卡岩型 | O | 小型 | Ⅲ-6 | $Pz_1$-3-3 |
| 13 | 黑龙江伊春市西林二段铅锌矿 | 铅锌 | 矽卡岩型 | O | 小型 | Ⅲ-6 | $Pz_1$-3-3 |
| 14 | 黑龙江伊春市小西林铅锌银矿 | 铅锌银 | 矽卡岩型 | O | 大型 | Ⅲ-6 | $Pz_1$-3-3 |
| 15 | 黑龙江伊春市老道庙沟铅锌矿 | 铅锌 | 矽卡岩型 | O | 小型 | Ⅲ-6 | $Pz_1$-3-3 |
| 16 | 黑龙江密山市金银库大理岩矿 | 大理岩 | 受变质型 | Є | 超大型 | Ⅲ-9 | |
| 17 | 内蒙古乌拉特中旗图古日格金矿 | 金 | 岩浆热液型 | S | 中型 | Ⅲ-10 | |
| 18 | 内蒙古乌拉特中旗查干此老金矿 | 金 | 岩浆热液型 | S | 小型 | Ⅲ-10 | |
| 19 | 内蒙古呼和浩特市黑沙图萤石矿 | 萤石 | 浅成中低温热液型 | O | 中型 | Ⅲ-10 | |
| 20 | 内蒙古达茂旗西皮金矿 | 金 | 浅成中低温热液型 | O | 小型 | Ⅲ-10 | |
| 21 | 内蒙古包头市白云敖包赤铁矿 | 铁 | 海相火山岩型 | Є | 中型 | Ⅲ-10 | |
| 22 | 内蒙古四子王旗白乃庙铜金矿 | 铜金 | 岩浆热液型 | O | 小型 | Ⅲ-10 | |
| 23 | 内蒙古额济纳旗独龙包钼矿 | 钼 | 浅成中低温热液型 | S | 小型 | Ⅲ-11 | |
| 24 | 内蒙古额济纳旗三个井金矿 | 金 | 浅成中低温热液型 | S | 中型 | Ⅲ-11 | |
| 25 | 甘肃肃北县七一山硫铁矿 | 硫铁矿 | 浅成中低温热液型 | Є | 小型 | Ⅲ-11 | |
| 26 | 新疆哈密市尖山子磷矿 | 磷 | 受变质型 | Є | 小型 | Ⅲ-11 | |
| 27 | 新疆伊吾县桑德乌兰铜矿 | 铜 | 斑岩型 | S | 小型 | Ⅲ-12 | |
| 28 | 新疆托里县萨雷诺海铬矿 | 铬 | 岩浆型 | S | 小型 | Ⅲ-13 | $Pz_1$-3-4 |
| 29 | 新疆托里县唐巴勒铬矿 | 铬 | 岩浆型 | S | 小型 | Ⅲ-13 | $Pz_1$-3-4 |
| 30 | 新疆和布克赛尔县沙拉普铁矿 | 铁 | 海相火山岩型 | S | 小型 | Ⅲ-13 | |
| 31 | 新疆霍城县果子沟磷矿 | 磷 | 化学沉积型 | Є | 中型 | Ⅲ-15 | $Pz_1$-3-5 |
| 32 | 新疆霍城县二台镇磷矿 | 磷 | 化学沉积型 | Є | 小型 | Ⅲ-15 | $Pz_1$-3-5 |
| 33 | 新疆精河县吐拉苏磷矿 | 磷 | 化学沉积型 | Є | 中型 | Ⅲ-15 | $Pz_1$-3-5 |
| 34 | 新疆伊宁县较勒萨依磷矿 | 磷 | 化学沉积型 | Є | 小型 | Ⅲ-15 | $Pz_1$-3-5 |
| 35 | 新疆精河县科古尔琴磷矿 | 磷 | 化学沉积型 | Є | 小型 | Ⅲ-15 | $Pz_1$-3-5 |
| 36 | 新疆托克逊县可可乃克铜硫矿 | 铜硫 | 海相火山岩型 | O | 小型 | Ⅲ-15 | |
| 37 | 内蒙古乌拉特后旗达布逊镍矿 | 镍 | 岩浆型 | O | 中型 | Ⅲ-16 | |
| 38 | 内蒙古乌拉特中旗284东金矿 | 金 | 浅成中低温热液型 | O | 小型 | Ⅲ-16 | |
| 39 | 内蒙古苏尼特右旗卡巴铁矿 | 铁 | 海相火山岩型 | Є | 小型 | Ⅲ-16 | |
| 40 | 内蒙古苏尼特左旗白音敖包铁矿 | 铁 | 岩浆热液型 | Є | 中型 | Ⅲ-16 | |

续表

| 编号 | 矿床名称 | 主矿种 | 成因类型 | 成矿时代 | 矿床规模 | 所属Ⅲ级成矿单元 | 所属成矿系列 |
|---|---|---|---|---|---|---|---|
| 41 | 内蒙古苏尼特左旗昭哈其尔铁矿 | 铁 | 浅成中低温热液型 | S | 小型 | Ⅲ-16 | |
| 42 | 内蒙古克什克腾旗柯单山铬铁矿 | 铬 | 岩浆型 | O | 小型 | Ⅲ-16 | $Pz_1$-4-1 |
| 43 | 新疆拜城县阿尔登可夕重晶石矿 | 重晶石 | 浅成中低温热液型 | S | 小型 | Ⅲ-18 | |
| 44 | 新疆托克逊县铜花山滑石矿 | 滑石 | 浅成中低温热液型 | S | 中型 | Ⅲ-18 | |
| 45 | 内蒙古四子王旗库伦图铁矿 | 铁 | 岩浆型 | Є | 小型 | Ⅲ-19 | |
| 46 | 内蒙古喀喇沁旗明安山大理岩矿 | 大理岩 | 受变质型 | Є | 中型 | Ⅲ-19 | |
| 47 | 内蒙古喀喇沁旗冰榔沟大理岩矿 | 大理岩 | 受变质型 | Є | 中型 | Ⅲ-19 | |
| 48 | 内蒙古喀喇沁旗七分二金矿 | 金 | 浅成中低温热液型 | Є | 小型 | Ⅲ-19 | |
| 49 | 内蒙古准噶尔旗榆树湾石灰岩矿 | 石灰岩 | 化学沉积型 | O | 中型 | Ⅲ-20 | |
| 50 | 陕西榆林市靖边气田 | 天然气 | 生物化学沉积型 | O | 超大型 | Ⅲ-20 | |
| 51 | 陕西岐山县涝川磷矿 | 磷 | 化学沉积型 | Є | 小型 | Ⅲ-20 | $Pz_1$-5-1 |
| 52 | 宁夏贺兰县苏峪口磷矿 | 磷 | 化学沉积型 | Є | 中型 | Ⅲ-20 | $Pz_1$-5-1 |
| 53 | 内蒙古阿拉善左旗南寺磷矿 | 磷 | 化学沉积型 | Є | 中型 | Ⅲ-20 | $Pz_1$-5-1 |
| 54 | 宁夏银川市紫花沟磷矿 | 磷 | 化学沉积型 | Є | 小型 | Ⅲ-20 | $Pz_1$-5-1 |
| 55 | 内蒙古阿拉善左旗正目观磷矿 | 磷 | 化学沉积型 | Є | 中型 | Ⅲ-20 | $Pz_1$-5-1 |
| 56 | 宁夏银川市西夏区阿保梁磷矿 | 磷 | 化学沉积型 | Є | 中型 | Ⅲ-20 | $Pz_1$-5-1 |
| 57 | 宁夏银川市紫花沟白云岩矿 | 白云岩 | 化学沉积型 | Є | 大型 | Ⅲ-20 | $Pz_1$-5-1 |
| 58 | 宁夏银川市干沟石灰岩矿 | 石灰岩 | 化学沉积型 | O | 大型 | Ⅲ-20 | $Pz_1$-5-1 |
| 59 | 内蒙古阿拉善左旗崔子窑沟磷矿 | 磷 | 化学沉积型 | Є | 中型 | Ⅲ-20 | $Pz_1$-5-1 |
| 60 | 宁夏银川市郊驴卢沟大理岩矿 | 大理岩 | 受变质型 | O | 大型 | Ⅲ-20 | |
| 61 | 宁夏固原市红砂石沟石灰岩矿 | 石灰岩 | 化学沉积型 | O | 中型 | Ⅲ-20 | $Pz_1$-5-1 |
| 62 | 陕西陇县景福山磷矿 | 磷 | 化学沉积型 | Є | 小型 | Ⅲ-20 | $Pz_1$-5-1 |
| 63 | 陕西陇县周家渠磷矿 | 磷 | 化学沉积型 | Є | 小型 | Ⅲ-20 | $Pz_1$-5-1 |
| 64 | 河北井陉县贾庄石灰岩矿 | 石灰岩 | 化学沉积型 | O | 大型 | Ⅲ-21 | $Pz_1$-5-2 |
| 65 | 河北井陉县马村石灰岩矿 | 石灰岩 | 化学沉积型 | O | 大型 | Ⅲ-21 | $Pz_1$-5-2 |
| 66 | 山西太原市西山圪潦沟石膏矿 | 石膏 | 蒸发沉积型 | O | 大型 | Ⅲ-21 | $Pz_1$-5-2 |
| 67 | 河北涉县东风村石灰岩矿 | 石灰岩 | 化学沉积型 | O | 大型 | Ⅲ-21 | $Pz_1$-5-2 |
| 68 | 河北武安市赫山铁矿 | 铁 | 矽卡岩型 | S | 小型 | Ⅲ-21 | |
| 69 | 河北唐山市丰润区王官营子石灰岩矿 | 石灰岩 | 化学沉积型 | O | 大型 | Ⅲ-22 | |
| 70 | 吉林通化市干沟磷矿 | 磷 | 化学沉积型 | Є | 小型 | Ⅲ-23 | |
| 71 | 吉林通化市水洞磷矿 | 磷 | 化学沉积型 | Є | 中型 | Ⅲ-23 | |
| 72 | 辽宁辽阳市东京陵石膏矿 | 石膏 | 蒸发沉积型 | Є | 大型 | Ⅲ-23 | |
| 73 | 辽宁大连市头瓦房店42号金刚石矿 | 金刚石 | 岩浆型 | O | 大型 | Ⅲ-23 | $Pz_1$-5-3 |
| 74 | 辽宁复县涝田沟30号岩管金刚石矿 | 金刚石 | 岩浆型 | O | 大型 | Ⅲ-23 | $Pz_1$-5-3 |
| 75 | 辽宁大连市头道沟50号金刚石矿 | 金刚石 | 岩浆型 | O | 大型 | Ⅲ-23 | $Pz_1$-5-3 |
| 76 | 山东淄博市临淄康山水泥用石灰岩矿 | 石灰岩 | 化学沉积型 | O | 中型 | Ⅲ-24 | $Pz_1$-5-4 |
| 77 | 山东潍坊市昌乐罗圈山水泥用石灰岩矿 | 石灰岩 | 化学沉积型 | Є | 中型 | Ⅲ-24 | $Pz_1$-5-4 |
| 78 | 山东潍坊市青州阎家峪水泥用石灰岩矿 | 石灰岩 | 化学沉积型 | Є | 中型 | Ⅲ-24 | $Pz_1$-5-4 |
| 79 | 山东青州市明祖水泥用石灰岩矿 | 石灰岩 | 化学沉积型 | O | 大型 | Ⅲ-24 | $Pz_1$-5-4 |
| 80 | 山东淄博市九顶北山水泥用石灰岩矿 | 石灰岩 | 化学沉积型 | O | 中型 | Ⅲ-24 | $Pz_1$-5-4 |

续表

| 编号 | 矿床名称 | 主矿种 | 成因类型 | 成矿时代 | 矿床规模 | 所属Ⅲ级成矿单元 | 所属成矿系列 |
|---|---|---|---|---|---|---|---|
| 81 | 山东淄博市北采石溶剂用石灰岩矿 | 石灰岩 | 化学沉积型 | O | 中型 | Ⅲ-24 | $Pz_1$-5-4 |
| 82 | 山东淄博市张店青龙山水泥用石灰岩矿 | 石灰岩 | 化学沉积型 | O | 小型 | Ⅲ-24 | $Pz_1$-5-4 |
| 83 | 山东淄博市湖田北大山水泥用石灰岩矿 | 石灰岩 | 化学沉积型 | O | 小型 | Ⅲ-24 | $Pz_1$-5-4 |
| 84 | 山东淄博市沣水西顶水泥用石灰岩矿 | 石灰岩 | 化学沉积型 | O | 中型 | Ⅲ-24 | $Pz_1$-5-4 |
| 85 | 山东淄博市张店米山水泥用石灰岩矿 | 石灰岩 | 化学沉积型 | O | 中型 | Ⅲ-24 | $Pz_1$-5-4 |
| 86 | 山东淄博市青云寺水泥用石灰岩矿 | 石灰岩 | 化学沉积型 | O | 中型 | Ⅲ-24 | $Pz_1$-5-4 |
| 87 | 山东济南市章丘旭升横沟水泥用石灰岩矿 | 石灰岩 | 化学沉积型 | O | 中型 | Ⅲ-24 | $Pz_1$-5-4 |
| 88 | 山东济南市章丘官庄朱家峪水泥用石灰岩矿 | 石灰岩 | 化学沉积型 | O | 中型 | Ⅲ-24 | $Pz_1$-5-4 |
| 89 | 山东济南市东郊转山水泥用石灰岩矿 | 石灰岩 | 化学沉积型 | O | 小型 | Ⅲ-24 | $Pz_1$-5-4 |
| 90 | 山东济南市生建水泥厂水泥配料黄土矿 | 黄土 | 机械沉积型 | O | 小型 | Ⅲ-24 | $Pz_1$-5-4 |
| 91 | 山东济南市刘家山水泥用石灰岩矿 | 石灰岩 | 化学沉积型 | O | 小型 | Ⅲ-24 | $Pz_1$-5-4 |
| 92 | 山东济南市历城大杨庄水泥用石灰岩矿 | 石灰岩 | 化学沉积型 | O | 中型 | Ⅲ-24 | $Pz_1$-5-4 |
| 93 | 山东济南市历城魏家庄水泥配料红土矿 | 红土 | 机械沉积型 | O | 小型 | Ⅲ-24 | $Pz_1$-5-4 |
| 94 | 山东济南市党家庄凤凰山水泥用石灰岩矿 | 石灰岩 | 化学沉积型 | O | 中型 | Ⅲ-24 | $Pz_1$-5-4 |
| 95 | 山东济南市长清炒米店水泥用石灰岩矿 | 石灰岩 | 化学沉积型 | ∈ | 大型 | Ⅲ-24 | $Pz_1$-5-4 |
| 96 | 山东淄博市青山顶水泥用石灰岩矿 | 石灰岩 | 化学沉积型 | O | 大型 | Ⅲ-24 | $Pz_1$-5-4 |
| 97 | 山东淄博市神头水泥用石灰岩矿 | 石灰岩 | 化学沉积型 | O | 小型 | Ⅲ-24 | $Pz_1$-5-4 |
| 98 | 山东淄博市博山秋谷水泥用石灰岩矿 | 石灰岩 | 化学沉积型 | O | 小型 | Ⅲ-24 | $Pz_1$-5-4 |
| 99 | 山东淄博市博山两平北山水泥用石灰岩矿 | 石灰岩 | 化学沉积型 | O | 中型 | Ⅲ-24 | $Pz_1$-5-4 |
| 100 | 山东淄博市龙泉镇水泥用石灰岩矿 | 石灰岩 | 化学沉积型 | O | 大型 | Ⅲ-24 | $Pz_1$-5-4 |
| 101 | 山东临沂市冶源凤凰山水泥用石灰岩矿 | 石灰岩 | 化学沉积型 | O | 中型 | Ⅲ-24 | $Pz_1$-5-4 |
| 102 | 山东临沂市沂水王家箕山水泥用石灰岩矿 | 石灰岩 | 化学沉积型 | O | 中型 | Ⅲ-24 | $Pz_1$-5-4 |
| 103 | 山东临沂市沂水波山坡水泥用石灰岩矿 | 石灰岩 | 化学沉积型 | O | 中型 | Ⅲ-24 | $Pz_1$-5-4 |
| 104 | 山东济南市平阴青龙山水泥用石灰岩矿 | 石灰岩 | 化学沉积型 | ∈ | 大型 | Ⅲ-24 | $Pz_1$-5-4 |
| 105 | 山东泰安市王龙山水泥用石灰岩矿 | 石灰岩 | 化学沉积型 | O | 中型 | Ⅲ-24 | $Pz_1$-5-4 |
| 106 | 山东泰安市肥城桃园水泥用石灰岩矿 | 石灰岩 | 化学沉积型 | O | 大型 | Ⅲ-24 | $Pz_1$-5-4 |
| 107 | 山东泰安市肥城北僧台水泥用石灰岩矿 | 石灰岩 | 化学沉积型 | O | 中型 | Ⅲ-24 | $Pz_1$-5-4 |
| 108 | 山东泰安市东平大洼水泥用石灰岩矿 | 石灰岩 | 化学沉积型 | ∈ | 中型 | Ⅲ-24 | $Pz_1$-5-4 |
| 109 | 山东泰安市新泰兴龙头水泥用石灰岩矿 | 石灰岩 | 化学沉积型 | ∈ | 中型 | Ⅲ-24 | $Pz_1$-5-4 |
| 110 | 山东泰安市新泰黄泥庄耐火粘土矿 | 石灰岩 | 化学沉积型 | O | 中型 | Ⅲ-24 | $Pz_1$-5-4 |
| 111 | 山东泰安市新汶东都水泥用石灰岩矿 | 石灰岩 | 化学沉积型 | O | 小型 | Ⅲ-24 | $Pz_1$-5-4 |
| 112 | 山东临沂市蒙阴山头村金刚石矿 | 金刚石 | 岩浆型 | O | 小型 | Ⅲ-24 | $Pz_1$-5-3 |
| 113 | 山东临沂市蒙阴西峪金刚石矿 | 金刚石 | 岩浆型 | O | 小型 | Ⅲ-24 | $Pz_1$-5-3 |
| 114 | 山东临沂市沂南县安前庄玻璃用石英砂岩矿 | 石英砂岩 | 机械沉积型 | ∈ | 中型 | Ⅲ-24 | $Pz_1$-5-4 |
| 115 | 山东临沂市沂水东四门洞玻璃用石英砂岩矿 | 石英砂岩 | 机械沉积型 | ∈ | 中型 | Ⅲ-24 | $Pz_1$-5-4 |
| 116 | 山东临沂市沂水尖山水泥用石灰岩矿 | 石灰岩 | 化学沉积型 | ∈ | 中型 | Ⅲ-24 | $Pz_1$-5-4 |
| 117 | 山东临沂市常马庄金刚石矿 | 金刚石 | 岩浆型 | O | 小型 | Ⅲ-24 | $Pz_1$-5-3 |
| 118 | 山东临沂市蒙阴红喜庄金刚石矿 | 金刚石 | 岩浆型 | O | 小型 | Ⅲ-24 | $Pz_1$-5-3 |
| 119 | 山东临沂市蒙阴王村金刚石矿 | 金刚石 | 岩浆型 | O | 大型 | Ⅲ-24 | $Pz_1$-5-3 |
| 120 | 山东临沂市泗水踞龙山水泥用石灰岩矿 | 石灰岩 | 化学沉积型 | ∈ | 大型 | Ⅲ-24 | $Pz_1$-5-4 |

续表

| 编号 | 矿床名称 | 主矿种 | 成因类型 | 成矿时代 | 矿床规模 | 所属Ⅲ级成矿单元 | 所属成矿系列 |
|---|---|---|---|---|---|---|---|
| 121 | 山东临沂市泗水峡山水泥用石灰岩矿 | 石灰岩 | 化学沉积型 | Є | 大型 | Ⅲ-24 | $Pz_1$-5-4 |
| 122 | 山东济宁市曲阜八宝山水泥用石灰岩矿 | 石灰岩 | 化学沉积型 | O | 中型 | Ⅲ-24 | $Pz_1$-5-4 |
| 123 | 山东临沂市泗水松山水泥用石灰岩矿 | 石灰岩 | 化学沉积型 | Є | 大型 | Ⅲ-24 | $Pz_1$-5-4 |
| 124 | 山东济宁市曲阜房山水泥用石灰岩矿 | 石灰岩 | 化学沉积型 | Є | 中型 | Ⅲ-24 | $Pz_1$-5-4 |
| 125 | 山东济宁市曲阜柴山水泥用石灰岩矿 | 石灰岩 | 化学沉积型 | Є | 中型 | Ⅲ-24 | $Pz_1$-5-4 |
| 126 | 山东济宁市邹城柯柚山水泥用石灰岩矿 | 石灰岩 | 化学沉积型 | Є | 大型 | Ⅲ-24 | $Pz_1$-5-4 |
| 127 | 山东济宁市邹城朱家山-狼山水泥用石灰岩矿 | 石灰岩 | 化学沉积型 | Є | 中型 | Ⅲ-24 | $Pz_1$-5-4 |
| 128 | 山东济宁市邹城凫山水泥用石灰岩矿 | 石灰岩 | 化学沉积型 | Є | 大型 | Ⅲ-24 | $Pz_1$-5-4 |
| 129 | 山东济宁市曲阜甘辛庄水泥用石灰岩矿 | 石灰岩 | 化学沉积型 | Є | 大型 | Ⅲ-24 | $Pz_1$-5-4 |
| 130 | 山东临沂市平邑黑泉庄水泥用石灰岩矿 | 石灰岩 | 化学沉积型 | Є | 大型 | Ⅲ-24 | $Pz_1$-5-4 |
| 131 | 山东临沂市费县荣和庄水泥用石灰岩矿 | 石灰岩 | 化学沉积型 | O | 大型 | Ⅲ-24 | $Pz_1$-5-4 |
| 132 | 山东临沂市沂南蛮山玻璃用石英砂岩矿 | 石英砂岩 | 机械沉积型 | Є | 大型 | Ⅲ-24 | $Pz_1$-5-4 |
| 133 | 山东临沂市沂南孙祖玻璃用石英砂岩矿 | 石英砂岩 | 机械沉积型 | Є | 大型 | Ⅲ-24 | $Pz_1$-5-4 |
| 134 | 山东临沂市沂南鼻子山玻璃用石英砂岩矿 | 石英砂岩 | 机械沉积型 | Є | 大型 | Ⅲ-24 | $Pz_1$-5-4 |
| 135 | 山东临沂市费县柴胡山玻璃用石英砂岩矿 | 石英砂岩 | 机械沉积型 | Є | 中型 | Ⅲ-24 | $Pz_1$-5-4 |
| 136 | 山东临沂市沂南杨子山玻璃用石英砂岩矿 | 石英砂岩 | 机械沉积型 | Є | 中型 | Ⅲ-24 | $Pz_1$-5-4 |
| 137 | 山东临沂市李官玻璃用石英砂岩矿 | 石英砂岩 | 机械沉积型 | Є | 中型 | Ⅲ-24 | $Pz_1$-5-4 |
| 138 | 山东济宁市嘉祥大山水泥用石灰岩矿 | 石灰岩 | 化学沉积型 | O | 中型 | Ⅲ-24 | $Pz_1$-5-4 |
| 139 | 山东济宁市嘉祥磨山水泥用石灰岩矿 | 石灰岩 | 化学沉积型 | Є | 中型 | Ⅲ-24 | $Pz_1$-5-4 |
| 140 | 山东济宁市嘉祥九顶山水泥用石灰岩矿 | 石灰岩 | 化学沉积型 | Є | 中型 | Ⅲ-24 | $Pz_1$-5-4 |
| 141 | 山东枣庄市滕州马山水泥用石灰岩矿 | 石灰岩 | 化学沉积型 | Є | 大型 | Ⅲ-24 | $Pz_1$-5-4 |
| 142 | 山东济宁市微山县西单水泥用石灰岩矿 | 石灰岩 | 化学沉积型 | Є | 中型 | Ⅲ-24 | $Pz_1$-5-4 |
| 143 | 山东济宁市邹城下看铺水泥用石灰岩矿 | 石灰岩 | 化学沉积型 | Є | 中型 | Ⅲ-24 | $Pz_1$-5-4 |
| 144 | 山东枣庄市滕州龙山水泥用石灰岩矿 | 石灰岩 | 化学沉积型 | Є | 大型 | Ⅲ-24 | $Pz_1$-5-4 |
| 145 | 山东临沂市费县许家崖水泥用石灰岩矿 | 石灰岩 | 化学沉积型 | Є | 大型 | Ⅲ-24 | $Pz_1$-5-4 |
| 146 | 山东临沂市费县许家崖水泥配料页岩矿 | 页岩 | 化学沉积型 | Є | 大型 | Ⅲ-24 | $Pz_1$-5-4 |
| 147 | 山东临沂市费县坡山水泥用石灰岩矿 | 石灰岩 | 化学沉积型 | Є | 中型 | Ⅲ-24 | $Pz_1$-5-4 |
| 148 | 山东临沂市费县王家后峪水泥用石灰岩矿 | 石灰岩 | 化学沉积型 | Є | 中型 | Ⅲ-24 | $Pz_1$-5-4 |
| 149 | 山东枣庄市滕州高庄水泥用石灰岩矿 | 石灰岩 | 化学沉积型 | Є | 中型 | Ⅲ-24 | $Pz_1$-5-4 |
| 150 | 山东枣庄市山亭码头水泥用石灰岩矿 | 石灰岩 | 化学沉积型 | Є | 大型 | Ⅲ-24 | $Pz_1$-5-4 |
| 151 | 山东枣庄市梨花山水泥用石灰岩矿 | 石灰岩 | 化学沉积型 | Є | 中型 | Ⅲ-24 | $Pz_1$-5-4 |
| 152 | 山东临沂市苍山温庄水泥用石灰岩矿 | 石灰岩 | 化学沉积型 | Є | 大型 | Ⅲ-24 | $Pz_1$-5-4 |
| 153 | 山东临沂市朱家岭西大荒水泥用石灰岩矿 | 石灰岩 | 化学沉积型 | O | 小型 | Ⅲ-24 | $Pz_1$-5-4 |
| 154 | 山东临沂市杨家河湾水泥配料黄土矿 | 黄土 | 机械沉积型 | O | 小型 | Ⅲ-24 | $Pz_1$-5-4 |
| 155 | 山东临沂市西大荒水泥用石灰岩矿 | 石灰岩 | 化学沉积型 | O | 小型 | Ⅲ-24 | $Pz_1$-5-4 |
| 156 | 山东枣庄市东谷山-袁寨山水泥用石灰岩矿 | 石灰岩 | 化学沉积型 | Є | 中型 | Ⅲ-24 | $Pz_1$-5-4 |
| 157 | 山东枣庄市薛城小北山水泥用石灰岩矿 | 石灰岩 | 化学沉积型 | Є | 中型 | Ⅲ-24 | $Pz_1$-5-4 |
| 158 | 山东枣庄市水泥厂水泥用石灰岩矿 | 石灰岩 | 化学沉积型 | O | 小型 | Ⅲ-24 | $Pz_1$-5-4 |
| 159 | 山东临沂市苍山鲁城平山玻璃用石英砂岩矿 | 石英砂岩 | 机械沉积型 | Є | 中型 | Ⅲ-24 | $Pz_1$-5-4 |
| 160 | 山东枣庄市峄城峨山玻璃用石英砂岩矿 | 石英砂岩 | 机械沉积型 | Є | 小型 | Ⅲ-24 | $Pz_1$-5-4 |

续表

| 编号 | 矿床名称 | 主矿种 | 成因类型 | 成矿时代 | 矿床规模 | 所属Ⅲ级成矿单元 | 所属成矿系列 |
|---|---|---|---|---|---|---|---|
| 161 | 山东枣庄市白马山水泥用石灰岩矿 | 石灰岩 | 化学沉积型 | ∈ | 小型 | Ⅲ-24 | $Pz_1$-5-4 |
| 162 | 山东枣庄市峄城大明山水泥用石灰岩矿 | 石灰岩 | 化学沉积型 | ∈ | 大型 | Ⅲ-24 | $Pz_1$-5-4 |
| 163 | 山东枣庄市蟒山水泥用石灰岩矿 | 石灰岩 | 化学沉积型 | ∈ | 中型 | Ⅲ-24 | $Pz_1$-5-4 |
| 164 | 山东枣庄市台儿庄穆寨山水泥用石灰岩矿 | 石灰岩 | 化学沉积型 | ∈ | 大型 | Ⅲ-24 | $Pz_1$-5-4 |
| 165 | 山东枣庄市台儿庄虎提山水泥用石灰岩矿 | 石灰岩 | 化学沉积型 | ∈ | 大型 | Ⅲ-24 | $Pz_1$-5-4 |
| 166 | 山东枣庄市台儿庄莲花山水泥用石灰岩矿 | 石灰岩 | 化学沉积型 | O | 中型 | Ⅲ-24 | $Pz_1$-5-4 |
| 167 | 山东枣庄市台儿庄黑山水泥用石灰岩矿 | 石灰岩 | 化学沉积型 | ∈ | 大型 | Ⅲ-24 | $Pz_1$-5-4 |
| 168 | 山东枣庄市台儿庄双顶山水泥用石灰岩矿 | 石灰岩 | 化学沉积型 | ∈ | 大型 | Ⅲ-24 | $Pz_1$-5-4 |
| 169 | 山西运城市靖家山磷矿 | 磷 | 化学沉积型 | ∈ | 中型 | Ⅲ-25 | $Pz_1$-5-5 |
| 170 | 山西运城市水峪磷矿 | 磷 | 化学沉积型 | ∈ | 中型 | Ⅲ-25 | $Pz_1$-5-5 |
| 171 | 河南济源市玉皇寨磷矿 | 磷 | 化学沉积型 | ∈ | 小型 | Ⅲ-25 | $Pz_1$-5-5 |
| 172 | 河南巩义市天井坑磷矿 | 磷 | 化学沉积型 | ∈ | 小型 | Ⅲ-25 | $Pz_1$-5-5 |
| 173 | 河南新密市张家外磷矿 | 磷 | 化学沉积型 | ∈ | 小型 | Ⅲ-25 | $Pz_1$-5-5 |
| 174 | 河南登封市花峪磷矿 | 磷 | 化学沉积型 | ∈ | 小型 | Ⅲ-25 | $Pz_1$-5-5 |
| 175 | 河南罗山县上杜冲磷矿 | 磷 | 化学沉积型 | ∈ | 小型 | Ⅲ-25 | $Pz_1$-5-5 |
| 176 | 河南登封市水寺磷矿 | 磷 | 化学沉积型 | ∈ | 小型 | Ⅲ-25 | $Pz_1$-5-5 |
| 177 | 河南汝阳县马兰磷矿 | 磷 | 化学沉积型 | ∈ | 小型 | Ⅲ-25 | $Pz_1$-5-5 |
| 178 | 河南汝州市拉台磷矿 | 磷 | 化学沉积型 | ∈ | 中型 | Ⅲ-25 | $Pz_1$-5-5 |
| 179 | 河南宝丰县蓝沟磷矿 | 磷 | 化学沉积型 | ∈ | 中型 | Ⅲ-25 | $Pz_1$-5-5 |
| 180 | 河南鲁山县大木厂磷矿 | 磷 | 化学沉积型 | ∈ | 小型 | Ⅲ-25 | $Pz_1$-5-5 |
| 181 | 河南鲁山县马山岭磷矿 | 磷 | 化学沉积型 | ∈ | 小型 | Ⅲ-25 | $Pz_1$-5-5 |
| 182 | 河南鲁山县鹰咀石磷矿 | 磷 | 化学沉积型 | ∈ | 小型 | Ⅲ-25 | $Pz_1$-5-5 |
| 183 | 河南鲁山县辛集磷矿 | 磷 | 化学沉积型 | ∈ | 中型 | Ⅲ-25 | $Pz_1$-5-5 |
| 184 | 河南宝丰县观音堂兰沟磷矿 | 磷 | 化学沉积型 | ∈ | 中型 | Ⅲ-25 | $Pz_1$-5-5 |
| 185 | 河南平顶山市九里山磷矿 | 磷 | 化学沉积型 | ∈ | 小型 | Ⅲ-25 | $Pz_1$-5-5 |
| 186 | 陕西洛南县石门马家沟磷矿 | 磷 | 化学沉积型 | ∈ | 小型 | Ⅲ-25 | $Pz_1$-5-5 |
| 187 | 河南灵宝市小秦岭磷矿 | 磷 | 化学沉积型 | ∈ | 小型 | Ⅲ-25 | $Pz_1$-5-5 |
| 188 | 河南灵宝市朱阳磷矿 | 磷 | 化学沉积型 | ∈ | 中型 | Ⅲ-25 | $Pz_1$-5-5 |
| 189 | 河南舞钢市黄瓜冲磷矿 | 磷 | 化学沉积型 | ∈ | 小型 | Ⅲ-25 | $Pz_1$-5-5 |
| 190 | 河南遂平县庄胡磷矿 | 磷 | 化学沉积型 | ∈ | 小型 | Ⅲ-25 | $Pz_1$-5-5 |
| 191 | 河南遂平县凤凰山磷矿 | 磷 | 化学沉积型 | ∈ | 小型 | Ⅲ-25 | $Pz_1$-5-5 |
| 192 | 河南确山县杜庄磷矿 | 磷 | 化学沉积型 | ∈ | 中型 | Ⅲ-25 | $Pz_1$-5-5 |
| 193 | 河南确山县蒸馍山磷矿 | 磷 | 化学沉积型 | ∈ | 小型 | Ⅲ-25 | $Pz_1$-5-5 |
| 194 | 河南桐柏县庙厂磷矿 | 磷 | 化学沉积型 | ∈ | 小型 | Ⅲ-25 | |
| 195 | 河南桐柏县毛集河后庄磷矿 | 磷 | 化学沉积型 | ∈ | 小型 | Ⅲ-25 | |
| 196 | 河南信阳市邢集乡韩庄铁矿 | 铁 | 海相火山岩型 | ∈ | 小型 | Ⅲ-25 | |
| 197 | 河南固始县陈集磷矿 | 磷 | 化学沉积型 | ∈ | 小型 | Ⅲ-25 | $Pz_1$-5-5 |
| 198 | 安徽凤台县刘集乡磷矿 | 磷 | 化学沉积型 | ∈ | 小型 | Ⅲ-25 | $Pz_1$-5-5 |
| 199 | 安徽凤台县凤台磷矿 | 磷 | 化学沉积型 | ∈ | 小型 | Ⅲ-25 | $Pz_1$-5-5 |
| 200 | 安徽寿县凤凰山磷矿 | 磷 | 化学沉积型 | ∈ | 小型 | Ⅲ-25 | $Pz_1$-5-5 |

续表

| 编号 | 矿床名称 | 主矿种 | 成因类型 | 成矿时代 | 矿床规模 | 所属Ⅲ级成矿单元 | 所属成矿系列 |
|---|---|---|---|---|---|---|---|
| 201 | 安徽霍邱县雨台山磷矿 | 磷 | 化学沉积型 | $\epsilon$ | 小型 | Ⅲ-25 | $Pz_1$-5-5 |
| 202 | 新疆轮台县塔北油田 | 石油 | 生物化学沉积型 | $\epsilon$、O、S | 超大型 | Ⅲ-27 | $Pz_1$-6-1 |
| 203 | 新疆沙雅县顺北、顺南油田 | 石油 | 生物化学沉积型 | O | 大型 | Ⅲ-27 | $Pz_1$-6-1 |
| 204 | 新疆且末县塔中油田 | 石油 | 生物化学沉积型 | O、S | 超大型 | Ⅲ-27 | $Pz_1$-6-1 |
| 205 | 新疆尉犁县西山口一号磷矿 | 磷 | 化学沉积型 | $\epsilon$ | 中型 | Ⅲ-27 | $Pz_1$-6-2 |
| 206 | 新疆尉犁县木穹库杜克磷矿 | 磷 | 化学沉积型 | $\epsilon$ | 小型 | Ⅲ-27 | $Pz_1$-6-2 |
| 207 | 新疆尉犁县喀纹库杜克磷矿 | 磷 | 化学沉积型 | $\epsilon$ | 小型 | Ⅲ-27 | $Pz_1$-6-2 |
| 208 | 新疆尉犁县窝伦塔格磷矿 | 磷 | 化学沉积型 | $\epsilon$ | 小型 | Ⅲ-27 | $Pz_1$-6-2 |
| 209 | 新疆尉犁县西山布拉克磷矿 | 磷 | 化学沉积型 | $\epsilon$ | 小型 | Ⅲ-27 | $Pz_1$-6-2 |
| 210 | 新疆乌什县喀拉穹窿塔格磷矿 | 磷 | 化学沉积型 | $\epsilon$ | 中型 | Ⅲ-27 | $Pz_1$-6-2 |
| 211 | 新疆乌什县土斯干布拉克磷矿 | 磷 | 化学沉积型 | $\epsilon$ | 小型 | Ⅲ-27 | $Pz_1$-6-2 |
| 212 | 新疆乌什县南卡哈瓦西磷矿 | 磷 | 化学沉积型 | $\epsilon$ | 小型 | Ⅲ-27 | $Pz_1$-6-2 |
| 213 | 新疆乌什县托木派依磷矿 | 磷 | 化学沉积型 | $\epsilon$ | 小型 | Ⅲ-27 | $Pz_1$-6-2 |
| 214 | 新疆乌什县方块山磷矿 | 磷 | 化学沉积型 | $\epsilon$ | 小型 | Ⅲ-27 | $Pz_1$-6-2 |
| 215 | 新疆乌什县铁热克磷矿 | 磷 | 化学沉积型 | $\epsilon$ | 小型 | Ⅲ-27 | $Pz_1$-6-2 |
| 216 | 新疆乌什县西格尔磷矿 | 磷 | 化学沉积型 | $\epsilon$ | 中型 | Ⅲ-27 | $Pz_1$-6-2 |
| 217 | 新疆乌什县苏盖提布拉克磷矿 | 磷 | 化学沉积型 | $\epsilon$ | 中型 | Ⅲ-27 | $Pz_1$-6-2 |
| 218 | 新疆乌什县喀日克磷矿 | 磷 | 化学沉积型 | $\epsilon$ | 小型 | Ⅲ-27 | $Pz_1$-6-2 |
| 219 | 新疆阿图什市坎岭铅锌矿 | 铅锌 | 浅成中低温热液型 | $\epsilon$ | 中型 | Ⅲ-27 | |
| 220 | 新疆乌什县沙依里克磷矿 | 磷 | 化学沉积型 | $\epsilon$ | 中型 | Ⅲ-27 | $Pz_1$-6-2 |
| 221 | 新疆阿克苏市沙雅勒克磷矿 | 磷 | 化学沉积型 | $\epsilon$ | 小型 | Ⅲ-27 | $Pz_1$-6-2 |
| 222 | 新疆阿图什市柯坪塔格东段磷矿 | 磷 | 化学沉积型 | $\epsilon$ | 小型 | Ⅲ-27 | $Pz_1$-6-2 |
| 223 | 新疆伽师县皮羌山磷矿 | 磷 | 化学沉积型 | $\epsilon$ | 小型 | Ⅲ-27 | $Pz_1$-6-2 |
| 224 | 新疆哈密市花坪铁矿 | 铁 | 受变质型 | S | 小型 | Ⅲ-28 | |
| 225 | 新疆哈密市人水钒（铀）矿 | 钒 | 化学沉积型 | $\epsilon$ | 中型 | Ⅲ-28 | $Pz_1$-6-2 |
| 226 | 新疆哈密市大水磷矿 | 磷 | 化学沉积型 | $\epsilon$ | 小型 | Ⅲ-28 | $Pz_1$-6-2 |
| 227 | 新疆哈密市大水西磷矿 | 磷 | 化学沉积型 | $\epsilon$ | 小型 | Ⅲ-28 | $Pz_1$-6-2 |
| 228 | 新疆哈密市平台山磷矿 | 磷 | 化学沉积型 | $\epsilon$ | 大型 | Ⅲ-28 | $Pz_1$-6-2 |
| 229 | 甘肃敦煌市双塔磷矿 | 磷 | 化学沉积型 | $\epsilon$ | 小型 | Ⅲ-28 | $Pz_1$-6-2 |
| 230 | 甘肃敦煌市方山口磷钒矿 | 磷钒 | 化学沉积型 | $\epsilon$ | 中型 | Ⅲ-28 | $Pz_1$-6-2 |
| 231 | 甘肃肃北县玉石山南铁矿 | 铁 | 受变质型 | $\epsilon$ | 小型 | Ⅲ-28 | |
| 232 | 甘肃瓜州县大泉磷矿 | 磷 | 化学沉积型 | $\epsilon$ | 小型 | Ⅲ-28 | $Pz_1$-6-2 |
| 233 | 甘肃肃北县七角井子磷矿 | 磷 | 化学沉积型 | $\epsilon$ | 中型 | Ⅲ-28 | $Pz_1$-6-2 |
| 234 | 甘肃肃北县罗雅楚山铁矿 | 铁 | 受变质型 | $\epsilon$ | 中型 | Ⅲ-28 | |
| 235 | 甘肃肃北县沙井子西南磷矿 | 磷 | 化学沉积型 | $\epsilon$ | 中型 | Ⅲ-28 | $Pz_1$-6-2 |
| 236 | 甘肃肃北县大红山磷矿 | 磷 | 化学沉积型 | $\epsilon$ | 中型 | Ⅲ-28 | $Pz_1$-6-2 |
| 237 | 甘肃肃北县黑山磷矿 | 磷 | 化学沉积型 | $\epsilon$ | 中型 | Ⅲ-28 | $Pz_1$-6-2 |
| 238 | 甘肃肃北县西双鹰山磷矿 | 磷 | 化学沉积型 | $\epsilon$ | 中型 | Ⅲ-28 | $Pz_1$-6-2 |
| 239 | 甘肃肃北县双鹰山重晶石矿 | 重晶石 | 浅成中低温热液型 | $\epsilon$ | 小型 | Ⅲ-28 | |
| 240 | 甘肃肃北县双鹰山磷矿 | 磷 | 化学沉积型 | $\epsilon$ | 小型 | Ⅲ-28 | $Pz_1$-6-2 |

续表

| 编号 | 矿床名称 | 主矿种 | 成因类型 | 成矿时代 | 矿床规模 | 所属Ⅲ级成矿单元 | 所属成矿系列 |
|---|---|---|---|---|---|---|---|
| 241 | 内蒙古额济纳旗老硐沟金矿 | 金 | 浅成中低温热液型 | S | 小型 | Ⅲ-28 | |
| 242 | 甘肃酒泉市王许黑山铁矿 | 铁 | 浅成中低温热液型 | Є | 小型 | Ⅲ-28 | |
| 243 | 甘肃肃北县罗雅楚山磷矿 | 磷 | 化学沉积型 | Є | 小型 | Ⅲ-28 | $Pz_1$-6-2 |
| 244 | 青海茫崖市冷湖镇野骆驼泉金矿 | 金 | 岩浆热液型 | O | 小型 | Ⅲ-28 | |
| 245 | 新疆阿克陶县卡拉墩铁矿 | 铁 | 海相火山岩型 | S | 中型 | Ⅲ-29 | $Pz_1$-7-1 |
| 246 | 新疆且末县阿帕石棉矿 | 石棉 | 浅成中低温热液型 | S | 中型 | Ⅲ-29 | |
| 247 | 新疆若羌县喀腊大湾铁多金属矿 | 铁 | 海相火山岩型 | Є | 中型 | Ⅲ-30 | $Pz_1$-7-2 |
| 248 | 新疆若羌县喀腊达坂铅锌矿 | 铅锌 | 海相火山岩型 | Є | 小型 | Ⅲ-30 | $Pz_1$-7-2 |
| 249 | 新疆若羌县吐格曼锂铍稀有金属矿 | 锂铍 | 伟晶岩型 | O | 中型 | Ⅲ-30 | |
| 250 | 新疆若羌县瓦石峡南锂矿床 | 锂 | 伟晶岩型 | O | 大型 | Ⅲ-30 | |
| 251 | 新疆若羌县塔什达坂锂铍矿床 | 锂铍 | 伟晶岩型 | O | 中型 | Ⅲ-30 | |
| 252 | 新疆若羌县卡尔恰尔萤石矿 | 萤石 | 岩浆热液充填型 | O | 超大型 | Ⅲ-30 | |
| 253 | 新疆若羌县小白河沟萤石矿 | 萤石 | 岩浆热液充填型 | O | 中型 | Ⅲ-30 | |
| 254 | 新疆若羌县库木塔什萤石矿 | 萤石 | 岩浆热液充填型 | O | 中型 | Ⅲ-30 | |
| 255 | 甘肃玉门市车路沟金矿 | 金 | 斑岩型 | S | 中型 | Ⅲ-31 | |
| 256 | 甘肃肃北县掉石沟铁锰矿 | 铁锰 | 浅成中低温热液型 | Є—S | 小型 | Ⅲ-31 | |
| 257 | 甘肃酒泉市马疏河铁矿 | 铁 | 受变质型 | O | 小型 | Ⅲ-31 | |
| 258 | 甘肃肃南县大湾沟铁矿 | 铁 | 浅成中低温热液型 | Є—S | 小型 | Ⅲ-31 | |
| 259 | 甘肃肃南县羊露河 2 号铁矿 | 铁 | 受变质型 | O | 小型 | Ⅲ-31 | |
| 260 | 甘肃肃南县大海铜矿 | 铜 | 浅成中低温热液型 | O—S | 小型 | Ⅲ-31 | |
| 261 | 甘肃肃南县金龙河铜矿 | 铜 | 浅成中低温热液型 | O | 小型 | Ⅲ-31 | |
| 262 | 甘肃肃南县金龙河大黄草沟铁矿 | 铁 | 海相火山岩型 | O | 小型 | Ⅲ-31 | |
| 263 | 甘肃肃南县错沟铜矿 | 铜 | 海相火山岩型 | O | 小型 | Ⅲ-31 | |
| 264 | 甘肃肃南县石窝铺锑矿 | 锑 | 浅成中低温热液型 | Є | 小型 | Ⅲ-31 | |
| 265 | 甘肃肃南县杏树沟铁矿 | 铁 | 浅成中低温热液型 | Є | 小型 | Ⅲ-31 | |
| 266 | 甘肃肃南县天鹿铜矿 | 铜 | 化学沉积型 | S | 中型 | Ⅲ-31 | $Pz_1$-7-3 |
| 267 | 甘肃肃南县石居里铜锌矿 | 铜锌 | 海相火山岩型 | O | 小型 | Ⅲ-31 | $Pz_1$-7-4 |
| 268 | 甘肃临泽县倪家营金矿 | 金 | 海相火山岩型 | Є | 小型 | Ⅲ-31 | $Pz_1$-7-4 |
| 269 | 甘肃武威市大泉沟萤石矿 | 萤石 | 浅成中低温热液型 | S | 小型 | Ⅲ-31 | $Pz_1$-7-4 |
| 270 | 甘肃张掖市苏优河银洞沟铜矿 | 铜 | 浅成中低温热液型 | O | 小型 | Ⅲ-31 | $Pz_1$-7-4 |
| 271 | 甘肃民乐县童子坝金矿 | 金 | 岩浆热液型 | O | 小型 | Ⅲ-31 | $Pz_1$-7-4 |
| 272 | 青海祁连县童子坝河二道沟磷矿 | 磷 | 化学沉积型 | O | 小型 | Ⅲ-31 | |
| 273 | 甘肃民乐县童子坝铬矿 | 铬 | 岩浆型 | S | 小型 | Ⅲ-31 | |
| 274 | 甘肃山丹县毛湖墩铁矿 | 铁 | 受变质型 | Є | 小型 | Ⅲ-31 | |
| 275 | 甘肃山丹县曹家口金银矿 | 金银 | 浅成中低温热液型 | S | 小型 | Ⅲ-31 | $Pz_1$-7-4 |
| 276 | 甘肃永昌县红疙瘩沟铁矿 | 铁 | 受变质型 | Є | 小型 | Ⅲ-31 | |
| 277 | 甘肃永昌县馒头山钨矿 | 钨 | 岩浆热液型 | Є—S | 小型 | Ⅲ-31 | |
| 278 | 甘肃肃南县西石门萤石矿 | 萤石 | 浅成中低温热液型 | Є | 小型 | Ⅲ-31 | |
| 279 | 甘肃永昌县头沟-照路沟萤石矿 | 萤石 | 浅成中低温热液型 | Є | 大型 | Ⅲ-31 | |
| 280 | 甘肃永昌县火烧沟萤石矿 | 萤石 | 浅成中低温热液型 | Є | 小型 | Ⅲ-31 | |

续表

| 编号 | 矿床名称 | 主矿种 | 成因类型 | 成矿时代 | 矿床规模 | 所属Ⅲ级成矿单元 | 所属成矿系列 |
|---|---|---|---|---|---|---|---|
| 281 | 甘肃天祝县斜壕重晶石矿 | 重晶石 | 浅成中低温热液型 | O | 小型 | Ⅲ-31 | |
| 282 | 宁夏青铜峡市石灰岩矿 | 石灰岩 | 化学沉积型 | O | 大型 | Ⅲ-31 | |
| 283 | 宁夏中宁县草帽子墩石灰岩矿 | 石灰岩 | 化学沉积型 | O | 中型 | Ⅲ-31 | |
| 284 | 宁夏中卫市天景山石灰岩矿 | 石灰岩 | 化学沉积型 | O | 中型 | Ⅲ-31 | |
| 285 | 宁夏中卫市磨盘井磷矿 | 磷 | 化学沉积型 | O | 小型 | Ⅲ-31 | |
| 286 | 甘肃肃北县土达坂铅矿 | 铅 | 浅成中低温热液型 | Є | 小型 | Ⅲ-31 | $Pz_1$-7-4 |
| 287 | 甘肃肃北县鹰咀山金矿 | 金 | 浅成中低温热液型 | S | 中型 | Ⅲ-31 | $Pz_1$-7-4 |
| 288 | 甘肃瓜州县寒山金矿 | 金 | 浅成中低温热液型 | S | 中型 | Ⅲ-31 | $Pz_1$-7-4 |
| 289 | 甘肃肃北县四道沟铁矿 | 铁 | 受变质型 | Є | 小型 | Ⅲ-31 | |
| 290 | 甘肃肃北县平大板铁矿 | 铁 | 受变质型 | Є | 小型 | Ⅲ-31 | |
| 291 | 甘肃玉门市石洞子北湾铁矿 | 铁 | 受变质型 | Є | 小型 | Ⅲ-31 | |
| 292 | 甘肃肃南县桦树沟铜矿 | 铜 | 浅成中低温热液型 | S | 中型 | Ⅲ-31 | $Pz_1$-7-4 |
| 293 | 甘肃肃南县呼兰台沟赤铁矿 | 铁 | 海相火山岩型 | Є | 小型 | Ⅲ-31 | |
| 294 | 甘肃肃南县小柳沟钨矿 | 钨 | 岩浆热液型 | O | 大型 | Ⅲ-31 | $Pz_1$-7-4 |
| 295 | 甘肃肃南县祁青小龙口铁矿 | 铁 | 海相火山岩型 | Є | 小型 | Ⅲ-31 | |
| 296 | 青海祁连县龙孔沟金矿 | 金 | 浅成中低温热液型 | Є | 小型 | Ⅲ-31 | $Pz_1$-7-4 |
| 297 | 甘肃肃南县臭水沟铁矿 | 铁 | 海相火山岩型 | O | 小型 | Ⅲ-31 | $Pz_1$-7-4 |
| 298 | 甘肃肃南县筏子沟铁矿 | 铁 | 海相火山岩型 | Є | 小型 | Ⅲ-31 | $Pz_1$-7-4 |
| 299 | 甘肃高台县皂矾沟铜矿 | 铜 | 浅成中低温热液型 | O—S | 小型 | Ⅲ-31 | $Pz_1$-7-4 |
| 300 | 青海祁连县下清水沟铁矿 | 铁 | 海相火山岩型 | Є | 小型 | Ⅲ-31 | $Pz_1$-7-4 |
| 301 | 甘肃肃南县下清水铁矿 | 铁 | 海相火山岩型 | O | 小型 | Ⅲ-31 | $Pz_1$-7-4 |
| 302 | 甘肃肃南县野牛沟铁矿 | 铁 | 海相火山岩型 | O | 中型 | Ⅲ-31 | $Pz_1$-7-4 |
| 303 | 青海祁连县小沙龙铁矿 | 铁 | 海相火山岩型 | O | 中型 | Ⅲ-31 | $Pz_1$-7-4 |
| 304 | 青海祁连县大沙龙铁矿 | 铁 | 海相火山岩型 | O | 中型 | Ⅲ-31 | $Pz_1$-7-4 |
| 305 | 甘肃肃南县九个泉铜锌矿 | 铜锌 | 海相火山岩型 | O | 小型 | Ⅲ-31 | $Pz_1$-7-4 |
| 306 | 甘肃肃南县大岔牧场铜矿 | 铜 | 海相火山岩型 | O | 小型 | Ⅲ-31 | $Pz_1$-7-4 |
| 307 | 青海祁连县红土沟金矿 | 金 | 浅成中低温热液型 | O | 小型 | Ⅲ-31 | $Pz_1$-7-4 |
| 308 | 青海祁连县川刺沟金矿 | 金 | 浅成中低温热液型 | O | 小型 | Ⅲ-31 | $Pz_1$-7-4 |
| 309 | 青海祁连县小水沟铁矿 | 铁 | 受变质型 | O | 中型 | Ⅲ-31 | |
| 310 | 青海祁连县二珠龙铜金矿 | 铜金 | 海相火山岩型 | O | 小型 | Ⅲ-31 | $Pz_1$-7-4 |
| 311 | 青海祁连县拴羊沟金矿 | 金 | 浅成中低温热液型 | Є | 小型 | Ⅲ-31 | $Pz_1$-7-4 |
| 312 | 青海祁连县下柳沟铅锌铜（硫）矿 | 铅锌铜 | 海相火山岩型 | Є | 中型 | Ⅲ-31 | $Pz_1$-7-4 |
| 313 | 青海祁连县弯阳河铅（硫）矿 | 铅 | 海相火山岩型 | Є | 中型 | Ⅲ-31 | $Pz_1$-7-4 |
| 314 | 青海祁连县湾下区铅锌铜矿 | 铅锌铜 | 海相火山岩型 | Є | 小型 | Ⅲ-31 | $Pz_1$-7-4 |
| 315 | 青海祁连县下沟铅锌铜（硫）矿 | 铅锌铜 | 海相火山岩型 | Є | 中型 | Ⅲ-31 | $Pz_1$-7-4 |
| 316 | 青海祁连县香子沟硫铁矿 | 硫铁矿 | 海相火山岩型 | Є | 中型 | Ⅲ-31 | $Pz_1$-7-4 |
| 317 | 青海祁连县郭米寺铅锌铜矿 | 铅锌铜 | 海相火山岩型 | Є | 小型 | Ⅲ-31 | $Pz_1$-7-4 |
| 318 | 青海祁连县扎麻什河东沟铜矿 | 铜 | 海相火山岩型 | O | 小型 | Ⅲ-31 | $Pz_1$-7-4 |
| 319 | 青海祁连县柳沟-下区铜铅锌矿 | 铜铅锌 | 海相火山岩型 | Є | 中型 | Ⅲ-31 | $Pz_1$-7-4 |
| 320 | 青海祁连县尕大坂铜铅锌（硫）矿 | 铜铅锌 | 海相火山岩型 | Є | 小型 | Ⅲ-31 | $Pz_1$-7-4 |

续表

| 编号 | 矿床名称 | 主矿种 | 成因类型 | 成矿时代 | 矿床规模 | 所属Ⅲ级成矿单元 | 所属成矿系列 |
|---|---|---|---|---|---|---|---|
| 321 | 青海祁连县草大坂滑石菱镁矿 | 菱镁矿 | 浅成中低温热液型 | Є | 中型 | Ⅲ-31 | |
| 322 | 甘肃民乐县三岔路铬矿 | 铬 | 岩浆型 | Є | 小型 | Ⅲ-31 | |
| 323 | 青海门源县铜厂沟金铜矿 | 金铜 | 浅成中低温热液型 | Є | 小型 | Ⅲ-31 | |
| 324 | 青海门源县松树南沟金矿 | 金 | 浅成中低温热液型 | S | 大型 | Ⅲ-31 | |
| 325 | 青海门源县浪力克铜（硫）矿 | 铜 | 海相火山岩型 | O | 中型 | Ⅲ-31 | |
| 326 | 甘肃天祝县柏木峡铁矿 | 铁 | 受变质型 | Є | 小型 | Ⅲ-31 | |
| 327 | 甘肃天祝县栏门石-西沟铁矿 | 铁 | 受变质型 | O | 小型 | Ⅲ-31 | |
| 328 | 甘肃景泰县卫昌沟铜矿 | 铜 | 浅成中低温热液型 | O | 小型 | Ⅲ-31 | $Pz_1$-7-4 |
| 329 | 甘肃景泰县大道岔铜矿 | 铜 | 浅成中低温热液型 | O | 小型 | Ⅲ-31 | $Pz_1$-7-4 |
| 330 | 甘肃景泰县猪嘴哑巴铜矿 | 铜 | 海相火山岩型 | O | 小型 | Ⅲ-31 | $Pz_1$-7-4 |
| 331 | 甘肃景泰县胡麻水铜多金属矿 | 铜 | 海相火山岩型 | O | 小型 | Ⅲ-31 | $Pz_1$-7-4 |
| 332 | 甘肃白银市石青硐铜铅矿 | 铜铅 | 海相火山岩型 | Є | 小型 | Ⅲ-31 | $Pz_1$-7-4 |
| 333 | 甘肃靖远县红窝窝一带（化子沟）金矿 | 金 | 浅成中低温热液型 | S | 小型 | Ⅲ-31 | $Pz_1$-7-4 |
| 334 | 甘肃靖远县银硐沟铜锌矿 | 铜锌 | 海相火山岩型 | O | 小型 | Ⅲ-31 | $Pz_1$-7-4 |
| 335 | 甘肃白银市铜厂沟铜铅矿 | 铜铅 | 海相火山岩型 | Є | 小型 | Ⅲ-31 | $Pz_1$-7-4 |
| 336 | 甘肃白银市白银厂铜多金属矿 | 铜 | 海相火山岩型 | Є | 中型 | Ⅲ-31 | $Pz_1$-7-4 |
| 337 | 甘肃白银市火焰山铜矿 | 铜 | 海相火山岩型 | Є | 中型 | Ⅲ-31 | $Pz_1$-7-4 |
| 338 | 甘肃白银市折腰山铜锌矿 | 铜锌 | 海相火山岩型 | Є | 大型 | Ⅲ-31 | $Pz_1$-7-4 |
| 339 | 甘肃白银市小铁山铜铅矿 | 铜铅 | 海相火山岩型 | Є | 中型 | Ⅲ-31 | $Pz_1$-7-4 |
| 340 | 甘肃白银市四个圈铜多金属矿 | 铜 | 海相火山岩型 | Є | 小型 | Ⅲ-31 | $Pz_1$-7-4 |
| 341 | 甘肃庄浪县蛟龙掌铅锌多金属矿 | 铅锌 | 海相火山岩型 | O | 中型 | Ⅲ-31 | $Pz_1$-7-4 |
| 342 | 甘肃清水县王家店铜矿 | 铜 | 浅成中低温热液型 | Є | 小型 | Ⅲ-31 | |
| 343 | 陕西宝鸡市望家坡硫铁矿 | 硫 | 受变质型 | O | 中型 | Ⅲ-31 | |
| 344 | 甘肃肃北县别盖菱镁矿 | 菱镁矿 | 浅成中低温热液型 | Є—S | 大型 | Ⅲ-32 | |
| 345 | 甘肃肃北县大道尔吉铬矿 | 铬 | 岩浆型 | O | 中型 | Ⅲ-32 | $Pz_1$-7-6 |
| 346 | 甘肃肃北县柳沟峡铜矿 | 铜 | 浅成中低温热液型 | O | 小型 | Ⅲ-32 | |
| 347 | 甘肃肃北县野马河钨铜矿 | 钨铜 | 矽卡岩型 | Є | 小型 | Ⅲ-32 | |
| 348 | 甘肃玉门市清河铁矿 | 铁 | 矽卡岩型 | Є | 小型 | Ⅲ-32 | |
| 349 | 甘肃肃北县塔尔沟钨矿 | 钨 | 岩浆热液型 | O | 超大型 | Ⅲ-32 | $Pz_1$-7-5 |
| 350 | 甘肃肃北县刃岗沟铁矿 | 铁 | 受变质型 | Є | 小型 | Ⅲ-32 | |
| 351 | 青海祁连县热水铁矿 | 铁 | 受变质型 | O | 小型 | Ⅲ-32 | |
| 352 | 青海祁连县玉石沟铬矿 | 铬 | 岩浆型 | O | 小型 | Ⅲ-32 | $Pz_1$-7-6 |
| 353 | 青海大通县大黑山钨矿 | 钨 | 矽卡岩型 | S | 小型 | Ⅲ-32 | |
| 354 | 青海祁连县阴凹槽铜锌矿 | 铜锌 | 海相火山岩型 | O | 小型 | Ⅲ-32 | |
| 355 | 青海大通县其美萤石矿 | 萤石 | 浅成中低温热液型 | O | 小型 | Ⅲ-32 | |
| 356 | 青海大通县热水掌萤石矿 | 萤石 | 浅成中低温热液型 | O | 小型 | Ⅲ-32 | |
| 357 | 青海大通县大三岔长石、石英、白云母矿 | 长石、石英、白云母 | 伟晶岩型 | O | 超大型 | Ⅲ-32 | |
| 358 | 青海大通县花石掌萤石矿 | 萤石 | 浅成中低温热液型 | O | 中型 | Ⅲ-32 | |
| 359 | 青海门源县红沟铜（硫）矿 | 铜 | 海相火山岩型 | O | 中型 | Ⅲ-32 | |

续表

| 编号 | 矿床名称 | 主矿种 | 成因类型 | 成矿时代 | 矿床规模 | 所属Ⅲ级成矿单元 | 所属成矿系列 |
|---|---|---|---|---|---|---|---|
| 360 | 青海海晏县三联地区萤石矿 | 萤石 | 浅成中低温热液型 | O | 小型 | Ⅲ-32 | |
| 361 | 青海互助县萱麻窝磷矿 | 磷 | 受变质型 | Є | 小型 | Ⅲ-32 | |
| 362 | 青海互助县五峰寺磷矿 | 磷 | 受变质型 | Є | 小型 | Ⅲ-32 | |
| 363 | 青海互助县大前沟磷矿 | 磷 | 受变质型 | Є | 小型 | Ⅲ-32 | |
| 364 | 青海互助县罗藏沟硫铁矿 | 硫铁矿 | 海相火山岩型 | Є | 小型 | Ⅲ-32 | |
| 365 | 甘肃永登县铁城沟铁矿 | 铁 | 受变质型 | Є | 小型 | Ⅲ-32 | |
| 366 | 青海互助县哪芝沟磷矿 | 磷 | 受变质型 | O | 小型 | Ⅲ-32 | |
| 367 | 青海互助县黑龙沟磷矿 | 磷 | 受变质型 | O | 小型 | Ⅲ-32 | |
| 368 | 青海互助县上加克硫铁矿 | 硫铁矿 | 矽卡岩型 | O | 中型 | Ⅲ-32 | |
| 369 | 甘肃兰州市大滩铁钒钛矿 | 铁钒钛 | 岩浆型 | Є | 大型 | Ⅲ-32 | |
| 370 | 甘肃皋兰县朵家滩金矿 | 金 | 浅成中低温热液型 | S | 小型 | Ⅲ-32 | |
| 371 | 甘肃临洮县何家山伊黎沟铜矿 | 铜 | 浅成中低温热液型 | O | 小型 | Ⅲ-32 | |
| 372 | 甘肃临洮县大咀萤石矿 | 萤石 | 浅成中低温热液型 | Є | 小型 | Ⅲ-32 | |
| 373 | 甘肃临洮县茨泉子萤石矿 | 萤石 | 浅成中低温热液型 | Є | 小型 | Ⅲ-32 | |
| 374 | 甘肃通渭县锦鸡峡萤石矿 | 萤石 | 浅成中低温热液型 | O | 小型 | Ⅲ-32 | |
| 375 | 甘肃阿克塞县红柳沟铁矿 | 铁 | 受变质型 | O | 小型 | Ⅲ-32 | |
| 376 | 甘肃肃北县雁丹图稀土矿 | 稀土 | 岩浆型 | Є | 小型 | Ⅲ-32 | |
| 377 | 甘肃肃北县贾公台金矿 | 金 | 浅成中低温热液型 | S | 小型 | Ⅲ-32 | $Pz_1$-7-6 |
| 378 | 甘肃肃北县黑刺沟金矿 | 金 | 岩浆热液型 | S | 中型 | Ⅲ-32 | $Pz_1$-7-6 |
| 379 | 青海平安区上庄磷稀土矿 | 稀土 | 岩浆型 | Є | 大型 | Ⅲ-32 | $Pz_1$-7-6 |
| 380 | 青海化隆县泥旦沟金矿 | 金 | 浅成中低温热液型 | O | 小型 | Ⅲ-32 | $Pz_1$-7-6 |
| 381 | 青海化隆县天重峡金矿 | 金 | 浅成中低温热液型 | S | 中型 | Ⅲ-32 | $Pz_1$-7-6 |
| 382 | 青海化隆县尼旦山金矿 | 金 | 矽卡岩型 | S | 中型 | Ⅲ-32 | |
| 383 | 青海德令哈市恩格沟磷矿 | 磷 | 化学沉积型 | S | 小型 | Ⅲ-32 | |
| 384 | 青海天峻县哲合隆铅矿 | 铅 | 浅成中低温热液型 | S | 小型 | Ⅲ-32 | |
| 385 | 青海共和县裕龙沟铜镍矿 | 铜镍 | 岩浆型 | O | 小型 | Ⅲ-32 | $Pz_1$-7-6 |
| 386 | 青海化隆县拉水峡铜镍矿 | 铜镍 | 岩浆型 | O | 中型 | Ⅲ-32 | $Pz_1$-7-6 |
| 387 | 青海乌兰县沙柳泉铌钽矿 | 铌钽 | 伟晶岩型 | Є | 中型 | Ⅲ-32 | |
| 388 | 青海乌兰县拓新沟金矿 | 金 | 浅成中低温热液型 | O | 小型 | Ⅲ-32 | |
| 389 | 青海乌兰县赛坝沟金矿 | 金 | 浅成中低温热液型 | S | 小型 | Ⅲ-32 | |
| 390 | 青海乌兰县哈莉哈德山锰矿 | 锰 | 海相火山岩型 | Є | 小型 | Ⅲ-32 | |
| 391 | 青海茫崖市冷湖镇小赛什腾山铜矿 | 铜 | 斑岩型 | S | 小型 | Ⅲ-33 | |
| 392 | 新疆且末县迪木那里克磁铁矿 | 铁 | 海相火山岩型 | O | 大型 | Ⅲ-33 | $Pz_1$-7-7 |
| 393 | 新疆且末县迪木那里克西磁铁矿 | 铁 | 海相火山岩型 | O | 小型 | Ⅲ-33 | $Pz_1$-7-7 |
| 394 | 新疆若羌县柯可卡尔德钨锡矿 | 钨锡 | 矽卡岩型 | S | 中型 | Ⅲ-33 | $Pz_1$-7-7 |
| 395 | 青海格尔木市尕林格铁（硫）矿 | 铁 | 岩浆热液型 | O | 中型 | Ⅲ-33 | |
| 396 | 青海格尔木市球路噢窝头铁矿 | 铁 | 海相火山岩型 | O | 小型 | Ⅲ-34 | |
| 397 | 青海都兰县柯柯赛庞加丽铜金矿 | 铜金 | 矽卡岩型 | O | 小型 | Ⅲ-34 | |
| 398 | 河南南阳市西峡桑坪红柱石矿 | 红柱石 | 变成型 | S | 大型 | Ⅲ-35 | $Pz_1$-7-9 |
| 399 | 甘肃武山县李家沟硫铁矿 | 硫铁矿 | 岩浆热液型 | Є | 小型 | Ⅲ-35 | |

续表

| 编号 | 矿床名称 | 主矿种 | 成因类型 | 成矿时代 | 矿床规模 | 所属Ⅲ级成矿单元 | 所属成矿系列 |
|---|---|---|---|---|---|---|---|
| 400 | 甘肃天水市花石山金矿 | 金 | 岩浆热液型 | O | 中型 | Ⅲ-35 | |
| 401 | 甘肃天水市桦林沟金矿 | 金 | 浅成中低温热液型 | O | 小型 | Ⅲ-35 | |
| 402 | 陕西眉县铜峪铜矿 | 铜 | 海相火山岩型 | S | 小型 | Ⅲ-35 | $Pz_1$-7-8 |
| 403 | 陕西周至县骆峪锌铜矿 | 铜 | 海相火山岩型 | S | 小型 | Ⅲ-35 | $Pz_1$-7-8 |
| 404 | 陕西鄠邑区东流水铜矿 | 铜 | 海相火山岩型 | S | 小型 | Ⅲ-35 | $Pz_1$-7-8 |
| 405 | 陕西蓝田县玉川玉石矿 | 玉石 | 受变质型 | S | 中型 | Ⅲ-35 | $Pz_1$-7-9 |
| 406 | 陕西丹凤县庾家沟石墨矿 | 石墨 | 变成型 | O | 中型 | Ⅲ-35 | $Pz_1$-7-9 |
| 407 | 陕西丹凤县峦庄白云母矿 | 云母 | 变成型 | S | 中型 | Ⅲ-35 | $Pz_1$-7-9 |
| 408 | 河南栾川县上河磷矿 | 磷 | 受变质型 | ∈ | 中型 | Ⅲ-35 | $Pz_1$-7-9 |
| 409 | 河南卢氏县南阳山铌钽锂矿 | 铌钽锂 | 伟晶岩型 | S | 小型 | Ⅲ-35 | |
| 410 | 河南卢氏县七里沟铌钽锂矿 | 铌钽锂 | 伟晶岩型 | S | 小型 | Ⅲ-35 | |
| 411 | 河南卢氏县蔡家沟铌钽锂矿 | 铌钽锂 | 伟晶岩型 | S | 中型 | Ⅲ-35 | |
| 412 | 河南卢氏县龙泉坪白云母矿 | 云母 | 伟晶岩型 | S | 中型 | Ⅲ-35 | |
| 413 | 河南嵩县白河乡聂家庄铁矿 | 铁 | 海相火山岩型 | ∈ | 小型 | Ⅲ-35 | $Pz_1$-7-8 |
| 414 | 河南西峡县断树岩铜铁矿 | 铜铁 | 海相火山岩型 | ∈ | 小型 | Ⅲ-35 | $Pz_1$-7-8 |
| 415 | 陕西镇坪县小岔沟石墨矿 | 石墨 | 变成型 | S | 大型 | Ⅲ-35 | $Pz_1$-7-9 |
| 416 | 河南南阳市隐山蓝晶石矿 | 蓝晶石 | 变成型 | S | 大型 | Ⅲ-35 | $Pz_1$-7-9 |
| 417 | 河南桐柏县刘山岩铜锌矿 | 铜锌 | 海相火山岩型 | ∈ | 小型 | Ⅲ-35 | $Pz_1$-7-8 |
| 418 | 河南泌阳县条山铁矿 | 铁 | 海相火山岩型 | ∈ | 小型 | Ⅲ-35 | $Pz_1$-7-8 |
| 419 | 河南泌阳县马道铁矿 | 铁 | 海相火山岩型 | ∈ | 小型 | Ⅲ-35 | $Pz_1$-7-8 |
| 420 | 河南桐柏县黄楼铁矿 | 铁 | 海相火山岩型 | ∈ | 小型 | Ⅲ-35 | $Pz_1$-7-8 |
| 421 | 河南桐柏县银山铁矿 | 铁 | 海相火山岩型 | ∈ | 小型 | Ⅲ-35 | $Pz_1$-7-8 |
| 422 | 河南桐柏县罗棚铁矿 | 铁 | 海相火山岩型 | ∈ | 小型 | Ⅲ-35 | $Pz_1$-7-8 |
| 423 | 河南桐柏县庙后庄铁矿 | 铁 | 海相火山岩型 | ∈ | 小型 | Ⅲ-35 | $Pz_1$-7-8 |
| 424 | 河南桐柏县龙王庙铁矿 | 铁 | 海相火山岩型 | ∈ | 小型 | Ⅲ-35 | $Pz_1$-7-8 |
| 425 | 河南桐柏县铁山庙铁矿 | 铁 | 海相火山岩型 | ∈ | 小型 | Ⅲ-35 | $Pz_1$-7-8 |
| 426 | 河南桐柏县河湾铁矿 | 铁 | 海相火山岩型 | ∈ | 小型 | Ⅲ-35 | $Pz_1$-7-8 |
| 427 | 河南信阳市双沟铁矿 | 铁 | 海相火山岩型 | ∈ | 小型 | Ⅲ-35 | $Pz_1$-7-8 |
| 428 | 河南信阳市金牛山铁矿 | 铁 | 海相火山岩型 | ∈ | 小型 | Ⅲ-35 | $Pz_1$-7-8 |
| 429 | 甘肃天水市白家坝铅矿 | 铅 | 浅成中低温热液型 | ∈ | 小型 | Ⅲ-35 | |
| 430 | 陕西鄠邑区金洞沟金矿 | 金 | 浅成中低温热液型 | O | 小型 | Ⅲ-35 | |
| 431 | 陕西白河县黄石板铅锌矿 | 铅锌 | 浅成中低温热液型 | S | 中型 | Ⅲ-35 | |
| 432 | 陕西丹凤县竹林关双水磨磷矿 | 磷 | 化学沉积型 | ∈ | 小型 | Ⅲ-35 | $Pz_1$-7-10 |
| 433 | 湖北郧西县赵家峡磷矿 | 磷 | 化学沉积型 | ∈ | 小型 | Ⅲ-35 | $Pz_1$-7-10 |
| 434 | 陕西山阳县胡家沟磷矿 | 磷 | 化学沉积型 | ∈ | 小型 | Ⅲ-35 | $Pz_1$-7-10 |
| 435 | 陕西商南县下小川脉石英矿 | 脉石英 | 岩浆热液型 | ∈—O | 小型 | Ⅲ-35 | |
| 436 | 河南淅川县东川磷矿 | 磷 | 化学沉积型 | ∈ | 小型 | Ⅲ-35 | $Pz_1$-7-10 |
| 437 | 河南淅川县蒋坪磷矿 | 磷 | 化学沉积型 | ∈ | 小型 | Ⅲ-35 | $Pz_1$-7-10 |
| 438 | 河南内乡县大石头磷矿 | 磷 | 化学沉积型 | ∈ | 小型 | Ⅲ-35 | $Pz_1$-7-10 |
| 439 | 河南内乡县方山磷矿 | 磷 | 化学沉积型 | ∈ | 小型 | Ⅲ-35 | $Pz_1$-7-10 |

续表

| 编号 | 矿床名称 | 主矿种 | 成因类型 | 成矿时代 | 矿床规模 | 所属Ⅲ级成矿单元 | 所属成矿系列 |
|---|---|---|---|---|---|---|---|
| 440 | 甘肃舟曲县猫坪山后铁矿 | 铁 | 化学沉积型 | S | 小型 | Ⅲ-35 | $Pz_1$-7-10 |
| 441 | 甘肃成县南陈家庄铁锰矿 | 锰 | 化学沉积型 | S | 中型 | Ⅲ-35 | $Pz_1$-7-10 |
| 442 | 陕西略阳县徐家沟磷矿 | 磷 | 化学沉积型 | Є | 小型 | Ⅲ-35 | $Pz_1$-7-10 |
| 443 | 陕西略阳县田家沟磷矿 | 磷 | 化学沉积型 | Є | 小型 | Ⅲ-35 | $Pz_1$-7-10 |
| 444 | 陕西略阳县白果树马厂铁矿 | 铁 | 受变质型 | Є | 小型 | Ⅲ-35 | |
| 445 | 陕西勉县茶店磷矿 | 磷 | 化学沉积型 | Є | 小型 | Ⅲ-35 | $Pz_1$-7-10 |
| 446 | 陕西勉县高家山磷矿 | 磷 | 化学沉积型 | Є | 中型 | Ⅲ-35 | $Pz_1$-7-10 |
| 447 | 陕西凤县尖峰垭锑矿 | 锑 | 浅成中低温热液型 | S | 中型 | Ⅲ-35 | |
| 448 | 陕西留坝县八卦山银锑矿 | 银锑 | 浅成中低温热液型 | S | 小型 | Ⅲ-35 | |
| 449 | 陕西宁强县阳平关（唐家坝）磷矿 | 磷 | 化学沉积型 | Є | 小型 | Ⅲ-35 | $Pz_1$-7-10 |
| 450 | 陕西汉中市天台山磷锰矿 | 磷锰 | 化学沉积型 | Є | 中型 | Ⅲ-35 | $Pz_1$-7-10 |
| 451 | 陕西汉中市南郑区朱家坝磷矿 | 磷 | 化学沉积型 | Є | 大型 | Ⅲ-35 | $Pz_1$-7-10 |
| 452 | 陕西安康县茨沟重晶石矿 | 重晶石 | 化学沉积型 | Є | 小型 | Ⅲ-35 | $Pz_1$-7-10 |
| 453 | 陕西安康市九里岗重晶石-磷矿 | 重晶石、磷 | 化学沉积型 | Є | 小型 | Ⅲ-35 | $Pz_1$-7-10 |
| 454 | 陕西旬阳县叶家寨重晶石矿 | 重晶石 | 化学沉积型 | Є | 小型 | Ⅲ-35 | $Pz_1$-7-10 |
| 455 | 陕西安康市石梯重晶石矿 | 重晶石 | 海相火山岩型 | S | 中型 | Ⅲ-35 | |
| 456 | 陕西旬阳县神河重晶石矿 | 重晶石 | 化学沉积型 | Є | 小型 | Ⅲ-35 | $Pz_1$-7-10 |
| 457 | 陕西安康市熊山沟金红石矿 | 金红石 | 受变质型 | S | 中型 | Ⅲ-35 | |
| 458 | 陕西安康市马尿坑稀土矿 | 稀土 | 伟晶岩型 | S | 小型 | Ⅲ-35 | |
| 459 | 陕西安康市良田垭重晶石矿 | 重晶石 | 化学沉积型 | S | 小型 | Ⅲ-35 | $Pz_1$-7-10 |
| 460 | 陕西平利县水坪-獐子坪重晶石矿 | 重晶石 | 化学沉积型 | Є | 大型 | Ⅲ-35 | $Pz_1$-7-10 |
| 461 | 陕西平利县神仙台重晶石矿 | 重晶石 | 化学沉积型 | Є | 小型 | Ⅲ-35 | $Pz_1$-7-10 |
| 462 | 陕西紫阳县黄柏树湾毒重石矿 | 重晶石 | 化学沉积型 | Є | 小型 | Ⅲ-35 | $Pz_1$-7-10 |
| 463 | 重庆成口县巴山毒重石矿 | 毒重石 | 浅成中低温热液型 | Є | 中型 | Ⅲ-35 | |
| 464 | 湖北竹山县四棵树钒矿 | 钒 | 化学沉积型 | Є | 小型 | Ⅲ-35 | $Pz_1$-7-10 |
| 465 | 湖北竹山县王家湾重晶石矿 | 重晶石 | 化学沉积型 | Є | 中型 | Ⅲ-35 | $Pz_1$-7-10 |
| 466 | 湖北叶大兰河铜锌多金属矿 | 铜锌 | 浅成中低温热液型 | Є—S | 小型 | Ⅲ-35 | |
| 467 | 湖北丹江口市王家梁赤铁矿 | 铁 | 海相火山岩型 | Є | 中型 | Ⅲ-35 | |
| 468 | 湖北丹江口市板桥赤铁矿 | 铁 | 海相火山岩型 | Є | 小型 | Ⅲ-35 | |
| 469 | 湖北谷城县兴隆观铁矿 | 铁 | 岩浆型 | Є—S | 大型 | Ⅲ-35 | |
| 470 | 湖北丹江口市田家沟钛磁铁矿 | 铁 | 岩浆型 | Є | 中型 | Ⅲ-35 | |
| 471 | 河南唐河县湖阳周庵铜镍矿 | 铜镍 | 岩浆型 | Є | 大型 | Ⅲ-35 | |
| 472 | 湖北襄阳市肖家山锰矿 | 锰 | 化学沉积型 | O | 小型 | Ⅲ-35 | $Pz_1$-7-10 |
| 473 | 湖北枣阳市耿集铜矿 | 铜 | 浅成中低温热液型 | Є—S | 小型 | Ⅲ-35 | |
| 474 | 湖北襄阳市小观山锰矿 | 锰 | 化学沉积型 | O | 小型 | Ⅲ-35 | $Pz_1$-7-10 |
| 475 | 湖北随州市秦家门铁矿 | 铁 | 岩浆型 | Є—S | 小型 | Ⅲ-35 | |
| 476 | 湖北随州市楼子湾重晶石矿 | 重晶石 | 化学沉积型 | Є | 小型 | Ⅲ-35 | $Pz_1$-7-10 |
| 477 | 湖北随州六合湾重晶石矿 | 重晶石 | 化学沉积型 | Є | 中型 | Ⅲ-35 | $Pz_1$-7-10 |
| 478 | 湖北随州柳林田家冲-谢家店重晶石矿 | 重晶石 | 化学沉积型 | Є | 中型 | Ⅲ-35 | $Pz_1$-7-10 |
| 479 | 湖北随州柳林金桥岭重晶石矿 | 重晶石 | 化学沉积型 | Є | 中型 | Ⅲ-35 | $Pz_1$-7-10 |

续表

| 编号 | 矿床名称 | 主矿种 | 成因类型 | 成矿时代 | 矿床规模 | 所属Ⅲ级成矿单元 | 所属成矿系列 |
|---|---|---|---|---|---|---|---|
| 480 | 湖北安陆市桐树岑磷矿 | 磷 | 受变质型 | Є | 小型 | Ⅲ-35 | |
| 481 | 湖北安陆市陶吕寨银铜矿 | 银铜 | 受变质型 | Є | 小型 | Ⅲ-35 | |
| 482 | 湖北随州市新屋湾磷矿 | 磷 | 化学沉积型 | Є | 小型 | Ⅲ-35 | $Pz_1$-7-10 |
| 483 | 湖北随州市柳林重晶石矿 | 重晶石 | 化学沉积型 | Є | 中型 | Ⅲ-35 | $Pz_1$-7-10 |
| 484 | 新疆若羌县英格里克石棉矿 | 石棉 | 浅成中低温热液型 | S | 小型 | Ⅲ-36 | $Pz_1$-8-1 |
| 485 | 青海茫崖石棉矿 | 石棉 | 浅成中低温热液型 | S | 超大型 | Ⅲ-36 | $Pz_1$-8-1 |
| 486 | 青海大柴旦镇红柳沟金矿 | 金 | 浅成中低温热液型 | O | 小型 | Ⅲ-36 | $Pz_1$-8-2 |
| 487 | 青海大柴旦镇赛什腾山青龙滩硫铁矿 | 硫铁矿 | 海相火山岩型 | O | 中型 | Ⅲ-36 | $Pz_1$-8-2 |
| 488 | 青海大柴旦镇龙柏沟金矿 | 金 | 浅成中低温热液型 | O | 小型 | Ⅲ-36 | $Pz_1$-8-2 |
| 489 | 青海大柴旦镇双口山铅锌银矿 | 铅锌银 | 海相火山岩型 | Є | 小型 | Ⅲ-36 | $Pz_1$-8-2 |
| 490 | 青海大柴旦镇锡铁山铅锌（硫）矿 | 铅锌 | 海相火山岩型 | O | 大型 | Ⅲ-36 | $Pz_1$-8-2 |
| 491 | 青海格尔木市莱园子沟铜钴矿 | 铜钴 | 海相火山岩型 | O | 小型 | Ⅲ-36 | |
| 492 | 广西苍梧县金山顶金矿 | 金 | 岩浆热液型 | Є | 小型 | Ⅲ-41 | |
| 493 | 广西苍梧县任冲金矿 | 金 | 矽卡岩型 | Є | 小型 | Ⅲ-41 | |
| 494 | 广西苍梧县平和金矿 | 金 | 矽卡岩型 | Є | 小型 | Ⅲ-41 | |
| 495 | 广东四会市小坑钨矿 | 钨 | 浅成中低温热液型 | O—S | 小型 | Ⅲ-41 | |
| 496 | 江西金溪县峡山石墨矿 | 石墨 | 变成型 | S | 大型 | Ⅲ-41 | $Pz_1$-9-2 |
| 497 | 江西资溪县石峡乡东山石英矿 | 脉石英 | 浅成中低温热液型 | Є—O | 小型 | Ⅲ-41 | |
| 498 | 福建邵武市枫林硫铁矿 | 硫铁矿 | 受变质型 | Z—S | 小型 | Ⅲ-41 | $Pz_1$-9-2 |
| 499 | 福建将乐县洋源硫铁矿 | 硫铁矿 | 岩浆热液型 | Є | 小型 | Ⅲ-41 | |
| 500 | 福建宁化市松岭锡铜矿 | 锡铜 | 斑岩型 | S | 小型 | Ⅲ-41 | |
| 501 | 福建永安市李坊重晶石矿 | 重晶石 | 化学沉积型 | Є | 大型 | Ⅲ-41 | $Pz_1$-9-1 |
| 502 | 广西陆川县平塘硫铁矿 | 硫铁矿 | 矽卡岩型 | Є | 小型 | Ⅲ-41 | |
| 503 | 广西陆川县文龙径硫铁矿 | 硫铁矿 | 浅成中低温热液型 | Є—O | 小型 | Ⅲ-41 | |
| 504 | 广西博白县新秀硫铁矿 | 硫铁矿 | 矽卡岩型 | O—D | 小型 | Ⅲ-41 | |
| 505 | 广西博白县三滩硫铁矿 | 硫铁矿 | 矽卡岩型 | O—D | 中型 | Ⅲ-41 | |
| 506 | 海南琼海市石墨矿 | 石墨 | 变成型 | S | 小型 | Ⅲ-44 | $Pz_1$-9-2 |
| 507 | 海南三亚市红花磷矿 | 磷 | 化学沉积型 | Є | 小型 | Ⅲ-44 | $Pz_1$-9-3 |
| 508 | 海南三亚市大茅磷矿 | 磷 | 化学沉积型 | Є | 中型 | Ⅲ-44 | $Pz_1$-9-3 |
| 509 | 浙江绍兴市中岙金矿 | 金 | 浅成中低温热液型 | S | 小型 | Ⅲ-45 | |
| 510 | 浙江绍兴市铸铺岙金矿 | 金 | 浅成中低温热液型 | S | 小型 | Ⅲ-45 | |
| 511 | 浙江诸暨市燕窝磷矿 | 磷 | 化学沉积型 | Є | 小型 | Ⅲ-45 | $Pz_1$-10-1 |
| 512 | 浙江诸暨市江龙磷矿 | 磷 | 化学沉积型 | Є | 小型 | Ⅲ-45 | $Pz_1$-10-1 |
| 513 | 浙江诸暨市霞渡磷矿 | 磷 | 化学沉积型 | Є | 小型 | Ⅲ-45 | $Pz_1$-10-1 |
| 514 | 浙江浦江县中余磷矿 | 磷 | 化学沉积型 | Є | 小型 | Ⅲ-45 | $Pz_1$-10-1 |
| 515 | 浙江建德市洋溪磷矿 | 磷 | 化学沉积型 | Є | 小型 | Ⅲ-45 | $Pz_1$-10-1 |
| 516 | 浙江兰溪市诸葛磷矿 | 磷 | 化学沉积型 | Є | 小型 | Ⅲ-45 | $Pz_1$-10-1 |
| 517 | 浙江龙游县志棠磷矿 | 磷 | 化学沉积型 | Є | 小型 | Ⅲ-45 | $Pz_1$-10-1 |
| 518 | 浙江龙游县杜山坞磷矿 | 磷 | 化学沉积型 | Є | 小型 | Ⅲ-45 | $Pz_1$-10-1 |
| 519 | 浙江衢州市板桥磷矿 | 磷 | 化学沉积型 | Є | 小型 | Ⅲ-45 | $Pz_1$-10-1 |

续表

| 编号 | 矿床名称 | 主矿种 | 成因类型 | 成矿时代 | 矿床规模 | 所属Ⅲ级成矿单元 | 所属成矿系列 |
|---|---|---|---|---|---|---|---|
| 520 | 浙江江山市新塘坞磷矿 | 磷 | 化学沉积型 | Є | 小型 | Ⅲ-45 | $Pz_1$-10-1 |
| 521 | 浙江江山市大陈磷矿 | 磷 | 化学沉积型 | Є | 小型 | Ⅲ-45 | $Pz_1$-10-1 |
| 522 | 江西广丰区大南磷矿 | 磷 | 化学沉积型 | Є | 小型 | Ⅲ-45 | $Pz_1$-10-1 |
| 523 | 江西广丰区下溪磷矿 | 磷 | 化学沉积型 | Є | 小型 | Ⅲ-45 | $Pz_1$-10-1 |
| 524 | 江西广丰区前村磷矿 | 磷 | 化学沉积型 | Є | 中型 | Ⅲ-45 | $Pz_1$-10-1 |
| 525 | 江西上饶县青金磷矿 | 磷 | 化学沉积型 | Є | 中型 | Ⅲ-45 | $Pz_1$-10-1 |
| 526 | 江西上饶县朝阳磷矿 | 磷 | 化学沉积型 | Є | 大型 | Ⅲ-45 | $Pz_1$-10-1 |
| 527 | 浙江诸暨市梅店金矿 | 金 | 浅成中低温热液型 | S | 小型 | Ⅲ-45 | |
| 528 | 浙江诸暨市马郦金矿 | 金 | 浅成中低温热液型 | S | 小型 | Ⅲ-45 | |
| 529 | 浙江诸暨市璜山金矿 | 金 | 浅成中低温热液型 | S | 小型 | Ⅲ-45 | |
| 530 | 浙江诸暨市齐村金矿 | 金 | 浅成中低温热液型 | S | 小型 | Ⅲ-45 | |
| 531 | 浙江诸暨市庙下畈金矿 | 金 | 浅成中低温热液型 | S | 小型 | Ⅲ-45 | |
| 532 | 浙江安吉县上市磷矿 | 磷 | 化学沉积型 | Є | 小型 | Ⅲ-46 | $Pz_1$-11-1 |
| 533 | 浙江安吉县章村脉石英矿 | 脉石英 | 浅成中低温热液型 | Є | 中型 | Ⅲ-46 | |
| 534 | 安徽歙县株林下磷矿 | 磷 | 化学沉积型 | S | 小型 | Ⅲ-46 | $Pz_1$-11-1 |
| 535 | 安徽休宁县查坑磷矿 | 磷 | 化学沉积型 | S | 小型 | Ⅲ-46 | $Pz_1$-11-1 |
| 536 | 江西德兴市金山金矿 | 金 | 浅成中低温热液型 | S | 超大型 | Ⅲ-46 | |
| 537 | 安徽宣城市宣州区敬亭山磷矿 | 磷 | 化学沉积型 | S | 小型 | Ⅲ-46 | $Pz_1$-11-1 |
| 538 | 安徽铜陵市鸡头山磷矿 | 磷 | 化学沉积型 | S | 小型 | Ⅲ-46 | $Pz_1$-11-1 |
| 539 | 安徽青阳县寨山磷矿 | 磷 | 化学沉积型 | S | 小型 | Ⅲ-46 | $Pz_1$-11-1 |
| 540 | 安徽安庆市白鹿山磷矿 | 磷 | 化学沉积型 | S | 小型 | Ⅲ-46 | $Pz_1$-11-1 |
| 541 | 安徽祁门县横排磷矿 | 磷 | 化学沉积型 | Є | 中型 | Ⅲ-46 | $Pz_1$-11-1 |
| 542 | 湖北通山县西庄磷矿 | 磷 | 化学沉积型 | Є | 小型 | Ⅲ-46 | $Pz_1$-11-1 |
| 543 | 湖北通山县珍珠口磷矿 | 磷 | 化学沉积型 | Є | 小型 | Ⅲ-46 | $Pz_1$-11-1 |
| 544 | 湖北咸宁市李容铺磷矿 | 磷 | 化学沉积型 | S | 小型 | Ⅲ-46 | $Pz_1$-11-1 |
| 545 | 湖北咸宁市陈家磷矿 | 磷 | 化学沉积型 | Є | 小型 | Ⅲ-46 | $Pz_1$-11-1 |
| 546 | 湖北咸宁市古田磷矿 | 磷 | 化学沉积型 | S | 小型 | Ⅲ-46 | $Pz_1$-11-1 |
| 547 | 湖北咸宁市汀泗桥石井洪磷矿 | 磷 | 化学沉积型 | S | 小型 | Ⅲ-46 | $Pz_1$-11-1 |
| 548 | 湖北咸宁市汀泗桥铜钉坳磷矿 | 磷 | 化学沉积型 | S | 小型 | Ⅲ-46 | $Pz_1$-11-1 |
| 549 | 湖北赤壁市哑口岭磷矿 | 磷 | 化学沉积型 | S | 小型 | Ⅲ-46 | $Pz_1$-11-1 |
| 550 | 湖北赤壁市包家庄磷矿 | 磷 | 化学沉积型 | S | 小型 | Ⅲ-46 | $Pz_1$-11-1 |
| 551 | 湖北嘉鱼县肖家磷矿 | 磷 | 化学沉积型 | S | 小型 | Ⅲ-46 | $Pz_1$-11-1 |
| 552 | 湖北赤壁市蒲首山磷矿 | 磷 | 化学沉积型 | S | 小型 | Ⅲ-46 | $Pz_1$-11-1 |
| 553 | 湖北崇阳县三山磷矿 | 磷 | 化学沉积型 | S | 小型 | Ⅲ-46 | $Pz_1$-11-1 |
| 554 | 湖北咸宁市晏家湾磷矿 | 磷 | 化学沉积型 | S | 小型 | Ⅲ-46 | $Pz_1$-11-1 |
| 555 | 湖北崇阳县小岭磷矿 | 磷 | 化学沉积型 | S | 小型 | Ⅲ-46 | $Pz_1$-11-1 |
| 556 | 湖北通山县七里冲磷矿 | 磷 | 化学沉积型 | S | 小型 | Ⅲ-46 | $Pz_1$-11-1 |
| 557 | 湖北通山县楠林磷矿 | 磷 | 化学沉积型 | S | 小型 | Ⅲ-46 | $Pz_1$-11-1 |
| 558 | 湖北崇阳县大砂坪泉湖磷矿 | 磷 | 化学沉积型 | Є | 小型 | Ⅲ-46 | $Pz_1$-11-1 |
| 559 | 湖北咸宁市通山大垅铺（甘港）磷矿 | 磷 | 化学沉积型 | S | 小型 | Ⅲ-46 | $Pz_1$-11-1 |

续表

| 编号 | 矿床名称 | 主矿种 | 成因类型 | 成矿时代 | 矿床规模 | 所属Ⅲ级成矿单元 | 所属成矿系列 |
|---|---|---|---|---|---|---|---|
| 560 | 安徽池州市牌楼磷矿 | 磷 | 化学沉积型 | S | 小型 | Ⅲ-46 | $Pz_1$-11-1 |
| 561 | 安徽黄山市郭村磷矿 | 磷 | 化学沉积型 | S | 小型 | Ⅲ-46 | $Pz_1$-11-1 |
| 562 | 安徽石台县马踏石磷矿 | 磷 | 化学沉积型 | S | 小型 | Ⅲ-46 | $Pz_1$-11-1 |
| 563 | 江西彭泽县利山金矿 | 金 | 岩浆热液型 | S | 小型 | Ⅲ-46 | |
| 564 | 安徽绩溪县石榴村重晶石（磷）矿 | 重晶石 | 化学沉积型 | ∈ | 小型 | Ⅲ-46 | $Pz_1$-11-1 |
| 565 | 浙江常山县菱湖磷矿 | 磷 | 化学沉积型 | ∈ | 小型 | Ⅲ-46 | $Pz_1$-11-1 |
| 566 | 浙江淳安县百亩畈磷矿 | 磷 | 化学沉积型 | ∈ | 小型 | Ⅲ-46 | $Pz_1$-11-1 |
| 567 | 浙江淳安县姚家横山磷矿 | 磷 | 化学沉积型 | ∈ | 小型 | Ⅲ-46 | $Pz_1$-11-1 |
| 568 | 浙江富阳区万市磷矿 | 磷 | 化学沉积型 | ∈ | 小型 | Ⅲ-46 | $Pz_1$-11-1 |
| 569 | 浙江开化县华村磷矿 | 磷 | 化学沉积型 | ∈ | 小型 | Ⅲ-46 | $Pz_1$-11-1 |
| 570 | 浙江开化县银炉磷矿 | 磷 | 化学沉积型 | ∈ | 小型 | Ⅲ-46 | $Pz_1$-11-1 |
| 571 | 浙江临安区夏禹桥磷矿 | 磷 | 化学沉积型 | ∈ | 小型 | Ⅲ-46 | $Pz_1$-11-1 |
| 572 | 浙江临安区猪朝湾磷矿 | 磷 | 化学沉积型 | ∈ | 小型 | Ⅲ-46 | $Pz_1$-11-1 |
| 573 | 浙江桐庐县保安磷矿 | 磷 | 化学沉积型 | ∈ | 小型 | Ⅲ-46 | $Pz_1$-11-1 |
| 574 | 浙江桐庐县东溪磷矿 | 磷 | 化学沉积型 | ∈ | 小型 | Ⅲ-46 | $Pz_1$-11-1 |
| 575 | 四川资阳市安岳气田 | 页岩气 | 生物化学沉积型 | ∈ | 超大型 | Ⅲ-47 | $Pz_1$-11-6 |
| 576 | 四川威远页岩气田 | 页岩气 | 生物化学沉积型 | O—S | 大型 | Ⅲ-47 | $Pz_1$-11-6 |
| 577 | 重庆涪陵页岩气田 | 页岩气 | 生物化学沉积型 | O—S | 大型 | Ⅲ-47 | $Pz_1$-11-6 |
| 578 | 四川长宁页岩气田 | 页岩气 | 生物化学沉积型 | O—S | 大型 | Ⅲ-47 | $Pz_1$-11-6 |
| 579 | 云南昭通页岩气田 | 页岩气 | 生物化学沉积型 | O—S | 大型 | Ⅲ-47 | $Pz_1$-11-6 |
| 580 | 四川峨眉山市九老硐磷矿 | 磷 | 化学沉积型 | ∈ | 小型 | Ⅲ-47 | $Pz_1$-11-2 |
| 581 | 四川峨眉山市高桥大峨寺磷矿 | 磷 | 化学沉积型 | ∈ | 小型 | Ⅲ-47 | $Pz_1$-11-2 |
| 582 | 四川峨眉山市高桥麦地坪磷矿 | 磷 | 生物化学沉积型 | ∈ | 小型 | Ⅲ-47 | $Pz_1$-11-2 |
| 583 | 四川峨眉山市大石板磷矿 | 磷 | 化学沉积型 | ∈ | 小型 | Ⅲ-47 | $Pz_1$-11-2 |
| 584 | 四川峨眉山市小坪子磷矿 | 磷 | 化学沉积型 | ∈ | 小型 | Ⅲ-47 | $Pz_1$-11-2 |
| 585 | 陕西汉中市南郑区朱家河磷矿 | 磷 | 化学沉积型 | ∈ | 小型 | Ⅲ-47 | $Pz_1$-11-2 |
| 586 | 四川南江县新立磷矿 | 磷 | 化学沉积型 | ∈ | 小型 | Ⅲ-47 | $Pz_1$-11-2 |
| 587 | 四川天全县打字堂硫铁矿 | 硫铁矿 | 岩浆热液型 | S | 中型 | Ⅲ-47 | |
| 588 | 四川天全县鬼招手硫铁矿 | 硫铁矿 | 岩浆热液型 | S | 小型 | Ⅲ-47 | |
| 589 | 四川绵竹市龙王庙花石沟磷矿 | 磷 | 化学沉积型 | ∈ | 中型 | Ⅲ-47 | $Pz_1$-11-2 |
| 590 | 四川绵竹市龙王庙天井沟磷矿 | 磷 | 化学沉积型 | ∈ | 大型 | Ⅲ-47 | $Pz_1$-11-2 |
| 591 | 四川安县祁山庙磷矿 | 磷 | 化学沉积型 | ∈ | 中型 | Ⅲ-47 | $Pz_1$-11-2 |
| 592 | 四川安县五郎庙磷矿 | 磷 | 化学沉积型 | ∈ | 中型 | Ⅲ-47 | $Pz_1$-11-2 |
| 593 | 四川平武县高庄坝锰矿 | 锰 | 化学沉积型 | ∈ | 小型 | Ⅲ-47 | $Pz_1$-11-2 |
| 594 | 四川平武县简竹垭锰矿 | 锰 | 化学沉积型 | ∈ | 中型 | Ⅲ-47 | $Pz_1$-11-2 |
| 595 | 四川平武县石坎锰矿 | 锰 | 化学沉积型 | ∈ | 小型 | Ⅲ-47 | $Pz_1$-11-2 |
| 596 | 四川平武县马家山锰矿 | 锰 | 化学沉积型 | ∈ | 小型 | Ⅲ-47 | $Pz_1$-11-2 |
| 597 | 四川平武县平溪锰矿 | 锰 | 化学沉积型 | ∈ | 小型 | Ⅲ-47 | $Pz_1$-11-2 |
| 598 | 四川青川县董家沟锰矿 | 锰 | 化学沉积型 | ∈ | 小型 | Ⅲ-47 | $Pz_1$-11-2 |
| 599 | 陕西宁强县宽川铺磷矿 | 磷 | 化学沉积型 | ∈ | 中型 | Ⅲ-47 | $Pz_1$-11-2 |

续表

| 编号 | 矿床名称 | 主矿种 | 成因类型 | 成矿时代 | 矿床规模 | 所属Ⅲ级成矿单元 | 所属成矿系列 |
|---|---|---|---|---|---|---|---|
| 600 | 陕西宁强县胡家坝陈家沟磷矿 | 磷 | 化学沉积型 | € | 小型 | Ⅲ-47 | $Pz_1$-11-2 |
| 601 | 陕西勉县观山磷矿 | 磷 | 化学沉积型 | € | 小型 | Ⅲ-47 | $Pz_1$-11-2 |
| 602 | 陕西西乡县水晶坪锰矿 | 锰 | 化学沉积型 | € | 小型 | Ⅲ-47 | $Pz_1$-11-2 |
| 603 | 陕西紫阳县茶寨子重晶石矿 | 重晶石 | 化学沉积型 | € | 小型 | Ⅲ-47 | $Pz_1$-11-2 |
| 604 | 湖北南漳县瓦屋坪磷矿 | 磷 | 化学沉积型 | S | 小型 | Ⅲ-47 | $Pz_1$-11-2 |
| 605 | 湖北南漳县望府山磷矿 | 磷 | 化学沉积型 | € | 小型 | Ⅲ-47 | $Pz_1$-11-2 |
| 606 | 湖北南漳县三道河（陈家冲）磷矿 | 磷 | 化学沉积型 | S | 小型 | Ⅲ-47 | $Pz_1$-11-2 |
| 607 | 四川洪雅县刘坪大岗锰矿 | 锰 | 化学沉积型 | O | 中型 | Ⅲ-47 | $Pz_1$-11-2 |
| 608 | 四川乐山市金口河老汞山磷矿 | 磷 | 化学沉积型 | € | 中型 | Ⅲ-47 | $Pz_1$-11-2 |
| 609 | 四川乐山市大瓦山锰矿 | 锰 | 化学沉积型 | O | 小型 | Ⅲ-47 | $Pz_1$-11-2 |
| 610 | 四川汉源县轿顶山锰矿 | 锰 | 化学沉积型 | O | 小型 | Ⅲ-47 | $Pz_1$-11-2 |
| 611 | 四川汉源县万里椅子山磷矿 | 磷 | 化学沉积型 | € | 中型 | Ⅲ-47 | $Pz_1$-11-2 |
| 612 | 四川汉源县富泉磷矿 | 磷 | 化学沉积型 | € | 大型 | Ⅲ-47 | $Pz_1$-11-2 |
| 613 | 四川汉源县市荣磷矿 | 磷 | 化学沉积型 | € | 中型 | Ⅲ-47 | $Pz_1$-11-2 |
| 614 | 四川汉源县水桶沟磷矿 | 磷 | 化学沉积型 | € | 大型 | Ⅲ-47 | $Pz_1$-11-2 |
| 615 | 四川甘洛县大桥乡磷矿 | 磷 | 化学沉积型 | € | 中型 | Ⅲ-47 | $Pz_1$-11-2 |
| 616 | 四川峨边县华竹沟磷矿 | 磷 | 化学沉积型 | € | 中型 | Ⅲ-47 | $Pz_1$-11-2 |
| 617 | 四川峨边县平等乡万家坪磷矿 | 磷 | 化学沉积型 | € | 小型 | Ⅲ-47 | $Pz_1$-11-2 |
| 618 | 四川峨边县锣鼓坪西矿段磷矿 | 磷 | 化学沉积型 | € | 小型 | Ⅲ-47 | $Pz_1$-11-2 |
| 619 | 四川峨边县山坪阿力哈别磷矿 | 磷 | 化学沉积型 | € | 小型 | Ⅲ-47 | $Pz_1$-11-2 |
| 620 | 四川峨边县大竹坝磷矿 | 磷 | 化学沉积型 | € | 小型 | Ⅲ-47 | $Pz_1$-11-2 |
| 621 | 四川甘洛县则洛磷矿 | 磷 | 化学沉积型 | € | 中型 | Ⅲ-47 | $Pz_1$-11-2 |
| 622 | 四川越西县顺河磷矿 | 磷 | 化学沉积型 | € | 中型 | Ⅲ-47 | $Pz_1$-11-2 |
| 623 | 四川马边县雪山口六股水磷矿 | 磷 | 化学沉积型 | € | 中型 | Ⅲ-47 | $Pz_1$-11-2 |
| 624 | 四川马边县六股水陈子岩磷矿 | 磷 | 化学沉积型 | € | 中型 | Ⅲ-47 | $Pz_1$-11-2 |
| 625 | 四川马边县老河坝磷矿 | 磷 | 化学沉积型 | € | 超大型 | Ⅲ-47 | $Pz_1$-11-2 |
| 626 | 四川马边县暴风坪补衣作洞采段磷矿 | 磷 | 化学沉积型 | € | 大型 | Ⅲ-47 | $Pz_1$-11-2 |
| 627 | 四川马边县暴风坪阿罗觉巴磷矿 | 磷 | 化学沉积型 | € | 小型 | Ⅲ-47 | $Pz_1$-11-2 |
| 628 | 四川马边县分银沟磷矿 | 磷 | 化学沉积型 | € | 小型 | Ⅲ-47 | $Pz_1$-11-2 |
| 629 | 四川马边县大院子磷矿 | 磷 | 化学沉积型 | € | 小型 | Ⅲ-47 | $Pz_1$-11-2 |
| 630 | 四川雷波县马颈子磷矿 | 磷 | 化学沉积型 | € | 大型 | Ⅲ-47 | $Pz_1$-11-2 |
| 631 | 四川雷波县芦营寨子磷矿 | 磷 | 化学沉积型 | € | 小型 | Ⅲ-47 | $Pz_1$-11-2 |
| 632 | 四川雷波县石板滩磷矿 | 磷 | 化学沉积型 | € | 大型 | Ⅲ-47 | $Pz_1$-11-2 |
| 633 | 四川雷波县簸箕梁子磷矿 | 磷 | 化学沉积型 | € | 小型 | Ⅲ-47 | $Pz_1$-11-2 |
| 634 | 四川雷波县小沟磷矿 | 磷 | 化学沉积型 | € | 超大型 | Ⅲ-47 | $Pz_1$-11-2 |
| 635 | 四川雷波县牛牛寨磷矿 | 磷 | 化学沉积型 | € | 大型 | Ⅲ-47 | $Pz_1$-11-2 |
| 636 | 四川雷波县莫红磷矿 | 磷 | 化学沉积型 | € | 超大型 | Ⅲ-47 | $Pz_1$-11-2 |
| 637 | 四川雷波县洛马其磷矿 | 磷 | 化学沉积型 | € | 小型 | Ⅲ-47 | $Pz_1$-11-2 |
| 638 | 四川雷波县西谷溪磷矿 | 磷 | 化学沉积型 | € | 小型 | Ⅲ-47 | $Pz_1$-11-2 |
| 639 | 四川雷波县卡哈洛磷矿 | 磷 | 化学沉积型 | € | 大型 | Ⅲ-47 | $Pz_1$-11-2 |

续表

| 编号 | 矿床名称 | 主矿种 | 成因类型 | 成矿时代 | 矿床规模 | 所属Ⅲ级成矿单元 | 所属成矿系列 |
|---|---|---|---|---|---|---|---|
| 640 | 四川金阳县黑竹洛磷矿 | 磷 | 化学沉积型 | ∈ | 小型 | Ⅲ-47 | $Pz_1$-11-2 |
| 641 | 四川金阳县德姑磷矿 | 磷 | 化学沉积型 | ∈ | 小型 | Ⅲ-47 | $Pz_1$-11-2 |
| 642 | 四川会东县塘坊磷矿 | 磷 | 化学沉积型 | ∈ | 超大型 | Ⅲ-47 | $Pz_1$-11-2 |
| 643 | 四川会东县大桥河南岸磷矿 | 磷 | 化学沉积型 | ∈ | 小型 | Ⅲ-47 | $Pz_1$-11-2 |
| 644 | 云南永善县务基磷矿 | 磷 | 化学沉积型 | ∈ | 中型 | Ⅲ-47 | $Pz_1$-11-2 |
| 645 | 云南永善县官房磷矿 | 磷 | 化学沉积型 | ∈ | 中型 | Ⅲ-47 | $Pz_1$-11-2 |
| 646 | 云南永善县金沙厂磷矿 | 磷 | 化学沉积型 | ∈ | 大型 | Ⅲ-47 | $Pz_1$-11-2 |
| 647 | 云南会泽县马路磷矿 | 磷 | 化学沉积型 | ∈ | 中型 | Ⅲ-47 | $Pz_1$-11-2 |
| 648 | 云南镇雄县海子银厂湾铅锌矿 | 铅锌 | 浅成中低温热液型 | ∈ | 小型 | Ⅲ-47 | |
| 649 | 湖北南漳县五庙河（水田畈）磷矿 | 磷 | 化学沉积型 | S | 小型 | Ⅲ-47 | $Pz_1$-11-2 |
| 650 | 湖北保康县峰山-百竹磷矿 | 磷 | 化学沉积型 | ∈ | 超大型 | Ⅲ-47 | $Pz_1$-11-2 |
| 651 | 湖北兴山县白果园银钒矿 | 银钒 | 化学沉积型 | ∈ | 大型 | Ⅲ-47 | $Pz_1$-11-2 |
| 652 | 湖北郧阳区杨家堡钒矿 | 钒 | 化学沉积型 | ∈ | 中型 | Ⅲ-47 | $Pz_1$-11-2 |
| 653 | 湖北巴东县绿葱坡磷矿 | 磷 | 化学沉积型 | S | 小型 | Ⅲ-47 | $Pz_1$-11-2 |
| 654 | 湖北巴东县野花坪磷矿 | 磷 | 化学沉积型 | S | 小型 | Ⅲ-47 | $Pz_1$-11-2 |
| 655 | 湖北建始县河涝子磷矿 | 磷 | 化学沉积型 | S | 小型 | Ⅲ-47 | $Pz_1$-11-2 |
| 656 | 湖北建始县长梁磷矿 | 磷 | 化学沉积型 | S | 小型 | Ⅲ-47 | $Pz_1$-11-2 |
| 657 | 湖北建始县当阳磷矿 | 磷 | 化学沉积型 | S | 小型 | Ⅲ-47 | $Pz_1$-11-2 |
| 658 | 湖北建始县孟家湾磷矿 | 磷 | 化学沉积型 | S | 小型 | Ⅲ-47 | $Pz_1$-11-2 |
| 659 | 湖北恩施市麂子渡磷矿 | 磷 | 化学沉积型 | S | 小型 | Ⅲ-47 | $Pz_1$-11-2 |
| 660 | 湖北恩施市车坝磷矿 | 磷 | 化学沉积型 | S | 小型 | Ⅲ-47 | $Pz_1$-11-2 |
| 661 | 湖北五峰县水田冲重晶石矿 | 重晶石 | 浅成中低温热液型 | O | 小型 | Ⅲ-47 | |
| 662 | 湖北松滋市戴家坡重晶石矿 | 重晶石 | 浅成中低温热液型 | O | 小型 | Ⅲ-47 | |
| 663 | 湖北松滋市刘家场重晶石矿 | 重晶石 | 浅成中低温热液型 | O | 小型 | Ⅲ-47 | |
| 664 | 湖北松滋市卸甲坪重晶石矿 | 重晶石 | 浅成中低温热液型 | O | 小型 | Ⅲ-47 | |
| 665 | 湖北宣恩县和平磷矿 | 磷 | 化学沉积型 | S | 小型 | Ⅲ-47 | $Pz_1$-11-2 |
| 666 | 湖北宣恩县板寮磷矿 | 磷 | 化学沉积型 | S | 小型 | Ⅲ-47 | $Pz_1$-11-2 |
| 667 | 湖北宣恩县咸池磷矿 | 磷 | 化学沉积型 | S | 小型 | Ⅲ-47 | $Pz_1$-11-2 |
| 668 | 湖北咸丰县牛栏界磷矿 | 磷 | 化学沉积型 | S | 小型 | Ⅲ-47 | $Pz_1$-11-2 |
| 669 | 湖北咸丰县大茅坡铜矿 | 铜 | 浅成中低温热液型 | ∈ | 小型 | Ⅲ-47 | |
| 670 | 湖北咸丰县黄金洞磷矿 | 磷 | 化学沉积型 | S | 小型 | Ⅲ-47 | $Pz_1$-11-2 |
| 671 | 湖北咸丰县马河坝磷矿 | 磷 | 化学沉积型 | S | 小型 | Ⅲ-47 | $Pz_1$-11-2 |
| 672 | 湖南龙山县水田坝江家垭铅矿 | 铅 | 浅成中低温热液型 | O | 小型 | Ⅲ-47 | $Pz_1$-11-4 |
| 673 | 湖南龙山县唐家寨铅锌矿 | 铅锌 | 浅成中低温热液型 | O | 小型 | Ⅲ-47 | $Pz_1$-11-4 |
| 674 | 江西南丰县樟树郑坊钒矿 | 钒 | 化学沉积型 | ∈ | 中型 | Ⅲ-47 | $Pz_1$-11-2 |
| 675 | 贵州沿河县富龙铅锌矿 | 铅锌 | 浅成中低温热液型 | ∈ | 小型 | Ⅲ-47 | $Pz_1$-11-4 |
| 676 | 贵州沿河县三角塘官山铅锌矿 | 铅锌 | 浅成中低温热液型 | ∈ | 小型 | Ⅲ-47 | $Pz_1$-11-4 |
| 677 | 重庆酉阳县长沙坝磷矿 | 磷 | 化学沉积型 | ∈ | 小型 | Ⅲ-47 | $Pz_1$-11-2 |
| 678 | 重庆酉阳县杉树坪磷矿 | 磷 | 化学沉积型 | ∈ | 小型 | Ⅲ-47 | $Pz_1$-11-2 |
| 679 | 重庆酉阳县梨子坪磷矿 | 磷 | 化学沉积型 | ∈ | 小型 | Ⅲ-47 | $Pz_1$-11-2 |

续表

| 编号 | 矿床名称 | 主矿种 | 成因类型 | 成矿时代 | 矿床规模 | 所属Ⅲ级成矿单元 | 所属成矿系列 |
|---|---|---|---|---|---|---|---|
| 680 | 重庆酉阳县井岗磷矿 | 磷 | 化学沉积型 | Є | 小型 | Ⅲ-47 | $Pz_1$-11-2 |
| 681 | 重庆酉阳县九把刀磷矿 | 磷 | 化学沉积型 | Є | 小型 | Ⅲ-47 | $Pz_1$-11-2 |
| 682 | 重庆秀山县中和磷矿 | 磷 | 化学沉积型 | Є | 小型 | Ⅲ-47 | $Pz_1$-11-2 |
| 683 | 重庆秀山县鱼泉钒钼矿 | 钒钼 | 化学沉积型 | Є | 小型 | Ⅲ-47 | $Pz_1$-11-2 |
| 684 | 重庆秀山县鱼泉磷矿 | 磷 | 化学沉积型 | Є | 小型 | Ⅲ-47 | $Pz_1$-11-2 |
| 685 | 重庆秀山县狮子岩磷矿 | 磷 | 化学沉积型 | Є | 小型 | Ⅲ-47 | $Pz_1$-11-2 |
| 686 | 重庆秀山县苟皮岭磷矿 | 磷 | 化学沉积型 | Є | 小型 | Ⅲ-47 | $Pz_1$-11-2 |
| 687 | 重庆秀山县东风磷矿 | 磷 | 化学沉积型 | Є | 小型 | Ⅲ-47 | $Pz_1$-11-2 |
| 688 | 贵州绥阳县小岔沟铅锌矿 | 铅锌 | 浅成中低温热液型 | Є | 小型 | Ⅲ-47 | $Pz_1$-11-4 |
| 689 | 贵州习水县谢家坝铅锌矿 | 铅锌 | 浅成中低温热液型 | Є | 小型 | Ⅲ-47 | $Pz_1$-11-4 |
| 690 | 贵州遵义市常溪水镍钼矿 | 镍钼 | 斑岩型 | Є | 小型 | Ⅲ-47 | |
| 691 | 贵州遵义市新土沟地区钼镍矿 | 镍钼 | 斑岩型 | Є | 小型 | Ⅲ-47 | |
| 692 | 贵州遵义市庙子湾钼镍矿 | 镍钼 | 斑岩型 | Є | 中型 | Ⅲ-47 | |
| 693 | 贵州遵义市白云台镍钼矿 | 镍钼 | 斑岩型 | Є | 中型 | Ⅲ-47 | |
| 694 | 贵州遵义市冉村沟钼镍矿 | 镍钼 | 斑岩型 | Є | 大型 | Ⅲ-47 | |
| 695 | 贵州遵义市马鞍山钼镍矿 | 镍钼 | 斑岩型 | Є | 小型 | Ⅲ-47 | |
| 696 | 贵州遵义市大竹流水镍钼钒矿 | 镍钼钒 | 斑岩型 | Є | 小型 | Ⅲ-47 | |
| 697 | 贵州遵义市双龙桥镍钼矿 | 镍钼 | 斑岩型 | Є | 中型 | Ⅲ-47 | |
| 698 | 贵州遵义市大元钼镍矿 | 镍钼 | 斑岩型 | Є | 小型 | Ⅲ-47 | |
| 699 | 贵州遵义市松林磷矿 | 磷 | 化学沉积型 | Є | 中型 | Ⅲ-47 | $Pz_1$-11-3 |
| 700 | 贵州遵义市粮食坝镍钼多金属矿 | 镍钼 | 斑岩型 | Є | 小型 | Ⅲ-47 | |
| 701 | 贵州遵义市杨村沟钼镍矿 | 镍钼 | 斑岩型 | Є | 中型 | Ⅲ-47 | |
| 702 | 贵州遵义市黄家湾钼镍矿 | 镍钼 | 斑岩型 | Є | 中型 | Ⅲ-47 | |
| 703 | 贵州遵义市安村钼镍矿 | 镍钼 | 斑岩型 | Є | 中型 | Ⅲ-47 | |
| 704 | 贵州遵义市罗家湾镍钼矿 | 镍钼 | 斑岩型 | Є | 中型 | Ⅲ-47 | |
| 705 | 贵州遵义市田湾钼镍矿 | 镍钼 | 斑岩型 | Є | 小型 | Ⅲ-47 | |
| 706 | 贵州遵义市珍珠山钼镍矿 | 镍钼 | 斑岩型 | Є | 小型 | Ⅲ-47 | |
| 707 | 贵州遵义市鸡公山钼镍矿 | 镍钼 | 斑岩型 | Є | 中型 | Ⅲ-47 | |
| 708 | 贵州遵义市泮水镇柿子坪钒矿 | 钒 | 化学沉积型 | Є | 小型 | Ⅲ-47 | $Pz_1$-11-3 |
| 709 | 贵州金沙县岩孔磷矿 | 磷 | 化学沉积型 | Є | 中型 | Ⅲ-47 | $Pz_1$-11-3 |
| 710 | 贵州湄潭县蔡家沟磷矿 | 磷 | 化学沉积型 | Є | 小型 | Ⅲ-47 | $Pz_1$-11-3 |
| 711 | 贵州余庆县小乌江钼钒矿 | 钼钒 | 化学沉积型 | Є | 小型 | Ⅲ-47 | $Pz_1$-11-3 |
| 712 | 贵州余庆县长岭岗钒矿 | 钒 | 化学沉积型 | Є | 小型 | Ⅲ-47 | $Pz_1$-11-3 |
| 713 | 贵州绥阳县团山堡磷矿 | 磷 | 化学沉积型 | Є | 中型 | Ⅲ-47 | $Pz_1$-11-3 |
| 714 | 贵州瓮安县岩底钼矿 | 钼 | 斑岩型 | Є | 小型 | Ⅲ-47 | |
| 715 | 贵州黄平县上塘磷矿 | 磷 | 化学沉积型 | Є | 小型 | Ⅲ-47 | $Pz_1$-11-3 |
| 716 | 贵州织金县铜厂坡镍钼矿 | 镍钼 | 斑岩型 | Є | 中型 | Ⅲ-47 | |
| 717 | 贵州镇远县下高跃铅锌矿 | 铅锌 | 浅成中低温热液型 | Є | 小型 | Ⅲ-47 | $Pz_1$-11-4 |
| 718 | 贵州麻江县清平磷矿 | 磷 | 化学沉积型 | Є | 中型 | Ⅲ-47 | $Pz_1$-11-3 |
| 719 | 贵州麻江县水山重晶石矿 | 重晶石 | 浅成中低温热液型 | O | 小型 | Ⅲ-47 | $Pz_1$-11-4 |

续表

| 编号 | 矿床名称 | 主矿种 | 成因类型 | 成矿时代 | 矿床规模 | 所属Ⅲ级成矿单元 | 所属成矿系列 |
|---|---|---|---|---|---|---|---|
| 720 | 贵州麻江县新院重晶石矿 | 重晶石 | 浅成中低温热液型 | O | 小型 | Ⅲ-47 | $Pz_1$-11-4 |
| 721 | 贵州独山县对门山硫铁矿 | 硫铁矿 | 海相火山岩型 | Є | 小型 | Ⅲ-47 | |
| 722 | 贵州修文县三角山重晶石矿 | 重晶石 | 浅成中低温热液型 | O | 小型 | Ⅲ-47 | $Pz_1$-11-4 |
| 723 | 贵州清镇市桃子冲磷矿 | 磷 | 化学沉积型 | Є | 小型 | Ⅲ-47 | $Pz_1$-11-2 |
| 724 | 贵州织金县毛稗冲磷矿 | 磷 | 化学沉积型 | Є | 小型 | Ⅲ-47 | $Pz_1$-11-2 |
| 725 | 贵州织金县鹰马铅锌矿 | 铅锌 | 浅成中低温热液型 | Є | 小型 | Ⅲ-47 | $Pz_1$-11-4 |
| 726 | 贵州织金县打麻厂磷矿 | 磷 | 化学沉积型 | Є | 中型 | Ⅲ-47 | $Pz_1$-11-2 |
| 727 | 贵州普定县芦茅林铅锌矿 | 铅锌 | 浅成中低温热液型 | Є | 中型 | Ⅲ-47 | $Pz_1$-11-4 |
| 728 | 贵州普定县向荣有限公司鑫诚铅锌矿 | 铅锌 | 浅成中低温热液型 | Є | 小型 | Ⅲ-47 | $Pz_1$-11-4 |
| 729 | 贵州织金县新麦铅锌矿 | 铅锌 | 浅成中低温热液型 | Є | 小型 | Ⅲ-47 | $Pz_1$-11-4 |
| 730 | 贵州织金县新华磷矿 | 磷 | 化学沉积型 | Є | 超大型 | Ⅲ-47 | $Pz_1$-11-2 |
| 731 | 贵州织金县杜家桥磷矿 | 磷 | 化学沉积型 | Є | 小型 | Ⅲ-47 | $Pz_1$-11-2 |
| 732 | 贵州织金县中寨大院钼镍多金属矿 | 镍钼 | 斑岩型 | Є | 小型 | Ⅲ-47 | |
| 733 | 贵州纳雍县唐家坝钼镍矿 | 镍钼 | 斑岩型 | Є | 中型 | Ⅲ-47 | |
| 734 | 贵州纳雍县水东龙井边钼镍矿 | 镍钼 | 斑岩型 | Є | 中型 | Ⅲ-47 | |
| 735 | 贵州瓮安县螃蟹溪钼镍矿 | 镍钼 | 斑岩型 | Є | 中型 | Ⅲ-47 | |
| 736 | 贵州兴义市大际山钼矿 | 钼 | 浅成中低温热液型 | Є | 小型 | Ⅲ-47 | |
| 737 | 贵州镇宁县乐纪重晶石矿 | 重晶石 | 化学沉积型 | O | 大型 | Ⅲ-47 | $Pz_1$-11-3 |
| 738 | 云南会泽县大海磷矿 | 磷 | 化学沉积型 | Є | 超大型 | Ⅲ-47 | $Pz_1$-11-2 |
| 739 | 云南澄江县梁王冲磷矿 | 磷 | 化学沉积型 | Є | 中型 | Ⅲ-47 | $Pz_1$-11-2 |
| 740 | 云南昆明市东川区小水井磷矿 | 磷 | 化学沉积型 | Є | 中型 | Ⅲ-47 | $Pz_1$-11-2 |
| 741 | 云南澄江县王高庄磷矿 | 磷 | 化学沉积型 | Є | 中型 | Ⅲ-47 | $Pz_1$-11-2 |
| 742 | 云南会泽县观音岩磷矿 | 磷 | 化学沉积型 | Є | 超大型 | Ⅲ-47 | $Pz_1$-11-2 |
| 743 | 云南会泽县后坪子磷矿 | 磷 | 化学沉积型 | Є | 大型 | Ⅲ-47 | $Pz_1$-11-2 |
| 744 | 云南会泽县五星磷矿 | 磷 | 化学沉积型 | Є | 超大型 | Ⅲ-47 | $Pz_1$-11-2 |
| 745 | 云南会泽县金牛厂磷矿 | 磷 | 化学沉积型 | Є | 超大型 | Ⅲ-47 | $Pz_1$-11-2 |
| 746 | 云南会泽县岩洞磷矿 | 磷 | 化学沉积型 | Є | 中型 | Ⅲ-47 | $Pz_1$-11-2 |
| 747 | 云南会泽县砖洞磷矿 | 磷 | 化学沉积型 | Є | 中型 | Ⅲ-47 | $Pz_1$-11-2 |
| 748 | 云南会泽县梨树坪磷矿 | 磷 | 化学沉积型 | Є | 大型 | Ⅲ-47 | $Pz_1$-11-2 |
| 749 | 云南会泽县小铺子磷矿 | 磷 | 化学沉积型 | Є | 大型 | Ⅲ-47 | $Pz_1$-11-2 |
| 750 | 云南会泽县雨碌磷矿 | 磷 | 化学沉积型 | Є | 超大型 | Ⅲ-47 | $Pz_1$-11-2 |
| 751 | 云南会泽县苏泥卡磷矿 | 磷 | 化学沉积型 | Є | 大型 | Ⅲ-47 | $Pz_1$-11-2 |
| 752 | 云南会泽县银厂-待补磷矿 | 磷 | 化学沉积型 | Є | 超大型 | Ⅲ-47 | $Pz_1$-11-2 |
| 753 | 云南昆明市东川区大凹子磷矿 | 磷 | 化学沉积型 | Є | 中型 | Ⅲ-47 | $Pz_1$-11-2 |
| 754 | 云南昆明市东川区八脚地磷矿 | 磷 | 化学沉积型 | Є | 超大型 | Ⅲ-47 | $Pz_1$-11-2 |
| 755 | 云南沾益区法科磷矿 | 磷 | 化学沉积型 | Є | 大型 | Ⅲ-47 | $Pz_1$-11-2 |
| 756 | 云南沾益区小米戛磷矿 | 磷 | 化学沉积型 | Є | 大型 | Ⅲ-47 | $Pz_1$-11-2 |
| 757 | 云南沾益区岔河磷矿 | 磷 | 化学沉积型 | Є | 超大型 | Ⅲ-47 | $Pz_1$-11-2 |
| 758 | 云南沾益区二道石坎磷矿 | 磷 | 化学沉积型 | Є | 大型 | Ⅲ-47 | $Pz_1$-11-2 |
| 759 | 云南沾益区德泽磷矿 | 磷 | 化学沉积型 | Є | 大型 | Ⅲ-47 | $Pz_1$-11-2 |

续表

| 编号 | 矿床名称 | 主矿种 | 成因类型 | 成矿时代 | 矿床规模 | 所属Ⅲ级成矿单元 | 所属成矿系列 |
|---|---|---|---|---|---|---|---|
| 760 | 云南会泽县马鞍山磷矿 | 磷 | 化学沉积型 | $\epsilon$ | 大型 | Ⅲ-47 | $Pz_1$-11-2 |
| 761 | 云南会泽县田坝磷矿 | 磷 | 化学沉积型 | $\epsilon$ | 大型 | Ⅲ-47 | $Pz_1$-11-2 |
| 762 | 云南会泽县驾车磷矿 | 磷 | 化学沉积型 | $\epsilon$ | 大型 | Ⅲ-47 | $Pz_1$-11-2 |
| 763 | 云南沾益区多着磷矿 | 磷 | 化学沉积型 | $\epsilon$ | 中型 | Ⅲ-47 | $Pz_1$-11-2 |
| 764 | 云南昆明市大田坝-新村子磷矿 | 磷 | 化学沉积型 | $\epsilon$ | 中型 | Ⅲ-47 | $Pz_1$-11-2 |
| 765 | 云南会泽县酒房磷矿 | 磷 | 化学沉积型 | $\epsilon$ | 大型 | Ⅲ-47 | $Pz_1$-11-2 |
| 766 | 云南马龙县阳景山-中营铁矿 | 铁 | 海相火山岩型 | $\epsilon$ | 小型 | Ⅲ-47 | |
| 767 | 云南呈贡区大渔村磷矿 | 磷 | 化学沉积型 | $\epsilon$ | 大型 | Ⅲ-47 | $Pz_1$-11-2 |
| 768 | 云南宜良县法古店磷矿 | 磷 | 化学沉积型 | $\epsilon$ | 大型 | Ⅲ-47 | $Pz_1$-11-2 |
| 769 | 云南宜良县石板河磷矿 | 磷 | 化学沉积型 | $\epsilon$ | 大型 | Ⅲ-47 | $Pz_1$-11-2 |
| 770 | 云南宜良县旬尾磷矿 | 磷 | 化学沉积型 | $\epsilon$ | 大型 | Ⅲ-47 | $Pz_1$-11-2 |
| 771 | 云南宜良县九乡磷矿 | 磷 | 化学沉积型 | $\epsilon$ | 大型 | Ⅲ-47 | $Pz_1$-11-2 |
| 772 | 云南宜良县月照山磷矿 | 磷 | 化学沉积型 | $\epsilon$ | 大型 | Ⅲ-47 | $Pz_1$-11-2 |
| 773 | 云南宜良县百莲寺磷矿 | 磷 | 化学沉积型 | $\epsilon$ | 大型 | Ⅲ-47 | $Pz_1$-11-2 |
| 774 | 云南宜良县小长跨磷矿 | 磷 | 化学沉积型 | $\epsilon$ | 小型 | Ⅲ-47 | $Pz_1$-11-2 |
| 775 | 云南宜良县碧色村磷矿 | 磷 | 化学沉积型 | $\epsilon$ | 中型 | Ⅲ-47 | $Pz_1$-11-2 |
| 776 | 云南澄江县渔户村磷矿 | 磷 | 化学沉积型 | $\epsilon$ | 超大型 | Ⅲ-47 | $Pz_1$-11-2 |
| 777 | 云南宜良县打磨箐磷矿 | 磷 | 化学沉积型 | $\epsilon$ | 小型 | Ⅲ-47 | $Pz_1$-11-2 |
| 778 | 云南华宁县禄丰村磷矿 | 磷 | 化学沉积型 | $\epsilon$ | 中型 | Ⅲ-47 | $Pz_1$-11-2 |
| 779 | 云南石林县水尾磷矿 | 磷 | 化学沉积型 | $\epsilon$ | 小型 | Ⅲ-47 | $Pz_1$-11-2 |
| 780 | 云南弥勒市西二镇磷矿 | 磷 | 化学沉积型 | $\epsilon$ | 小型 | Ⅲ-47 | $Pz_1$-11-2 |
| 781 | 云南华宁县火特磷矿 | 磷 | 化学沉积型 | $\epsilon$ | 大型 | Ⅲ-47 | $Pz_1$-11-2 |
| 782 | 云南禄劝县小场院磷矿 | 磷 | 化学沉积型 | $\epsilon$ | 超大型 | Ⅲ-47 | $Pz_1$-11-2 |
| 783 | 云南昆明市东川区九龙村磷矿 | 磷 | 化学沉积型 | $\epsilon$ | 超大型 | Ⅲ-47 | $Pz_1$-11-2 |
| 784 | 云南昆明市东川区滥泥坪磷矿 | 磷 | 化学沉积型 | $\epsilon$ | 超大型 | Ⅲ-47 | $Pz_1$-11-2 |
| 785 | 云南禄劝县雪山磷矿 | 磷 | 化学沉积型 | $\epsilon$ | 超大型 | Ⅲ-47 | $Pz_1$-11-2 |
| 786 | 云南禄劝县莫子山磷矿 | 磷 | 化学沉积型 | $\epsilon$ | 大型 | Ⅲ-47 | $Pz_1$-11-2 |
| 787 | 云南禄劝县恩祖磷矿 | 磷 | 化学沉积型 | $\epsilon$ | 大型 | Ⅲ-47 | $Pz_1$-11-2 |
| 788 | 云南禄劝县中槽子磷矿 | 磷 | 化学沉积型 | $\epsilon$ | 超大型 | Ⅲ-47 | $Pz_1$-11-2 |
| 789 | 云南禄劝县多挪磷矿 | 磷 | 化学沉积型 | $\epsilon$ | 大型 | Ⅲ-47 | $Pz_1$-11-2 |
| 790 | 云南寻甸县大湾磷矿 | 磷 | 化学沉积型 | $\epsilon$ | 超大型 | Ⅲ-47 | $Pz_1$-11-2 |
| 791 | 云南昆明市东川区老厂箐磷矿 | 磷 | 化学沉积型 | $\epsilon$ | 大型 | Ⅲ-47 | $Pz_1$-11-2 |
| 792 | 云南昆明市东川区黑山磷矿 | 磷 | 化学沉积型 | $\epsilon$ | 大型 | Ⅲ-47 | $Pz_1$-11-2 |
| 793 | 云南昆明市东川区白龙潭磷矿 | 磷 | 化学沉积型 | $\epsilon$ | 超大型 | Ⅲ-47 | $Pz_1$-11-2 |
| 794 | 云南寻甸县摆宰磷矿 | 磷 | 化学沉积型 | $\epsilon$ | 大型 | Ⅲ-47 | $Pz_1$-11-2 |
| 795 | 云南寻甸县先锋磷矿 | 磷 | 化学沉积型 | $\epsilon$ | 大型 | Ⅲ-47 | $Pz_1$-11-2 |
| 796 | 云南寻甸县大转湾磷矿 | 磷 | 化学沉积型 | $\epsilon$ | 小型 | Ⅲ-47 | $Pz_1$-11-2 |
| 797 | 云南寻甸县磨腮磷矿 | 磷 | 化学沉积型 | $\epsilon$ | 小型 | Ⅲ-47 | $Pz_1$-11-2 |
| 798 | 云南禄劝县下汤郎磷矿 | 磷 | 化学沉积型 | $\epsilon$ | 小型 | Ⅲ-47 | $Pz_1$-11-2 |
| 799 | 云南富民县新民村磷矿 | 磷 | 化学沉积型 | $\epsilon$ | 中型 | Ⅲ-47 | $Pz_1$-11-2 |

续表

| 编号 | 矿床名称 | 主矿种 | 成因类型 | 成矿时代 | 矿床规模 | 所属Ⅲ级成矿单元 | 所属成矿系列 |
|---|---|---|---|---|---|---|---|
| 800 | 云南昆明市西山区双山磷矿 | 磷 | 化学沉积型 | ∈ | 中型 | Ⅲ-47 | $Pz_1$-11-2 |
| 801 | 云南昆明市西山区利和山磷矿 | 磷 | 化学沉积型 | ∈ | 小型 | Ⅲ-47 | $Pz_1$-11-2 |
| 802 | 云南安宁市三节桥磷矿 | 磷 | 化学沉积型 | ∈ | 中型 | Ⅲ-47 | $Pz_1$-11-2 |
| 803 | 云南昆明市官渡区东大龙潭磷矿 | 磷 | 化学沉积型 | ∈ | 中型 | Ⅲ-47 | $Pz_1$-11-2 |
| 804 | 云南昆明市官渡区金马村磷矿 | 磷 | 化学沉积型 | ∈ | 中型 | Ⅲ-47 | $Pz_1$-11-2 |
| 805 | 云南昆明市官渡区大平地磷矿 | 磷 | 化学沉积型 | ∈ | 小型 | Ⅲ-47 | $Pz_1$-11-2 |
| 806 | 云南宜良县象鼻岭磷矿 | 磷 | 化学沉积型 | ∈ | 小型 | Ⅲ-47 | $Pz_1$-11-2 |
| 807 | 云南昆明市西山区观音山磷矿 | 磷 | 化学沉积型 | ∈ | 中型 | Ⅲ-47 | $Pz_1$-11-2 |
| 808 | 云南澄江县饮马池磷矿 | 磷 | 化学沉积型 | ∈ | 小型 | Ⅲ-47 | $Pz_1$-11-2 |
| 809 | 云南呈贡区杨柳村磷矿 | 磷 | 化学沉积型 | ∈ | 中型 | Ⅲ-47 | $Pz_1$-11-2 |
| 810 | 云南澄江县大山寺磷矿 | 磷 | 化学沉积型 | ∈ | 中型 | Ⅲ-47 | $Pz_1$-11-2 |
| 811 | 云南宜良县梁家庄磷矿 | 磷 | 化学沉积型 | ∈ | 中型 | Ⅲ-47 | $Pz_1$-11-2 |
| 812 | 云南宜良县红石岩磷矿 | 磷 | 化学沉积型 | ∈ | 大型 | Ⅲ-47 | $Pz_1$-11-2 |
| 813 | 云南宜良县锡梁场磷矿 | 磷 | 化学沉积型 | ∈ | 大型 | Ⅲ-47 | $Pz_1$-11-2 |
| 814 | 云南华宁县大革勒磷矿 | 磷 | 化学沉积型 | ∈ | 大型 | Ⅲ-47 | $Pz_1$-11-2 |
| 815 | 云南华宁县通红甸磷矿 | 磷 | 化学沉积型 | ∈ | 大型 | Ⅲ-47 | $Pz_1$-11-2 |
| 816 | 云南华宁县郭家沟磷矿 | 磷 | 化学沉积型 | ∈ | 中型 | Ⅲ-47 | $Pz_1$-11-2 |
| 817 | 云南华宁县酒腊磷矿 | 磷 | 化学沉积型 | ∈ | 中型 | Ⅲ-47 | $Pz_1$-11-2 |
| 818 | 云南华宁县斗泥磷矿 | 磷 | 化学沉积型 | ∈ | 大型 | Ⅲ-47 | $Pz_1$-11-2 |
| 819 | 云南华宁县黄翠山磷矿 | 磷 | 化学沉积型 | ∈ | 超大型 | Ⅲ-47 | $Pz_1$-11-2 |
| 820 | 云南华宁县马吃水磷矿 | 磷 | 化学沉积型 | ∈ | 中型 | Ⅲ-47 | $Pz_1$-11-2 |
| 821 | 云南华宁县小黄草岭磷矿 | 磷 | 化学沉积型 | ∈ | 中型 | Ⅲ-47 | $Pz_1$-11-2 |
| 822 | 云南华宁县打水箐磷矿 | 磷 | 化学沉积型 | ∈ | 大型 | Ⅲ-47 | $Pz_1$-11-2 |
| 823 | 云南华宁县老纳冲磷矿 | 磷 | 化学沉积型 | ∈ | 大型 | Ⅲ-47 | $Pz_1$-11-2 |
| 824 | 云南华宁县斗居磷矿 | 磷 | 化学沉积型 | ∈ | 超大型 | Ⅲ-47 | $Pz_1$-11-2 |
| 825 | 云南江川区小白坡磷矿 | 磷 | 化学沉积型 | ∈ | 小型 | Ⅲ-47 | $Pz_1$-11-2 |
| 826 | 云南华宁县福禄德磷矿 | 磷 | 化学沉积型 | ∈ | 中型 | Ⅲ-47 | $Pz_1$-11-2 |
| 827 | 云南江川区杨柳坝磷矿 | 磷 | 化学沉积型 | ∈ | 中型 | Ⅲ-47 | $Pz_1$-11-2 |
| 828 | 云南江川区立昌磷矿 | 磷 | 化学沉积型 | ∈ | 中型 | Ⅲ-47 | $Pz_1$-11-2 |
| 829 | 云南晋宁区上蒜磷矿 | 磷 | 化学沉积型 | ∈ | 大型 | Ⅲ-47 | $Pz_1$-11-2 |
| 830 | 云南晋宁区晋宁磷矿 | 磷 | 化学沉积型 | ∈ | 超大型 | Ⅲ-47 | $Pz_1$-11-2 |
| 831 | 云南晋宁区昆阳磷矿 | 磷 | 化学沉积型 | ∈ | 大型 | Ⅲ-47 | $Pz_1$-11-2 |
| 832 | 云南江川区云岩寺磷矿 | 磷 | 化学沉积型 | ∈ | 大型 | Ⅲ-47 | $Pz_1$-11-2 |
| 833 | 云南昆明市西山区尖山磷矿 | 磷 | 化学沉积型 | ∈ | 超大型 | Ⅲ-47 | $Pz_1$-11-2 |
| 834 | 云南晋宁区甸头磷矿 | 磷 | 化学沉积型 | ∈ | 小型 | Ⅲ-47 | $Pz_1$-11-2 |
| 835 | 云南晋宁区肖家营-大石岩山磷矿 | 磷 | 化学沉积型 | ∈ | 中型 | Ⅲ-47 | $Pz_1$-11-2 |
| 836 | 云南晋宁区干海子磷矿 | 磷 | 化学沉积型 | ∈ | 中型 | Ⅲ-47 | $Pz_1$-11-2 |
| 837 | 云南江川区清水沟磷矿 | 磷 | 化学沉积型 | ∈ | 大型 | Ⅲ-47 | $Pz_1$-11-2 |
| 838 | 云南昆明市西山区海口磷矿 | 磷 | 化学沉积型 | ∈ | 大型 | Ⅲ-47 | $Pz_1$-11-2 |
| 839 | 云南昆明市西山区白塔村磷矿 | 磷 | 化学沉积型 | ∈ | 中型 | Ⅲ-47 | $Pz_1$-11-2 |

续表

| 编号 | 矿床名称 | 主矿种 | 成因类型 | 成矿时代 | 矿床规模 | 所属Ⅲ级成矿单元 | 所属成矿系列 |
|---|---|---|---|---|---|---|---|
| 840 | 云南安宁市白泥田磷矿 | 磷 | 化学沉积型 | ∈ | 小型 | Ⅲ-47 | $Pz_1$-11-2 |
| 841 | 云南安宁市滴水箐磷矿 | 磷 | 化学沉积型 | ∈ | 小型 | Ⅲ-47 | $Pz_1$-11-2 |
| 842 | 云南安宁市鸣矣河磷矿 | 磷 | 化学沉积型 | ∈ | 大型 | Ⅲ-47 | $Pz_1$-11-2 |
| 843 | 云南安宁市白登磷矿 | 磷 | 化学沉积型 | ∈ | 大型 | Ⅲ-47 | $Pz_1$-11-2 |
| 844 | 云南安宁市安宁磷矿 | 磷 | 化学沉积型 | ∈ | 超大型 | Ⅲ-47 | $Pz_1$-11-2 |
| 845 | 云南安宁市草铺矿区磷矿 | 磷 | 化学沉积型 | ∈ | 超大型 | Ⅲ-47 | $Pz_1$-11-2 |
| 846 | 云南安宁市松坪磷矿 | 磷 | 化学沉积型 | ∈ | 中型 | Ⅲ-47 | $Pz_1$-11-2 |
| 847 | 湖南慈利县大浒矿区五里塔钼矿 | 钼 | 斑岩型 | ∈ | 中型 | Ⅲ-47 | |
| 848 | 湖南慈利县南公塌钼矿 | 钼 | 斑岩型 | ∈ | 小型 | Ⅲ-47 | |
| 849 | 湖南大庸县杆子坪-汪家寨镍钼矿 | 镍钼 | 岩浆型 | ∈ | 小型 | Ⅲ-47 | |
| 850 | 湖南大庸县后坪镍钼矿 | 镍钼 | 岩浆型 | ∈ | 小型 | Ⅲ-47 | |
| 851 | 湖南大庸县大坪-晓坪镍矿 | 镍 | 岩浆型 | ∈ | 小型 | Ⅲ-47 | |
| 852 | 湖南花垣县李梅锌矿 | 锌 | 浅成中低温热液型 | ∈ | 大型 | Ⅲ-47 | $Pz_1$-11-4 |
| 853 | 湖南花垣县渔塘寨铅锌矿 | 铅锌 | 浅成中低温热液型 | ∈ | 小型 | Ⅲ-47 | $Pz_1$-11-4 |
| 854 | 湖南花垣县小排吾铅锌矿 | 铅锌 | 浅成中低温热液型 | ∈ | 小型 | Ⅲ-47 | $Pz_1$-11-4 |
| 855 | 湖南凤凰县桐木董铅锌矿 | 铅锌 | 浅成中低温热液型 | ∈ | 小型 | Ⅲ-47 | $Pz_1$-11-4 |
| 856 | 贵州松桃县嗅脑矿区代董（水源）铅锌矿 | 铅锌 | 浅成中低温热液型 | ∈ | 小型 | Ⅲ-47 | $Pz_1$-11-4 |
| 857 | 贵州松桃县道永磷矿 | 磷 | 化学沉积型 | ∈ | 中型 | Ⅲ-47 | $Pz_1$-11-2 |
| 858 | 贵州铜仁市瓦屋重晶石矿 | 重晶石 | 浅成中低温热液型 | O | 小型 | Ⅲ-47 | $Pz_1$-11-4 |
| 859 | 贵州铜仁市坝黄北磷矿 | 磷 | 化学沉积型 | ∈ | 小型 | Ⅲ-47 | $Pz_1$-11-2 |
| 860 | 贵州铜仁市卜口场铅锌矿 | 铅锌 | 浅成中低温热液型 | ∈ | 小型 | Ⅲ-47 | $Pz_1$-11-4 |
| 861 | 贵州铜仁市坝黄锭子铺钼矿 | 钼 | 斑岩型 | ∈ | 小型 | Ⅲ-47 | |
| 862 | 贵州铜仁市荷包田磷矿 | 磷 | 化学沉积型 | ∈ | 小型 | Ⅲ-47 | $Pz_1$-11-2 |
| 863 | 贵州铜仁市椅子堂磷矿 | 磷 | 化学沉积型 | ∈ | 小型 | Ⅲ-47 | $Pz_1$-11-2 |
| 864 | 贵州铜仁市半溪磷矿 | 磷 | 化学沉积型 | ∈ | 小型 | Ⅲ-47 | $Pz_1$-11-2 |
| 865 | 贵州松桃县岩科磷矿 | 磷 | 化学沉积型 | ∈ | 小型 | Ⅲ-47 | $Pz_1$-11-2 |
| 866 | 云南昆明市桃树箐磷矿 | 磷 | 化学沉积型 | ∈ | 大型 | Ⅲ-47 | $Pz_1$-11-2 |
| 867 | 云南昆明市西山区茨沟磷矿 | 磷 | 化学沉积型 | ∈ | 小型 | Ⅲ-47 | $Pz_1$-11-2 |
| 868 | 云南昆明市西山区云龙寺磷矿 | 磷 | 化学沉积型 | ∈ | 大型 | Ⅲ-47 | $Pz_1$-11-2 |
| 869 | 贵州江口县盘坡钒矿 | 钒 | 化学沉积型 | ∈ | 小型 | Ⅲ-47 | $Pz_1$-11-3 |
| 870 | 贵州石阡县王家沟钒矿 | 钒 | 化学沉积型 | ∈ | 小型 | Ⅲ-47 | $Pz_1$-11-3 |
| 871 | 贵州镇远县都坪铅锌矿 | 铅锌 | 浅成中低温热液型 | ∈ | 小型 | Ⅲ-47 | $Pz_1$-11-4 |
| 872 | 贵州镇远县东坳钒矿 | 钒 | 化学沉积型 | ∈ | 小型 | Ⅲ-47 | $Pz_1$-11-3 |
| 873 | 贵州镇远县鸡鸣关钒矿 | 钒 | 化学沉积型 | ∈ | 小型 | Ⅲ-47 | $Pz_1$-11-3 |
| 874 | 贵州镇远县马鬃岭钒矿 | 钒 | 化学沉积型 | ∈ | 中型 | Ⅲ-47 | $Pz_1$-11-3 |
| 875 | 贵州镇远县江古钒矿 | 钒 | 化学沉积型 | ∈ | 中型 | Ⅲ-47 | $Pz_1$-11-3 |
| 876 | 贵州镇远县小溪铅锌矿 | 铅锌 | 浅成中低温热液型 | ∈ | 小型 | Ⅲ-47 | $Pz_1$-11-4 |
| 877 | 贵州黄平县翁岩钒矿 | 钒 | 化学沉积型 | ∈ | 小型 | Ⅲ-47 | $Pz_1$-11-3 |
| 878 | 贵州施秉县顶罐坡重晶石矿 | 重晶石 | 浅成中低温热液型 | O | 小型 | Ⅲ-47 | $Pz_1$-11-4 |
| 879 | 贵州镇远县牛塘田铅锌矿 | 铅锌 | 浅成中低温热液型 | ∈ | 小型 | Ⅲ-47 | $Pz_1$-11-4 |

续表

| 编号 | 矿床名称 | 主矿种 | 成因类型 | 成矿时代 | 矿床规模 | 所属Ⅲ级成矿单元 | 所属成矿系列 |
|---|---|---|---|---|---|---|---|
| 880 | 贵州镇远县廖家坳-桐子坪铅锌矿 | 铅锌 | 浅成中低温热液型 | € | 小型 | Ⅲ-47 | $Pz_1$-11-4 |
| 881 | 贵州镇远县两路口马度坪钒矿 | 钒 | 化学沉积型 | € | 中型 | Ⅲ-47 | $Pz_1$-11-3 |
| 882 | 贵州镇远县洌洞烂泥山铅锌矿 | 铅锌 | 浅成中低温热液型 | € | 小型 | Ⅲ-47 | $Pz_1$-11-4 |
| 883 | 贵州台江县南哨钒矿 | 钒 | 化学沉积型 | € | 小型 | Ⅲ-47 | $Pz_1$-11-3 |
| 884 | 贵州麻江县火壤重晶石矿 | 重晶石 | 浅成中低温热液型 | O | 小型 | Ⅲ-47 | $Pz_1$-11-4 |
| 885 | 贵州丹寨县番仰磷矿 | 磷 | 化学沉积型 | € | 小型 | Ⅲ-47 | $Pz_1$-11-3 |
| 886 | 贵州都匀市坝固镇甲乌重晶石矿 | 重晶石 | 浅成中低温热液型 | O | 小型 | Ⅲ-47 | $Pz_1$-11-4 |
| 887 | 贵州都匀市党朵-老虎冲锌矿 | 锌 | 浅成中低温热液型 | € | 小型 | Ⅲ-47 | $Pz_1$-11-4 |
| 888 | 贵州都匀市牛角塘锌矿 | 锌 | 浅成中低温热液型 | € | 中型 | Ⅲ-47 | $Pz_1$-11-4 |
| 889 | 贵州都匀市大亮锌矿 | 锌 | 浅成中低温热液型 | € | 小型 | Ⅲ-47 | $Pz_1$-11-4 |
| 890 | 贵州都匀市王司镇兰溪井重晶石矿 | 重晶石 | 浅成中低温热液型 | O | 小型 | Ⅲ-47 | $Pz_1$-11-4 |
| 891 | 贵州都匀市王司乌养重晶石矿 | 重晶石 | 浅成中低温热液型 | O | 小型 | Ⅲ-47 | $Pz_1$-11-4 |
| 892 | 贵州独山县拉外硫铁矿 | 硫铁矿 | 浅成中低温热液型 | € | 小型 | Ⅲ-47 | $Pz_1$-11-4 |
| 893 | 贵州三都县和平铅锌矿 | 铅锌 | 浅成中低温热液型 | € | 小型 | Ⅲ-47 | $Pz_1$-11-4 |
| 894 | 贵州三都县旺寨铅锌矿 | 铅锌 | 浅成中低温热液型 | € | 小型 | Ⅲ-47 | $Pz_1$-11-4 |
| 895 | 贵州三都县坝桥硫铁矿 | 硫铁矿 | 浅成中低温热液型 | € | 小型 | Ⅲ-47 | $Pz_1$-11-4 |
| 896 | 贵州三都县牛场铅锌矿 | 铅锌 | 浅成中低温热液型 | € | 小型 | Ⅲ-47 | $Pz_1$-11-4 |
| 897 | 湖南益阳市南坝锰矿 | 锰 | 化学沉积型 | O | 小型 | Ⅲ-47 | $Pz_1$-11-2 |
| 898 | 湖南桃江县西冲锑金矿 | 锑金 | 浅成中低温热液型 | €—S | 小型 | Ⅲ-47 | $Pz_1$-11-4 |
| 899 | 湖南桃江县王家冲锑矿 | 锑 | 浅成中低温热液型 | €—S | 中型 | Ⅲ-47 | $Pz_1$-11-4 |
| 900 | 湖南安化县符竹溪岩金矿 | 金 | 浅成中低温热液型 | €—S | 小型 | Ⅲ-47 | $Pz_1$-11-4 |
| 901 | 湖南沅陵县沃溪金锑钨矿 | 金锑钨 | 浅成中低温热液型 | S | 大型 | Ⅲ-47 | $Pz_1$-11-4 |
| 902 | 湖南安化县渣滓溪锑矿 | 锑 | 浅成中低温热液型 | €—S | 中型 | Ⅲ-47 | $Pz_1$-11-4 |
| 903 | 湖南新晃县贡溪重晶石矿 | 重晶石 | 浅成中低温热液型 | € | 超大型 | Ⅲ-47 | $Pz_1$-11-4 |
| 904 | 湖南怀化市会同县漠滨金矿 | 金 | 浅成中低温热液型 | €—S | 小型 | Ⅲ-47 | $Pz_1$-11-4 |
| 905 | 湖南怀化市会同县淘金冲金矿 | 金 | 浅成中低温热液型 | €—S | 小型 | Ⅲ-47 | $Pz_1$-11-4 |
| 906 | 贵州玉屏县丙溪重晶石矿 | 重晶石 | 浅成中低温热液型 | O | 小型 | Ⅲ-47 | $Pz_1$-11-4 |
| 907 | 贵州三穗县潘家沟钒矿 | 钒 | 化学沉积型 | € | 小型 | Ⅲ-47 | $Pz_1$-11-3 |
| 908 | 贵州天柱县大河边重晶石矿 | 重晶石 | 浅成中低温热液型 | € | 超大型 | Ⅲ-47 | $Pz_1$-11-4 |
| 909 | 贵州天柱县坑头地豆冲金矿 | 金 | 岩浆热液型 | S | 小型 | Ⅲ-47 | $Pz_1$-11-5 |
| 910 | 贵州天柱县金银洞金矿 | 金 | 岩浆热液型 | S | 小型 | Ⅲ-47 | $Pz_1$-11-5 |
| 911 | 贵州天柱县金井矿区洋满冲金矿 | 金 | 岩浆热液型 | S | 小型 | Ⅲ-47 | $Pz_1$-11-5 |
| 912 | 贵州天柱县下达金矿 | 金 | 岩浆热液型 | S | 小型 | Ⅲ-47 | $Pz_1$-11-5 |
| 913 | 贵州天柱县官州金矿 | 金 | 岩浆热液型 | S | 小型 | Ⅲ-47 | $Pz_1$-11-5 |
| 914 | 贵州剑河南加培由金矿 | 金 | 岩浆热液型 | S | 小型 | Ⅲ-47 | $Pz_1$-11-5 |
| 915 | 贵州锦屏县瑞鑫金矿 | 金 | 岩浆热液型 | S | 小型 | Ⅲ-47 | $Pz_1$-11-5 |
| 916 | 贵州锦屏县八瓢达冲金矿 | 金 | 岩浆热液型 | S | 小型 | Ⅲ-47 | $Pz_1$-11-5 |
| 917 | 贵州镇远县上塘铅锌矿 | 铅锌 | 浅成中低温热液型 | € | 小型 | Ⅲ-47 | $Pz_1$-11-4 |
| 918 | 贵州镇远县松柏铅锌矿 | 铅锌 | 浅成中低温热液型 | € | 小型 | Ⅲ-47 | $Pz_1$-11-4 |
| 919 | 贵州镇远县松明铅锌矿 | 铅锌 | 浅成中低温热液型 | € | 小型 | Ⅲ-47 | $Pz_1$-11-4 |

续表

| 编号 | 矿床名称 | 主矿种 | 成因类型 | 成矿时代 | 矿床规模 | 所属Ⅲ级成矿单元 | 所属成矿系列 |
|---|---|---|---|---|---|---|---|
| 920 | 贵州台江县龙井街铅锌矿 | 铅锌 | 浅成中低温热液型 | ∈ | 小型 | Ⅲ-47 | $Pz_1$-11-4 |
| 921 | 贵州台江县南宫交下铅锌矿 | 铅锌 | 浅成中低温热液型 | ∈ | 小型 | Ⅲ-47 | $Pz_1$-11-4 |
| 922 | 贵州丹寨县脚皋铅锌矿 | 铅锌 | 浅成中低温热液型 | ∈ | 小型 | Ⅲ-47 | $Pz_1$-11-4 |
| 923 | 贵州丹寨县南皋磷矿 | 磷 | 化学沉积型 | ∈ | 中型 | Ⅲ-47 | $Pz_1$-11-3 |
| 924 | 贵州丹寨县新华铅锌矿 | 铅锌 | 浅成中低温热液型 | ∈ | 小型 | Ⅲ-47 | $Pz_1$-11-4 |
| 925 | 贵州丹寨县乌滩铅锌矿 | 铅锌 | 浅成中低温热液型 | ∈ | 小型 | Ⅲ-47 | $Pz_1$-11-4 |
| 926 | 贵州三都县排带硫铁矿 | 硫铁矿 | 岩浆热液型 | ∈ | 中型 | Ⅲ-47 | |
| 927 | 贵州三都县弯滩磷钒矿 | 磷钒 | 化学沉积型 | ∈ | 小型 | Ⅲ-47 | $Pz_1$-11-3 |
| 928 | 贵州从江县那哥铅锌多金属矿 | 铅锌 | 浅成中低温热液型 | ∈ | 小型 | Ⅲ-47 | $Pz_1$-11-4 |
| 929 | 广西融水县分水寨磷矿 | 磷 | 化学沉积型 | ∈ | 小型 | Ⅲ-47 | $Pz_1$-11-2 |
| 930 | 广西融安县红茶口重晶石矿 | 重晶石 | 化学沉积型 | ∈ | 小型 | Ⅲ-47 | $Pz_1$-11-3 |
| 931 | 湖南桃江县万家洞锰矿 | 锰 | 化学沉积型 | O | 小型 | Ⅲ-47 | $Pz_1$-11-2 |
| 932 | 湖南桃江县斗笠山段锰矿 | 锰 | 化学沉积型 | O | 中型 | Ⅲ-47 | $Pz_1$-11-2 |
| 933 | 湖南桃江县木鱼山段锰矿 | 锰 | 化学沉积型 | O | 中型 | Ⅲ-47 | $Pz_1$-11-2 |
| 934 | 湖南桃江县响涛源锰矿 | 锰 | 化学沉积型 | O | 中型 | Ⅲ-47 | $Pz_1$-11-2 |
| 935 | 湖南安化县枚子洞锰矿 | 锰 | 化学沉积型 | O | 小型 | Ⅲ-47 | $Pz_1$-11-2 |
| 936 | 湖南安化县高明锰矿 | 锰 | 化学沉积型 | O | 小型 | Ⅲ-47 | $Pz_1$-11-2 |
| 937 | 湖南新化县古台山金锑矿 | 金锑 | 浅成中低温热液型 | ∈—S | 小型 | Ⅲ-47 | $Pz_1$-11-5 |
| 938 | 湖南溆浦县江溪垄金锑矿 | 金锑 | 浅成中低温热液型 | ∈—S | 小型 | Ⅲ-47 | $Pz_1$-11-5 |
| 939 | 广西全州县牛皮源钨矿 | 钨 | 矽卡岩型 | O | 小型 | Ⅲ-47 | $Pz_1$-11-5 |
| 940 | 广西全州县界牌钨矿 | 钨 | 矽卡岩型 | O | 小型 | Ⅲ-47 | $Pz_1$-11-5 |
| 941 | 广西资源县粗石磷矿 | 磷 | 化学沉积型 | ∈ | 小型 | Ⅲ-47 | $Pz_1$-11-2 |
| 942 | 广西资源县牛塘界钨矿 | 钨 | 矽卡岩型 | O | 中型 | Ⅲ-47 | $Pz_1$-11-5 |
| 943 | 广西兴安县大风坳钨矿 | 钨 | 矽卡岩型 | O | 小型 | Ⅲ-47 | $Pz_1$-11-5 |
| 944 | 广西融安县东岭磷矿 | 磷 | 化学沉积型 | ∈ | 小型 | Ⅲ-47 | $Pz_1$-11-2 |
| 945 | 广西三江县板必重晶石矿 | 重晶石 | 化学沉积型 | ∈ | 中型 | Ⅲ-47 | $Pz_1$-11-2 |
| 946 | 广西三江县东风磷矿 | 磷 | 化学沉积型 | ∈ | 小型 | Ⅲ-47 | $Pz_1$-11-2 |
| 947 | 广西永福县天子岭重晶石矿 | 重晶石 | 浅成中低温热液型 | ∈ | 小型 | Ⅲ-47 | |
| 948 | 广西灵川县潮田乡涝江铜矿 | 铜 | 浅成中低温热液型 | O—S | 小型 | Ⅲ-47 | |
| 949 | 广西恭城县加会坪江铜矿 | 铜 | 浅成中低温热液型 | O—S | 小型 | Ⅲ-47 | |
| 950 | 广西永福县和平铜矿沟重晶石矿 | 重晶石 | 浅成中低温热液型 | ∈ | 小型 | Ⅲ-47 | |
| 951 | 广西荔浦县浦芦乡海洋平铜矿 | 铜 | 浅成中低温热液型 | O—S | 小型 | Ⅲ-47 | |
| 952 | 广西大瑶山地区铜金多金属矿 | 铜金 | 岩浆热液型 | S | 中型 | Ⅲ-47 | $Pz_1$-11-5 |
| 953 | 广西梧州市思委银矿 | 银 | 浅成中低温热液型 | ∈ | 小型 | Ⅲ-47 | |
| 954 | 广西昭平县古袍金矿 | 金 | 浅成中低温热液型 | S | 小型 | Ⅲ-47 | |
| 955 | 广西苍梧县社垌钨钼矿 | 钨钼 | 斑岩型 | ∈ | 大型 | Ⅲ-47 | $Pz_1$-11-5 |
| 956 | 广西苍梧县丽山金矿 | 金 | 岩浆热液型 | ∈ | 小型 | Ⅲ-47 | $Pz_1$-11-5 |
| 957 | 广西平南县六岭金矿 | 金 | 浅成中低温热液型 | S | 小型 | Ⅲ-47 | |
| 958 | 广西贵港市新民铜银矿 | 铜银 | 矽卡岩型-云英岩型 | S | 小型 | Ⅲ-47 | $Pz_1$-11-5 |
| 959 | 广西宾阳县镇龙山银矿 | 银 | 浅成中低温热液型 | ∈ | 小型 | Ⅲ-47 | |

续表

| 编号 | 矿床名称 | 主矿种 | 成因类型 | 成矿时代 | 矿床规模 | 所属Ⅲ级成矿单元 | 所属成矿系列 |
|---|---|---|---|---|---|---|---|
| 960 | 广西宾阳县那歪银矿 | 银 | 浅成中低温热液型 | Є | 小型 | Ⅲ-47 | |
| 961 | 广西宾阳县蒙田银矿 | 银 | 浅成中低温热液型 | Є | 小型 | Ⅲ-47 | |
| 962 | 广西宾阳县南崖银矿 | 银 | 浅成中低温热液型 | Є | 小型 | Ⅲ-47 | |
| 963 | 广西武鸣区六星银矿 | 银 | 浅成中低温热液型 | Є | 小型 | Ⅲ-47 | |
| 964 | 云南蒙自市栏木桥磷矿 | 磷 | 化学沉积型 | Є | 小型 | Ⅲ-47 | $Pz_1$-11-2 |
| 965 | 云南马关县拔梅金矿 | 金 | 浅成中低温热液型 | Є | 小型 | Ⅲ-47 | |
| 966 | 广西德保县钦甲铜锡矿 | 铜锡 | 矽卡岩型-云英岩型 | S | 中型 | Ⅲ-47 | $Pz_1$-11-5 |
| 967 | 广西德保县多文铜锡矿 | 铜锡 | 矽卡岩型-云英岩型 | S | 小型 | Ⅲ-47 | $Pz_1$-11-5 |
| 968 | 广西德保县大邦重晶石矿 | 重晶石 | 浅成中低温热液型 | Є | 小型 | Ⅲ-47 | |
| 969 | 广西靖西市建屯铜矿 | 铜 | 矽卡岩型-云英岩型 | S | 小型 | Ⅲ-47 | $Pz_1$-11-5 |
| 970 | 广西靖西市二郎铜锡矿 | 铜锡 | 矽卡岩型-云英岩型 | S | 小型 | Ⅲ-47 | $Pz_1$-11-5 |
| 971 | 广西大新县长屯铅锌矿 | 铅锌 | 浅成中低温热液型 | Є | 中型 | Ⅲ-47 | |
| 972 | 广西隆安县姆驮山银矿 | 银 | 浅成中低温热液型 | Є | 小型 | Ⅲ-47 | |
| 973 | 广西扶绥县渌井铅锌矿 | 铅锌 | 浅成中低温热液型 | Є | 小型 | Ⅲ-47 | |
| 974 | 广西隆安县凤凰山银多金属矿 | 银 | 浅成中低温热液型 | Є | 大型 | Ⅲ-47 | |
| 975 | 陕西略阳县周家山磷矿 | 磷 | 化学沉积型 | Є | 中型 | Ⅲ-48 | |
| 976 | 陕西略阳县红土石硫铁矿 | 硫铁矿 | 受变质型 | Є | 小型 | Ⅲ-48 | |
| 977 | 陕西略阳县金家河磷矿 | 磷 | 化学沉积型 | Є | 中型 | Ⅲ-48 | |
| 978 | 甘肃文县临江黑风沟重晶石矿 | 重晶石 | 化学沉积型 | Є | 大型 | Ⅲ-48 | |
| 979 | 甘肃文县东风沟重晶石矿 | 重晶石 | 化学沉积型 | Є | 小型 | Ⅲ-48 | |
| 980 | 甘肃文县口头坝金矿 | 金 | 浅成中低温热液型 | S | 小型 | Ⅲ-48 | |
| 981 | 甘肃文县白全山铜矿 | 铜 | 海相火山岩型 | Є | 小型 | Ⅲ-48 | |
| 982 | 云南德钦县拖顶铜矿 | 铜 | 浅成中低温热液型 | S—D | 小型 | Ⅲ-49 | |
| 983 | 云南云龙县分水岭铁矿 | 铁 | 浅成中低温热液型 | Є | 小型 | Ⅲ-49 | |
| 984 | 新疆阿克陶县阔克吉金矿 | 金 | 浅成中低温热液型 | S | 小型 | Ⅲ-54 | |
| 985 | 新疆阿克陶县契列克其铁矿 | 铁 | 受变质型 | S | 大型 | Ⅲ-54 | $Pz_1$-12-1 |
| 986 | 新疆叶城县黑黑孜站干铁矿 | 铁 | 海相火山岩型 | S | 中型 | Ⅲ-54 | $Pz_1$-12-1 |

**附表 2 晚古生代矿床基本信息一览表**

| 编号 | 矿床名称 | 主矿种 | 成因类型 | 成矿时代 | 矿床规模 | 所属Ⅲ级成矿单元 | 所属成矿系列 |
|---|---|---|---|---|---|---|---|
| 1 | 新疆福海县库卡拉盖锂辉石矿 | 锂 | 伟晶岩型 | C—P | 中型 | Ⅲ-1 | $Pz_2$-1-1 |
| 2 | 新疆富蕴县柯鲁木特锂辉石矿 | 锂 | 伟晶岩型 | C—P | 中型 | Ⅲ-1 | $Pz_2$-1-1 |
| 3 | 新疆阿勒泰市台尔斯库热克特萨依金矿 | 金 | 岩浆热液型 | C | 小型 | Ⅲ-1 | $Pz_2$-1-1 |
| 4 | 新疆富蕴县库马苏铅锌矿 | 铅锌 | 海相火山岩型 | C | 中型 | Ⅲ-1 | $Pz_2$-1-1 |
| 5 | 新疆富蕴县阿克提什坎金矿 | 金 | 浅成中低温热液型 | C | 中型 | Ⅲ-1 | $Pz_2$-1-1 |
| 6 | 新疆阿勒泰市克木齐河上游地区金矿 | 金 | 海相火山岩型 | D | 小型 | Ⅲ-1 | $Pz_2$-1-2 |
| 7 | 新疆富蕴县丘拉布拉克铁矿 | 铁 | 岩浆热液型 | C | 小型 | Ⅲ-1 | $Pz_2$-1-2 |
| 8 | 新疆富蕴县蒙库铁矿 | 铁 | 矽卡岩型 | D | 大型 | Ⅲ-1 | $Pz_2$-1-2 |
| 9 | 新疆富蕴县铁热克萨依铅锌矿 | 铅锌 | 海相火山岩型 | D | 小型 | Ⅲ-1 | $Pz_2$-1-2 |
| 10 | 新疆富蕴县阿克哈仁铅锌矿 | 铅锌 | 海相火山岩型 | D | 小型 | Ⅲ-1 | $Pz_2$-1-2 |
| 11 | 新疆富蕴县可可塔勒铅锌矿 | 铅锌 | 海相火山岩型 | D | 大型 | Ⅲ-1 | $Pz_2$-1-2 |
| 12 | 新疆富蕴县克协库斯锂辉石矿 | 锂 | 伟晶岩型 | C | 小型 | Ⅲ-1 | $Pz_2$-1-1 |
| 13 | 新疆富蕴县萨吾斯铅锌矿 | 铅锌 | 海相火山岩型 | D | 小型 | Ⅲ-1 | $Pz_2$-1-1 |
| 14 | 新疆青河县拜兴锂辉石矿 | 锂 | 伟晶岩型 | C | 小型 | Ⅲ-1 | $Pz_2$-1-1 |
| 15 | 新疆青河县库尔其米柯锂辉石矿 | 锂 | 伟晶岩型 | C | 小型 | Ⅲ-1 | $Pz_2$-1-1 |
| 16 | 新疆布尔津县海流滩滑石矿 | 滑石 | 岩浆热液型 | P | 中型 | Ⅲ-1 | $Pz_2$-1-2 |
| 17 | 新疆布尔津县开因布拉克铜锌矿 | 铜锌 | 海相火山岩型 | D | 中型 | Ⅲ-1 | $Pz_2$-1-2 |
| 18 | 新疆阿勒泰市萨热阔布金矿 | 金 | 岩浆热液型 | D | 中型 | Ⅲ-1 | $Pz_2$-1-2 |
| 19 | 新疆阿勒泰市大东沟铅锌矿 | 铅锌 | 海相火山岩型 | D | 中型 | Ⅲ-1 | $Pz_2$-1-2 |
| 20 | 新疆阿勒泰市铁木尔特铅锌矿 | 铅锌 | 海相火山岩型 | D | 中型 | Ⅲ-1 | $Pz_2$-1-2 |
| 21 | 新疆额敏县喇嘛昭西托莫铁矿 | 铁 | 海相火山岩型 | D | 中型 | Ⅲ-1 | $Pz_2$-1-2 |
| 22 | 新疆阿勒泰市阿巴宫富磷灰石磁铁矿 | 铁 | 岩浆热液型 | D | 小型 | Ⅲ-1 | $Pz_2$-1-2 |
| 23 | 新疆阿勒泰市阿巴宫铅锌矿 | 铅锌 | 海相火山岩型 | D | 小型 | Ⅲ-1 | $Pz_2$-1-2 |
| 24 | 新疆富蕴县阿列希克金矿 | 金 | 岩浆热液型 | D | 中型 | Ⅲ-1 | $Pz_2$-1-2 |
| 25 | 新疆福海县姜古斯塔尔铁矿 | 铁 | 矽卡岩型 | P | 小型 | Ⅲ-1 | $Pz_2$-1-2 |
| 26 | 新疆福海县巴坎塔斯玻璃用脉石英矿 | 脉石英 | 浅成中低温热液型 | D | 小型 | Ⅲ-1 | $Pz_2$-1-2 |
| 27 | 新疆富蕴县库额尔齐斯磁铁矿 | 铁 | 岩浆热液型 | C | 小型 | Ⅲ-1 | $Pz_2$-1-2 |
| 28 | 新疆哈巴河县多拉纳萨依金矿 | 金 | 浅成中低温热液型 | C | 大型 | Ⅲ-2 | $Pz_2$-1-2 |
| 29 | 新疆哈巴河县阿舍勒铜矿 | 铜 | 海相火山岩型 | D | 大型 | Ⅲ-2 | $Pz_2$-1-2 |
| 30 | 新疆哈巴河县恰奔布拉克金矿 | 金 | 浅成中低温热液型 | C | 中型 | Ⅲ-2 | $Pz_2$-1-2 |
| 31 | 新疆哈巴河县托库孜巴依金矿 | 金 | 浅成中低温热液型 | C | 大型 | Ⅲ-2 | $Pz_2$-1-2 |
| 32 | 新疆哈巴河县哈巴河水晶矿 | 水晶 | 浅成中低温热液型 | C | 中型 | Ⅲ-2 | $Pz_2$-1-2 |
| 33 | 新疆阿勒泰市阿克希克金矿 | 金 | 浅成中低温热液型 | C | 小型 | Ⅲ-2 | $Pz_2$-1-2 |
| 34 | 内蒙古额尔古纳市于里亚河铁矿 | 铁 | 受变质型 | P | 小型 | Ⅲ-3 | |
| 35 | 内蒙古额尔古纳市毕拉河铁矿 | 铁 | 岩浆热液型 | P | 小型 | Ⅲ-3 | |
| 36 | 内蒙古额尔古纳市拉布达林农牧场萤石矿 | 萤石 | 浅成中低温热液型 | D | 小型 | Ⅲ-3 | |
| 37 | 内蒙古额尔古纳市青年沟-毛子沟萤石矿 | 萤石 | 浅成中低温热液型 | D | 小型 | Ⅲ-3 | |
| 38 | 内蒙古额尔古纳市昆库力萤石矿 | 萤石 | 浅成中低温热液型 | C | 小型 | Ⅲ-3 | |

续表

| 编号 | 矿床名称 | 主矿种 | 成因类型 | 成矿时代 | 矿床规模 | 所属Ⅲ级成矿单元 | 所属成矿系列 |
|---|---|---|---|---|---|---|---|
| 39 | 内蒙古呼伦贝尔东方红萤石矿 | 萤石 | 浅成中低温热液型 | C | 小型 | Ⅲ-3 | |
| 40 | 内蒙古陈巴尔虎旗六一硫铁矿 | 硫铁矿 | 海相火山岩型 | D | 中型 | Ⅲ-3 | $Pz_2$-3-1 |
| 41 | 内蒙古陈巴尔虎旗十五里堆硫铁矿 | 硫铁矿 | 海相火山岩型 | C | 中型 | Ⅲ-3 | $Pz_2$-3-1 |
| 42 | 内蒙古呼伦贝尔旺石山萤石矿 | 萤石 | 浅成中低温热液型 | C | 小型 | Ⅲ-3 | |
| 43 | 内蒙古海拉尔区石兰山石灰岩矿 | 石灰岩 | 化学沉积型 | C | 中型 | Ⅲ-3 | |
| 44 | 内蒙古陈巴尔虎旗谢尔塔拉铁矿 | 铁 | 海相火山岩型 | C | 中型 | Ⅲ-3 | $Pz_2$-3-1 |
| 45 | 内蒙古乌奴耳南矿石灰岩矿 | 石灰岩 | 化学沉积型 | D | 中型 | Ⅲ-3 | |
| 46 | 黑龙江呼玛县北西里钛铁矿 | 钛铁 | 岩浆型 | D | 中型 | Ⅲ-3 | $Pz_2$-3-2 |
| 47 | 黑龙江兴隆沟西北里铁钒钛矿 | 铁钒钛 | 岩浆型 | C | 中型 | Ⅲ-3 | $Pz_2$-3-2 |
| 48 | 黑龙江呼玛县跃铁山钛铁矿 | 钛铁 | 岩浆型 | D | 小型 | Ⅲ-3 | $Pz_2$-3-2 |
| 49 | 黑龙江呼玛县十五站磷矿 | 磷 | 化学沉积型 | D | 小型 | Ⅲ-3 | |
| 50 | 黑龙江呼玛县老道店磷矿 | 磷 | 化学沉积型 | D | 小型 | Ⅲ-3 | |
| 51 | 黑龙江呼玛县二十四号桥金矿 | 金 | 岩浆热液型 | C | 小型 | Ⅲ-3 | |
| 52 | 内蒙古呼伦贝尔市梨子山铁矿 | 铁 | 矽卡岩型 | P | 小型 | Ⅲ-3 | |
| 53 | 内蒙古鄂温克旗重石山钼矿 | 钼 | 岩浆热液型 | D—P | 中型 | Ⅲ-3 | |
| 54 | 内蒙古鄂温克旗塔尔其铁矿 | 铁 | 矽卡岩型 | D | 小型 | Ⅲ-3 | |
| 55 | 内蒙古新巴尔虎左旗罕达盖铜矿 | 铜 | 矽卡岩型 | C | 小型 | Ⅲ-3 | |
| 56 | 内蒙古苏尼特左旗准苏吉花铜矿 | 铜 | 岩浆热液型 | C—P | 小型 | Ⅲ-3 | |
| 57 | 内蒙古锡林郭勒盟红格尔金矿 | 金 | 岩浆热液型 | C | 小型 | Ⅲ-3 | |
| 58 | 内蒙古苏尼特左旗哈拉图庙镍矿 | 镍 | 岩浆型 | D | 小型 | Ⅲ-3 | $Pz_2$-3-3 |
| 59 | 内蒙古锡林浩特市赫格敖拉3756铬矿 | 铬 | 岩浆型 | C | 中型 | Ⅲ-3 | $Pz_2$-3-3 |
| 60 | 内蒙古东乌珠穆沁旗小坝梁铜金矿 | 铜金 | 海相火山岩型 | C | 小型 | Ⅲ-3 | $Pz_2$-3-3 |
| 61 | 内蒙古呼伦贝尔市呼和哈达铬矿 | 铬 | 岩浆型 | C | 小型 | Ⅲ-3 | $Pz_2$-3-3 |
| 62 | 黑龙江龙江县老龙头磷矿 | 磷 | 化学沉积型 | D | 小型 | Ⅲ-3 | |
| 63 | 内蒙古兴安盟白彦呼舒和丰套布铁矿 | 铁 | 受变质型 | P | 小型 | Ⅲ-3 | |
| 64 | 内蒙古扎鲁特旗石长温都尔银矿 | 银 | 海相火山岩型 | P | 小型 | Ⅲ-3 | |
| 65 | 内蒙古西乌珠穆沁旗布金黑铅锌矿 | 铅锌 | 浅成中低温热液型 | P | 小型 | Ⅲ-3 | |
| 66 | 内蒙古翁牛特旗张家沟银矿 | 银 | 浅成中低温热液型 | P | 中型 | Ⅲ-3 | |
| 67 | 内蒙古西乌珠穆沁旗布嘎特乌锌矿 | 锌 | 岩浆热液型 | P | 小型 | Ⅲ-3 | |
| 68 | 内蒙古苏尼特左旗巴彦宝力道金矿 | 金 | 岩浆热液型 | P | 小型 | Ⅲ-3 | |
| 69 | 内蒙古苏尼特左旗巴彦哈尔敖包金矿 | 金 | 浅成中低温热液型 | P | 中型 | Ⅲ-3 | |
| 70 | 内蒙古四子王旗苏莫查干敖包萤石矿 | 萤石 | 岩浆热液型 | C | 超大型 | Ⅲ-3 | $Pz_2$-3-4 |
| 71 | 内蒙古四子王旗满提萤石矿 | 萤石 | 岩浆热液型 | P | 小型 | Ⅲ-3 | $Pz_2$-3-4 |
| 72 | 内蒙古四子王旗北敖包吐萤石矿 | 萤石 | 岩浆热液型 | P | 大型 | Ⅲ-3 | $Pz_2$-3-4 |
| 73 | 内蒙古四子王旗西里庙萤石矿 | 萤石 | 岩浆热液型 | P | 中型 | Ⅲ-3 | $Pz_2$-3-4 |
| 74 | 内蒙古四子王旗瑙尔其格萤石矿 | 萤石 | 岩浆热液型 | P | 小型 | Ⅲ-3 | $Pz_2$-3-4 |
| 75 | 内蒙古四子王旗温多尔努如萤石矿 | 萤石 | 岩浆热液型 | P | 小型 | Ⅲ-3 | $Pz_2$-3-4 |
| 76 | 黑龙江黑河市付地营子铜锌矿 | 铜锌 | 海相火山岩型 | D | 小型 | Ⅲ-4 | |
| 77 | 黑龙江嘉荫县平顶山金矿 | 金 | 浅成中低温热液型 | P | 中型 | Ⅲ-4 | |
| 78 | 黑龙江绥棱县八二林场磷矿 | 磷 | 化学沉积型 | P | 小型 | Ⅲ-4 | |

续表

| 编号 | 矿床名称 | 主矿种 | 成因类型 | 成矿时代 | 矿床规模 | 所属Ⅲ级成矿单元 | 所属成矿系列 |
|---|---|---|---|---|---|---|---|
| 79 | 黑龙江伊春市参园沟大理岩矿 | 大理岩 | 受变质型 | D | 超大型 | Ⅲ-4 | $Pz_2$-3-5 |
| 80 | 黑龙江伊春市浩良河大理岩矿 | 大理岩 | 受变质型 | D | 超大型 | Ⅲ-4 | $Pz_2$-3-5 |
| 81 | 黑龙江铁力市神树小白河石墨矿 | 石墨 | 变成型 | P | 中型 | Ⅲ-4 | $Pz_2$-3-5 |
| 82 | 黑龙江尚志市得好屯西北山磷矿 | 磷 | 化学沉积型 | D | 小型 | Ⅲ-4 | |
| 83 | 黑龙江哈尔滨市阿城区山河新明大理岩矿 | 大理岩 | 受变质型 | P | 大型 | Ⅲ-4 | $Pz_2$-3-5 |
| 84 | 黑龙江哈尔滨市阿城区玉泉大理岩矿 | 大理岩 | 受变质型 | P | 大型 | Ⅲ-4 | $Pz_2$-3-5 |
| 85 | 黑龙江尚志市红旗林场硫铁矿 | 硫铁矿 | 岩浆热液型 | P | 小型 | Ⅲ-4 | |
| 86 | 黑龙江牡丹江市拉古大理岩矿 | 大理岩 | 受变质型 | P | 超大型 | Ⅲ-4 | $Pz_2$-3-5 |
| 87 | 黑龙江宁安市黄旗沟大理岩矿 | 大理岩 | 受变质型 | P | 大型 | Ⅲ-4 | $Pz_2$-3-5 |
| 88 | 黑龙江海林市长汀青云山水晶矿 | 水晶 | 浅成中低温热液型 | P | 小型 | Ⅲ-4 | |
| 89 | 黑龙江宁安市小黄羊磷矿 | 磷 | 化学沉积型 | D | 小型 | Ⅲ-4 | |
| 90 | 吉林汪清县青林铁矿 | 铁 | 矽卡岩型 | P | 小型 | Ⅲ-4 | |
| 91 | 吉林图们市大理岩矿 | 大理岩 | 受变质型 | P | 大型 | Ⅲ-4 | $Pz_2$-3-5 |
| 92 | 黑龙江饶河县永幸屯磷矿 | 磷 | 化学沉积型 | P | 小型 | Ⅲ-5 | |
| 93 | 黑龙宝清县江迎门山煤矿 | 煤 | 生物化学沉积型 | C | 小型 | Ⅲ-5 | |
| 94 | 黑龙江勃利县鸡爪沟金矿 | 金 | 岩浆热液型 | D | 小型 | Ⅲ-5 | |
| 95 | 黑龙江桦南老秃顶子大理岩矿 | 大理岩 | 受变质型 | D | 超大型 | Ⅲ-5 | |
| 96 | 黑龙江勃利县七里卡山磷矿 | 磷 | 化学沉积型 | D | 小型 | Ⅲ-5 | |
| 97 | 黑龙江宝清八五二农场煤矿 | 煤 | 生物化学沉积型 | C | 小型 | Ⅲ-5 | |
| 98 | 黑龙江密山市黑台磷矿 | 磷 | 化学沉积型 | D | 小型 | Ⅲ-5 | |
| 99 | 黑龙江林口县大盘道大理岩矿 | 大理岩 | 受变质型 | P | 超大型 | Ⅲ-5 | |
| 100 | 黑龙江土顶子和平石墨矿 | 石墨 | 变成型 | P | 中型 | Ⅲ-5 | |
| 101 | 黑龙江穆棱兴源粘土矿 | 耐火粘土 | 机械沉积型 | P | 大型 | Ⅲ-5 | |
| 102 | 吉林汪清县白石砬子钨矿 | 钨 | 矽卡岩型 | P | 小型 | Ⅲ-5 | |
| 103 | 吉林汪清县复兴道芬硅灰石矿 | 硅灰石 | 浅成中低温热液型 | C | 小型 | Ⅲ-5 | |
| 104 | 内蒙古乌拉特后旗额布图镍矿 | 镍 | 岩浆型 | P | 小型 | Ⅲ-6 | |
| 105 | 内蒙古达茂旗乌花敖包金矿 | 金 | 岩浆热液型 | D | 小型 | Ⅲ-6 | |
| 106 | 内蒙古达茂旗查干哈达金矿 | 金 | 岩浆热液型 | D | 小型 | Ⅲ-6 | |
| 107 | 内蒙古苏尼特右旗白音哈尔谷那乌苏铜矿 | 铜 | 海相火山岩型 | D—P | 小型 | Ⅲ-6 | |
| 108 | 内蒙古苏尼特右旗白音哈尔金矿 | 金 | 岩浆热液型 | P | 小型 | Ⅲ-6 | |
| 109 | 内蒙古苏尼特右旗别鲁乌图铅锌矿 | 铅锌 | 浅成中低温热液型 | C | 中型 | Ⅲ-6 | |
| 110 | 内蒙古苏尼特右旗毕力赫金矿 | 金 | 岩浆热液型 | P | 大型 | Ⅲ-6 | |
| 111 | 内蒙古正镶白旗额里图铁矿 | 铁 | 矽卡岩型 | P | 小型 | Ⅲ-6 | |
| 112 | 内蒙古克什克腾旗大黑山铁矿 | 铁 | 岩浆热液型 | P | 小型 | Ⅲ-6 | |
| 113 | 内蒙古敖汉旗桑木石灰岩矿 | 石灰岩 | 化学沉积型 | P | 中型 | Ⅲ-6 | $Pz_2$-3-7 |
| 114 | 内蒙古敖汉旗毛头山金矿 | 金 | 岩浆热液型 | P | 小型 | Ⅲ-6 | |
| 115 | 内蒙古库伦旗卧力吐铅矿 | 铅 | 浅成中低温热液型 | P | 中型 | Ⅲ-6 | |
| 116 | 内蒙古奈曼旗头道沟铁矿 | 铁 | 矽卡岩型 | C | 小型 | Ⅲ-6 | |
| 117 | 内蒙古库伦旗三家子石灰岩矿 | 石灰岩 | 化学沉积型 | C | 中型 | Ⅲ-6 | $Pz_2$-3-7 |
| 118 | 吉林四平市山门铜镍矿 | 铜镍 | 岩浆型 | C | 中型 | Ⅲ-6 | |

续表

| 编号 | 矿床名称 | 主矿种 | 成因类型 | 成矿时代 | 矿床规模 | 所属Ⅲ级成矿单元 | 所属成矿系列 |
|---|---|---|---|---|---|---|---|
| 119 | 吉林梨树县大顶山硅灰石矿 | 硅灰石 | 变成型 | C | 大型 | Ⅲ-6 | $Pz_2$-3-6 |
| 120 | 吉林省伊通县放牛沟铅多金属矿 | 铅 | 云英岩型 | D | 中型 | Ⅲ-6 | |
| 121 | 吉林伊通西大城号铜矿 | 铜 | 岩浆热液型 | P | 小型 | Ⅲ-6 | |
| 122 | 吉林省长春市东风硫铁矿 | 硫铁矿 | 矽卡岩型 | C | 中型 | Ⅲ-6 | |
| 123 | 吉林双阳宝善石灰岩矿 | 石灰岩 | 化学沉积型 | C | 大型 | Ⅲ-6 | $Pz_2$-3-7 |
| 124 | 吉林磐石市长威子硅灰石矿 | 硅灰石 | 变成型 | C | 超大型 | Ⅲ-6 | $Pz_2$-3-6 |
| 125 | 吉林明城杨木顶子石灰岩矿 | 石灰岩 | 化学沉积型 | C | 大型 | Ⅲ-6 | $Pz_2$-3-7 |
| 126 | 吉林磐石市圈岭铜矿 | 铜 | 矽卡岩型 | P | 小型 | Ⅲ-6 | |
| 127 | 吉林磐石市宝山乡帽山金矿 | 金 | 岩浆热液型 | D | 小型 | Ⅲ-6 | |
| 128 | 吉林磐石市茶条铁矿 | 铁 | 受变质型 | C | 小型 | Ⅲ-6 | |
| 129 | 吉林桦甸地局子村铅矿 | 铅 | 岩浆热液型 | P | 小型 | Ⅲ-6 | |
| 130 | 吉林桦甸市桦树乡锑矿 | 锑 | 岩浆热液型 | P | 小型 | Ⅲ-6 | |
| 131 | 吉林桦甸市幸福锑矿 | 锑 | 岩浆热液型 | P | 小型 | Ⅲ-6 | |
| 132 | 吉林敦化市官瞎沟铜钼矿 | 铜钼 | 岩浆热液型 | P | 小型 | Ⅲ-6 | |
| 133 | 吉林龙井市细鳞河硅灰石矿 | 硅灰岩 | 变成型 | C | 超大型 | Ⅲ-6 | $Pz_2$-3-6 |
| 134 | 吉林龙井市后底洞金矿 | 金 | 岩浆热液型 | P | 小型 | Ⅲ-6 | |
| 135 | 吉林龙井市金谷山金矿 | 金 | 岩浆热液型 | P | 小型 | Ⅲ-6 | |
| 136 | 吉林和龙市长仁 11 号岩体铜镍矿 | 铜镍 | 岩浆型 | C | 中型 | Ⅲ-6 | |
| 137 | 吉林和龙市 305 矿区铜镍矿 | 铜镍 | 岩浆型 | C | 小型 | Ⅲ-6 | |
| 138 | 吉林和龙市兴隆银矿 | 银 | 岩浆热液型 | D | 小型 | Ⅲ-6 | |
| 139 | 内蒙古额济纳旗乌珠尔嘎顺铁矿 | 铁 | 矽卡岩型 | C | 小型 | Ⅲ-7 | $Pz_2$-3-8 |
| 140 | 内蒙古额济纳旗百合山铁矿 | 铁 | 海相火山岩型 | C | 小型 | Ⅲ-7 | $Pz_2$-3-8 |
| 141 | 内蒙古额济纳旗碧玉山铁矿 | 铁 | 海相火山岩型 | C | 小型 | Ⅲ-7 | $Pz_2$-3-8 |
| 142 | 内蒙古额济纳旗黑山铁矿 | 铁 | 海相火山岩型 | C | 小型 | Ⅲ-7 | $Pz_2$-3-8 |
| 143 | 内蒙古额济纳旗黑鹰山铁矿 | 铁 | 矽卡岩型 | C | 中型 | Ⅲ-7 | $Pz_2$-3-8 |
| 144 | 内蒙古额济纳旗流沙山钼矿 | 钼 | 斑岩型 | C | 中型 | Ⅲ-7 | $Pz_2$-3-8 |
| 145 | 内蒙古额济纳旗下陶勒盖铁矿 | 铁 | 矽卡岩型 | P | 小型 | Ⅲ-7 | $Pz_2$-3-8 |
| 146 | 甘肃肃北县 460 金矿 | 金 | 岩浆热液型 | C | 大型 | Ⅲ-7 | $Pz_2$-3-8 |
| 147 | 甘肃肃北县霍勒扎德盖东金矿 | 金 | 岩浆热液型 | P | 小型 | Ⅲ-7 | $Pz_2$-3-8 |
| 148 | 甘肃肃北县扫子山金矿 | 金 | 岩浆热液型 | P | 小型 | Ⅲ-7 | $Pz_2$-3-8 |
| 149 | 甘肃肃北县红尖兵山钨矿 | 钨 | 云英岩型 | C—P | 小型 | Ⅲ-7 | $Pz_2$-3-8 |
| 150 | 甘肃肃北县狼娃山金矿 | 金 | 海相火山岩型 | P | 小型 | Ⅲ-7 | $Pz_2$-3-8 |
| 151 | 甘肃肃北县狼娃山铁矿 | 铁 | 云英岩型 | C | 小型 | Ⅲ-7 | $Pz_2$-3-8 |
| 152 | 甘肃肃北县双井子铁矿 | 铁 | 陆相火山岩型 | C | 小型 | Ⅲ-7 | $Pz_2$-3-8 |
| 153 | 甘肃肃北县白山泉铁矿 | 铁 | 矽卡岩型 | C | 小型 | Ⅲ-7 | $Pz_2$-3-8 |
| 154 | 甘肃肃北县南金山金矿 | 金 | 岩浆热液型 | C | 中型 | Ⅲ-7 | $Pz_2$-3-8 |
| 155 | 甘肃肃北县乎尔格里银多金属矿 | 银 | 岩浆热液型 | C | 小型 | Ⅲ-7 | $Pz_2$-3-8 |
| 156 | 甘肃肃北县明锡山锡矿 | 锡 | 云英岩型 | D—P | 小型 | Ⅲ-7 | $Pz_2$-3-8 |
| 157 | 新疆哈密市双井子乡泉大龙铜矿 | 铜 | 岩浆热液型 | C | 小型 | Ⅲ-7 | $Pz_2$-3-8 |
| 158 | 新疆哈密市马庄山金矿 | 金 | 岩浆热液型 | C | 中型 | Ⅲ-7 | $Pz_2$-3-8 |

续表

| 编号 | 矿床名称 | 主矿种 | 成因类型 | 成矿时代 | 矿床规模 | 所属Ⅲ级成矿单元 | 所属成矿系列 |
|---|---|---|---|---|---|---|---|
| 159 | 新疆哈密市小白石头钨矿 | 钨 | 矽卡岩型 | C | 中型 | Ⅲ-7 | $Pz_2$-3-8 |
| 160 | 新疆哈密市小白石头泉硅灰石矿 | 硅灰石 | 变成型 | C | 大型 | Ⅲ-7 | |
| 161 | 新疆哈密市白石泉铜镍矿 | 铜镍 | 岩浆型 | P | 小型 | Ⅲ-7 | |
| 162 | 新疆哈密市天宇铜镍矿 | 铜镍 | 岩浆型 | P | 中型 | Ⅲ-7 | |
| 163 | 新疆哈密市天香铜镍矿 | 铜镍 | 岩浆型 | P | 小型 | Ⅲ-7 | |
| 164 | 甘肃肃北县红石山铬矿 | 铬 | 岩浆型 | C | 小型 | Ⅲ-7 | $Pz_2$-3-8 |
| 165 | 甘肃肃北县东双铁矿 | 铁 | 陆相火山岩型 | C | 小型 | Ⅲ-7 | $Pz_2$-3-8 |
| 166 | 甘肃肃北县公婆泉铜矿 | 铜 | 斑岩型 | D | 中型 | Ⅲ-7 | $Pz_2$-3-8 |
| 167 | 甘肃肃北县红星山铁矿 | 铁 | 岩浆热液型 | D—P | 小型 | Ⅲ-7 | $Pz_2$-3-8 |
| 168 | 新疆哈密市坡子泉磁铁矿 | 铁 | 海相火山岩型 | C | 小型 | Ⅲ-7 | $Pz_2$-3-8 |
| 169 | 新疆哈密市金窝子金矿 | 金 | 浅成中低温热液型 | C | 小型 | Ⅲ-7 | $Pz_2$-3-8 |
| 170 | 甘肃肃北县大照壁金矿 | 金 | 岩浆热液型 | P | 小型 | Ⅲ-7 | $Pz_2$-3-8 |
| 171 | 内蒙古额济纳旗东七一山萤石矿 | 萤石 | 岩浆热液型 | D | 大型 | Ⅲ-7 | $Pz_2$-3-8 |
| 172 | 新疆吉木乃县布尔克斯岱金矿 | 金 | 浅成中低温热液型 | C | 中型 | Ⅲ-8 | $Pz_2$-3-9 |
| 173 | 新疆和布克赛尔县阔尔真阔腊金矿 | 金 | 浅成中低温热液型 | C | 小型 | Ⅲ-8 | $Pz_2$-3-9 |
| 174 | 新疆富蕴县索尔库都克铜矿 | 铜 | 斑岩型 | P | 中型 | Ⅲ-8 | $Pz_2$-3-9 |
| 175 | 新疆富蕴县扎河坝金矿 | 金 | 浅成中低温热液型 | C | 小型 | Ⅲ-8 | $Pz_2$-3-9 |
| 176 | 新疆青河县顿巴斯套金矿 | 金 | 浅成中低温热液型 | C | 小型 | Ⅲ-8 | $Pz_2$-3-9 |
| 177 | 新疆富蕴县乔夏哈拉铜金矿 | 铜金 | 海相火山岩型 | D | 小型 | Ⅲ-8 | $Pz_2$-3-9 |
| 178 | 新疆富蕴县喀拉通克铜镍矿 | 铜镍 | 岩浆型 | P | 大型 | Ⅲ-8 | $Pz_2$-3-9 |
| 179 | 新疆富蕴县阿克塔斯金矿 | 金 | 岩浆热液型 | C | 小型 | Ⅲ-8 | $Pz_2$-3-9 |
| 180 | 新疆青河县玉勒肯哈腊苏铜矿 | 铜 | 斑岩型 | P | 中型 | Ⅲ-8 | $Pz_2$-3-9 |
| 181 | 新疆青河县老山口铁矿 | 铁 | 海相火山岩型 | D | 小型 | Ⅲ-8 | $Pz_2$-3-9 |
| 182 | 新疆青河县沙尔布拉克金矿 | 金 | 浅成中低温热液型 | C | 中型 | Ⅲ-8 | $Pz_2$-3-9 |
| 183 | 新疆青河县玛热勒铁金矿 | 金 | 海相火山岩型 | D | 小型 | Ⅲ-8 | $Pz_2$-3-9 |
| 184 | 新疆青河县小沙尔布拉克金矿 | 金 | 浅成中低温热液型 | C—P | 小型 | Ⅲ-8 | $Pz_2$-3-9 |
| 185 | 新疆青河县阿拉塔斯金矿 | 金 | 浅成中低温热液型 | C | 小型 | Ⅲ-8 | $Pz_2$-3-9 |
| 186 | 新疆和布克赛尔县阿尔木强铜矿 | 铜 | 海相火山岩型 | C | 小型 | Ⅲ-8 | |
| 187 | 新疆和布克赛尔县和什托洛盖红柳铁矿 | 铁 | 岩浆热液型 | C | 小型 | Ⅲ-8 | |
| 188 | 新疆裕民县白布谢磁铁矿 | 铁 | 海相火山岩型 | D | 小型 | Ⅲ-8 | $Pz_2$-3-10 |
| 189 | 新疆裕民县苏运河钼矿 | 钼 | 斑岩型 | C | 中型 | Ⅲ-8 | $Pz_2$-3-10 |
| 190 | 新疆托里县齐依求金矿 | 金 | 海相火山岩型 | C | 大型 | Ⅲ-8 | $Pz_2$-3-10 |
| 191 | 新疆托里县别鲁阿嘎西金矿 | 金 | 海相火山岩型 | C | 中型 | Ⅲ-8 | $Pz_2$-3-10 |
| 192 | 新疆托里县萨尔托海铬矿 | 铬 | 岩浆型 | C | 中型 | Ⅲ-8 | $Pz_2$-3-10 |
| 193 | 新疆托里县鲸鱼铬矿 | 铬 | 岩浆型 | C | 小型 | Ⅲ-8 | $Pz_2$-3-10 |
| 194 | 新疆裕民县珠草山铁矿 | 铁 | 海相火山岩型 | D | 小型 | Ⅲ-8 | $Pz_2$-3-10 |
| 195 | 新疆巴尔雷克山中段铜矿 | 铜 | 岩浆热液型 | C | 小型 | Ⅲ-8 | $Pz_2$-3-10 |
| 196 | 新疆托里县阿克塔什铁矿 | 铁 | 海相火山岩型 | D | 小型 | Ⅲ-8 | $Pz_2$-3-10 |
| 197 | 新疆塔城地区蒙古鲁河铁矿 | 铁 | 岩浆热液型 | C | 小型 | Ⅲ-8 | $Pz_2$-3-10 |
| 198 | 新疆托里县博孜阿特金矿 | 金 | 海相火山岩型 | C | 小型 | Ⅲ-8 | $Pz_2$-3-10 |

续表

| 编号 | 矿床名称 | 主矿种 | 成因类型 | 成矿时代 | 矿床规模 | 所属Ⅲ级成矿单元 | 所属成矿系列 |
|---|---|---|---|---|---|---|---|
| 199 | 新疆托里县7号金矿 | 金 | 海相火山岩型 | C | 中型 | Ⅲ-8 | $Pz_2$-3-10 |
| 200 | 新疆托里县13号金矿 | 金 | 海相火山岩型 | C | 小型 | Ⅲ-8 | $Pz_2$-3-10 |
| 201 | 新疆托里县阿克巴斯套水晶矿 | 水晶 | 浅成中低温热液型 | C | 中型 | Ⅲ-8 | $Pz_2$-3-10 |
| 202 | 新疆托里县吐克吐克铜矿 | 铜 | 斑岩型 | C | 小型 | Ⅲ-8 | $Pz_2$-3-10 |
| 203 | 新疆托里县包古图铜矿 | 铜 | 斑岩型 | C | 大型 | Ⅲ-8 | $Pz_2$-3-10 |
| 204 | 新疆托里县阔个萨也金矿 | 金 | 岩浆热液型 | C | 中型 | Ⅲ-8 | $Pz_2$-3-10 |
| 205 | 新疆和布克赛尔县玛湖油田 | 石油 | 生物化学沉积型 | P | 大型 | Ⅲ-8 | $Pz_2$-3-11 |
| 206 | 新疆克拉玛依市百口泉油田 | 石油 | 生物化学沉积型 | C | 中型 | Ⅲ-8 | $Pz_2$-3-11 |
| 207 | 新疆克拉玛依市红车拐油田 | 石油 | 生物化学沉积型 | C | 超大型 | Ⅲ-8 | $Pz_2$-3-11 |
| 208 | 新疆克拉玛依市克拉玛依油田 | 石油 | 生物化学沉积型 | C | 大型 | Ⅲ-8 | $Pz_2$-3-11 |
| 209 | 新疆克木萨尔县车排子油田 | 石油 | 生物化学沉积型 | C | 中型 | Ⅲ-8 | $Pz_2$-3-11 |
| 210 | 新疆福海县克拉美丽气田 | 天然气 | 生物化学沉积型 | C | 超大型 | Ⅲ-8 | $Pz_2$-3-11 |
| 211 | 新疆克木萨尔县火烧山油田 | 石油 | 生物化学沉积型 | C | 中型 | Ⅲ-8 | $Pz_2$-3-11 |
| 212 | 新疆阜康市北三台油田 | 石油 | 生物化学沉积型 | C—P | 中型 | Ⅲ-8 | $Pz_2$-3-11 |
| 213 | 新疆吉木萨尔县吉木萨尔油田 | 石油 | 生物化学沉积型 | P | 大型 | Ⅲ-8 | $Pz_2$-3-11 |
| 214 | 新疆雅马克里山油页岩矿煤矿 | 煤 | 生物化学沉积型 | C | 中型 | Ⅲ-8 | $Pz_2$-3-11 |
| 215 | 新疆鄯善县鲁克沁油田 | 石油 | 生物化学沉积型 | P | 大型 | Ⅲ-8 | $Pz_2$-3-11 |
| 216 | 新疆富蕴县卡姆斯特锡矿 | 锡 | 岩浆热液型 | C | 小型 | Ⅲ-8 | $Pz_2$-3-10 |
| 217 | 新疆青河县库布苏金矿 | 金 | 浅成中低温热液型 | C | 中型 | Ⅲ-8 | $Pz_2$-3-10 |
| 218 | 新疆青河县野马泉金矿 | 金 | 浅成中低温热液型 | C | 小型 | Ⅲ-8 | $Pz_2$-3-10 |
| 219 | 新疆富蕴县卡拉麦里金矿 | 金 | 浅成中低温热液型 | C | 大型 | Ⅲ-8 | $Pz_2$-3-10 |
| 220 | 新疆富蕴县清水泉70号金矿 | 金 | 浅成中低温热液型 | C | 小型 | Ⅲ-8 | $Pz_2$-3-10 |
| 221 | 新疆奇台县萨尔什克锡矿 | 锡 | 岩浆热液型 | C | 小型 | Ⅲ-8 | $Pz_2$-3-10 |
| 222 | 新疆青河县萨惹什克锡矿 | 锡 | 岩浆热液型 | C | 小型 | Ⅲ-8 | $Pz_2$-3-10 |
| 223 | 新疆青河县阿克塔斯阔腊金矿 | 金 | 浅成中低温热液型 | C | 小型 | Ⅲ-8 | $Pz_2$-3-10 |
| 224 | 新疆青河县贝勒库都克锡矿 | 锡 | 岩浆热液型 | C | 小型 | Ⅲ-8 | $Pz_2$-3-10 |
| 225 | 新疆奇台县苏吉泉石墨矿 | 石墨 | 变成型 | C | 大型 | Ⅲ-8 | |
| 226 | 新疆奇台县双泉金矿 | 金 | 浅成中低温热液型 | C | 中型 | Ⅲ-8 | $Pz_2$-3-10 |
| 227 | 新疆奇台县南明水金矿 | 金 | 浅成中低温热液型 | C | 小型 | Ⅲ-8 | $Pz_2$-3-10 |
| 228 | 新疆奇台县金山沟金矿 | 金 | 浅成中低温热液型 | C | 小型 | Ⅲ-8 | $Pz_2$-3-10 |
| 229 | 新疆巴里坤县三塘湖油田 | 石油 | 生物化学沉积型 | C—P | 中型 | Ⅲ-8 | |
| 230 | 新疆巴里坤县双峰山金矿 | 金 | 浅成中低温热液型 | C | 小型 | Ⅲ-8 | $Pz_2$-3-10 |
| 231 | 新疆巴里坤县老爷庙铁矿 | 铁 | 海相火山岩型 | C | 小型 | Ⅲ-8 | $Pz_2$-3-10 |
| 232 | 新疆伊吾县黑园山铁矿 | 铁 | 海相火山岩型 | C | 小型 | Ⅲ-8 | $Pz_2$-3-10 |
| 233 | 新疆伊吾县蒙西铜矿 | 铜 | 斑岩型 | D | 中型 | Ⅲ-8 | $Pz_2$-3-10 |
| 234 | 新疆伊吾县琼河坝铜矿 | 铜 | 斑岩型 | C | 小型 | Ⅲ-8 | $Pz_2$-3-10 |
| 235 | 新疆伊吾县宝山磁铁矿 | 铁 | 海相火山岩型 | D | 小型 | Ⅲ-8 | $Pz_2$-3-10 |
| 236 | 新疆伊吾县淖毛湖北山硫铁矿 | 硫铁矿 | 陆相火山岩型 | P | 小型 | Ⅲ-8 | $Pz_2$-3-10 |
| 237 | 新疆伊吾县淖毛湖金矿 | 金 | 海相火山岩型 | C | 小型 | Ⅲ-8 | $Pz_2$-3-10 |
| 238 | 新疆伊吾县和尔赛铜矿 | 铜 | 斑岩型 | D | 小型 | Ⅲ-8 | $Pz_2$-3-10 |

续表

| 编号 | 矿床名称 | 主矿种 | 成因类型 | 成矿时代 | 矿床规模 | 所属Ⅲ级成矿单元 | 所属成矿系列 |
|---|---|---|---|---|---|---|---|
| 239 | 新疆伊吾县一碗泉金矿 | 金 | 浅成中低温热液型 | C | 小型 | Ⅲ-8 | $Pz_2$-3-10 |
| 240 | 新疆伊吾县苇子峡小金沟金矿 | 金 | 浅成中低温热液型 | C | 小型 | Ⅲ-8 | $Pz_2$-3-10 |
| 241 | 新疆哈密市顶盖克铜矿 | 铜 | 岩浆热液型 | C | 小型 | Ⅲ-8 | $Pz_2$-3-10 |
| 242 | 新疆温泉县斯库台锡矿 | 锡 | 岩浆热液型 | P | 中型 | Ⅲ-9 | $Pz_2$-3-12 |
| 243 | 新疆温泉县祖鲁洪钨矿 | 钨 | 浅成中低温热液型 | C | 中型 | Ⅲ-9 | $Pz_2$-3-12 |
| 244 | 新疆博乐市阿克赛铜金矿 | 铜金 | 岩浆热液型 | C | 小型 | Ⅲ-9 | $Pz_2$-3-12 |
| 245 | 新疆博乐市喇嘛苏铜矿 | 铜 | 陆相火山岩型 | C | 中型 | Ⅲ-9 | $Pz_2$-3-12 |
| 246 | 新疆博乐市库尔尕生铅锌矿 | 铅锌 | 浅成中低温热液型 | D | 小型 | Ⅲ-9 | $Pz_2$-3-12 |
| 247 | 新疆昭苏县卡拉盖雷铜矿 | 铜 | 岩浆热液型 | C | 小型 | Ⅲ-9 | $Pz_2$-3-12 |
| 248 | 新疆伊宁县伊尔曼得金矿 | 金 | 陆相火山岩型 | C | 小型 | Ⅲ-9 | $Pz_2$-3-12 |
| 249 | 新疆伊宁县卡森克伦赛铜矿 | 铜 | 矽卡岩型 | C | 小型 | Ⅲ-9 | $Pz_2$-3-12 |
| 250 | 新疆伊宁县阿希金矿 | 金 | 陆相火山岩型 | C | 中型 | Ⅲ-9 | $Pz_2$-3-12 |
| 251 | 新疆托里县沙勒德铜矿 | 铜 | 矽卡岩型 | D | 小型 | Ⅲ-9 | $Pz_2$-3-12 |
| 252 | 新疆尼勒克县加曼特金矿 | 金 | 陆相火山岩型 | C | 小型 | Ⅲ-9 | $Pz_2$-3-12 |
| 253 | 新疆精河县莱历斯高尔-3571铜钼矿 | 铜钼 | 斑岩型 | C | 中型 | Ⅲ-9 | $Pz_2$-3-12 |
| 254 | 新疆库鲁克塔格莫合尔金矿 | 金 | 浅成中低温热液型 | C | 小型 | Ⅲ-9 | $Pz_2$-3-12 |
| 255 | 新疆尼勒克县肯登高尔铜矿 | 铜 | 斑岩型 | C | 小型 | Ⅲ-9 | $Pz_2$-3-12 |
| 256 | 新疆尼勒克县哈勒尕提铁铜矿 | 铁铜 | 矽卡岩型 | C | 小型 | Ⅲ-9 | $Pz_2$-3-12 |
| 257 | 新疆尼勒克县奴拉赛铜矿 | 铜 | 陆相火山岩型 | P | 小型 | Ⅲ-9 | $Pz_2$-3-12 |
| 258 | 新疆察布查尔县阿尔恰勒铅锌矿 | 铅锌 | 浅成中低温热液型 | D | 小型 | Ⅲ-9 | $Pz_2$-3-12 |
| 259 | 新疆特克斯县库木斯铜矿 | 铜 | 岩浆热液型 | P | 小型 | Ⅲ-9 | $Pz_2$-3-12 |
| 260 | 新疆特克斯县库勒萨依钼矿 | 钼 | 斑岩型 | P | 大型 | Ⅲ-9 | $Pz_2$-3-12 |
| 261 | 新疆特克斯县阔拉萨依铁矿 | 铁 | 海相火山岩型 | C | 中型 | Ⅲ-9 | $Pz_2$-3-12 |
| 262 | 新疆特克斯县大恩别列钨矿 | 钨 | 矽卡岩型 | D | 小型 | Ⅲ-9 | $Pz_2$-3-12 |
| 263 | 新疆巩留县博古图金矿 | 金 | 陆相火山岩型 | C | 小型 | Ⅲ-9 | $Pz_2$-3-12 |
| 264 | 新疆巩留县尔戈带萨依金矿 | 金 | 浅成中低温热液型 | C | 小型 | Ⅲ-9 | $Pz_2$-3-12 |
| 265 | 新疆昭苏县阿登套重晶石矿 | 重晶石 | 岩浆热液型 | C | 小型 | Ⅲ-9 | $Pz_2$-3-12 |
| 266 | 新疆昭苏县水磨沟铜矿 | 铜 | 海相火山岩型 | C | 小型 | Ⅲ-9 | $Pz_2$-3-12 |
| 267 | 新疆尼勒克县乔尔玛铁矿 | 铁 | 岩浆热液型 | C | 中型 | Ⅲ-9 | $Pz_2$-3-12 |
| 268 | 新疆新源县铁木里克铁矿 | 铁 | 海相火山岩型 | C | 小型 | Ⅲ-9 | $Pz_2$-3-12 |
| 269 | 新疆新源县驹尔都拜铁矿 | 铁 | 海相火山岩型 | C | 小型 | Ⅲ-9 | $Pz_2$-3-12 |
| 270 | 新疆新源县和统哈拉盖铁矿 | 铁 | 海相火山岩型 | C | 小型 | Ⅲ-9 | $Pz_2$-3-12 |
| 271 | 新疆尼勒克县松湖铁矿 | 铁 | 海相火山岩型 | C | 中型 | Ⅲ-9 | $Pz_2$-3-12 |
| 272 | 新疆新源县式可布台铁矿 | 铁 | 海相火山岩型 | C | 中型 | Ⅲ-9 | $Pz_2$-3-12 |
| 273 | 新疆尼勒克县尼新塔格铁矿 | 铁 | 海相火山岩型 | C | 中型 | Ⅲ-9 | $Pz_2$-3-12 |
| 274 | 新疆和静县玉希莫勒盖铜矿 | 铜 | 岩浆热液型 | P | 小型 | Ⅲ-9 | $Pz_2$-3-12 |
| 275 | 新疆尼勒克县克孜赛铜矿 | 铜 | 岩浆热液型 | P | 小型 | Ⅲ-9 | $Pz_2$-3-12 |
| 276 | 新疆和静县查岗诺尔铁矿 | 铁 | 海相火山岩型 | C | 大型 | Ⅲ-9 | $Pz_2$-3-12 |
| 277 | 新疆和静县智博铁矿 | 铁 | 海相火山岩型 | C | 大型 | Ⅲ-9 | $Pz_2$-3-12 |
| 278 | 新疆和静县敦德铁矿 | 铁 | 海相火山岩型 | C | 大型 | Ⅲ-9 | $Pz_2$-3-12 |

续表

| 编号 | 矿床名称 | 主矿种 | 成因类型 | 成矿时代 | 矿床规模 | 所属Ⅲ级成矿单元 | 所属成矿系列 |
|---|---|---|---|---|---|---|---|
| 279 | 新疆和静县备战铁矿 | 铁 | 海相火山岩型 | C | 中型 | Ⅲ-9 | $Pz_2$-3-12 |
| 280 | 新疆乌鲁木齐市柴窝堡西庙尔沟铜矿 | 铜 | 岩浆热液型 | C | 小型 | Ⅲ-9 | |
| 281 | 新疆乌鲁木齐市达坂城铜矿 | 铜 | 岩浆热液型 | C | 小型 | Ⅲ-9 | |
| 282 | 新疆吐鲁番市黑沟铁矿 | 铁 | 岩浆热液型 | C | 小型 | Ⅲ-9 | |
| 283 | 新疆托克逊县柯尔碱膨润土矿 | 膨润土 | 化学沉积型 | C | 大型 | Ⅲ-9 | |
| 284 | 新疆木垒县博斯塘铜矿 | 铜 | 岩浆热液型 | C | 小型 | Ⅲ-9 | |
| 285 | 新疆吐鲁番市小羊沟硼矿 | 硼 | 海相火山岩型 | C | 小型 | Ⅲ-9 | $Pz_2$-3-13 |
| 286 | 新疆吐鲁番市汗霍拉硼矿 | 硼 | 海相火山岩型 | C | 小型 | Ⅲ-9 | $Pz_2$-3-13 |
| 287 | 新疆吐鲁番市乌依其西硼矿 | 硼 | 海相火山岩型 | C | 小型 | Ⅲ-9 | $Pz_2$-3-13 |
| 288 | 新疆吐鲁番市七泉湖1号硼矿 | 硼 | 海相火山岩型 | C | 小型 | Ⅲ-9 | $Pz_2$-3-13 |
| 289 | 新疆吐鲁番市西西尔塔克硼矿 | 硼 | 海相火山岩型 | C | 小型 | Ⅲ-9 | $Pz_2$-3-13 |
| 290 | 新疆吐鲁番市博斯坦硼矿 | 硼 | 海相火山岩型 | C | 小型 | Ⅲ-9 | $Pz_2$-3-13 |
| 291 | 新疆吐鲁番市乌依其北硼矿 | 硼 | 海相火山岩型 | C | 小型 | Ⅲ-9 | $Pz_2$-3-13 |
| 292 | 新疆吐鲁番市煤窑沟北东硼矿 | 硼 | 海相火山岩型 | C | 小型 | Ⅲ-9 | $Pz_2$-3-13 |
| 293 | 新疆木垒县科克巴斯陶沸石矿 | 沸石 | 机械沉积型 | C | 中型 | Ⅲ-9 | |
| 294 | 新疆巴里坤县索尔巴斯陶金矿 | 金 | 陆相火山岩型 | C | 小型 | Ⅲ-9 | |
| 295 | 新疆阿克苏市艾登格来铁矿 | 铁 | 岩浆热液型 | C | 小型 | Ⅲ-10 | |
| 296 | 新疆特克斯县菁布拉克铜镍矿 | 铜镍 | 岩浆型 | C | 小型 | Ⅲ-10 | |
| 297 | 新疆新源县阿克萨依铁矿 | 铁 | 岩浆热液型 | C | 中型 | Ⅲ-10 | |
| 298 | 新疆新源县卡特巴阿苏金矿 | 金 | 岩浆热液型 | C | 大型 | Ⅲ-10 | $Pz_2$-3-15 |
| 299 | 新疆伊犁州雅玛图沟铁矿 | 铁 | 矽卡岩型 | C | 小型 | Ⅲ-10 | |
| 300 | 新疆和静县莫托沙拉铁锰矿 | 铁锰 | 海相火山岩型 | C | 中型 | Ⅲ-10 | $Pz_2$-3-14 |
| 301 | 新疆昭苏县阿克苏东锰矿 | 锰 | 化学沉积型 | C | 中型 | Ⅲ-10 | $Pz_2$-3-14 |
| 302 | 新疆昭苏县克拉苏锰矿 | 锰 | 化学沉积型 | C | 中型 | Ⅲ-10 | $Pz_2$-3-14 |
| 303 | 新疆昭苏县加曼台锰矿 | 锰 | 化学沉积型 | C | 中型 | Ⅲ-10 | $Pz_2$-3-14 |
| 304 | 新疆和静县亚曼沙拉铁矿 | 铁 | 岩浆热液型 | P | 小型 | Ⅲ-10 | |
| 305 | 新疆和静县公安厅北萤石矿 | 萤石 | 浅成中低温热液型 | P | 小型 | Ⅲ-10 | |
| 306 | 新疆和静县巴音沟萤石矿 | 萤石 | 浅成中低温热液型 | P | 小型 | Ⅲ-10 | |
| 307 | 新疆和静县公安厅钢铁厂萤石矿 | 萤石 | 浅成中低温热液型 | P | 小型 | Ⅲ-10 | |
| 308 | 新疆和静县阿牙沙拉沟上游萤石矿 | 萤石 | 浅成中低温热液型 | P | 小型 | Ⅲ-10 | |
| 309 | 新疆和静县铁开达坂铁矿 | 铁 | 矽卡岩型 | C | 小型 | Ⅲ-10 | |
| 310 | 新疆和静县夏日查克铁矿 | 铁 | 岩浆热液型 | P | 小型 | Ⅲ-10 | |
| 311 | 新疆乌鲁木齐市望峰金矿 | 金 | 浅成中低温热液型 | C | 中型 | Ⅲ-10 | $Pz_2$-3-17 |
| 312 | 新疆昌吉市萨日达拉金矿 | 金 | 浅成中低温热液型 | C | 中型 | Ⅲ-10 | $Pz_2$-3-17 |
| 313 | 新疆乌鲁木齐县天格尔金矿 | 金 | 浅成中低温热液型 | C | 小型 | Ⅲ-10 | $Pz_2$-3-17 |
| 314 | 新疆托克逊县天禧金矿 | 金 | 浅成中低温热液型 | C | 小型 | Ⅲ-10 | $Pz_2$-3-17 |
| 315 | 新疆托克逊县阔什铁热克铜矿 | 铜 | 浅成中低温热液型 | D | 小型 | Ⅲ-10 | $Pz_2$-3-17 |
| 316 | 新疆哈密市玉西银矿 | 银 | 浅成中低温热液型 | P | 中型 | Ⅲ-10 | $Pz_2$-3-17 |
| 317 | 新疆哈密市尾亚白山玻璃用脉石英矿 | 脉石英 | 浅成中低温热液型 | C | 小型 | Ⅲ-10 | $Pz_2$-3-17 |
| 318 | 新疆哈密市尾垭钒钛磁铁矿 | 钒钛铁 | 岩浆型 | P | 大型 | Ⅲ-10 | $Pz_2$-3-16 |

续表

| 编号 | 矿床名称 | 主矿种 | 成因类型 | 成矿时代 | 矿床规模 | 所属Ⅲ级成矿单元 | 所属成矿系列 |
|---|---|---|---|---|---|---|---|
| 319 | 新疆哈密市乌拉台玻璃用脉石英矿 | 脉石英 | 浅成中低温热液型 | D | 小型 | Ⅲ-10 | |
| 320 | 新疆哈密市下河石墨矿 | 石墨 | 变成型 | C | 中型 | Ⅲ-10 | |
| 321 | 新疆哈密市上泉熔剂脉石英矿 | 脉石英 | 浅成中低温热液型 | D | 小型 | Ⅲ-10 | |
| 322 | 新疆哈密市铜山铜矿 | 铜 | 矽卡岩型 | C | 小型 | Ⅲ-10 | $Pz_2$-3-16 |
| 323 | 新疆哈密市图拉尔根铜镍矿 | 铜镍 | 岩浆型 | P | 中型 | Ⅲ-10 | $Pz_2$-3-16 |
| 324 | 新疆哈密市葫芦铜镍矿 | 铜镍 | 岩浆型 | C | 中型 | Ⅲ-10 | $Pz_2$-3-16 |
| 325 | 新疆哈密市镜儿泉锂辉石矿 | 锂 | 伟晶岩型 | P | 小型 | Ⅲ-10 | $Pz_2$-3-16 |
| 326 | 新疆哈密市红岭金矿 | 金 | 浅成中低温热液型 | C | 小型 | Ⅲ-10 | $Pz_2$-3-17 |
| 327 | 新疆哈密市咸水泉铜镍矿 | 铜镍 | 岩浆型 | P | 小型 | Ⅲ-10 | $Pz_2$-3-16 |
| 328 | 新疆哈密市三岔口钼矿 | 钼 | 斑岩型 | P | 小型 | Ⅲ-10 | $Pz_2$-3-16 |
| 329 | 新疆哈密市黄山金矿 | 金 | 浅成中低温热液型 | C | 小型 | Ⅲ-10 | $Pz_2$-3-17 |
| 330 | 新疆哈密市延东铜钼矿 | 铜钼 | 斑岩型 | C | 大型 | Ⅲ-10 | $Pz_2$-3-16 |
| 331 | 新疆哈密市土屋铜金矿 | 铜金 | 斑岩型 | C | 大型 | Ⅲ-10 | $Pz_2$-3-16 |
| 332 | 新疆哈密市天目金矿 | 金 | 浅成中低温热液型 | C | 小型 | Ⅲ-10 | $Pz_2$-3-17 |
| 333 | 新疆哈密市香山铜镍矿 | 铜镍 | 岩浆型 | P | 中型 | Ⅲ-10 | $Pz_2$-3-16 |
| 334 | 新疆哈密市黄山铜镍矿 | 铜镍 | 岩浆型 | C | 大型 | Ⅲ-10 | $Pz_2$-3-16 |
| 335 | 新疆哈密市香山西钛磁铁矿 | 钛铁 | 岩浆型 | C | 小型 | Ⅲ-10 | $Pz_2$-3-16 |
| 336 | 新疆哈密市黄山东铜镍矿 | 铜镍 | 岩浆型 | C | 大型 | Ⅲ-10 | $Pz_2$-3-16 |
| 337 | 新疆哈密市黄山南铜镍矿 | 铜镍 | 岩浆型 | P | 中型 | Ⅲ-10 | $Pz_2$-3-16 |
| 338 | 新疆哈密市鱼峰钛磁铁矿 | 钛铁 | 海相火山岩型 | C | 小型 | Ⅲ-10 | $Pz_2$-3-16 |
| 339 | 新疆哈密市黑峰山磁铁矿 | 铁 | 海相火山岩型 | C | 小型 | Ⅲ-10 | $Pz_2$-3-16 |
| 340 | 新疆哈密市双峰山铁矿 | 铁 | 海相火山岩型 | C | 小型 | Ⅲ-10 | $Pz_2$-3-16 |
| 341 | 新疆哈密市沙泉子铁矿 | 铁 | 海相火山岩型 | C | 小型 | Ⅲ-10 | $Pz_2$-3-16 |
| 342 | 新疆哈密市土墩铜镍矿 | 铜镍 | 岩浆型 | P | 中型 | Ⅲ-10 | $Pz_2$-3-16 |
| 343 | 新疆哈密市小草滩硅灰石矿 | 硅灰石 | 变成型 | C | 大型 | Ⅲ-10 | $Pz_2$-3-16 |
| 344 | 新疆哈密市雅满苏磁铁矿 | 铁 | 海相火山岩型 | C | 小型 | Ⅲ-10 | $Pz_2$-3-16 |
| 345 | 新疆哈密市红山梁铜矿 | 铜 | 海相火山岩型 | C | 小型 | Ⅲ-10 | $Pz_2$-3-16 |
| 346 | 新疆哈密市梅岭铜矿 | 铜 | 海相火山岩型 | D | 中型 | Ⅲ-10 | $Pz_2$-3-16 |
| 347 | 新疆鄯善县维权银矿 | 银 | 矽卡岩型 | C | 中型 | Ⅲ-10 | $Pz_2$-3-16 |
| 348 | 新疆鄯善县红云滩铁矿 | 铁 | 海相火山岩型 | C | 小型 | Ⅲ-10 | $Pz_2$-3-16 |
| 349 | 新疆哈密市东戈壁钼矿 | 钼 | 斑岩型 | P | 大型 | Ⅲ-10 | $Pz_2$-3-16 |
| 350 | 新疆哈密市黑山铁矿 | 铁 | 海相火山岩型 | C | 小型 | Ⅲ-10 | $Pz_2$-3-16 |
| 351 | 新疆鄯善县骆驼峰铁矿 | 铁 | 海相火山岩型 | C | 小型 | Ⅲ-10 | $Pz_2$-3-16 |
| 352 | 新疆鄯善县黑尖山铁铜矿 | 铁铜 | 海相火山岩型 | C | 小型 | Ⅲ-10 | $Pz_2$-3-16 |
| 353 | 新疆鄯善县百灵山铁矿 | 铁 | 海相火山岩型 | C | 中型 | Ⅲ-10 | $Pz_2$-3-16 |
| 354 | 新疆鄯善县铁岭铁矿 | 铁 | 海相火山岩型 | C | 中型 | Ⅲ-10 | $Pz_2$-3-16 |
| 355 | 新疆哈密市黑包山铁矿 | 铁 | 海相火山岩型 | C | 小型 | Ⅲ-10 | $Pz_2$-3-16 |
| 356 | 新疆吐鲁番市小热泉子铜矿 | 铜 | 海相火山岩型 | C | 中型 | Ⅲ-10 | $Pz_2$-3-16 |
| 357 | 新疆鄯善县哈尔拉金矿 | 金 | 陆相火山岩型 | C | 小型 | Ⅲ-10 | $Pz_2$-3-17 |
| 358 | 新疆哈密市库姆塔格铁矿 | 铁 | 海相火山岩型 | C | 中型 | Ⅲ-10 | $Pz_2$-3-18 |

续表

| 编号 | 矿床名称 | 主矿种 | 成因类型 | 成矿时代 | 矿床规模 | 所属Ⅲ级成矿单元 | 所属成矿系列 |
|---|---|---|---|---|---|---|---|
| 359 | 新疆哈密市库姆塔格石膏矿 | 石膏 | 蒸发沉积型 | C | 大型 | Ⅲ-10 | $Pz_2$-3-18 |
| 360 | 新疆哈密市吉源铜矿 | 铜 | 岩浆热液型 | C | 小型 | Ⅲ-10 | $Pz_2$-3-16 |
| 361 | 新疆哈密市长城山铜矿 | 铜 | 海相火山岩型 | C | 小型 | Ⅲ-10 | $Pz_2$-3-16 |
| 362 | 新疆鄯善县彩虹山铁矿 | 铁 | 海相火山岩型 | C | 中型 | Ⅲ-10 | $Pz_2$-3-16 |
| 363 | 新疆鄯善县赤龙峰铁矿 | 铁 | 海相火山岩型 | C | 中型 | Ⅲ-10 | $Pz_2$-3-16 |
| 364 | 新疆哈密市沙尔湖膨润土矿 | 膨润土 | 化学沉积型 | P | 中型 | Ⅲ-10 | $Pz_2$-3-16 |
| 365 | 新疆哈密市卡拉塔格沸石矿 | 沸石 | 机械沉积型 | P | 大型 | Ⅲ-10 | |
| 366 | 新疆鄯善县麻黄沟金矿 | 金 | 浅成中低温热液型 | C | 小型 | Ⅲ-10 | $Pz_2$-3-17 |
| 367 | 新疆鄯善县康古尔金矿 | 金 | 浅成中低温热液型 | C | 大型 | Ⅲ-10 | $Pz_2$-3-17 |
| 368 | 新疆鄯善县马头滩金矿 | 金 | 浅成中低温热液型 | C | 中型 | Ⅲ-10 | $Pz_2$-3-17 |
| 369 | 新疆鄯善县盐碱坡金矿 | 金 | 浅成中低温热液型 | C | 小型 | Ⅲ-10 | $Pz_2$-3-17 |
| 370 | 新疆鄯善县元宝山铜矿 | 铜 | 海相火山岩型 | C | 小型 | Ⅲ-10 | $Pz_2$-3-16 |
| 371 | 新疆鄯善县红石金矿 | 金 | 浅成中低温热液型 | C | 小型 | Ⅲ-10 | $Pz_2$-3-17 |
| 372 | 新疆鄯善县石英滩金矿 | 金 | 浅成中低温热液型 | C | 大型 | Ⅲ-10 | $Pz_2$-3-17 |
| 373 | 新疆若羌县坡一铜镍矿 | 铜镍 | 岩浆型 | P | 中型 | Ⅲ-10 | $Pz_2$-3-19 |
| 374 | 新疆若羌县坡十铜镍矿 | 铜镍 | 岩浆型 | P | 中型 | Ⅲ-10 | $Pz_2$-3-19 |
| 375 | 新疆若羌县222金矿 | 金 | 浅成中低温热液型 | C | 小型 | Ⅲ-10 | $Pz_2$-3-19 |
| 376 | 新疆若羌县红十井金矿 | 金 | 浅成中低温热液型 | C | 小型 | Ⅲ-10 | $Pz_2$-3-19 |
| 377 | 新疆若羌县大青山西金矿 | 金 | 浅成中低温热液型 | P | 中型 | Ⅲ-10 | $Pz_2$-3-19 |
| 378 | 新疆若羌县红石山铜镍矿 | 铜镍 | 岩浆型 | P | 大型 | Ⅲ-10 | $Pz_2$-3-19 |
| 379 | 新疆哈密市磁海铁矿 | 铁 | 陆相火山岩型 | P | 大型 | Ⅲ-10 | $Pz_2$-3-19 |
| 380 | 甘肃金塔县白山钨矿 | 钨 | 岩浆热液型 | C | 大型 | Ⅲ-10 | $Pz_2$-3-19 |
| 381 | 甘肃敦煌市小独山西钨金矿 | 钨金 | 岩浆热液型 | P | 大型 | Ⅲ-10 | $Pz_2$-3-19 |
| 382 | 甘肃瓜州县明舒井金矿 | 金 | 岩浆热液型 | P | 小型 | Ⅲ-10 | $Pz_2$-3-19 |
| 383 | 甘肃瓜州县金沟井金矿 | 金 | 岩浆热液型 | P | 小型 | Ⅲ-10 | $Pz_2$-3-19 |
| 384 | 甘肃瓜州县拾金坡金矿 | 金 | 岩浆型 | P | 中型 | Ⅲ-10 | $Pz_2$-3-19 |
| 385 | 甘肃瓜州县金窝子金矿 | 金 | 岩浆型 | P | 中型 | Ⅲ-10 | $Pz_2$-3-19 |
| 386 | 甘肃瓜州县辉铜山铜矿 | 铜 | 矽卡岩型 | P | 小型 | Ⅲ-10 | $Pz_2$-3-19 |
| 387 | 甘肃瓜州县古堡泉铁矿 | 铁 | 岩浆热液型 | P | 小型 | Ⅲ-10 | $Pz_2$-3-19 |
| 388 | 甘肃瓜州县大泉铁矿 | 铁 | 矽卡岩型 | D—P | 小型 | Ⅲ-10 | $Pz_2$-3-19 |
| 389 | 甘肃肃北县五峰山铁矿 | 铁 | 矽卡岩型 | C | 小型 | Ⅲ-10 | $Pz_2$-3-19 |
| 390 | 甘肃肃北县金场沟金银矿 | 金银 | 岩浆热液型 | C | 中型 | Ⅲ-10 | $Pz_2$-3-19 |
| 391 | 甘肃肃北县红山井钼矿 | 钼 | 岩浆热液型 | C | 小型 | Ⅲ-10 | $Pz_2$-3-19 |
| 392 | 甘肃肃北县大豁落井重晶石矿 | 重晶石 | 岩浆热液型 | D—P | 小型 | Ⅲ-10 | $Pz_2$-3-19 |
| 393 | 甘肃肃北县小西弓金矿 | 金 | 岩浆热液型 | P | 中型 | Ⅲ-10 | $Pz_2$-3-19 |
| 394 | 甘肃肃北县金庙沟金矿 | 金 | 岩浆热液型 | C—P | 小型 | Ⅲ-10 | $Pz_2$-3-19 |
| 395 | 甘肃肃北县华窑山钨锡矿 | 钨锡 | 岩浆热液型 | P | 小型 | Ⅲ-10 | $Pz_2$-3-19 |
| 396 | 甘肃肃北县黑山铜镍矿 | 铜镍 | 岩浆型 | D | 中型 | Ⅲ-10 | $Pz_2$-3-19 |
| 397 | 甘肃金塔县碱泉子铁矿 | 铁 | 岩浆热液型 | D—P | 小型 | Ⅲ-10 | $Pz_2$-3-19 |
| 398 | 甘肃金塔县白山堂铜矿 | 铜 | 斑岩型 | D | 中型 | Ⅲ-10 | $Pz_2$-3-19 |

续表

| 编号 | 矿床名称 | 主矿种 | 成因类型 | 成矿时代 | 矿床规模 | 所属Ⅲ级成矿单元 | 所属成矿系列 |
|---|---|---|---|---|---|---|---|
| 399 | 甘肃金塔县大红山铁铜矿 | 铁铜 | 岩浆热液型 | C | 小型 | Ⅲ-10 | $Pz_2$-3-19 |
| 400 | 甘肃金塔县神螺山萤石矿 | 萤石 | 浅成中低温热液型 | C | 小型 | Ⅲ-10 | $Pz_2$-3-19 |
| 401 | 内蒙古额济纳旗盘陀山钨矿 | 钨 | 岩浆热液型 | D | 大型 | Ⅲ-10 | $Pz_2$-3-19 |
| 402 | 甘肃金塔县 M753 磁铁矿 | 铁 | 岩浆热液型 | C | 小型 | Ⅲ-10 | $Pz_2$-3-19 |
| 403 | 甘肃肃北县二道红山铁矿 | 铁 | 矽卡岩型 | C | 小型 | Ⅲ-10 | $Pz_2$-3-19 |
| 404 | 甘肃金塔县石板泉铁矿 | 铁 | 矽卡岩型 | C | 小型 | Ⅲ-10 | $Pz_2$-3-19 |
| 405 | 甘肃金塔县玉山钨矿 | 钨 | 岩浆热液型 | C | 小型 | Ⅲ-10 | $Pz_2$-3-19 |
| 406 | 甘肃金塔县 M739 磁铁矿 | 铁 | 岩浆热液型 | C | 小型 | Ⅲ-10 | $Pz_2$-3-19 |
| 407 | 甘肃金塔县四道红山菱镁矿 | 菱镁矿 | 岩浆热液型 | C | 小型 | Ⅲ-10 | $Pz_2$-3-19 |
| 408 | 甘肃瓜州县安北铁矿 | 铁 | 矽卡岩型 | D—P | 小型 | Ⅲ-10 | $Pz_2$-3-19 |
| 409 | 甘肃瓜州县小宛南山金矿 | 金 | 海相火山岩型 | P | 中型 | Ⅲ-10 | $Pz_2$-3-19 |
| 410 | 甘肃瓜州县鹰咀山铁矿 | 铁 | 岩浆热液型 | C | 小型 | Ⅲ-10 | $Pz_2$-3-19 |
| 411 | 甘肃肃北县小必台南硫铁矿 | 硫铁矿 | 岩浆热液型 | D—P | 小型 | Ⅲ-10 | $Pz_2$-3-19 |
| 412 | 甘肃高台县七坝泉萤石矿 | 萤石 | 岩浆热液型 | P | 大型 | Ⅲ-10 | $Pz_2$-3-19 |
| 413 | 甘肃高台县苦水沟萤石矿 | 萤石 | 岩浆热液型 | P | 小型 | Ⅲ-10 | $Pz_2$-3-19 |
| 414 | 甘肃金昌市红泉膨润土矿 | 膨润土 | 机械沉积型 | P | 中型 | Ⅲ-10 | |
| 415 | 新疆阿合奇县开孜维克铁锰矿 | 铁锰 | 海相火山岩型 | D | 小型 | Ⅲ-12 | |
| 416 | 新疆乌什县卡什列依石膏矿 | 石膏 | 蒸发沉积型 | C | 大型 | Ⅲ-12 | |
| 417 | 新疆温宿县铁木尔苏石膏矿 | 石膏 | 蒸发沉积型 | C | 大型 | Ⅲ-12 | |
| 418 | 新疆拜城县依兰里克稀土矿 | 稀土 | 岩浆型 | P | 大型 | Ⅲ-12 | $Pz_2$-4-1 |
| 419 | 新疆拜城县克其克果勒硅灰石矿 | 硅灰石 | 变成型 | C | 大型 | Ⅲ-12 | $Pz_2$-4-2 |
| 420 | 新疆库车县库鲁克坤金红石矿 | 金红石 | 变成型 | D | 大型 | Ⅲ-12 | $Pz_2$-4-2 |
| 421 | 新疆库车县卡朗沟锰矿 | 锰 | 化学沉积型 | C | 小型 | Ⅲ-12 | |
| 422 | 新疆和静县哈勒哈特菱镁矿 | 菱镁矿 | 浅成中低温热液型 | D | 中型 | Ⅲ-12 | |
| 423 | 新疆和静县大山口金矿 | 金 | 浅成中低温热液型 | C | 小型 | Ⅲ-12 | |
| 424 | 新疆焉耆县柳树沟铜矿 | 铜 | 海相火山岩型 | D | 小型 | Ⅲ-12 | $Pz_2$-4-1 |
| 425 | 新疆和静县六六一沟铁锰矿 | 铁锰 | 海相火山岩型 | D | 小型 | Ⅲ-12 | $Pz_2$-4-1 |
| 426 | 新疆托克逊县库米什铁矿 | 铁 | 海相火山岩型 | D | 小型 | Ⅲ-12 | $Pz_2$-4-1 |
| 427 | 新疆切改蒙古斯磁铁矿 | 铁 | 岩浆热液型 | D | 小型 | Ⅲ-12 | $Pz_2$-4-1 |
| 428 | 新疆托克逊县铜花山铜矿 | 铜 | 海相火山岩型 | D | 小型 | Ⅲ-12 | $Pz_2$-4-1 |
| 429 | 新疆托克逊县库米什黑戈壁 8 号石英矿 | 脉石英 | 浅成中低温热液型 | D | 小型 | Ⅲ-12 | $Pz_2$-4-1 |
| 430 | 新疆托克逊县彩虹铜矿 | 铜 | 海相火山岩型 | D | 小型 | Ⅲ-12 | $Pz_2$-4-1 |
| 431 | 新疆托克逊县忠宝钨矿 | 钨 | 矽卡岩型 | C | 中型 | Ⅲ-12 | $Pz_2$-4-1 |
| 432 | 新疆托克逊县彩华沟硫铁矿 | 硫铁矿 | 海相火山岩型 | D | 中型 | Ⅲ-12 | $Pz_2$-4-1 |
| 433 | 新疆托克逊县彩华沟铜矿 | 铜 | 海相火山岩型 | D | 小型 | Ⅲ-12 | $Pz_2$-4-1 |
| 434 | 新疆托克逊县旺云山铜矿 | 铜 | 海相火山岩型 | D | 小型 | Ⅲ-12 | $Pz_2$-4-1 |
| 435 | 新疆吐鲁番市伊山金矿 | 金 | 浅成中低温热液型 | C | 小型 | Ⅲ-12 | $Pz_2$-4-1 |
| 436 | 新疆鄯善县光明金矿 | 金 | 浅成中低温热液型 | C | 小型 | Ⅲ-12 | $Pz_2$-4-1 |
| 437 | 新疆托克逊县独山锡矿 | 锡 | 岩浆热液型 | P | 中型 | Ⅲ-12 | $Pz_2$-4-1 |
| 438 | 新疆吐鲁番市乌勇布拉克铁矿 | 铁 | 海相火山岩型 | D | 小型 | Ⅲ-12 | $Pz_2$-4-1 |

续表

| 编号 | 矿床名称 | 主矿种 | 成因类型 | 成矿时代 | 矿床规模 | 所属Ⅲ级成矿单元 | 所属成矿系列 |
|---|---|---|---|---|---|---|---|
| 439 | 新疆鄯善县觉东铅矿 | 铅 | 浅成中低温热液型 | D | 小型 | Ⅲ-12 | |
| 440 | 新疆鄯善县梧桐沟菱镁矿 | 菱镁矿 | 浅成中低温热液型 | D | 小型 | Ⅲ-12 | |
| 441 | 新疆鄯善县尖山菱镁矿 | 菱镁矿 | 浅成中低温热液型 | D | 大型 | Ⅲ-12 | |
| 442 | 新疆鄯善县梧桐沟铁矿 | 铁 | 海相火山岩型 | D | 大型 | Ⅲ-12 | $Pz_2$-4-1 |
| 443 | 新疆鄯善县梧南金矿 | 金 | 浅成中低温热液型 | C | 中型 | Ⅲ-12 | |
| 444 | 新疆鄯善县喜迎金矿 | 金 | 浅成中低温热液型 | C | 小型 | Ⅲ-12 | |
| 445 | 新疆鄯善县鸽形山金矿 | 金 | 浅成中低温热液型 | C | 小型 | Ⅲ-12 | |
| 446 | 新疆鄯善县帕尔岗铁矿 | 铁 | 受变质型 | D | 大型 | Ⅲ-12 | $Pz_2$-4-2 |
| 447 | 内蒙古呼和浩特市敖包山铅矿 | 铅 | 岩浆热液型 | P | 小型 | Ⅲ-14 | |
| 448 | 内蒙古锡林郭勒盟西乌珠穆沁旗道伦达坝铜矿 | 铜 | 岩浆热液型 | P | 中型 | Ⅲ-14 | $Pz_2$-4-3 |
| 449 | 内蒙古阿鲁科尔沁旗巴彦温都包力高铜矿 | 铜 | 岩浆热液型 | P | 小型 | Ⅲ-14 | $Pz_2$-4-3 |
| 450 | 内蒙古乌拉特中旗扎嘎乌苏铁矿 | 铁 | 岩浆热液型 | P | 小型 | Ⅲ-14 | $Pz_2$-4-3 |
| 451 | 内蒙古乌中旗察汗胡勒铬矿 | 铬 | 岩浆型 | P | 小型 | Ⅲ-14 | $Pz_2$-4-3 |
| 452 | 内蒙古包头达茂旗克克齐硫铁矿 | 硫铁矿 | 浅成中低温热液型 | C | 小型 | Ⅲ-14 | $Pz_2$-4-3 |
| 453 | 内蒙古兴安盟扎赉特旗乌珠尔铬矿 | 铬 | 岩浆型 | C | 小型 | Ⅲ-14 | $Pz_2$-4-3 |
| 454 | 内蒙古达茂旗查干哈达庙铜矿 | 铜 | 海相火山岩型 | C | 小型 | Ⅲ-14 | $Pz_2$-4-3 |
| 455 | 内蒙古达茂旗查干德勒萤石矿 | 萤石 | 岩浆热液型 | P | 超大型 | Ⅲ-14 | |
| 456 | 内蒙古克什克腾旗哈达吐铅矿 | 铅 | 岩浆热液型 | P | 小型 | Ⅲ-14 | |
| 457 | 内蒙古林西县小莫古吐铁矿 | 铁 | 矽卡岩型 | P | 小型 | Ⅲ-14 | |
| 458 | 内蒙古赤峰市大井西山根铅矿 | 铅 | 岩浆热液型 | P | 小型 | Ⅲ-14 | |
| 459 | 内蒙古赤峰市巴林左旗阿贵浑德伦铅矿 | 铅 | 浅成中低温热液型 | P | 中型 | Ⅲ-14 | |
| 460 | 辽宁赤峰市巴林左旗乃林坝铁矿 | 铁 | 矽卡岩型 | P | 小型 | Ⅲ-14 | |
| 461 | 内蒙古巴林左旗小北沟铅锌矿 | 铅锌 | 岩浆热液型 | P | 小型 | Ⅲ-14 | |
| 462 | 内蒙古阿鲁科尔沁旗阿根他拉铜矿 | 铜 | 矽卡岩型 | P | 小型 | Ⅲ-14 | |
| 463 | 内蒙古赤峰市喇嘛罕山锌矿 | 锌 | 岩浆热液型 | C | 小型 | Ⅲ-14 | |
| 464 | 内蒙古赤峰市巴林左旗驼峰山硫铁矿 | 硫铁矿 | 海相火山岩型 | P | 中型 | Ⅲ-14 | |
| 465 | 内蒙古赤峰市巴林右旗羊场铜矿 | 铜 | 浅成中低温热液型 | P | 小型 | Ⅲ-14 | |
| 466 | 吉林九台上河湾姜家沟金矿 | 金 | 岩浆热液型 | D | 小型 | Ⅲ-14 | |
| 467 | 吉林九台上河湾三台金矿 | 金 | 岩浆热液型 | D | 小型 | Ⅲ-14 | |
| 468 | 吉林延边县汪清庙岭大理岩矿 | 大理岩 | 受变质型 | D | 大型 | Ⅲ-14 | |
| 469 | 吉林汪清县红太平铜锌矿 | 铜锌 | 海相火山岩型 | P | 小型 | Ⅲ-14 | |
| 470 | 甘肃玉门市金湾子金矿 | 金 | 岩浆热液型 | D | 小型 | Ⅲ-15 | |
| 471 | 甘肃肃北县香毛山铜钴矿 | 铜钴 | 岩浆热液型 | D | 小型 | Ⅲ-15 | |
| 472 | 甘肃肃南县磨石沟铜矿 | 铜 | 岩浆热液型 | C—P | 小型 | Ⅲ-15 | |
| 473 | 青海祁连县牛心山南支沟铌钽矿 | 铌钽 | 岩浆型 | D | 小型 | Ⅲ-15 | |
| 474 | 青海祁连县阿力克铁矿 | 铁 | 陆相火山岩型 | C | 小型 | Ⅲ-15 | |
| 475 | 青海门源县中多拉金矿 | 金 | 浅成中低温热液型 | D | 大型 | Ⅲ-15 | |
| 476 | 甘肃武威县大沙沟萤石矿 | 萤石 | 浅成中低温热液型 | C | 小型 | Ⅲ-15 | |
| 477 | 甘肃肃南县金洞沟铁矿 | 铁 | 岩浆热液型 | D—P | 小型 | Ⅲ-15 | |

续表

| 编号 | 矿床名称 | 主矿种 | 成因类型 | 成矿时代 | 矿床规模 | 所属Ⅲ级成矿单元 | 所属成矿系列 |
|---|---|---|---|---|---|---|---|
| 478 | 甘肃天祝县半阳河萤石矿 | 萤石 | 浅成中低温热液型 | C | 大型 | Ⅲ-15 | |
| 479 | 甘肃天祝县青分岭金矿 | 金 | 云英岩型 | C | 小型 | Ⅲ-15 | |
| 480 | 内蒙古阿拉善左旗阎地拉图铁矿 | 铁 | 岩浆热液型 | C | 小型 | Ⅲ-15 | |
| 481 | 内蒙古阿拉善左旗喇嘛敖包铁矿 | 铁 | 岩浆热液型 | C | 小型 | Ⅲ-15 | |
| 482 | 宁夏中卫市腰岘子铜矿 | 铜 | 化学沉积型 | C | 小型 | Ⅲ-15 | $Pz_2$-5-1 |
| 483 | 宁夏中卫市香山大道崖大理岩矿 | 大理岩 | 受变质型 | D | 中型 | Ⅲ-15 | |
| 484 | 宁夏中卫市小红山石膏矿 | 石膏 | 蒸发沉积型 | C | 大型 | Ⅲ-15 | $Pz_2$-5-1 |
| 485 | 甘肃天祝县郝家沟铁矿 | 铁 | 化学沉积型 | C | 小型 | Ⅲ-15 | $Pz_2$-5-1 |
| 486 | 甘肃景泰县响水铁矿 | 铁 | 化学沉积型 | C | 小型 | Ⅲ-15 | $Pz_2$-5-1 |
| 487 | 甘肃景泰县周家窑铜矿 | 铜 | 海相火山岩型 | D | 小型 | Ⅲ-15 | |
| 488 | 甘肃西和县邓家山铅锌矿 | 铅锌 | 浅成中低温热液型 | D | 大型 | Ⅲ-15 | |
| 489 | 甘肃张家川县柳沟铁矿 | 铁 | 矽卡岩型 | P | 小型 | Ⅲ-15 | |
| 490 | 甘肃清水县新城铁矿 | 铁 | 矽卡岩型 | P | 小型 | Ⅲ-15 | |
| 491 | 甘肃清水县杨坪金矿 | 金 | 岩浆热液型 | D—P | 小型 | Ⅲ-15 | |
| 492 | 甘肃阿克塞县化石沟铜矿 | 铜 | 斑岩型 | P | 中型 | Ⅲ-15 | |
| 493 | 甘肃肃北县石硐沟银铅锌矿 | 银铅锌 | 岩浆热液型 | C—P | 中型 | Ⅲ-15 | |
| 494 | 甘肃榆中县铁背沟铜矿 | 铜 | 海相火山岩型 | C | 小型 | Ⅲ-15 | |
| 495 | 甘肃甘谷县罗家峡磷矿 | 磷 | 岩浆型 | C—P | 大型 | Ⅲ-15 | |
| 496 | 甘肃清水县别锡沟锡矿 | 锡 | 岩浆热液型 | D—P | 小型 | Ⅲ-15 | |
| 497 | 内蒙古乌拉特中旗克布镍矿 | 镍 | 岩浆型 | P | 小型 | Ⅲ-16 | |
| 498 | 内蒙古乌拉特中旗浩尧尔忽洞金矿 | 金 | 岩浆热液型 | D | 大型 | Ⅲ-16 | |
| 499 | 内蒙古达茂旗乌花朝鲁金矿 | 金 | 岩浆热液型 | D | 小型 | Ⅲ-16 | |
| 500 | 内蒙古包头市白云鄂博北矿金矿 | 金 | 岩浆热液型 | D | 中型 | Ⅲ-16 | |
| 501 | 内蒙古达茂旗比鲁特金矿 | 金 | 岩浆热液型 | D | 小型 | Ⅲ-16 | |
| 502 | 内蒙古达茂旗赛乌素金矿 | 金 | 岩浆热液型 | D | 小型 | Ⅲ-16 | |
| 503 | 内蒙古达茂旗宫胡洞铜矿 | 铜 | 矽卡岩型 | P | 小型 | Ⅲ-16 | |
| 504 | 内蒙古达茂旗东毛忽洞金矿 | 金 | 岩浆热液型 | D | 小型 | Ⅲ-16 | |
| 505 | 内蒙古固阳县西二分子铁矿 | 铁 | 岩浆热液型 | D | 小型 | Ⅲ-16 | |
| 506 | 内蒙古四子王旗小南山镍矿 | 镍 | 岩浆型 | P | 小型 | Ⅲ-16 | |
| 507 | 内蒙古四子王旗阳坡铅矿 | 铅 | 岩浆热液型 | P | 小型 | Ⅲ-16 | |
| 508 | 内蒙古乌兰察布市白彦敖包南山萤石矿 | 萤石 | 浅成中低温热液型 | P | 小型 | Ⅲ-16 | |
| 509 | 内蒙古察右中旗正南房铜矿 | 铜 | 岩浆热液型 | D—P | 小型 | Ⅲ-16 | |
| 510 | 内蒙古乌兰察布市三胜地萤石矿 | 萤石 | 浅成中低温热液型 | P | 小型 | Ⅲ-16 | |
| 511 | 内蒙古乌兰察布市杨家沟萤石矿 | 萤石 | 浅成中低温热液型 | P | 小型 | Ⅲ-16 | |
| 512 | 内蒙古乌兰察布市小盘沟萤石矿 | 萤石 | 浅成中低温热液型 | P | 小型 | Ⅲ-16 | |
| 513 | 内蒙古赤峰市车户沟钼矿 | 钼 | 斑岩型 | P | 中型 | Ⅲ-16 | |
| 514 | 内蒙古喀喇沁旗南湾子金矿 | 金 | 岩浆热液型 | P | 小型 | Ⅲ-16 | |
| 515 | 内蒙古敖汉旗后公地铅锌矿 | 铅锌 | 岩浆热液型 | P | 小型 | Ⅲ-16 | |
| 516 | 内蒙古敖汉旗霍家沟铁矿 | 铁 | 矽卡岩型 | P | 小型 | Ⅲ-16 | |
| 517 | 内蒙古宁城县西箭铁矿 | 铁 | 岩浆热液型 | P | 中型 | Ⅲ-16 | |

续表

| 编号 | 矿床名称 | 主矿种 | 成因类型 | 成矿时代 | 矿床规模 | 所属Ⅲ级成矿单元 | 所属成矿系列 |
|---|---|---|---|---|---|---|---|
| 518 | 内蒙古磴口县盖沙图铜矿 | 铜 | 矽卡岩型 | D—P | 小型 | Ⅲ-16 | |
| 519 | 北京门头沟千军台煤矿 | 煤 | 生物化学沉积型 | C | 大型 | Ⅲ-17 | $Pz_2$-5-2 |
| 520 | 北京房山大安山元巷井田煤矿 | 煤 | 生物化学沉积型 | C | 大型 | Ⅲ-17 | $Pz_2$-5-2 |
| 521 | 山西大同北部详查区煤矿 | 煤 | 生物化学沉积型 | C | 超大型 | Ⅲ-17 | $Pz_2$-5-2 |
| 522 | 山西怀仁县鹅毛口煤矿 | 煤 | 生物化学沉积型 | C | 大型 | Ⅲ-17 | $Pz_2$-5-2 |
| 523 | 山西怀仁县娄子沟铝土矿 | 铝土矿 | 化学沉积型 | C | 中型 | Ⅲ-17 | $Pz_2$-5-2 |
| 524 | 山西怀仁县吴家窑普查区煤矿 | 煤 | 生物化学沉积型 | C | 大型 | Ⅲ-17 | $Pz_2$-5-2 |
| 525 | 山西大同左云南普查区煤矿 | 煤 | 生物化学沉积型 | C | 超大型 | Ⅲ-17 | $Pz_2$-5-2 |
| 526 | 山西原平市红池矿区铝土矿 | 铝土矿 | 化学沉积型 | C | 小型 | Ⅲ-17 | $Pz_2$-5-2 |
| 527 | 山西灵石县河东煤矿 | 煤 | 生物化学沉积型 | C | 超大型 | Ⅲ-17 | $Pz_2$-5-2 |
| 528 | 山西原平市南蚕食铝土矿 | 铝土矿 | 化学沉积型 | C | 小型 | Ⅲ-17 | $Pz_2$-5-2 |
| 529 | 山西朔城区平原普查区煤矿 | 煤 | 生物化学沉积型 | C | 超大型 | Ⅲ-17 | $Pz_2$-5-2 |
| 530 | 山西大同魏家沟井田煤矿 | 煤 | 生物化学沉积型 | C | 超大型 | Ⅲ-17 | $Pz_2$-5-2 |
| 531 | 山西神池姜家咀铝土矿 | 铝土矿 | 化学沉积型 | C | 小型 | Ⅲ-17 | $Pz_2$-5-2 |
| 532 | 山西神池县九姑铝土矿 | 铝土矿 | 化学沉积型 | C | 小型 | Ⅲ-17 | $Pz_2$-5-2 |
| 533 | 山西神池县龙元铝土矿 | 铝土矿 | 化学沉积型 | C | 小型 | Ⅲ-17 | $Pz_2$-5-2 |
| 534 | 山西宁武县马邑所铝土矿 | 铝土矿 | 化学沉积型 | C | 大型 | Ⅲ-17 | $Pz_2$-5-2 |
| 535 | 山西兴县郝家沟铝土矿 | 铝土矿 | 化学沉积型 | C | 小型 | Ⅲ-17 | $Pz_2$-5-2 |
| 536 | 山西宁武县阳方口煤矿 | 煤 | 生物化学沉积型 | C | 超大型 | Ⅲ-17 | $Pz_2$-5-2 |
| 537 | 山西宁武县宽草坪铝土矿 | 铝土矿 | 化学沉积型 | C | 大型 | Ⅲ-17 | $Pz_2$-5-2 |
| 538 | 山西原平市牛食尧铝土矿 | 铝土矿 | 化学沉积型 | C | 大型 | Ⅲ-17 | $Pz_2$-5-2 |
| 539 | 山西原平市角川铝土矿 | 铝土矿 | 化学沉积型 | C | 中型 | Ⅲ-17 | $Pz_2$-5-2 |
| 540 | 山西原平市南岭铝土矿 | 铝土矿 | 化学沉积型 | C | 小型 | Ⅲ-17 | $Pz_2$-5-2 |
| 541 | 山西原平市白鸠川铝土矿 | 铝土矿 | 化学沉积型 | C | 小型 | Ⅲ-17 | $Pz_2$-5-2 |
| 542 | 山西原平市石墙铝土矿 | 铝土矿 | 化学沉积型 | C | 中型 | Ⅲ-17 | $Pz_2$-5-2 |
| 543 | 山西宁武县榆树坪铁矿 | 铁 | 化学沉积型 | C | 小型 | Ⅲ-17 | $Pz_2$-5-2 |
| 544 | 山西静乐县前文猛铝土矿 | 铝土矿 | 化学沉积型 | C | 中型 | Ⅲ-17 | $Pz_2$-5-2 |
| 545 | 山西原平市梁沟铝土矿 | 铝土矿 | 化学沉积型 | C | 中型 | Ⅲ-17 | $Pz_2$-5-2 |
| 546 | 山西原平市化滩铝土矿 | 铝土矿 | 化学沉积型 | C | 中型 | Ⅲ-17 | $Pz_2$-5-2 |
| 547 | 山西静乐县干连沟铝土矿 | 铝土矿 | 化学沉积型 | C | 小型 | Ⅲ-17 | $Pz_2$-5-2 |
| 548 | 山西宁武县小庄子铝土矿 | 铝土矿 | 化学沉积型 | C | 小型 | Ⅲ-17 | $Pz_2$-5-2 |
| 549 | 山西神池县狗儿涧铝土矿 | 铝土矿 | 化学沉积型 | C | 小型 | Ⅲ-17 | $Pz_2$-5-2 |
| 550 | 山西河曲县细咀子铝土矿 | 铝土矿 | 化学沉积型 | C | 小型 | Ⅲ-17 | $Pz_2$-5-2 |
| 551 | 山西兴县苏家吉铝土矿 | 铝土矿 | 化学沉积型 | C | 大型 | Ⅲ-17 | $Pz_2$-5-2 |
| 552 | 山西兴县杨家沟铝土矿 | 铝土矿 | 化学沉积型 | C | 大型 | Ⅲ-17 | $Pz_2$-5-2 |
| 553 | 山西兴县奥家湾铝土矿 | 铝土矿 | 化学沉积型 | C | 大型 | Ⅲ-17 | $Pz_2$-5-2 |
| 554 | 山西汾西县店底铝土矿 | 铝土矿 | 化学沉积型 | C | 小型 | Ⅲ-17 | $Pz_2$-5-2 |
| 555 | 山西阳曲县南岭坡铝土矿 | 铝土矿 | 化学沉积型 | C | 小型 | Ⅲ-17 | $Pz_2$-5-2 |
| 556 | 山西五台县天河铝土矿 | 铝土矿 | 化学沉积型 | C | 大型 | Ⅲ-17 | $Pz_2$-5-2 |
| 557 | 山西阳泉市白泉山头南矿段铝土矿 | 铝土矿 | 化学沉积型 | C | 中型 | Ⅲ-17 | $Pz_2$-5-2 |

续表

| 编号 | 矿床名称 | 主矿种 | 成因类型 | 成矿时代 | 矿床规模 | 所属Ⅲ级成矿单元 | 所属成矿系列 |
|---|---|---|---|---|---|---|---|
| 558 | 山西阳泉市大西庄铝土矿 | 铝土矿 | 化学沉积型 | C | 小型 | Ⅲ-17 | $Pz_2$-5-2 |
| 559 | 山西阳泉市桃坡铝土矿 | 铝土矿 | 化学沉积型 | C | 小型 | Ⅲ-17 | $Pz_2$-5-2 |
| 560 | 山西盂县小岩沟铝土矿 | 铝土矿 | 化学沉积型 | C | 中型 | Ⅲ-17 | $Pz_2$-5-2 |
| 561 | 山西盂县东庄铝土矿 | 铝土矿 | 化学沉积型 | C | 中型 | Ⅲ-17 | $Pz_2$-5-2 |
| 562 | 山西盂县千峰岭铝土矿 | 铝土矿 | 化学沉积型 | C | 中型 | Ⅲ-17 | $Pz_2$-5-2 |
| 563 | 山西古交市河口铝土矿 | 铝土矿 | 化学沉积型 | C | 中型 | Ⅲ-17 | $Pz_2$-5-2 |
| 564 | 山西太原市晋祠铝土矿 | 铝土矿 | 化学沉积型 | C | 中型 | Ⅲ-17 | $Pz_2$-5-2 |
| 565 | 山西盂县老石神铝土矿 | 铝土矿 | 化学沉积型 | C | 小型 | Ⅲ-17 | $Pz_2$-5-2 |
| 566 | 山西盂县白云坡东铝土矿 | 铝土矿 | 化学沉积型 | C | 大型 | Ⅲ-17 | $Pz_2$-5-2 |
| 567 | 山西娄烦县龙泉勘查区煤矿 | 煤 | 生物化学沉积型 | C | 大型 | Ⅲ-17 | $Pz_2$-5-2 |
| 568 | 山西娄烦县石槽铝土矿 | 铝土矿 | 化学沉积型 | C | 小型 | Ⅲ-17 | $Pz_2$-5-2 |
| 569 | 山西阳泉盂州市郭村粘土矿 | 耐火粘土 | 机械沉积型 | C | 超大型 | Ⅲ-17 | $Pz_2$-5-2 |
| 570 | 山西盂县白土坡铝土矿 | 铝土矿 | 化学沉积型 | C | 中型 | Ⅲ-17 | $Pz_2$-5-2 |
| 571 | 山西盂县贾家脑铝土矿 | 铝土矿 | 化学沉积型 | C | 中型 | Ⅲ-17 | $Pz_2$-5-2 |
| 572 | 山西阳泉市霍树头铝土矿 | 铝土矿 | 化学沉积型 | C | 中型 | Ⅲ-17 | $Pz_2$-5-2 |
| 573 | 山西盂县郭村铝土矿 | 铝土矿 | 化学沉积型 | C | 中型 | Ⅲ-17 | $Pz_2$-5-2 |
| 574 | 山西盂县斗沟铝土矿 | 铝土矿 | 化学沉积型 | C | 中型 | Ⅲ-17 | $Pz_2$-5-2 |
| 575 | 山西盂县清城皇后井田煤矿 | 煤 | 生物化学沉积型 | C | 超大型 | Ⅲ-17 | $Pz_2$-5-2 |
| 576 | 山西阳泉市东村铝土矿 | 铝土矿 | 化学沉积型 | C | 中型 | Ⅲ-17 | $Pz_2$-5-2 |
| 577 | 河北井陉县赵村铺铝土矿 | 铝土矿 | 化学沉积型（机械沉积型） | C | 小型 | Ⅲ-17 | $Pz_2$-5-2 |
| 578 | 河北井陉县高家庄铝土矿 | 铝土矿 | 化学沉积型（机械沉积型） | C | 小型 | Ⅲ-17 | $Pz_2$-5-2 |
| 579 | 河北井陉县山北铝土矿 | 铝土矿 | 化学沉积型（机械沉积型） | C | 小型 | Ⅲ-17 | $Pz_2$-5-2 |
| 580 | 河北井陉县南关铝土矿 | 铝土矿 | 化学沉积型（机械沉积型） | C | 小型 | Ⅲ-17 | $Pz_2$-5-2 |
| 581 | 河北井陉县南张村铝土矿 | 铝土矿 | 化学沉积型（机械沉积型） | C | 小型 | Ⅲ-17 | $Pz_2$-5-2 |
| 582 | 山西盂县南流铝土矿 | 铝土矿 | 化学沉积型 | C | 中型 | Ⅲ-17 | $Pz_2$-5-2 |
| 583 | 山西古交市大南峪铝土矿 | 铝土矿 | 化学沉积型 | C | 大型 | Ⅲ-17 | $Pz_2$-5-2 |
| 584 | 山西阳泉市杨树沟铁矿 | 铝土矿 | 化学沉积型 | C | 小型 | Ⅲ-17 | $Pz_2$-5-2 |
| 585 | 山西阳泉市白泉铝土矿 | 铝土矿 | 化学沉积型 | C | 大型 | Ⅲ-17 | $Pz_2$-5-2 |
| 586 | 山西阳泉市千亩坪铝土矿 | 铝土矿 | 化学沉积型 | C | 中型 | Ⅲ-17 | $Pz_2$-5-2 |
| 587 | 山西阳泉市太湖石高铝土矿 | 铝土矿 | 化学沉积型 | C | 中型 | Ⅲ-17 | $Pz_2$-5-2 |
| 588 | 山西阳泉市白家庄铝土矿 | 铝土矿 | 化学沉积型 | C | 小型 | Ⅲ-17 | $Pz_2$-5-2 |
| 589 | 山西阳泉市杨家庄铝土矿 | 铝土矿 | 化学沉积型 | C | 小型 | Ⅲ-17 | $Pz_2$-5-2 |
| 590 | 山西吕梁市坪头煤矿 | 铝土矿 | 生物化学沉积型 | C | 超大型 | Ⅲ-17 | $Pz_2$-5-2 |
| 591 | 山西寿阳县段王铝土矿 | 铝土矿 | 化学沉积型 | C | 中型 | Ⅲ-17 | $Pz_2$-5-2 |
| 592 | 山西古交市马兰井田煤矿 | 煤 | 生物化学沉积型 | C | 超大型 | Ⅲ-17 | $Pz_2$-5-2 |

续表

| 编号 | 矿床名称 | 主矿种 | 成因类型 | 成矿时代 | 矿床规模 | 所属Ⅲ级成矿单元 | 所属成矿系列 |
|---|---|---|---|---|---|---|---|
| 593 | 山西阳泉常家山含锰铁矿 | 锰铁 | 机械沉积型 | P | 小型 | Ⅲ-17 | $Pz_2$-5-2 |
| 594 | 山西省古交市邢家社普勘区煤矿 | 煤 | 生物化学沉积型 | C | 超大型 | Ⅲ-17 | $Pz_2$-5-2 |
| 595 | 山西清徐勘探区煤矿 | 煤 | 生物化学沉积型 | C | 超大型 | Ⅲ-17 | $Pz_2$-5-2 |
| 596 | 山西保德县焉则村铝土矿 | 铝土矿 | 化学沉积型 | C | 中型 | Ⅲ-17 | $Pz_2$-5-2 |
| 597 | 山西宁武县大石湾铝土矿 | 铝土矿 | 化学沉积型 | C | 中型 | Ⅲ-17 | $Pz_2$-5-2 |
| 598 | 山西宁武县西红河铝土矿 | 铝土矿 | 化学沉积型 | C | 小型 | Ⅲ-17 | $Pz_2$-5-2 |
| 599 | 山西保德县郭偏梁-雷家峁铝土矿 | 铝土矿 | 化学沉积型 | C | 大型 | Ⅲ-17 | $Pz_2$-5-2 |
| 600 | 山西保德县郝家塔铝土矿 | 铝土矿 | 化学沉积型 | C | 中型 | Ⅲ-17 | $Pz_2$-5-2 |
| 601 | 山西保德县石且河铝土矿 | 铝土矿 | 化学沉积型 | C | 大型 | Ⅲ-17 | $Pz_2$-5-2 |
| 602 | 山西保德县郭偏梁铝土矿 | 铝土矿 | 化学沉积型 | C | 大型 | Ⅲ-17 | $Pz_2$-5-2 |
| 603 | 山西兴县魏家滩铝土矿 | 铝土矿 | 化学沉积型 | C | 中型 | Ⅲ-17 | $Pz_2$-5-2 |
| 604 | 山西兴县黄辉头铝土矿 | 铝土矿 | 化学沉积型 | C | 中型 | Ⅲ-17 | $Pz_2$-5-2 |
| 605 | 山西兴县贺家圪台铝土矿 | 铝土矿 | 化学沉积型 | C | 大型 | Ⅲ-17 | $Pz_2$-5-2 |
| 606 | 山西兴县车家庄铝土矿 | 铝土矿 | 化学沉积型 | C | 大型 | Ⅲ-17 | $Pz_2$-5-2 |
| 607 | 山西阳泉市五矿煤矿 | 煤 | 生物化学沉积型 | C | 超大型 | Ⅲ-17 | $Pz_2$-5-2 |
| 608 | 山西昔阳县马群头煤矿 | 煤 | 生物化学沉积型 | C | 超大型 | Ⅲ-17 | $Pz_2$-5-2 |
| 609 | 山西昔阳县李家庄铝土矿 | 铝土矿 | 化学沉积型 | C | 中型 | Ⅲ-17 | $Pz_2$-5-2 |
| 610 | 山西昔阳县李家沟井田煤矿 | 煤 | 生物化学沉积型 | C | 超大型 | Ⅲ-17 | $Pz_2$-5-2 |
| 611 | 山西三交详查勘探区煤矿 | 煤 | 生物化学沉积型 | C | 超大型 | Ⅲ-17 | $Pz_2$-5-2 |
| 612 | 山西方山县郭家沟铝土矿 | 铝土矿 | 化学沉积型 | C | 大型 | Ⅲ-17 | $Pz_2$-5-2 |
| 613 | 山西古县河东煤田中部调查区煤矿 | 煤 | 生物化学沉积型 | C | 超大型 | Ⅲ-17 | $Pz_2$-5-2 |
| 614 | 山西吕梁市西属巴铝土矿 | 铝土矿 | 化学沉积型 | C | 大型 | Ⅲ-17 | $Pz_2$-5-2 |
| 615 | 山西柳林县成家庄铝土矿 | 铝土矿 | 化学沉积型 | C | 中型 | Ⅲ-17 | $Pz_2$-5-2 |
| 616 | 山西柳林县兰家山铝土矿 | 铝土矿 | 化学沉积型 | C | 大型 | Ⅲ-17 | $Pz_2$-5-2 |
| 617 | 山西和顺县其林台粘土矿 | 耐火粘土 | 机械沉积型 | C | 超大型 | Ⅲ-17 | $Pz_2$-5-2 |
| 618 | 山西昔阳县三都铝土矿 | 铝土矿 | 化学沉积型 | C | 中型 | Ⅲ-17 | $Pz_2$-5-2 |
| 619 | 山西沁源县大峪铝土矿 | 铝土矿 | 化学沉积型 | C | 中型 | Ⅲ-17 | $Pz_2$-5-2 |
| 620 | 山西孝义市柳窳里铝土矿 | 铝土矿 | 化学沉积型 | C | 中型 | Ⅲ-17 | $Pz_2$-5-2 |
| 621 | 山西吕梁市离柳矿区沙曲精查区煤矿 | 煤 | 生物化学沉积型 | C | 大型 | Ⅲ-17 | $Pz_2$-5-2 |
| 622 | 河北邢台市东庞矿煤矿 | 煤 | 生物化学沉积型 | C | 大型 | Ⅲ-17 | $Pz_2$-5-2 |
| 623 | 山西沁源县才子坪铝土矿 | 铝土矿 | 化学沉积型 | C | 小型 | Ⅲ-17 | $Pz_2$-5-2 |
| 624 | 山西交口县瓦房沟铝土矿 | 铝土矿 | 化学沉积型 | C | 大型 | Ⅲ-17 | $Pz_2$-5-2 |
| 625 | 山西中阳县水泉沟铝土矿 | 铝土矿 | 化学沉积型 | C | 小型 | Ⅲ-17 | $Pz_2$-5-2 |
| 626 | 山西中阳县苏村铝土矿 | 铝土矿 | 化学沉积型 | C | 中型 | Ⅲ-17 | $Pz_2$-5-2 |
| 627 | 山西中阳县冯家坡铝土矿 | 铝土矿 | 化学沉积型 | C | 小型 | Ⅲ-17 | $Pz_2$-5-2 |
| 628 | 山西孝义市下堡铝土矿 | 铝土矿 | 化学沉积型 | C | 中型 | Ⅲ-17 | $Pz_2$-5-2 |
| 629 | 山西左权县清河店铝土矿 | 铝土矿 | 化学沉积型 | C | 大型 | Ⅲ-17 | $Pz_2$-5-2 |
| 630 | 山西孝义市杜村铝土矿 | 铝土矿 | 化学沉积型 | C | 大型 | Ⅲ-17 | $Pz_2$-5-2 |
| 631 | 山西孝义孙家山铝土矿 | 铝土矿 | 化学沉积型 | C | 中型 | Ⅲ-17 | $Pz_2$-5-2 |
| 632 | 山西孝义市柴场铝土矿 | 铝土矿 | 化学沉积型 | C | 大型 | Ⅲ-17 | $Pz_2$-5-2 |

续表

| 编号 | 矿床名称 | 主矿种 | 成因类型 | 成矿时代 | 矿床规模 | 所属Ⅲ级成矿单元 | 所属成矿系列 |
|---|---|---|---|---|---|---|---|
| 633 | 山西孝义市克俄铝土矿 | 铝土矿 | 化学沉积型 | C | 大型 | Ⅲ-17 | $Pz_2$-5-2 |
| 634 | 山西孝义市梧风铝土矿 | 铝土矿 | 化学沉积型 | C | 中型 | Ⅲ-17 | $Pz_2$-5-2 |
| 635 | 山西交口县响义铝土矿 | 铝土矿 | 化学沉积型 | C | 中型 | Ⅲ-17 | $Pz_2$-5-2 |
| 636 | 山西交口县后务城铝土矿 | 铝土矿 | 化学沉积型 | C | 中型 | Ⅲ-17 | $Pz_2$-5-2 |
| 637 | 山西孝义市桑沟铝土矿 | 铝土矿 | 化学沉积型 | C | 中型 | Ⅲ-17 | $Pz_2$-5-2 |
| 638 | 山西孝义市克卜区岭北段铝土矿 | 铝土矿 | 化学沉积型 | C | 中型 | Ⅲ-17 | $Pz_2$-5-2 |
| 639 | 山西孝义市西河底铝土矿 | 铝土矿 | 化学沉积型 | C | 大型 | Ⅲ-17 | $Pz_2$-5-2 |
| 640 | 山西汾阳市萩和铝土矿 | 铝土矿 | 化学沉积型 | C | 中型 | Ⅲ-17 | $Pz_2$-5-2 |
| 641 | 山西孝义市相王铝土矿 | 铝土矿 | 化学沉积型 | C | 大型 | Ⅲ-17 | $Pz_2$-5-2 |
| 642 | 山西孝义市石公西铝土矿 | 铝土矿 | 化学沉积型 | C | 中型 | Ⅲ-17 | $Pz_2$-5-2 |
| 643 | 山西孝义市石克间铝土矿 | 铝土矿 | 化学沉积型 | C | 中型 | Ⅲ-17 | $Pz_2$-5-2 |
| 644 | 山西孝义市高阳煤矿 | 煤 | 生物化学沉积型 | C | 超大型 | Ⅲ-17 | $Pz_2$-5-2 |
| 645 | 山西孝义市石公铝土矿 | 铝土矿 | 化学沉积型 | C | 中型 | Ⅲ-17 | $Pz_2$-5-2 |
| 646 | 山西交口县南岭上铝土矿 | 铝土矿 | 化学沉积型 | C | 中型 | Ⅲ-17 | $Pz_2$-5-2 |
| 647 | 山西交口县毕家掌铝土矿 | 铝土矿 | 化学沉积型 | C | 中型 | Ⅲ-17 | $Pz_2$-5-2 |
| 648 | 山西交口县毕家掌铁矿 | 铁 | 化学沉积型 | C | 小型 | Ⅲ-17 | $Pz_2$-5-2 |
| 649 | 山西交口县庞子洼铝土矿 | 铝土矿 | 化学沉积型 | C | 中型 | Ⅲ-17 | $Pz_2$-5-2 |
| 650 | 山西交口县石岭后铝土矿 | 铝土矿 | 化学沉积型 | C | 大型 | Ⅲ-17 | $Pz_2$-5-2 |
| 651 | 山西交口县赵家圪垛铝土矿 | 铝土矿 | 化学沉积型 | C | 大型 | Ⅲ-17 | $Pz_2$-5-2 |
| 652 | 山西交口县郭家掌铝土矿 | 铝土矿 | 化学沉积型 | C | 中型 | Ⅲ-17 | $Pz_2$-5-2 |
| 653 | 陕西澄城县曹村煤矿 | 煤 | 生物化学沉积型 | C | 超大型 | Ⅲ-17 | $Pz_2$-5-2 |
| 654 | 山西汾西县麻姑头铝土矿 | 铝土矿 | 化学沉积型 | C | 大型 | Ⅲ-17 | $Pz_2$-5-2 |
| 655 | 山西交口县卜家庄铝土矿 | 铝土矿 | 化学沉积型 | C | 中型 | Ⅲ-17 | $Pz_2$-5-2 |
| 656 | 山西交口县冯家港铝土矿 | 铝土矿 | 化学沉积型 | C | 大型 | Ⅲ-17 | $Pz_2$-5-2 |
| 657 | 山西临县湍水头铝土矿 | 铝土矿 | 化学沉积型 | C | 中型 | Ⅲ-17 | $Pz_2$-5-2 |
| 658 | 山西交口县西岐沟铝土矿 | 铝土矿 | 化学沉积型 | C | 小型 | Ⅲ-17 | $Pz_2$-5-2 |
| 659 | 山西沁源县铁水沟铝土矿 | 铝土矿 | 化学沉积型 | C | 小型 | Ⅲ-17 | $Pz_2$-5-2 |
| 660 | 山西沁源县阳坡铝土矿 | 铝土矿 | 化学沉积型 | C | 小型 | Ⅲ-17 | $Pz_2$-5-2 |
| 661 | 山西孝义市柳湾煤矿 | 煤 | 生物化学沉积型 | C | 超大型 | Ⅲ-17 | $Pz_2$-5-2 |
| 662 | 山西交口县腰庄铝土矿 | 铝土矿 | 化学沉积型 | C | 大型 | Ⅲ-17 | $Pz_2$-5-2 |
| 663 | 山西交口县白家岭铝土矿 | 铝土矿 | 化学沉积型 | C | 小型 | Ⅲ-17 | $Pz_2$-5-2 |
| 664 | 山西交口县上庄铝土矿 | 铝土矿 | 化学沉积型 | C | 大型 | Ⅲ-17 | $Pz_2$-5-2 |
| 665 | 山西交口县牛槽沟铝土矿 | 铝土矿 | 化学沉积型 | C | 小型 | Ⅲ-17 | $Pz_2$-5-2 |
| 666 | 山西交口县铁金铝土矿 | 铝土矿 | 化学沉积型 | C | 小型 | Ⅲ-17 | $Pz_2$-5-2 |
| 667 | 山西交口县赵村铝土矿 | 铝土矿 | 化学沉积型 | C | 小型 | Ⅲ-17 | $Pz_2$-5-2 |
| 668 | 山西交口县庞家庄铝土矿 | 铝土矿 | 化学沉积型 | C | 大型 | Ⅲ-17 | $Pz_2$-5-2 |
| 669 | 山西交口县南故乡铝土矿 | 铝土矿 | 化学沉积型 | C | 中型 | Ⅲ-17 | $Pz_2$-5-2 |
| 670 | 山西交口县桃花铝土矿 | 铝土矿 | 化学沉积型 | C | 中型 | Ⅲ-17 | $Pz_2$-5-2 |
| 671 | 山西交口县北故乡铝土矿 | 铝土矿 | 化学沉积型 | C | 大型 | Ⅲ-17 | $Pz_2$-5-2 |
| 672 | 山西交口县下庄铝土矿 | 铝土矿 | 化学沉积型 | C | 大型 | Ⅲ-17 | $Pz_2$-5-2 |

续表

| 编号 | 矿床名称 | 主矿种 | 成因类型 | 成矿时代 | 矿床规模 | 所属Ⅲ级成矿单元 | 所属成矿系列 |
|---|---|---|---|---|---|---|---|
| 673 | 山西交口县西崖底铝土矿 | 铝土矿 | 化学沉积型 | C | 中型 | Ⅲ-17 | $Pz_2$-5-2 |
| 674 | 山西中阳县开府铝土矿 | 铝土矿 | 化学沉积型 | C | 小型 | Ⅲ-17 | $Pz_2$-5-2 |
| 675 | 山西交口县田家山铝土矿 | 铝土矿 | 化学沉积型 | C | 大型 | Ⅲ-17 | $Pz_2$-5-2 |
| 676 | 山西汾西县诸神沟铝土矿 | 铝土矿 | 化学沉积型 | C | 中型 | Ⅲ-17 | $Pz_2$-5-2 |
| 677 | 山西汾西县王畔庄铝土矿 | 铝土矿 | 化学沉积型 | C | 中型 | Ⅲ-17 | $Pz_2$-5-2 |
| 678 | 山西汾西县它支铁矿 | 铁 | 化学沉积型 | C | 小型 | Ⅲ-17 | $Pz_2$-5-2 |
| 679 | 山西灵石县杨家山铝土矿 | 铝土矿 | 化学沉积型 | C | 中型 | Ⅲ-17 | $Pz_2$-5-2 |
| 680 | 山西灵石县王家岭铝土矿 | 铝土矿 | 化学沉积型 | C | 中型 | Ⅲ-17 | $Pz_2$-5-2 |
| 681 | 山西灵石县南关铝土矿 | 铝土矿 | 化学沉积型 | C | 中型 | Ⅲ-17 | $Pz_2$-5-2 |
| 682 | 山西沁源县八眼泉铝土矿 | 铝土矿 | 化学沉积型 | C | 小型 | Ⅲ-17 | $Pz_2$-5-2 |
| 683 | 山西沁源县沙坪铝土矿 | 铝土矿 | 化学沉积型 | C | 小型 | Ⅲ-17 | $Pz_2$-5-2 |
| 684 | 山西沁源县上滩铝土矿 | 铝土矿 | 化学沉积型 | C | 小型 | Ⅲ-17 | $Pz_2$-5-2 |
| 685 | 山西沁源县老凹沟铝土矿 | 铝土矿 | 化学沉积型 | C | 小型 | Ⅲ-17 | $Pz_2$-5-2 |
| 686 | 山西沁源县高家山铝土矿 | 铝土矿 | 化学沉积型 | C | 中型 | Ⅲ-17 | $Pz_2$-5-2 |
| 687 | 山西沁源县李城铝土矿 | 铝土矿 | 化学沉积型 | C | 中型 | Ⅲ-17 | $Pz_2$-5-2 |
| 688 | 山西古县金堆铝土矿 | 铝土矿 | 化学沉积型 | C | 小型 | Ⅲ-17 | $Pz_2$-5-2 |
| 689 | 山西临汾市辛置井田煤矿 | 煤 | 生物化学沉积型 | C | 大型 | Ⅲ-17 | $Pz_2$-5-2 |
| 690 | 山西武乡县ⅠⅡ勘探区煤矿 | 煤 | 生物化学沉积型 | C | 中型 | Ⅲ-17 | $Pz_2$-5-2 |
| 691 | 山西襄垣县夏店煤矿 | 煤 | 生物化学沉积型 | C | 大型 | Ⅲ-17 | $Pz_2$-5-2 |
| 692 | 河北沙河市马庄井田粘土矿 | 耐火粘土 | 机械沉积型 | C | 大型 | Ⅲ-17 | $Pz_2$-5-2 |
| 693 | 河北沙河市显德汪井田煤矿 | 煤 | 生物化学沉积型 | C | 大型 | Ⅲ-17 | $Pz_2$-5-2 |
| 694 | 河北邯郸市峰峰万年矿煤矿 | 煤 | 生物化学沉积型 | C | 大型 | Ⅲ-17 | $Pz_2$-5-2 |
| 695 | 河北武安市野河铝土矿 | 铝土矿 | 化学沉积型 | C | 小型 | Ⅲ-17 | $Pz_2$-5-2 |
| 696 | 河北武安市暴庄铝土矿 | 铝土矿 | 化学沉积型 | C | 小型 | Ⅲ-17 | $Pz_2$-5-2 |
| 697 | 河北邯郸市峰峰矿区和村铝土矿 | 铝土矿 | 化学沉积型 | C | 小型 | Ⅲ-17 | $Pz_2$-5-2 |
| 698 | 河北邯郸市峰峰矿区下拔剑铝土矿 | 铝土矿 | 化学沉积型 | C | 小型 | Ⅲ-17 | $Pz_2$-5-2 |
| 699 | 山西武乡县马岚头铁矿 | 铁 | 化学沉积型 | C | 小型 | Ⅲ-17 | $Pz_2$-5-2 |
| 700 | 山西洪洞县道觉铝土矿 | 铝土矿 | 化学沉积型 | C | 大型 | Ⅲ-17 | $Pz_2$-5-2 |
| 701 | 山西长治市屯留含锰铁矿 | 铁 | 化学沉积型 | P | 小型 | Ⅲ-17 | $Pz_2$-5-2 |
| 702 | 山西陵川县岭西林则铝土矿 | 铝土矿 | 化学沉积型 | C | 小型 | Ⅲ-17 | $Pz_2$-5-2 |
| 703 | 山西长治市襄垣普查区煤矿 | 煤 | 生物化学沉积型 | C | 大型 | Ⅲ-17 | $Pz_2$-5-2 |
| 704 | 山西长治市详查区煤矿 | 煤 | 生物化学沉积型 | C | 超大型 | Ⅲ-17 | $Pz_2$-5-2 |
| 705 | 河南彰武县任掌煤矿 | 煤 | 生物化学沉积型 | C | 大型 | Ⅲ-17 | $Pz_2$-5-2 |
| 706 | 河南安阳县积善子针铁矿 | 铁 | 陆相火山岩型 | C | 小型 | Ⅲ-17 | |
| 707 | 河南鹤壁市石碑头-梨木头铁矿 | 铁 | 陆相火山岩型 | C | 小型 | Ⅲ-17 | |
| 708 | 河南鹤壁市姬家山-黄二寨铁矿 | 铁 | 陆相火山岩型 | C | 小型 | Ⅲ-17 | |
| 709 | 河南鹤壁市砂锅窑铁矿 | 铁 | 陆相火山岩型 | C | 小型 | Ⅲ-17 | |
| 710 | 山西晋城市赵庄煤矿 | 煤 | 生物化学沉积型 | C | 超大型 | Ⅲ-17 | $Pz_2$-5-2 |
| 711 | 山西介休市赵家庄铝土矿 | 铝土矿 | 化学沉积型 | C | 小型 | Ⅲ-17 | $Pz_2$-5-2 |
| 712 | 山西长治市襄垣五阳煤矿 | 煤 | 生物化学沉积型 | C | 大型 | Ⅲ-17 | $Pz_2$-5-2 |

续表

| 编号 | 矿床名称 | 主矿种 | 成因类型 | 成矿时代 | 矿床规模 | 所属Ⅲ级成矿单元 | 所属成矿系列 |
|---|---|---|---|---|---|---|---|
| 713 | 山西屯留县井田煤矿 | 煤 | 生物化学沉积型 | C | 超大型 | Ⅲ-17 | $Pz_2$-5-2 |
| 714 | 河北磁县六河沟粘土矿 | 耐火粘土 | 机械沉积型 | C | 大型 | Ⅲ-17 | $Pz_2$-5-2 |
| 715 | 陕西柞水县茨沟硫铁矿 | 硫铁矿 | 岩浆热液型 | D | 中型 | Ⅲ-17 | $Pz_2$-5-2 |
| 716 | 陕西渭南市杨村沟煤矿 | 煤 | 生物化学沉积型 | C | 大型 | Ⅲ-17 | $Pz_2$-5-2 |
| 717 | 河南鹤壁市冷泉井田煤矿 | 煤 | 生物化学沉积型 | C | 大型 | Ⅲ-17 | $Pz_2$-5-2 |
| 718 | 山西晋城市高坪煤矿 | 煤 | 生物化学沉积型 | C | 超大型 | Ⅲ-17 | $Pz_2$-5-2 |
| 719 | 山西陵川县礼义镇铁矿 | 铁 | 化学沉积型 | C | 小型 | Ⅲ-17 | $Pz_2$-5-2 |
| 720 | 山西晋城市大洋井田煤矿 | 煤 | 生物化学沉积型 | C | 超大型 | Ⅲ-17 | $Pz_2$-5-2 |
| 721 | 山西翼城县隆化区煤矿 | 煤 | 生物化学沉积型 | C | 大型 | Ⅲ-17 | $Pz_2$-5-2 |
| 722 | 山西晋城市上村锰铁矿 | 锰铁 | 化学沉积型 | P | 中型 | Ⅲ-17 | $Pz_2$-5-2 |
| 723 | 山西晋城市郝庄铁矿 | 铁 | 化学沉积型 | C | 小型 | Ⅲ-17 | $Pz_2$-5-2 |
| 724 | 山西晋城市寺河井田煤矿 | 煤 | 生物化学沉积型 | C | 超大型 | Ⅲ-17 | $Pz_2$-5-2 |
| 725 | 山西晋城市关山铁矿 | 铁 | 化学沉积型 | C | 小型 | Ⅲ-17 | $Pz_2$-5-2 |
| 726 | 山西沁水县普查区煤矿 | 煤 | 生物化学沉积型 | C | 超大型 | Ⅲ-17 | $Pz_2$-5-2 |
| 727 | 山西沁水县中村镇铁矿 | 铁 | 化学沉积型 | C | 小型 | Ⅲ-17 | $Pz_2$-5-2 |
| 728 | 山西阳城县普查区煤矿 | 煤 | 生物化学沉积型 | C | 超大型 | Ⅲ-17 | $Pz_2$-5-2 |
| 729 | 山西晋城市周村铁矿 | 铁 | 化学沉积型 | C | 小型 | Ⅲ-17 | $Pz_2$-5-2 |
| 730 | 山西阳城县吴家庄铁矿 | 铁 | 化学沉积型 | C | 小型 | Ⅲ-17 | $Pz_2$-5-2 |
| 731 | 山西阳城县驾岭铝土矿 | 铝土矿 | 化学沉积型 | C | 小型 | Ⅲ-17 | $Pz_2$-5-2 |
| 732 | 山西晋城市衙道铝土矿 | 铝土矿 | 化学沉积型 | C | 小型 | Ⅲ-17 | $Pz_2$-5-2 |
| 733 | 山西晋城市月泉湖铝土矿 | 铝土矿 | 化学沉积型 | C | 小型 | Ⅲ-17 | $Pz_2$-5-2 |
| 734 | 河南博爱县玄坛庙铁矿 | 铁 | 陆相火山岩型 | C | 小型 | Ⅲ-17 | $Pz_2$-5-2 |
| 735 | 河南博爱县茶棚铁矿 | 铁 | 陆相火山岩型 | C | 小型 | Ⅲ-17 | $Pz_2$-5-2 |
| 736 | 河南博爱县瓦窑沟铁矿 | 铁 | 陆相火山岩型 | C | 小型 | Ⅲ-17 | $Pz_2$-5-2 |
| 737 | 河南焦作市西张庄粘土矿 | 耐火粘土 | 机械沉积型 | C | 大型 | Ⅲ-17 | $Pz_2$-5-2 |
| 738 | 河南焦作市干骨掌铁矿 | 铁 | 陆相火山岩型 | C | 小型 | Ⅲ-17 | $Pz_2$-5-2 |
| 739 | 河南焦作市赵区勘区煤矿 | 煤 | 生物化学沉积型 | C | 大型 | Ⅲ-17 | $Pz_2$-5-2 |
| 740 | 河南焦作市古汉山井田煤矿 | 煤 | 生物化学沉积型 | C | 大型 | Ⅲ-17 | $Pz_2$-5-2 |
| 741 | 河南焦作市王窑铁矿 | 铁 | 陆相火山岩型 | C | 小型 | Ⅲ-17 | $Pz_2$-5-2 |
| 742 | 河南焦作市九里山铁矿 | 铁 | 陆相火山岩型 | C | 小型 | Ⅲ-17 | $Pz_2$-5-2 |
| 743 | 河南焦作市新庄硫铁矿 | 硫铁矿 | 化学沉积型 | C | 小型 | Ⅲ-17 | $Pz_2$-5-2 |
| 744 | 河南焦作市柏山硫铁矿 | 硫铁矿 | 化学沉积型 | C | 中型 | Ⅲ-17 | $Pz_2$-5-2 |
| 745 | 河南焦作市冯封硫铁矿 | 硫铁矿 | 化学沉积型 | C | 大型 | Ⅲ-17 | $Pz_2$-5-2 |
| 746 | 河南焦作市恩村井田煤矿 | 煤 | 生物化学沉积型 | C | 超大型 | Ⅲ-17 | $Pz_2$-5-2 |
| 747 | 河南济源市大社硫铁矿 | 硫铁矿 | 化学沉积型 | C | 中型 | Ⅲ-17 | $Pz_2$-5-2 |
| 748 | 河南济源市官洗沟硫铁矿 | 硫铁矿 | 化学沉积型 | C | 中型 | Ⅲ-17 | $Pz_2$-5-2 |
| 749 | 河南新安县竹园-狂口粘土矿 | 耐火粘土 | 机械沉积型 | C | 超大型 | Ⅲ-17 | $Pz_2$-5-2 |
| 750 | 河南夏县祁家河铝土矿 | 铝土矿 | 化学沉积型 | C | 中型 | Ⅲ-17 | $Pz_2$-5-2 |
| 751 | 山西平陆县下坪铝土矿 | 铝土矿 | 化学沉积型 | C | 大型 | Ⅲ-17 | $Pz_2$-5-2 |
| 752 | 山西平陆县椿头凹铝土矿 | 铝土矿 | 化学沉积型 | C | 中型 | Ⅲ-17 | $Pz_2$-5-2 |

续表

| 编号 | 矿床名称 | 主矿种 | 成因类型 | 成矿时代 | 矿床规模 | 所属Ⅲ级成矿单元 | 所属成矿系列 |
|---|---|---|---|---|---|---|---|
| 753 | 河南夏县瓦罐庙铝土矿 | 铝土矿 | 化学沉积型 | C | 小型 | Ⅲ-17 | $Pz_2$-5-2 |
| 754 | 河南渑池县焦地铁矿 | 铁 | 陆相火山岩型 | C | 小型 | Ⅲ-17 | $Pz_2$-5-2 |
| 755 | 山西平陆县坡头铝土矿 | 铝土矿 | 化学沉积型 | C | 小型 | Ⅲ-17 | $Pz_2$-5-2 |
| 756 | 山西平陆县曹川铝土矿 | 铝土矿 | 化学沉积型 | C | 大型 | Ⅲ-17 | $Pz_2$-5-2 |
| 757 | 山西平陆县东寨铝土矿 | 铝土矿 | 化学沉积型 | C | 中型 | Ⅲ-17 | $Pz_2$-5-2 |
| 758 | 山西平陆县郑家沟铝土矿 | 铝土矿 | 化学沉积型 | C | 小型 | Ⅲ-17 | $Pz_2$-5-2 |
| 759 | 山西平陆县凉水泉铝土矿 | 铝土矿 | 化学沉积型 | C | 小型 | Ⅲ-17 | $Pz_2$-5-2 |
| 760 | 山西平陆县杜家庄铝土矿 | 铝土矿 | 化学沉积型 | C | 小型 | Ⅲ-17 | $Pz_2$-5-2 |
| 761 | 山西平陆县周家沟铝土矿 | 铝土矿 | 化学沉积型 | C | 小型 | Ⅲ-17 | $Pz_2$-5-2 |
| 762 | 河南三门峡市七里沟铁矿 | 铁 | 化学沉积型 | C | 小型 | Ⅲ-17 | $Pz_2$-5-2 |
| 763 | 河南陕县瓦查坡铁矿 | 铁 | 化学沉积型 | C | 小型 | Ⅲ-17 | $Pz_2$-5-2 |
| 764 | 河南陕县支建铝土矿 | 铝土矿 | 化学沉积型 | C | 大型 | Ⅲ-17 | $Pz_2$-5-2 |
| 765 | 河南渑池县曹瑶铝土矿 | 铝土矿 | 化学沉积型 | C | 大型 | Ⅲ-17 | $Pz_2$-5-2 |
| 766 | 河南新安县郁山铝土矿 | 铝土矿 | 化学沉积型 | C | 大型 | Ⅲ-17 | $Pz_2$-5-2 |
| 767 | 河南巩义市竹林沟铝土矿 | 铝土矿 | 化学沉积型 | C | 大型 | Ⅲ-17 | $Pz_2$-5-2 |
| 768 | 河南巩义市茶店粘土矿 | 耐火粘土 | 机械沉积型 | C | 大型 | Ⅲ-17 | $Pz_2$-5-2 |
| 769 | 河南巩义市张沟-涉村铁矿 | 铁 | 陆相火山岩型 | C | 小型 | Ⅲ-17 | $Pz_2$-5-2 |
| 770 | 河南偃师市焦村铝土矿 | 铝土矿 | 化学沉积型 | C | 中型 | Ⅲ-17 | $Pz_2$-5-2 |
| 771 | 河南济源市西岭硫铁矿 | 硫铁矿 | 化学沉积型 | C | 小型 | Ⅲ-17 | $Pz_2$-5-2 |
| 772 | 河南新安县马窑硫铁矿 | 硫铁矿 | 化学沉积型 | C | 中型 | Ⅲ-17 | $Pz_2$-5-2 |
| 773 | 河南三门峡后村硫铁矿 | 硫铁矿 | 化学沉积型 | C | 小型 | Ⅲ-17 | $Pz_2$-5-2 |
| 774 | 河南巩义市涉村粘土矿 | 耐火粘土 | 机械沉积型 | C | 大型 | Ⅲ-17 | $Pz_2$-5-2 |
| 775 | 河南登封市大冶铝土矿 | 铝土矿 | 化学沉积型 | C | 超大型 | Ⅲ-17 | $Pz_2$-5-2 |
| 776 | 河南郑州市水头硫铁矿 | 硫铁矿 | 化学沉积型 | C | 中型 | Ⅲ-17 | $Pz_2$-5-2 |
| 777 | 河南荥阳市冯庄硫铁矿 | 硫铁矿 | 化学沉积型 | C | 中型 | Ⅲ-17 | $Pz_2$-5-2 |
| 778 | 河南新密市曲梁煤矿 | 煤 | 生物化学沉积型 | C | 大型 | Ⅲ-17 | $Pz_2$-5-2 |
| 779 | 河南登封市马铃山井田煤矿 | 煤 | 生物化学沉积型 | C | 大型 | Ⅲ-17 | $Pz_2$-5-2 |
| 780 | 山西太原市西山井田煤矿 | 煤 | 生物化学沉积型 | C | 大型 | Ⅲ-17 | $Pz_2$-5-2 |
| 781 | 河南登封市东梁庄顺发硫铁矿 | 硫铁矿 | 化学沉积型 | C | 小型 | Ⅲ-17 | $Pz_2$-5-2 |
| 782 | 河南禹州市佛山硫铁矿 | 硫铁矿 | 化学沉积型 | C | 小型 | Ⅲ-17 | $Pz_2$-5-2 |
| 783 | 河南禹州市梁北二号井田煤矿 | 煤 | 生物化学沉积型 | C | 大型 | Ⅲ-17 | $Pz_2$-5-2 |
| 784 | 河南鲁山县背孜磷矿 | 磷 | 岩浆型 | D | 小型 | Ⅲ-17 | |
| 785 | 河南宝丰县边庄铁矿 | 铁 | 陆相火山岩型 | C | 小型 | Ⅲ-17 | |
| 786 | 河南平顶山市八矿煤矿 | 煤 | 生物化学沉积型 | C | 大型 | Ⅲ-17 | $Pz_2$-5-2 |
| 787 | 陕西潼关县安乐乡潼峪金矿 | 金 | 岩浆热液型 | C | 小型 | Ⅲ-17 | |
| 788 | 陕西洛南县葫芦沟金矿 | 金 | 浅成中低温热液型 | C | 小型 | Ⅲ-17 | |
| 789 | 河南灵宝市银家沟硫铁矿 | 硫铁矿 | 岩浆热液型 | C | 大型 | Ⅲ-17 | |
| 790 | 河南卢氏县八宝山铜铁矿 | 铜铁 | 岩浆热液型 | C | 小型 | Ⅲ-17 | |
| 791 | 河南栾川县桂沟铁矿 | 铁 | 岩浆型 | C | 小型 | Ⅲ-17 | |
| 792 | 山西省临汾市李鸦庄井田煤矿 | 煤 | 生物化学沉积型 | C | 大型 | Ⅲ-17 | $Pz_2$-5-2 |

续表

| 编号 | 矿床名称 | 主矿种 | 成因类型 | 成矿时代 | 矿床规模 | 所属Ⅲ级成矿单元 | 所属成矿系列 |
|---|---|---|---|---|---|---|---|
| 793 | 河南渑池县段村铁矿 | 铁 | 陆相火山岩型 | C | 小型 | Ⅲ-17 | |
| 794 | 河南永城市城郊煤矿 | 煤 | 生物化学沉积型 | C | 大型 | Ⅲ-17 | $Pz_2$-5-2 |
| 795 | 安徽濉溪县刘桥煤矿 | 煤 | 生物化学沉积型 | C | 大型 | Ⅲ-17 | $Pz_2$-5-2 |
| 796 | 安徽濉溪县卧龙湖煤矿 | 煤 | 生物化学沉积型 | C | 大型 | Ⅲ-17 | $Pz_2$-5-2 |
| 797 | 安徽宿州市宿东煤矿 | 煤 | 生物化学沉积型 | C | 大型 | Ⅲ-17 | $Pz_2$-5-2 |
| 798 | 安徽濉溪县杨柳井田煤矿 | 煤 | 生物化学沉积型 | C | 大型 | Ⅲ-17 | $Pz_2$-5-2 |
| 799 | 安徽濉溪县临涣井田煤矿 | 煤 | 生物化学沉积型 | C | 大型 | Ⅲ-17 | $Pz_2$-5-2 |
| 800 | 安徽濉溪县韩村煤矿 | 煤 | 生物化学沉积型 | C | 大型 | Ⅲ-17 | $Pz_2$-5-2 |
| 801 | 安徽涡阳县淮北花沟煤矿 | 煤 | 生物化学沉积型 | C | 大型 | Ⅲ-17 | $Pz_2$-5-2 |
| 802 | 安徽濉溪县双堆煤矿 | 煤 | 生物化学沉积型 | C | 大型 | Ⅲ-17 | $Pz_2$-5-2 |
| 803 | 安徽宿州市祁南井田煤矿 | 煤 | 生物化学沉积型 | C | 大型 | Ⅲ-17 | $Pz_2$-5-2 |
| 804 | 安徽淮南市口孜集煤矿 | 煤 | 生物化学沉积型 | C | 大型 | Ⅲ-17 | $Pz_2$-5-2 |
| 805 | 安徽凤台县顾桥煤矿 | 煤 | 生物化学沉积型 | C | 大型 | Ⅲ-17 | $Pz_2$-5-2 |
| 806 | 安徽淮南市潘集煤矿 | 煤 | 生物化学沉积型 | C | 大型 | Ⅲ-17 | $Pz_2$-5-2 |
| 807 | 安徽凤台县张集煤矿 | 煤 | 生物化学沉积型 | C | 大型 | Ⅲ-17 | $Pz_2$-5-2 |
| 808 | 安徽淮南市新庄孜煤矿 | 煤 | 生物化学沉积型 | C | 大型 | Ⅲ-17 | $Pz_2$-5-2 |
| 809 | 安徽淮南市谢家集煤矿 | 煤 | 生物化学沉积型 | C | 大型 | Ⅲ-17 | $Pz_2$-5-2 |
| 810 | 内蒙古赤峰市敖汉旗陈道沟萤石矿 | 萤石 | 浅成中低温热液型 | P | 小型 | Ⅲ-17 | |
| 811 | 北京门头沟区杨坨井田煤矿 | 煤 | 生物化学沉积型 | C | 大型 | Ⅲ-17 | $Pz_2$-5-2 |
| 812 | 河北三河市康家湾井田煤矿 | 煤 | 生物化学沉积型 | C | 大型 | Ⅲ-17 | $Pz_2$-5-2 |
| 813 | 辽宁沈阳市羊尔屯煤矿 | 煤 | 生物化学沉积型 | C—P | 小型 | Ⅲ-17 | $Pz_2$-5-2 |
| 814 | 辽宁沈阳市苏家屯林盛堡煤矿 | 煤 | 生物化学沉积型 | C—P | 小型 | Ⅲ-17 | $Pz_2$-5-2 |
| 815 | 辽宁沈阳市苏家屯红阳铝土矿 | 铝土矿 | 化学沉积型 | C—P | 中型 | Ⅲ-17 | $Pz_2$-5-2 |
| 816 | 辽宁沈阳市苏家屯红菱煤矿 | 煤 | 生物化学沉积型 | C—P | 小型 | Ⅲ-17 | $Pz_2$-5-2 |
| 817 | 辽宁灯塔市红阳三井煤矿 | 煤 | 生物化学沉积型 | C—P | 小型 | Ⅲ-17 | $Pz_2$-5-2 |
| 818 | 辽宁北票市白腰煤矿 | 煤 | 生物化学沉积型 | C—P | 小型 | Ⅲ-17 | $Pz_2$-5-2 |
| 819 | 辽宁灯塔市尖台子南煤矿 | 煤 | 生物化学沉积型 | C—P | 小型 | Ⅲ-17 | $Pz_2$-5-2 |
| 820 | 辽宁灯塔市西马矿煤矿 | 煤 | 生物化学沉积型 | C—P | 小型 | Ⅲ-17 | $Pz_2$-5-2 |
| 821 | 辽宁沈阳市红阳煤矿 | 煤 | 生物化学沉积型 | C—P | 大型 | Ⅲ-17 | $Pz_2$-5-2 |
| 822 | 辽宁辽阳市徐往子井煤矿 | 煤 | 生物化学沉积型 | C—P | 中型 | Ⅲ-17 | $Pz_2$-5-2 |
| 823 | 辽宁海城市新台子煤矿 | 煤 | 生物化学沉积型 | C—P | 小型 | Ⅲ-17 | $Pz_2$-5-2 |
| 824 | 辽宁锦州市小凌河煤矿 | 煤 | 生物化学沉积型 | C—P | 小型 | Ⅲ-17 | $Pz_2$-5-2 |
| 825 | 辽宁锦州市邱北煤矿 | 煤 | 生物化学沉积型 | C | 小型 | Ⅲ-17 | $Pz_2$-5-2 |
| 826 | 辽宁锦州市邱皮沟煤矿 | 煤 | 生物化学沉积型 | C—P | 小型 | Ⅲ-17 | $Pz_2$-5-2 |
| 827 | 辽宁锦州市赵家屯煤矿 | 煤 | 生物化学沉积型 | C—P | 小型 | Ⅲ-17 | $Pz_2$-5-2 |
| 828 | 辽宁锦州市大窑沟煤矿 | 煤 | 生物化学沉积型 | C—P | 小型 | Ⅲ-17 | $Pz_2$-5-2 |
| 829 | 辽宁锦州市富隆山煤矿 | 煤 | 生物化学沉积型 | C—P | 小型 | Ⅲ-17 | $Pz_2$-5-2 |
| 830 | 辽宁锦州市沙金沟区煤矿 | 煤 | 生物化学沉积型 | C—P | 小型 | Ⅲ-17 | $Pz_2$-5-2 |
| 831 | 辽宁锦西县南票煤矿 | 煤 | 生物化学沉积型 | C | 大型 | Ⅲ-17 | $Pz_2$-5-2 |
| 832 | 辽宁葫芦岛市蛤蟆山煤矿 | 煤 | 生物化学沉积型 | C | 小型 | Ⅲ-17 | $Pz_2$-5-2 |

续表

| 编号 | 矿床名称 | 主矿种 | 成因类型 | 成矿时代 | 矿床规模 | 所属Ⅲ级成矿单元 | 所属成矿系列 |
|---|---|---|---|---|---|---|---|
| 833 | 辽宁葫芦岛市虹螺岘煤矿 | 煤 | 生物化学沉积型 | C | 小型 | Ⅲ-17 | $Pz_2$-5-2 |
| 834 | 辽宁锦州市三家子煤矿 | 煤 | 生物化学沉积型 | C—P | 小型 | Ⅲ-17 | $Pz_2$-5-2 |
| 835 | 辽宁凌源市龙凤沟煤矿 | 煤 | 生物化学沉积型 | C—P | 小型 | Ⅲ-17 | $Pz_2$-5-2 |
| 836 | 辽宁兴城市煤矿 | 煤 | 生物化学沉积型 | C | 小型 | Ⅲ-17 | $Pz_2$-5-2 |
| 837 | 辽宁凌源市五道岭煤矿 | 煤 | 生物化学沉积型 | C—P | 小型 | Ⅲ-17 | $Pz_2$-5-2 |
| 838 | 天津市蓟州区朱耳峪磷矿 | 磷 | 岩浆型 | D—P | 中型 | Ⅲ-17 | |
| 839 | 天津市蓟州区马伸桥磷矿 | 磷 | 岩浆型 | D—P | 中型 | Ⅲ-17 | |
| 840 | 河北唐山市赵各庄大井煤矿 | 煤 | 生物化学沉积型 | C | 大型 | Ⅲ-17 | $Pz_2$-5-2 |
| 841 | 河北唐山市荆各庄煤矿 | 煤 | 生物化学沉积型 | C | 大型 | Ⅲ-17 | $Pz_2$-5-2 |
| 842 | 河北唐山市卑家店耐火粘土 | 耐火粘土 | 化学沉积型 | C | 小型 | Ⅲ-17 | $Pz_2$-5-2 |
| 843 | 河北唐山市东欢坨井田煤矿 | 煤 | 生物化学沉积型 | C | 超大型 | Ⅲ-17 | $Pz_2$-5-2 |
| 844 | 河北唐山市半壁店耐火粘土 | 耐火粘土 | 化学沉积型 | C | 小型 | Ⅲ-17 | $Pz_2$-5-2 |
| 845 | 河北唐山市钱家营井田煤矿 | 煤 | 生物化学沉积型 | C | 超大型 | Ⅲ-17 | $Pz_2$-5-2 |
| 846 | 河北唐山市唐山矿煤矿 | 煤 | 生物化学沉积型 | C | 大型 | Ⅲ-17 | $Pz_2$-5-2 |
| 847 | 吉林通化市二道江区五道江煤矿 | 煤 | 生物化学沉积型 | C—P | 小型 | Ⅲ-17 | $Pz_2$-5-2 |
| 848 | 吉林龙井市开山屯金谷山金矿 | 金 | 岩浆热液型 | P | 小型 | Ⅲ-17 | |
| 849 | 吉林白山市江源区新宇煤矿 | 煤 | 生物化学沉积型 | C—P | 小型 | Ⅲ-17 | $Pz_2$-5-2 |
| 850 | 吉林江源区浑江煤矿 | 煤 | 生物化学沉积型 | C—P | 中型 | Ⅲ-17 | $Pz_2$-5-2 |
| 851 | 吉林临江市大湖煤矿 | 煤 | 生物化学沉积型 | C—P | 小型 | Ⅲ-17 | $Pz_2$-5-2 |
| 852 | 辽宁本溪市暖和子煤矿 | 煤 | 生物化学沉积型 | C—P | 小型 | Ⅲ-17 | $Pz_2$-5-2 |
| 853 | 辽宁新宾县小四平煤矿 | 煤 | 生物化学沉积型 | C—P | 小型 | Ⅲ-17 | $Pz_2$-5-2 |
| 854 | 辽宁灯塔市铧子大槽煤矿 | 煤 | 生物化学沉积型 | C—P | 小型 | Ⅲ-17 | $Pz_2$-5-2 |
| 855 | 辽宁灯塔市烟台煤矿 | 煤 | 生物化学沉积型 | C—P | 小型 | Ⅲ-17 | $Pz_2$-5-2 |
| 856 | 辽宁灯塔市辽阳市煤矿 | 煤 | 生物化学沉积型 | P | 小型 | Ⅲ-17 | $Pz_2$-5-2 |
| 857 | 辽宁本溪市向阳煤矿 | 煤 | 生物化学沉积型 | C—P | 小型 | Ⅲ-17 | $Pz_2$-5-2 |
| 858 | 辽宁本溪市牛心台煤矿 | 煤 | 生物化学沉积型 | C—P | 小型 | Ⅲ-17 | $Pz_2$-5-2 |
| 859 | 辽宁本溪县牛心台铝土矿 | 铝土矿 | 化学沉积型 | C—P | 小型 | Ⅲ-17 | $Pz_2$-5-2 |
| 860 | 辽宁本溪县田师付耐火粘土矿 | 耐火粘土 | 机械沉积型 | C | 大型 | Ⅲ-17 | $Pz_2$-5-2 |
| 861 | 辽宁本溪市大峪煤矿 | 煤 | 生物化学沉积型 | C—P | 小型 | Ⅲ-17 | $Pz_2$-5-2 |
| 862 | 辽宁本溪市本溪斜井煤矿 | 煤 | 生物化学沉积型 | C—P | 中型 | Ⅲ-17 | $Pz_2$-5-2 |
| 863 | 辽宁本溪市彩屯矿立井煤矿 | 煤 | 生物化学沉积型 | C | 中型 | Ⅲ-17 | $Pz_2$-5-2 |
| 864 | 辽宁本溪县小市铝土矿 | 铝土矿 | 化学沉积型 | C—P | 小型 | Ⅲ-17 | $Pz_2$-5-2 |
| 865 | 辽宁本溪市泉山煤矿 | 煤 | 生物化学沉积型 | C—P | 小型 | Ⅲ-17 | $Pz_2$-5-2 |
| 866 | 辽宁本溪市本溪煤矿 | 煤 | 生物化学沉积型 | C—P | 小型 | Ⅲ-17 | $Pz_2$-5-2 |
| 867 | 辽宁辽阳县寒岭煤矿 | 煤 | 生物化学沉积型 | P | 小型 | Ⅲ-17 | $Pz_2$-5-2 |
| 868 | 辽宁本溪市草河掌煤矿 | 煤 | 生物化学沉积型 | C—P | 小型 | Ⅲ-17 | $Pz_2$-5-2 |
| 869 | 辽宁本溪市张家堡煤矿 | 煤 | 生物化学沉积型 | C—P | 小型 | Ⅲ-17 | $Pz_2$-5-2 |
| 870 | 辽宁瓦房店市煤矿 | 煤 | 生物化学沉积型 | C | 小型 | Ⅲ-17 | $Pz_2$-5-2 |
| 871 | 辽宁大连市董家沟煤矿 | 煤 | 生物化学沉积型 | C—P | 小型 | Ⅲ-17 | $Pz_2$-5-2 |
| 872 | 山东淄博市张店区中埠铁冶铝土矿 | 铝土矿 | 化学沉积型 | C | 中型 | Ⅲ-17 | $Pz_2$-5-2 |

续表

| 编号 | 矿床名称 | 主矿种 | 成因类型 | 成矿时代 | 矿床规模 | 所属Ⅲ级成矿单元 | 所属成矿系列 |
|---|---|---|---|---|---|---|---|
| 873 | 山东淄博市金岭镇铝土矿 | 铝土矿 | 化学沉积型 | C | 中型 | Ⅲ-17 | $Pz_2$-5-2 |
| 874 | 山东淄博市金岺耐火粘土矿 | 耐火粘土 | 机械沉积型 | C—P | 中型 | Ⅲ-17 | $Pz_2$-5-2 |
| 875 | 山东淄博市张店北焦宋村北铝土矿 | 铝土矿 | 化学沉积型 | C | 小型 | Ⅲ-17 | $Pz_2$-5-2 |
| 876 | 山东淄博市河东北部铝土矿 | 铝土矿 | 化学沉积型 | C | 中型 | Ⅲ-17 | $Pz_2$-5-2 |
| 877 | 山东淄博市张店北焦宋中部铝土矿 | 铝土矿 | 化学沉积型 | C | 小型 | Ⅲ-17 | $Pz_2$-5-2 |
| 878 | 山东淄博市张店付家庄铝土矿 | 铝土矿 | 化学沉积型 | P | 小型 | Ⅲ-17 | $Pz_2$-5-2 |
| 879 | 山东淄博市南定西山玻璃用石英砂岩矿 | 石英砂岩 | 机械沉积型 | C—P | 小型 | Ⅲ-17 | $Pz_2$-5-2 |
| 880 | 山东淄博市张店区田庄铝土矿 | 铝土矿 | 化学沉积型 | C | 中型 | Ⅲ-17 | $Pz_2$-5-2 |
| 881 | 山东淄博市罗村铝土矿 | 铝土矿 | 化学沉积型 | P | 小型 | Ⅲ-17 | $Pz_2$-5-2 |
| 882 | 山东淄博市淄川罗村耐火粘土矿 | 耐火粘土 | 机械沉积型 | C—P | 小型 | Ⅲ-17 | $Pz_2$-5-2 |
| 883 | 山东淄博市张店河东庄南铝土矿 | 铝土矿 | 化学沉积型 | C | 中型 | Ⅲ-17 | $Pz_2$-5-2 |
| 884 | 山东章丘区袁辛庄耐火粘土矿 | 耐火粘土 | 机械沉积型 | P | 小型 | Ⅲ-17 | $Pz_2$-5-2 |
| 885 | 山东章丘区明水浅井庄耐火粘土矿 | 耐火粘土 | 机械沉积型 | P | 小型 | Ⅲ-17 | $Pz_2$-5-2 |
| 886 | 山东章丘区明水王伯庄耐火粘土矿 | 耐火粘土 | 机械沉积型 | P | 大型 | Ⅲ-17 | $Pz_2$-5-2 |
| 887 | 山东章丘区明水吕家庄耐火粘土矿 | 耐火粘土 | 机械沉积型 | C—P | 中型 | Ⅲ-17 | $Pz_2$-5-2 |
| 888 | 山东章丘区明水白云院耐火粘土矿 | 耐火粘土 | 机械沉积型 | P | 大型 | Ⅲ-17 | $Pz_2$-5-2 |
| 889 | 山东章丘区池子头耐火粘土矿 | 耐火粘土 | 机械沉积型 | P | 小型 | Ⅲ-17 | $Pz_2$-5-2 |
| 890 | 山东淄博市周村区王村耐火粘土矿 | 耐火粘土 | 机械沉积型 | C—P | 大型 | Ⅲ-17 | $Pz_2$-5-2 |
| 891 | 山东淄博市东冲山耐火粘土矿 | 耐火粘土 | 机械沉积型 | C—P | 中型 | Ⅲ-17 | $Pz_2$-5-2 |
| 892 | 山东淄博市王村耐火粘土矿 | 耐火粘土 | 机械沉积型 | C—P | 大型 | Ⅲ-17 | $Pz_2$-5-2 |
| 893 | 山东淄博市王村西冲山铝土矿 | 铝土矿 | 化学沉积型 | P | 中型 | Ⅲ-17 | $Pz_2$-5-2 |
| 894 | 山东淄博市东冲山铝土矿 | 铝土矿 | 化学沉积型 | P | 小型 | Ⅲ-17 | $Pz_2$-5-2 |
| 895 | 山东淄博市王村矿区黄家峪地段铝土矿 | 铝土矿 | 化学沉积型 | C | 小型 | Ⅲ-17 | $Pz_2$-5-2 |
| 896 | 山东淄博市王村铝土矿 | 铝土矿 | 化学沉积型 | P | 小型 | Ⅲ-17 | $Pz_2$-5-2 |
| 897 | 山东淄博市罗村耐火粘十矿 | 耐火粘十 | 机械沉积型 | C—P | 中型 | Ⅲ-17 | $Pz_2$-5-2 |
| 898 | 山东淄博市洪山西段耐火粘土矿 | 耐火粘土 | 机械沉积型 | C—P | 大型 | Ⅲ-17 | $Pz_2$-5-2 |
| 899 | 山东淄博市王村矿区巩家坞矿段铝土矿 | 铝土矿 | 化学沉积型 | C | 小型 | Ⅲ-17 | $Pz_2$-5-2 |
| 900 | 山东章丘区闫家峪耐火粘土矿 | 耐火粘土 | 机械沉积型 | C—P | 小型 | Ⅲ-17 | $Pz_2$-5-2 |
| 901 | 山东章丘区北营范耐火粘土矿 | 耐火粘土 | 机械沉积型 | C—P | 小型 | Ⅲ-17 | $Pz_2$-5-2 |
| 902 | 山东章丘区月宫高岭土矿 | 高岭土 | 机械沉积型 | C—P | 小型 | Ⅲ-17 | $Pz_2$-5-2 |
| 903 | 山东章丘区双山木厂耐火粘土矿 | 耐火粘土 | 机械沉积型 | C—P | 小型 | Ⅲ-17 | $Pz_2$-5-2 |
| 904 | 山东章丘区旭升乡木厂陶瓷粘土矿 | 陶瓷粘土 | 机械沉积型 | C—P | 小型 | Ⅲ-17 | $Pz_2$-5-2 |
| 905 | 山东淄博市西山耐火粘土矿 | 耐火粘土 | 机械沉积型 | C—P | 中型 | Ⅲ-17 | $Pz_2$-5-2 |
| 906 | 山东淄博市万山西铝土矿 | 铝土矿 | 化学沉积型 | P | 小型 | Ⅲ-17 | $Pz_2$-5-2 |
| 907 | 山东淄博市郭家堰陶瓷粘土矿 | 陶瓷粘土 | 机械沉积型 | C—P | 小型 | Ⅲ-17 | $Pz_2$-5-2 |
| 908 | 山东淄博市博山两平膨胀粘土岩矿 | 粘土岩 | 机械沉积型 | C—P | 大型 | Ⅲ-17 | $Pz_2$-5-2 |
| 909 | 山东淄博市小店耐火粘土矿 | 耐火粘土 | 机械沉积型 | C—P | 小型 | Ⅲ-17 | $Pz_2$-5-2 |
| 910 | 山东淄博市马家庄陶瓷土矿 | 陶瓷土 | 机械沉积型 | C—P | 小型 | Ⅲ-17 | $Pz_2$-5-2 |
| 911 | 山东淄博市大奎山铝土矿 | 铝土矿 | 化学沉积型 | P | 小型 | Ⅲ-17 | $Pz_2$-5-2 |
| 912 | 山东淄博市博山安上膨胀粘土岩矿 | 粘土岩 | 机械沉积型 | C—P | 中型 | Ⅲ-17 | $Pz_2$-5-2 |

续表

| 编号 | 矿床名称 | 主矿种 | 成因类型 | 成矿时代 | 矿床规模 | 所属Ⅲ级成矿单元 | 所属成矿系列 |
|---|---|---|---|---|---|---|---|
| 913 | 山东淄博市万山耐火粘土矿 | 耐火粘土 | 机械沉积型 | C—P | 中型 | Ⅲ-17 | $Pz_2$-5-2 |
| 914 | 山东淄博市封山水泥配料页岩矿 | 页岩 | 机械沉积型 | C—P | 中型 | Ⅲ-17 | $Pz_2$-5-2 |
| 915 | 山东淄博市石谷耐火粘土矿 | 耐火粘土 | 机械沉积型 | C—P | 小型 | Ⅲ-17 | $Pz_2$-5-2 |
| 916 | 山东淄博市张店区邹家庄铝土矿 | 铝土矿 | 化学沉积型 | C | 小型 | Ⅲ-17 | $Pz_2$-5-2 |
| 917 | 山东淄博市张店区太平庄铝土矿 | 铝土矿 | 化学沉积型 | C | 小型 | Ⅲ-17 | $Pz_2$-5-2 |
| 918 | 山东淄博市张店前宅铝土矿 | 铝土矿 | 化学沉积型 | C | 小型 | Ⅲ-17 | $Pz_2$-5-2 |
| 919 | 山东淄博市淄川区罗村公社山周庄铝土矿 | 铝土矿 | 化学沉积型 | C | 小型 | Ⅲ-17 | $Pz_2$-5-2 |
| 920 | 山东齐河县黄河北煤田总体勘区煤矿 | 煤 | 生物化学沉积型 | C | 大型 | Ⅲ-17 | $Pz_2$-5-2 |
| 921 | 山东聊城市煤矿 | 煤 | 生物化学沉积型 | C | 大型 | Ⅲ-17 | $Pz_2$-5-2 |
| 922 | 山东邹城市东滩店井田煤矿 | 煤 | 生物化学沉积型 | C | 超大型 | Ⅲ-17 | $Pz_2$-5-2 |
| 923 | 山东梁山县戴庙井田煤矿 | 煤 | 生物化学沉积型 | C | 大型 | Ⅲ-17 | $Pz_2$-5-2 |
| 924 | 山东宁阳县磁窑铝土矿 | 铝土矿 | 化学沉积型 | C | 小型 | Ⅲ-17 | $Pz_2$-5-2 |
| 925 | 山东新泰市黄泥庄铝土矿 | 铝土矿 | 化学沉积型 | P | 小型 | Ⅲ-17 | $Pz_2$-5-2 |
| 926 | 山东泗水县圣佛岭水泥配料泥岩矿 | 泥岩 | 机械沉积型 | C—P | 大型 | Ⅲ-17 | $Pz_2$-5-2 |
| 927 | 山东泗水县泉林水泥配料泥岩矿 | 泥岩 | 机械沉积型 | C | 中型 | Ⅲ-17 | $Pz_2$-5-2 |
| 928 | 山东宁阳县唐阳井田煤矿 | 煤 | 生物化学沉积型 | C | 大型 | Ⅲ-17 | $Pz_2$-5-2 |
| 929 | 山东兖州区杨村井田煤矿 | 煤 | 生物化学沉积型 | C | 大型 | Ⅲ-17 | $Pz_2$-5-2 |
| 930 | 山东费县巨庄水泥配料粘土矿 | 粘土 | 机械沉积型 | C—P | 大型 | Ⅲ-17 | $Pz_2$-5-2 |
| 931 | 山东菏泽市巨野煤矿 | 煤 | 生物化学沉积型 | C | 超大型 | Ⅲ-17 | $Pz_2$-5-2 |
| 932 | 山东兖州区新集井田煤矿 | 煤 | 生物化学沉积型 | C | 大型 | Ⅲ-17 | $Pz_2$-5-2 |
| 933 | 山东邹城市北宿高岭土矿 | 高岭土 | 机械沉积型 | C—P | 小型 | Ⅲ-17 | $Pz_2$-5-2 |
| 934 | 山东金乡县金桥井田煤矿 | 煤 | 生物化学沉积型 | C | 大型 | Ⅲ-17 | $Pz_2$-5-2 |
| 935 | 山东金乡县普查勘探区煤矿 | 煤 | 生物化学沉积型 | C | 大型 | Ⅲ-17 | $Pz_2$-5-2 |
| 936 | 山东滕州市滕北总体详查煤矿 | 煤 | 生物化学沉积型 | C | 大型 | Ⅲ-17 | $Pz_2$-5-2 |
| 937 | 山东临沂市罗庄耐火粘土矿 | 耐火粘土 | 化学沉积型 | P | 中型 | Ⅲ-17 | $Pz_2$-5-2 |
| 938 | 山东兰陵县龙泉官庄耐火粘土矿 | 耐火粘土 | 机械沉积型 | C—P | 小型 | Ⅲ-17 | $Pz_2$-5-2 |
| 939 | 山东枣庄市区耐火粘土矿 | 耐火粘土 | 机械沉积型 | P | 中型 | Ⅲ-17 | $Pz_2$-5-2 |
| 940 | 山东枣庄市龙头地段铝土矿 | 铝土矿 | 化学沉积型 | C | 小型 | Ⅲ-17 | $Pz_2$-5-2 |
| 941 | 山东枣庄市潘官庄地段铝土矿 | 铝土矿 | 化学沉积型 | C | 小型 | Ⅲ-17 | $Pz_2$-5-2 |
| 942 | 山东滕州市滕南付村井田煤矿 | 煤 | 生物化学沉积型 | C | 大型 | Ⅲ-17 | $Pz_2$-5-2 |
| 943 | 山东滕州市滕南蒋庄煤矿 | 煤 | 生物化学沉积型 | C | 大型 | Ⅲ-17 | $Pz_2$-5-2 |
| 944 | 江苏沛县大屯煤矿 | 煤 | 生物化学沉积型 | C | 大型 | Ⅲ-17 | $Pz_2$-5-2 |
| 945 | 江苏沛县张双楼煤矿 | 煤 | 生物化学沉积型 | C | 大型 | Ⅲ-17 | $Pz_2$-5-2 |
| 946 | 江苏沛县张集煤矿 | 煤 | 生物化学沉积型 | C | 大型 | Ⅲ-17 | $Pz_2$-5-2 |
| 947 | 内蒙古包头市白狐沟大炭场井田煤矿 | 煤 | 生物化学沉积型 | C | 中型 | Ⅲ-18 | $Pz_2$-5-3 |
| 948 | 内蒙古乌海市骆驼山井田煤矿 | 煤 | 生物化学沉积型 | C | 大型 | Ⅲ-18 | $Pz_2$-5-3 |
| 949 | 内蒙古乌海市乌达五虎山煤矿 | 煤 | 生物化学沉积型 | C | 大型 | Ⅲ-18 | $Pz_2$-5-3 |
| 950 | 内蒙古鄂托克旗棋盘井煤矿 | 煤 | 生物化学沉积型 | C | 超大型 | Ⅲ-18 | $Pz_2$-5-3 |
| 951 | 宁夏石嘴山市北岔沟-井沟金矿 | 金 | 岩浆热液型 | P | 小型 | Ⅲ-18 | |
| 952 | 宁夏石嘴山市二矿井耐火粘土矿 | 耐火粘土 | 机械沉积型 | C | 中型 | Ⅲ-18 | $Pz_2$-5-3 |

续表

| 编号 | 矿床名称 | 主矿种 | 成因类型 | 成矿时代 | 矿床规模 | 所属Ⅲ级成矿单元 | 所属成矿系列 |
|---|---|---|---|---|---|---|---|
| 953 | 宁夏石嘴山市石炭井煤矿 | 煤 | 生物化学沉积型 | C | 大型 | Ⅲ-18 | $Pz_2$-5-3 |
| 954 | 内蒙古阿右旗百灵井田煤矿 | 煤 | 生物化学沉积型 | C | 大型 | Ⅲ-18 | $Pz_2$-5-3 |
| 955 | 宁夏贺兰县黑洞沟银矿 | 银 | 岩浆热液型 | P | 小型 | Ⅲ-18 | |
| 956 | 宁夏灵武市横城红石湾煤矿 | 煤 | 生物化学沉积型 | C | 大型 | Ⅲ-18 | $Pz_2$-5-3 |
| 957 | 宁夏同心县韦州勘区煤矿 | 煤 | 生物化学沉积型 | C | 大型 | Ⅲ-18 | $Pz_2$-5-3 |
| 958 | 甘肃环县石板沟铁矿 | 铁 | 化学沉积型 | C | 小型 | Ⅲ-18 | $Pz_2$-5-3 |
| 959 | 宁夏固原市沙南铜矿 | 铜 | 岩浆热液型 | C | 小型 | Ⅲ-18 | |
| 960 | 甘肃平凉市大台子铁矿 | 铁 | 化学沉积型 | P | 小型 | Ⅲ-18 | $Pz_2$-5-3 |
| 961 | 内蒙古准格尔旗东孔兑煤矿 | 煤 | 生物化学沉积型 | C | 超大型 | Ⅲ-18 | $Pz_2$-5-3 |
| 962 | 内蒙古准格尔旗窑沟煤粘土矿 | 煤粘土 | 机械沉积型 | C | 超大型 | Ⅲ-18 | $Pz_2$-5-3 |
| 963 | 内蒙古准格尔旗南部详查区煤矿 | 煤 | 生物化学沉积型 | C | 超大型 | Ⅲ-18 | $Pz_2$-5-3 |
| 964 | 山西保德县桥头铝土矿 | 铝土矿 | 化学沉积型 | C | 小型 | Ⅲ-18 | $Pz_2$-5-3 |
| 965 | 内蒙古清水河县龙泉沟高岭土矿 | 高岭土 | 机械沉积型 | C | 大型 | Ⅲ-18 | $Pz_2$-5-3 |
| 966 | 内蒙古呼和浩特市榆树湾煤矿 | 煤 | 生物化学沉积型 | C | 大型 | Ⅲ-18 | $Pz_2$-5-3 |
| 967 | 内蒙古准格尔旗戚家沟硫铁矿 | 铁 | 岩浆热液型 | C | 小型 | Ⅲ-18 | |
| 968 | 内蒙古准格尔旗房塔沟硫铁矿 | 铁 | 岩浆热液型 | C | 小型 | Ⅲ-18 | |
| 969 | 内蒙古准格尔旗榆树湾硫铁矿 | 铁 | 岩浆热液型 | C | 小型 | Ⅲ-18 | |
| 970 | 陕西府谷县海则庙-浪湾铁矿 | 铁 | 化学沉积型 | C—P | 小型 | Ⅲ-18 | $Pz_2$-5-3 |
| 971 | 山西保德县天桥铝土矿 | 铝土矿 | 化学沉积型 | C | 大型 | Ⅲ-18 | $Pz_2$-5-3 |
| 972 | 山西灵石县河东煤田北部普查区煤矿 | 煤 | 生物化学沉积型 | C | 超大型 | Ⅲ-18 | $Pz_2$-5-3 |
| 973 | 山西兴县后发达铝土矿 | 铝土矿 | 化学沉积型 | C | 大型 | Ⅲ-18 | $Pz_2$-5-3 |
| 974 | 山西娄烦县新开村铝土矿 | 铝土矿 | 化学沉积型 | C | 中型 | Ⅲ-18 | $Pz_2$-5-3 |
| 975 | 山西临县裕民煤矿 | 煤 | 生物化学沉积型 | C | 中型 | Ⅲ-18 | $Pz_2$-5-3 |
| 976 | 内蒙古鄂尔多斯市苏里格气田 | 天然气 | 生物化学沉积型 | C—P | 超大型 | Ⅲ-18 | $Pz_2$-5-3 |
| 977 | 山西中阳县下枣林铝土矿 | 铝土矿 | 化学沉积型 | C | 中型 | Ⅲ-18 | $Pz_2$-5-3 |
| 978 | 山西交口县丁家焉铝土矿 | 铝土矿 | 化学沉积型 | C | 大型 | Ⅲ-18 | $Pz_2$-5-3 |
| 979 | 山西交口县西山铝土矿 | 铝土矿 | 化学沉积型 | C | 小型 | Ⅲ-18 | $Pz_2$-5-3 |
| 980 | 山西霍县什林铝土矿 | 铝土矿 | 化学沉积型 | C | 大型 | Ⅲ-18 | $Pz_2$-5-3 |
| 981 | 山西吉县明珠远景调查区煤矿 | 煤 | 生物化学沉积型 | C | 超大型 | Ⅲ-18 | $Pz_2$-5-3 |
| 982 | 山西临汾市乡宁赵家湾煤矿 | 煤 | 生物化学沉积型 | C | 大型 | Ⅲ-18 | $Pz_2$-5-3 |
| 983 | 山西临汾市乡宁王家岭井田煤矿 | 煤 | 生物化学沉积型 | C | 超大型 | Ⅲ-18 | $Pz_2$-5-3 |
| 984 | 陕西韩城市下峪口井田煤矿 | 煤 | 生物化学沉积型 | C | 大型 | Ⅲ-18 | $Pz_2$-5-3 |
| 985 | 陕西蒲城县马村煤矿 | 煤 | 生物化学沉积型 | C | 大型 | Ⅲ-18 | $Pz_2$-5-3 |
| 986 | 陕西合阳县安阳井田煤矿 | 煤 | 生物化学沉积型 | C | 大型 | Ⅲ-18 | $Pz_2$-5-3 |
| 987 | 陕西澄城县三眼桥硫铁矿 | 硫铁矿 | 岩浆热液型 | C | 小型 | Ⅲ-18 | |
| 988 | 陕西白水县白水煤矿 | 煤 | 生物化学沉积型 | C | 大型 | Ⅲ-18 | $Pz_2$-5-3 |
| 989 | 陕西铜川市金华山煤矿 | 煤 | 生物化学沉积型 | C | 大型 | Ⅲ-18 | $Pz_2$-5-3 |
| 990 | 陕西泾阳县口镇赤铁矿 | 铁 | 化学沉积型 | C | 小型 | Ⅲ-18 | $Pz_2$-5-3 |
| 991 | 陕西泾阳县口镇九倾垣阎家沟铁矿 | 铁 | 化学沉积型 | C | 小型 | Ⅲ-18 | $Pz_2$-5-3 |
| 992 | 内蒙古乌拉特后旗陶勒盖金矿 | 金 | 岩浆热液型 | P | 小型 | Ⅲ-19 | |

续表

| 编号 | 矿床名称 | 主矿种 | 成因类型 | 成矿时代 | 矿床规模 | 所属Ⅲ级成矿单元 | 所属成矿系列 |
|---|---|---|---|---|---|---|---|
| 993 | 内蒙古阿拉善左旗呼勒森铁矿 | 铁 | 岩浆型 | P | 小型 | Ⅲ-19 | |
| 994 | 内蒙古阿拉善右旗碱泉子金矿 | 金 | 岩浆热液型 | D | 小型 | Ⅲ-19 | |
| 995 | 甘肃高台县碱泉子金矿 | 金 | 岩浆热液型 | P | 中型 | Ⅲ-19 | |
| 996 | 甘肃临泽县大青山铜矿 | 铜 | 岩浆热液型 | D—P | 小型 | Ⅲ-19 | |
| 997 | 内蒙古阿拉善右旗特拜金矿 | 金 | 岩浆热液型 | D | 中型 | Ⅲ-19 | |
| 998 | 内蒙古阿拉善右旗卡休他他铁矿 | 铁 | 矽卡岩型 | C | 中型 | Ⅲ-19 | |
| 999 | 内蒙古阿拉善左旗克布勒铁铜矿 | 铁铜 | 矽卡岩型 | C | 小型 | Ⅲ-19 | |
| 1000 | 新疆新和县东河塘油田 | 石油 | 生物化学沉积型 | C | 中型 | Ⅲ-20 | $Pz_2$-6-1 |
| 1001 | 新疆新和县雅克拉油田 | 石油 | 生物化学沉积型 | C | 大型 | Ⅲ-20 | $Pz_2$-6-1 |
| 1002 | 新疆轮台县轮南油田 | 石油 | 生物化学沉积型 | C | 中型 | Ⅲ-20 | $Pz_2$-6-1 |
| 1003 | 新疆轮台县阿克库勒油田 | 石油 | 生物化学沉积型 | C | 中型 | Ⅲ-20 | $Pz_2$-6-1 |
| 1004 | 新疆民丰县塔中油田 | 石油 | 生物化学沉积型 | C | 大型 | Ⅲ-20 | $Pz_2$-6-1 |
| 1005 | 新疆和田市和田河气田 | 天然气 | 生物化学沉积型 | O、C | 大型 | Ⅲ-20 | $Pz_2$-6-1 |
| 1006 | 新疆且末县塔特勒克苏和田玉石矿 | 玉石 | 岩浆型 | P | 大型 | Ⅲ-20 | |
| 1007 | 新疆若羌县拉配泉铁矿 | 铁 | 海相火山岩型 | C | 小型 | Ⅲ-20 | |
| 1008 | 新疆乌恰县萨瓦亚尔顿金矿 | 金 | 浅成中低温热液型 | D | 大型 | Ⅲ-20 | $Pz_2$-6-2 |
| 1009 | 新疆乌恰县沙里塔什铅锌矿 | 铅锌 | 浅成中低温热液型 | D | 中型 | Ⅲ-20 | $Pz_2$-6-2 |
| 1010 | 新疆阿图什市琼喀拉依勒嘎铁矿 | 铁 | 矽卡岩型 | P | 小型 | Ⅲ-20 | |
| 1011 | 新疆阿图什市霍什布拉克铅锌矿 | 铅锌 | 浅成中低温热液型 | D | 中型 | Ⅲ-20 | $Pz_2$-6-2 |
| 1012 | 新疆阿合奇县阿沙哇义金矿 | 金 | 浅成中低温热液型 | C | 小型 | Ⅲ-20 | $Pz_2$-6-2 |
| 1013 | 新疆阿合奇县布隆金矿 | 金 | 浅成中低温热液型 | P | 小型 | Ⅲ-20 | $Pz_2$-6-2 |
| 1014 | 新疆拜城县铁列克萤石矿 | 萤石 | 浅成中低温热液型 | P | 小型 | Ⅲ-20 | |
| 1015 | 新疆拜城县老虎台铁矿 | 铁 | 矽卡岩型 | C | 小型 | Ⅲ-20 | |
| 1016 | 新疆库尔勒市霍拉山红柱石矿 | 红柱石 | 变成型 | C | 大型 | Ⅲ-20 | |
| 1017 | 新疆阿合奇县开孜维克锰矿 | 锰 | 化学沉积型 | C | 小型 | Ⅲ-20 | |
| 1018 | 新疆阿图什市普昌钒钛磁铁矿 | 钒钛铁 | 岩浆型 | P | 中型 | Ⅲ-20 | $Pz_2$-6-3 |
| 1019 | 新疆阿图什市也提库玉其萤石矿 | 萤石 | 浅成中低温热液型 | P | 小型 | Ⅲ-20 | |
| 1020 | 新疆巴楚县三岔口红海萤石矿 | 萤石 | 浅成中低温热液型 | P | 小型 | Ⅲ-20 | |
| 1021 | 新疆巴楚县塔提克布拉克-宏宇萤石矿 | 萤石 | 浅成中低温热液型 | P | 小型 | Ⅲ-20 | |
| 1022 | 新疆巴楚县瓦吉里塔格钒钛磁铁矿 | 钒钛铁 | 岩浆型 | P | 大型 | Ⅲ-20 | $Pz_2$-6-3 |
| 1023 | 新疆阿克陶县铁克里克铅矿 | 铅 | 浅成中低温热液型 | D | 小型 | Ⅲ-20 | $Pz_2$-6-4 |
| 1024 | 新疆阿克陶县塔木铅锌矿 | 铅锌 | 浅成中低温热液型 | C | 中型 | Ⅲ-20 | $Pz_2$-6-4 |
| 1025 | 新疆阿克陶县卡拉牙斯卡克铅锌矿 | 铅锌 | 浅成中低温热液型 | C | 小型 | Ⅲ-20 | $Pz_2$-6-4 |
| 1026 | 新疆阿克陶县阿尔巴列克多铅锌矿 | 铅锌 | 浅成中低温热液型 | D | 小型 | Ⅲ-20 | $Pz_2$-6-4 |
| 1027 | 新疆阿克陶县卡兰古托格拉克铅锌矿 | 铅锌 | 浅成中低温热液型 | D | 中型 | Ⅲ-20 | $Pz_2$-6-4 |
| 1028 | 新疆阿克陶县玛尔坎土锰矿 | 锰 | 化学沉积型 | C | 大型 | Ⅲ-22 | $Pz_2$-7-1 |
| 1029 | 新疆阿克陶县奥尔托喀讷什锰矿 | 锰 | 化学沉积型 | C | 大型 | Ⅲ-22 | $Pz_2$-7-1 |
| 1030 | 新疆阿克陶县木吉卡拉洞铁矿 | 铁 | 海相火山岩型 | D | 小型 | Ⅲ-22 | |
| 1031 | 新疆乌恰县沙洛依含铜黄铁矿 | 铜硫 | 海相火山岩型 | D | 小型 | Ⅲ-22 | |
| 1032 | 新疆乌恰县乌依塔什铜矿 | 铜 | 海相火山岩型 | C | 小型 | Ⅲ-22 | |

续表

| 编号 | 矿床名称 | 主矿种 | 成因类型 | 成矿时代 | 矿床规模 | 所属Ⅲ级成矿单元 | 所属成矿系列 |
|---|---|---|---|---|---|---|---|
| 1033 | 新疆阿克陶县盖孜特格里曼苏铜矿 | 铜 | 化学沉积型 | D | 小型 | Ⅲ-22 | |
| 1034 | 新疆阿克陶县塔木水晶矿 | 水晶 | 浅成中低温热液型 | P | 中型 | Ⅲ-22 | $Pz_2$-7-2 |
| 1035 | 新疆阿克陶县喀依孜铜矿 | 铜 | 斑岩型 | C | 小型 | Ⅲ-22 | $Pz_2$-7-2 |
| 1036 | 新疆于田县阿拉玛斯和田玉石矿 | 玉石 | 岩浆型 | P | 大型 | Ⅲ-22 | $Pz_2$-7-2 |
| 1037 | 新疆民丰县上其汗铜矿 | 铜 | 海相火山岩型 | C | 小型 | Ⅲ-22 | $Pz_2$-7-2 |
| 1038 | 新疆且末县卡特里西铜锌矿 | 铜锌 | 海相火山岩型 | C | 小型 | Ⅲ-23 | $Pz_2$-7-3 |
| 1039 | 新疆若羌县克孜尔卡甫铁矿 | 铁 | 矽卡岩型 | P | 小型 | Ⅲ-23 | $Pz_2$-7-3 |
| 1040 | 青海格尔木市夏日哈木铜镍矿 | 铜镍 | 岩浆型 | D | 超大型 | Ⅲ-23 | $Pz_2$-7-3 |
| 1041 | 青海都兰县大格勒沟萤石矿 | 萤石 | 岩浆热液型 | D | 小型 | Ⅲ-23 | $Pz_2$-7-3 |
| 1042 | 青海都兰县黑石山金矿 | 金 | 岩浆热液型 | D | 小型 | Ⅲ-23 | $Pz_2$-7-3 |
| 1043 | 青海都兰县海寺硅灰石矿 | 硅灰石 | 变成型 | P | 大型 | Ⅲ-23 | $Pz_2$-7-3 |
| 1044 | 青海都兰县瓦勒尕金矿 | 金 | 岩浆热液型 | D | 小型 | Ⅲ-23 | $Pz_2$-7-3 |
| 1045 | 青海都兰县果洛龙洼金矿 | 金 | 浅成中低温热液型 | C | 中型 | Ⅲ-23 | $Pz_2$-7-3 |
| 1046 | 青海格尔木市三岔口软玉矿 | 玉石 | 岩浆型 | C | 中型 | Ⅲ-23 | |
| 1047 | 青海格尔木市大干沟钒钼矿 | 钒钼 | 化学沉积型 | C | 小型 | Ⅲ-23 | |
| 1048 | 青海都兰县江巴尕日当铜矿 | 铜 | 浅成中低温热液型 | C | 小型 | Ⅲ-23 | |
| 1049 | 青海玛多县坑得弄舍金多金属矿 | 金 | 岩浆热液型 | P | 中型 | Ⅲ-23 | |
| 1050 | 青海大柴旦镇滩涧山金矿 | 金 | 岩浆热液型 | P | 大型 | Ⅲ-24 | $Pz_2$-7-4 |
| 1051 | 青海大柴旦镇细金沟金矿 | 金 | 浅成中低温热液型 | P | 小型 | Ⅲ-24 | $Pz_2$-7-4 |
| 1052 | 青海大柴旦镇锡铁山重晶石矿 | 重晶石 | 浅成中低温热液型 | D—P | 小型 | Ⅲ-24 | $Pz_2$-7-4 |
| 1053 | 青海德令哈市蓄积山铅矿 | 铅 | 浅成中低温热液型 | C | 小型 | Ⅲ-24 | $Pz_2$-7-4 |
| 1054 | 青海德令哈市高特拉蒙钛磷矿 | 钛磷 | 岩浆型 | D | 中型 | Ⅲ-24 | $Pz_2$-7-4 |
| 1055 | 青海乌兰县果可山沟磷矿 | 磷 | 浅成中低温热液型 | P | 小型 | Ⅲ-24 | $Pz_2$-7-4 |
| 1056 | 青海乌兰县乌达热乎金矿 | 金 | 岩浆热液型 | D | 小型 | Ⅲ-24 | $Pz_2$-7-4 |
| 1057 | 甘肃临潭县西沟河钼矿 | 钼 | 浅成中低温热液型 | P | 小型 | Ⅲ-24 | |
| 1058 | 甘肃迭部县怕热沟铁矿 | 铁 | 化学沉积型 | D | 小型 | Ⅲ-24 | |
| 1059 | 甘肃天水市盘龙-月林石英矿 | 脉石英 | 浅成中低温热液型 | D | 小型 | Ⅲ-25 | |
| 1060 | 甘肃两当县大店沟金矿 | 金 | 浅成中低温热液型 | P | 大型 | Ⅲ-25 | |
| 1061 | 甘肃两当县湘潭子金矿 | 金 | 浅成中低温热液型 | P | 大型 | Ⅲ-25 | |
| 1062 | 河南西峡县杨乃沟红柱石矿 | 红柱石 | 变成型 | P | 大型 | Ⅲ-25 | |
| 1063 | 河南栾川县骆驼山硫多金属矿 | 硫铁矿 | 岩浆热液型 | C | 中型 | Ⅲ-25 | |
| 1064 | 河南焦作市沁阳市陈庄黑山沟硫铁矿 | 硫铁矿 | 化学沉积型 | C | 小型 | Ⅲ-25 | |
| 1065 | 甘肃和政县梁时沟铜矿 | 铜 | 岩浆热液型 | P | 小型 | Ⅲ-26 | |
| 1066 | 甘肃和政县大槐沟钨矿 | 钨 | 岩浆热液型 | P | 小型 | Ⅲ-26 | |
| 1067 | 甘肃和政县铁沟-兴时沟钼矿 | 钼 | 浅成中低温热液型 | P | 小型 | Ⅲ-26 | |
| 1068 | 甘肃夏河县美仁铁矿 | 铁 | 矽卡岩型 | C | 小型 | Ⅲ-26 | |
| 1069 | 甘肃卓尼县公社铁矿 | 铁 | 矽卡岩型 | P | 小型 | Ⅲ-26 | |
| 1070 | 甘肃卓尼县甲可山铅锌矿 | 铅锌 | 浅成中低温热液型 | D | 中型 | Ⅲ-26 | $Pz_2$-7-5 |
| 1071 | 甘肃卓尼县窑沟铅锌矿 | 铅锌 | 浅成中低温热液型 | C—P | 中型 | Ⅲ-26 | $Pz_2$-7-5 |
| 1072 | 甘肃临潭县下拉地铅锌矿 | 铅锌 | 海相火山岩型 | C | 小型 | Ⅲ-26 | $Pz_2$-7-5 |

续表

| 编号 | 矿床名称 | 主矿种 | 成因类型 | 成矿时代 | 矿床规模 | 所属Ⅲ级成矿单元 | 所属成矿系列 |
|---|---|---|---|---|---|---|---|
| 1073 | 甘肃武山县温泉钼矿 | 钼 | 岩浆热液型 | D | 超大型 | Ⅲ-26 | $Pz_2$-7-5 |
| 1074 | 甘肃漳县米家沟铅锌钨硫铁矿 | 铅锌钨 | 岩浆热液型 | P | 小型 | Ⅲ-26 | $Pz_2$-7-5 |
| 1075 | 甘肃岷县茶埠乡半沟铅锌矿 | 铅锌 | 浅成中低温热液型 | D | 中型 | Ⅲ-26 | $Pz_2$-7-5 |
| 1076 | 甘肃岷县耳阳沟铅锌矿 | 铅锌 | 岩浆热液型 | D | 小型 | Ⅲ-26 | $Pz_2$-7-5 |
| 1077 | 甘肃宕昌县代家庄铅锌矿 | 铅锌 | 浅成中低温热液型 | D | 大型 | Ⅲ-26 | $Pz_2$-7-5 |
| 1078 | 甘肃宕昌县金临重晶石矿 | 重晶石 | 化学沉积型 | D | 小型 | Ⅲ-26 | |
| 1079 | 甘肃漳县胭脂萤石矿 | 萤石 | 浅成中低温热液型 | P | 小型 | Ⅲ-26 | |
| 1080 | 甘肃漳县直沟萤石矿 | 萤石 | 浅成中低温热液型 | P | 小型 | Ⅲ-26 | |
| 1081 | 甘肃岷县锁龙金矿 | 金 | 岩浆热液型 | P | 小型 | Ⅲ-26 | |
| 1082 | 甘肃武山县温家沟金矿 | 金 | 岩浆热液型 | D | 小型 | Ⅲ-26 | |
| 1083 | 甘肃武山县竹子沟金矿 | 金 | 岩浆热液型 | D | 小型 | Ⅲ-26 | |
| 1084 | 甘肃礼县李坝金矿 | 金 | 岩浆热液型 | D | 大型 | Ⅲ-26 | |
| 1085 | 甘肃礼县赵沟金矿 | 金 | 岩浆热液型 | D | 中型 | Ⅲ-26 | |
| 1086 | 甘肃礼县火吉坪金矿 | 金 | 岩浆热液型 | C | 小型 | Ⅲ-26 | |
| 1087 | 甘肃礼县金山金矿 | 金 | 岩浆热液型 | D | 中型 | Ⅲ-26 | |
| 1088 | 甘肃礼县马泉金矿 | 金 | 岩浆热液型 | D | 中型 | Ⅲ-26 | |
| 1089 | 甘肃礼县阳坡金矿 | 金 | 浅成中低温热液型 | C | 中型 | Ⅲ-26 | |
| 1090 | 甘肃天水市太阳山铜矿 | 铜 | 海相火山岩型 | D | 小型 | Ⅲ-26 | |
| 1091 | 甘肃天水市分水岭铅锌矿 | 铅锌 | 浅成中低温热液型 | D—C | 小型 | Ⅲ-26 | $Pz_2$-7-5 |
| 1092 | 甘肃天水市李子园金矿 | 金 | 浅成中低温热液型 | P | 中型 | Ⅲ-26 | |
| 1093 | 甘肃徽县黑水沟金矿 | 金 | 浅成中低温热液型 | D | 中型 | Ⅲ-26 | |
| 1094 | 甘肃两当县柳梢沟金矿 | 金 | 浅成中低温热液型 | D | 中型 | Ⅲ-26 | |
| 1095 | 甘肃徽县东峪金矿 | 金 | 浅成中低温热液型 | P | 小型 | Ⅲ-26 | |
| 1096 | 甘肃成县庙沟铅锌矿 | 铅锌 | 浅成中低温热液型 | D | 小型 | Ⅲ-26 | $Pz_2$-7-5 |
| 1097 | 甘肃成县厂坝铅锌矿 | 铅锌 | 浅成中低温热液型 | D | 超大型 | Ⅲ-26 | $Pz_2$-7-5 |
| 1098 | 甘肃成县李家沟铅锌矿 | 铅锌 | 浅成中低温热液型 | D | 超大型 | Ⅲ-26 | $Pz_2$-7-5 |
| 1099 | 甘肃成县王家沟铅锌矿 | 铅锌 | 浅成中低温热液型 | D | 小型 | Ⅲ-26 | $Pz_2$-7-5 |
| 1100 | 甘肃成县向阳山铅锌矿 | 铅锌 | 浅成中低温热液型 | D | 中型 | Ⅲ-26 | $Pz_2$-7-5 |
| 1101 | 甘肃成县徐明山铅锌矿 | 铅锌 | 浅成中低温热液型 | D—P | 小型 | Ⅲ-26 | $Pz_2$-7-5 |
| 1102 | 甘肃成县银洞湾重晶石矿 | 重晶石 | 化学沉积型 | D | 小型 | Ⅲ-26 | |
| 1103 | 甘肃成县薛家沟铅锌矿 | 铅锌 | 浅成中低温热液型 | D | 中型 | Ⅲ-26 | $Pz_2$-7-5 |
| 1104 | 甘肃成县毕家山铅锌矿 | 铅锌 | 浅成中低温热液型 | D | 大型 | Ⅲ-26 | $Pz_2$-7-5 |
| 1105 | 甘肃徽县洛坝铅锌矿 | 铅锌 | 浅成中低温热液型 | D | 大型 | Ⅲ-26 | $Pz_2$-7-5 |
| 1106 | 甘肃成县华家湾铅锌矿 | 铅锌 | 浅成中低温热液型 | D—P | 中型 | Ⅲ-26 | $Pz_2$-7-5 |
| 1107 | 甘肃西和县页水河铅锌矿 | 铅锌 | 浅成中低温热液型 | D | 小型 | Ⅲ-26 | $Pz_2$-7-5 |
| 1108 | 甘肃西和县尖崖沟-三洋坝铅锌矿 | 铅锌 | 浅成中低温热液型 | D | 中型 | Ⅲ-26 | $Pz_2$-7-5 |
| 1109 | 甘肃陇南市磨沟铅锌矿 | 铅锌 | 浅成中低温热液型 | D | 小型 | Ⅲ-26 | $Pz_2$-7-5 |
| 1110 | 甘肃西和县银子崖铅锌矿 | 铅锌 | 浅成中低温热液型 | D | 小型 | Ⅲ-26 | $Pz_2$-7-5 |
| 1111 | 甘肃西和县人头山铅锌矿 | 铅锌 | 浅成中低温热液型 | D | 小型 | Ⅲ-26 | $Pz_2$-7-5 |
| 1112 | 陕西凤县铅硐山铅锌矿 | 铅锌 | 浅成中低温热液型 | D | 中型 | Ⅲ-26 | $Pz_2$-7-5 |

续表

| 编号 | 矿床名称 | 主矿种 | 成因类型 | 成矿时代 | 矿床规模 | 所属Ⅲ级成矿单元 | 所属成矿系列 |
|---|---|---|---|---|---|---|---|
| 1113 | 陕西凤县银洞梁铅锌矿 | 铅锌 | 浅成中低温热液型 | D | 大型 | Ⅲ-26 | $Pz_2$-7-5 |
| 1114 | 陕西凤县手搬崖铅锌矿 | 铅锌 | 浅成中低温热液型 | D | 中型 | Ⅲ-26 | $Pz_2$-7-5 |
| 1115 | 陕西凤县八方山铅锌矿 | 铅锌 | 浅成中低温热液型 | D | 大型 | Ⅲ-26 | $Pz_2$-7-5 |
| 1116 | 陕西凤县银母寺铅锌矿 | 铅锌 | 浅成中低温热液型 | D | 中型 | Ⅲ-26 | $Pz_2$-7-5 |
| 1117 | 陕西凤县二里河铅锌矿 | 铅锌 | 浅成中低温热液型 | D | 小型 | Ⅲ-26 | $Pz_2$-7-5 |
| 1118 | 陕西凤县王家楞九平沟铅锌矿 | 铅锌 | 浅成中低温热液型 | D | 中型 | Ⅲ-26 | $Pz_2$-7-5 |
| 1119 | 陕西太白县老铁厂铁矿 | 铁 | 岩浆热液型 | D | 小型 | Ⅲ-26 | |
| 1120 | 陕西宁陕县东沟硫铁矿 | 硫铁矿 | 岩浆热液型 | D | 小型 | Ⅲ-26 | |
| 1121 | 陕西柞水县大西沟铁矿 | 铁 | 化学沉积型 | D | 大型 | Ⅲ-26 | |
| 1122 | 陕西柞水县大西沟重晶石矿 | 重晶石 | 化学沉积型 | D | 中型 | Ⅲ-26 | |
| 1123 | 陕西柞水县银洞子银矿 | 银 | 浅成中低温热液型 | D | 大型 | Ⅲ-26 | $Pz_2$-7-5 |
| 1124 | 陕西镇安县千担沟黑沟午峪重晶石矿 | 重晶石 | 化学沉积型 | D | 小型 | Ⅲ-26 | |
| 1125 | 陕西柞水县穆家庄铜矿 | 铜 | 浅成中低温热液型 | D | 小型 | Ⅲ-26 | $Pz_2$-7-5 |
| 1126 | 陕西柞水县砂巴沟铁矿 | 铁 | 岩浆热液型 | D | 小型 | Ⅲ-26 | |
| 1127 | 陕西镇安县沙湾铁矿 | 铁 | 化学沉积型 | D | 小型 | Ⅲ-26 | |
| 1128 | 陕西山阳县桐木沟铅锌矿 | 铅锌 | 浅成中低温热液型 | C | 中型 | Ⅲ-26 | $Pz_2$-7-5 |
| 1129 | 陕西镇安县锡铜沟铅锌矿 | 铅锌 | 浅成中低温热液型 | D | 中型 | Ⅲ-26 | $Pz_2$-7-5 |
| 1130 | 陕西镇安县月西铅锌矿 | 铅锌 | 浅成中低温热液型 | D | 中型 | Ⅲ-26 | $Pz_2$-7-5 |
| 1131 | 陕西镇安县月西硫铁矿 | 硫铁矿 | 岩浆热液型 | P | 小型 | Ⅲ-26 | |
| 1132 | 陕西旬阳县惠家沟金矿 | 金 | 浅成中低温热液型 | D | 中型 | Ⅲ-26 | |
| 1133 | 陕西旬阳县赵家庄铅锌矿 | 铅锌 | 化学沉积型 | D | 小型 | Ⅲ-26 | |
| 1134 | 陕西旬阳县大岭铅锌矿 | 铅锌 | 浅成中低温热液型 | D | 小型 | Ⅲ-26 | $Pz_2$-7-5 |
| 1135 | 甘肃碌曲县且热加玛赤铁矿 | 铁 | 化学沉积型 | D | 小型 | Ⅲ-26 | $Pz_2$-7-6 |
| 1136 | 甘肃碌曲县马尔则岔铁矿 | 铁 | 化学沉积型 | D | 中型 | Ⅲ-26 | $Pz_2$-7-6 |
| 1137 | 甘肃碌曲县扎根恰热赤铁矿 | 铁 | 化学沉积型 | D | 中型 | Ⅲ-26 | $Pz_2$-7-6 |
| 1138 | 甘肃碌曲县花尔干山铁矿 | 铁 | 化学沉积型 | D | 小型 | Ⅲ-26 | $Pz_2$-7-6 |
| 1139 | 甘肃碌曲县割孔隆铁矿 | 铁 | 化学沉积型 | D | 小型 | Ⅲ-26 | $Pz_2$-7-6 |
| 1140 | 甘肃迭部县当多铁矿 | 铁 | 化学沉积型 | D | 中型 | Ⅲ-26 | $Pz_2$-7-6 |
| 1141 | 甘肃夏河县牙那赤铁矿 | 铁 | 化学沉积型 | D | 小型 | Ⅲ-26 | $Pz_2$-7-6 |
| 1142 | 甘肃迭部县泥洛沟-克鲁克那铁矿 | 铁 | 化学沉积型 | D | 中型 | Ⅲ-26 | $Pz_2$-7-6 |
| 1143 | 甘肃碌曲县尼洛沟铁矿 | 铁 | 化学沉积型 | D | 中型 | Ⅲ-26 | $Pz_2$-7-6 |
| 1144 | 甘肃夏河县牙列巴赤铁矿 | 铁 | 化学沉积型 | D | 小型 | Ⅲ-26 | $Pz_2$-7-6 |
| 1145 | 甘肃迭部县黑拉铁矿 | 铁 | 化学沉积型 | D | 中型 | Ⅲ-26 | $Pz_2$-7-6 |
| 1146 | 甘肃迭部县洛大查居菱铁矿 | 铁 | 化学沉积型 | D | 小型 | Ⅲ-26 | $Pz_2$-7-6 |
| 1147 | 甘肃岷县雪花山钨矿 | 钨 | 浅成中低温热液型 | C | 小型 | Ⅲ-26 | |
| 1148 | 甘肃碌曲县尕海沟铁矿 | 铁 | 化学沉积型 | D | 小型 | Ⅲ-26 | $Pz_2$-7-6 |
| 1149 | 甘肃玛曲县且加木括合铁矿 | 铁 | 化学沉积型 | D | 小型 | Ⅲ-26 | $Pz_2$-7-6 |
| 1150 | 甘肃玛曲县嘎尔括合铁矿 | 铁 | 化学沉积型 | D | 小型 | Ⅲ-26 | $Pz_2$-7-6 |
| 1151 | 甘肃迭部县当多磷矿 | 磷 | 化学沉积型 | D | 小型 | Ⅲ-26 | $Pz_2$-7-6 |
| 1152 | 甘肃徽县桃园金矿 | 金 | 浅成中低温热液型 | C | 小型 | Ⅲ-26 | |

续表

| 编号 | 矿床名称 | 主矿种 | 成因类型 | 成矿时代 | 矿床规模 | 所属Ⅲ级成矿单元 | 所属成矿系列 |
|---|---|---|---|---|---|---|---|
| 1153 | 甘肃徽县通天坪金矿 | 金 | 海相火山岩型 | C | 小型 | Ⅲ-26 | |
| 1154 | 甘肃舟曲县铁坝铁矿 | 铁 | 化学沉积型 | D | 小型 | Ⅲ-26 | $Pz_2$-7-6 |
| 1155 | 湖北竹山县庙垭稀土金属矿 | 稀土 | 岩浆型 | C | 大型 | Ⅲ-26 | |
| 1156 | 青海都兰县马尼特金矿 | 金 | 岩浆热液型 | C | 小型 | Ⅲ-27 | $Pz_2$-8-1 |
| 1157 | 青海玛沁县德尔尼铜矿 | 铜 | 海相火山岩型 | P | 大型 | Ⅲ-27 | $Pz_2$-8-1 |
| 1158 | 青海甘德县东乘公麻金矿 | 金 | 岩浆热液型 | P | 小型 | Ⅲ-27 | $Pz_2$-8-1 |
| 1159 | 甘肃康县孙家院铁矿 | 铁 | 化学沉积型 | D | 小型 | Ⅲ-28 | |
| 1160 | 陕西西乡县五里坝硫铁矿 | 硫铁矿 | 岩浆热液型 | D | 中型 | Ⅲ-28 | |
| 1161 | 湖北恩施市白云-石灰窑磷矿 | 磷 | 受变质型 | P | 小型 | Ⅲ-29 | |
| 1162 | 湖北蕲春县孙冲锰矿 | 锰 | 化学沉积型 | P | 小型 | Ⅲ-29 | |
| 1163 | 安徽宿松县廖河磷矿 | 磷 | 化学沉积型 | P | 小型 | Ⅲ-29 | |
| 1164 | 江西莲花县六市铁矿区坳坞矿段铁矿 | 铁 | 化学沉积型 | D | 小型 | Ⅲ-30 | |
| 1165 | 江西莲花县六市铁矿区功德山矿段铁矿 | 铁 | 化学沉积型 | D | 小型 | Ⅲ-30 | |
| 1166 | 湖南攸县湖厂铁矿 | 铁 | 化学沉积型 | D | 小型 | Ⅲ-30 | |
| 1167 | 湖南攸县冲背铁矿 | 铁 | 化学沉积型 | D | 小型 | Ⅲ-30 | |
| 1168 | 湖南攸县排山铁矿 | 铁 | 化学沉积型 | D | 小型 | Ⅲ-30 | |
| 1169 | 湖南攸县漕泊铁矿 | 铁 | 化学沉积型 | D | 小型 | Ⅲ-30 | |
| 1170 | 江西莲花县田背山铁矿 | 铁 | 化学沉积型 | D | 小型 | Ⅲ-30 | |
| 1171 | 江西莲花县九曲山铁矿 | 铁 | 化学沉积型 | D | 中型 | Ⅲ-30 | |
| 1172 | 湖南攸县兰村煤矿区洋澳-咸弘区煤矿 | 煤 | 生物化学沉积型 | C | 大型 | Ⅲ-30 | |
| 1173 | 湖南攸县滴玉石铁矿 | 铁 | 化学沉积型 | D | 小型 | Ⅲ-30 | |
| 1174 | 湖南茶陵县东冲铁矿 | 铁 | 化学沉积型 | D | 小型 | Ⅲ-30 | |
| 1175 | 湖南攸县高楼铁矿 | 铁 | 化学沉积型 | D | 小型 | Ⅲ-30 | |
| 1176 | 湖南攸县廖公铁矿 | 铁 | 化学沉积型 | D | 小型 | Ⅲ-30 | |
| 1177 | 湖南攸县凉江铁矿 | 铁 | 化学沉积型 | D | 中型 | Ⅲ-30 | |
| 1178 | 湖南攸县牛岭铁矿 | 铁 | 化学沉积型 | D | 小型 | Ⅲ-30 | |
| 1179 | 湖南攸县江冲铁矿 | 铁 | 化学沉积型 | D | 小型 | Ⅲ-30 | |
| 1180 | 湖南攸县辽叶垅铁矿 | 铁 | 化学沉积型 | D | 小型 | Ⅲ-30 | |
| 1181 | 湖南茶陵县汉背铁矿 | 铁 | 化学沉积型 | D | 小型 | Ⅲ-30 | |
| 1182 | 湖南茶陵县潞水铁矿 | 铁 | 化学沉积型 | D | 中型 | Ⅲ-30 | |
| 1183 | 湖南茶陵县清水铁矿 | 铁 | 化学沉积型 | D | 中型 | Ⅲ-30 | |
| 1184 | 湖南茶陵县雷垅里铁矿 | 铁 | 化学沉积型 | D | 中型 | Ⅲ-30 | |
| 1185 | 湖南茶陵县排前铁矿 | 铁 | 化学沉积型 | D | 中型 | Ⅲ-30 | |
| 1186 | 广西灵山县上井锰矿 | 锰 | 化学沉积型 | D | 小型 | Ⅲ-30 | |
| 1187 | 广西灵山县白狗塘锰矿 | 锰 | 化学沉积型 | D | 小型 | Ⅲ-30 | |
| 1188 | 广西钦州市大直镇岽斗锰矿 | 锰 | 化学沉积型 | D | 小型 | Ⅲ-30 | |
| 1189 | 广西钦州市红卫磷矿 | 磷 | 化学沉积型 | D | 小型 | Ⅲ-30 | |
| 1190 | 广西防城港市大塘-平旺锰矿 | 锰 | 化学沉积型 | D | 小型 | Ⅲ-30 | |
| 1191 | 福建邵武市炉下黄土岭铁矿 | 铁 | 海相火山岩型 | C | 小型 | Ⅲ-31 | |
| 1192 | 福建将乐县上湖铁矿 | 铁 | 海相火山岩型 | C | 小型 | Ⅲ-31 | |

续表

| 编号 | 矿床名称 | 主矿种 | 成因类型 | 成矿时代 | 矿床规模 | 所属Ⅲ级成矿单元 | 所属成矿系列 |
|---|---|---|---|---|---|---|---|
| 1193 | 福建南平市西坑铌钽矿 | 铌钽 | 伟晶岩型 | C—P | 大型 | Ⅲ-31 | $Pz_2$-9-1 |
| 1194 | 江西于都县岩前透闪石滑石矿 | 滑石 | 浅成中低温热液型 | C—P | 中型 | Ⅲ-31 | |
| 1195 | 湖南茶陵县秩堂铁矿 | 铁 | 化学沉积型 | D | 小型 | Ⅲ-31 | |
| 1196 | 江西永新县乌石山铁矿 | 铁 | 化学沉积型 | D | 中型 | Ⅲ-31 | |
| 1197 | 江西莲花县株岭坳铁矿 | 铁 | 化学沉积型 | D | 中型 | Ⅲ-31 | |
| 1198 | 福建大田县碉堡山铁矿 | 铁 | 矽卡岩型 | C—P | 小型 | Ⅲ-31 | |
| 1199 | 福建大田县大坑洋铁矿 | 铁 | 矽卡岩型 | C—P | 小型 | Ⅲ-31 | |
| 1200 | 福建大田县龙凤场矿区西矿段铁矿 | 铁 | 矽卡岩型 | C—P | 小型 | Ⅲ-31 | |
| 1201 | 福建永安市溪南铁矿 | 铁 | 矽卡岩型 | C—P | 小型 | Ⅲ-31 | |
| 1202 | 福建永安市煤矿班竹南井田煤矿 | 煤 | 生物化学沉积型 | C | 中型 | Ⅲ-31 | $Pz_2$-9-2 |
| 1203 | 福建永安市界头铁矿 | 铁 | 海相火山岩型 | C | 小型 | Ⅲ-31 | |
| 1204 | 福建大田县莒坑矿区南矿段铁矿 | 铁 | 矽卡岩型 | C—P | 小型 | Ⅲ-31 | |
| 1205 | 福建大田县张地铁矿 | 铁 | 矽卡岩型 | C—P | 小型 | Ⅲ-31 | |
| 1206 | 福建大田县大田煤矿上京井田煤矿 | 煤 | 生物化学沉积型 | C | 中型 | Ⅲ-31 | $Pz_2$-9-2 |
| 1207 | 福建长汀县草坪铁矿 | 铁 | 海相火山岩型 | C | 小型 | Ⅲ-31 | |
| 1208 | 福建大田县岩坑寨铁矿 | 铁 | 矽卡岩型 | C—P | 小型 | Ⅲ-31 | |
| 1209 | 福建大田县下地铅矿 | 铅 | 浅成中低温热液型 | C—P | 小型 | Ⅲ-31 | |
| 1210 | 福建大田县朱坂铅矿 | 铅 | 矽卡岩型 | P | 小型 | Ⅲ-31 | |
| 1211 | 福建连城县罗坊磷矿 | 磷 | 化学沉积型 | P | 小型 | Ⅲ-31 | |
| 1212 | 福建永安市小陶锰矿 | 锰 | 化学沉积型 | D | 小型 | Ⅲ-31 | |
| 1213 | 福建永安市西洋铁矿 | 铁 | 海相火山岩型 | C | 小型 | Ⅲ-31 | |
| 1214 | 福建连城县田心硫铁矿 | 硫铁矿 | 岩浆热液型 | C | 中型 | Ⅲ-31 | |
| 1215 | 福建永春县天湖山煤矿新村井田煤矿 | 煤 | 生物化学沉积型 | C | 中型 | Ⅲ-31 | $Pz_2$-9-2 |
| 1216 | 福建连城县后埔铁矿 | 铁 | 海相火山岩型 | C | 小型 | Ⅲ-31 | |
| 1217 | 福建连城县青草山铁矿 | 铁 | 海相火山岩型 | C | 小型 | Ⅲ-31 | |
| 1218 | 福建龙岩市连城庙前锰矿 | 锰 | 化学沉积型 | P | 小型 | Ⅲ-31 | |
| 1219 | 福建连城县珠地铁矿 | 铁 | 海相火山岩型 | C | 小型 | Ⅲ-31 | |
| 1220 | 福建连城县马道亭铁矿 | 铁 | 海相火山岩型 | C | 小型 | Ⅲ-31 | |
| 1221 | 福建龙岩市苏邦煤矿西井田煤矿 | 煤 | 生物化学沉积型 | C | 中型 | Ⅲ-31 | $Pz_2$-9-2 |
| 1222 | 福建上杭县湖洋硫铁矿 | 硫铁矿 | 岩浆热液型 | C | 中型 | Ⅲ-31 | |
| 1223 | 福建武平县岩前铁矿 | 铁 | 海相火山岩型 | C | 小型 | Ⅲ-31 | |
| 1224 | 湖南郴州市苏仙区玛瑙山铁锰铅锌矿 | 铁 | 岩浆热液型 | D | 小型 | Ⅲ-31 | |
| 1225 | 湖南郴州市苏仙区天字号铁锰矿 | 铁锰 | 浅成中低温热液型 | D | 小型 | Ⅲ-31 | |
| 1226 | 湖南郴州市苏仙区枫树下铁锰多金属矿 | 铁锰 | 浅成中低温热液型 | D | 小型 | Ⅲ-31 | |
| 1227 | 湖南郴州市苏仙区东坡一带铁矿 | 铁 | 浅成中低温热液型 | D | 小型 | Ⅲ-31 | |
| 1228 | 湖南汝城县矿区大平铁矿 | 铁 | 化学沉积型 | D | 大型 | Ⅲ-31 | |
| 1229 | 广东乐昌市西岗寨硫铁矿 | 硫铁矿 | 岩浆热液型 | D | 中型 | Ⅲ-31 | |
| 1230 | 广东乐昌市廊田硫铁矿 | 硫铁矿 | 岩浆热液型 | D | 小型 | Ⅲ-31 | |
| 1231 | 广东乐昌市杨柳塘铅锌矿 | 铅锌 | 浅成中低温热液型 | C—P | 中型 | Ⅲ-31 | |
| 1232 | 广东乐昌市大平黄铁矿 | 硫铁矿 | 岩浆热液型 | D | 小型 | Ⅲ-31 | |

续表

| 编号 | 矿床名称 | 主矿种 | 成因类型 | 成矿时代 | 矿床规模 | 所属Ⅲ级成矿单元 | 所属成矿系列 |
|---|---|---|---|---|---|---|---|
| 1233 | 广东乳源县牛岭硫铁矿 | 硫铁矿 | 岩浆热液型 | D | 小型 | Ⅲ-31 | |
| 1234 | 广东乐昌市罗村硫铁矿 | 硫铁矿 | 岩浆热液型 | D | 小型 | Ⅲ-31 | |
| 1235 | 广东韶关市曲仁煤田格顶勘探区煤矿 | 煤 | 生物化学沉积型 | D—P | 小型 | Ⅲ-31 | $Pz_2$-9-2 |
| 1236 | 广东仁化县云顶寨煤矿 | 煤 | 生物化学沉积型 | D—P | 小型 | Ⅲ-31 | $Pz_2$-9-2 |
| 1237 | 广东仁化县花坪矿区（7矿山）煤矿 | 煤 | 生物化学沉积型 | D—P | 小型 | Ⅲ-31 | $Pz_2$-9-2 |
| 1238 | 广东韶关市曲江区茶山煤矿 | 煤 | 生物化学沉积型 | D—P | 小型 | Ⅲ-31 | $Pz_2$-9-2 |
| 1239 | 广东韶关市曲江区丝茅坪勘探区（茶山南）煤矿 | 煤 | 生物化学沉积型 | D—P | 小型 | Ⅲ-31 | $Pz_2$-9-2 |
| 1240 | 广东连州市小带锰矿 | 锰 | 化学沉积型 | D | 小型 | Ⅲ-31 | |
| 1241 | 广东连州市共和（大龙山段）铁矿 | 铁 | 化学沉积型 | D | 小型 | Ⅲ-31 | |
| 1242 | 广东连州市三口江矿区煤矿 | 煤 | 生物化学沉积型 | D—P | 小型 | Ⅲ-31 | $Pz_2$-9-2 |
| 1243 | 广东连州市茶黎塘滑石矿 | 滑石 | 浅成中低温热液型 | P | 大型 | Ⅲ-31 | |
| 1244 | 广东连州市东田冲勘探区煤矿 | 煤 | 生物化学沉积型 | D—P | 小型 | Ⅲ-31 | $Pz_2$-9-2 |
| 1245 | 广东连州市大麦垵勘探区煤矿 | 煤 | 生物化学沉积型 | D—P | 小型 | Ⅲ-31 | $Pz_2$-9-2 |
| 1246 | 广东连州市车田、倒流水、九陂煤矿 | 煤 | 生物化学沉积型 | D—P | 小型 | Ⅲ-31 | $Pz_2$-9-2 |
| 1247 | 广东阳山县马下勘探区煤矿 | 煤 | 生物化学沉积型 | D—P | 小型 | Ⅲ-31 | $Pz_2$-9-2 |
| 1248 | 广东韶关市曲江区大塘煤矿 | 煤 | 生物化学沉积型 | D—P | 中型 | Ⅲ-31 | $Pz_2$-9-2 |
| 1249 | 广东韶关市浈江区花拉寨煤矿 | 煤 | 生物化学沉积型 | D—P | 小型 | Ⅲ-31 | $Pz_2$-9-2 |
| 1250 | 广东韶关市武江区芙蓉山煤矿 | 煤 | 生物化学沉积型 | D—P | 小型 | Ⅲ-31 | $Pz_2$-9-2 |
| 1251 | 广东韶关市曲江区大宝山铜铅硫矿 | 铜 | 斑岩型 | D | 大型 | Ⅲ-31 | |
| 1252 | 广东英德市锦潭硫铁矿 | 硫铁矿 | 化学沉积型 | D | 中型 | Ⅲ-31 | |
| 1253 | 广东英德市硫磺山硫铁矿 | 硫铁矿 | 化学沉积型 | D | 中型 | Ⅲ-31 | |
| 1254 | 广东英德市井冲角硫铁矿 | 硫铁矿 | 化学沉积型 | D | 中型 | Ⅲ-31 | |
| 1255 | 广东英德市单竹坑硫铁矿 | 硫铁矿 | 化学沉积型 | D | 小型 | Ⅲ-31 | |
| 1256 | 广东英德市红岩硫铁矿 | 硫铁矿 | 化学沉积型 | D | 大型 | Ⅲ-31 | |
| 1257 | 广东英德市马口硫铁矿 | 硫铁矿 | 化学沉积型 | D | 中型 | Ⅲ-31 | |
| 1258 | 广东翁源县陈村硫铁矿 | 硫铁矿 | 岩浆热液型 | D | 小型 | Ⅲ-31 | |
| 1259 | 广东翁源县三叉水硫铁矿 | 硫铁矿 | 岩浆热液型 | D | 小型 | Ⅲ-31 | |
| 1260 | 广东英德市西牛硫铁矿 | 硫铁矿 | 化学沉积型 | D | 小型 | Ⅲ-31 | |
| 1261 | 广东英德市九龙硫铁矿 | 硫铁矿 | 化学沉积型 | D | 小型 | Ⅲ-31 | |
| 1262 | 广东英德市沙口硫铁矿 | 硫铁矿 | 化学沉积型 | D | 小型 | Ⅲ-31 | |
| 1263 | 广东新丰县梅园石墨矿 | 石墨 | 变成型 | P | 大型 | Ⅲ-31 | |
| 1264 | 广东河源市上排磷矿 | 磷 | 化学沉积型 | P | 小型 | Ⅲ-31 | |
| 1265 | 广东蕉岭县羊子殿锰矿 | 锰 | 化学沉积型 | P | 小型 | Ⅲ-31 | |
| 1266 | 广东梅州市梅县区苏田锰矿 | 锰 | 化学沉积型 | C | 小型 | Ⅲ-31 | |
| 1267 | 福建大田县宝坑煤矿 | 煤 | 生物化学沉积型 | D—P | 小型 | Ⅲ-31 | $Pz_2$-9-2 |
| 1268 | 广东梅州市梅县区宝坑锰矿 | 锰 | 化学沉积型 | P | 小型 | Ⅲ-31 | |
| 1269 | 广东兴宁市兴梅煤田大窝里井田煤矿 | 煤 | 生物化学沉积型 | D—P | 小型 | Ⅲ-31 | $Pz_2$-9-2 |
| 1270 | 广东兴宁市兴梅煤田四望嶂井田煤矿 | 煤 | 生物化学沉积型 | D—P | 中型 | Ⅲ-31 | $Pz_2$-9-2 |
| 1271 | 广东兴宁市梨树坑井田煤矿 | 煤 | 生物化学沉积型 | D—P | 小型 | Ⅲ-31 | $Pz_2$-9-2 |

续表

| 编号 | 矿床名称 | 主矿种 | 成因类型 | 成矿时代 | 矿床规模 | 所属Ⅲ级成矿单元 | 所属成矿系列 |
|---|---|---|---|---|---|---|---|
| 1272 | 广东梅州市梅县区龙虎煤矿 | 煤 | 生物化学沉积型 | D—P | 小型 | Ⅲ-31 | $Pz_2$-9-2 |
| 1273 | 广东梅州市梅县区柱坑-石壁塘井田煤矿 | 煤 | 生物化学沉积型 | D—P | 小型 | Ⅲ-31 | $Pz_2$-9-2 |
| 1274 | 广东梅州市梅县区葵岭银多金属矿 | 银 | 岩浆热液型 | C | 小型 | Ⅲ-31 | |
| 1275 | 广东梅州市梅县区玉水银铜多金属矿 | 银铜 | 岩浆热液型 | C | 小型 | Ⅲ-31 | |
| 1276 | 广东梅州市梅县区丙村矿区黄北坑煤矿 | 煤 | 生物化学沉积型 | D—P | 小型 | Ⅲ-31 | $Pz_2$-9-2 |
| 1277 | 广东梅州市梅县区横径-玉水井田煤矿 | 煤 | 生物化学沉积型 | D—P | 小型 | Ⅲ-31 | $Pz_2$-9-2 |
| 1278 | 广东梅州市梅县区丙村煤矿区称子岌井田煤矿 | 煤 | 生物化学沉积型 | D—P | 小型 | Ⅲ-31 | $Pz_2$-9-2 |
| 1279 | 广东梅州市梅县区铅山里锰矿 | 锰 | 化学沉积型 | C | 小型 | Ⅲ-31 | |
| 1280 | 广东兴宁市罗岗矿区徐坑、坪洋井田煤矿 | 煤 | 生物化学沉积型 | D—P | 小型 | Ⅲ-31 | $Pz_2$-9-2 |
| 1281 | 广东梅州市梅县区大坪矿区大坪井田煤矿 | 煤 | 生物化学沉积型 | D—P | 小型 | Ⅲ-31 | $Pz_2$-9-2 |
| 1282 | 广东梅州市梅县区槐岗煤矿 | 煤 | 生物化学沉积型 | D—P | 小型 | Ⅲ-31 | $Pz_2$-9-2 |
| 1283 | 广东梅州市梅县区明山嶂矿区三丘田-马蹄岗煤矿 | 煤 | 生物化学沉积型 | D—P | 小型 | Ⅲ-31 | $Pz_2$-9-2 |
| 1284 | 广东怀集县小竹磷矿 | 磷 | 化学沉积型 | D | 小型 | Ⅲ-31 | |
| 1285 | 广东怀集县罗密-小竹铁矿 | 铁 | 化学沉积型 | D | 小型 | Ⅲ-31 | |
| 1286 | 广东广宁县洞头南铌钽矿 | 铌钽 | 岩浆型 | D—P | 小型 | Ⅲ-31 | $Pz_2$-9-1 |
| 1287 | 广东广宁县厚溪铌钽矿 | 铌钽 | 岩浆型 | D—P | 大型 | Ⅲ-31 | $Pz_2$-9-1 |
| 1288 | 广西藤县潭东磷矿 | 磷 | 化学沉积型 | D | 小型 | Ⅲ-31 | |
| 1289 | 广西岑溪市旺庆磷矿 | 磷 | 岩浆型 | C—P | 小型 | Ⅲ-31 | |
| 1290 | 广西岑溪市杨冲磷矿 | 磷 | 化学沉积型 | D | 小型 | Ⅲ-31 | |
| 1291 | 广东罗定市牛头金矿 | 金 | 岩浆热液型 | P | 小型 | Ⅲ-31 | |
| 1292 | 广西玉林市玉州区牛梯岭磷矿 | 磷 | 化学沉积型 | D | 小型 | Ⅲ-31 | |
| 1293 | 广西玉林市玉州区石公岭磷矿 | 磷 | 化学沉积型 | D | 小型 | Ⅲ-31 | |
| 1294 | 广西兴业县新庄锰矿 | 锰 | 化学沉积型 | D | 小型 | Ⅲ-31 | |
| 1295 | 广西兴业县南乡磷矿 | 磷 | 化学沉积型 | D | 小型 | Ⅲ-31 | |
| 1296 | 广西兴业县关平磷矿 | 磷 | 化学沉积型 | D | 小型 | Ⅲ-31 | |
| 1297 | 广西兴业县福地锰矿 | 锰 | 化学沉积型 | D | 小型 | Ⅲ-31 | |
| 1298 | 广西兴业县湖村磷矿 | 磷 | 化学沉积型 | D | 中型 | Ⅲ-31 | |
| 1299 | 广西浦北县寨圩镇南社锰矿 | 锰 | 化学沉积型 | D | 小型 | Ⅲ-31 | |
| 1300 | 广西浦北县寨圩磷矿 | 磷 | 化学沉积型 | D | 小型 | Ⅲ-31 | |
| 1301 | 广西浦北县金康锰矿 | 锰 | 化学沉积型 | D | 小型 | Ⅲ-31 | |
| 1302 | 广西玉林市福绵区下木郎磷矿 | 磷 | 化学沉积型 | D | 小型 | Ⅲ-31 | |
| 1303 | 广西玉林博白县新秀硫铁矿 | 硫铁矿 | 矽卡岩型 | O—D | 小型 | Ⅲ-31 | |
| 1304 | 广东信宜市冻水坑磷矿 | 磷 | 化学沉积型 | C—P | 小型 | Ⅲ-31 | |
| 1305 | 广东高州市上坪磷矿 | 磷 | 化学沉积型 | C—P | 小型 | Ⅲ-31 | |
| 1306 | 广西博白县热水塘磷矿 | 磷 | 化学沉积型 | D | 小型 | Ⅲ-31 | |
| 1307 | 广西博白县石柳磷矿 | 磷 | 化学沉积型 | D | 小型 | Ⅲ-31 | |
| 1308 | 广东化州市旗杆岭硫铁矿 | 硫铁矿 | 岩浆热液型 | D | 小型 | Ⅲ-31 | |
| 1309 | 广东化州市红头岭硫铁矿 | 硫铁矿 | 岩浆热液型 | D | 小型 | Ⅲ-31 | |

续表

| 编号 | 矿床名称 | 主矿种 | 成因类型 | 成矿时代 | 矿床规模 | 所属Ⅲ级成矿单元 | 所属成矿系列 |
|---|---|---|---|---|---|---|---|
| 1310 | 广东廉江市风稍铁矿 | 铁 | 化学沉积型 | D | 小型 | Ⅲ-31 | |
| 1311 | 广东化州市中垌丰村铅锌矿 | 铅锌 | 浅成中低温热液型 | D—P | 小型 | Ⅲ-31 | |
| 1312 | 广东廉江市盘龙塘磷矿 | 磷 | 化学沉积型 | D | 小型 | Ⅲ-31 | |
| 1313 | 广西合浦县公馆镇铁山硫铁矿 | 硫铁矿 | 浅成中低温热液型 | D | 小型 | Ⅲ-31 | |
| 1314 | 广东乐昌市白马寨锰矿 | 锰 | 化学沉积型 | P | 小型 | Ⅲ-31 | |
| 1315 | 福建福鼎市银硐硫铁矿 | 硫铁矿 | 矽卡岩型 | C | 中型 | Ⅲ-32 | |
| 1316 | 福建德化县崎阳（阳山）铁矿 | 铁 | 矽卡岩型 | C—P | 中型 | Ⅲ-32 | |
| 1317 | 福建大田县羊朝坑铁矿 | 铁 | 矽卡岩型 | P | 小型 | Ⅲ-32 | |
| 1318 | 福建漳平市洛阳铁矿 | 铁 | 海相火山岩型 | C | 中型 | Ⅲ-32 | |
| 1319 | 福建永定区五指岽铁矿 | 铁 | 海相火山岩型 | C | 小型 | Ⅲ-32 | |
| 1320 | 福建平和县大望山银矿 | 银 | 岩浆热液型 | C—P | 小型 | Ⅲ-32 | |
| 1321 | 广东五华县黄塔煤矿 | 煤 | 生物化学沉积型 | D—P | 小型 | Ⅲ-32 | |
| 1322 | 广东惠州市淡水银铅锌矿 | 铅锌 | 浅成中低温热液型 | D | 中型 | Ⅲ-32 | |
| 1323 | 广东惠州市荷树下铅锌银矿 | 铅锌 | 浅成中低温热液型 | D | 小型 | Ⅲ-32 | |
| 1324 | 广东新兴县湾边铌钽矿 | 铌钽 | 岩浆型 | D—P | 小型 | Ⅲ-32 | |
| 1325 | 广东恩平市花眠潭硫铁矿 | 硫铁矿 | 岩浆热液型 | D | 小型 | Ⅲ-32 | |
| 1326 | 广东阳春市崩坑银多金属矿 | 银铅锌 | 矽卡岩型 | D—P | 小型 | Ⅲ-32 | |
| 1327 | 安徽铜陵市天马山铜金矿 | 铜金 | 浅成中低温热液型 | C | 中型 | Ⅲ-33 | |
| 1328 | 江苏南京栖霞山甘家巷硫铁矿 | 硫铁矿 | 岩浆热液型 | D | 小型 | Ⅲ-33 | |
| 1329 | 安徽和县老山岱磷矿 | 磷 | 化学沉积型 | P | 小型 | Ⅲ-33 | $Pz_2$-10-1 |
| 1330 | 安徽和县彭家山磷矿 | 磷 | 化学沉积型 | P | 小型 | Ⅲ-33 | $Pz_2$-10-1 |
| 1331 | 安徽含山县褒山磷矿 | 磷 | 化学沉积型 | P | 小型 | Ⅲ-33 | $Pz_2$-10-1 |
| 1332 | 安徽巢湖市大尖子山磷矿 | 磷 | 化学沉积型 | P | 小型 | Ⅲ-33 | $Pz_2$-10-1 |
| 1333 | 安徽巢湖市刘黄村磷矿 | 磷 | 化学沉积型 | P | 小型 | Ⅲ-33 | $Pz_2$-10-1 |
| 1334 | 安徽巢湖市董家岗磷矿 | 磷 | 化学沉积型 | P | 小型 | Ⅲ-33 | $Pz_2$-10-1 |
| 1335 | 安徽广德县新杭矿区七井田煤矿 | 煤 | 生物化学沉积型 | C | 中型 | Ⅲ-33 | $Pz_2$-10-1 |
| 1336 | 安徽广德县牛头山磷矿 | 磷 | 化学沉积型 | P | 小型 | Ⅲ-33 | $Pz_2$-10-1 |
| 1337 | 安徽铜陵市冬瓜山铜矿 | 铜 | 浅成中低温热液型 | C | 中型 | Ⅲ-33 | |
| 1338 | 安徽铜陵市新桥铜金矿 | 铜金 | 浅成中低温热液型 | C | 中型 | Ⅲ-33 | |
| 1339 | 安徽铜陵市韭菜崖磷矿 | 磷 | 化学沉积型 | P | 小型 | Ⅲ-33 | $Pz_2$-10-1 |
| 1340 | 安徽铜陵市新桥瑶山锰矿 | 锰 | 化学沉积型 | P | 小型 | Ⅲ-33 | $Pz_2$-10-1 |
| 1341 | 安徽铜陵市大通锰矿 | 锰 | 化学沉积型 | P | 中型 | Ⅲ-33 | $Pz_2$-10-1 |
| 1342 | 湖北武汉市武昌区金水闸磷矿 | 磷 | 化学沉积型 | P | 小型 | Ⅲ-33 | $Pz_2$-10-1 |
| 1343 | 湖北大冶市还地桥井田煤矿 | 煤 | 生物化学沉积型 | C | 中型 | Ⅲ-33 | $Pz_2$-10-1 |
| 1344 | 湖北黄石市东方红煤矿 | 煤 | 生物化学沉积型 | C | 中型 | Ⅲ-33 | $Pz_2$-10-1 |
| 1345 | 湖北阳新县枫林硫铁矿 | 硫铁矿 | 岩浆热液型 | P | 中型 | Ⅲ-33 | |
| 1346 | 湖北蒲圻县柳山磷矿 | 磷 | 化学沉积型 | P | 小型 | Ⅲ-33 | $Pz_2$-10-1 |
| 1347 | 湖北咸宁市姚林铺磷矿 | 磷 | 化学沉积型 | P | 小型 | Ⅲ-33 | $Pz_2$-10-1 |
| 1348 | 湖北阳新县北岩井田硫铁矿 | 硫铁矿 | 岩浆热液型 | P | 中型 | Ⅲ-33 | |
| 1349 | 湖北阳新县宽长山井田硫铁矿 | 硫铁矿 | 岩浆热液型 | P | 小型 | Ⅲ-33 | |

续表

| 编号 | 矿床名称 | 主矿种 | 成因类型 | 成矿时代 | 矿床规模 | 所属Ⅲ级成矿单元 | 所属成矿系列 |
|---|---|---|---|---|---|---|---|
| 1350 | 湖北阳新县韩家冲井田硫铁矿 | 硫铁矿 | 岩浆热液型 | P | 小型 | Ⅲ-33 | |
| 1351 | 江西瑞昌市武山铜矿 | 铜 | 矽卡岩型 | C | 中型 | Ⅲ-33 | |
| 1352 | 浙江杭州市大麦岭磷矿 | 磷 | 化学沉积型 | P | 小型 | Ⅲ-33 | $Pz_2$-10-1 |
| 1353 | 浙江富阳区白栗坪磷矿 | 磷 | 化学沉积型 | P | 小型 | Ⅲ-33 | $Pz_2$-10-1 |
| 1354 | 浙江桐庐县下十管磷矿 | 磷 | 化学沉积型 | P | 小型 | Ⅲ-33 | $Pz_2$-10-1 |
| 1355 | 浙江桐庐县焦山磷矿 | 磷 | 化学沉积型 | P | 小型 | Ⅲ-33 | $Pz_2$-10-1 |
| 1356 | 江西乐平牯牛岭海泡石矿 | 海泡石 | 化学沉积型 | P | 中型 | Ⅲ-33 | $Pz_2$-10-1 |
| 1357 | 江西乐平市花亭锰矿 | 锰 | 化学沉积型 | C | 中型 | Ⅲ-33 | $Pz_2$-10-1 |
| 1358 | 湖北阳新县银山铅锌矿 | 铅锌 | 浅成中低温热液型 | P | 小型 | Ⅲ-33 | |
| 1359 | 湖南醴陵市荷叶塘铁矿浦口乡铁矿 | 铁 | 化学沉积型 | D | 小型 | Ⅲ-33 | |
| 1360 | 湖南醴陵市米筛冲铁矿 | 铁 | 化学沉积型 | D | 小型 | Ⅲ-33 | |
| 1361 | 湖南株洲市马家河铁矿 | 铁 | 化学沉积型 | D | 小型 | Ⅲ-33 | |
| 1362 | 湖南株洲县堂市铁矿 | 铁 | 化学沉积型 | D | 小型 | Ⅲ-33 | |
| 1363 | 湖南衡东县八井田赤铁矿 | 铁 | 化学沉积型 | D | 小型 | Ⅲ-33 | |
| 1364 | 四川芦山县大河（大白岩）铝土矿 | 铝土矿 | 化学沉积型 | P | 中型 | Ⅲ-34 | $Pz_2$-10-3 |
| 1365 | 四川天全县杉木山铝土矿 | 铝土矿 | 化学沉积型 | P | 小型 | Ⅲ-34 | $Pz_2$-10-3 |
| 1366 | 四川天全县干河铝土矿 | 铝土矿 | 化学沉积型 | P | 小型 | Ⅲ-34 | $Pz_2$-10-3 |
| 1367 | 四川绵竹市板棚子三星岩磷矿 | 磷 | 化学沉积型 | D | 中型 | Ⅲ-34 | $Pz_2$-10-3 |
| 1368 | 四川绵竹市板棚子黄土坑磷矿 | 磷 | 化学沉积型 | D | 中型 | Ⅲ-34 | $Pz_2$-10-3 |
| 1369 | 四川绵阳市安县石笋梁子磷矿 | 磷 | 化学沉积型 | D | 中型 | Ⅲ-34 | $Pz_2$-10-3 |
| 1370 | 四川绵阳市安县南天门磷矿 | 磷 | 化学沉积型 | D | 中型 | Ⅲ-34 | $Pz_2$-10-3 |
| 1371 | 四川绵竹市桃花坪磷矿 | 磷 | 化学沉积型 | D | 中型 | Ⅲ-34 | $Pz_2$-10-3 |
| 1372 | 四川绵竹市杨家沟磷矿 | 磷 | 化学沉积型 | D | 小型 | Ⅲ-34 | $Pz_2$-10-3 |
| 1373 | 四川绵竹市红绸磷矿 | 磷 | 化学沉积型 | D | 小型 | Ⅲ-34 | $Pz_2$-10-3 |
| 1374 | 四川绵竹市罗茨梁子磷矿 | 磷 | 化学沉积型 | D | 小型 | Ⅲ-34 | $Pz_2$-10-3 |
| 1375 | 四川绵竹市王家坪磷矿 | 磷 | 化学沉积型 | D | 中型 | Ⅲ-34 | $Pz_2$-10-3 |
| 1376 | 四川绵竹市王家坪燕子崖磷矿 | 磷 | 化学沉积型 | D | 中型 | Ⅲ-34 | $Pz_2$-10-3 |
| 1377 | 四川绵竹市王家坪邓家火地磷矿 | 磷 | 化学沉积型 | D | 中型 | Ⅲ-34 | $Pz_2$-10-3 |
| 1378 | 四川绵竹市芍药沟磷矿 | 磷 | 化学沉积型 | D | 小型 | Ⅲ-34 | $Pz_2$-10-3 |
| 1379 | 四川绵竹市英雄崖磷矿 | 磷 | 化学沉积型 | D | 小型 | Ⅲ-34 | $Pz_2$-10-3 |
| 1380 | 四川绵竹市马槽滩河东磷矿 | 磷 | 化学沉积型 | D | 中型 | Ⅲ-34 | $Pz_2$-10-3 |
| 1381 | 四川什邡市岳家山磷矿 | 磷 | 化学沉积型 | D | 中型 | Ⅲ-34 | $Pz_2$-10-3 |
| 1382 | 四川绵竹市马槽滩磷矿 | 磷 | 化学沉积型 | D | 大型 | Ⅲ-34 | $Pz_2$-10-3 |
| 1383 | 四川什邡市马槽滩河西磷矿 | 磷 | 化学沉积型 | D | 中型 | Ⅲ-34 | $Pz_2$-10-3 |
| 1384 | 四川绵竹市马槽滩兰家坪磷矿 | 磷 | 化学沉积型 | D | 中型 | Ⅲ-34 | $Pz_2$-10-3 |
| 1385 | 四川彭丹市红岩蛇纹石矿 | 蛇纹岩 | 浅成中低温热液型 | C | 中型 | Ⅲ-34 | |
| 1386 | 四川都江堰县懒板凳赤铁矿 | 铁 | 化学沉积型 | D | 小型 | Ⅲ-34 | $Pz_2$-10-3 |
| 1387 | 四川江油市观务山铁矿 | 铁 | 化学沉积型 | D | 小型 | Ⅲ-34 | $Pz_2$-10-3 |
| 1388 | 四川江油市太华山铁矿 | 铁 | 化学沉积型 | D | 小型 | Ⅲ-34 | $Pz_2$-10-3 |
| 1389 | 四川江油市白鹤洞铁矿 | 铁 | 化学沉积型 | D | 小型 | Ⅲ-34 | $Pz_2$-10-3 |

续表

| 编号 | 矿床名称 | 主矿种 | 成因类型 | 成矿时代 | 矿床规模 | 所属Ⅲ级成矿单元 | 所属成矿系列 |
|---|---|---|---|---|---|---|---|
| 1390 | 四川江油市老君山铁矿 | 铁 | 化学沉积型 | D | 小型 | Ⅲ-34 | $Pz_2$-10-3 |
| 1391 | 四川江油市广利寺铁矿 | 铁 | 化学沉积型 | D | 小型 | Ⅲ-34 | $Pz_2$-10-3 |
| 1392 | 四川广元市铁佛山铝土矿 | 铝土矿 | 化学沉积型 | P | 小型 | Ⅲ-34 | $Pz_2$-10-3 |
| 1393 | 四川万源市花鄂山铝土矿 | 铝土矿 | 化学沉积型 | P | 小型 | Ⅲ-34 | $Pz_2$-10-3 |
| 1394 | 重庆巫溪县宁厂镇花栗村硫铁矿 | 硫铁矿 | 化学沉积型 | P | 中型 | Ⅲ-34 | $Pz_2$-10-3 |
| 1395 | 重庆巫溪县辉煌硫铁矿 | 硫铁矿 | 化学沉积型 | P | 小型 | Ⅲ-34 | $Pz_2$-10-3 |
| 1396 | 重庆巫溪县定城阑英高阳村-双阳白果村硫铁矿 | 硫铁矿 | 化学沉积型 | P | 小型 | Ⅲ-34 | $Pz_2$-10-3 |
| 1397 | 湖北五峰县石磨-堆子铁矿 | 铁 | 化学沉积型 | D | 小型 | Ⅲ-34 | $Pz_2$-10-3 |
| 1398 | 湖北保康县管驿沟硫铁矿 | 硫铁矿 | 化学沉积型 | P | 中型 | Ⅲ-34 | $Pz_2$-10-3 |
| 1399 | 湖北保康县三管石硫铁矿 | 硫铁矿 | 化学沉积型 | P | 小型 | Ⅲ-34 | $Pz_2$-10-3 |
| 1400 | 湖北南漳县杨柳（车庄）磷矿 | 磷 | 化学沉积型 | P | 小型 | Ⅲ-34 | $Pz_2$-10-3 |
| 1401 | 湖北南漳县刘家湾硫铁矿 | 硫铁矿 | 化学沉积型 | P | 小型 | Ⅲ-34 | $Pz_2$-10-3 |
| 1402 | 湖北南漳县狮子岩矿区猴子岩段铝土矿 | 铝土矿 | 化学沉积型 | P | 小型 | Ⅲ-34 | $Pz_2$-10-3 |
| 1403 | 湖北南漳县狮子岩铁矿 | 铁 | 化学沉积型 | P | 小型 | Ⅲ-34 | $Pz_2$-10-3 |
| 1404 | 湖北南漳县王家山铝土矿 | 铝土矿 | 化学沉积型 | P | 小型 | Ⅲ-34 | $Pz_2$-10-3 |
| 1405 | 湖北宜城市西山铝土矿 | 铝土矿 | 化学沉积型 | P | 小型 | Ⅲ-34 | $Pz_2$-10-3 |
| 1406 | 湖北宜城市双寨子矿区尖山铁矿 | 铁 | 化学沉积型 | P | 小型 | Ⅲ-34 | $Pz_2$-10-3 |
| 1407 | 湖北宜城市双砦子铝土矿 | 铝土矿 | 化学沉积型 | P | 小型 | Ⅲ-34 | $Pz_2$-10-3 |
| 1408 | 湖北随州市张家泉铝土矿 | 铝土矿 | 化学沉积型 | P | 小型 | Ⅲ-34 | $Pz_2$-10-3 |
| 1409 | 重庆开县河堰镇顺平硫铁矿 | 硫铁矿 | 化学沉积型 | P | 大型 | Ⅲ-34 | $Pz_2$-10-3 |
| 1410 | 重庆开县红园硫铁矿 | 硫铁矿 | 化学沉积型 | P | 中型 | Ⅲ-34 | $Pz_2$-10-3 |
| 1411 | 重庆开县关面楠木园硫铁矿 | 硫铁矿 | 化学沉积型 | P | 小型 | Ⅲ-34 | $Pz_2$-10-3 |
| 1412 | 重庆开云阳县农坝镇云峰硫铁矿 | 硫铁矿 | 化学沉积型 | P | 中型 | Ⅲ-34 | $Pz_2$-10-3 |
| 1413 | 重庆巫溪县田坝硫铁矿 | 硫铁矿 | 化学沉积型 | P | 大型 | Ⅲ-34 | $Pz_2$-10-3 |
| 1414 | 重庆云阳县牛角洞硫铁矿 | 硫铁矿 | 化学沉积型 | P | 中型 | Ⅲ-34 | $Pz_2$-10-3 |
| 1415 | 重庆市城口县双河乡白水洞硫铁矿 | 硫铁矿 | 化学沉积型 | P | 小型 | Ⅲ-34 | $Pz_2$-10-3 |
| 1416 | 四川达州市宣汉县普光气田 | 天然气 | 生物化学沉积型 | P | 超大型 | Ⅲ-34 | $Pz_2$-10-3 |
| 1417 | 重庆巫溪县中政硫铁矿 | 硫铁矿 | 化学沉积型 | P | 小型 | Ⅲ-34 | $Pz_2$-10-3 |
| 1418 | 重庆开云阳县云泰硫铁矿 | 硫铁矿 | 化学沉积型 | P | 中型 | Ⅲ-34 | $Pz_2$-10-3 |
| 1419 | 重庆巫溪县银发硫铁矿 | 硫铁矿 | 化学沉积型 | P | 小型 | Ⅲ-34 | $Pz_2$-10-3 |
| 1420 | 湖北保康县过渡湾（龙洞）铁矿 | 铁 | 化学沉积型 | P | 小型 | Ⅲ-34 | $Pz_2$-10-3 |
| 1421 | 湖北保康县崇家山铁矿 | 铁 | 化学沉积型 | P | 小型 | Ⅲ-34 | $Pz_2$-10-3 |
| 1422 | 湖北南漳县报信坡矿区松树垭铝土矿 | 铝土矿 | 化学沉积型 | P | 小型 | Ⅲ-34 | $Pz_2$-10-3 |
| 1423 | 湖北钟祥市丽山铝土矿 | 铝土矿 | 化学沉积型 | P | 小型 | Ⅲ-34 | $Pz_2$-10-3 |
| 1424 | 贵州务川县周家坡铁矿 | 铁 | 化学沉积型 | D | 小型 | Ⅲ-34 | $Pz_2$-10-3 |
| 1425 | 贵州秭归县李家坪铁矿 | 铁 | 化学沉积型 | D | 小型 | Ⅲ-34 | $Pz_2$-10-3 |
| 1426 | 湖北五峰县石福河铁矿 | 铁 | 化学沉积型 | D | 小型 | Ⅲ-34 | $Pz_2$-10-3 |
| 1427 | 重庆巫山县桃花铁矿 | 铁 | 化学沉积型 | D | 大型 | Ⅲ-34 | $Pz_2$-10-3 |
| 1428 | 重庆巫山县莲花煤厂硫铁矿 | 硫铁矿 | 化学沉积型 | P | 小型 | Ⅲ-34 | $Pz_2$-10-3 |

续表

| 编号 | 矿床名称 | 主矿种 | 成因类型 | 成矿时代 | 矿床规模 | 所属Ⅲ级成矿单元 | 所属成矿系列 |
|---|---|---|---|---|---|---|---|
| 1429 | 重庆奉节县龙桥铁矿 | 铁 | 化学沉积型 | D | 小型 | Ⅲ-34 | $Pz_2$-10-3 |
| 1430 | 重庆巫山县官渡镇猫子山硫铁矿 | 硫铁矿 | 化学沉积型 | P | 中型 | Ⅲ-34 | $Pz_2$-10-3 |
| 1431 | 重庆巫山县邓家铁矿 | 铁 | 化学沉积型 | D | 中型 | Ⅲ-34 | $Pz_2$-10-3 |
| 1432 | 湖北恩施市建始县天鹅池硫铁矿 | 硫铁矿 | 化学沉积型 | P | 中型 | Ⅲ-34 | $Pz_2$-10-3 |
| 1433 | 湖北建始县十八格铁矿 | 铁 | 化学沉积型 | D | 中型 | Ⅲ-34 | $Pz_2$-10-3 |
| 1434 | 湖北巴东县野花坪铁矿 | 铁 | 化学沉积型 | D | 中型 | Ⅲ-34 | $Pz_2$-10-3 |
| 1435 | 湖北秭归县白庙岭铁矿 | 铁 | 化学沉积型 | D | 小型 | Ⅲ-34 | $Pz_2$-10-3 |
| 1436 | 贵州秭归县樊家湾铁矿 | 铁 | 化学沉积型 | D | 中型 | Ⅲ-34 | $Pz_2$-10-3 |
| 1437 | 湖北秭归县白燕山铁矿 | 铁 | 化学沉积型 | D | 小型 | Ⅲ-34 | $Pz_2$-10-3 |
| 1438 | 贵州秭归县毛火山铁矿 | 铁 | 化学沉积型 | D | 小型 | Ⅲ-34 | $Pz_2$-10-3 |
| 1439 | 贵州秭归县金竹山铁矿 | 铁 | 化学沉积型 | D | 小型 | Ⅲ-34 | $Pz_2$-10-3 |
| 1440 | 湖北宜昌市官庄铁矿 | 铁 | 化学沉积型 | D | 中型 | Ⅲ-34 | $Pz_2$-10-3 |
| 1441 | 重庆奉节县硫磺厂开采区硫铁矿 | 硫铁矿 | 化学沉积型 | P | 中型 | Ⅲ-34 | $Pz_2$-10-3 |
| 1442 | 重庆奉节县青龙化工场开采区硫铁矿 | 硫铁矿 | 化学沉积型 | P | 小型 | Ⅲ-34 | $Pz_2$-10-3 |
| 1443 | 重庆奉节县马家湾硫铁矿 | 硫铁矿 | 化学沉积型 | P | 中型 | Ⅲ-34 | $Pz_2$-10-3 |
| 1444 | 湖北恩施市太阳河道路湾硫铁矿 | 硫铁矿 | 化学沉积型 | P | 中型 | Ⅲ-34 | $Pz_2$-10-3 |
| 1445 | 湖北恩施市磺厂坪相思河井田硫铁矿 | 硫铁矿 | 化学沉积型 | P | 中型 | Ⅲ-34 | $Pz_2$-10-3 |
| 1446 | 湖北恩施市磺厂坪狮子崖井田硫铁矿 | 硫铁矿 | 化学沉积型 | P | 中型 | Ⅲ-34 | $Pz_2$-10-3 |
| 1447 | 湖北恩施市建始县磺厂坪硫铁矿 | 硫铁矿 | 化学沉积型 | P | 大型 | Ⅲ-34 | $Pz_2$-10-3 |
| 1448 | 湖北恩施市磺厂坪双土坎井田硫铁矿 | 硫铁矿 | 化学沉积型 | P | 中型 | Ⅲ-34 | $Pz_2$-10-3 |
| 1449 | 湖北巴东县麻沙煤矿 | 煤 | 生物化学沉积型 | C | 中型 | Ⅲ-34 | $Pz_2$-10-3 |
| 1450 | 湖北巴东县仙人岩铁矿 | 铁 | 化学沉积型 | D | 中型 | Ⅲ-34 | $Pz_2$-10-3 |
| 1451 | 湖北郧西县瓦屋场铁矿 | 铁 | 化学沉积型 | D | 中型 | Ⅲ-34 | $Pz_2$-10-3 |
| 1452 | 湖北秭归县杨林新村峡口锯齿岩铁矿 | 铁 | 化学沉积型 | D | 小型 | Ⅲ-34 | $Pz_2$-10-3 |
| 1453 | 湖北长阳县败阵垭铁矿 | 铁 | 化学沉积型 | D | 小型 | Ⅲ-34 | $Pz_2$-10-3 |
| 1454 | 湖北长阳县火烧坪铁矿 | 铁 | 化学沉积型 | D | 大型 | Ⅲ-34 | $Pz_2$-10-3 |
| 1455 | 湖北长阳县青岗坪铁矿 | 铁 | 化学沉积型 | D | 中型 | Ⅲ-34 | $Pz_2$-10-3 |
| 1456 | 湖北黄梅县马鞍山铁矿 | 铁 | 化学沉积型 | D | 中型 | Ⅲ-34 | $Pz_2$-10-3 |
| 1457 | 湖北秭归县茅坪铁矿 | 铁 | 化学沉积型 | D | 小型 | Ⅲ-34 | $Pz_2$-10-3 |
| 1458 | 湖北利川市罗圈坝硫铁矿 | 硫铁矿 | 化学沉积型 | P | 中型 | Ⅲ-34 | $Pz_2$-10-3 |
| 1459 | 湖北利川市见天坝硫铁矿 | 硫铁矿 | 化学沉积型 | P | 小型 | Ⅲ-34 | $Pz_2$-10-3 |
| 1460 | 湖北恩施市沐抚硫铁矿 | 硫铁矿 | 化学沉积型 | P | 中型 | Ⅲ-34 | $Pz_2$-10-3 |
| 1461 | 湖北恩施市营上硫铁矿 | 硫铁矿 | 化学沉积型 | P | 大型 | Ⅲ-34 | $Pz_2$-10-3 |
| 1462 | 湖北巴东县铁厂坝铁矿 | 铁 | 化学沉积型 | D | 中型 | Ⅲ-34 | $Pz_2$-10-3 |
| 1463 | 湖北恩施市东风硫铁矿 | 硫铁矿 | 化学沉积型 | P | 小型 | Ⅲ-34 | $Pz_2$-10-3 |
| 1464 | 湖北恩施市百家洞硫铁矿 | 硫铁矿 | 化学沉积型 | P | 小型 | Ⅲ-34 | $Pz_2$-10-3 |
| 1465 | 湖北恩施市向家村硫铁矿 | 硫铁矿 | 化学沉积型 | P | 中型 | Ⅲ-34 | $Pz_2$-10-3 |
| 1466 | 湖北恩施市建始县大理硫铁矿 | 硫铁矿 | 化学沉积型 | P | 中型 | Ⅲ-34 | $Pz_2$-10-3 |
| 1467 | 湖北恩施市漂水岩硫铁矿 | 硫铁矿 | 化学沉积型 | P | 中型 | Ⅲ-34 | $Pz_2$-10-3 |
| 1468 | 湖北建始县王家河铁矿 | 铁 | 化学沉积型 | D | 中型 | Ⅲ-34 | $Pz_2$-10-3 |

续表

| 编号 | 矿床名称 | 主矿种 | 成因类型 | 成矿时代 | 矿床规模 | 所属Ⅲ级成矿单元 | 所属成矿系列 |
|---|---|---|---|---|---|---|---|
| 1469 | 湖北建始县尹家村铁矿 | 铁 | 化学沉积型 | D | 小型 | Ⅲ-34 | $Pz_2$-10-3 |
| 1470 | 湖北建始县官店铁矿 | 铁 | 化学沉积型 | D | 大型 | Ⅲ-34 | $Pz_2$-10-3 |
| 1471 | 湖北五峰县苏家岩铁矿 | 铁 | 化学沉积型 | D | 小型 | Ⅲ-34 | $Pz_2$-10-3 |
| 1472 | 湖北巴东县龙角坝铁矿 | 铁 | 化学沉积型 | D | 大型 | Ⅲ-34 | $Pz_2$-10-3 |
| 1473 | 湖北长阳县石板坡铁矿 | 铁 | 化学沉积型 | D | 中型 | Ⅲ-34 | $Pz_2$-10-3 |
| 1474 | 湖北五峰县黄粮坪铁矿 | 铁 | 化学沉积型 | D | 中型 | Ⅲ-34 | $Pz_2$-10-3 |
| 1475 | 湖北郧西县谢家坪铁矿 | 铁 | 化学沉积型 | D | 中型 | Ⅲ-34 | $Pz_2$-10-3 |
| 1476 | 湖北五峰县五家河铁矿 | 铁 | 化学沉积型 | D | 中型 | Ⅲ-34 | $Pz_2$-10-3 |
| 1477 | 湖北五峰县阮家河铁矿 | 铁 | 化学沉积型 | D | 中型 | Ⅲ-34 | $Pz_2$-10-3 |
| 1478 | 湖北鹤峰县凉水井铁矿 | 铁 | 化学沉积型 | D | 大型 | Ⅲ-34 | $Pz_2$-10-3 |
| 1479 | 湖北巴东县黑石板铁矿 | 铁 | 化学沉积型 | D—C | 大型 | Ⅲ-34 | $Pz_2$-10-3 |
| 1480 | 湖北建始县龙坪铁矿 | 铁 | 化学沉积型 | D | 中型 | Ⅲ-34 | $Pz_2$-10-3 |
| 1481 | 湖北五峰县傅家堰铁矿 | 铁 | 化学沉积型 | D | 小型 | Ⅲ-34 | $Pz_2$-10-3 |
| 1482 | 湖北鹤峰县红莲池铁矿 | 铁 | 化学沉积型 | D | 小型 | Ⅲ-34 | $Pz_2$-10-3 |
| 1483 | 湖北鹤峰县黄家营硫铁矿 | 硫铁矿 | 化学沉积型 | P | 中型 | Ⅲ-34 | $Pz_2$-10-3 |
| 1484 | 湖北鹤峰县清水湄铁矿 | 铁 | 化学沉积型 | D | 小型 | Ⅲ-34 | $Pz_2$-10-3 |
| 1485 | 湖北宣恩县勾腰坝硫铁矿 | 硫铁矿 | 化学沉积型 | P | 中型 | Ⅲ-34 | $Pz_2$-10-3 |
| 1486 | 湖北宣恩县马虎坪铁矿 | 铁 | 化学沉积型 | D | 中型 | Ⅲ-34 | $Pz_2$-10-3 |
| 1487 | 湖北宣恩县烧巴岩铁矿 | 铁 | 化学沉积型 | D | 小型 | Ⅲ-34 | $Pz_2$-10-3 |
| 1488 | 重庆万州区武陵长坪弹子硫铁矿 | 硫铁矿 | 化学沉积型 | P | 中型 | Ⅲ-34 | $Pz_2$-10-3 |
| 1489 | 重庆巫溪县九狮坪硫铁矿 | 硫铁矿 | 化学沉积型 | P | 中型 | Ⅲ-34 | $Pz_2$-10-3 |
| 1490 | 湖北建始县太平口铁矿 | 铁 | 化学沉积型 | D | 中型 | Ⅲ-34 | $Pz_2$-10-3 |
| 1491 | 湖北恩施市火烧堡铁矿 | 铁 | 化学沉积型 | D | 小型 | Ⅲ-34 | $Pz_2$-10-3 |
| 1492 | 湖北宣恩县长潭河铁矿 | 铁 | 化学沉积型 | D | 中型 | Ⅲ-34 | $Pz_2$-10-3 |
| 1493 | 湖北宜都市松木坪铁矿 | 铁 | 化学沉积型 | D | 中型 | Ⅲ-34 | $Pz_2$-10-3 |
| 1494 | 湖北松滋市锈水沟硫铁矿 | 硫铁矿 | 化学沉积型 | C | 中型 | Ⅲ-34 | $Pz_2$-10-3 |
| 1495 | 四川绵竹市王家坪马家坪磷矿 | 磷 | 化学沉积型 | D | 大型 | Ⅲ-34 | $Pz_2$-10-3 |
| 1496 | 四川荥经县花滩铜矿 | 铜 | 陆相火山岩型 | P | 小型 | Ⅲ-34 | |
| 1497 | 重庆石柱县见天坝硫铁矿 | 硫铁矿 | 化学沉积型 | P | 小型 | Ⅲ-34 | $Pz_2$-10-3 |
| 1498 | 四川华蓥市李子垭煤矿 | 煤 | 生物化学沉积型 | C | 中型 | Ⅲ-34 | $Pz_2$-10-3 |
| 1499 | 重庆合川区水田坝井田硫铁矿 | 硫铁矿 | 化学沉积型 | P | 中型 | Ⅲ-34 | $Pz_2$-10-3 |
| 1500 | 重庆合川区三汇坝井田硫铁矿 | 硫铁矿 | 化学沉积型 | P | 中型 | Ⅲ-34 | $Pz_2$-10-3 |
| 1501 | 重庆合川区皮家山一、二号井田硫铁矿 | 硫铁矿 | 化学沉积型 | P | 中型 | Ⅲ-34 | $Pz_2$-10-3 |
| 1502 | 重庆北碚区皮家山乡河沟硫铁矿 | 硫铁矿 | 化学沉积型 | P | 小型 | Ⅲ-34 | $Pz_2$-10-3 |
| 1503 | 重庆渝北区秦华硫铁矿 | 硫铁矿 | 化学沉积型 | P | 中型 | Ⅲ-34 | $Pz_2$-10-3 |
| 1504 | 重庆渝北区华秦乡康家村硫铁矿 | 硫铁矿 | 化学沉积型 | P | 中型 | Ⅲ-34 | $Pz_2$-10-3 |
| 1505 | 重庆长寿区幸福坪杉树湾硫铁矿 | 硫铁矿 | 化学沉积型 | P | 中型 | Ⅲ-34 | $Pz_2$-10-3 |
| 1506 | 四川垫江县卧龙河-沙坪场天然气田 | 天然气 | 生物化学沉积型 | P | 大型 | Ⅲ-34 | $Pz_2$-10-3 |
| 1507 | 重庆合川区沥鼻峡硫铁矿 | 铁 | 化学沉积型 | P | 大型 | Ⅲ-34 | $Pz_2$-10-3 |
| 1508 | 重庆北碚区天府硫铁矿区代家沟矿段 | 硫铁矿 | 化学沉积型 | P | 中型 | Ⅲ-34 | $Pz_2$-10-3 |

续表

| 编号 | 矿床名称 | 主矿种 | 成因类型 | 成矿时代 | 矿床规模 | 所属Ⅲ级成矿单元 | 所属成矿系列 |
|---|---|---|---|---|---|---|---|
| 1509 | 重庆北碚区天府煤矿南北井田硫铁矿 | 硫铁矿 | 化学沉积型 | P | 中型 | Ⅲ-34 | $Pz_2$-10-3 |
| 1510 | 重庆丰都县太运横梁硫铁矿 | 硫铁矿 | 化学沉积型 | P | 小型 | Ⅲ-34 | $Pz_2$-10-3 |
| 1511 | 重庆石柱县凯地硫铁矿 | 硫铁矿 | 化学沉积型 | P | 小型 | Ⅲ-34 | $Pz_2$-10-3 |
| 1512 | 重庆丰都县回龙乡野猫矸硫铁矿 | 硫铁矿 | 化学沉积型 | P | 中型 | Ⅲ-34 | $Pz_2$-10-3 |
| 1513 | 重庆丰都县野猫矸铝土矿 | 铝土矿 | 化学沉积型 | P | 小型 | Ⅲ-34 | $Pz_2$-10-3 |
| 1514 | 重庆黔江区黑溪乡贾角山硫铁矿 | 硫铁矿 | 化学沉积型 | P | 小型 | Ⅲ-34 | $Pz_2$-10-3 |
| 1515 | 重庆黔江区水田坝铝土矿 | 铝土矿 | 化学沉积型 | P | 中型 | Ⅲ-34 | $Pz_2$-10-3 |
| 1516 | 重庆黔江区城南乡杉木垭硫铁矿 | 硫铁矿 | 化学沉积型 | P | 小型 | Ⅲ-34 | $Pz_2$-10-3 |
| 1517 | 重庆彭水县锅厂坝铁矿 | 铁 | 化学沉积型 | D | 小型 | Ⅲ-34 | $Pz_2$-10-3 |
| 1518 | 重庆涪陵区卷洞乡倒角硫铁矿 | 硫铁矿 | 化学沉积型 | P | 小型 | Ⅲ-34 | $Pz_2$-10-3 |
| 1519 | 重庆南川区南桐水溪井田硫铁矿 | 硫铁矿 | 化学沉积型 | P | 中型 | Ⅲ-34 | $Pz_2$-10-3 |
| 1520 | 重庆武隆区南桐煤田打蕨沟、石拱坝井田硫铁矿 | 硫铁矿 | 化学沉积型 | P | 大型 | Ⅲ-34 | $Pz_2$-10-3 |
| 1521 | 重庆涪陵区龙塘白沙陀牛角洞硫铁矿 | 硫铁矿 | 化学沉积型 | P | 小型 | Ⅲ-34 | $Pz_2$-10-3 |
| 1522 | 重庆武隆区羊角硫铁矿 | 硫铁矿 | 化学沉积型 | P | 中型 | Ⅲ-34 | $Pz_2$-10-3 |
| 1523 | 重庆武隆区老灵沟铝土矿 | 铝土矿 | 化学沉积型 | P | 小型 | Ⅲ-34 | $Pz_2$-10-3 |
| 1524 | 重庆武隆区土坎铝土矿 | 铝土矿 | 化学沉积型 | P | 小型 | Ⅲ-34 | $Pz_2$-10-3 |
| 1525 | 重庆武隆区堰田沟铝土矿 | 铝土矿 | 化学沉积型 | P | 小型 | Ⅲ-34 | $Pz_2$-10-3 |
| 1526 | 重庆彭水县鹿鸣乡叉田坳硫铁矿 | 硫铁矿 | 化学沉积型 | P | 小型 | Ⅲ-34 | $Pz_2$-10-3 |
| 1527 | 重庆彭水县高谷硫铁矿 | 硫铁矿 | 化学沉积型 | P | 小型 | Ⅲ-34 | $Pz_2$-10-3 |
| 1528 | 重庆黔江区白土乡山王庙硫铁矿 | 硫铁矿 | 化学沉积型 | P | 中型 | Ⅲ-34 | $Pz_2$-10-3 |
| 1529 | 重庆黔江区鱼泉乡大岩门硫铁矿 | 硫铁矿 | 化学沉积型 | P | 中型 | Ⅲ-34 | $Pz_2$-10-3 |
| 1530 | 重庆武隆区茶树凼铝土矿 | 铝土矿 | 化学沉积型 | P | 小型 | Ⅲ-34 | $Pz_2$-10-3 |
| 1531 | 重庆武隆区赵家坝铝土矿 | 铝土矿 | 化学沉积型 | P | 小型 | Ⅲ-34 | $Pz_2$-10-3 |
| 1532 | 重庆武隆区长槽铝土矿 | 铝土矿 | 化学沉积型 | P | 中型 | Ⅲ-34 | $Pz_2$-10-3 |
| 1533 | 重庆武隆区黑池沙河铝土矿 | 铝土矿 | 化学沉积型 | P | 小型 | Ⅲ-34 | $Pz_2$-10-3 |
| 1534 | 重庆南川区磨子沟铝土矿 | 铝土矿 | 化学沉积型 | P | 中型 | Ⅲ-34 | $Pz_2$-10-3 |
| 1535 | 重庆南川区吴家湾铝土矿 | 铝土矿 | 化学沉积型 | P | 中型 | Ⅲ-34 | $Pz_2$-10-3 |
| 1536 | 重庆南川区南桐红星井田硫铁矿 | 硫铁矿 | 化学沉积型 | P | 中型 | Ⅲ-34 | $Pz_2$-10-3 |
| 1537 | 重庆南川区南桐联合井田硫铁矿 | 硫铁矿 | 化学沉积型 | P | 小型 | Ⅲ-34 | $Pz_2$-10-3 |
| 1538 | 重庆南川区川洞湾铝土矿 | 铝土矿 | 化学沉积型 | P | 小型 | Ⅲ-34 | $Pz_2$-10-3 |
| 1539 | 重庆南川区大佛岩铝土矿 | 铝土矿 | 化学沉积型 | P | 大型 | Ⅲ-34 | $Pz_2$-10-3 |
| 1540 | 重庆武隆区申基坪铝土矿 | 铝土矿 | 化学沉积型 | P | 大型 | Ⅲ-34 | $Pz_2$-10-3 |
| 1541 | 重庆南川区硫铁矿 | 硫铁矿 | 化学沉积型 | P | 中型 | Ⅲ-34 | $Pz_2$-10-3 |
| 1542 | 重庆武隆区白岩湾铝土矿 | 铝土矿 | 化学沉积型 | P | 中型 | Ⅲ-34 | $Pz_2$-10-3 |
| 1543 | 贵州道真县大塘铝土矿 | 铝土矿 | 化学沉积型 | C | 大型 | Ⅲ-34 | $Pz_2$-10-3 |
| 1544 | 贵州道真县增长硫铁矿 | 硫铁矿 | 化学沉积型 | P | 小型 | Ⅲ-34 | $Pz_2$-10-3 |
| 1545 | 重庆武隆区子母岩铝土矿 | 铝土矿 | 化学沉积型 | P | 中型 | Ⅲ-34 | $Pz_2$-10-3 |
| 1546 | 重庆武隆区浩口铝土矿 | 铝土矿 | 化学沉积型 | P | 小型 | Ⅲ-34 | $Pz_2$-10-3 |
| 1547 | 贵州道真县还打岩铝土矿 | 铝土矿 | 化学沉积型 | C | 中型 | Ⅲ-34 | $Pz_2$-10-3 |

续表

| 编号 | 矿床名称 | 主矿种 | 成因类型 | 成矿时代 | 矿床规模 | 所属Ⅲ级成矿单元 | 所属成矿系列 |
|---|---|---|---|---|---|---|---|
| 1548 | 重庆南川区菜竹坝铝土矿 | 铝土矿 | 化学沉积型 | P | 中型 | Ⅲ-34 | $Pz_2$-10-3 |
| 1549 | 重庆万盛区南桐区腰子口-两河硫铁矿 | 硫铁矿 | 化学沉积型 | P | 中型 | Ⅲ-34 | $Pz_2$-10-3 |
| 1550 | 重庆万盛区丛林硫铁矿区浸溪矿段 | 硫铁矿 | 化学沉积型 | P | 小型 | Ⅲ-34 | $Pz_2$-10-3 |
| 1551 | 重庆万盛区南桐矿区丛林沟硫铁矿 | 硫铁矿 | 化学沉积型 | P | 中型 | Ⅲ-34 | $Pz_2$-10-3 |
| 1552 | 重庆南川区娄家山铝土矿 | 铝土矿 | 化学沉积型 | P | 中型 | Ⅲ-34 | $Pz_2$-10-3 |
| 1553 | 重庆南川区红光、先锋、南川硫铁矿 | 硫铁矿 | 化学沉积型 | P | 中型 | Ⅲ-34 | $Pz_2$-10-3 |
| 1554 | 重庆南川区南桐东胜井田硫铁矿 | 硫铁矿 | 化学沉积型 | P | 大型 | Ⅲ-34 | $Pz_2$-10-3 |
| 1555 | 重庆南川区柏梓山铝土矿 | 铝土矿 | 化学沉积型 | P | 中型 | Ⅲ-34 | $Pz_2$-10-3 |
| 1556 | 贵州正安县马鬃岭铝土矿 | 铝土矿 | 化学沉积型 | C | 大型 | Ⅲ-34 | $Pz_2$-10-3 |
| 1557 | 贵州正安县东山铝土矿 | 铝土矿 | 化学沉积型 | C | 大型 | Ⅲ-34 | $Pz_2$-10-3 |
| 1558 | 贵州道真县安场矿区双河铝土矿 | 铝土矿 | 化学沉积型 | C | 小型 | Ⅲ-34 | $Pz_2$-10-3 |
| 1559 | 贵州正安县旦坪铝土矿 | 铝土矿 | 化学沉积型 | C | 大型 | Ⅲ-34 | $Pz_2$-10-3 |
| 1560 | 贵州正安县红光坝铝土矿 | 铝土矿 | 化学沉积型 | C | 中型 | Ⅲ-34 | $Pz_2$-10-3 |
| 1561 | 贵州正安县中关区新模铝土矿 | 铝土矿 | 化学沉积型 | C | 小型 | Ⅲ-34 | $Pz_2$-10-3 |
| 1562 | 贵州务川县张家院铝土矿 | 铝土矿 | 化学沉积型 | C | 大型 | Ⅲ-34 | $Pz_2$-10-3 |
| 1563 | 贵州务川县中观铝土矿 | 铝土矿 | 化学沉积型 | C | 中型 | Ⅲ-34 | $Pz_2$-10-3 |
| 1564 | 贵州正安县新木-晏溪铝土矿 | 铝土矿 | 化学沉积型 | C | 大型 | Ⅲ-34 | $Pz_2$-10-3 |
| 1565 | 贵州道真县隆兴铝土矿 | 铝土矿 | 化学沉积型 | C | 中型 | Ⅲ-34 | $Pz_2$-10-3 |
| 1566 | 贵州德江县山丰铁矿 | 铁 | 化学沉积型 | C | 小型 | Ⅲ-34 | $Pz_2$-10-3 |
| 1567 | 重庆酉阳县苍岭乡秋风田硫铁矿 | 硫铁矿 | 化学沉积型 | P | 中型 | Ⅲ-34 | $Pz_2$-10-3 |
| 1568 | 重庆酉阳县苍岭乡杉树塘硫铁矿 | 硫铁矿 | 化学沉积型 | P | 小型 | Ⅲ-34 | $Pz_2$-10-3 |
| 1569 | 重庆酉阳县何家岩硫铁矿 | 硫铁矿 | 化学沉积型 | P | 中型 | Ⅲ-34 | $Pz_2$-10-3 |
| 1570 | 重庆酉阳县菖蒲硫铁矿 | 硫铁矿 | 化学沉积型 | P | 小型 | Ⅲ-34 | $Pz_2$-10-3 |
| 1571 | 重庆秀山县秀山平阳盖硫铁矿 | 硫铁矿 | 化学沉积型 | P | 中型 | Ⅲ-34 | $Pz_2$-10-3 |
| 1572 | 重庆秀山县膏田乡文家庄硫铁矿 | 硫铁矿 | 化学沉积型 | P | 小型 | Ⅲ-34 | $Pz_2$-10-3 |
| 1573 | 贵州印江县三层岩煤矿-硫铁矿 | 硫铁矿 | 化学沉积型 | P | 小型 | Ⅲ-34 | $Pz_2$-10-3 |
| 1574 | 重庆九龙坡区中梁山南井田硫铁矿 | 硫铁矿 | 化学沉积型 | P | 小型 | Ⅲ-34 | $Pz_2$-10-3 |
| 1575 | 重庆綦江区松藻井田硫铁矿 | 硫铁矿 | 化学沉积型 | P | 中型 | Ⅲ-34 | $Pz_2$-10-3 |
| 1576 | 重庆綦江区羊叉矿段硫铁矿 | 硫铁矿 | 化学沉积型 | P | 大型 | Ⅲ-34 | $Pz_2$-10-3 |
| 1577 | 重庆万盛区兴隆井田硫铁矿 | 硫铁矿 | 化学沉积型 | P | 中型 | Ⅲ-34 | $Pz_2$-10-3 |
| 1578 | 贵州务川县岩风阡铝土矿 | 铝土矿 | 化学沉积型 | C | 大型 | Ⅲ-34 | $Pz_2$-10-3 |
| 1579 | 贵州务川县瓦厂坪铝土矿 | 铝土矿 | 化学沉积型 | C | 大型 | Ⅲ-34 | $Pz_2$-10-3 |
| 1580 | 贵州务川县大竹园铝土矿 | 铝土矿 | 化学沉积型 | C | 大型 | Ⅲ-34 | $Pz_2$-10-3 |
| 1581 | 重庆武隆区焦村坝铝土矿 | 铝土矿 | 化学沉积型 | P | 小型 | Ⅲ-34 | $Pz_2$-10-3 |
| 1582 | 重庆武隆区贾角硫铁矿 | 硫铁矿 | 化学沉积型 | P | 小型 | Ⅲ-34 | $Pz_2$-10-3 |
| 1583 | 贵州道真县桃园向斜铝土矿 | 铝土矿 | 化学沉积型 | C | 中型 | Ⅲ-34 | $Pz_2$-10-3 |
| 1584 | 贵州道真县浣溪向斜北部铝土矿 | 铝土矿 | 化学沉积型 | C | 中型 | Ⅲ-34 | $Pz_2$-10-3 |
| 1585 | 重庆彭水县黄家坝黑头坪硫铁矿 | 硫铁矿 | 化学沉积型 | P | 小型 | Ⅲ-34 | $Pz_2$-10-3 |
| 1586 | 湖南石门县太清山铁矿 | 铁 | 化学沉积型 | D | 中型 | Ⅲ-34 | $Pz_2$-10-3 |
| 1587 | 湖南澧县杨家坊铁矿 | 铁 | 化学沉积型 | D | 中型 | Ⅲ-34 | $Pz_2$-10-3 |

续表

| 编号 | 矿床名称 | 主矿种 | 成因类型 | 成矿时代 | 矿床规模 | 所属Ⅲ级成矿单元 | 所属成矿系列 |
|---|---|---|---|---|---|---|---|
| 1588 | 湖南石门县杨家坊铁矿 | 铁 | 化学沉积型 | D | 中型 | Ⅲ-34 | $Pz_2$-10-3 |
| 1589 | 湖南慈利县龙潭河铁矿 | 铁 | 化学沉积型 | D | 小型 | Ⅲ-34 | $Pz_2$-10-3 |
| 1590 | 湖南慈利县小溪峪铁矿 | 铁 | 化学沉积型 | D | 中型 | Ⅲ-34 | $Pz_2$-10-3 |
| 1591 | 湖南桑植县麦地坪铁矿 | 铁 | 化学沉积型 | D | 中型 | Ⅲ-34 | $Pz_2$-10-3 |
| 1592 | 湖南桑植县何家湾铁矿 | 铁 | 化学沉积型 | D | 中型 | Ⅲ-34 | $Pz_2$-10-3 |
| 1593 | 湖南慈利县喻家咀铁矿 | 铁 | 化学沉积型 | D | 中型 | Ⅲ-34 | $Pz_2$-10-3 |
| 1594 | 湖南桑植县西界铁矿 | 铁 | 化学沉积型 | D | 小型 | Ⅲ-34 | $Pz_2$-10-3 |
| 1595 | 湖南桑植县卧龙界铁矿 | 铁 | 化学沉积型 | D | 中型 | Ⅲ-34 | $Pz_2$-10-3 |
| 1596 | 湖南慈利县利秘溪铁矿 | 铁 | 化学沉积型 | D | 中型 | Ⅲ-34 | $Pz_2$-10-3 |
| 1597 | 湖南大庸县槟榔坪铁矿 | 铁 | 化学沉积型 | D | 中型 | Ⅲ-34 | $Pz_2$-10-3 |
| 1598 | 湖南慈利县何家峪铁矿 | 铁 | 化学沉积型 | D | 小型 | Ⅲ-34 | $Pz_2$-10-3 |
| 1599 | 湖南石门县新关铁矿 | 铁 | 化学沉积型 | D | 中型 | Ⅲ-34 | $Pz_2$-10-3 |
| 1600 | 湖北恩施市鹤峰县杨家湾硫铁矿 | 硫铁矿 | 化学沉积型 | P | 小型 | Ⅲ-34 | $Pz_2$-10-3 |
| 1601 | 湖北巴东县杨柳池铁厂湾铁矿 | 铁 | 化学沉积型 | D | 小型 | Ⅲ-34 | $Pz_2$-10-3 |
| 1602 | 湖北五峰县石崖坪铁矿 | 铁 | 化学沉积型 | D | 小型 | Ⅲ-34 | $Pz_2$-10-3 |
| 1603 | 湖北鹤峰县朝阳坪铁矿 | 铁 | 化学沉积型 | D | 小型 | Ⅲ-34 | $Pz_2$-10-3 |
| 1604 | 四川甘洛县双狮子铝土矿 | 铝土矿 | 化学沉积型 | P | 小型 | Ⅲ-34 | $Pz_2$-10-3 |
| 1605 | 四川甘洛县田坝河铝土矿 | 铝土矿 | 化学沉积型 | P | 小型 | Ⅲ-34 | $Pz_2$-10-3 |
| 1606 | 四川越西县拉基宝珠赤铁矿 | 铁 | 化学沉积型 | D | 小型 | Ⅲ-34 | $Pz_2$-10-3 |
| 1607 | 四川昭觉县关田坝铜矿 | 铜 | 陆相火山岩型 | P | 小型 | Ⅲ-34 | |
| 1608 | 四川乐山市新华铁铜矿 | 铁铜 | 化学沉积型 | P | 小型 | Ⅲ-34 | $Pz_2$-10-3 |
| 1609 | 四川乐山市新华铝土矿 | 铝土矿 | 化学沉积型 | P | 中型 | Ⅲ-34 | $Pz_2$-10-3 |
| 1610 | 四川雷波县大岩硐铝土矿 | 铝土矿 | 化学沉积型 | P | 小型 | Ⅲ-34 | $Pz_2$-10-3 |
| 1611 | 四川雷波县大谷堆铝土矿 | 铝土矿 | 化学沉积型 | P | 小型 | Ⅲ-34 | $Pz_2$-10-3 |
| 1612 | 四川昭觉县乌坡铜矿 | 铜 | 陆相火山岩型 | P | 小型 | Ⅲ-34 | |
| 1613 | 四川宜宾市江安县富安硫铁矿 | 硫铁矿 | 化学沉积型 | P | 超大型 | Ⅲ-34 | $Pz_2$-10-3 |
| 1614 | 四川宜宾市长宁县双河龙头硫铁矿 | 硫铁矿 | 化学沉积型 | P | 中型 | Ⅲ-34 | $Pz_2$-10-3 |
| 1615 | 四川宜宾市长宁县石笋硫铁矿 | 硫铁矿 | 化学沉积型 | P | 中型 | Ⅲ-34 | $Pz_2$-10-3 |
| 1616 | 四川珙县杉木树井田煤矿 | 煤 | 生物化学沉积型 | C | 大型 | Ⅲ-34 | $Pz_2$-10-3 |
| 1617 | 四川珙县白交铁矿 | 铁 | 化学沉积型 | D | 中型 | Ⅲ-34 | $Pz_2$-10-3 |
| 1618 | 四川宜宾市兴文县先锋德赶坝硫铁矿 | 硫铁矿 | 化学沉积型 | P | 大型 | Ⅲ-34 | $Pz_2$-10-3 |
| 1619 | 四川宜宾市兴文县先锋龙塘硫铁矿 | 硫铁矿 | 化学沉积型 | P | 大型 | Ⅲ-34 | $Pz_2$-10-3 |
| 1620 | 四川宜宾市兴文县先锋周家硫铁矿 | 硫铁矿 | 化学沉积型 | P | 大型 | Ⅲ-34 | $Pz_2$-10-3 |
| 1621 | 四川宜宾市兴文县先锋新塘硫铁矿 | 硫铁矿 | 化学沉积型 | P | 大型 | Ⅲ-34 | $Pz_2$-10-3 |
| 1622 | 四川宜宾市江安县红桥五矿硫铁矿 | 硫铁矿 | 化学沉积型 | P | 大型 | Ⅲ-34 | $Pz_2$-10-3 |
| 1623 | 四川宜宾市兴文县先锋新华硫铁矿 | 硫铁矿 | 化学沉积型 | P | 大型 | Ⅲ-34 | $Pz_2$-10-3 |
| 1624 | 四川宜宾市兴文县先锋铜锣坝硫铁矿 | 硫铁矿 | 化学沉积型 | P | 中型 | Ⅲ-34 | $Pz_2$-10-3 |
| 1625 | 四川江安县富安井田煤矿 | 煤 | 生物化学沉积型 | C | 中型 | Ⅲ-34 | $Pz_2$-10-3 |
| 1626 | 四川宜宾市兴文县先锋川堰硫铁矿 | 硫铁矿 | 化学沉积型 | P | 大型 | Ⅲ-34 | $Pz_2$-10-3 |
| 1627 | 四川宜宾市兴文县古宋硫铁矿 | 硫铁矿 | 化学沉积型 | P | 大型 | Ⅲ-34 | $Pz_2$-10-3 |

续表

| 编号 | 矿床名称 | 主矿种 | 成因类型 | 成矿时代 | 矿床规模 | 所属Ⅲ级成矿单元 | 所属成矿系列 |
|---|---|---|---|---|---|---|---|
| 1628 | 云南镇雄县兴隆煤矿 | 煤 | 生物化学沉积型 | P | 小型 | Ⅲ-34 | $Pz_2$-10-3 |
| 1629 | 云南大关县木杆公社铁矿 | 铁 | 化学沉积型 | P | 小型 | Ⅲ-34 | $Pz_2$-10-3 |
| 1630 | 云南大关县甘顶铅锌矿 | 铅锌 | 浅成中低温热液型 | D | 小型 | Ⅲ-34 | |
| 1631 | 云南盐津县芭蕉煤矿 | 煤 | 生物化学沉积型 | P | 小型 | Ⅲ-34 | $Pz_2$-10-3 |
| 1632 | 四川筠连县沐爱井田煤矿 | 煤 | 生物化学沉积型 | C | 大型 | Ⅲ-34 | $Pz_2$-10-3 |
| 1633 | 四川叙永县乐郎坝硫铁矿 | 硫铁矿 | 化学沉积型 | P | 大型 | Ⅲ-34 | $Pz_2$-10-3 |
| 1634 | 四川叙永县两河五角山硫铁矿 | 硫铁矿 | 化学沉积型 | P | 大型 | Ⅲ-34 | $Pz_2$-10-3 |
| 1635 | 四川叙永县大树西矿段硫铁矿 | 硫铁矿 | 化学沉积型 | P | 超大型 | Ⅲ-34 | $Pz_2$-10-3 |
| 1636 | 四川叙永县六一坝硫铁矿 | 硫铁矿 | 化学沉积型 | P | 大型 | Ⅲ-34 | $Pz_2$-10-3 |
| 1637 | 云南威信县高田硫铁矿 | 硫铁矿 | 化学沉积型 | P | 大型 | Ⅲ-34 | $Pz_2$-10-3 |
| 1638 | 云南威信县新庄煤矿 | 煤 | 生物化学沉积型 | P | 中型 | Ⅲ-34 | $Pz_2$-10-3 |
| 1639 | 云南威信县顺河硫铁矿 | 硫铁矿 | 化学沉积型 | P | 大型 | Ⅲ-34 | $Pz_2$-10-3 |
| 1640 | 四川叙永县乐郎坝硫铁矿 | 硫铁矿 | 化学沉积型 | P | 大型 | Ⅲ-34 | $Pz_2$-10-3 |
| 1641 | 四川叙永县两河五角山硫铁矿 | 硫铁矿 | 化学沉积型 | P | 大型 | Ⅲ-34 | $Pz_2$-10-3 |
| 1642 | 贵州习水县磷肥厂硫铁矿 | 硫铁矿 | 化学沉积型 | P | 小型 | Ⅲ-34 | $Pz_2$-10-3 |
| 1643 | 贵州习水县白泥硫铁矿 | 硫铁矿 | 化学沉积型 | P | 小型 | Ⅲ-34 | $Pz_2$-10-3 |
| 1644 | 贵州习水县典足-图书硫铁矿 | 硫铁矿 | 化学沉积型 | P | 中型 | Ⅲ-34 | $Pz_2$-10-3 |
| 1645 | 四川宜宾市兴文县田坝硫铁矿 | 硫铁矿 | 化学沉积型 | P | 大型 | Ⅲ-34 | $Pz_2$-10-3 |
| 1646 | 四川叙永县大树硫铁矿 | 硫铁矿 | 化学沉积型 | P | 大型 | Ⅲ-34 | $Pz_2$-10-3 |
| 1647 | 四川古蔺县芭蕉坪硫铁矿 | 硫铁矿 | 化学沉积型 | P | 小型 | Ⅲ-34 | $Pz_2$-10-3 |
| 1648 | 四川叙永县后山井田硫铁矿 | 硫铁矿 | 化学沉积型 | P | 大型 | Ⅲ-34 | $Pz_2$-10-3 |
| 1649 | 四川叙永县海坝硫铁矿 | 硫铁矿 | 化学沉积型 | P | 大型 | Ⅲ-34 | $Pz_2$-10-3 |
| 1650 | 四川叙永县渡船坡硫铁矿 | 硫铁矿 | 化学沉积型 | P | 大型 | Ⅲ-34 | $Pz_2$-10-3 |
| 1651 | 四川古蔺县铁索桥硫铁矿 | 硫铁矿 | 化学沉积型 | P | 中型 | Ⅲ-34 | $Pz_2$-10-3 |
| 1652 | 四川古蔺县石屏西段硫铁矿 | 硫铁矿 | 化学沉积型 | P | 中型 | Ⅲ-34 | $Pz_2$-10-3 |
| 1653 | 四川古蔺县石屏东段硫铁矿 | 硫铁矿 | 化学沉积型 | P | 大型 | Ⅲ-34 | $Pz_2$-10-3 |
| 1654 | 贵州仁怀市桂花硫铁矿 | 硫铁矿 | 化学沉积型 | P | 中型 | Ⅲ-34 | $Pz_2$-10-3 |
| 1655 | 贵州仁怀市高坪硫铁矿 | 硫铁矿 | 化学沉积型 | P | 中型 | Ⅲ-34 | $Pz_2$-10-3 |
| 1656 | 贵州遵义桐梓县桐梓官仓硫铁矿 | 硫铁矿 | 化学沉积型 | P | 中型 | Ⅲ-34 | $Pz_2$-10-3 |
| 1657 | 贵州遵义桐梓县杨村沟硫铁矿 | 硫铁矿 | 化学沉积型 | P | 中型 | Ⅲ-34 | $Pz_2$-10-3 |
| 1658 | 贵州桐梓县燎原硫铁矿 | 硫铁矿 | 化学沉积型 | P | 中型 | Ⅲ-34 | $Pz_2$-10-3 |
| 1659 | 贵州桐梓县楚米铺铁矿 | 硫铁矿 | 化学沉积型 | C | 小型 | Ⅲ-34 | $Pz_2$-10-3 |
| 1660 | 贵州遵义市桐梓县桐梓燎原硫铁矿 | 硫铁矿 | 化学沉积型 | P | 中型 | Ⅲ-34 | $Pz_2$-10-3 |
| 1661 | 贵州遵义市芝麻坪硫铁矿 | 硫铁矿 | 化学沉积型 | P | 中型 | Ⅲ-34 | $Pz_2$-10-3 |
| 1662 | 贵州遵义市桐梓县娄山关镇鼎山城硫铁矿 | 硫铁矿 | 化学沉积型 | P | 中型 | Ⅲ-34 | $Pz_2$-10-3 |
| 1663 | 贵州遵义市中寺大竹林硫铁矿 | 硫铁矿 | 化学沉积型 | P | 中型 | Ⅲ-34 | $Pz_2$-10-3 |
| 1664 | 贵州遵义市野彪硫铁矿 | 硫铁矿 | 化学沉积型 | P | 中型 | Ⅲ-34 | $Pz_2$-10-3 |
| 1665 | 贵州仁怀市米江硫铁矿 | 硫铁矿 | 化学沉积型 | P | 中型 | Ⅲ-34 | $Pz_2$-10-3 |
| 1666 | 贵州遵义市桐梓县杨村沟硫铁矿 | 硫铁矿 | 化学沉积型 | P | 中型 | Ⅲ-34 | $Pz_2$-10-3 |
| 1667 | 贵州遵义市四石山煤矿 | 煤 | 生物化学沉积型 | C | 大型 | Ⅲ-34 | $Pz_2$-10-3 |

续表

| 编号 | 矿床名称 | 主矿种 | 成因类型 | 成矿时代 | 矿床规模 | 所属Ⅲ级成矿单元 | 所属成矿系列 |
|---|---|---|---|---|---|---|---|
| 1668 | 贵州遵义市中寺铁矿岩村硫铁矿 | 硫铁矿 | 化学沉积型 | P | 中型 | Ⅲ-34 | $Pz_2$-10-3 |
| 1669 | 贵州遵义市布政坝硫铁矿 | 硫铁矿 | 化学沉积型 | P | 中型 | Ⅲ-34 | $Pz_2$-10-3 |
| 1670 | 贵州遵义绥阳县清源硫铁矿 | 硫铁矿 | 化学沉积型 | P | 中型 | Ⅲ-34 | $Pz_2$-10-3 |
| 1671 | 贵州湄潭县杨家坪硫铁矿 | 硫铁矿 | 化学沉积型 | P | 中型 | Ⅲ-34 | $Pz_2$-10-3 |
| 1672 | 贵州湄潭县岩坪硫铁矿 | 硫铁矿 | 化学沉积型 | P | 小型 | Ⅲ-34 | $Pz_2$-10-3 |
| 1673 | 贵州思南县凉水井硫铁矿 | 硫铁矿 | 化学沉积型 | P | 小型 | Ⅲ-34 | $Pz_2$-10-3 |
| 1674 | 云南盐津县庙坝煤矿 | 煤 | 生物化学沉积型 | P | 小型 | Ⅲ-34 | $Pz_2$-10-3 |
| 1675 | 云南镇雄县马河煤矿 | 煤 | 生物化学沉积型 | P | 小型 | Ⅲ-34 | $Pz_2$-10-3 |
| 1676 | 云南镇雄县石坎煤矿 | 煤 | 生物化学沉积型 | P | 小型 | Ⅲ-34 | $Pz_2$-10-3 |
| 1677 | 云南镇雄县新场硫铁矿 | 硫铁矿 | 化学沉积型 | P | 中型 | Ⅲ-34 | $Pz_2$-10-3 |
| 1678 | 云南镇雄县堰塘硫铁矿 | 硫铁矿 | 化学沉积型 | P | 中型 | Ⅲ-34 | $Pz_2$-10-3 |
| 1679 | 贵州毕节市林口硫铁矿 | 硫铁矿 | 化学沉积型 | P | 大型 | Ⅲ-34 | $Pz_2$-10-3 |
| 1680 | 贵州毕节市毕节兴隆硫铁矿 | 硫铁矿 | 化学沉积型 | P | 中型 | Ⅲ-34 | $Pz_2$-10-3 |
| 1681 | 贵州毕节市滇黔广益硫铁矿 | 硫铁矿 | 化学沉积型 | P | 小型 | Ⅲ-34 | $Pz_2$-10-3 |
| 1682 | 贵州毕节市大南山硫铁矿 | 硫铁矿 | 化学沉积型 | P | 小型 | Ⅲ-34 | $Pz_2$-10-3 |
| 1683 | 云南镇雄县母享则底煤矿 | 煤 | 生物化学沉积型 | P | 小型 | Ⅲ-34 | $Pz_2$-10-3 |
| 1684 | 云南昭通市镇雄煤矿 | 煤 | 生物化学沉积型 | P | 大型 | Ⅲ-34 | $Pz_2$-10-3 |
| 1685 | 云南镇雄县黑树庄硫铁矿 | 硫铁矿 | 化学沉积型 | P | 大型 | Ⅲ-34 | $Pz_2$-10-3 |
| 1686 | 贵州毕节市茅草坪铁矿 | 铁 | 化学沉积型 | C | 小型 | Ⅲ-34 | $Pz_2$-10-3 |
| 1687 | 贵州毕节市金银山铁矿 | 铁 | 化学沉积型 | C | 小型 | Ⅲ-34 | $Pz_2$-10-3 |
| 1688 | 贵州毕节市王家坝硫铁矿 | 硫铁矿 | 化学沉积型 | P | 中型 | Ⅲ-34 | $Pz_2$-10-3 |
| 1689 | 贵州大方县大营脚硫铁矿 | 硫铁矿 | 化学沉积型 | P | 小型 | Ⅲ-34 | $Pz_2$-10-3 |
| 1690 | 贵州金沙县太平洞硫铁矿 | 硫铁矿 | 化学沉积型 | P | 小型 | Ⅲ-34 | $Pz_2$-10-3 |
| 1691 | 贵州金沙县黄家堰铝土矿 | 铝土矿 | 化学沉积型 | C | 小型 | Ⅲ-34 | $Pz_2$-10-3 |
| 1692 | 贵州金沙县平坝乡长沟铝土矿 | 铝土矿 | 化学沉积型 | C | 小型 | Ⅲ-34 | $Pz_2$-10-3 |
| 1693 | 四川古蔺县石宝煤矿 | 煤 | 生物化学沉积型 | C | 大型 | Ⅲ-34 | $Pz_2$-10-3 |
| 1694 | 贵州金沙县木孔茶河关铁矿 | 铁 | 化学沉积型 | C | 小型 | Ⅲ-34 | $Pz_2$-10-3 |
| 1695 | 贵州金沙县三元硫铁矿 | 硫铁矿 | 化学沉积型 | P | 小型 | Ⅲ-34 | $Pz_2$-10-3 |
| 1696 | 贵州金沙县绍龙寺硫铁矿 | 硫铁矿 | 化学沉积型 | P | 小型 | Ⅲ-34 | $Pz_2$-10-3 |
| 1697 | 贵州遵义市新站铝土矿 | 铝土矿 | 化学沉积型 | C | 小型 | Ⅲ-34 | $Pz_2$-10-3 |
| 1698 | 贵州遵义市黄石田铁矿 | 铁 | 化学沉积型 | C | 小型 | Ⅲ-34 | $Pz_2$-10-3 |
| 1699 | 贵州遵义市岩上硫铁矿 | 硫铁矿 | 化学沉积型 | P | 中型 | Ⅲ-34 | $Pz_2$-10-3 |
| 1700 | 贵州遵义市新站硫铁矿 | 硫铁矿 | 化学沉积型 | P | 小型 | Ⅲ-34 | $Pz_2$-10-3 |
| 1701 | 贵州息烽县九庄棋山硫铁矿 | 硫铁矿 | 化学沉积型 | P | 中型 | Ⅲ-34 | $Pz_2$-10-3 |
| 1702 | 贵州息烽县沙焰铝土矿 | 铝土矿 | 化学沉积型 | C | 小型 | Ⅲ-34 | $Pz_2$-10-3 |
| 1703 | 贵州遵义市团溪锰矿 | 锰 | 化学沉积型 | P | 中型 | Ⅲ-34 | $Pz_2$-10-3 |
| 1704 | 贵州遵义市铁厂镇大平顶锰矿 | 锰 | 化学沉积型 | P | 小型 | Ⅲ-34 | $Pz_2$-10-3 |
| 1705 | 贵州湄潭县大林硫铁矿 | 硫铁矿 | 化学沉积型 | P | 中型 | Ⅲ-34 | $Pz_2$-10-3 |
| 1706 | 贵州遵义市毛家山硫铁矿 | 硫铁矿 | 化学沉积型 | P | 中型 | Ⅲ-34 | $Pz_2$-10-3 |
| 1707 | 贵州遵义市苟江铝土矿 | 铝土矿 | 化学沉积型 | C | 中型 | Ⅲ-34 | $Pz_2$-10-3 |

续表

| 编号 | 矿床名称 | 主矿种 | 成因类型 | 成矿时代 | 矿床规模 | 所属Ⅲ级成矿单元 | 所属成矿系列 |
|---|---|---|---|---|---|---|---|
| 1708 | 贵州遵义市新站硫铁矿 | 硫铁矿 | 化学沉积型 | P | 中型 | Ⅲ-34 | $Pz_2$-10-3 |
| 1709 | 贵州遵义市后坝铁矿 | 铁 | 化学沉积型 | C | 小型 | Ⅲ-34 | $Pz_2$-10-3 |
| 1710 | 贵州遵义市共青湖锰矿 | 锰 | 化学沉积型 | P | 中型 | Ⅲ-34 | $Pz_2$-10-3 |
| 1711 | 贵州遵义市三岔河铝土矿 | 铝土矿 | 化学沉积型 | C | 大型 | Ⅲ-34 | $Pz_2$-10-3 |
| 1712 | 贵州遵义市三岔河硫铁矿 | 硫铁矿 | 化学沉积型 | P | 中型 | Ⅲ-34 | $Pz_2$-10-3 |
| 1713 | 贵州息烽县乌江铝土矿 | 铝土矿 | 化学沉积型 | C | 小型 | Ⅲ-34 | $Pz_2$-10-3 |
| 1714 | 贵州遵义市宋家大林硫铁矿 | 硫铁矿 | 化学沉积型 | P | 小型 | Ⅲ-34 | $Pz_2$-10-3 |
| 1715 | 贵州遵义市铜锣井锰矿 | 锰 | 化学沉积型 | P | 中型 | Ⅲ-34 | $Pz_2$-10-3 |
| 1716 | 贵州遵义市冯家湾锰矿 | 锰 | 化学沉积型 | P | 中型 | Ⅲ-34 | $Pz_2$-10-3 |
| 1717 | 四川古蔺县石屏硫铁矿 | 硫铁矿 | 化学沉积型 | P | 大型 | Ⅲ-34 | $Pz_2$-10-3 |
| 1718 | 贵州遵义市红花岗区小金沟锰矿 | 锰 | 化学沉积型 | P | 中型 | Ⅲ-34 | $Pz_2$-10-3 |
| 1719 | 贵州遵义市田沟长沟硫铁矿 | 硫铁矿 | 化学沉积型 | P | 中型 | Ⅲ-34 | $Pz_2$-10-3 |
| 1720 | 贵州桐梓县坟坝向斜东翼硫铁矿 | 硫铁矿 | 化学沉积型 | P | 小型 | Ⅲ-34 | $Pz_2$-10-3 |
| 1721 | 贵州遵义市龙尾坝硫铁矿 | 硫铁矿 | 化学沉积型 | P | 中型 | Ⅲ-34 | $Pz_2$-10-3 |
| 1722 | 贵州思南县枫芸硫铁矿 | 硫铁矿 | 化学沉积型 | P | 小型 | Ⅲ-34 | $Pz_2$-10-3 |
| 1723 | 贵州大方县大方兴新硫铁矿 | 硫铁矿 | 化学沉积型 | P | 小型 | Ⅲ-34 | $Pz_2$-10-3 |
| 1724 | 贵州大方县大方毛栗硫铁矿 | 硫铁矿 | 化学沉积型 | P | 中型 | Ⅲ-34 | $Pz_2$-10-3 |
| 1725 | 贵州毕节市阴底矿区戈乐硫铁矿 | 硫铁矿 | 化学沉积型 | P | 中型 | Ⅲ-34 | $Pz_2$-10-3 |
| 1726 | 贵州大方县猫场硫铁矿 | 硫铁矿 | 化学沉积型 | P | 中型 | Ⅲ-34 | $Pz_2$-10-3 |
| 1727 | 贵州大方县大方隆鑫硫铁矿 | 硫铁矿 | 化学沉积型 | P | 小型 | Ⅲ-34 | $Pz_2$-10-3 |
| 1728 | 贵州大方县红星硫铁矿 | 硫铁矿 | 化学沉积型 | P | 小型 | Ⅲ-34 | $Pz_2$-10-3 |
| 1729 | 贵州大方县大树桩硫铁矿 | 硫铁矿 | 化学沉积型 | P | 小型 | Ⅲ-34 | $Pz_2$-10-3 |
| 1730 | 贵州大方县法错落硫铁矿 | 硫铁矿 | 化学沉积型 | P | 小型 | Ⅲ-34 | $Pz_2$-10-3 |
| 1731 | 贵州纳雍县大坡硫铁矿 | 硫铁矿 | 化学沉积型 | P | 小型 | Ⅲ-34 | $Pz_2$-10-3 |
| 1732 | 贵州黔西县萝卜坡硫铁矿 | 硫铁矿 | 化学沉积型 | P | 中型 | Ⅲ-34 | $Pz_2$-10-3 |
| 1733 | 贵州黔西县燕子洞硫铁矿 | 硫铁矿 | 化学沉积型 | P | 中型 | Ⅲ-34 | $Pz_2$-10-3 |
| 1734 | 贵州黔西县三岔田硫铁矿 | 硫铁矿 | 化学沉积型 | P | 中型 | Ⅲ-34 | $Pz_2$-10-3 |
| 1735 | 贵州织金县大方云龙硫铁矿 | 硫铁矿 | 化学沉积型 | P | 中型 | Ⅲ-34 | $Pz_2$-10-3 |
| 1736 | 云南大关县团山铅锌矿 | 铅锌 | 浅成中低温热液型 | D | 小型 | Ⅲ-34 | |
| 1737 | 云南大关县新街-靖沟铁矿 | 铁 | 化学沉积型 | D | 小型 | Ⅲ-34 | $Pz_2$-10-3 |
| 1738 | 云南大关县人和铅锌矿 | 铅锌 | 浅成中低温热液型 | D | 小型 | Ⅲ-34 | |
| 1739 | 云南昭通市靖安煤矿 | 煤 | 生物化学沉积型 | C | 小型 | Ⅲ-34 | $Pz_2$-10-3 |
| 1740 | 云南彝良县毛坪铅锌矿 | 铅锌 | 浅成中低温热液型 | D | 中型 | Ⅲ-34 | |
| 1741 | 云南昭通市小发路煤矿 | 煤 | 生物化学沉积型 | C | 小型 | Ⅲ-34 | $Pz_2$-10-3 |
| 1742 | 云南彝良县寸田铁矿 | 铁 | 化学沉积型 | D | 中型 | Ⅲ-34 | $Pz_2$-10-3 |
| 1743 | 云南彝良县龙街铅锌矿 | 铅锌 | 浅成中低温热液型 | D | 小型 | Ⅲ-34 | |
| 1744 | 贵州赫章县海子坝铁矿 | 铁 | 化学沉积型 | C | 小型 | Ⅲ-34 | $Pz_2$-10-3 |
| 1745 | 云南鲁甸县三合场铝土矿 | 铝土矿 | 化学沉积型 | P | 小型 | Ⅲ-34 | $Pz_2$-10-3 |
| 1746 | 云南鲁甸县火德红重晶石矿 | 重晶石 | 化学沉积型 | D | 小型 | Ⅲ-34 | $Pz_2$-10-3 |
| 1747 | 云南鲁甸县火德红铅锌矿 | 铅锌 | 浅成中低温热液型 | D | 小型 | Ⅲ-34 | |

续表

| 编号 | 矿床名称 | 主矿种 | 成因类型 | 成矿时代 | 矿床规模 | 所属Ⅲ级成矿单元 | 所属成矿系列 |
|---|---|---|---|---|---|---|---|
| 1748 | 贵州赫章县小河边铁矿 | 铁 | 化学沉积型 | D | 中型 | Ⅲ-34 | $Pz_2$-10-3 |
| 1749 | 贵州赫章县铁矿山铁矿 | 铁 | 化学沉积型 | C | 中型 | Ⅲ-34 | $Pz_2$-10-3 |
| 1750 | 贵州水城特区二塘铁矿 | 铁 | 化学沉积型 | C | 中型 | Ⅲ-34 | $Pz_2$-10-3 |
| 1751 | 贵州赫章县菜园子铁矿 | 铁 | 浅成中低温热液型 | C | 大型 | Ⅲ-34 | |
| 1752 | 贵州赫章县雄雄戛铁矿 | 铁 | 化学沉积型 | C | 大型 | Ⅲ-34 | $Pz_2$-10-3 |
| 1753 | 贵州水城县汪家寨井田煤矿 | 煤 | 生物化学沉积型 | C | 大型 | Ⅲ-34 | $Pz_2$-10-3 |
| 1754 | 云南宣威市格学锰矿 | 锰 | 化学沉积型 | P | 中型 | Ⅲ-34 | $Pz_2$-10-3 |
| 1755 | 四川米易县新街铁铂矿 | 铁铂 | 岩浆型 | P | 中型 | Ⅲ-34 | $Pz_2$-10-2 |
| 1756 | 云南巧家县鲁纳田石膏矿 | 石膏 | 蒸发沉积型 | C | 超大型 | Ⅲ-34 | $Pz_2$-10-3 |
| 1757 | 云南宣威市倘塘煤矿 | 煤 | 生物化学沉积型 | P | 小型 | Ⅲ-34 | $Pz_2$-10-3 |
| 1758 | 云南宣威市来宾煤矿 | 煤 | 生物化学沉积型 | P | 小型 | Ⅲ-34 | $Pz_2$-10-3 |
| 1759 | 云南宣威市宝山煤矿 | 煤 | 生物化学沉积型 | P | 中型 | Ⅲ-34 | $Pz_2$-10-3 |
| 1760 | 贵州水城县老鸦营-威宁县三家寨锰矿 | 锰 | 化学沉积型 | P | 小型 | Ⅲ-34 | $Pz_2$-10-3 |
| 1761 | 贵州纳雍县营盘锰矿 | 锰 | 化学沉积型 | P | 小型 | Ⅲ-34 | $Pz_2$-10-3 |
| 1762 | 贵州水城县立火锰矿 | 锰 | 化学沉积型 | P | 小型 | Ⅲ-34 | $Pz_2$-10-3 |
| 1763 | 贵州水城县徐家寨锰矿 | 锰 | 化学沉积型 | P | 小型 | Ⅲ-34 | $Pz_2$-10-3 |
| 1764 | 贵州水城县观音山铁矿 | 铁 | 化学沉积型 | C | 中型 | Ⅲ-34 | $Pz_2$-10-3 |
| 1765 | 贵州纳雍县洗米村铅锌矿 | 铅锌 | 浅成中低温热液型 | C | 小型 | Ⅲ-34 | |
| 1766 | 贵州织金县文家坝硫铁矿 | 硫铁矿 | 化学沉积型 | P | 中型 | Ⅲ-34 | $Pz_2$-10-3 |
| 1767 | 贵州织金县大冲头煤矿 | 煤 | 生物化学沉积型 | C | 大型 | Ⅲ-34 | $Pz_2$-10-3 |
| 1768 | 贵州织金县布苗铁矿 | 铁 | 化学沉积型 | C | 小型 | Ⅲ-34 | $Pz_2$-10-3 |
| 1769 | 贵州清镇市暗流云峰铝土矿 | 铝土矿 | 化学沉积型 | C | 小型 | Ⅲ-34 | $Pz_2$-10-3 |
| 1770 | 贵州修文县乌栗铝土矿 | 铝土矿 | 化学沉积型 | C | 中型 | Ⅲ-34 | $Pz_2$-10-3 |
| 1771 | 贵州修文县上硐铝土矿 | 铝土矿 | 化学沉积型 | C | 中型 | Ⅲ-34 | $Pz_2$-10-3 |
| 1772 | 贵州修文县清水塘铝土矿 | 铝土矿 | 化学沉积型 | C | 小型 | Ⅲ-34 | $Pz_2$-10-3 |
| 1773 | 贵州修文县干坝铝土矿 | 铝土矿 | 化学沉积型 | C | 中型 | Ⅲ-34 | $Pz_2$-10-3 |
| 1774 | 贵州清镇市卫城镇风山铝土矿 | 铝土矿 | 化学沉积型 | C | 小型 | Ⅲ-34 | $Pz_2$-10-3 |
| 1775 | 贵州清镇市卫城铝土矿 | 铝土矿 | 化学沉积型 | C | 小型 | Ⅲ-34 | $Pz_2$-10-3 |
| 1776 | 贵州清镇市流长田湾正河铝土矿 | 铝土矿 | 化学沉积型 | C | 小型 | Ⅲ-34 | $Pz_2$-10-3 |
| 1777 | 贵州织金县马桑林铝土矿 | 铝土矿 | 化学沉积型 | C | 中型 | Ⅲ-34 | $Pz_2$-10-3 |
| 1778 | 贵州平坝区窑上铝土矿 | 铝土矿 | 化学沉积型 | C | 小型 | Ⅲ-34 | $Pz_2$-10-3 |
| 1779 | 贵州修文县天马山铝土矿 | 铝土矿 | 化学沉积型 | C | 中型 | Ⅲ-34 | $Pz_2$-10-3 |
| 1780 | 贵州贵阳市斗蓬山铝土矿 | 铝土矿 | 化学沉积型 | C | 中型 | Ⅲ-34 | $Pz_2$-10-3 |
| 1781 | 贵州清镇市岩上铝土矿 | 铝土矿 | 化学沉积型 | C | 中型 | Ⅲ-34 | $Pz_2$-10-3 |
| 1782 | 贵州清镇市燕垅铝土矿 | 铝土矿 | 化学沉积型 | C | 中型 | Ⅲ-34 | $Pz_2$-10-3 |
| 1783 | 贵州息烽县老黑山硫铁矿 | 硫铁矿 | 化学沉积型 | C | 小型 | Ⅲ-34 | $Pz_2$-10-3 |
| 1784 | 贵州织金县响水坝铝土矿 | 铝土矿 | 化学沉积型 | C | 小型 | Ⅲ-34 | $Pz_2$-10-3 |
| 1785 | 贵州清镇市长冲河铝土矿 | 铝土矿 | 化学沉积型 | C | 中型 | Ⅲ-34 | $Pz_2$-10-3 |
| 1786 | 贵州平坝区齐佰窑上铁矿 | 铁 | 化学沉积型 | C | 小型 | Ⅲ-34 | $Pz_2$-10-3 |
| 1787 | 贵州织金县织金新寨硫铁矿 | 硫铁矿 | 化学沉积型 | P | 小型 | Ⅲ-34 | $Pz_2$-10-3 |

续表

| 编号 | 矿床名称 | 主矿种 | 成因类型 | 成矿时代 | 矿床规模 | 所属Ⅲ级成矿单元 | 所属成矿系列 |
|---|---|---|---|---|---|---|---|
| 1788 | 贵州清镇市老黑山铝土矿 | 铝土矿 | 化学沉积型 | C | 中型 | Ⅲ-34 | $Pz_2$-10-3 |
| 1789 | 贵州金沙县尖山铁矿 | 铁 | 化学沉积型 | C | 小型 | Ⅲ-34 | $Pz_2$-10-3 |
| 1790 | 贵州清镇市将军岩硫铁矿 | 硫铁矿 | 化学沉积型 | P | 小型 | Ⅲ-34 | $Pz_2$-10-3 |
| 1791 | 贵州清镇市猫场铝土矿 | 铝土矿 | 化学沉积型 | C | 超大型 | Ⅲ-34 | $Pz_2$-10-3 |
| 1792 | 贵州清镇市红花寨硫铁矿 | 硫铁矿 | 化学沉积型 | C | 小型 | Ⅲ-34 | $Pz_2$-10-3 |
| 1793 | 贵州清镇市白浪坝硫铁矿 | 硫铁矿 | 化学沉积型 | P | 小型 | Ⅲ-34 | $Pz_2$-10-3 |
| 1794 | 贵州清镇市黄泥田铝土矿 | 铝土矿 | 化学沉积型 | C | 小型 | Ⅲ-34 | $Pz_2$-10-3 |
| 1795 | 贵州清镇市麦坝铝土矿 | 铝土矿 | 化学沉积型 | C | 中型 | Ⅲ-34 | $Pz_2$-10-3 |
| 1796 | 贵州清镇市燕垅-林歹铝土矿 | 铝土矿 | 化学沉积型 | C | 中型 | Ⅲ-34 | $Pz_2$-10-3 |
| 1797 | 贵州修文县朱官铝土矿 | 铝土矿 | 化学沉积型 | C | 小型 | Ⅲ-34 | $Pz_2$-10-3 |
| 1798 | 贵州清镇市沙坝沟铝土矿 | 铝土矿 | 化学沉积型 | C | 小型 | Ⅲ-34 | $Pz_2$-10-3 |
| 1799 | 贵州清镇市麦格铝土矿 | 铝土矿 | 化学沉积型 | C | 中型 | Ⅲ-34 | $Pz_2$-10-3 |
| 1800 | 贵州贵阳煤田西苗煤矿 | 煤 | 生物化学沉积型 | C | 大型 | Ⅲ-34 | $Pz_2$-10-3 |
| 1801 | 贵州修文县长冲铝土矿 | 铝土矿 | 化学沉积型 | C | 中型 | Ⅲ-34 | $Pz_2$-10-3 |
| 1802 | 贵州修文县大豆厂铝土矿 | 铝土矿 | 化学沉积型 | C | 中型 | Ⅲ-34 | $Pz_2$-10-3 |
| 1803 | 贵州修文县小山坝铝土矿 | 铝土矿 | 化学沉积型 | C | 中型 | Ⅲ-34 | $Pz_2$-10-3 |
| 1804 | 贵州贵阳图云关硫铁矿 | 硫铁矿 | 化学沉积型 | P | 中型 | Ⅲ-34 | $Pz_2$-10-3 |
| 1805 | 贵州清镇市杨家庄铝土矿 | 铝土矿 | 化学沉积型 | C | 中型 | Ⅲ-34 | $Pz_2$-10-3 |
| 1806 | 贵州修文县紫红冲硫铁矿 | 硫铁矿 | 化学沉积型 | P | 中型 | Ⅲ-34 | $Pz_2$-10-3 |
| 1807 | 贵州贵阳市洛湾硫铁矿 | 硫铁矿 | 化学沉积型 | P | 中型 | Ⅲ-34 | $Pz_2$-10-3 |
| 1808 | 贵州贵阳市云雾山铝土矿 | 铝土矿 | 化学沉积型 | C | 小型 | Ⅲ-34 | $Pz_2$-10-3 |
| 1809 | 贵州龙里县凉水井硫铁矿 | 硫铁矿 | 化学沉积型 | P | 小型 | Ⅲ-34 | $Pz_2$-10-3 |
| 1810 | 贵州龙里县茶山坡硫铁矿 | 硫铁矿 | 化学沉积型 | P | 小型 | Ⅲ-34 | $Pz_2$-10-3 |
| 1811 | 贵州龙里县哪榜乡硫铁矿 | 硫铁矿 | 化学沉积型 | P | 小型 | Ⅲ-34 | $Pz_2$-10-3 |
| 1812 | 贵州福泉市仙桥茶园煤矿共生硫铁矿 | 硫铁矿 | 化学沉积型 | P | 小型 | Ⅲ-34 | $Pz_2$-10-3 |
| 1813 | 贵州福泉市龙昌堡铁矿 | 铁 | 化学沉积型 | C | 小型 | Ⅲ-34 | $Pz_2$-10-3 |
| 1814 | 贵州福泉市三岔土铁矿 | 铁 | 化学沉积型 | C | 小型 | Ⅲ-34 | $Pz_2$-10-3 |
| 1815 | 贵州福泉市大树堂铅锌多金属矿 | 铅锌 | 浅成中低温热液型 | C | 小型 | Ⅲ-34 | $Pz_2$-10-3 |
| 1816 | 贵州遵义市四面山硫铁矿 | 硫铁矿 | 化学沉积型 | P | 小型 | Ⅲ-34 | $Pz_2$-10-3 |
| 1817 | 贵州遵义市红花岗区东高寨锰矿 | 锰 | 化学沉积型 | P | 中型 | Ⅲ-34 | $Pz_2$-10-3 |
| 1818 | 贵州金沙县平鑫硫铁矿 | 硫铁矿 | 化学沉积型 | P | 小型 | Ⅲ-34 | $Pz_2$-10-3 |
| 1819 | 贵州清镇市坛罐窑铝土矿 | 铝土矿 | 化学沉积型 | C | 中型 | Ⅲ-34 | $Pz_2$-10-3 |
| 1820 | 贵州遵义市黄土坎锰矿 | 锰 | 化学沉积型 | P | 中型 | Ⅲ-34 | $Pz_2$-10-3 |
| 1821 | 贵州遵义市冯家湾锰矿 | 锰 | 化学沉积型 | P | 中型 | Ⅲ-34 | $Pz_2$-10-3 |
| 1822 | 贵州遵义市长沟锰矿 | 锰 | 化学沉积型 | P | 中型 | Ⅲ-34 | $Pz_2$-10-3 |
| 1823 | 贵州遵义市栋青坝硫铁矿 | 硫铁矿 | 化学沉积型 | P | 中型 | Ⅲ-34 | $Pz_2$-10-3 |
| 1824 | 贵州瓮安县上庆铝土矿 | 铝土矿 | 化学沉积型 | C | 小型 | Ⅲ-34 | $Pz_2$-10-3 |
| 1825 | 贵州瓮安县玉山镇胜华铁矿 | 铁 | 化学沉积型 | C | 小型 | Ⅲ-34 | $Pz_2$-10-3 |
| 1826 | 贵州瓮安县果水硫铁矿 | 硫铁矿 | 化学沉积型 | P | 中型 | Ⅲ-34 | $Pz_2$-10-3 |
| 1827 | 贵州瓮娄县岚关乡硫铁矿 | 硫铁矿 | 化学沉积型 | P | 中型 | Ⅲ-34 | $Pz_2$-10-3 |

续表

| 编号 | 矿床名称 | 主矿种 | 成因类型 | 成矿时代 | 矿床规模 | 所属Ⅲ级成矿单元 | 所属成矿系列 |
|---|---|---|---|---|---|---|---|
| 1828 | 贵州瓮安县关山硫铁矿 | 硫铁矿 | 化学沉积型 | P | 小型 | Ⅲ-34 | $Pz_2$-10-3 |
| 1829 | 贵州福泉市沙塘硫铁矿 | 硫铁矿 | 化学沉积型 | P | 小型 | Ⅲ-34 | $Pz_2$-10-3 |
| 1830 | 贵州遵义市复兴-坑底矿区大白岩铝土矿 | 铝土矿 | 化学沉积型 | C | 小型 | Ⅲ-34 | $Pz_2$-10-3 |
| 1831 | 贵州遵义市仙人岩铝土矿 | 铝土矿 | 化学沉积型 | C | 大型 | Ⅲ-34 | $Pz_2$-10-3 |
| 1832 | 贵州遵义市后槽铝土矿 | 铝土矿 | 化学沉积型 | C | 中型 | Ⅲ-34 | $Pz_2$-10-3 |
| 1833 | 贵州遵义市复兴硫铁矿 | 硫铁矿 | 化学沉积型 | P | 小型 | Ⅲ-34 | $Pz_2$-10-3 |
| 1834 | 贵州遵义市仙人岩硫铁矿 | 硫铁矿 | 化学沉积型 | P | 小型 | Ⅲ-34 | $Pz_2$-10-3 |
| 1835 | 贵州瓮安县珠藏铅锌矿 | 铅锌 | 浅成中低温热液型 | C | 中型 | Ⅲ-34 | |
| 1836 | 贵州遵义市龙平镇高山锰矿 | 锰 | 化学沉积型 | P | 小型 | Ⅲ-34 | $Pz_2$-10-3 |
| 1837 | 贵州瓮安县玉山镇铝土矿 | 铝土矿 | 化学沉积型 | C | 小型 | Ⅲ-34 | $Pz_2$-10-3 |
| 1838 | 贵州瓮安县苏家塘铁矿 | 铁 | 化学沉积型 | C | 小型 | Ⅲ-34 | $Pz_2$-10-3 |
| 1839 | 贵州瓮安县岩门铝土矿 | 铝土矿 | 化学沉积型 | C | 小型 | Ⅲ-34 | $Pz_2$-10-3 |
| 1840 | 贵州瓮安县草塘老寨子铝土矿 | 铝土矿 | 化学沉积型 | C | 小型 | Ⅲ-34 | $Pz_2$-10-3 |
| 1841 | 贵州湄潭县凉水井硫铁矿 | 硫铁矿 | 化学沉积型 | P | 中型 | Ⅲ-34 | $Pz_2$-10-3 |
| 1842 | 贵州开阳县何家湾铁矿 | 铁 | 化学沉积型 | C | 中型 | Ⅲ-34 | $Pz_2$-10-3 |
| 1843 | 湖南浏阳永和海泡石矿 | 海泡石 | 化学沉积型 | P | 中型 | Ⅲ-34 | $Pz_2$-10-3 |
| 1844 | 湖南茶陵县西屏铁矿 | 铁 | 化学沉积型 | D | 小型 | Ⅲ-34 | $Pz_2$-10-3 |
| 1845 | 湖南攸县青阳观铁矿 | 铁 | 化学沉积型 | D | 小型 | Ⅲ-34 | $Pz_2$-10-3 |
| 1846 | 贵州贵定县黄龙山铁矿 | 铁 | 化学沉积型 | C | 小型 | Ⅲ-34 | $Pz_2$-10-3 |
| 1847 | 贵州福泉市高坡田铁矿 | 铁 | 化学沉积型 | C | 小型 | Ⅲ-34 | $Pz_2$-10-3 |
| 1848 | 贵州贵定县小开田铁矿 | 铁 | 化学沉积型 | C | 小型 | Ⅲ-34 | $Pz_2$-10-3 |
| 1849 | 贵州贵定县洛北河卡榜硫铁矿 | 硫铁矿 | 化学沉积型 | P | 小型 | Ⅲ-34 | $Pz_2$-10-3 |
| 1850 | 贵州龙里县平山硫铁矿 | 硫铁矿 | 化学沉积型 | P | 小型 | Ⅲ-34 | $Pz_2$-10-3 |
| 1851 | 贵州贵定县简塘硫铁矿 | 硫铁矿 | 化学沉积型 | P | 小型 | Ⅲ-34 | $Pz_2$-10-3 |
| 1852 | 贵州都匀市锈水沟硫铁矿 | 硫铁矿 | 化学沉积型 | P | 小型 | Ⅲ-34 | $Pz_2$-10-3 |
| 1853 | 贵州龙里县长金坪铁矿 | 铁 | 化学沉积型 | C | 小型 | Ⅲ-34 | $Pz_2$-10-3 |
| 1854 | 云南保山市大雪山镍矿 | 镍 | 岩浆型 | P | 小型 | Ⅲ-34 | |
| 1855 | 云南牟定县碗厂铂钯铜镍矿 | 铜镍 | 岩浆型 | P | 小型 | Ⅲ-34 | $Pz_2$-10-2 |
| 1856 | 云南元谋县热水塘铂钯矿 | 铂钯 | 岩浆型 | C | 中型 | Ⅲ-34 | $Pz_2$-10-2 |
| 1857 | 云南牟定县安益铁铂钯矿 | 铁铂钯 | 岩浆型 | P | 大型 | Ⅲ-34 | $Pz_2$-10-2 |
| 1858 | 云南安宁市草铺铝土矿 | 铝土矿 | 化学沉积型 | P | 小型 | Ⅲ-34 | $Pz_2$-10-3 |
| 1859 | 云南宁蒗县羊场煤矿 | 煤 | 生物化学沉积型 | P | 中型 | Ⅲ-34 | $Pz_2$-10-3 |
| 1860 | 贵州六盘水市六枝煤矿 | 煤 | 生物化学沉积型 | C | 中型 | Ⅲ-34 | $Pz_2$-10-3 |
| 1861 | 贵州晴隆县中营煤矿 | 煤 | 生物化学沉积型 | C | 大型 | Ⅲ-34 | $Pz_2$-10-3 |
| 1862 | 云南沾益区罗木煤矿 | 煤 | 生物化学沉积型 | P | 小型 | Ⅲ-34 | $Pz_2$-10-3 |
| 1863 | 云南曲靖市罗郎铁矿 | 铁 | 化学沉积型 | P | 小型 | Ⅲ-34 | $Pz_2$-10-3 |
| 1864 | 云南富源县庆云煤矿 | 煤 | 生物化学沉积型 | P | 中型 | Ⅲ-34 | $Pz_2$-10-3 |
| 1865 | 贵州盘州市煤田羊场井田煤矿 | 煤 | 生物化学沉积型 | C | 大型 | Ⅲ-34 | $Pz_2$-10-3 |
| 1866 | 贵州盘州市火铺铁矿 | 铁 | 化学沉积型 | C | 小型 | Ⅲ-34 | $Pz_2$-10-3 |
| 1867 | 云南富源县田冲铁矿 | 铁 | 化学沉积型 | P | 小型 | Ⅲ-34 | $Pz_2$-10-3 |

续表

| 编号 | 矿床名称 | 主矿种 | 成因类型 | 成矿时代 | 矿床规模 | 所属Ⅲ级成矿单元 | 所属成矿系列 |
|---|---|---|---|---|---|---|---|
| 1868 | 云南曲靖市恩洪煤矿 | 煤 | 生物化学沉积型 | P | 大型 | Ⅲ-34 | $Pz_2$-10-3 |
| 1869 | 云南富源县古木煤矿 | 煤 | 生物化学沉积型 | P | 中型 | Ⅲ-34 | $Pz_2$-10-3 |
| 1870 | 贵州盘州市老厂铁矿 | 铁 | 化学沉积型 | C | 中型 | Ⅲ-34 | $Pz_2$-10-3 |
| 1871 | 贵州晴隆县张家湾硫铁矿 | 硫铁矿 | 化学沉积型 | P | 小型 | Ⅲ-34 | $Pz_2$-10-3 |
| 1872 | 贵州晴隆县晴隆支余硫铁矿 | 硫铁矿 | 化学沉积型 | P | 小型 | Ⅲ-34 | $Pz_2$-10-3 |
| 1873 | 贵州晴隆县后坡硫铁矿 | 硫铁矿 | 化学沉积型 | P | 小型 | Ⅲ-34 | $Pz_2$-10-3 |
| 1874 | 贵州晴隆县西舍硫铁矿 | 硫铁矿 | 化学沉积型 | P | 小型 | Ⅲ-34 | $Pz_2$-10-3 |
| 1875 | 贵州晴隆县晴隆三望坪硫铁矿 | 硫铁矿 | 化学沉积型 | P | 小型 | Ⅲ-34 | $Pz_2$-10-3 |
| 1876 | 贵州晴隆县必康萤石矿 | 萤石 | 岩浆热液型 | P | 大型 | Ⅲ-34 | |
| 1877 | 贵州镇宁县良田纳沙锑矿 | 锑 | 岩浆热液型 | P | 中型 | Ⅲ-34 | |
| 1878 | 云南富源县老厂煤矿 | 煤 | 生物化学沉积型 | P | 大型 | Ⅲ-34 | $Pz_2$-10-3 |
| 1879 | 云南富源县老厂硫铁矿 | 硫铁矿 | 化学沉积型 | P | 大型 | Ⅲ-34 | $Pz_2$-10-3 |
| 1880 | 云南富源县康源矿区大格矿段硫铁矿 | 硫铁矿 | 化学沉积型 | P | 小型 | Ⅲ-34 | $Pz_2$-10-3 |
| 1881 | 云南罗平县扯土硫铁矿 | 硫铁矿 | 化学沉积型 | P | 中型 | Ⅲ-34 | $Pz_2$-10-3 |
| 1882 | 云南罗平县阿东硫铁矿 | 硫铁矿 | 化学沉积型 | P | 中型 | Ⅲ-34 | $Pz_2$-10-3 |
| 1883 | 云南罗平县史家寨硫铁矿 | 硫铁矿 | 化学沉积型 | P | 中型 | Ⅲ-34 | $Pz_2$-10-3 |
| 1884 | 云南罗平县阿岗煤矿 | 煤 | 生物化学沉积型 | P | 大型 | Ⅲ-34 | $Pz_2$-10-3 |
| 1885 | 贵州安龙县戈塘硫铁矿 | 硫铁矿 | 化学沉积型 | P | 小型 | Ⅲ-34 | $Pz_2$-10-3 |
| 1886 | 贵州册亨县庆坪金矿 | 金 | 岩浆热液型 | P | 小型 | Ⅲ-34 | |
| 1887 | 贵州望谟县上大观金矿 | 金 | 岩浆热液型 | P | 小型 | Ⅲ-34 | |
| 1888 | 贵州罗甸县罗暮玉石矿 | 玉石 | 岩浆型 | P | 小型 | Ⅲ-34 | |
| 1889 | 贵州罗甸县仁矿铁矿 | 铁 | 化学沉积型 | C | 小型 | Ⅲ-34 | $Pz_2$-10-3 |
| 1890 | 贵州遵义市沙坝锰矿 | 锰 | 化学沉积型 | P | 中型 | Ⅲ-34 | $Pz_2$-10-3 |
| 1891 | 贵州册亨县兴哲精锑矿 | 锑 | 岩浆热液型 | D | 小型 | Ⅲ-34 | |
| 1892 | 贵州册亨县伟叫沟5号锑矿 | 锑 | 岩浆热液型 | P | 小型 | Ⅲ-34 | |
| 1893 | 广西田林县朝阳铝土矿 | 铝土矿 | 化学沉积型 | P | 小型 | Ⅲ-34 | $Pz_2$-10-3 |
| 1894 | 广西河池市天峨县老鹏硫铁矿 | 硫铁矿 | 化学沉积型 | P | 中型 | Ⅲ-34 | $Pz_2$-10-3 |
| 1895 | 广西天峨县老鹏铝土矿 | 铝土矿 | 化学沉积型 | P | 小型 | Ⅲ-34 | $Pz_2$-10-3 |
| 1896 | 广西凤山县凤山杭东硫铁矿 | 硫铁矿 | 化学沉积型 | P | 大型 | Ⅲ-34 | $Pz_2$-10-3 |
| 1897 | 重庆凌云县保上硫铁矿 | 硫铁矿 | 化学沉积型 | P | 中型 | Ⅲ-34 | $Pz_2$-10-3 |
| 1898 | 重庆凌云县交摩硫铁矿 | 硫铁矿 | 化学沉积型 | P | 大型 | Ⅲ-34 | $Pz_2$-10-3 |
| 1899 | 广西凤山县福家坡硫铁矿 | 硫铁矿 | 化学沉积型 | P | 大型 | Ⅲ-34 | $Pz_2$-10-3 |
| 1900 | 广西河池市巴马县兴仁硫铁矿 | 硫铁矿 | 化学沉积型 | P | 小型 | Ⅲ-34 | $Pz_2$-10-3 |
| 1901 | 广西东兰县三石铝土矿 | 铝土矿 | 化学沉积型 | P | 小型 | Ⅲ-34 | $Pz_2$-10-3 |
| 1902 | 广西河池市东兰县东兰板更硫铁矿 | 硫铁矿 | 化学沉积型 | P | 小型 | Ⅲ-34 | $Pz_2$-10-3 |
| 1903 | 广西东兰县大同硫铁矿 | 硫铁矿 | 化学沉积型 | P | 中型 | Ⅲ-34 | $Pz_2$-10-3 |
| 1904 | 广西东兰县花香铝土矿 | 铝土矿 | 化学沉积型 | P | 小型 | Ⅲ-34 | $Pz_2$-10-3 |
| 1905 | 广西东兰县大同铝土矿 | 铝土矿 | 化学沉积型 | P | 小型 | Ⅲ-34 | $Pz_2$-10-3 |
| 1906 | 广西田阳县那江磷矿 | 磷 | 化学沉积型 | D | 小型 | Ⅲ-34 | $Pz_2$-10-3 |
| 1907 | 广西忻城县马泗塘岭锰矿 | 锰 | 化学沉积型 | C | 小型 | Ⅲ-34 | $Pz_2$-10-3 |

续表

| 编号 | 矿床名称 | 主矿种 | 成因类型 | 成矿时代 | 矿床规模 | 所属Ⅲ级成矿单元 | 所属成矿系列 |
|---|---|---|---|---|---|---|---|
| 1908 | 广西都安-马山县拉烈-金钗铝土矿 | 铝土矿 | 化学沉积型 | P | 大型 | Ⅲ-34 | $Pz_2$-10-3 |
| 1909 | 广西象州县大乐铅锌矿 | 铅锌 | 浅成中低温热液型 | D—P | 小型 | Ⅲ-34 | |
| 1910 | 广西桂平市锡基坑铅锌矿 | 铅锌 | 浅成中低温热液型 | D | 大型 | Ⅲ-34 | |
| 1911 | 广西来宾市大罗铝土矿 | 铝土矿 | 化学沉积型 | P | 中型 | Ⅲ-34 | $Pz_2$-10-3 |
| 1912 | 广西大化县贡川铝土矿 | 铝土矿 | 化学沉积型 | P | 小型 | Ⅲ-34 | $Pz_2$-10-3 |
| 1913 | 广西武鸣区伏马锰矿 | 锰 | 化学沉积型 | C | 小型 | Ⅲ-34 | $Pz_2$-10-3 |
| 1914 | 广西田东县巴旺磷矿 | 磷 | 化学沉积型 | D | 小型 | Ⅲ-34 | $Pz_2$-10-3 |
| 1915 | 广西田东县陇兰铝土矿 | 铝土矿 | 化学沉积型 | P | 小型 | Ⅲ-34 | $Pz_2$-10-3 |
| 1916 | 广西平果县平果铝土矿 | 铝土矿 | 化学沉积型 | P | 中型 | Ⅲ-34 | $Pz_2$-10-3 |
| 1917 | 云南泸西县圭山煤矿 | 煤 | 生物化学沉积型 | P | 大型 | Ⅲ-34 | $Pz_2$-10-3 |
| 1918 | 云南路南县亩竹箐铁矿 | 铁 | 化学沉积型 | D | 小型 | Ⅲ-34 | $Pz_2$-10-3 |
| 1919 | 云南广南县布达磷矿 | 磷 | 化学沉积型 | D | 小型 | Ⅲ-34 | $Pz_2$-10-3 |
| 1920 | 云南广南县板茂硫铁矿 | 硫铁矿 | 化学沉积型 | P | 小型 | Ⅲ-34 | $Pz_2$-10-3 |
| 1921 | 云南广南县板茂铝土矿 | 铝土矿 | 化学沉积型 | P | 中型 | Ⅲ-34 | $Pz_2$-10-3 |
| 1922 | 云南砚山县永和铝土矿 | 铝土矿 | 化学沉积型 | P | 小型 | Ⅲ-34 | $Pz_2$-10-3 |
| 1923 | 云南砚山县红舍克铝土矿 | 铝土矿 | 化学沉积型 | P | 中型 | Ⅲ-34 | $Pz_2$-10-3 |
| 1924 | 云南开远市大庄煤矿 | 煤 | 生物化学沉积型 | P | 大型 | Ⅲ-34 | $Pz_2$-10-3 |
| 1925 | 云南施甸县东山铅锌矿 | 铅锌 | 浅成中低温热液型 | P | 中型 | Ⅲ-34 | |
| 1926 | 云南施甸县茅草坡汞矿 | 汞 | 浅成中低温热液型 | C | 中型 | Ⅲ-34 | |
| 1927 | 云南云县铜厂街铜矿 | 铜 | 陆相火山岩型 | C | 小型 | Ⅲ-34 | |
| 1928 | 云南石屏县大冷山铅锌矿 | 铅锌 | 陆相火山岩型 | P | 小型 | Ⅲ-34 | |
| 1929 | 云南建水县虾硐铅锌矿 | 铅锌 | 陆相火山岩型 | P | 中型 | Ⅲ-34 | |
| 1930 | 云南建水县荒田铅锌矿 | 铅锌 | 陆相火山岩型 | P | 中型 | Ⅲ-34 | |
| 1931 | 云南建水县官厅铅锌矿 | 铅锌 | 陆相火山岩型 | P | 中型 | Ⅲ-34 | |
| 1932 | 云南澜沧县老厂铅锌矿 | 铅锌 | 浅成中低温热液型 | C | 大型 | Ⅲ-34 | |
| 1933 | 云南孟连县公鸡山铅锌矿 | 铅锌 | 浅成中低温热液型 | P | 小型 | Ⅲ-34 | |
| 1934 | 云南金平县棉花地钒钛磁铁矿 | 钒钛铁 | 岩浆型 | P | 中型 | Ⅲ-34 | $Pz_2$-10-2 |
| 1935 | 广西平果县同仁磷矿 | 磷 | 化学沉积型 | D | 小型 | Ⅲ-34 | $Pz_2$-10-3 |
| 1936 | 广西南宁市邕宁区和强磷矿 | 磷 | 化学沉积型 | D | 小型 | Ⅲ-34 | $Pz_2$-10-3 |
| 1937 | 广西兴业县小平山稀土矿 | 稀土 | 岩浆型 | D | 大型 | Ⅲ-34 | |
| 1938 | 广西南宁市邕宁区龙蟠磷矿 | 磷 | 化学沉积型 | D | 小型 | Ⅲ-34 | $Pz_2$-10-3 |
| 1939 | 广西横县新兴磷矿 | 磷 | 化学沉积型 | D | 小型 | Ⅲ-34 | $Pz_2$-10-3 |
| 1940 | 广西南宁市邕宁区那浪铝土矿 | 铝土矿 | 化学沉积型 | P | 小型 | Ⅲ-34 | $Pz_2$-10-3 |
| 1941 | 广西玉林市博白县三滩硫铁矿 | 硫铁矿 | 矽卡岩型 | O—D | 中型 | Ⅲ-34 | |
| 1942 | 湖南石门陈家湾海泡石矿 | 海泡石 | 化学沉积型 | P | 中型 | Ⅲ-34 | $Pz_2$-10-3 |
| 1943 | 贵州泸溪县李家田铝土矿 | 铝土矿 | 化学沉积型 | P | 中型 | Ⅲ-34 | $Pz_2$-10-3 |
| 1944 | 贵州石阡县白龙山铁矿 | 铁 | 化学沉积型 | C | 小型 | Ⅲ-34 | $Pz_2$-10-3 |
| 1945 | 贵州印江县槽门硫铁矿 | 硫铁矿 | 化学沉积型 | P | 小型 | Ⅲ-34 | $Pz_2$-10-3 |
| 1946 | 贵州黄平县浪硐铅锌矿 | 铅锌 | 浅成中低温热液型 | C | 小型 | Ⅲ-34 | |
| 1947 | 贵州黄平县王家寨铝土矿 | 铝土矿 | 化学沉积型 | C | 中型 | Ⅲ-34 | $Pz_2$-10-3 |

续表

| 编号 | 矿床名称 | 主矿种 | 成因类型 | 成矿时代 | 矿床规模 | 所属Ⅲ级成矿单元 | 所属成矿系列 |
|---|---|---|---|---|---|---|---|
| 1948 | 贵州黄平县重安江铁矿 | 铁 | 化学沉积型 | C | 小型 | Ⅲ-34 | $Pz_2$-10-3 |
| 1949 | 贵州凯里市铁厂沟铝土矿 | 铝土矿 | 化学沉积型 | C | 中型 | Ⅲ-34 | $Pz_2$-10-3 |
| 1950 | 贵州凯里市苦李井铝土矿 | 铝土矿 | 化学沉积型 | C | 大型 | Ⅲ-34 | $Pz_2$-10-3 |
| 1951 | 贵州凯里市鱼洞铝土矿 | 铝土矿 | 化学沉积型 | C | 大型 | Ⅲ-34 | $Pz_2$-10-3 |
| 1952 | 贵州凯里市鱼洞铁矿 | 铁 | 化学沉积型 | D | 中型 | Ⅲ-34 | $Pz_2$-10-3 |
| 1953 | 贵州凯里市龙场铁矿 | 铁 | 化学沉积型 | C | 中型 | Ⅲ-34 | $Pz_2$-10-3 |
| 1954 | 贵州凯里市翁色铅锌矿 | 铅锌 | 浅成中低温热液型 | C | 小型 | Ⅲ-34 | |
| 1955 | 贵州凯里市狗场铁矿 | 铁 | 化学沉积型 | P | 中型 | Ⅲ-34 | $Pz_2$-10-3 |
| 1956 | 贵州麻江县将军石铁矿 | 铁 | 化学沉积型 | C | 小型 | Ⅲ-34 | $Pz_2$-10-3 |
| 1957 | 贵州麻江县两鼓铅锌矿 | 铅锌 | 浅成中低温热液型 | C | 小型 | Ⅲ-34 | |
| 1958 | 贵州丹寨县宏发厂-四相厂汞金矿 | 汞金 | 岩浆热液型 | P | 小型 | Ⅲ-34 | |
| 1959 | 贵州丹寨县德禄讯铁矿 | 铁 | 化学沉积型 | C | 小型 | Ⅲ-34 | $Pz_2$-10-3 |
| 1960 | 贵州都匀市甲章硫铁矿 | 硫铁矿 | 化学沉积型 | P | 小型 | Ⅲ-34 | $Pz_2$-10-3 |
| 1961 | 贵州独山县大石板铁矿 | 铁 | 岩浆热液型 | C | 中型 | Ⅲ-34 | |
| 1962 | 贵州都匀市后槽硫铁矿 | 铁 | 化学沉积型 | P | 小型 | Ⅲ-34 | $Pz_2$-10-3 |
| 1963 | 贵州三都县苗龙金锑矿 | 金锑 | 岩浆热液型 | P | 中型 | Ⅲ-34 | |
| 1964 | 贵州独山县平黄山铁矿 | 铁 | 岩浆热液型 | C | 中型 | Ⅲ-34 | |
| 1965 | 贵州独山县半坡锑矿 | 锑 | 岩浆热液型 | D | 大型 | Ⅲ-34 | |
| 1966 | 贵州独山县巴年锑矿 | 锑 | 岩浆热液型 | D | 中型 | Ⅲ-34 | |
| 1967 | 贵州独山县王屯锑矿 | 锑 | 岩浆热液型 | D | 小型 | Ⅲ-34 | |
| 1968 | 贵州独山县甲定等五铁矿 | 铁 | 岩浆热液型 | C | 中型 | Ⅲ-34 | |
| 1969 | 贵州独山县维寨锑矿 | 锑 | 岩浆热液型 | D | 小型 | Ⅲ-34 | |
| 1970 | 贵州三都县八里坡铁矿 | 铁 | 岩浆热液型 | C | 小型 | Ⅲ-34 | |
| 1971 | 广西河池市拉甫磷矿 | 磷 | 化学沉积型 | C | 小型 | Ⅲ-34 | $Pz_2$-10-3 |
| 1972 | 湖南益阳市七里冲铁矿 | 铁 | 化学沉积型 | D | 小型 | Ⅲ-34 | $Pz_2$-10-3 |
| 1973 | 湖南桃江县笛楼坪铁矿 | 铁 | 化学沉积型 | D | 小型 | Ⅲ-34 | $Pz_2$-10-3 |
| 1974 | 湖南宁乡市铁冲铁矿 | 铁 | 化学沉积型 | D | 小型 | Ⅲ-34 | $Pz_2$-10-3 |
| 1975 | 湖南宁乡市陶家湾铁矿 | 铁 | 化学沉积型 | D | 小型 | Ⅲ-34 | $Pz_2$-10-3 |
| 1976 | 湖南长沙市莲花桥云盖寺铁矿 | 铁 | 化学沉积型 | D | 小型 | Ⅲ-34 | $Pz_2$-10-3 |
| 1977 | 湖南长沙市毛湖田铁矿 | 铁 | 化学沉积型 | D | 小型 | Ⅲ-34 | $Pz_2$-10-3 |
| 1978 | 湖南宁乡市南田坪铁矿 | 铁 | 化学沉积型 | D | 小型 | Ⅲ-34 | $Pz_2$-10-3 |
| 1979 | 湖南新化县余家湾赤铁矿 | 铁 | 化学沉积型 | D | 小型 | Ⅲ-34 | $Pz_2$-10-3 |
| 1980 | 湖南涟源市赵家冲铁矿 | 铁 | 化学沉积型 | D | 小型 | Ⅲ-34 | $Pz_2$-10-3 |
| 1981 | 湖南涟源市插花庙铁矿 | 铁 | 化学沉积型 | D | 中型 | Ⅲ-34 | $Pz_2$-10-3 |
| 1982 | 湖南涟源市土地排铁矿 | 铁 | 化学沉积型 | D | 小型 | Ⅲ-34 | $Pz_2$-10-3 |
| 1983 | 湖南湘乡市歧山铁矿 | 铁 | 化学沉积型 | D | 小型 | Ⅲ-34 | $Pz_2$-10-3 |
| 1984 | 湖南湘潭县海泡石矿 | 海泡石 | 化学沉积型 | P | 中型 | Ⅲ-34 | $Pz_2$-10-3 |
| 1985 | 湖南湘潭县峡山口铁矿 | 铁 | 化学沉积型 | D | 小型 | Ⅲ-34 | $Pz_2$-10-3 |
| 1986 | 湖南冷水江市渣渡矿区利北井田煤矿 | 煤 | 生物化学沉积型 | C | 中型 | Ⅲ-34 | $Pz_2$-10-3 |
| 1987 | 湖南冷水江市锡矿山铁矿 | 铁 | 化学沉积型 | D | 小型 | Ⅲ-34 | $Pz_2$-10-3 |

续表

| 编号 | 矿床名称 | 主矿种 | 成因类型 | 成矿时代 | 矿床规模 | 所属Ⅲ级成矿单元 | 所属成矿系列 |
|---|---|---|---|---|---|---|---|
| 1988 | 湖南冷水江市禾青锌矿 | 锌 | 化学沉积型 | D | 中型 | Ⅲ-34 | $Pz_2$-10-3 |
| 1989 | 湖南冷水江市洪水坪硫铁矿 | 硫铁矿 | 化学沉积型 | D | 中型 | Ⅲ-34 | $Pz_2$-10-3 |
| 1990 | 湖南新邵县分水坳铁矿 | 铁 | 浅成中低温热液型 | D | 小型 | Ⅲ-34 | |
| 1991 | 湖南湘中曹家坝钨矿 | 钨 | 矽卡岩型 | D | 大型 | Ⅲ-34 | |
| 1992 | 湖南新邵县禾青铅锌矿 | 铅锌 | 海相火山岩型 | D | 大型 | Ⅲ-34 | |
| 1993 | 湖南双峰县洪山殿煤矿蛇形山井田煤矿 | 煤 | 生物化学沉积型 | C | 中型 | Ⅲ-34 | $Pz_2$-10-3 |
| 1994 | 湖南双峰县测水铁矿 | 铁 | 化学沉积型 | D | 小型 | Ⅲ-34 | $Pz_2$-10-3 |
| 1995 | 湖南湘潭县金坑铁矿 | 铁 | 化学沉积型 | D | 小型 | Ⅲ-34 | $Pz_2$-10-3 |
| 1996 | 湖南湘潭县方上桥铁矿 | 铁 | 化学沉积型 | D | 小型 | Ⅲ-34 | $Pz_2$-10-3 |
| 1997 | 湖南新邵县高家坳金矿 | 金 | 浅成中低温热液型 | D—P | 小型 | Ⅲ-34 | |
| 1998 | 湖南新邵县白云铺铅锌矿 | 铅锌 | 化学沉积型 | D | 中型 | Ⅲ-34 | $Pz_2$-10-3 |
| 1999 | 湖南邵阳市清水塘铁锰矿 | 铁锰 | 化学沉积型 | P | 中型 | Ⅲ-34 | $Pz_2$-10-3 |
| 2000 | 湖南邵东县两市镇寻柳村锰矿 | 锰 | 化学沉积型 | P | 小型 | Ⅲ-34 | $Pz_2$-10-3 |
| 2001 | 湖南双峰县钟岭铁矿 | 铁 | 化学沉积型 | D | 小型 | Ⅲ-34 | $Pz_2$-10-3 |
| 2002 | 湖南邵东县双江桥铁矿 | 铁 | 化学沉积型 | D | 小型 | Ⅲ-34 | $Pz_2$-10-3 |
| 2003 | 湖南邵东县大石桥铁矿 | 铁 | 化学沉积型 | D | 小型 | Ⅲ-34 | $Pz_2$-10-3 |
| 2004 | 湖南邵东县芦山坳锰矿 | 锰 | 化学沉积型 | P | 小型 | Ⅲ-34 | $Pz_2$-10-3 |
| 2005 | 湖南邵阳县常乐石膏矿 | 石膏 | 蒸发沉积型 | C | 超大型 | Ⅲ-34 | $Pz_2$-10-3 |
| 2006 | 湖南城步县铺头黄铁矿柿子冲硫铁矿 | 硫铁矿 | 岩浆热液型 | D | 中型 | Ⅲ-34 | |
| 2007 | 湖南城步县铺头苏家冲矿段硫铁矿 | 硫铁矿 | 岩浆热液型 | D | 中型 | Ⅲ-34 | |
| 2008 | 贵州雷山县开屯锑矿 | 锑 | 岩浆热液型 | D | 小型 | Ⅲ-34 | |
| 2009 | 贵州剑河县岑松镇铅锌矿 | 铅锌 | 浅成中低温热液型 | C | 小型 | Ⅲ-34 | |
| 2010 | 贵州榕江县排少坡锑矿 | 锑 | 岩浆热液型 | D | 小型 | Ⅲ-34 | |
| 2011 | 贵州榕江县摆吉锑矿 | 锑 | 岩浆热液型 | D | 大型 | Ⅲ-34 | |
| 2012 | 贵州榕江县巫秀宏发锑矿 | 锑 | 岩浆热液型 | D | 小型 | Ⅲ-34 | |
| 2013 | 贵州三都县排少锑矿 | 锑 | 岩浆热液型 | D | 小型 | Ⅲ-34 | |
| 2014 | 贵州榕江县八蒙锑矿 | 锑 | 岩浆热液型 | D | 中型 | Ⅲ-34 | |
| 2015 | 贵州从江县九星铁矿 | 铁 | 化学沉积型 | C | 小型 | Ⅲ-34 | $Pz_2$-10-3 |
| 2016 | 贵州三都县五坳坡（火烧寨）锑矿 | 锑 | 岩浆热液型 | D | 小型 | Ⅲ-34 | |
| 2017 | 湖南永州市朝阳-富家桥锰矿 | 锰 | 化学沉积型 | C | 中型 | Ⅲ-34 | $Pz_2$-10-3 |
| 2018 | 湖南永州市东湘桥锰矿 | 锰 | 化学沉积型 | P | 大型 | Ⅲ-34 | $Pz_2$-10-3 |
| 2019 | 湖南耒阳青坪圩竹溪铁矿 | 铁 | 化学沉积型 | D | 小型 | Ⅲ-34 | $Pz_2$-10-3 |
| 2020 | 湖南常宁县芝麻山铁矿 | 铁 | 化学沉积型 | D | 小型 | Ⅲ-34 | $Pz_2$-10-3 |
| 2021 | 广西罗城县怀群磷矿 | 磷 | 化学沉积型 | C | 小型 | Ⅲ-34 | $Pz_2$-10-3 |
| 2022 | 广西融安县融安古当硫铁矿 | 硫铁矿 | 浅成中低温热液型 | D | 小型 | Ⅲ-34 | |
| 2023 | 广西宜山区塘罗磷矿 | 磷 | 化学沉积型 | C | 小型 | Ⅲ-34 | $Pz_2$-10-3 |
| 2024 | 广西宜山区同德板高锰矿 | 锰 | 化学沉积型 | C | 小型 | Ⅲ-34 | $Pz_2$-10-3 |
| 2025 | 广西宜山区三岔铝土矿 | 铝土矿 | 化学沉积型 | P | 小型 | Ⅲ-34 | $Pz_2$-10-3 |
| 2026 | 广西宜州市洛东锰矿 | 锰 | 化学沉积型 | C | 小型 | Ⅲ-34 | $Pz_2$-10-3 |
| 2027 | 广西宜山区七丈磷矿 | 磷 | 化学沉积型 | C | 小型 | Ⅲ-34 | $Pz_2$-10-3 |

续表

| 编号 | 矿床名称 | 主矿种 | 成因类型 | 成矿时代 | 矿床规模 | 所属Ⅲ级成矿单元 | 所属成矿系列 |
|---|---|---|---|---|---|---|---|
| 2028 | 广西宜州市洛富锰矿 | 锰 | 化学沉积型 | C | 中型 | Ⅲ-34 | $Pz_2$-10-3 |
| 2029 | 广西忻城县理苗锰矿 | 锰 | 化学沉积型 | C | 小型 | Ⅲ-34 | $Pz_2$-10-3 |
| 2030 | 广西宜山区北山锰矿 | 锰 | 化学沉积型 | C | 小型 | Ⅲ-34 | $Pz_2$-10-3 |
| 2031 | 广西柳州市柳江区纳屯磷矿 | 磷 | 化学沉积型 | C | 小型 | Ⅲ-34 | $Pz_2$-10-3 |
| 2032 | 广西全州县小洞锰矿 | 锰 | 化学沉积型 | P | 中型 | Ⅲ-34 | $Pz_2$-10-3 |
| 2033 | 广西全州县白水锰矿 | 锰 | 化学沉积型 | P | 小型 | Ⅲ-34 | $Pz_2$-10-3 |
| 2034 | 广西全州县两河锰矿 | 锰 | 化学沉积型 | P | 小型 | Ⅲ-34 | $Pz_2$-10-3 |
| 2035 | 湖南安化县莲花石锰矿 | 锰 | 化学沉积型 | C | 中型 | Ⅲ-34 | $Pz_2$-10-3 |
| 2036 | 湖南桂阳县半边月锰矿 | 锰 | 化学沉积型 | C | 中型 | Ⅲ-34 | $Pz_2$-10-3 |
| 2037 | 湖南桂阳县柳塘锰矿 | 锰 | 化学沉积型 | C | 中型 | Ⅲ-34 | $Pz_2$-10-3 |
| 2038 | 湖南桂阳县黄沙坪锰矿 | 锰 | 化学沉积型 | C | 中型 | Ⅲ-34 | $Pz_2$-10-3 |
| 2039 | 湖南桂阳县锹六合锰矿 | 锰 | 化学沉积型 | P | 小型 | Ⅲ-34 | $Pz_2$-10-3 |
| 2040 | 湖南临武县香花岭锡矿 | 锡 | 矽卡岩型 | D | 大型 | Ⅲ-34 | |
| 2041 | 湖南蓝山县太平铁锰矿 | 铁锰 | 浅成中低温热液型 | D | 大型 | Ⅲ-34 | |
| 2042 | 湖南蓝山县毛俊锰铁矿 | 锰铁 | 浅成中低温热液型 | D | 中型 | Ⅲ-34 | |
| 2043 | 湖南蓝山县田心锰矿 | 锰 | 化学沉积型 | D | 中型 | Ⅲ-34 | $Pz_2$-10-3 |
| 2044 | 湖南江永县高塘锰矿 | 锰 | 化学沉积型 | C | 中型 | Ⅲ-34 | $Pz_2$-10-3 |
| 2045 | 湖南江华县洪水冲硫铁矿 | 硫铁矿 | 化学沉积型 | D | 中型 | Ⅲ-34 | $Pz_2$-10-3 |
| 2046 | 广西灌阳县饭凸山萤石矿 | 萤石 | 浅成中低温热液型 | C—P | 小型 | Ⅲ-34 | |
| 2047 | 广西灌阳县黄关萤石矿 | 萤石 | 浅成中低温热液型 | C—P | 小型 | Ⅲ-34 | |
| 2048 | 广西桂林市临桂区上村硫铁矿 | 硫铁矿 | 岩浆热液型 | D | 小型 | Ⅲ-34 | |
| 2049 | 广西桂林市临桂区会仙硫铁矿 | 硫铁矿 | 岩浆热液型 | D | 小型 | Ⅲ-34 | |
| 2050 | 广西富川县牛背岭磷矿 | 磷 | 化学沉积型 | C | 小型 | Ⅲ-34 | $Pz_2$-10-3 |
| 2051 | 广西贺州市茶盘源锡矿 | 锡 | 矽卡岩型 | D | 小型 | Ⅲ-34 | |
| 2052 | 广西八步区鹰阳关磷矿 | 磷 | 化学沉积型 | C | 小型 | Ⅲ-34 | $Pz_2$-10-3 |
| 2053 | 广西岑溪市大冲锡矿 | 锡 | 矽卡岩型 | D | 中型 | Ⅲ-34 | |
| 2054 | 广西钟山县白沙塘锡矿 | 锡 | 矽卡岩型 | D | 小型 | Ⅲ-34 | |
| 2055 | 广西钟山县羊头磷矿 | 磷 | 化学沉积型 | C | 小型 | Ⅲ-34 | $Pz_2$-10-3 |
| 2056 | 广西平果县木桥面锡矿 | 锡 | 浅成中低温热液型 | D | 小型 | Ⅲ-34 | |
| 2057 | 广西平果县石门锡矿 | 锡 | 浅成中低温热液型 | D | 小型 | Ⅲ-34 | |
| 2058 | 广西鹿寨县板江磷矿 | 磷 | 化学沉积型 | D | 小型 | Ⅲ-34 | $Pz_2$-10-3 |
| 2059 | 广西平南县旺石铅锌矿 | 铅锌 | 浅成中低温热液型 | D—P | 小型 | Ⅲ-34 | |
| 2060 | 广西合山市煤田深部仁义探区煤矿 | 煤 | 生物化学沉积型 | C | 大型 | Ⅲ-34 | $Pz_2$-10-3 |
| 2061 | 广西上林县石门乔贤万福三里铝土矿 | 铝土矿 | 化学沉积型 | P | 中型 | Ⅲ-34 | $Pz_2$-10-3 |
| 2062 | 广西上林县乔贤铝土矿 | 铝土矿 | 化学沉积型 | P | 小型 | Ⅲ-34 | $Pz_2$-10-3 |
| 2063 | 广西来宾区洪江锰矿 | 锰 | 化学沉积型 | D | 小型 | Ⅲ-34 | $Pz_2$-10-3 |
| 2064 | 广西来宾区洪江重晶石矿 | 重晶石 | 化学沉积型 | D | 小型 | Ⅲ-34 | $Pz_2$-10-3 |
| 2065 | 广西来宾区寺山六力锰矿 | 锰 | 化学沉积型 | D | 小型 | Ⅲ-34 | $Pz_2$-10-3 |
| 2066 | 广西上林县大丰钒矿区煤矿 | 煤 | 生物化学沉积型 | D | 大型 | Ⅲ-34 | $Pz_2$-10-3 |
| 2067 | 四川石棉县石棉矿 | 石棉 | 浅成中低温热液型 | C | 大型 | Ⅲ-34 | |

续表

| 编号 | 矿床名称 | 主矿种 | 成因类型 | 成矿时代 | 矿床规模 | 所属Ⅲ级成矿单元 | 所属成矿系列 |
|---|---|---|---|---|---|---|---|
| 2068 | 四川越西县敏子洛木铁矿 | 铁 | 化学沉积型 | D | 中型 | Ⅲ-34 | $Pz_2$-10-3 |
| 2069 | 四川越西县碧鸡山铁矿 | 铁 | 化学沉积型 | D | 中型 | Ⅲ-34 | $Pz_2$-10-3 |
| 2070 | 四川西昌市太和钒钛磁铁矿 | 钒钛铁 | 岩浆型 | P | 大型 | Ⅲ-34 | $Pz_2$-10-2 |
| 2071 | 四川德昌县巴硐钒钛磁铁矿 | 钒钛铁 | 岩浆型 | P | 中型 | Ⅲ-34 | $Pz_2$-10-2 |
| 2072 | 四川米易县白马钒钛磁铁矿 | 钒钛铁 | 岩浆型 | P | 大型 | Ⅲ-34 | $Pz_2$-10-2 |
| 2073 | 四川米易县金龙山铝土矿 | 铝土矿 | 化学沉积型 | P | 小型 | Ⅲ-34 | $Pz_2$-10-3 |
| 2074 | 四川米易县安宁村钒钛磁铁矿 | 钒钛铁 | 岩浆型 | P | 大型 | Ⅲ-34 | $Pz_2$-10-2 |
| 2075 | 四川会理县马鞍山钒钛磁铁矿 | 钒钛铁 | 岩浆型 | P | 中型 | Ⅲ-34 | $Pz_2$-10-2 |
| 2076 | 四川攀枝花市中干沟钒钛磁铁矿 | 钒钛铁 | 岩浆型 | P | 中型 | Ⅲ-34 | $Pz_2$-10-2 |
| 2077 | 四川会理县中梁子钒钛磁铁矿 | 钒钛铁 | 岩浆型 | P | 中型 | Ⅲ-34 | $Pz_2$-10-2 |
| 2078 | 四川攀枝花市普隆钒钛磁铁矿 | 钒钛铁 | 岩浆型 | P | 中型 | Ⅲ-34 | $Pz_2$-10-2 |
| 2079 | 四川攀枝花市红格钒钛磁铁矿 | 钒钛铁 | 岩浆型 | P | 大型 | Ⅲ-34 | $Pz_2$-10-2 |
| 2080 | 四川攀枝花市湾子田钒钛磁铁矿 | 钒钛铁 | 岩浆型 | P | 中型 | Ⅲ-34 | $Pz_2$-10-2 |
| 2081 | 四川会理县核桃树铜镍矿 | 铜镍 | 岩浆型 | P | 小型 | Ⅲ-34 | $Pz_2$-10-2 |
| 2082 | 四川会理县白草钒钛磁铁矿 | 钒钛铁 | 岩浆型 | P | 大型 | Ⅲ-34 | $Pz_2$-10-2 |
| 2083 | 四川会理县秀水河钒钛磁铁矿 | 钒钛铁 | 岩浆型 | P | 中型 | Ⅲ-34 | $Pz_2$-10-2 |
| 2084 | 四川会理县青矿山铜镍矿 | 铜镍 | 岩浆型 | P | 小型 | Ⅲ-34 | $Pz_2$-10-2 |
| 2085 | 四川会理县力马河铜镍矿 | 铜镍 | 岩浆型 | P | 小型 | Ⅲ-34 | $Pz_2$-10-2 |
| 2086 | 四川会理县清水河铜镍矿 | 铜镍 | 岩浆型 | P | 小型 | Ⅲ-34 | $Pz_2$-10-2 |
| 2087 | 四川会理县打矿山铜镍矿 | 铜镍 | 岩浆型 | P | 小型 | Ⅲ-34 | $Pz_2$-10-2 |
| 2088 | 四川宁华县华弹铁矿 | 铁 | 化学沉积型 | D | 中型 | Ⅲ-34 | $Pz_2$-10-3 |
| 2089 | 四川会理县秧田沟铜镍矿 | 铜镍 | 岩浆型 | P | 小型 | Ⅲ-34 | $Pz_2$-10-2 |
| 2090 | 云南禄劝县新村硫铁矿 | 硫铁矿 | 矽卡岩型 | P | 大型 | Ⅲ-34 | |
| 2091 | 四川攀枝花市钒钛磁铁矿 | 钒钛铁 | 岩浆型 | P | 大型 | Ⅲ-34 | $Pz_2$-10-2 |
| 2092 | 云南禄劝县团街乐业钛磁铁矿 | 钛铁 | 岩浆型 | P | 小型 | Ⅲ-34 | $Pz_2$-10-2 |
| 2093 | 云南禄劝县甸尾铝土矿 | 铝土矿 | 化学沉积型 | P | 小型 | Ⅲ-34 | $Pz_2$-10-3 |
| 2094 | 云南寻甸县海戛铁矿 | 铁 | 化学沉积型 | D | 小型 | Ⅲ-34 | $Pz_2$-10-3 |
| 2095 | 云南武定县鱼子甸铁矿 | 铁 | 化学沉积型 | D | 中型 | Ⅲ-34 | $Pz_2$-10-3 |
| 2096 | 云南富民县赤鹫铝土矿 | 铝土矿 | 化学沉积型 | P | 小型 | Ⅲ-34 | $Pz_2$-10-3 |
| 2097 | 云南嵩明县阿子营铝土矿 | 铝土矿 | 化学沉积型 | P | 小型 | Ⅲ-34 | $Pz_2$-10-3 |
| 2098 | 云南富民县上茨塘村老煤山铝土矿 | 铝土矿 | 化学沉积型 | P | 小型 | Ⅲ-34 | $Pz_2$-10-3 |
| 2099 | 云南富民县老煤山铝土矿 | 铝土矿 | 化学沉积型 | P | 小型 | Ⅲ-34 | $Pz_2$-10-3 |
| 2100 | 云南昆明市西山区沙朗铝土矿 | 铝土矿 | 化学沉积型 | P | 小型 | Ⅲ-34 | $Pz_2$-10-3 |
| 2101 | 云南昆明市西山区大普吉铝土矿 | 铝土矿 | 化学沉积型 | P | 小型 | Ⅲ-34 | $Pz_2$-10-3 |
| 2102 | 云南昆明市西山区铁峰庵铝土矿 | 铝土矿 | 化学沉积型 | P | 小型 | Ⅲ-34 | $Pz_2$-10-3 |
| 2103 | 云南昆明市西山区筇竹寺铝土矿 | 铝土矿 | 化学沉积型 | P | 小型 | Ⅲ-34 | $Pz_2$-10-3 |
| 2104 | 云南昆明市西山区法禄村铝土矿 | 铝土矿 | 化学沉积型 | P | 小型 | Ⅲ-34 | $Pz_2$-10-3 |
| 2105 | 云南安宁市温泉铝土矿 | 铝土矿 | 化学沉积型 | P | 小型 | Ⅲ-34 | $Pz_2$-10-3 |
| 2106 | 云南安宁市街铝土矿 | 铝土矿 | 化学沉积型 | P | 小型 | Ⅲ-34 | $Pz_2$-10-3 |
| 2107 | 云南安宁市耳目村铝土矿 | 铝土矿 | 化学沉积型 | P | 小型 | Ⅲ-34 | $Pz_2$-10-3 |

续表

| 编号 | 矿床名称 | 主矿种 | 成因类型 | 成矿时代 | 矿床规模 | 所属Ⅲ级成矿单元 | 所属成矿系列 |
|---|---|---|---|---|---|---|---|
| 2108 | 云南昆明市大板桥铝土矿 | 铝土矿 | 化学沉积型 | P | 小型 | Ⅲ-34 | $Pz_2$-10-3 |
| 2109 | 云南呈贡区马头山铝土矿 | 铝土矿 | 化学沉积型 | P | 小型 | Ⅲ-34 | $Pz_2$-10-3 |
| 2110 | 云南晋宁区牛恋林铝土矿 | 铝土矿 | 化学沉积型 | P | 小型 | Ⅲ-34 | $Pz_2$-10-3 |
| 2111 | 云南晋宁区灵庙铝土矿 | 铝土矿 | 化学沉积型 | P | 小型 | Ⅲ-34 | $Pz_2$-10-3 |
| 2112 | 云南玉溪市红塔小石桥铝土矿 | 铝土矿 | 化学沉积型 | P | 小型 | Ⅲ-34 | $Pz_2$-10-3 |
| 2113 | 云南峨山县玉河寨铁矿 | 铁 | 岩浆型 | P | 中型 | Ⅲ-34 | $Pz_2$-10-2 |
| 2114 | 云南建水县铜厂铅锌矿 | 铅锌 | 陆相火山岩型 | D | 小型 | Ⅲ-34 | |
| 2115 | 云南建水县苏租铅锌矿 | 铅锌 | 陆相火山岩型 | D | 中型 | Ⅲ-34 | |
| 2116 | 云南建水县暮阳铅锌矿 | 铅锌 | 陆相火山岩型 | D | 中型 | Ⅲ-34 | |
| 2117 | 四川盐源县矿山梁子磁铁矿 | 铁 | 浅成中低温热液型 | P | 中型 | Ⅲ-34 | |
| 2118 | 四川盐源县烂纸厂铁矿 | 铁 | 浅成中低温热液型 | P | 小型 | Ⅲ-34 | |
| 2119 | 云南宁蒗县树札铜矿 | 铜 | 陆相火山岩型 | P | 小型 | Ⅲ-34 | |
| 2120 | 云南丽江市劳马古铜矿 | 铜 | 陆相火山岩型 | P | 小型 | Ⅲ-34 | |
| 2121 | 云南丽江市文通铜矿 | 铜 | 陆相火山岩型 | P | 小型 | Ⅲ-34 | |
| 2122 | 四川永胜县米厘厂铜矿 | 铜 | 陆相火山岩型 | P | 小型 | Ⅲ-34 | |
| 2123 | 四川永胜县宝坪厂铜矿 | 铜 | 陆相火山岩型 | P | 小型 | Ⅲ-34 | |
| 2124 | 云南大理市荒草坝铂钯矿 | 铂钯 | 岩浆型 | P | 中型 | Ⅲ-34 | $Pz_2$-10-2 |
| 2125 | 云南金平县白马寨铜镍矿 | 铜镍 | 岩浆型 | C | 小型 | Ⅲ-34 | $Pz_2$-10-2 |
| 2126 | 广西田阳县坡平磷矿 | 磷 | 化学沉积型 | D | 小型 | Ⅲ-34 | $Pz_2$-10-3 |
| 2127 | 广西田阳县敢亮磷矿 | 磷 | 化学沉积型 | D | 小型 | Ⅲ-34 | $Pz_2$-10-3 |
| 2128 | 广西田东县巴平磷矿 | 磷 | 化学沉积型 | D | 小型 | Ⅲ-34 | $Pz_2$-10-3 |
| 2129 | 广西德保县高国铝土矿 | 铝土矿 | 化学沉积型 | P | 中型 | Ⅲ-34 | $Pz_2$-10-3 |
| 2130 | 广西田阳县古美铝土矿 | 铝土矿 | 化学沉积型 | P | 中型 | Ⅲ-34 | $Pz_2$-10-3 |
| 2131 | 广西田阳县大禄铝土矿 | 铝土矿 | 化学沉积型 | P | 小型 | Ⅲ-34 | $Pz_2$-10-3 |
| 2132 | 广西田阳县巴别铝土矿 | 铝土矿 | 化学沉积型 | P | 中型 | Ⅲ-34 | $Pz_2$-10-3 |
| 2133 | 广西德保县登贡铝土矿 | 铝土矿 | 化学沉积型 | P | 中型 | Ⅲ-34 | $Pz_2$-10-3 |
| 2134 | 广西德保县隆华铝土矿 | 铝土矿 | 化学沉积型 | P | 小型 | Ⅲ-34 | $Pz_2$-10-3 |
| 2135 | 广西德保县吞德铝土矿 | 铝土矿 | 化学沉积型 | P | 中型 | Ⅲ-34 | $Pz_2$-10-3 |
| 2136 | 广西德保县德保那甲硫铁矿 | 硫铁矿 | 浅成中低温热液型 | D | 中型 | Ⅲ-34 | |
| 2137 | 广西田东县游昌铝土矿 | 铝土矿 | 化学沉积型 | P | 中型 | Ⅲ-34 | $Pz_2$-10-3 |
| 2138 | 广西田东县那笔磷矿 | 磷 | 化学沉积型 | D | 小型 | Ⅲ-34 | $Pz_2$-10-3 |
| 2139 | 云南文山市磺厂硫铁矿 | 硫铁矿 | 矽卡岩型 | P | 中型 | Ⅲ-34 | |
| 2140 | 云南文山市杨柳井铝土矿 | 铝土矿 | 化学沉积型 | P | 小型 | Ⅲ-34 | $Pz_2$-10-3 |
| 2141 | 云南西畴县芹菜塘铝土矿 | 铝土矿 | 化学沉积型 | P | 小型 | Ⅲ-34 | $Pz_2$-10-3 |
| 2142 | 云南麻栗坡县铁厂铝土矿 | 铝土矿 | 化学沉积型 | P | 中型 | Ⅲ-34 | $Pz_2$-10-3 |
| 2143 | 广西那坡县那模矿区坡爱锰矿 | 锰 | 化学沉积型 | D | 中型 | Ⅲ-34 | $Pz_2$-10-3 |
| 2144 | 广西靖西市大甲灵弄陇布高京铝土矿 | 铝土矿 | 化学沉积型 | P | 大型 | Ⅲ-34 | $Pz_2$-10-3 |
| 2145 | 广西百色市靖西弄华硫铁矿 | 硫铁矿 | 浅成中低温热液型 | D | 中型 | Ⅲ-34 | |
| 2146 | 广西百色市靖西雷隆硫铁矿 | 硫铁矿 | 浅成中低温热液型 | D | 小型 | Ⅲ-34 | |
| 2147 | 广西靖西市雷隆磷矿 | 磷 | 化学沉积型 | D | 小型 | Ⅲ-34 | $Pz_2$-10-3 |

续表

| 编号 | 矿床名称 | 主矿种 | 成因类型 | 成矿时代 | 矿床规模 | 所属Ⅲ级成矿单元 | 所属成矿系列 |
|---|---|---|---|---|---|---|---|
| 2148 | 广西德保县都安磷矿 | 磷 | 化学沉积型 | D | 小型 | Ⅲ-34 | $Pz_2$-10-3 |
| 2149 | 广西靖西市岜红磷矿 | 磷 | 化学沉积型 | D | 小型 | Ⅲ-34 | $Pz_2$-10-3 |
| 2150 | 广西德保县看屯磷矿 | 磷 | 化学沉积型 | D | 小型 | Ⅲ-34 | $Pz_2$-10-3 |
| 2151 | 广西靖西市下良磷矿 | 磷 | 化学沉积型 | D | 小型 | Ⅲ-34 | $Pz_2$-10-3 |
| 2152 | 广西靖西市大礼磷矿 | 磷 | 化学沉积型 | D | 小型 | Ⅲ-34 | $Pz_2$-10-3 |
| 2153 | 广西德保县西读磷矿 | 磷 | 化学沉积型 | D | 小型 | Ⅲ-34 | $Pz_2$-10-3 |
| 2154 | 广西德保县中列磷矿 | 磷 | 化学沉积型 | D | 小型 | Ⅲ-34 | $Pz_2$-10-3 |
| 2155 | 广西德保县上敏磷矿 | 磷 | 化学沉积型 | D | 小型 | Ⅲ-34 | $Pz_2$-10-3 |
| 2156 | 广西德保县录岭磷矿 | 磷 | 化学沉积型 | D | 小型 | Ⅲ-34 | $Pz_2$-10-3 |
| 2157 | 广西德保县那供磷矿 | 磷 | 化学沉积型 | D | 小型 | Ⅲ-34 | $Pz_2$-10-3 |
| 2158 | 广西天等县宁干磷矿 | 磷 | 化学沉积型 | D | 小型 | Ⅲ-34 | $Pz_2$-10-3 |
| 2159 | 广西大新县土湖锰矿 | 锰 | 化学沉积型 | D | 中型 | Ⅲ-34 | $Pz_2$-10-3 |
| 2160 | 广西靖西市爱屯磷矿 | 磷 | 化学沉积型 | D | 中型 | Ⅲ-34 | $Pz_2$-10-3 |
| 2161 | 广西靖西市湖润锰矿 | 锰 | 化学沉积型 | D | 中型 | Ⅲ-34 | $Pz_2$-10-3 |
| 2162 | 广西靖西市新兴锰矿 | 锰 | 化学沉积型 | D | 中型 | Ⅲ-34 | $Pz_2$-10-3 |
| 2163 | 广西大新县硕龙磷矿 | 磷 | 化学沉积型 | D | 小型 | Ⅲ-34 | $Pz_2$-10-3 |
| 2164 | 广西大新县新湖锰矿 | 锰 | 化学沉积型 | D | 小型 | Ⅲ-34 | $Pz_2$-10-3 |
| 2165 | 广西大新县东凤磷矿 | 磷 | 化学沉积型 | D | 小型 | Ⅲ-34 | $Pz_2$-10-3 |
| 2166 | 广西天等县把荷磷矿 | 磷 | 化学沉积型 | D | 中型 | Ⅲ-34 | $Pz_2$-10-3 |
| 2167 | 广西大新县下雷锰矿 | 锰 | 化学沉积型 | D | 大型 | Ⅲ-34 | $Pz_2$-10-3 |
| 2168 | 广西天等县把荷锰矿 | 锰 | 化学沉积型 | C | 小型 | Ⅲ-34 | $Pz_2$-10-3 |
| 2169 | 广西江州区那伯铅锌矿 | 铅锌 | 岩浆热液型 | D | 小型 | Ⅲ-34 | |
| 2170 | 广西崇左市岜阮磷矿 | 磷 | 化学沉积型 | D | 小型 | Ⅲ-34 | $Pz_2$-10-3 |
| 2171 | 广西大新县先力磷矿 | 磷 | 化学沉积型 | D | 小型 | Ⅲ-34 | $Pz_2$-10-3 |
| 2172 | 广西崇左市那池磷矿 | 磷 | 化学沉积型 | D | 小型 | Ⅲ-34 | $Pz_2$-10-3 |
| 2173 | 广西大新县榄圩磷矿 | 磷 | 化学沉积型 | D | 小型 | Ⅲ-34 | $Pz_2$-10-3 |
| 2174 | 广西崇左市左州磷矿 | 磷 | 化学沉积型 | D | 小型 | Ⅲ-34 | $Pz_2$-10-3 |
| 2175 | 四川丹巴县杨柳坪矿区正子岩窝镍矿 | 镍 | 岩浆型 | P | 大型 | Ⅲ-35 | $Pz_2$-11-1 |
| 2176 | 四川丹巴县杨柳坪矿区协作坪镍矿 | 镍 | 岩浆型 | P | 中型 | Ⅲ-35 | $Pz_2$-11-1 |
| 2177 | 四川丹巴县杨柳坪镍矿 | 镍 | 岩浆型 | P | 大型 | Ⅲ-35 | $Pz_2$-11-1 |
| 2178 | 云南德钦县羊拉铜矿 | 铜 | 矽卡岩型 | D | 大型 | Ⅲ-36 | |
| 2179 | 云南德钦县贝吾铜矿 | 铜 | 矽卡岩型 | D | 小型 | Ⅲ-36 | |
| 2180 | 云南德钦县里扎热隆玛铜矿 | 铜 | 矽卡岩型 | D | 中型 | Ⅲ-36 | |
| 2181 | 云南德钦县里通吉格铜矿 | 铜 | 矽卡岩型 | D | 中型 | Ⅲ-36 | |
| 2182 | 云南德钦县苏鲁铬铁矿 | 铁 | 岩浆型 | C—P | 小型 | Ⅲ-36 | $Pz_2$-11-2 |
| 2183 | 云南弥渡县金宝山铂钯矿 | 铂钯 | 岩浆型 | P | 大型 | Ⅲ-36 | $Pz_2$-11-2 |
| 2184 | 云南景东县东山坝塘铬铁矿 | 铁 | 岩浆型 | C—P | 小型 | Ⅲ-36 | $Pz_2$-11-2 |
| 2185 | 云南景东县大街昆岗铁矿 | 铁 | 受变质型 | P | 中型 | Ⅲ-36 | |
| 2186 | 云南景东县卜勺铁矿 | 铁 | 受变质型 | P | 中型 | Ⅲ-36 | |
| 2187 | 云南新平县双沟铬铁矿 | 铁 | 岩浆型 | C—P | 小型 | Ⅲ-36 | $Pz_2$-11-2 |

续表

| 编号 | 矿床名称 | 主矿种 | 成因类型 | 成矿时代 | 矿床规模 | 所属Ⅲ级成矿单元 | 所属成矿系列 |
|---|---|---|---|---|---|---|---|
| 2188 | 云南元江县安定龙潭铬铁矿 | 铬 | 岩浆型 | C—P | 小型 | Ⅲ-36 | $Pz_2$-11-2 |
| 2189 | 青海杂多县陆日格铜钼矿 | 铜钼 | 斑岩型 | P | 小型 | Ⅲ-36 | |
| 2190 | 青海杂多县下吉沟铅锌铜矿 | 铅锌铜 | 岩浆热液型 | P | 小型 | Ⅲ-36 | |
| 2191 | 青海杂多县结扎乡麦多拉铅矿 | 铅 | 岩浆热液型 | C | 小型 | Ⅲ-36 | |
| 2192 | 青海杂多县旦荣铜矿 | 铜 | 海相火山岩型 | P | 小型 | Ⅲ-36 | |
| 2193 | 青海杂多县吉龙地区铜矿 | 铜 | 岩浆热液型 | C | 小型 | Ⅲ-36 | |
| 2194 | 青海囊谦县达拉贡金铜矿 | 金铜 | 岩浆热液型 | C | 小型 | Ⅲ-36 | |
| 2195 | 云南维西县菖蒲塘铁矿 | 铁 | 化学沉积型 | C | 小型 | Ⅲ-36 | |
| 2196 | 青海格尔木市扎日根铁矿 | 铁 | 岩浆热液型 | P | 大型 | Ⅲ-36 | |
| 2197 | 青海格尔木市开心岭铁矿 | 铁 | 海相火山岩型 | P | 小型 | Ⅲ-36 | |
| 2198 | 云南普洱市大平掌铜多金属矿 | 铜 | 岩浆热液型 | D—C | 大型 | Ⅲ-36 | $Pz_2$-11-3 |
| 2199 | 云南澜沧县勐佛铅锌矿 | 铅锌 | 浅成中低温热液型 | P | 小型 | Ⅲ-36 | $Pz_2$-11-3 |
| 2200 | 云南澜沧县坝老铅锌矿 | 铅锌 | 浅成中低温热液型 | P | 小型 | Ⅲ-36 | $Pz_2$-11-3 |
| 2201 | 云南澜沧县下湾子铅锌矿 | 铅锌 | 浅成中低温热液型 | P | 小型 | Ⅲ-36 | $Pz_2$-11-3 |
| 2202 | 云南澜沧县南角河铅锌矿 | 铅锌 | 浅成中低温热液型 | P | 小型 | Ⅲ-36 | $Pz_2$-11-3 |
| 2203 | 新疆阿克陶县卡拉玛铜矿 | 铜 | 岩浆热液型 | C | 小型 | Ⅲ-37 | |
| 2204 | 新疆阿克陶县卡里库尔铜矿 | 铜 | 岩浆热液型 | C | 小型 | Ⅲ-37 | |
| 2205 | 新疆且末县和田玉石矿 | 玉石 | 岩浆型 | P | 中型 | Ⅲ-37 | |
| 2206 | 新疆和田市叶尔羌河 4785 沟磁铁矿 | 铁 | 海相火山岩型 | C | 小型 | Ⅲ-37 | |

# 中国矿产地质志

## “十三五”国家重点图书规划　国家出版基金项目

### 总　志

中国矿产地质志 · 矿产总志
中国矿产地质志 · 规律总志

### 矿种志

**1　中国矿产地质志 · 矿产地名录卷（总 1）**
**6　中国矿产地质志 · 典型矿床总述卷（总 2）**
中国矿产地质志 · 油气卷
**65　中国矿产地质志 · 煤炭卷（矿 14）**
**63　中国矿产地质志 · 煤层气卷（矿 13）**
中国矿产地质志 · 铀矿卷
中国矿产地质志 · 铁矿卷
中国矿产地质志 · 锰矿卷
中国矿产地质志 · 钒钛铬矿卷
中国矿产地质志 · 铜矿卷
中国矿产地质志 · 铝矿卷
中国矿产地质志 · 铅锌矿卷
**21　中国矿产地质志 · 镍矿卷（矿 5）**
**8　中国矿产地质志 · 钨矿卷（矿 1）**
中国矿产地质志 · 锡矿卷
中国矿产地质志 · 钼矿卷
**54　中国矿产地质志 · 锑矿卷（矿 9）**
中国矿产地质志 · 菱镁矿卷
中国矿产地质志 · 金矿卷
**44　中国矿产地质志 · 银矿卷（矿 8）**
中国矿产地质志 · 锂铍铌钽矿卷
中国矿产地质志 · 铷锶锆铪矿卷
中国矿产地质志 · 稀土金属矿卷
中国矿产地质志 · 稀散金属矿卷
中国矿产地质志 · 建材非金属矿卷
中国矿产地质志 · 蓝晶石族矿卷
**9　中国矿产地质志 · 石灰岩矿卷（矿 2）**
中国矿产地质志 · 石英砂岩矿卷
中国矿产地质志 · 花岗岩矿卷
中国矿产地质志 · 大理岩矿卷
中国矿产地质志 · 石棉矿卷
中国矿产地质志 · 高岭土矿卷
中国矿产地质志 · 膨润土矿卷
**69　中国矿产地质志 · 硅藻土矿卷（矿 15）**
中国矿产地质志 · 滑石矿卷
中国矿产地质志 · 硅灰石矿卷
中国矿产地质志 · 石墨矿卷
中国矿产地质志 · 化工矿产卷
**22　中国矿产地质志 · 钾盐矿卷（矿 6）**
**57　中国矿产地质志 · 盐矿卷（矿 10）**
**18　中国矿产地质志 · 磷矿卷（矿 3）**
**61　中国矿产地质志 · 硫矿卷（矿 11）**
**19　中国矿产地质志 · 硼矿卷（矿 4）**
**70　中国矿产地质志 · 萤石矿卷（矿 16）**
**62　中国矿产地质志 · 芒硝矿卷（矿 12）**
中国矿产地质志 · 石膏矿卷
**23　中国矿产地质志 · 重晶石矿卷（矿 7）**
中国矿产地质志 · 化工灰岩-明矾石-天青石-雄黄-硝石-天然碱矿卷
中国矿产地质志 · 宝玉石矿卷
中国矿产地质志 · 和田玉矿卷
中国矿产地质志 · 叶蜡石矿卷
……

### 省　志

中国矿产地质志 · 北京卷
**56　中国矿产地质志 · 天津卷（省 3）**
中国矿产地质志 · 河北卷
中国矿产地质志 · 山西卷
**72　中国矿产地质志 · 内蒙古卷（省 6）**
中国矿产地质志 · 辽宁卷
**71　中国矿产地质志 · 吉林卷（省 5）**
中国矿产地质志 · 黑龙江卷
中国矿产地质志 · 江苏上海卷
中国矿产地质志 · 浙江卷
中国矿产地质志 · 安徽卷

中国矿产地质志·福建卷

**3 中国矿产地质志·江西卷(省1)**

中国矿产地质志·山东卷

中国矿产地质志·河南卷

中国矿产地质志·湖北卷

中国矿产地质志·湖南卷

中国矿产地质志·广东卷

中国矿产地质志·广西卷

**64 中国矿产地质志·海南卷(省4)**

中国矿产地质志·重庆卷

中国矿产地质志·四川卷

中国矿产地质志·贵州卷

中国矿产地质志·云南卷

中国矿产地质志·西藏卷

中国矿产地质志·陕西卷

中国矿产地质志·甘肃卷

中国矿产地质志·青海卷

中国矿产地质志·宁夏卷

中国矿产地质志·新疆卷

**38 中国矿产地质志·台湾卷(省2)**

## 省级重要矿种(组)志

**28 中国矿产地质志·山东卷·铁钛矿产(鲁1)**

**29 中国矿产地质志·山东卷·煤油页岩矿产(鲁2)**

**7 中国矿产地质志·河南卷·黑色金属矿产(豫1)**

**53 中国矿产地质志·河南卷·有色金属矿产(豫2)**

**68 中国矿产地质志·河南卷·贵金属三稀矿产(豫3)**

**17 中国矿产地质志·四川卷·黑色金属矿产(川1)**

**25 中国矿产地质志·贵州卷·铝土矿(黔1)**

**26 中国矿产地质志·贵州卷·金矿(黔2)**

**12 中国矿产地质志·云南卷·贵金属矿产(滇1)**

**13 中国矿产地质志·云南卷·铅锌矿产(滇2)**

**36 中国矿产地质志·云南卷·化工矿产(滇3)**

**43 中国矿产地质志·云南卷·黑色金属矿产(滇5)**

**51 中国矿产地质志·云南卷·能源矿产(滇7)**

**46 中国矿产地质志·云南卷·铜钼镍钴矿产(滇6)**

**40 中国矿产地质志·云南卷·锡钨矿产(滇4)**

中国矿产地质志·陕西卷·煤矿

**67 中国矿产地质志·陕西卷·油气矿产(陕2)**

**47 中国矿产地质志·陕西卷·非金属矿产(陕1)**

中国矿产地质志·陕西卷·金属矿产

**39 中国矿产地质志·甘肃卷·金矿(甘1)**

……

## 区带志

**58 中国矿产地质志·渤海卷(带4)**

中国矿产地质志·黄海卷

**52 中国矿产地质志·东海卷(带2)**

中国矿产地质志·南海卷

中国矿产地质志·大兴安岭卷

**24 中国矿产地质志·长江中下游卷(带1)**

**55 中国矿产地质志·南岭卷(带3)**

中国矿产地质志·三江卷

中国矿产地质志·冈底斯卷

中国矿产地质志·阿拉善(隆起)卷

中国矿产地质志·华北陆块北缘东段卷

中国矿产地质志·山西(断隆)卷

中国矿产地质志·华北陆块南缘卷

中国矿产地质志·华北盆地卷

中国矿产地质志·辽东(隆起)-吉南卷

中国矿产地质志·吉中-延边卷

中国矿产地质志·小兴安岭-张广才岭卷

中国矿产地质志·松辽盆地卷

中国矿产地质志·湘中-桂中北卷

中国矿产地质志·江南隆起西段卷

中国矿产地质志·江汉-洞庭(断陷)卷

中国矿产地质志·东秦岭卷

中国矿产地质志·浙闽赣粤沿海、浙中-武夷山(隆起)和永安-梅州-惠阳(坳陷)联编卷

中国矿产地质志·江南隆起东段、武功山-杭州湾合编卷

中国矿产地质志·桐柏-大别-苏鲁卷

中国矿产地质志·喀喇昆仑-羌北卷

中国矿产地质志·班戈-腾冲卷

中国矿产地质志·龙门山-大巴山卷

中国矿产地质志·四川盆地卷
中国矿产地质志·康滇隆起卷
中国矿产地质志·上扬子东部卷
中国矿产地质志·桂西-黔西南-滇东南北部卷
中国矿产地质志·滇东南南部卷
中国矿产地质志·祁连卷
中国矿产地质志·东天山-北山卷
中国矿产地质志·鄂尔多斯卷
中国矿产地质志·东昆仑-巴颜喀拉卷
中国矿产地质志·西秦岭卷
……

## 专题志

中国矿产地质志·中国成矿单元划分及其主要成矿单元特征
中国矿产地质志·大型变形构造与重要矿集区(成矿区带)关系
32 **中国矿产地质志·中国矿产地分省图集(2020)(专4)**
30 **中国矿产地质志·中国前寒武纪成矿体系(专3)**
73 **中国矿产地质志·中国古生代成矿体系(专9)**
中国矿产地质志·中国中生代成矿体系
中国矿产地质志·中国新生代成矿体系
中国矿产地质志·中国地球物理场与成矿
50 **中国矿产地质志·中国地球化学场与成矿关系研究(专7)**
60 **中国矿产地质志·区域成矿规律研究历史和发展趋势(专8)**
33 **中国矿产地质志·华南洋-滨太平洋构造演化与成矿(专5)**
42 **中国矿产地质志·小岩体成大矿(专6)**
27 **中国矿产地质志·山东卷·成岩成矿年代谱系(专2)**
4 **中国矿产地质志·新疆维吾尔自治区矿床成矿系列图(专1)**
……

## 科学普及本

2 **中国矿产地质志·建材非金属卷·普及本(普1)**
10 **中国矿产地质志·化工矿产卷·普及本(普3)**
11 **中国矿产地质志·铀矿卷·普及本(普4)**
中国矿产地质志·渤海卷·普及本
中国矿产地质志·黑色金属矿产·普及本
41 **中国矿产地质志·宝玉石卷·普及本(普13)**
48 **中国矿产地质志·北京矿产地质(普15)**
31 **中国矿产地质志·天津矿产地质(普9)**
中国矿产地质志·河北矿产地质
中国矿产地质志·山西矿产地质
66 **中国矿产地质志·内蒙古矿产地质(普18)**
59 **中国矿产地质志·吉林矿产地质(普17)**
中国矿产地质志·辽宁矿产地质
中国矿产地质志·黑龙江矿产地质
中国矿产地质志·江苏上海矿产地质
34 **中国矿产地质志·浙江矿产地质(普10)**
中国矿产地质志·安徽矿产地质
中国矿产地质志·福建矿产地质
35 **中国矿产地质志·江西矿产地质(普11)**
中国矿产地质志·山东矿产地质
中国矿产地质志·河南矿产地质
中国矿产地质志·湖北矿产地质
49 **中国矿产地质志·湖南矿产地质(普16)**
中国矿产地质志·广东矿产地质
中国矿产地质志·广西矿产地质
中国矿产地质志·海南矿产地质
16 **中国矿产地质志·重庆矿产地质(普7)**
中国矿产地质志·四川矿产地质
中国矿产地质志·贵州矿产地质
14 **中国矿产地质志·云南矿产地质(普5)**
中国矿产地质志·西藏矿产地质
5 **中国矿产地质志·陕西矿产地质(普2)**
20 **中国矿产地质志·甘肃矿产地质(普8)**
45 **中国矿产地质志·青海矿产地质(普14)**
15 **中国矿产地质志·宁夏矿产地质(普6)**
37 **中国矿产地质志·新疆矿产地质(普12)**
中国矿产地质志·台湾矿产地质
……

注:括号内容代表志书类别及序号,1 2 3……为出版顺序,黑体为已出版。

中国矿产地质志

GEOLOGY OF MINERAL RESOURCES IN CHINA